지적산업기사 필기

과년도 문제해설

PREFACE
INDUSTRIAL ENGINEER CADASTRAL SURVEYING

우리나라는 비록 아픈 기억이지만 1910년부터 1924년에 걸쳐 토지조사사업과 임야조사사업이 추진되어 필지마다 토지소유자, 행정구역, 지번, 지목, 면적, 경계 등을 등록하는 지적공부(토지대장, 지적도, 임야대장, 임야도 등)가 작성됨으로써 근대 지적제도의 태동이 시작되었으며, 비로소 국가는 국토를 효율적으로 관리하고 국민은 토지재산권을 활용하는 근거를 가지게 되었다. 그리고 어언 백여 년이 흘렀다.

토지(영토)는 국민, 주권과 더불어 국가를 이루는 3대 요소이며 지적(토지)은 토지의 물리적 현황과 법적 권리관계 등을 등록·관리하는 중요한 국가의 사무이다. 농경시대에 조세징수 중심의 세지적(稅地籍)으로 출발한 이래 근대 시민사회와 자본주의의 발달로 토지의 효용성과 상품성이 증대하면서 토지소유자의 재산권 보호 중심인 법지적(法地籍)으로 발전하였고, 21세기 정보화 시대에서는 다양한 자료의 관리 및 신속·정확한 공급 중심의 다목적지적(多目的地籍)으로 진화하고 있다.

우리나라도 2011년 9월 「지적재조사에 관한 특별법」을 제정하여 2012년부터 2030년까지 지적재조사사업을 완료하는 기본계획을 수립하였으며, 2014년 6월 공간정보 관련 3개 법률(「공간정보의 구축 및 관리 등에 관한 법률」, 「국가공간정보 기본법」, 「공간정보산업 진흥법」)이 제·개정되어 2015년 6월 4일부터 시행되는 등 지적 분야의 대변혁이 진행되고 있다.

이러한 시대적 상황에 따라 대학에서 지적을 탐구하는 많은 학생들이 지적 관련 자격을 취득하여 사회의 지적 분야에 진출하고, 지적의 여러 분야에서 실무에 종사하는 담당자들이 지적관련 상위 자격을 취득하여 지적 분야에서 자신의 꿈을 성취하려는 열의가 매우 크다.

본서는 자격취득 수험생을 위해 지적기사 및 산업기사 필기시험에서 출제된 지적학, 지적측량, 응용측량, 토지정보체계론 및 지적관계법규 등의 문제를 이해하기 쉽도록 출제연도와 회차별로 정리하였으며 문제마다 꼼꼼하게 풀이와 해설을 첨부하였다. 흔히 기출문제만 완벽하게 파악하면 합격하는 데 어려움이 없다는 말을 많이 한다. 그만큼 기출문제를 파악하고 풀이하는 것이 합격하는 데 중요한 포인트가 된다는 의미이다. 본서를 공부하여 합격하는 수험생이 많아지기를 진심으로 바란다.

PREFACE
INDUSTRIAL ENGINEER CADASTRAL SURVEYING

    2005년 처음 본서가 발간된 이후 많은 독자들의 과분한 사랑을 받아 왔다. 당초 초판을 발행할 때 필자들의 의욕에 비하여 독자들께 내용이 충실한 만족감을 제공할 수 있을지 우려가 되었고, 이에 따라 매해 출제되는 문제를 성실하게 해설하고, 지속적인 수정과 보완을 거쳐 내실을 꾀하겠다는 약속을 하였다. 이에 필자들은 이 약속을 지키려고 꾸준히 노력하고 있다.

    끝으로 본서를 출간하는 데 서적과 자료를 참고하고 인용할 수 있도록 도움을 주신 선배 제현께 깊은 감사를 드리며, 본서의 집필을 지도하고 격려해주신 최한영 박사님에게 감사의 마음을 전한다. 또한 교정을 도와주시고 이 책을 출판할 수 있도록 배려해주신 도서출판 예문사 정용수 사장님과 직원 여러분께도 진심으로 감사드린다.

저자 일동

지적측량 경향분석

구분			2011~2022 비교분석
주요항목	세부항목	세세항목	비율(%)
1. 총론	1. 지적측량 개요	1. 지적측량의 목적과 대상	5.2
		2. 각, 거리 측량	10.2
	2. 오차론	1. 오차의 종류	2.7
		2. 오차발생 원인	3.5
		3. 오차보정	5.3
2. 기초측량	1. 지적삼각점 측량	1. 관측 및 계산	16.1
		2. 측량성과 작성 및 관리	2.1
	2. 지적삼각보조점 측량	1. 관측 및 계산	9.8
		2. 측량성과 작성 및 관리	0.3
	3. 지적도근점 측량	1. 관측 및 계산	6.8
		2. 오차와 배분	3.5
		3. 측량성과 작성 및 관리	0.9
3. 세부측량	1. 토지이동측량	1. 지적공부 정리를 위한 측량	2.1
		2. 지적공부를 정리하지 않는 측량	5.3
	2. 지적확정측량 등	1. 지적확정측량 방법	0.9
		2. 경계점좌표 등록부 비치지역의 측량 방법	7.9
		3. 임야도를 비치하는 지역의 세부측량	1.2
4. 면적측정 및 제도	1. 면적측정	1. 면적측정대상	0.5
		2. 면적측정 방법과 기준	3.3
		3. 면적오차의 허용범위	0.5
		4. 면적의 배분 및 결정	4.4
	2. 제도	1. 제도의 기초이론	5.3
		2. 제도기기	0.0
		3. 지적공부의 제도방법	2.3
계			100.0

경향분석

응용측량 경향분석

구분			2011~2022 비교분석
주요항목	세부항목	세세항목	비율(%)
1. 지상측량	1. 수준측량	1. 직접수준측량	11.7
		2. 간접수준측량	7.1
	2. 지형측량	1. 지형의 표시	9.4
		2. 지형측량 방법	4.5
		3. 면적 및 체적 계산	1.4
	3. 노선측량	1. 노선측량의 순서 및 방법	3.9
		2. 곡선 설치법	9.1
		3. 완화곡선 및 클로소이드	6.1
	4. 하천측량	1. 수위관측	0.0
		2. 유량관측	0.0
	5. 터널측량	1. 갱외측량	0.9
		2. 갱내측량	5.2
		3. 연결측량	2.0
2. 사진 및 위성측량	1. 사진측량	1. 사진측량 일반	10.2
		2. 수치사진측량	10.5
		3. 원격탐사	3.9
	2. 위성측량	1. 위성측량 일반	9.1
		2. 위성측량 방법	2.7
		3. 위성측량 좌표계	0.5
		4. 위성측량 응용	0.2
3. 지하시설물측량	1. 지하시설물측량	1. 관측 및 계산	1.5
		2. 도면작성 및 대장정리	0.3
계			100.0

토지정보체계론 경향분석

구분			2011~2022 비교분석
주요항목	세부항목	세세항목	비율(%)
1. 토지정보체계 일반	1. 총론	1. 정의 및 구성요소	4.1
		2. 관련 정보 체계	3.3
2. 데이터의 처리	1. 데이터의 종류 및 구조	1. 속성정보	3.3
		2. 도형정보	14.7
	2. 데이터 취득	1. 기존 자료를 이용하는 방법	2.9
		2. 측량에 의한 방법	2.6
	3. 데이터의 처리	1. 데이터의 입력	5.9
		2. 데이터의 수정	3.2
		3. 데이터의 편집	3.9
3. 데이터의 관리	1. 데이터베이스	1. 자료관리	13.0
		2. 데이터의 표준화	8.8
4. 토지정보체계의 운용 및 활용	1. 운용	1. 지적공부 전산화	7.1
		2. 지적공부관리 시스템	5.0
		3. 지적측량 시스템	4.8
		4. 지적정보센터	4.5
	2. 활용	1. 토지 관련 행정 분야	11.2
		2. 지적재조사 사업	1.5
계			100.0

지적학 경향분석

구분				2011~2022 비교분석
주요항목	세부항목	세세항목	기타구분	비율(%)
1. 지적일반	1. 지적의 개념	1. 지적의 기본이념	지적학, 이념, 효력	6.4
		2. 지적의 기본요소	유형, 구성요소, 특징	6.5
		3. 지적의 기능	원리, 성격, 기능	3.9
2. 지적제도	1. 지적제도의 발달	1. 우리나라 지적제도	지적제도	5.8
			지적사	45.3
		2. 외국의 지적제도		3.9
	2. 토지의 등록	1. 토지등록제도	토지등록제도, 소유권, 지적측량	11.4
			지번	5.3
			지목	3.6
			경계	3.5
			필지, 면적	0.8
			등기제도	1.7
		2. 지적공부 정리	지적공부	1.1
			지적공부정리	0.2
			지적전산화	0.2
		3. 지적 관련 조직		0.6
계				100.0

지적관계법규 경향분석

구분			2011~2022 비교분석
주요항목	세부항목	세세항목	비율(%)
1. 지적법규	1. 총칙	목적	0.6
		용어의 정의	3.3
	2. 지적측량	측량기준	0.0
		측량기준점 등	2.3
		지적측량 등	4.5
	3. 토지의 등록	토지의 조사·등록	2.9
		지적재조사사업	0.0
		지번의 부여 등	2.6
		지목의 종류	6.1
		면적의 단위 등	1.4
	4. 지적공부	지적공부의 보존 등	1.8
		지적공부의 등록사항	4.8
		지적공부의 복구	2.0
		지적전산자료의 이용	2.4
	5. 토지이동신청 및 지적정리 등	토지의 이동 등	6.8
		토지의 이동신청·신고	5.0
		축척변경	7.3
		등록사항의 정정	2.4
		등기촉탁	1.5
	6. 측량기술자 등		5.8
	7. 지적위원회		2.6
	8. 보칙		4.2
	9. 벌칙		3.9
2. 지적관계법규	1. 부동산등기법		11.7
	2. 국토의 계획 및 이용에 관한 법률		13.0
	3. 지적재조사에 관한 특별법		0.8
	4. 도명주소법		0.3
계			100.0

출제기준

INDUSTRIAL ENGINEER CADASTRAL SURVEYING

지적산업기사 출제기준

직무분야	건설	중직무분야	토목	자격종목	지적산업기사	적용기간	2025.01.01~2028.12.31.

○ 직무내용 : 지적도면의 정리와 면적측정 및 도면작성과 지적측량을 수행하는 직무이다.

필기검정방법	객관식	문제수	100	시험시간	2시간 30분

필기과목명	문제수	주요항목	세부항목	세세항목
지적측량	20	1. 총론	1. 지적측량 개요	1. 지적측량의 목적과 대상 2. 각, 거리 측량 3. 좌표계 및 측량원점
			2. 오차론	1. 오차의 종류 2. 오차발생 원인 3. 오차보정
		2. 기초측량	1. 지적삼각 보조점 측량	1. 관측 및 계산 2. 측량성과 작성 및 관리
			2. 지적도근점 측량	1. 관측 및 계산 2. 오차와 배분 3. 측량성과 작성 및 관리
		3. 세부측량	1. 도해측량	1. 지적공부 정리를 위한 측량 2. 지적공부를 정리하지 않는 측량
		4. 면적측정 및 제도	1. 면적측정	1. 면적측정대상 2. 면적측정 방법과 기준 3. 면적오차의 허용범위 4. 면적의 배분 및 결정
			2. 제도	1. 제도의 기초이론 2. 제도기기 3. 지적공부의 제도방법
응용측량	20	1. 지상측량	1. 수준측량	1. 직접수준측량 2. 간접수준측량
			2. 지형측량	1. 지형표시 2. 지형측량 방법 3. 면적 및 체적 계산
			3. 노선측량	1. 노선측량 방법 2. 원곡선 및 완화곡선
		2. GNSS(위성측위) 및 사진측량	1. GNSS(위성측위) 측량	1. GNSS(위성측위) 일반 2. GNSS(위성측위) 응용
			2. 사진측량	1. 사진측량 일반 2. 사진측량 응용
		3. 지하공간정보 측량	1. 지하공간정보 측량	1. 관측 및 계산 2. 도면작성 및 대장정리

출제기준

INDUSTRIAL ENGINEER CADASTRAL SURVEYING

필기과목명	문제수	주요항목	세부항목	세세항목
토지정보체계론	20	1. 토지정보체계 일반	1. 총론	1. 정의 및 구성요소 2. 관련 정보 체계
		2. 데이터의 처리	1. 데이터의 종류 및 구조	1. 속성정보　　2. 도형정보
			2. 데이터 취득	1. 기존 자료를 이용하는 방법 2. 측량에 의한 방법
			3. 데이터의 처리	1. 데이터의 입력 2. 데이터의 수정 3. 데이터의 편집
			4. 데이터 분석 및 가공	1. 데이터의 분석　　2. 데이터의 가공
		3. 데이터의 관리	1. 데이터베이스	1. 자료관리 2. 데이터의 표준화
		4. 토지정보체계의 운용 및 활용	1. 운용	1. 지적공부 전산화 2. 지적공부관리 시스템 3. 지적측량 시스템
			2. 활용	1. 토지 관련 행정 분야 2. 정책 통계 분야
지적학	20	1. 지적일반	1. 지적의 개념	1. 지적의 기본이념 2. 지적의 기본요소 3. 지적의 기능
		2. 지적제도	1. 지적제도의 발달	1. 우리나라의 지적제도 2. 외국의 지적제도
			2. 지적제도의 변천사	1. 토지조사사업 이전 2. 토지조사사업 이후
			3. 토지의 등록	1. 토지등록제도 2. 지적공부정리 3. 지적관련 조직
			4. 지적재조사	1. 지적재조사 일반 2. 지적재조사 기법
지적관계법규	20	1. 지적 관련 법규	1. 공간정보구축 및 관리 등에 관한 법률	1. 총칙 2. 지적 3. 보칙 및 벌칙 4. 지적측량시행규칙 5. 지적업무 처리규정
			2. 지적재조사에 관한 특별법령	1. 지적재조사에 관한 특별법 2. 지적재조사에 관한 특별법 시행령 3. 지적재조사에 관한 특별법 시행규칙
			3. 도로명주소법령	1. 도로명주소법 2. 도로명주소법 시행령 3. 도로명주소법 시행규칙

CONTENTS
INDUSTRIAL ENGINEER CADASTRAL SURVEYING

2016년 기출문제

제1회 지적산업기사 ·············· 3
제2회 지적산업기사 ·············· 37
제3회 지적산업기사 ·············· 66

2017년 기출문제

제1회 지적산업기사 ·············· 99
제2회 지적산업기사 ·············· 132
제3회 지적산업기사 ·············· 163

2018년 기출문제

제1회 지적산업기사 ·············· 199
제2회 지적산업기사 ·············· 228
제3회 지적산업기사 ·············· 258

2019년 기출문제

제1회 지적산업기사 ·············· 291
제2회 지적산업기사 ·············· 324
제3회 지적산업기사 ·············· 357

CONTENTS
INDUSTRIAL ENGINEER CADASTRAL SURVEYING

2020년 기출문제

통합 제1·2회 지적산업기사 ································· 391
제3회 지적산업기사 ································· 427

2021년 기출복원문제

제1회 지적산업기사 ································· 463
제2회 지적산업기사 ································· 495
제3회 지적산업기사 ································· 525

2022년 기출복원문제

제1회 지적산업기사 ································· 559
제2회 지적산업기사 ································· 592
제3회 지적산업기사 ································· 624

2023년 기출복원문제

제1회 지적산업기사 ································· 657
제2회 지적산업기사 ································· 691
제3회 지적산업기사 ································· 724

CONTENTS
INDUSTRIAL ENGINEER CADASTRAL SURVEYING

2024년 기출복원문제

제1회 지적산업기사 ································· 759
제2회 지적산업기사 ································· 791
제3회 지적산업기사 ································· 827

2025년 기출복원문제

제1회 지적산업기사 ································· 863
제2회 지적산업기사 ································· 898
제3회 지적산업기사 ································· 933

지적산업기사는 2020년 4회 시험부터 CBT(Computer-Based Test)로 전면 시행됩니다.

지적측량 및 면적측정 기준표

기초측량

측량종류	시석삼각점측량	지적삼각보조점측량	지적도근점측량
기초(기지)점	위성기준점, 통합기준점, 삼각점, 지적삼각점	위성기준점, 통합기준점, 삼각점, 지적삼각점, 지적삼각보조점	위성기준점, 통합기준점, 삼각점, 지적기준점 (지적삼각점, 지적삼각보조점, 지적도근점)
점간 거리	2~5km	1~3km(단, 다각망도선법 일 때 평균 0.5~1km 이하)	50~300m (도선법) 50~500m (다각망도선법)
측량 방법	경위의 측량방법 / 전·광파기 측량방법	교회법: 경위의 측량법 / 전·광파기 측량법 다각망도선법: 경위의 측량법 / 전·광파기 측량법	도선법: 경위의 측량법 / 전·광파기 측량법 다각망도선법: 경위의 측량법 / 전·광파기 측량법
망구성	유심다각망, 삽입망, 사각망, 삼각쇄, 삼변 이상의 망	교회망 또는 교점다각망 (교회법) 3방향 교회, 부득이한 경우 2방향, 내각의합이 180도와 차가 ±40초 이내일 때 내각에 고르게 배분 (다각망도선법) 3개 이상 기지점 포함 결합다각방식	(도선법) 결합도선(부득이한 경우 폐합·왕복도선) (다각망도선법) 3점 이상의 기지점을 포함한 결합다각방식
삼각형내각	30°~120°(망평균계산법, 삼변측량일 경우 제외)	30°~120° (교회법)	
삼각형 내각 계산	(전·광파기) 3변 평면거리에 따라 계산		
도선 종류			결합도선, 폐합도선, 왕복도선, 다각망도선
경위의정밀도	10초독 이상 경위의 / 표준편차 ±(5mm+5ppm) 이상 정밀측거기 사용	20초독 이상 경위의 (교회법) 20초독 이상 경위의 (다각망도선법)	20초독 이상
수평각관측	3대회 방향관측법(윤곽도 : 0°, 60°, 120°)	(교회법) 2대회 방향관측법(윤곽도 : 0°, 90°) (다각망도선법) • 2대회 방향관측법(윤곽도 : 0°, 90°) • 배각법(1회 측정각과 3회 측정각의 평균치 교차 30초 이내)	• 시가지지역·축 척변경시행지역·경계점좌표등록부시행지역은 배각법, • 기타 지역은 배각법과 방위각법 혼용 가능
수평각측각공차: 1 방향각	30초 이내	40초 이내 (교회법) / 40초 이내 (다각망도선법)	
수평각측각공차: 1측회 폐색	±30초 이내	±40초 이내 / ±40초 이내	
수평각측각공차: 삼각형내각 관측치의 합과 180도와의 차	±30초 이내	±50초 이내 (2방향±40초) / ±50초 이내 (2방향±40초)	
수평각측각공차: 기지각과의 차	±40초 이내	±50초 이내	
수평각측각공차: 1회, 2회 측정각의 평균값에 대한교차		30초 이내 (다각망도선법)	
계산 단위	종별: 각 / 변장 / 진수 / 좌표·표고 / 경위도 / 자오선수차 단위: 초 / cm / 6자리 이상 / cm / 초아래 3자리 / 초아래 1자리	각 / 변장 / 진수 / 좌표 초 / cm / 6자리 이상 / cm	종별 / 각 / 측정횟수 / 거리 / 진수 / 좌표 배각법 / 초 / 3회 / cm / 5자리 이상 / cm 방위각법 / 분 / 1회 / cm / 5자리 이상 / cm
점간거리측정	(전·광파기) 5회 측정, 최대치와 최소치의 교차가 평균치의 1/10만 이하(원점에 투영된 평면거리에 따라 계산)	5회 측정, 최대치와 최소치의 교차가 평균치의 1/10만 이하 (원점에 투영된 평면거리에 따라 계산)	2회측정, 측정치의 교차가 평균치의 1/3,000m 이하일 때 그 평균치 (경사거리인 경우 수평거리로 계산)
연직각: 관측	정·반 각 2회 관측, 최대치와 최소치 교차 30초 이내일 때 평균치 적용	정·반 2회 관측, 최대치와 최소치 교차 30초 이내일 때 평균치 적용	올려본 각과 내려본 각의 관측 교차가 90초 이내일 때 평균치
연직각: 계산	2개 기지점에서 소구점의 표고 계산한 교차가 0.05미터+0.05(S_1+S_2)미터 이하인 때에 평균치(S_1, S_2 : 기지점에서 소구점까지의 평면거리 km단위)	2개 기지점에서 소구점의 표고 계산한 교차가 0.05미터+0.05(S_1+S_2)미터 이하인 때에 평균치 (S_1, S_2 : 기지점에서 소구점 까지의 평면거리 km단위)	
1도선점수·거리		기지점과 교점포함 5개 이하, 1도선거리 4km 이하 (다각망도선법)	40점 이하,부득이한 경우 50점까지 (도선법) 1도선은 20개 이하 (다각망도선법)
측량성과 인정한계	0.20m 이내	0.25m 이내	경계점좌표등록지역 0.15m, 기타 0.25m 이내
기지점 수		3점(부득이 2점) (교회법) 3점 이상	3점 이상을 포함한 결합다각방식 (다각망도선법)
연결교차		0.3m 이하 (교회법) 0.05×S미터(S : 도선거리/1000) (다각망도선법)	
폐색오차제한: 1배각과 3배각의 교차			30초 이내
폐색오차제한: 배각법 1등		±10√n초 이내(n : 폐색변을 포함한 변수) (다각망도선법)	$\pm 20\sqrt{n}$ (초) 이내
폐색오차제한: 배각법 2등			$\pm 30\sqrt{n}$ (초) 이내
폐색오차제한: 방위각법 1등			$\pm\sqrt{n}$ (분)
폐색오차제한: 방위각법 2등			$\pm 1.5\sqrt{n}$ (분)
측각오차 배분: 배각법		$K=-\frac{e}{R}\times r$ (측선장에 반비례하여 각 측선의 관측각에 배분)	$K=-\frac{e}{R}\times r$ (측선장에 반비례 하여 각 측선의 관측각에 배분)
측각오차 배분: 방위각법		$Kn=-\frac{e}{S}\times s$ (변의 수에 비례하여 각 측선의 방위각에 배분)	$Kn=-\frac{e}{S}\times s$ (변의 수에 비례하여 각 측선의 방위각에 배분)
연결오차 허용범위: 1등도선		0.05×Sm 이하 (S : 점간거리 총합계/1,000)	$\frac{1}{100}\sqrt{n}$ cm 이하 n : 수평거리 합계를 100으로 나눈 수
연결오차 허용범위: 2등도선			$\frac{1.5}{100}\sqrt{n}$ cm 이하
연결오차 허용범위: 축척			• 경계점좌표등록부 지역 : 1/500, 1/6,000지역 : 1/3,000 • 축척이 2 이상인 때는 대축척의 축척분모
연결 오차의 배분: 배각법		$T=-\frac{e}{L}\times l$ 측선의 종·횡선차 길이에 비례 배분 (e:오차, l:각 측선의 종·횡선차, L : 절대치합계) 오차가 매우 작을 경우 : 종·횡선차가 긴 것부터 배분	$T=-\frac{e}{L}\times l$ 측선의 종·횡선차 길이에 비례 배분 (e:오차, l:각 측선의 종·횡선차, L : 절대치합계) 오차가 매우 작을 경우 : 종·횡선차가 긴 것부터 배분
연결 오차의 배분: 방위각법		$C=-\frac{e}{L}\times l$ 측선장에 비례 배분 (L:각 측선장 총합계, l:각 측선의 측선장) 오차가 매우 작을 경우 : 측선장이 긴 것부터 순차로 배분	$C=-\frac{e}{L}\times l$ 측선장에 비례 배분(L:각 측선장 총합계, l:각 측선의 측선장) 오차가 매우 작을 경우 : 측선장이 긴 것부터 순차로 배분
설치차수 한계	지적삼각점만을 기지점으로 하여 다시 설치하는 때에는 1차에 한하되 가급적 다른 삼각점에 폐색하여 그 측량성과를 확인	○명칭 부여 : 「보」로 하고 아라비아숫자 일련 번호 • 영구표지 설치 : 시·군·구별 일련번호 부여 • 일시표지 설치 : 측량지역별 일련번호 부여 ○성과계산 : 교회법 또는 다각망도선법 ○영구표지를 설치한 경우는 지적삼각측량 규정에 준하여 관측계산	○계산방법 도선법, 교회법, 다각망도선법
지적삼각점 명칭 부여	측량지역의 시·도 명 중 2자를 채택하고 시·도 단위로 일련번호를 붙여 정함		○일련번호 • 영구표지를 설치한 경우 : 시·군·구별로 일련번호 부여 • 영구표지를 설치하지 않은 경우 : 시행지역별로 설치 순서에 따라 일련번호 부여 • 도선의 교점은 번호 앞에 "교"자를 붙인다.
삼각점 계산	진수사용, 각규약 변규약에 따른 평균계산법 또는 망평균계산법	○2개의 삼각형으로부터 계산한 위치의 연결교차 ($\sqrt{종선교차^2+횡선교차^2}$)를 말한다. 이하 같다)가 0.30미터 이하인 때에는 그 평균치를 지적삼각보조점의 위치로 한다.	○도선의 구분 • 1등도선 : 위성기준점, 통합기준점, 삼각점, 지적삼각점, 지적삼각보조점 상호간을 연결하는 도선 또는 다각망도선 • 2등도선 : 위성기준점, 통합기준점, 삼각점, 지적삼각점, 지적삼각보조점, 지적도근점을 연결하는 도선, 또는 지적도근점 상호간을 연결하는 도선 ○표기 : 1등 도선은 가, 나, 다 순, 2등 도선은 ㄱ, ㄴ, ㄷ 순으로 표기

세부측량

측량종류	경위의 측량법: 도선법	경위의 측량법: 방사법	평판측량방법: 교회법	평판측량방법: 도선법	평판측량방법: 방사법	전자평판측량방법: 교회법	전자평판측량방법: 도선법	전자평판측량방법: 방사법
기초(기지)점	위성기준점, 통합기준점, 지적기준점, 경계점(필요시 보조점)							
망구성			전방·측방의 3방향 이상 교회	위성·통합기준점, 삼각점지적측량 기준점·기지점 상호 연결		전방·측방의 3방향 이상 교회	위성·통합기준점, 삼각점, 지적측량 기준점·기지점 상호 연결	
삼각형내각			교각 : 30~150°			교각 : 30~150°		
경위의정밀도	20초독 이상							
수평각관측	1대회 방향관측이나(1측회의 폐색을 않할 수 있음) 2배각의 배각법에 따름							
1 방향각	60초 이내							
1회, 2회 측정각의 평균값에 대한교차	40초 이내							
계산 단위	각 / 변장 / 진수 / 좌표 초 / cm / 5자리 이상 / cm 분 / cm / 5자리 이상 / cm							
점간거리측정	2회 측정, 측정치의 교차가 평균치의 1/3000m 이하일 때 그 평균치 (경사거리인 경우 수평거리로 계산)							
연직각	정·반 1회, 허용교차 5분 이내 (분 단위 독정)							
1도선점수·거리	계산거리와 실측거리 허용오차	$3+\frac{L}{10}$ cm (L:실측거리, 미터단위)						
측량성과 인정한계	0.10m		3/10×M(mm)					

구분	평판측량방법: 교회법	평판측량방법: 도선법	평판측량방법: 방사법	전자평판측량방법: 교회법	전자평판측량방법: 도선법	전자평판측량방법: 방사법
방향선 / 측선 / 지거길이	10cm 이하 광파조준의, 광파측거기 사용 : 30cm 이하	8cm 이하, 광파조준의·광파측거기 사용 : 30cm 이하	10cm 이하 광파조준의 사용 시 30cm 이하	10cm 이하 광파조준의·광파측거기 사용 : 30cm 이하	8cm 이하, 광파조준의·광파측거기사용 : 30cm 이하	10cm 이하 광파조준의 사용 시 30cm 이하
시오삼각형	내접원 지름이 1mm 이하일 때 그 중심을 점의 위치로 함			내접원 지름이 1mm 이하일 때 그 중심을 점의 위치로 함		
도선의 변수		20변 이하			20변 이하	
폐색 오차		$\frac{\sqrt{N}}{3}$mm 이하			$\frac{\sqrt{N}}{3}$mm 이하	
오차 배분		$Mn=\frac{e}{N}\times n$			$Mn=\frac{e}{N}\times n$	

구분		기준
거리 측정(평판측량 방법의 경우)		도곽선의 길이가 0.5mm 이상 신축 시(신가축감) 보정량$=\frac{신축량(지상)\times 4}{도곽선길이합계(지상)}\times$실측거리
측판측량방법에서 경사거리를 수평거리로 계산	조준의 (앨리데이드)사용	$D=l\frac{1}{\sqrt{1+\left(\frac{n}{100}\right)^2}}$ (D는 수평거리, l은 경사거리, n은 경사분획)
측판측량방법에서 경사거리를 수평거리로 계산	$Kn=-\frac{e}{S}\times s$ (변의 수에 비례하여 각 측선의 방위각에 배분)	$D=l\cos\theta$ 또는 $l\sin\alpha$ (D는 수평거리, l은 경사거리, θ는 연직각, α는 천정각 또는 천저각)
거리측정 단위	경위의 측량 1cm	지적도 5cm, 임야도 50cm
측량 결과도: 도시개발·축척 변경 지역	1/500,	
측량 결과도: 농지의 구획정리 지역	1/1,000 (시·도지사 승인 시 1/6,000)	
곡선의 중앙 종거 길이	5~10cm	
경계점의 결정		지상경계선과 도상경계선의 부합여부를 현형법·도상원호교회법·지상원호교회법 또는 거리비교확인법
도상에 영향을 미치지 않는 축척별 허용 한계		M/10mm

면적측정

구분		기준	
대상		지적공부의 복구, 신규등록, 등록전환, 분할, 축척변경, 면적 또는 경계정정, 토지표시 사항 새로 결정, 경계복원측량 및 지적현황측량에 면적측정 수반되는 경우	
면적측정 방법	좌표면적 계산법	경위의측량방법 : 경계점좌표(1천분의 1제곱미터까지 계산 10분의 1제곱미터 단위로 정할 것)	A : 허용면적 M: 축척분모 F: 원면적 C: 측륜1분획 단위 면적 a : 각필지의 측정면적 또는 보정면적
면적측정 방법	전자면적 측정기	도상 2회 측정, $A=0.026^2M\sqrt{F}$ (측정면적은 1천분의 1제곱미터까지 계산하여 10분의 1제곱미터 단위로 정할 것	
신구면적	교차제한	$A=0.026^2M\sqrt{F}$ 이내일 때 안분 배부	
신구면적	필지면적 산출	$r=\frac{F}{A}\times a$	
차인면적제한		분할 전 5,000m² 이상 토지로 1필지면적이 8할 이상 분할 시(동일결과도 제외)	
면적 보정		도곽선의 길이가 0.5mm 이상 신축 시(신가축감) 보정량$=\frac{신축량(지상)\times 4}{도곽선길이합계(지상)}\times$실측거리	S: 신축량 ΔX_1 : 왼쪽 종선의 신축된 차 ΔX_2 : 오른쪽 종선의 신축된 차 ΔY_1 : 윗쪽 횡선의 신축된 차 ΔY_2 : 아래쪽 횡선의 신축된 차
도곽선의 신축량		$S=\frac{\Delta X_1+\Delta X_2+\Delta Y_1+\Delta Y_2}{4}$	
신축된 차		$\frac{1,000(L-Lo)}{M}$ (mm) (L은 신축된 도곽선 지상길이, Lo는 도곽선 지상길이, M은 축척분모)	
도곽선의 보정계수		$Z=\frac{X\cdot Y}{\Delta X\cdot\Delta Y}$ (Z : 보정계수, X는 도곽선 종선길이, Y는 도곽선 횡선길이, ΔX는 신축된 도곽선 종선길이의 합/2, ΔY는 신축된 도곽선 횡선길이의 합/2)	

2016년 기출문제

2016년 제1회 지적산업기사

2016년 제2회 지적산업기사

2016년 제3회 지적산업기사

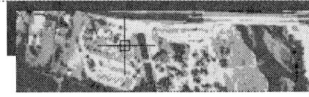

2016년 제1회 지적산업기사

01 지적측량

01. 평판측량에서 발생하는 오차 중 도상에 가장 큰 영향을 주는 오차는?
① 소축척 지도의 구심오차
② 방향선의 제도오차
③ 표정오차
④ 한 눈금의 수평오차

해설 측판측량에서 발생하는 오차의 종류는 다음과 같다.
1. 측량기계오차 : 외심, 시준, 자침오차
2. 측판설치오차 : 정준, 구심, 표정오차
3. 측량오차 : 방사법, 교회법, 지거법에 의한 오차이며 도상에 가장 큰 영향을 미치는 오차는 표정오차다.

02. 측량기준점을 구분할 때 지적기준점에 해당하지 않는 기준점은?
① 위성기준점
② 지적삼각점
③ 지적도근점
④ 지적삼각보조점

해설 공간정보의 구축 및 관리 등에 관한 법률 시행령 제8조(측량기준점의 구분)
1. 위성기준점 : 지리학적 경위도, 직각좌표 및 지구 중심 직교좌표의 측정 기준으로 사용하기 위하여 대한민국 경위도원점을 기초로 정한 기준점
2. 지적기준점 : 지적삼각점, 지적삼각보조점, 지적도근점

03. 지석측량의 구분으로 옳은 것은?
① 삼각측량, 도해측량
② 수치측량, 기초측량
③ 기초측량, 세부측량
④ 수치측량, 세부측량

해설 지적측량 시행규칙 제5조(지적측량의 구분 등)
지적측량은 지적기준점을 정하기 위한 기초측량과 일필지의 경계와 면적을 정하는 세부측량으로 구분함
1. 기초측량은 일필지측량을 하기 위해 기준점을 설치하고 관측하는 측량이며 지적삼각점측량, 지적삼각보조점측량, 지적도근점측량이 있음
2. 세부측량은 기초측량에 의해 설치된 기준점 또는 경계점을 기초로 하여 일필지측량을 하는 측량방법이며 경위의측량, 측판측량이 있음

Answer 1. ③ 2. ① 3. ③

04. 다음의 지적기준점성과표의 기록·관리 사항 중 반드시 등재하지 않아도 되는 것은?

① 경계점좌표
② 소재지와 측량연월일
③ 지적삼각점의 명칭과 기준 원점명
④ 자오선수차

해설 지적측량 시행규칙 제4조(지적기준점성과표의 기록·관리 등)

지적삼각점성과표	지적삼각보조점 및 지적도근점성과표
1. 지적삼각점의 명칭과 기준 원점명 2. 좌표 및 표고 3. 경도 및 위도(필요한 경우로 한정한다.) 4. 자오선수차(子午線收差) 5. 시준점(視準點)의 명칭, 방위각 및 거리 6. 소재지와 측량연월일 7. 그 밖의 참고사항	1. 번호 및 위치의 약도 2. 좌표와 직각좌표계 원점명 3. 경도와 위도(필요한 경우로 한정한다.) 4. 표고(필요한 경우로 한정한다.) 5. 소재지와 측량연월일 6. 도선등급 및 도선명 7. 표지의 재질 8. 도면번호 9. 설치기관 10. 조사연월일, 조사자의 직위·성명 및 조사 내용

05. 상한과 종·횡선차의 부호에 대한 설명으로 옳은 것은?(단, Δx : 종선차, Δy : 횡선차)

① 1상한에서 Δx는 (−), Δy는 (+)이다.
② 2상한에서 Δx는 (+), Δy는 (−)이다.
③ 3상한에서 Δx는 (−), Δy는 (−)이다.
④ 4상한에서 Δx는 (+), Δy는 (+)이다.

해설

상한	부호		상한별 방위 θ의 산출	방위각(V)
	종선차 Δx	횡선차 Δy		
I	+	+	$V = \theta$	$0° \sim 90°$
II	−	+	$V = 180° - \theta$	$90° \sim 180°$
III	−	−	$V = 180° + \theta a$	$180° \sim 270°$
IV	+	−	$V = 360° - \theta$	$270° \sim 360°$

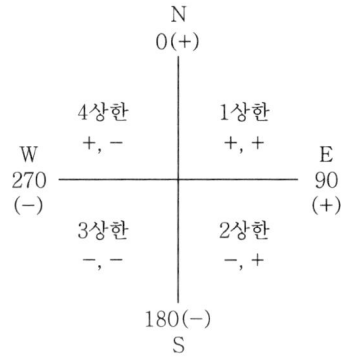

Answer 4. ① 5. ③

06. 축척이 1/500인 도면 1매의 면적이 $1,000\text{m}^2$라면, 도면의 축척을 1/1,000로 하였을 때 도면 1매의 면적은 얼마인가?

① $2,000\text{m}^2$ ② $3,000\text{m}^2$ ③ $4,000\text{m}^2$ ④ $5,000\text{m}^2$

해설 $A = \left(\dfrac{L}{S}\right)^2 \times c = \left(\dfrac{1,000}{500}\right)^2 \times 1,000 = 4,000\text{m}^2$

07. 그림의 방위각이 다음과 같을 때, $\angle ABC$는?

(단, $V_a^b = 38°15'30''$, $V_c^b = 316°18'20''$)

① $78°02'50''$ ② $81°57'10''$
③ $181°57'10''$ ④ $278°02'50''$

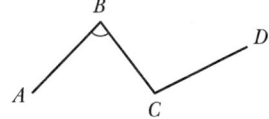

해설 1. 출발방위각 $V_a^b = 38°15'30''$

출발방위각 V_a^b의 역방위각은 출발방위각에 180°를 더한 값으로 표시는 다음과 같다.

$V_b^a = 218°15'30''$

2. C점에서 B점의 방위각은 $V_c^b = 316°18'20''$이며 역방위각은 180°를 더하면 360°를 넘기 때문에 180°를 빼면 $V_b^c = 136°18'20''$가 된다.

3. $\angle ABC$를 구하면 다음과 같다.

수평각의 내각은 앞선 각에서 뒤의 각을 빼주어야 하는데 문제의 그림에서 B점을 기준으로 A점과 C점을 보면 B점의 우측에 있는 A점이 앞선 각이 되므로 점 A를 본 방위각에서 점 B를 본 방위각을 빼면 $\angle ABC$가 된다.

$V_b^a = 218°15'30'' - V_b^c = 136°18'20'' = 81°57'10''$

$\therefore \angle ABC = 81°57'10''$

※ 참고

역방위각은 도착한 점에서 출발한 점을 시준했을 때의 방위각으로서 도착했을 때의 방위각에 180°를 더하거나 빼면 나오는 각이다.
1) 180°를 더하는 경우 : 도착방위각에 180°를 더해서 360°를 넘지 않는 경우
2) 180°를 빼는 경우 : 도착방위각에 180°를 더해서 360°를 넘는 경우

08. 축척 1/600 지역에서 지적도근점측량 계산 시 각 측선의 수평거리의 총 합계가 2,210.52m일 때 2등도선일 경우 연결오차의 허용한계는?

① 약 0.62m ② 약 0.42m ③ 약 0.22m ④ 약 0.02m

해설 지적측량 시행규칙 제15조(지적도근점측량에서의 연결오차의 허용범위와 종선 및 횡선오차의 배분)

지적도근점측량에서 연결오차의 허용범위 중 2등도선은 해당 지역 축척분모의 $\dfrac{1.5}{100}\sqrt{n}$ 센티미터 이하로 하며 이 경우 n은 각 측선의 수평거리의 총합계를 100으로 나눈 수임

따라서 축척분모 $\times \dfrac{1.5}{100}\sqrt{n} = 600 \times \dfrac{1.5}{100}\sqrt{22.1} = 42.3$

$\therefore$ 약 0.42m 이하

Answer 6. ③ 7. ② 8. ②

09. 지적기준점측량의 작업순서로 가장 적합한 것은?

① 선점 → 관측 → 조표 → 계산
② 선점 → 계산 → 조표 → 관측
③ 조표 → 선점 → 관측 → 계산
④ 선점 → 조표 → 관측 → 계산

해설 지적측량 시행규칙 제7조(지적측량의 방법 등)
지적기준점측량의 절차는 다음 순서에 따른다.
1. 계획의 수립
2. 준비 및 현지답사
3. 선점(選點) 및 조표(調標)
4. 관측 및 계산과 성과표의 작성

10. 다음 중 지적측량의 방법으로 옳지 않은 것은?

① 지적삼각점측량
② 지적도근점측량
③ 세부측량
④ 일반측량

해설 지적측량 시행규칙 제5조(지적측량의 구분 등)
1. 지적측량은 지적기준점을 정하기 위한 기초측량과 일필지의 경계와 면적을 정하는 세부측량으로 구분함
2. 기초측량은 지적삼각점측량, 지적삼각보조점측량, 지적도근점측량이 있음

11. 등록전환을 하는 경우 임야대장의 면적과 등록 전환될 면적의 오차허용범위에 대한 계산식은?(단, A : 오차허용면적, M : 임야도의 축척분모, F : 등록전환될 면적)

① $A = 0.026 M \sqrt{F}$
② $A = 0.023 M \sqrt{F}$
③ $A = 0.023^2 M \sqrt{F}$
④ $A = 0.026^2 M \sqrt{F}$

해설 공간정보의 구축 및 관리 등에 관한 법률 시행령 제19조(등록전환이나 분할에 따른 면적 오차의 허용범위 및 배분 등)
임야대장의 면적과 등록전환될 면적의 오차 허용범위는 다음과 같다.
$A = 0.026^2 M \sqrt{F}$
(여기서, A : 오차 허용면적, M : 임야도 축척분모, F : 등록전환될 면적)
이 경우 오차의 허용범위를 계산할 때 축척이 3천분의 1인 지역의 축척분모는 6천으로 한다.

12. 지적도근점측량에서 지적도근점의 구성 형태 아닌 것은?

① 결합도선
② 폐합도선
③ 다각망도선
④ 개방도선

해설 지적측량 시행규칙 제12조(지적도근점측량)
4. 지적도근점은 결합도선·폐합도선(廢合道線)·왕복도선 및 다각망도선으로 구성하여야 한다.

1) 개방도선(Open Traverse)
   ㉠ 기지점에서 시작되어 미지점에서 끝나는 측량방법으로서 이러한 도선의 형태에서는 현지 측정에 대하여 방향과 거리의 착오나 오차를 검사할 수 있는 방법이 없다.
   ㉡ 출발점 이외에는 기지점이나 가정좌표점이 포함되지 않아 검증할 수 있는 도근점이 없기 때문에 개방도선은 높은 정확도를 요하는 목적의 측량이나 지적측량에서는 사용하지 못하도록 규정하고 있다.

2) 폐합도선(Loop Traverse)
   ㉠ 수평위치를 알 수 있는 한점에서 출발하여 다시 동일한 점에 되돌아와 폐합하는 도선
   ㉡ 각에 대한 내부검정이 가능하다.
   ㉢ 도선의 표정에 따른 각과 거리의 오차 중에서 정오차만을 분리해서 알 수 있으므로 보정상 문제가 있다.
   ㉣ 정밀을 요하는 측량에는 부적합하며 이 방법 이외의 다른 측량방법으로는 해결이 곤란하거나 부득이한 경우를 제외하고는 사용하지 않는 것이 좋다.

3) 결합도선(Connecting Traverse)
   ㉠ 기지점에서 시작하여 다른 수평기지점에 결합하는 측량방법
   ㉡ 도근도선의 형태는 계산적으로 검정이 가능하며 기지방향과 거리에 있어서의 정오차의 검사도 가능하기 때문에 유리하다.
   ㉢ 폐합도선의 일정이지만 출발점에 다시 되돌아와 폐합시키지 않고 다른 기지점에 폐색시킴으로써 보다 더 높은 신뢰성을 가질 수 있는 것이 장점이다.
   ㉣ 따라서 지적도근점측량에서는 주로 이 방법에 의하여 시행하도록 규정하고 있다.

13. 광파기측량방법에 따라 다각망도선법으로 지적삼각보조점측량을 할 때의 기준으로 옳은 것은?
① 1도선의 거리는 8킬로미터 이하로 할 것
② 1도선의 거리는 6킬로미터 이하로 할 것
③ 1도선의 점의 수는 기지점과 교점을 포함하여 7점 이하로 할 것
④ 1도선의 점의 수는 기지점과 교점을 포함하여 5점 이하로 할 것

구분 \ 측량 종류	지적삼각보조점측량
측량 방법	전·광파기 측량법
	다각망도선법
망구성	3개 이상의 기지점을 포함한 결합다각방식
1도선점수·거리	기지점과 교점 포함 5점 이하, 1도선 거리 4km 이하
폐색오차 제한	$\pm 10\sqrt{n}$ 이내(n : 폐색변을 포함한 변수)

14. 그림과 같은 지적도근점측량 결합도선에서 관측값의 오차는 얼마인가?(단, 보$_1$에서 출발방위각은 33°20′20″이고, 보$_2$에서 폐색방위각은 320°40′40″이었다.)

① 0°39′40″
② 0°49′40″
③ 1°39′40″
④ 1°49′40″

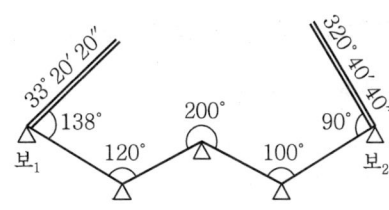

해설 $W = (T_A - T_B + \sum_\beta) - 180°(n-3)$
$= (33°20′20″ - 320°40′40″ + 648°) - 180°(5-3)$
$= (360°39′40″) - 360°$
$= 0°39′40″$

15. 두 점 간의 거리가 100m이고 경사도가 60°일 때의 수평거리는?

① 30m ② 40m ③ 50m ④ 60m

해설 수평거리=경사거리×$\cos\theta$=100m×$\cos 60°$=50m

16. 지적측량 성과와 검사 성과의 연결교차가 일정 허용범위 이내일 때에는 그 지적측량 성과에 관하여 다른 입증을 할 수 있는 경우를 제외하고는 그 측량성과로 결정하여야 한다. 다음 중 허용범위에 대한 기준으로 옳은 것은?

① 지적삼각점 : 0.40m
② 지적삼각점 : 0.60m
③ 지적삼각보조점 : 0.45m
④ 지적삼각보조점 : 0.25m

해설 지적측량 시행규칙 제27조(지적측량성과의 결정)

대상		연결교차
지적삼각점		0.20미터
지적삼각보조점		0.25미터
지적도근점	경계점좌표등록부 시행지역	0.15미터
	그 밖의 지역	0.25미터
경계점	경계점좌표등록부 시행지역	0.10미터
	그 밖의 지역	10분의 3M 밀리미터(M은 축척분모)

17. 지적복구측량에 대한 설명으로 옳은 것은?

① 수해지역의 측량
② 축척변경지역의 측량
③ 지적공부 멸실 지역의 측량
④ 임야대장 등록지를 토지대장에 옮기는 측량

해설 공간정보의 구축 및 관리 등에 관한 법률 제74조(지적공부의 복구)

지적소관청(제69조 제2항에 따른 지적공부의 경우에는 시·도지사, 시장·군수 또는 구청장)은 지적공부의 전부 또는 일부가 멸실되거나 훼손된 경우에는 대통령령으로 정하는 바에 따라 지체 없이 이를 복구하여야 한다.

18. 세부측량의 기준 및 방법에 대한 내용으로 옳지 않은 것은?

① 평판측량법에 있어서 도상에 영향을 미치지 아니하는 지상거리의 축척별 허용범위는 $\frac{M}{20}$ 밀리미터로 한다.(M=축척분모)
② 평판측량방법에 따른 세부측량을 교회법으로 하는 경우, 3방향 이상의 교회에 따른다.
③ 평판측량방법에 따른 세부측량에서 측량결과도는 그 토지가 등록된 도면과 동일한 축척으로 작성한다.
④ 평판측량방법에 따른 세부측량을 도선법으로 하는 경우, 도선의 변은 20개 이하로 한다.

해설 지적측량 시행규칙 제18조(세부측량의 기준 및 방법 등)
평판측량방법에 있어서 도상에 영향을 미치지 아니하는 지상거리의 축척별 허용범위는 $\frac{M}{10}$ 밀리미터로 한다. 이 경우 M은 축척분모를 말한다.

19. 다음 중 지오이드(Geoid)에 대한 설명으로 옳은 것은?
① 지정된 점에서 중력방향에 직각을 이룬다.
② 수준원점은 지오이드면에 일치한다.
③ 지구타원체의 면과 지오이드면은 일치한다.
④ 기하학적인 타원체를 이루고 있다.

해설 평균해수면을 육지까지 연장해 놓은 가상적인 곡면으로 지구의 밀도가 균일하지 않기 때문에 지오이드 표면도 불규칙한 표면을 이룸

지오이드의 특징
1. 위치에너지가 0인 면이며 연직선 중력방향에 수직인 면
2. 물리적으로 가장 지구의 모양에 가깝다고 할 수 있음
3. 수직위치의 기준면으로 사용
4. 불규칙한 면이므로 수평위치의 기준면으로 사용하기에는 부적절
5. 지구 표면이 전부 바다로 이루어져 있다고 가정한다면 정지 상태의 해수면

20. 평면직각종횡선의 종축의 북방향을 기준으로 시계방향으로 측정한 각으로, 지적측량에서 주로 사용하는 방위각은?
① 진북방위각 ② 도북방위각
③ 자북방위각 ④ 천북방위각

해설 지적측량에서는 도북방위각을 사용한다.
※ 참고
1. 진북방위각 : 자오선의 극방향을 북으로 하여 임의의 지점까지 우회하여 관측한 각
2. 도북방위각 : 지구의 회전축인 X축과 적도를 기준으로 지구의 중심을 지나는 Y축에서 X축을 기준으로 임의의 지점까지 우회한 각
3. 자북방위각 : 자침이 가리키는 방향을 기준으로 임의의 지점까지 우회한 각
4. 천북방위각 : 천극(天極)을 기준으로 임의의 지점까지 우회한 각

Answer 19. ① 20. ②

02 응용측량

21. 초점거리 150mm, 경사각이 30°일 때 주점으로부터 등각점까지의 길이는?

① 20mm   ② 40mm   ③ 60mm   ④ 80mm

해설 등각점 $= f \times \tan \dfrac{i}{2}$

$0.150 \times \tan \dfrac{30}{2} = 0.04\text{m}$

여기서, f : 초점거리, i : 경사각

22. 등고선 성질에 대한 설명으로 틀린 것은?

① 높이가 다른 등고선은 서로 교차하거나 합쳐지지 않는다.
② 동일한 등고선 상의 모든 점의 높이는 같다.
③ 등고선은 반드시 폐합하는 폐곡선이다.
④ 등고선과 분수선은 직각으로 교차한다.

해설 등고선의 성질
1. 동일 등고선 상에 있는 모든 점은 같은 높이다.
2. 등고선은 도면 내외에서 폐합하는 폐곡선이다.
3. 지도의 도면 내에서 폐합하는 경우 등고선의 내부에 산정 또는 분지가 있다.
4. 높이가 다른 두 등고선은 동굴이나 절벽의 지형이 아닌 곳에서는 교차하자 않으며, 동굴이나 절벽은 반드시 두 점에서 교차한다.
5. 동등한 경사의 지표에서 양 등고선의 수평거리는 같다.
6. 같은 경사의 평면일 때는 나란히 직선이 된다.
7. 최대 경사의 방향은 등고선과 직각으로 교차한다.
8. 등고선은 경사가 급한 곳에서는 간격이 좁고 완만한 경사지에서는 넓다.
9. 등고선은 분수선과 직각으로 만난다.
10. 등고선의 수평거리는 산꼭대기 및 산 밑에서는 크고 산중턱에서는 작다.
11. 등고선이 능선을 직각방향으로 횡단한 다음 능선 다른 쪽을 따라 거슬러 올라간다.

23. 수준측량의 용어에 대한 설명으로 옳지 않은 것은?

① 전시 : 표고를 알고자 하는 곳에 세운 표척의 읽음값
② 중간점 : 그 점의 표고만을 구하고자 표척을 세워 전시만 취하는 점
③ 후시 : 측량해 나가는 방향을 기준으로 기계의 후방을 시준한 값
④ 기계고 : 기준면에서 시준선까지의 높이

해설 후시는 알고 있는 점에 세운 표척의 눈금을 읽는 것을 말한다.

24. 다음 중 완화곡선에 사용되지 않는 것은?
① 클로소이드 곡선
② 렘니스케이트 곡선
③ 2차 포물선
④ 3차 포물선

해설 완화곡선에는 3차 포물선, 고차 포물선, 반파장 사인, 렘니스케이트, 클로소이드 등이 있다.

25. 중간점이 많은 종단수준측량에 적합한 야장기입방법은?
① 고차식
② 기고식
③ 승강식
④ 종란식

해설 노선측량 야장기입법 중에서 종단측량이나 횡단측량에 많이 쓰이며 중간점이 많을 때 가장 적당한 방법은 기고식이다.

26. 위성측량으로 지적삼각점을 설치하고자 할 때 가장 적합한 측량방법은?
① 실시간 이동상대측량(Real Time Kinematic Survey)
② 이동상대측량(Kinematic Survey)
③ 정지상대측량(Static Suvey)
④ 방향관측법

해설 정지측량은 반송파의 위상을 이용하여 관측점 간의 기선벡터를 계산하는 방법으로 고정점을 기준으로 측점에 장시간(40분~2시간) 관측하는 방법으로 2개 이상의 수신기를 각 측점에 고정하고 동시에 4개 이상의 위성으로부터 신호를 30분 이상 수신하는 방식으로서 수신된 신호를 컴퓨터 처리에 의해 각 수신기의 위치 및 거리를 계산하는 후처리 위치결정방식이다. 계산된 위치 및 거리 정확도가 수 mm 정도(0.01~1ppm)로 높으며 지적삼각점, 측지기준점측량, VLBI의 보완 또는 대체측량에 이용된다.

27. 직접수준측량 시 주의사항에 대한 설명으로 틀린 것은?
① 작업 전에 기기 및 표척을 점검 및 조정한다.
② 전후의 표척거리는 등거리로 하는 것이 좋다.
③ 표척을 세우고 나서는 표척을 움직여서는 안 된다.
④ 기포관의 기포는 똑바로 중앙에 오도록 한 후 관측을 한다.

해설 표척을 기계수 방향으로 앞뒤로 천천히 움직여 제일 작은 눈금을 읽어야 한다.

28. 항공사진측량용 사진기 중 피사각이 90° 정도로 일반도화 및 판독용으로 많이 사용하는 것은?
① 보통각사진기
② 광각사진기
③ 초광각사진기
④ 협각사진기

해설 항공사진촬영용 카메라의 성능 중 초광각 카메라의 피사각(화각)은 120°, 광각 카메라의 피사각은 90°, 보통각 카메라의 피사각은 60°이다.

Answer 24. ③ 25. ② 26. ③ 27. ③ 28. ②

29. 그림과 같은 $\triangle ABC$에서 $\overline{AD}$로 $\triangle ABD : \triangle ABC = 1 : 3$으로 분할하려고 할 때, $\overline{BD}$의 거리는?(단, $\overline{BC} = 42.6\text{m}$)

① 2.66m   ② 4.73m
③ 10.65m   ④ 14.20m

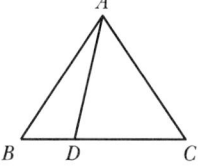

해설 $3 : 42.6 = 1 : x$
$x = \dfrac{42.6}{3} = 14.20\text{m}$

30. 노선의 결정 시 고려하여야 할 사항으로 옳지 않은 것은?

① 가능한 경사가 완만할 것   ② 절토의 운반거리가 짧을 것
③ 배수가 완전할 것   ④ 가능한 곡선으로 할 것

해설 일반적으로 노선은 가능한 직선으로 결정한다.

31. 노선측량의 일반적 작업순서로 옳은 것은?

(1) 지형측량	(2) 중심선측량	(3) 공사측량	(4) 노선 선정

① (4)-(1)-(2)-(3)   ② (1)-(3)-(2)-(4)
③ (4)-(3)-(2)-(1)   ④ (2)-(1)-(3)-(4)

해설 노선측량의 일반적인 순서는 노선 선정 → 계획조사측량(지형측량) → 실시설계측량(중심선 측량) → 용지측량 → 공사측량이다.

32. 사진측량에서 표정 중, 촬영 당시의 광속의 기하 상태를 재현하는 작업으로 기준점 위치 렌즈의 왜곡, 사진기의 초점거리와 사진의 주점을 결정하는 작업은?

① 내부표정   ② 상호표정   ③ 절대표정   ④ 접합표정

해설 내부표정이란 도화기의 투영기에 촬영 당시와 똑같은 상태로 양화건판을 정착시키는 작업으로, 즉 화면거리 조정과 주점의 표정작업이며 내용으로는 주점의 위치 결정, 화면거리의 결정, 건판의 신축보정 등이 있다.

33. 경사진 터널 내에서 2점 간의 표고차를 구하기 위하여 측량한 결과 아래와 같은 결과를 얻었다. AB의 고저차 크기는?

(단, $a = 1.20\text{m}$, $b = 1.65\text{m}$, $\alpha = -11°$, $S = 35\text{m}$)

① 5.32m
② 6.23m
③ 7.32m
④ 8.23m

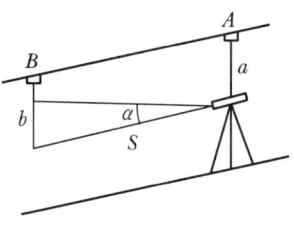

해설 $H = L \sin \alpha + a - b = 35 \sin 11° + 1.2 - 1.65 = 6.23\text{m}$

34. 다음 중 항공사진의 판독만으로 구별하기 가장 어려운 것은?
① 능선과 계곡
② 밀밭과 보리밭
③ 도로와 철도선로
④ 침엽수와 활엽수

해설 항공사진측량에서 사진판독요소로는 크기, 형태, 색조, 모양, 질감, 음영, 과고감, 상호 위치관계 등이 있으며 항공사진의 판독은 삼림의 판독, 지형의 판독, 지물의 판독, 환경 오염지 조사, 토양의 판독, 군사적인 판독에 쓰인다.

35. 자침편차가 동편 $3°20'$인 터널 내에서 어느 측선의 방위 $S\,24°30'\,W$를 관측하였을 경우 이 측선의 진북방위각은?
① $152°10'$
② $158°50'$
③ $201°10'$
④ $207°50'$

해설 자침편차는 진북방위각과 자북방위각의 차이를 말하며
방위 S24°30'W는 상한상 3상한이므로
$180° + 24°30' + 3°20' = 207°50'$

36. 등고선도로서 알 수 없는 것은?
① 산의 면적
② 댐의 유수량
③ 연직선 편차
④ 지형의 경사

해설 등고선도로 토지현황(경사도), 토공량 측정, 구조물 설계, 저수지 측량, 지질도의 지형측량, 노선측량의 예측 등을 알 수 있으며, 연직선 편차는 지오이드 방향에 직교하는 연직선과 타원체 법선인 수직선이 지구타원체와 지오이드의 차이로 인해 일치하지 않아 발생하는 편차를 말한다.

37. 사진측량의 특수 3점이 아닌 것은?
① 주점
② 연직점
③ 수평점
④ 등각점

해설 항공사진의 특수 3점은 주점, 등각점, 연직점을 말한다.

38. 노선연장 2km를 결합도선으로 측량할 때 폐합비를 1/100,000로 제한하려면 폐합오차의허용한계는 얼마로 해야 하는가?
① 0.2cm
② 0.5cm
③ 1.0cm
④ 2.0cm

39. 비고 50m의 구릉지에서 초점거리 210mm의 사진기로 촬영한 사진의 크기가 23×23cm이고, 축적이 1 : 25,000이었다. 이 사진의 비고에 의한 최대 변위량은?
① 1.5mm
② 3.2mm
③ 4.8mm
④ 5.2mm

해설 촬영고도(H) = 초점거리(f) × 축척분모(m) = $0.21 \times 25,000 = 5,250$m

Answer   34. ②   35. ④   36. ③   37. ③   38. ④   39. ①

최대변위량은

$$\Delta r_{max} = \frac{h}{H} r_{max}$$

$$r_{max} = \frac{\sqrt{2}}{2} \times a = \frac{50}{5,250} \times \frac{\sqrt{2}}{2} \times 0.23 = 0.0015\text{m} = 1.5\text{mm}$$

여기서, Δr_{max} : 최대변위량
 h : 비고
 H : 비행고도
 r_{max} : 최대화면 연직점에서의 거리
 a : 사진 크기

40. GNSS(위성측위) 관측 시 주의할 사항으로 거리가 먼 것은?

① 측정점 주위에 수신을 방해하는 장애물이 없도록 하여야 한다.
② 충분한 시간 동안 수신이 이루어져야 한다.
③ 안테나 높이, 수신시간과 마침시간 등을 기록한다.
④ 온도의 영향을 많이 받으므로 너무 춥거나 더우면 관측을 중단한다.

해설 GNSS 측량 시스템은 인공위성을 이용한 위치측정시스템으로 정확한 위치를 알고 있는 위성에서 발사한 전파를 수신하여 관측점까지 소요시간을 측정하여 위치를 구하며, GNSS의 특징은 다음과 같다.
1. 기상상태(온도, 습도 등)와 관계없이 관측의 수행이 가능하다.
2. 지형여건과 관계 없으며, 또한 측점 간 상호 시통이 되지 않아도 관계없다.
3. 관측작업이 신속하게 이루어진다.
4. 측점에서 모든 데이터 취득이 가능해진다.
5. 1인 측량이 가능하여 인력이 적게 소요되고, 측정작업이 간단하다.
그러나 GPS 측량도 전파를 수신하기에 주위에 고압선 및 고층건물 등이 있으면 전파에 방해를 받을 수 있다.

03 토지정보체계론

SUBJECT

41. 토지의 고유번호는 총 몇 자리로 구성하는가?

① 10자리
② 12자리
③ 15자리
④ 19자리

해설 고유번호의 구성은 행정구역코드 10자리(시·도 2, 시·군·구 3, 읍·면·동 3, 리 2), 대장구분 1자리, 본번 4자리, 부번 4자리 합계 19자리로 구성한다.

42. 토지정보체계와 지리정보체계에 대한 설명으로 옳지 않은 것은?
① 토지정보체계의 공간정보단위는 필지이다.
② 지리정보체계의 축척은 소축척이다.
③ 토지정보체계의 기본도는 지형도이다.
④ 지리정보체계는 경사, 고도, 환경, 토양, 도로 등이 기반 정보로 운영된다.

해설 토지정보체계의 기본도는 지적도이다.

43. 지적전산정보시스템에서 사용자권한 등록파일에 등록하는 사용자번호 및 비밀번호에 관한 사항으로 옳지 않은 것은?
① 사용자의 비밀번호는 변경할 수 없다.
② 한 번 부여된 사용자번호는 변경할 수 없다.
③ 사용자번호는 사용자권한 등록관리청별로 일련번호로 부여하여야 한다.
④ 사용자권한 등록번호를 따로 관리할 수 있다.

해설 사용자의 비밀번호는 다른 사람에게 누설하여서는 아니 되며, 사용자는 비밀번호가 누설되거나 누설될 우려가 있는 때에는 즉시 이를 변경하여야 한다.

44. 다음 중 중첩분석의 일반적인 유형에 해당하지 않는 것은?
① 점과 폴리곤의 중첩
② 선과 폴리곤의 중첩
③ 폴리곤과 폴리곤의 중첩
④ 점과 선의 중첩

해설 중첩 기능
1. 도형과 속성자료가 각기 구축된 레이어를 동일 좌표계를 이용하여 중첩시켜 새로운 형태의 도형과 속성레이어를 생성하는 기능
2. 폴리곤 안에 점의 중첩, 폴리곤 위의 선의 중첩, 폴리곤과 폴리곤의 중첩

45. GPS 측량의 장단점으로 옳지 않은 것은?
① 직접적인 관찰이 불가능한 지점 간의 측량이 가능하다.
② 기후에 좌우되지 않으나 야간측량은 불가능하다.
③ 위성에 의한 전파를 이용한 방식이므로 건물 사이, 수중, 숲속에서의 측량은 불가능하다.
④ 고정밀도 측위를 위해서는 별도로 기준국을 필요로 한다.

해설 GPS 측량은 야간측량에도 실시할 수 있다.

46. 다음 중 점, 선, 면으로 표현된 객체들 간의 공간관계를 설정하여 각 객체들 간의 인접성, 연결성, 포함성 등에 관한 정보를 파악하기 쉬우며, 다양한 공간분석을 효율적으로 수행할 수 있는 자료구조는?
① 스파게티(Spaghetti) 구조
② 래스터(Raster) 구조
③ 위상(Topology) 구조
④ 그리드(Grid) 구조

해설 위상구조는 점, 선, 면으로 객체 간의 공간 관계를 파악할 수 있으며 인접성 연결성, 포함성을 이용하여 공간분석을 효율적으로 할 수 있다.

47. 파일처리 방식과 비교하여 데이터베이스 관리시스템(DBMS) 구축의 장점으로 옳은 것은?

① 하드웨어 및 소프트웨어의 초기 비용이 저렴하다.
② 시스템의 부가적인 복잡성이 완전히 제거된다.
③ 검증된 통제에 따른 위험이 완전히 제거된다.
④ 자료의 중복을 방지하고 일관성을 유지할 수 있다.

해설 DBMS 장점
1. 데이터의 공유 기능 : 같은 내용의 데이터를 응용분야의 요구에 맞게 지원
2. 데이터의 중복성 최소화 : 중복성을 완전히 제거하는 것은 아님
3. 데이터의 일관성 유지 : 데이터의 중복 제거로 불일치를 방지
4. 데이터의 무결성 유지 : 데이터베이스에 저장된 데이터가 정확
5. 데이터의 보완 유지 : 중앙집중식으로 데이터베이스의 관리 및 접근을 효율적으로 통제
6. 표준화 기능 : 해당 조직체에 적합한 데이터 표준체계를 정립할 수 있음

48. 다음 중 한국토지정보시스템의 약자로 옳은 것은?

① LMIS
② KMIS
③ KLIS
④ PBLIS

해설 한국토지정보시스템(KLIS : Korea Land Information System)

49. 다음 중 토지기록 전산화 작업의 목적과 거리가 먼 것은?

① 토지 관련 정책 자료의 다목적 활용
② 민원의 신속하고 정확한 처리
③ 토지 소유 현황의 파악
④ 중앙 통제형 행정전산화의 추진

해설 토지기록 전산화 작업의 목적
1. 토지와 관련된 정책자료의 다목적 활용
2. 토지 관련 정보의 효율적 관리 및 이용
3. 여러 공공기관 및 부서 간의 토지정보 공유
4. 지적민원사항의 신속한 처리
5. 토지 관련 과세자료로 활용(토지소유자의 현황 파악)
6. 여러 종류의 도면과 대장을 효율적이고 통합적으로 관리
7. 지적공부의 노후화 극복
8. 수작업으로 인한 오류 방지
9. 업무별 분산처리 실현

50. 다음 중 토지소유권에 대한 정보를 검색하고자 하는 경우 식별자로 사용하기에 가장 적합한 것은?
① 주소
② 성명
③ 주민등록번호
④ 생년월일

해설 식별자(識別子)는 어떤 대상을 유일하게 식별 및 구별할 수 있는 이름을 뜻한다. 식별자는 정보를 다루는 모든 체계에서 내부적으로 사용되는데, 정보를 처리하기 위해서는 그 정보를 가리킬 방법이 있어야 하기 때문이다.

51. 벡터데이터의 구조에 대한 설명으로 틀린 것은?
① 점은 하나의 좌표로 표현된다.
② 선은 여러 개의 좌표로 구성된다.
③ 면은 3개 이상의 점의 집합체로 폐합된 다각형 형태의 구조를 갖는다.
④ 점·선·면의 형태를 이용한 지리적 객체는 4차원의 지도를 갖는다.

해설 시간 개념까지 포함된 것이 4차원 지도이다.

52. 효율적으로 공간데이터를 분석, 처리하기 위한 고려사항으로 가장 거리가 먼 것은?
① 공간 데이터의 분포 및 군집성
② 하드웨어 설치 장소
③ 변화하는 공간데이터의 갱신
④ 효율적인 저장 구조

해설 공간분석 기능
1. 공간데이터의 관리와 분석 : 포맷의 변환, 기하학적 변형, 서로 다른 지도 투영법 간 변환, 융합, 동형화, 선 좌표의 간략화, 도형요소의 편집
2. 속성데이터의 관리와 분석 : 속성데이터의 편집 기능, 속성데이터의 질의 기능
3. 공간데이터와 속성데이터의 통합적 분석 : 갱신, 분류, 측정의 단순화, 중첩, 근접 분석, 연결성 분석

53. DBMS의 기능 중 하나의 데이터베이스 형태가 여러 사용자들이 요구하는 대로 데이터를 기술해 줄 수 있도록 데이터를 조직하는 기능은 무엇인가?
① 저장기능
② 정의기능
③ 제어기능
④ 조작기능

해설 DBMS의 기능
1. 정의기능 : 사용자는 데이터 정의어를 사용하여 데이터베이스 스키마를 정의, 데이터베이스, 테이블, 필드, 인덱스 등 객체(Object)를 생성하고(Create) 변경하거나(Alter) 삭제하는(Drop) 등의 기능
2. 조작기능 : 사용자가 데이터베이스에 접근하여 데이터를 처리, 데이터베이스에 저장된 자료를 검색, 삽입(Insert), 삭제(Delete), 갱신(Update)하기 위해 사용
3. 제어기능 : 사용자는 데이터 제어어를 사용하여 데이터베이스 트랜잭션을 명시하고 권한을 부여하거나 취소

Answer 50. ③ 51. ④ 52. ② 53. ②

54. 검색 방법 중 찾고자 하는 레코드 키가 있음직한 위치를 추정하여 검색하는 방법은?

① 보간(Interpolation) 검색　　　② 피보나치(Fibonacci) 검색
③ 이진(Binary) 검색　　　　　　④ 순차(Sequential) 검색

해설 검색 방법
1. 보간(Interpolation) 검색
   - 이미 파일이 레코드의 키 값에 따라 정렬되어 있을 때
   - 처음 비교할 레코드를 선택할 때 찾으려는 자료 레코드가 있음직한 위치를 예측하여 탐색을 수행함
   - 그 다음은 그 위치에서부터 선형 탐색함
2. 피보나치(Fibonacci) 검색
   - 이진검색과 유사한 방식이나 검색대상을 피보나치 수열을 이용해 선정함
   - 피보나치 수열은 0과 1로 시작, 피보나치 수는 바로 앞 두 수의 합
3. 이진 검색(Binary Search)
   - 이진 검색은 자료의 가운데에 있는 항목을 키값과 비교하여 키값이 더 크면 오른쪽 부분을 검색하고 키값이 더 작으면 왼쪽 부분을 검색하는 방법
   - 가운데에 있는 값을 기준으로 왼쪽과 오른쪽 두 분으로 나누어서 검색하므로 이분 검색 또는 보간 검색(Interpolation Search)이라고도 함
   - 키를 찾을 때까지 이진 검색을 순환적으로 반복 수행함으로써 검색 범위를 반으로 줄여가면서 빠르게 검색
   - 또한 검색 범위를 반으로 분할하고 검색을 수행하는 작업을 반복함으로써 분할 정복 기법이라고도 함
4. 순차(Sequential) 검색
   - 주어진 자료파일에서 처음부터 검색키에 해당하는 레코드를 순차적으로 비교하여 찾는 가장 단순한 검색방법
   - 자료를 별다르게 조직화할 필요가 없기 때문에 가장 단순하고 어떤 상황에서도 사용될 수 있는 융통성이 장점이지만 N개의 자료에 대해서 평균적으로 N/2번의 비교를 해야 하는 효율이 낮은 검색방법

55. 다음 중 연속도면의 제작·편집에 있어 도곽선 불일치의 원인에 해당되지 않는 것은?

① 통일된 원점의 사용　　　　　② 도면 축척의 다양성
③ 지적도면의 관리 부실　　　　④ 지적도면 재작성의 부정확

해설 통일원점 : 동부원점, 중부원점, 서부원점, 동해원점

56. 토지정보체계의 구성요소에 해당하지 않는 것은?

① 기준점　　　　　　　　　　　② 데이터베이스
③ 소프트웨어　　　　　　　　　④ 조직과 인력

해설 GIS의 구성요소
1. 4가지 구성요소 : 조직, 자료, 소프트웨어, 하드웨어
2. 7가지 구성요소 : 하드웨어, 소프트웨어, 네트워크, 방법, 사람, 자료, GIS 애플리케이션

Answer　54. ①　55. ①　56. ①

57. 래스터 데이터와 벡터데이터에 대한 설명으로 틀린 것은?

① 래스터 데이터의 정밀도는 격자 간격에 의하여 결정된다.
② 벡터데이터의 자료구조는 래스터 데이터보다 복잡하다.
③ 벡터데이터의 자료 입력에는 스캐너가 주로 이용된다.
④ 래스터 데이터의 도형표현은 면(화소, 셀)으로 표현된다.

해설 래스터데이터의 자료 입력에는 스캐너가 주로 이용된다.

58. 다음 중 공개된 상업용 소프트웨어와 자료구조의 연결이 잘못된 것은?

① AutoCAD-DXF
② ArcView-SHP/SHX/DBF
③ MicroStation-IFS
④ MapInfo-MID/MIF

해설 MicroStation-DGN

59. 지적도와 시·군·구 대장 정보를 기반으로 하는 지적행정 시스템의 연계를 통한 각종 지적업무를 수행할 수 있도록 만들어진 정보시스템은?

① 필지중심토지정보시스템
② 지리정보시스템
③ 도시계획정보시스템
④ 시설물관리시스템

해설 필지중심토지정보시스템(PBLIS ; Parcel Based Land Information)
1. 지적도와 토지대장의 속성을 기반으로 하는 지적행정업무 수행과 관련 부처에 정책정보 및 일반 사용자에게 토지 관련 정보를 제공
2. 현행 지적도면으로는 축척이 다양하고 측량성과 및 관리의 문제 등으로 인한 도면 전산화 추진의 곤란 해소
3. 사용데이터
   • 토지/임야대장
   • 지적도, 지적 관련 도면
   • 기준점 표석대장
   • 업무내용은 지적공부관리 및 정책지원, 지적측량 업무, 지적측량성과 작성업무 등 3개 분야에 430개 세부업무를 추진

60. GIS의 필요성과 관계가 없는 것은?

① 전문부서 간 업무의 유기적 관계를 갖기 위하여
② 정보의 신뢰도를 높이기 위하여
③ 자료의 중복 조사 방지를 위하여
④ 행정환경 변화에 수동적 대응을 하기 위하여

해설 수동적(受動的) : 다른 것의 영향을 받아 움직이는 것

Answer 57. ③ 58. ③ 59. ① 60. ④

04 지적학

61. 다음 중 지적과 등기를 비교하여 설명한 내용으로 옳지 않은 것은?

① 지적은 실질적 심사주의를 채택하고 등기는 형식적 심사주의를 채택한다.
② 등기는 토지의 표시에 관하여는 지적을 기초로 하고 지적의 소유자 표시는 등기를 기초로 한다.
③ 지적과 등기는 국정주의와 직권등록주의를 채택한다.
④ 지적은 토지에 대한 사실관계를 공시하고 등기는 토지에 대한 권리관계를 공시한다.

해설 지적과 등기
1. 지적과 등기의 관계
   - 등기와 등록대상이 동일토지라는 점에서 밀접한 관계이다.
   - 등기와 등록은 그 목적물의 표시 및 소유권의 표시는 항상 부합되어야 한다.
   - 등기에 있어서 토지표시에 관한 사항은 지적공부, 등록의 경우 소유권에 관한 사항은 등기부를 기초로 한다.
   - 단, 미등기 토지의 소유자 표시에 관한 사항은 지적공부를 기초로 한다.
2. 지적제도와 등기제도의 비교

구분	지적제도	등기제도
기본이념	국정주의, 형식주의, 공개주의	형식주의(성립요건주의)
등록방법	직권등록주의, 단독신청주의	당사자신청주의, 공동신청주의
심사방법	실질적 심사주의	형식적 심사주의
공신력	인정	불인정
편제방법	물적 편성주의	물적 편성주의
처리방법	신고의 의무, 직권조사처리	신청주의
신청방법	단독신청주의	공동신청주의
담당부서	국토교통부-시·도 지적과-시·군·구 지적과	법무부-대법원-지방법원·지원·등기소
공부	• 토지 • 임야대장 • 공유지연명부 • 대지권등록부 • 지적도 • 임야도 • 경계점등록부 • 지적전산파일	• 토지등기부 • 건물등기부 • 입목등기부 • 상업등기부 • 선박등기부 • 법인등기부 • 공장등기부
기능	토지의 물리적 현황 공시	토지에 대한 권리관계를 공시
등록사항	• 토지소재 • 지번 • 지목 • 경계 • 면적 • 소유자 주소, 성명 등	• 소유권 • 저당권 • 전세권 • 지역권 • 지상권 등
기타	지적측량 실시	절차적 요식행위 요구

Answer 61. ③

62. 다음 중 다목적지적제도의 구성요소에 해당하지 않는 것은?

① 측지기준망 ② 행정조직도
③ 지적중첩도 ④ 필지식별번호

해설 다목적지적

1. 다목적지적의 개념
   - 다목적지적은 토지 이용의 효율화를 위해 토지에 대한 모든 관련 자료를 일필지를 기초로 집적관리하고 공급하는 제도로서 토지 관련 정보의 종합적인 기록유지와 공급의 종합토지정보시스템
   - 토지에 관한 등록자료의 용도가 다양화함에 따라 더 많은 자료의 관리와 이를 신속하고 정확하게 공급하기 위한 제도
   - 토지의 각종 등록 자료의 관리 및 공급으로 토지 이용의 효율성을 추구하는 제도
   - 종합지적 또는 통합지적이라 함
   - 토지소유권, 토지이용, 토지평가, 토지자원관리에 관한 의사결정에 필요한 정보를 포함
   - 등록 자료의 통계, 추정, 검증, 분석이 가능한 프로그램에 의하여 컴퓨터시스템으로 운영할 때 가능한 종합적 토지정보시스템

2. 다목적지적의 구성요소
   - 측지기본망(Geodetic Reference Network)
   - 기본도(Base Map)
   - 지적중첩도(Cadastral Overlay)
   - 필지식별번호(Unique Parcel Identification Number)
   - 토지자료파일(Land Data File)

발전과정에 따른 지적제도의 분류

1. 세지적(Fiscal Cadastre) : 세금 징수를 주목적으로 하는 제도. 과세지적이라고도 함
2. 법지적(Legal Cadastre) : 토지거래의 안전과 소유권보호를 주목적으로 하는 제도. 소유권지적이라고도 함
3. 다목적지적(Multi-Purposs Cadastre) : 토지의 각종 등록자료의 관리 및 공급으로 토지 이용의 효율성을 추구하는 제도. 종합지적 또는 통합지적이라고도 함

63. 우리나라 지적제도의 기원으로 균형 있는 촌락의 설치와 토지분급 및 수확량의 파악을 위해 실시한 고조선시대의 지적제도로 옳은 것은?

① 정전제(井田制) ② 경무법(頃畝法)
③ 결부제(結負制) ④ 과전법(科田法)

해설 정전제(井田制)의 개념

1. 정전제란 고조선시대의 토지구획 방법으로 균형 있는 촌락의 설치와 토지의 분급 및 수확량을 파악하기 위하여 시행되었던 지적제도로서 당시 납세의 의무를 지게 하여 소득의 1/9을 조공으로 바치게 함
2. 단기고사에 따르면 고조선에서 임금이 영고탑을 시찰하고 정전법을 가르쳤다고 함
3. 고려사 지리지에 평양성 내를 정전제로 구획했다는 기록이 있음

64. 토지조사사업 당시 지역선의 대상이 아닌 것은?

① 소유자가 같은 토지와의 구획선
② 소유자가 다른 토지 간의 사정된 경계선
③ 토지조사 시행지와 미시행지와의 지계선
④ 소유자를 알 수 없는 토지와의 구획선

해설 강계선과 지역선 및 경계선의 구분
1. 강계선 : 사정선으로서, 토지조사 당시 확정된 소유자가 다른 토지 간의 경계선이며 강계선의 상대는 소유자와 지목이 다르다는 원칙이 성립
2. 지역선 : 소유자가 같은 토지와의 구획선 또는 소유자를 알 수 없는 토지와의 구획선 및 토지조사사업의 시행지와 미시행지와의 지계선
3. 경계선 : 임야조사사업 시의 사정선

65. 토지조사령이 제정된 시기는?

① 1898년
② 1905년
③ 1912년
④ 1916년

해설 우리나라 지적법령의 연혁은 크게 토지조사법(1910.08.23. 법률 제7호) → 토지조사령(1912.08.13. 제령 제2호) → 지적법(1950.12.01. 법률 제165호)으로 볼 수 있다.

66. 정약용이 목민심서를 통해 주장한 양전개정론의 내용이 아닌 것은?

① 망척제의 시행
② 어린도법의 시행도
③ 경무법의 시행
④ 방량법의 시행

해설 정약용의 양전 개정방안
1. 정전제(井田制)의 시행을 전제로 방량법과 어린도법을 시행해야 함(목민심서)
2. 결부제하의 양전법은 전지의 측도가 어렵기 때문에 경무법으로 개정
3. 일자오결제도와 사표의 부정확성을 시정하기 위해 어린도를 작성
4. 정전제(井田制)나 어린도(魚鱗圖)같은 국토의 조직적 관리가 필요
5. 전국의 전(田)을 사방 100척으로 된 정방형의 1결의 형태로 구분
※ 망척제는 이기가 주장한 제도이다.

양전개정론의 개념
1. 양전개정론의 대두 배경
   - 19세기 전후 과세 평준을 위한 양전법 개정의 주장이 이익, 정약용, 서유구, 이기 등의 실학자들에서 대두
   - 이들은 결부제를 폐지하고 경무법으로 개정해야 하며, 객관적인 새로운 방량법으로 양전법을 개정해야 한다고 주장
2. 양전개정론 학자와 저서
   - 정약용 : 목민심서(牧民心書)
   - 서유구 : 의상경계책(擬上經界策)
   - 이기 : 해학유사(海鶴遺事)

Answer 64. ② 65. ③ 66. ①

67. 토지의 표시사항 중 면적을 결정하기 위하여 먼저 결정되어야 할 사항은?

① 토지소재 ② 지번 ③ 지목 ④ 경계

해설 경계의 기능
1. 소유권의 범위 결정
2. 필지의 양태 결정
3. 면적의 결정

68. 내두좌평(內頭佐平)이 지적을 담당하고 산학박사(算學博士)가 측량을 전담하여 관리하도록 했던 시대는?

① 백제시대 ② 신라시대 ③ 고려시대 ④ 조선시대

해설 삼국시대의 토지제도

구분	고구려	백제	신라
길이단위	척(尺)	척(尺)	척(尺)
면적단위	경무법	두락제, 결부제	결부제
지적도면	봉역도, 요동성총도	도적	방전, 직전, 제전, 규전, 구고전, 원전, 호전, 환전
측량방법	구장산술	구장산술	구장산술
지적사무 담당	• 사자(使者) • 주부(主簿) : 면적 측정	• 내두좌평(內頭佐平) • 산학박사 : 지적 · 측량 담당 • 산사(算師) : 측량 시행 • 화사(畵師) : 도면 작성	• 조부(調部) : 토지세수 파악 • 산학박사 : 토지측량 및 면적 측정

69. 지적에 관련된 행정조직으로 중앙에 주부(主簿)라는 직책을 두어 전부(田簿)에 관한 사항을 관장하게 하고 토지측량을 단위로 경무법을 사용한 국가는?

① 백제 ② 신라 ③ 고구려 ④ 고려

해설 68번 해설 참조

70. 다음 중 토렌스시스템(Torrens System)이 창안된 국가는?

① 영국 ② 프랑스 ③ 네덜란드 ④ 오스트레일리아

해설 토렌스시스템의 개념
1. 토렌스시스템은 적극적 등록제도의 발전된 형태로서 오스트레일리아의 Robert Torrens 경에 의하여 창안
2. 토지의 권원을 등록함으로써 토지등록의 완전성을 추구하고 선의의 제3자를 완벽하게 보호하는 것을 목표로 함
3. 법률적으로 토지의 권리를 확인하는 대신 토지의 권원(title)을 등록하는 제도

토지등록제도의 유형
1. 날인증서등록제도

Answer 67. ④ 68. ① 69. ③ 70. ④

2. 권원등록제도
3. 소극적 등록제도
4. 적극적 등록제도
5. 토렌스시스템(Torrens System)

71. 토지조사사업 당시 지적공부에 등록되었던 지목의 분류에 해당하지 않는 것은?

① 지소　　② 성첩　　③ 염전　　④ 잡종지

해설 지목의 변천과정

토지조사사업 ~지세령 개정 전	지세령개정 ~조선지세령 개정 전	조선지세령개정 ~1차지적법전문 개정 전	1차지적법전문개정 ~2차지적법전문 개정 전	2차지적법전문개정 현재
1910~1917	1918~1942	1943~1975	1976~2001	2002~현재
18개 지목	19개 지목	21개 지목	24개 지목	28개 지목
[지목 창설] • 전 • 답 • 대 • 지소 • 임야 • 잡종지 • 사사지 • 분묘지 • 공원지 • 철도용지 • 수도용지 • 도로 • 하천 • 구거 • 제방 • 성첩 • 철도선로 • 수도선로	[1개 지목 신설] 유지	[2개 지목 신설] • 염전 • 광천지	[6개 지목 신설] • 과수원 • 목장용지 • 공장용지 • 학교용지 • 운동장 • 유원지 [3개 지목 통폐합] • 철도용지+철도선로 → 철도용지 • 수도용지+수도선로 → 수도용지 • 유지+지소 → 유지 [5개 지목 명칭 변경] • 공원지 → 공원 • 사사지 → 종교용지 • 성첩 → 사적지 • 분묘지 → 묘지 • 운동장 → 체육용지	[4개 지목 신설] • 주차장 • 주유소용지 • 창고용지 • 양어장

72. 다음의 토지 표시사항 중 지목의 역할과 가장 관계가 적은 것은?

① 토지 형질변경의 규제　　② 사용 현황의 표상(表象)
③ 구획정리지의 토지용도 유지　　④ 사용 목적의 추측

해설 지목의 기능
1. 관리적 기능
① 토지관리
② 지방행정의 기초자료

Answer 71. ③　72. ①

③ 도시 및 국토계획의 원천
2. 경제적 기능
    ① 토지평가의 기초
    ② 개별공시지가 산정의 근거
    ③ 토지유통의 자료
3. 사회적 기능
    ① 토지 이용의 공공성
    ② 토지투기의 방지
    ③ 도시성쇠의 요인
    ④ 인구이동의 변수
    ⑤ 주택건설의 정보

73. 통일신라시대 촌락단위의 토지 관리를 위한 장부로 조세의 징수와 부역(賦役) 징발을 위한 기초자료로 활용하기 위한 문서는?

① 결수연명부 ② 장적문서
③ 지세명기장 ④ 양안

해설 신라 장적문서
1. 개념 : 1933년 일본의 나라지방에서 발견된 현존 최고(最古)의 우리나라 지적기록으로, 신라 말 서원경 부근 4개 촌락의 장부문서
2. 장적문서의 특징
    ① 촌락의 행정사무는 촌주가 담당
    ② 농민은 대부분 1결 내의 작은 면적 보유
    ③ 현·촌명 및 촌락의 영역, 우마 등의 가축의 수, 뽕나무, 잣나무(백자목), 호두나무(추자목) 등의 수량까지 기록
    ④ 수취에 대한 변동사항은 3년마다 작성
    ⑤ 촌주는 여러 촌락을 관할하여 과세의 수취와 수취 대상의 변동사항을 정확하게 파악
    ⑥ 촌주에게는 촌주위전의 전답을 지급

74. 다음 중 토지조사사업 당시 일반적으로 지번을 부여하지 않았던 지목에 해당하는 것은?

① 성첩 ② 공원지
③ 지소 ④ 분묘지

해설 토지조사법 및 토지조사령에 도로, 하천, 구거, 제방, 성첩, 철도선로, 수도선로 등의 토지는 지번을 부여하지 않을 수 있다고 규정

토지조사량(제령 제2호, 1912. 8. 13)의 지번 관련 규정
제2조. 토지는 그 종류에 따라 아래의 지목을 정하고 지반을 측량하여 1구역마다 지번을 붙인다. 단 제3호에 언급한 토지에는 지번을 붙이지 않을 수도 있다.
1. 전, 답, 대, 지소, 임야, 잡종지
2. 사사지, 분묘지, 공원지, 철도용지, 수도용지
3. 도로, 하천, 구거, 제방, 성첩, 철도노선, 수도노선

75. 우리나라 임야조사사업 당시의 재결기관은?

① 고등토지조사위원회   ② 임시토지조사국
③ 도지사   ④ 임야심사위원회

해설 임야조사사업
1. 사업기간 : 1916년 시험조사사업을 실시하여 1924년 사업 완료
2. 사업시행기관
   ① 조사방법 및 절차 : 토지조사와 유사함
   ② 조사 및 측량기관 : 부 또는 면
   ③ 사정기관 : 도지사
   ④ 분쟁지 재결 : 도지사 산하 임야조사위원회에서 처리
3. 조사대상
   ① 토지조사사업에서 제외된 임야
   ② 임야 내에 개재된 임야 이외의 토지
4. 소유권 사정 : 1908년 시행된 산림법의 소유신고 불이행으로 국유로 귀속된 민유임야는 양여 형식으로 원소유자에게 사정

토지 및 임야조사사업의 유의사항
1. 사정권자
   ① 토지조사사업 : 토지조사국장
   ② 임야조사사업 : 도지사
2. 조사측량기관
   ① 토지조사사업 : 토지조사국
   ② 임야조사사업 : 부 또는 면
3. 재결기관
   ① 토지조사사업 : 고등토지조사위원회
   ② 임야조사사업 : 임야조사위원회

76. 지목의 설정에서 우리나라가 채택하지 않는 원칙은?

① 지목법정주의   ② 복식지목주의
③ 주지목추종주의   ④ 일필일목주의

해설 지목 설정의 원칙
1. 1필 1지목의 원칙 : 1필의 토지에는 1개의 지목만을 설정하는 원칙이며, 1필의 일부가 용도변경된 경우에는 분할 후에 지목을 변경
2. 주지목추종의 원칙 : 주된 토지의 편익을 위해 설치된 소면적의 도로, 구거 등의 지목은 이를 따로 정하지 않고 주된 토지의 사용목적 및 용도에 따라 지목을 설정하는 원칙
3. 등록선후의 원칙 : 도로, 철도용지, 하천, 제방, 구거, 수도용지 등의 지목이 중복되는 경우에는 먼저 등록된 토지의 사용목적, 용도에 따라 지번을 설정하는 원칙
4. 용도경중의 원칙 : 도로, 철도용지, 하천, 제방, 구거, 수도용지 등의 지목이 중복되는 경우에는 중요 토지의 사용목적 및 용도에 따라 지목을 설정하는 원칙
5. 일시변경 불가의 원칙 : 임시적, 일시적용도의 변경 시 등록전환 또는 지목변경 불가의 원칙
6. 사용목적추종의 원칙 : 도시계획사업, 토지구획정리사업, 농지개량사업 등의 완료에 따라 조성된 토지는 사용목적에 따라 지목을 설정하여야 한다는 원칙

Answer 75. ④ 76. ②

77. 다음 중 근대적 지적제도의 효시가 되는 나라는?

① 한국　　② 대만　　③ 일본　　④ 프랑스

해설 프랑스 지적의 특징
1. 토지에 대한 공평한 과세와 소유권에 관한 분쟁을 해결하기 위하여 1850년 지적제도 창설
2. 세금 부과를 목적으로 하였으며, 도해적인 방법으로 실시
3. 나폴레옹 지적은 근대적 지적제도의 효시로서 둠즈데이북 등과 세지적의 근거로 제시되고 있음
4. 드람브르(Delambre)를 위원장으로 한 측량위원회에서 전 국토에 대한 필지별 측량을 실시하고 생산량과 소유자를 조사하여 지적도와 지적부를 작성함으로서 근대적인 지적제도 창설
5. 현재 프랑스는 중앙정부, 시·도, 시·군 단위의 3단계 계층구조로 지적제도를 운영하고 있으며, 1900년대 중반 지적재조사사업을 실시하였고, 지적전산화가 비교적 잘 이루어짐

78. 토지조사사업에서 일필지 조사의 내용과 가장 거리가 먼 것은?

① 지목의 조사　　② 지주의 조사
③ 지번의 조사　　④ 미개간지의 조사

해설 토지조사사업 당시의 일필지조사
1. 지주, 강계, 지역, 지목, 지번, 등기 및 등기필지 등으로 구분하여 조사
2. 조사지와 불조사지 : 조사대상지는 전, 답, 대, 잡종지, 임야, 공원지, 분묘지, 수도용지, 철도용지, 도로, 구거 하천, 사사지, 지소, 제방, 선로, 성첩 등이며, 제외된 지역은 조사하지 않은 임야 속에 잠재 또는 접속되어 조사의 필요를 느끼지 않는 지역 또는 도서로서 조사하지 않은 지역 등
3. 지주의 조사 : 지주의 조사는 원칙적으로 신고주의를 채택하고 동일 토지에 대해서 2인 이상의 권리주장자가 있을 경우 또는 단순히 1인의 권리주장자만이 있을 경우라도 그 권원에 의문이 있을 때를 제외하고는 구태여 권원조사를 하지 않고 신고명의인을 지주로 인정
4. 강계 및 지역의 조사 : 강계의 조사는 신고자로 하여금 그 토지의 사위(四圍)에 표항을 건설하도록 한 다음 지주, 관리인, 이해관계인 또는 대리인 및 지주총대를 입회시켜 지주의 조사와 함께 인접지와의 관계를 조사
5. 지목의 조사 : 토지의 종류를 18종으로 구별하고 조사 당시의 현상에 따라 적당한 것을 선정해서 지목을 정함
6. 증명 및 등기필지의 조사
7. 각종의 특별조사 : 시가지의 조사, 도서의 조사, 서북선지방의 조사 등의 특별조사를 실시

79. 다음 중 일자오결제에 대한 설명이 옳지 않은 것은?

① 양전의 순서에 따라 1필지마다 천자문의 자번호를 부여하였다.
② 천자문의 각 자내(字內)에 다시 제일(第一), 제이(第二), 제삼(第三) 등의 번호를 붙였다.
③ 천자문의 1자는 기경전의 경우만 5결이 되면 부여하고 폐경전에는 부여하지 않았다.
④ 숙종 35년 해서양전사업에서는 일자오결의 양전 방식이 실시되었으나 폐단이 있었다.

해설 일자오결제도(一字五結制度)
1. 개념
① 일자오결제도는 양전순서에 따라 토지에 천자문의 자번호를 부여한 제도이며 속전, 대전회통에 기록되어 있음

Answer　77. ④　78. ④　79. ③

② 일자오결제도는 조선시대 인조 때 논의하여 숙종 때 실시한 후 대한제국을 거쳐 일제 초기까지 약 160년 동안 사용된 지번제도
2. 자호부번의 원칙
① 천자문의 1자는 기경전, 폐경전을 막론하고 모두 5결이 되면 부여함
② 천자문의 자는 토지의 구역, 번호는 지번을 의미하므로, 자호는 고려와 조선시대의 지번을 의미
③ 양전 후 자번호가 부여된 토지는 다시 개량해도 당초 자번호를 사용함이 원칙
④ 양전이 끝난 이후에 개간한 토지는 인접지의 자번호에 지번(枝番)을 붙여 사용하는 부번제도를 실시
⑤ 자호는 토지조사사업 시행 이전에 토지에 붙이는 번호로서 군을 단위로 부번하였지만 개성군, 김화군, 철원군의 경우는 면단위로 부번
⑥ 자호는 양안에 등록되었고, 토지조사 및 측량을 할 때 토지신고서와 결수연명부, 고복장(考卜帳) 등의 과세대장과 등기서류 등에도 사용
3. 일자오결제도의 문제점 : 다산 정약용이 경세유표에서 일자오결제도를 사용하면 그 수가 너무 많아 혼잡하고 부정확하다고 주장
4. 일자오결제도의 폐지 : 토지조사 시에는 리·동별로 일련번호로 부번하였기 때문에 토지조사사업이 완료되고 이 제도도 없어짐

80. 다목적 지적의 구성요소와 가장 거리가 먼 것은?
① 측지기준망 ② 기본도 ③ 지적도 ④ 지형도

해설 다목적 지적의 구성요소
1. 측지기본망(Geodetic Reference Network)
2. 기본도(Base Map)
3. 지적중첩도(Cadastral Overlay)
4. 필지식별번호(Unique Parcel Identification Number)
5. 토지자료파일(Land Data File)

05 지적관계법규

81. 도시개발사업 등으로 인한 토지의 이동은 언제를 기준으로 그 토지의 이동이 이루어진 것으로 보는가?
① 토지의 형질변경 등의 공사가 준공된 때
② 토지의 형질변경 등의 공사가 착공된 때
③ 토지의 형질변경 등의 공사가 허가된 때
④ 토지의 형질변경 등의 공사가 중지된 때

해설 도시개발사업 등 시행지역의 토지이동 신청에 특례
1. 신청 : 도시개발사업, 농어촌정비사업, 주택건설사업, 그 밖에 대통령령으로 정하는 토지개발사업의 시행자는 그 사업의 착수·변경 및 완료 사실을 지적소관청에 신고하여야 한다.

2. 토지의 이동시기 : 도시개발사업 등으로 인한 토지의 이동은 토지의 형질변경 등의 공사가 준공된 때 토지의 이동이 이루어진 것으로 본다.
3. 신고 시기 : 신고 사유가 발생한 날부터 15일 이내

82. 다음 중 지목을 "도로"로 볼 수 없는 것은?

① 고속도로의 휴게소 부지
② 2필지 이상에 진입하는 통로로 이용되는 토지
③ 도로법 등 관계법령에 의하여 도로로 개설된 토지
④ 아파트, 공장 등 단일 용도의 일정한 단지 안에 설치된 통로

해설 도로
1. 일반 공중의 교통 운수를 위하여 보행이나 차량 운행에 필요한 일정한 설비 또는 형태를 갖추어 이용되는 토지
2. 도로법 등 관계법령에 따라 도로로 개설된 토지
3. 고속도로의 휴게소 부지
4. 2필지 이상에 진입하는 통로로 이용되는 토지

83. 현행 우리나라의 지목은 총 몇 개의 종류로 구분하여 정하는가?

① 24개　　　　　　　　② 26개
③ 28개　　　　　　　　④ 30개

해설 지목의 종류
지목은 총 28개로 세부적으로는 전·답·과수원·목장용지·임야·광천지·염전·대·공장용지·학교용지·주차장·주유소용지·창고용지·도로·철도용지·제방·하천·구거·유지·양어장·수도용지·공원·체육용지·유원지·종교용지·사적지·묘지·잡종지로 구분함

84. 지적측량수행자가 손해배상책임을 보장하기 위하여 보증보험에 가입하여야 하는 보증금액 기준이 모두 옳은 것은?(단, 지적측량업자의 경우 보장기간은 10년 이상이다.)

① 지적측량업자 : 1억 원 이상, 한국국토정보공사 : 10억 원 이상
② 지적측량업자 : 1억 원 이상, 한국국토정보공사 : 20억 원 이상
③ 지적측량업자 : 3억 원 이상, 한국국토정보공사 : 10억 원 이상
④ 지적측량업자 : 3억 원 이상, 한국국토정보공사 : 20억 원 이상

해설 손해배상책임의 보장
1. 보증보험 가입금액
   ① 지적측량업자 : 보장기간이 10년 이상이고 보증금액이 1억 원 이상인 보증보험
   ② 한국국토정보공사 : 보증금액이 20억 원 이상인 보증보험
2. 지적측량업자는 지적측량업 등록증을 발급받은 날부터 10일 이내에 보증보험에 가입하고 보증보험에 가입하였을 때는 이를 증명하는 서류를 시·도지사에게 제출

Answer　82. ④　83. ③　84. ②

85. 지목을 지적도면에 등록하는 때 표기하는 지목부호가 옳지 않은 것은?

① 주차장 → 차
② 공장용지 → 장
③ 유원지 → 원
④ 주유소용지 → 유

해설 지목의 표기방법
1. 지목을 지적도 및 임야도에 등록하는 때에는 두(頭)문자 또는 차(次)문자로 표기
2. 하천, 유원지, 공장용지, 주차장은 차문자로 표기(천, 원, 장, 차)

지목	부호	지목	부호	지목	부호
전	전	주차장	차	수도용지	수
답	답	주유소용지	주	공원	공
과수원	과	창고용지	창	체육용지	체
목장용지	목	도로	도	유원지	원
임야	임	철도용지	철	종교용지	종
광천지	광	제방	제	사적지	사
염전	염	하천	천	묘지	묘
대	대	구거	구	잡종지	잡
공장용지	장	유지	유		
학교용지	학	양어장	양		

86. 다음 중 토지소유자를 대신하여 토지의 이동신청을 할 수 없는 자는?(단, 등록사항 정정 대상토지는 제외한다.)

① 행정자치부 차관
② 민법 제404조의 규정에 의한 채권자
③ 국가 또는 지방자치단체가 취득하는 토지의 경우에는 그 토지를 관리하는 지방자치단의 장
④ 공공사업 등으로 인해 학교, 도로, 철도, 제방, 하천, 구거, 유지, 수도용지 등의 지목으로 되는 토지의 경우에는 그 사업시행자

해설 토지이동 신청의 대위
1. 토지소유자가 하여야 할 신청을 대신할 수 있는 자
   ① 공공사업 등에 따라 학교용지·도로·철도용지·제방·하천·구거·유지·수도용지 등의 지목으로 되는 토지인 경우 : 해당 사업의 시행자
   ② 국가나 지방자치단체가 취득하는 토지인 경우 : 해당 토지를 관리하는 행정기관의 장 또는 지방자치단체의 장
   ③ 주택법에 따른 공동주택의 부지인 경우 : 집합건물의 소유 및 관리에 관한 법률에 따른 관리인(관리인이 없는 경우에는 공유자가 선임한 대표자) 또는 해당 사업의 시행자
   ④ 「민법」 제404조에 따른 채권자
2. 주택법에 따른 주택건설사업의 시행자가 파산 등의 이유로 토지의 이동 신청을 할 수 없을 때에는 그 주택의 시공을 보증한 자 또는 입주예정자 등이 신청

87. 중앙지적위원회는 위원장 1명과 부위원장 1명을 포함하여 몇 명으로 구성하는가?

① 3명 이상 7명 이하
② 5명 이상 10명 이하
③ 7명 이상 12명 이하
④ 15명 이상 20명 이하

해설 중앙지적위원회의 구성
1. 위원장, 부위원장 각 1명 포함하여 5명 이상 10명 이하의 위원으로 구성
2. 위원장은 국토교통부 지적업무 담당국장, 부위원장은 국토교통부 지적업무 담당과장으로 구성
3. 위원은 지적에 관한 학식과 경험이 풍부한 자 중에서 국토교통부장관이 임명하거나 위촉하며, 임기는 2년

88. 지적소관청은 복구자료의 조사 또는 복구측량 등이 완료되어 지적공부를 복구하려는 경우, 복구하려는 토지의 표시 등을 시·군·구 게시판 및 인터넷 홈페이지에 며칠 이상 게시하여야 하는가?

① 5일
② 7일
③ 10일
④ 15일

해설 지적공부의 복구
1. 의의
   지적소관청은 지적공부의 일부 또는 전부가 멸실·훼손된 때에는 지체 없이 복구
2. 복구절차
   ① 지적소관청은 지적공부를 복구하려는 경우에는 복구자료를 조사
   ② 토지대장·임야대장 및 공유지연명부의 등록 내용을 증명하는 서류 등에 따라 지적복구자료 조사서를 작성
   ③ 지적도면의 등록 내용을 증명하는 서류 등에 따라 복구자료도를 작성
   ④ 복구자료도에 따라 측정한 면적과 지적복구자료 조사서의 조사된 면적의 증감이 허용범위를 초과하거나 복구자료도를 작성할 복구자료가 없는 경우에는 복구측량 실시($0.026^2 M\sqrt{F}$ 계산식 중 A는 오차허용면적, M은 축척분모, F는 조사된 면적)
   ⑤ 작성된 지적복구자료 조사서의 조사된 면적이 허용범위 이내인 경우에는 그 면적을 복구면적으로 결정
   ⑥ 복구측량을 한 결과가 복구자료와 부합하지 아니하는 때에는 토지소유자 및 이해관계인의 동의를 받아 경계 또는 면적 등을 조정. 이 경우 경계를 조정한 때에는 경계점표지를 설치
   ⑦ 지적소관청은 복구자료의 조사 또는 복구측량 등이 완료되어 지적공부를 복구하려는 경우에는 복구하려는 토지의 표시 등을 시·군·구 게시판 및 인터넷 홈페이지에 15일 이상 게시
   ⑧ 복구하려는 토지의 표시 등에 이의가 있는 자는 게시기간 내에 지적소관청에 이의신청을 할 수 있음
   ⑨ 지적소관청은 지적복구자료 조사서, 복구자료도 또는 복구측량 결과도 등에 따라 토지대장·임야대장·공유지연명부 또는 지적도면을 복구하여야 함
   ⑩ 대장은 복구되고 지적도면이 복구되지 아니한 토지가 축척변경 시행지역이나 도시개발사업 등의 시행지역에 편입된 때에는 지적도면을 복구하지 아니할 수 있음

Answer 87. ② 88. ④

89. 행정구역의 변경, 도시개발사업의 시행, 지번변경, 축척변경, 지번정정 등의 사유로 지번에 결번이 생긴 때의 지적소관청의 결번 처리 방법으로 옳은 것은?

① 결번된 지번은 새로이 토지이동이 발생하면 지번을 부여한다.
② 지체 없이 그 사유를 결번대장에 적어 영구히 보존한다.
③ 결번된 지번은 토지대장에서 말소하고 토지대장을 폐기한다.
④ 행정구역의 변경으로 결번된 지번은 새로이 지번을 부여할 경우에 지번을 부여한다.

해설 결번
1. 의의
   지번을 부여한 이후에 토지 합병 등의 사유로 인하여 지적공부에 등록되지 않은 지번이 발생하게 되는데 이를 결번이라고 함
2. 결번의 발생 사유
   ① 행정구역 변경으로 지번부여지역 내 일부가 다른 지번부여지역으로 편입된 경우
   ② 도시개발사업 등의 시행으로 종전 지번이 폐쇄된 경우
   ③ 지번변경으로 결번이 발생한 경우
   ④ 토지합병의 경우
   ⑤ 등록전환에 의해 임야대장 등록지의 지번이 말소된 경우
   ⑥ 축척변경으로 결번이 발생한 경우
   ⑦ 바다로 된 토지의 등록말소의 경우
   ⑧ 지번 정정의 경우
3. 결번대장
   결번 발생 시에는 지체 없이 그 사유를 결번대장에 등록하여 영구히 보존

90. 축척변경 시행에 따른 청산금의 납부 및 교부에 관한 설명으로 옳지 않은 것은?

① 지적소관청은 청산금의 결정을 공고한 날부터 20일 이내에 토지소유자에게 납부고지 또는 수령통지를 해야 한다.
② 납부고지를 받는 자는 고지를 받은 날부터 3개월 이내에 청산금을 축척변경위원회에 납부해야 한다.
③ 청산금에 관한 이의 신청은 납부고지 또는 수령통지를 받은 날부터 1개월 이내에 지적소관청에 할 수 있다.
④ 지적소관청은 청산금을 지급받을 자가 행방불명 등으로 받을 수 없거나 받기를 거부할 때에는 그 청산금을 공탁할 수 있다.

해설 청산금 납부고지 및 수령통지
1. 지적소관청은 청산금의 결정을 공고한 날부터 20일 이내에 토지소유자에게 청산금의 납부고지 또는 수령통지를 하여야 함
2. 납부고지를 받은 자는 그 고지를 받은 날부터 3개월 이내에 청산금을 지적소관청에 내야 함
3. 지적소관청은 수령통지를 한 날부터 6개월 이내에 청산금을 지급하여야 함
4. 지적소관청은 청산금을 지급받을 자가 행방불명 등으로 받을 수 없거나 받기를 거부할 때에는 그 청산금을 공탁할 수 있음

Answer 89. ② 90. ②

91. 다음 중 지적도의 등록사항이 아닌 것은?

① 주요 지형표시 ② 삼각점의 위치
③ 건축물의 위치 ④ 지적도면의 색인도

해설 1. 지적도의 등록사항
　① 토지의 소재
　② 지번
　③ 지목
　④ 경계
　⑤ 지적도면의 색인도
　⑥ 지적도면의 제명 및 축척
　⑦ 도곽선과 그 수치
　⑧ 좌표에 의하여 계산된 경계점 간의 거리(경계점좌표등록부를 갖춰 두는 지역으로 한정)
　⑨ 삼각점 및 지적기준점의 위치
　⑩ 건축물 및 구조물 등의 위치
2. 일람도
　하나의 지번부여지역에 어떤 시설이 있는가 하는 것을 한번에 볼 수 있게 만든 도면
　① 지번부여지역의 경계 및 인접지역의 행정구역 명칭
　② 도면의 제명 및 축척
　③ 도곽선과 그 수치
　④ 도면번호
　⑤ 도로·철도·하천·구거·유지·취락 등 주요 지형·지물의 표시

92. 경계점좌표등록부의 등록사항이 아닌 것은?

① 경계 ② 부호도
③ 지적도면의 번호 ④ 토지의 고유번호

해설 경계점좌표등록부의 등록사항
　① 토지의 소재　　② 지번
　③ 좌표　　　　　④ 토지의 고유번호
　⑤ 지적도면의 번호　⑥ 필지별 경계점좌표등록부의 장번호
　⑦ 부호 및 부호도
　※ 경계점좌표등록부를 갖춰 두는 토지는 지적확정측량 또는 축척변경을 위한 측량을 실시하여 경계점을 좌표로 등록한 지역의 토지를 말하며, 경계는 지적도면(지적도, 임야도)의 등록사항임

93. 신규등록하는 토지의 소유자에 관한 사항을 지적공부에 등록하는 방법으로 옳은 것은?

① 등기부등본에 의하여 등록
② 지적소관청의 조사에 의하여 등록
③ 법원의 최초 판결에 의하여 등록
④ 토지소유자의 신고에 의하여 등록

해설 신규등록의 소유자 등록
　소유권을 증명하는 서면을 지적소관청에 제출하며, 지적소관청이 조사하여 직권으로 등록

Answer　91. ①　92. ①　93. ②

94. 다음 중 토지의 합병을 신청할 수 없는 경우에 해당하지 않는 것은?

① 합병하려는 토지의 지목이 서로 다른 경우
② 합병하려는 토지의 등급이 서로 다른 경우
③ 합병하려는 토지의 지번부여지역이 서로 다른 경우
④ 합병하려는 토지의 지적도 및 임야도의 축척이 서로 다른 경우

해설 합병을 신청할 수 없는 토지
1. 합병하려는 토지의 지번부여지역, 지목 또는 소유자가 서로 다른 경우
2. 합병하려는 토지에 다음 각 호의 등기 외의 등기가 있는 경우
   ① 소유권·지상권·전세권 또는 임차권의 등기
   ② 승역지에 대한 지역권의 등기
   ③ 합병하려는 토지 전부에 대한 등기원인 및 그 연월일과 접수번호가 같은 저당권의 등기
3. 합병하려는 토지의 지적도 및 임야도의 축척이 서로 다른 경우
4. 합병하려는 각 필지의 지반이 연속되지 아니한 경우
5. 합병하려는 토지가 등기된 토지와 등기되지 아니한 토지인 경우
6. 합병하려는 각 필지의 지목은 같으나 일부 토지의 용도가 다르게 되어 분할대상 토지인 경우(다만, 합병 신청과 동시에 토지의 용도에 따라 분할 신청을 하는 경우는 제외)
7. 합병하려는 토지의 소유자별 공유지분이 다르거나 소유자의 주소가 서로 다른 경우
8. 합병하려는 토지가 구획정리, 경지정리 또는 축척변경을 시행하고 있는 지역의 토지와 그 지역 밖의 토지인 경우

95. 토지소유자가 지목변경을 신청하고자 하는 때에 지목변경사유가 기재된 신청서에 첨부해야 할 서류가 아닌 것은?

① 건축물의 용도가 변경되었음을 증명하는 서류의 사본
② 토지의 용도가 변경되었음을 증명하는 서류의 사본
③ 토지의 형질변경 등의 개발행위 허가를 증명하는 서류의 사본
④ 국유지·공공용으로 사용되고 있지 아니함을 증명하는 서류의 사본

해설 지목변경 시 첨부해야 할 서류
1. 관계법령에 따라 토지의 형질변경 등의 공사가 준공되었음을 증명하는 서류의 사본
2. 국유지·공유지의 경우에는 용도폐지 또는 사실상 공공용으로 사용되고 있지 아니함을 증명하는 서류의 사본
3. 토지 또는 건축물의 용도가 변경되었음을 증명하는 서류의 사본

96. 지상경계를 새로이 결정하고자 하는 경우, 그 기준으로 옳지 않은 것은?

① 연접되는 토지 간에 높낮이가 차이가 없는 경우에는 그 구조물 등의 중앙
② 도로·구거 등의 토지에 절토된 부분이 있는 경우에는 그 경사면의 상단부
③ 토지가 해면 또는 수면에 접하는 경우에는 최대만조위 또는 최대만수위가 되는 선
④ 공유수면매립지의 토지 중 제방 등을 토지에 편입하여 등록하는 경우에는 안쪽 어깨부분

Answer 94. ② 95. ③ 96. ④

해설 지상 경계설정의 기준
1. 토지의 지상경계는 둑, 담장이나 그 밖에 구획의 목표가 될 만한 구조물 및 경계점표지 등으로 구분
   ① 고저가 없는 경우 그 지물·구조물의 중앙
   ② 고저가 있는 경우 그 지물·구조물의 하단
   ③ 최대만조위, 최대만수위가 되는 선
   ④ 절토된 토지는 그 경사면의 상단부
   ⑤ 공유수면매립지의 토지 중 제방 등을 토지에 편입 등록하는 경우 바깥쪽 어깨부분
2. 지상 경계의 구획을 형성하는 구조물 등의 소유자가 다른 경우에는 그 소유권에 따라 지상 경계를 결정

97. 다음 중 1필지를 정함에 있어 주된 용도의 토지에 편입하여 1필지로 할 수 없는 종된 용도의 토지의 지목은?

① 대　　　② 전　　　③ 구거　　　④ 도로

해설 일필지
1. 1필지로 정할 수 있는 기준
   지번부여지역의 토지로서 소유자와 용도가 같고 지반이 연속된 토지
2. 양입지
   ① 주된 용도의 토지의 편의를 위하여 설치된 도로·구거 등의 부지
   ② 주된 용도의 토지에 접속되거나 주된 용도의 토지로 둘러싸인 토지로서 다른 용도로 사용되고 있는 토지
3. 양입지로 정할 수 없는 토지
   ① 종된 용도의 토지의 지목이 대인 경우
   ② 종된 용도의 토지 면적이 주된 용도의 토지 면적의 10퍼센트를 초과하는 경우
   ③ 종된 토지의 면적이 330제곱미터를 초과하는 경우

98. 다음 축척변경위원회의 설명 중 (　　) 안에 적합한 것은?

> 축척변경위원회는 (　　)의 위원으로 구성하되, 위원의 2분의 1 이상을 토지소유자로 하여야 한다.

① 5명 이상 10명 이하　　　② 10명 이상 15명 이하
③ 15명 이상 25명 이하　　　④ 25명 이상 30명 이하

해설 축척변경위원회의 구성
1. 축척변경위원회는 5명 이상 10명 이하의 위원으로 구성하되, 위원의 2분의 1 이상을 토지소유자로 하여야 한다. 이 경우 그 축척변경 시행지역의 토지소유자가 5명 이하일 때에는 토지소유자 전원을 위원으로 위촉
2. 위원장은 위원 중에서 지적소관청이 지명
3. 위원은 다음 각 호의 사람 중에서 지적소관청이 위촉
   ① 해당 축척변경 시행지역의 토지소유자로서 지역 사정에 정통한 사람
   ② 지적에 관하여 전문지식을 가진 사람
4. 축척변경위원회의 위원에게는 예산의 범위에서 출석수당과 여비, 그 밖의 실비를 지급

Answer　97. ①　98. ①

99. 다음 중 지적공부의 복구자료가 될 수 없는 것은?

① 지적 편집도
② 측량결과도
③ 복제된 지적공부
④ 토지이동정리 결의서

해설 지적공부의 복구자료
1. 지적공부의 등본
2. 측량 결과도
3. 토지이동정리 결의서
4. 부동산등기부 등본 등 등기사실을 증명하는 서류
5. 지적소관청이 작성하거나 발행한 지적공부의 등록내용을 증명하는 서류
6. 복제된 지적공부
7. 법원의 확정판결서 정본 또는 사본

100. 지적서고의 설치 및 관리 기준에 관한 설명으로 옳지 않은 것은?

① 연중 평균습도는 65±5%를 유지하도록 한다.
② 전기시설을 설치하는 때에는 이중퓨즈를 설치한다.
③ 지적공부 보관상자는 벽으로부터 15cm 이상 띄워야 한다.
④ 지적 관계 서류와 함께 지적측량장비를 보관할 수 있다.

해설 지적서고의 설치기준
1. 지적서고는 지적사무를 처리하는 사무실과 연접하여 설치
2. 지적서고의 구조
   ① 골조는 철근콘크리트 이상의 강질로 할 것
   ② 지적서고의 면적은 기준면적에 따를 것
   ③ 바닥과 벽은 2중으로 하고 영구적인 방수설비를 할 것
   ④ 창문과 출입문은 2중으로 하되, 바깥쪽 문은 반드시 철제로 하고 안쪽 문은 곤충·쥐 등의 침입을 막을 수 있도록 철망 등을 설치할 것
   ⑤ 온도 및 습도 자동조절장치를 설치하고, 연중 평균온도는 섭씨 20±5도를, 연중 평균습도는 65±5퍼센트를 유지할 것
   ⑥ 전기시설을 설치하는 때에는 단독퓨즈를 설치하고 소화장비를 갖춰 둘 것
   ⑦ 열과 습도의 영향을 받지 아니하도록 내부공간을 넓게 하고 천장을 높게 설치할 것

Answer 99. ① 100. ②

2016년 제2회 지적산업기사

01 지적측량

01. 지적기준점표지의 설치·관리 및 지적기준점 성과의 관리 등에 관한 설명으로 옳은 것은?
① 지적삼각보조성과는 지적소관청이 관리하여야 한다.
② 지적기준점표지의 설치권자는 국토지리정보원장이다.
③ 지적소관청은 지적삼각점성과가 다르게 된 때에는 그 내용을 국토교통부장관에게 통보하여야 한다.
④ 지적도근점표지의 관리는 토지소유자가 하여야 한다.

해설 지적측량 시행규칙 제3조(지적기준점성과의 관리 등)
지적삼각점성과는 특별시장·광역시장·도지사 또는 특별자치도지사(이하 "시·도지사"라 한다)가 관리하고, 지적삼각보조점성과 및 지적도근점성과는 지적소관청이 관리한다.

02. 다음 중 직각좌표의 기준이 되는 직각좌표계 원점에 해당하지 않는 것은?
① 동부좌표계(동경 129°00′ 북위 38°00′)
② 중부좌표계(동경 127°00′ 북위 38°00′)
③ 서부좌표계(동경 125°00′ 북위 38°00′)
④ 남부좌표계(동경 123°00′ 북위 38°00′)

해설 직각좌표계 원점은 서부좌표계, 중부좌표계, 동부좌표계, 동해좌표계

03. 도선법에 의하여 지적도근점측량을 하였다. 지형상 부득이한 경우 1도선 점의 수를 최대 몇 점까지 할 수 있는가?
① 20점
② 30점
③ 40점
④ 50점

해설 지적측량 시행규칙 제12조(지적도근점측량)
도선법으로 지적측량을 시행할 경우 1도선의 점의 수는 40점 이하로 하며 다만, 지형상 부득이한 경우에는 50점까지로 할 수 있음

Answer 1. ① 2. ④ 3. ④

04. 100m의 천줄자를 사용하여 A, B 두 점 간의 거리를 측정하였더니 3.5km였다. 이 천줄자가 표준길이와 비교하여 30cm가 짧았다면 실제 거리는?

① 3,510.5m ② 3,489.5m ③ 3,499.0m ④ 3,501.5m

해설 $D_0 = D\left(1 + \dfrac{c}{L}\right) = 3,500\left(1 - \dfrac{0.3}{100}\right) = 3,489.5\text{m}$

여기서, D : 측정거리, c : 줄자오차, L : 실제 줄자 길이

05. 토지조사사업 당시의 삼각측량에서 기선은 전국에 몇 개소를 설치하였는가?

① 7개소 ② 10개소 ③ 13개소 ④ 16개소

해설 전국에 13개의 기선을 설치하고 삼각형의 평균변장을 약 30km로 하여 23개의 삼각망을 구성함

06. 지적 관련 법규에 따른 면적 측정방법에 해당하는 것은?

① 지상삼사법 ② 도상삼사법 ③ 스타디아법 ④ 좌표면적계산법

해설 지적측량 시행규칙 제20조(면적측정의 방법 등) 좌표면적계산법, 전자면적측정기법

07. 어떤 두 점 간의 거리를 같은 측정방법으로 n회 측정하였다. 그 참값을 L, 최확값을 L_0라 할 때 참오차(E)를 구하는 방법으로 옳은 것은?

① $E = L \div L_0$ ② $E = L \times L_0$ ③ $E = L - L_0$ ④ $E = L + L_0$

해설 참오차는 참값에서 최확값을 뺀 값

08. 지적삼각보조점측량에 대한 설명이 틀린 것은?

① 지적삼각보조점측량을 할 때에 필요한 경우에는 미리 지적삼각보조점표지를 설치하여야 한다.
② 지적삼각보조점의 일련번호 앞에는 "보" 자를 붙인다.
③ 영구표지를 설치하는 경우에는 시·군·구별로 일련번호를 부여한다.
④ 지적삼각보조점은 교회망, 유심다각망 또는 삽입망으로 구성하여야 한다.

해설 교회망 또는 교점다각망으로 구성함

09. 다음 중 측량 기준에 대한 설명으로 옳지 않은 것은?

① 수로조사에서 간출지(干出地)의 높이와 수심은 기본수준면을 기준으로 측량한다.
② 지적측량에서 거리와 면적은 지평면 상의 값으로 한다.
③ 보통 측량의 원점은 대한민국 경위도원점 및 수준원점으로 한다.
④ 보통 위치는 세계측지계에 따라 측정한 지리학적 경위도와 평균해수면으로부터의 높이를 말한다.

해설 지적측량에서의 거리와 면적은 수평면 상의 값을 말함

Answer 4. ② 5. ③ 6. ④ 7. ③ 8. ④ 9. ②

10. 평판측량의 장점으로 옳지 않은 것은?

① 내업이 적어 작업이 신속하다.
② 고저 측량이 용이하게 이루어진다.
③ 측량장비가 간편하고 사용이 편리하다.
④ 측량 결과를 현장에서 직접 제도할 수 있다.

해설 1. 장점
  ① 현지에서 직접 측량결과를 제도하므로 필요한 사항을 누락하는 경우가 없음
  ② 과실 발견이 쉽고 즉시 수정 가능
  ③ 측량방법 간단, 내업이 적으며 작업 신속
2. 단점
  ① 외업이 많고 기후 영향을 많이 받음 ② 신축이 발생하여 정확도에 영향을 미침
  ③ 도해적이므로 축척변경 곤란   ④ 보관관리가 용이하지 않음

11. 지적도근점의 연직각을 관측하는 경우 올려본 각과 내려본 각을 관측하여 그 교차가 최대 얼마 이내일 때에 그 평균치를 연직각으로 하는가?

① 30″ 이내 ② 40″ 이내 ③ 60″ 이내 ④ 90″ 이내

해설 지적측량 시행규칙 제13조(지적도근점의 관측 및 계산) 그 교차가 90초 이내일 때에는 그 평균치를 연직각으로 한다.

12. 도선법에 따른 지적도근점의 각도 관측을 할 때에 오차의 배분방법 기준으로 옳은 것은?(단, 배각법에 따르는 경우)

① 측선장에 비례하여 각 측선의 관측각에 배분한다.
② 측선장에 반비례하여 각 측선의 관측각에 배분한다.
③ 변의 수에 비례하여 각 측선의 관측각에 배분한다.
④ 변의 수에 반비례하여 각 측선의 관측각에 배분한다.

해설 지적측량 시행규칙 제14조(지적도근점의 각도관측을 할 때의 폐색오차의 허용범위 및 측각오차의 배분)
배각법에 따르는 경우 측선장(測線長)에 반비례하여 각 측선의 관측각에 배분

13. 축척 1,000분의 1지역의 지적도에서 도상거리가 각각 2cm, 3cm, 4cm일 때 실제 면적은?

① 200.1m² ② 290.5m² ③ 350.9m² ④ 400.3m²

해설 $S = \frac{1}{2}(a+b+c) = \frac{1}{2}(2+3+4) = 4.5\text{cm}$

$A = \sqrt{s(s-a)(s-b)(s-c)}$
$= \sqrt{4.5(4.5-2)(4.5-3)(4.5-4)}$
$= 2.905\text{cm}^2$

$\left(\frac{1}{1,000}\right)^2 = \frac{2.905}{\text{실제 면적}}$

∴ 실제 면적 = 1,000 × 1,000 × 2.905 = 2,905,000cm² = 290.5m²

Answer 10. ② 11. ④ 12. ② 13. ②

14. 지적측량에서 기초측량에 해당하지 않는 것은?

① 지적삼각보조점측량 ② 지적삼각점측량
③ 지적도근점측량 ④ 세부측량

해설 1. 기초측량 : 일필지를 측량하기 위해 기준점을 설치하고 관측하는 측량이며 지적삼각점측량, 지적삼각보조점측량, 지적도근점측량이 있음
2. 세부측량 : 기초측량에 의해 설치된 기준점 또는 경계점을 기초로 하여 일필지측량을 하는 측량방법이며 경위의측량, 측판측량이 있음

15. 축척 1/600인 지적도 시행지역에서 일람도를 작성할 때 일반적인 축척은?

① 1/600 ② 1/1,200 ③ 1/3,000 ④ 1/6,000

해설 지적사무처리규정 제9조(일람도의 제도) 일람도의 축척은 그 도면축척의 10분의 1로 함

16. 지적삼각보조점 측량에서 2개의 삼각형으로부터 산출한 종선교차가 0.40m, 횡선교차가 0.30m일 때 연결교차는 얼마인가?

① 0.30m ② 0.40m ③ 0.50m ④ 0.60m

해설 지적측량 시행규칙 제11조(지적삼각보조점의 관측 및 계산)
연결교차는 $\sqrt{종선교차^2 + 횡선교차^2} = \sqrt{0.40^2 + 0.30^2} = 0.50\text{m}$

17. 평판측량방법에 따른 세부측량을 도선법으로 하는 경우 도선의 변은 몇 개 이하로 하여야 하는가?

① 10개 ② 15개 ③ 20개 ④ 30개

해설

구분	내용
측량 방법	도선법
망 구성	위성·통합기준점, 삼각점지적측량 기준점, 기지점 상호 연결
방향선 / 측선 / 지거길이	8cm 이하, 광파조준의, 광파측거기 사용 : 30cm 이하
도선의 변수	20변 이하
폐색 오차	$\frac{\sqrt{N}}{3}$mm 이하

18. 광파기측량방법에 따라 다각망도선법으로 지적삼각보조점측량을 하는 경우 1도선의 거리는 최대 얼마 이하로 하여야 하는가?

① 1km ② 2km ③ 3km ④ 4km

해설 지적측량 시행규칙 제10조(지적삼각보조점측량)
1도선의 거리(기지점과 교점 또는 교점과 교점 간의 점간거리의 총합계를 말한다)는 4킬로미터 이하로 함

19. 세부측량을 평판측량방법으로 시행할 때 지적도를 갖춰 두는 지역에서의 거리측정단위 기준은?

① 2cm ② 5cm ③ 10cm ④ 20cm

해설 지적측량 시행규칙 제18조(세부측량의 기준 및 방법 등) 거리측정단위는 지적도를 갖춰 두는 지역에서는 5센티미터로 하고, 임야도를 갖춰 두는 지역에서는 50센티미터로 함

20. 지적삼각보조점측량의 기준에 대한 내용이 옳은 것은?

① 지적삼각보조점은 삼각망 또는 교점다각망으로 구성한다.
② 교회법으로 지적삼각보조점측량을 할 때에 삼각형의 각 내각은 30도 이상 120도 이하로 한다.
③ 다각망도선법으로 지적삼각보조점측량을 할 때 1도선의 거리는 5km 이하로 한다.
④ 지적삼각보조점은 영구표지를 설치하는 경우에는 시·도별로 일련번호를 부여한다.

해설

구분 \ 측량종류	지적삼각보조점측량		
측량방법	경위의 측량법	전·광파기 측량법	전·광파기 측량법
	교회법		다각망도선법
망구성	교회망 또는 교점다각망		
삼각형 내각	30°~120°		
1도선점수·거리			• 기지점과 교점 포함 5개 이하 • 1도선 거리 4km 이하
일반사항	① 명칭 부여 : '보'로 하고 아라비아숫자로 일련번호 부여 　• 영구표지 설치 : 시·군·구별 일련번호 부여 　• 일시표지 설치 : 측량지역별 일련번호 부여 ② 성과 계산 : 교회법 또는 다각망도선법 ③ 영구표지를 설치한 경우는 지적삼각점측량 규정에 준하여 관측계산		

02 응용측량

21. 표고에 대한 설명으로 옳은 것은?

① 두 점 간의 고저차를 말한다.
② 지구중력 중심에서부터의 높이를 말한다.
③ 삼각점으로부터의 고저차를 말한다.
④ 기준면으로부터의 고저차를 말한다.

해설 표고는 기준면에서 임의의 점까지의 연직거리를 말함

Answer 19. ② 20. ② 21. ④

22. 등고선의 간접 측정방법이 아닌 것은?

① 사각형 분할법(좌표점법)　　② 기준점법(종단점법)
③ 원곡선법　　④ 횡단점법

해설　지형측량에서 등고선의 측정방법에는 직접측정방법과 간접측정방법이 있다. 직접측정방법에는 레벨 또는 핸드레벨에 의한 방법과 평판에 의한 방법이 있으며, 간접측정방법에는 방사절측법, 목측에 의한 방법, 방안법(좌표점고법, 모눈종이법), 기준점법(종단점법), 횡단점법이 있다.

23. 터널측량에 관한 설명으로 옳지 않은 것은?

① 터널 내에서의 곡선 설치는 지상의 측량방법과 동일하게 한다.
② 터널 내의 측량기기에는 조명이 필요하다.
③ 터널 내의 측점은 천장에 설치하는 것이 좋다.
④ 터널측량은 터널 내 측량, 터널 외 측량, 터널 내외 연결측량으로 구분할 수 있다.

해설　터널측량은 도로, 철도 등 수평에 가까운 터널측량뿐 아니라 수직갱, 경사갱 등도 포함되며 크게 갱외측량, 갱내측량, 갱내외 수준측량, 갱내 연결측량으로 구분하고 측량방법은 트랜싯에 의한 트래버스 측량 등을 한다. 갱내측량에서는 지상측량 방법과 동일한 방법을 사용할 수 없으며 측점은 천장에 설치하는 것이 좋고 측량기기에는 조명이 필요하다.

24. 교각 $I = 80°$, 곡선반지름 $R = 140$m인 단곡선의 교점(IP) 추가거리가 $1,427.25$m일 때 곡선시점(BC)의 추가거리는?

① 633.24m　　② 982.87m
③ 1,309.78m　　④ 1,567.25m

해설　$TL = R \cdot \tan \dfrac{I}{2} = 140\tan\dfrac{80}{2} = 117.47$
$BC = IP - TL = 1,427.25 - 117.47 = 1,309.78$m

25. BM에서 출발하여 No.2까지 수준측량한 야장이 다음과 같다. BM와 No.2의 고저차는?

측점	후시(m)	전시(m)
BM	0.365	
No.1	1.242	1.031
No.2		0.391

① 1.350m　　② 1.185m
③ 0.350m　　④ 0.185m

해설　고저차는 후시의 합 − 전시의 합이므로 $(0.365 + 1.242) - (1.031 + 0.391) = 0.185$m

26. 다음 중 절대표정(대지표정)과 관계가 먼 것은?
① 경사 조정
② 축척 조정
③ 위치 결정
④ 초점거리 결정

해설 절대표정(대지표정)은 축척의 결정, 수준면의 결정(표고, 경사결정), 위치의 결정(위치, 방위의 결정)을 하며 대체로 축척을 결정한 다음 수준면을 결정하고 시차가 생기면 다시 상호표정으로 돌아가서 표정을 해나간다.

27. 항공사진의 특수 3점이 아닌 것은?
① 주점
② 연직점
③ 등각점
④ 지상기준점

해설 사진측량에서 사진상의 특수 3점으로는 주점, 연직점, 등각점이 있다.

28. 폭이 120m이고 양안의 고저차가 1.5m 정도인 하천을 횡단하여 정밀하게 고저측량을 실시할 때 양안의 고저차를 관측하는 방법으로 가장 적합한 것은?
① 교호수준측량
② 직접고저측량
③ 간접고저측량
④ 약고저측량

해설 교호수준측량은 강 또는 바다로 인하여 접근이 곤란한 두 점 간의 고저차를 직접 또는 간접수준측량에 의하여 구하는 측량방법이다.

29. 항공사진에서 기복변위량을 구하는 데 필요한 요소가 아닌 것은?
① 지형의 비고
② 촬영고도
③ 사진의 크기
④ 연직점으로부터의 거리

해설 기복변위량을 구하기 위해서는 변위량, 화면 연직점에서의 거리, 비행고도, 비고를 알아야 한다.

30. 사거리가 50m인 경사터널에서 수평각을 측정한 시준선에 직각으로 5mm의 시준오차가 생겼다면 수평각에 미치는 오차는?
① 21″   ② 25″   ③ 31″   ④ 43″

해설 시준오차가 있을 때는
$\dfrac{\Delta l}{l} = \dfrac{\theta''}{\rho''}$ 이므로 $\theta'' = \dfrac{\Delta l}{l} \times 206,265'' = \dfrac{0.005}{50} \times 206,265'' = 0°0'20.63''$

31. 다음 중 완화곡선에 사용되지 않는 것은?
① 클로소이드
② 2차 포물선
③ 렘니스케이트
④ 3차 포물선

해설 완화곡선에는 3차 포물선, 고차 포물선, 반파장 사인, 렘니스케이트, 클로소이드 등이 있다.

Answer 26. ④ 27. ④ 28. ① 29. ③ 30. ① 31. ②

32. 일반 사진기와 비교한 항공사진측량용 사진기의 특징에 대한 설명으로 틀린 것은?
   ① 초점길이가 짧다.
   ② 렌즈 지름이 크다.
   ③ 왜곡이 적다.
   ④ 해상력과 선명도가 높다.

   해설 항공사진 측량에 사용되는 사진기는 초점길이가 길어야 한다.

33. 축척 1 : 2,5000 지형도에서 A, B 지점 간의 경사각은?(단, AB 간의 도상거리는 4cm이다.)
   ① 0°01′41″
   ② 1°08′45″
   ③ 1°43′06″
   ④ 2°12′26″

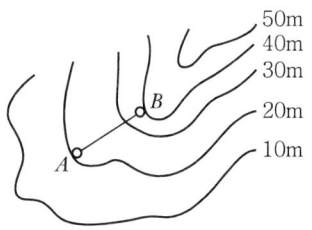

   해설 먼저 수평거리를 구하면 실제 거리=축척×도상거리=25,000×0.04=1,000m이므로
   경사각=$\tan^{-1}$(높이/수평거리)=$\tan^{-1}$(20/1,000)=1°08′44.75″

34. 종중복도 60%로 항공사진을 촬영하여 밀착 사진을 인화했을 때 주점과 주점 간의 거리가 9.2cm이었다면 이 항공사진의 크기는?
   ① 23cm×23cm
   ② 18.4cm×18.4cm
   ③ 18cm×18cm
   ④ 15.3cm×15.3cm

   해설 촬영기선 길이를 구하는 공식을 이용해 크기를 구하면
   $$B = am\left(1 - \frac{P}{100}\right)$$
   $$a = \frac{B}{(1-0.6)} = \frac{0.092}{0.4} = 0.23\text{m}$$
   여기서, B : 촬영기선 길이, a : 화면크기, m : 축척분모, P : 종중복도

35. 등고선의 성질에 대한 설명으로 옳은 것은?
   ① 등고선은 분수선과 평행하다.
   ② 평면을 이루는 지표의 등고선은 서로 수직한 직선이다.
   ③ 수원(水源)에 가까운 부분은 하류보다도 경사가 완만하게 보인다.
   ④ 동일한 경사의 지표에서 두 등고선 간의 수평거리는 서로 같다.

   해설 등고선의 성질
   1. 동일 등고선 상에 있는 모든 점은 같은 높이다.
   2. 등고선은 도면 내외에서 폐합하는 폐곡선이다.
   3. 지도의 도면 내에서 폐합하는 경우 등고선의 내부에 산정 또는 분지가 있다.
   4. 높이가 다른 두 등고선은 동굴이나 절벽의 지형이 아닌 곳에서는 교차하지 않으며, 동굴이나 절벽은 반드시 두 점에서 교차한다.
   5. 동등한 경사의 지표에서 양 등고선의 수평거리는 같다.

6. 같은 경사의 평면일 때는 나란히 직선이 된다.
7. 최대 경사의 방향은 등고선과 직각으로 교차한다.
8. 등고선은 경사가 급한곳에서는 간격이 좁고 완만한 경사지는 넓다.
9. 등고선은 분수선과 직각으로 만난다.
10. 등고선의 수평거리는 산꼭대기 및 산밑에서는 크고 산중턱에서는 작다.
11. 등고선이 능선을 직각방향으로 횡단한 다음 능선 다른 쪽을 따라 거슬러 올라간다.

36. GNSS 오차 중 송신된 신호를 동기화하는 데 발생하는 시계오차와 전기적 잡음에 의한 오차는?

① 수신기 오차 ② 위성의 시계 오차
③ 다중 전파경로에 의한 오차 ④ 대기조건에 의한 오차

해설 GNSS 측량의 오차에는 크게 구조적 원인에 의한 오차, 위성의 배치 상황에 따른 오차(DOP), 선택적 가용성에 의한 오차(SA), 주파단절(Cycle Slip)이 있다. 구조적 원인에 의한 오차에는 위성시계 오차, 위성궤도 오차, 전리층과 대류층의 전파지연, 다중경로 오차 등이 있으며 보통 수신기에서 오차가 발생한다.

37. 항공삼각측량의 3차원 항공삼각측량 방법 중에서 공선 조건식을 이용하는 해석법은?

① 블록조정법 ② 에어로 폴리곤법 ③ 독립모델법 ④ 번들조정법

해설 항공삼각측량 방법에서 대상물의 좌표를 얻기 위한 조정법에는 기계법(입체도화기)과 해석법(정밀 좌표관측기)이 있으며 해석법에는 스트립 및 블록 조정(Strip 및 Block Adjustment), 독립모델법(Independent Model), 광속법(Bundle Adjustment)이 있으며 공선조건식을 이용하는 해석법에는 광속법(번들조정법)이 사용된다.

38. 클로소이드 곡선에서 매개변수 $A = 400m$, 곡선반지름 $R = 150m$일 때 곡선의 길이 L은?

① 560.2m ② 898.4m ③ 1,066.7m ④ 2,066.7m

해설 클로소이드의 파라미터(매개변수)
$A = \sqrt{RL}$ 이므로
$400 = \sqrt{150 \times L} = 400^2 = 150L$, $L = \dfrac{400^2}{150} = 1,066.6666m$

39. 단곡선이 그림과 같이 설치되었을 때 곡선반지름 R은?
(단, $I = 30°30'$)

① 197.00m ② 190.09m
③ 187.01m ④ 180.08m

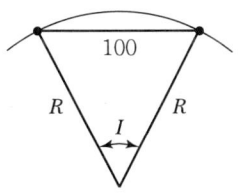

해설 단곡선에서 현의 길이 $(C) = 2R\sin\dfrac{I}{2}$ 이므로

$R = \dfrac{100}{2\sin\dfrac{30°30'}{2}} = 190.09m$

40. 정확한 위치에 기준국을 두고 GPS 위성 신호를 받아 기준국 주위에서 움직이는 사용자에게 위성 신호를 넘겨주어 정확한 위치를 계산하는 방법은?

① DOP ② DGPS ③ SPS ④ S/A

해설 DGPS(Differential GPS)는 상대측위 방식의 GPS 측량기법으로 이미 알고 있는 기지점 좌표를 이용하여 오차를 최대한 줄여서 이용하기 위한 위치결정 방식으로 기점에서 기준국용 GPS 수신기를 설치하며 위성을 관측하여 각 위성의 의사거리 보정값을 구한 뒤 이를 이용하여 이동국용 GPS 수신기의 위치 결정오차를 개선하는 위치결정 형태이다.

03 토지정보체계론

41. 지적속성자료를 입력하는 장치는?

① 스캐너 ② 키보드 ③ 디지타이저 ④ 플로터

해설 속성자료
1. 공간상 객체와 관련 있는 특성에 대한 데이터(대상물의 성격이나 정보를 기술)
2. 지적자료는 토지대장, 임야대장에 수록된 내용(토지소재, 지번 지목 등)

42. 개방형 지리정보시스템(Open GIS)에 대한 설명으로 옳지 않은 것은?

① 시스템 상호 간의 접속에 대한 용이성과 분산처리 기술을 확보하여야 한다.
② 국가 공간정보 유통기구를 통해 유통할 경우 개방형 GIS 구축이 필수적이다.
③ 서로 다른 GIS 데이터의 혼용을 막기 위하여 같은 종류의 데이터만 교환이 가능하도록 해야 한다.
④ 정보의 교환 및 시스템의 통합과 다양한 분야에서 공유할 수 있어야 한다.

해설 OGIS(Open Geodata Interoperability Specification)
1. 서로 다른 기종 또는 원격지 시스템에 접속하고 자료를 공유하여 처리할 수 있는 통로가 필요하다는 의미에서 시작
2. 서로 다른 GIS 소프트웨어와 데이터베이스, 하드웨어 간에도 호환성을 확보하면서 상호 간의 자료를 관리하고 운영할 수 있는 방안을 제공
3. 정보의 교환 및 시스템의 통합과 다양한 분야에서 공유

43. 4개의 타일(Tile)로 분할된 지적도 레이어를 하나의 레이어로 편집하기 위해서는 다음의 어떤 기능을 이용하여야 하는가?

① Map Join ② Map Overlay ③ Map Filtering ④ Map Loading

Answer 40. ② 41. ② 42. ③ 43. ①

해설 맵조인(Mapjoin)
1. 여러 개의 레이어가 하나의 레이어로 합쳐지면서 도형정보와 속성정보가 합쳐지고 위상정보도 재정리된다.
2. 2개 이상의 레이어에 걸쳐 있는 제반 공간객체의 연결성과 인접성이 만들어지고 선의 길이나 폴리곤의 면적 등이 정량적으로 재정립되는 위상구조를 새로이 만들게 된다.
3. 서로 다른 레이어 간에 중첩이 발생되는 것과 동일하므로 슬리버와 같은 불필요한 폴리곤의 생성이 수반되므로 이를 제거하기 위한 별도의 작업과정이 필요하다.

44. 공간자료에 대한 설명으로 옳지 않은 것은?

① 공간자료는 일반적으로 도형자료와 속성자료로 구분된다.
② 도형자료는 점, 선, 면의 형태로 구성된다.
③ 도형자료에는 통계자료, 보고서, 범례 등이 포함된다.
④ 속성자료는 일반적으로 문자나 숫자로 구성되어 있다.

해설 속성자료에는 통계자료, 보고서, 범례 등이 포함된다.

45. 수치표고데이터를 취득하고자 한다. 다음 중 DEM 보간법의 종류와 보간방식의 설명이 틀린 것은?

① Bilinear : 거리값으로 가중치를 적용한 보간법
② Inverse Weighted Distance : 거리값의 역으로 가중치를 적용한 보간법
③ Inverse Weighted Square Distance : 거리의 제곱값에 역으로 가중치를 적용한 보간법
④ Nearest Neighbor : 가까운 거리에 있는 표고값으로 대체하는 보간법

해설 단순거리를 이용한 보간법
1. 최단거리(Nearest Neighbor) 보간법 : 보간점에서 가장 가까운 표본점의 표고값을 보간점의 표고값으로 택하는 방식
2. 역거리가중값(Inverse Distance Weighting) 보간법 : 표본점과 보간점 간 거리의 역수를 가중값으로 하여 보간하는 방법
   ① Inverse Weighted Distance : 표본점 간 단순 거리의 역수에 가중값을 주어 보간점에 가까운 점일수록 큰 가중값을 갖게 한다.
   ② Inverse Weighted Square Distance : 거리제곱의 역수를 가중값으로 사용한 것으로 거리의 영향을 보다 크게 한 것이다.
   ③ Bilinear : 보간점과 표본점 간 거리에 따른 면적에 대한 가중값을 주어서 보간하는 방식으로 영상처리에서 보편적으로 사용하는 보간방식이다.
   ④ Bicubic : 4×4 격자의 값들을 원도를 이용하여 인접지역 보간점의 표고값을 추정하는 방식

46. 다음 중 다목적지적의 3대 구성요소에 해당하지 않는 것은?

① 층별 권원도   ② 측지기준망   ③ 기본도   ④ 지적중첩도

해설 다목적지적의 구성요소
측지기준망, 기본도, 지적중첩도, 필지식별번호, 토지자료파일

Answer 44. ③   45. ①   46. ①

47. 지적공부 정리 중에 잘못 정리하였음을 즉시 발견하여 정정할 때 오기정정할 전산자료를 출력하여 확인을 받아야 하는 사람은?

① 시장·군수·구청장　　② 시·도지사
③ 지적전산자료 책임관　　④ 국토교통부장관

해설 **오기정정**
1. 지적공부정리 중에 잘못 정리하였음을 즉시 발견하여 정정할 때에는 오기정정할 지적전산자료를 출력하여 지적전산자료 책임관의 확인을 받은 후 정정하여야 한다.
2. 잘못 정리하였음을 즉시 발견하지 못한 경우의 정정은 등록사항정정의 방법으로 하여야 한다.

48. 기준좌표계의 장점이라고 볼 수 없는 것은?

① 자료의 수집과 정리를 분산적으로 할 수 있다.
② 전 세계적으로 이해할 수 있는 표현 방법이다.
③ 공간데이터의 입력을 분산적으로 할 수 있다.
④ 거리와 면적에 대한 기준이 분산된다.

해설 거리, 면적, 각도에 대한 기준이 통일된다.

49. 필지단위로 토지정보체계를 구축할 경우 적합하지 않은 것은?

① 원격탐사　② GPS 측량　③ 항공사진측량　④ 디지타이저

해설 원격측정에는 전자기파를 감지하는 각종 센서(주로 인공위성이나 항공기)가 필요하며, 주로 지표면, 물, 대기 현상을 관측하는 데에 사용된다.

50. 토지정보시스템의 구성요소에 해당하지 않는 것은?

① 하드웨어　② 조직 및 인력　③ 지리정보지식　④ 소프트웨어

해설 **GIS의 구성요소**
1. 4가지 구성요소 : 조직, 자료, 소프트웨어, 하드웨어
2. 7가지 구성요소 : 하드웨어, 소프트웨어, 네트워크, 방법, 사람, 자료, GIS 애플리케이션

51. 데이터베이스관리시스템의 장점으로 틀린 것은?

① 자료구조의 단순성　　② 데이터의 독립성
③ 데이터 중복 저장의 감소　　④ 데이터의 보안 보장

해설 **DBMS의 장점**
1. 데이터의 공유기능 : 같은 내용의 데이터를 응용분야의 요구에 맞게 지원
2. 데이터의 중복성 최소화 : 중복성을 완전히 제거하는 것은 아님
3. 데이터의 일관성 유지 : 데이터의 중복 제거로 불일치를 방지
4. 데이터의 무결성 유지 : 데이터베이스에 저장된 데이터가 정확
5. 데이터의 보안 보장 : 중앙집중식으로 데이터베이스의 관리 및 접근을 효율적으로 통제
6. 표준화 기능 : 해당 조직체에 적합한 데이터 표준체계를 정립할 수 있음
7. 시스템을 개발하고 유지하는 비용 감소

Answer　47. ③　48. ④　49. ①　50. ③　51. ①

52. 토지정보시스템에 대한 설명으로 가장 거리가 먼 것은?
① 법률적·행정적·경제적 기초하에 토지에 관한 자료를 체계적으로 수집한 시스템이다.
② 협의의 개념은 지적을 중심으로 지적공부에 표시된 사항을 근거로 하는 시스템이다
③ 지상 및 지하의 공급시설에 대한 자료를 효율적으로 관리하는 시스템이다.
④ 토지 관련 문제의 해결과 토지정책의 의사결정을 보조하는 시스템이다.

해설 시설물관리(Facilities Management) 시스템
도로, 상하수도, 전기 등의 자료를 수치지도화하고 시설물의 속성을 입력하여 데이터베이스를 구축함으로써 시설물 관리활동을 효율적으로 지원하는 시스템

53. 다음 중 토지기록전산화 사업과 관련된 설명으로 틀린 것은?
① 시·군·구 온라인화
② 지적도의 임야도의 구조화
③ 자료의 무결성
④ 업무 처리 절차의 표준화

해설 구조화(構造化)
1. 통일적인 조직을 갖춘 체계로 만들어진다.
2. 각각의 부분이 서로 관련되어 통일된 조직으로 된다.

54. 지적정보의 유형을 도형정보와 속성정보로 구분할 때 도형정보에 포함되지 않는 것은?
① 필지
② 교통사고지점
③ 행정구역경계선
④ 도로준공날짜

해설 개체와 연관된 정보로서 개체의 성질이나 상태를 나타낸 것이 속성이다. 도로준공날짜는 속성정보에 해당한다.

55. 다음 중 2차적으로 자료를 이용하여 공간데이터를 취득하는 방법은?
① 디지털 원격탐사 영상
② 디지털 항공사진 영상
③ GPS 관측 데이터
④ 지도로부터 추출한 DEM

해설 2차원 공간객체
1. 영역은 선에 의해 폐합된 형태(Area, Polygon)
2. 1차원인 선이 모여서 만들어진 닫힌 형태로, 면적을 가지고 있다.

56. 래스터 데이터에 관한 설명으로 옳은 것은?
① 객체의 형상을 다소 일반화시키므로 공간적인 부정확성과 분류의 부정확성을 가지고 있다.
② 데이터의 구조가 복잡하지만 데이터 용량이 작다.
③ 셀 수를 줄이면 공간해상도를 높일 수 있다.
④ 원격탐사자료와의 연계가 어렵다.

Answer 52. ③ 53. ② 54. ④ 55. ④ 56. ①

해설 래스터 데이터의 장점
1. 데이터 구조가 간단하다.
2. 셀로 표현되므로 초보자들도 이해하기 쉽고 사용이 가능하다.
3. 지도의 중첩이나 공간분석 기능을 쉽고 빠르게 처리할 수 있다.
4. 3차원 표시가 간단하다.
5. 위상영상 등과 중첩을 간단히 할 수 있다.
6. 원격탐사 영상 자료와의 연계가 용이하다.
7. 중첩분석이 용이하다.

57. 지적전산정보시스템의 사용자권한 등록파일에 등록하는 사용자의 권한 구분으로 틀린 것은?

① 사용자의 신규등록
② 법인의 등록번호 업무관리
③ 개별공시지가 변동의 관리
④ 토지등급 및 기준수확량 변동의 관리

해설 사용자의 권한구분
1. 사용자의 신규등록, 사용자 등록의 변경 및 삭제
2. 법인이 아닌 사단·재단 등록번호의 업무관리, 직권수정
3. 개별공시지가 변동의 관리, 토지등급 및 기준수확량등급 변동의 관리
4. 지적전산코드의 입력·수정 및 삭제, 조회
5. 지적전산자료의 조회, 개인별 토지소유현황의 조회
6. 지적통계의 관리, 토지 관련 정책정보의 관리
7. 일반 지적업무의 관리, 토지이동 신청의 접수, 토지이동의 정리
8. 토지소유자 변경의 관리
9. 지적공부의 열람 및 등본 발급의 관리
10. 지적전산자료의 정비
11. 비밀번호의 변경
12. 일일마감 관리

58. 토지정보시스템의 도형정보 구성요소인 점·선·면에 대한 설명으로 옳지 않은 것은?

① 점은 x, y 좌표를 이용하여 공간위치를 나타낸다.
② 선은 속성데이터와 링크할 수 없다.
③ 면은 일정한 영역에 대한 면적을 가질 수 있다.
④ 선은 도로, 하천, 경계 등 시작점과 끝점을 표시하는 형태로 구성된다.

해설 선은 속성데이터와 링크할 수 있다.

59. 토지정보시스템 구축에 있어 지적도와 지형도를 중첩할 때 비연속도면을 수정하는 데 가장 효율적인 자료는?

① 정사항공사진
② TIN 모형
③ 수치표고모델
④ 토지이용현황도

해설 정사항공사진 위에 지적도나 지형도를 중첩하면 지상경계나 토지이용사항을 쉽게 확인할 수 있다.

Answer 57. ② 58. ② 59. ①

60. 토지정보시스템에서 속성정보로 취급할 수 있는 것은?
① 토지 간의 인접관계 ② 토지 간의 포함관계
③ 토지 간의 위상관계 ④ 토지의 지목

해설 토지정보시스템에서 속성정보는 토지(임야)대장에 등록된 정보이다.

04 지적학

61. 필지의 배열이 불규칙한 지역에서 뱀이 기어가는 모습과 같이 지번을 부여하는 방식으로, 과거 우리나라에서 지번 부여방법으로 가장 많이 사용된 것은?
① 단지식 ② 절충식 ③ 사행식 ④ 기우식

해설 지번의 부여방법
1. 지번 부여방법의 종류
   ① 진행방향에 따른 분류 : 사행식, 기우식, 단지식
   ② 부여단위에 따른 분류 : 지역단위법, 도엽단위, 단지단위법
   ③ 기번위치에 따른 분류 : 북동기번법, 북서기번법

2. 진행방향에 따른 방법
   1) 사행식
      ① 필지의 배열이 불규칙한 지역에서 진행순서에 따라 지번 부여
      ② 진행방향에 따라 지번이 순차적으로 연속 부여됨
      ③ 농촌지역에 적합
      ④ 상하좌우로 볼 때 어느 방향에서는 지번이 연속적이지 않게 되는 단점이 있음
   2) 기우식(또는 교호식)
      ① 도로를 중심으로 한쪽은 홀수인 기수, 반대쪽은 짝수인 우수로 지번을 부여
      ② 시가지 지역의 지번 설정에 적합
   3) 단지식(또는 Block식)
      ① 1단지마다 하나의 지번을 부여하고 단지 내 필지들은 부번을 부여하는 방법
      ② 토지구획, 농지개량사업 시행지역에 적합

62. 다음 중 근세 유럽 지적제도의 효시가 되는 국가는?
① 프랑스 ② 독일 ③ 스위스 ④ 네덜란드

해설 프랑스 지적의 특징
1. 토지에 대한 공평한 과세와 소유권에 관한 분쟁을 해결하기 위하여 1850년 지적제도 창설
2. 세금 부과를 목적으로 하였으며, 도해적인 방법으로 실시

Answer 60. ④ 61. ③ 62. ①

3. 나폴레옹 지적은 근대적 지적제도의 효시로서 둠즈데이북 등과 세지적의 근거로 제시되고 있음
4. 드람브르(Delambre)를 위원장으로 한 측량위원회에서 전 국토에 대한 필지별 측량을 실시하고 생산량과 소유자를 조사하여 지적도와 지적부를 작성함으로써 근대적인 지적제도 창설
5. 현재 프랑스는 중앙정부, 시·도, 시·군 단위의 3단계 계층구조로 지적제도를 운영하고 있으며, 1900년대 중반 지적재조사사업을 실시하였고, 지적전산화가 비교적 잘 이루어짐

63. 결번의 원인이 되지 않는 것은?

① 토지 분할
② 토지의 합병
③ 토지의 말소
④ 행정구역의 변경

해설 결번(Missing Parcel Nnmber)
1. 결번의 개념 : 지번을 부여한 이후에 토지 합병 등의 사유로 인하여 지적공부에 등록되지 않은 지번이 발생하게 되는데 이를 결번이라고 함
2. 결번의 원인 : 토지의 합병, 등록전환, 행정구역의 변경, 도시개발사업의 시행, 토지구획정리사업, 경지정리사업, 지번변경, 축척변경 등
3. 결번대장 : 결번이 발생할 경우에는 지체 없이 그 사유를 결번대장에 등록하여 영구히 보존

64. 토지조사 시 소유자 사정(査定)에 불복하여 고등토지조사위원회에서 사정과 다르게 재결(裁決)이 있는 경우 재결에 따른 변경의 효력 발생시기는?

① 사정일에 소급
② 재결일
③ 재결서 발송일
④ 재결서 접수일

해설 토지 사정의 개요
1. 토지의 사정 : 사정이란 토지조사부와 지적도에 의하여 토지의 소유자 및 그 강계를 확정하는 행정처분으로서, 사정은 이전의 권리와 무관한 창설적·확정적 효력이 있음
2. 사정기관 : 사정은 지방토지조사위원회의 자문을 받아 당시 토지조사국장이 실시하였으며, 조사 및 측량은 토지조사국에서 실시함
3. 사정의 대상 : 토지소유자와 토지강계만을 대상으로 하였으며, 토지소유자는 자연인, 법인, 서원, 종중 등을 인정하였고, 토지의 강계는 강계선만이 사정의 대상이 되었으며 지역선은 제외함
4. 사정의 절차 : 사정은 30일간 공시하였고, 이에 불복하는 자는 공시기간 만료 후 60일 이내에 고등토지조사위원회(高等土地調査委員會)에 이의를 제기하여 재결을 요청할 수 있도록 함
6. 사정의 효력 : 사정은 원시취득의 효력을 가지며, 재결 시에도 효력 발생일을 사정일로 소급함

65. 일반적으로 지적제도와 부동산 등기제도의 발달과정을 볼 때 연대적 또는 업무절차상으로의 선후관계는?

① 두 제도가 같다.
② 등기제도가 먼저이다.
③ 지적제도가 먼저이다.
④ 불분명하다.

해설 지적과 등기의 관계
1. 등기와 등록대상이 동일 토지라는 점에서 밀접한 관계가 있다.
2. 등기와 등록은 그 목적물의 표시 및 소유권의 표시가 항상 부합되어야 한다.
3. 등기에 있어서 토지표시에 관한 사항은 지적공부, 등록의 경우 소유권에 관한 사항은 등기부를 기초로 한다.

4. 단, 미등기 토지의 소유자 표시에 관한 사항은 지적공부를 기초로 한다.
※ 따라서 업무절차상으로 지적제도가 먼저이며, 실제 우리나라도 지적제도가 창설된 이후에 등기제도가 도입됨

66. 다음 중 토지조사사업의 토지 사정 당시 별필(別筆)로 하였던 사유에 해당되지 않는 것은?

① 도로, 하천 등에 의하여 자연구획을 이룬 것
② 토지의 소유자와 지목이 동일하고 연속된 것
③ 지반의 고저차가 심한 것
④ 특히 면적이 광대한 것

해설 토지조사사업 당시 일필지 구역 결정
1. 원칙 : 1필지의 구역을 정하는 목적은 주로 지목을 구별하고 또 소유권의 분계를 확정하는 데 있으므로 지주 및 지목이 동일하고 또 연속되어 있는 토지는 1필지로 하는 것을 원칙으로 함
2. 예외적인 별필 기준
① 도로, 하천, 구거, 제방, 성첩 등에 의하여 자연적으로 구획된 것
② 특별히 면적이 광대한 것
③ 형상이 만곡(彎曲 : 활 모양으로 굽음)하거나 혹은 협장(좁고 길다)한 것
④ 지력, 기타 사항이 현저히 다른 것
⑤ 지반의 고저가 심하게 차이가 있는 것
⑥ 분쟁에 관계되는 것
⑦ 시가지로서 기와담장, 돌담장, 기타 영구적 구축물로 구획된 지구

67. 지적국정주의는 토지표시사항의 결정권한은 국가만이 가진다는 이념으로서 그 취지와 가장 거리가 먼 것은?

① 처분성
② 통일성
③ 획일성
④ 일관성

해설 지적의 기본이념
1. 기본이념의 종류
① 지적국정주의 : 지적공부의 등록사항은 국가만이 이를 결정할 수 있다는 이념
② 지적형식주의 : 등록사항은 지적공부에 등록·공시하여야만 효력이 인정된다는 이념
③ 지적공개주의 : 지적공부의 등록사항은 소유자, 이해관계인 등에게 공개하여 이용하게 함
④ 실질적심사주의(사실심사) : 등록이나 변경등록은 절차상의 적법성뿐 만아니라 사실관계의 부합여부를 심사한다는 이념
⑤ 직권등록주의(강제등록주의) : 모든 필지는 강제적으로 등록·공시하여야 함
2. 지적국정주의(國定主義)
① 국정주의라 함은 지적공부의 등록 사항인 토지소재, 지번, 지목, 경계 또는 좌표와 면적은 국가의 공권력에 의해 오직 국가만이 결정할 수 있는 권한을 가진다는 이념
② 소유자가 자연인, 국가, 지방자치단체, 법인 또는 비법인 사단·재단 등에 관계없이 필지를 구성하는 기본 요소 등은 국가기관의 장인 시장, 군수, 구청장이 등록이란 행정처분으로 결정한다는 이념
※ 토지의 물리적 사항을 지적공부에 등록함에 있어서 통일성과 획일성 및 일관성은 중요한 가치를 지니지만 처분성은 국정주의와 관계가 없음

Answer 66. ② 67. ①

68. 다음 중 1910년대의 토지조사사업에 따른 일필지조사의 업무 내용에 해당되지 않는 것은?

① 지번조사　　② 지주조사　　③ 지목조사　　④ 역둔토조사

해설 일필지조사는 지주, 강계, 지역, 지목, 지번, 등기 및 등기필지 등으로 구분하여 조사함

69. 우리나라 토지조사사업 당시 토지소유권의 사정원부로 사용하기 위하여 작성한 공부는?

① 지세명기장　　② 토지조사부
③ 역둔토대장　　④ 결수연명부

해설 토지조사부
1. 토지조사부의 개념 : 토지조사부는 토지소유권의 사정원부로 사용되었다가 토지조사가 완료되고 토지대장이 작성됨으로써 그 기능을 상실
2. 토지조사부의 등록사항
   ① 동·리별 지번순에 따라 지번, 지목, 가지번, 지적(地積), 신고연월일, 소유자의 주소·성명 등을 등록함
   ② 분쟁 또는 사고 토지는 적요란에 요점을 기재함
   ③ 책 끝에 지목별 지적(地積)을 기재하고 필수를 집계 후 국유지와 민유지로 구분하여 합계함
   ④ 공유지는 이름을 연기하여 적요란에 표시하고 2인 이상의 공유지는 따로 연명부를 작성하여 책 끝에 붙임

70. 둠즈데이 북(Domesday Book)과 관계 깊은 나라는?

① 프랑스　　② 이탈리아　　③ 영국　　④ 이집트

해설 둠즈데이 북(Domesday Book)
1. William 1세가 정복지인 영국의 국토를 대상으로 조직적으로 작성한 토지에 대한 기록으로서, 현재의 토지대장과 같은 개념
2. 본래 William 1세가 자원목록으로 정리하기 전에 덴마크 침략자로의 약탈을 피하기 위해 지불되는 보호금인 데인겔트(Dangelt)를 모으기 위해 색슨영국에서 사용되어온 과세용의 지세장부
3. 1066년 헤이스팅스(Hastings) 전투에서 노르만족이 색슨족을 격퇴, 20년 후 William 1세가 전 영국의 자원목록으로 체계적으로 작성한 토지기록장부
4. 토지와 가축의 수까지 기록
5. 두 권의 책이며 공문서 보관소에 보존
※ 둠즈데이 북은 '신라장적문서'와 함께 지적의 발생설 중 통설인 과세설의 근거가 됨

71. 다음 중 개별 토지를 중심으로 등록부를 편성하는 토지대장의 편성 방법은?

① 물적 편성주의　　② 인적 편성주의
③ 연대적 편성주의　　④ 물적·인적 편성주의

해설 토지등록부와 물적 편성주의
1. 토지등록부의 개념
   ① 토지등록부는 토지소관청이 작성·비치하는 공부
   ② 토지의 소재, 지번, 지목, 면적, 소유자 주소·성명 등을 기재한 장부

Answer　68. ④　69. ②　70. ③　71. ①

③ 국가별 특성에 따라 여러 가지 편성방법을 사용함
2. 토지등록부의 유형
① 물적 편성주의 : 토지 중심으로 대장 작성
② 인적 편성주의 : 소유자 중심 대장 작성
③ 연대적 편성주의 : 신청순서에 따라 작성
④ 물적·인적 편성주의 : 물적 편성주의에 인적 편성주의 가미
3. 물적 편성주의
① 개별 토지를 중심으로 등록부를 편성
② 지번순서에 따라 등록
③ 가장 우수하고 합리적이며, 많이 쓰임
④ 장점 : 토지 이용, 관리, 개발 측면에 편리
⑤ 단점 : 소유자별 파악이 곤란

72. 다음 중 지적업무의 전산화 이유와 거리가 먼 것은?

① 민원처리의 신속성
② 국토 기본도의 정확한 작성
③ 자료의 효율적 관리
④ 지적공부 관리의 기계화

해설 지적업무의 전산화는 대장전산화와 도면전산화로 대별되는데, 도면전산화의 경우 전산화 당시의 지적도와 임야도를 단순 전산화하였을 뿐 도면의 정확한 작성과는 관계가 없다.

73. 다음 중 토지조사사업 당시 일필지조사의 내용에 해당되지 않는 것은?

① 지주조사
② 강계조사
③ 지목조사
④ 관습조사

해설 일필지조사는 지주, 강계, 지역, 지목, 지번, 등기 및 등기필지 등으로 구분하여 이루어짐

74. 다음 중 지목 설정 시 기본원칙이 되는 것은?

① 토지의 모양
② 토지의 주된 사용목적
③ 토지의 위치
④ 토지의 크기

해설 지목(Land Category)은 토지의 주된 사용목적 또는 용도에 따라 토지의 종류를 구분하여 표시하는 명칭이며, 우리나라의 경우 토지의 현실적 용도에 따라 결정한 지목인 용도지목을 채택하고 있음

75. 일필지에 대한 설명 중 틀린 것은?

① 물권이 미치는 범위를 지정하는 구획이다.
② 하나의 지번이 붙는 토지의 등록단위이다.
③ 자연현상으로서의 지형학적 단위이다.
④ 폐합 다각형으로 나타낸다.

해설 일필지
1. 일필지의 개념
① 필지는 법적으로 물권이 미치는 권리의 객체로서 토지의 등록단위, 소유단위, 이용단위

Answer   72. ②   73. ④   74. ②   75. ③

② 필지는 소유자와 용도가 동일하고 지반이 연속되어 하나의 지번이 부여되는 토지의 기본단위
③ 소유권의 단위인 동시에 경영의 단위
④ 토지에 대한 물권의 효력이 미치는 범위를 정하고 거래단위로서 개별화·특정화시키기 위하여 인위적으로 구획한 법적 등록단위
⑤ 지적측량에 의하여 일정한 직선으로 연결한 폐합다각형으로 지적(임야)도 위에 나타남

2. 일필지의 정의
① 1필지는 "지적공부에 등록하는 토지의 법률적인 단위구역"으로서 "법적인 토지등록단위"
② 1필지는 폐다각형으로 규정되며 지번, 지목, 경계 및 면적 등의 사항이 정해짐

3. 일필지의 성립요건
① 지번부여 지역이 동일할 것
② 소유자가 동일할 것
③ 지목이 동일할 것
④ 지반이 연속되어 있을 것
⑤ 소유권 이외의 권리가 같을 것
⑥ 지적공부의 축척이 동일할 것
⑦ 등기 여부가 같을 것

76. 지적공부를 토지대장 등록지와 임야대장 등록지로 구분하여 비치하고 있는 이유는?

① 토지이용 정책
② 정도(精度)의 구분
③ 조사사업 근거의 상이
④ 지번(地番)의 번잡성 해소

해설 우리나라는 토지조사사업(1910~1918년)에 의해 토지대장과 지적도가 작성되었고, 임야조사사업(1916~1924년)에 의해 임야대장과 임야도가 작성되었다.

77. 조선시대 결부제에 의한 면적단위에 대한 설명 중 틀린 것은?

① 1결은 100부이다.
② 1부는 1000파이다.
③ 1속은 10파이다.
④ 1파는 곡식 한 줌에서 유래하였다.

해설 결부제
1. 결부법의 개념 : 당초 토지수확량을 나타냈으나 이후 일정량의 수확량을 올리는 토지면적으로 변화하였으며, 결부에 따라 세액을 정하기 때문에 세율을 표시하는 말도 쓰임
2. 결부법의 특징
① 토지의 면적과 수확량을 이중으로 표시
② 농지 비옥도로 과세하는 주관적 방법
③ 매년 매 결의 세가 동일하게 부과되는 결점이 있고, 과세원리상 불합리한 방법
④ 세액의 총액이 일정하므로 관리들의 횡포와 착취가 심하여 농민에게 불리함
⑤ 전국의 토지가 정확히 측량되지 않아 토지파악이 정확하지 못함
3. 전의 형태와 면적
① 전의 형태 : 방전(方田), 직전(直田), 구고전(句股田), 규전(圭田), 재전(梯田)
② 면적 : 결부법은 곡화 일악을 1파(把), 10파를 1속(束), 10속을 1부(負), 100부를 1결(結)로 하여 계산
※ 따라서 1부는 100파가 됨

78. 양지아문에서 양전사업에 종사하는 실무진에 해당되지 않는 것은?
① 양무감리 ② 양무위원
③ 조사위원 ④ 총재관

해설 양지아문은 1898. 7. 6 설치된 양전 독립 중앙기구로서 지계아문에 업무를 이관하기 전인 1901. 9. 9까지 존재하였으며, 조직은 본부(제반사무 총괄 및 정리), 실무진(각 지방의 양전사무 주관, 업무 수행 및 양전에 대한 조사), 기술진(양전 실무 수행)으로 구성됨
※ 총재관은 본부에 해당함

79. 지적의 역할에 해당되지 않는 것은?
① 토지평가의 자료 ② 토지정보의 관리
③ 토지소유권의 보호 ④ 부동산의 적정한 가격 형성

해설 지적의 역할
1. 토지등기의 기초 : 우리나라의 토지공시체계는 토지의 표시현황에 대하여는 토지대장을 기초로 등기부를 정리하고, 소유권의 득실 변경에 관하여는 등기부를 기초로 토지대장을 정리하도록 하고 있는 등 지적제도와 등기제도는 상호보완관계에 있음
2. 토지평가의 기준 : 모든 토지를 지적공부에 등록한 후 그 등록사항을 기초로 기준지가를 결정하여 토지등급과 기준수확량등급을 설정한 후 토지에 대한 평가의 기초자료로 활용
3. 토지과세의 기준 : 모든 토지는 지적공부에 등록된 필지단위로 지목, 면적, 토지등급에 의하여 재산세와 취득세, 양도소득세와 상속세 등의 세금을 과세
4. 토지거래의 기준 : 거래대상의 토지에 관한 현황을 지적공부에 의하여 알 수 있으며 지적공부에 등록된 지번, 지목, 면적, 경계 등을 기준으로 거래대상이 되므로, 부동산등기부와 함께 토지거래의 기준이 됨
5. 토지이용계획의 기초 : 지적공부에 등록된 등록사항은 국토종합개발계획, 도시개발사업, 재개발사업 등 각종 토지이용계획 및 개발계획 등의 기초자료로 활용되며 이를 기초로 각종 부동산정책을 입안, 결정, 집행
6. 주소표기의 기준 : 민법, 호적법, 주민등록법 등에 규정된 주소는 지적공부에 등록된 토지의 소재와 지번을 기준으로 함
7. 국토통계, 도시행정, 건축행정, 농림행정, 국유재산관리 등에 필요한 기초자료를 제공
※ 부동산 가격 형성은 지적의 역할과 관계가 없음

80. 다음 중 지적제도의 특성으로 가장 거리가 먼 것은?
① 안전성 ② 간편성
③ 정확성 ④ 유사성

해설 지적제도의 특징
1. 안정성 : 토지 소유권 및 기타 권리는 일단 등록되면 안전한 불가침의 영역
2. 간편성 : 소유권 등록은 단순한 형태로 사용, 절차는 명확하고 확실해야 함
3. 정확성과 신속성 : 지적제도의 효율성을 위해 토지등록은 정확하고 신속해야 함
4. 저렴성 : 소유권 등록에 의하여 소유권을 입증하는 것보다 저렴한 것은 없음
5. 적합성 : 상황변화에 상관없이 결정적인 요소는 적합해야 하고 비용, 인력, 기술에 유용해야 함
6. 등록의 완전성 : 등록은 모든 토지에 대하여 완전하여야 하며 최근 상황을 반영하여야 함

Answer 78. ④ 79. ④ 80. ④

05 지적관계법규

81. 지적도 및 임야도에 등록하는 지목의 부호가 모두 옳은 것은?

① 하천-하, 제방-방, 구거-구, 공원-공
② 하천-하, 제방-제, 구거-거, 공원-공
③ 하천-천, 제방-제, 구거-구, 공원-원
④ 하천-천, 제방-제, 구거-구, 공원-공

해설 지목의 표기방법
1. 지목을 지적도 및 임야도에 등록하는 때에는 두문자 또는 차문자로 표기한다.
2. 하천, 유원지, 공장용지, 주차장은 차문자로 표기한다.(천, 원, 장, 차)

지목	부호	지목	부호	지목	부호
전	전	주차장	차	수도용지	수
답	답	주유소용지	주	공원	공
과수원	과	창고용지	창	체육용지	체
목장용지	목	도로	도	유원지	원
임야	임	철도용지	철	종교용지	종
광천지	광	제방	제	사적지	사
염전	염	하천	천	묘지	묘
대	대	구거	구	잡종지	잡
공장용지	장	유지	유		
학교용지	학	양어장	양		

82. 공간정보의 구축 및 관리 등에 관한 법률상 "토지의 표시"의 정의가 아래와 같을 때 ( ) 안에 들어갈 내용으로 옳지 않은 것은?

"토지의 표시"란 지적공부에 토지의 ( )을(를) 등록한 것을 말한다.

① 지번 ② 지목 ③ 지가 ④ 면적

해설 "토지의 표시"란 지적공부에 토지의 소재·지번·지목·면적·경계 또는 좌표를 등록한 것을 말한다.

83. 토지의 이동에 따른 면적 결정방법으로 옳지 않은 것은?

① 합병 후 필지의 면적은 개별적인 측정을 통하여 결정한다.
② 합병 후 필지의 경계는 합병 전 각 필지의 경계 중 합병으로 필요 없게 된 부분을 말소하여 결정한다.
③ 합병 후 필지의 좌표는 합병 전 각 필지의 좌표 중 합병으로 필요 없게 된 부분을 말소하여 결정한다.

Answer 81. ④ 82. ③ 83. ①

④ 등록전환이나 분할에 따른 면적을 정할 때 오차가 발생하는 경우 그 오차의 허용범위 및 처리방법 등에 필요한 사항은 대통령령으로 정한다.

해설 토지의 이동에 따른 면적 등의 결정방법
1. 합병에 따른 경계·좌표 또는 면적은 따로 지적측량을 하지 아니하고 다음의 구분에 따라 결정한다.
   - 합병 후 필지의 경계 또는 좌표 : 합병 전 각 필지의 경계 또는 좌표 중 합병으로 필요 없게 된 부분을 말소하여 결정
   - 합병 후 필지의 면적 : 합병 전 각 필지의 면적을 합산하여 결정
2. 등록전환이나 분할에 따른 면적을 정할 때 오차가 발생하는 경우 그 오차의 허용 범위 및 처리방법 등에 필요한 사항은 대통령령으로 정한다.

84. 시·군·구(자치구가 아닌 구를 포함한다.) 단위의 지적전산자료를 이용하거나 활용하려는 자는 누구의 승인을 받아야 하는가?

① 지적소관청
② 시·도지사
③ 행정자치부장관
④ 국토교통부장관

해설 지적전산자료 승인권자
1. 전국 단위의 지적전산자료 : 국토교통부장관, 시·도지사 또는 지적소관청
2. 시·도 단위의 지적전산자료 : 시·도지사 또는 지적소관청
3. 시·군·구 단위의 지적전산자료 : 지적소관청

85. 토지대장이나 임야대장에 등록하는 토지가 「부동산등기법」에 따라 대지권 등기가 되어 있는 경우 대지권등록부에 등록하여야 하는 사항이 아닌 것은?

① 토지의 소재
② 대지권 비율
③ 토지의 고유번호
④ 토지의 이동사유

해설 대지권등록부의 등록사항
1. 토지의 소재
2. 지번
3. 대지권 비율
4. 소유자의 성명 또는 명칭, 주소 및 주민등록번호
5. 토지의 고유번호
6. 전유부분의 건물표시
7. 건물의 명칭
8. 집합건물별 대지권등록부의 장번호
9. 토지소유자가 변경된 날과 그 원인
10. 소유권 지분
※ 토지의 이동사유는 토지(임야)대장에 등록한다.

Answer 84. ① 85. ④

86. 다음 중 일람도의 등재사항에 해당되지 않는 것은?
① 도곽선과 그 수치
② 도면의 제명 및 축척
③ 토지의 지번 및 면적
④ 지형·지물의 표시

해설 일람도
하나의 지번부여지역에 어떤 시설이 있는가 하는 것을 한번에 볼 수 있게 만든 도면
① 지번부여지역의 경계 및 인접지역의 행정구역 명칭
② 도면의 제명 및 축척
③ 도곽선과 그 수치
④ 도면번호
⑤ 도로·철도·하천·구거·유지·취락 등 주요 지형·지물의 표시

87. 다음 중 용어의 정의가 틀린 것은?
① "경계"란 필지별로 경계점들을 직선으로 연결하여 지적공부에 등록한 선을 말한다.
② "지번부여지역"이란 지번을 부여하는 단위지역으로서 동·리 또는 이에 준하는 지역을 말한다.
③ "토지의 이동(異動)"이란 임야대장 및 임야도에 등록된 토지를 토지대장 및 지적도에 옮겨 등록하는 것을 말한다.
④ "축척변경"이란 지적도에 등록된 경계점의 정밀도를 높이기 위하여 작은 축척을 큰 축척으로 변경하여 등록한 것을 말한다.

해설 "토지의 이동"이란 토지의 표시를 새로 정하거나 변경 또는 말소하는 것을 말한다.

88. 지적측량업자의 업무 범위가 아닌 것은?
① 경계점좌표등록부가 있는 지역에서의 지적측량
② 도시개발사업 등이 끝남에 따라 하는 지적확정측량
③ 도해지역의 분할측량 결과에 대한 지적성과검사측량
④ 「지적재조사에 관한 특별법」에 따른 사업지구에서 실시하는 지적재조사측량

해설 지적측량업자의 업무범위
1. 경계점좌표등록부가 있는 지역에서의 지적측량
2. 지적재조사사업에 따라 실시하는 지적재조사측량
3. 도시개발사업 등이 끝남에 따라 하는 지적확정측량

89. 중앙지적위원회에 관한 설명으로 옳지 않은 것은?
① 중앙지적위원회의 위원장은 국토교통부의 지적업무 담당 국장이 된다.
② 중앙지적위원회의 부위원장은 국토교통부의 지적업무 담당 과장이 된다.
③ 위원장 및 부위원장을 포함한 위원의 임기는 2년으로 한다.
④ 위원은 지적에 관한 학식과 경험이 풍부한 사람 중에서 국토교통부장관이 임명하거나 위촉한다.

해설 중앙지적위원회
1. 기능
   지적측량 적부심사에 관한 최고 심의의결기관
2. 심의·의결사항
   ① 지적 관련 정책 개발 및 업무 개선 등에 관한 사항
   ② 지적측량기술의 연구·개발 및 보급에 관한 사항
   ③ 지적측량 적부심사(適否審査)에 대한 재심사(再審査)
   ④ 측량기술자 중 지적분야 측량기술자(이하 "지적기술자"라 한다)의 양성에 관한 사항
   ⑤ 지적기술자의 업무정지 처분 및 징계 요구에 관한 사항
3. 조직의 구성
   ① 위원장, 부위원장 각 1명을 포함하여 5명 이상 10명 이하의 위원으로 구성
   ② 위원장은 국토교통부 지적업무 담당국장, 부위원장은 국토교통부 지적업무 담당과장으로 구성
   ③ 위원은 지적에 관한 학식과 경험이 풍부한 자 중에서 국토교통부장관이 임명하거나 위촉하며, 임기는 2년

90. 지적소관청이 지적공부에 등록된 지번을 변경할 필요가 있다고 인정하여 지번부여지역의 전부 또는 일부에 대하여 지번을 새로 부여하는 경우 누구의 승인을 받아야 하는가?

① 대통령
② LX 한국국토정보공사장
③ 시·도지사 또는 대도시 시장
④ 행정자치부장관 또는 국토교통부장관

해설 지번변경
1. 의의
   기 부여된 지번의 무질서로 국민의 공부 활용이 불편하고, 효율적 지적행정 수행이 곤란하여 새로이 지번을 정하는 것
2. 지번변경의 사유
   ① 행정구역 통·폐합으로 동일 지번이 존재
   ② 행정구역의 분할 등으로 지번 불연속
   ③ 빈번한 토지이동으로 지번 무질서
   ④ 기타 지번변경이 필요한 경우
3. 지번변경 승인
   지적소관청은 지적공부에 등록된 지번을 변경할 필요가 있다고 인정되면 시·도지사나 대도시 시장의 승인을 받아 지번부여지역의 전부 또는 일부에 대하여 지번을 새로 부여

91. 다음 중 지적도의 축척에 해당하지 않는 것은?

① 1/1,000
② 1/1,500
③ 1/3,000
④ 1/6,000

해설 지적도면의 축척
1. 지적도 : 1/500, 1/600, 1/1,000, 1/1,200, 1/2,400, 1/3,000, 1/6,000
2. 임야도 : 1/3,000, 1/6,000

Answer 90. ③ 91. ②

92. 토지소유자가 하여야 하는 신청을 대신할 수 있는 자가 아닌 것은?(단, 등록사항 정정 대상 토지는 고려하지 않는다.)

① 「민법」 제404조에 따른 채권자
② 공공사업 등에 따라 학교용지의 지목으로 되는 토지인 경우 해당 사업의 시행자
③ 「주택법」에 따른 공동주택의 부지인 경우
④ 국가나 지방자치단체가 취득하는 토지의 경우 해당 토지의 매도인

해설 토지이동 신청의 대위
1. 토지소유자가 하여야 할 신청을 대신할 수 있는 자는 다음과 같다.
    ① 공공사업 등에 따라 학교용지·도로·철도용지·제방·하천·구거·유지·수도용지 등의 지목으로 되는 토지인 경우 : 해당 사업의 시행자
    ② 국가나 지방자치단체가 취득하는 토지인 경우 : 해당 토지를 관리하는 행정기관의 장 또는 지방자치단체의 장
    ③ 주택법에 따른 공동주택의 부지인 경우 : 집합건물의 소유 및 관리에 관한 법률에 따른 관리인(관리인이 없는 경우에는 공유자가 선임한 대표자) 또는 해당 사업의 시행자
    ④ 「민법」 제404조에 따른 채권자
2. 주택법에 따른 주택건설사업의 시행자가 파산 등의 이유로 토지의 이동 신청을 할 수 없을 때에는 그 주택의 시공을 보증한 자 또는 입주예정자 등이 신청

93. 지적측량을 하여야 하는 경우가 아닌 것은?

① 토지를 합병하는 경우
② 축척을 변경하는 경우
③ 지적공부를 복구하는 경우
④ 토지를 등록전환하는 경우

해설 지적측량을 수반하는 경우
1. 지적기준점을 정하는 경우
2. 지적측량성과를 검사하는 경우
3. 지적공부를 복구하는 경우
4. 등록전환하는 경우
5. 토지를 분할하는 경우
6. 바다가 된 토지의 등록을 말소하는 경우
7. 축척을 변경하는 경우
8. 지적공부의 등록사항을 정정하는 경우
9. 도시개발사업 등의 시행지역에서 토지의 이동이 있는 경우
10. 경계점을 지상에 복원하는 경우

94. 공간정보의 구축 및 관리 등에 관한 법률상 측량기술자의 의무에 해당하지 않는 것은?

① 측량기술자는 신의와 성실로써 공정하게 측량을 하여야 한다.
② 측량기술자는 정당한 사유 없이 그 업무상 알게 된 비밀을 누설하여서는 아니 된다.
③ 측량기술자는 둘 이상의 측량업자에게 소속되어야 한다.
④ 측량기술자는 정당한 사유 없이 측량을 거부하여서는 아니 된다.

해설 지적측량수행자의 성실의무
① 지적측량수행자는 신의와 성실로써 공정하게 지적측량을 하여야 하며, 정당한 사유 없이 지적측량 신청을 거부하여서는 아니 된다.
② 지적측량수행자는 본인, 배우자 또는 직계존속·비속이 소유한 토지에 대한 지적측량을 하여서는 아니 된다.
③ 지적측량수행자는 지적측량수수료 외에는 어떠한 명목으로도 그 업무와 관련된 대가를 받으면 아니 된다.

95. 지적소관청은 복구자료의 조사 또는 복구측량 등이 완료되어 지적공부를 복구하려는 경우에는 복구하려는 토지의 표시 등을 시·군·구 게시판 및 인터넷 홈페이지에 며칠 이상 게시하여야 하는가?

① 5일 이상 ② 7일 이상 ③ 10일 이상 ④ 15일 이상

해설 지적공부의 복구절차
1. 지적소관청은 지적공부를 복구하려는 경우에는 복구 자료를 조사
2. 토지대장·임야대장 및 공유지연명부의 등록 내용을 증명하는 서류 등에 따라 지적복구자료 조사서를 작성
3. 지적도면의 등록 내용을 증명하는 서류 등에 따라 복구자료도를 작성
4. 복구자료도에 따라 측정한 면적과 지적복구자료 조사서의 조사된 면적의 증감이 허용범위를 초과하거나 복구자료도를 작성할 복구자료가 없는 경우에는 복구측량 실시
   ($0.026^2 M\sqrt{F}$ 계산식 중 A는 오차허용면적, M은 축척분모, F는 조사된 면적)
5. 작성된 지적복구자료 조사서의 조사된 면적이 허용범위 이내인 경우에는 그 면적을 복구면적으로 결정
6. 복구측량을 한 결과가 복구 자료와 부합하지 아니하는 때에는 토지소유자 및 이해관계인의 동의를 받아 경계 또는 면적 등을 조정. 이 경우 경계를 조정한 때에는 경계점표지를 설치
7. 지적소관청은 복구 자료의 조사 또는 복구측량 등이 완료되어 지적공부를 복구하려는 경우에는 복구하려는 토지의 표시 등을 시·군·구 게시판 및 인터넷 홈페이지에 15일 이상 게시
8. 복구하려는 토지의 표시 등에 이의가 있는 자는 게시기간 내에 지적소관청에 이의신청을 할 수 있다. 이 경우 이의신청을 받은 지적소관청은 이의사유를 검토하여 이유 있다고 인정되는 때에는 그 시정에 필요한 조치를 하여야 한다.
9. 지적소관청은 지적복구자료 조사서, 복구자료도 또는 복구측량 결과도 등에 따라 토지대장·임야대장·공유지연명부 또는 지적도면을 복구하여야 한다.
10. 대장은 복구되고 지적도면이 복구되지 아니한 토지가 축척변경 시행지역이나 도시개발사업 등의 시행지역에 편입된 때에는 지적도면을 복구하지 아니할 수 있다.

96. 다음 중 1필지로 정할 수 있는 기준으로 옳은 것은?

① 종된 용도의 토지의 지목(地目)이 "대"인 경우
② 종된 용도의 토지 면적이 330제곱미터를 초과하는 경우
③ 지번부여지역의 토지로서 소유자와 용도가 같고 지반이 연속된 토지
④ 종된 용도의 토지 면적이 주된 용도의 토지 면적의 10퍼센트를 초과하는 경우

해설 일필지
1. 1필지로 정할 수 있는 기준
   지번부여지역의 토지로서 소유자와 용도가 같고 지반이 연속된 토지

Answer 95. ④ 96. ③

2. 양입지
   ① 주된 용도의 토지의 편의를 위하여 설치된 도로·구거 등의 부지
   ② 주된 용도의 토지에 접속되거나 주된 용도의 토지로 둘러싸인 토지로서 다른 용도로 사용되고 있는 토지
3. 양입지로 정할 수 없는 토지
   ① 종된 용도의 토지의 지목이 대인 경우
   ② 종된 용도의 토지 면적이 주된 용도의 토지 면적의 10퍼센트를 초과
   ③ 종된 토지의 면적이 330제곱미터를 초과하는 경우

97. 지적소관청은 특정 사유로 지번에 결번이 생긴 때에는 지체 없이 그 사유를 결번대장에 적어 영구히 보존하여야 한다. 다음 중 특정 사유에 해당하지 않는 것은?

① 축척변경
② 지구계 분할
③ 행정구역 변경
④ 도시개발사업 시행

해설 결번(Missing Parcel Number)
1. 의의 : 지번을 부여한 이후에 토지 합병 등의 사유로 인하여 지적공부에 등록되지 않은 지번이 발생하게 되는데 이를 결번이라고 함
2. 결번의 발생 사유
   ① 행정구역 변경으로 지번부여 지역 내 일부가 다른 지번부여지역으로 편입이 된 경우
   ② 도시개발사업 등의 시행으로 종전 지번이 폐쇄된 경우
   ③ 지번변경으로 결번이 발생한 경우
   ④ 토지합병의 경우
   ⑤ 등록전환에 의해 임야대장 등록지의 지번이 말소된 경우
   ⑥ 축척변경으로 결번이 발생한 경우
   ⑦ 바다로 된 토지의 등록말소의 경우
   ⑧ 지번정정의 경우
3. 결번대장 : 결번 발생 시에는 지체 없이 그 사유를 결번 대장에 등록하여 영구히 보존

98. 다음 지목 중 임야에 해당하지 않는 것은?

① 수림지
② 죽림지
③ 간석지
④ 모래땅

해설 임야
산림 및 원야를 이루고 있는 수림지·죽림지·암석지·자갈땅·모래땅·습지·황무지 등의 토지
※ 간석지 : 갯벌의 다른 이름

99. 다음 중 공간정보의 구축 및 관리 등에 관한 법률의 목적으로 옳지 않은 것은?

① 국토의 효율적 관리
② 국민의 소유권 보호에 기여
③ 해상교통의 안전에 기여
④ 국토의 계획 및 이용에 기여

해설 공간정보의 구축 및 관리 등에 관한 법률의 목적
측량 및 수로조사의 기준 및 절차와 지적공부·부동산종합공부의 작성 및 관리 등에 관한 사항을 규정함으로써 국토의 효율적 관리와 해상교통의 안전 및 국민의 소유권 보호에 기여함을 목적으로 한다.

Answer 97. ② 98. ③ 99. ④

100. 지적측량 시행규칙상 지적도근점측량을 시행하는 경우, 지적도근점을 구성하는 도선이 아닌 것은?
① 개방도선
② 결합도선
③ 폐합도선
④ 왕복도선

해설 지적도근점측량
1. 지적도근점측량을 할 때에는 미리 지적도근점표지를 설치
2. 지적도근점의 번호는 영구표지를 설치하는 경우에는 시·군·구별로, 영구표지를 설치하지 아니하는 경우에는 시행지역별로 설치순서에 따라 일련번호를 부여. 이 경우 각 도선의 교점은 지적도근점의 번호 앞에 "교"자를 붙임
3. 지적도근점측량의 도선은 다음 각 호의 기준에 따라 1등도선과 2등도선으로 구분
    ① 1등도선은 위성기준점, 통합기준점, 삼각점, 지적삼각점 및 지적삼각보조점의 상호 간을 연결하는 도선 또는 다각망도선으로 할 것
    ② 2등도선은 위성기준점, 통합기준점, 삼각점, 지적삼각점 및 지적삼각보조점과 지적도근점을 연결하거나 지적도근점 상호 간을 연결하는 도선으로 할 것
    ③ 1등도선은 가·나·다 순으로 표기하고, 2등도선은 ㄱ·ㄴ·ㄷ 순으로 표기할 것
4. 지적도근점은 결합도선·폐합도선·왕복도선 및 다각망도선으로 구성
5. 경위의측량방법에 따라 도선법으로 지적도근점측량을 할 때에는 다음 각 호의 기준에 따른다.
    ① 도선은 위성기준점, 통합기준점, 삼각점, 지적삼각점, 지적삼각보조점 및 지적도근점의 상호 간을 연결하는 결합도선에 따를 것. 다만, 지형상 부득이한 경우에는 폐합도선 또는 왕복도선에 따를 수 있다.
    ② 1도선의 점의 수는 40점 이하로 할 것. 다만, 지형상 부득이 한 경우에는 50점까지로 할 수 있다.
6. 경위의측량방법이나 전파기 또는 광파기측량방법에 따라 다각망도선법으로 지적도근점측량을 할 때에는 다음 각 호의 기준에 따른다.
    ① 3점 이상의 기지점을 포함한 결합다각방식에 따를 것
    ② 1도선의 점의 수는 20점 이하로 할 것
7. 지적도근점 성과 결정을 위한 관측 및 계산의 과정은 그 내용을 지적도근점측량부에 적어야 한다.

Answer 100. ①

2016년 제3회 지적산업기사

01 지적측량

01. 축척변경 시행공고가 있은 후 원칙적인 경계점 표지의 설치자는?

① 소관청
② 측량자
③ 사업시행자
④ 토지소유자

해설 공간정보의 구축 및 관리 등에 관한 법률 시행령 제71조(축척변경 시행공고 등)
축척변경 시행지역의 토지소유자 또는 점유자는 시행공고가 된 날(이하 "시행공고일"이라 한다.)부터 30일 이내에 시행공고일 현재 점유하고 있는 경계에 국토교통부령으로 정하는 경계점표지를 설치하여야 함

02. 경위의측량방법에 따른 세부측량에서의 토지의 경계가 곡선인 경우, 직선으로 연결하는 곡선의 중앙종거의 길이 기준으로 옳은 것은?

① 5cm 이상 10cm 이하
② 10cm 이상 15cm 이하
③ 15cm 이상 20cm 이하
④ 20cm 이상 25cm 이하

해설 지적측량 시행규칙 제18조(세부측량의 기준 및 방법 등)
직선으로 연결하는 곡선의 중앙종거(中央縱距)의 길이는 5센티미터 이상 10센티미터 이하

03. 축척 1/1200 도상에서 그림과 같은 토지의 면적은?

① 2,150m²
② 2,340m²
③ 2,421m²
④ 2,540m²

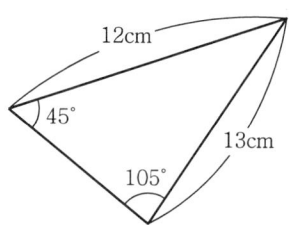

04. 지적도근점측량을 교회법으로 시행하는 경우에 따른 설명으로서 타당하지 않은 것은?

① 방위각법으로 시행할 때는 분위(分位)까지 독정한다.
② 시가지에서는 보통 배각법으로 실시한다.
③ 지적도근점은 기준으로 하지 못한다.
④ 삼각점, 지적삼각점, 지적삼각보조점 등을 기준으로 한다.

해설 지적도근점측량은 지적도근점을 기준으로 함

05. 착오를 방지하기 위한 방법으로 틀린 것은?
① 시준점과 기록부를 검증·확인한다.
② 장비의 작동방법을 확인하고 검증한다.
③ 삼각형의 내각은 180도이므로 내각을 확인한다.
④ 수평분도원이 중심과 일치하는가를 확인한다.

해설 수평분도원이 중심과 일치하는지 여부는 기계적 오차를 검증하는 방법임

06. 조준의를 사용하여 독정할 수 있는 경사 분획수는 어느 것인가?
① −10 내지 +60
② −30 내지 +75
③ −75 내지 +75
④ −80 내지 +80

07. 측관측량방법에 의하여 작성된 도면에서 수평거리 90m인 지점을 경사분획(n) 25인 경사지에 표시하고자 한다. 이때의 경사거리는?(단, 앨리데이드를 사용한 경우)
① 80.89m   ② 83.78m   ③ 85.64m   ④ 87.31m

해설 지적측량 시행규칙 제18조(세부측량의 기준 및 방법 등)
$$D = l \times \frac{1}{\sqrt{1+(\frac{n}{100})^2}} = 90 \times \frac{1}{\sqrt{1+(\frac{25}{100})^2}} = 87.31\text{m}$$
여기서, D : 수평거리, l : 경사거리, n : 경사분획

08. 어떤 도선의 거리가 140m, 방위각이 240°일 때 이 도선의 종선의 값은?
① −70m   ② 70m   ③ −140.0m   ④ 140.0m

해설 $140 \times \cos 240 = -70\text{m}$

09. 지적측량에서 기준점을 설치하기 위한 측량으로 기초측량에 해당되지 않는 것은?
① 일필지측량
② 지적삼각점측량
③ 지적삼각보조점측량
④ 지적도근점측량

해설 일필지측량은 세부측량임

10. 신규측량에서 보조점을 측정하기 위하여 교회법을 이용할 때 교회각으로서 가장 좋은 것은?
① 30°   ② 60°   ③ 90°   ④ 120°

Answer   5. ④   6. ③   7. ④   8. ①   9. ①   10. ③

11. 지적도의 축척이 1/600인 지역에 필지의 면적이 $50.55m^2$일 때 지적공부에 등록하는 결정면적은?

① $50m^2$
② $50.5m^2$
③ $50.6m^2$
④ $51m^2$

해설 축척이 1/600인 지역의 면적등록 단위는 소수점 아래 한 자리임. 따라서 $50.6m^2$

12. 지적측량수행자가 지적소관청에 지적측량 수행 계획서를 제출하여야 하는 시기는 언제까지를 기준으로 하는가?

① 지적측량 신청을 받은 날
② 지적측량 신청을 받은 다음 날
③ 지적측량을 실시하기 전날
④ 지적측량을 실시한 다음 날

해설 지적측량 신청을 받은 다음 날 지적소관청에 지적측량 수행 계획서를 제출해야 함

13. 도선법에 의한 지적도근점측량을 시행할 때에, 배각법과 방위각법을 혼용하여 수평각을 관측할 수 있는 지역은?

① 시가지 지역
② 축척변경 시행지역
③ 농촌 지역
④ 경계점좌표등록부 시행지역

해설 지적측량 시행규칙 제13조(지적도근점의 관측 및 계산)
수평각의 관측은 시가지 지역, 축척변경 지역 및 경계점좌표등록부 시행지역에 대하여는 배각법에 따르고, 그 밖의 지역에 대하여는 배각법과 방위각법을 혼용

14. 다음 중 지적측량의 방법이 아닌 것은?

① 사진측량방법
② 광파기측량방법
③ 위성측량방법
④ 수준측량방법

해설 지적측량 시행규칙 제5조(지적측량의 구분 등)
지적측량은 평판(平板)측량, 전자평판측량, 경위의(經緯儀)측량, 전파기(電波機) 또는 광파기(光波機)측량, 사진측량 및 위성측량 등의 방법에 따름

15. 다음 중 경계복원측량을 가장 잘 설명한 것은?

① 지적도상 경계의 수정을 위한 측량이다.
② 경계점을 지표 상에 복원하기 위한 측량이다.
③ 지상의 토지구획선을 지적도에 등록하기 위한 측량이다.
④ 지적도 도곽선에 걸쳐 있는 필지를 도곽선 안에 제도하기 위한 측량이다.

해설 지적측량 시행규칙 제24조(경계복원측량 기준 등)
경계점을 지표 상에 복원하기 위한 측량

16. 다음 중 일람도에 관한 설명으로 틀린 것은?

① 제명의 일람도와 축척 사이는 20mm를 띄운다.
② 축척은 당해 도면축척의 10분의 1로 한다.
③ 도면의 장수가 5장 미만일 때에는 일람도를 작성하지 않아도 된다.
④ 도면번호는 지번부여지역·축척 및 지적도·임야도·경계점좌표등록부 시행지별로 일련번호를 부여한다.

해설 지적업무처리규정 제38조(일람도의 제도)
도면의 장수가 4장 미만인 경우에는 일람도의 작성을 하지 아니할 수 있음

17. 경계점좌표등록부를 갖춰 두는 지역에서 각 필지의 경계점을 측정할 때 사용하는 측량방법으로 옳지 않은 것은?

① 교회법 ② 배각법 ③ 방사법 ④ 도선법

해설 지적측량 시행규칙 제23조(경계점좌표등록부를 갖춰 두는 지역의 측량)
경계점좌표등록부를 갖춰 두는 지역에 있는 각 필지의 경계점을 측정할 때에는 도선법·방사법 또는 교회법에 따라 좌표를 산출

18. 측판측량으로 지적세부측량을 실시할 경우 한 점에서 많은 점을 관측하기에 적합한 측량방법은?

① 교회법 ② 방사법 ③ 도선법 ④ 비례법

해설 한 점에서 많은 점을 관측하기에 적합한 측량방법은 방사법이다.

19. 다음 중 최소제곱법으로 조정 가능한 오차는?

① 정오차 ② 기계오차
③ 착오 ④ 우연오차

해설 최소제곱법으로 조정이 가능한 오차는 우연오차(부정오차, 상차)임

20. 측선 AB의 방위기 $N\,50°\,E$일 때 측선 BC의 방위는?(단, $\angle ABC = 120°$이다.)

① N70°E
② S70°E
③ S70°W
④ N60°W

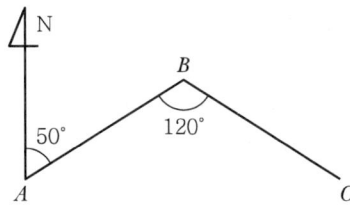

해설
• 방위각 BA = 50° + 180° = 230°
• 방위각 BC = 360° − 120° = 240°
• BC의 방위각 : 50° + 180° + 240° = 470° − 360° = 110°
∴ S70°E

Answer 16. ③ 17. ② 18. ② 19. ④ 20. ②

02 응용측량

21. 지형을 표현하는 방법 중에서 음영법(Shading)에 대한 설명으로 옳은 것은?

① 비교적 정확한 지형의 높이를 알 수 있어 하천, 호수, 항만의 수심을 표현하는 경우에 사용된다.
② 지형이 높아질수록 색을 진하게, 낮아질수록 연하게 채색의 농도를 변화시켜 고저를 표현한다.
③ 짧은 선으로 지표의 기복을 나타내는 것으로 우모법이라고도 한다.
④ 태양광선이 서북쪽에서 경사 45° 각도로 비춘다고 가정했을 때 생기는 명암으로 표현한다.

해설 음영법은 빛의 방향을 일치시켜 입체감을 갖는 데 용이한 지형표시 방법으로 태양 광선이 서북쪽에서 경사 45°의 각도로 비친다고 가정하여 지표의 기복에 대하여 그 명암을 2~3색 이상으로 도면에 채색해 기복의 모양을 표시하는 방법이다.

22. 곡선부 통과 시 열차의 탈선을 방지하기 위하여 레일 안쪽을 움직여 곡선부 궤간을 넓히는데 이때 넓힌 폭의 크기를 무엇이라 하는가?

① 캔트(Cant)
② 확폭(Slack)
③ 편경사(Super Elevation)
④ 클로소이드(Clothoid)

해설 확폭은 자동차 등이 곡선부를 주행할 경우 뒷바퀴는 앞바퀴보다도 항상 안쪽을 지나므로 곡선부에서는 그 내측 부분을 직선부에 비교하여 넓게 하는 것을 확폭이라 한다.

23. 그림과 같이 지성선 방향이나 주요한 방향의 여러 개의 관측선에 대하여 A로부터의 거리와 높이를 관측하여 등고선을 삽입하는 방법은?

① 직접법
② 횡단점법
③ 종단점법(기준점법)
④ 좌표점법(사각형 분할법)

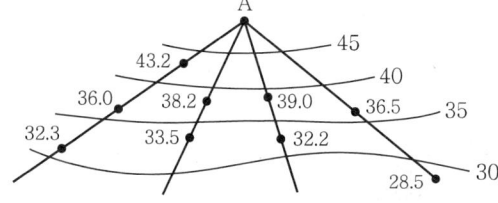

해설 간접측정법에서 종단점법은 지성선의 방향이나 중요한 방향에 여러 개의 측선에 대해서 기준점에서 필요한 점까지의 거리와 높이를 관측하여 등고선을 그리는 방법으로 소축척으로 산지 등에 이용한다.

24. GNSS 측량의 정확도에 영향을 미치는 요소와 가장 거리가 먼 것은?

① 기지점의 정확도
② 위성 정밀력의 정확도
③ 안테나의 높이 측정 정확도
④ 관측 시의 온도 측정 정확도

해설 GNSS 측량은 기상상태와 관계없이 관측 수행이 가능하다.

25. 반지름(R) = 215m인 원곡선을 편각법으로 설치하려 할 때 중심말뚝 간격 = 20m에 대한 편각은?

① 1°42′54″   ② 2°39′54″   ③ 5°37′54″   ④ 7°24′54″

해설 편각(σ) = $1,718.87'\dfrac{L}{R}$ = $1,718.87'\dfrac{20}{215}$ = $2°39'53.69''$

26. 경사진 터널의 고저차를 구하기 위한 관측값이 다음과 같을 때 A, B 두 점 간의 고저차는?(단, 측점은 천장에 설치)

$a = 2.00\text{m},\ b = 1.50\text{m},\ \alpha = 20°\ 30',\ S = 60\text{m}$

① 20.51m
② 21.01m
③ 21.51m
④ 23.01m

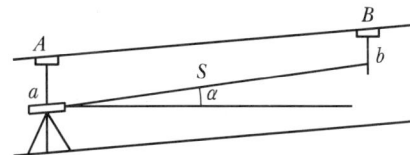

해설 측점이 천장에 있음에 유의한다.
$H = L\sin\alpha + IH - HP = 60\sin 20°30' + (-2.0) - (-1.50) = 20.51\text{m}$

27. 원곡선에서 곡선의 길이가 79.05m이고, 곡선 반지름이 150m일 때 교각은?

① 30°12′   ② 43°05′   ③ 45°25′   ④ 53°35′

해설 곡선장(CL) = $0.01745RI$이므로 $79.05 = 0.01745 \times 150 \times X$
$X = \dfrac{79.05}{0.01745 \times 150} = 30°12'02.06''$

28. 수준측량에서 작업자의 유의사항에 대한 설명으로 틀린 것은?

① 표척수는 표척의 눈금이 잘 보이도록 양 손으로 표척의 측면을 잡고 세운다.
② 표척과 레벨의 거리는 10m를 넘어서는 안 된다.
③ 레벨의 전방에 있는 표척과 후방에 있는 표척의 중간의 거리가 같도록 레벨을 세우는 것이 좋다.
④ 표척을 전후로 기울여 관측할 때에는 최소 읽음값을 취하여야 한다.

해설 레벨과 표척과의 거리를 길게 취하면 취한 만큼 레벨의 거치점 수가 적어지므로 정밀도가 좋고 능률적이며 10m를 넘어도 상관없다.

29. 항공사진의 축척에 대한 설명으로서 옳은 것은?

① 초점거리에 비례하고 촬영고도에 반비례한다.
② 초점거리에 반비례하고 촬영고도에 비례한다.
③ 초점거리와 촬영고도에 모두 비례한다.
④ 초점거리에는 무관하고 촬영고도에는 반비례한다.

Answer 25. ② 26. ① 27. ① 28. ② 29. ①

해설 사진축척 $M = \frac{1}{m} = \frac{l}{L} = \frac{f}{H}$이므로 항공사진의 축척은 초점거리에 비례하고 촬영고도에 반비례한다.

여기서, L : 실제 거리, l : 도상거리, H : 비행거리, f : 초점거리

30. 수준측량기의 기포관 감도와 기포관의 곡률반지름에 대한 설명으로 틀린 것은?

① 기포관의 곡률반지름의 크기는 기포관의 감도에 영향을 미친다.
② 감도라 하면 기포관 한 눈금 사이의 곡률중심각의 변화를 초(″)로 나타낸 것이다.
③ 기포관의 이동이 민감하려면 곡률반지름은 되도록 커야 한다.
④ 기포관 1눈금이 2mm이고 반지름이 13.751m이면 그 감도는 30″이다.

해설 1. 수준기의 감도는 기포가 1눈금 움직일 때 수준기축이 경사되는 각도로서 한 눈금 사이에 낀 각을 말하며, 주로 수준기의 곡률반경에 좌우되고 곡률반경이 클수록 감도는 좋다.
2. 따라서 곡률반경 R이 작을수록 기포관의 이동은 민감하게 된다.
3. 기포관의 감도 $a'' = \frac{e}{R} \times \rho'' = \times \frac{0.002}{13,751} 206,265'' = 30''$

31. 지름이 5m, 깊이가 150m인 수직 터널을 설치하려 할 때에 지상과 지하를 연결하는 측량방법으로 가장 적당한 것은?

① 직접접 ② 삼각법
③ 트래버스법 ④ 추선에 의하는 법

해설 수갱에 의한 갱 내외 측량으로 가장 효율적인 측량방법은 데오도라이트나 트랜싯의 추선에 의한 방법이 있으며 한 개의 수갱(수직갱)에 의한 연결측량은 수직갱에 2개의 추를 매달아서 이것에 의해 연직면을 정하고 그 방위각을 지상에서 관측하여 지하의 측량으로 연결하는 방식을 취한다.

32. GNSS의 활용분야와 거리가 먼 것은?

① 위성영상의 지상기준점(Ground Control Point) 측량
② 항공사진의 촬영 순간 카메라 투영중심점의 위치 측정
③ 위성영상의 분광특성조사
④ 지적측량에서 기준점 측량

해설 GNSS 측량 시스템은 인공위성을 이용한 범지구위치측정시스템으로 정확한 위치를 알고 있는 위성에서 발사한 전파를 수신하여 관측점까지 소요시간을 측정하여 위치를 구하며, GNSS의 특징은 다음과 같다.
1. 기상상태와 관계없이 관측의 수행이 가능하다.
2. 지형여건과 관계없으며, 또한 측점 간 상호시통이 되지 않아도 관계없다.
3. 관측작업이 신속하게 이루어진다.
4. 측점에서 모든 데이터의 취득이 가능해진다.
5. 1인 측량이 가능하여 인력이 적게 소요되고, 측정작업이 간단하다.
그러나 위성영상의 분광특성조사와는 큰 상관이 없다.

Answer 30. ③ 31. ④ 32. ③

33. 대지표정이 끝났을 때 사진과 실제 지형과의 관계는?

① 대응　　② 상사　　③ 역대칭　　④ 합동

해설 대지표정은 축척의 결정, 수준면의 결정(표고, 경사결정), 위치의 결정(위치, 방위의 결정)을 하며 대체로 축척을 결정한 다음 수준면을 결정하고 시차가 생기면 다시 상호표정으로 돌아가서 표정을 해나가며 사진과 실제 지형과의 관계는 상사 관계이다.

34. GPS에서 채택하고 있는 타원체는?

① Hayford　　② WGS84　　③ Bessel1841　　④ 지오이드

해설 GPS 시스템의 기준 타원체는 WGS84이다.

35. 완화곡선에 대한 다음 설명의 (A, B)로 옳은 것은?

완화곡선의 접선은 시점에서는 (A)에, 종점에서는 (B)에 접한다.

① (원호, 직선)　② (원호, 원호)　③ (직선, 원호)　④ (직선, 진선)

해설 차량이 직선부에서 곡선부분으로 방향을 바꾸면 반지름이 달라지기 때문에 완화곡선을 설치하게 되는데 완화곡선의 성질은 다음과 같다.
1. 곡선반경은 완화곡선의 시점에서 무한대, 종점에서 원곡선 R로 된다.
2. 완화곡선의 접선은 시점에서 직선에, 종점에서 원호에 접한다.
3. 완화곡선에 연한 곡선반경의 감소율은 칸트의 증가율과 동률(다른부호)로 된다. 또 종점에 있는 칸트는 원곡선의 칸트와 같게 된다.

36. 항공사진측량의 특징에 대한 설명으로 옳지 않은 것은?

① 정성적인 관측이 가능하다.
② 좁은 지역의 측량일수록 경제적이다.
③ 분업화에 의한 능률적 작업이 가능하다.
④ 움직이는 물체의 상태를 분석할 수 있다.

해설 사진측량의 장점
1. 사진은 정량적·정성적인 측정이 가능하다.
2. 거시적으로 관찰할 수 있으며, 재측이 용이하다.
3. 측정대상의 범위가 넓으며, 정도가 균일하다.
4. 작업이 능률적이며, 동적인 것도 측정 가능하다.
5. 넓은 지역에 경제성이 높고 기록 보전이 용이하다.

사진측량의 단점
1. 일기의 영향을 많이 받는다.
2. 좁은 지역에서는 비경제적이다.
3. 기자재가 고가라서 초기 시설 비용이 많이 든다.
4. 피사대상에 대한 식별의 난해가 있으므로 현장 작업으로 보완이 필요하다.

Answer　33. ②　34. ②　35. ③　36. ②

37. 지형측량에서 지성선(Topographical Line)에 관한 설명으로 틀린 것은?

① 지성선은 지표면이 다수의 평면으로 이루어졌다고 가정할 때 이 평면의 접합부를 말하며 지세선이라고도 한다.
② 능선은 지표면의 가장 높은 곳을 연결한 선으로 분수선이라고도 한다.
③ 합수선은 지표면의 가장 낮은 곳을 연결한 선으로 계곡선이라고도 한다.
④ 동일 방향의 경사면에서 경사의 크기가 다른 두 면의 교선을 최대경사선 또는 유하선이라 한다.

해설 지성선은 지표면이 다수의 평면으로 이루어졌다고 생각할 때 이 평면의 접합부, 즉 접선을 말하며 지세선이라고도 한다. 능선(분수선), 합수선(합곡선, 계곡선), 경사변환선, 최대 경사선으로 나뉘며 최대경사선(유하선)은 지표의 임의의 한 점에 있어서 그 경사가 최대로 되는 방향을 표시한 선을 말하며, 등고선에 직각으로 교차하고 최소거리를 나타낸다.

38. 촬영고도 1,500m에서 촬영한 항공사진의 연직점으로부터 10cm 떨어진 위치에 찍힌 굴뚝의 변위가 2mm이었다면 굴뚝의 실제 높이는?

① 20m ② 25m ③ 30m ④ 35m

해설 기복변위를 이용한 산정식을 활용하면,

$$\Delta r = \frac{h}{H} \times r$$

여기서, Δr : 변위량, h : 비고(실제 높이), H : 비행고도, r : 연직점까지의 거리

따라서, $h = \frac{\Delta r \times H}{r} = \frac{0.002 \times 1,500}{0.1} = 30\text{m}$

39. 다음 중 상호표정 인자로 구성되어 있는 것은?

① $b_y, b_z, \kappa, \phi, \omega$
② $b_y, \kappa, \phi, \omega, \omega_1$
③ $\kappa, \phi, \omega, \lambda, \Omega, \omega_1, \omega_2$
④ $b_y, \kappa, \phi, \omega, \lambda, \Omega, \omega_1$

해설 사진측량의 상호표정이란 비행기가 촬영 당시에 가지고 있던 기울기를 도화기 상에서 그대로 재현하는 과정을 말하며 촬영 당시 촬영면 상에서 이루어지는 종시차를 소거하여 목표지형물의 상대적 위치를 맞추는 작업으로 이런 위치를 맞추기 위해서는 상호표정 인자($\kappa, \omega, \phi, b_y, b_z$) 5개가 사용된다.

40. 수준측량의 용어에 대한 설명으로 틀린 것은?

① F.S.(전시) : 표고를 구하려는 점에 세운 표척의 읽음 값
② B.S.(후시) : 기지점에 세운 표척의 읽음 값
③ T.P.(이기점) : 전시와 후시를 같이 취할 수 있는 점
④ I.P.(중간점) : 후시만을 취하는 점으로 오차가 발생하여도 측량결과에 전혀 영향을 주지 않는 점

해설 중간점은 표고를 알기 위해 전시만 취하는 점으로서, 이 점의 오차는 다른 점에 영향을 미치지 않는다.

Answer 37. ④ 38. ③ 39. ① 40. ④

03 토지정보체계론

41. 다음 중 1필지를 중심으로 한 토지정보시스템을 구축하고자 할 때 시스템의 구성요건으로 옳지 않은 것은?

① 파일처리 방식을 이용하여 데이터 관리를 설계한다.
② 확장성을 고려하여 설계한다.
③ 전국적으로 통일된 좌표계를 사용한다.
④ 개방적 구조를 고려하여 설계한다.

해설 파일시스템
1. 초기의 정보시스템에서 데이터를 가공하고 처리하여 유용한 정보를 얻기 위한 파일(File) 단위의 데이터 저장 및 처리 시스템을 파일시스템이라 한다. 다수의 레코드(Record)들로 구성되며, 각 레코드는 여러 개의 필드(Field)를 가진다.
2. 파일시스템은 기본적으로 한 종류의 데이터 파일에 접근하는 프로그램으로서 데이터 파일 구조에 대한 정보도 파일시스템 자체가 가지고 있다.

42. 다음 중 벡터 데이터의 장점으로 옳지 않은 것은?

① 정확한 상형 묘사가 가능하다.
② 중첩기능을 수행하기에 용이하다.
③ 객체의 위치가 직접 지도좌표로 저장된다.
④ 객체별로 속성테이블과 연계될 수 있다.

해설 벡터 데이터와 래스터 데이터의 비교

비교항목		벡터 데이터	래스터 데이터
지도 표현	시각적 표현	정확히 표현 가능	벡터 데이터와 비교하면 거칠게 됨
	지도축적	지도를 확대하여도 형상이 변하지 않는다.	지도를 확대하면 격자가 커지기 때문에 형상을 인식하기에 나쁨
가공 처리	중첩분석	중첩분석 및 조합이 나쁨	각 단위의 형태와 크기가 균일하여 중첩분석 및 조합이 쉬움
	시뮬레이션	시뮬레이션을 위한 처리가 복잡함	각 단위의 형태와 크기가 균일하므로 시뮬레이션이 쉬움
	네트워크 해석	네트워크 연결에 의한 지리적 요소의 연결을 표현하고 분석 가능	네트워크 연결과 분석은 곤란
	자료 편집	객체단위로 이루어짐	화소단위와 영역단위로 이루어짐

Answer 41. ① 42. ②

43. 다음 중 토지정보시스템(LIS)의 질의어(Query Language)에 대한 설명으로 옳지 않은 것은?

① SQL은 비절차 언어이다.
② 질의어란 사용자가 필요한 정보를 데이터베이스에서 추출하는 데 사용되는 언어를 말한다.
③ 질의를 위하여 사용자가 데이터베이스의 구조를 알아야 하는 언어를 과정 질의어라 한다.
④ 계급형(Hierarchical)과 관계형(Relational) 데이터베이스 모형은 사용하는 질의를 위해 데이터베이스의 구조를 알아야 한다.

해설 SQL은 사용자와 관계형 데이터베이스를 연결시켜 주는 표준검색언어이다.

44. 수치전산자료를 전산매체로 제공하는 경우의 수수료 기준은?

① 1필지당 20원   ② 1필지당 30원   ③ 1필지당 50원   ④ 1필지당 100원

해설 지적전산자료의 이용 또는 활용신청(시행규칙 제115조 제1항, [별표 12])
1. 자료를 인쇄물로 제공할 때 : 1필지당 30원
2. 자료를 전산매체로 제공할 때 : 1필지당 20원

45. 다음의 지적정보를 도형정보와 속성정보로 구분할 때 성격이 다른 하나는?

① 지번   ② 면적   ③ 지적도   ④ 개별공시지가

해설 지적도는 도형정보에 해당된다.

46. 수치지도에서 인접필지와의 경계선이 작업 오류로 인하여 하나 이상일 경우 원하지 않는 필지가 생기는 오류를 무엇이라 하는가?

① Undershoot   ② Overshoot   ③ Dangle   ④ Sliver polygon

해설 벡터 편집에서의 오류 유형
1. Uundershoot(못미침) : 교차점이 만나지 못하고 선이 끝나는 것
2. Overshoot(튀어나옴) : 교차점을 지나 선이 끝나는 것
3. Dangle(댕글) : 부정확한 디지타이징 때문에 발생하는 위상 오차로, 한쪽 끝이 다른 연결점이나 절점(Node)에 완전히 연결되지 않은 상태의 연결선

47. 래스터 데이터에 대한 설명으로 틀린 것은?

① 일정한 격자모양의 셀이 데이터의 위치와 값을 표현한다.
② 해상력을 높이면 자료의 크기가 커진다.
③ 격자의 크기를 확대할 경우 객체의 경계가 매끄럽지 못하다.
④ 네트워크와 연계 구현이 용이하여 좌표변환이 편리하다.

해설 래스터 데이터의 단점
1. 해상도를 높이면 자료의 양이 크게 늘어난다.
2. 형상 표현의 정확도가 떨어진다.

3. 위상구조를 부여하지 못하므로 공간적 관계를 다루는 분석이 불가능하다.
4. 데이터 변환 시 시간이 많이 소요된다.
5. 격자의 크기를 확대할 경우 자료의 양은 줄일 수 있으나 상대적으로 정보의 손실을 초래한다.
6. 객체단위로 선택하거나 자료의 이동, 삭제, 입력 등의 편집이 어렵다.

48. 토지정보체계의 자료관리 과정 중 가장 중요한 단계는?

① 자료 검색 방법 ② 데이터베이스 구축
③ 조각 처리 ④ 부호화(코드화)

해설 수치도면을 제작하기 위해서는 수집한 자료들을 입력하여야 한다. 구축과정은 프로젝트 기간의 절반 이상의 많은 시간과 노력이 소요되는 단순 작업과정이지만 매우 중요한 과업이라 할 수 있다.(계획과 조직화→데이터 입력→데이터 수정→좌표변환, 투영→데이터 변환)

49. 공간데이터 처리 시 위상구조로 가능한 공간관계의 분석 내용에 해당하지 않는 것은?

① 연결성 ② 포함성 ③ 인접성 ④ 차별성

해설 위상구조를 이용하여 분석 가능한 내용
1. 연결성 : 두 개 이상의 객체가 연결되어 있는지를 판단
2. 포함성 : 특정 영역 내에 무엇이 포함되었는지를 판단
3. 인접성 : 두 개의 객체가 서로 인접하는지를 판단

50. 벡터 데이터의 기본요소와 거리가 먼 것은?

① 면 ② 높이 ③ 점 ④ 선

해설 벡터 데이터의 기본요소
1. 점(Point)은 (x, y) 또는 (x, y, z)와 같은 한 쌍의 좌표로서 공간 상에 위치를 표현하며 범위를 갖지 않는 0차원 공간객체이다.
2. 선(Line)은 연속되는 점의 연결로서 공간 상에 그 위치와 형상을 표현하는 1차원의 길이를 갖는 공간객체이다.
3. 면, 영역(Area, Polygon)은 선에 의해 폐합된 형태로서 범위를 갖는 2차원 공간객체이다.

51. 토지정보시스템(LMIS) 관리 데이터가 아닌 것은?

① 공시지가 자료 ② 연속지적도
③ 지적기준점 ④ 용도지역지구

해설 LMIS 토지관리업무
토지거래관리, 외국인토지관리, 개발부담금관리, 공시지가관리, 부동산중개업관리, 용도지역/지구관리

52. 필지중심토지정보시스템(PBLIS)에 해당하지 않는 것은?

① 지적측량시스템 ② 부동산행정시스템
③ 지적공부관리시스템 ④ 지적측량성과시스템

Answer 48. ② 49. ④ 50. ② 51. ③ 52. ②

해설 PBLIS 시스템의 구성
1. 지적공부관리시스템 : 사용자권한관리, 지적측량검사업무, 토지이동관리, 지적일반업무관리, 창구민원관리, 토지기록자료 조회 및 출력, 지적통계관리, 정책정보관리 등
2. 지적측량시스템 : 지적삼각점측량, 지적삼각보조점측량, 도근측량, 세부측량 등
3. 지적측량성과작성시스템 : 토지이동지 조서 작성, 측량준비도, 측량결과도, 측량성과도 등

53. 위성영상으로부터의 데이터 수집에 대한 설명으로 옳지 않은 것은?

① 원격탐사는 항공기나 위성에 탑재된 센서를 통해 자료를 수집한다.
② 위성영상은 GIS 공간데이터에 대한 자료원이 풍부한 나라들에서 매우 유용하다.
③ 인공위성은 항공사진의 관측 영역보다 광대한 영역을 한번에 관측할 수 있다.
④ 시간과 노동을 감안하면 지상 작업에 비해 단위 비용이 적게 들기 때문에 GIS에 있어서 중요한 자료원이 된다.

해설 지구 표면이 매우 넓고, 해상도가 비교적 높기 때문에 위성사진 데이터베이스는 보통 매우 크기가 크고, 또한 이미지 프로세싱을 수행하는 데 시간이 소요된다. 센서를 무엇을 썼느냐에 따라서 다르겠지만, 기상 상황에 따라 이미지의 품질이 좌우될 수 있다(산꼭대기에 구름이 끼어 있는 곳은 사진을 얻기가 조금 힘들다.) 따라서, GIS 공간데이터에 대한 자료원이 부족한 나라들에서 유용하다.

54. 토지정보시스템(LIS)과 지리정보시스템(GIS)을 비교한 내용 중 틀린 것은?

① LIS는 필지를, GIS는 구역·지역을 단위로 한다.
② LIS는 지적도를, GIS는 지형도를 기본도면으로 한다.
③ LIS는 대축척을, GIS는 소축척을 사용한다.
④ LIS는 자료분석이, GIS는 자료관리 및 처리가 장점이다.

해설 GIS는 자료분석이, LIS는 자료관리 및 처리가 장점이다.

55. 지형이나 기온, 강수량 등과 같이 지표 상에 연속적으로 분포되어 있는 현상을 표현하기 위한 방법으로 적합한 것은?

① 폴리곤화   ② 점, 선, 면   ③ 표면 모델링   ④ 자연 모델링

해설 표면 모델링(Surface Modeling)

56. 한국토지정보시스템(KLIS)에 대한 설명으로 옳은 것은?(단, 중앙행정부서의 명칭은 해당 시스템 개발 당시의 명칭을 기준으로 한다.)

① 건설교통부의 토지관리정보시스템과 행정자치부의 필지중심토지정보시스템을 통합한 시스템이다.
② 건설교통부의 토지관리정보시스템과 행정자치부의 시·군·구 지적행정시스템을 통합한 시스템이다.
③ 행정자치부의 시·군·구 지적행정시스템과 필지 중심 토지정보시스템을 통합한 시스템이다.
④ 건설교통부의 토지관리정보시스템과 개별공시지가관리시스템을 통합한 시스템이다.

Answer 53. ② 54. ④ 55. ③ 56. ①

해설 한국토지정보시스템(KLIS ; Korea Land Information System)
건설교통부의 토지 관련 업무를 다루는 시스템(토지관리정보시스템, LMIS)과 행정자치부의 지적 관련 업무 처리 시스템(필지중심토지정보시스템, PBLIS)이 분리되어 운영됨에 따른 자료의 이중 관리 및 정확성 문제 등을 해결하기 위하여 구축된 통합정보시스템이다.

57. 3차원 토지정보체계 구축을 위한 측량기술의 설명으로 옳지 않은 것은?
① 위성측량 기술 – 광역지역에 대한 반복적인 시계열 3차원 자료 구축에 유리하다.
② 항공사진측량 기술 – 균질한 정확도와 원하는 축척의 수치지도 제작에 유리하다.
③ GNSS 측량 기술 – 기존의 평판이나 트랜싯 측량에 비해 정확도가 떨어져 지적재조사사업에 불리하다.
④ 모바일 매핑 시스템 – LIDAR, GPS, INS 등을 탑재하여 도로시설물의 3차원 정보 구축에 유리하다.

해설 위성측량
1. 위성을 이용한 위성항법시스템(GNSS ; Global Navigation Satellite System)으로 위치를 정하기 위한 측량
2. 지적재조사 측량의 방법 : 「지적재조사에 관한 특별법 시행규칙」제5조의 위성측량은 위성기준점, 통합기준점, 삼각점 또는 지적기준점을 기준으로 네트워크 RTK 위성측량, 단일기준국 RTK 위성측량, 정지측위(Static) 위성측량 방법으로 한다.

58. 데이터베이스에서 자료가 실제로 저장되는 방법을 기술한 물리적인 데이터의 구조를 무엇이라 하는가?
① 개념 스키마   ② 내부 스키마   ③ 외부 스키마   ④ 논리 스키마

해설 스키마(Schema)
1. 데이터베이스의 구조와 제약조건에 관한 전반적인 명세를 기술한 것
2. 개체의 특성을 나타내는 속성(Attribute)과 속성들의 집합으로 이루어진 개체(Entity), 개체 사이에 존재하는 관계(Relation)에 대한 정의와 이들이 유지해야 할 제약조건들을 기술한 것
3. DB 내에 어떤 구조로 데이터가 저장되는가를 나타내는 데이터베이스 구조를 스키마라고 함
4. 사용자의 관점에 따라 개념 스키마, 내부 스키마, 외부 스키마로 분류한다.
   ① 개념 스키마
   • 데이터베이스의 전체적인 논리적 구조
   • 전체적인 뷰(조직체 전체를 관장하는 입장에서 DB를 정의한 것)
   • 조직의 모든 응용시스템에서 필요로 하는 개체 관계, 그리고 제약조건들을 포함
   • 접근권한, 보안정책, 무결성 규칙 등에 관한 사항들도 추가적으로 포함
   ② 내부 스키마
   • 물리적인 저장장치 입장에서 DB가 저장되는 방법을 기술한 것
   • 디스크에는 어떤 구조로 저장할 것인가
   • 데이터의 실제 저장방법을 기술
   • 물리적인 저장장치와 밀접한 계층
   • 시스템 프로그래머나 시스템 설계자가 보는 관점의 스키마

Answer 57. ③ 58. ②

③ 외부 스키마=서브 스키마=사용자 뷰
- 사용자나 응용 프로그래머가 개인의 입장에서 필요한 데이터베이스의 논리적 구조를 정의
- 실세계에 존재하는 데이터들을 어떤 형식, 구조, 배치 화면을 통해 사용자에게 보여줄 것인가
- 하나의 데이터베이스에는 여러 개의 외부 스키마가 존재 가능 & 하나의 외부 스키마를 여러 개의 응용프로그램이나 사용자가 공용 가능
- 일반 사용자는 질의어를 이용하여 DB를 쉽게 사용

59. 속성데이터에서 동영상은 다음 어느 유형의 자료로 처리되어 관리될 수 있는가?

① 숫자형 ② 문자형
③ 날짜형 ④ 이진형

해설 속성자료의 유형
1. 속성자료의 형식적 유형은 숫자형, 문자형, 날짜형, 이진형으로 구분
2. 숫자형은 정수, 실수 등의 숫자로 기록된 자료로 자료의 비교 및 산술·연산·처리가 가능하다.
3. 문자형은 문자형태로 기록되며 산술연산처리는 불가능하지만 특정한 지명 찾기, 내림차순 및 오름차순 정렬 등으로 처리 및 검색이 가능하다.
4. 날짜형은 연월일시와 같은 날짜형으로 기록되며 자료는 날짜순으로 오름차순, 내리차순, 특정기간 내의 자료 찾기 등의 처리에 활용된다.
5. 이진형은 숫자형, 문자형, 날짜형이 아닌 모든 형태의 파일로서 기록되는 방법이다.

60. 다음 중 '사용자권한 등록관리청'이 사용자권한 등록파일에 등록하여야 하는 사항에 해당하지 않는 것은?

① 사용자의 비밀번호 ② 사용자의 사용자번호
③ 사용자의 이름 ④ 사용자의 생년월일

해설 지적전산정보시스템 담당자의 등록(시행규칙 제76조)
1. 국토해양부장관, 시·도지사 및 지적소관청(사용자권한 등록관리청)은 지적공부정리 등을 전산정보처리시스템으로 처리하는 담당자(사용자)를 사용자권한 등록파일에 등록하여 관리하여야 한다.
2. 지적전산처리용 단말기를 설치한 기관의 장은 그 소속공무원을 사용자로 등록하려는 때에는 지적전산시스템 사용자권한 등록신청서를 해당 사용자권한 등록관리청에 제출하여야 한다.

"지적정보관리체계 사용자권한 등록신청서" 기재사항(시행규칙 별지 제74호 서식)
성명, 등록번호, 사용자번호, 소속, 발령일, 퇴직 및 전출일, 권한구분등록, 비밀번호, 직급구분, 자격구분, 직렬구분, 변경종류, 처리담당자, 최종이력순번, 최초임용일

③ 신청을 받은 사용자권한 등록관리청은 신청 내용을 심사하여 사용자권한 등록파일에 사용자의 이름 및 권한과 사용자번호 및 비밀번호를 등록하여야 한다.
④ 사용자권한 등록관리청은 사용자의 근무지 또는 직급이 변경되거나 사용자가 퇴직 등을 한 경우에는 사용자권한 등록내용을 변경하여야 한다.

Answer 59. ④ 60. ④

04 지적학

61. 지적제도의 발전단계별 특징으로서 중요한 등록사항에 해당하지 않는 것은?

① 세지적 - 경계
② 법지적 - 소유권
③ 법지적 - 경계
④ 다목적지적 - 등록사항 다양화

해설 발전단계별 지적제도의 특징
1. 세지적 : 농경시대에 개발된 최초의 지적제도로서, 세금징수가 주목적이므로 세금 산정을 위한 면적본위로 운영
2. 법지적 : 토지 이용의 다양성과 상품성이 강조된 산업화 시대에 개발된 지적제도로서, 토지거래의 안전과 소유권 보호가 주목적이므로 소유권 등 권리의 한계설정과 경계복원이 강조되고 위치본위로 운영
3. 다목적지적 : 사회의 발달과 기능의 복잡·다양화로 토지이용의 효율화와 토지 관련 정보의 신속하고 계속적인 제공이 주목적이므로 종합적 토지정보시스템으로 운영

62. 토지 등록사항 중 지목이 내포하고 있는 역할로 가장 옳은 것은?

① 합리적 도시계획
② 용도 실상 구분
③ 지가 평정기준
④ 국토 균형 개발

해설 지목(Land Category)은 토지의 주된 사용목적 또는 용도에 따라 토지의 종류를 구분하여 표시하는 명칭이다.

63. 다음 중 지번의 기능과 가장 관련이 적은 것은?

① 토지의 특정화
② 토지의 식별
③ 토지의 개별화
④ 토지의 경제화

해설 지번의 기능
1. 토지의 고정화
2. 토지의 특정화
3. 토지의 개별화
4. 토지위치의 확인
5. 행정주소 표기, 토지이용의 편리성
6. 토지관계 자료의 연결매체 기능

64. 다음 중 토지조사사업의 주요 목적과 거리가 먼 것은?

① 토지소유의 증명제도 확립
② 조세수입체계 확립
③ 토지에 대한 면적단위의 통일성 확보
④ 전문 지적측량사의 양성

해설 토지조사사업의 목적
1. 토지소유의 증명제도 및 조세수입체계의 확립
2. 미개간지 점유 및 역둔토 등의 국유화로 조선총독부의 소유지 확보

Answer 61. ① 62. ② 63. ④ 64. ④

3. 소작농의 제 권리를 배제시키고 노동인력으로 흡수하여 토지소유형태의 합리화를 꾀함
4. 면적단위의 통일성 확립
5. 일본 상업자본(고리대금업 등)의 토지점유를 보장하는 법률적 제도 확립
6. 식량 및 원료 반출을 위한 토지이용제도의 정비

65. 백문매매(白文賣買)에 대한 설명으로 옳은 것은?

① 백문매매란 입안을 받지 않은 매매계약서로, 임진왜란 이후 더욱 더 성행하였다.
② 백문매매로 인하여 소유자를 보호할 수 있게 되었다.
③ 백문매매로 인하여 소유권에 대한 확정적 효력을 부여받게 되었다.
④ 백문매매란 토지거래에서 매도자, 매수자, 해당 관서 등이 각각 서명함으로써 이루어지는 거래를 말한다.

해설 백문매매(白文賣買)
1. 백문매매는 문기의 일종으로 입안을 받지 않는 매매계약서를 뜻함
2. 백문매매는 관습상 성행하였으며 후에 관에서도 합법화됨
3. 백문매매의 성행은 입안(立案)의 폐지 사유가 됨

66. 다음 중 토지의 사정(査定)에 대한 설명으로 가장 옳은 것은?

① 소유자와 강계를 확정하는 행정처분이다.
② 소유자가 강계를 결정하는 사법처분이다.
③ 소유권에 불복하여 신청하는 소송 행위였다.
④ 경계와 면적을 결정하는 지적조사 행위였다.

해설 사정이란 토지조사부와 지적도에 의하여 토지의 소유자 및 그 강계를 확정하는 행정처분으로서 토지조사국장이 지방토지조사위원회의 자문을 받아 실시하였으며, 원시취득의 효력이 있다.

67. 다음 지번의 진행방향에 따른 분류 중 도로를 중심으로 한쪽은 홀수로, 반대쪽은 짝수로 지번을 부여하는 방법은?

① 기우식　　② 사행식　　③ 단지식　　④ 혼합식

해설 지번 부여방법
1. 지번 부여방법의 종류
   ① 진행방향에 따른 분류 : 사행식, 기우식, 단지식
   ② 부여단위에 따른 분류 : 지역단위법, 도엽단위, 단지단위법
   ③ 기번위치에 따른 분류 : 북동기번법, 북서기번법
2. 진행방향에 따른 방법
   1) 사행식
      ① 필지의 배열이 불규칙한 지역에서 진행순서에 따라 지번 부여
      ② 진행방향에 따라 지번이 순차적으로 연속 부여됨
      ③ 농촌지역에 적합
      ④ 상하좌우로 볼 때 어느 방향에서는 지번이 연속적이지 않게 되는 단점이 있음

Answer　65. ①　66. ①　67. ①

　　2) 기우식(또는 교호식)
　　　　① 도로를 중심으로 한쪽은 홀수인 기수, 반대쪽은 짝수인 우수로 지번을 부여
　　　　② 시가지 지역의 지번 설정에 적합
　　3) 단지식(또는 Block식)
　　　　① 1단지마다 하나의 지번을 부여하고 단지 내 필지들은 부번을 부여하는 방법
　　　　② 토지구획, 농지개량사업 시행지역에 적합
3. 부여단위에 따른 방법
　　1) 지역단위법
　　　　① 1개의 지번설정지역 전체를 대상으로 하여 순차적으로 지번 부여
　　　　② 지번부여지역이 좁거나 도면매수가 적은 지역에 적합
　　2) 도엽단위법
　　　　① 도엽단위로 세분하여 지번 부여
　　　　② 넓거나 도면매수가 많은 지역에 적합
　　3) 단지단위법
　　　　① 1개의 지번설정지역을 지적(임야)도의 단지단위로 세분하여 지번을 부여
　　　　② 다수의 소규모 단지로 구성된 토지구획, 농지개량사업지역에 적합
4. 기번위치에 따른 방법
　　1) 북동기번법
　　　　① 북동쪽에서 남서쪽으로 순차적으로 지번 부여
　　　　② 한자 지번 지역에 적합
　　2) 북서기번법
　　　　① 북서에서 남동쪽으로 순차적으로 지번 부여
　　　　② 아라비아숫자 지번지역에 적합

68. 우리나라의 토지등록제도에 대하여 가장 잘 표현한 것은?

① 선 등기, 후 이전의 원칙　　　② 선 등기, 후 등록의 원칙
③ 선 이전, 후 등록의 원칙　　　④ 선 등록, 후 등기의 원칙

해설 토지등록제도
1. 우리나라는 토지등록제도가 지적제도와 등기제도로 이원화되어 있다.
2. 등기에서 토지표시에 관한 사항은 지적공부를 기초로 하고, 지적에서 소유권에 관한 사항은 등기부를 기초로 하고 있으나 미등기 토지의 소유권에 관한 사항은 지적공부를 기초로 한다.
※ 따라서 우리나라의 토지등록은 선 등록, 후 등기를 원칙으로 한다.

69. 토지조사사업 당시 인적 편성주의에 해당되는 공부로 알맞은 것은?

① 토지조사부　　　　　　② 지세명기장
③ 대장, 도면, 집계부　　　④ 역둔토 대장

해설 지세명기장과 토지등록부
1. 지세명기장
　　① 지세명기장은 과세지에 대한 인적 편성주의에 따라 성명별로 목록을 작성한 것
　　② 이동정리를 끝낸 토지대장 중에서 민유과세지만을 뽑아 각 면마다 각 지번을 통하여 소유자별로 연기한 후 이것을 합계한 장부

2. 토지등록부의 종류
   ① 물적 편성주의 : 토지 중심으로 대장 작성
   ② 인적 편성주의 : 소유자 중심으로 대장 작성
   ③ 연대적 편성주의 : 신청순서에 따라 작성
   ④ 물적·인적 편성주의 : 물적 편성주의에 인적 편성주의 가미

70. 조선시대 양안에서 소유자의 변동이 있을 경우 소유자의 등재시기로 맞는 것은?

① 입안을 받을 때 등재한다.
② 양안을 새로 작성할 때 등재한다.
③ 소유자의 변동과 동시 등재한다.
④ 임의적인 시기에 등재한다.

해설 경국대전 호전(戶典) 양전조(量田條)에 "모든 전지는 6등급으로 구분하고 20년마다 다시 측량하여 장부를 만들어 호조(戶曹)와 그 도(道), 그 읍(邑)에 비치한다."고 규정하고 있으며, 양안에는 토지소유자, 소재지, 지목, 면적 등을 기재하고 있다.

71. 다음 중 토지조사사업에서의 사정 결과를 바탕으로 작성한 토지대장을 기초로 등기부가 작성되어 최초로 전국에 등기령을 시행하게 된 시기는?

① 1910년   ② 1918년   ③ 1924년   ④ 1930년

해설 토지등기제도
1. 1910년 조선민사령 발표로 일본민법 및 기타 법률을 한반도에 의용하고, 부동산등기는 조선부동산등기령을 발표하여 동령에 특별한 규정이 없는 한 일본부동산등기법에 의한다고 규정
2. 지적공부가 작성된 9개 도시에서만 실시하고 나머지 지역은 실시를 연기
3. 등기령의 보충적 역할로 1912년 조선부동산증명령을 제정하여 종래의 토지가옥증명규칙과 토지가옥소유권증명규칙을 대신
4. 토지대장을 기초로 등기부가 작성되어 1918년 전국에 등기령이 실시됨
5. 초기에는 지방법원 및 그 지원 또는 출장소가 등기소로서 등기업무를 관장
6. 토지등기부와 건물등기부가 있었으며 물적 편성주의에 의해 편성
7. 등기는 공동신청주의, 등기공무원의 형식적 심사주의 채택
8. 등기의 효력은 대항요건주의에 공신력은 인정되지 않음

72. 고려시대에 토지업무를 담당하던 기관과 관리에 관한 설명으로 틀린 것은?

① 정치도감은 전지를 개량하기 위하여 설치된 임시관청이다.
② 토지측량업무는 이조에서 관장하였으며, 이를 관리하는 사람을 양인·전민계정사(田民計定使)라 하였다.
③ 찰리변위도감은 전국의 토지분급에 따른 공부 등에 관한 불법을 규찰하는 기구였다.
④ 급전도감은 고려 초 전시과를 시행할 때 전지분급과 이에 따른 토지측량을 담당하는 기관이었다.

해설 고려시대에 토지측량 업무는 호조에서 관장하였다.

Answer 70. ② 71. ② 72. ②

73. 다음 중 구한말에 운영된 지적업무 부서의 설치 순서가 옳은 것은?

① 탁지부 양지국 → 탁지부 양지과 → 양지아문 → 지계아문
② 양지아문 → 탁지부 양지국 → 탁지부 양지과 → 지계아문
③ 양지아문 → 지계아문 → 탁지부 양지국 → 탁지부 양지과
④ 지계아문 → 양지아문 → 탁지부 양지국 → 탁지부 양지과

해설 구한말(대한제국) 지적업무 관리관청의 변화

구분	조직	기간	담당업무	비고
내부	토목국	1895.3.26	토지측량, 토지수량에 관한 사항	1893~1905년은 지계제도와 가계제도가 시행된 시기임
	판적국		지적 및 관유지 처분에 관한 업무	
양지아문	본부	1898.7.6 ~ 1901.9.9	제반사무 총괄 및 정리	• 양지아문은 독립기구이나 관련 부처인 내부, 탁지부, 농공상부 등과 협조체계 유지 • 미국인 기사 거렴(레이몬드 크럼)을 초빙하여 측량 실시 및 지적측량교육 실시
	실무진		각 지방의 양전사무 주관 업무 수행 및 양전에 대한조사	
	기술진		양전 실무 수행	
지계아문		1901.10 ~1904.4	"대한제국전답관계"라고 하는 지계를 발급함	• 일본인 기사 채용 • 토지가옥증명규칙 시행
탁지부	양지국	1904.4	양전업부 수행	지계아문 폐지
탁지부	양지과	1905.2	전세 · 유세지 조사 지세의 부과징수	• 양지과로 기구 축소 • 대구, 평양, 전주에 양지과의 출장소 설치

74. 우리나라 임야조사사업 당시의 재결기관으로 옳은 것은?

① 고등토지조사위원회
② 세부측량검사위원회
③ 임야조사위원회
④ 도지사

해설 임야조사사업 당시 재결기관은 도지사 산하 임야조사위원회이다.

75. 지적제도의 유형을 등록 차원에 따라 분류한 경우 3차원 지적 업무 영역에 해당하지 않는 것은?

① 지상
② 지하
③ 지표
④ 시간

해설 시간은 4차원 지적의 영역이다.

76. 지계 발행 및 양전사업의 전담기구인 지계아문을 설치한 연도로 옳은 것은?

① 1895년
② 1901년
③ 1907년
④ 1910년

해설 지계아문은 1901년 10월 설치되어 1904년 4월 폐지되었다.

Answer 73. ③ 74. ③ 75. ④ 76. ②

77. 다음 설명으로 틀린 것은?

① 공유지연명부는 지적공부에 포함되지 않는다.
② 지적공부에 등록하는 면적단위는 [m²]이다.
③ 지적공부는 소관청의 영구보존 문서이다.
④ 임야도의 축척에는 1/3,000, 1/6,000 두 가지가 있다.

해설 우리나라 지적공부는 토지대장, 임야대장, 공유지연명부, 대지권등록부, 지적도, 임야도, 경계점좌표등록부, 지적전산파일 등이 있다.

78. 토지조사사업 당시의 일필지 조사에 해당되지 않는 것은?

① 소유자조사 ② 지목조사
③ 지주조사 ④ 강계조사

해설 토지조사사업 당시 일필지조사는 지주, 강계, 지역, 지목, 지번, 등기 및 등기필지 등으로 구분하여 조사하였다.

79. 우리나라에서 토지를 토지대장에 등록하는 절차상 순서로 옳은 것은?

① 지목별 순으로 한다.
② 소유자명의 "가, 나, 다" 순으로 한다.
③ 지번 순으로 한다.
④ 토지 등급 순으로 한다.

해설 우리나라 토지대장은 물적 등록주의에 의하여 토지를 중심으로 지번 순으로 편성한다.

80. 물권 설정 측면에서 지적의 3요소로 볼 수 없는 것은?

① 국가 ② 토지
③ 등록 ④ 공부

해설 지적의 3대 구성 요소
1. 토지, 등록, 공부 : 협의적 개념
2. 소유자, 권리, 필지 : 광의적 개념

Answer 77. ① 78. ① 79. ③ 80. ①

05 지적관계법규

81. 지적측량업자가 손해배상책임을 보장하기 위하여 가입하여야 하는 보증보험의 보증금액 기준으로 옳은 것은?(단, 보장기간은 10년 이상으로 한다.)

① 1억 원 이상 ② 5억 원 이상 ③ 10억 원 이상 ④ 20억 원 이상

해설 손해배상책임의 보증보험 가입금액
1. 지적측량업자 : 보장기간이 10년 이상이고 보증금액이 1억 원 이상인 보증보험
2. 한국국토정보공사 : 보증금액이 20억 원 이상인 보증보험

82. 일반 공중이 종교의식을 위하여 법요를 하기 위한 사찰 등 건축물의 부지와 이에 접속된 부속시설물의 부지 지목은?

① 사적지 ② 종교용지 ③ 잡종지 ④ 공원

해설
1. 종교용지
 일반 공중의 종교의식을 위하여 예배·법요·설교·제사 등을 하기 위한 교회·사찰·향교 등 건축물의 부지와 이에 접속된 부속시설물의 부지
2. 사적지
 ① 문화재로 지정된 역사적인 유적·고적·기념물 등을 보존하기 위하여 구획된 토지
 ② 학교용지·공원·종교용지 등 다른 지목으로 된 토지에 있는 유적·고적·기념물 등을 보호하기 위하여 구획된 토지는 제외
3. 잡종지
 ① 아래에 해당하는 토지
  • 갈대밭, 실외에 물건을 쌓아두는 곳, 돌을 캐내는 곳, 흙을 파내는 곳, 야외시장, 비행장, 공동우물
  • 영구적 건축물 중 변전소, 송신소, 수신소, 송유시설, 도축장, 자동차운전학원, 쓰레기 및 오물처리장 등의 부지
  • 다른 지목에 속하지 않는 토지
 ② 원상회복을 조건으로 돌을 캐내는 곳 또는 흙을 파내는 곳으로 허가된 토지는 제외
4. 공원
 일반 공중의 보건·휴양 및 정서생활에 이용하기 위한 시설을 갖춘 토지로서 「국토의 계획 및 이용에 관한 법률」에 따라 공원 또는 녹지로 결정·고시된 토지

83. 지적공부에 등록하는 경계(境界)의 결정권자는 누구인가?

① 행정자치부장관 ② 국토교통부장관 ③ 지적소관청 ④ 시·도지사

해설 토지의 조사·등록
1. 토지의 등록
 국토교통부장관은 모든 토지에 대하여 필지별로 소재·지번·지목·면적·경계 또는 좌표 등을 조사·측량하여 지적공부에 등록

Answer 81. ① 82. ② 83. ③

2. 등록의 결정권자
　 지적공부에 등록하는 지번·지목·면적·경계 또는 좌표는 토지의 이동이 있을 때 토지소유자의 신청을 받아 지적소관청이 결정. 다만, 신청이 없으면 지적소관청이 직권으로 조사·측량하여 결정

84. 등록사항의 정정에 대한 다음 설명 중 ( ) 안에 해당하지 않는 것은?

> 지적소관청이 제1항 또는 제2항에 따라 등록사항을 정정할 때 그 정정사항이 토지소유자에 관한 사항인 경우에는 (　　) 또는 등기관서에서 제공한 등기전산정보자료에 따라 정정하여야 한다.

① 등기부등본
② 등기필증
③ 등기완료통지서
④ 등기사항증명서

해설 토지소유자에 관한 등록사항의 정정
1. 등기필증, 등기완료통지서, 등기사항증명서 또는 등기관서에서 제공한 등기전산정보자료에 따라 정정
2. 미등기 토지에 대하여 토지소유자의 성명 또는 명칭, 주민등록번호, 주소 등에 관한 사항의 정정을 신청한 경우로서 그 등록사항이 명백히 잘못된 경우에는 가족관계 기록사항에 관한 증명서에 따라 정정

85. 토지소유자는 토지를 합병하려면 대통령령으로 정하는 바에 따라 지적소관청에 합병을 신청하여야 한다. 다음 중 토지의 합병을 신청할 수 있는 조건이 아닌 것은?

① 합병하려는 토지의 지번부여지역이 같은 경우
② 합병하려는 토지의 지목이 같은 경우
③ 합병하려는 토지의 소유자가 서로 같은 경우
④ 합병하려는 토지의 지적도의 축척이 서로 다른 경우

해설 합병
지적공부에 등록된 2필지 이상을 1필지로 합하여 등록하는 것
1. 신청기한
　① 원칙 : 신청기한 없음
　② 예외 : 공동주택의 부지, 도로, 제방, 하천, 구거, 유지, 공장용지, 학교용지, 철도용지, 수도용지, 공원, 체육용지 등 토지로서 합병하여야 할 토지가 있으면 그 사유가 발생한 날부터 60일 이내에 지적소관청에 합병을 신청하여야 한다.
2. 신청대상
　지번부여지역으로서 소유자와 용도가 같고 지반이 연속된 토지
3. 합병을 신청할 수 없는 토지
　① 합병하려는 토지의 지번부여지역, 지목 또는 소유자가 서로 다른 경우
　② 합병하려는 토지에 다음 각 호의 등기 외의 등기가 있는 경우
　　• 소유권·지상권·전세권 또는 임차권의 등기
　　• 승역지에 대한 지역권의 등기
　　• 합병하려는 토지 전부에 대한 등기원인 및 그 연월일과 접수번호가 같은 저당권의 등기
　③ 합병하려는 토지의 지적도 및 임야도의 축척이 서로 다른 경우
　④ 합병하려는 각 필지의 지반이 연속되지 아니한 경우

⑤ 합병하려는 토지가 등기된 토지와 등기되지 아니한 토지인 경우
⑥ 합병하려는 각 필지의 지목은 같으나 일부 토지의 용도가 다르게 되어 분할대상 토지인 경우(다만, 합병 신청과 동시에 토지의 용도에 따라 분할 신청을 하는 경우는 제외)
⑦ 합병하려는 토지의 소유자별 공유지분이 다르거나 소유자의 주소가 서로 다른 경우
⑧ 합병하려는 토지가 구획정리, 경지정리 또는 축척변경을 시행하고 있는 지역의 토지와 그 지역 밖의 토지인 경우

86. 도시개발사업 등 시행지역의 토지이동 신청에 관한 특례와 관련하여, 대통령령으로 정하는 토지개발사업에 해당되지 않는 것은?

① 「지역 개발 및 지원에 관한 법률」에 따른 농지기반사업
② 「택지개발촉진법」에 따른 택지개발사업
③ 「산업입지 및 개발에 관한 법률」에 따른 산업단지개발사업
④ 「도시 및 주거환경정비법」에 따른 정비사업

해설 도시개발사업 등 시행지역의 토지이동신청 특례
1. 신청
   도시개발사업, 농어촌정비사업, 주택건설사업, 택지개발사업, 산업단지개발사업 등으로 정하는 토지개발사업 시행자는 그 사업의 착수·변경 및 완료 사실을 지적소관청에 신고
2. 토지의 이동시기
   도시개발사업 등으로 인한 토지의 이동은 토지의 형질변경 등의 공사가 준공된 때 토지의 이동이 있는 것으로 본다.
3. 신고 시기 : 신고 사유가 발생한 날부터 15일 이내
4. 공간정보의 구축 및 관리 등에 관한 법률 및 시행령에서 정하는 토지개발사업
   ① 「도시개발법」에 따른 도시개발사업
   ② 「농어촌정비법」에 따른 농어촌정비사업
   ③ 「주택법」에 따른 주택건설사업
   ④ 「택지개발촉진법」에 따른 택지개발사업
   ⑤ 「산업입지 및 개발에 관한 법률」에 따른 산업단지개발사업
   ⑥ 「도시 및 주거환경정비법」에 따른 정비사업
   ⑦ 「지역 개발 및 지원에 관한 법률」에 따른 지역개발사업
   ⑧ 「체육시설의 설치·이용에 관한 법률」에 따른 체육시설 설치를 위한 토지개발사업
   ⑨ 「관광진흥법」에 따른 관광단지 개발사업
   ⑩ 「공유수면 관리 및 매립에 관한 법률」에 따른 매립사업
   ⑪ 「항만법」 및 「신항만건설촉진법」에 따른 항만개발사업
   ⑫ 「공공주택 특별법」에 따른 공공주택지구조성사업
   ⑬ 「물류시설의 개발 및 운영에 관한 법률」 및 「경제자유구역의 지정 및 운영에 관한 특별법」에 따른 개발사업
   ⑭ 「철도건설법」에 따른 고속철도, 일반철도 및 광역철도 건설사업
   ⑮ 「도로법」에 따른 고속국도 및 일반국도 건설사업

Answer 86. ①

87. 다음 중 토지소유자가 토지이동이 발생한 경우 지적소관청에 신청하는 기간 기준이 다른 하나는?

① 등록전환 신청
② 지목변경 신청
③ 신규등록 신청
④ 바다로 된 토지의 등록말소 신청

해설 1. 바다로 된 토지의 등록말소
지적소관청은 지적공부에 등록된 토지가 지형의 변화 등으로 바다로 된 경우에 토지소유자에게 등록말소 신청을 하도록 통지
1) 신청기한 : 신청 통지를 받은 날부터 90일 이내에 지적소관청에 신청
2) 신청대상 : 원상으로 회복될 수 없거나 다른 지목의 토지로 될 가능성이 없는 경우
3) 등록말소 및 회복
① 토지소유자가 등록말소 신청을 하지 않으면 직권으로 그 지적공부의 등록사항을 말소
② 회복등록을 하려면 그 지적측량성과 및 등록말소 당시의 지적공부 등 관계자료에 따라 등록
③ 지적공부의 등록사항을 말소하거나 회복등록하였을 때에는 그 정리 결과를 토지소유자 및 해당 공유수면의 관리청에 통지
2. 등록전환, 지목변경, 신규등록 신청은 사유가 발생한 날부터 60일 이내에 지적소관청에 신청

88. 다음 중 지적 관련 법령상 용어에 대한 설명이 옳은 것은?

① 지적소관청이란 지적공부를 관리하는 시장을 말하며 자치구가 아닌 구를 두는 시의 시장 또한 포함한다.
② 면적이란 지적공부에 등록한 필지의 지표면 상의 넓이를 말한다.
③ 일반측량이란 기본측량, 공공측량, 지적측량 및 수로측량을 말한다.
④ 지목변경이란 지적공부에 등록된 지목을 다른 지목으로 바꾸어 등록하는 것을 말한다.

해설 ① 지적소관청 : 지적공부를 관리하는 특별자치시장, 시장(「제주특별자치도 설치 및 국제자유도시 조성을 위한 특별법」 제10조 제2항에 따른 행정시의 시장을 포함하며, 「지방자치법」 제3조 제3항에 따라 자치구가 아닌 구를 두는 시의 시장은 제외한다)·군수 또는 구청장(자치구가 아닌 구의 구청장을 포함한다)을 말한다.
② 면적 : 지적공부에 등록한 필지의 수평면 상 넓이를 말한다.
③ 일반측량 : 기본측량, 공공측량, 지적측량 및 수로측량 외의 측량을 말한다.

89. 현재 시행하고 있는 지목의 종류는 몇 종인가?

① 25종 ② 26종
③ 27종 ④ 28종

Answer 87. ④ 88. ④ 89. ④

해설 지목의 종류(28종)

지목	부호	지목	부호	지목	부호
전	전	주차장	차	수도용지	수
답	답	주유소용지	주	공원	공
과수원	과	창고용지	창	체육용지	체
목장용지	목	도로	도	유원지	원
임야	임	철도용지	철	종교용지	종
광천지	광	제방	제	사적지	사
염전	염	하천	천	묘지	묘
대	대	구거	구	잡종지	잡
공장용지	장	유지	유		
학교용지	학	양어장	양		

90. 지번의 구성 및 부여방법에 관한 설명(기준)이 틀린 것은?

① 시·도지사가 지번부여지역별로 북동에서 남서로 지번을 순차적으로 부여한다.
② 본번(本番)과 부번(副番)으로 구성하되, 본번과 부번 사이에 "-" 표시로 연결한다.
③ 신규등록의 경우에는 그 지번부여지역에서 인접토지의 본번에 부번을 붙여서 지번을 부여한다.
④ 합병의 경우에는 합병 대상 지번 중 선순위의 지번을 그 지번으로 하되, 본번으로 된 지번이 있을 때에는 본번 중 선순위의 지번을 합병 후의 지번으로 한다.

해설 지번부여 원칙
1. 지번의 부여방법
   ① 지번은 지적소관청이 지번부여지역별로 차례대로 부여
   ② 지적소관청은 지적공부에 등록된 지번을 변경할 필요가 있다고 인정되면 시·도지사나 대도시 시장의 승인을 받아 지번부여지역의 전부 또는 일부에 대하여 지번을 새로 부여
2. 지번의 표기
   ① 지번은 아라비아 숫자로 표기한다.
   ② 임야대장 및 임야도에 표시하는 지번은 숫자 앞에 "산"자를 붙여 표시한다.
   ③ 지번은 본번과 부번으로 구성하되, 본번과 부번 사이에 "-"표시로 연결한다.
3. 지번부여의 원칙
   우리나라는 북서에서 남동으로 순차적으로 지번을 부여하는 "북서기번법"을 채택
4. 신규등록, 등록전환, 지번변경, 행정구역변경 등에 따른 지번 부여
   ① 신규등록, 등록전환, 지번변경, 행정구역변경 등의 경우 당해 지번부여지역 내 인접토지의 본번에 부번을 붙여서 부여
   ② 지번부여지역의 최종 본번의 다음 순번부터 본번으로 하여 순차적으로 지번 부여

91. "주차장" 지목을 지적도에 표기하는 부호로 옳은 것은?

① 주   ② 차   ③ 장   ④ 주차

해설 지목의 표기방법
1. 지목을 지적도 및 임야도에 등록하는 때에는 두문자(頭文字) 또는 차문자(次文字)로 표기한다.
2. 하천, 유원지, 공장용지, 주차장은 차문자로 표기한다.(천, 원, 장, 차)
3. "주"는 주유소용지를 말한다.

Answer 90. ① 91. ②

92. 다음 중 지적소관청이 지적공부의 등록사항에 잘못이 있는지를 직권으로 조사·측량하여 정정할 수 있는 경우에 해당하지 않는 것은?

① 지적공부의 등록사항이 잘못 입력된 경우
② 지적공부의 작성 당시 잘못 정리된 경우
③ 지적도에 등록된 필지가 면적의 증감이 있고 경계의 위치가 잘못된 경우
④ 토지이동정리 결의서의 내용과 다르게 정리된 경우

해설 등록사항의 정정
1. 의의
  지적공부의 등록사항에 잘못이 있음을 발견한 때 토지소유자의 신청 또는 지적소관청이 직권으로 조사·측량하여 정정하는 것을 말한다.
2. 등록사항의 직권 정정
  1) 대상
    ① 토지이동정리 결의서의 내용과 다르게 정리된 경우
    ② 지적도 및 임야도에 등록된 필지가 면적의 증감 없이 경계의 위치만 잘못된 경우
    ③ 필지가 각각 다른 지적도나 임야도에 등록되어 있는 경우로서 지적공부에 등록된 면적과 측량한 실제 면적은 일치하지만 지적도나 임야도에 등록된 경계가 서로 접합되지 않아 지적도나 임야도에 등록된 경계를 지상의 경계에 맞추어 정정하여야 하는 토지가 발견된 경우
    ④ 지적공부의 작성 또는 재작성 당시 잘못 정리된 경우
    ⑤ 지적측량성과와 다르게 정리된 경우
    ⑥ 지적측량의 적부심사에 따라 지적공부의 등록사항을 정정하여야 하는 경우
    ⑦ 지적공부의 등록사항이 잘못 입력된 경우
    ⑧ 「부동산등기법」 제37조 제2항에 따른 통지가 있는 경우
    ⑨ 면적 환산이 잘못된 경우
  2) 지적공부의 등록사항 중 경계나 면적 등 측량을 수반하는 토지의 표시가 잘못된 경우에는 지적소관청은 그 정정이 완료될 때까지 지적측량을 정지시킬 수 있다.
3. 등록사항의 정정 신청
  1) 인접 토지의 경계가 변경되는 경우 제출서류
    ① 인접 토지소유자의 승낙서
    ② 인접 토지소유자가 승낙하지 아니하는 경우에는 이에 대항할 수 있는 확정판결서 정본
  2) 토지소유자가 등록사항 정정 신청 시 제출서류
    ① 경계 또는 면적의 변경을 가져오는 경우 : 등록사항정정 측량성과도
    ② 그 밖에 등록사항을 정정하는 경우 : 변경사항을 확인할 수 있는 서류

93. 지목의 설정이 바르게 연결된 것은?

① 염전 : 동력에 의한 제조공장시설의 부지
② 도로 : 1필지 이상에 진입하는 통로로 이용되는 토지
③ 공원 : 도시공원 및 녹지 등에 관한 법률에 따라 묘지공원으로 결정·고시된 토지
④ 유지(溜池) : 연·왕골 등이 자생하는 배수가 잘 되지 아니하는 토지

해설 1. 염전
  ① 바닷물을 끌어들여 소금을 채취하기 위하여 조성된 토지와 이에 접속된 제염장 등 부속시설물의 부지

Answer 92. ③ 93. ④

② 천일제염 방식으로 하지 아니하고 동력으로 바닷물을 끌어들여 소금을 제조하는 공장시설물의 부지는 제외
2. 도로
① 일반 공중의 교통 운수를 위하여 보행이나 차량 운행에 필요한 일정한 설비 또는 형태를 갖추어 이용되는 토지
② 도로법 등 관계법령에 따라 도로로 개설된 토지
③ 고속도로의 휴게소 부지
④ 2필지 이상에 진입하는 통로로 이용되는 토지
3. 공원 : 일반 공중의 보건·휴양 및 정서생활에 이용하기 위한 시설을 갖춘 토지로서 「국토의 계획 및 이용에 관한 법률」에 따라 공원 또는 녹지로 결정·고시된 토지
4. 묘지 : 「도시공원 및 녹지 등에 관한 법률」에 따른 묘지공원으로 결정·고시된 토지

94. 축척변경에 따른 청산금을 산정한 결과 증가된 면적에 대한 청산금의 합계와 감소된 면적에 대한 청산금의 합계에 차액이 생긴 경우 이에 대한 처리방법으로 옳은 것은?

① 그 행정자치부장관의 부담 또는 수입으로 한다.
② 그 시·도지사의 부담 또는 수입으로 한다.
③ 그 지방자치단체의 부담 또는 수입으로 한다.
④ 그 토지소유자의 부담 또는 수입으로 한다.

해설 청산금 산정
① 청산을 할 때에는 축척변경위원회의 의결을 거쳐 지번별로 제곱미터당 금액을 정하여야 한다. 이 경우 지적소관청은 시행공고일 현재를 기준으로 그 축척변경 시행지역의 토지에 대하여 지번별 제곱미터당 금액을 미리 조사하여 축척변경위원회에 제출하여야 한다.
② 청산금은 작성된 축척변경 지번별 조서의 필지별 증감면적에 지번별 제곱미터당 금액을 곱하여 산정한다.
③ 지적소관청은 청산금을 산정하였을 때에는 청산금 조서(축척변경 지번별 조서에 필지별 청산금 명세를 적은 것을 말한다.)를 작성하고, 청산금이 결정되었다는 뜻을 15일 이상 공고하여 일반인이 열람할 수 있게 하여야 한다.
④ 청산금을 산정한 결과 증가된 면적에 대한 청산금의 합계와 감소된 면적에 대한 청산금의 합계에 차액이 생긴 경우 초과액은 그 지방자치단체의 수입으로 하고, 부족액은 그 지방자치단체가 부담한다.

95. 지적소관청이 축척변경을 할 때 축척변경 승인신청서에 첨부하는 서류가 아닌 것은?

① 축척변경 사유   ② 지번등 명세
③ 토지대장 사본   ④ 토지소유자의 동의서

해설 축척변경 절차
1. 신청
   축척변경을 신청하는 토지소유자는 축척변경 사유를 적은 신청서에 토지소유자 3분의 2 이상의 동의서를 첨부하여 지적소관청에게 제출하여야 한다.
2. 승인신청
   1) 지적소관청은 축척변경을 하려는 때에는 축척변경 사유를 기재한 승인신청서에 다음의 서류를 첨부해서 시·도지사 또는 대도시 시장에게 제출하여야 한다.

Answer   94. ③   95. ③

① 축척변경 사유
② 지번 등 명세
③ 토지소유자의 동의서
④ 축척변경위원회의 의결서 사본
⑤ 그 밖에 축척변경 승인을 위하여 시·도지사 또는 대도시 시장이 필요하다고 인정하는 서류
2) 신청을 받은 시·도지사 또는 대도시 시장은 축척변경 사유 등을 심사한 후 그 승인 여부를 지적소관청에 통지하여야 한다.

96. 지적소관청이 정확한 지적측량을 시행하기 위하여 국가기준점을 기준으로 정하는 측량은?

① 공공기준점 ② 수로기준점 ③ 지적기준점 ④ 위성기준점

해설 측량기준점
1. 국가기준점 : 측량의 정확도를 확보하고 효율성을 높이기 위하여 국토교통부장관 및 해양수산부장관이 전 국토를 대상으로 주요 지점마다 정한 측량의 기본이 되는 측량기준점
2. 공공기준점 : 공공측량시행자가 공공측량을 정확하고 효율적으로 시행하기 위하여 국가기준점을 기준으로 하여 따로 정하는 측량기준점
3. 지적기준점 : 특별시장·광역시장·특별자치시장·도지사 또는 특별자치도지사나 지적소관청이 지적측량을 정확하고 효율적으로 시행하기 위하여 국가기준점을 기준으로 하여 따로 정하는 측량기준점

97. 합병에 따른 경계·좌표 또는 면적은 따로 지적측량을 하지 아니하고 별도의 구분에 따라 결정한다. 다음 중 합병 후 필지의 면적 결정방법으로 옳은 것은?

① 소관청의 직권으로 결정한다.
② 면적은 삼사법으로 계산한다.
③ 합병한 후에는 새로이 측량하여 면적을 결정한다.
④ 합병 전 각 필지의 면적을 합산하여 결정한다.

해설 합병에 따른 경계·좌표 또는 면적 결정방법
1. 합병 후 필지의 경계 또는 좌표 : 합병 전 각 필지의 경계 또는 좌표 중 합병으로 필요 없게 된 부분을 말소하여 결정
2. 합병 후 필지의 면적 : 합병 전 각 필지의 면적을 합산하여 결정

98. 다음 중 지적공부에 해당하지 않는 것은?

① 대지권등록부 ② 공유지연명부 ③ 일람도 ④ 경계점좌표등록부

해설 지적공부
토지대장, 임야대장, 공유지연명부, 대지권등록부, 지적도, 임야도 및 경계점좌표등록부 등 지적측량 등을 통하여 조사된 토지의 표시와 해당 토지의 소유자 등을 기록한 대장 및 도면(정보처리시스템을 통하여 기록·저장된 것을 포함)을 말한다.

※ 일람도
하나의 지번부여지역에 어떤 시설이 있는가 하는 것을 한번에 볼 수 있게 만든 도면으로, 지적도면의 보조자료임

Answer 96. ③ 97. ④ 98. ③

99. 다음 중 300만 원 이하의 과태료 부과 대상인 자는?

① 무단으로 측량성과 또는 측량기록을 복제한 자
② 심사를 받지 아니하고 지도 등을 간행하여 판매하거나 배포한 자
③ 정당한 사유 없이 측량을 방해한 자
④ 측량기술자가 아님에도 불구하고 측량을 한 자

해설 과태료
1. 과태료 부과 금액 : 300만 원 이하
2. 과태료 부과 대상
   ① 정당한 사유 없이 측량을 방해한 자
   ② 거짓으로 측량기술자 또는 수로기술자의 신고를 한 자
   ③ 측량업 등록사항의 변경신고를 하지 아니한 자
   ④ 측량업자 또는 수로사업자의 지위 승계 신고를 하지 아니한 자
   ⑤ 측량업 또는 수로사업의 휴업·폐업 등의 신고를 하지 아니하거나 거짓으로 신고한 자
   ⑥ 본인, 배우자 또는 직계 존속·비속이 소유한 토지에 대한 지적측량을 한 자
   ⑦ 측량기기에 대한 성능검사를 받지 아니하거나 부정한 방법으로 성능검사를 받은 자
   ⑧ 성능검사대행자의 등록사항 변경을 신고하지 아니한 자
   ⑨ 성능검사대행업무의 폐업신고를 하지 아니한 자
   ⑩ 정당한 사유 없이 보고를 하지 아니하거나 거짓으로 보고한 자
   ⑪ 정당한 사유 없이 조사를 거부·방해 또는 기피한 자
   ⑫ 토지 등에의 출입 등을 방해하거나 거부한 자

※ 1년 이하의 징역 또는 1천만 원 이하의 벌금
   ① 무단으로 측량성과 또는 측량기록을 복제한 자
   ② 심사를 받지 아니하고 지도 등을 간행하여 판매하거나 배포한 자
   ③ 측량기술자가 아님에도 불구하고 측량을 한 자 : 1년 이하의 징역 또는 1천만 원 이하의 벌금

100. 다음 중 지적기준점에 해당하지 않는 것은?

① 지적삼각점
② 지적도근점
③ 지적삼각보조점
④ 위성기준점

해설 1. 측량기준점의 구분
   국가기준점, 공공기준점, 지적기준점
2. 지적기준점
   • 지적삼각점
   • 지적삼각보조점
   • 지적도근점
3. 위성기준점
   국가기준점의 하나로 지리학적 경위도, 직각좌표 및 지구중심 직교좌표의 측정 기준으로 사용하기 위하여 대한민국 경위도원점을 기초로 정한 기준점

Answer 99. ③ 100. ④

2017년 기출문제

2017년 제1회 지적산업기사

2017년 제2회 지적산업기사

2017년 제3회 지적산업기사

2017년 제1회 지적산업기사

01 지적측량

01. 지적도근점측량에서 지적도근점을 구성하는 기준 도선에 해당하지 않는 것은?
① 개방도선
② 다각망도선
③ 결합도선
④ 왕복도선

해설 지적측량 시행규칙 제12조(지적도근점측량)
지적도근점은 결합도선·폐합도선(廢合道線)·왕복도선 및 다각망도선으로 구성된다.

02. 지적도 및 임야도가 갖추어야 할 재질의 특성이 아닌 것은?
① 내구성
② 명료성
③ 신축성
④ 정밀성

해설 지적도 및 임야도의 재질은 신축성이 적어야 한다.

03. 다각망도선법에 의하여 지적삼각보조점측량을 실시할 경우 도선별 각오차는?
① 기지방위각 – 산출방위각
② 출발방위각 – 도착방위각
③ 평균방위각 – 기지방위각
④ 산출방위각 – 평균방위각

해설 지적측량 시행규칙 제11조(지적삼각보조점의 관측 및 계산)
도선별 평균방위각과 관측(산출)방위각

04. 경위의측량방법으로 세부측량을 시행할 때 관측 방법으로 옳은 것은?
① 교회법·지거법
② 도선법·방사법
③ 방사법·교회법
④ 지거법·도선법

해설 지적측량 시행규칙 제18조(세부측량의 기준 및 방법 등)
도선법 또는 방사법에 따름

Answer 1. ① 2. ③ 3. ④ 4. ②

05. 구소삼각점인 계양원점의 좌표가 옳은 것은?

① X=200,000m, Y=500,000m
② X=500,000m, Y=200,000m
③ X=20,000m, Y=50,000m
④ X=0m, Y=0m

해설 원점별 좌표

원 점 명	X	Y
통일원점	500,000(제주지역 : 550,000)	200,000
구소삼각원점	0	0
특별소삼각원점	10,000	30,000

06. 교회법으로 측점의 위치를 결정할 때 베셀법은 다음 중 어느 경우에 사용되는가?

① 후방교회 시
② 측방교회 시
③ 전방교회 시
④ 원호교회 시

해설 평판측량방법의 후방교회법에는 트레이싱 용지를 이용하는 방법, 레에만(Lehmann's Method) 방법, 베셀(Bessesl's Method)의 방법이 있음

07. 앨리데이드를 이용하여 측정한 두 점 간의 경사거리가 80m, 경사분획이 +15.5일 때, 두 점 간의 수평거리는?

① 약 78.0m
② 약 79.1m
③ 약 79.5m
④ 약 78.5m

해설 지적측량 시행규칙 제18조(세부측량의 기준 및 방법 등)

$$D = l \times \frac{1}{\sqrt{1+\left(\frac{n}{100}\right)^2}} = 80 \times \frac{1}{\sqrt{1+\left(\frac{15.5}{100}\right)^2}} = 79.1\text{m}$$

여기서, D : 수평거리
l : 경사거리
n : 경사분획

08. 삼각형의 세 변을 측정한 바 각 변이 10m, 12m, 14m였다. 이 토지의 면적은?

① 52.72m²
② 54.81m²
③ 55.26m²
④ 58.79m²

해설 $S = \frac{1}{2}(10+12+14) = 18\text{m}$

$S = \sqrt{s(s-a)(s-b)(s-c)} = \sqrt{18(18-10)(18-12)(18-14)} = 58.79\text{m}^2$

Answer 5. ④ 6. ① 7. ② 8. ④

09. 지적도면의 정리 방법으로서 틀린 것은?

① 도곽선은 붉은색
② 도곽선 수치는 붉은색
③ 축척변경 시 폐쇄된 지번은 다시 사용 불가능
④ 정정사항은 덮어서 고쳐 정리하지 못함

해설 지적업무 처리규정 제63조(지적공부 등의 정리)
지적확정측량·축척변경 및 지번변경에 따른 토지이동의 경우를 제외하고는 폐쇄 또는 말소된 지번을 다시 사용할 수 없다.

10. 지적측량 중 기초측량에서 사용하는 방법이 아닌 것은?

① 경위의측량방법　　　　　② 평판측량방법
③ 위성측량방법　　　　　　④ 광파기측량방법

해설 • 기초측량 : 지적삼각점측량, 지적삼각보조점측량, 지적도근점측량
• 세부측량 : 경위의측량, 측판측(평판측량)
※ 경위의측량방법은 기초 및 세부 측량 모두에서 사용된다.

11. 지적측량성과와 검사성과의 연결교차 허용범위 기준으로 틀린 것은?(단, M은 축척분모이며 경계점좌표등록부 시행지역의 경우는 고려하지 않는다.)

① 지적도근점 : 0.20m 이내　　　② 지적삼각점 : 0.20m 이내
③ 경계점 : 10분의 3M밀리미터 이내　④ 지적삼각보조점 : 0.25m 이내

해설 지적측량 시행규칙 제27조(지적측량성과의 결정)

대상		연결교차
지적삼각점		0.20미터
지적삼각보조점		0.25미터
지적도근점	경계점좌표등록부 시행지역	0.15미터
	그 밖의 지역	0.25미터
경계점	경계점좌표등록부 시행지역	0.10미터
	그 밖의 지역	10분의 3M밀리미터 (M은 축척분모)

12. 경위의측량방법에 따른 세부측량의 관측 및 계산 기준이 옳은 것은?

① 교회법 또는 도선법에 따른다.
② 관측은 30초독 이상의 경위의를 사용한다.
③ 수평각의 관측은 1대회의 방향관측법에 따른다.
④ 연직각의 관측은 정반으로 2회 관측하여 그 교차가 5분 이내인 때에는 그 평균치로 한다.

해설

측량 종류	세부 측량	
기초(기지)점	위성기준점, 통합기준점, 지적기준점, 경계점(필요시 보조점)	
측량방법	경위의측량법	
	도선법	방사법
경위의 정밀도	20초독 이상	
수평각관측	1대회 방향관측이나(1측회의 폐색을 안 할 수 있음) 2배각의 배각법에 따름	
연직각	정반 1회, 허용교차 5분 이내	

13. 오차의 부호와 크기가 불규칙하게 발생하여 관측자가 아무리 주의하여도 소거할 수 없으며, 오차 원인의 방향이 일정하지 않은 것은?

① 착오
② 정오차
③ 우연오차
④ 누적오차

해설 부정오차(우연오차, 상차)
1. 발생 원인이 불명확한 오차이다.
2. 오차 원인의 방향이 일정하지 않다.
3. 서로 상쇄되기도 하므로 상차라고도 한다.
4. 최소제곱법에 의한 확률법칙으로 처리가 가능하다.
5. 원인을 알아도 소거가 불가능하다.

14. 평판측량방법에 따른 세부측량을 교회법으로 하는 경우 그 기준으로 틀린 것은?(단, 광파조준의 또는 광파측거기를 사용하는 경우는 고려하지 않는다.)

① 전방교회법 또는 측방교회법에 따른다.
② 3방향 이상의 교회에 따른다.
③ 방향각의 교각은 30도 이상 150도 이하로 한다.
④ 방향선의 도상길이는 측판의 방위표정에 사용한 방향선의 도상길이 이하로서 30m 이하로 한다.

해설 지적측량 시행규칙 제18조(세부측량의 기준 및 방법 등)
1. 전방교회법 또는 측방교회법
2. 3방향 이상의 교회
3. 방향각의 교각은 30도 이상 150도 이하
4. 방향선의 도상길이는 평판의 방위표정(方位標定)에 사용한 방향선의 도상길이 이하로서 10센티미터 이하(다만, 광파조준의(光波照準儀) 또는 광파측거기를 사용하는 경우에는 30센티미터 이하)
5. 측량결과 시오(示誤)삼각형이 생긴 경우 내접원의 지름이 1밀리미터 이하일 때에는 그 중심을 점의 위치로 함

15. 다각망도선법에 따르는 경우, 지적도근점표지의 점간거리는 평균 얼마 이하로 하여야 하는가?
① 500m ② 300m
③ 100m ④ 50m

해설 지적측량 시행규칙 제2조(지적기준점표지의 설치·관리 등)
지적도근점표지의 점간거리는 평균 50미터 이상 300미터 이하로 할 것(다만, 다각망도선법에 따르는 경우에는 평균 500미터 이하)

16. 지적측량 시행규칙에 의한 면적측정의 대상이 아닌 것은?
① 축척변경을 하는 경우
② 지적공부의 복구 및 토지합병을 하는 경우
③ 도시개발사업 등으로 인해 토지의 표시를 새로 결정하는 경우
④ 경계복원측량에 면적측정이 수반되는 경우

해설 지적측량 시행규칙 제19조(면적측정의 대상)
1. 지적공부의 복구·신규등록·등록전환·분할 및 축척변경을 하는 경우
2. 면적 또는 경계를 정정하는 경우
3. 도시개발사업 등으로 인한 토지의 이동에 따라 토지의 표시를 새로 결정하는 경우
4. 경계복원측량 및 지적현황측량에 면적측정이 수반되는 경우

17. 지적도근점의 설치와 관리에 대한 설명이 틀린 것은?
① 영구표지를 설치한 지적도근점에는 시행지역별로 일련번호를 부여한다.
② 지적도근점에 부여하는 번호는 아라비아 숫자의 일련번호를 사용한다.
③ 지적도근점의 표지는 소관청이 직접 관리하거나 위탁관리한다.
④ 지적도근점측량을 하는 때에는 미리 지적도근점표지를 설치하여야 한다.

해설 지적측량 시행규칙 제12조(지적도근점측량)
영구표지를 설치하는 경우에는 시·군·구별로, 영구표지를 설치하지 아니하는 경우에는 시행지역별로 설치순서에 따라 일련번호 부여

18. 광파기측량방법으로 지적삼각보조점의 점간거리를 5회 측정한 결과 평균치가 2,420m였다. 이때 평균치를 측정거리로 하기 위한 측정치의 최대치와 최소치의 교차는 얼마 이하이어야 하는가?
① 0.2m ② 0.02m
③ 0.1 ④ 2.4m

해설 점간거리는 5회 측정하여 그 측정치의 최대치와 최소치의 교차가 평균치의 10만분의 1 이하일 때에는 그 평균치를 측정거리로 하고, 원점에 투영된 평면거리에 따라 계산한다.

따라서 $\frac{2,420}{100,000} = 0.024$ ∴ 0.02m

Answer 15. ① 16. ② 17. ① 18. ②

19. 지적기준점측량의 절차를 순서대로 바르게 나열한 것은?

① 계획의 수립 → 준비 및 현지답사 → 선점 및 조표 → 관측 및 계산과 성과표의 작성
② 준비 및 현지답사 → 계획의 수립 → 선점 및 조표 → 관측 및 계산과 성과표의 작성
③ 준비 및 현지답사 → 계획의 수립 → 관측 및 계산과 성과표의 작성 → 선점 및 조표
④ 계획의 수립 → 준비 및 현지답사 → 관측 및 계산과 성과표의 작성 → 선점 및 조표

해설 지적측량 시행규칙 제7조(지적측량의 방법 등)
1. 계획의 수립
2. 준비 및 현지답사
3. 선점(選點) 및 조표(調標)
4. 관측 및 계산과 성과표의 작성

20. 지적세부측량에서 광파조준의를 이용한 교회법을 실시할 경우 도상길이는 얼마 이하인가?

① $\frac{1}{10}M$(M : 축척분모수)　　② 5cm
③ 10cm　　④ 30cm

해설 지적측량 시행규칙 제18조(세부측량의 기준 및 방법 등)
- 방향선의 도상길이는 10센티미터 이하
- 광파조준의(光波照準儀) 또는 광파측거기를 사용하는 경우에는 30센티미터 이하

02 응용측량

SUBJECT

21. GNSS와 관련이 없는 것은?

① GALILEO　　② GPS
③ GLONASS　　④ EDM

해설 GNSS 측량 시스템은 인공위성을 이용한 위치측정시스템으로 정확한 위치를 알고 있는 위성에서 발사한 전파를 수신하여 관측점까지 소요시간을 측정하여 위치를 구하며 EDM은 전자파거리측거기를 말한다.

22. 등고선의 간격이 가장 큰 것부터 바르게 연결된 것은?

① 주곡선-조곡선-간곡선-계곡선　　② 계곡선-주곡선-조곡선-간곡선
③ 주곡선-간곡선-조곡선-계곡선　　④ 계곡선-주곡선-간곡선-조곡선

해설 등고선의 간격은(1/50,000 기준) 계곡선 100m, 주곡선 20m, 간곡선 10m, 조곡선 5m임

Answer　19. ①　20. ④　21. ④　22. ④

23. 곡선반지름(R)이 500m, 곡선의 단현길이(l)가 20m일 때 이 단현에 대한 편각은?

① 1°08′45″
② 1°18′45″
③ 2°08′45″
④ 2°18′45″

해설 $\delta = 1718.87' \times 20 \div 500 = 68.7548' = 1°08'45''$

24. GNSS 측량 시 유사거리에 영향을 주는 오차와 거리가 먼 것은?

① 위성시계의 오차
② 위성궤도의 오차
③ 전리층의 굴절오차
④ 지오이드의 변화오차

해설 GPS 측량의 오차에는 크게 구조적 원인에 의한 오차, 위성의 배치 상황에 따른 오차(DOP), 선택적 가용성에 의한 오차(SA), 주파단절(Cycle Slip)이 있으며, 여기서 구조적 원인에 의한 오차에는 위성시계오차, 위성궤도오차, 전리층과 대류층의 전파지연, 수신기에서 발생하는 오차가 있다.

25. 사진 판독 시 과고감에 의하여 지형, 지물을 판독하는 경우에 대한 설명으로 옳지 않은 것은?

① 과고감은 촬영 시 사용한 렌즈의 초점거리와 사진의 중복도에 따라 다르다.
② 낮고 평탄한 지형의 판독에 유용하다.
③ 경사면이나 계곡산지 등에서는 오판하기 쉽다.
④ 사진에서의 과고감은 실제보다 기복이 완화되어 나타난다.

해설 과고감(Vertical Exaggeration)
지표면의 기복을 과장하여 나타낸 것으로 낮고 평탄한 지역의 판독에 도움이 되지만, 경사면은 실제보다 급하게 보이므로 오판에 주의하여야 하며, 항공사진을 입체시하면 과고감 때문에 산지는 실제보다 돌출하여 높고 기복이 심하며, 계곡은 실제보다 깊고 산 복사면은 실제의 경사보다 급하게 보여 판독을 어렵게 한다.

26. 경사터널에서의 관측 결과가 그림과 같을 때, AB의 고저차는?(단, $a=0.50$m, $b=1.30$m, $S=22.70$m, $\alpha=30°$)

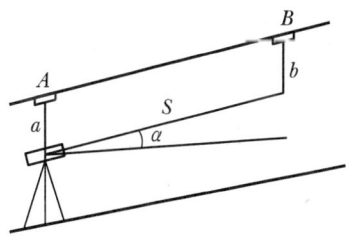

① 13.91m
② 12.31m
③ 12.15m
④ 10.55m

해설 천장에 측점이 있는 것에 주의 $\Delta H + $기계고$(I.H) = $시준고$(S) + $경사거리$(L) \times \sin\alpha$
$\Delta H = S + L\sin\alpha - I.H = 1.3 + 22.7\sin30° - 0.5 = 12.15$m

27. 항공사진의 특수 3점 중 렌즈 중심으로부터 사진면에 내린 수선의 발은?

① 주점　　　　　　　　　　② 연직점
③ 등각점　　　　　　　　　　④ 부점

해설 사진측량에서 사진상의 특수 3점으로는 주점, 연직점, 등각점이 있다.
- 주점 : 사진의 중심점으로 렌즈의 중심으로부터 화면상에 내린 수선의 발을 말하며, 일반적으로 마주보고 있는 사진지표의 대각선이 서로 만나는 점이기도 하다.
- 연직점 : 렌즈의 중심으로부터 지표면에 내린 수선의 발로 지표면과 수직이다.
- 각점 : 주점과 연직점을 2등분하여 교차하는 점을 말한다.

28. 곡선반지름 $R=300m$, 교각 $I=50°$인 단곡선의 접선길이(T.L)와 곡선길이(C.L)는?

① T.L=126.79m, C.L=261.75m　　② T.L=139.89m, C.L=261.75m
③ T.L=126.79m, C.L=361.75m　　④ T.L=139.89m, C.L=361.75m

해설 단곡선 설치에서 접선장(T.L) $= R\tan\dfrac{I}{2} = 300\tan25° = 139.89m$

곡선장(C.L) $= 0.01745RI = 0.01745 \times 300 \times 50° = 261.75m$

29. 노선측량의 종·횡단측량과 같이 중간점이 많은 경우에 사용하기 적합한 수준측량의 야장 기입방법은?

① 기고식　　② 고차식　　③ 열거식　　④ 승강식

해설 노선측량 야장기입법 중에서 종단측량이나 횡단측량에 많이 쓰이며 중간점이 많을 때 가장 적당한 방법은 기고식이다.

30. 높이가 150m인 어떤 굴뚝이 축척 1:20,000인 수직사진상에서 연직점으로부터의 거리가 40mm일 때, 비고에 의한 변위량은?(단, 초점거리=150mm)

① 1mm　　② 2mm　　③ 5mm　　④ 10mm

해설 기복변위 공식 $\Delta r = \dfrac{h}{H} \cdot r = \dfrac{150}{20,000 \times 0.15} \times 0.04 = 0.002m$

31. 터널 양쪽 입구의 두 점 A, B의 수평위치 및 표고가 각각 A(4,370.60, 2,365.70, 465.80), B(4,625.30, 3,074.20, 432.50)일 때 AB 간의 경사거리는?(단, 좌표의 단위 : m)

① 254.73m　　② 708.52m　　③ 753.63m　　④ 823.51m

해설 AB의 경사거리 $= \sqrt{(Xb-Xa)^2 + (Yb-Ya)^2 + (Zb-Za)^2}$
$= \sqrt{(4,625.30-4,370.60)^2 + (3,074.20-2,365.70)^2 + (432.50-465.80)^2}$
$= 753.63m$

32.
등경사지 $\overline{AB}$에서 A의 표고가 32.10m, B의 표고가 52.35m, $\overline{AB}$의 도상길이가 70mm이다. 표고 40m인 지점과 A점과의 도상길이는?

① 20.2mm ② 27.3mm
③ 32.1mm ④ 52.3mm

해설 비례식으로 풀어 보면
$$(52.35-32.1) : 0.7 = (40-32.1) : x$$
$$= 20.25 : 0.07 = 7.9 : x, \quad x = 0.0273076m$$

33.
완화곡선에 해당하지 않는 것은?

① 3차 포물선 ② 복심곡선
③ 클로소이드 곡선 ④ 렘니스케이트

해설 완화곡선에는 3차 포물선, 고차 포물선, 반파장 사인, 렘니스케이트, 클로소이드가 있다.

34.
지형의 표시방법으로 옳지 않은 것은?

① 음영법 ② 교회법
③ 우모법 ④ 등고선법

해설 지형의 표시방법은 크게 자연적 도법과 부호적 도법으로 구분하며, 자연적 도법에는 영선법(우모법), 음영법 등이 있고, 부호적 도법에는 점고법, 등고선법, 채색법 등이 있다.

35.
항공사진측량의 기복변위 계산에 직접적인 영향을 미치는 인자가 아닌 것은?

① 지표면의 고저차 ② 사진의 촬영고도
③ 연직점에서의 거리 ④ 주점 기선 거리

해설 사진측량에서 지표면에 비고만큼 기복이 있으면 아무리 연직으로 촬영하여도 축척은 동일하지 않고 기복 때문에 사진상에서 변위가 생기는 것을 기복변위라 한다. 기복변위는 연직점으로부터 표고차를 가진 피사체의 상단부까지의 거리와 표고차의 비행고도에 대한 비에 비례하고 기복변위량을 구하기 위해서는 변위량, 화면 연직점에서의 거리, 비행고도, 비고를 알아야 한다.

36.
수준측량에 관한 용어의 설명으로 틀린 것은?

① 수평면(Level Surface)은 정지된 해수면을 육지까지 연장하여 얻은 곡면으로 연직방향에 수직인 곡면이다.
② 이기점(Turning Point)은 높이를 알고 있는 지점에 세운 표척을 시준한 점을 말한다.
③ 표고(Elevation)는 기준면으로부터 임의의 지점까지의 연직거리를 의미한다.
④ 수준점(Bench Mark)은 수직위치 결정을 보다 편리하게 하기 위하여 정확하게 표고를 관측하여 표시해 둔 점을 말한다.

해설 이기점은 레벨을 옮기기 위해 한 점에서 전시 및 후시를 동시에 취하는 점을 말한다.

Answer 32. ② 33. ② 34. ② 35. ④ 36. ②

37. 등고선의 성질에 대한 설명으로 틀린 것은?

① 등고선이 능선을 횡단할 때 능선과 직교한다.
② 지표의 경사가 완만하면 등고선의 간격은 넓다.
③ 등고선은 어떠한 경우라도 교차하거나 겹치지 않는다.
④ 등고선은 도면 안 또는 밖에서 폐합하는 폐곡선이다.

해설 등고선의 성질
1. 동일 등고선 상에 있는 모든 점은 같은 높이다.
2. 등고선은 도면 내외에서 폐합하는 폐곡선이다.
3. 지도의 도면 내에서 폐합하는 경우 등고선의 내부에 산정 또는 분지가 있다.
4. 높이가 다른 두 등고선은 동굴이나 절벽의 지형이 아닌 곳에서는 교차하지 않으며, 동굴이나 절벽은 반드시 두 점에서 교차한다.
5. 동등한 경사의 지표에서 양 등고선의 수평거리는 같다.
6. 같은 경사의 평면일 때는 나란히 직선이 된다.
7. 최대 경사의 방향은 등고선과 직각으로 교차한다.
8. 등고선은 경사가 급한 곳에서는 간격이 좁고 완만한 경사지는 넓다.
9. 등고선은 분수선과 직각으로 만난다.
10. 등고선의 수평거리는 산꼭대기 및 산 밑에서는 크고 산중턱에서는 작다.
11. 등고선이 능선을 직각방향으로 횡단한 다음 능선 다른 쪽을 따라 거슬러 올라간다.

38. 수준측량에서 왕복거리 4km에 대한 허용오차가 20mm였다면 왕복거리 9km에 대한 허용오차는?

① 45mm   ② 40mm   ③ 30mm   ④ 25mm

해설 오차는 거리(S)의 제곱근에 비례 $\sqrt{4}\,\text{km} : 20\text{mm} = \sqrt{9}\,\text{km} : x$

$x = \dfrac{20\sqrt{9}}{\sqrt{4}} = 30\text{mm}$ 이다.

39. GNSS 측량에서 지적기준점 측량과 같이 높은 정밀도를 필요로 할 때 사용하는 관측 방법은?

① 스태틱(Static) 관측
② 키네마틱(Kinematic) 관측
③ 실시간 키네마틱(Real Time Kinematic) 관측
④ 1점 측위 관측

해설 인공위성을 이용한 범세계 위치결정 시스템인 GPS 측량방법 중의 하나인 Static 측량은 수신된 신호를 컴퓨터 처리에 의해 각 수신기의 위치 및 거리를 계산하는 후처리 위치결정방식이다.

<GPS 측량방법>
1. 절대관측방법(1점 측위)
    1) 4개 이상의 위성으로부터 수신한 신호 중 C/A code를 이용하여 실시간 처리로 지구상 수신기의 위치를 결정하는 방법으로서 GPS의 가장 일반적·기초적 단계이다.
    2) 수 m~25m 정도의 낮은 정확도 때문에 선박, 자동차, 항공기 등의 항법에 이용된다.

Answer 37. ③   38. ③   39. ①

2. 상대관측방법(간섭계측위)
   1대의 수신기는 기지점에, 다른 수신기는 미지점에 설치하여 2점 간에 도달하는 전파의 시간적 지연을 측정하여 2점 간의 거리를 정확히 구하고 미지점의 위치를 결정하는 방법이다.
   1) Static 측량
      - 2개 이상의 수신기를 각 측점에 고정하고 동시에 4개 이상의 위성으로부터 신호를 30분 이상 수신하는 방식으로서 수신된 신호를 컴퓨터 처리에 의해 각 수신기의 위치 및 거리를 계산하는 후처리 위치결정방식이다.
      - 계산된 위치 및 거리 정확도가 수 mm 정도(1~0.01ppm)로 높으며 지적기준점측량, VLBI의 보완 또는 대체측량에 이용된다.
   2) Kinematic 측량
      - 기지점 수신기를 고정국, 다른 수신기를 이동국으로 하여 이동국을 순차적으로 이동하면서 신호를 수 초~수 분 동안 수신하는 방식으로 관측자료를 후처리하여 위치를 결정하는 방식이다.
      - 수 mm~수 cm 정확도로 이동차량의 위치결정, 지형측량, 각종 공사측량 등에 이용된다.
   3) RTK(Real Time Kinematic) 측량
      실시간 이동측량은 기지점의 고정국과 미지점의 이동국 간의 위치관계를 라디오 모뎀 등을 이용하여 실시간으로 처리하는 체계이다.

40. 캔트(cant)가 C인 원곡선에서 설계속도와 반지름을 각각 2배씩 증가시키면 새로운 캔트의 크기는?

① $\dfrac{C}{4}$ ② $\dfrac{C}{2}$

③ $2C$ ④ $4C$

해설 완화곡선에서 곡선반경의 증가율은 캔트의 감소율과 동률(다른 부호)이므로 반지름이 2배가 되면 캔트는 2배가 된다.

03 토지정보체계론

41. 토털스테이션으로 얻은 자료를 컴퓨터에 입력하는 방법으로 옳은 것은?

① 입력을 디지타이저로 한다.
② 입력을 스캐너로 한다.
③ 관측된 수치자료를 키인(Key-in)하거나 메모리 카드에 저장된 자료를 컴퓨터에 전송하여 처리한다.
④ 전산화하는 방법은 존재하지 않는다.

해설 토털스테이션에 저장된 거리, 방향각 등 관측값을 유선 또는 통신(블루투스)으로 컴퓨터에 전송하여 처리할 수 있다.

Answer   40. ③   41. ③

42. 토지정보시스템에서 필지식별번호의 역할로 옳은 것은?

① 공간정보와 속성정보의 링크
② 공간정보에서 지호의 작성
③ 속성정보의 자료량의 감소
④ 공간정보의 자료량 감소

해설 필지식별자
1) 지적정보에서 대장(속성)정보와 도면(도형)정보를 연계하는 역할을 수행한다.
2) 필지식별자는 부동산 식별자, 단일필지 식별번호라고도 한다.

43. 지적정보전산화에 있어 속성정보를 취득하는 방법으로 옳지 않은 것은?

① 민원인이 직접 조사하는 경우
② 관련기관의 통보에 의한 경우
③ 민원신청에 의한 경우
④ 담당공무원의 직권에 의한 경우

해설 속성데이터 개념
1) 공간상에 객체와 관련 있는 특성에 대한 데이터(대상물의 성격이나 정보)
2) 지적정보는 토지대장, 임야대장에 수록된 내용(토지소재, 지번 지목 등)
3) 공간데이터 내용적 유형별로 테이블을 구성(제공되는 정보는 문자형태로 저장)

44. 관계형 데이터 모델의 단점을 보완한 데이터베이스로 CAD, GIS 사무정보시스템 분야에서 활용하는 데이터베이스는?

① 객체지향형
② 계층형
③ 관계형
④ 네트워크형

해설 객체지향형 : 객체지향구조(object oriented structure)
1) 관계형 데이터 모델에 객체지향 데이터 모델을 혼합한 것이다.
2) Parent/child의 구조라고 하며 객체의 구성관계가 복잡하지만 명백하다.
3) 모든 것을 클래스(Class) 및 객체(Object)로 표현한다.

45. 지적공부정리 신청이 있을 때에 검토하여 정리하여야 할 사항에 속하지 않는 것은?

① 신청 사항과 지적전산자료의 일치 여부
② 지적측량성과 자료의 적정 여부
③ 지적측량 입회와 확인 여부
④ 첨부된 서류의 적정 여부

해설 토지의 이동신청서 검토사항
1) 신청사항과 지적전산자료의 일치 여부
2) 각종 코드의 적정 여부
3) 첨부된 서류의 적정 여부
4) 지적측량성과 자료의 적정 여부
5) 그 밖에 지적공부정리를 위하여 필요한 사항

46. 메타데이터의 내용에 해당하지 않는 것은?
① 개체별 위치좌표
② 데이터의 정확도
③ 데이터의 제공 포맷
④ 데이터가 생성된 일자

해설 메타데이터 기본요소
1) 개요 및 자료 소개(Identification)
수록된 데이터의 명칭, 개발자, 데이터의 지리적 영역 및 내용, 다른 이용자의 이용 가능성, 가능한 데이터의 획득방법 등을 위한 규칙이 포함된다.
2) 자료 품질(Quality)
자료가 가진 위치 및 속성의 정확도, 완전성, 일관성, 정보의 출처, 자료의 생성방법 등을 나타낸다.
3) 자료의 구성(Organization)
자료의 코드화(Encoding)에 이용된 데이터 모형(벡터나 격자 모형 등), 공간상의 위치 표시 방법(위도나 경도를 이용하는 직접적인 방법이나 거리의 주소나 우편번호 등을 이용하는 간접적인 방법 등)에 관한 정보가 서술된다.
4) 공간참조를 위한 정보(Spatial Reference)
사용된 지도 투영법, 변수, 좌표계에 관련된 제반정보를 포함한다.
5) 형상 및 속성 정보(Entity & Attribute Information)
수록된 공간객체와 관련된 지리정보와 수록방식에 관하여 설명한다.
6) 정보 획득방법
정보의 획득과 관련된 기관, 획득 형태, 정보의 가격에 대한 사항을 설명한다.
7) 참조정보(Metadata Reference)
메타데이터의 작성자 및 일시 등을 포함한다.

47. LIS에서 사용하는 공간자료의 중첩 유형인 UNION과 INTERSECT에 대한 설명으로 틀린 것은?
① UNION : 두 개 이상의 레이어에 대하여 OR 연산자를 적용하여 합병하는 방법이다.
② UNION : 기준이 되는 레이어의 모든 속성정보는 결과 레이어에 포함된다.
③ INTERSECT : 불린(Boolean)의 AND 연산자를 적용한다.
④ INTERSECT : 입력 레이어의 모든 속성정보는 결과 레이어에 포함된다.

해설 INTERSECT
1) AND 연산자를 적용하여 2개의 레이어가 중첩될 때 INTERSECT 레이어와 중첩되는 부분만 결과 레이어에 남는다.
2)

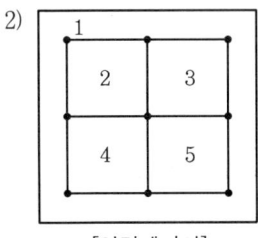
[입력레이어]

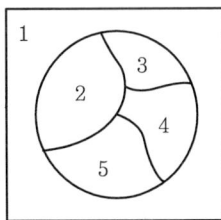
[INTERSECT 레이어]

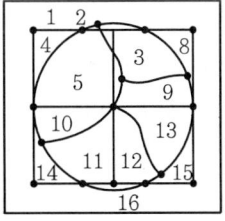
[결과레이어]

Answer   46. ①   47. ④

48. 대규모 공장, 관로망 또는 공공시설물 등에 대한 제반 정보를 처리하는 시스템은?

① 시설물관리시스템 ② 교통정보시스템
③ 도로정보관리시스템 ④ 측량정보시스템

해설 시설물 관리(FM ; Facilities Management) : 도로, 상하수도, 전기 등의 자료를 수치지도화하고 시설물의 속성을 입력하여 데이터베이스를 구축함으로써 시설물 관리활동을 효율적으로 지원하는 시스템

49 각종 행정업무의 무인 자동화를 위해 가판대와 같이 공공시설, 거리 등에 설치하여 대중들이 쉽게 사용할 수 있도록 설치한 컴퓨터로 무인자동단말기를 가리키는 용어는?

① Touch Screen ② Kiosk
③ PDA ④ PMP

해설 Kiosk(키오스크)
1) 정부기관이나 지방자치단체, 은행, 백화점, 전시장 등 공공장소에 설치된 무인 정보단말기
2) 동적 교통정보 및 대중교통정보, 경로 안내, 요금 카드 배포, 예약 업무, 각종 전화번호 및 주소 안내 정보제공, 행정절차나 상품정보, 시설물의 이용방법 등을 제공
3) 터치스크린과 사운드, 그래픽, 통신카드 등 첨단 멀티미디어 기기를 활용하여 음성서비스, 동영상 구현 등 이용자에게 효율적인 정보를 제공하는 무인종합정보안내시스템

50. 중첩분석에 대한 설명으로 틀린 것은?

① 레이어를 중첩하여 각각의 레이어가 가지고 있는 정보를 합칠 수 있다.
② 각종 주제도를 통합 또는 분산 관리할 수 있다.
③ 각각의 레이어가 서로 다른 좌표계를 사용하는 경우에는 별도의 작업 없이 분석이 가능하다.
④ 사용자가 필요한 정보만을 추출할 수 있어 편리하다.

해설 중첩분석은 각기 구축된 레이어를 동일 좌표계를 이용하여 중첩시켜 새로운 형태의 도형과 속성레이어를 생성하는 것으로 서로 다른 좌표계를 사용하는 경우에는 선행 좌표체계를 일치시키는 작업을 수행하여야 한다.

51. 지적전산화의 목적으로 틀린 것은?

① 업무처리의 능률 및 정확도 향상
② 신속하고 정확한 지적민원의 처리
③ 토지 관련 정책자료의 다목적 활용
④ 토지가격의 현장 파악

해설 지적전산화는 필지를 단위로 지적공부에 표시된 사항을 근거로 전산화한 것이다.

52. 벡터 데이터 모델의 장점이 아닌 것은?
① 다양한 모델링 작업을 쉽게 수행할 수 있다.
② 위상관계 정의 및 분석이 가능하다.
③ 고해상력의 높은 공간적 정확성을 제공한다.
④ 공간 객체에 대한 속성정보의 추출, 일반화, 갱신이 용이하다.

해설 벡터자료
1) 스파게티 자료는 상호연관성에 대한 정보가 없어 인접한 객체들의 특징과 관련성, 연결성을 파악하기가 힘들다.
2) 위상자료는 공간객체 간의 위상정보를 저장, 선의 방향, 특성 간의 관계, 연결성, 인접성 등을 정의한다.
3) 실세계에서 나타나는 다양한 대상물이나 현상을 X, Y와 같은 실제 좌표에 의한 점, 선, 다각형을 이용하여 표현하는 자료구조이다.
4) 벡터 데이터는 자료구조가 복잡하여 다양한 모델링 작업이 어렵다.

53. 각종 토지 관련 정보시스템의 한글표기가 틀린 것은?
① KLIS : 한국토지정보시스템
② LIS : 토지정보체계
③ NGIS : 국가지리정보시스템
④ UIS : 교통정보체계

해설 도시정보체계(UIS ; Urban Information System), 교통정보체계(TIS ; Transportation Information System)

54. 토지대장, 지적도, 경계점좌표등록부 중 하나의 지적공부에만 등록되는 사항으로만 묶은 것은?
① 지목, 면적, 경계, 소유권 지분
② 면적, 경계, 좌표, 소유권 지분
③ 지목, 경계, 좌표
④ 지목, 면적, 좌표, 소유권 지분

해설 지목(토지대장, 지적도), 면적(토지대장), 경계(지적도), 좌표(경계점좌표등록부), 소유권 지분(공유지연명부)

55. 도형자료의 위상 관계에서 관심 대상의 좌측과 우측에 어떤 사상이 있는지를 정의하는 것은?
① 근접성(Proximity)
② 연결성(Connectivity)
③ 인접성(Adjacency)
④ 위계성(Hierarchy)

해설 인접성(Neighborhood or Adjacency)
1) 서로 이웃하여 있는 폴리곤 간의 관계를 의미한다.
2) 공간객체 간의 상호 인접성에 기반을 둔 분석에 필수적이다.
3) 이웃하여 있는 폴리곤들의 경우 상하좌우와 같은 상대적 위치성 또한 파악하여야 할 중요한 요소다.

56. GIS의 공간데이터에서 필지의 인접성 또는 도로의 연결성 등을 규정하는 것은?
① 위상관계
② 공간관계
③ 상호관계
④ 도형관계

Answer 52. ① 53. ④ 54. ② 55. ③ 56. ①

해설 위상관계(Topology)
1) 연결되어 있는 인접한 요소 간의 공간적 관계이다.
2) 객체들은 점들을 직선으로 연결하여 정확하게 표현할 수 있다.
3) 점, 선, 면으로 객체 간의 공간관계를 파악할 수 있다.

57. 필지중심토지정보시스템(PBLIS)에 관한 설명으로 옳은 것은?

① PBLIS는 지형도 기반으로 각종 행정업무를 수행하고 관련 부처 및 타 기관에 제공할 정책정보를 생산하는 시스템이다.
② PBLIS를 구축한 후 연계업무를 위해 지적도 전산화 사업을 추진하였다.
③ 필지식별자는 각 필지에 부여되어야 하고 필지의 변동이 있을 경우에는 언제나 변경, 정리가 용이해야 한다.
④ PBLIS의 자료는 속성정보만으로 구성되며 속성정보에는 과세대장, 상수도대장, 도로대장, 주민등록, 공시지가, 건물대장, 등기부, 토지대장 등이 포함된다.

해설 1) PBLIS는 지적도(지번, 경계)와 토지대장(지목, 면적)을 기반으로 지적행정업무 수행과 관련 부처에 정책정보 및 일반 사용자에게 토지 관련 정보를 제공하는 것이다.
2) PBLIS는 지적도를 기반으로 지적공부관리 및 정책지원, 지적측량업무, 지적측량성과작성업무를 운영하였다.
3) 사용데이터에는 토지/임야대장, 지적도, 지적 관련 도면, 기준점 표석대장 등이 있다.

58. 스캐너로 지적도를 입력하는 경우 입력된 도형자료의 유형으로 옳은 것은?

① 속성 데이터   ② 래스터 데이터   ③ 벡터 데이터   ④ 위성 데이터

해설 래스터 자료
1) 일정한 격자모양의 셀이 데이터의 위치와 그 값을 표현하므로 격자 데이터라고 한다.
2) 도면을 스캐닝하여 취득한 자료와 위성영상자료들에 의해 구성된다.

59. 다음 객체 간의 공간 특성 중 위성관계에 해당하지 않는 것은?

① 연결성   ② 인접성   ③ 위계성   ④ 포함성

해설 위계(位階) : 지위나 계층의 등급

60. 지도와 지형에 관한 정보에서 사용하고 형식(Data Format) 중 AutoCAD의 제작사에 의해 제안된 ASCII 형태 그래픽 자료 파일 형식은?

① DIME   ② DXF   ③ IGES   ④ ISIF

해설 AutoCAD의 DXF 파일 포맷(Drawing eXchange Format)
1) 서로 다른 CAD 프로그램 간에 설계도면 파일을 교환하는 데 사용되는 파일 형식
2) Auto Desk사에서 제작한 ASCII 코드 형태
3) 도형자료 관리에는 효율적이지만 속성정보를 포함하지 못하는 한계가 있다.

04 지적학

61. 현재의 토지대장과 같은 것은?
① 문기(文記) ② 양안(量案) ③ 사표(四標) ④ 입안(立案)

해설 조선시대의 토지소유권 보장제도
1. 문기(文記): 조선시대에 토지 및 가옥을 매수 또는 매도할 때 작성한 매매 계약서를 말하며 '명문 문권'이라고도 함
2. 입안(立案): 토지가옥의 매매를 국가에서 증명하는 제도로서, 현재의 등기권리증과 같은 지적의 명의 변경 절차
3. 양안(量案): 고려시대부터 시작되어 조선시대를 거쳐 일제시대의 토지조사사업 전까지 세금의 징수를 목적으로 양전에 의해 작성된 토지기록부 또는 토지대장
※ 사표(四標)는 고려와 조선의 양안에 수록된 사항으로서, 토지의 위치를 간략하게 표시한 것

62. 토지의 표시사항 중 토지를 특정할 수 있도록 하는 가장 단순하고 명확한 토지식별자는?
① 지번 ② 지목 ③ 소유자 ④ 경계

해설 지번이란 지리적 위치의 고정성과 토지의 특정화, 개별성을 확보하기 위해 리·동의 단위로 필지마다 아라비아 숫자로 순차적으로 부여하여 지적공부에 등록한 번호로서 우리나라에서 가장 일반적인 토지식별자로 사용된다.

63. 지적에 관한 설명으로 틀린 것은?
① 일필지 중심의 정보를 등록·관리한다.
② 토지표시사항의 이동사항을 결정한다.
③ 토지의 물리적 현황을 조사·측량·등록·관리·제공한다.
④ 토지와 관련한 모든 권리의 공시를 목적으로 한다.

해설 지적제도와 등기제도
1. 지적제도: 지적제도는 국가기관이 통치권이 미치는 모든 영토를 필지단위로 구획하여 토지에 대한 물리적 현황과 법적 권리관계를 지적공부에 등록공시하고 그 변경사항을 영속적으로 등록·관리하는 국가의 업무
2. 등기제도: 등기공무원이 법절차에 따라 등기부에 부동산의 표시 또는 부동산에 관한 일정한 권리관계를 기재하는 부동산에 대한 물권을 공시하는 제도

64. 우리나라의 법정지목의 성격으로 옳은 것은?
① 경제지목 ② 지형지목 ③ 용도지목 ④ 토성지목

Answer 61. ② 62. ① 63. ④ 64. ③

해설 토지의 현황에 따른 지목의 분류
1. 지형지목 : 지표면의 형상, 토지의 고저 등 토지의 모양에 따라 결정한 지목
2. 지성지목 : 지층, 암석, 토양 등 토지의 성질에 따라 결정한 지목
3. 용도지목 : 토지의 현실적 용도에 따라 결정한 지목
※ 우리나라 및 대부분의 국가에서는 용도지목을 사용함

65. 토지조사사업 당시의 지목 중 비과세지에 해당하는 것은?
① 전 ② 하천 ③ 임야 ④ 잡종지

해설 토지조사법에 의한 과세지와 비과세지
1. 직접적인 수익이 있는 토지로서 현재 과세 중에 있으며 또는 장래 과세의 목적이 될 수 있는 토지 : 전 · 답 · 대 · 지소 · 임야 · 잡종지
2. 직접적인 수익은 없으나 대부분이 공용에 속하며 지세를 면제하는 토지 : 사사지(社寺地) · 분묘지 · 공원지 · 철도용지 · 수도용지
3. 일반적으로 개인소유를 인정할 성질의 것이 못 되고 전혀 과세의 목적으로 하지 않는 토지 : 도로 · 하천 · 구거 · 제방 · 성첩 · 철도선로 · 수도선로

66. 토지조사사업 시 사정한 경계의 직접적인 사항은?
① 토지 과세의 촉구
② 측량기술의 확인
③ 기초 행정의 확립
④ 등록 단위인 필지획정

해설 사정이란 토지조사부와 지적도에 의하여 토지의 소유자 및 그 강계(=경계)를 확정하는 행정처분으로서, 경계의 사정에 의해 필지가 획정됨(지역선은 사정선이 아니지만 지적도에 강계선과 같이 제도됨)

67. 1필지의 특징으로 틀린 것은?
① 자연적 구획인 단위토지이다.
② 폐합다각형으로 구성한다.
③ 토지등록의 기본단위이다.
④ 법률적인 단위구역이다.

해설 일필지의 개념
1. 필지는 법적으로 물권이 미치는 권리의 객체로서 토지의 등록단위, 소유단위, 이용단위
2. 필지는 소유자와 용도가 동일하고 지반이 연속되어 하나의 지번이 부여되는 토지의 기본단위
3. 소유권의 단위인 동시에 경영의 단위
4. 토지에 대한 물권의 효력이 미치는 범위를 정하고 거래단위로서 개별화, 특정화시키기 위하여 인위적으로 구획한 법적 등록단위
5. 지적측량에 의하여 일정한 직선으로 연결한 폐합다각형으로 지적(임야)도 위에 나타남

68. 양전의 결과로 민간인의 사적 토지 소유권을 증명해 주는 지계를 발행하기 위해 1901년에 설립된 것으로, 탁지부에 소속된 지적사무를 관장하는 독립된 외청 형태의 중앙 행정기관은?
① 양지아문(量地衙門)
② 지계아문(地契衙門)
③ 양지과(量地課)
④ 통감부(統監府)

Answer 65. ② 66. ④ 67. ① 68. ②

해설 구한말의 토지제도 관리관청의 변천
1. 내부 판적국(內部 版籍局)
   - 1895년 내부 관제가 공포되어 주현국, 토목국, 판적국 등 5국을 둠
   - 판적국은 "호구적에 관한 사항"과 "지적에 관한 사항"을 관장토록 하였는데 여기에서 "지적"이라는 용어가 처음 쓰이기 시작
2. 양지아문(量地衙門)
   - 1898. 6. 내부대신 박정양과 농공부대신 이도재가 토지측량에 관한 청의서를 제출
   - 1898. 11. 양지아문을 설치, 전국의 양전업무를 관장토록 하여 양전 독립기구 탄생
   - 1901년 지계아문이 설치되어 양전업무를 이관한 후 1902년 양지아문이 폐지됨
   - 미국인 기사 거렴(巨廉, 레이몬드 크럼)을 초빙하여 서울 시내를 측량하고 견습생을 교육하였으며 전국의 양전을 실시
   - 민영환의 홍화학교 등 국내의 100여 개 학교에서도 측량교육을 실시
   - 각 도에 양무감을 두고, 각 군에 양무위원을 파견하여 견습생을 대동하고 양전
   - 전국 토지의 약 1/3가량 양전하였으나 국내 사정으로 중지
3. 지계아문(地契衙門)
   - 1901년 지계아문을 설치하고 각 도에 지계감리를 두어 "대한제국전답관계"라는 지계를 발급
   - 충남·강원도 일부에서 시행하다 토지조사의 미비, 인식 부족 등으로 중지
   - 1904년 탁지부 양지국으로 흡수·축소되고 지계아문은 폐지
   - 1905년 을사조약 체결 이후 "토지가옥증명규칙"에 의거하여 토지가옥의 매매·교환·증여 시에 토지가옥증명대장에 기재·공시하는 실질심사주의를 채택
4. 탁지부 양지국 및 양지과(度支部 量地局 및 量地課)
   - 1904년 탁지부 양지국에 양전업무를 이관
   - 1905년 양지국이 사세국 양지과로 축소되었으며, 일본인 기사를 채용하여 한국인 약간 명에게 측량기술을 강습

구분	조직	기간	담당업무	비고
내부	토목국	1895. 3. 26.	토지측량, 토지수량에 관한 사항	1893~1905년에 지계제도와 가계제도가 시행된 시기임
	판적국		지적 및 관유지 처분에 관한 업무	
양지아문	본부	1898. 7. 6. ~ 1901. 9. 9.	제반사무 총괄 및 정리	• 양지아문은 독립기구나 관련 부처인 내부, 탁지부, 농공상부 등과 협조체계 유지 • 미국인 기사 거렴(레이몬드 크럼)을 초빙하여 측량실시 및 지적측량교육 실시
	실무진		각 지방의 양전사무 주관 업무 수행 및 양전에 대한 조사	
	기술진		양전 실무 수행	
지계아문		1901. 10. ~1904. 4.	"대한제국전답관계"라고 하는 지계를 발급함	• 일본인 기사 채용 • 토지가옥증명규칙 시행
탁지부	양지국	1904. 4.	양전업무 수행	지계아문 폐지
	양지과	1905. 2.	• 전세·유세지 조사 • 지세의 부과·징수	• 양지과로 기구 축소 • 대구, 평양, 전주에 양지과의 출장소 설치

69. 지적의 3요소와 가장 거리가 먼 것은?

① 토지　　　② 등록　　　③ 등기　　　④ 공부

해설 지적의 3요소
1. 토지 : 지적제도는 토지를 대상으로 성립하고 일필지로 등록하며 그 대상과 범위는 국토의 개념과 같음
2. 등록 : 토지의 물권을 객체화하기 위해 일정한 기준의 등록단위를 정해 일정사항(토지소재, 지번, 지목, 경계, 면적 등)을 등록하는 법률행위로서 모든 토지는 공부에 등록함으로써 법률적인 효력이 발생
3. 공부 : 공부는 토지를 구획하여 일정사항을 기록한 공적장부로서 그 형식과 규격을 법으로 정하며 국가는 항상 이를 일정한 장소에 비치하여 국민이 활용할 수 있도록 함

※ 광의적 개념에서 지적의 3요소를 소유자, 권리, 필지로 보기도 함

70. 우리나라에서 토지 소유권에 대한 설명으로 옳은 것은?

① 절대적이다.
② 무제한 사용, 수익, 처분할 수 있다.
③ 신성불가침이다.
④ 법률의 범위 내에서 사용, 수익, 처분할 수 있다.

해설 우리나라에서 소유권은 소유물을 사용, 수익, 처분할 수 있는 물권이라고 규정(민법 제211조)하고 있지만 토지의 소유권은 정당한 이익이 있는 범위 내에서 토지의 상하에 미친다고 규정(민법 제212조)함으로써 일정한 범위 내로 제한하고 있다.

71. 토지합병의 조건과 무관한 것은?

① 동일 지번지역 내에 있을 것
② 등록된 도면의 축척이 같을 것
③ 경계가 서로 연접되어 있을 것
④ 토지의 용도지역이 같을 것

해설 합병 신청할 수 없는 토지
1. 합병하려는 토지의 지번부여지역, 지목 또는 소유자가 서로 다른 경우
2. 합병하려는 토지에 다음 각 호의 등기 외의 등기가 있는 경우
   ① 소유권, 지상권, 전세권 또는 임차권의 등기
   ② 승역지에 대한 지역권의 등기
   ③ 합병하려는 토지 전부에 대한 등기원인 및 그 연월일과 접수번호가 같은 저당권의 등기
3. 합병하려는 토지의 지적도 및 임야도의 축척이 서로 다른 경우
4. 합병하려는 각 필지의 지반이 연속되지 아니한 경우
5. 합병하려는 토지가 등기된 토지와 등기되지 아니한 토지인 경우
6. 합병하려는 각 필지의 지목은 같으나 일부 토지의 용도가 다르게 되어 분할대상 토지인 경우(다만, 합병 신청과 동시에 토지의 용도에 따라 분할 신청을 하는 경우는 제외)
7. 합병하려는 토지의 소유자별 공유지분이 다르거나 소유자의 주소가 서로 다른 경우
8. 합병하려는 토지가 구획정리, 경지정리 또는 축척변경을 시행하고 있는 지역의 토지와 그 지역 밖의 토지인 경우

Answer　69. ③　70. ④　71. ④

72. 지적과 등기를 일원화된 조직의 행정업무로 처리하지 않는 국가는?

① 독일   ② 네덜란드   ③ 일본   ④ 대만

해설
1. 독일 : 지적제도는 행정부, 등기제도는 사법부에서 관리하는 이원화 체제
2. 네덜란드 : 창설 당시부터 지적과 등기가 통합되어 운영되며, 지적 및 토지등기청에서 지적업무 전담
3. 일본 : 1960년 부동산등기법이 개정되어 등기제도와 지적제도가 통합
4. 대만 : 대만정부 수립 후 1930년 제정하여 대륙에서 시행하던 토지법을 적용하여 지적과 등기를 일원화
※ 우리나라는 독일과 같이 지적제도는 행정부, 등기제도는 사법부에서 이원체로 운영

73. 경국대전에서 매 20년마다 토지를 개량하여 작성했던 양안의 역할은?

① 가옥 규모 파악   ② 세금징수
③ 상시 소유자 변경 등재   ④ 토지거래

해설 양안은 고려시대부터 시작되어 조선시대를 거쳐 일제 강점기 토지조사사업 전까지 세금의 징수를 목적으로 양전에 의해 작성된 토지기록부 또는 토지대장이다.

74. 등록전환으로 인하여 임야대장 및 임야도에 결번이 생겼을 때의 일반적인 처리방법은?

① 결번을 그대로 둔다.
② 결번에 해당하는 지번을 다른 토지에 붙인다.
③ 결번에 해당하는 임야대장을 빼내어 폐기한다.
④ 지번설정지역을 변경한다.

해설 결번(Missing Parcel Number)
1. 의의 : 지번을 부여한 이후에 토지 합병 등의 사유로 인하여 지적공부에 등록되지 않은 지번이 발생하게 되는데 이를 결번이라고 함
2. 결번의 원인 : 토지의 합병, 등록전환, 행정구역의 변경, 도시개발사업의 시행, 토지구획정리사업, 경지정리사업, 지번변경, 축척변경 등
3. 결번대장 : 결번 발생 시에는 지체 없이 그 사유를 결번 대장에 등록하여 영구히 보존

75. 지적도에 등록된 경계의 뜻으로서 합당하지 않은 것은?

① 위치만 있고 면적은 없음   ② 경계점 간 최단거리 연결
③ 측량방법에 따라 필지 간 2개 존재 가능   ④ 필지 간 공통작용

해설 경계의 의미
1. 경계는 지역을 구분하여 표시하는 선으로서 일반적으로 토지소유권의 범위를 표시하는 구획선을 의미
2. 경계는 소유권의 범위와 면적을 정하는 기준이 되며 위치와 거리만 있고 면적과 넓이는 없는 특징을 가짐
3. 경계는 인위적으로 만든 인공선으로서 인접한 필지 간에 성립되며, 필지 간 이질성을 구분하는 구분선의 역할을 함
※ 경계는 필지 사이에 하나의 선으로 존재함

Answer   72. ①   73. ②   74. ①   75. ③

76. 고구려에서 토지측량단위로 면적 계산에 사용한 제도는?

① 결부법　　② 두락제　　③ 경무법　　④ 정전제

해설 삼국시대의 지적제도

구분	고구려	백제	신라
길이단위	척(尺)	척(尺)	척(尺)
면적단위	경무법	두락제, 결부제	결부제
지적도면	봉역도, 요동성총도	도적	방전, 직전, 제전, 규전, 구고전, 원전, 호전, 환전
측량방법	구장산술	구장산술	구장산술
지적사무 담당	• 사자(使者) • 주부(主簿) : 면적측정	• 내두좌평(內頭佐平) • 산학박사 : 지적·측량담당 • 산사(算師) : 측량시행 • 화사(畵師) : 도면 작성	• 조부(調部) : 토지세수 파악 • 산학박사 : 토지측량 및 면적측정

77. 지적의 어원을 'Katastikhon', 'Capitastrum'에서 찾고 있는 견해의 주요 쟁점이 되는 의미는?

① 세금 부과　　② 지적공부　　③ 지형도　　④ 토지측량

해설 지적의 어원
1. 프랑스의 브론데임(Blondheim) 교수와 스페인의 일머(Ilmoor D.) 교수는 지적(Cadastre)이라는 용어가 그리스어 카타스티콘(Katastikhon)에서 유래된 것으로 공책(Notebook)이란 의미
2. 미국의 맥엔트리(J.G. McEntyre) 교수는 라틴어인 카타스트럼(Catastrum) 또는 캐피타스트럼(Capitastrum)에서 유래
3. Katastikhon과 Capitastrum 또는 Catastrum은 모두 "세금 부과"의 뜻을 내포하고 있고, Katastichon은 Kata(위에서 아래로)와 Stikhon(부과)의 합성어로 조세등록이란 의미이기 때문에 지적의 어원은 조세에서 출발한 것으로 보는 것이 보편적인 견해

78. 우리나라에서 적용하는 지적의 원리가 아닌 것은?

① 적극적 등록주의　　② 형식적 심사주의　　③ 공개주의　　④ 국정주의

해설 형식적 심사주의는 등기제도에서 채택하고 있는 반면 지적에서는 실질적 심사주의를 택하고 있다.

79. 다음 중 지적의 기능으로 가장 거리가 먼 것은?

① 재산권의 보호　　② 공정과세의 자료　　③ 토지관리에 기여　　④ 쾌적한 생활환경의 조성

해설 쾌적한 생활환경의 조성은 지적의 기능과 직접적인 관계가 없다.

Answer　76. ③　77. ①　78. ②　79. ④

80. 하천의 연안에 있던 토지가 홍수 등으로 인하여 하천부지로 된 경우 이 토지를 무엇이라 하는가?

① 간석지　　　② 포락지　　　③ 이생지　　　④ 개재지

해설 포락지(浦落地)와 이생지(泥生地)
1. 과거 하천 연안의 토지가 홍수 등으로 멸실되어 하천부지가 되는 경우 이를 포락지라고 하고, 그 하류 또는 대안에 새로운 토지가 생긴 경우 이를 이생지라고 함
2. 멸실한 토지의 소유자가 새로 생긴 토지의 소유권을 얻는 관습이 있는데 이를 포락이생이라 한다.
3. 대전회통에 따르면 포락지는 면세하고 이생지는 과세함

05 지적관계법규

81. 지적공부에 등록된 토지의 표시사항이 토지의 이동으로 달라지는 경우 이를 결정하는 권한을 가진 자는?

① 지적소관청
② 시·도지사
③ 토지권리자
④ 지적측량업자

해설 토지의 조사·등록
1. 토지의 등록
   국토교통부장관은 모든 토지에 대하여 필지별로 소재·지번·지목·면적·경계 또는 좌표 등을 조사·측량하여 지적공부에 등록
2. 등록의 결정권자
   지적공부에 등록하는 지번·지목·면적·경계 또는 좌표는 토지의 이동이 있을 때 토지소유자의 신청을 받아 지적소관청이 결정(다만, 신청이 없으면 지적소관청이 직권으로 조사·측량하여 결정)
3. 직권에 의한 토지의 조사·등록절차
   ① 지적소관청은 토지의 이동현황을 직권으로 조사·측량하여 토지의 지번·지목·면적·경계 또는 좌표를 결정하려는 때에는 토지이동현황 조사계획을 수립
   ② 토지이동현황 조사계획은 시·군·구별로 수립하되, 부득이한 사유가 있는 때에는 읍·면·동별로 수립
   ③ 지적소관청은 토지이동현황 조사계획에 따라 토지의 이동현황을 조사한 때에는 토지이동 조사부에 토지의 이동현황을 정리
   ④ 지적소관청은 토지이동현황 조사 결과에 따라 토지의 지번·지목·면적·경계 또는 좌표를 결정한 때에는 이에 따라 지적공부를 정리
   ⑤ 지적소관청은 지적공부를 정리하려는 때에는 토지이동 조사부를 근거로 토지이동 조서를 작성하여 토지이동정리 결의서에 첨부

Answer　80. ②　81. ①

82. 도시개발사업과 관련하여 지적소관청에 제출하는 신고 서류로 옳지 않은 것은?

① 사업인가서
② 지번별 조서
③ 사업계획도
④ 환지설계서

해설 도시개발사업 등 시행지역의 토지이동 신청에 관한 특례
1. 신청
   도시개발사업, 농어촌정비사업, 주택건설사업, 택지개발사업, 산업단지개발사업, 등으로 정하는 토지개발사업 시행자는 그 사업의 착수·변경 및 완료 사실을 지적소관청에 신고
2. 토지의 이동시기
   도시개발사업 등으로 인한 토지의 이동은 토지의 형질변경 등의 공사가 준공된 때
3. 신고 시기 : 신고 사유가 발생한 날부터 15일 이내
4. 도시개발사업 등의 착수(변경) 신고 시 제출서류
   ① 사업인가서
   ② 지번별 조서
   ③ 사업계획도
5. 도시개발사업 등의 완료 신고 시 제출서류
   ① 확정될 토지의 지번별 조서 및 종전 토지의 지번별 조서
   ② 환지처분과 같은 효력이 있는 고시된 환지계획서
      (다만, 환지를 수반하지 아니하는 사업인 경우에는 사업의 완료를 증명하는 서류)

83. 지적기준점에 해당하지 않는 것은?

① 위성기준점
② 지적삼각점
③ 지적도근점
④ 지적삼각보조점

해설 1. 측량기준점의 종류
   ① 국가기준점 : 측량의 정확도를 확보하고 효율성을 높이기 위하여 국토교통부장관 및 해양수산부장관이 전 국토를 대상으로 주요 지점마다 정한 측량의 기본이 되는 측량기준점(우주측지기준점, 위성기준점, 수준점, 중력점, 통합기준점, 삼각점, 지자기점, 수로기준점, 영해기준점)
   ② 공공기준점 : 공공측량시행자가 공공측량을 정확하고 효율적으로 시행하기 위하여 국가기준점을 기준으로 하여 따로 정하는 측량기준점(공공삼각점, 공공수준점)
   ③ 지적기준점 : 특별시장·광역시장·특별자치시장·도지사 또는 특별자치도지사나 지적소관청이 지적측량을 정확하고 효율적으로 시행하기 위하여 국가기준점을 기준으로 하여 따로 정하는 측량기준점

2. 지적기준점의 종류
   ① 지적삼각점 : 지적측량 시 수평위치 측량의 기준으로 사용하기 위하여 국가기준점을 기준으로 하여 정한 기준점
   ② 지적삼각보조점 : 지적측량 시 수평위치 측량의 기준으로 사용하기 위하여 국가기준점과 지적삼각점을 기준으로 하여 정한 기준점
   ③ 지적도근점 : 지적측량 시 필지에 대한 수평위치 측량 기준으로 사용하기 위하여 국가기준점, 지적삼각점, 지적삼각보조점 및 다른 지적도근점을 기초로 하여 정한 기준점
   ※ 위성기준점 : 국가기준점의 하나로 지리학적 경위도, 직각좌표 및 지구중심 직교좌표의 측정 기준으로 사용하기 위하여 대한민국 경위도원점을 기초로 정한 기준점

84. 지적확정측량에 관한 설명으로 틀린 것은?

① 지적확정측량을 하는 경우 필지별 경계점은 위성기준점, 통합기준점, 삼각점, 지적삼각점, 지적삼각보조점 및 지적도근점에 따라 측정하여야 한다.
② 지적확정측량을 할 때에는 미리 사업계획도와 도면을 대조하여 각 필지의 위치 등을 확인하여야 한다.
③ 도시개발사업 등으로 지적확정측량을 하려는 지역에 임야도를 갖춰 두는 지역의 토지가 있는 경우에는 등록전환을 하지 아니할 수 있다.
④ 도시개발사업 등에는 막대한 예산이 소요되기 때문에, 지적확정측량은 지적측량수행자 중에서 전문적인 노하우를 갖춘 대한지적공사가 전담한다.

해설 지적확정측량
① 지적확정측량을 하는 경우 필지별 경계점은 위성기준점, 통합기준점, 삼각점, 지적삼각점, 지적삼각보조점 및 지적도근점에 따라 측정하여야 한다.
② 지적확정측량을 할 때에는 사업계획도와 도면을 대조하여 각 필지의 위치 등을 확인하여야 한다.
③ 도시개발사업 등으로 지적확정측량을 하려는 지역에 임야도를 갖춰 두는 지역의 토지가 있는 경우에는 등록전환을 하지 아니할 수 있다.
※ 지적확정측량은 지적측량업자 및 한국국토정보공사 모두 할 수 있다.

85. 토지를 지적공부에 1필지로 등록하는 기준으로 옳은 것은?

① 지번부여지역의 토지로서 용도와 관계없이 소유자가 동일하면 1필지로 등록할 수 있다.
② 지번부여지역의 토지로서 소유자와 용도가 같고 지반이 연속된 토지는 1필지로 등록할 수 있다.
③ 행정구역을 달리 할지라도 지목과 소유자가 동일하면 1필지로 등록한다.
④ 종된 용도의 토지 면적이 100제곱미터를 초과하면 1필지로 등록한다.

해설 1필지와 양입지 기준
1. 1필지로 정할 수 있는 기준
   지번부여지역의 토지로서 소유자와 용도가 같고 지반이 연속된 토지
2. 양입지
   ① 주된 용도의 토지의 편의를 위하여 설치된 도로·구거(구거 : 도랑) 등의 부지
   ② 주된 용도의 토지에 접속되거나 주된 용도의 토지로 둘러싸인 토지로서 다른 용도로 사용되고 있는 토지
3. 양입지로 정할 수 없는 토지
   ① 종된 용도의 토지의 지목이 대인 경우
   ② 종된 용도의 토지 면적이 주된 용도의 토지 면적의 10퍼센트를 초과하는 경우
   ③ 종된 토지의 면적이 330제곱미터를 초과하는 경우

Answer 84. ④ 85. ②

86. 지적측량업의 등록을 취소해야 하는 경우에 해당되지 않는 것은?

① 거짓이나 그 밖의 부정한 방법으로 지적측량업의 등록을 한 때
② 법인의 임원 중 형의 집행유예 신고를 받고 그 유예기간이 경과된 자가 있는 때
③ 다른 사람에게 자기의 등록증을 빌려준 때
④ 영업정지기간 중에 지적측량업을 영위한 때

해설 지적측량업의 등록취소
  1. 등록취소 등 결정권자 : 국토교통부장관 또는 시·도지사
  2. 등록취소 등의 방법 : 측량업의 등록을 취소하거나 1년 이내의 기간을 정하여 영업의 정지를 명할 수 있음
  3. 등록취소 등의 대상
    ① 고의 또는 과실로 측량을 부정확하게 한 경우
    ② 거짓이나 그 밖의 부정한 방법으로 측량업의 등록을 한 경우(등록취소)
    ③ 정당한 사유 없이 측량업의 등록을 한 날부터 1년 이내에 영업을 시작하지 아니하거나 계속하여 1년 이상 휴업한 경우
    ④ 등록기준에 미달하게 된 경우(등록취소). (다만, 일시적으로 등록기준에 미달되는 등의 경우는 제외)
    ⑤ 측량업 등록사항의 변경신고를 하지 아니한 경우
    ⑥ 지적측량업자가 업무 범위를 위반하여 지적측량을 한 경우
    ⑦ 측량업자의 결격사유에 해당하게 된 경우(등록취소)
    ⑧ 다른 사람에게 자기의 측량업등록증 또는 측량업등록수첩을 빌려 주거나 자기의 성명 또는 상호를 사용하여 측량업무를 하게 한 경우(등록취소)
    ⑨ 지적측량업자가 지적측량수행자의 성실의무 등을 위반한 경우
    ⑩ 보험가입 등 필요한 조치를 하지 아니한 경우
    ⑪ 영업정지기간 중에 계속하여 영업을 한 경우(등록취소)
    ⑫ 지적측량업자가 지적측량수수료를 고시한 금액보다 과다 또는 과소하게 받은 경우
    ⑬ 다른 행정기관이 관계 법령에 따라 등록취소 또는 영업정지를 요구한 경우
    ⑭ 국가기술자격법을 위반하여 측량업자가 측량기술자의 국가기술자격증을 대여받은 사실이 확인된 경우(등록취소)
  4. 측량업자의 지위를 승계한 상속인이 측량업등록의 결격사유에 해당하는 경우에는 그 결격사유에 해당하게 된 날부터 6개월이 지난 날까지는 적용하지 아니한다.

87. 토지 등의 출입 등에 따라 손실이 발생하였으나 협의가 성립되지 아니한 경우 손실을 보상할 자 또는 손실을 받은 자가 재결을 신청할 수 있는 기관은?

① 시·도지사
② 국토교통부장관
③ 행정자치부장관
④ 관할 토지수용위원회

해설 토지수용 및 손실보상
  1. 토지수용 및 사용
    ① 국토교통부장관은 기본측량을 실시하기 위하여 필요하다고 인정하는 경우에는 토지, 건물, 나무 그 밖의 공작물을 수용하거나 사용
    ② 수용 또는 사용 및 손실보상에 관하여는 「공익사업을 위한 토지 등의 취득 및 보상에 관한 법률」을 적용

Answer 86. ② 87. ④

2. 손실보상
   ① 손실보상 대상
      • 측량기준점을 설치 또는 토지의 이동을 조사하기 위하여 타인의 토지 등에 출입하거나 일시 사용한 경우로서 장애물을 변경하거나 제거한 경우
   ② 손실보상자
      • 행위를 한 자
   ③ 손실보상액 결정 및 이의신청 등
      • 손실을 보상할 자와 손실을 받을 자가 협의하여 보상액을 결정
      • 손실을 보상할 자와 손실을 받을 자가 협의가 성립되지 아니하거나 협의를 할 수 없는 때에는 관할 토지수용위원회에 재결을 신청
   ④ 재결에 불복이 있는 자
      • 관할토지수용위원회의 재결에 불복하는 자는 재결서 정본을 송달받은 날부터 30일 이내에 중앙토지수용위원회에 이의를 신청
   ⑤ 토지수용위원회 재결
      • 「공익사업을 위한 토지 등의 취득 및 보상에 관한 법률」 준용

88. 지적측량 적부심사의결서를 받은 시·도지사는 며칠 이내에 지적측량적부심사 청구인 및 이해관계인에게 그 의결서를 통지하여야 하는가?

① 5일   ② 7일   ③ 30일   ④ 60일

해설 지적측량의 적부심사
1. 지적측량적부심사의 의의
   ① 지적측량적부심사제도는 지적측량성과에 다툼이 있는 경우에 권리구제의 수단으로 지적위원회에 그 해결을 청구하는 제도
   ② 청구인 : 토지소유자, 이해관계인 또는 지적측량수행자
2. 지적측량적부심사 처리절차
   ① 청구인이 관할 시·도지사에게 심사청구서에 아래 서류를 첨부하여 지적측량적부심사를 청구
      • 토지소유자 및 이해관계인 : 지적측량을 의뢰하여 발급받은 지적측량 성과
      • 지적측량수행자 : 직접 실시한 지적측량성과
   ② 시·도지사는 30일 이내에 다음 내용을 조사하여 지방지적위원회에 회부
      • 다툼이 되는 지적측량의 경위 및 그 성과
      • 해당 토지에 대한 토지이동 및 소유권 변동 연혁
      • 해당 토지 주변의 측량기준점, 경계, 주요 구조물 등 현황 실측도
   ③ 지방지적위원회는 60일 이내에 심의·의결(부득이한 경우 30일 이내에서 한 번만 연장 가능)하고, 의결서를 시·도지사에게 송부
   ④ 시·도지사는 7일 이내에 지적측량 적부심사 청구인 및 이해관계인에게 그 의결서를 통지
   ⑤ 의결서를 받은 자가 지방지적위원회의 의결에 불복하는 경우에는 90일 이내에 국토교통부장관에게 재심사 청구
   ⑥ 시·도지사는 의결서를 받은 자가 재심사를 청구하지 아니하면 그 의결서 사본을 지적소관청에 송부
   ⑦ 지방지적위원회 의결서 사본을 받은 지적소관청은 그 내용에 따라 지적공부의 등록사항을 정정하거나 측량성과를 수정
   ⑧ 지방지적위원회의 의결 후 90일 이내에 재심사를 청구하지 않는 경우에는 해당 지적측량성과에 대하여 다시 지적측량 적부심사청구를 할 수 없음

Answer 88. ②

89. 지적도의 등록사항으로 틀린 것은?

① 전유부분의 건물표시 ② 도면의 색인도
③ 건물 및 구조물 등의 위치 ④ 삼각점 및 지적측량기준점의 위치

해설 1. 지적도면(지적도 및 임야도)의 등록사항
① 토지의 소재
② 지번
③ 지목
④ 경계
⑤ 지적도면의 색인도
⑥ 지적도면의 제명 및 축척
⑦ 도곽선과 그 수치
⑧ 좌표에 의하여 계산된 경계점 간의 거리(경계점좌표등록부를 갖춰 두는 지역으로 한정)
⑨ 삼각점 및 지적기준점의 위치
⑩ 건축물 및 구조물 등의 위치

2. 대지권등록부의 등록사항
① 토지의 소재
② 지번
③ 대지권 비율
④ 소유자의 성명 또는 명칭, 주소 및 주민등록번호
⑤ 토지의 고유번호
⑥ 전유부분의 건물표시
⑦ 건물의 명칭
⑧ 집합건물별 대지권등록부의 장번호
⑨ 토지소유자가 변경된 날과 그 원인
⑩ 소유권 지분

90. 경계점좌표등록부에 등록하는 지역의 토지면적 결정(제곱미터)의 기준으로 옳은 것은?

① 소수점 세 자리로 한다. ② 소수점 두 자리로 한다.
③ 소수점 한 자리로 한다. ④ 정수로 한다.

해설 면적의 결정방법
1. 오사오입의 원칙
① 경계점좌표등록부에 등록하는 지역 및 축척 1/600 지역 : $0.05m^2$ 초과는 올리고, 미만은 버리며, $0.05m^2$인 경우에는 홀수만 올림
② 축척 1/1,000~1/6,000 지역 : $0.5m^2$ 초과는 올리고, 미만은 버리며, $0.5m^2$인 경우에는 홀수만 올림
2. 면적의 최소등록단위
① 축척 1/600, 경계점좌표등록부를 갖춰 두는 지역 : $0.1m^2$
② 축척 1/1,000, 1/1,200, 1/2,400, 1/3,000, 1/6,000 지역 : $1m^2$

91. 국가가 국가를 위하여 하는 등기로 보는 등기촉탁 사유가 아닌 것은?

① 신규등록 ② 지번변경
③ 축척변경 ④ 등록사항정정(직권)

해설 등기촉탁 대상
① 토지의 이동이 있는 경우(신규등록 제외)
② 지번을 변경한 때
③ 축척변경을 한 때
④ 바다로 된 토지의 등록말소
⑤ 행정구역 명칭변경
⑥ 등록사항의 오류를 지적소관청이 직권으로 조사·측량하여 정정한 때

92. 지적공부의 복구에 관한 관계자료에 해당하지 않는 것은?

① 지적공부의 등본 ② 측량 결과도
③ 토지이용계획확인서 ④ 토지이동정리 결의서

해설 1. 지적공부의 복구
지적소관청은 지적공부의 일부 또는 전부가 멸실·훼손된 때에는 지체 없이 복구
2. 지적공부의 복구방법
① 지적소관청은 지적공부를 복구하고자 하는 때에는 멸실·훼손 당시의 지적공부와 가장 부합된다고 인정되는 관계자료에 의하여 토지의 표시에 관한 사항을 복구
② 소유자에 관한 사항은 부동산등기부나 법원의 확정판결에 따라 복구
3. 지적공부 복구자료
① 지적공부의 등본
② 측량 결과도
③ 토지이동정리 결의서
④ 부동산등기부 등본 등 등기사실을 증명하는 서류
⑤ 지적소관청이 작성하거나 발행한 지적공부의 등록내용을 증명하는 서류
⑥ 복제된 지적공부
⑦ 법원의 확정판결서 정본 또는 사본

93. 지적공부의 복구자료에 해당하지 않는 것은?

① 복제된 지적공부 ② 측량준비도
③ 부동산등기부 등본 ④ 지적공부의 등본

해설 1. 지적공부의 복구자료
① 지적공부의 등본
② 측량결과도
③ 토지이동정리 결의서
④ 부동산등기부 등본 등 등기사실을 증명하는 서류
⑤ 지적소관청이 작성하거나 발행한 지적공부의 등록내용을 증명하는 서류

Answer 91. ① 92. ③ 93. ②

⑥ 복제된 지적공부
⑦ 법원의 확정판결서 정본 또는 사본
2. 측량준비도
지적측량을 수행하기 위한 준비도면으로 지적공부 복구자료에는 해당되지 않는다.

94. 토지소유자에게 지적정리사항을 통지하지 않아도 되는 때는?

① 신청의 대위 시
② 직권 등록사항 정정 시
③ 등기촉탁 시
④ 신규등록 시

해설 지적정리의 통지
1. 직권에 의한 지적정리 통지
지적소관청이 지적공부에 등록하거나 지적공부를 복구·말소 또는 등기촉탁을 한 때에는 당해 토지소유자에게 통지하고, 통지받는 자의 주소 또는 거소를 알 수 없는 때에는 당해 시·군·구의 게시판에 게시하거나 일간신문 또는 시·군·구의 공보에 게재함으로써 소유자에게 통지된 것으로 본다.
2. 지적정리 통지대상
① 토지소유자의 신청이 없어 지적소관청이 직권으로 조사 또는 측량하여 지번, 지목, 경계 또는 좌표와 면적을 결정할 때
② 지적소관청이 지번을 변경한 때
③ 지적소관청이 지적공부를 복구한 때
④ 바다로 된 토지의 등록·말소 통지
⑤ 도시계획사업, 도시개발사업, 농지개량사업 등에 의해 지적공부를 정리했을 때
⑥ 대위신청에 의해 지적공부를 정리했을 때
⑦ 행정구역 개편으로 인하여 새로이 지번을 정할 때
⑧ 지적공부에 등록된 사항에 오류가 있음을 발견하여 지적소관청이 직권으로 등록사항을 정정한 때
⑨ 토지표시의 변경에 관하여 관할 등기소에 등기를 촉탁한 때
3. 통지의 시기
① 토지의 표시에 관한 변경등기가 필요한 경우 : 그 등기 완료의 통지서를 접수한 날부터 15일 이내
② 토지의 표시에 관한 변경등기가 필요하지 아니한 경우 : 지적공부에 등록한 날부터 7일 이내
※ 신규등록은 지적공부에 최초 토지등록으로 소유권에 관한 사항은 신규등록 신청자가 소유권을 증명하는 서면을 지적소관청에 제출하거나 지적소관청이 조사하여 직권으로 등록하여 결정되는 것으로 지적정리 통지대상이 아님

95. 신규등록 대상 토지가 아닌 것은?

① 공유수면매립 준공 토지
② 도시개발사업 완료 토지
③ 미등록 하천
④ 미등록 공공용 토지

해설 신규등록
새로 조성된 토지와 지적공부에 등록되어 있지 아니한 토지를 지적공부에 등록하는 것
1. 신청기한 : 신규등록 사유가 발생한 날부터 60일 이내에 지적소관청에 신청
2. 신청대상
① 「공유수면 관리 및 매립에 관한 법률」에 의한 공유수면 매립 토지
② 미등록 공공용 토지

Answer 94. ④ 95. ②

③ 미등록 섬
④ 미등록 토지
3. 신청서류
① 법원의 확정판결서 정본 또는 사본
② 준공검사확인증 사본
③ 도시계획구역의 토지를 그 지방자치단체의 명의로 등록하는 때에는 기획재정부장관과 협의한 문서의 사본
④ 그 밖에 소유권을 증명할 수 있는 서류
※ 도시개발사업 완료 토지는 이미 지적공부에 등록된 토지를 도시개발사업에 의하여 새로이 토지의 표시를 정한 것으로 신규등록대상은 아님

96. 복구측량이 완료되어 지적공부를 복구하려는 경우 복구하려는 토지의 표시 등을 시·군·구 게시판 및 인터넷 홈페이지에 최소 며칠 이상 게시하여야 하는가?

① 7일 이상
② 10일 이상
③ 15일 이상
④ 30일 이상

해설 지적공부의 복구절차
① 지적소관청은 지적공부를 복구하려는 경우에는 복구자료를 조사
② 토지대장·임야대장 및 공유지연명부의 등록 내용을 증명하는 서류 등에 따라 지적복구자료 조사서를 작성
③ 지적도면의 등록 내용을 증명하는 서류 등에 따라 복구자료도를 작성
④ 복구자료도에 따라 측정한 면적과 지적복구자료 조사서의 조사된 면적의 증감이 허용범위를 초과하거나 복구자료도를 작성할 복구자료가 없는 경우에는 복구측량 실시
 ($A=0.026^2 M\sqrt{F}$ 계산식 중 A는 오차허용면적, M은 축척분모, F는 조사된 면적)
⑤ 작성된 지적복구자료 조사서의 조사된 면적이 허용범위 이내인 경우에는 그 면적을 복구면적으로 결정
⑥ 복구측량을 한 결과가 복구자료와 부합하지 아니하는 때에는 토지소유자 및 이해관계인의 동의를 받아 경계 또는 면적 등을 조정. 이 경우 경계를 조정한 때에는 경계점표지를 설치
⑦ 지적소관청은 복구자료의 조사 또는 복구측량 등이 완료되어 지적공부를 복구하려는 경우에는 복구하려는 토지의 표시 등을 시·군·구 게시판 및 인터넷 홈페이지에 15일 이상 게시
⑧ 복구하려는 토지의 표시 등에 이의가 있는 자는 게시기간 내에 지적소관청에 이의신청을 할 수 있음. 이 경우 이의신청을 받은 지적소관청은 이의사유를 검토하여 이유 있다고 인정되는 때에는 그 시정에 필요한 조치를 하여야 함
⑨ 지적소관청은 지적복구자료 조사서, 복구자료도 또는 복구측량 결과도 등에 따라 토지대장·임야대장·공유지연명부 또는 지적도면을 복구하여야 함
⑩ 대장은 복구되고 지적도면이 복구되지 아니한 토지가 축척변경 시행지역이나 도시개발사업 등의 시행지역에 편입된 때에는 지적도면을 복구하지 아니할 수 있음

Answer 96. ③

97. 지번이 10-1, 10-2, 11, 12 번지인 4필지를 합병하는 경우 새로이 설정하는 지번으로 옳은 것은?

① 10-1 ② 10-2 ③ 11 ④ 12

해설 합병에 따른 지번부여
1. 합병 전 지번 중 순서가 빠른 지번으로 부여
2. 합병 전 지번이 본번과 부번이 혼재할 경우 본번 중 선순위 지번으로 부여
3. 토지소유자가 합병 전의 필지에 주거·사무실 등의 건축물이 있어서 그 건축물이 위치한 지번을 합병 후의 지번으로 신청할 때에는 그 지번을 합병 후의 지번으로 부여

98. 지적서고의 설치기준 등에 관한 설명으로 틀린 것은?

① 골조는 철근콘크리트 이상의 강질로 할 것
② 바닥과 벽은 2중으로 하고 영구적인 방수설비를 할 것
③ 전기시설을 설치하는 때에는 단독퓨즈를 설치하고 소화장비를 갖춰 둘 것
④ 열과 습도의 영향을 적게 받도록 내부공간을 좁고 천장을 낮게 설치할 것

해설 지적서고의 설치기준
1. 지적서고는 지적사무를 처리하는 사무실과 연접하여 설치
2. 지적서고의 구조
   ① 골조는 철근콘크리트 이상의 강질로 할 것
   ② 지적서고의 면적은 기준면적에 따를 것
   ③ 바닥과 벽은 2중으로 하고 영구적인 방수설비를 할 것
   ④ 창문과 출입문은 2중으로 하되, 바깥쪽 문은 반드시 철제로 하고 안쪽 문은 곤충·쥐 등의 침입을 막을 수 있도록 철망 등을 설치할 것
   ⑤ 온도 및 습도 자동조절장치를 설치하고, 연중 평균온도는 섭씨 20±5도를, 연중평균습도는 65±5퍼센트를 유지할 것
   ⑥ 전기시설을 설치하는 때에는 단독퓨즈를 설치하고 소화장비를 갖춰 둘 것
   ⑦ 열과 습도의 영향을 받지 아니하도록 내부공간을 넓게 하고 천장을 높게 설치할 것

99. 축척 600분의 1지역에서 1필지의 산출면적이 76.55m²였다면 결정면적은?

① 76m² ② 76.5m² ③ 76.6m² ④ 77m²

해설 면적의 결정방법
1. 오사오입의 원칙
   ① 경계점좌표등록부에 등록하는 지역 및 축척 1/600 지역 : 0.05m² 초과는 올리고, 미만은 버리며, 0.05m²인 경우에는 홀수만 올림
   ② 축척 1/1,000~1/6,000 지역 : 0.5m² 초과는 올리고, 미만은 버리며, 0.5m²인 경우에는 홀수만 올림
2. 면적의 최소등록단위
   ① 축척 1/500~1/600, 경계점좌표등록부에 등록하는 지역 : 0.1m²
   ② 축척 1/1,000~1/6,000 지역 : 1m²
   ※ 이상, 이하 : 어떤 수와 같거나 어떤 수보다 크거나 작은 수
   ※ 미만, 초과 : 어떤 수를 포함하지 않음

100. 측량업의 등록을 하려는 자가 신청서에 첨부하여 제출하여야 할 서류가 아닌 것은?
① 보유하고 있는 측량기술자의 명단
② 보유한 인력에 대한 측량기술 경력증명서
③ 보유하고 있는 장비의 명세서
④ 등기부등본

해설 지적측량업의 등록
1. 등록
지적측량업을 영위하고자 하는 자는 기술자격·기술능력·설비 등의 등록기준을 갖추어 도지사에게 지적측량업의 등록을 하여야 함
2. 첨부서류
① 기술인력을 갖춘 사실을 증명하기 위한 서류
• 보유하고 있는 측량기술자의 명단
• 인력에 대한 측량기술 경력증명서
② 장비를 갖춘 사실을 증명하기 위한 서류
• 보유하고 있는 장비의 명세서
• 장비의 성능검사서 사본
• 소유권 또는 사용권을 보유한 사실을 증명할 수 있는 서류

Answer 100. ④

2017년 제2회 지적산업기사

01 지적측량

01. 경위의측량방법에 따른 세부측량에서 거리측정 단위는?

① 0.1cm ② 1cm ③ 5cm ④ 10cm

해설 지적측량 시행규칙 제18조(세부측량의 기준 및 방법 등)
경위의측량방법에 따른 세부측량에서 거리측정 단위는 1센티미터

02. 축척 1 : 600 도면을 기초로 하여 축척 1 : 3,000 도면을 작성할 때 필요한 1 : 600 도면의 매수는?

① 10매 ② 15매 ③ 20매 ④ 36매

해설 도면의 도곽크기

축척	도상거리		지상거리	
	세로(cm)	가로(cm)	세로(m)	가로(m)
1/600	33.3333	41.6667	200	250
1/3,000	40	50	1,200	1,500

- $1,200 \div 200 = 6$
- $1,500 \div 250 = 6$
- $6 \times 6 = 36$ ∴ 36매

03. 축척이 1 : 1,200인 지역에서 전자면적측정기에 따른 면적을 도상에서 2회 측정한 결과가 654.8m², 655.2m²였을 때 평균치를 측정면적으로 하기 위하여 교차는 얼마 이하이어야 하는가?

① 16.2m² ② 17.2m² ③ 18.2m² ④ 19.2m²

해설 지적측량 시행규칙 제20조(면적측정의 방법 등)
전자면적측정기에 따른 면적측정은 도상에서 2회 측정하여 그 교차가 다음 계산식에 따른 허용면적 이하일 때에는 그 평균치를 측정면적으로 한다.
$A = 0.023^2 M\sqrt{F}$
(A는 허용면적, M은 축척분모, F는 2회 측정한 면적의 합계를 2로 나눈 수)
$A = 0.023^2 M\sqrt{F} = 0.023^2 \times 1,200\sqrt{655} = 16.25$ ∴ 16m²

Answer 1. ② 2. ④ 3. ①

04. 다음 중 지적측량을 하여야 하는 경우로 옳지 않은 것은?

① 지적측량성과를 검사하는 경우
② 지적기준점을 정하는 경우
③ 분할된 도로의 필지를 합병하는 경우
④ 경계점을 지상에 복원하는 경우

해설 지적측량을 하지 않는 경우는 합병, 지번변경

05. 평판측량의 오차 중 표정오차에 해당하는 것은?

① 구심오차   ② 외심오차   ③ 시준오차   ④ 경사분획 오차

해설
- 표정(標定) : 평판을 일정한 방향에 고정시키는 것으로 평판을 지상의 다른 측점(測點)으로 옮겼을 때 항상 일정한 방향으로 유지시키기 위해 후시(後視)에 의한 표정이 있다.
- 구심(求心) : 방향선을 바르게 그릴 수 있도록 구심기로 지상의 실제 위치점과 평면상의 측점을 일치시키는 것

06. 정오차에 대한 설명으로 틀린 것은?

① 원인과 상태를 알면 일정한 법칙에 따라 보정할 수 있다.
② 수학적 또는 물리적 법칙에 따라 일정하게 발생한다.
③ 조건과 상태가 변화하면 그 변화량에 따라 오차의 양도 변화하는 계통오차이다.
④ 일반적으로 최소제곱법을 이용하여 조정한다.

해설 성질에 의한 오차분류
1. 착오, 과실, 과대오차
   관측자의 미숙, 부주의에 의한 오차로서 관측자가 주의하면 오차를 줄일 수 있다.
2. 정오차, 계통오차, 누차
   일정한 조건에서 같은 방향과 같은 크기로 발생되는 오차로서 누적되므로 누차라고도 하며 원인과 상태를 파악하면 제거가 가능하다.
3. 부정오차, 우연오차, 상차
   1) 발생원인이 불명확한 오차다.
   2) 오차 원인의 방향이 일정하지 않다.
   3) 서로 상쇄되기도 하므로 상차라고도 한다.
   4) 최소제곱법에 의한 확률법칙으로 처리가 가능하다.
   5) 원인을 알아도 소거가 불가능하다.

07. 지적삼각보조점측량 시 기초가 되는 점이 아닌 것은?

① 지적도근점   ② 위성기준점
③ 지적삼각점   ④ 지적삼각보조점

해설 지적삼각보조점측량 시 기초가 되는 점은 위성기준점, 통합기준점, 삼각점, 지적삼각점, 지적삼각보조점

Answer   4. ③   5. ①   6. ④   7. ①

08. 지적도의 축척이 1 : 600인 지역에서 0.7m²인 필지의 지적공부 등록면적은?

① 0m²　　② 0.5m²　　③ 0.7m²　　④ 1m²

해설 공간정보의 구축 및 관리 등에 관한 법률 시행령 제60조(면적의 결정 및 측량계산의 끝수처리)
1. 토지의 면적에 1제곱미터 미만의 끝수가 있는 경우 0.5제곱미터 미만일 때에는 버리고 0.5제곱미터를 초과하는 때에는 올림
2. 0.5제곱미터일 때에는 구하려는 끝자리의 숫자가 0 또는 짝수이면 버리고 홀수이면 올림
3. 다만, 1필지의 면적이 1제곱미터 미만일 때에는 1제곱미터로 함
4. 지적도의 축척이 600분의 1인 지역과 경계점좌표등록부에 등록하는 지역의 토지 면적은 제곱미터 이하 한 자리 단위로 함
5. 다만, 0.1제곱미터 미만의 끝수가 있는 경우 0.05제곱미터 미만일 때에는 버리고 0.05제곱미터를 초과할 때에는 올림
6. 0.05제곱미터일 때에는 구하려는 끝자리의 숫자가 0 또는 짝수이면 버리고 홀수이면 올림
7. 다만, 1필지의 면적이 0.1제곱미터 미만일 때에는 0.1제곱미터로 함

09. 지적도 일람도에서 지방도로 이상을 나타내는 선은?

① 검은색 0.1mm　　② 남색 0.1mm　　③ 검은색 0.2mm　　④ 붉은색 0.2mm

해설 지적업무 처리규정 제38조(일람도의 제도)
지방도로 이상은 검은색 0.2밀리미터 폭의 2선으로, 그 밖의 도로는 0.1밀리미터의 폭으로 제도

10. 배각법에 의한 지적도근점측량 결과, 출발방위각이 47°32′52″, 변의 수가 11, 도착방위각이 251°24′20″, 관측값의 합이 2003°50′40″일 때 측각오차는?

① 38초　　② -38초　　③ 48초　　④ -48초

해설
- $T_1 = 47°32′52″$ (출발방위각)
- $\sum \alpha = 2003°50′40″$ (측정한 내각의 합계)
- $180(n-1) = -1800°00′00″$ (n=변의 수)
- $T_2′ = 251°23′32″$ (산출한 폐색방위각)
- $-T_2 = 251°24′20″$ (도착방위각)
- -48초

∴ 측각오차 = -48초

11. 경위의측량방법에 따른 지적삼각점의 관측에서 수평각의 측각공차 중 기지각과의 차에 대한 기준은?

① ±30초 이내　　② ±40초 이내
③ ±50초 이내　　④ ±60초 이내

해설 지적측량 시행규칙 제11조(지적삼각보조점의 관측 및 계산)

종별	1방향각	1측회의 폐색	삼각형 내각관측의 합과 180도와의 차	기지각과의 차
공차	30초 이내	±30초 이내	±30초 이내	±40초 이내

12. 축척 1 : 500인 지역에서 측판측량을 교회법으로 실시할 때 방향선의 지상거리는 최대 얼마 이하로 하여야 하는가?
① 25m
② 50m
③ 75m
④ 100m

해설 지적법 시행규칙 제18조(세부측량의 기준 및 방법 등)
측판측량을 교회법으로 실시할 때 방향선의 도상길이는 10센티미터 이하로 한다.
축척 1/600지역의 지상거리로 환산하면 다음과 같다.
(이때, 단위에 주의할 것. 보기가 전부 m단위이므로 10센티미터를 미터로 환산해서 계산한다.)
☞ 지상거리=도상거리×축척분모
　　　　　=0.1m×500=50m

13. 기지점 A를 측점으로 하고 전방교회법의 요령으로 다른 기지에 의하여 측판을 표정하는 측량방법은?
① 방향선법
② 원호교회법
③ 측방교회법
④ 후방교회법

해설 측방교회법
기지점에 측판을 세울 수 없는 경우에 적합한 방식으로서 2개 이상의 기지점을 사용하여 기지점에 측판을 세워 미지점을 관측한 후 직접 미지점에 측판을 세워 관측함으로써 미지점의 위치를 구한다.

14. 지적측량 시행규칙에 따른 지적측량의 구분으로 옳은 것은?
① 삼각측량과 세부측량
② 경위의측량과 평판측량
③ 삼각측량과 도근측량
④ 기초측량과 세부측량

해설 지적측량 시행규칙 제5조(지적측량의 구분 등)
지적측량은 지적기준점을 정하기 위한 기초측량과 일필지의 경계와 면적을 정하는 세부측량으로 구분함
• 기초측량은 일필지측량을 하기 위해 기준점을 설치하고 관측하는 측량이며 지적삼각점측량, 지적삼각보조점측량, 지적도근점측량이 있음
• 세부측량은 기초측량에 의해 설치된 기준점, 또는 경계점을 기초로 하여 일필지 측량을 하는 측량방법이며 경위의측량, 측판측량이 있음

15. 광파기 측량방법과 다각망도선법에 의한 지적삼각보조점의 관측에 있어 도선별 평균방위각과 관측방위각의 폐색오차 한계는?(단, n은 폐색변을 포함한 변의 수를 말한다.)
① $\pm\sqrt{n}$ 초 이내
② $\pm 1.5\sqrt{n}$ 초 이내
③ $\pm 10\sqrt{n}$ 초 이내
④ $\pm 20\sqrt{n}$ 초 이내

해설 지적측량 시행규칙 제11조(지적삼각보조점의 관측 및 계산)
도선별 평균방위각과 관측방위각의 폐색오차(閉塞誤差)는 $\pm 10\sqrt{n}$ 초 이내

Answer　12. ②　13. ③　14. ④　15. ③

16. 경계점좌표등록부 시행지역에서 경계점의 지적측량성과와 검사성과의 연결교차 허용범위 기준으로 옳은 것은?

① 0.01m 이내
② 0.10m 이내
③ 0.15m 이내
④ 0.20m 이내

해설 지적측량 시행규칙 제27조(지적측량성과의 결정)

대 상		연결교차
지적삼각점		0.20미터
지적삼각보조점		0.25미터
지적도근점	경계점좌표등록부 시행지역	0.15미터
	그 밖의 지역	0.25미터
경계점	경계점좌표등록부 시행지역	0.10미터
	그 밖의 지역	10분의 3M밀리미터 (M은 축척분모)

17. 지적도근점의 도선 구분으로 옳은 것은?

① 1등도선은 가·나·다 순으로 표기하고, 2등도선은 ㄱ·ㄴ·ㄷ 순으로 표기한다.
② 1등도선은 가·나·다 순으로 표기하고, 2등도선은 (1)·(2)·(3) 순으로 표기한다.
③ 1등도선은 ㄱ·ㄴ·ㄷ 순으로 표기하고, 2등도선은 가·나·다 순으로 표기한다.
④ 1등도선은 (1)·(2)·(3) 순으로 표기하고, 2등도선은 가·나·다 순으로 표기한다.

해설 지적측량 시행규칙 제12조(지적도근점측량)
1등도선은 가·나·다 순으로 표기하고, 2등도선은 ㄱ·ㄴ·ㄷ 순으로 표기

18. 표고(H)가 5m인 두 지점 간 수평거리를 구하기 위해 평판측량용 조준의로 두 지점 간 경사도를 측정하여 경사분획 +6을 구했다면 이 두 지점 간 수평거리는?

① 62.5m
② 63.3m
③ 82.5m
④ 83.3m

해설 $D = \dfrac{100 \times h}{n}$

여기서, D : 수평거리, h : 표고, n : 경사분획

$D = \dfrac{100 \times 5}{6} = 83.3$ ∴ 83.3m

19. 평판측량방법으로 세부측량을 하는 경우 축척 1 : 1,200인 지역에서 도상에 영향을 미치지 않는 지상거리의 허용범위는?

① 5cm
② 12cm
③ 15cm
④ 20cm

해설 지적측량 시행규칙 제18조(세부측량의 기준 및 방법 등)
평판측량방법에 있어서 도상에 영향을 미치지 아니하는 지상거리의 축척별 허용범위는 $\frac{M}{10}$ 밀리미터로 한다. 이 경우 M은 축척분모를 말한다. 따라서 $\frac{M}{10}$ mm $= \frac{1,200}{10}$ mm $= 120$ mm ∴ 12cm

20. 다각망도선법으로 지적도근점측량을 실시하는 경우 옳지 않은 것은?
① 3점 이상의 기지점을 포함한 폐합다각방식에 의한다.
② 1도선의 점의 수는 20점 이하로 한다.
③ 경위의측량방법이나 전파기 또는 광파기측량방법에 의한다.
④ 1도선이란 기지점과 교점 간 또는 교점과 교점 간을 말한다.

해설 지적측량 시행규칙 제12조(지적도근점측량)
3점 이상의 기지점을 포함한 결합다각방식에 의한다.

02 응용측량

21. 교호수준측량을 통해 소거할 수 있는 오차로 옳은 것은?
① 레벨의 불완전 조정으로 인한 오차
② 표척의 이음매 불완전에 의한 오차
③ 관측자의 오독에 의한 오차
④ 표척의 기울기 오차

해설 교호수준측량은 강 또는 바다로 인하여 접근이 곤란한 두 점 간의 고저차를 직접 또는 간접수준측량에 의하여 구하는 측량방법으로 소거되는 오차는 기계적 오차(시준축 오차, 레벨의 불완전 조정에 의한 오차), 구차, 기차가 있다.

22. 도로에 사용하는 클로소이드(Clothoid) 곡선에 대한 설명으로 틀린 것은?
① 완화곡선의 일종이다.
② 일종의 유선형 곡선으로 종단곡선에 주로 사용된다.
③ 곡선길이에 반비례하여 곡률반지름이 감소한다.
④ 차가 일정한 속도로 달리고 그 앞바퀴의 회전속도를 일정하게 유지할 경우의 운동궤적과 같다.

해설 클로소이드 곡선은 곡률이 곡선장에 비례하는 곡선으로서 나선의 일종이다. 자동차가 일정속도로 달리고 그 앞바퀴의 회전속도를 일정하게 유지할 경우 그리는 운동궤적은 클로소이드가 되며 고속주행도로에 적합하다.

Answer 20. ① 21. ① 22. ②

23. 단일 노선의 폐합수준측량에서 생긴 오차가 허용오차 이하일 때, 폐합오차를 각 측점에 배부하는 방법으로 옳은 것은?

① 출발점에서 그 측점까지의 거리에 비례하여 배부한다.
② 각 측점 간의 관측거리의 제곱근에 반비례하여 배부한다.
③ 관측한 측점 수에 따라 등분배하여 배부한다.
④ 측점 간의 표고에 따라 비례하여 배부한다.

해설 폐합수준측량에서 허용오차 이하일 때 폐합오차를 배부하는 방법은 출발점에서 그 측점까지의 거리에 비례하여 배부한다.

24. 내부표정에 대한 설명으로 옳은 것은?

① 입체 모델을 지상 기준점을 이용하여 축척 및 경사 등을 조정하여 대상물의 좌표계와 일치시키는 작업이다.
② 독립적으로 이루어진 입체 모델을 인접모델과 경사와 축척 등을 일치시키는 작업이다.
③ 동일 대상을 촬영한 후 한 쌍의 좌우 사진 간에 촬영 시와 같게 투영관계를 맞추는 작업을 말한다.
④ 사진 좌표의 정확도를 향상시키기 위해 카메라의 렌즈와 센서에 대한 정확한 제원을 산출하는 과정이다.

해설 내부표정이란 도화기의 투영기에 촬영 당시와 똑같은 상태로 양화건판을 정착시키는 작업으로, 즉 화면거리 조정과 주점의 표정작업이며 카메라의 렌즈와 센서에 대한 정확한 제원을 산출하고 내용으로는 주점의 위치결정, 화면거리의 결정, 건판의 신축보정 등이 있다.

25. 삼각형 세 변의 길이가 $a=30m$, $b=15m$, $c=20m$일 때 이 삼각형의 면적은?

① $32.50m^2$
② $133.32m^2$
③ $325.00m^2$
④ $1,333.20m^2$

해설 헤론의 공식을 이용하면
$$s = \frac{a+b+c}{2} = \frac{30+15+20}{2} = 32.5$$
$$S = \sqrt{s(s-a)(s-b)(s-c)}$$
$$= \sqrt{32.5(32.5-30)(32.5-15)(32.5-20)} = 133.317m^2$$

26. 도로에서 경사가 5%일 때 높이차 2m에 대한 수평거리는?

① 20m
② 25m
③ 40m
④ 50m

해설 수평거리$(D) = \frac{2}{0.05} = 40m$

Answer 23. ① 24. ④ 25. ② 26. ③

27. 지형측량의 등고선에 대한 설명으로 틀린 것은?

① 주곡선은 기본이 되는 등고선으로 가는 실선으로 표시한다.
② 간곡선의 간격은 조곡선 간격의 1/2로 한다.
③ 조곡선은 주곡선과 간곡선 사이에 짧은 파선으로 표시한다.
④ 계곡선은 주곡선 5개마다 굵은 실선으로 표시한다.

해설 등고선의 종류에는 주곡선, 계곡선, 간곡선 및 조곡선의 네 가지가 있으며 주곡선은 지형을 표시하는 데 기본이 되는 곡선이다.
- 계곡선은 지모의 상태를 명시하고, 표고의 읽음을 쉽게 하기 위해서 주곡선 5개마다 1개를 굵게 표시한 곡선이다.
- 간곡선은 주곡선 간격의 1/2의 거리로 산정, 안부, 구배가 고르지 못한 완경사지, 그 외에 주곡선만으로서는 지모의 상태를 명시할 수 없는 장소에 파선으로 표시하는 곡선이다.
- 조곡선은 간곡선 간격의 1/2의 거리로 간곡선만으로는 충분히 표시할 수 없는 불규칙한 지형을 표시할 때 점선으로 표시된 곡선이다.

28. 수준측량의 용어에 대한 설명으로 틀린 것은?

① 전시는 기지점에 세운 표척의 눈금을 읽은 값이다.
② 기계고는 기준면으로부터 망원경의 시준선까지의 높이이다.
③ 기계고는 지반고와 후시의 합으로 구한다.
④ 중간점은 다른 점에 영향을 주지 않는다.

해설 전시는 표고를 알고자 하는 곳에 세운 표척의 읽음값

29. 완화곡선의 성질에 대한 설명으로 옳은 것은?

① 완화곡선 시점에서 곡선반지름은 무한대이다.
② 완화곡선의 접선은 시점에서 원호에 접한다.
③ 완화곡선 종점에서 곡선반지름은 0이 된다.
④ 완화곡선의 곡선반지름과 슬랙의 감소율은 같다.

해설 완화곡선의 성질
- 곡선반경은 완화곡선의 시점에서 무한대, 종점에서 원곡선 R로 된다.
- 완화곡선의 접선은 시점에서 직선에, 종점에서 원호에 접한다.
- 완화곡선에 연한 곡선반경의 감소율은 캔트의 증가율과 동률(다른 부호)로 된다.
- 종점에 있는 캔트는 원곡선의 캔트와 같게 된다.

Answer 27. ② 28. ① 29. ①

30. 항공사진의 입체시에서 나타나는 과고감에 대한 설명으로 옳지 않은 것은?

① 인공적인 입체시에서 과장되어 보이는 정도를 말한다.
② 사진 중심으로부터 멀어질수록 방사상으로 발생된다.
③ 평면축척에 비해 수직축척이 크게 되기 때문이다.
④ 기선 고도비가 커지면 과고감도 커진다.

해설 과고감은 지표면의 기복을 과장하여 나타낸 것으로 낮고 평탄한 지역의 판독에 도움이 되지만, 경사면은 실제보다 급하게 보이므로 오판에 주의하여야 하며 과고감은 인공입체시를 하는 경우 과장되어 보이는 정도로 기선 고도비에 비례한다. 과고감을 주는 요인은 다음과 같다.
- 기선의 변화
- 초점거리의 변화
- 촬영고도의 차
- 눈의 높이에 의한 차
- 눈을 옆으로 돌렸을 때의 변화

31. 그림과 같이 터널 내 수준측량을 하였을 경우 A점의 표고가 156.632m라면 B점의 표고는?

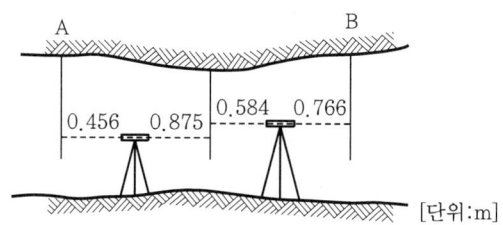

① 156.869m ② 157.233m ③ 157.781m ④ 158.401m

해설 두 점의 고저차는 후시의 합과 전시의 합의 차이고, 표척이 천장에 매달려 있으므로 (−)값으로 읽으면
Σ B.S$-\Sigma$ F.S$=(-0.456+(-0.584))-((-0.875)+(-0.766))=0.601$
∴ $H_A+0.601=157.233$m

32. 항공삼각측량에서 사진좌표를 기본단위로 공선조건식을 이용하는 방법은?

① 에어로 폴리곤법(Aeropolygon Triangulation)
② 스트립조정법(Strip Aerotriangulation)
③ 독립모형법(Independent Model Method)
④ 광속조정법(Bundle Adjustment)

해설 항공삼각측량방법에서 대상물의 좌표를 얻기 위한 조정법에는 기계법(입체도화기)과 해석법(정밀 좌표관측기)이 있다. 해석법에는 스트립 및 블록조정(Strip 및 Block Adjustment), 독립모델법(Independent Model), 광속법(Bundle Adjustment)이 있으며 사진좌표를 기본으로 공선조건식을 이용하는 해석법에는 광속조정법이 사용된다.

33. 축척 1:25,000 지형도에서 높이차가 120m인 두 점 사이의 거리가 2cm라면 경사각은?

① 13°29′45″   ② 13°53′12″   ③ 76°06′48″   ④ 76°30′15″

해설 먼저 수평거리를 구하면 실제거리=축척×도상거리=25,000 × 0.02=500m이므로 경사각 =$\tan^{-1}$(높이/수평거리)=$\tan^{-1}$(120/500)=13°29′44.64″

34. 원곡선에서 교각 I=40°, 반지름 R=150m, 곡선시점 B.C=No.32+4.0m일 때, 도로 기점으로부터 곡선종점 E.C까지의 거리는?(단, 중심말뚝 간격은 20m)

① 104.7m   ② 138.2m   ③ 744.7m   ④ 748.7m

해설 노선측량에서 곡선종점(E.C)까지의 거리는 곡선시점(B.C)+곡선길이(C.L)이고,
곡선시점(B.C)점의 길이는 No. 32+4.0m이므로 644m
다음으로 곡선길이(C.L)를 구하면
C.L=0.01745RI=0.01745×150×40°=104.7이므로 E.C=644+104.7=748.7m

35. 터널 내 기준점측량에서 기준점을 보통 천장에 설치하는 이유로 틀린 것은?

① 파손될 염려가 적기 때문에
② 발견하기 쉽게 하기 위하여
③ 터널시공의 조명으로 사용하기 위하여
④ 운반이나 기타 작업에 장애가 되지 않게 하기 위하여

해설 터널측량의 기준점 측량에서 기준점을 천장에 설치하는 이유는 파손될 우려가 적고 발견하기 쉬우며 운반이나 기타 작업에 방해가 적기 때문이다.

36. GNSS의 제어부분에 대한 설명으로 옳은 것은?

① 시스템을 구성하는 위성을 의미하며, 위성의 개발, 제조, 발사 등에 관한 업무를 담당한다.
② 결정된 위치를 활용한 다양한 소프트웨어의 개발 등의 응용분야를 의미한다.
③ 위성에 대한 궤도모니터링, 위성의 상태파악 및 각종 정보의 갱신 등의 업무를 담당한다.
④ 위성으로부터 수신된 신호로부터 수신기 위치를 결정하며, 이를 위한 다양한 장치를 포함한다.

해설 GPS 구성요소로는 우주부문, 제어부문, 사용자부문으로 구분되며 제어부문은 GPS 위성의 위치계산과 전체 GPS의 운용, 제어 및 위성의 작동상태를 감독하고 궤도와 시각결정을 위한 위성의 추적, 전리층 및 대류층의 주기적인 모형화와 위성시간의 동일화, 위성으로의 자료전송 등을 담당한다.

37. 여러 기종의 수신기로부터 얻어진 GNSS 측량자료를 후처리하기 위한 표준형식은?

① RTCM-SC   ② NMEA
③ RTCA   ④ RINEX

해설 GPS로 관측된 데이터에 대한 자료 처리 S/W는 장비사마다 다르므로 이를 호환하여 표준형식으로 사용이 가능하도록 한 것이 RINEX이다.

Answer 33. ① 34. ④ 35. ③ 36. ③ 37. ④

38. 태양광선이 서북쪽에서 비친다고 가정하고, 지표의 기복에 대해 명암으로 입체감을 주는 지형표시 방법은?

① 음영법　② 단채법　③ 점고법　④ 등고선법

해설 음영법은 빛의 방향을 일치시켜 입체감을 갖는 데 용이한 지형표시 방법으로 고저차가 크고 경사가 급한 곳에 주로 사용된다.

39. 촬영고도가 2,100m이고 인접 중복사진의 주점기선 길이는 70mm일 때 시차차 1.6mm인 건물의 높이는?

① 12m　② 24m　③ 48m　④ 72m

해설 $h = \dfrac{H}{b_0} \Delta p$ 에서

여기서, h : 건물의 높이, H : 비행고도, b_0 : 주점거리, Δp : 시차차

$h = \dfrac{2,100}{0.07} \times 0.0016 = 48\text{m}$

40. GNSS 측량에서 기준점측량(지적삼각점) 방식으로 옳은 것은?

① Stop & Go 측량방식
② Kinematic 측량방식
③ RTK 측량방식
④ Static 측량방식

해설 인공위성을 이용한 범세계 위치결정 시스템인 GPS측량방법 중의 하나인 Static 측량은 수신된 신호를 컴퓨터 처리에 의해 각 수신기의 위치 및 거리를 계산하는 후처리 위치결정방식이다.

<GPS 측량방법>

1. 절대관측방법(1점측위)
   ① 4개 이상의 위성으로부터 수신한 신호 중 C/A code를 이용하여 실시간 처리로 지구상 수신기의 위치를 결정하는 방법으로서 GPS의 가장 일반적·기초적 단계이다.
   ② 수 m~25m 정도의 낮은 정확도 때문에 선박, 자동차, 항공기 등의 항법에 이용된다.
2. 상대관측방법(간섭계측위)
   1대의 수신기는 기지점에, 다른 수신기는 미지점에 설치하여 2점 간에 도달하는 전파의 시간적 지연을 측정하여 2점 간의 거리를 정확히 구하여 미지점의 위치를 결정하는 방법이다.
   1) Static 측량
      ① 2개 이상의 수신기를 각 측점에 고정하고 동시에 4개 이상의 위성으로부터 신호를 30분 이상 수신하는 방식으로서 수신된 신호를 컴퓨터처리에 의해 각 수신기의 위치 및 거리를 계산하는 후처리 위치결정방식이다.
      ② 계산된 위치 및 거리 정확도가 수 mm 정도(1~0.01ppm)로 높으며 삼각점 등 기준점의 신설, 측지기준점측량, VLBI의 보완 또는 대체측량에 이용된다.
   2) Kinematic 측량
      ① 기지점 수신기를 고정국, 다른 수신기를 이동국으로 하여 이동국을 순차적으로 이동하면서 신호를 수 초~수 분 동안 수신하는 방식으로 관측자료를 후처리하여 위치를 결정하는 방식이다.
      ② 수 mm~수 cm 정확도로 이동차량의 위치결정, 지형측량, 각종 공사측량 등에 이용된다.

3) RTK(Real Time Kinematic) 측량
   실시간 이동측량은 기지점의 고정국과 미지점의 이동국 간의 위치관계를 라디오 모뎀 등을 이용하여 실시간으로 처리하는 체계이다.

03 토지정보체계론

41. 메타데이터의 특징으로 틀린 것은?
① 대용량의 데이터를 구축하는 시간과 비용을 절감할 수 있다.
② 공간정보 유통의 효용성을 제고한다.
③ 시간이 지남에 따라 데이터의 기본 체계를 변경하여 변화된 데이터를 실시간으로 사용자에게 제공한다.
④ 데이터의 공유화를 촉진시킨다.

해설 메타데이터는 작성한 실무자가 바뀌더라도 변함없는 데이터의 기본 체계를 유지하게 함으로써 시간이 지나도 사용자에게 일관성 있는 데이터의 제공이 가능하다.

42. 다음 중 토지정보시스템의 범주에 포함되지 않는 것은?
① 경영정책자료
② 시설물에 관한 자료
③ 지적 관련 법령자료
④ 토지측량자료

해설 토지정보
1) 토지에 관련된 모든 정보를 의미
2) 토지의 경계, 면적, 형태, 특성, 이용실태, 가격 등 토지의 물리적 특성정보와 등기, 과세정보 등 법률적 · 행정적 정보를 포함
3) 협의의 토지정보
   • 지적과 등기에 관한 정보
   • 소유권 확인, 토지평가의 기초, 토지과세 및 거래의 기준, 토지이용의 기초가 되는 자료
4) 광의의 토지정보
   • 토지중심의 환경정보, 기반시설정보, 지적정보를 포함
   • 법률, 행정, 경제, 지리, 기술 및 환경 등

43. 벡터데이터 모델과 래스터데이터 모델에 대한 설명으로 틀린 것은?
① 벡터데이터 모델 : 점과 선의 형태로 표현
② 래스터데이터 모델 : 지리적 위치를 X, Y좌표로 표현
③ 래스터데이터 모델 : 그리드 형태로 표현
④ 벡터데이터 모델 : 셀의 형태로 표현

해설 벡터데이터 모델 : 점 · 선 · 면의 형태로 표현

Answer   41. ③   42. ①   43. ④

44. 속성데이터와 공간데이터를 연결하여 통합 관리할 때의 장점이 아닌 것은?

① 데이터의 조회가 용이하다.
② 데이터의 오류를 자동 수정할 수 있다.
③ 공간적 상관관계가 있는 자료를 볼 수 있다.
④ 공간자료와 속성자료를 통합한 자료분석, 가공, 자료갱신이 편리하다.

해설 데이터의 통합적인 검색이 가능하지만 데이터의 오류를 자동 수정할 수는 없다.

45. 데이터 언어에 대한 설명으로 틀린 것은?

① 데이터 제어어(DCL)는 데이터를 보호하고 관리하는 목적으로 사용한다.
② 데이터 조작어(DML)에는 질의어가 있으며, 질의어는 절차적(Procedural) 데이터 언어이다.
③ 데이터 정의어(DDL)는 데이터베이스를 정의하거나 수정할 목적으로 사용한다.
④ 데이터 언어는 사용 목적에 따라 데이터 정의어, 데이터 조작어, 데이터 제어어로 나누어진다.

해설 데이터 조작어(DML ; Data Manipulation Language)
1) 사용자가 데이터베이스에 접근하여 데이터를 처리할 수 있는 데이터 언어
2) 데이터베이스에 저장된 자료를 검색, 삽입(insert), 삭제(delete), 갱신(update)하기 위해 사용되는 언어

46. 다음의 지적도 종류 중에서 지형과의 부합도가 가장 높은 도면은?

① 개별지적도　　② 연속지적도　　③ 편집지적도　　④ 건물지적도

해설 편집지적도는 연속지적도와 수치지형도를 중첩시켜(좌표오차가 있기 때문) 수치지형도를 기준으로 연속지적도를 편집한 도면이다.(오차가 포함되어 있음)

47. 수치영상의 복잡도를 감소하거나 영상 매트릭스의 편차를 줄이는 데 사용하는 격자 기반의 일반화 과정은?

① 필터링
② 구조의 축소
③ 영상재배열
④ 모자이크 변환

해설 필터링 단계 : 격자데이터에 생긴 여러 형태의 잡음을 윈도(필터)를 이용해 제거하고, 연속적이지 않은 외곽선을 연속적으로 이어주는 영상처리의 과정

48. 지적도면전산화의 기대효과로 틀린 것은?

① 지적도면의 효율적 관리
② 토지 관련 정보의 인프라 구축
③ 신속하고 효율적인 대민서비스 제공
④ 지적도면 정보 유통을 통한 이윤 창출

해설 도면전산화
1) 국가지리정보에 기본정보로 관련된 기관이 공동으로 활용할 수 있는 기반을 조성
2) 지적도면의 신축으로 원형보관, 관리의 어려움을 해소
3) 정확한 지적측량의 자료로 활용하고 토지대장과 지적도면을 통합한 대민서비스의 질적 향상 도모

Answer　44. ②　45. ②　46. ③　47. ①　48. ④

49. 한국토지정보시스템(KLIS)에서 지적공부관리시스템의 구성 메뉴에 해당되지 않는 것은?
① 특수업무 관리부　　　② 측량업무 관리부
③ 지적기준점 관리　　　④ 토지민원 발급

해설 KLIS 구성
1) 지적공부관리 시스템
2) 지적측량성과작성 시스템
3) Data Base 변환 시스템
4) 연속/편집도관리 시스템
5) 토지민원발급 시스템
6) 도로명 및 건물번호관리 시스템
7) 토지행정지원시스템
8) 민원발급관리 시스템
9) 토지민원발급 시스템
10) 용도지역지구관리 시스템
11) 도시정보계획검색 시스템

50. 다음 중 벡터구조의 요소인 선(line)에 대한 설명으로 틀린 것은?
① 지도상에 표현되는 1차원적 요소이다.
② 길이와 방향을 가지고 있다.
③ 일반적으로 면적을 가지고 있다.
④ 노드에서 시작하여 노드에서 끝난다.

해설 면, 영역(Area, Polygon)
1) 영역은 선에 의해 폐합된 형태로서 범위를 갖는 2차원 공간객체이다.
2) 1차원인 선이 모여서 만들어진 닫힌 형태로 면적을 가지고 있다.

51. 도시정보체계(UIS ; Urban Information System)를 구축할 경우의 기대효과로 옳지 않은 것은?
① 도시행정 업무를 체계적으로 지원할 수 있다.
② 각종 도시계획을 효율적이고 과학적으로 수립 가능하다.
③ 효율적인 도시관리 및 행정서비스 향상의 정보 기반 구축으로 시설물을 입체적으로 관리할 수 있다.
④ 도시 내 건축물의 유지 보수를 위한 재원확보와 조세 징수를 위해 최적화된 시스템을 이용할 수 있게 한다.

해설 도시정보체계는 도시 현황 파악 및 도시 계획, 도시 정비, 도시 기반 시설의 관리를 효과적으로 수행할 수 있는 시스템이다.

Answer　49. ①　50. ③　51. ④

52. 다음 중 지적전산자료를 이용 또는 활용하고자 하는 자가 관계 중앙행정기관의 장에게 제출하여야 하는 심사 신청서에 포함시켜야 할 내용으로 틀린 것은?

① 자료의 공익성 여부
② 자료의 보관기관
③ 자료의 안전관리대책
④ 자료의 제공방식

해설 심사 신청서 포함사항
1) 자료의 이용 또는 활용 목적 및 근거
2) 자료의 범위 및 내용
3) 자료의 제공방식, 보관기관 및 안전관리대책 등

53. 데이터의 가공에 대한 설명으로 틀린 것은?

① 데이터의 가공에는 분리, 분할, 합병, 폴리곤 생성, 러버시팅(Rubber Sheeting), 투영법 및 좌표변환 등이 있다.
② 분할은 하나의 객체를 두 개 이상으로 나누는 것으로 객체의 분할 전과 후에 도형데이터와 링크된 속성 테이블의 구조는 그대로 유지할 수 있다.
③ 합병은 처음에 두 개로 만들어진 인접한 객체를 하나로 만드는 것으로 지적도의 도곽을 접합할 때에도 사용되며 합병될 두 객체와 링크된 속성테이블이 같아야 한다.
④ 러버시팅은 자료의 변형 없이 축척의 크기만 달라지고 모양은 유지하므로 경계복원에 영향을 미치지 않는다.

해설 러버시팅은 자료 변환 후 형태와 면적이 달라지므로 경계복원에 영향을 미친다.

54. 지적전산자료의 이용·활용에 대한 승인권자에 해당하지 않는 것은?

① 국토지리정보원장 ② 국토교통부장관 ③ 시·도지사 ④ 지적소관청

해설 지적공부에 관한 전산자료(지적전산자료)를 이용하거나 활용하려는 자는 국토교통부장관, 시·도지사 또는 지적소관청의 승인을 받아야 한다.
1) 전국 단위의 지적전산자료 : 국토교통부장관, 시·도지사 또는 지적소관청
2) 시·도 단위의 지적전산자료 : 시·도지사 또는 지적소관청
3) 시·군·구(자치구가 아닌 구를 포함한다) 단위의 지적전산자료 : 지적소관청

55. 디지타이징을 이용한 도형자료의 취득에 대한 설명으로 틀린 것은?

① 지적도면을 입력하는 방법을 사용할 때에는 보관과정에서 발생할 수 있는 불규칙한 신축 등으로 인한 오차를 제거하거나 축소할 수 있으므로 현장측량방법보다 정확도가 높다.
② 디지타이징의 효율성은 작업자의 숙련도에 따라 크게 좌우되며, 스캐닝과 비교하여 도면의 보관상태가 좋지 않은 경우에도 입력이 가능하다.
③ 디지타이징을 이용한 입력은 복사된 지적도를 디지타이징하여 벡터파일을 구축하는 것이다.
④ 디지타이징은 디지타이저라는 테이블에 컴퓨터와 연결된 커서를 이용하여 필요한 객체의 형태를 컴퓨터에 입력시키는 것으로, 해당 객체의 형태를 따라서 X, Y 좌푯값을 컴퓨터에 입력시키는 방법이다.

Answer 52. ① 53. ④ 54. ① 55. ①

해설 디지타이징은 도면의 보관상태가 좋지 않은 경우에도 입력이 가능하지만 현 상태 그대로만 입력이 가능하다.(불규칙한 신축 등으로 인한 오차를 제거하거나 축소할 수 없음)

56. 기존의 종이도면을 직접 벡터데이터로 입력할 수 있는 작업으로 헤드업 방법이라고도 한 것은?

① 스캐닝
② 디지타이징
③ Key-in
④ CAD 작업

해설 디지타이징 : 대상물의 형태에 따라 마우스를 계속적으로 움직여 좌표를 입력시키는 것으로 노동집약적인 작업

57. 다목적 지적의 3대 기본요소만으로 올바르게 묶어진 것은?

① 보조 중첩도, 기초점, 지적도
② 측지기준망, 기본도, 지적도
③ 대장, 도면, 수치
④ 지적도, 임야도, 기초점

해설 다목적 지적제도의 5대 구성요소
1) 측지기준망
2) 기본도
3) 지적중첩도
4) 필지식별자
5) 토지자료파일

58. 지적재조사사업의 필요성 및 목적이 아닌 것은?

① 토지의 경계복원능력을 향상시키기 위함이다.
② 지적불부합지 과다 문제를 해소하기 위함이다.
③ 지적관리 인력의 확충과 기구의 규모 확장을 위함이다.
④ 능률적인 지적관리체계의 개선을 위함이다.

해설 지적재조사사업은 국토의 효율적인 관리와 국민의 토지소유권 보호를 위해서 측량 및 정보처리 기술을 혁신하고, 지적불부합이 야기되는 현재의 지적제도를 전면 개선하기 위한 사업이다.

59. GIS, CAD 자료, 비디오, 영상 등의 다중매체와 같은 복잡한 자료 유형을 지원하는 데 적합한 데이터베이스 방식은?

① 네트워크 데이터베이스
② 계층형 데이터베이스
③ 관계형 데이터베이스
④ 객체지향형 데이터베이스

해설 객체지향형 데이터베이스
1) 관계형 데이터 모델의 단점을 보완한 데이터베이스
2) 모든 것을 클래스(Class) 및 객체(Object)로 표현한다.
3) 객체 클래스의 일반화, 그룹화, 집단화 등이 가능하고 복합객체를 생성할 수 있기 때문에 CAD/CAM, 다중매체정보시스템과 첨단 사용자 인터페이스 시스템 등의 분야에서 사용하기 적합하다.

Answer 56. ② 57. ② 58. ③ 59. ④

60. 연속적인 면의 단위를 나타내는 2차원 표현 요소로, 래스터데이터를 구성하는 가장 작은 단위는?
① 격자셀
② 선
③ 절점
④ 점

해설 규칙적인 공간 배열 속에서 표현되는 자료로 래스터 자료는 전체 면이 일정 크기인 격자의 집합으로 구성되어 있다.

04 지적학

61. 지목의 부호표시가 각각 '유'와 '장'인 것은?
① 유지, 공장용지
② 유원지, 공원지
③ 유지, 목장용지
④ 유원지, 공장용지

해설 지목의 표기방법
1. 대장 : 토지대장, 임야대장 및 경계점좌표등록부에는 지목의 전체 명칭을 등록한다.
2. 도면 : 지적도 및 임야도에는 지목을 뜻하는 부호를 기재한다.
   ① 두문자 표기 : 공장용지, 주차장, 하천, 유원지를 제외한 24개의 지목은 지목의 첫 번째 글자를 지목 부호로 표기
   ② 차문자 표기 : 공장용지(장), 주차장(차), 하천(천), 유원지(원)는 지목의 두 번째 글자를 표기

62. 소유권에 대한 설명으로 옳은 것은?
① 소유권은 물권이 아니다.
② 소유권은 제한 물권이다.
③ 소유권에는 존속기간이 있다.
④ 소유권은 소멸시효에 걸리지 않는다.

해설 소유권은 가장 기본적인 물권(物權)으로서 그 소유물을 사용·수익·처분할 수 있고, 소멸시효(消滅時效)가 없는 항구성을 가진 권리이다. 물건에 대한 전면적인 지배권을 가진 완전물권으로서 일정한 목적과 범위 내에서만 물건을 지배할 수 있는 지상권, 전세권, 질권, 저당권 등의 제한물권(制限物權)과 구별된다.

63. 지적정리 시 소유자의 신청에 의하지 않고 지적소관청이 직권으로 정리하는 사항은?
① 분할
② 신규등록
③ 지목변경
④ 행정구역 개편

해설 행정구역 개편에 따른 토지이동은 지적소관청이 직권으로 정리할 수 있다.

64. 오늘날 지적측량의 방법과 절차에 대하여 엄격한 법률적인 규제를 가하는 이유로 가장 옳은 것은?
① 기술적 변화 대처   ② 법률적인 효력 유지
③ 측량기술의 발전   ④ 토지등록정보 복원 유지

해설 지적측량의 성격
1. 기속측량 : 지적측량은 그 측량방법을 법률로서 정하고 법률로 정해진 규정에 따라 행하는 측량
2. 사법측량 : 지적측량은 토지에 대한 물권이 미치는 범위, 위치, 수량을 결정하고 보장하는 측량
3. 지적측량은 기술적 측면에서 경계복원의 능력을 가지며 공적장부인 지적공부에 의해서만 가능
4. 국가는 지적측량성과를 등록하여 영구적으로 계속적인 효력을 발생시킬 수 있어야 함

65. 우리나라에서 사용되는 지번부여방법이 아닌 것은?
① 기우식   ② 단지식
③ 사행식   ④ 순차식

해설 지번부여방법의 종류
1. 진행방향에 따른 분류 : 사행식, 기우식, 단지식
2. 부여단위에 따른 분류 : 지역단위법, 도엽단위, 단지단위법
3. 기번위치에 따른 분류 : 북동기번법, 북서기번법

66. 다음 중 토지조사사업 당시 확정된 소유자가 서로 다른 토지 간에 사정된 구획선을 무엇이라고 하였는가?
① 경계선   ② 강계선
③ 지역선   ④ 지계선

해설 1. 강계선 : 사정선으로서, 토지조사사업 당시 확정된 소유자가 다른 토지 간의 경계선이며 강계선의 상대는 소유자와 지목이 다르다는 원칙이 성립
2. 지역선 : 소유자가 같은 토지와의 구획선 또는 소유자를 알 수 없는 토지와의 구획선 및 토지조사사업의 시행지와 미시행지와의 지계선
3. 경계선 : 임야조사사업 시의 사정선

67. 다음 중 도곽선의 역할로 가장 거리가 먼 것은?
① 기초점 전개의 기준   ② 지적 원점 결정의 기준
③ 도면 신축량 측정의 기준   ④ 인접 도면과 접합의 기준

해설 도곽선의 역할
1. 인접 도면과의 접합 기준선
2. 도북방위선의 표시 기준
3. 지적측량기준점의 전개의 기준
4. 도면 신축량 측정의 기준선
5. 측량준비도와 실지의 부합 여부 확인 기준

Answer   64. ②   65. ④   66. ②   67. ②

68. 지적이론의 발생설 중 이론적 근거가 다른 것은?

① 나일로미터 ② 둠즈데이북
③ 장적문서 ④ 지세대장

해설 지적의 발생설
1. 과세설
   ① 의의 : 세금징수의 목적에서 지적이 출발했다는 이론
   ② 기록 : 수메르의 토지 관련 기록, 모세의 탈무드법에 규정된 토지세(title)
   ③ 근거 : 둠즈데이북, 장적문서
2. 치수설
   ① 의의 : 토목측량술 및 치수에서 비롯되었다는 이론
   ② 기록 : BC 5000~3000년경 나일강변의 이집트와 티그리스·유프라테스 하류지역의 메소포타미아 지방에서 제방·수로 등의 토목공사와 삼각법에 의한 토지측량법 실시
3. 지배설(통치설)
   ① 의의 : 통치적 수단에서 시작되었다는 이론
   ② 기록 : 이집트의 파라오, 그리스 미케네국왕의 국토 소유 및 활용, 일제 식민사에서 가장 먼저 실시된 토지조사사업
   ※ 나일로미터는 나일강의 수위를 재던 눈금으로 치수설의 근거라고 할 수 있다.

69. 2필지 이상의 토지를 합병하기 위한 조건이라고 볼 수 없는 것은?

① 지반이 연속되어 있어야 한다.
② 지목이 동일하여야 한다.
③ 축척이 달라야 한다.
④ 지번부여지역이 동일하여야 한다.

해설 합병 신청을 할 수 없는 토지
1. 합병하려는 토지의 지번부여지역, 지목 또는 소유자가 서로 다른 경우
2. 합병하려는 토지에 다음 각 호의 등기 외의 등기가 있는 경우
   ① 소유권·지상권·전세권 또는 임차권의 등기
   ② 승역지에 대한 지역권의 등기
   ③ 합병하려는 토지 전부에 대한 등기원인 및 그 연월일과 접수번호가 같은 저당권의 등기
3. 합병하려는 토지의 지적도 및 임야도의 축척이 서로 다른 경우
4. 합병하려는 각 필지의 지반이 연속되지 아니한 경우
5. 합병하려는 토지가 등기된 토지와 등기되지 아니한 토지인 경우
6. 합병하려는 각 필지의 지목은 같으나 일부 토지의 용도가 다르게 되어 분할대상 토지인 경우(다만, 합병 신청과 동시에 토지의 용도에 따라 분할 신청을 하는 경우는 제외)
7. 합병하려는 토지의 소유자별 공유지분이 다르거나 소유자의 주소가 서로 다른 경우
8. 합병하려는 토지가 구획정리, 경지정리 또는 축척변경을 시행하고 있는 지역의 토지와 그 지역 밖의 토지인 경우

70. 다음 중 지적공부에 등록하는 토지의 물리적 현황과 가장 거리가 먼 것은?
① 지번과 지목
② 등급과 소유자
③ 경계와 좌표
④ 토지소재와 면적

해설 토지의 물리적 현황 : 지적공부에 등록하는 토지의 소재, 지번(地番), 지목(地目), 면적, 경계 또는 좌표 등

71. 근대적인 지적제도의 토지대장이 처음 만들어진 시기는?
① 1910년대
② 1920년대
③ 1950년대
④ 1970년대

해설 근대적인 지적공부는 1910년부터 시작된 토지조사사업의 결과로 작성되었다.

72. 다음 중 토지조사사업 당시 불복신립 및 재결을 행하는 토지소유권의 확정에 관한 최고의 심의기관은?
① 도지사
② 임시토지조사국장
③ 고등토지조사위원회
④ 임야조사위원회

해설 고등토지조사위원회는 토지의 사정에 대한 불복이 있는 경우 60일 이내에 불복신립을 하거나, 사정의 확정 후 일정한 요건의 경우에 재심을 청구할 수 있는데 이러한 불복신립 및 재결을 행하는 토지소유권 확정에 관한 최고의 심의기관이었다.

73. 경계점좌표등록부에 등록되는 좌표는?
① UTM 좌표
② 경위도 좌표
③ 구면직각 좌표
④ 평면직각 좌표

해설 지적측량의 원점은 직각좌표계원점(일반원점), 구소삼각원점, 특별소삼각원점으로 분류하며, 경계점좌표등록부에 등록하는 토지의 경계등록방법으로 평면직각 좌표를 등록한다.

74. 다음 중 지적의 기능으로 옳지 않은 것은?
① 지리적 요소의 결정
② 토지감정평가의 기초
③ 도시 및 국토계획의 원천
④ 토지기록의 법적 효력과 공시

해설 지적의 기능과 역할
1. 지적의 실제적 기능
① 토지에 대한 기록의 법적인 효력 및 공시
② 국토 및 도시계획의 자료
③ 토지관리의 자료
④ 토지유통의 자료
⑤ 토지에 대한 평가기준
⑥ 지방행정의 자료

Answer 70. ② 71. ① 72. ③ 73. ④ 74. ①

2. 지적의 역할
    ① 토지등기의 기초
    ② 토지평가의 기준
    ③ 토지과세의 기준
    ④ 토지거래의 기준
    ⑤ 토지이용계획의 기초
    ⑥ 주소표기의 기준

75. 다음 중 토지조사사업 당시 토지대장 정리를 위한 조사자료에 해당하는 것은?
① 양안 및 지계
② 토지소유권증명
③ 토지 및 건물대장
④ 토지조사부 및 등급조사부

해설
- 토지조사부 : 토지조사사업 당시에 작성한 지적장부 중의 하나로서 토지에 대한 소유권의 사정원부로 사용되었고, 1911년 11월부터 작성하기 시작하여 토지조사사업이 완료되어 토지대장이 작성됨으로써 그 기능을 상실하였다.
- 등급조사부 : 등급조사부는 실지조사에서 지위등급을 조사하여 기록하는 장부로서 필지의 지가는 지위등급에 의하여 결정되었고, 지위등급은 토지의 수확고와 교통의 편리성 및 수요량을 고려하여 결정되었다.
- 실지조사부 : 실지조사부는 측량원도에 기초하고 토지신고서를 참고하여 작성하였으며 토지조사부 작성 시에 참고자료로 활용한 토지대장 작성의 기초자료로서 기재내용은 지번, 가지번, 지목, 사용세목, 등급, 면적, 주소, 씨명(성명), 적요란으로 구분되었다.

76. 조선시대의 양전법에 따른 전의 형태에서 직각삼각형 형태의 전의 명칭은?
① 방전(方田)
② 제전(梯田)
③ 구고전(句股田)
④ 요고전(腰鼓田)

해설 조선시대 전의 형태
1. 방전(方田) : 정사각형의 토지로 장과 광을 측량
2. 직전(直田) : 직사각형의 토지로 장과 평을 측량
3. 구고전(句股田) : 직삼각형의 토지로 구와 고를 측량
4. 규전(圭田) : 이등변삼각형의 토지로 장과 광을 측량
5. 제전(梯田) : 사다리꼴의 토지로 장과 동활, 서활을 측량

Answer 75. ④ 76. ③

77. 토지를 등록하는 기술적 행위에 따라 발생하는 효력과 가장 관계가 먼 것은?

① 공정력
② 구속력
③ 추정력
④ 확정력

해설) 토지등록의 효력
1. 행정처분의 구속력 : 토지등록의 행정처분이 유효하는 한 정당한 절차 없이 그 존재를 부정하거나 효력을 기피할 수 없다.
2. 토지등록의 공정력 : 등록에 하자가 있더라도 절대무효인 경우를 제외하고는 소관청, 감독청, 법원 등에 의하여 쟁송 또는 직권취소될 때까지 그 행위는 적법 추정을 받는다.
3. 토지등록의 확정력 : 일단 유효한 등록사항은 일정기간 경과 후에는 그 상대방이나 이해관계인뿐만 아니라 소관청 자신까지도 특별한 사유가 없는 한 그 효력을 다툴 수 없다.
4. 토지등록의 강제력 : 지적측량이나 토지등록사항에 대하여 사법부에 의존하지 않고도 행정청의 자력으로 집행할 수 있는 효력

78. 토지조사사업에서 조사한 내용이 아닌 것은?

① 토지의 가격
② 토지의 지질
③ 토지의 소유권
④ 토지의 외모(外貌)

해설) 토지조사사업의 내용
1. 지적제도와 부동산등기제도의 확립을 위한 토지소유권 조사
2. 지세제도의 확립을 위한 토지의 가격조사
3. 국토의 지리를 밝히는 토지의 외모조사

79. 지적도 작성방법 중 지적도면 자료나 영상자료를 래스터(Raster) 방식으로 입력하여 수치화하는 장비로 옳은 것은?

① 스캐너
② 디지타이저
③ 자동복사기
④ 키보드

해설) 지적도의 작성 및 재작성 방법
1. 디지타이저(Digitizer, 좌표독취기)에 의한 방법 : 지적도면이나 영상을 벡터(Vector) 방식으로 2차원 평면좌표로 측정한 데이터를 수치로 변환하는 방법
2. 스캐너(Scanner)에 의한 방법 : 지적도면 자료나 영상자료를 래스터(Raster) 방식으로 입력하여 수치화하는 방법

80. 토지표시사항의 결정에 있어서 실질적 심사를 원칙으로 하는 가장 중요한 이유는?

① 소유자의 이해
② 결정사항에 대한 이의예방
③ 거래안전의 국가적 책무
④ 조세형평 유지

해설) 지적의 기본이념
1. 기본이념의 개념 : 지적제도는 국가의 통치권이 미치는 모든 영토를 필지별로 구획해 각 필지별 토지소재, 지번, 지목, 경계, 면적 등 물리적 현황과 소유권 등 법적 권리관계를 등록 공시하기 위한 제도

2. 기본이념의 종류
   ① 지적국정주의 : 지적공부의 등록사항은 국가만이 이를 결정할 수 있다는 이념
   ② 지적형식주의 : 등록사항은 지적공부에 등록·공시하여야만 효력이 인정되는 이념
   ③ 지적공개주의 : 지적공부의 등록사항은 소유자, 이해관계인 등에게 공개하여 이용하게 함
   ④ 실질적 심사주의(사실심사) : 등록이나 변경등록은 절차상의 적법성뿐만 아니라 사실관계의 부합 여부를 심사한다는 이념
   ⑤ 직권등록주의(강제등록주의) : 모든 필지는 강제적으로 등록·공시하여야 함
3. 실질적 심사주의(實質的 審査主義)
   ① 실질적 심사주의는 지적공부에 새로이 등록하는 사항이나 이미 등록된 사항의 변경 등록은 국가기관의 장인 시장·군수·구청장이 지적관계법령에 의한 절차상의 적법성뿐만 아니라 실체법상 사실관계의 부합 여부를 조사하여 지적공부에 등록하여야 한다는 이념으로서 사실심사주의라고도 함
   ② 따라서 지적측량수행자가 실시한 측량성과는 반드시 소관청이 측량검사를 실시해야 하며 지목변경, 합병 등 토지이동 신청이 있는 경우에는 현지 출장하여 토지확인조사를 실시하고 사실관계와 부합 여부를 확인한 후 지적공부를 정리해야 함
   ※ 지적제도는 토지의 물리적 현황과 법적 권리관계를 등록 공시하는 국가의 업무로서 등록의 정확성과 통일성을 확보하기 위하여 실질적 심사주의를 채택하고 있음

05 지적관계법규

81. 다음 중 지적공부에 등록한 토지를 말소시키는 경우는?
① 토지의 형질을 변경하였을 때
② 화재로 인하여 건물이 소실된 때
③ 수해로 인하여 토지가 유실되었을 때
④ 토지가 바다로 된 경우로서 원상으로 회복될 수 없을 때

해설 바다로 된 토지의 등록말소
① 말소 신청 : 지적소관청은 지적공부에 등록된 토지가 지형의 변화 등으로 바다로 된 경우로서 원상(原狀)으로 회복될 수 없거나 다른 지목의 토지로 될 가능성이 없는 경우에는 지적공부에 등록된 토지소유자에게 지적공부의 등록말소 신청을 하도록 통지
② 회복등록 : 말소한 토지가 지형의 변화 등으로 다시 토지가 된 경우
③ 신청대상자 : 토지소유자 또는 지적소관청
④ 정리시기 : 토지소유자가 통지를 받은 날부터 90일 이내에 등록말소 신청
⑤ 등록사항 말소 및 회복등록 정리결과 통지 : 지적소관청이 토지소유자 및 해당 공유수면의 관리청에 통지

82. 평판측량방법 또는 전자평판측량방법으로 세부측량 시 측량준비파일에 작성하여야 하는 측량기하적 사항으로 옳지 않은 것은?

① 평판점·측정점 및 방위표정에 사용한 기지점 등에는 방향선을 긋고 실측한 거리를 기재한다.
② 평판점 및 측정점은 측량자는 직경 1.5mm 이상 3mm 이하의 원으로 표시한다.
③ 평판점의 결정 및 방위표정에 사용한 기지점은 측량자는 1변의 길이가 2mm와 3mm의 2중 삼각형으로 표시한다.
④ 측량대상토지에 지상구조물 등이 있는 경우와 새로이 설정하는 경계에 지상건물 등이 걸리는 경우에는 그 위치현황을 표시하여야 한다.

해설 측량기하적 작성방법
① 평판점·측정점 및 방위표정에 사용한 기지점 등에는 방향선을 긋고 실측한 거리를 기재한다. 이 경우 측정점의 방향선 길이는 측정점을 중심으로 약 1센티미터로 표시한다. 다만, 전자측량시스템에 따라 작성할 경우 필지선이 복잡한 때는 방향선과 측정거리를 생략할 수 있다.
② 평판점 및 측정점은 측량자는 직경 1.5밀리미터 이상 3밀리미터 이하의 원으로 표시하고, 검사자는 1변의 길이가 2밀리미터 이상 4밀리미터 이하의 삼각형으로 표시한다. 이 경우 평판점 옆에 평판이동 순서에 따라 $不_1$, $不_2$ … 으로 표시한다.
③ 평판점의 결정 및 방위표정에 사용한 기지점은 측량자는 직경 1밀리미터와 2밀리미터의 2중원으로 표시하고, 검사자는 1변의 길이가 2밀리미터와 3밀리미터의 2중 삼각형으로 표시한다.
④ 평판점과 기지점 사이의 도상거리와 실측거리를 방향선상에 다음과 같이 기재한다.

(측량자)	(검사자)
(도상거리) / 실측거리	△(도상거리) / △실측거리

⑤ 측량대상토지에 지상구조물 등이 있는 경우와 새로이 설정하는 경계에 지상건물 등이 걸리는 경우에는 그 위치현황을 표시하여야 한다.

83. 지목을 등록할 때 유원지로 설정하는 지목은?

① 경마장
② 남한산성
③ 장충체육관
④ 올림픽 컨트리클럽

해설 1. 유원지
① 일반 공중의 위락·휴양 등에 적합한 시설물을 종합적으로 갖춘 수영장·유선장·낚시터·어린이놀이터·동물원·식물원·민속촌·경마장 등의 토지와 이에 접속된 부속시설물의 부지
② 이들 시설과의 거리 등으로 보아 독립적인 것으로 인정되는 숙식시설 및 유기장의 부지와 하천·구거 또는 유지 분류되는 것은 제외
2. 사적지
① 문화재로 지정된 역사적인 유적·고적·기념물 등을 보존하기 위하여 구획된 토지
② 학교용지·공원·종교용지 등 다른 지목으로 된 토지에 있는 유적·고적·기념물 등을 보호하기 위하여 구획된 토지는 제외
3. 체육용지
① 국민의 건강증진 등을 위한 체육활동에 적합한 시설과 형태를 갖춘 종합운동장·실내체육관·야구장·골프장·스키장·승마장·경륜장 등 체육시설의 토지와 이에 접속된 부속시설물의 부지

Answer 82. ③ 83. ①

② 체육시설로서의 영속성과 독립성이 미흡한 정구장·골프연습장·실내수영장 및 체육도장, 유수를 이용한 요트장 및 카누장, 산림 안의 야영장 등의 토지는 제외
※ 남한산성의 지목은 사적지이고, 장충체육관, 올림픽 컨트리클럽(골프장)의 지목은 체육용지이다.

84. 아래는 지적재조사에 관한 특별법에 따른 기본계획의 수립에 관한 내용이다. ( ) 안에 들어갈 일자로 옳은 것은?

> 지적소관청은 기본계획안을 송부받은 날부터 (㉠) 이내에 시·도지사에게 의견을 제출하여야 하며, 시·도지사는 기본계획안을 송부받은 날부터 (㉡) 이내에 지적소관청의 의견에 자신의 의견을 첨부하여 국토교통부장관에게 제출하여야 한다. 이 경우 기간 내에 의견을 제출하지 아니하면 의견이 없는 것으로 본다.

① ㉠ 10일 ㉡ 20일
② ㉠ 20일 ㉡ 30일
③ ㉠ 30일 ㉡ 40일
④ ㉠ 40일 ㉡ 50일

해설 지적재조사 기본계획 수립
1. 기본계획의 수립권자 : 국토교통부장관
2. 기본계획의 내용
   ① 지적재조사사업에 관한 기본방향
   ② 지적재조사사업의 시행기간 및 규모
   ③ 지적재조사사업비의 연도별 집행계획
   ④ 지적재조사사업비의 특별시·광역시·도·특별자치도·특별자치시 및 「지방자치법」 제175조에 따른 인구 50만 이상 대도시별 배분 계획
   ⑤ 지적재조사사업에 필요한 인력의 확보에 관한 계획
   ⑥ 그 밖에 지적재조사사업의 효율적 시행을 위하여 필요한 사항으로서 대통령령으로 정하는 사항
3. 기본계획의 수립절차
   ① 국토교통부장관은 기본계획을 수립할 때에는 미리 공청회를 개최하여 관계 전문가 등의 의견을 들어 기본계획안을 작성하고, 특별시장·광역시장·도지사·특별자치도지사·특별자치시장 및 「지방자치법」 제175조에 따른 인구 50만 이상 대도시의 시장에게 그 안을 송부하여 의견을 들은 후 제28조에 따른 중앙지적재조사위원회의 심의를 거쳐야 한다.
   ② 시·도지사는 제2항에 따라 기본계획안을 송부받았을 때에는 이를 지체 없이 지적소관청에 송부하여 그 의견을 들어야 한다.
   ③ 지적소관청은 제3항에 따라 기본계획안을 송부받은 날부터 20일 이내에 시·도지사에게 의견을 제출하여야 하며, 시·도지사는 제2항에 따라 기본계획안을 송부받은 날부터 30일 이내에 지적소관청의 의견에 자신의 의견을 첨부하여 국토교통부장관에게 제출하여야 한다. 이 경우 기간 내에 의견을 제출하지 아니하면 의견이 없는 것으로 본다.
   ④ 국토교통부장관은 기본계획을 수립하거나 변경하였을 때에는 이를 관보에 고시하고 시·도지사에게 통지하여야 하며, 시·도지사는 이를 지체 없이 지적소관청에 통지하여야 한다.
   ⑤ 국토교통부장관은 기본계획이 수립된 날부터 5년이 지나면 그 타당성을 다시 검토하고 필요하면 이를 변경하여야 한다.

Answer 84. ②

85. 지적업무 처리규정상 전자평판측량을 이용한 지적측량결과도의 작성방법이 아닌 것은?

① 관측한 측정점의 왼쪽 상단에는 측정거리를 표시하여야 한다.
② 측정점의 표시는 측량자의 경우 붉은색 짧은 십자선(+)으로 표시한다.
③ 측량성과파일에는 측량성과 결정에 관한 모든 사항이 수록되어 있어야 한다.
④ 이미 작성되어 있는 지적측량파일을 이용하여 측량할 경우에는 기존 측량파일 코드의 내용·규격·도식은 파란색으로 표시한다.

해설 전자평판측량을 이용한 지적측량결과도의 작성방법
1. 관측한 측정점의 오른쪽 상단에는 측정거리를 표시하여야 한다. 다만, 소축척 등으로 식별이 불가능한 때에는 방향선과 측정거리를 생략할 수 있다.
2. 측정점의 표시는 측량자의 경우 붉은색 짧은 십자선(+)으로 표시하고, 검사자는 삼각형(△)으로 표시하며, 각 측정점은 붉은색 점선으로 연결한다.
3. 지적측량결과도 상단 중앙에 "전자평판측량"이라 표기하고, 상단 오른쪽에 측량성과파일명을 표기하여야 하며, 측량성과파일에는 측량성과 결정에 관한 모든 사항이 수록되어 있어야 한다.
4. 측량결과의 파일형식은 표준화된 공통포맷을 지원할 수 있어야 한다.
5. 이미 작성되어 있는 지적측량파일을 이용하여 측량할 경우에는 기존 측량파일 코드의 내용·규격·도식은 파란색으로 표시한다.

86. 새로 조성된 토지와 지적공부에 등록되어 있지 아니한 토지를 지적공부에 등록하는 것은?

① 등록전환
② 지목변경
③ 신규등록
④ 축척변경

해설
1. 등록전환 : 임야대장 및 임야도에 등록된 토지를 토지대장 및 지적도에 옮겨 등록하는 것
2. 지목변경 : 지적공부에 등록된 지목을 다른 지목으로 바꾸어 등록하는 것
3. 신규등록 : 새로 조성된 토지와 지적공부에 등록되어 있지 아니한 토지를 지적공부에 등록하는 것
4. 축척변경 : 지적도에 등록된 경계점의 정밀도를 높이기 위하여 작은 축척을 큰 축척으로 변경하여 등록하는 것

87. 축척변경 시 확정공고에 대한 설명으로 옳지 않은 것은?

① 지적공부인 토지대장에 등록하는 때에는 확정공고된 청산금조서에 의한다.
② 확정공고일에 토지의 이동이 있는 것으로 본다.
③ 청산금의 지급이 완료된 때에는 확정공고를 하여야 한다.
④ 확정공고를 하였을 때에는 확정된 사항을 지적공부에 등록한다.

해설 축척변경 확정공고
1. 청산금의 납부 및 지급이 완료되었을 때에는 지적소관청은 지체 없이 다음의 사항을 포함하여 축척변경의 확정공고를 하여야 한다.
   ① 토지의 소재 및 지역명
   ② 축척변경 지번별조서
   ③ 청산금 조서
   ④ 지적도의 축척

Answer 85. ① 86. ③ 87. ①

2. 지적소관청은 확정공고를 하였을 때에는 지체 없이 축척변경에 따라 확정된 사항을 다음의 기준에 따라 지적공부에 등록하여야 한다.
   ① 토지대장은 확정공고된 축척변경 지번별 조서에 따를 것
   ② 지적도는 확정측량 결과도 또는 경계점좌표에 따를 것
3. 축척변경 시행지역의 토지는 확정공고일에 토지의 이동이 있는 것으로 본다.

88. 공간정보의 구축 및 관리 등에 관한 법률상 지적측량을 실시하여야 하는 경우로 옳지 않은 것은?

① 지적측량성과를 검사하는 경우
② 지형등고선의 위치를 측정하는 경우
③ 경계점을 지상에 복원하는 경우
④ 지적기준점을 정하는 경우

해설 지적측량을 실시하여야 하는 경우
① 지적기준점을 정하는 경우
② 지적측량성과를 검사하는 경우
③ 지적공부를 복구하는 경우
④ 등록전환하는 경우
⑤ 토지를 분할하는 경우
⑥ 바다가 된 토지의 등록을 말소하는 경우
⑦ 축척을 변경하는 경우
⑧ 지적공부의 등록사항을 정정하는 경우
⑨ 도시개발사업 등의 시행지역에서 토지의 이동이 있는 경우
⑩ 경계점을 지상에 복원하는 경우

89. 다음 중 결번대장의 등재사항이 아닌 것은?

① 결번 사유   ② 결번 연월일
③ 결번 해지일   ④ 결번된 지번

해설 결번대장
① 의의 : 지번을 부여한 이후에 토지 합병 등의 사유로 인하여 지적공부에 등록되지 않은 지번이 발생하게 되는데 이를 결번이라고 함
② 결번사유 : 행정구역변경, 도시개발사업, 지번변경, 축척변경, 지번정정 등
③ 결번대장 : 결번 발생 시에는 지체 없이 그 사유를 결번 대장에 등록하여 영구히 보존
  • 결번대장 등록사항 : 동·리, 지번, 결번(연월일), 결번사유

Answer 88. ②   89. ③

90. 다음 중 지적측량업자의 업무 범위에 속하지 않는 것은?
① 지적측량성과 검사를 위한 지적측량
② 사업지구에서 실시하는 지적재조사측량
③ 경계점좌표등록부가 있는 지역에서의 지적측량
④ 도시개발사업 등이 끝남에 따라 하는 지적확정측량

해설 지적측량업자의 업무 범위
① 경계점좌표등록부가 있는 지역에서의 지적측량
② 지적재조사사업에 따라 실시하는 지적재조사측량
③ 도시개발사업 등이 끝남에 따라 하는 지적확정측량
④ 지적전산자료를 활용한 정보화사업

91. 지적측량수행자가 손해배상책임을 보장하기 위하여 보증보험에 가입하여 보증설정을 하여야 할 금액의 기준으로 옳은 것은?
① 지적측량업자 : 3천만 원 이상
② 지적측량업자 : 5천만 원 이상
③ 한국국토정보공사 : 20억 원 이상
④ 한국국토정보공사 : 10억 원 이상

해설 지적측량수행자가 가입하여 보증설정을 하여야 하는 보증보험 가입금액
① 지적측량업자 : 보장기간이 10년 이상이고 보증금액이 1억 원 이상인 보증보험
② 한국국토정보공사 : 보증금액이 20억 원 이상인 보증보험

92. 지목을 지적도면에 등록하는 부호의 연결이 옳은 것은?
① 공원 – 공   ② 하천 – 하
③ 유원지 – 유   ④ 주차장 – 주

해설 지목의 표기방법
① 지목을 지적도 및 임야도에 등록하는 때에는 두문자 또는 차문자로 표기한다.
② 하천, 유원지, 공장용지, 주차장은 차문자로 표기한다.(천, 원, 장, 차)

93. 지적측량의 적부심사를 청구할 수 없는 자는?
① 이해관계인   ② 지적소관청
③ 토지소유자   ④ 지적측량수행자

해설 지적측량적부심사
① 지적측량적부심사제도는 지적측량성과에 다툼이 있는 경우 권리구제의 수단으로 지적위원회에 그 해결을 청구하는 제도
② 청구인 : 토지소유자, 이해관계인 또는 지적측량수행자

Answer 90. ① 91. ③ 92. ① 93. ②

94. 지적업무 처리규정상 지적공부 관리방법이 아닌 것은?(단, 부동산종합공부시스템에 따른 방법을 제외한다.)

① 지적공부는 지적업무담당공무원 외에는 취급하지 못한다.
② 지적공부 사용을 완료한 때에는 간이보관상자를 비치한 경우에도 즉시 보관상자에 넣어야 한다.
③ 도면은 항상 보호대에 넣어 취급하되, 말거나 접지 못하며 직사광선을 받으면 아니 된다.
④ 지적공부를 지적서고 밖으로 반출하고자 할 때에는 훼손이 되지 않도록 보관·운반함 등을 사용한다.

해설 지적공부 관리방법
① 지적공부는 지적업무담당공무원 외에는 취급하지 못한다.
② 지적공부 사용을 완료한 때에는 즉시 보관 상자에 넣어야 한다. 다만, 간이보관 상자를 비치한 경우에는 그러하지 아니하다.
③ 지적공부를 지적서고 밖으로 반출하고자 할 때에는 훼손이 되지 않도록 보관·운반함 등을 사용한다.
④ 도면은 항상 보호대에 넣어 취급하되, 말거나 접지 못하며 직사광선을 받게 하거나 건습이 심한 장소에서 취급하지 못한다.

95. 다음 중 지적소관청이 토지의 표시 변경에 관한 등기를 할 필요가 있는 경우, 관할 등기관서에 그 등기를 촉탁하여야 하는 대상에 해당하지 않는 것은?

① 분할 ② 신규등록
③ 바다로 된 토지의 말소 ④ 행정구역 개편에 따른 지번변경

해설 등기촉탁의 대상
① 토지의 이동이 있는 경우(신규등록 제외)
② 지번을 변경한 때
③ 축척변경을 한 때
④ 바다로 된 토지의 등록말소
⑤ 행정구역 명칭변경
⑥ 등록사항의 오류를 지적소관청이 직권으로 조사, 측량하여 정정한 때

96. 축척변경 시행지역 안에서의 토지이동은 언제 있는 것으로 보는가?

① 촉탁등기 시 ② 청산금 교부 시
③ 축척변경 승인신청 시 ④ 축척변경 확정공고일

해설 축척변경 시행지역의 토지는 확정공고일에 토지의 이동이 있는 것으로 본다.

97. 지적측량업의 영업 정지 대상이 되는 위반행위가 아닌 것은?

① 고의 또는 과실로 측량을 부정확하게 한 경우
② 정당한 사유 없이 측량업의 등록을 한 날부터 계속하여 1년 이상 휴업한 경우
③ 지적측량업자가 법에서 규정한 업무 범위를 위반하여 지적측량을 한 경우
④ 거짓이나 그 밖의 부정한 방법으로 지적측량업의 등록을 한 경우

해설 지적측량업의 영업 정지 대상이 되는 위반행위

위반행위	행정처분기준		
	1차 위반	2차 위반	3차 위반
가. 고의로 측량을 부정확하게 한 경우	등록취소		
나. 과실로 측량을 부정확하게 한 경우	영업정지 4개월	등록취소	
다. 정당한 사유 없이 측량업의 등록을 한 날부터 1년 이내에 영업을 시작하지 아니하거나 계속하여 1년 이상 휴업한 경우	경고	영업정지 6개월	등록취소
라. 법 제44조 제4항을 위반해서 측량업 등록사항의 변경신고를 하지 아니한 경우	경고	영업정지 3개월	등록취소
마. 지적측량업자가 법 제45조의 업무범위를 위반하여 지적측량을 한 경우	영업정지 3개월	영업정지 6개월	등록취소
바. 지적측량업자가 법 제50조에 따른 성실의무를 위반한 경우	영업정지 1개월	영업정지 3개월	영업정지 6개월 또는 등록취소
사. 법 제51조를 위반해서 보험가입 등 필요한 조치를 하지 않은 경우	영업정지 2개월	영업정지 6개월	등록취소
아. 지적측량업자가 법 제106조 제2항에 따른 지적측량수수료를 같은 조 제3항에 따라 고시한 금액보다 과다 또는 과소하게 받은 경우	영업정지 3개월	영업정지 6개월	등록취소
자. 다른 행정기관이 관계 법령에 따라 영업정지를 요구한 경우	영업정지 3개월	영업정지 6개월	등록취소
차. 다른 행정기관이 관계 법령에 따라 등록취소를 요구한 경우	등록취소		

※ 거짓이나 그 밖의 부정한 방법으로 지적측량업의 등록을 한 경우 등록취소 대상이다.

98. 다음 중 계획을 통지받은 지적소관청이 지적재조사사업에 관한 실시계획 수립 시 포함해야 하는 사항이 아닌 것은?

① 사업지구의 위치 및 면적
② 지적재조사사업의 시행기간
③ 지적재조사사업비의 추산액
④ 지적재조사사업의 연도별 집행계획

해설 지적소관청이 지적재조사사업에 관한 실시계획 수립 시 포함되어야 할 내용
① 지적재조사사업의 시행자
② 사업지구의 명칭
③ 사업지구의 위치 및 면적
④ 지적재조사사업의 시행시기 및 기간
⑤ 지적재조사사업비의 추산액
⑥ 일필지조사에 관한 사항
⑦ 그 밖에 지적재조사사업의 시행을 위하여 필요한 사항으로서 대통령령으로 정하는 사항

99. 철도, 역사, 차고, 공작창이 집단으로 위치할 경우 그 지목은?

① 철도, 차고는 철도용지이고, 역사는 대지, 공작창은 공장 용지이다.
② 역사만 대지이고, 나머지는 철도용지이다.
③ 공작창만 공장용지이고, 나머지는 철도용지이다.
④ 모두 철도용지이다.

해설 철도용지
교통 운수를 위하여 일정한 궤도 등의 설비와 형태를 갖추어 이용되는 토지와 이에 접속된 역사·차고·발전시설 및 공작창 등 부속시설물의 부지

100. 공간정보의 구축 및 관리 등에 관한 법률에 따른 '토지의 표시'에 해당하지 않는 것은?

① 경계
② 지번
③ 소유자
④ 면적

해설 "토지의 표시"란 지적공부에 토지의 소재·지번·지목·면적·경계 또는 좌표를 등록한 것을 말한다.

Answer 98. ④ 99. ④ 100. ③

2017년 제3회 지적산업기사

01 지적측량

01. 지적확정측량을 시행할 때에 필지별 경계점 측정에 사용되지 않는 점은?
① 위성기준점
② 통합기준점
③ 지적삼각점
④ 지적도근보조점

해설 공간정보의 구축 및 관리 등에 관한 법률 시행령 제8조(측량기준점의 구분)
지적도근보조점은 지적측량 관련 기준점에 해당하지 않는다.

02. 지적도근점측량에서 지적도근점을 구성하여야 하는 도선으로 옳지 않은 것은?
① 결합도선
② 폐합도선
③ 개방도선
④ 왕복도선

해설 지적측량 시행규칙 제12조(지적도근점측량)
지적도근점은 결합도선·폐합도선(廢合道線)·왕복도선 및 다각망도선으로 구성된다.

03. 지적도의 제도에 관한 설명으로 옳지 않은 것은?
① 도곽선은 폭 0.1mm로 제도한다.
② 지번 및 지목은 2mm 이상 3mm 이하의 크기로 제도한다.
③ 지적도근점은 직경 3mm의 원으로 제도한다.
④ 도곽선 수치는 2mm 크기의 아라비아 숫자로 주기한다.

해설 지적업무 처리규정 제43조(지적측량기준점 등의 제도)

기준점 명칭	표시	내용
지적위성기준점	3mm 2mm ⊕	직경 2mm, 3mm의 2중 원 안에 십자선 표시

Answer 1. ④ 2. ③ 3. ③

지적삼각점	3mm 원에 십자	직경 3mm의 원으로 제도하고 원 안에 십자선 표시
지적삼각보조점	3mm 채색원	직경 3mm의 원으로 제도하고 원 안에 검은색으로 엷게 채색
지적도근점	2mm 원	직경 2mm의 원으로 제도

04. 경위의측량방법과 교회법에 따른 지적삼각보조점측량의 관측 및 계산 기준으로 옳은 것은?

① 1방향각의 공차는 50초 이내이다.
② 수평각 관측은 3배각 관측법에 따른다.
③ 2개의 삼각형으로부터 계산한 위치의 연결교차가 0.30m 이하일 때에는 그 평균치를 지적삼각보조점의 위치로 한다.
④ 관측은 30초독 이상의 경위의를 사용한다.

해설 지적측량 시행규칙 제11조(지적삼각보조점의 관측 및 계산)
1. 1방향각의 공차는 40초 이내이다.
2. 수평각 관측은 2대회(윤곽도는 0도, 90도로 한다)의 방향관측법에 따른다.
3. 2개의 삼각형으로부터 계산한 위치의 연결교차($\sqrt{종선교차^2 + 횡선교차^2}$ 을 말한다.)가 0.30미터 이하일 때에는 그 평균치를 지적삼각보조점의 위치로 한다.
4. 관측은 20초독 이상의 경위의를 사용한다.

05. 지상 경계를 결정하고자 할 때의 기준으로 옳지 않은 것은?

① 토지가 수면에 접하는 경우 : 최소만조위가 되는 선
② 연접되는 토지 간에 높낮이 차이가 있는 경우 : 그 구조물 등의 하단부
③ 도로·구거 등의 토지에 절토(切土)된 부분이 있는 경우 : 그 경사면의 상단부
④ 공유수면매립지의 토지 중 제방 등을 토지에 편입하여 등록하는 경우 : 바깥쪽 어깨부분

해설 공간정보의 구축 및 관리 등에 관한 법률 시행령 제55조(지상 경계의 결정기준 등)
1. 연접되는 토지 간에 높낮이 차이가 없는 경우 : 그 구조물 등의 중앙
2. 연접되는 토지 간에 높낮이 차이가 있는 경우 : 그 구조물 등의 하단부
3. 도로·구거 등의 토지에 절토(切土)된 부분이 있는 경우 : 그 경사면의 상단부
4. 토지가 해면 또는 수면에 접하는 경우 : 최대만조위 또는 최대만수위가 되는 선
5. 공유수면매립지의 토지 중 제방 등을 토지에 편입하여 등록하는 경우 : 바깥쪽 어깨부분

06. 평면 삼각형 ABC의 측각치 ∠A, ∠B, ∠C의 폐합오차는?(단, 폐합오차는 W로 표시한다.)
① W=180°−(∠B+∠C)
② W=∠A+∠B+∠C−180°
③ W=∠A+∠B+∠C−360°
④ W=360°−(∠A+∠B+∠C)

07. 광파기측량방법에 따른 지적삼각보조점의 점간거리를 5회 측정한 결과의 평균치가 2435.44m 일 때, 이 측정치의 최대치와 최소치의 교차가 최대 얼마 이하이어야 이 평균치를 측정거리로 할 수 있는가?
① 0.01m
② 0.02m
③ 0.04m
④ 0.06m

해설 점간거리는 5회 측정하여 그 측정치의 최대치와 최소치의 교차가 평균치의 10만분의 1 이하일 때에는 그 평균치를 측정거리로 하고, 원점에 투영된 평면거리에 따라 계산한다.

따라서 $\frac{2,435.44}{100,000} = 0.024$ ∴ 0.02m

08. 배각법에 의해 도근측량을 실시하여 종선차의 합이 −140.10m, 종선차의 기지값이 −140.30m, 횡선차의 합이 320.20, 횡선차의 기지값이 320.25m일 때 연결오차는?
① 0.21m
② 0.30m
③ 0.25m
④ 0.31m

해설 종선교차=−140.10−(−140.30)=0.2
횡선교차=320.20−320.25=−0.05
연결오차=$\sqrt{0.2^2+(-0.05)^2}=0.21m$

09. 평판측량방법에 따른 세부측량을 도선법으로 하는 경우, 도선의 변의 수 기준은?
① 10개 이하
② 20개 이하
③ 30개 이하
④ 40개 이하

해설 지적측량 시행규칙 제18조(세부측량의 기준 및 방법 등)
평판측량방법에 따른 세부측량을 도선법으로 하는 경우는 다음과 같다.
1. 위성기준점, 통합기준점, 삼각점, 지적삼각점, 지적삼각보조점 및 지적도근점, 그 밖에 명확한 기지점 사이를 서로 연결한다.
2. 도선의 측선장은 도상길이 8센티미터 이하로 할 것. 다만, 광파조준의 또는 광파측거기를 사용할 때에는 30센티미터 이하로 할 수 있다.
3. 도선의 변은 20개 이하로 한다.

Answer 6. ② 7. ② 8. ① 9. ②

10. 다음 중 경위의측량방법에 따른 세부측량에서 토지의 경계가 곡선인 경우 직선으로 연결하는 곡선의 중앙종거의 길이 기준으로 옳은 것은?

① 1cm 이상 5cm 이하
② 3cm 이상 5cm 이하
③ 5cm 이상 7cm 이하
④ 5cm 이상 10cm 이하

해설 지적측량시행규칙 제18조(세부측량의 기준 및 방법 등)
직선으로 연결하는 곡선의 중앙종거(中央縱距) 길이는 5센티미터 이상 10센티미터 이하로 한다.

11. 우연오차에 대한 설명으로 옳지 않은 것은?

① 오차의 발생 원인이 명확하지 않다.
② 부정오차(Random Error)라고도 한다.
③ 확률에 근거하여 통계적으로 오차를 처리한다.
④ 같은 크기의 (+)오차는 (−)오차보다 자주 발생한다.

해설 부정오차(우연오차)
- 발생 원인이 불명확한 오차를 말한다.
- 서로 상쇄되기도 하므로 상차라고도 한다.
- 최소제곱법에 의한 확률법칙으로 처리가 가능하다.
- 원인을 알아도 소거가 불가능하다.
- 오차 원인의 방향이 일정하지 않다.

12. 중부원점지역에서 사용하는 축척 1/600 지적도 1도곽에 포용되는 면적은?

① 20,000m²
② 30,000m²
③ 40,000m²
④ 50,000m²

해설 축척 1/600 지적도 1도곽의 지상 거리는 가로 250m, 세로 200m
따라서 250m×200m=50,000m²

13. 지적측량의 측량기간 기준으로 옳은 것은?(단, 지적기준점을 설치하여 측량하는 경우는 고려하지 않는다.)

① 4일
② 5일
③ 6일
④ 7일

해설 공간정보의 구축 및 관리 등에 관한 법률 시행규칙 제25조(지적측량 의뢰 등)
지적측량의 측량기간은 5일로 하며, 측량검사기간은 4일로 한다. 다만, 지적기준점을 설치하여 측량 또는 측량검사를 하는 경우 지적기준점이 15점 이하인 경우에는 4일을, 15점을 초과하는 경우에는 4일에 15점을 초과하는 4점마다 1일을 가산한다.

Answer   10. ④   11. ④   12. ④   13. ②

14. 다음 중 지번과 지목의 제도방법에 대한 설명으로 옳지 않은 것은?

① 지번은 경계에 닿지 않도록 필지의 중앙에 제도한다.
② 1필지의 토지가 형상이 좁고 길게 된 경우 가로쓰기가 되도록 도면을 왼쪽 또는 오른쪽으로 돌려서 제도할 수 있다.
③ 지번은 고딕체, 지목은 명조체로 제도한다.
④ 1필지의 면적이 작은 경우 지번과 지목은 부호를 붙이고, 도곽선 밖에 그 부호·지번 및 지목을 제도할 수 있다.

해설 지적업무 처리규정 제42조(지번 및 지목의 제도)

구분	내용
위치	1. 경계에 닿지 않도록 필지의 중앙에 제도한다. 2. 필지의 중앙에 제도하기가 곤란한 때에는 가로쓰기가 되도록 도면을 왼쪽 또는 오른쪽으로 돌려서 제도할 수 있다. 3. 지번 다음에 지목을 제도한다.
크기	2밀리미터 내지 3밀리미터의 크기로 제도한다.
글자간격	1. 지번의 글자 간격은 글자크기의 4분의 1 정도로 한다. 2. 지번과 지목의 글자간격은 글자크기의 2분의 1 정도 띄워서 제도한다.
글씨체	명조체로 제도, 다만 레터링으로 작성하는 경우에는 고딕체로 할 수 있다.
부호	1. 필요 : 1필지의 면적이 작아서 지번과 지목을 필지의 중앙에 제도할 수 없는 때 2. 형식 : ㄱ, ㄴ, ㄷ …, ㄱ¹, ㄴ¹, ㄷ¹ …, ㄱ², ㄴ², ㄷ² … 등 3. 위치 : 도곽선 밖에 그 부호·지번 및 지목을 제도
부호도	부호가 많아서 그 도면의 도곽선 밖에 제도할 수 없는 경우

15. 등록전환측량을 평판측량방법으로 실시할 때 그 방법으로 옳지 않은 것은?

① 교회법   ② 도선법   ③ 방사법   ④ 현형법

16. 등록전환 시 임야대장상 말소면적과 토지대장상 등록면적과의 허용오차 산출식은?(단, M은 임야도의 축척분모, F는 등록전환될 면적이다.)

① $A = 0.026^2 M \cdot \sqrt{F}$
② $A = 0.026 M \cdot F$
③ $A = 0.026^2 M \cdot F$
④ $A = 0.026 M \cdot \sqrt{F}$

해설 공간정보의 구축 및 관리 등에 관한 법률 시행령 제19조(등록전환이나 분할에 따른 면적 오차의 허용범위 및 배분 등)
임야대장의 면적과 등록전환될 면적의 오차 허용범위는 다음과 같음
$A = 0.026^2 M \sqrt{F}$ (여기서, A : 오차 허용면적, M : 임야도 축척분모, F : 등록전환될 면적)

Answer 14. ③   15. ④   16. ①

17. 경위의측량방법에 따른 지적삼각점의 관측과 계산에 대한 설명으로 옳은 것은?

① 1방향각의 수평각 측각공차는 30초 이내이다.
② 수평각 관측은 2대회의 방향관측법에 의한다.
③ 관측은 5초독(秒讀) 이상의 경위의를 사용한다.
④ 수평각 관측 시 윤곽도는 0도, 60도, 100도로 한다.

해설 지적측량 시행규칙 제9조(지적삼각점측량의 관측 및 계산)
1. 관측은 10초독(秒讀) 이상의 경위의를 사용할 것
2. 수평각 관측은 3대회(大回, 윤곽도는 0도, 60도, 120도로 한다)의 방향관측법에 따를 것
3. 수평각의 측각공차(測角公差)는 다음 표에 따를 것

종별	1방향각	1측회(測回)의 폐색(閉塞)	삼각형 내각관측의 합과 180도와의 차	기지각(旣知角)과의 차
공차	30초 이내	±30초 이내	±30초 이내	±40초 이내

18. 지적도근점측량에서 측정한 경사거리가 600m, 연직각이 60°일 때 수평거리는?

① 300m
② 370m
③ $300\sqrt{2}$ m
④ $740\sqrt{3}$ m

해설 수평거리 = 경사거리 × $\cos\theta$
= 600m × $\cos 60°$ = 300m

19. 토지조사사업 당시의 측량 조건으로 옳지 않은 것은?

① 일본의 동경원점을 이용하여 대삼각망을 구성하였다.
② 통일된 원점 체계를 전 국토에 적용하였다.
③ 가우스상사이중투영법을 적용하였다.
④ 베셀(Bessel)타원체를 도입하였다.

해설 동부원점, 중부원점, 서부원점 3개 원점지역으로 구분

20. 지적측량에 사용되는 구소삼각지역의 직각좌표계원점이 아닌 것은?

① 가리원점   ② 동경원점   ③ 망산원점   ④ 조본원점

해설 원점의 종류

미터	간(間)	미터	간(間)
조본원점	망산원점	현창원점	등경원점
고초원점	계양원점	소라원점	구암원점
율곡원점	가리원점		금산원점

Answer 17. ① 18. ① 19. ② 20. ②

02 응용측량

SUBJECT

21. 항공사진의 특수 3점에 해당되지 않는 것은?

① 부점   ② 연직점   ③ 등각점   ④ 주점

해설 항공사진의 특수 3점은 주점, 등각점, 연직점을 말한다.
- 주점 : 주점은 사진의 중심점으로서 렌즈의 중심으로부터 화면에 내린 수선의 발, 즉 렌즈의 광축과 화면이 교차하는 점이다.
- 등각점 : 등각점이란 사진면에 직교되는 광선과 연직선이 이루는 각을 2등분하는 광선이 사진면에 마주치는 점이다.
- 연직점 : 렌즈의 중심으로부터 지표면에 내린 수선의 발을 말하며 수선의 발에 의해 내린 점을 지상연직점이라 하며 수직사진에서는 주점과 일치한다.

22. 곡선반지름 115m인 원곡선에서 현의 길이 20m에 대한 편각은?

① 2°51′21″   ② 3°48′29″   ③ 4°58′56″   ④ 5°29′38″

해설 편각은 $(\sigma) = 1718.87' \dfrac{L}{R} = 1718.87' \dfrac{20}{115} = 4°58'56.03''$

23. 출발점에 세운 표척과 도착점에 세운 표척을 같게 하는 이유는?

① 정준의 불량으로 인한 오차를 소거한다.
② 수직축의 기울어짐으로 인한 오차를 제거한다.
③ 기포관의 감도불량으로 인한 오차를 제거한다.
④ 표척의 상대(마모 등)로 인한 오차를 제거한다.

해설 수준측량에서 전, 후시 거리를 같게 함으로써 제거되는 오차는 표척의 눈금오차로 표척의 마모 등으로 인한 오차를 제거한다.

24. 화각(피사각)이 90°이고 일반도화 판독용으로 사용하는 카메라로 옳은 것은?

① 초광각 카메라   ② 광각 카메라
③ 보통각 카메라   ④ 협각 카메라

해설 항공사진촬영용 카메라의 성능 중 초광각 카메라의 피사각(화각)은 120°, 광각 카메라의 피사각은 90°, 보통각 카메라의 피사각은 60°이다.

Answer   21. ①   22. ③   23. ④   24. ②

25. GPS의 위성신호에서 P코드의 주파수 크기로 옳은 것은?

① 10.23MHz ② 1,227.60MHz ③ 1,574.42MHz ④ 1,785.13MHz

해설 P코드
- 반복주기가 7일인 PRN code(Pseudo-Random Noise codes)이다.
- 주파수가 10.23MHz이며 파장은 30m이다.
- AS mode로 동작하기 위해 Y-code로 암호화되어 PPS 사용자에게 제공된다.
- PPS(Precise Positioning Service, 정밀측위서비스) - 군사용

26. 수치사진측량에서 영상정합의 분류 중 영상소의 밝기값을 이용하는 정합은?

① 영역기준 정합 ② 관계형 정합
③ 형상기준 정합 ④ 기호정합

해설 영상정합(Image Matching)은 영상 중 한 영상의 한 위치에 해당하는 실제의 객체가 다른 영상의 어느 위치에 형성되었는가를 발견하는 작업으로서 상응하는 위치를 발견하기 위해서 유사성 측정을 이용하며 영역기준 정합은 영상소의 밝기값을 이용한다.

27. 등고선에 관한 설명 중 틀린 것은?

① 주곡선은 등고선 간격의 기준이 되는 선이다.
② 간곡선은 주곡선 가격의 1/2마다 표시한다.
③ 조곡선은 간곡선 간격의 1/4마다 표시한다.
④ 계곡선은 주곡선 5개마다 굵게 표시한다.

해설 조곡선은 간곡선 간격의 1/2의 거리로 충분히 표시할 수 없는 불규칙한 지형을 표시할 때 사용하며, 축척별 등고선의 간격은 다음과 같다.

등고선의 간격	기호	1/10,000	1/25,000	1/50,000
주곡선	가는 실선	5m	10m	20m
간곡선	가는 파선	2.5m	5m	10m
보조곡선(조곡선)	가는 점선	1.25m	2.5m	5m
계곡선	굵은 실선	25m	50m	100m

28. 지형측량의 작업공정으로 옳은 것은?

① 측량계획 → 조사 및 선점 → 세부측량 → 기준점 측량 → 측량원도 작성 → 지도편집
② 측량계획 → 조사 및 선점 → 지도편집 → 측량원도 작성 → 세부측량 → 지도편집
③ 측량계획 → 기준점 측량 → 조사 및 선점 → 세부측량 → 측량원도 작성 → 지도편집
④ 측량계획 → 조사 및 선점 → 기준점 측량 → 세부측량 → 측량원도 작성 → 지도편집

해설 지형측량의 작업공정은 크게 측량계획 작성→선점→도근점(기준점) 측량→세부측량→측량원도 작성으로 구분할 수 있다.

29. 항공사진 판독에 대한 설명으로 틀린 것은?
① 사진판독은 단시간에 넓은 지역을 판독할 수 있다.
② 근적외선 영상은 식물과 물을 판독하는 데 유용하다.
③ 수목의 종류를 판독하는 주요 요소는 음영이다.
④ 색조, 모양, 입체감 등이 나타나지 않는 지역은 판독에 어려움이 있다.

해설 항공사진 판독의 요소로는 크기와 형태(Size and Shape), 색조(Tone), 모양(Pattern), 질감(Texture), 음영(Shadow), 과고감, 상호 위치관계 등이 있다. 수목의 종류 등을 판독하는 요소는 색조이고 음영은 어떤 대상물의 형태를 읽기 위해서는 그 자체가 갖는 색조 이외에도 대상물의 윤곽을 주는 음영이 큰 역할을 하며, 판독 시 빛의 방향과 촬영 시 빛의 방향을 일치시키는 것이 입체감을 얻기 쉽다.

30. 다음 중 터널에서 중심선 측량의 가장 중요한 목적은?
① 터널 단면의 변위 측정
② 인조점의 바른 매설
③ 터널 입구 형상의 측정
④ 정확한 방향과 거리 측정

해설 터널측량에서 갱외측량 시 중심선 측량의 목적은 중심선 방향의 확인, 갱내 중심거리 측량, 중심선 상의 기준점 측량, 지형측량 등으로 나뉜다.

31. 그림과 같은 수준망에서 수준점 P의 최확값은?(단, A점에서의 관측지반고 10.15m, B점에서의 관측지반고 10.16m, C점에서의 관측지반고 10.18m)

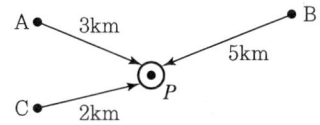

① 10.180m ② 10.166m
③ 10.152m ④ 10.170m

해설 P점의 최확값은 $P_1 : P_2 : P_3 = \dfrac{1}{S_1} : \dfrac{1}{S_2} : \dfrac{1}{S_3} = \dfrac{1}{3} : \dfrac{1}{5} : \dfrac{1}{2} = 0.33 : 0.2 : 0.5$

P점의 표고는
A → P = 10.15m
B → P = 10.16m
C → P = 10.18m

$$L_0 = \dfrac{P_1 l_1 + P_2 l_2 + P_3 l_3}{P_1 + P_2 + P_3}$$
$$= \dfrac{(0.33 \times 10.15) + (0.2 \times 10.16) + (0.5 \times 10.18)}{0.33 + 0.2 + 0.5} = 10.166\text{m}$$

Answer 29. ③ 30. ④ 31. ②

32. 간접수준측량으로 관측한 수평거리가 5km일 때 지구의 곡률오차는?(단, 지구의 곡률반지름은 6,370km)

① 0.862m ② 1.962m
③ 3.925m ④ 4.862m

해설 $\theta = \tan^{-1}\dfrac{5}{6370} = 0°2'41.9''$

$X = 6{,}370 \div \cos 0°2'41.9'' = 6{,}369.998038\text{km}$, 곡률오차는 $6{,}370 - 6{,}369.998038 = 0.001962\text{km}$

33. 지형도의 표시방법에 해당되지 않는 것은?

① 등고선법 ② 방사법
③ 점고법   ④ 채색법

해설 지형의 표시방법은 크게 자연적 도법과 부호적 도법으로 구분하며 자연적 도법에는 영선법, 음영법 등이 있고, 부호적 도법에는 점고법, 등고선법, 채색법 등이 있다.

34. 단곡선을 설치하기 위해 교각을 관측하여 46°30'를 얻었다. 곡선 반지름이 200m일 때 교점으로부터 곡선시점까지의 거리는?

① 210.76m ② 105.38m
③ 85.93m   ④ 85.51m

해설 단곡선 설치에서 교점까지의 추가거리가 주어지지 않았으므로 곡선시점까지의 거리는 접선장의 길이와 같다. 따라서, 접선장$(\text{TL}) = R\tan\dfrac{I}{2} = 200\tan 23°15' = 85.926\text{m}$

35. 노선측량에 사용되는 곡선 중 주요 용도가 다른 것은?

① 2차 포물선   ② 3차 포물선
③ 클로소이드 곡선 ④ 렘니스케이트 곡선

해설 완화곡선에는 3차 포물선, 고차 포물선, 반파장 사인, 렘니스케이트, 클로소이드 등이 있다.

36. 터널 내 두 점의 좌표가 A점(102.34m, 340.26m), B점(145.45m, 423.86m)이고 표고는 A점 53.20m, B점 82.35m일 때 터널의 경사각은?

① 17°12'7" ② 17°13'7"
③ 17°14'7" ④ 17°15'7"

해설 A, B의 거리 $= \sqrt{(145.45-102.34)^2 + (423.86-340.26)^2} = 94.06\text{m}$

A, B의 높이차 $= 82.35 - 53.20 = 29.15\text{m}$

터널경사도 $= \tan^{-1}\dfrac{29.15}{94.06} = 17°13'7.16''$

Answer 32. ② 33. ② 34. ③ 35. ① 36. ②

37. 단곡선에서 교각 I=36°20′, 반지름 R=500m 노선의 기점에서 교점까지의 거리는 6,500m이다. 20m 간격으로 중심말뚝을 설치할 때 종단현 길이(l_2)는?

① 7m   ② 10m
③ 13m   ④ 16m

해설 노선측량에서 곡선종점(E.C)까지의 거리는 곡선시점(B.C)+곡선길이(C.L)이고,
곡선시점(B.C)=교점(I.P)−접선장(T.L)임으로 먼저 B.C를 구하기 위해서는 T.L을 알아야 함으로
T.L = $R\tan\dfrac{I}{2}$ = 500tan18°10′ = 164.06m ∴ B.C = 6,500 − 164 = 6,336
다음으로 곡선길이(C.L)을 구하면 C.L = 0.01745RI = 0.01745×500×36°20′ = 317
E.C = 6,336 + 317 = 6,653m ∴ 노선출발점에서 곡선종점까지의 체인당 거리는
E.C = 6,653 ÷ 20 = No332 + 13 ∴ 종단현의 길이(l_2)=13m

38. GNSS(Global Navigation Satellite System) 측량에서 의사거리 결정에 영향을 주는 오차의 원인으로 가장 거리가 먼 것은?

① 위성의 궤도 오차   ② 위성의 시계 오차
③ 안테나의 구심 오차   ④ 지상의 기상 오차

해설 GPS 측량의 오차에는 크게 구조적 원인에 의한 오차, 위성의 배치 상황에 따른 오차(DOP), 선택적 가용성에 의한 오차(SA), 주파단절(Cycle Slip)이 있으며, 다시 구조적 원인에 의한 오차에는 위성시계 오차, 위성궤도 오차, 전리층과 대류층의 전파지연, 다중경로 오차, 수신기에서 발생하는 오차가 있다.

39. 그림과 같은 사면을 지형도에 표시할 때에 대한 설명으로 옳은 것은?

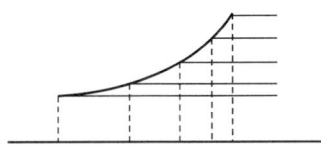

① 지형도 상의 등고선 간의 거리가 일정한 사면
② 지형도 상에서 상부는 등고선 간의 거리가 넓고 하부에서는 좁은 사면
③ 지형도 상에서 상부는 등고선 간의 거리가 좁고 하부에서는 넓은 사면
④ 지형도 상에서 등고선 간의 거리가 높이에 비례하여 일정하게 증가하는 사면

해설 등고선의 성질 중 경사가 급한 곳에서는 간격이 좁고 완만한 경사지는 넓다.

40. 지적삼각점의 신설을 위해 가장 적합한 GNSS 측량방법은?

① 정지측량방식(Static)
② DSPS(Differential GPS)
③ Stop & Go 방식
④ RTK(Real Time Kinematic)

해설 인공위성을 이용한 범세계 위치결정 시스템인 GPS 측량방법 중 하나인 Static 측량은 수신된 신호를 컴퓨터 처리에 의해 각 수신기의 위치 및 거리를 계산하는 후처리 위치결정방식이다.

<GPS 측량방법>
1. 절대관측방법(1점 측위)
   - 4개 이상의 위성으로부터 수신한 신호 중 C/A code를 이용하여 실시간 처리로 지구상 수신기의 위치를 결정하는 방법으로서 GPS의 가장 일반적·기초적 단계이다.
   - 수 m~25m 정도의 낮은 정확도 때문에 선박, 자동차, 항공기 등의 항법에 이용된다.
2. 상대관측방법(간섭계측위)
   1대의 수신기는 기지점에, 다른 수신기는 미지점에 설치하여 2점 간에 도달하는 전파의 시간적 지연을 측정하여 2점 간의 거리를 정확히 구하여 미지점의 위치를 결정하는 방법이다.
   1) Static 측량
      - 2개 이상의 수신기를 각 측점에 고정하고 동시에 4개 이상의 위성으로부터 신호를 30분 이상 수신하는 방식으로서 수신된 신호를 컴퓨터 처리에 의해 각 수신기의 위치 및 거리를 계산하는 후처리 위치결정방식이다.
      - 계산된 위치 및 거리 정확도가 수 mm 정도(1~0.01ppm)로 높으며 삼각점 등 기준점의 신설, 측지기준점측량, VLBI의 보완 또는 대체측량에 이용된다.
   2) Kinematic 측량
      - 기지점 수신기를 고정국, 다른 수신기를 이동국으로 하여 이동국을 순차적으로 이동하면서 신호를 수 초~수 분 동안 수신하는 방식으로 관측 자료를 후처리하여 위치를 결정하는 방식이다.
      - 수 mm~수 cm 정확도로 이동차량의 위치결정, 지형측량, 각종 공사측량 등에 이용된다.
   3) RTK(Real Time Kinematic) 측량
      실시간 이동측량은 기지점의 고정국과 미지점의 이동국 간의 위치관계를 라디오 모뎀 등을 이용하여 실시간으로 처리하는 체계이다.

03 토지정보체계론

SUBJECT

41. 데이터베이스의 데이터 언어 중 데이터 조작어가 아닌 것은?
① CREATE문
② DELETE문
③ SELECT문
④ UPDATE문

해설 데이터 조작어(DML ; Data Manipulation Language)
- 사용자가 데이터베이스에 접근하여 데이터를 처리할 수 있는 데이터 언어
- 데이터베이스에 저장된 자료를 검색(Select), 삽입(Insert), 삭제(Delete), 갱신(Update)하기 위해 사용되는 언어

42. 지적전산화의 목적과 가장 거리가 먼 것은?
① 지방 행정전산화의 촉진
② 국토기본도의 정확한 작성
③ 신속하고 정확한 지적 민원 처리
④ 토지 관련 정책 자료의 다목적 활용

해설 지적공부전산화의 목적
- 토지정보의 다목적 활용 및 지적민원의 신속한 처리
- 토지소유자의 현황 파악과 지적민원을 신속하고 정확하게 처리함으로써 지방행정전산화 촉진
- 토지기록과 관련하여 변동자료를 온라인처리로 이동정리 등의 기존에 처리하던 업무의 이중성을 배제
- 전산파일을 유지 관리함으로써 지적서고의 확장에 따른 비용 절감
- 체계적이고 효율적인 지적사무와 지적행정의 실현

43. 현황 참조용 영상 자료와 지적도 파일을 중첩하여 지적도의 필지 경계선 조정 작업을 할 경우, 정확도 면에서 가장 효율적인 자료는?
① 1:5,000 축척의 항공사진 정사영상 자료
② 소축척 지형도 스캔 영상 자료
③ 중저해상도 위성영상 자료
④ 소축척의 도로 망도

해설 정사영상(正射映像)은 항공사진촬영을 통해 획득한 영상정보와 수치표고모델을 이용하여 지형의 기복을 보정한 영상지도이다.

44. 점, 선, 면 등의 객체(Object)들 간의 공간객체가 설정되지 못한 채 일련의 좌표에 의한 그래픽 형태로 저장되는 구조로, 공간분석에는 비효율적이지만 자료구조가 매우 간단하여 수치지도를 제작하고 갱신하는 경우에는 효율적인 자료 구조는?
① 래스터(Raster) 구조
② 위상(Topology) 구조
③ 스파게티(Spaghetti) 구조
④ 체인코드(Chain Codes) 구조

해설 객체들 간에 정보를 갖지 못하고 국숫발처럼 좌표들이 길게 연결되어 있어 스파게티 구조라고 한다.

45. 데이터베이스 시스템을 집중형과 분산형으로 구분할 때 집중형 데이터베이스의 장점으로 옳은 것은?
① 자료관리가 경제적이다.
② 자료의 통신비용이 저렴한 편이다.
③ 자료에 분산형보다 접근 속도가 신속한 편이다.
④ 데이터베이스 사용자를 위한 교육 및 자문이 편리하다.

해설 자료처리 시스템의 유형
- 비집중처리 시스템 : 유사한 작업을 주기적으로 모아서 분류, 정렬한 후 한꺼번에 처리하는 방식(시스템 중심의 처리 방식, 급여 계산, 성적 처리)
- 집중처리 시스템 : 중앙 컴퓨터의 일괄 통제하에 처리나 응답이 이루어지는 실시간 처리 방식(사용자 중심의 처리 방식, 금융 기관의 업무, 예약 업무)
- 분산처리 시스템 : 지리적으로 분산된 처리기와 데이터를 네트워크로 연결하여 처리하는 방식(클라이언트/서버 시스템)

46. 디지타이징이나 스캐닝에 의해 도형정보파일을 생성할 경우 발생할 수 있는 오차에 대한 설명으로 옳지 않은 것은?

① 도곽의 신축이 있는 도면의 경우 부분적인 오차만 발생하므로 정확한 독취 자료를 얻을 수 있다.
② 디지타이저에 의한 도면 독취 시 작업자의 숙련도에 따라 오차가 발생할 수 있다.
③ 스캐너로 읽은 래스터 자료를 벡터 자료로 변환할 때 오차가 발생한다.
④ 입력도면이 평탄하지 않은 경우 오차 발생을 유발한다.

해설 도곽의 신축이 있는 도면의 경우 전체적으로 오차가 발생하므로 도곽보정 작업을 수행하여야 정확한 자료를 얻을 수 있다.

47. 시·군·구 단위의 지적전산자료를 이용하려는 자는 누구의 승인을 받아야 하는가?

① 관계 중앙행정기관의 장
② 행정안전부장관
③ 지적소관청
④ 시·도지사

해설 지적전산자료의 이용
- 전국 단위의 지적전산자료 : 국토교통부장관, 시·도지사 또는 지적소관청
- 시·도 단위의 지적전산자료 : 시·도지사 또는 지적소관청
- 시·군·구(자치구가 아닌 구를 포함한다) 단위의 지적전산자료 : 지적소관

48. 토지정보시스템(Land Information System)의 데이터의 구성요소와 관련이 없는 것은?

① 도면정보
② 위치정보
③ 속성정보
④ 서비스정보

해설 데이터(자료)
- 속성정보와 도형정보 등 모든 정보를 입력하여 보관하는 정보의 저장소
- 지리자료 : 측지기준 네트워크(모든 지리자료의 기초), 지형기준(기본도), 도형중첩(주제자료)
- 수치도형 자료 : 벡터(점, 선, 면으로 표현), 래스터(격자 셀), 표면자료(동일한 값을 가지고 있는 점 또는 실세계)
- 토지정보시스템에서 도면정보에는 경계, 위치정보에는 좌표, 속성정보에는 지목 등이 있다.

49. 수치화된 지적도의 레이어에 해당되지 않는 것은?

① 지번 ② 기준점 ③ 도곽선 ④ 소유자

해설 지적도의 등록사항(레이어) : 토지의 소재, 지번, 지목, 경계, 도면의 색인도, 도면의 제명 및 축척, 도곽선과 그 수치, 좌표에 의하여 계산된 경계점 간의 거리, 삼각점 및 지적측량기준점의 위치, 건축물 및 구조물 등의 위치 등

50. SQL 언어에 대한 설명으로 옳은 것은?

① ORDER는 보통 질의어에서 처음에 나온다.
② SELECT 다음에는 테이블명이 나온다.
③ WHERE 다음에는 조건식이 나온다.
④ FROM 다음에는 필드명이 나온다.

해설 SQL 언어 기본구문 : SELECT 컬럼명 1, 컬럼명 2 … FROM 테이블명 WHERE 조건

51. 레이어에 대한 설명으로 옳은 것은?

① 레이어 간의 객체이동은 할 수 없다.
② 지형·지물을 기호로 나타내는 규칙이다.
③ 속성데이터를 관리하는 데 사용하는 것이다.
④ 같은 성격을 가지는 공간객체를 층으로 묶어둔다.

해설 레이어는 그룹마다 층으로 구분하고, 겹친 듯이 관련된 데이터를 조직화

52. 발전단계에 따른 지적제도 중 토지정보체계의 기초로서 가장 적합한 것은?

① 법지적 ② 과세지적
③ 소유지적 ④ 다목적지적

해설 다목적지적의 특징
- 다양한 필지관계 정보를 기록·보관·제공
- 소유토지단위를 토지정보의 공간적 기본단위로 사용
- 공공기관과 국민 모두에게 봉사하는 대규모 공동체 지향적 정보시스템
- 토지 관련 정보의 종합적인 기록을 필지를 단위로 하여 계속적인 형태로 제공

53. 파일처리방식과 데이터베이스 관리시스템에 대한 설명으로 옳지 않은 것은?

① 파일처리방식은 데이터의 중복성이 발생한다.
② 파일처리방식은 데이터의 독립성을 지원하지 못한다.
③ 데이터베이스 관리시스템은 운영비용 면에서 경제적이다.
④ 데이터베이스 관리시스템은 데이터의 일관성을 유지하게 한다.

해설 DBMS은 소프트웨어의 규모가 크고 복잡하며, 초기 구축 및 유지 비용이 고가이다.

54. 지적데이터의 속성정보라 할 수 없는 것은?

① 지적도
② 토지대장
③ 공유지연명부
④ 대지권등록부

해설 지적도는 도형정보이다.

55. 벡터자료 구조에 있어서 폴리곤 구조의 특성과 관계가 먼 것은?

① 형상
② 계급성
③ 변환성
④ 인접성

해설 위상관계(Topology) 다각형의 형상(Shape), 인접성(Neighborhood), 계급성(Hierarchy)을 묘사할 수 있는 정보를 제공한다.

56. 고유번호 4567891232-20002-0010인 토지에 대한 설명으로 옳지 않은 것은?

① 지번은 2-10이다.
② 32는 리를 나타낸다.
③ 45는 시도를 나타낸다.
④ 912는 읍면동을 나타낸다.

해설
- 지번은 산2-10이다.
- 45(시도)678(시군구)912(읍면동)32(리)

57. 데이터베이스 디자인의 순서로 옳은 것은?

| 가. DB 목적 정의 | 나. 테이블 간의 관계 정의 |
| 다. DB 필드 정의 | 라. DB 테이블 정의 |

① 가-나-다-라
② 가-다-나-라
③ 가-라-나-다
④ 가-라-다-나

해설 테이블을 정의하고, 테이블의 필드를 정의한 뒤, 테이블 간의 관계를 정의하는 방법이 일반적이다.

58. PBLIS의 개발 내용 중 옳지 않은 것은?

① 지적측량시스템
② 건축물관리시스템
③ 지적공부관리시스템
④ 지적측량성과작성시스템

해설 PBLIS 구성
- 지적공부관리시스템 : 사용자권한관리/지적측량검사업무/토지이동관리/지적일반업무관리/창구민원관리/토지기록자료조회 및 출력/지적통계관리/정책정보관리 등
- 지적측량시스템 : 지적삼각점측량/지적삼각보조점측량/도근측량/세부측량 등
- 지적측량성과작성시스템 : 토지이동지 조서작성/측량준비도/측량결과도/측량성과도 등

Answer 54. ① 55. ③ 56. ① 57. ④ 58. ②

59. NGIS 구축의 단계별 추진에서 3단계 사업에 속하는 단계는?
① GIS 기반조성단계
② GIS 정착단계
③ GIS 수정보완단계
④ GIS 활용확산단계

해설 NGIS 추진목표
- 제1단계(1995~2000) : GIS 기반조성단계
- 제2단계(2001~2005) : GIS 활용확산단계
- 제3단계(2006~2010) : GIS 정착단계

60. LIS에서 DBMS의 개념을 적용함에 따른 장점으로 가장 거리가 먼 것은?
① 관련 자료 간의 자동 갱신이 가능하다.
② 자료의 표현과 저장 방식을 통합하는 것이 가능하다.
③ 도형 및 속성자료 간의 물리적으로 명확한 관계가 정의될 수 있다.
④ 자료의 중앙제어를 통해 데이터베이스의 신뢰도를 증진시킬 수 있다.

해설 DBMS 특징
- 자료의 검색 및 수정이 자체적으로 제어되므로 중앙제어장치로 운영될 수 있다.
- DB 내의 자료는 다른 사용자와 함께 호환이 자유롭게 되므로 효율적이다.
- 저장된 자료의 형태와는 관계없이 자료에 독립성을 부여할 수 있다.
- DBMS에서 제공되는 서비스 기능을 이용하여 새로운 응용프로그램의 개발이 용이하다.
- 직접적으로 사용자와의 연계를 위한 기능을 제공하여 복잡하고 높은 수준의 분석이 가능하다.
- 데이터베이스의 신뢰도를 보호하고 일관성을 유지하기 위한 기능과 공정을 제공할 수 있다.
- 중복된 자료를 최대한 감소시킴으로써 경제적이고 효율성 높은 방안을 제시할 수 있다.
- 사용자 요구에 부합하도록 적절한 양식을 제공함으로써 자료의 중복을 최대한 줄일 수 있다.
- 자료의 중앙제어를 통해 데이터베이스의 신뢰도를 증진시킬 수 있다.
- 도형 및 속성자료 간에 물리적으로 명확한 관계가 정의될 수 있다.
- DMBS에서 제공되는 서비스 기능을 이용하여 새로운 응용프로그램의 개발이 용이하다.
- 관련 자료 간의 자동 갱신이 가능하다.

Answer 59. ② 60. ②

04 지적학

61. 토지를 등록하는 지적공부의 체계인 토지대장 등록지와 임야대장 등록지를 하게 된 직접적인 원인은?

① 등록정보 구분 ② 조사사업의 상이 ③ 토지과세 구분 ④ 토지이용도 구분

해설 우리나라의 지적제도는 토지조사사업(1910~1918년)에 의해 작성된 토지대장·지적도 및 임야조사사업(1916~1924년)에 의해 작성된 임야대장·임야도를 중심으로 운영되고 있다.

62. 물권 설정 측면에서 지적의 3요소로 볼 수 없는 것은?

① 공부 ② 국가 ③ 등록 ④ 토지

해설 지적의 3대 구성요소
1. 토지 : 지적제도는 토지를 대상으로 성립하고 일필지로 등록하며 그 대상과 범위는 국토의 개념과 같음
2. 등록 : 토지의 물권을 객체화하기 위해 일정한 기준의 등록단위를 정해 일정사항(토지소재, 지번, 지목, 경계, 면적 등)을 등록하는 법률행위로서 모든 토지는 공부에 등록함으로써 법률적인 효력이 발생
3. 공부 : 공부는 토지를 구획하여 일정사항을 기록한 공적장부로서 그 형식과 규격을 법으로 정하며 국가는 항상 이를 일정한 장소에 비치하여 국민이 활용할 수 있도록 함

※ J. L. G. Henssen과 국내 학자들이 주장한 소유자, 권리, 필지는 광의적 개념이며, 원영희와 지종덕이 주장한 토지, 등록, 공부는 협의적 의미로 이해하는 것이 타당

63. 지적공부를 복구할 수 있는 자료가 되지 못하는 것은?

① 지적공부의 등본 ② 부동산등기부 등본
③ 법원의 확정판결서 정본 ④ 지적공부등록현황 집계표

해설 지적공부의 복구
1. 복구방법
   - 지적소관청은 지적공부를 복구하고자 하는 때에는 멸실·훼손 당시의 지적공부와 가장 부합된다고 인정되는 관계 자료에 의하여 토지의 표시에 관한 사항을 복구
   - 소유자에 관한 사항은 부동산등기부나 법원의 확정판결에 따라 복구
2. 복구자료
   - 지적공부의 등본
   - 측량 결과도
   - 토지이동정리 결의서
   - 부동산등기부 등본 등 등기사실을 증명하는 서류
   - 지적소관청이 작성하거나 발행한 지적공부의 등록내용을 증명하는 서류
   - 복제된 지적공부
   - 법원의 확정판결서 정본 또는 사본

64. 다음 중 지적의 기본이념으로만 열거된 것은?

① 국정주의, 형식주의, 공개주의
② 형식주의, 민정주의, 직권등록주의
③ 국정주의, 형식적 심사주의, 직권등록주의
④ 등록임의주의, 형식적 심사주의, 공개주의

해설 지적의 기본이념
1. 기본이념의 개념
   - 지적제도는 국가의 통치권이 미치는 모든 영토를 필지별로 구획해 각 필지별 토지소재, 지번, 지목, 경계, 면적 등 물리적 현황과 소유권 등 법적 권리관계를 등록 공시하기 위한 제도
   - 지적국정주의, 형식주의, 공개주의를 3대 이념, 실질적 심사주의와 직권등록주의를 더해 5대 이념이라 함
2. 기본이념의 종류
   - 지적국정주의 : 지적공부의 등록사항은 국가만이 이를 결정할 수 있다는 이념
   - 지적형식주의 : 등록사항은 지적공부에 등록·공시하여야만 효력이 인정되는 이념
   - 지적공개주의 : 지적공부의 등록사항은 소유자, 이해관계인 등에게 공개하여 이용하게 함
   - 실질적 심사주의(사실심사) : 등록이나 변경등록은 절차상의 적법성뿐만 아니라 사실관계의 부합 여부를 심사한다는 이념
   - 직권등록주의(강제등록주의) : 모든 필지는 강제적으로 등록·공시하여야 함

65. 다목적지적의 3대 구성요소가 아닌 것은?

① 기본도
② 지적도
③ 측지기본망
④ 토지이용도

해설 다목적지적의 5대 구성요소
1. 측지기본망(Geodetic Reference Network) : 토지 경계와 지형 간에 상관관계를 맺어주고 지적도의 경계선을 현지 복원하도록 정확도를 유지하는 기초점의 연결망
2. 기본도(Base Map) : 측지기본망을 기초로 작성된 지형도
3. 지적중첩도(Cadastral Overlay) : 측지기본망 및 기본도와 연계활용하고 토지경계를 식별할 수 있도록 지적도와 시설물, 토지이용, 지역지구도 등을 결합한 상태의 도면
4. 필지식별번호(Unique Parcel Identification Number) : 각 필지별 등록사항의 저장, 수정 등을 용이하게 처리할 수 있는 가변성 없는 고유번호를 말하며 대표적인 것이 지번
5. 토지자료파일(Land Data File) : 정보의 검색 및 다른 자료철에 보관된 정보를 연결시킬 수 있는 필지식별번호가 포함된 일련의 공부 또는 자료철
※ 다목적지적의 구성요소는 일반적으로 5대 구성요소로 구분함

66. 다음 중 지번의 역할에 해당하지 않는 것은?

① 위치 추정
② 토지이용 구분
③ 필지의 구분
④ 물권 객체의 단위

Answer 64. ① 65. ④ 66. ②

해설 지번
1. 지번의 의의 : 지번이란 지리적 위치의 고정성과 토지의 특정화, 개별성을 확보하기 위해 리·동의 단위로 필지마다 아라비아 숫자를 순차적으로 부여하여 지적공부에 등록한 번호를 말한다.
2. 지번의 역할
    ① 장소의 기준
    ② 물권표시의 기준
    ③ 공간계획의 기준
3. 지번의 기능
    ① 토지의 고정화
    ② 토지의 특정화
    ③ 토지의 개별화
    ④ 토지위치의 확인
    ⑤ 행정주소표기, 토지이용의 편리성
    ⑥ 토지관계 자료의 연결매체 기능
※ 토지이용을 구분하는 것은 '지목'의 역할이다.

67. 정전제를 주장한 학자가 아닌 것은?

① 한백겸(韓百謙) ② 서명응(徐命膺)
③ 이기(李沂) ④ 세키노(關野貞)

해설 정전제(井田制)
1. 개념 : 정전제란 정(井)자형의 토지구획 방법을 말하며 고조선 시대부터 시행된 토지구획 방법으로서 균형 있는 촌락의 설치와 토지의 분급 및 수확량을 파악하기 위하여 시행되었으며 당시 납세의 의무를 지게 하여 소득의 1/9을 조공으로 바치게 함
2. 정전제 방법
    • 1방리의 토지를 정(井)자형으로 구획하여 정(井)이라 함
    • 1정은 900묘로써 구획함
    • 중앙의 100묘를 공전으로 주고 주위의 800묘는 사전으로 함
    • 중앙의 100묘는 공동으로 경작하여 조공으로 바치게 함
    • 개인의 8가구에 100묘씩 나누어 주어 농사를 짓게 함
3. 정전제의 특징
    • 측량을 수반한 것으로 추정
    • 왕도사상에 기반을 둔 제도
    • 공동체 형성이 기본 사상
    • 국가 세수 확보
    • 토지계량제도 확립
4. 정전제의 명칭
    • 중국 : 방리제
    • 북한 : 리방제
    • 우리나라 : 조리제, 정전제
    • 일본 : 조방제

Answer 67. ③

양전개정론(量田改正論)
1. 양전개정론의 대두 배경
   - 19세기 전후 과세 평준을 위한 양전법 개정을 이익, 정약용, 서유구, 이기 등의 실학자들이 주장하면서 대두
   - 이들은 결부제를 폐지하고 경무법으로 개정해야 하며, 객관적인 새로운 방량법으로 양전법을 개정해야 한다고 주장
2. 양전개정론 주장학자
   - 정약용은 「목민심서(牧民心書)」에서 정전제의 시행을 전제로 방량법과 어린도법의 시행을 주장
   - 서유구는 「의상경계책(擬上經界策)」에서 양전법을 방량법, 어린도법으로 개정하고 양전사업을 전담하는 관청 신설을 주장
   - 이기는 「해학유서(海鶴遺事)」에서 "수등이척제"에 대한 개선방법으로 정방형의 눈을 가진 그물로 토지를 측량하여 면적을 산출하는 방법 "망척제"의 도입을 주장
※ 평양 기자정전에 대한 연구 검토 : 「지적백년사」에 따르면 정전제는 고조선 때부터 기록되고 있으며, <고려사> 지리지에 평양성 대동강가에 있는 고성이 기자(箕子) 때에 축성되었고 성내는 정전제로 구획되었다고 하는데 이 기자정전에 대해서는 조선왕조 이후에 와서야 한백겸(韓百謙), 서응명(徐命膺), 이익(李瀷), 세키노(關野貞, 보기의 세키야는 세키노의 오류로 보임) 등 여러 사람의 연구검토가 이루어짐

68. 1720년부터 1723년 사이에 이탈리아 밀라노의 지적도 제작 사업에서 전 영토를 측량하기 위해 사용한 지적도의 축척으로 옳은 것은?

① 1/1,000 ② 1/1,200 ③ 1/2,000 ④ 1/3,000

해설 1720년부터 1723년 사이에 이탈리아 밀라노의 지적도 제작 사업은 근대적 의미에서의 세지적을 확립하기 위한 최초의 노력 중 하나로서, 오스트리아로부터 밀라노와 만투아가 이탈리아로 이양된 직후 이루어졌는데, 축척 1/2,000의 지적도를 만들어 전 영토를 측량하였다.

69. 다음 중 3차원 지적이 아닌 것은?

① 평면지적 ② 지표공간 ③ 지중공간 ④ 입체지적

해설 2차원 지적과 3차원 지적
- 2차원 지적은 토지의 수평면상 투영만을 기상하여 경계를 등록·공시하는 제도로서 평면지적이라고도 한다.
- 3차원 지적은 토지의 지표, 지하, 공중에 형성되는 선·면·높이를 등록·관리하며 입체지적이라고도 한다.

70. 토지등록제도에 있어서 권리의 객체로서 모든 토지를 반드시 특정적이면서도 단순하고 명확한 방법에 의하여 인식될 수 있도록 개별화함을 의미하는 토지 등록 원칙은?

① 공신의 원칙 ② 등록의 원칙
③ 신청의 원칙 ④ 특정화의 원칙

Answer 68. ③ 69. ① 70. ④

해설 토지등록의 원칙
1. 종류
   - 등록의 원칙(登錄의 原則)
   - 신청의 원칙(申請의 原則)
   - 특정화의 원칙(特定化의 原則)
   - 국정주의 및 직권주의(國定主義 및 職權主義)
   - 공시의 원칙 및 공개주의(公示의 原則, 公開主義)
   - 공신의 원칙(公信의 原則)
2. 특정화의 원칙(特定化의 原則)
   - 권리객체로서의 모든 토지는 반드시 특정적이고 단순하며 명확한 방법에 의하여 인식할 수 있도록 개별화하여야 한다는 원칙
   - 지번, 경계, 소유자 등의 요소를 사용하여 토지를 특정화할 수 있으며, 특히 지번은 토지 관련 자료의 식별인자가 됨

71. 토지의 성질, 즉 지질이나 토질에 따라 지목을 분류하는 것은?

① 단식지목 ② 용도지목
③ 지형지목 ④ 토성지목

해설 지목의 분류
1. 토지의 현황에 따른 분류
   - 지형지목 : 지표면의 형상, 토지의 고저 등 토지의 모양에 따라 결정한 지목
   - 토성지목 : 지층, 암석, 토양 등 토지의 성질에 따라 결정한 지목
   - 용도지목 : 토지의 현실적 용도에 따라 결정한 지목(우리나라 및 대부분의 국가에서 사용)
2. 지목의 구성내용에 따른 분류
   - 단식지목 : 1개의 토지에 대하여 한 가지 기준에 의해 분류된 지목(전, 답 등)
   - 복식지목 : 1개의 토지에 대하여 둘 이상의 기준에 따라 분류된 지목(녹지대 등)

72. 다음 중 지목을 체육용지로 할 수 없는 것은?

① 경마장 ② 경륜장
③ 스키장 ④ 승마장

해설 체육용지와 유원지의 구분
1. 체육용지 : 국민의 건강증진 등을 위한 체육활동에 적합한 시설과 형태를 갖춘 종합운동장·실내체육관·야구장·골프장·스키장·승마장·경륜장 등 체육시설의 토지와 이에 접속된 부속시설물의 부지. 다만, 체육시설로서의 영속성과 독립성이 미흡한 정구장·골프연습장·실내수영장 및 체육도장, 유수(流水)를 이용한 요트장 및 카누장, 산림 안의 야영장 등의 토지는 제외한다.
2. 유원지 : 일반 공중의 위락·휴양 등에 적합한 시설물을 종합적으로 갖춘 수영장·유선장(遊船場)·낚시터·어린이놀이터·동물원·식물원·민속촌·경마장 등의 토지와 이에 접속된 부속시설물의 부지. 다만, 이들 시설과의 거리 등으로 보아 독립적인 것으로 인정되는 숙식시설 및 유기장(遊技場)의 부지와 하천·구거 또는 유지[공유(公有)인 것으로 한정한다]로 분류되는 것은 제외한다.

73. 지적불부합으로 인해 발생되는 사회적 측면의 영향이 아닌 것은?

① 토지분쟁의 빈발
② 토지거래질서의 문란
③ 주민의 권리행사 용이
④ 토지표시사항의 확인 곤란

해설 지적불부합지가 미치는 영향
1. 사회적 영향
   - 토지분쟁의 증가
   - 토지 거래질서의 문란
   - 국민 권리행사의 지장
   - 권리 실체 인정의 부실 초래
2. 행정적 영향
   - 지적행정의 불신 초래
   - 토지이동정리의 정지
   - 지적공부의 증명발급 곤란
   - 토지과세의 부적정
   - 부동산등기의 지장 초래
   - 공공사업수행의 지장
   - 소송수행의 지장
※ 지적불부합으로 인해 토지소유자의 권리행사가 어렵게 된다.

74. 지번의 진행방향에 따른 부번방식(附番方式)이 아닌 것은?

① 절충식(折衷式)
② 우수식(隅數式)
③ 사행식(蛇行式)
④ 기우식(奇隅式)

해설 지번부여방법의 종류
1. 진행방향에 따른 분류 : 사행식, 기우식(교호식), 단지식(블록식)
2. 부여단위에 따른 분류 : 지역단위법, 도엽단위, 단지단위법
3. 기번위치에 따른 분류 : 북동기번법, 북서기번법

75. 토지 1필지의 성립 요건이 될 수 없는 것은?

① 소유자가 같아야 한다.
② 지반이 연속되어야 한다.
③ 지적도의 축척이 같아야 한다.
④ 경계가 되는 지물(地物)이 같아야 한다.

해설 일필지
1. 일필지의 개념
   - 필지는 법적으로 물권이 미치는 권리의 객체로서 토지의 등록단위, 소유단위, 이용단위
   - 필지는 소유자와 용도가 동일하고 지반이 연속되어 하나의 지번이 부여되는 토지의 기본단위
   - 소유권의 단위인 동시에 경영의 단위

Answer 73. ③ 74. ② 75. ④

- 토지에 대한 물권의 효력이 미치는 범위를 정하고 거래단위로서 개별화, 특정화시키기 위하여 인위적으로 구획한 법적 등록단위
    - 지적측량에 의하여 일정한 직선으로 연결한 폐합다각형으로 지적(임야)도 위에 나타남
2. 일필지의 정의
    - 일필지는 "지적공부에 등록하는 토지의 법률적인 단위구역"으로서 "법적인 토지등록단위"
    - 일필지는 폐다각형으로 규정되며 지번, 지목, 경계 및 면적 등의 사항이 정해짐
3. 일필지의 성립 요건
    - 지번부여 지역이 동일할 것
    - 소유자가 동일할 것
    - 지목이 동일할 것
    - 지반이 연속되어 있을 것
    - 소유권 이외의 권리가 같을 것
    - 지적공부의 축척이 동일할 것
    - 등기 여부가 같을 것

76. 토지조사사업 당시 면적이 1평 이하인 협소한 토지의 면적 측정 방법으로 옳은 것은?

① 삼사법
② 지적기법
③ 프라니미터법
④ 전자면적측정기법

해설 토지조사사업 당시 토지조사령에 의거 地積(면적)의 단위로 坪(평) 또는 步(보)를 사용하였으며, 1평 이하의 협소한 토지는 삼사법으로 면적을 측정하였다.

77. 토지조사부의 설명으로 옳지 않은 것은?

① 토지소유권의 사정원부로 사용되었다.
② 토지조사부는 토지대장의 완성과 함께 그 기능을 발휘하였다.
③ 국유지와 민유지로 구분하여 정리하였고, 공유지는 이름을 연기하여 적요란에 표시하였다.
④ 동·리마다 지번 순에 따라 지번, 가지번, 지목, 신고연월일, 소유자의 주소 및 성명 등을 기재하였다.

해설 토지조사부
1. 개념 : 토지조사부는 토지소유권의 사정원부로 사용되었다가 토지조사가 완료되고 토지대장이 작성됨으로써 그 기능을 상실
2. 토지조사부의 등록사항
    - 동·리별 지번 순에 따라 지번, 지목, 가지번, 지적(地積), 신고연월일, 소유자의 주소·성명
    - 분쟁 또는 사고 토지는 적요란에 요점을 기재
    - 책 끝에 지목별 지적(地積)을 기재하고 필수를 집계 후 국유지와 민유지로 구분하여 합계
    - 공유지는 이름을 연기하여 적요란에 표시하고 2인 이상의 공유지는 따로 연명부를 작성하여 책 끝에 붙임

78. 다음 중 근대적 등기제도를 확립한 제도는?
① 과전법
② 입안제도
③ 지적제
④ 수등이척제

해설 우리나라는 토지조사사업(1910~1918년)에 따라 작성된 토지대장을 기초로 등기부가 작성되어 1918년 전국에 등기령이 실시되었다.

79. 우리나라 현행 토지대장의 특성으로 옳지 않은 것은?
① 전산파일로도 등록·처리한다.
② 물권객체의 공시기능을 갖는다.
③ 물적편성주의를 채택하고 있다.
④ 등록내용은 법률적 효력을 갖지는 않는다.

해설 토지대장 등의 지적공부에 등록된 사항은 법률적 효력을 갖게 된다.

80. 토지조사사업 당시 토지의 사정권자로 옳은 것은?
① 도지사
② 토지조사국
③ 임시토지조사국
④ 고등토지조사위원회

해설 토지조사사업과 임야조사사업의 사정(査定)사항 비교

구분	토지조사사업	임야조사사업
사정권자	임시토지조사국장	도지사
심의기관	–	임야심사위원회
조사 및 측량기관	임시토지조사국	부 또는 면
자문기관	지방토지조사위원회	–
재결기관	고등토지조사위원회	임야조사위원회

05 지적관계법규

81. 공유수면매립지를 신규 등록하는 경우에 신규등록의 효력이 발생하는 시기로서 타당한 것은?
① 매립준공 인가 시
② 부동산보전등기한 때
③ 지적공부에 등록한 때
④ 측량성과도의 교부한 때

해설 신규등록의 효력은 관련 공부가 작성됨으로써 효력이 발생된다.

82. 다음 중 지적재조사사업에 관한 기본계획 수립 시 포함해야 하는 사항으로 옳지 않은 것은?
① 지적재조사사업의 시행기간
② 지적재조사사업에 관한 기본방향
③ 지적재조사사업비의 특별자치도를 제외한 행정구역별 배분 계획
④ 지적재조사사업에 필요한 인력 확보계획

해설 지적재조사 기본계획 수립
1. 기본계획의 수립권자 : 국토교통부장관
2. 기본계획의 내용
   ① 지적재조사사업에 관한 기본방향
   ② 지적재조사사업의 시행기간 및 규모
   ③ 지적재조사사업비의 연도별 집행계획
   ④ 지적재조사사업비의 특별시·광역시·도·특별자치도·특별자치시 및 「지방자치법」 제175조에 따른 인구 50만 명 이상 대도시별 배분 계획
   ⑤ 지적재조사사업에 필요한 인력의 확보에 관한 계획
   ⑥ 그 밖에 지적재조사사업의 효율적 시행을 위하여 필요한 사항으로서 대통령령으로 정하는 사항
3. 기본계획의 수립절차
   ① 국토교통부장관은 기본계획을 수립할 때에는 미리 공청회를 개최하여 관계 전문가 등의 의견을 들어 기본계획안을 작성하고, 특별시장·광역시장·도지사·특별자치도지사·특별자치시장 및 「지방자치법」 제175조에 따른 인구 50만 명 이상 대도시의 시장에게 그 안을 송부하여 의견을 들은 후 제28조에 따른 중앙지적재조사위원회의 심의를 거쳐야 한다.
   ② 시·도지사는 제2항에 따라 기본계획안을 송부받았을 때에는 이를 지체 없이 지적소관청에 송부하여 그 의견을 들어야 한다.
   ③ 지적소관청은 제3항에 따라 기본계획안을 송부받은 날부터 20일 이내에 시·도지사에게 의견을 제출하여야 하며, 시·도지사는 제2항에 따라 기본계획안을 송부받은 날부터 30일 이내에 지적소관청의 의견에 자신의 의견을 첨부하여 국토교통부장관에게 제출하여야 한다. 이 경우 기간 내에 의견을 제출하지 아니하면 의견이 없는 것으로 본다.
   ④ 국토교통부장관은 기본계획을 수립하거나 변경하였을 때에는 이를 관보에 고시하고 시·도지사에게 통지하여야 하며, 시·도지사는 이를 지체 없이 지적소관청에 통지하여야 한다.
   ⑤ 국토교통부장관은 기본계획이 수립된 날부터 5년이 지나면 그 타당성을 다시 검토하고 필요하면 이를 변경하여야 한다.

83. 지적재조사에 관한 특별법령상 지적재조사사업을 위한 지적측량을 고의로 진실에 반하게 측량하거나 지적재조사사업 성과를 거짓으로 등록한 자에게 처하는 벌칙으로 옳은 것은?

① 300만 원 이하의 벌금
② 500만 원 이하의 벌금
③ 1년 이하의 징역 또는 1천만 원 이하의 벌금
④ 2년 이하의 징역 또는 2천만 원 이하의 벌금

해설 지적재조사사업을 위한 지적측량을 고의로 진실에 반하게 측량하거나 지적재조사사업 성과를 거짓으로 등록한 자는 2년 이하의 징역 또는 2천만 원 이하의 벌금에 처한다.

84. 지적측량 시행규칙상 경계점좌표등록부에 등록된 지역에서의 필지별 면적측정 방법으로 옳은 것은?

① 도상삼사계산법
② 좌표면적계산법
③ 푸라니미터기법
④ 전자면적측정기법

해설 면적측정의 방법
1. 경계점좌표등록부 등록 지역 : 좌표면적계산법으로 면적 측정
   - 경위의측량방법으로 세부측량을 한 지역의 필지별 면적측정은 경계점 좌표에 따를 것
   - 산출면적은 1천분의 1제곱미터까지 계산하여 10분의 1제곱미터 단위로 정할 것
2. 지적도 및 임야도 등록 지역(도해 지역) : 전자면적측정법으로 면적 측정
   - 도상에서 2회 측정하여 그 교차가 다음 계산식에 따른 허용면적 이하일 때에는 그 평균치를 측정면적으로 할 것
   $$A = 0.023^2 M\sqrt{F}$$
   (여기서, A : 허용면적, M : 축척분모, F : 2회 측정한 면적의 합계를 2로 나눈 수)
   - 측정면적은 1천분의 1제곱미터까지 계산하여 10분의 1제곱미터 단위로 정할 것
3. 면적을 측정하는 경우 도곽선의 길이에 0.5밀리미터 이상의 신축이 있을 때에는 이를 보정하여야 함

85. 지적도에 등록된 경계점의 정밀도를 높이기 위하여 실시하는 것은?

① 경계복원
② 등록전환
③ 신규등록
④ 축척변경

해설
1. 축척변경
   지적도에 등록된 경계점의 정밀도를 높이기 위하여 작은 축척을 큰 축척으로 변경하여 등록하는 것을 말한다.
2. 경계복원
   지적도 및 임야도에 등록된 경계 또는 경계점좌표등록부에 등록된 좌표에 의한 경계를 현지에 정확히 표시하여 일필지의 한계를 구분하여 주는 측량이다.
3. 등록전환
   임야대장 및 임야도에 등록된 토지를 토지대장 및 지적도에 옮겨 등록하는 것을 말한다.
4. 신규등록
   새로 조성된 토지와 지적공부에 등록되어 있지 아니한 토지를 지적공부에 등록하는 것을 말한다.

86. 지적측량 시행규칙상 지적삼각보조점측량에 있어서 그 측량성과를 그대로 결정하기 위한 지적측량성과와 검사 성과 간 연결교차의 허용범위로 옳은 것은?

① 0.10m
② 0.15m
③ 0.20m
④ 0.25m

해설 지적측량성과의 결정
① 지적삼각점 : 0.20미터
② 지적삼각보조점 : 0.25미터
③ 지적도근점
 • 경계점좌표등록부 시행지역 : 0.15미터
 • 그 밖의 지역 : 0.25미터
④ 경계점
 • 경계점좌표등록부 시행지역 : 0.10미터
 • 그 밖의 지역 : 10분의 3M밀리미터(M은 축척분모)

87. 공간정보의 구축 및 관리 등에 관한 법령상 지적소관청이 해당 토지소유자에게 지적정리 등의 통지를 하여야 하는 경우가 아닌 것은?

① 지적소관청이 지적공부를 복구하는 경우
② 지적소관청이 측량성과를 검사하는 경우
③ 지적소관청이 지번부여지역의 전부 또는 일부에 대하여 지번을 새로 부여한 경우
④ 지적소관청이 직권으로 조사·측량하여 지적공부의 등록 사항을 결정하는 경우

해설 지적정리의 통지
1. 직권에 의한 지적정리 통지
 지적소관청이 지적공부에 등록하거나 지적공부를 복구·말소 또는 등기촉탁을 한 때에는 당해 토지소유자에게 통지하여야 한다. 다만, 통지받는 자의 주소 또는 거소를 알 수 없는 때에는 당해 시·군·구의 게시판에 게시하거나 일간신문 또는 시·군·구의 공보에 게재함으로써 소유자에게 통지된 것으로 본다.
2. 지적정리 통지대상
 ① 토지소유자의 신청이 없어 지적소관청이 직권으로 조사 또는 측량하여 지번, 지목, 경계 또는 좌표와 면적을 결정할 때
 ② 지적소관청이 지번을 변경한 때
 ③ 지적소관청이 지적공부를 복구한 때
 ④ 바다로 된 토지의 등록·말소 통지
 ⑤ 도시계획사업, 도시개발사업, 농지개량사업 등에 의해 지적공부를 정리했을 때
 ⑥ 대위신청에 의해 지적공부를 정리했을 때
 ⑦ 행정구역 개편으로 인하여 새로이 지번을 정할 때
 ⑧ 지적공부에 등록된 사항에 오류가 있음을 발견하여 지적소관청이 직권으로 등록사항을 정정한 때
 ⑨ 토지표시의 변경에 관하여 관할 등기소에 등기를 촉탁한 때

88. 공간정보의 구축 및 관리 등에 관한 법률상 지번부여 방법에 대한 설명으로 옳지 않은 것은?

① 지번은 북서에서 남동으로 순차적으로 부여한다.
② 신규등록 및 등록전환의 경우에는 그 지번부여지역에서 인접토지의 본번에 부번을 붙여서 지번을 부여한다.
③ 분할의 경우에는 분할 후의 필지 중 1필지의 지번은 분할 전의 지번으로 하고, 나머지 필지의 지번은 본번의 최종 부번 다음 순번으로 부번을 부여한다.
④ 합병의 경우에는 합병 대상 지번 중 후순위 지번을 그 지번으로 하되, 본번으로 된 지번이 있는 때에는 본번 중 후순위의 지번을 합병 후의 지번으로 한다.

해설 1. 지번부여의 원칙
　　　우리나라는 북서에서 남동으로 순차적으로 지번을 부여하는 "북서기번법"을 채택
　　2. 신규등록, 등록전환, 지번변경, 행정구역변경 등에 따른 지번 부여
　　　① 신규등록, 등록전환, 지번변경, 행정구역변경 등의 경우 당해 지번부여지역 내 인접토지의 본번에 부번을 붙여서 부여
　　　② 지번부여지역의 최종 본번의 다음 순번부터 본번으로 하여 순차적으로 지번 부여
　　　　• 대상토지가 그 지번부여지역의 최종 지번의 토지에 인접하여 있는 경우
　　　　• 대상토지가 이미 등록된 토지와 멀리 떨어져 있어서 등록된 토지의 본번에 부번을 부여하는 것이 불합리한 경우
　　　　• 대상토지가 여러 필지로 되어 있는 경우
　　3. 분할에 따른 지번 부여
　　　① 분할 후의 필지 중 1필지의 지번은 분할 전의 지번으로 하고, 나머지 필지의 지번은 본번의 최종 부번 다음 순번으로 부번을 부여
　　　② 주거·사무실 등 건축물이 있는 필지에 대해서는 분할 전의 지번을 우선하여 부여
　　4. 합병에 따른 지번 부여
　　　① 합병 전 지번 중 순서가 빠른 지번으로 부여
　　　② 합병 전 지번이 본번과 부번이 혼재할 경우 본번 중 선순위 지번으로 부여
　　　③ 토지소유자가 합병 전의 필지에 주거·사무실 등의 건축물이 있어서 그 건축물이 위치한 지번을 합병 후의 지번으로 신청할 때에는 그 지번을 합병 후의 지번으로 부여

89. 지적업무처리규정상 지적측량수행자가 지적측량정보를 처리할 수 있는 시스템에 측량준비파일을 등록하여 자료를 조사하여야 하는 사항이 아닌 것은?

① 측량연혁　　　　　　② 토지의 지목
③ 경계 및 면적　　　　④ 지적기준점 성과

해설 지적측량수행자가 측량준비파일을 등록하고 조사하여야 하는 사항
　　• 경계 및 면적
　　• 지적측량성과의 결정방법
　　• 측량연혁
　　• 지적기준점 성과
　　• 그 밖에 필요한 사항

Answer　88. ④　89. ②

90. 다음 내용 중 ㉠, ㉡에 들어갈 말로 모두 옳은 것은?

> 경계점좌표등록부를 갖춰 두는 지역에 있는 각 필지의 경계점을 측정할 때, 각 필지의 경계점 측점번호는 (㉠)부터 (㉡)으로 경계를 따라 일련번호를 부여한다.

① ㉠ 오른쪽 위에서 ㉡ 왼쪽
② ㉠ 오른쪽 아래에서 ㉡ 왼쪽
③ ㉠ 왼쪽 위에서 ㉡ 오른쪽
④ ㉠ 왼쪽 아래에서 ㉡ 오른쪽

해설 경계점좌표등록부를 갖춰 두는 지역의 측량
① 경계점좌표등록부를 갖춰 두는 지역에 있는 각 필지의 경계점을 측정할 때에는 도선법·방사법 또는 교회법에 따라 좌표를 산출. 다만, 필지의 경계점이 지형·지물에 가로막혀 경위의를 사용할 수 없는 경우에는 간접적인 방법으로 경계점의 좌표를 산출
② 각 필지의 경계점 측점번호는 왼쪽 위에서부터 오른쪽으로 경계를 따라 일련번호를 부여
③ 기존의 경계점좌표등록부를 갖춰 두는 지역의 경계점에 접속하여 경위의측량방법 등으로 지적확정측량을 하는 경우 동일한 경계점의 측량성과가 서로 다를 때에는 경계점좌표등록부에 등록된 좌표를 그 경계점의 좌표로 봄

91. 토지소유자가 신규등록을 신청할 때에 신규등록 사유를 적는 신청서에 첨부하여야 하는 서류에 해당하지 않는 것은?

① 사업인가서와 지번별 조서
② 법원의 확정판결서 정본 또는 사본
③ 소유권을 증명할 수 있는 서류의 사본
④ 공유수면 관리 및 매립에 관한 법률에 따른 준공검사확인증 사본

해설 신규등록 신청 시 첨부서류
① 법원의 확정판결서 정본 또는 사본
② 준공검사확인증 사본
③ 도시계획구역의 토지를 그 지방자치단체의 명의로 등록하는 때에는 기획재정부장관과 협의한 문서의 사본
④ 그 밖에 소유권을 증명할 수 있는 서류
※ 사업인가서와 지번별 조서는 도시개발사업 등의 착수 또는 변경의 신고 시 첨부할 서류임

92. 공간정보의 구축 및 관리 등에 관한 법률상 축척변경시행에 따른 청산금의 산정 및 납부고지 등, 이의신청에 관한 설명으로 옳은 것은?

① 청산금의 이의신청은 지적소관청에 하여야 한다.
② 청산금의 초과액은 국가의 수입으로 하고 부족액은 지방자치단체가 부담한다.
③ 지적소관청은 토지소유자에게 수령통지를 한 날부터 9개월 이내에 청산금을 지급하여야 한다.
④ 지적소관청은 청산금의 결정을 공고한 날부터 30일 이내에 토지소유자에게 납부고지 또는 수령통지를 하여야 한다.

Answer 90. ③ 91. ① 92. ①

해설 1. 청산금 산정
① 청산을 할 때에는 축척변경위원회의 의결을 거쳐 지번별로 제곱미터당 금액을 정하여야 한다. 이 경우 지적소관청은 시행공고일 현재를 기준으로 그 축척변경 시행지역의 토지에 대하여 지번별 제곱미터당 금액을 미리 조사하여 축척변경위원회에 제출
② 청산금은 작성된 축척변경 지번별 조서의 필지별 증감면적에 지번별 제곱미터당 금액을 곱하여 산정
③ 지적소관청은 청산금을 산정하였을 때에는 청산금 조서를 작성하고, 청산금이 결정되었다는 뜻을 15일 이상 공고하여 일반인이 열람할 수 있게 하여야 함
④ 청산금을 산정한 결과 증가된 면적에 대한 청산금의 합계와 감소된 면적에 대한 청산금의 합계에 차액이 생긴 경우 초과액은 그 지방자치단체의 수입으로 하고, 부족액은 그 지방자치단체가 부담

2. 청산금 납부고지 및 수령통지
① 지적소관청은 청산금의 결정을 공고한 날부터 20일 이내에 토지소유자에게 청산금의 납부고지 또는 수령통지
② 납부고지를 받은 자는 그 고지를 받은 날부터 6개월 이내에 청산금을 지적소관청에 내야 함
③ 지적소관청은 수령통지를 한 날부터 6개월 이내에 청산금을 지급
④ 지적소관청은 청산금을 지급받을 자가 행방불명 등으로 받을 수 없거나 받기를 거부할 때에는 그 청산금을 공탁

3. 이의신청
① 납부 고지되거나 수령 통지된 청산금에 관하여 이의가 있는 자는 납부고지 또는 수령통지를 받은 날부터 1개월 이내에 지적소관청에 이의신청
② 이의신청을 받은 지적소관청은 1개월 이내에 축척변경위원회의 심의·의결을 거쳐 그 인용 여부를 결정한 후 지체 없이 그 내용을 이의신청인에게 통지
③ 지적소관청은 청산금을 내야 하는 자가 기간 내에 청산금에 관한 이의신청을 하지 아니하고 기간 내에 청산금을 내지 아니하면 지방세 체납처분의 예에 따라 징수

93. 도해지적에서 동일한 경계가 축척이 다른 도면에 각각 등록되어 있을 경우 경계의 최우선순위는?

① 평균하여 사용한다.
② 대축척 경계에 따른다.
③ 소관청이 임의로 결정한다.
④ 토지소유자 의견에 따른다.

해설 경계의 일반원칙
1. 경계는 국가만이 결정
2. 경계는 실제 모양대로 표시하지 않고 최단거리 직선으로 연결하여 표시
3. 경계는 부피와 면적이 없고 길이와 위치만 존재
4. 경계는 나눌 수 없으면 어느 한쪽의 필지만 경계 역할을 하는 것이 아니라 양필지에 공통으로 작용
5. 동일한 경계가 축척이 다른 도면에 각각 등록되어 있을 때에는 축척이 큰 것에 따름(축척종대의 원칙)

Answer 93. ②

94. 지적공부(대장)에 등록하는 면적단위는?

① 평 또는 보
② 홉 또는 무
③ 제곱미터
④ 평 또는 무

해설 면적의 결정방법
1. 면적의 단위
   면적의 단위는 제곱미터로 한다.
2. 오사오입의 원칙
   ① 경계점좌표등록부에 등록하는 지역 및 축척 1/600 지역 : 0.05m² 초과는 올리고, 미만은 버리며, 0.05m²인 경우에는 홀수만 올림
   ② 축척 1/1,000~1/6,000 지역 : 0.5m² 초과는 올리고, 미만은 버리며, 0.5m²인 경우에는 홀수만 올림
3. 면적의 최소등록단위
   ① 축척 1/500~1/600, 경계점좌표등록부에 등록하는 지역 : 0.1m²
   ② 축척 1/1,000~1/6,000 지역 : 1m²

95. 지적공부를 복구하려는 경우에는 복구하려는 토지의 표시 등을 시·군·구 게시판 및 인터넷 홈페이지에 며칠 이상 게시하여야 하는가?

① 15일 이상
② 20일 이상
③ 25일 이상
④ 30일 이상

해설 지적공부 복구절차
① 지적소관청은 지적공부를 복구하려는 경우에는 복구자료를 조사
② 토지대장·임야대장 및 공유지연명부의 등록 내용을 증명하는 서류 등에 따라 지적복구자료 조사서를 작성
③ 지적도면의 등록 내용을 증명하는 서류 등에 따라 복구자료도를 작성
④ 복구자료도에 따라 측정한 면적과 지적복구자료 조사서의 조사된 면적의 증감이 허용범위를 초과하거나 복구자료도를 작성할 복구자료가 없는 경우에는 복구측량 실시
⑤ 작성된 지적복구자료 조사서의 조사된 면적이 허용범위 이내인 경우에는 그 면적을 복구면적으로 결정
⑥ 복구측량을 한 결과가 복구자료와 부합하지 아니하는 때에는 토지소유자 및 이해관계인의 동의를 받아 경계 또는 면적 등을 조정. 이 경우 경계를 조정한 때에는 경계점표지를 설치
⑦ 지적소관청은 복구자료의 조사 또는 복구측량 등이 완료되어 지적공부를 복구하려는 경우에는 복구하려는 토지의 표시 등을 시·군·구 게시판 및 인터넷 홈페이지에 15일 이상 게시
⑧ 복구하려는 토지의 표시 등에 이의가 있는 자는 게시기간 내에 지적소관청에 이의신청을 할 수 있으며 이 경우 이의신청을 받은 지적소관청은 이의사유를 검토하여 이유가 있다고 인정되는 때에는 그 시정에 필요한 조치를 하여야 함
⑨ 지적소관청은 지적복구자료 조사서, 복구자료도 또는 복구측량 결과도 등에 따라 토지대장·임야대장·공유지연명부 또는 지적도면을 복구하여야 함
⑩ 대장은 복구되고 지적도면이 복구되지 아니한 토지가 축척변경 시행지역이나 도시개발사업 등의 시행지역에 편입된 때에는 지적도면을 복구하지 아니할 수 있음

96. 다음 중 토지의 이동에 해당하는 것은?

① 신규등록 ② 소유권 변경
③ 토지 등급 변경 ④ 수확량 등급 변경

해설 토지의 이동이란 토지의 표시를 새로 정하거나 변경 또는 말소하는 것을 말하며, 토지의 표시란 지적공부에 토지의 소재·지번·지목·면적·경계 또는 좌표를 등록한 것을 말한다.

97. 공간정보의 구축 및 관리 등에 관한 법령상 지적측량수행자의 성실의무에 관한 설명으로 옳지 않은 것은?

① 정당한 사유 없이 지적측량 신청을 거부하여서는 아니 된다.
② 배우자 이외에 직계 존속 비속이 소유한 토지에 대한 지적측량을 할 수 있다.
③ 지적측량수수료 외에는 어떠한 명목으로도 그 업무와 관련된 대가를 받으면 아니 된다.
④ 지적측량수행자는 신의와 성실로 공정하게 지적측량을 하여야 한다.

해설 지적측량수행자의 성실의무
- 지적측량수행자는 신의와 성실로써 공정하게 지적측량을 하여야 하며, 정당한 사유 없이 측량을 거부하여서는 아니 된다.
- 지적측량수행자는 본인, 배우자 또는 직계 존속·비속이 소유한 토지에 대한 지적측량을 하여서는 아니 된다.
- 지적측량수행자는 지적측량수수료 외에는 어떠한 명목으로도 그 업무와 관련된 대가를 받으면 아니 된다.

98. 지적업무처리규정상 지적측량성과검사 시 세부측량의 검사항목으로 옳지 않은 것은?

① 면적측정의 정확 여부 ② 관측각 및 거리측정의 정확 여부
③ 기지점과 지상경계와의 부합 여부 ④ 측량준비도 및 측량결과도 작성의 적정 여부

해설 지적측량성과의 검사항목
1. 기초측량
   ① 기지점 사용의 적정 여부
   ② 지적기준점설치망 구성의 적정 여부
   ③ 관측각 및 거리측정의 정확 여부
   ④ 계산의 정확 여부
   ⑤ 지적기준점 선점 및 표지설치의 정확 여부
   ⑥ 지적기준점성과와 기지경계선과의 부합 여부
2. 세부측량
   ① 기지점 사용의 적정 여부
   ② 측량준비도 및 측량결과도 작성의 적정 여부
   ③ 기지점과 지상경계와의 부합 여부
   ④ 경계점 간 계산거리(도상거리)와 실측거리의 부합 여부
   ⑤ 면적측정의 정확 여부
   ⑥ 관계법령의 분할제한 등의 저촉 여부

99. 측량준비파일 작성 시 붉은색으로 정리하여야 할 사항이 아닌 것은?(단, 따로 규정을 둔 사항은 고려하지 않는다.)

① 경계선
② 도곽선
③ 도곽선 수치
④ 지적기준점 간 거리

해설 측량준비파일의 작성
- 평판측량방법 또는 전자평판측량방법으로 세부측량을 하고자 할 때에는 측량준비파일을 작성하여야 하며, 부득이한 경우 측량준비도면을 연필로 작성할 수 있다.
- 측량준비파일을 작성하고자 하는 때에는 지적기준점 및 그 번호와 좌표는 검은색으로, 도곽선 및 그 수치와 지적기준점 간 거리는 붉은색으로, 그 외는 검은색으로 작성한다.
- 측량대상토지가 도곽에 접합되어 벌어지거나 겹쳐지는 경우와 필지의 경계가 행정구역선에 접하게 되는 경우에는 다른 행정구역선과 벌어지거나 겹치지 아니하도록 측량준비파일을 작성하여야 한다.

100. 공간정보의 구축 및 관리 등에 관한 법령상 축척변경 승인신청 시 첨부하여야 하는 서류로 옳지 않은 것은?

① 지번 등 명세
② 축척변경의 사유
③ 토지소유자의 동의서
④ 토지수용위원회의 의결서

해설 축척변경 승인신청
1. 지적소관청은 축척변경을 하려는 때에는 축척변경사유를 기재한 승인신청서에 다음의 서류를 첨부해서 시·도지사 또는 대도시 시장에게 제출하여야 한다.
   - 축척변경의 사유
   - 지번 등 명세
   - 토지소유자의 동의서
   - 축척변경위원회의 의결서 사본
   - 그 밖에 축척변경 승인을 위하여 시·도지사 또는 대도시 시장이 필요하다고 인정하는 서류
2. 신청을 받은 시·도지사 또는 대도시 시장은 축척변경 사유 등을 심사한 후 그 승인 여부를 지적소관청에 통지하여야 한다.

INDUSTRIAL ENGINEER CADASTRAL SURVEYING

2018년 기출문제

2018년 제1회 지적산업기사

2018년 제2회 지적산업기사

2018년 제3회 지적산업기사

2018년 제1회 지적산업기사

01 지적측량

01. 지적도근점측량을 배각법으로 실시한 결과, 도선의 수평거리 총합계가 2,327.23m인 경우 종선과 횡선오차에 대한 공차는?(단, 축척은 1200분의 1이며, 1등도선이다.)

① 0.58m ② 0.65m ③ 0.70m ④ 0.79m

해설 지적측량 시행규칙 제15조(지적도근점측량에서의 연결오차의 허용범위와 종선 및 횡선오차의 배분)

1등 도선은 당해 지역 축척분모의 $\frac{1}{100}\sqrt{n}$ 센티미터 이하로 함

(n은 각 측선의 수평거리의 총합계를 100으로 나눈 수)

따라서 $1,200 \times \frac{1}{100}\sqrt{23.2723} = 57.89$ cm ∴ 0.58m

02. 지번 및 지목을 제도할 때 지번과 지목의 글자 간격은 글자 크기의 어느 정도를 띄어서 제도하는가?

① 글자 크기의 1/2 ② 글자 크기의 1/3
③ 글자 크기의 1/4 ④ 글자 크기의 1/5

해설 지적업무 처리규정 제42조(지번 및 지목의 제도)

구 분	내 용
글자 간격	1. 지번의 글자 간격은 글자 크기의 4분의 1정도 2. 지번과 지목의 글자 간격은 글자 크기의 2분의 1정도 띄어서 제도

03. 다각망도선법으로 지적도근점측량을 할 때의 기준으로 옳은 것은?

① 2점 이상의 기지점을 포함한 폐합다각방식에 의한다.
② 2점 이상의 기지점을 포함한 결합다각방식에 의한다.
③ 3점 이상의 기지점을 포함한 폐합다각방식에 의한다.
④ 3점 이상의 기지점을 포함한 결합다각방식에 의한다.

해설 지적측량 시행규칙 제12조(지적도근점측량)
기지점 수는 최소 3점 이상을 포함한 결합다각방식

Answer 1. ① 2. ① 3. ④

04. 다음 중 지적확정측량과 직접 관계가 없는 것은?
① 행정구역계 결정
② 건물의 위치 확인
③ 필지별 경계점 측정
④ 지구계 또는 가구계 측정

해설 건물의 위치를 확인하는 것은 지적확정측량과 직접적인 관계가 없음

05. 방위각법에 의한 지적도근점측량 계산에서 종선 및 횡선 오차의 배분방법은?(단, 연결오차가 허용범위 이내인 경우)
① 측선장에 비례 배분한다.
② 측선장에 역비례 배분한다.
③ 종횡선차에 비례 배분한다.
④ 종횡선차에 역비례 배분한다.

해설 지적측량 시행규칙 제15조(지적도근점측량에서의 연결오차의 허용범위와 종선 및 횡선 오차의 배분)
1. 배각법 : 각 측선의 종선차 또는 횡선차 길이에 비례하여 배분
2. 방위각법 : 각 측선장에 비례하여 배분

06. EDM(Electromagnetic Distance Measurements)에서 영점보정에 대한 의미로 옳은 것은?
① 지구곡률 보정
② 대기굴절 보정
③ 관측값에 대한 온도 보정
④ 기계중심과 측점 간의 불일치 조정

해설 영점보정은 기계의 중심과 측정점을 일치시키기 위한 조정

07. 경위의 측량방법에 따른 지적삼각보조점의 수평각 관측방법으로 옳은 것은?
① 3배각 관측법
② 2대회의 방향관측법
③ 3대회의 방향관측법
④ 방위각에 의한 관측법

해설 지적측량 시행규칙 제11조(지적삼각보조점의 관측 및 계산)
수평각 관측은 2대회의 방향관측법(윤곽도는 0도, 90도로 한다.)

08. 지적삼각점측량 시 구성하는 망으로, 하천, 노선 등과 같이 폭이 좁고 거리가 긴 지역에 사용하는 삼각망으로 옳은 것은?
① 사각망
② 삼각쇄
③ 삽입망
④ 유심다각망

해설 삼각쇄는 삼각형이 일렬로 연결된 망 형태이며, 폭이 좁고 긴 지역을 측량할 때에 주로 사용한다.

09. 표준길이보다 6cm가 짧은 100m 줄자로 측정한 거리가 650m이었다면 실제거리는?
① 649.0m
② 649.6m
③ 650.4m
④ 651.0m

해설 $\frac{측정거리}{줄자길이}=측정횟수$

$\frac{650}{100}=6.5회$ $6.5\times0.06=0.39$

신가축감에 의해 650−0.39=649.61m ∴ 649.6m

☞ 신가축 : 늘어난 자로 측정을 했으면 측정거리에 가산해주고 줄어든 자로 측정했으면 감소한 거리를 빼준다.

10. 임야도에 등록하는 도곽선의 폭은?

① 0.1mm   ② 0.2mm   ③ 0.3mm   ④ 0.5mm

해설 지적업무 처리규정 제40조(도곽선의 제도)

도면에 등록하는 도곽선은 0.1밀리미터의 폭임

※ 도곽선의 폭은 지적도나 임야도를 따로 구분하지 않고 0.1밀리미터의 폭으로 동일함

11. 평판측량방법으로 광파조준의를 사용하여 세부측량을 하는 경우 방향선의 최대 도상길이는?

① 10cm   ② 15cm   ③ 20cm   ④ 30cm

해설 지적측량 시행규칙 제18조(세부측량의 기준 및 방법 등)

• 방향선의 도상길이는 10센티미터 이하
• 광파조준의(光波照準儀) 또는 광파측거기를 사용하는 경우에는 30센티미터 이하

12. 다각망도선법에 따른 지적도근점의 각도 관측을 할 때, 배각법에 따르는 경우 1등도선의 폐색오차 범위는?(단, 폐색변을 포함한 변의 수는 12이다.)

① ±65초 이내   ② ±67초 이내
③ ±69초 이내   ④ ±73초 이내

해설 지적측량 시행규칙 제14조(지적도근점의 각도관측을 할 때의 폐색오차의 허용범위 및 측각오차의 배분)

측량방법	등급	폐색오차
배각법	1등	$\pm20\sqrt{n}$(초)
	2등	$\pm30\sqrt{n}$(초)
방위각법	1등	$\pm\sqrt{n}$(분)
	2등	$\pm1.5\sqrt{n}$(분)

따라서, $\pm20\sqrt{n}초=\pm20\sqrt{12}초=69.28초$ ∴ ±69초 이내

13. 지적측량 계산 시 끝수처리의 원칙을 적용할 수 없는 것은?

① 면적의 결정   ② 방위각의 결정
③ 연결교차의 결정   ④ 종횡선 수치의 결정

Answer 10. ① 11. ④ 12. ③ 13. ③

해설 오사오입

반올림 처리 기준을 정한 것으로서 구하고자 하는 자릿수의 다음 수가 5일 때, 구하고자 하는 자릿수가 짝수일 때는 5를 버리고 짝수로 결정하고 구하고자 하는 자릿수 홀수일 때는 반올림하는 끝수처리의 원칙으로 연결교차의 결정에는 적용하지 않는다.

14. 평판측량에서 오차 발생의 원인 중 가장 주의를 요하는 것은?

① 구심오차
② 시준오차
③ 외심오차
④ 표정오차

해설 표정오차는 기계점에서 후시점을 시준할 때 발생할 수 있는 오차로서 시준할 때 오차가 발생하면 이후에 실시하는 측량에 큰 영향을 미치게 된다.

15. 평판측량방법에 의하여 망원경조준의(망원경 앨리데이드)로 측정한 값이 경사거리가 100m, 연직각이 10° 20′ 30″일 경우 수평거리는?

① 98.28m
② 98.34m
③ 98.38m
④ 98.44m

해설 수평거리 = 경사거리 × $\cos\theta$
= 100m × $\cos 10°20′30″$ = 98.38m

16. 축척 1200분의 1 지적도 시행지역에서 전자면적측정기로 도상에서 2회 측정한 값이 270.5m², 275.5m²이었을 때 그 교차는 얼마 이하여야 하는가?

① 10.4m²
② 13.4m²
③ 17.3m²
④ 24.3m²

해설 지적측량 시행규칙 제20조(면적측정의 방법 등)
전자면적측정기에 따른 면적측정은 도상에서 2회 측정하여 그 교차가 다음 계산식에 따른 허용면적 이하일 때에는 그 평균치를 측정면적으로 한다.
$A = 0.023^2 M \sqrt{F}$
(A는 허용면적, M은 축척분모, F는 2회 측정한 면적의 합계를 2로 나눈 수)
$A = 0.023^2 M \sqrt{F} = 0.023^2 × 1200 \sqrt{273} = 10.49$ ∴ 10.4m²

17. 다음 중 지적측량에 관한 설명으로 옳지 않은 것은?

① 경계점을 지상에 복원하는 경우 지적측량을 하여야 한다.
② 조본원점과 고초원점의 평면직각 종횡선수치의 단위는 간(間)으로 한다.
③ 지적측량의 방법 및 절차 등에 필요한 사항은 국토교통부령으로 정한다.
④ 특별소삼각 측량지역에 분포된 소삼각 측량지역은 별도의 원점을 사용할 수 있다.

Answer 14. ④ 15. ③ 16. ① 17. ②

해설 조본원점과 고초원점은 미터단위를 사용함

<사용단위별 원점의 종류>

미터	간(間)
조본원점	망산원점
고초원점	계양원점
율곡원점	가리원점
현창원점	등경원점
소라원점	구암원점
	금산원점

18. 다음 중 지적삼각보조점표지의 점간거리는 평균 얼마를 기준으로 하여 설치하여야 하는가?(단, 다각도선법에 따르는 경우는 고려하지 않는다.)

① 0.5km 이상 1km 이하
② 1km 이상 3km 이하
③ 2km 이상 4km 이하
④ 3km 이상 5km 이하

해설 지적측량 시행규칙 제2조(지적기준점표지의 설치·관리 등)
지적삼각보조점표지의 점간거리는 평균 1킬로미터 이상 3킬로미터 이하로 할 것. 다만, 다각망도선법(多角網道線法)에 따르는 경우에는 평균 0.5킬로미터 이상 1킬로미터 이하

19. 평판측량방법으로 거리를 측정하여 도곽선이 줄어든 경우 실측거리의 보정방법으로 옳은 것은?

① 실측거리에서 보정량을 뺀다.
② 실측거리에서 보정량을 곱한다.
③ 실측거리에서 보정량을 나눈다.
④ 실측거리에서 보정량을 더한다.

해설 지적측량 시행규칙 제18조(세부측량의 기준 및 방법 등)
도곽선이나 줄자가 늘어난 경우에는 실측거리에 보정량을 더하고, 줄어든 경우에는 실측거리에 보정량을 뺀다. 이것을 "신가축감"이라 한다.

20. 점 $A(X_1, Y_1)$를 지나고 방위각이 α인 직선과 점 $B(X_2, Y_2)$를 지나고 방위각이 β인 직선이 점 P에서 교차하는 경우 $\overline{AP}$ 의 거리(S)를 구하는 식으로 옳은 것은?

① $S = \dfrac{(Y_2 - Y_1)\sin\beta - (X_2 - X_1)\cos\beta}{\sin(\alpha - \beta)}$

② $S = \dfrac{(Y_2 - Y_1)\sin\beta + (X_2 - X_1)\cos\beta}{\sin(\alpha - \beta)}$

③ $S = \dfrac{(Y_2 - Y_1)\cos\beta - (X_2 - X_1)\sin\beta}{\sin(\alpha - \beta)}$

④ $S = \dfrac{(Y_2 - Y_1)\cos\beta + (X_2 - X_1)\sin\beta}{\sin(\alpha - \beta)}$

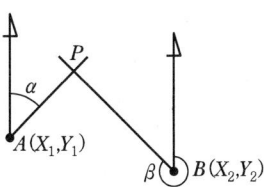

해설 직선과 직선의 교차점에서 AP의 거리(S)를 구하는 식은 다음과 같다.
$$S = \frac{(Y_2 - Y_1)\cos\beta - (X_2 - X_1)\sin\beta}{\sin(\alpha - \beta)}$$

02 응용측량

21. 측량의 기준에서 지오이드에 대한 설명으로 옳은 것은?

① 수준원점과 같이 높이로 가상된 지구타원체를 말한다.
② 육지의 표면으로 지구의 물리적인 형태를 말한다.
③ 육지와 바다 밑까지 포함한 지형의 표면을 말한다.
④ 정지된 평균해수면이 지구를 둘러쌌다고 가장한 곡면을 말한다.

해설 지오이드는 평균해수면을 육지까지 연장한 가상의 곡면으로
1. 지오이드면은 평균해수면을 나타낸다.
2. 어느 점에서나 표면을 통과하는 연직선은 중력의 방향이 같다.
3. 지각 내부의 밀도분포에 따라 굴곡을 달리한다.
4. 지각 밀도의 불균일로 타원체면에 대하여 다소의 기복이 있는 불규칙한 면이다.
5. 고저측량은 지오이드면을 표고 "0"로 하여 측정한다.
6. 해발고도가 0m인 기준면으로 위치에너지가 Zero이다.
7. 지각의 인력으로 대륙에서 지구타원체보다 높으며 해양에서 지구타원체보다 낮다.
8. 타원체의 법선과 지오이드의 법선은 일치하지 않게 되며 두 법선의 차, 즉 연직선 편차가 생긴다.

22. 터널측량, 노선측량, 하천측량과 같이 폭이 좁고, 거리가 긴 지역의 측량에 적합하며 거리에 비하여 측점 수가 적어 정확도가 낮은 삼각망은?

① 사변형 삼각망   ② 유심다각망
③ 단열삼각망   ④ 개방삼각망

해설 • 단열삼각망 : 폭이 좁고 거리가 먼 지역에 적합하며 거리에 비해 관측 수가 적으므로 측량이 신속하고 경비가 적게 드나 조건식이 적어 정도가 낮으며 노선, 하천, 터널측량 등에 이용된다.
• 유심다각망 : 동일 측점 수에 비하여 포함 면적이 가장 넓으며 방대한 지역의 측량에 많이 이용하고 농지측량에 적합하며 정도는 단열삼각망보다는 높으나 사변형보다는 낮아 평탄한 지역에 주로 이용
• 사변형 : 조건식의 수가 가장 많아 정도가 가장 높으며 조정이 복잡하고 포함 면적이 적어 시간과 비용이 많이 드는 결점이 있다.

23. 축척 1:5000의 항공사진을 촬영고도 1,000m에서 촬영하였다면 사진의 초점거리는?

① 200mm ② 210mm ③ 250mm ④ 500mm

해설 $M = \dfrac{1}{m} = \dfrac{f}{H} = \dfrac{1{,}000}{5{,}000} = 0.2\text{m} = 200\text{mm}$

24. 직접수준측량에서 기계고를 구하는 식으로 옳은 것은?

① 기계고=지반고−후시
② 기계고=지반고+후시
③ 기계고=지반고−전시−후시
④ 기계고=지반고+전시−후시

해설 기계고=지반고+후시

25. 경사거리가 50m인 경사터널에서 수평각을 관측한 시준선에서 직각으로 5mm의 시준오차가 생겼다면 각에 미치는 오차는?

① 25″ ② 30″ ③ 35″ ④ 41″

해설 시준오차가 있을 때는 $\dfrac{\triangle l}{l} = \dfrac{\theta''}{\rho''}$ 이므로 $\theta'' = \dfrac{\triangle l}{l} \times 206265''$

$= \dfrac{0.005}{50} \times 206265'' = 0°0'20.63''$

26. 노선의 곡선에서 수평곡선으로 주로 사용되지 않는 곡선은?

① 복심곡선 ② 단곡선 ③ 2차곡선 ④ 반향곡선

해설 곡선의 종류
1. 수평곡선 : 원곡선(단곡선, 복심곡선, 반향곡선, 배향곡선), 완화곡선(클로소이드, 3차 포물선, 렘니스케이트 곡선, Sine 체감곡선)
2. 수직곡선 : 종곡선(원곡선, 2차 포물선), 횡단곡선

27. 등고선의 성질에 대한 설명으로 옳지 않은 것은?

① 동일 등고선의 위의 모든 점은 기준면으로부터 모두 동일한 높이이다.
② 경사가 같은 지표에서는 등고선의 간격은 동일하며 평행하다.
③ 등고선의 간격이 좁을수록 경사가 완만한 지형을 의미한다.
④ 등고선은 절벽 또는 동굴에서는 교차할 수 있다.

해설 등고선의 성질
1. 동일 등고선 상에 있는 모든 점은 같은 높이이다.
2. 등고선은 도면 내외에서 폐합하는 폐곡선이다.
3. 지도의 도면 내에서 폐합하는 경우 등고선의 내부에 산정 또는 분지가 있다.
4. 높이가 다른 두 등고선은 동굴이나 절벽의 지형이 아닌 곳에서는 교차하지 않으며, 동굴이나 절벽은 반드시 두 점에서 교차한다.

Answer 23. ① 24. ② 25. ① 26. ③ 27. ③

5. 동등한 경사의 지표에서 양 등고선의 수평거리는 같다.
6. 같은 경사의 평면일 때는 나란히 직선이 된다.
7. 최대 경사의 방향은 등고선과 직각으로 교차된다.
8. 등고선은 경사가 급한 곳에서는 간격이 좁고 완만한 경사지는 넓다.
9. 등고선은 분수선과 직각으로 만난다.
10. 등고선의 수평거리는 산꼭대기 및 산밑에서는 크고 산중턱에서는 작다.
11. 등고선이 능선을 직각방향으로 횡단한 다음 능선 다른 쪽을 따라 거슬러 올라간다.

28. GNSS 측량을 구성하고 있는 3부분(segment)에 해당되지 않는 것은?

① 사용자 부분
② 궤도부분
③ 제어부분
④ 우주부분

해설 GPS 구성요소로는 우주부분, 제어부분, 사용자 부분으로 구분된다.

29. GNSS 측량에서 위치를 결정하는 기하학적인 원리는?

① 위성에 의한 평균계산법
② 위성기점 무선항법에 의한 후방교회법
③ 수신기에 의하여 처리하는 망평균계산법
④ GPS에 의한 폐합도선법

해설 GPS 위성측량은 위치를 알고 있는 인공위성을 이용한 3차원 후방교회법의 원리로 수신기 등의 위치를 결정

30. 사진측량에서 고저차(h)와 시차(Δp)의 관계로 옳은 것은?

① 고저차는 시차차에 비례한다.
② 고저차는 시차차에 반비례한다.
③ 고저차는 시차차의 제곱에 비례한다.
④ 고저차는 시차차의 제곱에 반비례한다.

해설 시차차를 구하는 공식은 $\Delta P = \dfrac{h}{H} \times b_0$ (h : 사진측량의 비고, H : 촬영고도, b_0 : 주점기선길이)이므로 고저차는 시차차에 비례한다.

31. 두 변의 길이가 각각 38m와 42m이고 그 사잇각이 50°14′45″인 밑변과 높이 7m인 삼각기둥의 부피(m³)는?

① 3,994.7m³
② 4,028.7m³
③ 4,119.5m³
④ 4,294.5m³

해설 두 개의 변과 그 사잇각을 측정했을 때의 면적은 $A = \dfrac{1}{2} ab \sin \alpha$ 이므로

$\dfrac{1}{2} \times 38 \times 42 \times \sin 50°14′45″ = 613.498 \text{m}^2$ 이며

삼각기둥의 부피를 구하는 공식은 $s \times h$ (s : 밑 넓이, h : 높이)이므로
613.5×7=4,294.5m³

Answer 28. ② 29. ② 30. ① 31. ④

32. 그림과 같이 터널 내의 천장에 측점이 설치되어 있을 때 두 점의 고저차는?(단, I.H=1.20m, H.P=1.82m, 사거리=45m, 연직각 $\alpha=15°30'$)

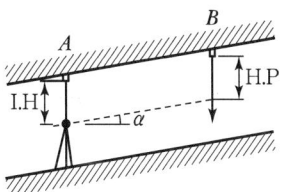

① 11.41m ② 12.65m
③ 13.10m ④ 15.50m

해설 천정에 측점이 있는 것에 주의 ΔH+기계고(I.H)=시준고(H.P)+경사거리(L)×$\sin\alpha$
$\Delta H=S+L\sin\alpha-I.H=1.82+45\times\sin15°30'-1.20=12.6457m$

33. 축척 1:500 지형도를 이용하여 축척 1:3000의 지형도를 제작하고자 한다. 같은 크기의 축척 1:3000 지형도를 만들기 위해 필요한 1:500 지형도의 매수는?

① 36매 ② 38매
③ 40매 ④ 42매

해설 축척은 변 길이에 대한 것이므로 3,000÷500=6
면적은 변의 자승이므로 6×6=36매

34. A점의 지반고가 15.4m, B점의 지반고가 18.9m일 때 A점으로부터 지반고가 17m인 지점까지의 수평거리는?(단, AB 간의 수평거리는 45m이고, 등경사 지형이다.)

① 17.3m ② 18.3m
③ 19.3m ④ 20.6m

해설 비례식으로 생각하면
AB점의 표고차 : AB점의 수평거리=17m지점의 표고차 : 수평거리
$3.5:45=1.6:d_1$ ∴ $d_1=\dfrac{45\times1.6}{3.5}=20.6m$

35. 항공삼각측량 시 사진을 기본단위로 사용하여 절대좌표를 구하며 정확도가 가장 양호하고 조정 능력이 높은 방법은?

① 광속 조정법 ② 독립 모델 조정법
③ 스트립 조정법 ④ 다항식 조정법

해설 항공삼각측량방법에서 대상물의 좌표를 얻기 위한 조정법에는 기계법(입체도화기)과 해석법(정밀 좌표 관측기)이 있으며 해석법에는 스트립 및 블록조정(Strip 및 Block Adjustment), 독립모델법(Independent Model), 광속법(Bundle Adjustment)이 있으며 사진좌표를 기본으로 공선조건식을 이용하며 정확도가 가장 양호한 해석법에는 광속 조정법이 사용된다.

Answer 32. ② 33. ① 34. ④ 35. ①

36. 사진측량의 특징에 대한 설명으로 옳지 않은 것은?

① 측량의 정확도가 균일하다.
② 축척변경이 용이하며 시간적 변화를 포함하는 4차원 측량도 가능하다.
③ 정량적, 정성적 해석이 가능하며 접근하기 어려운 대상물도 측정 가능하다.
④ 촬영 대상물에 대한 판독 및 식별이 항상 용이하여 별도의 측량을 필요로 하지 않는다.

해설 사진측량의 특징 중 사진측량의 장점
1. 사진은 정량적·정성적인 측정이 가능하다.
2. 거시적으로 관찰할 수 있으며, 재측이 용이하다.
3. 측정대상의 범위가 넓으며, 정도가 균일하다.
4. 작업이 능률적이며, 동적인 것도 측정 가능하다.
5. 넓은 지역에 경제성이 높고 기록보전이 용이하다.

사진측량의 단점
1. 날씨의 영향을 많이 받는다.
2. 좁은 지역에서는 비경제적이다.
3. 기자재가 고가라서 초기 시설비용이 많이 든다.
4. 피사대상에 대한 식별의 난해가 있으므로 현장작업으로 보완이 필요하다.

37. 수준측량에서 전시, 후시를 같게 하여 제거할 수 있는 오차는?

① 기포관축과 시준선이 평행하지 않을 때 생기는 오차
② 관측자의 읽기착오에 의한 오차
③ 지반의 침하에 의한 오차
④ 표척의 눈금오차

해설 수준측량에서 전·후시 거리를 같게 하면 시준선이 기포관축과 평행하지 않을 때 발생하는 오차를 제거할 수 있으며 제거되는 오차는 다음과 같다.
1. 레벨의 조정이 불완전하여 시준선이 기포관축과 평행하지 않을 때
2. 지구의 곡률오차와 빛의 굴절오차를 제거한다.
3. 초점나사를 움직일 필요가 없으므로 그로 인해 생기는 오차를 제거한다.

38. GNSS 측량의 정지측량 방법에 관한 설명으로 옳지 않은 것은?

① 관측시간 중 전원(배터리) 부족에 문제가 없도록 하여야 한다.
② 기선 결정을 위한 경우에는 두 측점 간의 시통이 잘 되어야 한다.
③ 충분한 시간 동안 수신이 이루어져야 한다.
④ GNSS 측량방법 중 후처리방식에 속한다.

해설 정지측량은 반송파의 위상을 이용하여 관측점 간의 기선벡터를 계산하는 방법으로 고정점을 기준으로 측점에 장시간(40분~2시간) 관측하는 방법으로 2개 이상의 수신기를 각 측점에 고정하고 동시에 4개 이상의 위성으로부터 신호를 30분 이상 수신하는 방식으로서 수신된 신호를 컴퓨터처리에 의해 각 수신기의 위치 및 거리를 계산하는 후처리 위치결정방식이다. 계산된 위치 및 거리 정확도가 수 mm 정도

(1ppm~0.01ppm)로 높으며 지적삼각점, 측지기준점측량, VLBI의 보완 또는 대체측량에 이용되며, GNSS 측량은 기본적으로 측점 간의 시통은 상관없다.

39. 원곡선 설치에서 교각 I=70°, 반지름 R=100m일 때 접선 길이는?

① 50.0m
② 70.0m
③ 86.6m
④ 259.8m

해설 단곡선 설치에서 접선장(TL) $TL = R\tan\frac{I}{2} = 100\tan 35° = 70.0m$

40. 도로의 직선과 원곡선 사이에 곡률을 서서히 증가시켜 넣는 곡선은?

① 복심곡선
② 반향곡선
③ 완화곡선
④ 머리핀곡선

해설 완화곡선이란 차량 등이 직선부에서 곡선부분으로 방향을 바꾸면 반지름이 달라지기 때문에 완화곡선을 설치하게 되는데 주로 차량 등에 사용되며 완화곡선의 성질은 다음과 같다.
1. 곡선반경은 완화곡선의 시점에서 무한대, 종점에서 원곡선 R로 된다.
2. 완화곡선의 접선은 시점에서 직선에, 종점에서 원호에 접한다.
3. 완화곡선에 연한 곡선반경의 감소율은 칸트의 증가율과 동률(다른 부호)로 된다. 또 종점에 있는 칸트는 원곡선의 칸트와 같게 된다.

03 토지정보체계론

41. 토지정보를 공간자료와 속성자료 분류할 때, 공간자료에 해당하는 것으로만 나열된 것은?

① 지적도, 임야도
② 지적도, 토지대장
③ 토지대장, 임야대장
④ 토지대장, 공유지연명부

해설 공간정보는 지도 위의 점 또는 선위치를 평면위치나 수직위치로 나타낸다.

42. 다음 중 LIS(Land Information System)와 관련이 없는 것은?

① UIS(Urban Information System)
② DIS(Defense Information System)
③ GIS(Geographic Information System)
④ EIS(Environmental Information System)

해설 토지와 관련된 자료를 이용하고 관리하기 위한 컴퓨터 기반의 시스템 중에서 국방정보시스템(DIS)는 관련성이 적다.
1. 지리정보체계(GIS ; Geographic Information System)
2. 국방정보체계(NDIS ; National Defence Information System)
3. 도시정보체계(UIS ; Urban Information System)
4. 환경정보체계(EIS ; Environmental Information System)

43. 국가공간정보정책 기본계획은 몇 년 단위로 수립·시행되는가?
① 1년   ② 3년   ③ 5년   ④ 10년

해설 국가공간정보 기본법 제6조
정부는 국가공간정보체계의 구축 및 활용을 촉진하기 위하여 국가공간정보정책 기본계획을 5년마다 수립하고 시행하여야 한다.

44. 토지관리정보시스템(LMIS)에 관한 설명으로 옳지 않은 것은?
① 과거 건설교통부에서 추진하던 정보화 사업이다.
② 구축하는 도형자료는 지형도, 연속지적도, 용도지역지구도 등이 있다.
③ 시·군·구에서 생산관리하는 도형자료와 속성자료 중 도형정보의 질을 제고하기 위한 시스템이다.
④ 자료를 공유하여 업무의 효율성을 높이고, 개인 소유의 토지에 대한 공적 규제사항을 신속·정확하게 알려주기 위하여 구축하였다.

해설 LMIS의 사업추진 목적은 지적도(도형자료)와 토지대장(속성자료)을 기반으로 하지만 토지행정업무의 효율성 향상과 토지관련 정보를 정책결정 및 일반사용자에게 제공한다.

45. 다음 중 래스터데이터가 갖는 장점으로 옳지 않은 것은?
① 중첩분석이 용이하다.   ② 데이터 구조가 단순하다.
③ 위상관계를 나타낼 수 있다.   ④ 원격탐사 영상자료와 연계가 용이하다.

해설 벡터자료는 위상에 관한 정보가 제공되므로 관망 분석과 같은 다양한 공간분석이 가능하다.

46. 다음 중 토지정보의 종류로 옳지 않은 것은?
① 위치정보   ② 속성정보   ③ 도형정보   ④ 오차정보

해설 토지정보는 위치정보와 특성정보로 구분되며 위치정보는 상대위치와 절대위치로, 특성정보는 도형정보와 속성정보로 구분된다.

47. 토지의 고유번호 구성에서 지번의 총 자릿수는?
① 6자리   ② 8자리   ③ 10자리   ④ 12자리

Answer   43. ③   44. ③   45. ③   46. ④   47. ②

해설 코드의 구성
1. 고유번호의 구성은 행정구역코드 10자리(시·도 2, 시·군·구 3, 읍·면·동 3, 리 2), 대장구분 1자리, 본번 4자리, 부번 4자리 합계 19자리로 구성한다.
2. 본 문제에서는 본번 4자리+부번 4자리=8자리로 되어 있으나 지번을 구분+본번+부번으로 본다면 9자리가 되어야 한다.

48. 다음 중 스캐닝(Scanning)에 의하여 도형정보를 입력할 경우 장점으로 옳지 않은 것은?

① 작업자의 수작업이 최소화된다.
② 이미지상에서 삭제·수정할 수 있다.
③ 원본 도면의 손상된 정도와 상관없이 도면을 정확하게 입력할 수 있다.
④ 복잡한 도면을 입력할 때 작업시간을 단축할 수 있다.

해설 스캐닝은 손상된 도면의 경우 스캐닝에 의한 인식이 원활하지 못할 수 있는 단점을 갖고 있다.

49. 다음 중 GIS 데이터 교환표준이 아닌 것은?

① NTF   ② SQL
③ SDTS   ④ DIGEST

해설 GIS 데이터 교환표준
1. NTF(National Transfer Format) : 지리 정보의 교환을 위한 표준, 영국의 국가지도제작기관인 Ordnance Survey와 민간부문의 공동노력으로 이루어졌다.
2. SDTS(Spatial Data Transfer Standard) : 공간자료 변환표준
3. DIGEST(Digital Geographic Exchange STandard) : 국방분야의 지리정보 데이터 교환표준

50. 공간 데이터의 질을 평가하는 기준과 가장 거리가 먼 것은?

① 위치 정확성   ② 속성 정확성
③ 논리적 일관성   ④ 데이터의 경제성

해설 미국 FGDC 메타데이터 제2장(자료품질에 관한 정보)
자료의 품질에 관련된 정보를 나타내며 여기에는 자료의 품질평가, 위치 및 속성의 정확도, 완결성, 일치성, 자료에 대한 원시자료 정보, 자료의 생성방법 등이 포함되어 있다.

51. 지적도 전산화 작업의 목적으로 옳지 않은 것은?

① 수치지형도의 위조 방지
② 대민서비스의 질적 향상 도모
③ 토지정보시스템의 기초 데이터 활용
④ 지적도면의 신축으로 인한 원형 보관 관리의 어려움 해소

해설 수치지형도(수치지도)
1. 수치지도 1.0 : 지리조사 및 현지측량에서 얻어진 자료를 이용하여 도화 데이터 또는 지도입력 데이터

를 수정·보완하는 정위치 편집작업이 완료된 수치지도
2. 수치지도 2.0 : 데이터 간의 지리적 상관관계를 파악하기 위해 정위치로 편집된 지형·지물을 기하학적 형태로 구성하는 구조화 편집된 작업이 완료된 수치지도

52. 관계형 데이터베이스에 대한 설명으로 옳은 것은?

① 데이터를 2차원의 테이블 형태로 저장한다.
② 정의된 데이터 테이블의 갱신이 어려운 편이다.
③ 트리(Tree) 형태의 계층구조로 데이터들을 구성한다.
④ 필요한 정보를 추출하기 위한 질의의 형태에 많은 제한을 받는다.

해설 관계형 데이터 모델
1. 토지정보를 비롯한 공간정보를 관리하기 위한 데이터 모델로서 현재 가장 보편적으로 쓰이며 데이터의 독립성이 높다.
2. 2차원 테이블 형태로 테이블은 다수의 열로 구성되고, 각 열에는 정해진 범위의 값이 저장(레코드)된다.
3. 각 레코드는 기본 키(primary key)로 구분되며 하나 이상의 열로 구성된다.
4. SQL과 같은 질의언어 사용으로 복잡한 질의도 간단하게 표현할 수 있다.

53. 지적정보관리시스템의 사용자 권한 등록파일에서 사용자 권한으로 옳지 않은 것은?

① 지적통계의 관리
② 종합부동산세 입력 및 수정
③ 토지 관련 정책정보의 관리
④ 개인별 토지소유현황의 조회

해설 사용자의 권한 구분
1. 사용자의 신규등록, 사용자 등록의 변경 및 삭제
2. 법인이 아닌 사단·재단 등록번호의 업무관리, 직권수정
3. 개별공시지가 변동의 관리, 토지등급 및 기준수확량등급 변동의 관리
4. 지적전산코드의 입력·수정 및 삭제, 조회
5. 지적전산자료의 조회, 개인별 토지소유현황의 조회
6. 지적통계의 관리, 토지 관련 정책정보의 관리
7. 일반 지적업무의 관리, 토지이동 신청의 접수, 토지이동의 정리
8. 토지소유자 변경의 관리
9. 지적공부의 열람 및 등본 발급의 관리
10. 지적전산자료의 정비
11. 비밀번호의 변경
12. 일일마감 관리

54. 지적행정시스템의 속성자료와 관련이 없는 것은?

① 토지대장
② 임야대장
③ 공유지연명부
④ 국세과세대장

해설 지적행정시스템에는 국세과세 속성정보가 없다.

Answer 52. ① 53. ② 54. ④

55. 토지정보체계의 도형자료를 컴퓨터에 입력하는 방식과 관련이 없는 것은?
① 스캐닝
② 좌표변환
③ 디지타이징
④ 항공사진 디지타이징

해설 좌표변환
점의 위치를 나타낸 하나의 좌표계에서 다른 좌표계로 바꾸는 과정을 말한다.

56. 디지타이징 방식과 비교하였을 때 스캐닝 방식이 갖는 장점에 대한 설명으로 옳지 않은 것은?
① 일반적으로 작업의 속도가 빠르다.
② 다량의 지도를 입력하는 작업에 유리하다.
③ 하드웨어와 소프트웨어의 구입비용이 덜 소요된다.
④ 작업자의 숙련도가 작업에 미치는 영향이 적은 편이다.

해설 디지타이징에 비해 하드웨어와 소프트웨어의 구입비용이 많다.

57. 부동산종합공부시스템 운영기관의 장이 지적전산자료의 유지·관리 업무를 원활히 수행하기 위하여 지정하는 지적전산자료 관리책임관은?
① 보수업무 담당부서의 장
② 전산업무 담당부서의 장
③ 지적업무 담당부서의 장
④ 유지·관리업무 담당부서의 장

해설 지적전산자료의 관리
사용기관의 장은 지적업무 담당과장을 지적전산자료 관리책임관으로 한다.

58. 지리정보시스템에서 실세계를 추상화시켜 표현하는 과정을 데이터모델링이라 하며, 이와 같이 실세계의 지리공간을 GIS의 데이터베이스로 구축하는 과정은 추상화 수준에 따라 세 가지 단계로 나누어진다. 이 세 가지 단계에 포함되지 않은 것은?
① 개념적 모델
② 논리적 모델
③ 물리적 모델
④ 위상적 모델

해설 데이터 모델링의 3단계
1. 개념적 데이터 모델링
   - 조직, 사용자의 데이터 요구사항을 찾고 분석하는 데서 시작
   - 상위의 문제에 대한 구조화를 쉽게 하여 사용자와 개발자가 시스템 기능에 대해 논의할 수 있는 기반 형성
   - 개념데이터의 모델은 추상적이고, 시스템이 어떻게 구성되는지 이해하는 데 유용하다.
2. 논리적 데이터 모델링
   - 비지니스 정보의 논리적인 구조와 규칙을 명확하게 표현하는 기법 또는 과정
   - 데이터 모델링의 가장 핵심이 되는 부분
   - 식별자 확정, 정규화, M : M관계 해소, 참조 무결성 규칙 정의
   - 추가적으로 이력 관리에 대한 전략을 정의하여 논리데이터 모델에 반영

Answer 55. ② 56. ③ 57. ③ 58. ④

3. 물리적 데이터 모델링
- 논리적 데이터 모델이 데이터 저장소로 어떻게 컴퓨터 하드웨어에 표현될 부분의 정의
- 테이블, 칼럼 등으로 표현되는 물리적인 저장구조와 사용될 저장장치 결정
- 자료를 추출하기 위해 사용될 접근방법 등 결정

59. DEM과 TIN에 관한 설명으로 옳은 것은?

① 불규칙한 적응적 추출방법인 DEM은 복잡한 지형에 알맞다.
② 정사사진 생성과 같은 목적을 위해서는 DEM 데이터가 훨씬 효과적이다.
③ DEM과 TIN 모델은 상호변환이 불가능하므로 처음 구축할 때부터 선택에 신중을 기해야 한다.
④ 항공사진을 해석도화하는 방법으로 수치지형데이터를 획득하는 경우 DEM 생성보다 TIN 생성이 더 쉽다.

해설 1. 수치표고모형(DEM ; Digital Elevation Model)
- 지상 위에 아무것도 없는 상태인 지표면을 표현한 것으로 지표면에 일정 간격으로 분포된 지점의 고도값을 수치로 기록함으로써 컴퓨터를 이용하여 분석이 용이하도록 만든 것
- 중심투영으로 인한 항공사진의 기하학적인 왜곡을 보정하기 위해 정사영상 제작과정에 필수적인 자료
- 제작방법에는 Lidar를 활용하는 방법, 수치지도에서 고도값을 추출하여 제작하는 방법 등 다양한 방법이 있음

2. TIN(Triangular Irregular Network)
- TIN은 불규칙하게 분포된 위치에서 표고를 추출하고 이들 위치를 삼각형 형태로 연결하여 전체 지형을 불규칙한 삼각형의 망으로 표현하는 방식이다.
- 3개의 위치좌표를 가지고 하나의 삼각형을 이루게 된다. 삼각형 외접원 안에 다른 점이 포함되지 않도록 하는 멜로니 삼각형을 주로 사용한다.
- 등고선 자료로부터 DEM을 제작하는 데 사용된다.

60. 래스터데이터 구조에 비하여 벡터데이터 구조가 갖는 단점으로 옳은 것은?

① 자료의 구조가 복잡한 편이다.
② 네트워크 분석과 같은 다양한 공간분석에 제약이 있다.
③ 해상도가 높을 경우 더욱 많은 저장용량을 필요로 한다.
④ 각 셀이 코드화되기 때문에 많은 저장용량을 필요로 한다.

해설 벡터데이터 구조의 단점
1. 벡터데이터 구조는 복잡하며, 래스터데이터 구조보다 관리하기가 어렵다.
2. 중첩 및 공간분석 기능을 수행하는 경우 공간연산이 상대적으로 어렵고 시간이 많이 소요된다.
3. 데이터 갱신이 번거롭다.
4. 데이터 입력이 수작업이기 때문에 비용이 많이 든다.
5. 그래픽 구성요소는 각기 다른 위상구조로 중첩이나 분석에 기술적으로 어려움이 수반된다.

04 지적학

61. 지목설정의 원칙 중 옳지 않은 것은?
① 1필1목의 원칙
② 용도경중의 원칙
③ 축척종대의 원칙
④ 주지목추종의 원칙

해설 지목설정의 원칙
1. 1필1지목의 원칙 : 1필의 토지에는 1개의 지목만을 설정하는 원칙이며, 1필의 일부가 용도변경된 경우에는 분할 후에 지목을 변경
2. 주지목추종의 원칙 : 주된 토지의 편익을 위해 설치된 소면적의 도로, 구거 등의 지목은 이를 따로 정하지 않고 주된 토지의 사용목적 및 용도에 따라 지목을 설정하는 원칙
3. 등록선후의 원칙 : 도로, 철도용지, 하천, 제방, 구거, 수도용지 등의 지목이 중복되는 경우에는 먼저 등록된 토지의 사용목적, 용도에 따라 지번을 설정하는 원칙
4. 용도경중의 원칙 : 도로, 철도용지, 하천, 제방, 구거, 수도용지 등의 지목이 중복되는 경우에는 중요 토지의 사용목적 및 용도에 따라 지목을 설정하는 원칙
5. 일시변경불가의 원칙 : 임시적, 일시적 용도의 변경 시 등록전환 또는 지목변경 불가의 원칙
6. 사용목적추종의 원칙 : 도시계획사업, 토지구획정리사업, 농지개량사업 등의 완료에 따라 조성된 토지는 사용목적에 따라 지목을 설정하여야 한다는 원칙
※ 축척종대의 원칙은 동일 경계가 다른 도면에 각각 등록된 때는 큰 축척에 따른다는 원칙으로 경계의 원칙에 속한다.

62. 부동산의 증명제도에 대한 설명으로 옳지 않은 것은?
① 근대적 등기제도에 해당한다.
② 소유권에 한하여 그 계약 내용을 인증해주는 제도였다.
③ 증명은 대한제국에서 일제 초기에 이르는 부동산등기의 일종이다.
④ 일본인이 우리나라에서 제한거리를 넘어서도 토지를 소유할 수 있는 근거가 되었다.

해설 일제 조선총독부는 조선부동산증명령(1912.03.22. 제령 제15호)을 공포하여 종래의 토지가옥 증명규칙과 토지가옥소유권 증명규칙을 대신하였으며 소유권 및 전당권에 대하여 증명하였다.

63. 우리나라 근대적 지적제도의 확립을 촉진시킨 여건에 해당되지 않는 것은?
① 토지에 대한 문건의 미비
② 토지소유형태의 합리성 결여
③ 토지면적 단위의 통일성 결여
④ 토지가치 판단을 위한 자료부족

해설 토지조사사업의 배경
1. 토지소유의 합리성 부족 : 오랜 기간 지속된 소작제도는 많은 토지소유권 분쟁을 유발하였으며, 특히 문중재산은 그 경우가 심하여 토지이용의 극대화 및 소유의 안전관리를 위한 지적제도 확립이 요구됨

Answer 61. ③ 62. ② 63. ④

2. 토지소유 증빙문건의 미비 : 구한말까지 전국적이고 통일된 토지조사를 실시하지 못하였고 정확한 토지등록방법이 없어 토지소유문건의 위조 및 은닉 사례가 빈번하게 발생함
3. 계량단위의 통일성 결여 : 전국적으로 통일된 토지면적 기준이 없고 마지기, 하루갈이, 결 등 토지단위의 호칭과 면적이 상이하여 지역마다 면적에 차이가 발생하고 정확한 면적산출이 어려움

64. 다음 중 토렌스시스템의 기본원리에 해당되지 않는 것은?

① 거울이론
② 배상이론
③ 보험이론
④ 커튼이론

해설 토렌스 시스템의 3대 기본원칙
1. 거울이론(mirror principle) : 소유권에 관한 현재의 법적 상태는 오직 등기부에 의해서만 이론의 여지없이 완벽하게 보여진다는 원리
2. 커튼이론(curtain principle) : 권리증명서가 발급되면 당해 토지에 대한 이전의 모든 이해관계는 무효가 되며 현재의 소유권을 되돌아볼 필요가 없다는 것
3. 보험이론(insurance principle) : 토지등록이 토지의 권리를 아주 정확하게 반영한 것이나 인간의 과실로 인하여 착오가 발생하는 경우에 피해를 입은 사람은 누구나 피해보상에 관한한 법률적으로 선의의 제3자와 동등한 입장에 놓여야만 된다는 이론

65. 현대 지적의 원리로 가장 거리가 먼 것은?

① 능률성
② 문화성
③ 정확성
④ 공기능성

해설 현대지적의 원리
1. 공기능성의 원리 : 어떤 집단 속에서 대다수의 개인에게 공통되는 이해 또는 목적을 가지는 것으로 불특정다수자의 이익의 추구이며, 사적 이익이라는 개별적 추구를 공적 입장에서 보호하자는 조화에 바탕을 두고 있으며, 모든 지적사항은 필요에 따라 공개되어야 하며 객관적이고 정확성이 있어야 함
2. 민주성의 원리 : 제도의 운영 주체와 객체가 내적인 면에서 인간화가 이루어지고 외적인 면에서 주민의 뜻이 반영되는 행정이며, 정책 결정에서 국민의 참여, 국민에 대한 충실한 봉사, 국민에 대한 행정적 책임 등이 확보되는 상태를 말함
3. 능률성의 원리 : 토지현황을 조사하여 지적공부를 만드는 데 따르는 실무활동의 능률과 주어진 여건과 실행과정에서 이론개발 및 그 전달과정의 개선을 뜻하며 지적활동의 과학화. 기술화 내지 합리화. 근대화를 지칭하는 것
4. 정확성의 원리 : 토지의 정보를 수록하는 지적은 사회과학적 방법과 자연과학적 방법이 함께 접근되어야 하며 지적의 정확성이 현대지적의 기능을 최고화하기 위한 원리

66. 지적 관련 법령의 변천 순서가 옳게 나열된 것은?

① 토지대장법 → 조선지세령 → 토지조사령 → 지세령
② 토지대장법 → 토지조사령 → 조선지세령 → 지세령
③ 토지조사법 → 지세령 → 토지조사령 → 조선지세령
④ 토지조사법 → 토지조사령 → 지세령 → 조선지세령

해설 지적법령의 연혁
1. 대한제국의 지적법령
   ① 토지가옥증명규칙(1906. 10. 26. 칙령 제65호)
   ② 토지가옥전당집행규칙(1906. 10. 26. 칙령 제80호)
   ③ 대구시가토지측량규정(1907. 5. 16)
   ④ 삼림법(1908. 1. 24. 법률 제1호)
   ⑤ 토지가옥소유권증명규칙(1908. 7. 16. 칙령 제47호)
   ⑥ 토지조사법(1910. 8. 23. 법률 제7호)
2. 일제강점기 시대의 지적법령
   ① 토지조사령(1912. 8. 13. 제령 제2호)
   ② 도근측량 실시규정(1913. 10. 5. 임시토지조사국 훈령 제17호)
   ③ 세부측도 실시규정(1913. 10. 5. 임시토지조사국 훈령 제18호)
   ④ 제도적산 실시규정(1914. 6. 30. 임시토지조사국 훈령 제25호)
   ⑤ 지세령(1914. 3. 16. 제령 제1호)
   ⑥ 토지대장규칙(1914. 4. 25, 조선총독부령 제45호)
   ⑦ 조선임야조사령(1918. 5. 1 제령 제5호)
   ⑧ 임야대장규칙(1920. 8. 23. 조선총독부령 제113호)
   ⑨ 토지측량규칙(1921. 3. 18. 조선총독부 훈령 제10호)
   ⑩ 임야측량규정(1935. 6. 12. 조선총독부 훈령 제27호)
   ⑪ 조선지세령(1943. 3. 31. 제령 제6호)
3. 대한민국의 지적법령
   ① 지적법(1950. 12. 1. 법률 제165호)
   ② 지적측량규정(1954. 11. 12. 대통령령 제951호)
   ③ 지적측량사규정(1960. 12. 31. 국무원령 제176호)
   ④ 측량·수로조사 및 지적에 관한 법률(2009. 6. 9. 법률 제9774호)
   ⑤ 공간정보의 구축 및 관리 등에 관한 법률(2017. 10. 24. 법률 제12936호)

67. 다음 중 지적공부의 성격이 다른 것은?
① 산토지대장 ② 갑호토지대장
③ 별책토지대장 ④ 을호토지대장

해설 간주지적도와 산토지대장
1. 간주지적도 : 지적도로 간주하는 임야도를 말하며, 토지조사사업 당시 조사지역 밖인 산림지대에 조사대상 지목인 전, 답, 대 등의 과세지가 있더라도 구태여 지적도에 등록하지 않고 그 지목만을 수정하여 임야도에 등록함
2. 산토지대장 : 간주지적도에 등록된 토지는 그 대장을 별도로 작성하고, 산토지대장이라고 하였으며, 별책토지대장 또는 을호토지대장이라고도 함

68. 지번부여지역에 해당하는 것은?
① 군 ② 읍
③ 면 ④ 동·리

Answer 67. ② 68. ④

해설 지번부여지역
1. 리·동 또는 이에 준하는 지역으로서 지번을 부여하는 단위지역
2. 리·동이란 법적 리·동을 뜻함
3. 리·동에 준하는 지역이란 낙도를 의미함

69. 다음 중 지적의 발생설과 관계가 먼 것은?

① 법률설   ② 과세설   ③ 치수설   ④ 지배설

해설 지적발생설의 종류
1. 과세설 : 세금 징수의 목적에서 출발
2. 치수설 : 토목측량술 및 치수에서 비롯됨
3. 통치설 : 통치적 수단에서 시작됨(지배설이라고도 함)
4. 침략설 : 영토 확장과 침략상 우위 목적

70. 지적업무의 특성으로 볼 수 없는 것은?

① 전국적으로 획일성을 요하는 기술업무
② 전통성과 영속성을 가진 국가 고유업무
③ 토지소유권을 확정공시하는 준사법적인 행정업무
④ 토지에 대한 권리관계를 등록하는 등기의 보완적 업무

해설 동일 토지에 대하여 등기의 경우 토지표시에 관한 사항은 지적공부를 기초로 하고, 지적의 경우 소유권에 관한 사항은 등기를 기초로 하는 등 지적과 등기는 상호 밀접한 관계이나 지적업무가 등기업무의 보완적 역할을 하는 것은 아님

71. 다음 중 지적제도의 분류방법이 다른 하나는?

① 세지적   ② 법지적
③ 수치지적   ④ 다목적지적

해설 지적제도의 분류
1. 발전과정에 따른 분류
  • 세지적 : 농경시대에 개발된 최초의 지적제도로서 과세지적이라 하며, 면적본위로 운영
  • 법지적 : 산업화시대에 개발된 제도로서 소유권지적이라 하며, 위치본위로 운영
  • 다목적지적 : 컴퓨터를 활용하여 토지에 관한 다양하고 많은 자료관리와 신속·정확한 공급이 가능한 제도로서 종합지적 또는 통합지적이라 함
2. 표시방법(측량방법)에 따른 분류
  • 도해지적 : 토지경계를 도해적으로 등록하는 제도
  • 수치지적 : 토지경계점을 수학적 좌표(X,Y)로 등록하는 제도
3. 등록대상(등록방법)에 따른 분류
  • 2차원지적 : 토지의 수평면상 투영만을 가상하여 경계를 등록·공시하는 제도로서 평면지적이라 함
  • 3차원지적 : 토지의 지표, 지하, 공중에 형성되는 선·면·높이를 등록·관리하는 제도로서 입체지적이라 함

Answer 69. ① 70. ④ 71. ③

72. 징발된 토지소유권의 주체는?
① 국가 ② 국방부
③ 토지소유자 ④ 지방자치단체

해설 징발에 대한 보상이 이루어졌다 하더라도 토지의 소유권 이전에 대한 절차가 이행되기 전까지는 토지소유자에게 소유권이 있다.

73. 다음 토지이동 항목 중 면적측정 대상에서 제외되는 것은?
① 등록전환 ② 신규등록 ③ 지목변경 ④ 축척변경

해설 지목변경이란 지적공부에 등록된 지목을 다른 지목으로 바꾸어 등록하는 행정처분으로서 면적측정 대상이 아님

74. 지번의 부여방법 중 진행방향에 따른 분류가 아닌 것은?
① 기우식 ② 사행식 ③ 오결식 ④ 절충식

해설 지번부여방법의 종류
1. 진행방향에 따른 분류 : 사행식, 기우식, 단지식
2. 부여단위에 따른 분류 : 지역단위법, 도엽단위, 단지단위법
3. 기번위치에 따른 분류 : 북동기번법, 북서기번법

75. 다음 중 정약용과 서유구가 주장한 양전개정론의 내용이 아닌 것은?
① 경무법 시행 ② 결부제 폐지
③ 어린도법 시행 ④ 수등이척제 개선

해설 조선 후기 실학자인 이기는 저서 "해학유서"에서 수등이척제에 대한 개선방법으로 망척제의 도입을 주장함

76. 다음 중 임야조사사업 당시 사정기관은?
① 도시사 ② 임야심사위원회
③ 임시토지조사국 ④ 고등토지조사위원회

해설 토지조사사업과 임야조사사업의 사정(査定)사항 비교

구분	토지조사사업	임야조사사업
사정권자	임시토지조사국장	도지사
심의기관	–	임야심사위원회
조사 및 측량기관	임시토지조사국	부 또는 면
자문기관	지방토지조사위원회	–
재결기관	고등토지조사위원회	임야조사위원회

Answer 72. ③ 73. ③ 74. ③ 75. ④ 76. ①

77. 지적제도의 발달과정에서 세지적이 표방하는 가장 중요한 특징은?

① 면적본위
② 위치본위
③ 소유권 본위
④ 대축척 지적도

해설 발전과정에 따른 지적제도의 분류
1. 세지적 : 농경시대에 개발된 최초의 지적제도로서 과세지적이라 하며, 면적본위로 운영
2. 법지적 : 산업화시대에 개발된 제도로서 소유권지적이라 하며, 위치본위로 운영
3. 다목적지적 : 컴퓨터를 활용하여 토지에 관한 다양하고 많은 자료관리와 신속·정확한 공급이 가능한 제도로서 종합지적 또는 통합지적이라 함

78. 다음 중 축척이 다른 2개의 도면에 동일한 필지의 경계가 각각 등록되어 있을 때 토지의 경계를 결정하는 원칙으로 옳은 것은?

① 축척이 큰 것에 따른다.
② 축척의 평균치에 따른다.
③ 축척이 작은 것에 따른다.
④ 토지소유자에게 유리한 쪽에 따른다.

해설 경계의 제원칙 중 '축척종대의 원칙'은 동일한 경계가 다른 도면에 각각 등록된 때는 큰 축척에 따른다는 원칙이다.

79. 지적공부를 상시 비치하고 누구나 열람할 수 있게 하는 공개주의의 이론적 근거가 되는 것은?

① 공신의 원칙
② 공시의 원칙
③ 공증의 원칙
④ 직권등록의 원칙

해설 지적공개주의는 토지에 관한 등록사항은 지적공부에 등록하고 이를 일반에 공개하여 누구나 이용하고 활용할 수 있게 하여야 한다는 이념으로서, 토지등록의 법적 지위에 있어서 토지의 이동이나 물권의 변동은 반드시 외부에 알려야 한다는 공시의 원칙을 근거로 한다.

80. 토지대장을 열람하여 얻을 수 있는 정보가 아닌 것은?

① 토지경계
② 토지면적
③ 토지소재
④ 토지지번

해설 토지의 경계는 지적도면(지적도와 임야도)에 등록되어 있다.

05 지적관계법규

81. 지적측량업의 등록을 위한 기술능력 및 장비의 기준으로 옳지 않은 것은?

① 출력장치 1대 이상
② 중급기술자 2명 이상
③ 토털스테이션 1대 이상
④ 특급기술자 2명 또는 고급기술자 1명 이상

해설 지적측량업의 등록기준

구분	기술인력	장비
지적측량업	1. 특급기술자 1명 또는 고급 기술자 2명 이상 2. 중급기술자 2명 이상 3. 초급기술자 1명 이상 4. 지적분야의 초급기능사 1명 이상	1. 토털스테이션 1대 이상 2. 출력장치 1대 이상 • 해상도 : 2400DPI×1200DPI • 출력범위 : 600밀리미터×1060밀리미터 이상

82. 공간정보의 구축 및 관리 등에 관한 법령상 지적측량수수료를 결정하여 고시하는 자는?

① 기획재정부장관
② 국토교통부장관
③ 행정안전부장관
④ 한국국토정보공사 사장

해설 지적측량을 의뢰하는 자는 지적측량수행자에게 지적측량수수료를 내야하며 지적측량수수료는 국토교통부장관이 매년 12월 말일까지 고시하여야 한다.

83. 공간정보의 구축 및 관리 등에 관한 법령상 신규등록 신청 시 지적소관청에 제출하여야 하는 첨부서류가 아닌 것은?

① 지적측량성과도
② 법원의 확정판결서 정본 또는 사본
③ 소유권을 증명할 수 있는 서류의 사본
④ 「공유수면 관리 및 매립에 관한 법률」에 따른 준공검사 확인증 사본

해설 신규등록 신청서류
1. 법원의 확정판결서 정본 또는 사본
2. 「공유수면 관리 및 매립에 관한 법률」에 따른 준공검사확인증 사본
3. 도시계획구역의 토지를 그 지방자치단체의 명의로 등록하는 때에는 기획재정부장관과 협의한 문서의 사본
4. 그 밖에 소유권을 증명할 수 있는 서류

Answer 81. ④ 82. ② 83. ①

84. 다음 지목의 분류에서 암석지의 지목으로 옳은 것은?

① 유지　　　　　　　　② 임야
③ 잡종지　　　　　　　④ 전

해설
1. 임야 : 산림 및 원야를 이루고 있는 수림지·죽림지·암석지·자갈땅·모래땅·습지·황무지 등의 토지
2. 유지 : 물이 고이거나 상시적으로 물을 저장하고 있는 댐·저수지·소류지·호수·연못 등의 토지와 연·왕골 등이 자생하는 배수가 잘 되지 아니하는 토지
3. 잡종지
   ① 아래에 해당하는 토지
      - 갈대밭, 실외에 물건을 쌓아두는 곳, 돌을 캐내는 곳, 흙을 파내는 곳, 야외시장, 비행장, 공동우물
      - 영구적 건축물 중 변전소, 송신소, 수신소, 송유시설, 도축장, 자동차운전학원, 쓰레기 및 오물처리장 등의 부지
      - 다른 지목에 속하지 않는 토지
   ② 원상회복을 조건으로 돌을 캐내는 곳 또는 흙을 파내는 곳으로 허가된 토지는 제외
4. 전 : 물을 상시적으로 이용하지 않고 곡물·원예작물(과수류는 제외)·약초·뽕나무·닥나무·묘목·관상수 등의 식물을 주로 재배하는 토지와 식용으로 죽순을 재배하는 토지

85. 공간정보의 구축 및 관리 등에 관한 법령상 지적기준점에 해당하지 않는 것은?

① 위성기준점　　　　　② 지적도근점
③ 지적삼각점　　　　　④ 지적삼각보조점

해설
1. 측량기준점의 구분
   국가기준점, 공공기준점, 지적기준점
2. 지적기준점
   - 지적삼각점
   - 지적삼각보조점
   - 지적도근점
3. 위성기준점
   국가기준점의 하나로 지리학적 경위도, 직각좌표 및 지구중심 직교좌표의 측정 기준으로 사용하기 위하여 대한민국 경위도원점을 기초로 정한 기준점

86. 면적을 측정하는 경우 도곽선의 길이에 얼마 이상의 신축이 있을 때에 이를 보정하여야 하는가?

① 0.4mm　　② 0.5mm　　③ 0.8mm　　④ 1.0mm

해설 면적을 측정하는 경우 도곽선의 길이에 0.5밀리미터 이상의 신축이 있을 때에는 이를 보정하여야 한다.
※ 도곽선의 신축량 계산

$$S = \frac{\Delta X_1 + \Delta X_2 + \Delta Y_1 + \Delta Y_2}{4}$$

(S는 신축량, ΔX_1는 왼쪽 종선의 신축된 차, ΔX_2는 오른쪽 종선의 신축된 차, ΔY_1는 위쪽 횡선의 신축된 차, ΔY_2는 아래쪽 횡선의 신축된 차)

Answer 84. ②　85. ①　86. ②

87. 공간정보의 구축 및 관리 등에 관한 법령상 지적공부의 열람·발급 시 지적소관청에서 교부하는 등본 대상이 아닌 것은?

① 결번대장
② 임야대장
③ 토지대장
④ 경계점좌표등록부

해설 지적공부의 열람·발급 시 지적소관청에서 교부하는 등본 대상은 토지대장, 임야대장, 지적도, 임야도, 경계점좌표등록부, 부동산종합공부이다.
  ※ 결번대장
    결번대장은 행정구역의 변경, 도시개발사업의 시행, 지번변경, 축척변경, 지번정정 등의 사유로 지번에 결번이 생긴 때 그 사유를 적어 지적소관청이 영구히 보존하는 대장을 말한다.

88. 신규등록할 토지가 발생한 경우 최대 며칠 이내에 지적소관청에 신규등록을 신청하여야 하는가?

① 15일
② 30일
③ 60일
④ 90일

해설 신규등록
새로 조성된 토지와 지적공부에 등록되어 있지 아니한 토지를 지적공부에 등록하는 것
1. 신청기한 : 신규등록 사유가 발생한 날부터 60일 이내에 지적소관청에 신청
2. 신청대상
   ① 「공유수면 관리 및 매립에 관한 법률」에 의한 공유수면 매립 토지
   ② 미등록 공공용 토지
   ③ 미등록 섬
   ④ 미등록 토지
3. 신청서류
   ① 법원의 확정판결서 정본 또는 사본
   ② 준공검사확인증 사본
   ③ 도시계획구역의 토지를 그 지방자치단체의 명의로 등록하는 때에는 기획재정부장관과 협의한 문서의 사본
   ④ 그 밖에 소유권을 증명할 수 있는 서류

89. 지적재조사에 관한 특별법령상 지적소관청이 사업지구 지정고시를 한 날부터 일필지조사 및 지적재조사측량을 시행하여야 하는 기간은?

① 6개월 이내
② 1년 이내
③ 2년 이내
④ 3년 이내

해설 지적재조사 사업지구 지정의 효력상실
1. 지적소관청은 사업지구 지정고시를 한 날부터 2년 내에 일필지조사 및 지적재조사를 위한 지적측량을 시행하여야 함
2. 기간 내에 일필지조사 및 지적재조사측량을 시행하지 아니할 때에는 그 기간의 만료로 사업지구의 지정은 효력이 상실됨
3. 시·도지사는 사업지구 지정의 효력이 상실되었을 때에는 이를 시·도 공보에 고시하고 국토교통부장관에게 보고하여야 함

Answer 87. ①   88. ③   89. ③

90. 공간정보의 구축 및 관리 등에 관한 법령상 정당한 사유 없이 지적측량을 방해한 자에 대한 벌칙 기준으로 옳은 것은?

① 300만 원 이하의 과태료
② 500만 원 이하의 과태료
③ 1년 이하의 징역 또는 1천만 원 이하의 벌금
④ 2년 이하의 징역 또는 2천만 원 이하의 벌금

해설 공간정보의 구축 및 관리에 관한 법률 위반자에 대한 과태료
1. 부과금액: 300만 원 이하의 과태료를 부과
2. 과태료 부과 대상
   ① 정당한 사유 없이 측량을 방해한 자
   ② 거짓으로 측량기술자 또는 수로기술자의 신고를 한 자
   ③ 측량업 등록사항의 변경신고를 하지 아니한 자
   ④ 측량업자 또는 수로사업자의 지위승계 신고를 하지 아니한 자
   ⑤ 측량업 또는 수로사업의 휴업·폐업 등의 신고를 하지 아니하거나 거짓으로 신고한 자
   ⑥ 본인, 배우자 또는 직계 존속·비속이 소유한 토지에 대한 지적측량을 한 자
   ⑦ 측량기기에 대한 성능검사를 받지 아니하거나 부정한 방법으로 성능검사를 받은 자
   ⑧ 성능검사대행자의 등록사항 변경을 신고하지 아니한 자
   ⑨ 성능검사대행업무의 폐업신고를 하지 아니한 자
   ⑩ 정당한 사유 없이 보고를 하지 아니하거나 거짓으로 보고를 한 자
   ⑪ 정당한 사유 없이 조사를 거부·방해 또는 기피한 자
   ⑫ 토지 등에의 출입 등을 방해하거나 거부한 자

91. 부동산종합공부시스템 운영 및 관리규정상 토지의 고유번호 코드의 총 자릿수는?

① 13자리   ② 15자리   ③ 19자리   ④ 22자리

해설 토지의 고유번호 코드의 구성

행정구역코드 10자리(시·도 2, 시·군·구 3, 읍·면·동 3, 리 2)+대장구분 1자리+본번 4자리+부번 4자리=19자리로 구성

1. 행정구역

코드체계	*	*	*	*	*	*	*	*	*	*
	시·도		시·군·구			읍·면·동			리	
	숫자 2자리		숫자 3자리			숫자 3자리			숫자 2자리	

2. 대장 구분

코드체계	*	⇐ 숫자 1자리

코드	내용	코드	내용
1	토지대장	8	토지대장 (폐쇄)
2	임야대장	9	임야대장 (폐쇄)

Answer 90. ① 91. ③

92. 국토교통부장관이 기본측량을 실시하기 위하여 필요하다고 인정하는 경우, 토지의 수용 또는 사용에 따른 손실보상에 관하여 적용하는 법률은?

① 부동산등기법
② 국토의 계획 및 이용에 관한 법률
③ 공간정보의 구축 및 관리 등에 관한 법률
④ 공익사업을 위한 토지 등의 취득 및 보상에 관한 법률

해설 토지수용 및 사용
1. 국토교통부장관은 기본측량을 실시하기 위하여 필요하다고 인정하는 경우에는 토지, 건물, 나무 그 밖의 공작물을 수용하거나 사용
2. 수용 또는 사용 및 손실보상에 관하여는 "공익사업을 위한 토지 등의 취득 및 보상에 관한 법률"을 적용

93. 공간정보의 구축 및 관리 등에 관한 법령상 지적측량의뢰인이 손해배상금으로 보험금을 지급받고자 하는 경우의 첨부서류에 해당되는 것은?

① 공정증서 ② 인낙조서 ③ 조정조서 ④ 화해조서

해설 손해배상금으로 보험금을 지급받고자 하는 경우의 첨부서류
1. 지적측량의뢰인과 지적측량수행자 간의 손해배상합의서 또는 화해조서
2. 확정된 법원의 판결문 사본
3. 제1호 또는 제2호에 준하는 효력이 있는 서류

94. 공간정보의 구축 및 관리 등에 관한 법령상 「도시개발법」에 따른 도시개발사업의 착수·변경 또는 완료 사실의 신고는 그 사유가 발생한 날부터 최대 며칠 이내에 하여야 하는가?

① 7일 이내 ② 15일 이내 ③ 30일 이내 ④ 60일 이내

해설 토지이동의 신청과 신고대상

구분	신청 또는 신고 대상	시기
신규등록	신규등록할 토지	사유가 발생한 날부터 60일 이내 지적소관청에 신청
등록전환	등록전환할 토지	
분할	형질변경 등으로 용도가 변경된 경우	
합병	공동주택의 부지, 도로, 제방, 하천, 구거, 유지, 공장용지·학교용지·철도용지·수도용지·공원·체육용지	
지목변경	지목변경할 토지	
바다로 된 토지의 등록말소	지적소관청이 등록말소 신청 통지를 한 토지	토지소유자가 통지를 받은 날부터 90일 이내에 지적소관청에 신청
도시개발사업 등의 착수 완료	착수·변경 또는 완료 사실	사유가 발생할 날부터 15일 이내에 지적소관청에 신고

Answer 92. ④ 93. ④ 94. ②

95. 지적업무처리규정상 일람도의 제도방법에 대한 설명으로 옳지 않은 것은?

① 철도용지는 붉은색 0.2mm 폭의 2선으로 제도한다.
② 인접 동·리 명칭은 4mm, 그 밖의 행정구역의 명칭은 5mm의 크기로 한다.
③ 취락지·건물 등은 0.1mm의 폭으로 제도하고 그 내부를 검은색으로 엷게 채색한다.
④ 도곽선은 0.1mm의 폭으로, 도곽선 수치는 3mm 크기의 아라비아 숫자로 제도한다.

해설 일람도의 제도방법
1. 도곽선은 0.1mm의 폭으로, 도곽선의 수치는 도곽선 왼쪽 아랫부분과 오른쪽 윗부분의 종횡선교차점 바깥쪽에 2mm 크기의 아라비아숫자로 제도한다.
2. 도면번호는 3mm의 크기로 한다.
3. 인접 동·리 명칭은 4mm, 그 밖의 행정구역 명칭은 5mm의 크기로 한다.
4. 지방도로 이상은 검은색 0.2mm 폭의 2선으로, 그 밖의 도로는 0.1mm의 폭으로 제도한다.
5. 철도용지는 붉은색 0.2mm 폭의 2선으로 제도한다.
6. 수도용지 중 선로는 남색 0.1mm 폭의 2선으로 제도한다.
7. 하천·구거·유지는 남색 0.1mm의 폭의 2선으로 제도하고, 그 내부를 남색으로 엷게 채색한다. 다만, 적은 양의 물이 흐르는 하천 및 구거는 0.1밀리미터의 남색 선으로 제도한다.
8. 취락지·건물 등은 검은색 0.1mm의 폭으로 제도하고, 그 내부를 검은색으로 엷게 채색한다.
9. 삼각점 및 지적기준점은 0.2mm폭의 선으로 제도하며 기준점에 따라 크기 및 채색을 달리한다.
10. 도시개발사업·축척변경 등이 완료된 때에는 지구경계를 붉은색 0.1mm 폭의 선으로 제도한 후 지구 안을 붉은색으로 엷게 채색하고, 그 중앙에 사업명 및 사업완료연도를 기재한다.

96. 다음 토지이동 중 축척의 변경이 수반되는 토지이동은?

① 등록전환
② 신규등록
③ 지목변경
④ 합병

해설 "등록전환"이란 임야대장 및 임야도에 등록된 토지를 토지대장 및 지적도에 옮겨 등록하는 것을 말하는 것으로, 임야도에서 지적도로 옮겨 등록할 때에는 축척의 변경이 수반된다.
※ 지적도면의 축척
1. 지적도 : 1/500, 1/600, 1/1000, 1/1200, 1/2400, 1/3000, 1/6000
2. 임야도 : 1/3000, 1/6000

97. 공간정보의 구축 및 관리 등에 관한 법령상 지상경계점에 경계점표지를 설치한 후 측량할 수 있는 경우가 아닌 것은?

① 관계 법령에 따라 인가·허가 등을 받아 토지를 분할하려는 경우
② 토지 일부에 대한 지상권설정을 목적으로 분할하고자 하려는 경우
③ 토지이용상 불합리한 지상경계를 시정하기 위하여 토지를 분할하려는 경우
④ 도시개발사업의 사업시행자가 사업지구의 경계를 결정하기 위하여 토지를 분할하려는 경우

해설 지상 경계점에 경계점표지 설치 후 측량할 수 있는 경우
1. 도시개발사업 등의 사업시행자가 사업지구의 경계를 결정하기 위하여 토지를 분할하려는 경우
2. 사업시행자와 행정기관의 장 또는 지방자치단체의 장이 토지를 취득하기 위하여 분할하려는 경우

Answer 95. ④ 96. ① 97. ②

3. 도시·군관리계획 결정고시와 지형도면 고시가 된 지역의 도시·군관리계획선에 따라 토지를 분할하려는 경우
4. 토지를 분할하려는 경우
5. 관계 법령에 따라 인가·허가 등을 받아 토지를 분할하려는 경우

98. 공간정보의 구축 및 관리 등에 관한 법률에서 규정하는 경계에 대한 설명으로 옳지 않은 것은?

① 지적도에 등록한 선
② 임야도에 등록한 선
③ 지상에 설치한 경계표지
④ 필지별로 경계점들을 직선으로 연결하여 지적공부에 등록한 선

해설 "경계"란 필지별로 경계점들을 직선으로 연결하여 지적공부에 등록한 선을 말한다.

99. 공간정보의 구축 및 관리 등에 관한 법령상 지적도면과 경계점좌표등록부에 공통으로 등록하여야 하는 사항은?(단, 따로 규정을 둔 사항은 제외한다.)

① 경계, 좌표
② 지번, 지목
③ 토지의 소재, 지번
④ 토지의 고유번호, 경계

해설 지적도면과 경계점좌표등록부의 등록사항

지적도면의 등록사항	경계점좌표등록부의 등록사항
토지의 소재	토지의 소재
지번	지번
지목	좌표
경계	토지의 고유번호
지적도면의 색인도	지적도면의 번호
지적도면의 제명 및 축척	필지별 경계점좌표등록부의 장번호
도곽선과 그 수치	부호 및 부호도
좌표에 의하여 계산된 경계점 간의 거리(경계점좌표등록부를 갖춰 두는 지역으로 한정)	
삼각점 및 지적기준점의 위치	
건축물 및 구조물 등의 위치	

100. 공간정보의 구축 및 관리 등에 관한 법률에 따른 '토지의 표시'가 아닌 것은?

① 경계
② 소유자의 주소
③ 좌표
④ 토지의 소재

해설 "토지의 표시"란 지적공부에 토지의 소재·지번·지목·면적·경계 또는 좌표를 등록한 것을 말한다.

Answer 98. ③ 99. ③ 100. ②

2018년 제2회 지적산업기사

01 지적측량

01. 지적측량 의뢰인과 지적측량 수행자가 서로 합의하여 따로 기간을 정하는 경우 측량기간은 전체 기간의 얼마로 하는가?

① 1/2   ② 2/3   ③ 3/4   ④ 4/5

해설 공간정보의 구축 및 관리 등에 관한 법률 시행규칙 제25조(지적측량 의뢰 등)
제4항 지적측량 의뢰인과 지적측량 수행자가 서로 합의하여 따로 기간을 정하는 경우에는 그 기간에 따르되, 전체기간의 4분의 3은 측량기간으로, 전체기간의 4분의 1은 측량검사기간으로 본다.

02. 경위의 측량방법에 따른 세부측량의 관측방법으로 옳지 않은 것은?

① 관측은 교회법에 의한다.
② 연직각은 분단위로 독정한다.
③ 연직각은 정반으로 1회 관측한다.
④ 관측은 20초독 이상의 경위의를 사용한다.

해설 지적측량 시행규칙 제18조(세부측량의 기준 및 방법 등)
경위의 측량방법에 따른 세부측량의 관측 및 계산은 다음 각 호의 기준에 따른다.
1. 미리 각 경계점에 표지를 설치하여야 한다. 다만, 부득이한 경우에는 그러하지 아니하다.
2. 도선법 또는 방사법에 따를 것
3. 관측은 20초독 이상의 경위의를 사용할 것
4. 수평각의 관측은 1대회의 방향관측법이나 2배각의 배각법에 따를 것. 다만, 방향관측법인 경우에는 1측회의 폐색을 하지 아니할 수 있다.
5. 연직각의 관측은 정반으로 1회 관측하여 그 교차가 5분 이내일 때에는 그 평균치를 연직각으로 하되, 분단위로 독정(讀定)할 것

03. 평판측량방법에 의한 세부측량을 광파조준의를 사용하여 방사법으로 실시할 경우 도상길이는 최대 얼마 이하로 할 수 있는가?

① 10cm   ② 20cm
③ 30cm   ④ 40cm

해설

측량방법	평판측량방법		
	교회법	도선법	방사법
방향선	10cm 이하 광파조준의, 광파측거기 사용 : 30cm 이하	8cm 이하 광파조준의, 광파측거기 사용 : 30cm 이하	10cm 이하 광파조준의 사용 : 30cm 이하

04. 다각망도선법에서 도선이 15개이고 교점이 6개일 때 필요한 최소 조건식의 수는?

① 7개
② 8개
③ 9개
④ 10개

해설 최소 조건식=도선수-교점수
최소 조건식=15-6=9 ∴ 최소 조건식은 9개

05. 지적삼각점의 연직각을 관측치의 최대치와 최소치의 교차가 몇 초 이내일 때 평균치를 연직각으로 하는가?

① 10초 이내
② 30초 이내
③ 50초 이내
④ 60초 이내

해설 지적측량 시행규칙 제9조(지적삼각점측량의 관측 및 계산)
제3항 관측치의 최대치와 최소치의 교차가 30초 이내일 때에는 그 평균치를 연직각으로 함

06. 축척이 1/2400인 지적도면 1매를 축척이 1/1200인 지적도면으로 바꿨을 때의 도면 매수는?

① 2매
② 4매
③ 6매
④ 8매

해설 도곽선의 지상거리
1/1,200 : 가로 500m, 세로 400m
1/2,400 : 가로 1,000m, 세로 800m
따라서 가로, 세로 거리가 각각 2배이므로 2×2=4매

07. 90g(90그레이드)는 몇 도(°)인가?

① 81°
② 91°
③ 100°
④ 123°

해설 $360° : x° = 400g : 90g$
$400x = 360 \times 90$
$x = \dfrac{360 \times 90}{400}$
$= 81$
∴ 81°

Answer 4. ③ 5. ② 6. ② 7. ①

08. 다음은 광파기 측량방법에 따른 지적삼각점 관측 기준에 대한 설명이다. ( ) 안에 들어갈 내용으로 옳은 것은?

광파측거기는 표준편차가 ( ) 이상인 정밀측거기를 사용할 것

① ±[15mm+5ppm] ② ±[5mm+15ppm]
③ ±[5mm+10ppm] ④ ±[5mm+5ppm]

해설 지적측량 시행규칙 제9조(지적삼각점측량의 관측 및 계산)
전파 또는 광파측거기(光波測距機)는 표준편차가 ±[5밀리미터+5피피엠(ppm)] 이상인 정밀측거기를 사용

09. 평판측량방법에 있어서 도상에 영향을 미치지 아니하는 지상거리의 축척별 허용범위 기준은?(단, M은 축척분모를 말한다.)

① $\dfrac{M}{5}$mm ② $\dfrac{M}{10}$mm ③ $\dfrac{M}{20}$mm ④ $\dfrac{M}{30}$mm

해설 지적측량 시행규칙 제18조(세부측량의 기준 및 방법 등)
평판측량방법에 있어서 도상에 영향을 미치지 아니하는 지상거리의 축척별 허용범위는 $\dfrac{M}{10}$밀리미터로 한다. 이 경우 M은 축척분모를 말한다.

10. 지적기준점성과의 관리에 관한 내용으로 옳은 것은?
① 지적삼각점성과는 시·도지사가 관리한다.
② 지적삼각보조점성과는 시·도지사가 관리한다.
③ 지적삼각점성과는 국토교통부장관이 관리한다.
④ 지적삼각보조점성과는 국토교통부장관이 관리한다.

해설 지적측량 시행규칙 제3조(지적기준점성과의 관리 등)
1. 지적삼각점성과는 특별시장·광역시장·도지사 또는 특별자치도지사(이하 "시·도지사"라 한다)가 관리
2. 지적삼각보조점성과 및 지적도근점성과는 지적소관청이 관리

11. 경위의측량방법으로 세부측량을 하는 경우에 측량대상 토지의 경계점 간 실측거리와 경계점의 좌표에 의해 계산한 거리의 교차가 얼마 이내일 때 그 실측거리를 측량원도에 기재하는가?(단, L은 미터단위로 표시한 실측거리이다.)

① $\dfrac{3L}{10}$cm ② $\dfrac{10}{3L}$cm ③ $3-\dfrac{L}{10}$cm ④ $3+\dfrac{L}{10}$cm

해설 지적측량 시행규칙 제26조(세부측량성과의 작성)
측량대상 토지의 경계점 간 실측거리와 경계점의 좌표에 따라 계산한 거리의 교차는 $3+\dfrac{L}{10}$센티미터 이내여야 한다. 이 경우 L은 실측거리로서 미터단위로 표시한 수치

Answer 8. ④ 9. ② 10. ① 11. ④

12. 지적측량에 사용되는 지적기준점 기호 제도방법으로 옳지 않은 것은?

① 2등삼각점 : ◎
② 위성기준점 : ⊕
③ 4등삼각점 : ◎
④ 지적삼각점 : ⊕

기준점 명칭	표시	내용
지적위성기준점	3mm / 2mm ⊕	직경 2mm, 3mm의 2중 원안에 십자선 표시
1등삼각점	3mm / 2mm / 1mm ◉	직경 1mm, 2mm 및 3mm의 3중원으로 제도하고, 중심 원 내부를 검은색으로 엷게 채색
2등삼각점	3mm / 2mm / 1mm ◉	직경 1mm, 2mm 및 3mm의 3중원으로 제도
3등삼각점	2mm / 1mm ⊙	직경 1mm, 2mm의 2중원으로 제도하고 중심 원 내부를 검은색으로 엷게 채색
4등삼각점	2mm / 1mm ◯	직경 1mm, 2mm의 2중원으로 제도
지적삼각점	3mm ⊕	직경 3mm의 원으로 제도하고 원안에 십자선
지적삼각보조점	3mm ●	직경 3mm의 원으로 제도하고 원 안에 검은색으로 엷게 채색한다.
지적도근점	2mm ◯	직경 2mm의 원으로 제도

Answer 12. ①

13. $R=500$m, 중심각(θ)이 60°인 경우 AB의 직선거리는?

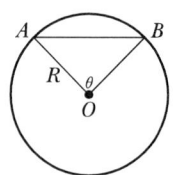

① 400m
② 500m
③ 600m
④ 1000m

해설 $AB = 2R\sin\dfrac{I}{2}$
$= 2 \times 500 \times \sin\dfrac{60}{2}$
$= 500$m

14. 두 점 간의 실거리 300m를 도상에 6mm로 표시할 도면의 축척은?
① 1/10000
② 1/20000
③ 1/25000
④ 1/50000

해설 축척분모 $= \dfrac{\text{지상거리}}{\text{도상거리}} = \dfrac{300000}{6} = 50000$ ∴ $\dfrac{1}{50000}$

15. 지적도근점의 각도관측을 방위각법으로 할 때 2등도선의 폐색오차 허용범위는?(단, n은 폐색변을 포함한 변의 수를 말한다.)
① $\pm 1.5\sqrt{n}$ 분 이내
② $\pm 2\sqrt{n}$ 분 이내
③ $\pm 2.5\sqrt{n}$ 분 이내
④ $\pm 3\sqrt{n}$ 분 이내

해설 지적측량 시행규칙 제14조(지적도근점의 각도관측을 할 때의 폐색오차의 허용범위 및 측각오차의 배분)
배각법에 따르는 경우: 1회 측정각과 3회 측정각의 평균값에 대한 교차는 30초 이내로 하고, 1도선의 기지방위각 또는 평균방위각과 관측방위각의 폐색오차는 1등도선은 $\pm 20\sqrt{n}$ 초 이내, 2등도선은 $\pm 30\sqrt{n}$ 초 이내로 함

16. 축척 1200분의 1 지역에서 평판을 구심할 경우에 제도 허용 오차를 0.3mm 정도로 할 때 지상의 구심오차(편심거리)는 몇 cm까지 허용할 수 있는가?
① 3cm 이내
② 9cm 이내
③ 18cm 이내
④ 24cm 이내

해설 $q = \dfrac{2e}{M}$
$e = \dfrac{Mq}{2} = \dfrac{1200 \times 0.3}{2} = 180\text{mm} = 18\text{cm}$

17. 경위의측량방법과 도선법에 따른 지적도근점의 관측 시 시가지 지역에서 수평각을 관측하는 방법으로 옳은 것은?

① 배각법   ② 편각법   ③ 각관측법   ④ 방위각법

해설 지적측량 시행규칙 제13조(지적도근점의 관측 및 계산)
수평각의 관측은 시가지 지역, 축척변경지역 및 경계점좌표등록부 시행지역에 대하여는 배각법에 따르고, 그 밖의 지역에 대하여는 배각법과 방위각법을 혼용

18. 다음 오차의 종류 중 최소제곱법에 의하여 보정할 수 있는 오차는?

① 착오
② 누적오차
③ 부정오차(우연오차)
④ 정오차(계통적 오차)

해설 최소제곱법에 의하여 보정할 수 있는 오차는 부정오차(우연오차)

19. 다음 중 도면에 등록하는 도곽선의 제도방법 기준에 대한 설명으로 옳지 않은 것은?

① 도곽선은 0.1mm의 폭으로 제도한다.
② 도곽선의 수치는 2mm의 크기로 제도한다.
③ 지적도의 도곽 크기는 가로 30cm, 세로 40cm의 직사각형으로 한다.
④ 도곽선의 수치는 도곽선 왼쪽 아랫부분과 오른쪽 윗부분의 종횡선교차점 바깥쪽에 제도한다.

해설 지적업무 처리규정 제40조(도곽선의 제도)
① 도면의 위 방향은 항상 북쪽이 되어야 한다.
② 지적도의 도곽 크기는 가로 40센티미터, 세로 30센티미터의 직사각형으로 한다.
③ 도곽의 구획은 영 제7조제3항 각 호에서 정한 좌표의 원점을 기준으로 하여 정하되, 그 도곽의 종횡선수치는 좌표의 원점으로부터 기산하여 영 제7조제3항에서 정한 종횡선수치를 각각 가산한다.
④ 도면에 등록하는 도곽선은 0.1밀리미터의 폭으로, 도곽선의 수치는 도곽선 왼쪽 아랫부분과 오른쪽 윗부분의 종횡선교차점 바깥쪽에 2밀리미터 크기의 아라비아숫자로 제도한다.

20. 지적도의 축척이 600분의 1인 지역에서 분할필지의 측정면적이 135.65m²일 경우 면적의 결정은 얼마로 하여야 하는가?

① 135m²
② 135.6m²
③ 135.7m²
④ 136m²

해설 공간정보의 구축 및 관리 등에 관한 법률 시행령 제60조(면적의 결정 및 측량계산의 끝수처리)
1. 토지의 면적에 1제곱미터 미만의 끝수가 있는 경우 0.5제곱미터 미만일 때에는 버리고 0.5제곱미터를 초과하는 때에는 올림
2. 0.5제곱미터일 때에는 구하려는 끝자리의 숫자가 0 또는 짝수이면 버리고 홀수이면 올림
3. 다만, 1필지의 면적이 1제곱미터 미만일 때에는 1제곱미터로 함
4. 지적도의 축척이 600분의 1인 지역과 경계점좌표등록부에 등록하는 지역의 토지면적은 제곱미터 이하 한 자리 단위로 함
5. 다만, 0.1제곱미터 미만의 끝수가 있는 경우 0.05제곱미터 미만일 때에는 버리고 0.05제곱미터를 초과할

Answer 17. ①   18. ③   19. ③   20. ②

때에는 올림
6. 0.05제곱미터일 때에는 구하려는 끝자리의 숫자가 0 또는 짝수이면 버리고 홀수이면 올림
7. 다만, 1필지의 면적이 0.1제곱미터 미만일 때에는 0.1제곱미터로 함

02 응용측량

21. 한 개의 깊은 수직터널에서 터널 내외를 연결하는 연결측량방법으로서 가장 적당한 것은?
① 트래버스 측량방법
② 트랜싯과 추선에 의한 방법
③ 삼각측량 방법
④ 측위 망원경에 의한 방법

해설 한 개의 수직갱으로 연결할 경우에는 수직갱에 두 개의 추를 매달아서 이것에 의해 연직면을 정하고 그 방위각을 지상에서 관측하여 지하의 측량으로 연결한다.

22. 지구 곡률에 의한 오차인 구차에 대한 설명으로 옳은 것은?
① 구차는 거리제곱에 반비례한다.
② 구차는 곡률반지름의 제곱에 비례한다.
③ 구차는 곡률반지름의 제곱에 비례한다.
④ 구차는 거리제곱에 비례한다.

해설 지구표면은 구면이므로 지구표면과 연직면과의 교선, 즉 수평선은 원호라고 생각할 수 있으므로 넓은 지역에서는 수평면에 대한 높이와 지평면에 대한 높이의 차를 구차라고 한다. 식은 $\dfrac{S^2}{2R}$로 표현되기에 '거리제곱에 비례'한다.

23. 다음 중 지성선에 속하지 않는 것은?
① 능선
② 계곡선
③ 경사변환선
④ 지질변환선

해설 지표면을 다수의 평면으로 이루어졌다고 생각할 때 이 평면의 접합부, 즉 접선을 지성선 또는 지세선이라고 하며 능선(분수선), 합수선(합곡선), 경사변환선, 최대경사선으로 구분한다.

24. 상향경사 4%, 하향경사 4%인 종단곡선길이(l)가 50m인 종단곡선에서 끝단의 종거(y)는?(단, 종거 $y = \dfrac{i}{2l}x^2$)
① 0.5m
② 1m
③ 1.5m
④ 2m

Answer 21. ② 22. ④ 23. ④ 24. ④

해설 도로의 종곡선으로서는 주로 2차 포물선이 사용되며,

상향구배는 $\dfrac{m}{100}$, 하향구배는 $-\dfrac{n}{100}$ 이므로

$$i = \left(\dfrac{4}{100} - \dfrac{(-4)}{100}\right),\ y = \dfrac{i}{2l}x^2,\ y = \dfrac{\frac{8}{100}}{2 \times 50} \times 50^2 = 0.04 \times 50 = 2\text{m}$$

25.
사진 크기 23cm×23cm, 초점거리 153mm, 촬영고도 750m, 사진 주점기선장 10cm인 2장의 인접사진에서 관측한 굴뚝의 시차차가 7.5mm일 때 지상에서의 실제 높이는?

① 45.24m
② 56.25m
③ 62.72m
④ 85.36m

해설 시차차$(\Delta P) = \dfrac{h}{H} \times b_0$ (h : 비고, H : 촬영고도, b_0 : 주점기선길이)

$$h = \dfrac{H}{b_0} \times \Delta P = \dfrac{750}{0.1} \times 0.0075 = 56.25\text{m}\text{이다.}$$

26.
GNSS 측량에서 이동국 수신기를 설치하는 순간 그 지점의 보정 데이터를 기지국에 송신하여 상대적인 방법으로 위치를 결정하는 것은?

① Static 방법
② Kinematic 방법
③ Pseudo-Kinematic 방법
④ Real Time Kinematic 방법

해설 RTK(Real Time Kinematic) 측량
실시간 이동측량은 기지점의 고정국과 미지점의 이동국 간의 위치관계를 라디오모뎀 등을 이용하여 실시간으로 처리하는 체계이다.

27.
GNSS 측량에 의한 위치결정 시 최소 4대 이상의 위성에서 동시 관측해야 하는 이유로 옳은 것은?

① 궤도오차를 소거한 3차원 위치를 구하기 위하여
② 다중경로오차를 소거한 3차원 위치를 구하기 위하여
③ 시계오차를 소거한 3차원 위치를 구하기 위하여
④ 전리층오차를 소거한 3차원 위치를 구하기 위하여

해설 GPS측량은 위성에서 발사한 코드와 수신기에서 미리 복사된 코드를 비교하여 두 코드가 완전히 일치할 때까지 걸리는 시간을 관측하고 여기에 전파속도를 곱하여 거리를 구하는데 여기에는 시간오차가 포함되어 있으므로 4대 이상의 위성을 관측하여 원하는 수신기의 위치와 시각동기오차를 결정하고 항법, 근사적인 위치결정, 실시간 위치결정 등에 이용된다.

Answer 25. ② 26. ④ 27. ③

28. 경사거리가 130m인 터널에서 수평각을 관측할 때 시준방향에서 직각으로 5mm의 시준오차가 발생하였다면 수평각 오차는?

① 5″   ② 8″   ③ 10″   ④ 20″

해설 시준오차가 있을 때는 $\dfrac{\Delta l}{l} = \dfrac{\theta''}{\rho''}$ 이므로

$$\theta'' = \dfrac{\Delta l}{l} \times 206265'' = \dfrac{0.005}{130} \times 206265'' = 0°0'7.93''$$

29. 항공사진에서 나타나는 지상 기복물의 왜곡(歪曲)현상에 대한 설명으로 옳지 않은 것은?

① 기복물의 왜곡 정도는 사진 중심으로부터의 거리에 비례한다.
② 왜곡 정도를 통해 기복물의 높이를 구할 수 있다.
③ 기복물의 왜곡은 촬영고도가 높을수록 커진다.
④ 기복물의 왜곡은 사진중심에서 방사방향으로 일어난다.

해설 $\Delta r = \dfrac{h}{H} r, \; \dfrac{1}{m} = \dfrac{f}{H}$ (Δr : 기복변위량, h : 비고, H : 촬영고도, r : 연직점 또는 주점으로부터의 거리, f : 초점거리)이므로 촬영고도가 높을수록 변위량은 작아진다.

30. 수준측량의 왕복거리 2km에 대하여 허용오차가 ±3mm라면 왕복거리 4km에 대한 허용오차는?

① ±4.24mm   ② ±6.00mm   ③ ±6.93mm   ④ ±9.00mm

해설 오차는 거리(S)의 제곱근에 비례 $\sqrt{2}$ km : 3mm = $\sqrt{4}$ km : x

$x = \dfrac{3\sqrt{4}}{\sqrt{2}} = 4.24$mm이다.

31. 항공사진을 판독할 때 사면의 경사는 어떻게 보이는가?

① 사면의 경사는 방향이 반대로 보인다.   ② 실제보다 경사가 완만하게 보인다.
③ 실제보다 경사가 급하게 보인다.   ④ 실제와 차이가 없다.

해설 항공사진 판독 시 판독요소 중 과고감에 의해 산지는 실제보다 돌출하여 높고 기복이 심하며 계곡은 실제보다 깊고 산 복사면 등은 실제의 경사보다 급하게 보인다.

32. 지형측량에서 기설 삼각점만으로 세부측량을 실시하기에 부족할 경우 새로운 기준점을 추가적으로 설치하는 점은?

① 경사변환점   ② 방향변환점
③ 도근점   ④ 이기점

해설 도근점은 삼각점 등이 부족한 지형의 측량을 위해 삼각점에 비해 정도는 낮으나 지형측량 등의 세부측량 기준점으로 많이 사용하고 있다.

33. 노선측량에서 일반국도를 개설하려고 한다. 측량의 순서로 옳은 것은?

① 계획조사측량 → 노선선정 → 실시설계측량 → 세부측량 → 용지측량
② 노선선정 → 계획조사측량 → 실시설계측량 → 세부측량 → 용지측량
③ 노선선정 → 계획조사측량 → 세부측량 → 실시설계측량 → 용지측량
④ 계획조사측량 → 노선선정 → 세부측량 → 실시설계측량 → 용지측량

해설 노선측량의 작업순서는 도상계획 → 답사 → 예측 → 공사측량의 순으로 진행되며 방법은 노선선정－계획조사(예측)－실시설계측량－세부측량－용지측량－공사측량(시공측량)으로 실시된다.

34. 사진측량에서의 사진 판독 순서로 옳은 것은?

① 촬영계획 및 촬영 → 판독기준 작성 → 판독 → 현지조사 → 정리
② 촬영계획 및 촬영 → 판독기준 작성 → 현지조사 → 정리 → 판독
③ 판독기준 작성 → 촬영계획 및 촬영 → 판독 → 정리 → 현지조사
④ 판독기준 작성 → 촬영계획 및 촬영 → 현지조사 → 판독 → 정리

해설 항공사진 판독 순서는 촬영의 계획 → 촬영과 사진의 작성 → 판독기준의 작성 → 판독 → 현지(지리)조사 → 정리(조정)이다.

35. GNSS 측량에서 제어부문의 주요 임무로 틀린 것은?

① 위성시각의 동기화
② 위성으로의 자료전송
③ 위성의 궤도 모니터링
④ 신호정보를 이용한 위치결정 및 시각비교

해설 GPS 구성요소는 우주부문, 제어부문, 사용자부문으로 구분되며 제어부문은 GPS 위성의 위치계산과 전체 GPS의 운용, 제어 및 위성의 작동상태를 감독하고 궤도와 시각결정을 위한 위성의 추적, 전리층 및 대류층의 주기적인 모형화와 위성시간의 동일화, 위성으로의 자료전송 등을 담당한다.

36. 그림과 같은 지형표시법을 무엇이라고 하는가?

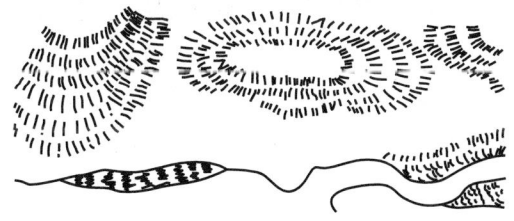

① 영선법
② 음영법
③ 채색법
④ 등고선법

해설 영선법(우모법)은 급경사는 굵고 짧게, 완경사는 가늘고 길게 새털 모양으로 표시한다. 기복의 판별은 좋으나 정확도가 낮다.

37. 표고가 0m인 해변에서 눈높이 1.45m인 사람이 볼 수 있는 수평선까지의 거리는?(단, 지구반지름 $R=6,370$km, 굴절계수 $K=0.14$)

① 4,713.91m　　　　　　② 4,634.68m
③ 4,298.02m　　　　　　④ 4,127.47m

해설 양차$(h)=\dfrac{D^2}{2R}(1-K)$에서 $D=\sqrt{\dfrac{2Rh}{1-K}}=\sqrt{\dfrac{2\times 6,370,000\times 1.45}{1-0.14}}=4,634.677$m

38. 축척 1:25000 지형도에서 간곡선의 간격은?

① 1.25m　　　　　　② 2.5m
③ 5m　　　　　　　　④ 10m

해설 축척별 등고선의 간격

등고선의 간격	기호	1/10000	1/25000	1/50000
주곡선	가는실선	5m	10m	20m
간곡선	가는파선	2.5m	5m	10m
보조곡선(조곡선)	가는점선	1.25m	2.5m	5m
계곡선	굵은실선	25m	50m	100m

39. 단곡선 측량에서 교각이 50°, 반지름이 250m인 경우에 외할(E)은?

① 10.12m　　　　　　② 15.84m
③ 20.84m　　　　　　④ 25.84m

해설 노선측량에서 외할$(E)=SL=R\left(\sec\dfrac{I}{2}-1\right)=250\left(\sec\dfrac{50}{2}-1\right)=25.84$m

40. 단곡선의 설치에 사용되는 명칭의 표시로 옳지 않은 것은?

① E.C.-곡선시점　　　　② C.L.-곡선장
③ I-교각　　　　　　　④ T.L.-접선장

해설 노선측량에서 (E.C)는 곡선종점까지의 거리이며, 곡선시점(B.C)+곡선길이(C.L)로 구할 수 있다.

Answer　37. ②　38. ③　39. ④　40. ①

03 토지정보체계론

41. 다음 중 지리정보시스템의 자료 구축 시 발생하는 오차가 아닌 것은?

① 자료처리 시 발생하는 오차
② 디지타이징 시 발생하는 오차
③ 좌표투영을 위한 스캐닝 오차
④ 절대좌표 자료 생성 시 지적측량기준점의 오차

해설 모든 투영법은 3차원(구면)을 2차원(평면)으로 표현하기 때문에, 각기 기하학적 왜곡(거리·면적·모양 또는 방향)은 있을 수 있지만 스캐닝은 하지 않는다.

42. 조직 안에서 다수의 사용자들이 의사결정 지원을 위해 공동으로 사용할 수 있도록 통합 저장되어 있는 자료의 집합을 의미하는 것은?

① 데이터 마이닝
② 데이터 모델링
③ 데이터 웨어하우스
④ 관계형 데이터베이스

해설 데이터 웨어하우스
1. 정보(data)와 창고(warehouse)의 합성어
2. 일반적인 데이터 웨어하우스 구조는 데이터의 저장고에 해당하는 부분과 데이터 웨어하우스의 데이터를 다양한 방식으로 액세스하게 되는 데이터 웨어하우스 응용으로 나눌 수 있다.

43. 벡터파일 포맷 중 DXF 파일에 대한 설명으로 옳지 않은 것은?

① 아스키 문서 파일로서 *.dxf를 확장자로 가진다.
② 자료의 관리나 사용, 변경이 쉽고 변환효율이 뛰어나다.
③ 일반적인 텍스트 편집기를 통해 내용을 읽고 쉽게 편집할 수 있다.
④ 행 단위로 데이터 필드가 이루어져 읽기 어려우나 용량이 작아지는 장점이 있다.

해설 DXF 구조는 1라인당 하나의 필드로 구성되어서 그만큼 파일의 크기가 커지는 단점이 있다.

44. 격자구조를 벡터구조로 변환할 때 격자영상에 생긴 잡음(noise)을 제거하고 외곽선을 연속적으로 이어주는 영상처리 과정을 무엇이라 하는가?

① Noising
② Filtering
③ Thinning
④ Conversioning

해설 필터링
원래의 영상 신호에 특정한 마스크(mask) 또는 커널(kernel)이라고 하는 윈도우를 중첩함으로써 컨벌루션(convolution) 연산을 수행하고, 이에 따라 각 픽셀의 새로운 값들을 결정하는 방법

Answer 41. ③ 42. ③ 43. ④ 44. ②

45. 토지 및 임야대장에 등록하는 각 필지를 식별하기 위한 토지의 고유번호는 총 몇 자리로 구성하는가?

① 10자리　② 15자리　③ 19자리　④ 21자리

해설 고유번호의 구성은 행정구역코드 10자리(시·도 2, 시·군·구 3, 읍·면·동 3, 리 2), 대장구분 1자리, 본번 4자리, 부번 4자리로 총 19자리로 구성한다.

46. 지번주소체계와 도로명주소체계에 대한 설명으로 가장 거리가 먼 것은?

① 지번주소는 토지 중심으로 구성된다.
② 도로명주소는 주소(건물번호)를 표시하는 것을 주목적으로 한다.
③ 대부분의 OECD 국가들이 지번주소체계를 채택하고 있다.
④ 지번주소는 토지표시와 주소를 함께 사용함으로써 재산권 보호가 용이하다.

해설 대부분의 OECD 국가들이 도로명주소체계를 채택하고 있다.

47. 다음 중 CNS(Car Navigation System)에서 이용하고 있는 대표적인 지적정보는?

① 지번정보
② 면적정보
③ 지목정보
④ 토지소유자정보

해설 차량항법시스템(CNS ; Car Navigation System)
운행 중인 차량에 위치(지번, 시설명 등) 정보를 제공하여 목적지로 정확하게 유도하는 운행안내시스템 또는 운행유도시스템

48. 경계점좌표등록 시행지역의 지적도면을 전산화하는 방법으로 가장 적합한 것은?

① 스캐닝 방식
② 좌표입력방식
③ 항공측량방식
④ 디지타이징 방식

해설 좌표입력방식
키보드로 종선·횡선 좌표를 직접 입력하여 면을 그리는 방식이다.

49. 토지정보체계의 구축에 있어 벡터 자료(vector data)를 취득하기 위한 장비로 옳은 것은?

ㄱ. 스캐너　　ㄴ. 디지털 카메라　　ㄷ. 디지타이저　　ㄹ. 전자평판

① ㄱ, ㄴ　② ㄱ, ㄹ
③ ㄴ, ㄷ　④ ㄷ, ㄹ

해설 래스터자료의 입력자료
- 스캐너
- 디지털 카메라

Answer　45. ③　46. ③　47. ①　48. ②　49. ④

50. 위성영상의 기준점 자료를 이용하여 영상소를 재배열하는 보간법이 아닌 것은?

① Bicubic 보간법
② Shape weighted 보간법
③ Nearest neighbor 보간법
④ Inverse distance weighting 보간법

해설 공간보간법
1) Bicubic : 4×4 격자의 값들을 윈도우를 이용하여 인접지역 보간점의 표고값을 추정하는 방식
2) 최단거리(Nearest Neighbor) 보간법 : 보간점에서 가장 가까운 표본점의 표고값을 보간점의 표고값으로 택하는 방식
3) 역거리 가중값(Inverse Distance Weighting) 보간법: 표본점과 보간점 간 거리의 역수를 가중값으로 하여 보간하는 방법

51. 국가나 지방자치단체가 지적전산자료를 이용 또는 활용하는 경우의 사용료는?

① 면제한다.
② 현금으로 한다.
③ 수입인지로 한다.
④ 수입증지로 한다.

해설 지적전산자료의 이용 또는 활용에 관한 승인을 받은 자는 국토교통부령으로 정하는 사용료를 내야 한다. 다만, 국가나 지방자치단체에 대해서는 사용료를 면제한다.

52. 위상구조에 사용되는 것이 아닌 것은?

① 노드
② 링크
③ 체인
④ 밴드

해설 위상구조의 구성요소
- 노드(node) : 체인이 시작되고 끝나는 점, 서로 다른 체인 또는 링크가 연결되는 곳에 위치한다.
- 체인(chain) : 1차원 공간객체로 시작노드와 끝노드에 대한 위상정보를 가지며 자체 꼬임이 허용되지 않는 위상기본요소이다.
- 영역(area) : 영역은 하나 이상의 체인을 경계선으로 하여 내부와 외부로 나누어진다.

53. 한국토지정보체계(KLIS)에서 지적정보관리시스템의 기능에 해당하지 않는 것은?

① 측량결과파일(*.dat)의 생성기능
② 소유권 연혁에 대한 오기 정정기능
③ 개인별 토지소유 현황을 조회하는 기능
④ 토지이동에 따른 변동내역을 조회하는 기능

해설 측량결과파일(*.dat)은 현장에서 측량할 때 생성된다.

54. 지적전산자료를 이용 또는 활용하고자 하는 자는 누구에게 신청서를 제출하여 심사를 신청하여야 하는가?

① 국무총리
② 시·도지사
③ 서울특별시장
④ 관계 중앙행정기관의 장

Answer 50. ② 51. ① 52. ④ 53. ① 54. ④

해설 지적공부에 관한 전산자료(지적전산자료)를 이용하거나 활용하려는 자는 국토교통부장관, 시·도지사 또는 지적소관청의 승인을 받아야 한다.
1) 전국 단위의 지적전산자료 : 국토교통부장관, 시·도지사 또는 지적소관청
2) 시·도 단위의 지적전산자료 : 시·도지사 또는 지적소관청
3) 시·군·구(자치구가 아닌 구를 포함한다) 단위의 지적전산자료 : 지적소관청

55. 지적도를 수치화하기 위한 작성과정으로 옳은 것은?

① 작업계획 수립 → 벡터라이징 → 좌표독취(스캐닝) → 정위치 편집 → 도면작성
② 작업계획 수립 → 좌표독취(스캐닝) → 벡터라이징 → 정위치 편집 → 도면작성
③ 작업계획 수립 → 벡터라이징 → 정위치 편집 → 좌표독취(스캐닝) → 도면작성
④ 작업계획 수립 → 좌표독취(스캐닝) → 정위치 편집 → 벡터라이징 → 도면작성

해설 지적도면의 수치파일화 과정
지적도면 복사 → 좌표 독취(수동 또는 자동) → 좌표 및 속성 입력 → 좌표 및 속성 검사 → 도면신축보정 → 도곽접합 → 폴리곤 및 폴리선 형성

56. 다음 중 실세계에서 기호화된 지형지물의 지도를 이루는 기본적인 지형요소로 공간객체의 단위인 것은?

① Feature
② MDB
③ Pointer
④ Coverage

해설 지형요소(Feature)
1) GIS와 관련하여 실제로 존재하는 대상물이거나 개념적으로 규정한 대상물을 말한다. 대상물의 개념은 실체(Entity)와 객체(Object)들을 포함한다.
2) 더 세분되지 않는 실제 있는 그대로의 특성을 말한다.
3) 공통 속성과 관련성을 가진 자료의 집합을 말한다.
4) 실세계에 나타나는 현상에 대한 표현을 말한다.
5) 지형도는 지구표면의 일부분을 평면상에 높이, 거리, 위치를 측정 가능한 형식으로 축척에 맞게 전개하고 기호로 나타낸 것이다. 이런 기호화된 지형지물을 지도를 이루는 기본적인 지형요소(Feature)라 한다.

57. 다음 중 토지정보시스템(LIS)과 가장 관련이 깊은 것은?

① 법지적
② 세지적
③ 소유지적
④ 다목적지적

해설 다목적지적(多目的地籍)
각 필지에 대한 종합적인 정보를 지니고 있는 지적도로서 과세, 토지 소유권 보호, 시설물 등 토지 관련 정보를 등록·관리하기 위한 목적으로 설립하여 운영하는 지적제도

58. 래스터 데이터에 해당하지 않는 것은?
① 이미지 데이터
② 위성영상 데이터
③ 위치좌표 데이터
④ 항공사진 데이터

해설 벡터 데이터 : 위치좌표 데이터

59. 다음 중 사진을 구성하는 요소로 영상에서 눈에 보이는 가장 작은 비분할 2차원적 요소는?
① 노드(node)
② 픽셀(pixel)
③ 그리드(grid)
④ 폴리곤(polygon)

해설 화소(Pixel)
도형 또는 영상을 격자형으로 나타내는 최소단위

60. 데이터베이스 관리시스템이 파일시스템에 비하여 갖는 단점은?
① 자료의 중복성을 피할 수 없다.
② 자료의 일관성이 확보되지 않는다.
③ 일반적으로 시스템 도입비용이 비싸다.
④ 사용자별 자료접근에 대한 권한 부여를 할 수 없다.

해설 파일시스템의 장점
• 운영체계를 설치할 때 함께 설치되어 별도의 구입비용을 지출하지 않고 사용할 수 있다.
• 처리속도가 빠르다.

04 지적학

SUBJECT

61. 다목적지적의 3대 구성요소가 아닌 것은?
① 기본도
② 경계표지
③ 지적중첩도
④ 측지기준망

해설 다목적지적의 구성요소
1. 측지기본망(Geodetic Reference Network)
2. 기본도(Base Map)
3. 지적중첩도(Cadastral Overlay)
4. 필지식별번호(Unique Parcel Identification Number)
5. 토지자료화일(Land Data File)

Answer 58. ③ 59. ② 60. ③ 61. ②

62. 다음 중 지적이론의 발생설로 가장 지배적인 것으로 아래의 기록들이 근거가 되는 학설은?

- 3세기 말 디오클레티안(Diocletian) 황제의 로마제국 토지측량
- 모세의 탈무드법에 규정된 십일조(tithe)
- 영국의 둠즈데이북(Domesday Book)

① 과세설   ② 지배설   ③ 치수설   ④ 통치설

해설 과세설은 지적의 발생설 중 가장 지배적인 이론으로서 국가가 과세를 목적으로 토지에 대한 각종 현상을 기록하고 관리하는 수단으로부터 지적제도가 출발하였다는 이론이다.

63. 다음 중 일반적으로 지번을 부여하는 방법이 아닌 것은?

① 기번식   ② 문장식   ③ 분수식   ④ 자유부번식

해설 지번 부여 방법
1. 진행방향에 따른 방법
   ① 사행식 : 필지의 배열이 불규칙한 지역에서 진행순서에 따라 지번 부여
   ② 기우식(또는 교호식) : 도로를 중심으로 한쪽은 홀수인 기수, 반대쪽은 짝수인 우수로 지번을 부여
   ③ 단지식(또는 Block식) : 1단지마다 하나의 지번을 부여하고 단지 내 필지들은 부번을 부여하는 방법
2. 부여단위에 따른 방법
   ① 지역단위법 : 1개의 지번설정지역 전체를 대상으로 하여 순차적으로 지번 부여
   ② 도엽단위법 : 도엽단위로 세분하여 지번 부여
   ③ 단지단위법 : 1개의 지번설정지역을 지적(임야)도의 단지단위로 세분하여 지번을 부여
3. 기번위치에 따른 방법
   ① 북동기번법 : 북동쪽에서 남서쪽으로 순차적으로 지번 부여(한자 지번 지역에 적합)
   ② 북서기번법 : 북서에서 남동쪽으로 순차적으로 지번 부여(아라비아숫자 지번 지역에 적합)
4. 외국의 지번 부여 방법
   ① 분수식 지번제도 : 원지번을 분자, 부번을 분모로 한 분수형태의 지번부여방식
   ② 기번제도 : 인접지번 또는 지번의 자릿수와 함께 원지번의 번호로 구성되어 지번의 근거가 남음
      (989번 분할 시 989a와 989b로 표시되고, 989b번 분할 시 989b^1, 989b^{2}로 표시)
   ③ 자유부번제도 : 최종지번 다음 번호를 부여하고 원지번은 소멸되는 방식

64. 근대적 세지적의 완성과 소유권제도의 확립을 위한 지적제도 성립의 전환점으로 평가되는 역사적인 사건은?

① 솔리만 1세의 오스만제국 토지법 시행
② 윌리암 1세의 영국 둠즈데이 측량 시행
③ 나폴레옹 1세의 프랑스 토지관리법 시행
④ 디오클레시안 황제의 로마제국 토지 측량 시행

해설 프랑스의 지적제도는 1807년 제정된 나폴레옹 지적법(Napoleonien Cadastre Act)에 따라 1808년부터 1850년까지 군인과 측량사를 동원하여 전국에 걸쳐 실시한 지적측량성과에 의하여 완성되었으며 토지에 대한 공평한 과세와 소유권에 관한 분쟁을 해결하기 위하여 창설되었고 근대적 지적제도의 효시로서 둠즈데이북 등과 세지적의 근거가 되고 있다.

Answer 62. ① 63. ② 64. ③

65. 토지 표시사항 중 물권객체를 구분하여 표상(表象)할 수 있는 역할을 하는 것은?

① 경계 ② 지목
③ 지번 ④ 소유자

해설 지번은 토지의 특정화, 고정성, 개별성을 확보하기 위해 지번 부여지역별로 필지마다 하나씩 부여한 번호이며 장소의 기준, 물권표시의 기준, 공간계획의 기준 등의 역할을 한다.

66. 아래에서 설명하는 토렌스 시스템의 기본이론은?

> 토지 등록이 토지의 권리를 아주 정확하게 반영하는 것으로 인간의 과실로 착오가 발생하는 경우에 피해를 입은 사람은 누구나 피해보상에 관한 한 법률적으로 선의의 제3자와 동등한 입장에 놓여야만 된다.

① 공개이론 ② 거울이론
③ 보험이론 ④ 커튼이론

해설 토렌스 시스템의 3대 기본이론
1. 거울이론(mirror principle) : 토지권리증서의 등록은 토지거래의 사실을 이론의 여지없이 완벽하게 반영하는 거울과 같다는 이론
2. 커튼이론(curtain principle) : 토렌스 제도에 의해 한번 권리증명서가 발급되면 당해 토지에 대한 이전의 모든 이해관계는 무효가 되며 현재의 소유권을 되돌아볼 필요가 없다는 것
3. 보험이론(insurance principle) : 토지등록이 토지의 권리를 아주 정확하게 반영한 것이나 인간의 과실로 인하여 착오가 발생하는 경우에 피해를 입은 사람은 누구나 피해보상에 관한 한 법률적으로 선의의 제3자와 동등한 입장에 놓여야만 된다는 이론으로서 금전적 보상을 위한 이론이며 손실된 토지의 복구를 의미하는 것은 아님

67. 토지조사사업 당시 확정된 소유자가 다른 토지 간 사정된 경계선의 명칭으로 옳은 것은?

① 강계선 ② 지역선 ③ 지계선 ④ 구역선

해설 토지조사사업 당시 강계의 사정
1. 토지의 사정 : 토지조사부와 지적도에 의하여 토지의 소유자 및 그 강계를 확정하는 행정처분
2. 강계의 사정
  ① 강계라 함은 지적도상에 제도된 소유자가 다른 경계선을 말함
  ② 지적도에 제도되어 있어도 지역선은 사정하지 않음
  ③ 사정선인 강계선은 불복신립이 인정
3. 토지조사사업 당시 강계선과 지역선의 구분
  ① 강계선 : 사정선으로서 토지조사사업 당시 확정된 소유자가 다른 토지 간의 경계선이며 강계선의 상대는 소유자와 지목이 다르다는 원칙이 성립
  ② 지역선 : 소유자가 같은 토지와의 구획선 또는 소유자를 알 수 없는 토지와의 구획선 및 토지조사사업의 시행지와 미시행지와의 지계선
  ③ 경계선 : 임야조사사업 시의 사정선

Answer 65. ③ 66. ③ 67. ①

68. 지적제도의 기능 및 역할로 옳지 않은 것은?

① 토지거래의 기준
② 토지등기의 기초
③ 토지소유제한의 기준
④ 토지에 대한 과세의 기준

해설 지적제도의 기능 및 역할
1. 지적의 기능
   1) 사회적 기능 : 토지를 등록 공시하여 사회적으로 토지문제 해결의 중요한 역할을 함
   2) 법률적 기능
      ① 사법적 기능 : 사인 간 토지거래의 용이성, 경비의 절감, 거래의 안전성을 제공
      ② 공법적 기능 : 지적법에 의한 토지등록은 법적 효력을 획득, 공적 확인의 자료가 됨
   3) 행정적 기능
      ① 토지 과세액 평가 및 부과징수의 수단
      ② 공공계획 수행에 자료, 용지 확보에 이용
      ③ 투기억제를 위한 토지규제
      ④ 기타 각종 공공행정의 자료제공
2. 지적의 역할
   ① 토지등기 · 토지평가 · 토지과세 · 토지거래 · 토지이용계획의 기준
   ② 국토통계, 도시행정, 건축행정, 농림행정, 국유재산관리 등에 필요한 기초자료를 제공
   ※ 토지소유를 제한하는 것은 지적의 기능 및 역할과 관계가 멀다.

69. 집 울타리 안에 꽃동산이 있을 때 지목으로 옳은 것은?

① 대
② 공원
③ 임야
④ 유원지

해설 현행법에서 규정한 양입지(量入地)
1. 양입지란 주된 지목의 토지에 둘러싸여 있거나 접속되어 있는 지목이 다른 토지를 말한다.
2. 소유자와 지목이 동일하고, 지반이 연속된 토지는 1필지로 할 수 있다.
3. 주된 지목 토지의 편익을 위해 설치된 도로, 구거 등의 부지와 주된 지목 토지에 접속되거나 둘러싸인 다른 지목의 협소한 토지는 주된 토지에 편입하여 1필지로 할 수 있다.
4. 다음 경우엔 예외로서 별개의 필지로 한다.
   ① 종된 토지의 지목이 "대"인 경우
   ② 종된 토지 면적이 주된 토지 면적의 10% 또는 330m를 초과하는 경우
※ 따라서 집 울타리 안에 있는 꽃동산이 집 전체 면적의 10% 또는 330m를 초과하지 않는 경우에 지목은 "대"로 부여된다.

70. 지적공부 정리를 위한 토지 이동의 신청을 하는 경우 지적측량을 요하지 않는 토지 이동은?

① 분할
② 합병
③ 등록전환
④ 축척변경

해설 합병은 지적공부에 등록된 2필지 이상을 1필지로 합하여 등록하는 것을 말하며, 지적측량을 수반하지 않는다.

71. 임야조사사업 당시 토지의 사정기관은?
① 면장
② 도지사
③ 임야조사위원회
④ 임시토지조사국장

해설 임야조사사업의 사정기관은 도지사이다.

【토지 및 임야조사사업의 유의사항】
1. 사정권자
    ① 토지조사사업 : 토지조사국장
    ② 임야조사사업 : 도지사
2. 조사측량기관
    ① 토지조사사업 : 토지조사국
    ② 임야조사사업 : 부 또는 면
3. 재결기관
    ① 토지조사사업 : 고등토지조사위원회
    ② 임야조사사업 : 임야조사위원회

72. 지번의 부여 단위에 따른 분류 중 해당 지번 설정지역의 면적이 비교적 넓고 지적도의 매수가 많을 때 흔히 채택하는 방법은?
① 기우단위법
② 단지단위법
③ 도엽단위법
④ 지역단위법

해설 부여단위에 따른 지번의 부여방법
1. 지역단위법
    ① 1개의 지번설정지역 전체를 대상으로 하여 순차적으로 지번 부여
    ② 지번 부여지역이 좁거나 도면매수가 적은 지역에 적합
2. 도엽단위법
    ① 도엽단위로 세분하여 지번 부여
    ② 지번 부여지역이 넓거나 도면매수가 많은 지역에 적합
3. 단지단위법
    ① 1개의 지번 설정지역을 지적(임야)도의 단지단위로 세분하여 지번을 부여
    ② 다수의 소규모 단지로 구성된 토지구획, 농지개량사업지역에 적합

73. 토지를 지적공부에 등록하여 외부에서 인식할 수 있도록 하는 제도의 이론적 근거는?
① 공개제도
② 공시제도
③ 공증제도
④ 증명제도

해설 공시의 원칙 및 공개주의(公示의 原則, 公開主義)
1. 토지등록의 법적 지위에 있어서 토지의 이동이나 물권의 변동은 반드시 외부에 알려야 한다는 원칙
2. 토지에 관한 등록사항은 지적공부에 등록하고 이를 일반에 공지하여 누구나 이용하고 활용할 수 있게 하여야 함

Answer 71. ② 72. ③ 73. ②

74. 지적소관청에서 지적공부 등본을 발급하는 것과 관계있는 지적의 기본이념은?

① 지적공개주의
② 지적국정주의
③ 지적신청주의
④ 지적형식주의

해설 지적공개주의(公開主義)
1. 공개주의라 함은 지적공부에 등록된 사항은 토지소유자나 이해관계인 등 일반 국민에게 신속 정확하게 공개하여 모든 국민이 공평하게 이용할 수 있도록 해야 한다는 이념
2. 국가의 통치권이 미치는 모든 영토를 지적공부에 등록·공시하여 국가기관의 행정 목적에만 이용하는 것이 아니라 다른 국가 기관이나 지방자치단체 및 공공기관 및 일반 국민에게 공개해서 국가 및 개인의 각종 토지정책의 기초자료로 활용할 수 있다는 이념
※ 지적소관청은 지적공개주의의 이념에 따라서 지적공부 등본을 발급하고 있다.

75. 다음 중 토지조사사업에서 소유권 조사와 관계되는 사항에 해당하지 않는 것은?

① 준비 조사
② 분쟁지 조사
③ 이동지 조사
④ 일필지 조사

해설 토지조사사업 당시 토지의 소유권조사는 리·동별로 토지신고서를 받아 그 내용을 조사·정리하였으며 이를 준비조사와 일필지조사, 분쟁지조사, 지반측량, 사정으로 구분 실시하였다.

76. 우리나라 지적제도의 원칙과 가장 관계가 없는 것은?

① 공시의 원칙
② 인적편성주의
③ 실질적 심사주의
④ 적극적 등록주의

해설 우리나라는 토지를 중심으로 지적공부를 작성하는 물적편성주의를 따르고 있다.

77. 경계의 특징에 대한 설명으로 옳지 않은 것은?

① 필지 사이에는 1개의 경계가 존재한다.
② 경계는 크기가 없는 기하학적인 의미를 갖는다.
③ 경계는 경계점 사이를 직선으로 연결한 것이다.
④ 경계는 면적을 갖고 있으므로 분할이 가능하다.

해설 경계의 특성
1. 필지와 필지 사이에 존재
2. 각종 공사 등에서 거리를 재는 기준선
3. 필지 간 이질성을 구분하는 구분선 역할
4. 인위적으로 만든 인공선
5. 위치와 길이는 있으나 면적과 넓이는 없음

78. 다음 중 1필지에 대한 설명으로 옳지 않은 것은?

① 법률적 토지단위
② 토지의 등록단위
③ 인위적인 토지단위
④ 지형학적 토지단위

Answer 74. ① 75. ③ 76. ② 77. ④ 78. ④

해설 일필지
1. 일필지의 개념
   ① 필지는 법적으로 물권이 미치는 권리의 객체로서 토지의 등록단위, 소유단위, 이용단위
   ② 필지는 소유자와 용도가 동일하고 지반이 연속되어 하나의 지번이 부여되는 토지의 기본단위
   ③ 소유권의 단위인 동시에 경영의 단위
   ④ 토지에 대한 물권의 효력이 미치는 범위를 정하고 거래단위로서 개별화·특정화시키기 위하여 인위적으로 구획한 법적 등록단위
   ⑤ 지적측량에 의하여 일정한 직선으로 연결한 폐합다각형으로 지적(임야)도 위에 나타남
2. 일필지의 정의
   ① 1필지는 "지적공부에 등록하는 토지의 법률적인 단위구역"으로서 "법적인 토지등록단위"
   ② 1필지는 폐다각형으로 규정되며 지번, 지목, 경계 및 면적 등의 사항이 정해짐
3. 일필지의 성립요건
   ① 지번 부여지역이 동일할 것
   ② 소유자가 동일할 것
   ③ 지목이 동일할 것
   ④ 지반이 연속되어 있을 것
   ⑤ 소유권 이외의 권리가 같을 것
   ⑥ 지적공부의 축척이 동일할 것
   ⑦ 등기 여부가 같을 것

79. 토지조사사업 당시의 지목 중 비과세지에 해당하지 않는 것은?

① 구거 ② 도로
③ 제방 ④ 지소

해설 토지조사법에 의한 과세지와 비과세지
1. 직접적인 수익이 있는 토지로서 현재 과세 중에 있으며 또는 장래 과세의 목적이 될 수 있는 토지 : 전·답·대·지소·임야·잡종지
2. 직접적인 수익은 없으나 대부분이 공용에 속하며 지세를 면제하는 토지 : 사사지(社寺地)·분묘지·공원지·철도용지·수도용지
3. 일반적으로 개인소유를 인정할 성질의 것이 못되고 전혀 과세의 목적으로 하지 않는 토지 : 도로·하천·구거·제방·성첩·철도선로·수도선로

80. 지적공부에 등록하는 면적에 이동이 있을 때 지적공부의 등록 결정권자는?

① 도지사 ② 지적소관청
③ 토지소유자 ④ 한국국토정보공사

해설 지적공부의 등록사항인 토지소재, 지번, 지목, 경계 또는 좌표, 면적 등은 지적국정주의의 이념에 따라 지적소관청이 결정한다.

Answer 79. ④ 80. ②

05 지적관계법규

81. 지적재조사에 관한 특별법상 사업지구의 경미한 변경에 해당하지 않는 사항은?
① 사업지구 명칭의 변경
② 면적의 100분의 20 이내의 증감
③ 필지의 100분의 30 이내의 증감
④ 1년 이내의 범위에서의 지적재조사 사업기간의 조정

해설 지적재조사 사업지구의 경미한 변경
① 사업지구 명칭의 변경
② 1년 이내의 범위에서의 지적재조사 사업기간의 조정
③ 다음 각 목의 요건을 모두 충족하는 지적재조사사업 대상 토지의 증감
　가. 필지의 100분의 20 이내의 증감
　나. 면적의 100분의 20 이내의 증감

82. 지적측량 시행규칙상 면적측정의 대상으로 옳지 않은 것은?
① 신규등록
② 등록전환
③ 토지분할
④ 토지합병

해설 면적측정의 대상
① 지적공부의 복구·신규등록·등록전환·분할 및 축척변경을 하는 경우
② 면적 또는 경계를 정정하는 경우
③ 도시개발사업 등으로 인한 토지의 이동에 따라 토지의 표시를 새로 결정하는 경우
④ 경계복원측량 및 지적현황측량에 면적측정이 수반되는 경우

83. 지적업무처리규정에서 사용하는 용어의 뜻이 옳지 않은 것은?
① "지적측량파일"이란 측량현형파일 및 측량성과파일을 말한다.
② "측량준비파일"이란 부동산종합공부시스템에서 지적측량 업무를 수행하기 위하여 도면 및 대장속성 정보를 추출한 파일을 말한다.
③ "측량현형파일"이란 전자평판측량 및 위성측량방법으로 관측한 데이터 및 지적측량에 필요한 각종 정보가 들어있는 파일을 말한다.
④ "측량성과파일"이란 전자평판측량 및 위성측량방법으로 관측 후 지적측량정보를 처리할 수 있는 시스템에 따라 작성된 측량결과도파일과 토지이동정리를 위한 지번, 지목 및 경계점의 좌표가 포함된 파일을 말한다.

해설 "지적측량파일"이란 측량준비파일, 측량현형파일 및 측량성과파일을 말한다.

84. 토지의 분할을 신청할 수 있는 경우에 대한 설명으로 옳지 않은 것은?

① 토지의 소유자가 변경된 경우
② 토지소유자가 매매를 위하여 필요로 하는 경우
③ 토지이용상 불합리한 지상 경계를 시정하기 위한 경우
④ 1필지의 일부가 형질변경 등으로 용도가 변경된 경우

해설 토지분할
1. 신청기한 : 분할 사유가 발생한 날부터 60일 이내에 지적소관청에 신청
2. 신청대상
   ① 소유권 이전, 매매 등을 위하여 필요한 경우
   ② 토지이용상 불합리한 지상 경계를 시정하기 위한 경우
   ③ 관계 법령에 따라 토지분할이 포함된 개발행위허가 등을 받은 경우
3. 신청서류
   ① 분할 허가 대상인 토지의 경우에는 그 허가서 사본
   ② 법원의 확정판결에 따라 토지를 분할하는 경우에는 확정판결서 정본 또는 사본
   ③ 1필지의 일부가 형질변경 등으로 용도가 변경되어 분할을 신청할 때에는 지목변경 신청서를 함께 제출

85. 다음 중 토지의 합병 신청을 할 수 있는 것은?

① 소유자의 주소가 서로 다른 경우
② 지적도의 축척이 서로 다른 경우
③ 소유자별 공유지분이 서로 다른 경우
④ 「주택법」에 따른 공동주택의 부지로서 합병하여야 할 토지가 있는 경우

해설 토지합병
1. 신청기한
   ① 원칙 : 신청기한 없음
   ② 예외 : 공동주택의 부지, 도로, 제방, 하천, 구거, 유지, 공장용지, 학교용지, 철도용지, 수도용지, 공원, 체육용지 등 토지로서 합병하여야 할 토지가 있으면 그 사유가 발생한 날부터 60일 이내에 지적소관청에 합병을 신청
2. 신청대상 : 지번부여지역으로서 소유자와 용도가 같고 지반이 연속된 토지
3. 합병을 신청할 수 없는 토지
   ① 합병하려는 토지의 지번부여지역, 지목 또는 소유자가 서로 다른 경우
   ② 합병하려는 토지에 다음 각 호의 등기 외의 등기가 있는 경우
      • 소유권 · 지상권 · 전세권 또는 임차권의 등기
      • 승역지에 대한 지역권의 등기
      • 합병하려는 토지 전부에 대한 등기원인 및 그 연월일과 접수번호가 같은 저당권의 등기
   ③ 합병하려는 토지의 지적도 및 임야도의 축척이 서로 다른 경우
   ④ 합병하려는 각 필지의 지반이 연속되지 아니한 경우
   ⑤ 합병하려는 토지가 등기된 토지와 등기되지 아니한 토지인 경우
   ⑥ 합병하려는 각 필지의 지목은 같으나 일부 토지의 용도가 다르게 되어 분할대상 토지인 경우(다만, 합병 신청과 동시에 토지의 용도에 따라 분할 신청을 하는 경우는 제외)

Answer   84. ①   85. ④

⑦ 합병하려는 토지의 소유자별 공유지분이 다르거나 소유자의 주소가 서로 다른 경우
⑧ 합병하려는 토지가 구획정리, 경지정리 또는 축척변경을 시행하고 있는 지역의 토지와 그 지역 밖의 토지인 경우

86. 지적전산자료를 이용·활용하고자 하는 자의 심사신청을 받은 관계 중앙행정기관의 장이 심사하여야 할 사항에 해당하지 않는 것은?

① 신청 내용의 공익성
② 신청 내용의 비용성
③ 신청 내용의 적합성
④ 신청 내용의 타당성

해설 지적전산자료의 이용
1. 지적전산자료의 이용
   1) 지적전산자료 승인권자
      ① 전국 단위의 지적전산자료 : 국토교통부장관, 시·도지사 또는 지적소관청
      ② 시·도 단위의 지적전산자료 : 시·도지사 또는 지적소관청
      ③ 시·군·구 단위의 지적전산자료 : 지적소관청
   2) 지적전산자료 이용절차

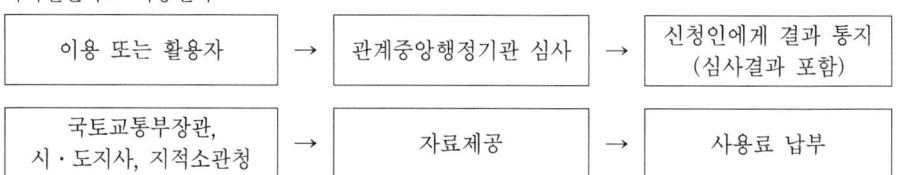

   3) 지적전산자료 신청 시 기재사항
      ① 자료의 이용 또는 활용 목적 및 근거
      ② 자료의 범위 및 내용
      ③ 자료의 제공방식, 보관기관 및 안전관리대책 등
2. 중앙행정기관의 심사사항
   ① 신청 내용의 타당성, 적합성 및 공익성
   ② 개인의 사생활 침해 여부
   ③ 자료의 목적 외 사용 방지 및 안전관리대책
3. 지적전산자료의 사용료 : 지적전산자료의 이용 또는 활용에 관한 승인을 받은 자는 국토교통부령이 정하는 사용료를 내야 한다.

지적전산자료 제공방법	수수료
인쇄물로 제공하는 때	1필지당 30원
자기디스크 등 전산매체로 제공하는 때	1필지당 20원

87. 지적업무처리규정상 평판측량방법으로 세부측량을 하는 때에 작성하여야 할 측량기하적으로 옳지 않은 것은?

① 측정점의 방향선 길이는 측정점을 중심으로 약 1cm로 표시한다.
② 평판점 옆에 평판이동순서에 따라 점1, 점2 − − − −으로 표시한다.
③ 측량자는 평판점을 직경 1.5mm 이상 3mm 이하의 검은색 원으로 표시한다.
④ 측량자는 평판점의 결정 및 방위표정에 사용한 기지점을 직경 1mm와 2mm의 2중원으로 표시한다.

해설 평판측량방법 또는 전자평판측량방법으로 세부측량 시 측량준비파일에 측량한 기하적 작성방법(부득이한 경우 지적측량준비도에 연필로 작성)
① 평판점·측정점 및 방위표정에 사용한 기지점 등에는 방향선을 긋고 실측한 거리를 기재한다.
② 평판점 및 측정점은 측량자는 직경 1.5밀리미터 이상 3밀리미터 이하의 원으로 표시하고, 검사자는 1변의 길이가 2밀리미터 이상 4밀리미터 이하의 삼각형으로 표시한다. 이 경우 평판점 옆에 평판이동순서에 따라 不$_1$, 不$_2$− − − −으로 표시한다.
③ 평판점의 결정 및 방위표정에 사용한 기지점은 측량자는 직경 1밀리미터와 2밀리미터의 2중원으로 표시하고, 검사자는 1변의 길이가 2밀리미터와 3밀리미터의 2중 삼각형으로 표시한다.
④ 평판점과 기지점 사이의 도상거리와 실측거리를 방향선상에 다음과 같이 기재한다.

(측 량 자)   (검 사 자)
$\dfrac{(도상거리)}{실측거리}$ $\dfrac{\Delta(도상거리)}{\Delta 실측거리}$

⑤ 측량대상토지에 지상구조물 등이 있는 경우와 새로이 설정하는 경계에 지상건물 등이 걸리는 경우에는 그 위치현황을 표시하여야 한다.

88. 지적재조사에 관한 특별법령상 조정금을 받을 권리나 징수할 권리를 몇 년간 행사하지 아니하면 시효의 완성으로 소멸하는가?

① 1년 ② 2년 ③ 3년 ④ 5년

해설 조정금의 소멸시효
조정금을 받을 권리나 징수할 권리는 5년간 행사하지 아니하면 시효의 완성으로 소멸한다.

89. 축척변경위원회의 심의·의결사항에 해당하지 않는 것은?

① 측량성과 검사에 관한 사항
② 청산금의 이의신청에 관한 사항
③ 축척변경 시행계획에 관한 사항
④ 지번별 제곱미터당 금액의 결정과 청산금의 산정에 관한 사항

해설 축척변경위원회의 심의·의결사항
1. 축척변경 시행계획에 관한 사항
2. 지번별 제곱미터당 금액의 결정과 청산금의 산정에 관한 사항
3. 청산금의 이의신청에 관한 사항
4. 그 밖에 축척변경과 관련하여 지적소관청이 회의에 부치는 사항

Answer 87. ② 88. ④ 89. ①

90. 다음 축척변경에 대한 설명 중 옳지 않은 것은?

① 지적도에서 임야도로 변경하여 등록하는 것이다.
② 지적도에 등록된 경계점을 정밀도를 높이기 위한 것을 말한다.
③ 지적도의 작은 축척을 큰 축척으로 변경하여 등록하는 것을 말한다.
④ 하나의 지번부여지역에 서로 다른 축척의 지적도가 있는 경우 축척변경을 할 수 있다.

해설 축척변경
1. 의의 : 축척변경이라 함은 지적도에 등록된 경계점의 정밀도를 높이기 위하여 작은 축척을 큰 축척으로 변경하여 등록하는 것을 말한다.
2. 대상
  ① 잦은 토지의 이동으로 인하여 1필지의 규모가 작아서 소축척으로는 지적측량성과의 결정이나 토지의 이동에 따른 정리가 곤란할 때
  ② 하나의 지번부여지역 안에 서로 다른 축척의 지적도가 있는 때

91. 사업시행자가 토지이동에 관하여 대위신청을 할 수 있는 토지의 지목이 아닌 것은?

① 유지, 제방
② 과수원, 유원지
③ 철도용지, 하천
④ 수도용지, 학교용지

해설 신청의 대위 대상자
① 공공사업 등에 따라 학교용지·도로·철도용지·제방·하천·구거·유지·수도용지 등의 지목으로 되는 토지인 경우 : 해당 사업의 시행자
② 국가나 지방자치단체가 취득하는 토지인 경우 : 해당 토지를 관리하는 행정기관의 장 또는 지방자치단체의 장
③ 주택법에 따른 공동주택의 부지인 경우 : 집합건물의 소유 및 관리에 관한 법률에 따른 관리인(관리인이 없는 경우에는 공유자가 선임한 대표자) 또는 해당 사업의 시행자
④ 「민법」 제404조에 따른 채권자

92. 지적공부의 등록을 말소시켜야 하는 경우는?

① 대규모 화재로 건물이 전소한 경우
② 토지에 형질변경의 사유가 생길 경우
③ 홍수로 인하여 하천이 범람하여 토지가 매몰된 경우
④ 토지가 지형의 변화 등으로 바다로 된 경우로서 원상회복이 불가능한 경우

해설 바다로 된 토지의 등록말소
1. 의의 : 지적소관청은 지적공부에 등록된 토지가 지형의 변화 등으로 바다로 된 경우에 토지소유자에게 등록말소 신청을 하도록 통지
2. 신청기한 : 신청 통지를 받은 날부터 90일 이내에 지적소관청에 신청
3. 신청대상 : 원상으로 회복될 수 없거나 다른 지목의 토지로 될 가능성이 없는 경우
4. 등록말소 및 회복
  ① 토지소유자가 등록말소 신청을 하지 않으면 직권으로 그 지적공부의 등록사항을 말소
  ② 회복등록을 하려면 그 지적측량성과 및 등록말소 당시의 지적공부 등 관계자료에 따라 등록

Answer 90. ① 91. ② 92. ④

③ 지적공부의 등록사항을 말소하거나 회복등록하였을 때에는 그 정리 결과를 토지소유자 및 해당 공유수면의 관리청에 통지
※ 토지에 형질변경의 사유가 생길 경우에는 지목변경 및 토지분할의 대상이 되며, 토지가 매몰된 경우 경계복원측량의 대상이 됨

93. 공간정보의 구축 및 관리 등에 관한 법률상 "지번을 부여하는 지번지역으로서 동·리 또는 이에 준하는 지역"을 말하는 용어는?

① 지목
② 필지
③ 지번지역
④ 지번부여지역

해설 지번부여지역
① 리·동 또는 이에 준하는 지역으로서 지번을 정하는 단위지역
② 리·동이란 법적 리·동을 뜻함
③ 리·동에 준하는 지역이란 낙도(외딴 섬)를 의미

94. 다음 중 지적공부의 복구에 관한 관계자료로 옳지 않은 것은?

① 매매계약서
② 측량결과도
③ 지적공부의 등본
④ 토지이동정리 결의서

해설 지적공부 복구자료
① 지적공부의 등본
② 측량 결과도
③ 토지이동정리 결의서
④ 부동산등기부등본 등 등기사실을 증명하는 서류
⑤ 지적소관청이 작성하거나 발행한 지적공부의 등록내용을 증명하는 서류
⑥ 복제된 지적공부
⑦ 법원의 확정판결서 정본 또는 사본

95. 지적측량 시행규칙상 지적도근점의 관측 및 계산의 기준으로 옳지 않은 것은?

① 관측은 20초독 이상의 경위의를 사용할 것
② 배각법으로 관측 시 측정 횟수는 3회로 할 것
③ 수평각의 관측은 배각법과 방위각법을 혼용할 것
④ 점간거리를 측정하는 경우에는 2회 측정하여 그 측정치의 교차가 평균치를 점간거리로 할 것

해설 지적도근점의 관측 및 계산
1. 수평각의 관측은 시가지 지역, 축척변경지역 및 경계점좌표등록부 시행지역에 대하여는 배각법에 따르고, 그 밖의 지역에 대하여는 배각법과 방위각법을 혼용할 것
2. 관측은 20초독 이상의 경위의를 사용할 것
3. 관측과 계산은 다음 표에 따를 것

종별	각	측정 횟수	거리	진수	좌표
배각법	초	3회	센티미터	5자리 이상	센티미터
방위각법	분	1회	센티미터	5자리 이상	센티미터

4. 점간거리를 측정하는 경우에는 2회 측정하여 그 측정치의 교차가 평균치의 3천분의 1 이하일 때에는 그 평균치를 점간거리로 할 것
5. 연직각을 관측하는 경우에는 올려본 각과 내려본 각을 관측하여 그 교차가 90초 이내일 때에는 그 평균치를 연직각으로 할 것

96. 주된 용도의 토지에 편입하여 1필지로 할 수 있는 경우는?

① 종된 용도의 토지의 지목(地目)이 "대"(垈)인 경우
② 종된 용도의 토지 면적이 330m²를 초과하는 경우
③ 주된 용도의 토지의 편의를 위하여 설치된 구거 등의 부지인 경우
④ 종된 용도의 토지 면적이 주된 용도의 토지 면적의 10퍼센트를 초과하는 경우

해설 1필지
1. 1필지로 정할 수 있는 기준 : 지번부여지역의 토지로서 소유자와 용도가 같고 지반이 연속된 토지
2. 양입지
    ① 주된 용도의 토지의 편의를 위하여 설치된 도로·구거 등의 부지
    ② 주된 용도의 토지에 접속되거나 주된 용도의 토지로 둘러싸인 토지로서 다른 용도로 사용되고 있는 토지
3. 양입지로 정할 수 없는 토지
    ① 종된 용도의 토지의 지목이 대인 경우
    ② 종된 용도의 토지면적이 주된 용도의 토지면적의 10퍼센트를 초과하는 경우
    ③ 종된 토지의 면적이 330제곱미터를 초과하는 경우

97. 지목의 구분 중 '답'에 대한 설명으로 옳은 것은?

① 물을 상시적으로 이용하지 않고 곡물 등의 식물을 주로 재배하는 토지
② 물이 고이거나 상시적으로 물을 저장하고 있는 댐·저수지 등의 토지
③ 물을 상시적으로 직접 이용하여 벼·연(蓮)·미나리·왕골 등의 식물을 주로 재배하는 토지
④ 용수(用水) 또는 배수(排水)를 위하여 일정한 형태를 갖춘 인공적인 수로·둑 및 그 부속시설물의 부지와 자연의 유수(流水)가 있거나 있을 것으로 예상되는 소규모 수로용지

해설 지목의 구분
1. 답 : 물을 상시적으로 직접 이용하여 벼·연(蓮)·미나리·왕골 등의 식물을 주로 재배하는 토지
2. 전 : 물을 상시적으로 이용하지 않고 곡물·원예작물(과수류는 제외)·약초·뽕나무·닥나무·묘목·관상수 등의 식물을 주로 재배하는 토지와 식용으로 죽순을 재배하는 토지
3. 구거 : 용수 또는 배수를 위하여 일정한 형태를 갖춘 인공적인 수로·둑 및 그 부속시설물의 부지와 자연의 유수가 있거나 있을 것으로 예상되는 소규모 수로부지
4. 유지 : 물이 고이거나 상시적으로 물을 저장하고 있는 댐·저수지·소류지·호수·연못 등의 토지와 연·왕골 등이 자생하는 배수가 잘 되지 아니하는 토지

98. 지적서고의 설치기준 등에 관한 아래 내용 중 ㉠과 ㉡에 들어갈 수치로 모두 옳은 것은?

> 지적공부 보관상자는 벽으로부터 (㉠) 이상 띄워야 하며, 높이 (㉡) 이상의 깔판 위에 올려놓아야 한다.

① ㉠ : 10cm, ㉡ : 10cm
② ㉠ : 10cm, ㉡ : 15cm
③ ㉠ : 15cm, ㉡ : 10cm
④ ㉠ : 15cm, ㉡ : 15cm

해설 지적서고의 관리
1. 지적서고는 제한구역으로 지정하고, 출입자를 지적사무 담당공무원으로 한정할 것
2. 지적서고에는 인화물질의 반입을 금지하며, 지적공부, 지적 관계 서류 및 지적측량장비만 보관할 것
3. 지적공부 보관상자는 벽으로부터 15센티미터 이상 띄어야 하며, 높이 10센티미터 이상의 깔판 위에 올려놓아야 한다.

99. 지적업무처리규정상 지적측량성과의 검사항목 중 기초측량과 세부측량에서 공통으로 검사하는 항목은?

① 계산의 정확 여부
② 기지점 사용의 적정 여부
③ 기지점과 지상경계와의 부합 여부
④ 지적기준점설치망 구성의 적정 여부

해설 지적측량성과의 검사항목
1. 기초측량
   ① 기지점 사용의 적정 여부
   ② 지적기준점설치망 구성의 적정 여부
   ③ 관측각 및 거리측정의 정확 여부
   ④ 계산의 정확 여부
   ⑤ 지적기준점 선점 및 표지설치의 정확 여부
   ⑥ 지적기준점성과와 기지경계선과의 부합 여부
2. 세부측량
   ① 기지점 사용의 적정 여부
   ② 측량준비도 및 측량결과도 작성의 적정 여부
   ③ 기지점과 지상경계와의 부합 여부
   ④ 경계점 간 계산거리(도상거리)와 실측거리의 부합 여부
   ⑤ 면적측정의 정확 여부
   ⑥ 관계법령의 분할제한 등의 저촉 여부

100. 공간정보의 구축 및 관리 등에 관한 법률에서 규정하는 내용이 아닌 것은?

① 부동산등기에 관한 사항
② 지적공부의 작성 및 관리에 관한 사항
③ 부동산종합공부의 작성 및 관리에 관한 사항
④ 측량 및 수로조사의 기준 및 절차에 관한 사항

해설 공간정보의 구축 및 관리 등에 관한 법률에서 규정하는 내용
측량 및 수로조사의 기준 및 절차와 지적공부·부동산종합공부의 작성 및 관리 등에 관한 사항을 규정함으로써 국토의 효율적 관리와 해상교통의 안전 및 국민의 소유권 보호에 기여함을 목적으로 한다.

Answer 98. ③ 99. ② 100. ①

2018년 제3회 지적산업기사

01 지적측량

01. 경위의측량방법으로 세부측량을 한 경우 측량결과도의 기재사항으로 옳지 않은 것은?

① 측정점의 위치
② 측량대상 토지의 점유현황선
③ 도상에서의 측정한 거리와 방향각
④ 측량대상 토지의 경계점 간 실측거리

해설	경위의측량방법에 의한 측량준비도 기재사항	측판측량방법에 의한 측량준비도 기재사항
	1. 측량대상 토지의 경계와 경계점의 좌표 및 부호도·지번·지목	1. 측량 대상 토지의 경계선·지번 및 지목
	2. 인근 토지의 경계와 경계점의 좌표 및 부호도·지번·지목	2. 인근 토지의 경계선 지번 및 지목
	3. 행정구역선과 그 명칭	3. 임야도를 비치하는 지역에서 인근 지적도의 축척으로 측량을 하고자 하는 때에는 임야도에 표시된 경계점의 좌표를 구하여 지적도에 전개한 경계선 다만, 임야도에 표시된 경계점의 좌표를 구할 수 없거나 그 좌표에 의하여 확대하여 그리는 것이 부적당한 때에는 축척비율에 따라 확대한 경계선을 말한다.
	4. 지적측량기준점 및 그 번호와 지적측량기준점 간의 방위각 및 그 거리	4. 행정구역선과 그 명칭
	5. 경계점 간 계산거리	5. 지적측량기준점 및 그 번호와 지적측량기준점 간의 거리, 지적측량기준점의 좌표, 그 밖에 측량의 기점이 될 수 있는 기지점
	6. 도곽선과 그 수치	6. 도곽선과 그 수치
	7. 그밖에 국토해양부장관이 정하는 사항	7. 도곽선의 신축이 0.5밀리미터 이상인 때에는 그 신축량 및 보정계수
		8. 그밖에 국토해양부장관이 정하는 사항

02. 경위의측량방법에 따른 세부측량의 관측 및 계산에서 1방향각에 대한 수평각의 측각공차 기준으로 옳은 것은?

① 30초 이내
② 40초 이내
③ 50초 이내
④ 60초 이내

해설 지적측량 시행규칙 제18조(세부측량의 기준 및 방법 등)
수평각의 측각공차 중 1방향각의 공차는 60초 이내

Answer 1. ③ 2. ④

03. 지적도근점측량에서 도선의 표기방법이 옳은 것은?

① 2등도선은 1, 2, 3 순으로 표기한다.
② 1등도선은 A, B, C 순으로 표기한다.
③ 1등도선은 가, 나, 다 순으로 표기한다.
④ 2등도선은 (1), (2), (3) 순으로 표기한다.

해설 지적측량 시행규칙 제12조(지적도근점측량)
1등도선은 가·나·다순으로 표기하고, 2등도선은 ㄱ·ㄴ·ㄷ 순으로 표기

04. 지적기준점측량의 순서가 옳게 나열된 것은?

⊙ 계획의 수립
ⓒ 준비 및 현지답사
ⓒ 선점(選點) 및 조표(調標)
② 관측 및 계산과 성과표의 작성

① ⓒ → ⊙ → ② → ⓒ
② ⊙ → ⓒ → ② → ⓒ
③ ⓒ → ⊙ → ⓒ → ②
④ ⊙ → ⓒ → ⓒ → ②

해설 지적측량 시행규칙 제7조(지적측량의 방법 등)
1. 계획의 수립
2. 준비 및 현지답사
3. 선점(選點) 및 조표(調標)
4. 관측 및 계산과 성과표의 작성

05. 평판측량의 앨리데이드로 비탈진 거리를 관측하는 경우, 시준판 안쪽에 새겨진 한 눈금의 간격은 전후 시준판 간격의 얼마 정도인가?

① 1/50
② 1/100
③ 1/150
④ 1/200

해설 전·후 시준판의 안쪽 면에는 두 시준판이 고정된 안쪽 간격의 1/100에 해당하는 눈금이 새겨져 있으며 이를 이용하여 수평거리와 고저차를 구할 수 있음

06. 지적세부측량의 방법 및 실시 대상으로 옳지 않은 것은?

① 지적기준점 설치
② 경계복원측량
③ 평판측량방법
④ 경위의측량방법

해설 지적측량 시행규칙 제5조(지적측량의 구분 등)
지적측량은 「공간정보의 구축 및 관리 등에 관한 법률 시행령」 제8조에 따른 지적기준점을 정하기 위한 기초측량과, 1필지의 경계와 면적을 정하는 세부측량으로 구분

Answer 3. ③ 4. ④ 5. ② 6. ①

1. 지적기준점 설치 : 지적기준점측량을 위해 사전에 기준점을 설치하는 것으로 엄밀히 지적기준점측량은 아님
2. 경계복원측량 : 세부측량 종목
3. 평판측량방법 : 세부측량 방법
4. 경위의측량방법 : 세부측량 방법

07. 축척 600분의 1지역에서 어느 지적도근점의 종선좌표가 $X=447315.54$m일 때 이 점이 위치하는 지적도 도곽선의 종선수치를 올바르게 나열한 것은?

① 445,400m, 445,200m
② 447,400m, 447,200m
③ 448,500m, 448,300m
④ 449,450m, 449,250m

해설 종선좌표 계산

1. 종선좌표에서 500,000을 뺀다.
   $447315.54 - 500,000 = -52684.46$
2. 1의 거리값을 도곽선 종선길이로 나눈다.
   $-52684.46 \div 200 = -263.4223$ ⇨ (원점에서부터의 도곽 수)
3. 2의 값 중에서 정수값과 도곽선 종선길이를 곱한다.
   $-263 \times 200 = -52600$ ⇨ (원점에서부터의 거리)
4. 3의 값에 500,000을 더해준다(−값을 없애기 위해).
   $-52600 + 500,000 = 447400$ ⇨ 종선의 상단좌표
5. 4의 상단좌표에서 도곽선 종선길이를 빼준다.
   $447400 - 200 = 447,200$m ⇨ 종선의 하단좌표

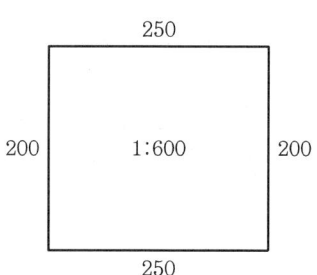

08. 지적측량에 대한 설명으로 옳지 않은 것은?

① 지적측량은 기속측량이다.
② 지적측량은 지형측량을 목적으로 한다.
③ 지적측량은 측량의 정확성과 명확성을 중시한다.
④ 지적측량의 성과는 영구적으로 보존·활용한다.

해설 지적측량은 전체적인 토지의 형상보다는 법률적인 토지단위인 일필지의 경계와 토지소유권의 한계를 정확하게 규명하는 측량으로서 지형측량을 하지 않는다.

09. 각측정 기계의 기계오차 소거방법에서 망원경을 정·반으로 관측하여 소거할 수 없는 오차는?

① 수평축 오차
② 시준축 오차
③ 연직축 오차
④ 시준축 편심오차

해설 연직축 오차는 정·반 관측하여 평균해도 그 오차를 소거할 수 없음

10. 평판측량방법에 따른 세부측량을 시행하는 경우의 기준으로 옳지 않은 것은?
① 지적도를 갖춰 두는 지역의 거리측정단위는 10cm로 한다.
② 임야도를 갖춰 두는 지역의 거리측정단위는 50cm로 한다.
③ 경계점은 기지점을 기준으로 하여 지상경계선과 도상경계선의 부합 여부를 현형법 등으로 확인한다.
④ 세부측량의 기준이 되는 기지점이 부족한 경우에는 측량상 필요한 위치에 보조점을 설치할 수 있다.

해설 지적측량 시행규칙 제18조(세부측량의 기준 및 방법 등)
거리측정단위는 지적도를 갖춰 두는 지역에서는 5센티미터로 하고, 임야도를 갖춰 두는 지역에서는 50센티미터로 함

11. 지적도근점측량을 실시하던 중 $\overline{AB}$의 거리가 130m인 A점에서 내각을 관측한 결과 B점에서 40″의 시준오차가 생겼다면 B점에서의 편심거리는?
① 2.2cm
② 2.5cm
③ 2.9cm
④ 3.5cm

해설 $l = d \times \dfrac{\theta''}{\rho''} = 130 \times \dfrac{40''}{206265''} = 0.0252\text{m}$
∴ 2.5cm

12. 다음 중 지적기준점성과의 관리 등에 관한 내용으로 옳은 것은?
① 지적삼각점성과는 지적소관청이 관리하여야 한다.
② 지적도근점성과는 시·도지사가 관리하여야 한다.
③ 지적삼각보조점성과는 지적소관청이 관리하여야 한다.
④ 지적삼각점을 설치하거나 변경하였을 때에는 그 측량성과를 국토교통부장관에게 통보하여야 한다.

해설 지적측량 시행규칙 제3조(지적기준점성과의 관리 등)
지적삼각점성과는 특별시장·광역시장·도지사 또는 특별자치도지사(이하 "시·도지사"라 한다)가 관리하며, 지적삼각보조점성과 및 지적도근점성과는 지적소관청이 관리한다.

13. 다각망도선법에 따른 지적삼각보조점의 관측 및 계산에서 도선별 평균방위각과 관측방위각의 폐색오차는 얼마 이내로 하여야 하는가?(단, n은 폐색변을 포함한 변의 수를 말한다.)
① ±10$\sqrt{n}$초 이내
② ±20$\sqrt{n}$초 이내
③ ±30$\sqrt{n}$초 이내
④ ±40$\sqrt{n}$초 이내

해설 지적측량 시행규칙 제11조(지적삼각보조점의 관측 및 계산)
도선별 평균방위각과 관측방위각의 폐색오차(閉塞誤差)는 ±10$\sqrt{n}$초 이내

Answer 10. ① 11. ② 12. ③ 13. ①

14. 두 점 간의 거리를 2회 측정하여 다음과 같은 측정값을 얻었다면 그 정밀도는?(1회 : 63.18m, 2회 : 63.20m)

① 약 1/5,200
② 약 1/4,200
③ 약 1/3,200
④ 약 1/2,200

해설 $\dfrac{63.18+63.20}{2}=63.19$

$63.18-63.20=-0.02$

$\left|\dfrac{0.02}{63.19}\right|=\dfrac{1}{3159.5}$ ∴ 약 1/3,200

15. 다음 중 지번과 지목의 글자 간격은 얼마를 기준으로 띄어서 제도하여야 하는가?

① 글자 크기의 2분의 1 정도
② 글자 크기의 4분의 1 정도
③ 글자 크기의 5분의 1 정도
④ 글자 크기의 10분의 1 정도

해설 지적업무 처리규정 제42조(지번 및 지목의 제도)

구분	내용
글자 간격	1. 지번의 글자 간격은 글자 크기의 4분의 1 정도 2. 지번과 지목의 글자 간격은 글자 크기의 2분의 1 정도 띄어서 제도

16. 도시개발사업 등의 공사를 완료하고 새로이 지적공부를 등록하기 위하여 실시하는 측량은?

① 등록전환측량
② 신규등록측량
③ 지적확정측량
④ 축척변경측량

해설
1. 등록전환측량 : 임야대장, 임야도에 등록된 토지를 토지대장 및 지적도에 옮겨 등록하는 측량으로서 보통 1필지 전체를 등록전환하는 경우와 일부를 등록전환하는 경우가 있음
2. 신규등록측량 : 모든 토지는 지적공부에 등록하도록 하고 있으나 지적공부에 등록되지 않은 토지를 등록하기 위한 측량
3. 지적확정측량 : 도시개발사업, 농지개량사업 등에 의하여 토지를 구획하고 지번, 지목, 면적 및 경계 또는 좌표를 지적공부에 새로이 등록하기 위하여 실시하는 측량
4. 축척변경측량 : 소축척 도면으로는 정밀한 지적측량 성과를 등록하기 곤란하거나 동일지번 부여지역 내에 상이한 축척이 병존하여 통일성이 결여되었을 경우에 대축척으로 등록하기 위한 측량

17. 지적도에 직경 3mm의 원으로 제도하고 그 원 안에 십자선(+)을 표시하는 지적기준점은?

① 1등 삼각점
② 지적삼각점
③ 지적도근점
④ 지적삼각보조점

해설 지적업무 처리규정 제43조(지적측량기준점 등의 제도)

기준점 명칭	표시	내용
지적위성기준점	3mm / 2mm 이중원, 십자선	직경 2mm, 3mm의 2중 원 안에 십자선 표시
지적삼각점	3mm 원, 십자선	직경 3mm의 원으로 제도하고 원 안에 십자선
지적삼각보조점	3mm 원, 검은색 채색	직경 3mm의 원으로 제도하고 원 안에 검은색으로 엷게 채색
지적도근점	2mm 원	직경 2mm의 원으로 제도

18. 축척 1000분의 1인 지적도에서 도곽선의 신축량이 각각 $\Delta X = -2\text{mm}$, $\Delta Y = -2\text{mm}$일 때 도곽선의 보정계수로 옳은 것은?

① 0.0145
② 0.9884
③ 1.0045
④ 1.0118

해설 면적보정계수 $Z = \dfrac{X \cdot Y}{\Delta X \cdot \Delta Y}$

(Z는 보정계수, X는 도곽선종선길이, Y는 도곽선 횡선길이, ΔX는 신축된 도곽선종선길이의 합/2, ΔY는 신축된 도곽선 횡선길이의 합/2)

첫 번째, 도곽신축량 −2mm를 미터단위 거리로 환산
−0.002m×1000=2.0m이며
ΔX=300−2.0=298m
ΔY=400−2.0=398m

두 번째, 면적보정계수 계산
$Z = \dfrac{300 \times 400}{298 \times 398} = 1.0118$

Answer 18. ④

19. 축척 600분의 1 임야도에서 분할토지의 원면적이 1,700m²일 때 오차허용면적은?

① 13.1m² ② 14.8m² ③ 16.7m² ④ 18.4m²

해설 공간정보의 구축 및 관리 등에 관한 법률 시행령 제19조(등록전환이나 분할에 따른 면적 오차의 허용범위 및 배분 등)

$A = 0.026^2 M\sqrt{F}$
$= 0.026^2 \times 600 \times \sqrt{1700}$
$= 16.7$
∴ 16.7m²

20. 다각망도선법에 따른 지적삼각보조점측량의 관측 및 계산에 대한 설명으로 옳지 않은 것은?

① 1도선의 거리는 4km 이하로 한다.
② 3점 이상의 교점을 포함한 결합다각방식에 따른다.
③ 1도선은 기지점과 교점 간 또는 교점과 교점 간을 말한다.
④ 1도선의 점의 수는 기지점과 교점을 포함하여 5점 이하로 한다.

해설 지적측량 시행규칙 제10조(지적삼각보조점측량)
1. 3점 이상의 기지점을 포함한 결합다각방식
2. 1도선(기지점과 교점 간 또는 교점과 교점 간을 말한다)의 점의 수는 기지점과 교점을 포함하여 5점 이하
3. 1도선의 거리(기지점과 교점 또는 교점과 교점 간의 점간거리의 총합계를 말한다)는 4킬로미터 이하

02 응용측량

21. 야장기입 방법 중 종단 및 횡단 수준측량에서 중간점이 많은 경우에 편리한 것은?

① 승강기 ② 고차식
③ 기고식 ④ 교호식

해설 기고식은 노선측량의 종단측량이나 횡단측량에 많이 쓰이며 중간시(간시)가 많을 때 편리한 방법이다.

22. 노선측량의 작업과정으로 몇 개의 후보 노선 중 가장 좋은 노선을 결정하고 공사비를 개산할 목적으로 실시하는 것은?

① 답사 ② 예측 ③ 실측 ④ 공사측량

해설 노선측량의 작업과정 중 예측의 과정에서는 계획조사측량(지형도의 작성, 비교선의 선정, 종·횡단면도 작성, 계략노선의 결정)과 실시설계측량을 실시한다.

23. 그림과 같은 등고선도에서 가장 급경사인 곳은?(단, A점은 산 정상이다.)

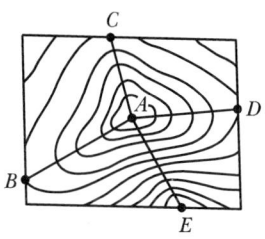

① AB ② AC ③ AD ④ AE

해설 등고선의 성질 중 급경사지에서는 간격이 좁고 완경사지에서는 넓다.

24. 지형이 고르지 않은 지역에서 연장이 긴 터널의 중심선 설치에 대한 설명으로 옳지 않은 것은?
① 삼각점 등을 이용하여 기준점 위치를 정한다.
② 예비측량을 시행하여 2점의 T.P점을 설치한다.
③ 2점의 T.P점을 연결하여 터널 입구에 필요한 기준점을 측설한다.
④ 기준점은 평판측량에 의하여 기준점망을 구성하여 결정한다.

해설 지표에 설치된 중심선을 기준으로 하고 갱문에서 굴착을 시작하고 굴착이 진행함에 따라 갱내의 중심선을 설정하는 작업을 지하설치라 하며 터널중심선을 터널 내에서 결정하여 굴착 중 그 방향을 유지하는 측량이므로 반복하여 점검하고 방향에 착오가 없도록 할 필요가 있으며 측량방법은 트래버스측량과 수준측량방법이 있으며 어두운 터널 내에서 측량하기 때문에 트랜싯에 조명을 부착하고 표지를 천정에 붙이는 등의 방법으로 측량한다.

25. 수평거리가 24.9m 떨어져 있는 등경사 지형의 두 측점 사이에 1m 간격의 등고선을 삽입할 때, 등고선의 개수는?(단, 낮은 측점의 표고=46.8m, 경사=15%)

① 2 ② 4 ③ 6 ④ 8

해설 경사$(i) = \dfrac{H}{D}$, $15\% = \dfrac{H}{24.9}$, H=3.735이므로 1m 간격의 등고선은 4개가 삽입 가능

26. 축척 1:10000의 항공사진에서 건물의 시차를 측정하니 상단이 21.51mm, 하단이 16.21mm이었다. 건물의 높이는?(단, 촬영고도는 1,000m, 촬영기선길이 850m이다.)

① 61.55m ② 62.35m
③ 62.55m ④ 63.35m

해설 시차차 공식 $\Delta P = \dfrac{h}{H} \times b_0$ (h : 비고, H : 촬영고도, b_0 : 주점기선길이)에서

ΔP=상부가-하부가이므로 ΔP=21.51-16.21=5.3mm

$h = \dfrac{H}{b_0} \times \Delta P = \dfrac{0.0053 \times 1000}{850} = 62.35$m이다.

27. 등고선의 성질에 대한 설명으로 틀린 것은?

① 등경사지에서 등고선의 간격은 일정하다.
② 높이가 다른 등고선은 절대로 서로 만나지 않는다.
③ 동일 등고선 상에 있는 모든 점은 같은 높이이다.
④ 등고선은 최대경사선, 유선, 분수선과 직각으로 만난다.

해설 등고선의 성질
1. 동일 등고선 상에 있는 모든 점은 같은 높이다.
2. 등고선은 도면 내외에서 폐합하는 폐곡선이다.
3. 지도의 도면 내에서 폐합하는 경우 등고선의 내부에 산정 또는 분지가 있다.
4. 높이가 다른 두 등고선은 동굴이나 절벽의 지형이 아닌 곳에서는 교차하지 않으며, 동굴이나 절벽은 반드시 두 점에서 교차한다.
5. 동등한 경사의 지표에서 양 등고선의 수평거리는 같다.
6. 같은 경사의 평면일 때는 나란히 직선이 된다.
7. 최대 경사의 방향은 등고선과 직각으로 교차
8. 등고선은 경사가 급한 곳에서는 간격이 좁고 완만한 경사지는 넓다.
9. 등고선은 분수선과 직각으로 만난다.
10. 등고선의 수평거리는 산꼭대기 및 산밑에서는 크고 산중턱에서는 작다.
11. 등고선이 능선을 직각방향으로 횡단한 다음 능선 다른 쪽을 따라 거슬러 올라간다.

28. 어느 지역에 다목적 댐을 건설하여 댐의 저수용량을 산정하려고 할 때에 사용되는 방법으로 가장 적합한 것은?

① 점고법
② 삼사법
③ 중앙단면법
④ 등고선법

해설 등고선법은 동일 표고의 점을 연결한 곡선, 즉 등고선에 의하여 지표를 표시하는 방법으로 토량의 산정 및 용량 등을 측정하는 데 사용된다.

29. 철도, 도로 등의 단곡선 설치에서 접선과 현이 이루는 각을 이용하여 곡선을 설치하는 방법은?

① 편각법
② 중앙종거법
③ 접선편거법
④ 접선지거법

해설 편각에 의한 방법은 도로·철도·수로 등에서 단곡선을 설치하는 데 가장 많이 사용된다.

30. 수준측량에서 발생할 수 있는 정오차인 것은?

① 전시와 후시를 바꿔 기입하는 오차
② 관측자의 습관에 따른 수평 조정 오차
③ 표척눈금의 부정확으로 인한 오차
④ 관측 중 기상 상태 변화에 의한 오차

해설 정오차는 원인이 명확하여 소거할 수 있는 오차로 수준측량의 정오차로는
1. 지구의 곡률에 의한 오차
2. 광선의 굴절과 온도 변화에 의한 오차

Answer 27. ② 28. ④ 29. ① 30. ③

3. 태양열에 의한 기계의 부동 팽창 오차와 공기의 부동 굴절에 의한 오차
4. 기계의 침하로 인한 오차
5. 표척의 경사로 인한 오차, 표척눈금이 정확하지 않을 때의 오차

31. 도로 기점으로부터 I.P(교점)까지의 거리가 418.25m, 곡률반지름 300m, 교각 38°08′인 단곡선을 편각법에 의해 설치하려고 할 때에 시단현의 거리는?

① 20.000m
② 14.561m
③ 5.439m
④ 14.227m

해설 노선측량에서 $TL = R\tan\dfrac{I}{2} = 300\tan 19°04′ = 103.69$

노선 출발점에서 곡선시점까지의 거리는 $BC = IP - TL = 418.25 - 103.69 = 314.56$m

∴ 노선출발점에서 곡선시점까지의 Chain당 거리는 $BC = 314.56 ÷ 20 =$ No 15 + 14.56m 시단현의 길이(l)
1Chain당 거리(20m) - 14.56m = 5.44m

32. 레벨(level)의 중심에서 40m 떨어진 지점에 표척을 세우고 기포가 중앙에 있을 때 1.248m, 기포가 2눈금을 움직였을 때 1.223m를 각각 읽은 경우, 이 레벨의 기포관 곡률반지름은?(단, 기포관 1눈금 간격은 2mm이다.)

① 5.0m
② 5.7m
③ 6.4m
④ 8.0m

해설 $R : S = D : L$이면(D : 표척이동거리, L : 시준거리, S : 눈금이동거리)

시준거리는 1.248 - 1.223 = 0.025, 눈금이동거리는 4mm

$R = \dfrac{S \times D}{L} = \dfrac{0.004 \times 40}{0.025} = 6.4$m

33. 위성을 이용한 원격탐사의 특징에 대한 설명으로 옳지 않은 것은?

① 관측이 좁은 시야각으로 얻어진 영상은 중심투영에 가깝다.
② 회전주기가 일정한 위성의 경우에 원하는 시기에 원하는 지점을 관측하기 어렵다.
③ 탐사된 자료는 재해, 환경문제 해결에 편리하게 이용할 수 있다.
④ 짧은 시간에 넓은 지역을 동시에 측정할 수 있으며 반복측정이 가능하다.

해설 원격탐측(Remote Sensing)은 지상이나 항공기 및 인공위성 등의 탑재기(Platform)에 설치된 탐측기(Sensor)를 이용하여 지표, 지상, 지하, 대기권 및 우주공간의 대상들에서 반사 혹은 방사되는 전자기파를 탐지하고 이들 자료로부터 토지, 환경 및 자원에 대한 정보를 얻어 이를 해석하는 기법이며 특징으로는
1. 짧은 시간 내에 넓은 지역을 동시에 측정할 수 있으며 반복측정이 가능하다.
2. 다중파장대에 의한 지구표면정보 획득이 용이하여 측정자료가 기록되어 판독이 자동적이고 정량화가 가능하다.
3. 회전주기가 일정하므로 원하는 지점 및 시기에 관측하기가 어렵다.
4. 관측이 좁은 시야각으로 얻어진 영상은 정사투영에 가깝다.
5. 탐사된 자료가 즉시 이용될 수 있으며 재해, 환경문제 해결에 편리하다.

Answer 31. ③ 32. ③ 33. ①

34. GNSS 측량에서 지적기준점 측량과 같이 높은 정밀도를 필요로 할 때 사용하는 관측방법은?

① 실시간 키네마틱(realtime kinematic) 관측
② 키네매틱(kinematic) 측량
③ 스태틱(static) 측량
④ 1점 측위관측

해설 인공위성을 이용한 범세계 위치결정 시스템인 GPS측량방법 중의 하나인 Static 측량은 수신된 신호를 컴퓨터 처리에 의해 각 수신기의 위치 및 거리를 계산하는 후처리 위치결정방식이다.

<GPS 측량방법>
1. 절대관측방법(1점측위)
   - 4개 이상의 위성으로부터 수신한 신호 중 C/A code를 이용하여 실시간 처리로 지구상 수신기의 위치를 결정하는 방법으로서 GPS의 가장 일반적·기초적 단계이다.
   - 수m~25mn 정도의 낮은 정확도 때문에 선박, 자동차, 항공기 등의 항법에 이용된다.
2. 상대관측방법(간섭계측위) - 1대의 수신기는 기지점에, 다른 수신기는 미지점에 설치하여 2점간에 도달하는 전파의 시간적 지연을 측정하여 2점간의 거리를 정확히 구하여 미지점의 위치를 결정하는 방법이다.
   1) Static 측량
      - 2개 이상의 수신기를 각 측점에 고정하고 동시에 4개 이상의 위성으로부터 신호를 30분 이상 수신하는 방식으로서 수신된 신호를 컴퓨터처리에 의해 각 수신기의 위치 및 거리를 계산하는 후처리 위치결정방식이다.
      - 계산된 위치 및 거리 정확도가 수mm 정도(1ppm~0.01ppm)로 높으며 지적기준점측량, VLBI의 보완 또는 대체측량에 이용된다.
   2) Kinematic 측량
      - 기지점 수신기를 고정국, 다른 수신기를 이동국으로 하여 이동국을 순차적으로 이동하면서 신호를 수초~수분 동안 수신하는 방식으로 관측 자료를 후처리하여 위치를 결정하는 방식이다.
      - 수mm~수cm 정확도로 이동차량의 위치결정, 지형측량, 각종 공사측량 등에 이용된다.
3. RTK(Real Time Kinematic) 측량
   실시간 이동측량은 기지점의 고정국과 미지점의 이동국 간의 위치관계를 라디오모뎀 등을 이용하여 실시간으로 처리하는 체계이다.

35. 촬영고도가 1,500m인 비행기에서 표고 1,000m의 지형을 촬영했을 때 이 지형의 사진 축척은 약 얼마인가?(단, 초점거리는 150mm)

① 1 : 3300   ② 1 : 6600   ③ 1 : 10000   ④ 1 : 12500

해설 사진축척$(M) = \frac{1}{m} = \frac{l}{L} = \frac{f}{H}$ 단, 표고가 1,000m $= \frac{1}{M} = \frac{0.150}{1,500-1,000} = 1/3,333$

36. NNSS(Navy Navigation Satellite System)에 대한 설명으로 옳지 않은 것은?

① 미해군 항행위성시스템으로 개발되었다.
② 처음부터 WGS-84를 채택하였다.
③ Doppler 효과를 이용한다.
④ 세계 좌표계를 이용한다.

Answer 34. ③   35. ①   36. ②

해설 GPS 시스템의 기준좌표계는 세계측지측량기준계로 지심좌표계인 WGS 좌표계를 쓰고 있으며 WGS 좌표계에는 WGS-60, WGS-66, WGS-72, WGS-84가 있으며 그 중에서도 WGS-84를 GPS 시스템의 기준좌표계로 쓰고 있다.

37. GNSS 측량의 관측 시 주의할 사항으로 거리가 먼 것은?

① 측정점 주위에 수신을 방해하는 장애물이 없도록 하여야 한다.
② 충분한 시간 동안 수신이 이루어져야 한다.
③ 안테나 높이, 수신시간과 마침시간 등을 기록한다.
④ 온도의 영향을 많이 받으므로 5℃ 이하에서는 관측을 중단한다.

해설 GNSS 측량시스템은 인공위성을 이용한 위치측정시스템으로 정확한 위치를 알고 있는 위성에서 발사한 전파를 수신하여 관측점까지 소요시간을 측정하여 위치를 구하며 GNSS의 특징은 다음과 같다.
1. 기상상태(온도, 습도 등)와 관계없이 관측의 수행이 가능하다.
2. 지형여건과 관계없으며, 또한 측점 간 상호시통이 되지 않아도 관계없다.
3. 관측작업이 신속하게 이루어진다.
4. 측점에서 모든 데이터 취득이 가능해진다.
5. 1인 측량이 가능하여 인력이 적게 소요되고, 측정작업이 간단하다.

38. 클로소이드 곡선에 대한 설명으로 틀린 것은?

① 곡률이 곡선의 길이에 반비례한다.
② 형식에는 기본형, 복합형, S형 등이 있다.
③ 설치법에는 주접선에서 직교좌표에 의해 설치하는 방법이 있다.
④ 단위 클로소이드란 클로소이드의 매개변수 A=1, 즉 R·L=1의 관계에 있는 경우를 말한다.

해설 클로소이드 곡선은 곡률이 곡선장에 비례하는 곡선을 말하며 자동차가 일정 속도로 달리고 그 앞바퀴의 회전속도를 일정하게 유지할 경우 그리는 운동궤적은 클로소이드가 되며 고속주행 도로에 적합하며 형식으로는 다음과 같다.

<클로소이드의 형식>
1. 기본형 : 직선-클로소이드-원곡선
2. S형 : 반향곡선 사이에 2개의 클로소이드 삽입
3. 난형 : 복심곡선 사이에 클로소이드 삽입
4. 凸형 : 같은 방향으로 구부러진 2개의 클로소이드를 직선적으로 삽입
5. 복합형 : 같은 방향으로 구부러진 2개의 클로소이드를 이은 것

39. 축척 1 : 10000으로 평지를 촬영한 연직사진의 사진 크기 23cm×23cm, 종중복도 60%일 때 촬영기선장은?

① 1,380m ② 1,180m ③ 1,020m ④ 920m

해설 $B = a \cdot m = 0.23 \times 10,000 \left(1 - \frac{60}{100}\right) = 920\text{m}$

Answer 37. ④ 38. ① 39. ④

40. 터널측량의 구분 중 터널 외 측량의 작업공정으로 틀린 것은?
① 두 터널 입구 부근의 수준점 설치
② 두 터널 입구 부근의 지형측량
③ 지표중심선 측량
④ 줄자에 의한 수직 터널의 심도측정

해설 터널 외 측량은 다른 일반 측량과 같이 착공 전에 행하는 측량으로 두 갱구를 맺는 중심선을 지상에 측설하는 지표중심측량, 갱내 중심거리 측량, 지상수준측량, 지형측량 등으로 나뉜다.

03 토지정보체계론

41. 토지대장 전산화를 위하여 실시한 준비사항이 아닌 것은?
① 지적 관련 법령 정비
② 토지·임야대장의 카드화
③ 면적 표시의 평(坪)단위 통일
④ 소유권 주체의 고유번호 코드화

해설 지적업무의 정보화를 목표로 1977년부터 시작된 사전 기반 조성 작업
1. 토지·임야대장의 카드식 전환 : 부책식 대장 → 카드식 대장
2. 코드번호 개발등록 : 필지별 고유번호, 지목, 토지이동사유, 소유권변동원인 등
3. 등록번호 개발등록 : 소유자 주민등록번호 등재 정리, 유형별 구분 및 고유번호 부여
4. 면적단위의 미터법 환산 : 평, 보 → m²
5. 수치측량방법 도입 : 평면직각종횡선좌표 등록
6. 지적법령 정비

42. 전국 단위의 지적전산자료를 이용하려고 할 때 지적전산자료를 신청하여야 하는 대상이 아닌 것은?
① 시·도지사
② 지적소관청
③ 국토교통부장관
④ 한국토정보공사장

해설 지적공부에 관한 전산자료(지적전산자료)를 이용하거나 활용하려는 자는 국토교통부장관, 시·도지사 또는 지적소관청의 승인을 받아야 한다.
1. 전국 단위의 지적전산자료 : 국토교통부장관, 시·도지사 또는 지적소관청
2. 시·도 단위의 지적전산자료 : 시·도지사 또는 지적소관청
3. 시·군·구(자치구가 아닌 구를 포함한다) 단위의 지적전산자료 : 지적소관청

43. 사용자로 하여금 데이터베이스에 접근하여 데이터를 처리할 수 있도록 검색, 삽입, 삭제, 갱신 등의 역할을 하는 데이터 언어는?
① DCL
② DDL
③ DML
④ DNL

해설 데이터 조작어(DML ; Data Manipulation Language)
- 사용자가 데이터베이스에 접근하여 데이터를 처리할 수 있는 데이터 언어
- 데이터베이스에 저장된 자료를 검색(select), 삽입(insert), 삭제(delete), 수정(update)하기 위해 사용되는 언어

44. 데이터의 연혁, 품질정보 및 공간참조 정보 등을 담고 있는 세부적인 정보 데이터 용어는?
① 공간데이터
② 메타데이터
③ 속성데이터
④ 참조데이터

해설 메타데이터
데이터에 대한 정보로서 데이터의 내용, 품질, 조건 및 기타 특성에 대한 정보를 포함하는 정보의 이력서

45. 토지정보시스템의 주된 구성요소로 옳지 않는 것은?
① 하드웨어
② 조사·측량
③ 소프트웨어
④ 조직과 인력

해설 GIS 구성요소
- 4가지 구성요소 : 조직, 자료, 소프트웨어, 하드웨어
- 7가지 구성요소 : 하드웨어, 소프트웨어, 네트워크, 방법, 사람, 자료, GIS 애플리케이션

46. 지적정보에 대한 설명으로 옳지 않은 것은?
① 속성정보는 주로 대장자료를 말하여, 도형정보는 주로 도면자료를 말한다.
② 토지의 경계·면적 등의 물리적인 현상을 표시한 지적에 대한 자료를 포함한다.
③ 도형정보와 속성정보는 서로 성격이 다르므로 별개로 존재하며, 별도로 분리하여 관리하여야 한다.
④ 토지에 대한 법적 권리관계 등을 등록·관리하기 위해 기록하는 등기에 대한 자료를 포함한다.

해설 도형과 속성정보의 상호연계기능
- 도형정보의 선택을 통한 속성정보 검색, 속성정보에 의한 도형정보 검색
- 논리적 또는 산술적 연산에 의하여 동시 검색이 가능

47. 토지정보체계의 필요성에 대한 설명으로 옳지 않은 것은?
① 토지 관련 정보의 보안 강화
② 여러 대장과 도면의 효율적 관리
③ 토지권리에 대한 분석과 정보제공
④ 토지 관련 변동자료의 신속·정확한 처리

해설 토지 관련 정보의 보안 강화보다는 여러 공공기관 및 부서 간의 토지정보를 공유에 있다.

48. "부동산종합공부시스템에서 지적측량업무를 수행하기 위하여 도면 및 대장속성 정보를 추출한 파일"을 정리하는 용어는?

① 측량계획파일
② 측량전산파일
③ 측량준비파일
④ 측량현형파일

해설 지적도를 등사하여 측량원도에 작성한 도면을 "측량준비도"라고 하며, 전자평판측량을 실시하면서 측량준비파일로 대체되었다.

49. 토지정보시스템의 공간분석작업 중 성격이 다른 하나는?

① 속성분석
② 인접분석
③ 중첩분석
④ 버퍼링 분석

해설 속성자료 분석
- 질의 : 작업자가 부여하는 조건에 따라 속성 데이터베이스에서 정보를 추출하는 것
- 분류(Classification) : 정해진 기준이나 특징으로 전체의 데이터 그룹을 나누는 것

50. 지적소관청이 대장전산자료에 오류가 발생하여 이를 정비한 경우, 그 정비내역은 몇 년간 보존하여야 하는가?

① 1년
② 3년
③ 5년
④ 영구

해설 부동산종합공부시스템 운영 및 관리규정 제8조(전산자료 장애·오류의 정비)
운영기관의 장은 전산자료의 구축이나 관리과정에서 장애 또는 오류가 발생한 때에는 지체 없이 이를 정비하여야 한다. 정비한 때에는 그 정비내역을 3년간 보존하여야 한다.

51. 도시개발사업에 따른 지구계 분할을 하고자 할 때, 지구계 구분코드 입력사항으로 옳은 것은?

① 지구 내 0, 지구 외 2
② 지구 내 0, 지구 외 1
③ 지구 내 1, 지구 외 0
④ 지구 내 2, 지구 외 0

해설 지구계분할을 하고자 하는 경우에는 시행지번호와 지구계 구분코드(지구 내 0, 지구 외 1)를 입력하여야 한다.

52. 필지중심토지정보시스템의 구성체계 중 주로 시·군·구행정종합정보화시스템과 연계를 통한 통합데이터베이스를 구축하여 지적업무의 효율성과 정확도 향상 및 지적정보의 응용·가공으로 신속한 정책정보를 제공하는 시스템?

① 지적측량시스템
② 토지행정시스템
③ 지적공부관리시스템
④ 지적측량성과작성시스템

해설 지적공부관리시스템
- 속성정보와 공간정보를 유기적으로 통합하여 상호 데이터의 연계성을 유지하며 변동자료를 실시간으로 수정하여 국민과 관련기관에 필요한 정보를 제공하는 시스템이다.

Answer 48. ③ 49. ① 50. ② 51. ② 52. ③

• 측량업무관리부, 지적공부관리부, 특수업무관리부, 지적기준점관리 및 목록조회, 일필지사항 및 개인필 지현황 조회, 변동내역 조회, 토지임야 기본정정 및 연혁정정, 지번별 조서, 정책정보를 제공한다.

53. 도형정보의 자료구조에 대한 관한 설명으로 옳지 않은 것은?
① 벡터구조는 자료구조가 복잡하다.
② 격자구조는 자료구조가 단순하다.
③ 벡터구조는 그래픽의 정확도가 높다.
④ 격자구조는 그래픽 자료의 양이 적다.

해설 격자구조는 그래픽 자료의 양이 많다.

54. 지적전산자료를 활용한 정보화사업인 "정보처리시스템을 통한 도형자료의 기록·저장 업무나 속성자료의 전산화 업무"에서의 대상 자료가 아닌 것은?
① 지적도 ② 토지대장
③ 연속지적도 ④ 부동산등기부

해설 부동산 등기부는 토지등기부와 건물등기부의 2종이 있다.

55. 메타데이터(Metadata)의 기본적인 요소가 아닌 것은?
① 공간참조 ② 자료의 내용
③ 정보획득방법 ④ 공간자료의 구성

해설 메타데이터 기본요소
1. 개요 및 자료 소개(identification)
2. 자료 품질(quality)
3. 자료의 구성(organization)
4. 공간참조를 위한 정보(spatial reference)
5. 형상 및 속성 정보(entity & attribute information)
6. 정보 획득방법
7. 참조정보(metadata reference)

56. 도면에서 공간자료를 입력하는 데 많이 쓰이는 점(point) 입력방식의 장비는?
① 스캐너 ② 프린터
③ 플로터 ④ 디지타이저

해설 벡터구조로 도형자료 입력장비 : 디지타이저(좌표독취기)

57. 국토교통부장관이 시·군·구 자료를 취합하여 지적통계를 작성하는 주기로 옳은 것은?
① 매일 ② 매주 ③ 매월 ④ 매년

Answer 53. ④ 54. ④ 55. ② 56. ④ 57. ④

해설 부동산종합공부시스템 운영 및 관리규정 제18조(지적통계 작성)
① 지적소관청에서는 지적통계를 작성하기 위한 일일마감, 월마감, 년마감을 하여야 한다.
② 국토교통부장관은 매년 시·군·구 자료를 취합하여 지적통계를 작성한다.

58. 래스터 자료의 특성으로 옳지 않은 것은?

① 정밀도는 격자의 간격에 의존한다.
② 점, 선, 면을 이용하여 도형을 처리한다.
③ 벡터자료에 비하여 데이터 구조가 간단하다.
④ 해상도를 높이면 자료의 크기가 방대해진다.

해설 벡터자료 : 점, 선, 면을 이용하여 도형을 처리한다.

59. 캐드용 자료파일을 다른 그래픽 체계에서 사용될 수 있도록 만든 ASCII 형태의 그래픽 자료 파일형식은?

① DXF
② IGES
③ NSDI
④ TIGER

해설 AutoCAD의 DXF 파일포맷(Drawing eXchange Format)
① 서로 다른 CAD 프로그램 간에 설계도면 파일을 교환하는 데 사용되는 파일형식
② Auto Desk사에서 제작한 ASCII 코드 형태 그래픽 자료 파일형식
③ DXF 파일 구성 : 헤더 섹션, 테이블 섹션, 블록 섹션, 엔티티 섹션
④ DXF 구조는 단순하여 범용적으로 사용될 수 있다는 장점이 있으나 GIS에서 필수적으로 수반되는 속성자료와 위상정보의 교환이 매우 어렵다는 문제점이 있다.

60. 벡터자료에 대한 설명으로 옳지 않은 것은?

① 자료의 구조는 그리드와 셀로 구성된다.
② 공간정보는 좌표계를 이용하여 기록하다.
③ 객체들의 지리적 위치를 방향과 크기로 나타낸다.
④ 지적도면의 수치화에 벡터 방식이 주로 사용된다.

해설 벡터자료는 실세계에서 나타나는 다양한 대상물이나 현상을 X, Y와 같은 실제 좌표에 의한 점, 선, 다각형을 이용하여 표현하는 자료구조이다.

04 지적학

61. 지목의 부호 표기방법으로 옳지 않은 것은?

① 하천은 '천'으로 한다.
② 유원지는 '원'으로 한다.
③ 종교용지는 '교'로 한다.
④ 공장용지는 '장'으로 한다.

해설 지목의 표기방법
1. 대장 : 토지대장 및 임야대장에는 지목 명칭 전체를 기재한다.
2. 도면 : 지적도 및 임야도에 등록하는 때에는 지목을 뜻하는 기호를 기재한다.
   - 두문자 표기 : 공장용지, 주차장, 하천, 유원지를 제외한 24개 지목은 지목의 첫 번째 글자로 표기한다.
   - 차문자 표기 : 공장용지(장), 주차장(차), 하천(천), 유원지(원) 등 4개 지목은 지목의 두 번째 글자로 표기한다.

지 목	부 호	지 목	부 호
전	전	철도용지	철
답	답	제방	제
과수원	과	하천	천
목장용지	목	구거	구
임야	임	유지	유
광천지	광	양어장	양
염전	염	수도용지	수
대	대	공원	공
공장용지	장	체육용지	체
학교용지	학	유원지	원
주차장	차	종교용지	종
주유소용지	주	사적지	사
창고용지	창	묘지	묘
도로	도	잡종지	잡

62. 지적도에 건물을 등록하여 사용하는 국가는?

① 일본   ② 대만   ③ 한국   ④ 프랑스

해설 프랑스와 독일의 경우 지적도에 건물을 등록하여 관리하고 있다.

63. 다음 중 경계점좌표등록부를 비치하는 지역의 측량 시행에 대한 가장 특징적인 토지표시사항은?

① 면적   ② 좌표
③ 지목   ④ 지번

해설 수치지적지역에 비치하는 경계점좌표등록부의 가장 큰 특징은 좌표이다.

Answer 61. ③ 62. ④ 63. ②

64. 지압조사(地押調査)에 대한 설명으로 가장 적합한 것은?

① 토지소유자를 입회시키는 일체의 토지검사이다.
② 도면에 의하여 측량 성과를 확인하는 토지검사이다.
③ 신고가 없는 이동지를 조사·발견할 목적으로 국가가 자진하여 현지조사를 하는 것이다.
④ 지목변경의 신청이 있을 때에 그를 확인하고자 지적소관청이 현지조사를 시행하는 것이다.

해설 토지검사와 지압조사
1. 토지조사
   - 토지검사란 토지에 대한 변경이 있는 경우 지적공무원이 지세관계법령에 의하여 실시하는 검사로서 신고 또는 신청사항의 확인을 목적으로 함
   - 무신고 이동지 조사를 위한 토지검사는 지압조사라 하여 일반토지검사와 구별함
2. 지압조사
   - 토지의 이동이 있는 경우에 토지소유자는 관계법령에 따라 소관청에 신고하여야 하나 이것이 잘 시행되지 못할 경우에 무신고 이동지를 조사 발견할 목적으로 소관청이 현지조사를 실시하는 것
   - 지압조사의 성격 : 토지등록에 대한 사실심사주의, 직권등록주의와 관련된 개념

65. 토지과세 및 토지거래의 안전을 도모하며 토지소유권의 보호를 주요 목적으로 하는 지적제도는?

① 법지적　　　　　　　　　　② 경제지적
③ 과세지적　　　　　　　　　④ 유사지적

해설 세금징수를 주목적으로 하는 세지적은 과세지적이라고도 하며 면적본위로 운영되고, 토지거래의 안전과 소유권 보호를 주목적으로 하는 법지적은 소유권지적이라고도 하며 위치본위로 운영된다.

66. 토지소유권에 관한 설명으로 옳은 것은?

① 무제한 사용, 수익할 수 있다.
② 존속기간이 있고 소멸시효에 걸린다.
③ 법률의 범위 내에서 사용, 수익, 처분할 수 있다.
④ 토지소유권은 토지를 일시 지배하는 제한물권이다.

해설 토지소유권은 토지를 처분하거나 자유롭게 이용하고 이익을 취할 수 있는 권리지만 공공적 의의가 크기 때문에 우리나라 헌법은 토지소유권에 대해 법률이 정하는 바에 따라 제한과 의무를 과할 수 있도록 규정하고 있다.

67. 토지의 소유권을 규제할 수 있는 근거로 가장 타당한 것은?

① 토지가 갖는 가역성, 경제성　　② 토지가 갖는 공공성, 사회성
③ 토지가 갖는 사회성, 적법성　　④ 토지가 갖는 경제성, 절대성

해설 대한민국 헌법과 민법의 정신을 볼 때 토지소유권의 규제 근거는 토지의 공공성과 사회성으로 보는 것이 적당하다.

Answer　64. ③　65. ①　66. ③　67. ②

구분	조항	내용
헌법	제23조 제2항	재산권의 행사는 공공복리에 적합하도록 하여야 한다.
	제122조	국가는 국민 모두의 생산 및 생활의 기반이 되는 국토의 효율적이고 균형있는 이용·개발과 보전을 위하여 법률이 정하는 바에 의하여 그에 관한 필요한 제한과 의무를 과할 수 있다.
민법	제212조(토지소유권의 범위)	토지소유권은 정당한 이익이 있는 범위 내에서 토지의 상하에 미친다.

68. 토지조사사업 당시 필지를 구분함에 있어 일필지의 강계(彊界)를 설정할 때, 별필로 하였던 경우가 아닌 것은?

① 특히 면적이 협소한 것
② 지반의 고저가 심하게 차이 있는 것
③ 심히 형상이 구부러지거나 협장한 것
④ 도로, 하천, 구거, 제방, 성곽 등에 의하여 자연으로 구획을 이룬 것

해설 토지조사사업 당시 일필지 구역결정 방법
1. 원칙
   ① 1필지의 구역을 정하는 목적은 주로 지목을 구별하고 또 소유권의 분계를 확정하는 데 있음
   ② 지주 및 지목이 동일하고 또 연속되어 있는 토지는 1필지로 하는 것을 원칙으로 함
2. 예외적인 별필 기준
   ① 도로, 하천, 구거, 제방, 성첩 등에 의하여 자연적으로 구획된 것
   ② 특별히 면적이 광대한 것
   ③ 형상이 만곡(彎曲 : 활 모양으로 굽음)하거나 혹은 협장(좁고 길다)한 것
   ④ 지력 기타 사항이 현저히 다른 것
   ⑤ 지반의 고저가 심하게 차이가 있는 것
   ⑥ 분쟁에 관계되는 것
   ⑦ 시가지로서 기와담장, 돌담장 기타 영구적 구축물로 구획된 지구

69. 물권 객체로서의 토지 내용을 외부에서 인식할 수 있도록 하는 물권법상의 일반 원칙은?

① 공신의 원칙   ② 공시의 원칙
③ 통지의 원칙   ④ 증명의 원칙

해설 토지등록의 원칙
1. 등록의 원칙(登錄의 原則)
   ① 토지에 관한 모든 표시사항을 지적공부에 반드시 등록해야 하며 토지의 이동이 생기면 지적공부에 변동사항을 정리 등록해야 한다는 원칙으로서 토지표시의 등록주의라고도 함
   ② 적극적등록주의와 법지적을 채택하는 나라에서 적용되며 토지에 관한 모든 사항은 지적공부에 등록되어야 토지권리의 법률상 효력을 인정받는 원칙으로서 형식주의 규정이라 할 수 있음
2. 신청의 원칙(申請의 原則)
   ① 토지의 등록은 토지소유자의 신청을 전제로 처리하는 원칙

Answer 68. ① 69. ②

② 측량・수로조사 및 지적에 관한 법률에서는 토지의 등록은 토지소유자의 신청을 전제로 하되 신청이 없을 때에는 직권으로 조사・측량하여 처리하도록 함
3. 특정화의 원칙(特定化의 原則)
① 권리객체로서의 모든 토지는 반드시 특정적이고 단순하며 명확한 방법에 의하여 인식할 수 있도록 개별화 하여야 한다는 원칙
② 지번, 경계, 소유자 등의 요소를 사용하여 토지를 특정화할 수 있으며, 특히 지번은 토지 관련 자료의 식별인자가 됨
4. 국정주의 및 직권주의(國定主義 및 職權主義)
① 국정주의는 지적공부의 등록사항인 토지소재, 지번, 지목, 경계 또는 좌표와 면적 등은 국가의 공권력에 의하여 국가만이 이를 결정할 수 있는 권한을 가진다는 원칙
② 직권주의는 모든 필지는 필지단위로 구획하여 국가기관인 소관청이 강제적으로 지적공부에 등록 공시하여야 한다는 원칙
5. 공시의 원칙 및 공개주의(公示의 原則, 公開主義)
① 토지등록의 법적 지위에 있어서 토지의 이동이나 물권의 변동은 반드시 외부에 알려야 한다는 원칙
② 토지에 관한 등록사항은 지적공부에 등록하고 이를 일반에 공지하여 누구나 이용하고 활용할 수 있게 하여야 함
6. 공신의 원칙(公信의 原則)
① 등기를 믿고 권리행위를 한 선의의 거래자를 보호하여 진실로 등기내용과 같은 권리관계가 존재한 것처럼 법률효과를 인정하려는 원칙
② 물권변동에 대한 거래의 안전을 보장하기 위한 원칙

70. 토지의 사정(査定)에 해당되는 것은?

① 재결 ② 법원판결 ③ 사법처분 ④ 행정처분

해설 토지의 사정이란 토지조사부와 지적도에 의하여 토지의 소유자 및 그 강계를 확정하는 행정처분으로서 이전의 권리와 무관한 창설적・확정적 효력이 있다.

71. 다음 중 적극적 등록제도에 대한 설명으로 옳지 않은 것은?

① 토지 등록을 의무로 하지 않는다.
② 적극적 등록제도의 발달된 형태로 토렌스시스템이 있다.
③ 선의의 제3자에 대하여 토지등록상의 피해는 법적으로 보장된다.
④ 지적공부에 등록되지 않은 토지에는 어떠한 권리도 인정되지 않는다.

해설 적극적 등록제도
1. 토지등록은 일필지의 개념으로 법적 권리보장이 인증되고 국가에 의해 그러한 합법성과 효력이 발생
2. 기본원칙
① 지적공부에 등록되지 않는 토지는 어떠한 권리도 인정받을 수 없음
② 등록은 강제적이고 의무적
③ 지적측량 시행 후 토지등기가 가능
3. 선의의 제3자 보호 : 토지등록상의 문제로 인한 피해는 법적으로 보장되고 국가에 소송을 제기할 수 있으며, 보상도 받을 수 있음
4. 토렌스시스템은 적극적 등록주의의 발전된 형태

72. 토지가옥의 매매계약이 성립되기 위하여 매수인과 매도인 쌍방의 합의 외에 대가의 수수목적물의 인도 시에 서면으로 작성한 계약서는?

① 문기 ② 양전
③ 입안 ④ 전안

해설 1. 문기 : 조선시대에 토지 및 가옥을 매수 또는 매도할 때 작성한 매매계약서를 말하며 '명문 문권'이라고도 함
2. 양안 : 고려시대부터 시작되어 조선시대를 거쳐 일제시대의 토지조사사업 전까지 양전에 의해 작성된 토지기록부 또는 토지대장
3. 입안 : 토지가옥의 매매를 증명하는 제도이며 등기권리증과 같은 효력이 있음
4. 전안 : 양안의 다른 이름
※ 양전 : 신라시대부터 조선시대에 걸쳐 대한제국시대까지 세금의 징수를 목적으로 실시된 지적측량

73. 지적도에서 도곽선(圖郭線)의 역할로 옳지 않은 것은?

① 다른 도면과의 접합 기준선이 된다.
② 도면 신축량 측정의 기준선이 된다.
③ 도곽에 걸친 큰 필지의 분할 기준선이 된다.
④ 도곽 내 모든 필지의 관계 위치를 명확히 하는 기준선이 된다.

해설 도곽선의 역할
1. 지적도와 임야도의 작성 기준선
2. 도곽 내 모든 토지의 위치관계를 명확히 하는 기준선
3. 인접도면과의 접합을 맞추는 기준선
4. 도북방위선의 표시
5. 지적측량기준점의 전개 및 도면 신축량 측정의 기준선
6. 거리 및 면적보정의 기준선
7. 외업에서 측량준비도와 실지의 부합 여부 확인 기준선
8. 도면 내에 필지를 등록할 수 있는 한계를 나타내는 선

74. 우리나라의 지번 부여방법이 아닌 것은?

① 종서의 원칙 ② 1필지 1지번 원칙
③ 북서기번의 원칙 ④ 아라비아숫자 표기원칙

해설 우리나라는 지번을 북서에서 남동으로 순차적으로 부여하는 "북서기번법"과 가로방향으로 기재하는 "횡서의 원칙"을 채택하고 있다.

75. 토지에 대한 세를 부과함에 있어 과세자료로 이용하기 위한 목적의 지적제도는?

① 법지적 ② 세지적
③ 경제지적 ④ 다목적지적

Answer 72. ① 73. ③ 74. ① 75. ②

해설 발전과정에 따른 분류
1. 세지적 : 농경시대에 개발된 최초의 지적제도로서 과세지적이라 하며, 면적본위로 운영
2. 법지적 : 산업화시대에 개발된 제도로서 소유권지적이라 하며, 위치본위로 운영
3. 다목적지적 : 컴퓨터를 활용하여 토지에 관한 다양하고 많은 자료관리와 신속·정확한 공급이 가능한 제도로서 종합지적 또는 통합지적이라 함
※ 경제지적(Economic Cadastre) : 도시계획이나 농지개량사업의 기초가 되는 지적제도로서 유사지적이라고도 함

76. 우리나라에서 채용하는 토지경계 표시방식은?
① 방형측량방식
② 입체기하적 방식
③ 도상경계 표시방식
④ 입체기하적 방식과 방형측량방식의 절충방식

해설 우리나라의 토지경계의 효력은 도상경계를 기준으로 한다.
※ 도상경계 : 지적도나 임야도의 도면상에 표시된 경계이며 "공부상 경계"라고도 함

77. 조선시대 양안에 기재된 사항 중 성격이 다른 하나는?
① 기주(起主)
② 시작(時作)
③ 시주(時主)
④ 전주(田主)

해설 조선시대 양안에 기록된 전주(田主)와 기주(起主), 시주(時主) 등은 소유자를 의미하며, 시작(時作)은 소작인 또는 경작자를 의미한다.

78. 고구려에서 작성된 평면도로서 도로, 하천, 건축물 등이 그려진 도면이며 우리나라에 실물로 현재하는 도시 평면도로서 가장 오래된 것은?
① 방위도
② 어린도
③ 지안도
④ 요동성총도

해설 요동성총도는 평안남도 순천군에서 발견된 고구려시대의 벽화고분에 그려진 요동성의 지도를 의미하며, 요동성의 지형과 구조, 도로, 성벽, 주요 건물, 하천, 개울 등이 그려져 있는 우리나라의 가장 오래된 도시 평면도이다.

79. 1910~1918년에 시행한 토지조사사업에서 조사한 내용이 아닌 것은?
① 토지의 지질조사
② 토지의 가격조사
③ 토지의 소유권조사
④ 토지의 외모(外貌)조사

해설 토지조사사업의 내용
1. 지적제도와 부동산등기제도의 확립을 위한 토지의 소유권 조사
2. 지세제도의 확립을 위한 토지의 가격조사
3. 국토의 지리를 밝히는 토지의 외모조사

Answer 76. ③ 77. ② 78. ④ 79. ①

80. 토지조사사업 당시 사정 사항에 불복하여 재결을 받은 때의 효력 발생일은?

① 재결 신청일 ② 재결 접수일
③ 사정일 ④ 사정 후 30일

해설 토지조사사업의 사정
1. 사정의 개념
   ① 사정이란 토지조사부와 지적도에 의하여 토지의 소유자 및 그 강계를 확정하는 행정처분
   ② 사정은 이전의 권리와 무관한 창설적·확정적 효력이 있음
2. 사정기관
   ① 사정권자 : 지방토지조사위원회의 자문을 받아 당시 임시토지조사국장이 실시
   ② 조사 및 측량기관 : 임시토지조사국
3. 사정의 대상
   ① 사정의 대상은 토지소유자와 토지강계
   ② 토지소유자는 자연인, 법인, 서원, 종중 등을 인정
   ③ 토지의 강계는 강계선만이 사정의 대상이 되었고 지역선은 제외
4. 사정의 절차
   ① 사정은 30일간 공시
   ② 불복하는 자는 공시기간 만료 후 60일 이내에 고등토지조사위원회(高等土地調査委員會)에 이의를 제기하여 재결을 요청할 수 있도록 함
5. 사정의 효력
   ① 토지조사령은 "토지소유자의 권리는 사정의 확정 또는 재결에 의하여 확정한다"고 규정
   ② 사정은 원시취득의 효력을 가짐
   ③ 재결시 효력발생일을 사정일로 소급

05 지적관계법규

81. 지적전산자료를 인쇄물로 제공하는 경우 1필지당 수수료는?

① 20원 ② 30원 ③ 50원 ④ 100원

해설 지적전산자료의 사용료

지적전산자료 제공방법	수수료
인쇄물로 제공하는 때	1필지당 30원
자기디스크 등 전산매체로 제공하는 때	1필지당 20원

Answer 80. ③ 81. ②

82. 지적도의 축척이 600분의 1인 지역에 1필지의 측정면적이 123.45m²인 경우 지적공부에 등록할 면적은?

① 123m² ② 123.4m² ③ 123.5m² ④ 123.45m²

해설 면적의 최소등록단위
1. 축척 1/500~1/600, 경계점좌표등록부에 등록하는 지역 : 0.1m²
2. 축척 1/1000~1/6000 지역 : 1m²

83. 지적소관청이 사업지구 지정을 신청하고자 할 때 주민에게 실시계획을 공람해야 하는 기간은?

① 7일 이상
② 15일 이상
③ 20일 이상
④ 30일 이상

해설 사업지구의 지정
① 지적소관청은 실시계획을 수립하여 시·도지사에게 사업지구 지정 신청을 하여야 한다.
② 지적소관청이 시·도지사에게 사업지구 지정을 신청하고자 할 때에는 다음 각 호의 사항을 고려하여 사업지구 토지소유자 총수의 3분의 2 이상과 토지면적 3분의 2 이상에 해당하는 토지소유자의 동의를 받아야 한다.
  1. 지적공부의 등록사항과 토지의 실제 현황이 다른 정도가 심하여 주민의 불편이 많은 지역인지 여부
  2. 사업시행이 용이한지 여부
  3. 사업시행의 효과 여부
③ 지적소관청은 사업지구에 토지소유자협의회가 구성되어 있고 토지소유자 총수의 4분의 3 이상의 동의가 있는 지구에 대하여는 우선하여 사업지구로 지정을 신청할 수 있다.
④ 지적소관청은 사업지구 지정을 신청하고자 할 때에는 실시계획 수립 내용을 주민에게 서면으로 통보한 후 주민설명회를 개최하고 실시계획을 30일 이상 주민에게 공람하여야 한다.
⑤ 사업지구에 있는 토지소유자와 이해관계인은 공람기간 안에 지적소관청에 의견을 제출할 수 있으며, 지적소관청은 제출된 의견이 타당하다고 인정할 때에는 이를 반영하여야 한다.
⑥ 시·도지사는 사업지구를 지정할 때에는 시·도 지적재조사위원회의 심의를 거쳐야 한다.

84. 토지대장의 소유자변동일자의 정리기준에 대한 설명으로 옳지 않은 것은?

① 신규등록의 경우 : 매립준공일자
② 미등기토지의 경우 : 소유자정리결의일자
③ 등기부등본·초본에 의하는 경우 : 등기원인일자
④ 등기전산정보자료에 의하는 경우 : 등기접수일자

해설 소유자정리
① 대장의 소유자변동일자 : 등기필통지서, 등기필증, 등기부 등본·초본 또는 등기관서에서 제공한 등기전산정보자료의 경우에는 등기접수일자
② 미등기토지 소유자에 관한 정정신청의 경우와 소유자등록신청의 경우 : 소유자정리결의일자
③ 공유수면 매립준공에 따른 신규 등록의 경우 : 매립준공일자
④ 주소·성명·명칭의 변경 또는 경정 및 소유권이전 등이 같은 날짜에 등기가 된 경우 : 지적공부정리는 등기접수 순서에 따라 모두 정리

85. 다음 중 300만 원 이하의 과태료 처분을 받는 경우에 해당되지 않는 자는?
① 거짓으로 등록전환 신청을 한 자
② 정당한 사유 없이 측량을 방해한 자
③ 측량업의 휴업·폐업 등의 신고를 하지 아니한 자
④ 본인, 배우자 또는 직계 존속·비속이 소유한 토지에 대한 지적측량을 한 자

해설 1. 과태료 부과 대상
① 정당한 사유 없이 측량을 방해한 자
② 거짓으로 측량기술자 또는 수로기술자의 신고를 한 자
③ 측량업 등록사항의 변경신고를 하지 아니한 자
④ 측량업자 또는 수로사업자의 지위 승계 신고를 하지 아니한 자
⑤ 측량업 또는 수로사업의 휴업·폐업 등의 신고를 하지 아니하거나 거짓으로 신고한 자
⑥ 본인, 배우자 또는 직계 존속·비속이 소유한 토지에 대한 지적측량을 한 자
⑦ 측량기기에 대한 성능검사를 받지 아니하거나 부정한 방법으로 성능검사를 받은 자
⑧ 성능검사대행자의 등록사항 변경을 신고하지 아니한 자
⑨ 성능검사대행업무의 폐업신고를 하지 아니한 자
⑩ 정당한 사유 없이 보고를 하지 아니하거나 거짓으로 보고를 한 자
⑪ 정당한 사유 없이 조사를 거부·방해 또는 기피한 자
⑫ 토지등에의 출입 등을 방해하거나 거부한 자

2. 1년 이하의 징역 또는 1천만 원 이하의 벌금
① 무단으로 측량성과 또는 측량기록을 복제한 자
② 측량기술자가 아님에도 불구하고 측량을 한 자
③ 업무상 알게 된 비밀을 누설한 측량기술자 또는 수로기술자
④ 둘 이상의 측량업자에게 소속된 측량기술자 또는 수로기술자
⑤ 다른 사람에게 측량업등록증 또는 측량업등록수첩을 빌려주거나 자기의 성명 또는 상호를 사용하여 측량업무를 하게 한 자
⑥ 다른 사람의 측량업등록증 또는 측량업등록수첩을 빌려서 사용하거나 다른 사람의 성명 또는 상호를 사용하여 측량업무를 한 자
⑦ 지적측량수수료 외의 대가를 받은 지적측량기술자
⑧ 거짓으로 다음 각 목의 신청을 한 자
  • 신규등록 신청
  • 등록전환 신청
  • 분할 신청
  • 합병 신청
  • 지목변경 신청
  • 바다로 된 토지의 등록말소 신청
  • 축척변경 신청
  • 등록사항의 정정 신청
  • 도시개발사업 등 시행지역의 토지이동 신청
⑨ 다른 사람에게 자기의 성능검사대행자 등록증을 빌려 주거나 자기의 성명 또는 상호를 사용하여 성능검사대행업무를 수행하게 한 자
⑩ 다른 사람의 성능검사대행자 등록증을 빌려서 사용하거나 다른 사람의 성명 또는 상호를 사용하여 성능검사대행업무를 수행한 자

Answer 85. ①

86. 다음 합병 신청에 대한 내용 중 합병 신청이 가능한 경우는?

① 합병하려는 토지의 지목이 서로 다른 경우
② 합병하려는 토지에 승역지에 대한 지역권의 등기가 있는 경우
③ 합병하려는 토지의 지적도 및 임야도의 축척이 서로 다른 경우
④ 합병하려는 토지가 등기된 토지와 등기되지 아니한 토지인 경우

해설 토지합병

1. 신청대상
   지번부여지역으로서 소유자와 용도가 같고 지반이 연속된 토지
2. 합병을 신청할 수 없는 토지
   ① 합병하려는 토지의 지번부여지역, 지목 또는 소유자가 서로 다른 경우
   ② 합병하려는 토지에 다음 각 호의 등기 외의 등기가 있는 경우
      • 소유권·지상권·전세권 또는 임차권의 등기
      • 승역지에 대한 지역권의 등기
      • 합병하려는 토지 전부에 대한 등기원인 및 그 연월일과 접수번호가 같은 저당권의 등기
   ③ 합병하려는 토지의 지적도 및 임야도의 축척이 서로 다른 경우
   ④ 합병하려는 각 필지의 지반이 연속되지 아니한 경우
   ⑤ 합병하려는 토지가 등기된 토지와 등기되지 아니한 토지인 경우
   ⑥ 합병하려는 각 필지의 지목은 같으나 일부 토지의 용도가 다르게 되어 분할대상 토지인 경우(다만, 합병 신청과 동시에 토지의 용도에 따라 분할 신청을 하는 경우는 제외)
   ⑦ 합병하려는 토지의 소유자별 공유지분이 다르거나 소유자의 주소가 서로 다른 경우
   ⑧ 합병하려는 토지가 구획정리, 경지정리 또는 축척변경을 시행하고 있는 지역의 토지와 그 지역 밖의 토지인 경우

87. 다음 중 지목이 '잡종지'에 해당되지 않는 것은?

① 자갈땅   ② 비행장   ③ 공동우물   ④ 야외시장

해설 1. 잡종지
   ① 갈대밭, 실외에 물건을 쌓아두는 곳, 돌을 캐내는 곳, 흙을 파내는 곳, 야외시장, 비행장, 공동우물
   ② 영구적 건축물 중 변전소, 송신소, 수신소, 송유시설, 도축장, 자동차운전학원, 쓰레기 및 오물처리장 등의 부지
   ③ 다른 지목에 속하지 않는 토지
2. 임야
   산림 및 원야를 이루고 있는 수림지·죽림지·암석지·자갈땅·모래땅·습지·황무지 등의 토지
※ 원상회복을 조건으로 돌을 캐내는 곳 또는 흙을 파내는 곳으로 허가된 토지는 제외한다.

88. 축척변경위원회의 심의·의결사항에 해당하지 않는 것은?

① 청산금의 산정에 관한 사항
② 축척변경 확정공고에 관한 사항
③ 축척변경 시행계획에 관한 사항
④ 지번별 제곱미터당 금액의 결정과 청산금의 산정에 관한 사항

Answer 86. ② 87. ① 88. ②

해설 1. 축척변경위원회의 심의 · 의결사항
   ① 축척변경 시행계획에 관한 사항
   ② 지번별 제곱미터당 금액의 결정과 청산금의 산정에 관한 사항
   ③ 청산금의 이의신청에 관한 사항
   ④ 그 밖에 축척변경과 관련하여 지적소관청이 회의에 부치는 사항
2. 축척변경의 확정공고
   ① 청산금의 납부 및 지급이 완료되었을 때에는 지적소관청은 지체 없이 축척변경의 확정공고를 하여야 한다.
   ② 지적소관청은 확정공고를 하였을 때에는 지체 없이 축척변경에 따라 확정된 사항을 지적공부에 등록하여야 한다.
   ③ 축척변경 시행지역의 토지는 확정공고일에 토지의 이동이 있는 것으로 본다.

89. 지적도 축척 1200분의 1지역의 토지대장에 등록하는 최소 면적 단위는?

① $1m^2$　　　　　　　　　② $0.5m^2$
③ $0.1m^2$　　　　　　　　④ $0.01m^2$

해설 면적의 최소등록단위
- 축척 1/500~1/600, 경계점좌표등록부에 등록하는 지역 : $0.1m^2$
- 축척 1/1000~1/6000 지역 : $1m^2$

90. 다음 중 "토지의 이동"과 관련이 없는 것은?

① 경계　　　　　　　　　② 좌표
③ 소유자　　　　　　　　④ 토지의 소재

해설 "토지의 이동"이란 토지의 표시를 새로 정하거나 변경 또는 말소하는 것을 말하며 소유자는 소유권에 관한 사항이다.

91. 지적삼각점성과표의 기록 · 관리 사항이 아닌 것은?

① 연직선 편차　　　　　　② 경도 및 위도
③ 좌표 및 표고　　　　　　④ 방위각 및 거리

해설 지적기준점성과표의 기록 · 관리 사항
① 지적삼각점의 명칭과 기준 원점명
② 좌표 및 표고
③ 경도 및 위도(필요한 경우로 한정한다)
④ 자오선수차
⑤ 시준점의 명칭, 방위각 및 거리
⑥ 소재지와 측량연월일
⑦ 그 밖의 참고사항

Answer　89. ①　90. ③　91. ①

92. 경계점좌표측량부에 포함되지 않는 것은?

① 경계점관측부
② 수평각관측부
③ 좌표면적계산부
④ 교차점계산부

해설 1. 지적측량성과에 따른 측량부의 종류
  - 지적삼각점측량부
  - 지적삼각보조점측량부
  - 지적도근점측량부
  - 경계점좌표측량부
2. 경계점좌표측량부 내용
  지적도근점측량부에 경계점관측부·좌표면적계산부 및 경계점 간 거리계산부·교차점계산부 등을 포함한다.

93. 측량업자가 보유한 측량기기의 성능검사주기 기준이 옳은 것은?(단, 한국국토정보공사의 경우는 고려하지 않는다.)

① 거리측정기 : 3년
② 토털스테이션 : 2년
③ 트랜싯(데오드라이트) : 2년
④ 지피에스(GPS) 수신기 : 1년

해설 성능검사의 대상 및 주기
1. 트랜싯(데오드라이트) : 3년
2. 레벨 : 3년
3. 거리측정기 : 3년
4. 토털스테이션 : 3년
5. 지피에스(GPS) 수신기 : 3년
6. 금속관로 탐지기 : 3년

94. 지적측량 시행규칙상 면적측정의 대상이 아닌 것은?

① 경계를 정정하는 경우
② 축척변경을 하는 경우
③ 토지를 합병하는 경우
④ 필지분할을 하는 경우

해설 면적측정 대상
- 지적공부의 복구·신규등록·등록전환·분할 및 축척변경을 하는 경우
- 면적 또는 경계를 정정하는 경우
- 도시개발사업 등으로 인한 토지의 이동에 따라 토지의 표시를 새로 결정하는 경우
- 경계복원측량 및 지적현황측량에 면적측정이 수반되는 경우

95. 공간정보의 구축 및 관리 등에 관한 법률상 규정하고 있는 용어로 옳지 않은 것은?

① 경계점
② 토지의 이동
③ 지번설정지역
④ 지적측량수행자

해설 지번설정지역은 지적법 전부개정(시행 2002.1.27.) 시 지번부여지역으로 용어를 다시 정의함

Answer 92. ② 93. ① 94. ③ 95. ③

96. 공간정보의 구축 및 관리 등에 관한 법령에서 구분하고 있는 28개의 지목에 해당되는 것은?
① 나대지
② 선하지
③ 양어장
④ 납골용지

해설 지목의 종류
지목은 전·답·과수원·목장용지·임야·광천지·염전·대·공장용지·학교용지·주차장·주유소용지·창고용지·도로·철도용지·제방(堤防)·하천·구거·유지·양어장·수도용지·공원·체육용지·유원지·종교용지·사적지·묘지·잡종지로 구분하여 정한다.

97. 과수원으로 이용되고 있는 1000m² 면적의 토지에 지목이 대(垈)인 30m² 면적의 토지가 포함되어 있을 경우 필지의 결정 방법으로 옳은 것은?(단, 토지의 소유자는 동일하다.)
① 1필지로 하거나 필지를 달리하여도 무방하다.
② 종된 용도의 토지의 지목이 대(垈)이므로 1필지로 할 수 없다.
③ 지목이 대(垈)인 토지의 지가가 더 높으므로 전체를 1필지로 한다.
④ 종된 용도의 토지 면적이 주된 용도의 토지면적의 10% 미만이므로 전체를 1필지로 한다.

해설 1필지
1. 1필지로 정할 수 있는 기준
 지번부여지역의 토지로서 소유자와 용도가 같고 지반이 연속된 토지
2. 양입지
 ① 주된 용도의 토지의 편의를 위하여 설치된 도로·구거 등의 부지
 ② 주된 용도의 토지에 접속되거나 주된 용도의 토지로 둘러싸인 토지로서 다른 용도로 사용되고 있는 토지
3. 양입지로 정할 수 없는 토지
 ① 종된 용도의 토지의 지목이 대인 경우
 ② 종된 용도의 토지 면적이 주된 용도의 토지 면적의 10퍼센트를 초과하는 경우
 ③ 종된 토지의 면적이 330제곱미터를 초과하는 경우

98. 측량업의 등록을 하지 아니하고 지적측량업을 할 수 있는 자는?
① 지적측량업자
② 측지측량업자
③ 한국국토정보공사
④ 한국해양조사협회

해설 측량업의 등록
① 측량업을 하려는 자는 업종별로 기술인력·장비 등의 등록기준을 갖추어 국토교통부장관 또는 시·도지사에게 등록하여야 한다. 다만, 한국국토정보공사는 측량업의 등록을 하지 아니하고 지적측량업을 할 수 있다.
② 측량업의 구분
 • 측지측량업
 • 지적측량업
 • 공공측량업
 • 일반측량업

Answer 96. ③ 97. ② 98. ③

- 연안조사측량업
- 항공촬영업
- 공간영상도화업
- 영상처리업
- 수치지도제작업
- 지하시설물측량업

※ 한국국토정보공사의 설립과 사업은 국가공간정보기본법 제3장에서 규정하고 있다.

99. 다음 중 지적측량 적부심사청구서를 받은 시·도지사가 지방지적위원회에 회부하여야 하는 사항이 아닌 것은?

① 다툼이 되는 지적측량의 경위
② 해당 토지에 대한 토지이동 연혁
③ 해당 토지에 대한 소유권 변동 연혁
④ 지적측량업자가 작성한 조사측량성과

해설 시·도지사가 지방지적위원회에 회부하여야 하는 사항
① 다툼이 되는 지적측량의 경위 및 그 성과
② 해당 토지에 대한 토지이동 및 소유권 변동 연혁
③ 해당 토지 주변의 측량기준점, 경계, 주요 구조물 등 현황 실측도

100. 지적공부에 신규등록하는 토지의 소유자의 정리로 옳은 것은?

① 모두 국가의 소유로 한다.
② 등기부초본이나 확정판결에 의한다.
③ 현재 점유하고 있는 자의 소유로 한다.
④ 지적소관청이 직접 조사하여 등록한다.

해설 토지소유자의 정리
- 지적공부에 등록된 토지소유자의 변경사항은 등기관서에서 등기한 것을 증명하는 등기필증, 등기완료통지서, 등기사항증명서 또는 등기관서에서 제공한 등기전산정보자료에 따라 정리한다.
- 신규등록하는 토지의 소유자는 지적소관청이 직접 조사하여 등록한다.

Answer 99. ④ 100. ④

2019년 기출문제

2019년 제1회 지적산업기사

2019년 제2회 지적산업기사

2019년 제3회 지적산업기사

Industrial Engineer Cadastral Surveying

2019년 제1회 지적산업기사

01 지적측량

01. 전자면적측정기에 따른 면적측정은 도상에서 몇 회 측정하여야 하는가?
① 1회 ② 2회 ③ 3회 ④ 5회

해설 지적측량 시행규칙 제20조(면적측정의 방법 등)
전자면적측정기에 따른 면적측정은 도상에서 2회 측정하여 그 교차가 다음 계산식에 따른 허용면적 이하일 때에는 그 평균치를 측정면적으로 한다.
$A = 0.023^2 M\sqrt{F}$
여기서, A : 허용면적, M : 축척분모, F : 2회 측정한 면적의 합계를 2로 나눈 수

02. 좌표가 X=2,907.36m, Y=3,321.24m인 지적도근점에서 거리가 23.25m, 방위각이 179°20′33″일 경우, 필계점의 좌표는?
① X=2,879.15m, Y=3,317.20m
② X=2,879.15m, Y=3,321.51m
③ X=2,884.11m, Y=3,315.47m
④ X=2,884.11m, Y=3,321.51m

해설 X=2,907.36+cos179°20′33″×23.25=2,884.11m
Y=3,321.24+sin179°20′33″×23.25=3,321.51m

03. 지적도근점의 각도관측 시 배각법을 따르는 경우 오차의 배분 방법으로 옳은 것은?
① 측선장에 비례하여 각 측선의 관측각에 배분한다.
② 변의 수에 비례하여 각 측선의 관측각에 배분한다.
③ 측선장에 반비례하여 각 측선의 관측각에 배분한다.
④ 변의 수에 반비례하여 각 측선의 관측각에 배분한다.

해설 지적측량 시행규칙 제14조(지적도근점의 각도관측을 할 때의 폐색오차의 허용범위 및 측각오차의 배분)
1. 배각법에 따르는 경우 : 측선장(測線長)에 반비례하여 각 측선의 관측각에 배분
2. 방위각법에 따르는 경우 : 변의 수에 비례하여 각 측선의 방위각에 배분

Answer 1. ② 2. ④ 3. ③

04. 지적도 축척 600분의 1인 지역의 평판측량방법에 있어서 도상에 영향을 미치지 아니하는 지상거리의 허용범위로 옳은 것은?

① 60mm 이내   ② 100mm 이내
③ 120mm 이내 ④ 240mm 이내

해설 지적측량 시행규칙 제18조(세부측량의 기준 및 방법 등)

평판측량방법에 있어서 도상에 영향을 미치지 아니하는 지상거리의 축척별 허용범위는 $\frac{M}{10}$ 밀리미터로 한다. 이 경우 M은 축척분모를 말한다.

따라서 $\frac{M}{10} = \frac{600}{10} = 60\text{mm}$

05. 평면직각 좌표상의 두 점 $A(X_A, Y_A)$와 $B(X_B, Y_B)$를 연결하는 $\overline{AB}$를 2등분하는 점 P의 좌표(X_P, Y_P)를 구하는 식은?

① $X_P = \sqrt{X_B X_A},\ Y_P = \sqrt{Y_B Y_A}$

② $X_P = \dfrac{X_B + X_A}{2},\ Y_P = \dfrac{Y_B + Y_A}{2}$

③ $X_P = \dfrac{X_B - X_A}{2},\ Y_P = \dfrac{Y_B - Y_A}{2}$

④ $X_P = \sqrt{X_B^2 + X_A^2},\ Y_P = \sqrt{Y_B^2 + Y_A^2}$

06. 일람도의 제도에 있어서 도시개발사업·축척변경 등이 완료된 때에는 지구경계선을 제도한 후 지구 안을 어느 색으로 엷게 채색하는가?

① 남색   ② 청색   ③ 검은색   ④ 붉은색

해설 지적업무처리규정 제38조(일람도의 제도)

도시개발사업·축척변경 등이 완료된 때에는 지구경계를 붉은색 0.1밀리미터 폭의 선으로 제도한 후 지구 안을 붉은색으로 엷게 채색하고, 그 중앙에 사업명 및 사업완료연도를 기재한다.

07. 수치지역 내의 P점과 Q점의 좌표가 아래와 같을 때 QP의 방위각은?

P(3625.48, 2105.25)	Q(5218.48, 3945.18)

① 49°06′51″   ② 139°06′51″
③ 229°06′51″ ④ 319°06′51″

해설 $\Delta x = 5218.48 - 3625.48 = 1593.00$

$\Delta y = 3945.18 - 2105.25 = 1839.93$

$\tan\theta = \left|\dfrac{\Delta y}{\Delta x}\right|$

$\theta = \tan^{-1}\left|\dfrac{\Delta y}{\Delta x}\right| = \tan^{-1}\left|\dfrac{1839.93}{1593.00}\right| = 49°06′51″$

이때 Δx와 Δy 모두 (+) 값을 가지므로 1상한에 해당되므로 49°06′51″이다.

08. 평판측량방법으로 세부측량을 한 경우 측량결과도 기재사항으로 옳지 않은 것은?

① 측량결과도의 제명 및 번호
② 측량대상 토지의 점유현황선
③ 인근 토지의 경계선·지번 및 지목
④ 측량기하적 및 도상에서 측정한 거리

해설 지적측량 시행규칙 제26조(세부측량성과의 작성)
평판측량방법의 경우 측량결과도 기재 사항은 다음과 같다.
1. 측정점의 위치, 측량기하적 및 지상에서 측정한 거리
2. 측량대상 토지의 토지이동 전의 지번과 지목(2개의 붉은 선으로 말소한다)
3. 측량결과도의 제명 및 번호(연도별로 붙인다)와 도면번호
4. 신규등록 또는 등록전환하려는 경계선 및 분할경계선
5. 측량대상 토지의 점유현황선
6. 측량 및 검사의 연월일, 측량자 및 검사자의 성명·소속 및 자격등급 또는 기술등급

09. 지적측량성과와 검사 성과의 연결오차 한계에 대한 설명으로 옳지 않은 것은?

① 지적삼각점은 0.20m 이내
② 지적삼각보조점은 0.25m 이내
③ 경계점좌표등록부 시행지역에서의 지적도근점은 0.20m 이내
④ 경계점좌표등록부 시행지역에서의 경계점은 0.10m 이내

해설 지적측량 시행규칙 제27조(지적측량성과의 결정)

구분		연결교차
지적삼각점		0.20미터
지적삼각보조점		0.25미터
지적도근점	경계점좌표등록부 시행지역	0.15미터
	그 밖의 지역	0.25미터
경계점	경계점좌표등록부 시행지역	0.10미터
	그 밖의 지역	10분의 3M 밀리미터(M은 축척분모)

10. 지적측량성과의 검사방법에 대한 설명으로 틀린 것은?

① 면적측정검사는 필지별로 한다.
② 지적삼각점측량은 신설된 점을 검사한다.
③ 지적도근점측량은 주요 도선별로 지적도근점을 검사한다.
④ 측량성과를 검사하는 때에는 측량자가 실시한 측량방법과 같은 방법으로 한다.

해설 지적업무처리규정 제27조(지적측량성과의 검사방법 등)
측량성과를 검사하는 때에는 측량자가 실시한 측량방법과 다른 방법으로 한다.

Answer 8. ④ 9. ③ 10. ④

11. 좌표면적계산법에 따른 면적측정에서 산출면적은 얼마의 단위까지 계산하여야 하는가?

① 10분의 1m²
② 100분의 1m²
③ 1,000분의 1m²
④ 10,000분의 1m²

해설 지적측량 시행규칙 제20조(면적측정의 방법 등)
좌표면적계산법에 따른 산출면적은 1천분의 1제곱미터까지 계산하여 10분의 1제곱미터 단위로 정함

12. 지적측량 시행규칙상 지적삼각보조점 측량의 기준으로 옳지 않은 것은?(단, 지형상 부득이한 경우는 고려하지 않는다.)

① 지적삼각보조점은 교회망 또는 교점다각망으로 구성하여야 한다.
② 광파기 측량방법에 따라 교회법으로 지적삼각보조점 측량을 하는 경우 3방향의 교회에 따른다.
③ 경위의 측량방법과 교회법에 따른 지적삼각보조점의 수평각 관측은 3대회의 방향관측법에 따른다.
④ 전파기 측량방법에 따라 다각망도선법으로 지적삼각보조점 측량을 하는 경우 3점 이상의 기지점을 포함한 결합다각방식에 따른다.

해설 지적삼각보조점 측량의 기준

측량 종류	지적삼각보조점 측량			
측량 방법	경위의 측량법	전·광파기 측량법	경위의 측량법	전·광파기 측량법
	교회법		다각망도선법	
망 구성	교회망 또는 교점다각망			
	3방향 교회, 부득이한 경우 2방향, 내각의 합이 180도와 차가 ±40초 이내일 때 내각에 고르게 배분		3개 이상의 기지점을 포함한 결합다각방식	
수평각 관측	2대회 방향관측법 (윤곽도 : 0°, 90°)		• 2대회 방향관측법(윤곽도 : 0°, 90°) • 배각법(1회 측정각과 3회 측정각의 평균치 교차 30초 이내)	

13. 지적측량이 수반되는 토지이동 사항으로 모두 올바르게 짝지어진 것은?

① 분할, 합병, 등록전환
② 등록전환, 신규등록, 분할
③ 분할, 합병, 신규등록, 등록전환
④ 지목변경, 등록전환, 분할, 합병

해설 지적측량이 수반되는 토지이동 사항
1. 토지를 신규등록하는 경우
2. 토지를 등록전환하는 경우
3. 토지를 분할하는 경우
4. 바다가 된 토지의 등록을 말소하는 경우
5. 축척을 변경하는 경우
6. 도시개발사업 등의 시행지역에서 토지의 이동이 있는 경우
7. 「지적재조사에 관한 특별법」에 따른 지적재조사사업에 따라 토지의 이동이 있는 경우

14. 다음 그림에서 BP의 거리를 구하는 공식으로 옳은 것은?

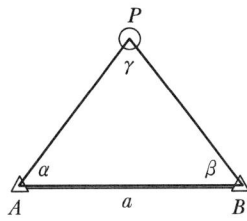

① $BP = \dfrac{a\sin\alpha}{\sin\gamma}$ ② $BP = \dfrac{a\sin\alpha}{\sin\beta}$

③ $BP = \dfrac{a\sin\beta}{\sin\gamma}$ ④ $BP = \dfrac{a\sin\gamma}{\sin\alpha}$

15. 트랜싯 조작에서 시준선이란?
① 접안렌즈의 중심선
② 눈으로 내다보는 선
③ 십자선의 교점과 대물렌즈의 광심을 연결하는 선
④ 접안렌즈의 중심과 대물렌즈의 광심을 연결하는 선

해설 시준선은 수평축과 나란하고 연직축과는 서로 직각을 이룬다.

16. 5cm 늘어난 상태의 30m 줄자로 두 점의 거리를 측정한 값이 75.45m일 때 실제거리는?
① 75.53m   ② 75.58m   ③ 76.53m   ④ 76.58m

해설 $\dfrac{측정거리}{줄자길이}$ = 측정횟수 × 줄자의 길이오차 = 측정거리오차

따라서, 측정거리 ± 측정거리오차 = 실제거리
늘어난 줄자로 거리를 측정할 경우 실제거리보다 짧게 측정이 되므로 줄자가 늘어난 길이를 측정거리에 가산해주어야 한다.

$\dfrac{75.45}{30} = 2.515$회, 2.515회 × 5cm = 12.575cm

$75.45 + 0.12575 = 75.57575\text{m} = 75.58\text{m}$

17. 광파측거기의 특성에 관한 설명으로 옳지 않은 것은?
① 관측장비는 측거기와 반사경으로 구성되어 있다.
② 송전선 등에 의한 주변전파의 간섭을 받지 않는다.
③ 전파측거기보다 중량이 가볍고 조작이 간편하다.
④ 시통이 안 되는 두 지점 간의 거리 측정이 가능하다.

해설 시통이 안 되는 측정점은 거리 측정이 불가능하다.

18. 9개의 도선을 3개의 교점으로 연결한 복합형 다각망의 오차방정식을 편성하기 위한 최소조건식의 수는?

① 3개　　② 4개　　③ 5개　　④ 6개

해설 최소조건식=도선수-교점수=9-3=6
∴ 최소조건식은 6개

19. 평판측량방법에 따른 세부측량을 교회법으로 하는 경우 방향각의 교각 기준은?

① 45° 이상 90° 이하
② 0° 이상 180° 이하
③ 30° 이상 120° 이하
④ 30° 이상 150° 이하

해설 지적측량 시행규칙 제18조(세부측량의 기준 및 방법 등)
평판측량방법에 따른 세부측량을 교회법으로 하는 경우에 방향각의 교각은 30도 이상 150도 이하로 한다.

20. 일람도의 제도 방법으로 옳지 않은 것은?

① 도면번호는 3mm의 크기로 한다.
② 철도용지는 검은색 0.2mm의 폭의 선으로 제도한다.
③ 수도용지 중 선로는 남색 0.1mm 폭의 2선으로 제도한다.
④ 건물은 검은색 0.1mm의 폭으로 제도하고 그 내부를 검은색으로 엷게 채색한다.

해설 지적업무처리규정 제38조(일람도의 제도)
철도용지는 붉은색 0.2밀리미터 폭의 2선으로 제도한다.

02 응용측량

21. 완화곡선의 성질에 대한 설명으로 옳지 않은 것은?

① 완화곡선의 반지름은 시점에서 무한대이다.
② 완화곡선의 반지름은 종점에서 원곡선의 반지름과 같다.
③ 완화곡선의 접선은 시점과 종점에서 직선에 접한다.
④ 곡선반지름의 감소율은 캔트의 증가율과 같다.

해설 차량이 직선부에서 곡선부분으로 방향을 바꾸면 반지름이 달라지기 때문에 완화곡선을 설치하게 되는데 주로 차량에 사용되며 완화곡선의 성질은 다음과 같다.
- 곡선반경은 완화곡선의 시점에서 무한대, 종점에서 원곡선 R로 된다.
- 완화곡선의 접선은 시점에서 직선에, 종점에서 원호에 접한다.

Answer 18. ④　19. ④　20. ②　21. ③

• 완화곡선에 연한 곡선반경의 감소율은 캔트의 증가율과 동률(다른 부호)로 된다. 또한 종점에 있는 캔트는 원곡선의 캔트와 같게 된다.

22. 노선측량에서 그림과 같이 교점에 장애물이 있어 ∠ACD=150°, ∠CDB=90°를 측정하였다. 교각(I)는?

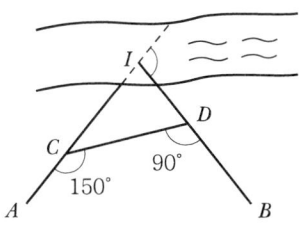

① 30° ② 90° ③ 120° ④ 240°

해설 ∠ICD=180°−∠ACD=30°, ∠IDC=180°−∠CDB=90° ∴ ∠CID=60°
교각(I)=180°−∠CID(60°)=120°

23. 수준측량에서 전시와 후시의 시준거리를 같게 관측할 때 완전히 소거되는 오차는?
① 지구의 곡률오차
② 시차에 의한 오차
③ 수준척이 연직이 아니어서 발생되는 오차
④ 수준척의 눈금이 정확하지 않기 때문에 발생되는 오차

해설 수준측량에서 전·후시 거리를 같게 함으로써 제거되는 오차
• 레벨의 조정이 불완전하여 시준선이 기포관축과 평행하지 않을 때 생기는 오차
• 지구의 곡률오차와 빛의 굴절오차
• 초점나사를 움직일 필요가 없으므로 그로 인해 생기는 오차

24. 절대표정에 대한 설명으로 틀린 것은?
① 사진의 축척을 결정한다. ② 주점의 위치를 결정한다.
③ 모델당 7개의 표정인자가 필요하다. ④ 최소한 3개의 표정점이 필요하다.

해설 대지표정(절대표정)
축척의 결정, 수준면의 결정(표고, 경사결정), 위치의 결정(위치, 방위의 결정)을 하며 대체로 축척을 결정한 다음 수준면을 결정하고 시차가 생기면 다시 상호표정으로 돌아가서 표정을 하고, 7개의 표정인자가 있으며 모델에 최소한 3개의 표정점이 필요하다.

25. 도로설계 시에 등경사 노선을 결정하려고 한다. 축척 1:5,000인 지형도에서 등고선의 간격이 5m일 때, 경사를 4%로 하려고 하면 등고선 간의 도상거리는?
① 25mm ② 33mm ③ 45mm ④ 53mm

Answer 22. ③ 23. ① 24. ② 25. ①

해설 축척 1 : 5,000 지형도에서 등고선의 간격이 5m이고, 사면의 경사는 $\dfrac{높이(h)}{실제\ 거리(D)}$ 이므로

실제거리는 $\dfrac{5}{0.04}=125\text{m}$, 도상거리는 $\dfrac{125}{5,000}=0.025\text{m}(25\text{mm})$

26. GNSS를 이용하는 지적기준점(지적삼각점) 측량에서 가장 일반적으로 사용하는 방법은?

① 정지측량
② 이동측량
③ 실시간 이동측량
④ 도근점측량

해설 정지측량

인공위성을 이용한 범세계 위치결정 시스템인 GNSS 측량방법 중의 하나인 Static 측량은 수신된 신호를 컴퓨터 처리에 의해 각 수신기의 위치 및 거리를 계산하는 후처리 위치결정방식이다.

※ GNSS 측량방법
1. 절대 관측방법(1점 측위)
   - 4개 이상의 위성으로부터 수신한 신호 중 C/A Code를 이용하여 실시간 처리로 지구상 수신기의 위치를 결정하는 방법으로서 GNSS의 가장 일반적·기초적 단계이다.
   - 수 m~25m 정도의 낮은 정확도 때문에 선박, 자동차, 항공기 등의 항법에 이용된다.
2. 상대 관측방법(간섭계측위)
   1대의 수신기는 기지점에, 다른 수신기는 미지점에 설치하여 2점 간에 도달하는 전파의 시간적 지연을 측정하고 2점 간의 거리를 정확히 구하여 미지점의 위치를 결정하는 방법이다.
   ① Static 측량
      - 2개 이상의 수신기를 각 측점에 고정하고 동시에 4개 이상의 위성으로부터 신호를 30분 이상 수신하는 방식으로서 수신된 신호를 컴퓨터처리에 의해 각 수신기의 위치 및 거리를 계산하는 후처리 위치결정방식이다.
      - 계산된 위치 및 거리 정확도가 수 mm 정도(0.01ppm~1ppm)로 높으며 삼각점 등 기준점의 신설, 측지기준점 측량, VLBI의 보완 또는 대체측량에 이용된다.
   ② Kinematic 측량
      - 기지점 수신기를 고정국, 다른 수신기를 이동국으로 하여 이동국을 순차적으로 이동하면서 신호를 수 초~수 분 동안 수신하는 방식으로 관측 자료를 후처리하여 위치를 결정하는 방식이다.
      - 수 mm~수 cm 정확도로 이동차량의 위치결정, 지형측량, 각종 공사측량 등에 이용된다.
   ③ RTK(Real Time Kinematic) 측량
      실시간 이동측량은 기지점의 고정국과 미지점의 이동국 간의 위치관계를 라디오모뎀 등을 이용하여 실시간으로 처리하는 체계이다.

27. 등고선에 직각이며 물이 흐르는 방향이 되므로 유하선이라고도 하는 지성선은?

① 분수선
② 합수선
③ 경사변환선
④ 최대 경사선

해설 지성선

지표면이 다수의 평면으로 이루어졌다고 생각할 때 이 평면의 접합부, 즉 접선을 말한다. 지세선이라고도 하며 능선(분수선), 합수선(합곡선), 경사변환선, 최대 경사선으로 나뉘고, 그중 최대 경사선(유하선)은 지표의 임의의 한 점에서 그 경사가 최대로 되는 방향을 표시한 선이며 등고선에 직각으로 교차한다.

2019년 시행

28. 우리나라 1 : 50,000 지형도의 간곡선 간격으로 옳은 것은?

① 5m   ② 10m   ③ 20m   ④ 25m

해설 축척별 등고선의 간격

등고선의 간격	기호	1 : 10,000	1 : 25,000	1 : 50,000
주곡선	가는 실선	5m	10m	20m
간곡선	가는 파선	2.5m	5m	10m
보조곡선(조곡선)	가는 점선	1.25m	2.5m	5m
계곡선	굵은 실선	25m	50m	100m

29. 그림과 같이 2개의 수준점 A, B를 기준으로 임의의 점 P의 표고를 측량한 결과 A점 기준 42.375m, B점 기준 42.363m를 관측하였다면 P점의 표고는?

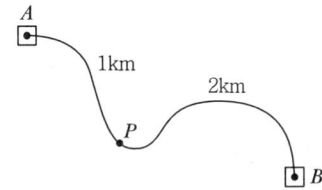

① 42.367m   ② 42.369m   ③ 42.371m   ④ 42.373m

해설 P점의 최확값은 $P_1 : P_2 = \dfrac{1}{S_1} : \dfrac{1}{S_2} = \dfrac{1}{1} : \dfrac{1}{2} = 2 : 1$

$L_0 = \dfrac{(P_1 l_1 + P_2 l_2)}{P_1 + P_2} = \dfrac{(2 \times 42.375) + (1 \times 42.363)}{2 + 1} = 42.371 \text{m}$

30. 정확한 위치에 기준국을 두고 GNSS 위성 신호를 받아 기준국 주위에서 움직이는 사용자에게 위성신호를 넘겨주어 정확한 위치를 계산하는 방법은?

① DGNSS   ② DOP   ③ SPS   ④ S/A

해설 DGNSS(Differential GNSS)
상대측위 방식의 GNSS 측량기법으로 이미 알고 있는 기지점 좌표를 이용하여 오차를 최대한 줄여서 이용하기 위한 위치결정 방식이다. 기점에서 기준국용 GNSS 수신기를 설치하며 위성을 관측하여 각 위성의 의사거리 보정값을 구한 뒤 이를 이용하여 이동국용 GNSS 수신기의 위치 결정오차를 개선하는 위치결정 형태이다.

31. 터널 내 측량에 대한 설명으로 옳은 것은?

① 지상측량보다 작업이 용이하다.
② 터널 내의 기준점은 터널 외의 기준점과 연결될 필요가 없다.
③ 기준점은 보통 천장에 설치한다.
④ 지상측량에 비하여 터널 내에서는 시통이 좋아서 측점 간의 거리를 멀리한다.

Answer 28. ② 29. ③ 30. ① 31. ③

해설 터널측량에서 갱내 측량의 기준점은 보통 천장에 설치하고, 천장의 측점에 추를 달며 바닥 위에 측점을 옮겨 측량한다.

32. 그림과 같이 직선 AB상의 점 B'에서 $B'C$=10m인 수직선을 세워 $\angle CAB$=60°가 되도록 측설 하려고 할 때, AB'의 거리는?

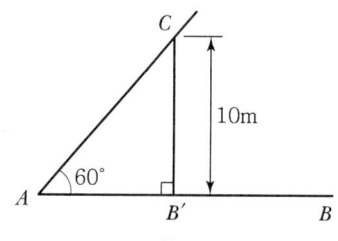

① 5.05m ② 5.77m ③ 8.66m ④ 17.3m

해설 피타고라스 정리를 이용하면 $\tan 60° = \dfrac{10}{x}$, $x = \dfrac{10}{\tan 60°} = 5.7737$m

33. 항공사진측량용 카메라에 대한 설명으로 틀린 것은?

① 초광각 카메라의 피사각은 60°, 보통각 카메라의 피사각은 120°이다.
② 일반 카메라보다 렌즈 왜곡이 작으며 왜곡의 보정이 가능하다.
③ 일반 카메라와 비교하여 피사각이 크다.
④ 일반 카메라보다 해상력과 선명도가 좋다.

해설 항공사진촬영용 카메라의 성능 중 초광각 카메라의 피사각(화각)은 120°, 광각 카메라의 피사각은 90°, 보통각 카메라의 피사각은 60°이다.

34. 그림과 같이 △ABC를 AD로 면적을 △ABD : △ABC=1 : 3으로 분할하려고 할 때, BD의 거리는?(단, BC=42.6m)

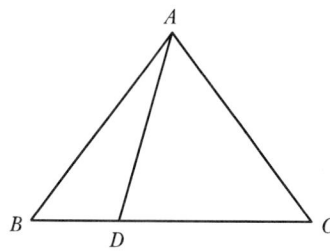

① 2.66m ② 4.73m ③ 10.65m ④ 14.20m

해설 $3 : 42.6 = 1 : x$
$x = \dfrac{42.6}{3} = 14.20$m

35. 그림과 같이 교호수준측량을 실시하여 구한 B점의 표고는?(단, $H_A=20$m이다)

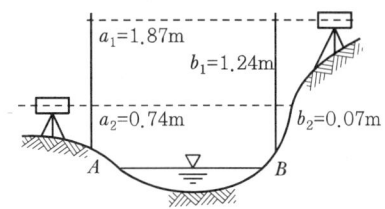

① 19.34m ② 20.65m ③ 20.67m ④ 20.75m

해설 $\triangle H = \dfrac{1}{2}[(a_1-b_1)+(a_2-b_2)] = \dfrac{1}{2}[(1.87-1.24)+(0.74-0.07)]=0.65$

∴ $H_B = 20+0.65 = 20.65$m

36. 노선측량의 단곡선 설치에서 반지름이 200m, 교각이 67°42′일 때, 접선길이($T.L.$)와 곡선길이($C.L.$)는?

① $T.L.=134.14$m, $C.L.=234.37$m
② $T.L.=134.14$m, $C.L.=236.32$m
③ $T.L.=136.14$m, $C.L.=234.37$m
④ $T.L.=136.14$m, $C.L.=236.32$m

해설 단곡선 설치에서 접선장(TL) $= R\tan\dfrac{I}{2} = 200\tan\dfrac{67°42′}{2} = 134.14$m

곡선장(CL) $=0.01745RI = 0.01745\times 200\times 67°42′ = 236.32$m

37. 고속도로의 건설을 위한 노선측량을 하고자 한다. 각 단계별 작업이 다음과 같을 때, 노선측량의 순서로 옳은 것은?

㉠ 실시설계측량	㉡ 용지측량	㉢ 계획조사측량
㉣ 세부측량	㉤ 공사측량	㉥ 도상선정

① ㉥→㉠→㉢→㉣→㉤→㉡
② ㉥→㉢→㉠→㉣→㉡→㉤
③ ㉥→㉤→㉢→㉠→㉣→㉡
④ ㉥→㉤→㉠→㉢→㉡→㉣

해설 노선측량의 작업순서는 도상계획 → 답사 → 예측 → 공사측량의 순으로 진행되며, 방법은 도상선정 – 계획조사(예측) – 실시설계측량 – 세부측량 – 용지측량 – 공사측량(시공측량)으로 실시된다.

38. GPS의 우주부문에 대한 설명으로 옳지 않은 것은?

① 각 궤도는 4개의 위성과 예비 위성으로 운영된다.
② 위성은 0.5항성일 주기로 지구주위를 돌고 있다.
③ 위성은 모두 6개의 궤도로 구성되어 있다.
④ 위성은 고도 약 1,000km의 상공에 있다.

해설 GPS 측량의 인공위성은 55° 궤도 경사각에 위도 60°의 6개 궤도로 구성되어 있으며, 고도는 약 20,183km이고, 약 12시간 주기로 운행한다.

Answer 35. ② 36. ② 37. ② 38. ④

39. 항공사진의 특수 3점이 아닌 것은?

① 주점　　② 연직점　　③ 등각점　　④ 중심점

해설 항공사진의 특수 3점은 주점, 등각점, 연직점을 말한다.

40. 항공사진측량의 특성에 대한 설명으로 옳지 않은 것은?

① 측량의 정확도가 균일하다.
② 정량적 및 정성적 해석이 가능하다.
③ 축척이 크고, 면적이 작을수록 경제적이다.
④ 동적인 대상물 및 접근하기 어려운 대상물의 측량이 가능하다.

해설 사진측량의 장점
- 사진은 정량적·정성적인 측정이 가능하다.
- 거시적으로 관찰할 수 있으며, 재측이 용이하다.
- 측정대상의 범위가 넓으며, 정도가 균일하다.
- 작업이 능률적이며, 동적인 것도 측정 가능하다.
- 넓은 지역에 경제성이 높고 기록보전이 용이하다.

사진측량의 단점
- 일기의 영향을 많이 받는다.
- 좁은 지역에서는 비경제적이다.
- 기자재가 고가이므로 초기 시설 비용이 많이 든다.
- 피사대상에 대한 식별의 난해가 있으므로 현장 작업으로 보완이 필요하다.

03 토지정보체계론

41. 벡터데이터 편집 시 다음과 같은 상태가 발생하는 오류의 유형으로 옳은 것은?

> 하나의 선으로 연결되어야 할 곳에서 두 개의 선으로 어긋나게 입력되어 불필요한 폴리곤을 형성한 상태

① 스파이크(Spike)
② 언더슈트(Undershoot)
③ 오버래핑(Overlapping)
④ 슬리버 폴리곤(Sliver Polygon)

해설 Sliver Polygon
오류에 의해 발생하는 선 사이의 틈, 두 다각형 사이에 작은 공간이 있어서 접촉되지 않는 다각형, 한 선으로 연결되어야 할 곳에서 두 개의 선으로 약간 어긋나게 입력되어 불필요한 폴리곤을 형성한 상태

42. 실세계의 표현을 위한 기본적인 요소로 가장 거리가 먼 것은?

① 시간 데이터(Time Data)
② 메타 데이터(Meta Data)
③ 공간 데이터(Spatial Data)
④ 속성 데이터(Attribute Data)

해설 메타 데이터
데이터의 내용, 품질, 조건 및 기타 특성에 대한 정보를 포함하는 정보의 이력서로서 데이터를 생산, 유지, 관리하는 데 필요한 정보를 담고 있다.

43. 다음 공간 데이터의 품질과 관련된 내용 중 무결성에 대한 설명으로 옳은 것은?

① 공간 데이터의 관계 간 충실성을 나타낸다.
② 지도제작과 관련된 선택기준, 정의, 규칙 등 정보를 제공한다.
③ 유효값의 검사, 특정 위상구조 검사, 그래픽자료에 대한 일반 검사를 수행한다.
④ 공간 데이터의 생성에서 현재까지의 자료기술, 처리과정, 날짜 등을 기록한다.

해설 무결성
- 데이터베이스의 내용이 서로 모순되는 일이 없고, 어떤 통합성 제약을 완전히 만족하게 되는 성질을 말한다.
- 정밀성, 정확성, 완전성, 유효성의 의미로 사용되며, 데이터베이스의 정확성을 보장하는 문제를 의미한다.
- 예를 들어, 데이터 무결성(data integrity)이란 데이터를 보호하고, 항상 정상인 데이터를 유지하는 것을 말한다.

44. 우리나라의 토지대장과 임야대장의 전산화 및 전국 온라인화를 수행했던 정보화사업은?

① 지적도면 전산화
② 토지기록 전산화
③ 토지관리 정보체계
④ 토지행정정보 전산화

해설 대장 전산화(토지기록 전산화)
- 1978년 5월부터 1982년까지 5년간 대전시 중구와 동구 2개 구에서 제1차 시범사업을 추진하였다.
- 1982년부터 시·도 단위로 시장·군수·구청장 책임하에 속성 데이터베이스를 구축하였다.
- 1990년 4월 1일 행정기관 중에서 국내 최초로 전국 온라인망에 의한 토지(임야)대장 열람·등본교부 등 대민서비스를 시작하였다.

45. 경계점좌표등록부의 수치 파일화 순서로 옳은 것은?

① 좌표 및 속성 입력 → 좌표 및 속성 검사 → 좌표와 속성 결합 → 폴리곤 형성
② 좌표 및 속성 입력 → 좌표 및 속성 검사 → 폴리곤 형성 → 좌표와 속성 결합
③ 좌표 및 속성 검사 → 좌표 및 속성 입력 → 좌표와 속성 결합 → 폴리곤 형성
④ 좌표 및 속성 검사 → 좌표 및 속성 입력 → 폴리곤 형성 → 좌표와 속성 결합

해설 지적도면의 수치파일화 순서
지적도면 복사 → 좌표 독취(수동 또는 자동) → 좌표 및 속성 입력 → 좌표 및 속성 검사 → 도면신축 보정 → 도곽 접합 → 폴리곤 및 폴리선 형성

Answer 42. ② 43. ② 44. ② 45. ②

46. 지적도면 전산화에 따른 기대효과로 옳지 않은 것은?

① 지적도면의 효율적 관리
② 지적도면 관리업무의 자동화
③ 신속하고 효율적인 대민서비스 제공
④ 정부 사이버테러에 대비한 보안성 강화

해설 지적도면 전산화에 따른 기대효과
- 국민의 토지 소유권(경계)이 등록된 유일한 공부인 지적도면을 효율적으로 관리할 수 있다.
- 정보화사회에 부응하는 다양한 토지 관련 정보 인프라를 구축할 수 있다.
- 전국 온라인망에 의하여 신속하고 효율적인 대민서비스를 제공할 수 있다.
- NGIS와 연계되어 토지와 관련된 모든 분야에서 활용할 수 있다.

47. 데이터베이스의 특징 중 "같은 데이터가 원칙적으로 중복되어 있지 않다."는 내용에 해당하는 것은?

① 저장 데이터(Stored Data)
② 공용 데이터(Shared Data)
③ 통합 데이터(Integrated Data)
④ 운영 데이터(Operational Data)

해설 통합 데이터
- 데이터를 효율적으로 활용하기 위하여 하나의 집합으로 축적해 놓은 것이다.
- 서로 관련된 데이터들의 집합으로, 정보는 하나의 사실이 여러 사실과 연관되어 만들어지기 때문에 고립된 데이터는 유용한 정보를 제공하지 못하므로 통합된 데이터가 필요하다.

48. 다음 중 필지식별자로서 가장 적합한 것은?

① 지목
② 토지의 소재지
③ 필지의 고유번호
④ 토지소유자의 성명

해설 필지식별자
- 각 필지의 등록사항 저장과 수정 등을 용이하게 처리할 수 있는 고유번호를 말한다.
- 대장(속성)정보와 도면(도형)정보를 연계하는 역할을 수행한다.
- 토지소유자가 기억하기 쉽고 이해하기 쉬워야 한다.
- 토지거래에서 변화가 없고 영구적이어야 한다.
- 공부상에 등록된 사항과 실제 사항이 완벽하게 일치하며 유일무이하다.

49. 래스터 데이터의 압축방법이 아닌 것은?

① 사지수형(Quadtree)
② 블록코드(Block Code) 기법
③ 스틸코드(Steel Code) 기법
④ 체인코드(Chain Code) 기법

해설 래스터 자료 압축방법
Quadtree, Block Code 방법, Chain Code 방법, Run-Length Code 방법

50. 토지정보 전산화의 목적에 해당하지 않는 것은?
① 지적서고의 확장을 방지할 수 있다.
② 지적공부를 토지소유자와 실시간으로 공유할 수 있다.
③ 지적정보의 정확성을 높이고 업무의 신속성을 확보할 수 있다.
④ 체계적이고 과학적인 토지 관련 정책자료와 지적행정을 실현할 수 있다.

해설 지적공부에 관한 전산자료(지적전산자료)를 이용하거나 활용하려는 자는 국토교통부장관, 시·도지사 또는 지적소관청의 승인을 받아야 하므로 토지소유자는 현실적으로 공유할 수 없다.

51. KLIS에서 공시지가정보검색 및 개발부담금관리를 위한 시스템으로 옳은 것은?
① 지적공부관리시스템
② 토지민원발급시스템
③ 토지행정지원시스템
④ 용도지역지구관리시스템

해설 토지행정지원시스템
부동산거래, 외국인토지취득, 부동산중개업, 개발부담금, 공시지가

52. 중첩의 유형에 해당하지 않는 것은?
① 선과 점의 중첩
② 점과 폴리곤의 중첩
③ 선과 폴리곤의 중첩
④ 폴리곤과 폴리곤의 중첩

해설 점은 (x, y) 또는 (x, y, z)와 같은 한 쌍의 좌표로서 공간상에 위치를 표현하며 범위를 갖지 않는 0차원 공간객체이고(위치와 속성을 가진다.), 선은 연속되는 점의 연결로 공간상에 1차원의 길이를 갖는 공간 객체이다. 따라서 점과 선의 중첩은 의미가 없다.

53. 지표면을 3차원으로 표현할 수 있는 수치표고자료의 유형은?
① DEM 또는 TIN
② JPG 또는 GIF
③ SHF 또는 DBF
④ RFM 또는 GUM

해설
• 수치 표고 모형(DEM ; Digital Elevation Model) : 실세계 지형 정보 중 건물, 수목, 인공 구조물 등을 제외한 지형만 표현하는 수치 모형
• 불규칙 삼각망(TIN ; Triangular Irregular Network) : 불규칙하게 분포된 위치에서 표고를 추출하고 이들 위치를 삼각형 형태로 연결하여 전체 지형을 불규칙한 삼각형의 망으로 표현

54. 토지정보시스템 구축의 목적으로 가장 거리가 먼 것은?
① 토지 관련 과세 자료의 이용
② 지적민원사항의 신속한 처리
③ 토지 관계 정책 자료의 다목적 활용
④ 전산자원 및 지적도 DB 단독 활용

해설 토지정보시스템의 구축 목적
민원의 편익을 증진하고 전산자료를 공동으로 활용하는 데 있다.

Answer 50. ② 51. ③ 52. ① 53. ① 54. ④

55. 지적전산용 네트워크 기본 장비와 가장 거리가 먼 것은?

① 교환 장비 ② 전송 장비
③ 보안 장비 ④ DLT 장비

해설 디지털 선형 테이프(Digital Linear Tape)
컴퓨터 데이터 저장 및 기록 보존용 자기 테이프 시스템

56. 다음과 같은 특징을 갖는 도형자료의 입력장치는?

- 필요한 주제의 형태에 따라 작업자가 좌표를 독취하는 방법이다.
- 일반적으로 많이 사용되는 방법으로, 간단하고 소요 비용이 저렴한 편이다.
- 작업자의 숙련도가 작업의 효율성에 큰 영향을 준다.

① 프린터 ② 플로터
③ DLT 장비 ④ 디지타이저

해설 디지타이저(좌표독취기)
전기적으로 민감한 테이블을 사용하여 종이에 그려진 설계도, 지도의 X, Y좌표를 검출하여 컴퓨터에서 사용할 수 있는 수치자료로 변환하는 데 사용되는 장비

57. 데이터의 표준화를 위해서 선행되어야 할 요건이 아닌 것은?

① 원격탐사 ② 형상의 분류
③ 대상물의 표현 ④ 자료의 질에 대한 분류

해설 원격탐사
현장관측(On-site Observation)과는 대조적으로 물리적인 접촉 없이 어떤 물체나 현상에 대한 정보를 얻는 것을 말한다.

58. 공간 데이터의 표현 형태 중 폴리곤에 대한 설명으로 옳지 않은 것은?

① 이차원의 면적을 갖는다.
② 점, 선, 면의 데이터 중 가장 복잡한 형태를 갖는다.
③ 경계를 형성하는 연속된 선들로서 형태가 이루어진다.
④ 폴리곤 간의 공간적인 관계를 계량화하는 것이 매우 쉽다.

해설 면, 영역(Area, Polygon)
- 영역은 선에 의해 폐합된 형태로서 범위를 갖는 2차원 공간객체이다.
- 일차원인 선이 모여서 만들어진 닫힌 형태로 면적을 가지고 있다.

59. 부동산종합공부시스템의 관리내용으로 옳지 않은 것은?

① 부동산종합공부시스템의 사용 시 발견된 프로그램의 문제점이나 개선사항은 국토교통부장관에게 요청해야 한다.
② 사용기관이 필요시 부동산종합공부시스템의 원시프로그램이나 조작 도구를 개발·설치할 수 있다.
③ 국토교통부장관은 부동산종합공부시스템이 단일 버전의 프로그램으로 설치·운영되도록 총괄·조정하여 배포해야 한다.
④ 국토교통부장관은 부동산종합공부시스템 프로그램의 추가·변경 또는 폐기 등의 변동사항이 발생한 때에는 그 세부내역을 작성·관리해야 한다.

해설 부동산종합공부시스템 운영 및 관리규정
- "사용자"란 부동산종합공부시스템을 이용하여 업무를 처리하는 업무담당자로서 부동산종합공부시스템에 사용자로 등록된 자를 말한다.
- 사용자권한 부여 : 사용자권한을 부여받은 자는 개인별로 부여된 업무분장표에 따른 지정업무만을 처리할 수 있다.

60. 네트워크를 통하여 정보를 공유하고자 하는 온라인 활용분야에서 사용되는 공통어는?

① 메타 데이터   ② 속성 데이터   ③ 위성 데이터   ④ 데이터 표준화

해설 메타 데이터
- 데이터에 대한 정보로서 데이터의 내용, 품질, 조건 및 기타 특성에 대한 정보를 포함하는 정보의 이력서, 즉 데이터 이력서라 할 수 있다.
- 데이터의 원활한 교환을 지원하기 위한 틀을 제공함으로써 데이터 공유를 극대화할 수 있다.

04 지적학

SUBJECT

61. 다음 중 토렌스 시스템의 기본 이론에 해당되지 않는 것은?

① 거울이론   ② 보상이론   ③ 보험이론   ④ 커튼이론

해설 토렌스 시스템의 3대 기본원칙
1. 거울이론(Mirror Principle) : 토지권리증서의 등록은 토지거래의 사실을 이론의 여지없이 완벽하게 반영하는 거울과 같다는 이론이다.
2. 커튼이론(Curtain Principle) : 토렌스제도에 의해 한번 권리증명서가 발급되면 당해 토지에 대한 이전의 모든 이해관계는 무효가 되며 현재의 소유권을 되돌아볼 필요가 없다는 이론이다.
3. 보험이론(Insurance Principle) : 권원증명서에 등기된 모든 정보는 정부에 의하여 보장된다는 원리로서, 토지등록이 토지의 권리를 아주 정확하게 반영한 것이나 인간의 과실로 인하여 착오가 발생하는

경우에 피해를 입은 사람은 누구나 피해보상에 관하여 법률적으로 선의의 제3자와 동등한 입장에 놓여야만 된다는 이론이다.

62. 다음 중 고대 바빌로니아의 지적 관련 사료가 아닌 것은?

① 미쇼(Michaux)의 돌
② 테라코타(Terra Cotta) 서판
③ 누지(Nuzi)의 점토판 지도(clay tablet)
④ 메나 무덤(Tomb of Menna)의 고분벽화

해설 메나 무덤의 고분벽화는 고대 이집트의 지적사료이다.

63. 다음 중 토지조사사업 당시 일필지조사와 관련이 가장 적은 것은?

① 경계조사 ② 지목조사 ③ 지주조사 ④ 지형조사

해설 일필지조사의 내용
지주조사, 강계 및 지역조사, 지목조사, 증명 및 등기필지조사, 각종 특별조사

64. 토지의 분할 후 면적 합계는 분할 전 면적과 어떻게 되도록 처리하는가?

① $1m^2$까지 적어지는 것은 허용한다.
② $1m^2$까지 많아지는 것은 허용한다.
③ $1m^2$까지는 많아지거나 적어지거나 모두 좋다.
④ 분할 전 면적에 증감이 없도록 하여야 한다.

해설 토지가 분할되는 경우에 원필지에서 분할되는 각각의 필지 면적 합계가 분할 전 원필지의 면적과 같아야 한다.

65. 토지에 관한 권리객체의 공시역할을 하고 있는 지적의 가장 중요한 역할이라 할 수 있는 것은?

① 필지 확정 ② 지목 결정 ③ 면적 결정 ④ 소유자 등록

해설 필지는 법적으로 물권이 미치는 권리의 객체이며 토지의 등록단위·소유단위·이용단위·거래단위로서, 토지에 대한 물권의 효력이 미치는 범위를 정하고 토지를 개별화·특정화하기 위하여 인위적으로 구획한 법적 등록단위이다.

66. 진행방향에 따른 지번 부여방법의 분류에 해당하는 것은?

① 자유식 ② 분수식 ③ 사행식 ④ 도엽단위식

해설 지번 부여방법의 종류
1. 진행방향에 따른 분류 : 사행식, 기우식, 단지식
2. 부여단위에 따른 분류 : 지역단위법, 도엽단위, 단지단위법
3. 기번위치에 따른 분류 : 북동기번법, 북서기번법

Answer 62. ④   63. ④   64. ④   65. ①   66. ③

67. 우리나라 임야조사사업 당시의 재결기관으로 옳은 것은?
① 도지사
② 임야조사위원회
③ 고등토지조사위원회
④ 세부측량검사위원회

해설 임야조사사업 당시의 재결기관은 임야조사위원회이다.

토지조사사업과 임야조사사업의 사정(査定)사항 비교

구분	토지조사사업	임야조사사업
사정권자	임시토지조사국장	도지사
사정기관	–	임야심사위원회
조사 및 측량기관	임시토지조사국	부 또는 면
자문기관	지방토지조사위원회	–
재결기관	고등토지조사위원회	임야조사위원회

68. 1필지에 대한 설명으로 가장 거리가 먼 것은?
① 토지의 거래 단위가 되고 있다.
② 논둑이나 밭둑으로 구획된 단위 지역이다.
③ 토지에 대한 물권의 효력이 미치는 범위이다.
④ 하나의 지번이 부여되는 토지의 등록 단위이다.

해설 일필지
1. 일필지의 개념
   - 필지는 법적으로 물권이 미치는 권리의 객체로서 토지의 등록단위, 소유단위, 이용단위
   - 필지는 소유자와 용도가 동일하고 지반이 연속되어 하나의 지번이 부여되는 토지의 기본단위
   - 소유권의 단위인 동시에 경영의 단위
   - 토지에 대한 물권의 효력이 미치는 범위를 정하고 거래단위로서 개별화, 특정화하기 위하여 인위적으로 구획한 법적 등록단위
   - 지적측량에 의하여 일정한 직선으로 연결한 폐합다각형으로 지적(임야)도 위에 나타남
2. 일필지의 정의
   - 일필지는 "지적공부에 등록하는 토지의 법률적인 단위구역"으로서 "법적인 토지등록단위"
   - 일필지는 폐다각형으로 규정되며 지번, 지목, 경계 및 면적 등의 사항이 정해짐
3. 일필지의 성립요건
   - 지번부여 지역이 동일할 것
   - 소유자가 동일할 것
   - 지목이 동일할 것
   - 지반이 연속되어 있을 것
   - 소유권 이외의 권리가 같을 것
   - 지적공부의 축척이 동일할 것
   - 등기여부가 같을 것

Answer 67. ② 68. ②

69. 지번의 설정 이유 및 역할로 가장 거리가 먼 것은?

① 토지의 개별화 ② 토지의 특정화
③ 토지의 위치 확인 ④ 토지이용의 효율화

해설 지번의 개념
1. 지번의 의의
   지번이란 지리적 위치의 고정성과 토지의 특정화, 개별성을 확보하기 위해 리·동의 단위로 필지마다 아라비아 숫자로 순차적으로 부여하여 지적공부에 등록한 번호를 말한다.
2. 지번의 역할
   - 장소의 기준
   - 물권표시의 기준
   - 공간계획의 기준
3. 지번의 기능
   - 토지의 고정화
   - 토지의 특정화
   - 토지의 개별화
   - 토지위치의 확인
   - 행정주소표기, 토지이용의 편리성
   - 토지관계 자료의 연결매체 기능
4. 지번의 표기
   - 지번은 아라비아 숫자로 표기한다.
   - 임야대장 및 임야도에 표시하는 지번은 숫자 앞에 "산" 자를 붙여 표시한다.
   - 지번은 본번과 부번으로 구성하되, 본번과 부번 사이에 "-" 표시로 연결한다.

70. 지적공부에 등록하지 아니하는 것은?

① 해면 ② 국유림 ③ 암석지 ④ 황무지

해설 우리나라는 「공간정보의 구축 및 관리 등에 관한 법률」에서 "지적공부"를 토지대장, 임야대장, 공유지연명부, 대지권등록부, 지적도, 임야도 및 경계점좌표등록부 등 지적측량 등을 통하여 조사된 토지의 표시와 해당 토지의 소유자 등을 기록한 대장 및 도면(정보처리시스템을 통하여 기록·저장된 것을 포함)으로 규정하여 지적공부의 등록대상을 토지로 한정하고 있다.
※ 해면은 토지가 아니므로 지적공부에 등록하지 않는다.

71. 지적도 축척에 관한 설명으로 옳지 않은 것은?

① 일반적으로 축척이 크면 도면의 정밀도가 크다.
② 지도상에서의 거리와 지표상에서의 거리와의 관계를 나타내는 것이다.
③ 축척의 표현방법에는 분수식, 서술식, 그래프식 방법 등이 있다.
④ 축척이 분수로 표현될 때에 분자가 같으면 분모가 큰 것이 축척이 크다.

해설 분자가 같을 경우 분모가 작은 것이 축척이 크다.
※ 1/6,000보다 1/1,200으로 표현되는 것이 축척이 더 크다.

Answer 69. ④ 70. ① 71. ④

72. 1910년 대한제국의 탁지부에서 근대적인 지적제도를 창설하기 위하여 전 국토에 대한 토지조사사업을 추진할 목적으로 제정·공포한 것은?

① 지세령
② 토지조사령
③ 토지조사법
④ 토지측량규칙

해설 대한제국은 근대적인 토지조사사업의 실시를 위하여 1910년 3월 14일 토지조사국 관제(칙령 제23호)를 발표하고 탁지부대신 고영희가 총재를 겸직하여 토지의 조사와 측량을 관장하였다. 1910년 8월 23일 토지조사법(법률 제7호)을 제정·공포하여 전국의 토지조사업무를 전담하도록 하였으나, 1910년 8월 29일 국권피탈 이후 같은 해 9월 30일 조선총독부 임시토지조사국 관제(칙령 제361호)가 공포되고 다음날인 10월 1일 시행됨에 따라 임시토지조사국에 승계되어 전국적인 토지조사사업을 실시하게 되었다.

73. 지적제도에서 채택하고 있는 토지등록의 일반원칙이 아닌 것은?

① 등록의 직권주의
② 실질적 심사주의
③ 심사의 형식주의
④ 적극적 등록주의

해설 지적제도와 등기제도의 비교

구분	지적제도	등기제도
기본이념	국정주의, 형식주의, 공개주의	형식주의(성립요건주의)
등록방법	직권 등록주의, 단독 신청주의	당사자 신청주의, 공동 신청주의
심사방법	실질적 심사주의	형식적 심사주의
공신력	인정	불인정
편제방법	물적 편성주의	물적 편성주의
처리방법	신고의 의무, 직권조사처리	신청주의
신청방법	단독 신청주의	공동 신청주의
담당부서	국토교통부-시·도 지적담당부서 -시·군·구 지적담당부서	법무부-대법원-지방법원·지원·등기소
공부	토지, 임야대장, 공유지연명부, 대지권등록부, 지적도, 임야도, 경계점등록부, 지적전산파일	토지등기부, 건물등기부, 입목등기부, 상업등기부, 선박등기부, 법인등기부, 공장등기부 등
기능	토지의 물리적 현황 공시	토지에 대한 권리관계 공시
등록사항	토지소재, 지번, 지목, 경계, 면적, 소유자주소·성명 등	소유권, 저당권, 전세권, 지역권, 지상권 등
기타	지적측량실시	절차적 요식행위요구

※ 형식적 심사주의는 등기제도에서 채택하고 있다.

Answer 72. ③ 73. ③

74. 아래 표에서 설명하는 내용의 의미로 옳은 것은?

> 지번, 지목, 경계 및 면적은 국가가 비치하는 지적공부에 등록해야만 공식적 효력이 있다.

① 지적공개주의 ② 지적국정주의
③ 지적비밀주의 ④ 지적형식주의

해설 지적의 기본이념
1. 기본이념의 종류
   - 지적국정주의 : 지적공부의 등록사항은 국가만이 이를 결정할 수 있다.
   - 지적형식주의 : 등록사항은 지적공부에 등록·공시하여야만 효력이 인정된다.
   - 지적공개주의 : 지적공부의 등록사항을 소유자, 이해관계인 등에게 공개하여 이용하게 한다.
   - 실질적 심사주의(사실심사) : 등록이나 변경등록은 절차상의 적법성뿐 아니라 사실관계의 부합여부를 심사한다.
   - 직권등록주의(강제등록주의) : 모든 필지는 강제적으로 등록·공시하여야 한다.
2. 지적형식주의(形式主義)
   - 형식주의란 국가의 통치권이 미치는 모든 영토를 필지 단위로 구획하여 지번, 지목, 경계, 좌표, 면적 등을 정한 다음 국가기관의 장인 시장, 군수, 구청장이 비치하고 있는 공적장부인 지적공부에 등록·공시해야 효력이 인정된다는 이념이다.
   - 따라서 모든 토지는 지적공부에 등록·공시해야 토지 등기가 가능하게 되어 토지에 대한 평가, 과세, 거래, 토지이용계획 등의 기존 자료로 활용될 수 있는데, 이는 형식주의에 의한 공시효력을 인정하고 있기 때문이다.

75. 조선시대에 정약용이 주장한 '양전개정론'의 내용에 해당하지 않는 것은?

① 경무법 ② 망척제
③ 정전제 ④ 방량법과 어린도법

해설 정약용의 '양전개정론'
1. 결부제의 문제점
   - 결부제는 경전(經田, 국토관리)과 치전(治田, 토지파악)의 방법으로 객관성이 없고 법원리상 문제가 있음을 지적
   - 전품의 원리와 연분(年分)의 원칙이 섞여 있음은 불합리
   - 전품은 6등분보다 9등분이 합리적
   - 양전척의 차법(差法)이 불합리
   - 전품 6등을 도(道)단위로 지품(地品)을 논하거나 지역에 따라 등급이 예정됨
2. 개정방안
   - 정전제(井田制)의 시행을 전제로 방량법과 어린도법을 시행해야 함(목민심서)
   - 결부제하의 양전법은 전지의 측도가 어렵기 때문에 경무법으로 개정
   - 일자오결제도와 사표의 부정확성을 시정하기 위해 어린도 작성
   - 정전제(井田制)나 어린도(魚鱗圖) 같은 국토의 조직적 관리 필요
   - 전국의 전(田)을 사방 100척으로 된 정방형의 1결의 형태로 구분
※ 망척제는 이기가 '해학유서'에서 수등이척제에 대한 개선방법으로 도입을 주장하였다.

76. 적극적 토지등록제도의 기본원칙이라고 할 수 없는 것은?

① 토지등록은 국가공권력에 의해 성립된다.
② 토지등록은 형식심사에 의해 이루어진다.
③ 등록내용의 유효성은 법률적으로 보장된다.
④ 토지에 대한 권리는 등록에 의해서만 인정된다.

해설 토지등록제도의 유형
1. 토지등록제도의 유형
   ① 날인증서등록제도　　② 권원등록제도
   ③ 소극적 등록제도　　④ 적극적 등록제도
   ⑤ 토렌스시스템(Torrens System)
2. 적극적 등록제도
   ① 토지등록은 일필지의 개념으로 법적권리보장이 인증되고 국가에 의해 그러한 합법성과 효력 발생
   ② 기본원칙
      • 지적공부에 등록되지 않는 토지는 어떠한 권리도 인정받을 수 없음
      • 등록은 강제적이고 의무적
      • 지적측량 시행 후 토지등기 가능
   ③ 선의의 제3자 보호 : 토지등록상의 문제로 인한 피해는 법적으로 보장되고 국가에 소송을 제기할 수 있으며, 보상도 받을 수 있음
   ④ 토렌스시스템은 적극적 등록주의의 발전된 형태
   ※ 적극적 등록제도에서 토지등록은 실질적 심사에 의하여 이루어진다.

77. 합병한 토지의 면적 결정방법으로 옳은 것은?

① 새로이 삼사법으로 측정한다.
② 새로이 전자면적기로 측정한다.
③ 합병 전의 각 필지의 면적을 합산한 것으로 한다.
④ 합병 전의 각 필지의 면적을 합산하여 나머지는 사사오입한다.

해설 합병 후 필지의 면적은 합병 전 각 필지의 면적을 합산하여 결정한다.

78. 우리나라의 지목 결정 원칙과 가장 거리가 먼 것은?

① 일필일목의 원칙　　② 용도경중의 원칙
③ 지형지목의 원칙　　④ 주지목추종의 원칙

해설 지목설정의 원칙
• 1필1지목의 원칙 : 1필의 토지에는 1개의 지목만을 설정하며, 1필의 일부가 용도변경된 경우에는 분할 후에 지목을 변경한다.
• 주지목추종의 원칙 : 주된 토지의 편익을 위해 설치된 소면적의 도로, 구거 등의 지목은 이를 따로 정하지 않고 주된 토지의 사용목적 및 용도에 따라 지목을 설정한다.
• 등록선후의 원칙 : 도로, 철도용지, 하천, 제방, 구거, 수도용지 등의 지목이 중복되는 경우에는 먼저 등록된 토지의 사용목적, 용도에 따라 지번을 설정한다.

Answer　76. ②　77. ③　78. ③

- 용도경중의 원칙 : 도로, 철도용지, 하천, 제방, 구거, 수도용지 등의 지목이 중복되는 경우에는 중요 토지의 사용목적 및 용도에 따라 지목을 설정한다.
- 일시변경 불가의 원칙 : 임시적, 일시적 용도의 변경 시 등록전환 또는 지목변경이 불가하다.
- 사용목적 추종의 원칙 : 도시계획사업, 토지구획정리사업, 농지개량사업 등의 완료에 따라 조성된 토지는 사용목적에 따라 지목을 설정한다.

79. 각 시대별 지적제도의 연결이 옳지 않은 것은?

① 고려 – 수등이척제
② 조선 – 수등이척제
③ 고구려 – 두락제(斗落制)
④ 대한제국 – 지계아문(地契衙門)

해설 두락제(斗落制)
백제시대 토지면적산정을 위한 기준을 정한 제도이며, 전답에 뿌리는 씨앗의 수량으로 면적을 표시하는 제도이다.

80. 조선시대 경국대전 호전(戶典)에 의한 양전은 몇 년마다 실시되었는가?

① 5년   ② 10년   ③ 15년   ④ 20년

해설 경국대전 호전(戶典) 양전조(量田條)에는 "모든 전지는 6등급으로 구분하고 20년마다 다시 측량하여 장부를 만들어 호조(戶曹)와 그 도(道), 그 읍(邑)에 비치한다."라고 규정되어 있다.

05 지적관계법규

SUBJECT

81. 세부측량을 하는 경우 필지마다 면적을 측정하여야 하는 대상으로 옳지 않은 것은?

① 면적 또는 경계를 정정하는 경우
② 지적공부의 신규등록을 하는 경우
③ 경계복원측량 및 지적현황측량에 면적측정이 수반되는 경우
④ 지상건축물 등의 현황을 지적도 및 임야도에 등록된 경계와 대비하여 표시하는 데 필요한 경우

해설 면적측정 대상
- 지적공부의 복구·신규등록·등록전환·분할 및 축척변경을 하는 경우
- 면적 또는 경계를 정정하는 경우
- 도시개발사업 등으로 인한 토지의 이동에 따라 토지의 표시를 새로 결정하는 경우
- 경계복원측량 및 지적현황측량에 면적측정이 수반되는 경우
※ 지상건축물 등의 현황을 지적도 및 임야도에 등록된 경계와 대비하여 표시하는 데 필요한 경우는 지적현황측량을 말한다.

82. 다음 중 지적공부에 해당하지 않는 것은?

① 지적도
② 지적약도
③ 임야대장
④ 경계점좌표등록부

해설 지적공부

토지대장, 임야대장, 공유지연명부, 대지권등록부, 지적도, 임야도 및 경계점좌표등록부 등 지적측량 등을 통하여 조사된 토지의 표시와 해당 토지의 소유자 등을 기록한 대장 및 도면(정보처리시스템을 통하여 기록·저장된 것을 포함한다)을 말한다.

83. 1필지의 일부가 형질변경 등으로 용도가 변경되어 분할을 신청하는 경우 함께 제출할 신청서로 옳은 것은?

① 신규등록 신청서
② 용도전용 신청서
③ 지목변경 신청서
④ 토지합병 신청서

해설 분할 신청

1. 분할신청을 할 수 있는 경우
   - 소유권이전, 매매 등을 위하여 필요한 경우
   - 토지이용상 불합리한 지상 경계를 시정하기 위한 경우
   - 관계 법령에 따라 토지분할이 포함된 개발행위허가 등을 받은 경우
2. 토지소유자는 토지의 분할을 신청할 때에는 분할 사유를 적은 신청서에 서류를 첨부하여 지적소관청에 제출하여야 한다. 이 경우 1필지의 일부가 형질변경 등으로 용도가 변경되어 분할을 신청할 때에는 지목변경 신청서를 함께 제출하여야 한다.

84. 다음 중 지목변경 없이 등록전환을 신청할 수 있는 경우가 아닌 것은?

① 산지관리법에 따라 토지의 형질이 변경되는 경우
② 도시·군관리계획선에 따라 토지를 분할하는 경우
③ 임야도에 등록된 토지가 사실상 형질변경되었으나 지목변경을 할 수 없는 경우
④ 대부분의 토지가 등록전환되어 나머지 토지를 임야도에 계속 존치하는 것이 불합리한 경우

해설 등록전환 신청

1. 등록전환을 신청할 수 있는 토지는 「산지관리법」, 「건축법」 등 관계 법령에 따른 토지의 형질변경 또는 건축물의 사용승인 등으로 인하여 지목을 변경하여야 할 토지로 한다.
2. 지목변경 없이 등록전환을 신청할 수 있는 경우
   - 대부분의 토지가 등록전환되어 나머지 토지를 임야도에 계속 존치하는 것이 불합리한 경우
   - 임야도에 등록된 토지가 사실상 형질변경되었으나 지목변경을 할 수 없는 경우
   - 도시·군관리계획선에 따라 토지를 분할하는 경우
3. 토지소유자는 등록전환을 신청할 때에는 등록전환 사유를 적은 신청서에 서류를 첨부하여 지적소관청에 제출하여야 한다.

85. 다른 사람에게 측량업등록증 또는 측량업등록수첩을 빌려주거나 자기의 성명 또는 상호를 사용하여 측량업무를 하게 한 자에 대한 벌칙 기준으로 옳은 것은?

① 300만 원 이하의 과태료를 부과한다.
② 1년 이하의 징역 또는 1천만 원 이하의 벌금에 처한다.
③ 2년 이하의 징역 또는 2천만 원 이하의 벌금에 처한다.
④ 3년 이하의 징역 또는 3천만 원 이하의 벌금에 처한다.

해설 벌칙의 종류
1. 1년 이하의 징역 또는 1천만 원 이하의 벌금
   ① 무단으로 측량성과 또는 측량기록을 복제한 자
   ② 측량기술자가 아님에도 불구하고 측량을 한 자
   ③ 업무상 알게 된 비밀을 누설한 측량기술자 또는 수로기술자
   ④ 둘 이상의 측량업자에게 소속된 측량기술자 또는 수로기술자
   ⑤ 다른 사람에게 측량업등록증 또는 측량업등록수첩을 빌려주거나 자기의 성명 또는 상호를 사용하여 측량업무를 하게 한 자
   ⑥ 다른 사람의 측량업등록증 또는 측량업등록수첩을 빌려서 사용하거나 다른 사람의 성명 또는 상호를 사용하여 측량업무를 한 자
   ⑦ 지적측량수수료 외의 대가를 받은 지적측량기술자
   ⑧ 거짓으로 다음 각 목의 신청을 한 자
   - 신규등록 신청
   - 등록전환 신청
   - 분할 신청
   - 합병 신청
   - 지목변경 신청
   - 바다로 된 토지의 등록말소 신청
   - 축척변경 신청
   - 등록사항의 정정 신청
   - 도시개발사업 등 시행지역의 토지이동 신청
   ⑨ 다른 사람에게 자기의 성능검사대행자 등록증을 빌려 주거나 자기의 성명 또는 상호를 사용하여 성능검사대행업무를 수행하게 한 자
   ⑩ 다른 사람의 성능검사대행자 등록증을 빌려서 사용하거나 다른 사람의 성명 또는 상호를 사용하여 성능검사대행업무를 수행한 자
2. 3년 이하의 징역 또는 3천만 원 이하의 벌금 : 측량업자나 수로사업자로서 속임수, 위력, 그 밖의 방법으로 측량업 또는 수로사업과 관련된 입찰의 공정성을 해친 자
3. 2년 이하의 징역 또는 2천만 원 이하의 벌금
   ① 측량기준점표지를 이전 또는 파손하거나 그 효용을 해치는 행위를 한 자
   ② 고의로 측량성과 또는 수로조사성과를 사실과 다르게 한 자
   ③ 측량업의 등록을 하지 아니하거나 거짓이나 그 밖의 부정한 방법으로 측량업의 등록을 하고 측량업을 한 자
   ④ 성능검사를 부정하게 한 성능검사대행자
   ⑤ 성능검사대행자의 등록을 하지 아니하거나 거짓이나 그 밖의 부정한 방법으로 성능검사대행자의 등록을 하고 성능검사업무를 한 자

86. 일람도의 등록사항이 아닌 것은?

① 도면의 제명 및 축척
② 지번부여지역의 경계
③ 지번·도면번호 및 결번
④ 주요 지형·지물의 표시

해설 1. 일람도 등록사항
- 지번부여지역의 경계 및 인접지역의 행정구역명칭
- 도면의 제명 및 축척
- 도곽선과 그 수치
- 도면번호
- 도로·철도·하천·구거·유지·취락 등 주요 지형·지물의 표시

2. 지번색인표 등록사항
- 제명
- 지번·도면번호 및 결번

87. 공간정보의 구축 및 관리 등에 관한 법령상 용어에 대한 설명으로 옳지 않은 것은?

① "면적"이란 지적공부에 등록한 필지의 수평면상 넓이를 말한다.
② "토지의 이동"이란 토지의 표시를 새로 정하거나 변경 또는 말소하는 것을 말한다.
③ "지번부여지역"이란 지번을 부여하는 단위지역으로서 동·리 또는 이에 준하는 지역을 말한다.
④ "축척변경"이란 지적도에 등록된 경계점의 정밀도를 높이기 위하여 큰 축척을 작은 축척으로 변경하여 등록하는 것을 말한다.

해설 "축척변경"이란 지적도에 등록된 경계점의 정밀도를 높이기 위하여 작은 축척을 큰 축척으로 변경하여 등록하는 것을 말한다.

88. 지적측량 시행규칙상 지적도근점측량을 시행하는 경우, 지적도근점을 구성하는 도선이 아닌 것은?

① 개방도선   ② 결합도선   ③ 왕복도선   ④ 폐합도선

해설 지적도근점측량 방법
1. 지적도근점측량을 할 때에는 미리 지적도근점표지를 설치하여야 한다.
2. 지적도근점의 번호는 영구표지를 설치하는 경우에는 시·군·구별로, 영구표지를 설치하지 아니하는 경우에는 시행지역별로 설치순서에 따라 일련번호를 부여한다. 이 경우 각 도선의 교점은 지적도근점의 번호 앞에 "교"자를 붙인다.
3. 지적도근점측량의 도선은 다음 각 호의 기준에 따라 1등도선과 2등도선으로 구분한다.
   - 1등도선은 위성기준점, 통합기준점, 삼각점, 지적삼각점 및 지적삼각보조점의 상호 간을 연결하는 도선 또는 다각망도선으로 할 것
   - 2등도선은 위성기준점, 통합기준점, 삼각점, 지적삼각점 및 지적삼각보조점과 지적도근점을 연결하거나 지적도근점 상호간을 연결하는 도선으로 할 것
   - 1등도선은 가·나·다 순으로 표기하고, 2등도선은 ㄱ·ㄴ·ㄷ 순으로 표기할 것
4. 지적도근점은 결합도선·폐합도선·왕복도선 및 다각망도선으로 구성하여야 한다.

Answer   86. ③   87. ④   88. ①

89. 지적측량업자가 손해배상책임을 보장하기 위하여 가입하여야 하는 보증보험의 보증금액 기준으로 옳은 것은?

① 1억 원 이상
② 5억 원 이상
③ 10억 원 이상
④ 20억 원 이상

해설 지적측량수행자가 손해배상책임을 보장하기 위하여 가입하여야 하는 금액은 다음과 같다.
- 지적측량업자 : 보장기간이 10년 이상이고 보증금액이 1억 원 이상인 보증보험
- 한국국토정보공사 : 보증금액이 20억 원 이상인 보증보험

90. 공간정보의 구축 및 관리 등에 관한 법률상 지적측량을 하여야 하는 경우가 아닌 것은?

① 토지를 합병하는 경우
② 축척을 변경하는 경우
③ 지적공부를 복구하는 경우
④ 토지를 등록전환하는 경우

해설 지적측량 대상
1. 지적기준점을 정하는 경우
2. 지적측량성과를 검사하는 경우
3. 지적공부를 복구하는 경우
4. 등록전환하는 경우
5. 토지를 분할하는 경우
6. 바다가 된 토지의 등록을 말소하는 경우
7. 축척을 변경하는 경우
8. 지적공부의 등록사항을 정정하는 경우
9. 도시개발사업 등의 시행지역에서 토지의 이동이 있는 경우
10. 경계점을 지상에 복원하는 경우
11. 지적공부의 정리를 요하지 아니한 측량(경계복원측량, 지적현황측량)
    - 경계복원측량 : 경계점을 지표상에 복원하기 위한 측량
    - 지적현황측량 : 지상건축물등의 현황을 지적도 및 임야도에 등록된 경계와 대비하여 표시

91. 공간정보의 구축 및 관리 등에 관한 법률상 국유재산법에 따른 총괄청이 소유자 없는 부동산에 대한 소유자 등록을 신청하는 경우의 소유자변동일자는?

① 등기신청일
② 등기접수일자
③ 신규등록신청일
④ 소유자정리결의일자

해설 토지(임야)대장의 소유자변동일자 정리 시기
- 등기필통지서, 등기필증, 등기부 등본·초본 또는 등기관서에서 제공한 등기전산정보자료의 경우 : 등기접수일자로
- 미등기토지 소유자에 관한 정정신청의 경우와 소유자등록신청의 경우 : 소유자정리결의일자
- 공유수면 매립준공에 따른 신규 등록의 경우 : 매립준공일자

Answer 89. ③ 90. ① 91. ④

92. 공간정보의 구축 및 관리 등에 관한 법률상 지상 경계의 결정기준 등에 관한 내용으로 옳지 않은 것은?

① 연접되는 토지 간에 높낮이 차이가 없는 경우에는 그 구조물 등의 중앙
② 도로·구거 등의 토지에 절토된 부분이 있는 경우에는 그 경사면의 상단부
③ 토지가 해면 또는 수면에 접하는 경우에는 최대 만조위 또는 최대 만수위가 되는 선
④ 공유수면매립지의 토지 중 제방 등을 토지에 편입하여 등록하는 경우에는 안쪽 어깨 부분

해설 공간정보의 구축 및 관리 등에 관한 법률상 경계설정의 기준
- 고저가 없는 경우 그 지물·구조물의 중앙
- 고저가 있는 경우 그 지물·구조물의 하단
- 최대 만조위, 최대 만수위가 되는 선
- 절토된 토지는 그 경사면의 상단부
- 공유수면매립지의 토지 중 제방 등을 토지에 편입 등록하는 경우 바깥쪽 어깨 부분

지상경계의 설정기준

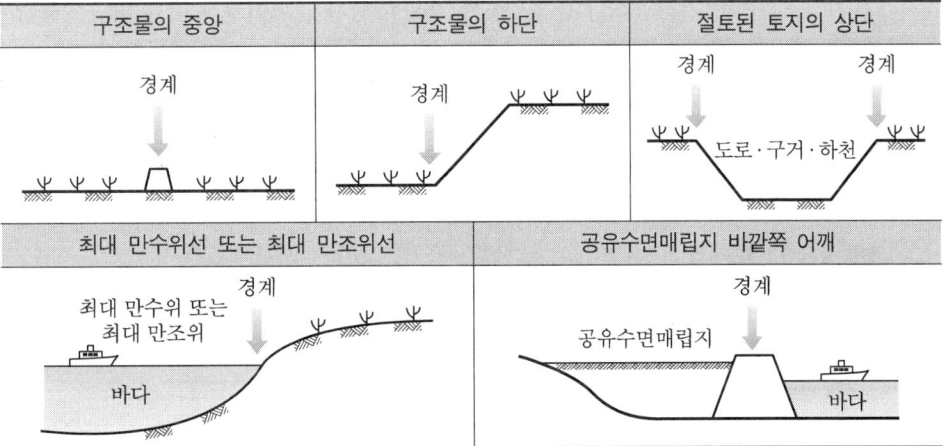

93. 다음 중 합병 신청을 할 수 있는 것은?

① 합병하려는 토지의 소유 형태가 공동소유인 경우
② 합병하려는 각 필지의 지반이 연속되지 아니한 경우
③ 합병하려는 토지의 지적도 및 임야도의 축척이 서로 다른 경우
④ 합병하려는 토지가 축척변경을 시행하고 있는 지역의 토지와 그 지역 밖의 토지인 경우

해설 합병
1. 신청대상
   지번부여지역으로서 소유자와 용도가 같고 지반이 연속된 토지
2. 합병 신청할 수 없는 토지
   ① 합병하려는 토지의 지번부여지역, 지목 또는 소유자가 서로 다른 경우
   ② 합병하려는 토지에 다음 각 호의 등기 외의 등기가 있는 경우

Answer 92. ④ 93. ①

- 소유권·지상권·전세권 또는 임차권의 등기
- 승역지에 대한 지역권의 등기
- 합병하려는 토지 전부에 대한 등기원인 및 그 연월일과 접수번호가 같은 저당권의 등기

③ 합병하려는 토지의 지적도 및 임야도의 축척이 서로 다른 경우
④ 합병하려는 각 필지의 지반이 연속되지 아니한 경우
⑤ 합병하려는 토지가 등기된 토지와 등기되지 아니한 토지인 경우
⑥ 합병하려는 각 필지의 지목은 같으나 일부 토지의 용도가 다르게 되어 분할대상 토지인 경우(다만, 합병 신청과 동시에 토지의 용도에 따라 분할 신청을 하는 경우는 제외)
⑦ 합병하려는 토지의 소유자별 공유지분이 다르거나 소유자의 주소가 서로 다른 경우
⑧ 합병하려는 토지가 구획정리, 경지정리 또는 축척변경을 시행하고 있는 지역의 토지와 그 지역 밖의 토지인 경우

94. 지적소관청이 관할등기소에 토지의 표시변경에 관한 등기를 할 필요가 있는 사유가 아닌 것은?

① 토지소유자의 신청을 받아 지적소관청이 신규등록한 경우
② 지적소관청이 지적공부의 등록사항에 잘못이 있음을 발견하여 이를 직권으로 조사·측량하여 정정한 경우
③ 지적공부를 관리하기 위하여 필요하다고 인정되어 지적소관청이 직권으로 일정한 지역을 정하여 그 지역의 축척을 변경한 경우
④ 지번부여지역의 일부가 행정구역의 개편으로 다른 지번부여지역에 속하게 되어 지적소관청이 새로 속하게 된 지번부여지역의 지번을 부여한 경우

해설 등기촉탁의 대상
- 토지의 이동이 있는 경우(신규등록 제외)
- 지번을 변경한 때
- 축척변경을 한 때
- 바다로 된 토지의 등록말소
- 행정구역 명칭변경
- 등록사항의 오류를 지적소관청이 직권으로 조사, 측량하여 정정한 때

95. 지적재조사측량에 따른 경계설정 기준으로 옳은 것은?

① 지상경계에 대하여 다툼이 있는 경우 현재의 지적공부상 경계
② 지상경계에 대하여 다툼이 없는 경우 등록할 때의 측량기록을 조사한 경계
③ 지상경계에 대하여 다툼이 있는 경우 토지소유자가 점유하는 토지의 현실경계
④ 지상경계에 대하여 다툼이 없는 경우 토지소유자가 점유하는 토지의 현실경계

해설 지적재조사측량에 따른 경계설정의 기준
1. 지적소관청은 다음 각 호의 순위로 지적재조사를 위한 경계를 설정하여야 한다.
   - 지상경계에 대하여 다툼이 없는 경우 토지소유자가 점유하는 토지의 현실경계
   - 지상경계에 대하여 다툼이 있는 경우 등록할 때의 측량기록을 조사한 경계
   - 지방관습에 의한 경계

Answer 94. ① 95. ④

2. 지적소관청은 지적재조사를 위한 경계설정을 하는 것이 불합리하다고 인정하는 경우에는 토지소유자들이 합의한 경계를 기준으로 지적재조사를 위한 경계를 설정할 수 있다.
3. 지적소관청은 지적재조사를 위한 경계를 설정할 때에는 「도로법」, 「하천법」 등 관계 법령에 따라 고시되어 설치된 공공용지의 경계가 변경되지 아니하도록 하여야 한다. 다만, 해당 토지소유자들 간에 합의한 경우에는 그러하지 아니하다.

96. 다음 중 '체육용지'로 지목 설정을 할 수 있는 것은?

① 공원
② 골프장
③ 경마장
④ 유선장

해설 지목의 설정기준
1. 체육용지
   ① 국민의 건강증진 등을 위한 체육활동에 적합한 시설과 형태를 갖춘 종합운동장·실내체육관·야구장·골프장·스키장·승마장·경륜장 등 체육시설의 토지와 이에 접속된 부속시설물의 부지
   ② 체육시설로서의 영속성과 독립성이 미흡한 정구장·골프연습장·실내수영장 및 체육도장, 유수를 이용한 요트장 및 카누장, 산림 안의 야영장 등의 토지는 제외
2. 유원지 : 일반 공중의 위락·휴양 등에 적합한 시설물을 종합적으로 갖춘 수영장·유선장·낚시터·어린이놀이터·동물원·식물원·민속촌·경마장 등의 토지와 이에 접속된 부속시설물의 부지
3. 공원 : 일반 공중의 보건·휴양 및 정서생활에 이용하기 위한 시설을 갖춘 토지로서 「국토의 계획 및 이용에 관한 법률」에 따라 공원 또는 녹지로 결정·고시된 토지

97. 토지이동과 관련하여 지적공부에 등록하는 시기로 옳은 것은?

① 신규등록 : 공유수면 매립 인가일
② 축척변경 : 축척변경 확정 공고일
③ 도시개발사업 : 사업의 완료 신고일
④ 지목변경 : 토지형질변경 공사 허가일

해설 토지이동과 관련하여 지적공부에 등록하는 시기
- 신규등록 : 공유수면 매립 준공일자
- 축척변경 : 축척변경 확정 공고일
- 도시개발사업 : 토지의 형질변경 등의 공사가 준공된 때
- 지목변경 : 토지의 형질변경 등의 공사가 준공된 경우

98. 지적업무처리규정상 측량결과에 대한 측량파일 코드에 관한 내용으로 옳은 것은?

① 분할선은 검은색 점선으로 제도한다.
② 현황선은 붉은색 점선으로 제도한다.
③ 지적경계선은 파란색 실선으로 제도한다.
④ 방위표정 방향선은 검은색 실선 화살표로 제도한다.

Answer 96. ② 97. ② 98. ②

해설 측량파일 코드 일람표

코드	내용	규격	도식	제도형태
1	지적경계선	기본값	────	검은색
10	지번, 지목	2mm	1591-10 대	검은색
71	도근점	2mm	○	검은색 원
211	현황선		----	붉은색 점선
217	경계점표지	2mm	○	붉은색 원
281	방위표정 방향선		→	파란색 실선 화살표
282	분할선	기본값	────	붉은색 실선
291	측정점		+	붉은색 십자선
292	측정점 방향선		/	붉은색 실선
294	평판점	1.5~3.0mm (규격 변동 가능)	○	검은색 원 옆에 파란색 不₁, 不₂ 등으로 표시
297	이동 도근점	2mm	○	붉은색 원
298	방위각 표정거리	2mm	000-00-00 000.000	붉은색

※ 기존 측량파일 코드의 내용·규격·도식은 "파란색"으로 표시한다.

99. 면적측정의 방법에 관한 내용으로 옳은 것은?

① 좌표면적계산법에 따른 산출면적은 1,000분의 1m²까지 계산하여 100분의 1m² 단위로 정해야 한다.
② 전자면적측정기에 따른 측정면적은 100분의 1m²까지 계산하여 10분의 1m² 단위로 정해야 한다.
③ 경위의측량방법으로 세부측량을 한 지역의 필지별 면적측정은 경계점 좌표에 따라야 한다.
④ 면적을 측정하는 경우 도곽선의 길이에 1mm 이상의 신축이 있을 때에는 이를 보정하여야 한다.

해설 면적측정방법
1. 좌표면적계산법에 따른 면적측정은 다음 각 호의 기준에 따른다.
    - 경위의측량방법으로 세부측량을 한 지역의 필지별 면적측정은 경계점 좌표에 따를 것
    - 산출면적은 1천분의 1제곱미터까지 계산하여 10분의 1제곱미터 단위로 정할 것
2. 전자면적측정기에 따른 면적측정은 다음 각 호의 기준에 따른다.
    - 도상에서 2회 측정하여 그 교차가 다음 계산식에 따른 허용면적 이하일 때에는 그 평균치를 측정면적으로 할 것

$$A = 0.023^2 M\sqrt{F}$$ (여기서, A : 허용면적, M : 축척분모, F : 2회 측정한 면적의 합계를 2로 나눈 수)

- 측정면적은 1천분의 1제곱미터까지 계산하여 10분의 1제곱미터 단위로 정할 것
3. 면적을 측정하는 경우 도곽선의 길이에 0.5밀리미터 이상의 신축이 있을 때에는 이를 보정하여야 한다. 이 경우 도곽선의 신축량 및 보정계수의 계산은 다음 각 호의 계산식에 따른다.
- 도곽선의 신축량계산

$$S = \frac{\Delta X_1 + \Delta X_2 + \Delta Y_1 + \Delta Y_2}{4}$$

(여기서, S : 신축량, ΔX_1 : 왼쪽 종선의 신축된 차, ΔX_2 : 오른쪽 종선의 신축된 차, ΔY_1 : 위쪽 횡선의 신축된 차, ΔY_2 : 아래쪽 횡선의 신축된 차)

이 경우 신축된 차(밀리미터) $= \dfrac{1,000(L-L_o)}{M}$

(여기서, L : 신축된 도곽선지상길이, L_o : 도곽선지상길이, M : 축척분모)

- 도곽선의 보정계수계산

$$Z = \frac{X \cdot Y}{\Delta X \cdot \Delta Y}$$

(여기서, Z : 보정계수, X : 도곽선종선길이, Y : 도곽선횡선길이, ΔX : 신축된 도곽선종선길이의 합/2, ΔY : 신축된 도곽선횡선길이의 합/2)

4. 면적이 5천제곱미터 이상인 필지를 분할하는 경우 분할 후의 면적이 분할 전 면적의 80퍼센트 이상이 되는 필지의 면적을 측정할 때에는 분할 전 면적의 20퍼센트 미만이 되는 필지의 면적을 먼저 측정한 후, 분할 전 면적에서 그 측정된 면적을 빼는 방법으로 할 수 있다. 다만, 동일한 측량결과도에서 측정할 수 있는 경우와 좌표면적계산법에 따라 면적을 측정하는 경우에는 그러하지 아니하다.

100. 지적재조사에 관한 특별법상 조정금의 산정에 관한 내용으로 옳지 않은 것은?

① 조정금은 경계가 확정된 시점을 기준으로 감정평가액으로 산정한다.
② 국가 또는 지방자치단체 소유의 국유지·공유지 행정재산의 조정금은 징수하거나 지급하지 아니한다.
③ 토지소유자협의회가 요청하는 경우 시·군·구 지적재조사위원회의 심의를 거쳐 개별공시지가로 조정금을 산정할 수 있다.
④ 지적소관청은 경계 확정으로 지적공부상의 면적이 증감된 경우에는 필지별 면적 증감내역을 기준으로 조정금을 산정하여 징수하거나 지급한다.

해설 지적재조사에 관한 특별법상 조정금의 산정
- 지적소관청은 경계 확정으로 지적공부상의 면적이 증감된 경우에는 필지별 면적 증감내역을 기준으로 조정금을 산정하여 징수하거나 지급한다.
- 국가 또는 지방자치단체 소유의 국유지·공유지 행정재산의 조정금은 징수하거나 지급하지 아니한다.
- 조정금은 경계가 확정된 시점을 기준으로 「감정평가 및 감정평가사에 관한 법률」에 따른 감정평가업자가 평가한 감정평가액으로 산정한다. 다만, 토지소유자협의회가 요청하는 경우에는 시·군·구 지적재조사위원회의 심의를 거쳐 「부동산 가격공시에 관한 법률」에 따른 개별공시지가로 산정할 수 있다.
- 지적소관청은 조정금을 산정하고자 할 때에는 시·군·구 지적재조사위원회의 심의를 거쳐야 한다.

Answer 100. ①

2019년 제2회 지적산업기사

01 지적측량

01. 지적측량에서 측량계산의 끝수처리가 잘못된 것은?

① 12.6m²는 13m²
② 22.5m²는 22m²
③ 13.5m²는 14m²
④ 10.5m²는 11m²

해설 공간정보의 구축 및 관리 등에 관한 법률 시행령 제60조(면적의 결정 및 측량계산의 끝수처리)
1. 토지의 면적에 1제곱미터 미만의 끝수가 있는 경우 0.5제곱미터 미만일 때에는 버리고 0.5제곱미터를 초과하는 때에는 올림
2. 0.5제곱미터일 때에는 구하려는 끝자리의 숫자가 0 또는 짝수이면 버리고 홀수이면 올림

02. 삼각점과 지적기준점 등의 제도방법으로 옳지 않은 것은?

① 지적도근점은 직경 2mm의 원으로 제도한다.
② 삼각점 및 지적기준점은 0.2mm 폭의 선으로 제도한다.
③ 2등삼각점은 직경 1mm 및 2mm의 2중원으로 제도한다.
④ 지적삼각점은 직경 3mm의 원으로 제도하고 원 안에 십자선으로 표시한다.

해설 지적업무처리규정 제43조(지적측량기준점 등의 제도)

기준점 명칭	표시	내용	기준점 명칭	표시	내용
지적위성 기준점	3mm/2mm ⊕	직경 2mm, 3mm의 2중 원 안에 십자선 표시	2등삼각점	3mm/2mm/1mm ◎	직경 1mm, 2mm 및 3mm의 3중원으로 제도
1등삼각점	3mm/2mm/1mm ◎	직경 1mm, 2mm 및 3mm의 3중원으로 제도하고, 중심 원 내부를 검은색으로 엷게 채색	3등삼각점	2mm/1mm ◎	직경 1mm, 2mm의 2중원으로 제도하고 중심 원 내부를 검은색으로 엷게 채색

Answer 1. ④ 2. ③

기준점 명칭	표시	내용	기준점 명칭	표시	내용
4등삼각점	2mm / 1mm ◎	직경 1mm, 2mm의 2중 원으로 제도	지적삼각보조점	3mm ●	직경 3mm의 원으로 제도하고 원 안에 검은색으로 엷게 채색
지적삼각점	3mm ⊕	직경 3mm의 원으로 제도하고 원 안에 십자선 표시	지적도근점	2mm ○	직경 2mm의 원으로 제도

03. 지적측량의 법률적 효력으로 옳지 않은 것은?

① 강제력 ② 공정력
③ 구인력 ④ 확정력

해설 지적측량의 법률적 효력
- 구속력 : 지적측량의 내용에 대해 소관청(국가) 자신이나 소유자 및 관계인을 기속하는 효력
- 공정력 : 지적측량이 무효인 경우를 제외하고는 소관청, 감독청, 법원 등의 기관에 쟁송 또는 직권으로 취소할 때까지 그 행위는 적법한 추정을 받고 누구도 부인하지 못하는 효력
- 확정력 : 일단 유효하게 성립된 지적측량에 의해 표시된 사항은 일정한 기간이 경과한 뒤에 상대방이나 기타 이해관계인이 그 효력을 다툴 수 없는 불가쟁력 또는 형식적 확정력이라 함
- 강제력 : 행정청 자체의 자격으로 집행할 수 있는 강력한 효력

04. 지적삼각점성과표에 기록·관리하여야 하는 사항이 아닌 것은?

① 경계점좌표 ② 자오선수차
③ 소재지와 측량연월일 ④ 지적삼각점의 명칭과 기준 원점명

해설 지적측량 시행규칙 제4조(지적기준점성과표의 기록·관리 등)

지적삼각점성과표	지적삼각보조점 및 지적도근점성과표
• 지적삼각점의 명칭과 기준 원점명 • 좌표 및 표고 • 경도 및 위도(필요한 경우로 한정한다.) • 자오선수차(子午線收差) • 시준점(視準點)의 명칭, 방위각 및 거리 • 소재지와 측량연월일 • 그 밖의 참고사항	• 번호 및 위치의 약도 • 좌표와 직각좌표계 원점명 • 경도와 위도(필요한 경우로 한정한다.) • 표고(필요한 경우로 한정한다.) • 소재지와 측량연월일 • 도선등급 및 도선명 • 표지의 재질 • 도면번호 • 설치기관 • 조사연월일, 조사자의 직위·성명 및 조사 내용

05. 평판측량에서 경사거리 l과 경사분획 n을 측정할 때 수평거리 L을 산출하는 공식은?

① $L = l\dfrac{100}{\sqrt{1+\left(\dfrac{n}{100}\right)^2}}$

② $L = l\dfrac{1}{\sqrt{1+\left(\dfrac{n}{100}\right)^2}}$

③ $L = l\dfrac{1}{\sqrt{1-\left(\dfrac{n}{100}\right)^2}}$

④ $L = l\dfrac{1}{\sqrt{100^2+n^2}}$

해설 지적측량 시행규칙 제18조(세부측량의 기준 및 방법 등)
평판측량방법에 따라 경사거리를 조준의[앨리데이드(alidade)]를 사용하여 수평거리를 계산하는 경우
$D = l\dfrac{1}{\sqrt{1+\left(\dfrac{n}{100}\right)^2}}$ (여기서, D : 수평거리, l : 경사거리, n : 경사분획)

06. 일반지역에서 축척이 6,000분의 1인 임야도의 지상 도곽선 규격(종선×횡선)으로 옳은 것은?

① 500m×400m
② 1,200m×1,000m
③ 1,250m×1,500m
④ 2,400m×3,000m

해설 도곽 크기

축척	지상거리 세로(m)	지상거리 가로(m)	도상거리 세로(cm)	도상거리 가로(cm)	포용면적(m²)
1/500	150	200	30	40	30,000
1/600	200	250	33.33	41.67	50,000
1/1,000	300	400	30	40	120,000
1/1,200	400	500	33.33	41.67	200,000
1/2,400	800	1,000	33.33	41.67	800,000
1/3,000	1,200	1,500	33.33	41.67	1,800,000
1/6,000	2,400	3,000	40	50	7,200,000

07. 미지점에 평판을 설치하여 그 점의 위치를 결정하기 위한 측량방법은?

① 전방교회법
② 측방교회법
③ 후방교회법
④ 측방과 전방교회법의 혼용

해설 후방교회법
미지점에 측판을 세우고 기지점의 방향선에 의해 위치를 결정하는 방식으로 2점법, 3점법, 자침에 의한 방법 등이 있으며 3점법이 가장 대표적이다.

08. 다각망도선법에 의한 지적삼각보조점측량 및 지적도근점측량을 시행하는 경우, 기지점 간 직선상의 외부에 두는 지적삼각보조점 및 지적도근점의 선점은 기지점 직선과의 사이각을 얼마 이내로 하도록 규정하고 있는가?

① 10° 이내 ② 20° 이내
③ 30° 이내 ④ 30° 이내

해설 지적업무처리규정 제10조(지적기준점의 확인 및 선점 등)
기지점 간 직선상의 외부에 두는 지적삼각보조점 및 지적도근점과 기지점 직선과의 사이각은 30도 이내

09. 다음 그림에서 측선 CD의 방위각(V_C^D)은?

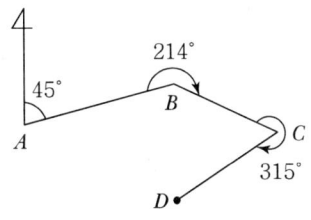

① 146° ② 214°
③ 266° ④ 326°

해설 $V_B^A = 45° + 180° = 225°$
$V_B^C = 225° + 214° = 439°$
$V_C^D = 439° - 180° + 315° = 574°$
∴ $574° - 360° = 214°$

10. 경위의측량방법에 따른 세부측량을 행하는 경우에 수평각의 측각공차는 1회 측정각과 2회 측정각의 평균값에 대한 교차를 얼마까지 허용하는가?

① 10초 이내 ② 20초 이내
③ 30초 이내 ④ 40초 이내

해설 지적측량 시행규칙 제18조(세부측량의 기준 및 방법 등)
1회 측정각과 2회 측정각의 평균값에 대한 교차는 40초 이내

Answer 8. ③ 9. ② 10. ④

11. 교회법에 따른 지적삼각보조점의 관측 및 계산에 대한 기준으로 틀린 것은?

① 1방향각의 측각공차는 40초 이내로 한다.
② 관측은 10초독 이상의 경위의를 사용한다.
③ 수평각 관측은 2대회의 방향관측법에 따른다.
④ 1측회의 폐색 측각공차는 ±40초 이내로 한다.

해설 지적측량 시행규칙 제20조(면적측정의 방법 등)

측량 종류		지적삼각보조점 측량
측량 방법		경위의 측량법
		교회법
경위의정밀도		20초독 이상 경위의
수평각관측		2대회 방향관측법(윤곽도 : 0°, 90°)
수평각 측각 공차	1방향각	40초 이내
	1측회 폐색	±40초 이내
	삼각형내각 관측치의 합과 180도와의 차	±50초 이내(2방향±40초)
	기지각과의 차	±50초 이내

12. 축척 1,200분의 1 지역에서 평판측량을 도선법으로 하는 경우 일반적인 도선의 거리제한으로 옳은 것은?

① 68m 이내
② 86m 이내
③ 96m 이내
④ 100m 이내

해설 지적측량 시행규칙 제18조(세부측량의 기준 및 방법 등)
평판측량방법에 따른 세부측량을 도선법으로 하는 경우 도선의 측선장은 도상길이 8센티미터 이하로 한다.
지상거리=도상길이×축척분모
=0.08×1,200=96m

13. 지적기준점 표지설치의 점간거리 기준으로 옳은 것은?

① 지적삼각점 : 평균 2km 이상 5km 이하
② 지적도근점 : 평균 40m 이상 300m 이하
③ 지적삼각보조점 : 평균 1km 이상 2km 이하
④ 지적삼각보조점 : 다각망도선법에 따르는 경우 평균 2km 이하

해설 지적측량 시행규칙 제2조(지적기준점표지의 설치·관리 등)
1. 지적삼각점표지의 점간거리는 평균 2킬로미터 이상 5킬로미터 이하
2. 지적삼각보조점표지의 점간거리는 평균 1킬로미터 이상 3킬로미터 이하. 다만, 다각망도선법(多角網道線法)에 따르는 경우에는 평균 0.5킬로미터 이상 1킬로미터 이하
3. 지적도근점표지의 점간거리는 평균 50미터 이상 300미터 이하. 다만, 다각망도선법에 따르는 경우에는 평균 500미터 이하로 한다.

Answer 11. ② 12. ③ 13. ①

14. 지적도근점성과표에 기록·관리하여야 할 사항에 해당하지 않는 것은?

① 좌표
② 도선 등급
③ 자오선수차
④ 표지의 재질

해설 지적측량 시행규칙 제4조(지적기준점성과표의 기록·관리 등)

지적삼각점성과표	지적삼각보조점 및 지적도근점성과표
• 지적삼각점의 명칭과 기준 원점명 • 좌표 및 표고 • 경도 및 위도(필요한 경우로 한정한다.) • 자오선수차(子午線收差) • 시준점(視準點)의 명칭, 방위각 및 거리 • 소재지와 측량연월일 • 그 밖의 참고사항	• 번호 및 위치의 약도 • 좌표와 직각좌표계 원점명 • 경도와 위도(필요한 경우로 한정한다.) • 표고(필요한 경우로 한정한다.) • 소재지와 측량연월일 • 도선등급 및 도선명 • 표지의 재질 • 도면번호 • 설치기관 • 조사연월일, 조사자의 직위·성명 및 조사 내용

15. 필지의 면적측정 방법에 대한 설명으로 적합하지 않은 것은?

① 필지별 면적측정은 지상경계 및 도상좌표에 의한다.
② 전자면적측정기로 면적을 측정하는 경우 도상에서 2회 측정한다.
③ 경계점좌표등록부 시행지역은 좌표면적계산법으로 면적을 측정한다.
④ 측정면적은 1천분의 1제곱미터까지 계산하여 10분의 1제곱미터 단위로 정한다.

해설 지적측량 시행규칙 제20조(면적측정의 방법 등)
① 좌표면적계산법에 따른 면적측정은 다음 각 호의 기준에 따른다.
  1. 경위의측량방법으로 세부측량을 한 지역의 필지별 면적측정은 경계점 좌표에 따를 것
  2. 산출면적은 1천분의 1제곱미터까지 계산하여 10분의 1제곱미터 단위로 정할 것
② 전자면적측정기에 따른 면적측정은 다음 각 호의 기준에 따른다.
  1. 도상에서 2회 측정하여 그 교차가 다음 계산식에 따른 허용면적 이하일 때에는 그 평균치를 측정면적으로 할 것
  $$A = 0.023^2 M \sqrt{F}$$
  (여기서, A : 허용면적, M : 축척분모, F : 2회 측정한 면적의 합계를 2로 나눈 수)
  2. 측정면적은 1천분의 1제곱미터까지 계산하여 10분의 1제곱미터 단위로 정할 것

16. 지적도의 도곽선 수치는 원점으로부터 각각 얼마를 가산하여 사용할 수 있는가?(단, 제주도지역은 제외한다.)

① 종선 50만 m, 횡선 20만 m
② 종선 55만 m, 횡선 20만 m
③ 종선 20만 m, 횡선 50만 m
④ 종선 20만 m, 횡선 55만 m

해설 지적삼각점의 평면직각종횡선수치를 지적측량에 사용하기 위하여는 종선수치에 50만 미터(제주도 지역은 55만 미터), 횡선수치에 20만 미터를 각각 가산한다.

Answer 14. ③ 15. ① 16. ①

17. 다음 중 지적측량을 실시하지 않아도 되는 경우는?
① 지적기준점을 정하는 경우
② 지적측량성과를 검사하는 경우
③ 경계점을 지상에 복원하는 경우
④ 토지를 합병하고 면적을 결정하는 경우

해설 지적측량의 대상이 아닌 종목은 토지의 합병, 지번변경, 지목변경이다.

18. 다음 평판측량에 의한 오차 중 기계적 오차에 해당하는 것은?
① 평판의 경사에 의한 오차
② 방향선의 변위에 의한 오차
③ 시준선의 경사에 의한 오차
④ 평판의 방향 표정 불완전에 의한 오차

해설 평판측량의 기계적 오차
- 시준판이 전후로 경사지기 때문에 일어나는 오차
- 시준판이 좌우로 경사지기 때문에 일어나는 오차
- 시준선이 기울어져 있기 때문에 일어나는 오차
- 시준축이 기울어져 있기 때문에 일어나는 오차
- 시준축과 앨리데이드 잣눈 방향이 불일치하기 때문에 생기는 오차
- 시준축과 앨리데이드 잣눈 방향이 평행하지 않아서 생기는 오차

19. 지적삼각보조점측량에 관한 설명으로 옳지 않은 것은?
① 영구표지를 설치하는 경우에는 시·군·구별로 일련번호를 부여한다.
② 지적삼각보조점은 측량지역별로 설치순서에 따라 일련번호를 부여한다.
③ 지적삼각보조점은 교회망 또는 교점다각망으로 구성하여야 한다.
④ 전파기 또는 광파기측량방법에 따라 다각망도선법으로 지적삼각보조점측량을 할 때에는 5점 이상의 기지점을 포함한 결합다각방식에 따른다.

해설 지적측량 시행규칙 제10조(지적삼각보조점측량)
3점 이상의 기지점을 포함한 결합다각방식

20. 평판측량방법에 의한 세부측량 시 일반적인 방향선 또는 측선장의 도상길이로 옳지 않은 것은?
① 교회법은 10센티미터 이하
② 도선법은 10센티미터 이하
③ 광파조준의에 의한 도선법은 30센티미터 이하
④ 광파조준의에 의한 교회법은 30센티미터 이하

해설 지적측량 시행규칙 제18조(세부측량의 기준 및 방법 등)
- 교회법으로 하는 경우 방향선의 도상길이는 10센티미터 이하로 하며, 광파조준의(光波照準儀) 또는 광파측거기를 사용하는 경우에는 30센티미터 이하로 함
- 도선법으로 하는 경우에는 도선의 측선장은 도상길이 8센티미터 이하로 하며, 광파조준의 또는 광파측거기를 사용할 때에는 30센티미터 이하로 할 수 있음

2019년 시행

02 응용측량

SUBJECT

21. GNSS를 이용하여 위치를 결정할 때 발생하는 중요한 오차요인이 아닌 것은?

① 위성의 배치상태와 관련된 오차
② 자료호환과 관련된 오차
③ 신호전달과 관련된 오차
④ 수신기에 관련된 오차

해설 GNSS 측량의 오차에는 크게 구조적 요인에 의한 오차, 위성의 배치 상황에 따른 오차(DOP), 선택적 가용성에 의한 오차(SA), 주파단절(Cycle Slip)이 있다. 그중 구조적 요인에 의한 거리오차로는 위성시계 오차, 위성궤도 오차, 전리층과 대류권에 의한 전파지연, 전파적 잡음, 다중경로 오차가 있으며 자료호환과는 상관없다.

22. 그림과 같이 지표면에서 성토하여 도로폭 $b=6$의 도로면을 단면으로 개설하고자 한다. 성토높이 $h=5.0$m, 성토기울기를 $1:1$로 한다면 용지폭($2x$)은?(단, $a:$여유폭$=1$m)

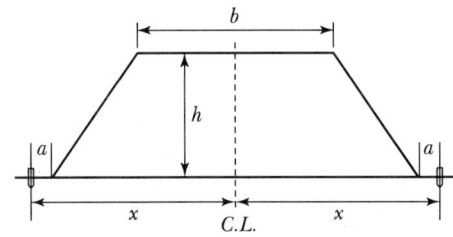

① 10.0m
② 14.0m
③ 18.0m
④ 22.0m

해설 $x_1 = \dfrac{6}{2}+5+1=9$m, $x_2=\dfrac{6}{2}+5+1=9$m

$\therefore\ x_1+x_2=18$m

23. GNSS 시스템의 구성요소에 해당하지 않는 것은?

① 위성에 대한 우주 부문
② 지상 관제소의 제어 부문
③ 경영활동을 위한 영업 부문
④ 수신기에 대한 사용자 부문

해설 GPS 구성요소는 우주 부문, 제어 부문, 사용자 부문으로 구분된다.

24. 축척 $1:1,000$, 등고선 간격 2m, 경사 5%일 때 등고선 간의 수평거리 L의 도상길이는?

① 1.2cm
② 2.7cm
③ 3.1cm
④ 4.0cm

Answer 21. ② 22. ③ 23. ③ 24. ④

해설 경사도 = $\dfrac{높이}{수평거리}$ 이므로 $\dfrac{2}{x}$=5%, ∴ 수평거리=40m

도상거리 = $\dfrac{실제\ 거리}{축척분모}$, $\dfrac{40}{1,000}$ =0.04m(40cm)

25. 촬영고도 10,000m에서 축척 1:5,000의 편위수정 사진에서 지상연직점으로부터 400m 떨어진 곳의 비고 100m인 산악 지역의 사진상 기복변위는?

① 0.008mm
② 0.8mm
③ 8mm
④ 80mm

해설 $\triangle r = \dfrac{h}{H} \times r$, $\dfrac{1}{m} = \dfrac{f}{H}$

(여기서, $\triangle r$: 기복변위량, h : 비고, H : 촬영고도, r : 연직점 또는 주점으로부터의 거리, f : 초점거리)

∴ $\triangle r = \dfrac{100}{10,000} \times 400$m, $\dfrac{4}{5,000}$ =0.0008m ≒ 0.8mm

26. 경사가 일정한 터널에서 두 점 AB 간의 경사거리가 150m이고 고저차가 15m일 때 AB 간의 수평거리는?

① 149.2m
② 148.5m
③ 147.2m
④ 146.5m

해설 삼각함수를 이용하여 $\sin\theta = \dfrac{15}{150}$ $\theta = \sin^{-1}\dfrac{15}{150}$ =5°44′21.01″

∴ cos5°44′21.01″×150m=149.25m

27. 그림과 같은 수준측량에서 B점의 지반고는?[단, α=13°20′30″, A점의 지반고=27.30m, $I.H$ (기계고)=1.54m, 표척 읽음값=1.20m, AB의 수평거리=50.13m이다.]

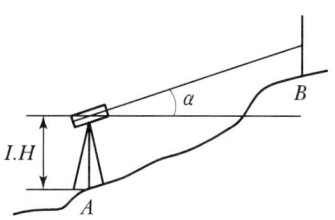

① 38.53m
② 38.98m
③ 39.40m
④ 39.53m

해설 먼저 B점까지의 높이를 구하면 tan13°20′30″=$\dfrac{x}{50.13}$, x=11.89m

B점의 지반고=A점의 지반고+기계고+높이-표척 읽음값
=50.13+1.54+11.89-1.2=39.53m

Answer 25. ② 26. ① 27. ④

28. 터널측량에 관한 설명 중 틀린 것은?

① 터널측량은 터널 외 측량, 터널 내 측량, 터널 내·외 연결측량으로 구분할 수 있다.
② 터널 굴착이 끝난 구간에는 기준점을 주로 바닥의 중심선에 설치한다.
③ 터널 내 측량에서는 기계의 십자선 및 표척 등에 조명이 필요하다.
④ 터널의 길이방향측량은 삼각 또는 트래버스 측량으로 한다.

해설 터널 내의 측량, 터널 외 측량은 터널중심선을 터널 내에서 결정하여 굴착 중 그 방향을 유지하는 측량이므로 반복하여 점검하고 방향에 착오가 없도록 해야 한다. 측량방법은 트래버스측량과 수준측량 방법이 있고 어두운 터널 내에서 측량하기 때문에 트랜싯에 조명을 부착하고 표지를 천장에 붙이는 등의 방법으로 측량한다.

29. 사진판독에 사용하는 주요 요소가 아닌 것은?

① 음영(shadow) ② 형상(shape)
③ 질감(texture) ④ 촬영고도(flight height)

해설 사진판독요소
- 주요소 : 색조, 모양, 질감, 형상, 크기, 음영
- 보조요소 : 상호위치관계, 과고감

30. 초광각 카메라의 특징으로 옳지 않은 것은?

① 같은 축척으로 촬영할 경우 다른 사진에 비하여 촬영고도가 낮다.
② 동일한 고도에서 촬영된 사진 1장의 포괄면적이 크다.
③ 사각부분이 많이 발생된다.
④ 표고 측정의 정확도가 높다.

해설 항공사진촬영용 카메라의 성능 중 초광각 카메라의 피사각(화각)은 120°로 소축척 도화용으로 사용되며 완전 평지에 이용되므로 표고 측정의 정확도는 낮다.

31. 레벨에서 기포관의 한 눈금의 길이가 4mm이고, 기포가 한 눈금 움직일 때의 중심각 변화가 10″라 하면 이 기포관의 곡률반지름은?

① 80.2m   ② 81.5m   ③ 82.5m   ④ 84.2m

해설 감도 $\theta'' = \dfrac{s \times \rho''}{R}$ 이므로

곡률반지름 $R = \dfrac{s \times \rho''}{\theta''} = \dfrac{0.004 \times 206265''}{10''} = 82.506\text{m}$

32. 철도의 캔트양을 결정하는 데 고려하지 않아도 되는 사항은?

① 확폭   ② 설계속도   ③ 레일간격   ④ 곡선반지름

Answer 28. ② 29. ④ 30. ④ 31. ③ 32. ①

해설 캔트(편경사)

곡선부를 통과하는 열차는 원심력을 받기 때문에 밖으로 밀려나가려고 하는데 이것을 막기 위해 바깥레일을 안쪽레일 외면보다 높이는 것을 캔트라 하고 이를 위해서는 속도, 곡선반지름, 레일간격 등을 고려하여야 한다.

33. 사진측량의 특징에 대한 설명으로 틀린 것은?

① 현장 측량이 불필요하므로 경제적이고 신속하다.
② 동일 모델 내에서는 정확도가 균일하다.
③ 작업단계가 분업화되어 있으므로 능률적이다.
④ 접근하기 어려운 대상물의 관측이 가능하다.

해설 사진측량의 장점
- 사진은 정량적·정성적인 측정이 가능하다.
- 거시적으로 관찰할 수 있으며, 재측이 용이하다.
- 측정대상의 범위가 넓으며, 정도가 균일하다.
- 작업이 능률적이며, 동적인 것도 측정 가능하다.
- 넓은 지역에 경제성이 높고 기록보전이 용이하다.

사진측량의 단점
- 일기의 영향을 많이 받는다.
- 좁은 지역, 대축척에서는 비경제적이다.
- 기자재가 고가라서 초기 시설 비용이 많이 든다.
- 피사대상에 대한 식별의 난해가 있으므로 현장 작업으로 보완이 필요하다.

34. 일반적으로 GNSS 측위 정밀도가 가장 높은 방법은?

① 단독측위
② DGPS
③ 후처리 상대측위
④ 실시간 이동측위(Real Time Kinematic)

해설 정지측량

인공위성을 이용한 범세계 위치결정 시스템인 GNSS 측량방법 중의 하나인 Static 측량은 수신된 신호를 컴퓨터 처리에 의해 각 수신기의 위치 및 거리를 계산하는 후처리 위치결정방식이다.

※ GNSS 측량방법
1. 절대 관측방법(1점 측위)
   - 4개 이상의 위성으로부터 수신한 신호 중 C/A Code를 이용하여 실시간 처리로 지구상 수신기의 위치를 결정하는 방법으로서 GNSS의 가장 일반적·기초적 단계이다.
   - 수 m~25m 정도의 낮은 정확도 때문에 선박, 자동차, 항공기 등의 항법에 이용된다.
2. 상대 관측방법(간섭계측위)
   1대의 수신기는 기지점에, 다른 수신기는 미지점에 설치하여 2점 간에 도달하는 전파의 시간적 지연을 측정하고 2점 간의 거리를 정확히 구하여 미지점의 위치를 결정하는 방법이다.
   ① Static 측량
   - 2개 이상의 수신기를 각 측점에 고정하고 동시에 4개 이상의 위성으로부터 신호를 30분 이상

수신하는 방식으로서 수신된 신호를 컴퓨터처리에 의해 각 수신기의 위치 및 거리를 계산하는 후처리 위치결정방식이다.
- 계산된 위치 및 거리 정확도가 수 mm 정도(0.01ppm~1ppm)로 높으며 삼각점 등 기준점의 신설, 측지기준점 측량, VLBI의 보완 또는 대체측량에 이용된다.

② Kinematic 측량
- 기지점 수신기를 고정국, 다른 수신기를 이동국으로 하여 이동국을 순차적으로 이동하면서 신호를 수 초~수 분 동안 수신하는 방식으로 관측 자료를 후처리하여 위치를 결정하는 방식이다.
- 수 mm~수 cm 정확도로 이동차량의 위치결정, 지형측량, 각종 공사측량 등에 이용된다.

③ RTK(Real Time Kinematic) 측량
실시간 이동측량은 기지점의 고정국과 미지점의 이동국 간의 위치관계를 라디오모뎀 등을 이용하여 실시간으로 처리하는 체계이다.

35. 축척 1 : 50,000 지형도 1매에 해당되는 지역을 동일한 크기의 축척 1 : 5,000 지형도로 확대 제작할 경우에 새로 제작되는 해당 지역의 지형도 총 매수는?

① 10매
② 20매
③ 50매
④ 100매

해설 축척비 = $\frac{50,000}{5,000}$ = 10배, 면적비 = 가로 × 세로 = 10 × 10 = 100매

36. 수준측량 야장 기입법 중 중간점이 많은 경우에 편리한 방법은?

① 고차식
② 기고식
③ 승강식
④ 약도식

해설 노선측량 야장기입법 중에서 종단측량이나 횡단측량에 많이 쓰이며 중간점이 많을 때 가장 적당한 방법은 기고식이다.

37. 곡선길이 및 횡거 등에 의해 캔트를 직설적으로 체감하는 완화곡선이 아닌 것은?

① 3차 포물선
② 반파장 정현 곡선
③ 클로소이드 곡선
④ 렘니스케이트 곡선

해설 완화곡선에는 3차 포물선, 고차 포물선, 반파장사인, 렘니스케이트, 클로소이드가 있다.

38. 지형도의 이용에 관한 설명으로 틀린 것은?

① 토량의 결정
② 저수량의 결정
③ 하천유역면적의 결정
④ 지적 일필지 면적의 결정

해설 지형도의 이용은 등경사선을 관측하여 종단면도 및 횡단면도를 작성하고 도로, 철도, 수로 등의 도상 선정과 저수량의 관측에 의한 집수면적의 측정, 하천지역 면적의 측정, 절토 및 성토범위의 결정, 토량의 계산, 등고선의 체적 계산에 있다.

Answer 35. ④ 36. ② 37. ② 38. ④

39. 단곡선에서 반지름이 300m이고 교각이 80°일 경우에 접선길이(TL)와 곡선길이(CL)는?

① TL=251.73m, CL=418.88m
② TL=251.73m, CL=209.44m
③ TL=192.84m, CL
④ TL=192.84m, CL=209.44m

해설 단곡선 설치에서 접선장(TL)=$R\tan\dfrac{I}{2}$=300 tan40°=251.73m

곡선장(CL)=0.01745RI=0.01745×300×80°=418.88m

40. 축척 1:50,000 지형도에서 표고 317.6m로부터 521.4m까지 사이에 주곡선 간격의 등고선 개수는?

① 5개
② 9개
③ 11개
④ 21개

해설 등고선의 간격 중 축척 1/50,000의 주곡선 간격은 20m이므로 A점과 B점의 표고차는 521.4m-317.6m=203.8m이다.

∴ 표고의 간격인 20m인 주곡선까지 11개가 삽입된다.

03 토지정보체계론

SUBJECT

41. 지적측량수행자는 지적측량파일을 얼마의 주기로 데이터를 백업하여 보관하여야 하는가?

① 월 1회 이상
② 연 1회 이상
③ 분기 1회 이상
④ 반기 1회 이상

해설 지적전산자료관리 책임관은 매월 1회 이상 지적전산자료의 이용실태를 확인하여야 한다.

42. 사용자의 필요에 따라 일정한 기준에 맞추어 자료를 나누는 것을 무엇이라 하는가?

① 질의(Query)
② 세선화(Thinning)
③ 분류(Classification)
④ 일반화(Generalization)

해설 분류화(Classification)
대상들이 동일하거나 유사한 경우 그룹으로 묶어서 표현하는 것이다.

43. 런 렝스(Run-length) 코드 압축방법에 대한 설명으로 옳지 않은 것은?

① 격자들의 연속적인 연결 상태를 파악하여 압축하는 방법이다.
② 런(run)은 하나의 행에서 동일한 속성값을 갖는 격자를 의미한다.
③ Quadtree 방법과 함께 많이 쓰이는 격자자료 압축방법이다.
④ 동일한 속성값을 개별적으로 저장하는 대신 하나의 런(run)에 해당하는 속성값이 한 번 저장된다.

해설 ① 체인 코드(Chain Code) 방법에 대한 설명이다.

44. 다음의 위상정보 중 하나의 지점에서 또 다른 지점으로 이동 시 경로 선정이나 자원의 배분 등과 가장 밀접한 것은?

① 중첩성(Overlay)
② 연결성(Connectivity)
③ 계급성(Hierarchy or Containment)
④ 인접성(Neighborhood or Adjacency)

해설 Network 분석
도로와 같은 교통망이나 하천, 상·하수도 등과 같은 관망의 연결성과 경로를 분석하는 기법, 최단경로분석, 상하수도 관망분석 등

45. 토지정보시스템의 기본적인 구성요소와 가장 거리가 먼 것은?

① 하드웨어
② 소프트웨어
③ 보안시스템
④ 데이터베이스

해설 토지정보시스템의 4가지 구성요소
조직, 자료, 소프트웨어, 하드웨어

46. 테이블 형태로 데이터베이스를 구축하는 전형적인 모델로 두 개 이상의 테이블을 공통의 키필드에 의해 효율적인 자료관리가 가능한 데이터 모델은?

① 계층형 데이터 모델
② 관계형 데이터 모델
③ 객체지향형 데이터 모델
④ 네트워크형 데이터 모델

해설 관계형 데이터 모델
• 모든 데이터를 테이블과 같은 형태로 나타내는 것으로, 데이터베이스를 구축하는 가장 전형적인 모델이다.
• 2차원 테이블 형태로 테이블은 다수의 열로 구성되고, 각 열에는 정해진 범위의 값이 저장(레코드)된다.
• 각 레코드는 기본 키(primary key)로 구분되며 하나 이상의 열로 구성된다.

Answer 43. ① 44. ② 45. ③ 46. ②

47. 시·군·구(지자체가 아닌 구 포함) 단위의 지적공부에 관한 지적전산자료의 이용 및 활용에 관한 승인권자로 옳은 것은?

① 광역시장 ② 시·도지사 ③ 지적소관청 ④ 국토교통부장관

해설 지적공부에 관한 전산자료(지적전산자료)를 이용하거나 활용하려는 자는 국토교통부장관, 시·도지사 또는 지적소관청의 승인을 받아야 한다.
- 전국 단위의 지적전산자료 : 국토교통부장관, 시·도지사 또는 지적소관청
- 시·도 단위의 지적전산자료 : 시·도지사 또는 지적소관청
- 시·군·구(자치구가 아닌 구를 포함한다) 단위의 지적전산자료 : 지적소관청

48. 토지정보시스템에 사용되는 지도투영법에 대한 설명으로 옳은 것은?

① 우리나라 지적도의 투영에 사용된 지도투영법은 램버트 등각투영법이다.
② 어떤 지도투영법으로 만들어진 자료를 다른 투영법의 자료로 변환하지는 못한다.
③ 지구타원체의 형상을 평면직각좌표로 표현할 때에는 비틀림이 발생한다.
④ 토지정보시스템에서 지도투영법은 속성데이터를 표현하는 데 사용되는 것이다.

해설 공간정보의 구축 및 관리 등에 관한 법률 시행령 [별표 2] 직각좌표의 기준
- 직각좌표의 원점 : 서부좌표계, 중부좌표계, 동부좌표계, 동해좌표계
- 각 좌표계에서 직각좌표는 TM 방법으로 표시하고, 원점의 좌표는 (X=0, Y=0)으로 한다.
따라서, 지구타원체의 형상은 좌표계 원점에서는 일치하지만, 원점에서 멀어질수록 비틀림이 발생한다.

49. 다음 중 2차원 표현의 내용이 아닌 것은?

① 선(Line) ② 면적(Area) ③ 영상소(Pixel) ④ 격자셀(Grid Cell)

해설 객체의 분류
- 0차원 : point, node
- 1차원 : line, string, arc, link, chin, ring
- 2차원 : area, polygon, pixel, grid

50. 부동산종합공부시스템의 전산자료에 대한 구축·관리자로 옳은 것은?

① 업무 담당자 ② 업무 부서장
③ 국토교통부장관 ④ 지방자치단체장

해설 부동산종합공부시스템 운영 및 관리규정 제6조(전산자료의 관리책임)
부동산종합공부시스템의 전산자료는 다음 각 호의 자(이하 "부서장"이라 한다)가 구축·관리한다.
1. 지적공부 및 부동산종합공부는 지적업무를 처리하는 부서장
2. 연속지적도는 지적도면의 변동사항을 정리하는 부서장
3. 용도지역·지구도 등은 해당 용도지역·지구 등을 입안·결정 및 관리하는 부서장(다만, 관리부서가 없는 경우에는 도시계획을 입안·결정 및 관리하는 부서장)
4. 개별공시지가 및 개별주택가격정보 등의 자료는 해당업무를 수행하는 부서장
5. 그 밖의 건물통합정보 및 통계는 그 자료를 관리하는 부서장

Answer 47. ③ 48. ③ 49. ① 50. ②

51. 한국토지정보시스템의 구축에 따른 기대 효과로 가장 거리가 먼 것은?

① 다양하고 입체적인 토지정보를 제공할 수 있다.
② 건축물의 유지 및 보수 현황의 관리가 용이해진다.
③ 민원처리 기간을 단축하고 온라인으로 서비스를 제공할 수 있다.
④ 각 부서 간의 다양한 토지 관련 정보를 공동으로 활용하여 업무의 효율을 높일 수 있다.

해설 KLIS 기대효과
- 다양하고 입체적인 토지정보를 제공하고 재택 민원서비스 기반을 조성할 수 있다.
- 민원처리 기간의 단축 및 민원서류의 전국 온라인 서비스 제공이 가능하다.
- 지적정보의 완전 전산화로 정보를 각 부서 간에 공동으로 활용함으로써 업무효율을 극대화할 수 있다.

52. 데이터베이스에 대한 설명으로 옳지 않은 것은?

① 파일 내 레코드는 검색, 생성, 삭제할 수 있다.
② 데이터베이스의 데이터들은 레코드 단위로 저장된다.
③ 파일에서 레코드는 색인(index)을 통해서 효율적으로 검색할 수 있다.
④ 효율적인 탐색을 위해 B−tree 방법을 개선한 것이 역파일(inverted File) 방식이다.

해설 B−tree
다방향 탐색 트리로, 대용량 파일을 효율적으로 검색하고 갱신하기 위해 고안된 트리 형태의 자료 구조이다.

53. 한 픽셀에 대해 8bit를 사용하면 서로 다른 값을 표현할 수 있는 가지 수는?

① 8가지
② 64가지
③ 128가지
④ 256가지

해설 1비트는 이진수 체계(0, 1)의 한 자리로 8비트는 1바이트이다. $2^8=256$가지

54. 위상구조에 대한 설명으로 옳은 것은?

① 노드는 3차원의 위상 기본요소이다.
② 위상구조는 래스터 데이터에 적합하다.
③ 최단경로탐색은 영역형 위상구조를 활용하는 예이다.
④ 체인은 시작노드와 끝노드에 대한 위상정보를 가진다.

해설 위상구조의 구성요소
- 노드(node) : 체인이 시작되고 끝나는 점, 서로 다른 체인 또는 링크가 연결되는 곳에 위치한다.
- 체인(chain) : 1차원 공간객체로 시작노드와 끝노드에 대한 위상정보를 가지며 자체 꼬임이 허용되지 않는 위상기본요소이다.
- 영역(area) : 하나 이상의 체인을 경계선으로 하여 내부와 외부로 나누어진다.

Answer 51. ② 52. ④ 53. ④ 54. ④

55. 벡터 데이터에 대한 설명이 옳지 않은 것은?

① 디지타이징에 의해 입력된 자료가 해당된다.
② 지도와 비슷하고 시각적 효과가 높으며 실세계의 묘사가 가능하다.
③ 위상에 관한 정보가 제공되므로 관망분석과 같은 다양한 공간분석이 가능하다.
④ 상대적으로 자료구조가 단순하며 체인코드, 블록코드 등 방법에 의한 자료의 압축효율이 우수하다.

해설 ④ 래스터 데이터에 대한 설명이다.

56. 다음에서 설명하는 용어는?

> 토지의 표시와 소유자에 관한 사항, 건축물의 표시와 소유자에 관한 사항, 토지 이용 및 규제에 관한 사항, 부동산 가격에 관한 사항 등 부동산에 관한 종합정보들을 정보관리체계를 통하여 기록·저장한 것을 말한다.

① 지적공부
② 공시지가
③ 부동산종합공부
④ 토지이용계획확인서

해설 부동산종합공부시스템
지방자치단체가 지적공부 및 부동산종합공부 정보를 전자적으로 관리·운영하는 시스템이다.

57. 지적행정시스템에서 지적공부 오기정정을 실시하는 자료수정 방법이 아닌 것은?

① 갱신
② 복구
③ 삭제
④ 추가

해설 데이터 조작어
- 사용자가 데이터베이스에 접근하여 데이터를 처리할 수 있는 데이터 언어
- 데이터베이스에 저장된 자료를 검색(select), 삽입(insert), 삭제(delete), 수정(update)하기 위해 사용되는 언어

58. 지적도와 시·군·구 대장 정보를 기반으로 하는 지적행정시스템과의 연계를 통해 각종 지적업무를 수행할 수 있도록 만들어진 정보시스템은?

① 지리정보시스템
② 시설물관리시스템
③ 도시계획정보시스템
④ 필지중심토지정보시스템

해설 필지중심토지정보시스템(PBLIS)
지적도와 토지대장의 속성을 기반으로 하는 지적행정업무 수행과 관련 부처에 정책정보 및 일반 사용자에게 토지관련 정보를 제공하는 시스템이다.

59. 토지대장 전산화 과정에 대한 설명으로 옳지 않은 것은?
① 1975년 지적법 전문개정으로 대장의 카드화
② 1976년부터 1978년까지 척관법에서 미터법으로 환산등록
③ 1982년부터 1984년까지 토지대장 및 임야대장 전산입력
④ 1989년 1월부터 온라인 서비스 최초 실시

해설 1990년 4월 1일 행정기관 중에서 국내 최초로 전국 온라인망에 의한 토지(임야)대장 열람·등본교부 등 대민서비스를 시작하였다.

60. 다음 중 중첩(Overlay)의 기능으로 옳지 않은 것은?
① 도형자료와 속성자료를 입력할 수 있게 한다.
② 각종 주제도를 통합 또는 분산 관리할 수 있다.
③ 다양한 데이터베이스로부터 필요한 정보를 추출할 수 있다.
④ 새로운 가설이나 시뮬레이션을 통한 모델링 작업을 수행할 수 있게 한다.

해설 중첩
- 서로 다른 자료층에 나타난 형상들의 정보를 종합 분석하여 각종 관련 정보를 해석 또는 제공
- 도형과 속성자료가 각기 구축된 레이어를 동일 좌표계를 이용하여 중첩시켜 새로운 형태의 도형과 속성레이어 생성
- 서로 다른 레이어의 정보와 합성으로 수치연산의 적용이 가능하며, 이것에 의해 새로운 속성값 생성

04 지적학

SUBJECT

61. 현대 지적의 성격으로 가장 거리가 먼 것은?
① 역사성과 영구성　　② 전문성과 기술성
③ 서비스성과 윤리성　　④ 일시적 민원성과 개별성

해설 현대지적의 특성
- 역사성과 영구성 : 지적의 발생에 대해서는 여러 가지 설이 있으나 역사적으로 가장 일반적 이론은 합리적인 과세부과이며 토지는 측정에 의해 경계가 정해진다.
- 반복민원성 : 지적업무는 필요에 따라 반복되는 특징을 가지고 있으며, 실제로 지적소관청에서 행해지는 대부분의 지적업무는 지적공부의 열람, 등본 및 공부의 소유권 토지이동의 신청접수 및 정리, 등록사항 정정 및 정리 등의 업무가 일반적이다.
- 전문기술성 : 지적공부에 등록된 토지에 대해 정확한 자료의 기록과 이를 도면상에서 볼 수 있는 체계적인 기술이 필요하며 이는 전문기술인에 의해서 운영·유지된다.

Answer　59. ④　60. ①　61. ④

- 서비스성과 윤리성 : 지적민원은 지적과 등기가 포함된 행정서비스로 개인의 토지재산권과 관련되는 중요한 사항으로서 윤리성을 갖지 않고 행정서비스를 제공한다면 커다란 사회적 혼란 내지는 국가적 손실을 초래할 수 있어 다른 어떤 행정보다 공익적인 측면에서 서비스와 윤리성이 강조된다.
- 정보원 : 토지는 국가적, 개인적으로 중요한 자원이며 이들 토지의 이동상황이나 활동 등에 대한 기초적인 자료로서 지적정보가 활용된다.

62. 토지의 표시사항은 지적공부에 등록, 공시하여야만 효력이 인정된다는 토지등록의 원칙은?

① 공신주의 ② 신청주의
③ 직권주의 ④ 형식주의

해설 지적형식주의(形式主義)
- 형식주의란 국가의 통치권이 미치는 모든 영토를 필지 단위로 구획하여 지번, 지목, 경계, 좌표, 면적 등을 정한 다음 국가기관의 장인 시장, 군수, 구청장이 비치하고 있는 공적장부인 지적공부에 등록·공시해야 효력이 인정된다는 이념이다.
- 모든 토지는 지적공부에 등록·공시해야 토지 등기가 가능하게 되어 토지에 대한 평가, 과세, 거래, 토지이용계획 등의 기존 자료로 활용될 수 있는데, 이는 형식주의에 의한 공시효력을 인정하고 있기 때문이다.

63. 지적공부에 토지등록을 하는 경우에 채택하고 있는 기본원칙에 해당하지 않는 것은?

① 등록주의 ② 직권주의
③ 임의 신청주의 ④ 실질적 심사주의

해설 지적의 기본이념
- 지적국정주의 : 지적공부의 등록사항은 국가만이 이를 결정할 수 있다.
- 지적형식주의 : 등록사항은 지적공부에 등록·공시하여야만 효력이 인정된다.
- 지적공개주의 : 지적공부의 등록사항을 소유자, 이해관계인 등에게 공개하여 이용하게 한다.
- 실질적 심사주의(사실심사) : 등록이나 변경등록은 절차상의 적법성뿐 아니라 사실관계의 부합여부를 심사한다.
- 직권등록주의(강제등록주의) : 모든 필지는 강제적으로 등록·공시하여야 한다.

64. 행정구역제도로 국도를 중심으로 영토를 사방으로 구획하는 '사출도'란 토지구획방법을 시행하였던 나라는?

① 고구려 ② 부여
③ 백제 ④ 조선

해설 부여에서는 사출도(四出道)라는 토지구획방법을 시행하였는데, 사출도는 그 당시 일종의 지방행정 구획으로, '출도'(出道)라고 표현한 것은 중앙의 수도를 중심으로 하여 마치 윷놀이의 형상과 같이 네 방향으로 통하는 길을 의미한다.

65. 다음과 같은 지적의 어원이 지닌 공통적인 의미는?

> Katastikhon, Capitastrum, Catastrum

① 지형도 ② 조세부과
③ 지적공부 ④ 토지측량

해설 지적의 어원
- 프랑스의 브론데임(Blondheim) 교수와 스페인의 일머(Ilmoor D.) 교수는 지적(Cadastre)이라는 용어가 그리스어 카타스티콘(Katastikhon)에서 유래된 것으로 공책(Notebook)이란 의미가 있다고 보았다.
- 미국의 맥엔트리(J.G. McEntyre) 교수는 라틴어인 카타스트럼(Catastrum) 또는 캐피타스트럼(Capitastrum)에서 유래되었다고 보았다.
- Katastikhon과 Capitastrum 또는 Catastrum은 모두 "세금 부과"의 뜻을 내포하고 있고, Katastikhon은 kata(위에서 아래로)와 stikhon(부과)의 합성어로 "조세등록"이란 의미이기 때문에 지적의 어원은 조세에서 출발한 것으로 보는 것이 보편적인 견해이다.

66. 다음 중 도로·철도·하천·제방 등의 지목이 서로 중복되는 경우 지목을 결정하기 위하여 고려하는 사항으로 가장 거리가 먼 것은?

① 용도의 경중 ② 등록지가의 고저
③ 등록시기의 선후 ④ 일필일목의 원칙

해설 지목설정의 원칙
1. 1필1지목의 원칙 : 1필의 토지에는 1개의 지목만을 설정하며, 1필의 일부가 용도변경된 경우에는 분할 후에 지목을 변경한다.
2. 주지목추종의 원칙 : 주된 토지의 편익을 위해 설치된 소면적의 도로, 구거 등의 지목은 이를 따로 정하지 않고 주된 토지의 사용목적 및 용도에 따라 지목을 설정한다.
3. 등록선후의 원칙 : 도로, 철도용지, 하천, 제방, 구거, 수도용지 등의 지목이 중복되는 경우에는 먼저 등록된 토지의 사용목적 및 용도에 따라 지번을 설정한다.
4. 용도경중의 원칙 : 도로, 철도용지, 하천, 제방, 구거, 수도용지 등의 지목이 중복되는 경우에는 중요 토지의 사용목적 및 용도에 따라 지목을 설정한다.
5. 일시변경 불가의 원칙 : 임시적, 일시적용도의 변경 시 등록전환 또는 지목변경이 불가하다.
6. 사용목적 추종의 원칙 : 도시계획사업, 토지구획정리사업, 농지개량사업 등의 완료에 따라 조성된 토지는 사용목적에 따라 지목을 설정한다.

67. 우리나라의 근대적인 지적제도가 이루어진 연대는?

① 1710년대 ② 1810년대
③ 1850년대 ④ 1910년대

해설 우리나라는 토지조사사업(1910~1918)과 임야조사사업(1916~1924)에 의해 전국에 걸쳐 토지대장과 임야대장 및 지적도와 임야대장이 작성됨으로써 근대적인 지적제도가 도입되었다.

Answer 65. ② 66. ② 67. ④

68. 토지소유권 보호가 주목적이며, 토지거래의 안전을 보장하기 위해 만들어진 지적제도로서 토지의 평가보다 소유권의 한계설정과 경계복원의 가능성을 중요시하는 것은?

① 법지적   ② 세지적   ③ 경제지적   ④ 유사지적

해설 지적의 분류
1. 지적제도의 분류방법
   - 발전과정에 따른 분류 : 세지적, 법지적, 다목적지적
   - 표시방법(측량방법)에 따른 분류 : 도해지적, 수치지적
   - 등록대상(등록방법)에 따른 분류 : 2차원, 3차원
2. 발전과정에 따른 지적의 분류
   - 세지적(Fiscal Cadastre) : 농경시대에 개발된 최초의 지적제도로서 세금의 징수를 주목적으로 하고 과세지적이라 하며, 필지별 세액산정을 위해 면적본위로 운영
   - 경제지적(Economic Cadastre) : 도시계획이나 농지개량사업의 기초가 되는 지적제도로서 유사지적이라고도 함
   - 법지적(Legal Cadastre) : 산업화시대(17세기 유럽)에 개발된 제도로서 토지거래의 안전과 소유권보호를 주목적으로 하고 소유권지적이라 하며, 소유권의 한계설정과 경계의 복원을 강조하는 위치본위로 운영
   - 다목적지적(Multi-Purpose Cadastre) : 토지의 각종 등록 자료의 관리 및 공급으로 토지이용의 효율성을 추구하는 제도로서 종합지적 또는 통합지적이라 하며, 컴퓨터시스템으로 운영할 때 가능한 종합적 토지정보시스템

69. 법지적 제도 운영을 위한 토지 등록에서 일반적인 필지 획정의 기준은?

① 개발단위   ② 거래단위   ③ 경작단위   ④ 소유단위

해설 법지적(Legal Cadastre)
1. 법지적의 개념
   - 토지거래의 안전과 소유권 보호를 주목적으로 하는 제도로서 소유권지적이라 하며, 지적의 개념이 토지소유권 보호를 위한 기능으로 변화됨을 의미
   - 토지이용의 다양성과 상품성이 강조된 산업화시대(17세기 유럽)에 개발된 제도
2. 법지적의 내용
   - 소유권의 한계설정과 경계복원의 가능성이 강조되고 위치본위로 운영
   - 토지등록에 있어서 소유권에 대한 국가의 보호와 법률적 효력이 부여됨
   - 등록사항은 세지적과 같으나 소유권 이외의 기타권리를 포함하기도 함
3. 법지적의 특징
   - 일반적으로 지적과 등기의 통합 형태
   - 일필지는 소유권에 따라 결정되고 표현
   - 토지법, 등기법, 지적법 등 토지등록기본법 제정을 기본요소로 함

70. 지번의 역할 및 기능으로 가장 거리가 먼 것은?

① 토지 용도의 식별   ② 토지 위치의 추측
③ 토지의 특정성 보장   ④ 토지의 필지별 개별화

해설 지번의 역할과 기능
1. 지번의 역할
   - 장소의 기준
   - 물권표시의 기준
   - 공간계획의 기준
2. 지번의 기능
   - 토지의 고정화
   - 토지의 특정화
   - 토지의 개별화
   - 토지위치의 확인
   - 토지이용의 편리성
   - 토지관계 자료의 연결매체 기능
   ※ 토지 용도의 식별은 지목과 관련이 있다.

71. 밤나무 숲을 측량한 지적도로 탁지부 임시재산정리국 측량과에서 실시한 측량원도의 명칭으로 옳은 것은?

① 산록도
② 관저원도
③ 궁채전도
④ 율림기지원도

해설 밤나무 숲을 측량한 도면인 율림기지원도는 서울대 규장각에 한양 3점, 밀양 3점이 남아 있다.
- 산록도 : 주로로 구한말 동(洞)의 뒷산을 실측한 도면
- 궁채원도 : 내수사 등 7궁 소속의 채소밭을 실측한 도면
- 관저원도 : 대한제국의 고위관리 관저를 실측한 도면

72. 토지의 등록 사항 중 경계의 역할로 옳지 않은 것은?

① 토지의 용도 결정
② 토지의 위치 결정
③ 필지의 형상 결정
④ 소유권의 범위 결정

해설 경계의 기능과 특성
1. 경계의 기능
   - 소유권의 범위 결정
   - 필지의 양태 결정
   - 면적의 결정
2. 경계의 특성
   - 인접한 필지 간에 성립
   - 각종 공사 등에서 거리를 재는 기준선
   - 필지 간 이질성을 구분하는 구분선 역할
   - 인위적으로 만든 인공선
   - 위치와 길이는 있으나 면적과 넓이는 없음
   ※ 토지의 용도는 지목과 관련이 있다.

Answer 71. ④ 72. ①

73. 단식지번과 복식지번에 대한 설명으로 옳지 않은 것은?

① 단식지번이란 본번만으로 구성된 지번을 말한다.
② 단식지번은 협소한 토지의 부번(附番)에 적합하다.
③ 복식지번이란 본번에 부번을 붙여서 구성하는 지번을 말한다.
④ 복식지번은 일반적인 신규등록지, 분할지에는 물론 단지단위법 등에 의한 부번에 적합하다.

해설 단식지번과 복식지번

1. 단식지번
   - 본번만으로 구성된 지번
   - 표기가 단순하고 지번으로서 토지의 필수를 추측할 수 있는 장점
   - 광대한 지역의 토지에 적합
   - 새로이 지적제도를 창설할 때 많이 사용되는 지번 형태로서 우리나라의 토지조사사업에서도 단식지번으로 지번을 부여

2. 복식지번
   - 본번에 부번을 붙여서 구성되는 지번
   - 특히 단지식의 부번에 채택됨
   - 일반적인 분할, 신규등록, 등록전환의 경우에 많이 사용
   - 지번으로서 토지의 필수를 추측하기 어렵고 표기가 복잡

74. 다음 중 지적의 구성요소로 가장 거리가 먼 것은?

① 토지 이용에 의한 활동
② 토지 정보에 대한 등록
③ 기록의 대상인 지적공부
④ 일필지를 의미하는 토지

해설 지적의 3대 구성요소(내부요소)

1. 광의적 개념
   - 소유자(Person) : 토지를 소유할 수 있는 권리의 주체로서 소유권 및 기타권리를 갖는 자를 말하며 자연인, 법인, 사단, 재단, 종중, 지방자치단체, 국가 등 포함
   - 권리(Right) : 토지를 소유할 수 있는 법적권리로서 토지의 사용, 수익, 처분이 가능한 토지의 소유권과 저당권, 지역권, 지상권, 임차권 등의 기타 권리
   - 필지(Parcel) : 필지는 법적으로 물권이 미치는 권리의 객체인 필지는 토지의 등록단위, 소유단위, 이용단위가 됨

2. 협의적 개념
   - 토지 : 지적제도는 토지를 대상으로 성립하고 일필지로 등록하며 그 대상과 범위는 국토의 개념과 같음
   - 등록 : 토지의 물권을 객체화하기 위해 일정한 기준의 등록단위를 정해 일정사항(토지소재, 지번, 지목, 경계, 면적 등)을 등록하는 법률행위로서 모든 토지는 공부에 등록함으로써 법률적인 효력 발생
   - 공부 : 공부는 토지를 구획하여 일정사항을 기록한 공적장부로서 그 형식과 규격을 법으로 정하며 국가는 항상 이를 일정한 장소에 비치하여 국민이 활용할 수 있도록 함

75. 다음 중 토지조사사업 당시 작성된 지형도의 종류가 아닌 것은?

① 축척 1/5,000 도면
② 축척 1/10,000 도면
③ 축척 1/25,000 도면
④ 축척 1/50,000 도면

해설 지형도의 축척
- 주요 도읍 부근은 1/25,000, 기타 지역은 1/50,000으로 작성
- 경제상 특별히 긴요한 시가지(경성, 부산 등 45개 지방)에 대해서는 별도로 1/10,000 축척으로 상세한 측도 실시
- 명승고적이 많은 개성, 부여, 경주 등 3개 지방에 대해서는 1/25,000도 작성

76. 다음 중 고려시대의 토지 소유 제도와 관계가 없는 것은?

① 과전(科田)
② 전시과(田柴科)
③ 정전(丁田)
④ 투화전(投化田)

해설 고려시대의 토지 유형
1. 역분전(役分田) : 940년(태조 23년) 관계(官階)에 관계없이 공로·인품·충성도 등 논공행상에 따라 지급된 토지
2. 전시과(田柴科) : 국가에서 관료와 군인을 비롯한 직역자와 특정기관에 토지를 분급하던 제도로서 양반전·공음전·한인전·구분전·외역전·군인전 등의 사전과 공해전·사원전·궁원전 등의 공전으로 구분
3. 사전
   - 양반전 : 현직 문무 양반관료에게 복무대가로서 국가가 지급한 토지
   - 구분전 : 군인 유자녀에게 지급한 토지
   - 한인전 : 6품 이하 관리의 자제로 무관직자에게 지급된 토지
   - 향리전 : 향리에게 향역(鄕役)의 대가로 지급된 토지
   - 군인전 : 2군 6위의 직업군인에게 지급된 토지
   - 궁원전 : 왕의 비빈이나 왕족 거주 궁실인 궁원에 소속된 토지
   - 사원전 : 사원에 지급된 토지로 세금이 면제됨
   - 투화전 : 귀화한 외국인에게 지급된 토지
   - 사전(賜田) : 일정한 명목이 붙은 사전(私田) 이외에 국왕이 신하에게 특별히 하사한 토지
4. 공전
   - 민전(民田) : 민(民)이 사적으로 소유한 토지로서 향반, 향리, 농민, 노비까지도 소유 가능
   - 내장전 : 왕실이 소유하여 직접 경영하는 왕실의 직속 토지
   - 공해전 : 관청에 분급된 토지로서 해당 관청의 경비조달 및 관청근무자의 보수 지급 목적
   - 둔전 : 변경 또는 군사요충지 및 지방의 주·현에 설치한 토지
   - 학전 : 국자감, 향학 등 학교의 운영경비를 조달하기 위하여 설정한 토지
   - 적전 : 국왕이 직접 농사를 지어 신에게 제사 지내는 토지

※ 정전제(丁田制) : 국가가 정년(丁年)에 달한 자에게 일정량의 토지를 지급한 통일신라시대의 토지제도

77. 일본의 국토에 대한 기초조사로 실시한 국토조사사업에 해당되지 않는 것은?

① 지적조사
② 임야수종조사
③ 토지분류조사
④ 수조사(水調査)

해설 일본의 「국토조사법」에서 규정하고 있는 국토조사
- 국가기관이 행하는 기본조사, 토지분류조사 또는 수조사
- 도도부현이 행하는 기본조사
- 지방공공단체 또는 토지개량구 기타 정령으로 정한 자가 행하는 토지분류조사 또는 수조사
- 지방공공단체 또는 토지개량구 등이 행하는 지적조사

78. 다음의 지적제도 중 토지정보시스템과 가장 밀접한 관계가 있는 것은?

① 법지적
② 세지적
③ 경계지적
④ 다목적지적

해설 다목적지적의 개념
- 토지이용의 효율화를 위해 토지에 대한 모든 관련 자료를 일필지를 기초로 직접 관리하고 공급하는 제도로서 토지 관련 정보의 종합적인 기록유지와 공급의 종합토지정보시스템
- 토지에 관한 등록자료의 용도가 다양화함에 따라 더 많은 자료의 관리와 이를 신속하고 정확하게 공급하기 위한 제도
- 토지의 각종 등록 자료의 관리 및 공급으로 토지이용의 효율성을 추구하는 제도
- 종합지적 또는 통합지적이라 함
- 토지소유권, 토지이용, 토지평가, 토지자원관리에 관한 의사결정에 필요한 정보 포함
- 등록 자료의 통계, 추정, 검증, 분석이 가능한 프로그램에 의하여 컴퓨터시스템으로 운영할 때 가능한 종합적 토지정보시스템

79. 토지를 지적공부에 등록함으로써 발생하는 효력이 아닌 것은?

① 공증의 효력
② 대항적 효력
③ 추정의 효력
④ 형성의 효력

해설 토지를 지적공부에 등록함에 따라 확정력이 발생한다.

80. 다음 중 지적에서의 '경계'에 대한 설명으로 옳지 않은 것은?

① 경계불가분의 원칙을 적용한다.
② 지상의 말뚝, 울타리와 같은 목표물로 구획된 선을 말한다.
③ 지적공부에 등록된 경계에 의하여 토지소유권의 범위가 확정된다.
④ 필지별로 경계점들을 직선으로 연결하여 지적공부에 등록한 선을 말한다.

해설 경계란 필지별로 경계점들을 직선으로 연결하여 지적공부에 등록한 선이며, 경계점이란 필지를 구획하는 선의 굴곡점으로서 지적도나 임야도에 도해형태로 등록하거나 경계점좌표등록부에 등록하는 좌표형태로 등록한 점이다.
※ 우리나라에서 경계는 지적공부에 등록한 선인 도상경계를 인정한다.

Answer 77. ② 78. ④ 79. ③ 80. ②

05 지적관계법규

81. 다음 중 지목을 부호로 표기하는 지적공부는?
① 지적도 ② 임야대장 ③ 토지대장 ④ 경계점좌표등록부

해설 지목의 표기방법
• 지목을 지적도 및 임야도에 등록하는 때에는 두문자(頭文字) 또는 차문자(次文字)로 표기한다.
• 28개 지목 중 하천, 유원지, 공장용지, 주차장을 제외한 24개 지목은 두문자로 표기하고, 4개 지목은 차문자로 표기한다.(하천→천, 유원지→원, 공장용지→장, 주차장→차)

82. 도시계획구역의 토지를 그 지방자치단체의 명의로 신규등록을 신청할 때 신청서에 첨부해야 할 서류로 옳은 것은?
① 국토교통부장관과 협의한 문서의 사본
② 기획재정부장관과 협의한 문서의 사본
③ 행정안전부장관과 협의한 문서의 사본
④ 공정거래위원회위원장과 협의한 문서의 사본

해설 신규등록 신청
1. 정의 : 새로 조성된 토지와 지적공부에 등록되어 있지 않은 토지를 지적공부에 등록하는 것
2. 신청기한 : 신규등록 사유가 발생한 날부터 60일 이내에 지적소관청에 신청
3. 신청대상
   • 「공유수면 관리 및 매립에 관한 법률」에 의한 공유수면 매립 토지
   • 미등록 공공용 토지
   • 미등록 섬
   • 미등록 토지
4. 신청서류
   • 법원의 확정판결서 정본 또는 사본
   • 「공유수면 관리 및 매립에 관한 법률」에 따른 준공검사확인증 사본
   • 도시계획구역의 토지를 그 지방자치단체의 명의로 등록하는 때에는 기획재정부장관과 협의한 문서의 사본
   • 그 밖에 소유권을 증명할 수 있는 서류

83. 공유수면 매립으로 신규등록을 할 경우 지번부여방법으로 옳지 않은 것은?
① 종전 지번의 수에서 결번을 찾아서 새로이 부여한다.
② 그 지번부여지역에서 인접토지의 본번에 부번을 붙여서 지번을 부여한다.
③ 최종 지번의 토지에 인접하여 있는 경우는 최종 본번의 다음 순번부터 본번으로 하여 순차적으로 지번을 부여할 수 있다.

Answer 81. ① 82. ② 83. ①

④ 신규등록 토지가 여러 필지로 되어 있는 경우는 최종 본번의 다음 순번부터 본번으로 하여 순차적으로 지번을 부여할 수 있다.

해설 신규등록, 등록전환, 지번변경, 행정구역변경 등에 따른 지번 부여
1. 원칙 : 신규등록, 등록전환, 지번변경, 행정구역변경 등의 경우 당해 지번부여지역 내 인접토지의 본번에 부번을 붙여서 부여
2. 예외 : 다음 경우에는 지번부여지역의 최종 본번의 다음 순번부터 본번으로 하여 순차적으로 지번 부여
   - 대상토지가 그 지번부여지역의 최종 지번의 토지에 인접하여 있는 경우
   - 대상토지가 이미 등록된 토지와 멀리 떨어져 있어서 등록된 토지의 본번에 부번을 부여하는 것이 불합리한 경우
   - 대상토지가 여러 필지로 되어 있는 경우
   ※ 토지개발사업 등에 따른 지번부여
   - 사업지역 내 편입된 토지 중 본번만으로 부여
   - 종전 지번의 수가 새로 부여할 지번의 수보다 적을 때에는 블록단위로 하나의 본번을 부여한 후 필지별로 부번을 부여하거나 최종 본번 다음 순번부터 본번으로 하여 지번 부여

84. 지적업무처리규정에 따른 측량성과도의 작성방법에 관한 설명으로 옳지 않은 것은?

① 측량성과도의 문자와 숫자는 레터링 또는 전자측량시스템에 따라 작성하여야 한다.
② 경계점좌표로 등록된 지역의 측량성과도에는 경계점 간 계산거리를 기재하여야 한다.
③ 복원된 경계점과 측량대상토지의 점유현황선이 일치하더라도 점유현황선을 표시하여야 한다.
④ 분할측량성과 등을 결정하였을 때에는 "인·허가 내용을 변경하여야 지적공부가 가능함"이라고 붉은색으로 표시하여야 한다.

해설 측량성과도 작성 방법
- 측량성과도의 문자와 숫자는 레터링 또는 전자측량시스템에 따라 작성하여야 한다.
- 측량성과도의 명칭은 신규 등록, 등록전환, 분할, 지적확정, 경계복원, 지적현황, 지적복구 또는 등록사항정정측량 성과도로 한다. 이 경우 경계점좌표로 등록된 지역인 경우에는 명칭 앞에 "(좌표)"라 기재한다.
- 경계점좌표로 등록된 지역의 측량성과도에는 경계점 간 계산거리를 기재하여야 한다.
- 분할측량성과도를 작성하는 때에는 측량대상토지의 분할선은 붉은색 실선으로, 점유현황선은 붉은색 점선으로 표시하여야 한다. 다만, 경계와 점유현황선이 같을 경우에는 그러하지 아니하다.
- 각종 인가·허가 등의 내용과 다르게 토지의 형질이 변경되어 분할측량성과 등을 결정하였을 때에는 "인·허가 내용을 변경하여야 지적공부정리가 가능함"이라고 붉은색으로 표시하여야 한다.
- 경계복원측량성과도를 작성하는 때에는 복원된 경계점은 직경 2밀리미터 이상 3밀리미터 이하의 붉은색 원으로 표시하고, 측량대상토지의 점유현황선은 붉은색 점선으로 표시하여야 한다. 다만, 필지가 작아 식별하기 곤란한 경우에는 복원된 경계점을 직경 1밀리미터 이상 1.5밀리미터 이하의 붉은색 원으로 표시할 수 있다.
- 복원된 경계점과 측량 대상토지의 점유현황선이 일치할 경우에는 점유현황선의 표시를 생략하고, 경계복원측량성과도를 현장에서 작성하여 지적측량 의뢰인에게 발급할 수 있다.
- 지적현황측량성과도를 작성하는 때에는 현황구조물의 위치 등을 판별할 수 있도록 표시하여야 한다.

85. 경위의측량방법으로 세부측량을 한 경우 측량결과도에 적어야 하는 사항으로 옳지 않은 것은?
  ① 측량기하적
  ② 측정점의 위치
  ③ 측량대상 토지의 점유현황선
  ④ 측량대상 토지의 경계점 간 실측거리

해설 경위의측량방법으로 세부측량을 한 경우 측량결과도 기재사항
  • 측량대상 토지의 경계와 경계점의 좌표 및 부호도·지번·지목
  • 인근 토지의 경계와 경계점의 좌표 및 부호도·지번·지목
  • 행정구역선과 그 명칭
  • 지적기준점 및 그 번호와 지적기준점 간의 방위각 및 그 거리
  • 경계점 간 계산거리
  • 도곽선과 그 수치
  • 측정점의 위치, 지상에서 측정한 거리 및 방위각
  • 측량대상 토지의 경계점 간 실측거리
  • 측량대상 토지의 토지이동 전의 지번과 지목
  • 측량결과도의 제명 및 번호와 지적도의 도면번호
  • 신규등록 또는 등록전환하려는 경계선 및 분할경계선
  • 측량대상 토지의 점유현황선
  • 측량 및 검사의 연월일, 측량자 및 검사자의 성명·소속 및 자격등급 또는 기술등급

86. 닥나무, 묘목, 관상수 등의 식물을 주로 재배하는 토지의 지목은?
  ① 전 ② 답 ③ 임야 ④ 잡종지

해설 토지 지목의 종류
  1. 전 : 물을 상시적으로 이용하지 않고 곡물·원예작물(과수류는 제외)·약초·뽕나무·닥나무·묘목·관상수 등의 식물을 주로 재배하는 토지와 식용으로 죽순을 재배하는 토지
  2. 답 : 물을 상시적으로 직접 이용하여 벼·연(蓮)·미나리·왕골 등의 식물을 주로 재배하는 토지
  3. 임야 : 산림 및 원야를 이루고 있는 수림지·죽림지·암석지·자갈땅·모래땅·습지·황무지 등의 토지
  4. 잡종지
     ① 다음에 해당하는 토지
        • 갈대밭, 실외에 물건을 쌓아두는 곳, 돌을 캐내는 곳, 흙을 파내는 곳, 야외시장, 비행장, 공동우물
        • 영구적 건축물 중 변전소, 송신소, 수신소, 송유시설, 도축장, 자동차운전학원, 쓰레기 및 오물처리장 등의 부지
        • 다른 지목에 속하지 않는 토지
     ② 원상회복을 조건으로 돌을 캐내는 곳 또는 흙을 파내는 곳으로 허가된 토지는 제외

87. 공간정보의 구축 및 관리 등에 관한 법령상 도시개발사업 등의 신고에 관한 설명으로 옳지 않은 것은?
  ① 도시개발사업의 변경 신고 시 첨부서류에는 지번별 조서도 포함된다.
  ② 도시개발사업의 완료 신고 시에는 지번별 조서와 사업계획도와의 부합여부를 확인하여야 한다.
  ③ 도시개발사업의 착수·변경 또는 완료 사실의 신고는 그 사유가 발생한 날로부터 15일 이내에 하여야 한다.

Answer 85. ① 86. ① 87. ②

④ 도시개발사업의 완료 신고 시에는 확정될 토지의 지번별 조서 및 종전 토지의 지번별 조서를 첨부하여야 한다.

해설 도시개발사업 등 시행지역의 토지이동 신청에 관한 특례
1. 신청 : 도시개발사업, 농어촌정비사업, 주택건설사업, 그 밖에 대통령령으로 정하는 토지개발사업의 시행자는 그 사업의 착수·변경 및 완료 사실을 지적소관청에 신고
2. 토지의 이동시기 : 토지의 형질변경 등의 공사가 준공된 때
3. 신고 시기 : 신고 사유가 발생한 날부터 15일 이내
4. 도시개발사업 등의 착수(변경) 신고 시 제출서류
   - 사업인가서
   - 지번별 조서
   - 사업계획도
5. 도시개발사업 등의 완료 신고 시 제출서류
   - 확정될 토지의 지번별 조서 및 종전 토지의 지번별 조서
   - 환지처분과 같은 효력이 있는 고시된 환지계획서(다만, 환지를 수반하지 않는 사업인 경우에는 사업의 완료를 증명하는 서류)

88. 다음 중 지목을 지적도면에 등록하는 때의 부호 표기가 옳지 않은 것은?

① 광천지 → 광   ② 유원지 → 유   ③ 공장용지 → 장   ④ 목장용지 → 목

해설 지목의 표기방법
- 지목을 지적도 및 임야도에 등록하는 때에는 두문자(頭文字) 또는 차문자(次文字)로 표기한다.
- 28개 지목 중 하천, 유원지, 공장용지, 주차장을 제외한 24개 지목은 두문자로 표기하고 4개의 지목은 차문자로 표기한다.(하천 → 천, 유원지 → 원, 공장용지 → 장, 주차장 → 차)
※ 유지 → 유

89. 축척변경위원회의 구성에 관한 설명으로 옳은 것은?

① 위원장은 위원 중에서 선출한다.
② 10명 이상 15명 이하의 위원으로 구성한다.
③ 위원의 3분의 1 이상을 토지소유자로 하여야 한다.
④ 토지소유자가 5명 이하일 때에는 토지소유자 전원을 위원으로 위촉하여야 한다.

해설 축척변경위원회
1. 구성
   ① 축척변경위원회는 5명 이상 10명 이하의 위원으로 구성하되, 위원의 2분의 1 이상을 토지소유자로 하여야 한다. 이 경우 그 축척변경 시행지역의 토지소유자가 5명 이하일 때에는 토지소유자 전원을 위원으로 위촉한다.
   ② 위원장은 위원 중에서 지적소관청이 지명한다.
   ③ 위원은 다음 각 호의 사람 중에서 지적소관청이 위촉한다.
      - 해당 축척변경 시행지역의 토지소유자로서 지역 사정에 정통한 사람
      - 지적에 관하여 전문지식을 가진 사람
   ④ 축척변경위원회의 위원에게는 예산의 범위에서 출석수당과 여비, 그 밖의 실비를 지급한다.

2. 기능
① 축척변경 시행계획에 관한 사항
② 지번별 제곱미터당 금액의 결정과 청산금의 산정에 관한 사항
③ 청산금의 이의신청에 관한 사항
④ 그 밖에 축척변경과 관련하여 지적소관청이 회의에 부치는 사항

90. 공간정보의 구축 및 관리 등에 관한 법령에 따른 지목설정의 원칙이 아닌 것은?

① 1필1지목의 원칙
② 자연지목의 원칙
③ 주지목추종의 원칙
④ 임시적 변경 불변의 원칙

해설 지목설정의 원칙
- 1필1지목의 원칙 : 1필지의 토지에는 1개의 지목만을 설정하며, 1필의 일부가 용도변경된 경우에는 분할 후에 지목을 변경한다.
- 주지목추종의 원칙 : 주된 토지의 편익을 위해 설치된 소면적의 도로, 구거 등의 지목은 이를 따로 정하지 않고 주된 토지의 사용목적 및 용도에 따라 지목을 설정한다.
- 임시적 변경 불변의 원칙 : 임시적·일시적 용도의 변경 시 등록전환 또는 지목변경이 불가하다.
- 용도경중의 원칙 : 도로, 철도용지, 하천, 제방, 구거, 수도용지 등의 지목이 중복되는 경우에는 중요 토지의 사용목적 및 용도에 따라 지목을 설정한다.

91. 지적공부 등록 필지수가 20만 필지 초과 30만 필지 이하일 때 지적서고의 기준면적은?

① 80m²
② 110m²
③ 130m²
④ 150m²

해설 지적서고 기준면적

지적공부 등록 필지 수	지적서고의 기준면적
10만 필지 이하	80m²
10만 필지 초과 20만 필지 이하	110m²
20만 필지 초과 30만 필지 이하	130m²
30만 필지 초과 40만 필지 이하	150m²
40만 필지 초과 50만 필지 이하	165m²
50만 필지 초과	180m²에 60만 필지를 초과하는 10만 필지마다 10m²를 가산한 면적

Answer 90. ② 91. ③

92. 다음의 조정금에 관한 이의신청에 대한 내용 중 (   ) 안에 들어갈 알맞은 일자는?

> • 수령통지 또는 납부고지된 조정금에 이의가 있는 토지소유자는 수령통지 또는 납부고지를 받은 날부터 (㉠) 이내에 지적소관청에 이의신청을 할 수 있다.
> • 지적소관청은 이의신청을 받은 날부터 (㉡) 이내에 시·군·구 지적재조사위원회의 심의·의결을 거쳐 이의신청에 대한 결과를 신청인에게 서면으로 알려야 한다.

① ㉠ : 30일, ㉡ : 30일
② ㉠ : 30일, ㉡ : 60일
③ ㉠ : 60일, ㉡ : 30일
④ ㉠ : 60일, ㉡ : 60일

해설 조정금에 관한 이의신청
  • 수령통지 또는 납부고지된 조정금에 이의가 있는 토지소유자는 수령통지 또는 납부고지를 받은 날부터 60일 이내에 지적소관청에 이의신청을 할 수 있다.
  • 지적소관청은 이의신청을 받은 날부터 30일 이내에 시·군·구 지적재조사위원회의 심의·의결을 거쳐 이의신청에 대한 결과를 신청인에게 서면으로 알려야 한다.

93. 지적재조사에 관한 특별법령상 사업지구의 경미한 변경에 해당하는 사항으로 옳지 않은 것은?

① 사업지구 명칭의 변경
② 1년 이내의 범위에서의 지적재조사사업기간의 조정
③ 지적재조사사업 총사업비의 처음 계획 대비 100분의 20 이내의 증감
④ 지적재조사사업 대상 필지의 100분의 20 이내 및 면적의 100분의 20 이내의 증감

해설 지적재조사사업지구의 경미한 변경
  • 사업지구 명칭의 변경
  • 1년 이내의 범위에서의 지적재조사사업기간의 조정
  • 지적재조사사업 대상필지 또는 면적의 100분의 20 이내의 증감

94. 공간정보의 구축 및 관리 등에 관한 법률상 축척변경위원회의 구성 등에 관한 설명 중 (   ) 안에 들어갈 숫자로 옳은 것은?

> 축척변경위원회는 (㉠)명 이상 (㉡)명 이하의 위원으로 구성하되, 위원의 2분의 1 이상을 토지소유자로 하여야 한다.

① ㉠ : 5, ㉡ : 10
② ㉠ : 10, ㉡ : 15
③ ㉠ : 15, ㉡ : 25
④ ㉠ : 25, ㉡ : 30

해설 축척변경위원회는 5명 이상 10명 이하의 위원으로 구성하되, 위원의 2분의 1 이상을 토지소유자로 하여야 한다. 이 경우 그 축척변경 시행지역의 토지소유자가 5명 이하일 때에는 토지소유자 전원을 위원으로 위촉하여야 한다.

Answer 92. ③ 93. ③ 94. ①

95. 다음 중 지적공부의 복구자료에 해당하지 않는 것은?

① 측량 결과도
② 지적측량신청서
③ 토지이동정리 결의서
④ 부동산등기부 등본 등 등기사실을 증명하는 서류

해설 지적공부 복구자료
- 지적공부의 등본
- 측량결과도
- 토지이동정리 결의서
- 부동산등기부 등본 등 등기사실을 증명하는 서류
- 지적소관청이 작성하거나 발행한 지적공부의 등록내용을 증명하는 서류
- 복제된 지적공부
- 법원의 확정판결서 정본 또는 사본

96. 지적소관청의 측량결과도 보관 방법으로 옳은 것은?

① 동·리별, 측량종목별로 지번순으로 편철하여 보관하여야 한다.
② 연도별, 동·리별로 지번순으로 편철하여야 한다.
③ 동·리별, 지적측량수행자별로 지번순으로 편철하여야 한다.
④ 연도별, 측량종목별, 지적공부정리 일자별, 동·리별로 지번순으로 편철하여 보관하여야 한다.

해설 측량결과도의 보관
- 지적소관청 : 연도별, 측량종목별, 지적공부정리 일자별, 동·리별로 보관
- 지적측량수행자 : 연도별, 동·리별로, 지번순으로 편철하여 보관

97. 다음 중 축척변경위원회의 심의·의결사항에 해당하는 것은?

① 지적측량 적부심사에 관한 사항
② 지적기술자의 징계에 관한 사항
③ 지적기술자의 양성방안에 관한 사항
④ 지번별 제곱미터당 금액의 결정에 관한 사항

해설 1. 축척변경위원회의 심의·의결사항
- 축척변경 시행계획에 관한 사항
- 지번별 제곱미터당 금액의 결정과 청산금의 산정에 관한 사항
- 청산금의 이의신청에 관한 사항
- 그 밖에 축척변경과 관련하여 지적소관청이 회의에 부치는 사항
2. 중앙지적위원회의 심의·의결사항
- 지적 관련 정책 개발 및 업무 개선 등에 관한 사항
- 지적측량기술의 연구·개발 및 보급에 관한 사항
- 지적측량 적부심사(適否審査)에 대한 재심사(再審査)
- 측량기술자 중 지적분야 측량기술자의 양성에 관한 사항
- 지적기술자의 업무정지 처분 및 징계요구에 관한 사항
3. 지적위원회의 심의·의결사항
지적측량에 대한 적부심사청구사항의 심의·의결기관

98. 공간정보의 구축 및 관리 등에 관한 법규상 지적공부를 복구하는 경우 참고자료에 해당되지 않는 것은?

① 측량 결과도
② 토지이동정리 결의서
③ 지적공부등록현황 집계표
④ 법원의 확정판결서 정본 또는 사본

해설 지적공부 복구자료
- 지적공부의 등본
- 측량결과도
- 토지이동정리 결의서
- 부동산등기부 등본 등 등기사실을 증명하는 서류
- 지적소관청이 작성하거나 발행한 지적공부의 등록내용을 증명하는 서류
- 복제된 지적공부
- 법원의 확정판결서 정본 또는 사본

99. 지적업무처리규정상 대장등본을 복사하여 작성 발급할 때, 대장등본의 규격으로 옳은 것은?

① 가로 10cm, 세로 2cm
② 가로 10cm, 세로 4cm
③ 가로 13cm, 세로 2cm
④ 가로 13cm, 세로 4cm

해설 지적공부의 등본작성 방법
대장등본을 복사하여 작성 발급하는 때에는 대장의 앞면과 뒷면을 각각 복사하여 기재사항 끝부분에 다음과 같이 날인한다.

대장등본 날인문안 및 규격

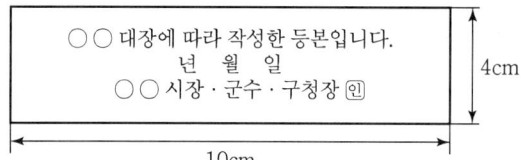

100. 다음 중 경계점표지의 규격과 재질에 대한 설명으로 옳은 것은?

① 목제는 아스팔트 포장지역에 설치한다.
② 철못1호는 콘크리트 포장지역에 설치한다.
③ 철못2호는 콘크리트 구조물·담장·벽에 설치한다.
④ 표석은 소유자의 요구가 있는 경우 설치한다.

해설 경계점표지의 규격과 재질
- 목제는 비포장지역에 설치한다.
- 철못1호는 아스팔트 포장지역에 설치한다.
- 철못2호는 콘크리트 포장지역에 설치한다.
- 철못3호는 콘크리트 구조물·담장·벽에 설치한다.
- 표석은 소유자의 요구가 있는 경우 설치한다.

2019년 제3회 지적산업기사

01 지적측량

01. 좌표면적계산법에 따른 면적측정에서 산출면적은 얼마의 단위까지 계산하여야 하는가?

① $1m^2$까지 계산
② $\frac{1}{10}m^2$까지 계산
③ $\frac{1}{100}m^2$까지 계산
④ $\frac{1}{1,000}m^2$까지 계산

해설 지적측량 시행규칙 제20조(면적측정의 방법 등)
산출면적은 1천분의 1제곱미터까지 계산하여 10분의 1제곱미터 단위로 함

02. 지적도를 제도하는 경계의 폭(㉠) 및 행정구역선의 폭(㉡) 기준으로 옳은 것은?(단, 동·리의 행정구역선의 경우는 제외한다.)

① ㉠ : 0.1mm, ㉡ : 0.4mm
② ㉠ : 0.15mm, ㉡ : 0.5mm
③ ㉠ : 0.2mm, ㉡ : 0.5mm
④ ㉠ : 0.25mm, ㉡ : 0.4mm

해설 지적업무처리규정상 경계는 0.1밀리미터 폭의 선으로 제도, 도면에 등록할 행정구역선은 0.4밀리미터 폭으로 제도

03. 지적측량성과와 검사성과의 연결교차 허용범위 기준으로 옳지 않은 것은?(단, M은 축척분모이며 경계점좌표등록부 시행지역의 경우는 고려하지 않는다.)

① 지적도근점 : 0.2m 이내
② 지적삼각점 : 0.2m 이내
③ 경계점 : 10분의 3Mmm 이내
④ 지적삼각보조점 : 0.25m 이내

Answer 1. ④ 2. ① 3. ①

해설 지적측량 시행규칙 제27조(지적측량성과의 결정)

구분		연결교차
지적삼각점		0.20미터
지적삼각보조점		0.25미터
지적도근점	경계점좌표등록부 시행지역	0.15미터
	그 밖의 지역	0.25미터
경계점	경계점좌표등록부 시행지역	0.10미터
	그 밖의 지역	10분의 3M밀리미터(M은 축척분모)

04. 무한히 확산되는 평면전자기파가 1/299,792,458 동안 진공 중을 진행하는 길이로 표시되는 단위는?

① 1미터(m)
② 1칸델라(cd)
③ 1피피엠(ppm)
④ 1스테라디안(sr)

해설
- 1미터(m) : 빛이 진공 중에서 299,792,458분의 1초 동안 진행하는 거리
- 1칸델라(cd) : 광도의 SI단위로서 완전 방사체(흑체)에 의하여 표시한 칸델라
- 1피피엠(ppm) : 100만분의 1을 나타내는 단위
- 1스테라디안(sr) : 반지름이 r인 구의 표면에서 r^2인 면적에 해당하는 입체각

05. 지적삼각보조점성과표의 기록·관리 등에 관한 내용으로 옳은 것은?

① 표지의 재질을 기록·관리할 것
② 자오선수차(子午線收差)를 기록·관리할 것
③ 지적삼각보조점성과는 시·도지사가 관리할 것
④ 시준점(視準點)의 명칭, 방위각 및 거리를 기록·관리할 것

해설 지적측량 시행규칙 제4조(지적기준점성과표의 기록·관리 등)

지적삼각점성과표	지적삼각보조점 및 지적도근점성과표
• 지적삼각점의 명칭과 기준 원점명 • 좌표 및 표고 • 경도 및 위도(필요한 경우로 한정한다) • 자오선수차(子午線收差) • 시준점(視準點)의 명칭, 방위각 및 거리 • 소재지와 측량연월일 • 그 밖의 참고사항	• 번호 및 위치의 약도 • 좌표와 직각좌표계 원점명 • 경도와 위도(필요한 경우로 한정한다) • 표고(필요한 경우로 한정한다) • 소재지와 측량연월일 • 도선등급 및 도선명 • 표지의 재질 • 도면번호 • 설치기관 • 조사연월일, 조사자의 직위·성명 및 조사 내용

06. 평판측량방법에 따른 세부측량을 도선법으로 하는 경우에 대한 설명으로 옳지 않은 것은?
① 도선의 변은 20개 이하로 한다.
② 지적측량기준점 간을 서로 연결한다.
③ 도선의 측선장은 도상길이 12센티미터 이하로 한다.
④ 도선의 폐색오차가 도상길이 $\frac{\sqrt{n}}{3}$밀리미터 이하인 경우, 계산식에 따라 이를 각 점에 배부하여 그 점의 위치로 한다.

해설

구분	내용
측량 방법	도선법
망 구성	위성·통합기준점, 삼각점지적측량 기준점·기지점 상호 연결
방향선 / 측선 / 지거길이	8cm 이하, 광파조준의, 광파측거기 사용 : 30cm 이하
도선의 변수	20변 이하
폐색오차	$\frac{\sqrt{N}}{3}$mm 이하

07. 축척 500분의 1에서 지적도근점측량 시 도선의 총길이가 3,318.55m일 때 2등도선인 경우 연결오차의 허용범위는?
① 0.29m 이하
② 0.34m 이하
③ 0.43m 이하
④ 0.92m 이하

해설 지적측량 시행규칙 제15조(지적도근점측량에서의 연결오차의 허용범위와 종선 및 횡선오차의 배분)
지적도근점측량에서 연결오차의 허용범위 중 2등도선은 해당 지역 축척분모의 $\frac{1.5}{100}\sqrt{n}$ 센티미터 이하로 하며 이 경우 n은 각 측선의 수평거리의 총합계를 100으로 나눈 수를 말한다.
따라서 $n = 3,318.55\text{m} \div 100 = 33.1855\text{cm}$
축척분모$\times \frac{1.5}{100}\sqrt{n} = 500 \times \frac{1.5}{100}\sqrt{33.1855} = 43.2\text{cm}$ ∴ 0.43m 이하

08. 지적도근점측량의 1등도선으로 할 수 없는 것은?
① 삼각점의 상호 간 연결
② 지적삼각점의 상호 간 연결
③ 지적삼각보조점의 상호 간 연결
④ 지적도근점의 상호 간 연결

해설 지적측량 시행규칙 제12조(지적도근점측량)
지적도근점측량의 도선은 1등도선과 2등도선으로 구분한다.
• 1등도선은 위성기준점, 통합기준점, 삼각점, 지적삼각점 및 지적삼각보조점의 상호 간을 연결하는 도선 또는 다각망도선으로 할 것
• 2등도선은 위성기준점, 통합기준점, 삼각점, 지적삼각점 및 지적삼각보조점과 지적도근점을 연결하거나 지적도근점 상호 간을 연결하는 도선으로 할 것

Answer 6. ③ 7. ③ 8. ④

09. 평판측량방법에 따른 세부측량을 시행할 때 경계위치는 기지점을 기준으로 하여 지상경계선과 도상경계선의 부합여부를 확인하여야 하는데 이를 확인하는 방법이 아닌 것은?

① 현형법
② 거리비례확인법
③ 도상원호교회법
④ 지상원호교회법

해설 지적측량 시행규칙 제18조(세부측량의 기준 및 방법 등)
평판측량방법에 따른 세부측량에서 경계점은 기지점을 기준으로 하여 지상경계선과 도상경계선의 부합여부를 현형법(現形法)·도상원호(圖上圓弧)교회법·지상원호(地上圓弧)교회법 또는 거리비교확인법 등으로 확인하여 정한다.

10. 기초측량 및 세부측량을 위하여 실시하는 지적측량의 방법이 아닌 것은?

① 사진측량
② 수준측량
③ 위성측량
④ 경위의측량

해설 지적측량 시행규칙 제5조(지적측량의 구분 등)
지적측량은 평판(平板)측량, 전자평판측량, 경위의(經緯儀)측량, 전파기(電波機) 또는 광파기(光波機)측량, 사진측량 및 위성측량 등의 방법에 따른다.

11. 평판측량방법에 따른 세부측량을 도선법으로 시행한 결과 변의 수(N)가 20, 도상오차(e)가 1.0mm 발생하였다면 16번째 변(n)에 배부하여야 할 도상길이(M_n)는?

① 0.5mm
② 0.6mm
③ 0.7mm
④ 0.8mm

해설 지적측량 시행규칙 제18조(세부측량의 기준 및 방법 등)
도선의 폐색오차가 도상길이 $\frac{\sqrt{N}}{3}$ 밀리미터 이하인 때에 그 오차는 다음의 산식에 따라 이를 각 점에 배분하여 그 점의 위치로 한다.

$M_n = \frac{e}{N} \times n$

여기서, M_n : 각 점에 순서대로 배분할 밀리미터 단위의 도상길이
　　　　e : 밀리미터 단위의 오차
　　　　N : 변의 수
　　　　n : 변의 순서

$M_n = \frac{e}{N} \times n = \frac{1.0}{20} \times 16 = 0.8\text{mm}$

12. 전자면적측정기에 따른 면적측정 기준으로 옳지 않은 것은?

① 도상에서 2회 측정한다.
② 측정면적은 100분의 1제곱미터까지 계산한다.
③ 측정면적은 10분의 1제곱미터 단위로 정한다.
④ 교차가 허용면적 이하일 때에는 그 평균치를 측정면적으로 한다.

해설 지적측량 시행규칙 제20조(면적측정의 방법 등)
산출면적은 1천분의 1제곱미터까지 계산하여 10분의 1제곱미터 단위로 함

13. 어떤 두 점 간의 거리를 같은 측정방법으로 n회 측정하였다. 그 참값을 L, 최확값을 L_0라 할 때 참오차(E)를 구하는 방법으로 옳은 것은?

① $E = L \div L_0$
② $E = L \times L_0$
③ $E = L - L_0$
④ $E = L + L_0$

해설 참오차는 참값에서 최확값을 뺀 값이다.

14. 지적삼각보조점측량을 2방향의 교회에 의하여 결정하려는 경우의 처리방법은?(단, 각 내각의 관측치의 합계와 180도와의 차가 ±40초 이내일 때이다.)

① 각 내각에 고르게 배부한다.
② 각 내각의 크기에 비례하여 배부한다.
③ 각 내각의 크기에 반비례하여 배부한다.
④ 허용오차이므로 관측내각에 배부할 필요가 없다.

해설 지적측량 시행규칙 제10조(지적삼각보조점측량)
경위의측량방법과 전파기 또는 광파기측량방법에 따라 교회법으로 지적삼각보조점측량을 할 때에는 3방향의 교회에 따를 것. 다만, 지형상 부득이하여 2방향의 교회에 의하여 결정하려는 경우에는 각 내각을 관측하여 각 내각의 관측치의 합계와 180도와의 차가 ±40초 이내일 때에는 이를 각 내각에 고르게 배분하여 사용할 수 있음

15. 다음 중 지적도근점측량을 필요로 하지 않는 경우는?

① 축척변경을 위한 측량을 하는 경우
② 대단위 합병을 위한 측량을 하는 경우
③ 도시개발사업 등으로 인하여 지적확정측량을 하는 경우
④ 측량지역의 면적이 해당 지적도 1장에 해당하는 면적 이상인 경우

해설 지적측량의 대상이 아닌 종목 : 토지의 합병, 지번변경, 지목변경

16. 직접 거리측정에 따른 오차 중 그 성질이 부(−)인 것은?

① 줄자의 처짐으로 인한 오차
② 측정 시 장력의 과다로 인한 오차
③ 측선이 수평이 안 됨으로써 나타난 오차
④ 측선이 일직선이 안 됨으로써 나타난 오차

해설 줄자의 처짐, 측선이 수평이 안 됨, 측선이 일직선이 안 되는 경우는 줄자가 측정거리보다 길어지게 되므로 '+' 성질이 있고, −장력이 과다하게 작용해서 발생한 오차는 줄자가 과다하게 당겨져서 늘어나게 측정되므로 실제 거리보다 짧게 측정되어 '−' 성질을 갖게 됨

17. 망원경조준의(망원경 앨리데이드)로 측정한 경사거리가 150.23m, 연직각이 +3°50′25″일 때 수평거리는?

① 138.56m
② 140.25m
③ 145.69m
④ 149.89m

해설 수평거리 = 경사거리 × $\cos\theta$
  = 150.23 × $\cos 3°50′25″$
  = 149.89m

18. 지적측량 시 광파거리 측량기를 이용하여 3km 거리를 5회 관측하였을 때 허용되는 평균교차는?

① 3cm
② 5cm
③ 6cm
④ 10cm

해설 지적측량 시행규칙 제9조(지적삼각점측량의 관측 및 계산)
전파기 또는 광파기측량방법에 따른 지적삼각점의 관측과 계산은 점간거리는 5회 측정하여 그 측정치의 최대치와 최소치의 교차가 평균치의 10만분의 1 이하일 때에는 그 평균치를 측정거리로 하고, 원점에 투영된 평면거리에 따라 계산

따라서 3km를 cm단위로 환산하면 300,000cm, $\dfrac{300,000}{100,000}$ = 3cm

19. 평판측량에 의한 세부측량 시, 도상의 위치오차를 0.1mm까지 허용할 때 구심오차의 허용범위는? (단, 축척은 1200분의 1이다.)

① 1cm 이하
② 3cm 이하
③ 6cm 이하
④ 12cm 이하

해설 $q = \dfrac{2e}{M}$ 에서 $e = \dfrac{qM}{2}$ mm
여기서, q : 구심오차, e : 허용범위, M : 축척
$e = \dfrac{0.1 \times 1,200}{2} = 60\text{mm} = 6\text{cm}$
∴ 6cm 이하

20. 지번 및 지목의 제도방법에 대한 설명으로 옳지 않은 것은?

① 지번 및 지목은 2mm 이상 3mm 이하의 크기로 제도한다.
② 지번의 글자 간격은 글자크기의 4분의 1정도 띄워서 제도한다.
③ 지번 및 지목은 경계에 닿지 않도록 필지의 중앙에 제도한다.
④ 지번과 지목의 글자 간격은 글자크기의 3분의 1정도 띄어서 제도한다.

해설 지적업무처리규정 제42조(지번 및 지목의 제도)

구분	내용
위치	1. 경계에 닿지 않도록 필지의 중앙에 제도 2. 필지의 중앙에 제도하기가 곤란한 때에는 가로쓰기가 되도록 도면을 왼쪽 또는 오른쪽으로 돌려서 제도할 수 있다. 3. 지번 다음에 지목을 제도
크기	2밀리미터 내지 3밀리미터의 크기로 제도
글자간격	1. 지번의 글자 간격은 글자크기의 4분의 1정도 2. 지번과 지목의 글자간격은 글자크기의 2분의 1정도 띄워서 제도
글씨체	명조체로 제도. 다만, 레터링으로 작성하는 경우에는 고딕체로 할 수 있다.
부호	1. 필요 : 1필지의 면적이 작아서 지번과 지목을 필지의 중앙에 제도할 수 없는 때 2. 형식 : ㄱ, ㄴ, ㄷ, …, ㄱ¹, ㄴ¹, ㄷ¹, …, ㄱ², ㄴ², ㄷ² … 등 3. 위치 : 도곽선 밖에 그 부호·지번 및 지목을 제도
부호도	부호가 많아서 그 도면의 도곽선 밖에 제도할 수 없는 경우

02 응용측량

SUBJECT

21. GNSS측량에서 GDOP에 관한 설명으로 옳은 것은?

① 위성의 수치적인 평면의 함수 값이다.
② 수신기의 기하학적인 높이의 함수 값이다.
③ 위성의 신호 강도와 관련된 오차로서 그 값이 크면 정밀도가 낮다.
④ 위성의 기하학적인 배열과 관련된 함수 값이다.

해설 GNSS오차는 수신기와 위성들 간의 기하학적 배치에 따라 영향을 받으며 이때 측위 정확도의 영향을 표시하는 계수로 DOP(정밀도 저하율)가 사용되며, GDOP(기하학적 정밀도 저하율)는 위성의 기하학적인 배치와 관련된 정밀도이다.

22. GPS에서 채택하고 있는 타원체는?

① Hayford   ② WGS84
③ Bessel1841   ④ 지오이드

해설 GPS 시스템의 기준 타원체는 WGS84이다.

Answer 21. ④   22. ②

23. 측량의 구분에서 노선측량과 가장 거리가 먼 것은?

① 철도의 노선설계를 위한 측량
② 지형, 지물 등을 조사하는 측량
③ 상하수도의 도수관 부설을 위한 측량
④ 도로의 계획조사를 위한 측량

해설 노선측량은 도로, 철도, 상하수도 등의 구조물 개설 시 사용하는 측량 방법이며 지형, 지물을 조사하는 측량은 지형측량이다.

24. 터널 내에서 차량 등에 의하여 파손되지 않도록 콘크리트 등을 이용하여 일반적으로 천장에 설치하는 중심말뚝을 무엇이라 하는가?

① 도갱   ② 자이로(gyro)   ③ 레벨(level)   ④ 다보(dowel)

해설 터널측량에서 중심선 측량을 위해 천정에 설치하는 중심말뚝을 다보(도벨 : dowel)라 하며 설치하는 주된 이유는 기준점 파손 등을 예방하기 위함이다.

25. 노선측량에서 원곡선 설치에 대한 설명으로 틀린 것은?

① 철도, 도로 등에는 차량의 운전에 편리하도록 단곡선보다는 복심곡선을 많이 설치하는 것이 좋다.
② 교통안전의 관점에서 반향곡선은 가능하면 사용하지 않는 것이 좋고 불가피한 경우에는 두 곡선 사이에 충분한 길이의 완화곡선을 설치한다.
③ 두 원의 중심이 같은 쪽에 있고 반지름이 각기 다른 두 개의 원곡선을 설치하는 경우에는 완화곡선을 넣어 곡선이 점차로 변하도록 해야 한다.
④ 고속주행 차량의 통과를 위하여 직선부와 원곡선 사이나 큰 원과 작은 원 사이에는 곡률반지름이 점차 변화하는 곡선부를 설치하는 것이 좋다.

해설 노선측량에서 편각에 의한 방법은 도로, 철도, 수도 등에서 단곡선을 설치하는 데 가장 많이 사용한다.

26. 노선측량에서 단곡선의 교각이 75°, 곡선반지름이 100m, 노선 시작점에서 교점까지의 추가거리가 250.73m일 때 시단현의 편각은?(단, 중심말뚝의 거리는 20m이다.)

① 4°00′39″   ② 1°43′08″   ③ 0°56′12″   ④ 4°47′34″

해설 노선측량에서 $TL = R\tan\dfrac{I}{2} = 100\tan 37°30′ = 76.73$

노선 출발점에서 곡선시점까지의 거리는 BC = IP − TL = 250.73 − 76.73 = 174m

∴ 노선출발점에서 곡선시점까지의 Chain당 거리는 BC = 174 ÷ 20 = No. 8 + 14m

시단현의 길이(ℓ) 1Chain당 거리(20m) − 14m = 6m

∴ 시단현의 편각(σ) = $1,718.87′\dfrac{L}{R} = 1,718.87′\dfrac{6}{100} = 1°43′7.93″$

27. 2km를 왕복 직접수준측량하여 ±10mm 오차를 허용한다면 동일한 정확도로 측량하여 4km를 왕복 직접수준측량할 때 허용오차는?

① ±8mm
② ±14mm
③ ±20mm
④ ±24mm

해설 오차는 거리(S)의 제곱근에 비례하므로 $\sqrt{2}\,\text{km} : 10\text{mm} = \sqrt{4}\,\text{km} : x$

$x = \dfrac{10\sqrt{4}}{\sqrt{2}} = 14.14\text{mm}$이다.

28. 축척 1:500 지형도를 이용하여 1:1000 지형도를 만들고자 할 때 1:1000 지형도 1장을 완성하려면 1:500 지형도 몇 매가 필요한가?

① 16매　② 8매　③ 4매　④ 2매

해설 축척비 $= \dfrac{1,000}{500} = 2$배, 면적비 = 가로 × 세로 = 2 × 2 = 4매

29. 지형도의 등고선 간격을 결정하는 데 고려하지 않아도 되는 사항은?

① 지형
② 축척
③ 측량목적
④ 측정거리

해설 지형측량에서 등고선의 간격은 연직(수직)거리를 말하며, 측량의 목적 및 지역의 넓이, 외업과 내업에 걸리는 시간과 비용, 토지현황(경사도) 도면의 축척, 도면의 읽기 쉬운 정도 등에 따라 정하기도 한다.

30. 터널측량에 관한 설명으로 옳지 않은 것은?

① 터널 내에서의 곡선설치는 지상의 측량방법과 동일하게 한다.
② 터널 내의 측량기기에는 조명이 필요하다.
③ 터널 내의 측점은 천장에 설치하는 것이 좋다.
④ 터널측량은 터널 내 측량, 터널 외 측량, 터널 내외 측량으로 구분할 수 있다.

해설 터널측량은 도로, 철도 등 수평에 가까운 터널측량뿐 아니라 수직갱, 경사갱 등도 포함되며 크게 갱외측량, 갱내측량, 갱내외 수준측량, 갱내외 연결측량으로 구분하며 측량방법은 트랜싯에 의한 트래버스 측량 등을 한다. 갱내측량에서는 지상측량 방법과 동일한 방법을 사용할 수 없다.

31. 클로소이드 곡선에서 매개변수 $A = 400\text{m}$, 곡선반지름 $R = 150\text{m}$일 때 곡선의 길이 L은?

① 560.2m
② 898.4m
③ 1,066.7m
④ 2,066.7m

해설 클로소이드의 파라미터(매개변수) $A = \sqrt{RL}$ 이므로 $L = \dfrac{A^2}{R} = \dfrac{400^2}{150} = 1,066.66\text{m}$이다.

Answer　27. ②　28. ③　29. ④　30. ①　31. ③

32. 항공사진의 촬영고도 6,000m, 초점거리 150mm, 사진크기 18cm×18cm에 포함되는 실면적은?

① 48.7km² ② 50.6km²
③ 51.8km² ④ 52.4km²

해설 먼저 축척을 구하면 $M = \dfrac{f}{H} = \dfrac{0.15}{6,000} = \dfrac{1}{40,000}$ 이므로

실제거리는 0.18 × 40,000 = 7.2km
실제면적은 7.2km × 7.2km = 51.84km²이다.

33. 항공사진에서 기복변위량을 구하는 데 필요한 요소가 아닌 것은?

① 지형의 비고 ② 촬영고도
③ 사진의 크기 ④ 연직점으로부터의 거리

해설 기복변위량을 구하기 위해서는 변위량, 화면 연직점에서의 거리, 비행고도, 비고를 알아야 한다.

34. 두 개 이상의 표고 기지점에서 미지점의 표고를 측정하는 경우에 경중률과 관측거리의 관계를 설명한 것으로 옳은 것은?

① 관측값의 경중률은 관측거리의 제곱근에 비례한다.
② 관측값의 경중률은 관측거리의 제곱근에 반비례한다.
③ 관측값의 경중률은 관측거리에 비례한다.
④ 관측값의 경중률은 관측거리에 반비례한다.

해설 관측값의 경중률은 관측거리에 반비례한다.

35. 그림과 같이 지성선 방향이나 주요한 방향의 여러 개 관측선에 대하여 A로부터의 거리와 높이를 관측하여 등고선을 삽입하는 방법은?

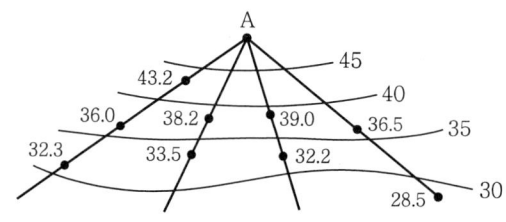

① 직접법 ② 횡단점법
③ 종단점법(기준점법) ④ 좌표점법(사각형 분할법)

해설 등고선의 측정방법 중 간접측정방법에는 방사절측법, 목측에 의한 방법, 방안법(좌표점고법, 모눈종이법), 기준점법(종단점법), 횡단점법이 있으며, 종단점법(기준점법)은 기지점에서부터 몇 개의 측선을 설정하고 그 선상의 지반고와 거리를 재고 등고선을 삽입하는 방법을 말한다.

36. 항공사진을 판독할 때 미리 알아두어야 할 조건이 아닌 것은?
① 카메라의 초점거리
② 촬영고도
③ 촬영 연월일 및 촬영시각
④ 도식기호

해설 항공사진의 판독은 사진면으로부터 얻어진 여러 가지 피사체의 정보를 목적에 따라 적절히 해석하는 기술로서 선행조건으로는 초점거리, 촬영고도, 촬영일 및 시간 등이 있다.

37. 사진면에 직교하는 광선과 연직선이 이루는 각을 2등분하는 광선이 사진면과 만나는 점은?
① 등각점
② 주점
③ 연직점
④ 수평점

해설 사진측량에서 사진상의 특수 3점으로는 주점, 연직점, 등각점이 있다.
- 주점 : 사진의 중심점으로 렌즈의 중심으로부터 화면상에 내린 수선의 발을 말한다.
- 연직점 : 렌즈의 중심으로부터 지표면에 내린 수선의 발로 지표면과 수직이다.
- 등각점 : 주점과 연직점을 2등분하여 교차하는 점을 말한다.

38. GNSS 오차 중 송신된 신호를 동기화하는 데 발생하는 시계오차와 전기적 잡음에 의한 오차는?
① 수신기 오차
② 위성의 시계 오차
③ 다중 전파경로에 의한 오차
④ 대기조건에 의한 오차

해설 GNSS 측량의 오차에는 크게 구조적 원인에 의한 오차, 위성의 배치 상황에 따른 오차(DOP), 선택적 가용성에 의한 오차(SA), 주파단절(Cycle Slip)이 있다. 구조적 원인에 의한 오차에는 위성시계 오차, 위성궤도 오차, 전리층과 대류층의 전파지연, 다중경로 오차 등이 있으며 보통 수신기에서 오차가 발생한다.

39. 지형도의 등고선에 대한 설명으로 옳지 않은 것은?
① 등고선의 표고수치는 평균해수면을 기준으로 한다.
② 한 장의 지형도에서 주곡선의 높이간격은 일정하다.
③ 등고선은 수준점 높이와 같은 정도의 정밀도가 있어야 한다.
④ 계곡선은 도면의 안팎에서 반드시 폐합한다.

해설 등고선의 성질
- 동일 등고선상에 있는 모든 점은 같은 높이이다.
- 등고선은 도면 내·외에서 폐합하는 폐곡선이다.
- 지도의 도면 내에서 폐합하는 경우 등고선의 내부에 산정 또는 분지가 있다.
- 높이가 다른 두 등고선은 동굴이나 절벽의 지형이 아닌 곳에서는 교차하지 않으며, 동굴이나 절벽은 반드시 두 점에서 교차한다.
- 동등한 경사의 지표에서 양 등고선의 수평거리는 같다.
- 같은 경사의 평면일 때는 나란히 직선이 된다.
- 최대 경사의 방향은 등고선과 직각으로 교차한다.
- 등고선은 경사가 급한 곳에서는 간격이 좁고 완만한 경사지는 넓다.
- 등고선은 분수선과 직각으로 만난다.

Answer   36. ④   37. ①   38. ①   39. ③

- 등고선의 수평거리는 산꼭대기 및 산 밑에서는 크고 산중턱에서는 작다.
- 등고선이 능선을 직각방향으로 횡단한 다음 능선의 다른 쪽을 따라 거슬러 올라간다.

40. 수준면(level surface)에 대한 설명으로 옳은 것은?
① 레벨의 시준면으로 고저각을 잴 때 기준이 되는 평면
② 지구상 어떤 점에서 지구의 중심 방향에 수직인 평면
③ 지구상 모든 점에서 중력의 방향에 직각인 곡면
④ 지구상 어떤 점에서 수평면에 접하는 평면

> **해설** 수준면은 어떤 한 면 위의 임의의 점에서 수선을 내려 그 방향이 지구의 중력 방향을 향하는 곡면을 말한다.

03 토지정보체계론

41. SQL의 특징에 대한 설명으로 옳지 않은 것은?
① 상호 대화식 언어이다.
② 집합단위로 연산하는 언어이다.
③ ISO 8211에 근거한 정보처리체계와 코딩규칙을 갖는다.
④ 관계형 DBMS에서 자료를 만들고 조회할 수 있는 도구이다.

> **해설** 국제표준화기구(ISO) 8211
> 자료 전송 구현(부호화 방법)을 지정하는 SDTS의 3개의 부분 중 세 번째 ISO 8211은 일반적인 목적의 매체독립 교환 표준이며, 이것의 가변길이 레코드들은 통신선을 포함하여, 이것을 수용할 수 있는 어떤 매체에도 쓰일 수 있다.

42. 지적도면 전산화 사업으로 생성된 지적도면 파일을 이용하여 지적업무를 수행할 경우의 장점으로 옳지 않은 것은?
① 지적측량성과의 효율적인 전산관리가 가능하다.
② 지적도면에서 신축에 따른 지적도의 변형이나 훼손 등의 오류를 제거할 수 있다.
③ 공간정보 분야의 다양한 주제도와 융합하여 새로운 콘텐츠를 생성할 수 있다.
④ 원시 지적도면의 정확도가 한층 높아져 지적측량성과의 정확도 향상을 기할 수 있다.

> **해설** 원시 지적도면을 전산화하여 지적도면 파일을 작성하므로 지적도면 파일은 원시 지적도면보다 정확도가 낮다.

43. 공간질의에 이용되는 연산방법 중 일반적인 분류에 포함되지 않는 것은?

① 공간연산
② 논리연산
③ 산술연산
④ 통계연산

해설 • 질의 : 사용자가 부여하는 조건에 따라 속성 데이터베이스에서 정보를 추출하는 것
• 공간질의 : 위치나 공간관계에 기초하여 지형물을 선정하는 과정으로서 사용자가 지도상에 위치한 사상의 속성이나 지도의 영상면출력(Display) 등을 찾는 것을 가능하게 하는 GIS의 기능이다.(예 도로의 300m 내의 모든 지형·지물을 검색해라.)

44. 메타데이터(metadata)에 대한 설명으로 옳은 것은?

① 수학적으로 데이터의 모형을 정의하는 데 필요한 구성요소다.
② 여러 변수 사이에 함수 관계를 설정하기 위하여 사용되는 매개 데이터를 말한다.
③ 데이터의 내용, 논리적 관계, 기초자료의 정확도, 경계 등 자료의 특성을 설명하는 정보의 이력서이다.
④ 토지정보시스템에 사용되는 GPS, 사진측량 등으로 얻은 위치자료를 데이터베이스화 한 자료를 말한다.

해설 메타데이터
데이터에 대한 정보로서 데이터의 내용, 품질, 조건 및 기타 특성에 대한 정보를 포함하는 정보의 이력서, 즉 데이터의 이력서라 할 수 있다.

45. 속성데이터에 해당하지 않는 것은?

① 지적도
② 토지대장
③ 공유지연명부
④ 대지권등록부

해설 속성데이터
대장의 등록사항으로서 토지소재, 지번, 지목, 행정구역, 면적, 소유권(변동사항, 공유자, 주민등록번호), 토지등급, 토지이동사항(합병, 분할, 신규등록, 등록전환) 등

46. 속성자료의 관리에 대한 설명으로 옳지 않은 것은?

① 속성테이블은 대표적으로 파일시스템과 데이터베이스 관리시스템으로 관리한다.
② 토지대장, 임야대장, 경계점좌표등록부 등과 같이 문자와 수치로 된 자료는 키보드를 사용하기 쉽고 편리하게 입력할 수 있다.
③ 데이터베이스 관리시스템으로 관리하는 것은 시스템이 비교적 간단하고 데이터베이스가 소규모일 때 사용하는 방법이다.
④ 속성자료를 입력할 때 입력자의 착오로 인한 오류가 발생할 수 있으므로 입력한 자료를 출력하여 재검토한 후 오류가 발견되면 수정하여야 한다.

Answer 43. ① 44. ③ 45. ① 46. ③

해설 속성데이터 개념
- 공간상에 객체와 관련 있는 특성에 대한 데이터(대상물의 성격이나 정보를 기술)
- 지적정보는 토지대장, 임야대장에 수록된 내용(토지소재, 지번, 지목 등)
- 공간데이터 내용적 유형별로 테이블을 구성(제공되는 정보는 문자형태로 저장)

47. 지적도 재작성 사업을 시행하여 지적도 독취자료를 이용하는 도면전산화의 추진년도는?

① 1975년   ② 1978년   ③ 1984년   ④ 1990년

해설
- 지적정보의 전산화는 모든 토지의 정보를 총괄적으로 집합 관리하기 위한 토지대장과 지적도면의 전산화를 추구하는 것으로 1977년 8월 지적전산화 기본계획을 확정하고 본격적으로 추진
- 1978년부터 총무처의 도움을 받아 지적기술연수원에 지적전산교육과정을 신설하여 지적전산화사업 추진을 위한 기반조성사업을 추진

48. 경위도 좌표계에 대한 설명으로 옳지 않은 것은?

① 지구타원체의 회전에 기반을 둔 3차원 구형좌표계이다.
② 횡측 메르카토르 투영을 이용한 2차원 평면좌표계이다.
③ 위도는 한 점에서 기준타원체의 수직선과 적도평면이 이루는 각으로 정의된다.
④ 본초자오선 면이 이루는 각으로 정의된다.

해설 경위도 좌표계
- 지구상의 절대적 위치를 표시하는 데 일반적으로 널리 쓰이는 3차원 구면좌표계
- 지구좌표계에서는 경도 λ와 위도 ϕ에 의한 좌표(λ, ϕ)로 수평위치를 나타낸다.
- 3차원의 지리좌표계를 2차원에 매핑하면 경위도선이 곡선이 아니라 직선으로 표시된다.
- TM(Transverse Mercartor)은 평면직각 좌표계의 대표적인 방식이며 원리는 원통도법에서 장축을 90° 회전 투영한 횡측 메카르토르 도법이다.

49. 지적전산자료의 이용 또는 활용 시 사용료를 면제할 수 있는 자는?

① 학생   ② 공기업   ③ 민간기업   ④ 지방자치단체

해설 지적전산자료의 이용 또는 활용에 관한 승인을 받은 자는 국토교통부령으로 정하는 사용료를 내야 한다. 다만, 국가나 지방자치단체에 대해서는 사용료를 면제한다.

50. 래스터 데이터의 각 행마다 왼쪽에서 오른쪽으로 진행하면서 동일한 수치를 갖은 값들을 묶어 압축하는 방식은?

① 블록코드   ② 사지수형   ③ 체인코드   ④ 런렝스코드

해설 연속 분할 코드(Run-Length Code) 방법

각 행마다 왼쪽에서 오른쪽으로 진행하면서 처음 시작하는 셀에서 끝나는 셀까지 동일한 수치값을 가지는 셀들을 묶어 압축시키는 방식

51. 디지타이징과 비교하여 스캐닝 작업이 갖는 특징에 대한 설명으로 옳은 것은?

① 스캐너는 장치운영 방법이 복잡하여 위상에 관한 정보가 제공된다.
② 스캐너로 읽은 자료는 디지털카메라로 촬영하여 얻은 자료와 유사하다.
③ 스캐너로 입력한 자료는 벡터자료로서 벡터라이징 작업이 필요하지 않다.
④ 디지타이징은 스캐닝 방법에 비해 자동으로 작업할 수 있으므로 작업속도가 빠르다.

해설 도형자료 입력
- 스캐너는 지도상의 모든 정보를 함께 신속하게 입력시킬 수 있으며 사람의 수작업을 최소화하는 이점이 있다.(장치운영 방법이 간단하고 이미지 정보를 제공)
- 스캐너를 이용하여 스캔한 이미지를 불러서 스크린상에서 디지타이징을 수행하는 기법으로 벡터라이징 작업을 수행하는 방법도 있다.
- 디지타이징 작업은 많은 시간과 주의를 필요로 하는 노동집약적인 작업이다.

52. 다음 ( ) 안에 들어갈 용어로 옳은 것은?

( )이란 국토교통부장관이 지적공부 및 부동산종합공부 정보를 전국 단위로 통합하여 관리·운영하는 시스템을 말한다.

① 국토정보시스템
② 지적행정시스템
③ 한국토지정보시스템
④ 부동산종합공부시스템

해설 국토정보시스템
- (구)국가공간정보센터 운영규정에서 정의하고 있음
- 공간정보데이터베이스를 관리·운영하는 전산조직
- 국가공간정보센터의 국토정보시스템을 이용할 경우는 사용자권한 등록신청서를 작성하여 국가공간정보센터장에게 제출하여야 함

53. 토지정보시스템(Land Information System) 운용에서 역점을 두어야 할 측면은?

① 민주성과 기술성
② 사회성과 기술성
③ 자율성과 경제성
④ 정확성과 신속성

해설 토지에 관한 제반 정보를 전산화하여 효율적으로 관리하는 데 목적이 있으므로 지적 관련 자료 및 민원이 신속·정확하게 처리되어야 한다.

54. 제6차 국가공간정보정책 기본계획의 계획기간으로 옳은 것은?

① 2010년~2015년
② 2013년~2017년
③ 2014년~2019년
④ 2018년~2022년

해설 제6차 국가공간정보정책 기본계획(2018~2022) 목표
- 데이터 활용 : 국민 누구나 편리하게 사용가능한 공간정보 생산과 개방
- 신산업 육성 : 개방형 공간정보 융합 생태계 조성으로 양질의 일자리 창출
- 국가경영 혁신 : 공간정보가 융합된 정책결정으로 스마트한 국가경영 실현

Answer 51. ② 52. ① 53. ④ 54. ④

55. 래스터 데이터의 설명으로 옳지 않은 것은?

① 데이터 구조가 간단하다.
② 격자로 표현하기 때문에 데이터 표출에 한계가 있다.
③ 데이터가 위상구조로 되어 있어 공간적인 상관성 분석에 유리하다.
④ 공간해상도를 높일 수 있으나 데이터의 양이 방대해지는 단점이 있다.

해설 벡터데이터
데이터가 위상구조로 되어 있어 공간적인 상관성 분석에 유리하다.

56. 시·군·구 단위의 지적전산자료를 활용하려는 자가 지적전산자료를 신청하여야 하는 곳은?(단, 자치구가 아닌 구를 포함한다.)

① 도지사
② 지적소관청
③ 국토교통부장관
④ 행정안전부장관

해설 지적공부에 관한 전산자료(지적전산자료)를 이용하거나 활용하려는 자는 국토교통부장관, 시·도지사 또는 지적소관청의 승인을 받아야 한다.
- 전국 단위의 지적전산자료 : 국토교통부장관, 시·도지사 또는 지적소관청
- 시·도 단위의 지적전산자료 : 시·도지사 또는 지적소관청
- 시·군·구(자치구가 아닌 구를 포함한다) 단위의 지적전산자료 : 지적소관청

57. 데이터베이스의 장점으로 옳지 않은 것은?

① 자료의 독립성 유지
② 여러 사용자의 동시 사용 가능
③ 초기 구축비용과 유지비가 저렴
④ 표준화되고 구조적인 자료 저장 가능

해설 데이터베이스 단점
- 비용 면에서 자료기반체계에 관한 소프트웨어와 이와 관련된 처리장비는 매우 고가이다.
- 부가적인 복잡성이 존재한다.
- 집중된 통제에 따른 위험이 존재한다.

58. 다음 중 필지중심토지정보시스템(PBLIS)의 구성 체계에 해당되지 않은 것은?

① 지적측량시스템
② 지적공부관리시스템
③ 토지거래관리시스템
④ 지적측량성과작성시스템

해설 PBLIS 구성
- 지적공부관리시스템 : 사용자권한관리/지적측량검사업무/토지이동관리/지적일반업무관리/창구민원관리/토지기록자료조회 및 출력/지적통계관리/정책정보관리 등
- 지적측량시스템 : 지적삼각점측량/지적삼각보조점측량/도근점측량/세부측량 등
- 지적측량성과작성시스템 : 토지이동지조서/측량준비도/측량결과도/측량성과도 등

59. 1970년대에 우리나라 정부가 지정한 지적전산화 업무의 최초 시행지역은?
① 서울 ② 대전 ③ 대구 ④ 부산

해설 토지기록전산화 제1차 시범사업
- 1978년 5월부터 1982년까지 5년간 대전시 중구와 동구 2개 구에서 추진
- 토지 · 임야대장 약 110천 필지에 대한 속성정보를 전산 입력

60. 래스터 데이터에 해당하는 파일은?
① TIF 파일 ② SHP 파일 ③ DGN 파일 ④ DWG 파일

해설 상용 래스터 자료 포맷
- BMP(Microsoft Windows Device Independent Bitmap)
- JPG(Joint Photographic experts Group)
- TIFF(Tagged Image File Format)
- ADRG(ARC Digital Raster Graphic), BSQ(Band SeQuential), BIL(Band Inerleaved by Line), BIP(Band Inerleaved by Pixel), ERDAS, IMAGINE, GRASS, JPEG, NIFF, RLC, BMP, TIFF, GeoTIFF

04 지적학

61. 적극적 지적제도의 특징이 아닌 것은?
① 토지의 등록은 의무화되어 있지 않다.
② 토지등록의 효력은 정부에 의하여 보장된다.
③ 토지등록상 문제로 인한 피해는 법적으로 보장된다.
④ 등록되지 않은 토지에는 어떤 권리도 인정될 수 없다.

해설 토지등록제도
1. 토지등록제도의 유형
    ① 날인증서등록제도
    ② 권원등록제도
    ③ 소극적 등록제도
    ④ 적극적 등록제도
    ⑤ 토렌스시스템(Torrens System)
2. 소극적 등록제도
    ① 일필지의 소유권이 거래되면서 발생하는 거래증서를 변경 · 등록하는 제도
    ② 거래행위에 따른 토지등록은 사유재산 양도증서의 작성, 거래증서의 작성으로 구분되며 등록의무는

Answer 59. ② 60. ① 61. ①

없고 신청에 의함
③ 토지등록부는 거래사항의 기록일 뿐 권리자체의 등록과 보장을 의미하지는 않음
④ 네덜란드, 영국, 프랑스, 미국의 일부 주에서 시행되며 오늘날 나라마다 보완되어 다양하게 변환된 형태로 나타남

3. 적극적 등록제도
① 토지등록은 일필지의 개념으로 법적 권리보장이 인증되고 국가에 의해 그러한 합법성과 효력이 발생
② 기본원칙
- 지적공부에 등록되지 않는 토지는 어떠한 권리도 인정받을 수 없음
- 등록은 강제적이고 의무적
- 지적측량 시행 후 토지등기가 가능
③ 선의의 제3자 보호 : 토지등록상의 문제로 인한 피해는 법적으로 보장되고 국가에 소송을 제기할 수 있으며, 보상도 받을 수 있음
④ 토렌스시스템은 적극적 등록주의의 발전된 형태

62. 경계점표지의 특성이 아닌 것은?

① 명확성 ② 안전성 ③ 영구성 ④ 유동성

해설 경계점표지는 영구보존성, 안전성, 식별용이성, 명확성, 확인용이성 등의 특성이 있어야 한다.

63. 1916년부터 1924년까지 실시한 임야조사사업에서 사정한 임야의 구획선은?

① 강계선(疆界線) ② 경계선(境界線)
③ 지계선(地界線) ④ 지역선(地域線)

해설 토지조사사업 및 임야조사사업 당시 경계선의 구분
- 강계선 : 사정선으로서, 토지조사사업 당시 확정된 소유자가 다른 토지 간의 경계선이며 강계선의 상대는 소유자와 지목이 다르다는 원칙이 성립
- 지역선 : 소유자가 같은 토지와의 구획선 또는 소유자를 알 수 없는 토지와의 구획선 및 토지조사사업의 시행지와 미시행지와의 지계선
- 경계선 : 임야조사사업 시의 사정선

64. 토지의 물권설정을 위해서는 물권객체의 설정이 필요하다. 물권객체 설정을 위한 지적의 가장 중요한 역할은?

① 면적측정 ② 지번설정 ③ 필지획정 ④ 소유권 조사

해설 필지는 법적으로 물권이 미치는 권리의 객체로서 토지에 대한 물권의 효력이 미치는 범위를 정하고, 거래단위로서 개별화·특정화시키기 위하여 인위적으로 구획한 법적 등록단위이다.

65. 초기에 부여된 지목명칭을 변경한 것으로 잘못된 것은?

① 공원지 → 공원 ② 분묘지 → 묘지
③ 사사지 → 사적지 ④ 운동장 → 체육용지

해설 지목 변천표

구분	토지조사사업 ~지세령 개정 전	지세령 개정 ~조선지세령 개정 전	조선지세령 개정 ~1차 지적법 전문 개정 전	1차 지적법 전문개정 ~2차 지적법 전문 개정 전	2차 지적법 전문개정 ~현재
시행 기간	1910~1917	1918~1942	1943~1975	1976~2001	2002~현재
지목 수	18개 지목	19개 지목	21개 지목	24개 지목	28개 지목
변천 과정	지목 창설 전, 답, 대, 지소, 임야, 잡종지, 사사지, 분묘지, 공원지, 철도용지, 수도용지, 도로, 하천, 구거, 제방, 성첩, 철도선로, 수도선로	1개지목 신설 유지	2개지목 신설 염전, 광천지	• 6개지목 신설 과수원, 목장용지, 공장용지, 학교용지, 운동장, 유원지 • 3개지목 통폐합 철도용지+철도선로→철도용지 수도용지+수도선로→수도용지 유지+지소→유지 • 5개지목 명칭변경 공원지→공원 사사지→종교용지 성첩→사적지 분묘지→묘지 운동장→체육용지	4개지목 신설 주차장, 주유소용지, 창고용지, 양어장

66. 지적의 원리 중 지적활동의 정확성을 설명한 것으로 옳지 않은 것은?

① 서비스의 정확성 - 기술의 정확도
② 토지현황조사의 정확성 - 일필지 조사
③ 기록과 도면의 정확성 - 측량의 정확도
④ 관리·운영의 정확성 - 지적조직의 업무분화 정확도

해설 현대지적의 원리
• 지적의 일반적 원리 : 공기능성, 민주성, 능률성, 정확성
• 정확성의 원리 : 정확성은 조사항목에 대한 정확도를 나타내며, 토지현황조사의 정확성은 일필지 조사, 기록과 도면의 정확성은 측량의 정확도, 관리와 운영의 정확성는 지적조직의 업무분화의 정확도와 관련된다.

67. 다음 토지경계를 설명한 것으로 옳지 않은 것은?

① 토지경계에는 불가분의 원칙이 적용된다.
② 공부에 등록된 경계는 말소가 불가능하다.
③ 토지경계는 국가기관인 소관청이 결정한다.
④ 지적공부에 등록된 필지의 구획선을 말한다.

해설 지적공부에 등록된 경계는 합병, 바다가 된 토지의 등록말소 등의 사유로 말소가 가능하다.

Answer 66. ① 67. ②

68. 우리나라의 현행 지적제도에서 채택하고 있는 지목설정 기준은?

① 용도지목 ② 자연지목 ③ 지형지목 ④ 토성지목

해설 우리나라는 「공간정보의 구축 및 관리 등에 관한 법률」 제2조(용어의 정의) 제24호에서 "지목"이란 토지의 주된 용도에 따라 토지의 종류를 구분하여 지적공부에 등록한 것을 말한다고 규정함으로써 토지의 현실적 용도에 따라 결정한 지목인 용도지목제도를 채택하고 있다.

69. 토렌스 시스템(Torrens System)이 창안된 국가는?

① 영국 ② 프랑스 ③ 네덜란드 ④ 오스트레일리아

해설 토렌스 시스템의 개념
- 적극적 등록제도의 발전된 형태로서 오스트레일리아의 Robert Torrens경에 의하여 창안
- 토지의 권원을 등록함으로써 토지등록의 완전성을 추구하고 선의의 제3자를 완벽하게 보호하는 것을 목표로 함
- 법률적으로 토지의 권리를 확인하는 대신 토지의 권원(title)을 등록하는 제도

70. 1필지로 정할 수 있는 기준에 해당하지 않는 것은?

① 지번부여지역의 토지로서 용도가 동일한 토지
② 지번부여지역의 토지로서 지가가 동일한 토지
③ 지번부여지역의 토지로서 지반이 동일한 토지
④ 지번부여지역의 토지로서 소유자가 동일한 토지

해설 일필지의 성립요건
- 지번부여 지역이 동일할 것
- 소유자가 동일할 것
- 지목이 동일할 것
- 지반이 연속되어 있을 것
- 소유권 이외의 권리가 같을 것
- 지적공부의 축척이 동일할 것
- 등기여부가 같을 것

71. 지적의 실체를 구체화시키기 위한 법률행위를 담당하는 토지등록의 주체는?

① 지적소관청 ② 지적측량업자
③ 행정안전부장관 ④ 한국국토정보공사장

해설 토지등록의 주체와 객체
1. 등록주체
   - 토지를 지적공부에 등록하는 지적소관청
   - 국가기관으로서의 시장·군수·구청장
   - 지적국정주의 채택

Answer 68. ① 69. ④ 70. ② 71. ①

2. 등록객체
- 통치권이 미치는 모든 영토
- 한반도와 그 부속도서
- 직권등록주의(등록강제주의)를 채택

72. 지적의 3요소와 가장 거리가 먼 것은?

① 공부　　　② 등기　　　③ 등록　　　④ 토지

해설 지적의 3대 구성요소(내부요소)
1. 광의적 개념
   - 소유자(Person) : 토지를 소유할 수 있는 권리의 주체로서 소유권 및 기타 권리를 갖는 자를 말하며 자연인, 법인, 사단, 재단, 종중, 지방자치단체, 국가 등이 포함
   - 권리(Right) : 토지를 소유할 수 있는 법적 권리로서 토지의 사용, 수익, 처분이 가능한 토지의 소유권과 저당권, 지역권, 지상권, 임차권 등의 기타 권리
   - 필지(Parcel) : 법적으로 물권이 미치는 권리의 객체인 필지는 토지의 등록단위, 소유단위, 이용단위가 됨
2. 협의적 개념
   - 토지 : 지적제도는 토지를 대상으로 성립하고 일필지로 등록하며 그 대상과 범위는 국토의 개념과 같음
   - 등록 : 토지의 물권을 객체화하기 위해 일정한 기준의 등록단위를 정해 일정사항(토지소재, 지번, 지목, 경계, 면적 등)을 등록하는 법률행위로서 모든 토지는 공부에 등록함으로써 법률적인 효력이 발생
   - 공부 : 공부는 토지를 구획하여 일정사항을 기록한 공적장부로서 그 형식과 규격을 법으로 정하며 국가는 항상 이를 일정한 장소에 비치하여 국민이 활용할 수 있도록 함

73. 조선시대 양전의 개혁을 주장한 학자가 아닌 사람은?

① 이기　　　② 김응원　　　③ 서유구　　　④ 정약용

해설 양전개정론의 개념
1. 양전개정론의 대두 배경
   - 19세기 전후 과세 평준을 위한 양전법 개정의 주장이 이익, 정약용, 서유구, 이기 등의 실학자들에서 대두
   - 이들은 결부제를 폐지하고 경무법으로 개정해야 하며, 객관적인 새로운 방량법으로 양전법을 개정해야 한다고 주장
2. 양전개정론을 주장한 학자와 저서
   - 정약용의 「목민심서(牧民心書)」
   - 서유구의 「의상경계책(擬上經界策)」
   - 이기의 「해학유사(海鶴遺事)」

74. 공훈의 차등에 따라 공신들에게 일정한 면적의 토지를 나누어 준 것으로, 고려시대 토지제도 정비의 효시가 된 것은?

① 정전   ② 공신전   ③ 관료전   ④ 역분전

해설 역분전(役分田)은 940년(태조 23년) 관직이나 관계(官階)에 관계없이 태조가 고려 건국에 공을 세운 공신, 군인들을 대상으로 공로에 따라 차등을 두어 지급한 토지로서, 신라시대의 문무관료전(文武官僚田)을 계승한 것이며, 고려시대 토지분급제도인 전시과의 선구가 되었다.

75. 오늘날 지적측량의 방법과 절차에 대하여 엄격한 법률적인 규제를 가하는 이유로 가장 옳은 것은?

① 측량기술의 발전   ② 기술적 변화 대처
③ 법률적인 효력 유지   ④ 토지등록정보 복원유지

해설 지적측량의 정의와 성격
1. 지적측량의 정의
   - 지적측량이란 토지에 대한 물권이 미치는 한계를 밝히기 위한 측량
   - 토지를 지적공부에 등록하거나 지적공부에 등록된 경계점을 지상에 복원하기 위하여 소관청이 직권 또는 이해관계인의 신청에 의하여 각 필지의 경계 또는 좌표와 면적을 정하는 측량
2. 지적측량의 성격
   - 기속측량 : 지적측량은 그 측량방법을 법률로써 정하고 법률로 정해진 규정에 따라 행하는 측량
   - 사법측량 : 지적측량은 토지에 대한 물권이 미치는 범위, 위치, 수량을 결정하고 보장하는 측량
   - 지적측량은 기술적 측면에서 경계복원의 능력을 가지며 공적 장부인 지적공부에 의해서만 가능
   - 국가는 지적측량성과를 등록하여 영구적으로 계속적인 효력을 발생시킬 수 있어야 함

76. 다음 중 임야조사사업 당시 도지사가 사정한 경계 및 소유자에 대해 불복이 있을 경우 사정 내용을 번복하기 위해 필요하였던 처분은?

① 임야심사위원회의 재결   ② 관할 고등법원의 확정판결
③ 고등토지조사위원회의 재결   ④ 임시토지조사국장의 재사정

해설 임야조사사업의 사정
1. 개념 : 임야조사사업의 사정은 토지조사사업에서 제외된 임야와 임야 내에 개재된 임야 이외의 토지에 대한 행정처분
2. 사정기관
   - 사정권자 : 도지사
   - 조사 및 측량기관 : 부 또는 면
3. 사정의 대상
   - 사정의 대상은 소유자 및 경계
   - 임야조사서와 임야도에 의함
4. 사정의 절차
   - 사정은 30일간 공시
   - 불복하는 자는 공시기간 만료 후 60일 이내에 임야조사위원회에 재결을 요청

Answer 74. ④ 75. ③ 76. ①

77. 다음 중 지적제도의 발전단계별 분류상 가장 먼저 발생한 것으로 원시적인 지적제도라고 할 수 있는 것은?

① 법지적 ② 세지적 ③ 정보지적 ④ 다목적지적

해설 지적의 분류
1. 지적제도의 분류방법
    - 발전과정에 따른 분류 : 세지적, 법지적, 다목적지적
    - 표시방법(측량방법)에 따른 분류 : 도해지적, 수치지적
    - 등록대상(등록방법)에 따른 분류 : 2차원, 3차원
2. 발전과정에 따른 지적의 분류
    - 세지적(Fiscal Cadastre) : 농경시대에 개발된 최초의 지적제도로서 세금의 징수를 주목적으로 하고 과세지적이라 하며, 필지별 세액산정을 위해 면적본위로 운영
    - 경제지적(Economic Cadastre) : 도시계획이나 농지개량사업의 기초가 되는 지적제도로서 유사지적이라고도 함
    - 법지적(Legal Cadastre) : 산업화시대(17세기 유럽)에 개발된 제도로서 토지거래의 안전과 소유권보호를 주목적으로 하고 소유권지적이라 하며, 소유권의 한계설정과 경계의 복원을 강조하는 위치본위로 운영
    - 다목적지적(Multi-purpose Cadastre) : 토지의 각종 등록 자료의 관리 및 공급으로 토지이용의 효율성을 추구하는 제도로서 종합지적 또는 통합지적이라 하며, 컴퓨터시스템으로 운영할 때 가능한 종합적 토지정보시스템

78. 토지의 소유권 객체를 확정하기 위하여 채택한 근대적인 기술은?

① 지적측량 ② 지질분석 ③ 지형조사 ④ 토지가격평가

해설 지적측량은 물권을 확정하여 지적공부에 등록공시하고, 공시된 물권을 현지에 복원함으로써 관념적인 소유권을 실체적으로 특정하여 물권의 소재를 명확히 하는 데 그 목적이 있다.

79. 토지조사사업 당시 도로, 하천, 구거, 제방, 성첩, 철도선로, 수도선로를 조사 대상에서 제외한 주된 이유는?

① 측량작업의 난이 ② 소유자 확인 불명
③ 강계선 구분 불가능 ④ 경제적 가치의 희소

해설 토지조사사업 당시 불조사지
1. 불조사의 규정
    - 토지조사법 및 토지조사령에 도로, 하천, 구거, 제방, 성첩, 철도선로, 수도선로 등의 토지는 지번을 부여하지 않을 수 있다고 규정
    - 임시토지조사국 조사규정에는 도로, 구거, 제방, 성첩, 철도선로 및 수도선로로서 민유의 신고가 없는 토지 및 하천 호해(湖海)에 대하여는 소유권조사를 할 필요가 없다고 규정
    - 이들 별도의 측량을 실시하지 않고 전, 답, 대 등의 토지를 측량하고 남아 있는 부분이 도로, 하천, 구거 등이 된 것이었으며 세부측량원도나 지적도에 지목만 표시
2. 불조사의 원인
    - 토지가 과세 등 아무런 경제적 이권이 없고 면적측정 등 노력이 요구되기 때문

Answer 77. ② 78. ① 79. ④

- 예산, 인원 등에 비추어 경제적 가치가 없는 토지는 조사대상에서 제외
- 기타 특수한 사정에 의하여 조사대상에서 제외

80. 미등기 토지를 등기부에 개설하는 보존등기를 할 경우에 소유권에 관하여 특별한 증빙서로 하고 있는 것은?

① 공증증서
② 토지대장
③ 토지조사부
④ 등기공무원의 조사서

해설 지적과 등기의 관계
- 등기와 등록대상이 동일토지라는 점에서 밀접한 관계이다.
- 등기와 등록에 있어서 그 목적물의 표시 및 소유권의 표시는 항상 부합되어야 한다.
- 등기에 있어서 토지 표시에 관한 사항은 지적공부, 등록의 경우 소유권에 관한 사항은 등기부를 기초로 한다.
- 단, 미등기 토지의 소유자 표시에 관한 사항은 지적공부를 기초로 한다.

05 지적관계법규

81. 지적측량수행자가 손해배상책임을 보장하기 위하여 보증보험에 가입하여야 하는 금액 기준으로 옳은 것은?

① 지적측량업자 : 5천만 원 이상, 한국국토정보공사 : 5억 원 이상
② 지적측량업자 : 5천만 원 이상, 한국국토정보공사 : 10억 원 이상
③ 지적측량업자 : 1억 원 이상, 한국국토정보공사 : 10억 원 이상
④ 지적측량업자 : 1억 원 이상, 한국국토정보공사 : 20억 원 이상

해설 지적측량수행자가 손해배상책임을 보장하기 위하여 보증보험에 가입하여야 하는 금액
- 지적측량업자 : 보장기간이 10년 이상이고 보증금액이 1억 원 이상인 보증보험
- 한국국토정보공사 : 보증금액이 20억 원 이상인 보증보험

82. 아래 내용 중 ( ) 안에 공통으로 들어갈 용어로 옳은 것은?

- ( )을 하는 경우 필지별 경계점은 지적기준점에 따라 측정하여야 한다.
- 도시개발사업 등으로 ( )을 하려는 지역에 임야도를 갖춰 두는 지역의 토지가 있는 경우에는 등록전환을 하지 아니할 수 있다.

① 등록전환측량
② 신규등록측량
③ 지적확정측량
④ 축척변경측량

[해설] 지적확정측량
- 지적확정측량을 하는 경우 필지별 경계점은 위성기준점, 통합기준점, 삼각점, 지적삼각점, 지적삼각보조점 및 지적도근점에 따라 측정하여야 한다.
- 지적확정측량을 할 때에는 미리 사업계획도와 도면을 대조하여 각 필지의 위치 등을 확인하여야 한다.
- 도시개발사업 등으로 지적확정측량을 하려는 지역에 임야도를 갖춰 두는 지역의 토지가 있는 경우에는 등록전환을 하지 아니할 수 있다.

83. 공간정보의 구축 및 관리 등에 관한 법률에서 정하는 지목의 종류에 해당하지 않는 것은?
① 광장
② 주차장
③ 철도용지
④ 주유소용지

[해설] 지목의 종류
전, 답, 과수원, 목장용지, 임야, 광천지, 염전, 대, 공장용지, 학교용지, 주차장, 주유소용지, 창고용지, 도로, 철도용지, 제방, 하천, 구거, 유지, 양어장, 수도용지, 공원, 체육용지, 유원지, 종교용지, 사적지, 묘지, 잡종지

84. 지적전산자료를 이용하고자 하는 자가 신청서에 기재할 사항이 아닌 것은?
① 자료의 이용 시기
② 자료의 범위 및 내용
③ 자료의 이용목적 및 근거
④ 자료의 보관기관 및 안전관리대책

[해설] 지적전산자료 신청 시 기재사항
- 자료의 이용 또는 활용 목적 및 근거
- 자료의 범위 및 내용
- 자료의 제공 방식, 보관 기관 및 안전관리 대책 등

85. 면적측정의 대상 및 방법 등에 대한 설명으로 옳지 않은 것은?
① 지적공부의 복구 및 축척변경을 하는 경우 필지마다 면적을 측정하여야 한다.
② 좌표면적계산법에 의한 산출면적은 1,000분의 $1m^2$까지 계산하여 $1m^2$ 단위로 정한다.
③ 지적공부의 등록사항에 잘못이 있어 면적 또는 경계를 정정하는 경우 필지마다 면적을 측정하여야 한다.
④ 도시개발사업 등으로 인한 토지의 이동에 따라 토지의 표시를 새로이 결정하는 경우 필지마다 면적을 측정하여야 한다.

[해설] 1. 면적측정의 대상
- 지적공부를 복구, 신규등록, 등록전환, 분할 및 축척변경을 하는 경우
- 등록사항 정정에 따라 면적 또는 경계를 정정하는 경우
- 도시개발사업 등으로 인한 토지의 이동에 따라 토지의 표시를 새로 결정하는 경우
- 경계복원측량 및 지적현황측량에 면적측정이 수반되는 경우
※ 경계복원측량과 지적현황측량을 하는 경우에는 필지마다 면적을 측정하지 아니한다.

Answer 83. ① 84. ① 85. ②

2. 면적측정의 절차
   - 세부측량 시 필지마다 면적을 측정함
   - 필지별 면적측정은 좌표면적계산법, 전자면적계법에 의함
   - 도곽선에 0.5mm 이상의 신축 시 보정
3. 좌표면적계산법에 의한 면적측정
   - 경위의측량방법으로 세부측량을 한 지역의 필지별 면적측정은 경계점 좌표에 따를 것
   - 산출면적은 1천분의 1제곱미터까지 계산하여 10분의 1제곱미터 단위로 정할 것
4. 전자면적측정기에 따른 면적측정
   - 도상에서 2회 측정하여 그 교차가 다음 계산식에 따른 허용면적 이하일 때에는 그 평균치를 측정면적으로 할 것
   $$A = 0.023^2 M\sqrt{F}$$
   여기서, A : 허용면적, M : 축척분모, F : 2회 측정한 면적의 합계를 2로 나눈 수
   - 측정면적은 1천분의 1제곱미터까지 계산하여 10분의 1제곱미터 단위로 정할 것

86. 지적측량수행자가 지적소관청으로부터 측량성과에 대한 검사를 받지 아니하는 것으로만 나열된 것은?(단, 지적공부를 정리하지 아니하는 측량으로서 국토교통부령으로 정하는 측량의 경우를 말한다.)

① 등록전환측량, 분할측량
② 경계복원측량, 지적현황측량
③ 신규등록측량, 지적확정측량
④ 축척변경측량, 등록사항정정측량

해설 지적측량 성과검사
1. 검사대상 : 지적측량
2. 지적측량의 종류
   ① 지적기준점을 정하는 경우
   ② 지적측량성과를 검사하는 경우
   ③ 지적공부를 복구하는 경우
   ④ 등록전환하는 경우
   ⑤ 토지를 분할하는 경우
   ⑥ 바다가 된 토지의 등록을 말소하는 경우
   ⑦ 축척을 변경하는 경우
   ⑧ 지적공부의 등록사항을 정정하는 경우
   ⑨ 도시개발사업 등의 시행지역에서 토지의 이동이 있는 경우
   ⑩ 경계점을 지상에 복원하는 경우
   ⑪ 지적공부의 정리를 요하지 아니한 측량(경계복원측량, 지적현황측량)
      - 경계복원측량 : 경계점을 지표상에 복원하기 위한 측량
      - 지적현황측량 : 지상건축물등의 현황을 지적도 및 임야도에 등록된 경계와 대비하여 표시

87. 경계점좌표등록부에 등록된 토지의 면적이 110.55m²로 산출되었다면 토지대장상 결정면적은?

① 110m²
② 110.5m²
③ 111m²
④ 110.6m²

해설 면적의 결정방법
1. 면적의 단위 : 면적의 단위는 제곱미터로 한다.
2. 오사오입의 원칙
   • 경계점좌표등록부에 등록하는 지역 및 축척 1/600 지역 : 0.05m² 초과는 올리고, 미만은 버리며, 0.05m²인 경우에는 홀수만 올림
   • 축척 1/1000~1/6000 지역 : 0.5m² 초과는 올리고, 미만은 버리며, 0.5m²인 경우에는 홀수만 올림
3. 면적의 최소등록단위
   • 축척 1/500~1/600, 경계점좌표등록부에 등록하는 지역 : 0.1m²
   • 축척 1/1000~1/6000 지역 : 1m²

88. 일람도 및 지번색인표의 등재사항 중 공통으로 등재해야 하는 사항은?

① 도면번호
② 도곽선 수치
③ 도면의 축척
④ 주요 지형·지물의 표시

해설 1. 일람도 등록사항
   • 지번부여지역의 경계 및 인접지역의 행정구역명칭
   • 도면의 제명 및 축척
   • 도곽선과 그 수치
   • 도면번호
   • 도로·철도·하천·구거·유지·취락 등 주요 지형·지물의 표시
2. 지번색인표 등록사항
   • 제명
   • 지번·도면번호 및 결번

89. 지적공부의 등록사항 중 토지소유자에 관한 사항을 정정할 경우 다음 중 어느 것을 근거로 정정하여야 하는가?

① 토지대장
② 등기신청서
③ 매매계약서
④ 등기사항증명서

해설 토지소유자에 관한 등록사항의 정정
   • 등기필증, 등기완료통지서, 등기사항증명서 또는 등기관서에서 제공한 등기전산정보자료에 따라 정정
   • 미등기 토지에 대하여 토지소유자의 성명 또는 명칭, 주민등록번호, 주소 등에 관한 사항의 정정을 신청한 경우로서 그 등록사항이 명백히 잘못된 경우에는 가족관계 기록사항에 관한 증명서에 따라 정정

90. 다음 토지소유자협의회에 대한 설명으로 옳지 않은 것은?

① 토지소유자협의회에서는 경계결정위원회 위원의 추천도 할 수 있다.
② 토지소유자협의회는 위원장을 포함한 5명 이상 20명 이하의 위원으로 구성한다.
③ 토지소유자협의회 위원은 그 사업지구에 주소를 두고 있는 토지의 소유자이어야 한다.
④ 사업지구의 토지소유자 총수의 2분의1 이상과 토지면적 2분의 1 이상에 해당하는 토지소유자의 동의를 받아 구성할 수 있다.

Answer 88. ① 89. ④ 90. ③

해설 | 토지소유자협의회
1. 토지소유자협의회 구성
   - 사업지구의 토지소유자는 토지소유자 총수의 2분의 1 이상과 토지면적 2분의 1 이상에 해당하는 토지소유자의 동의를 받아 토지소유자협의회를 구성
   - 위원장을 포함한 5명 이상 20명 이하의 위원으로 구성
   - 토지소유자협의회의 위원은 그 사업지구에 있는 토지의 소유자이어야 하며, 위원장은 위원 중에서 호선
2. 토지소유자협의회 기능
   - 지적소관청에 대한 우선사업지구의 신청
   - 토지현황조사에 대한 입회
   - 임시경계점표지 및 경계점표지의 설치에 대한 입회
   - 조정금 산정기준에 대한 의견 제출
   - 경계결정위원회 위원의 추천

91. 지적재조사 경계설정의 기준으로 옳은 것은?

① 지방관습에 의한 경계로 설정한다.
② 지상경계에 대하여 다툼이 있는 경우 토지소유자가 점유하는 토지의 현실경계로 설정한다.
③ 지상경계에 대하여 다툼이 없는 경우 등록할 때의 측량기록을 조사한 경계로 설정한다.
④ 관계 법령에 따라 고시되어 설치된 공공용지의 경계는 현실경계에 따라 변경한다.

해설 | 지적재조사 경계설정의 기준
- 「도로법」, 「하천법」 등 관계 법령에 따라 고시되어 설치된 공공용지의 경계
- 지상경계에 대하여 다툼이 없는 경우 토지소유자가 점유하는 토지의 현실경계
- 지상경계에 대하여 다툼이 있는 경우 등록할 때의 측량기록을 조사한 경계
- 지방관습에 의한 경계
- 예외적으로 토지소유자 간 합의한 경계

92. 다음 중 지목변경 대상 토지가 아닌 것은?

① 토지의 용도가 변경된 토지
② 건축물의 용도가 변경된 토지
③ 공유수면 매립 후 신규등록할 토지
④ 토지의 형질변경 등 공사가 준공된 토지

해설 | 지목변경 신청대상
1. 관계법령에 따른 토지의 형질변경 등의 공사가 준공된 경우
2. 토지나 건축물의 용도가 변경된 경우
3. 예외(지목변경 없이 등록전환할 수 있는 토지)
   - 대부분의 토지가 등록전환되어 나머지 토지를 임야도에 계속 존치하는 것이 불합리한 경우
   - 임야도에 등록된 토지가 사실상 형질변경되었으나 지목변경을 할 수 없는 경우
   - 도시관리계획선에 따라 토지를 분할하는 경우

93. 공간정보의 구축 및 관리 등에 관한 법령상 지적측량업의 등록을 하려는 자가 신청서에 첨부하여 제출하여야 하는 서류에 해당하지 않는 것은?

① 보유하고 있는 자산 내역서
② 보유하고 있는 장비의 명세서
③ 보유하고 있는 장비의 성능검사서 사본
④ 보유하고 있는 인력에 대한 기량기술경력증명서

해설 지적측량업 등록 신청서에 첨부하여야 할 서류
1. 기술인력을 갖춘 사실을 증명하기 위한 서류
   - 보유하고 있는 측량기술자의 명단
   - 인력에 대한 측량기술 경력증명서
2. 장비를 갖춘 사실을 증명하기 위한 서류
   - 보유하고 있는 장비의 명세서
   - 장비의 성능검사서 사본
   - 소유권 또는 사용권을 보유한 사실을 증명할 수 있는 서류

94. 중앙지적위원회의 구성에 대한 설명으로 옳은 것은?

① 위원장 및 부위원장을 포함한 모든 위원의 임기는 2년으로 한다.
② 위원은 지적에 관한 학식과 경험이 풍부한 공무원으로 임명 또는 위촉한다.
③ 위원장 및 부위원장 각 1명을 포함하여 5명 이상 20명 이내의 위원으로 구성한다.
④ 중앙지적위원회의 간사는 국토교통부의 지적업무 담당 공무원 중에서 국토교통부장관이 임명한다.

해설 중앙지적위원회 구성
- 위원장, 부위원장 각 1명을 포함하여 5명 이상 10명 이하의 위원으로 구성
- 위원장은 국토교통부 지적업무 담당국장, 부위원장은 국토교통부 지적업무 담당과장으로 구성
- 위원은 지적에 관한 학식과 경험이 풍부한 자 중에서 국토교통부장관이 임명하거나 위촉하며, 임기는 2년
- 중앙지적위원회의 간사는 국토교통부의 지적업무 담당 공무원 중에서 국토교통부장관이 임명하며, 회의 준비, 회의록 작성 및 회의 결과에 따른 업무 등 중앙지적위원회의 서무를 담당

95. 첫 문자를 지목의 부호로 정하지 않는 것으로만 구성된 것은?

① 공장용지, 주차장, 하천, 유원지
② 주유소용지, 하천, 유원지, 공원
③ 유지, 공원, 주유소용지, 학교용지
④ 학교용지, 공장용지, 수도용지, 주차장

해설 지목의 표기방법
- 지목을 지적도 및 임야도에 등록하는 때에는 두문자 또는 차문자로 표기한다.
- 하천, 유원지, 공장용지, 주차장은 차문자로 표기한다.(하천→천, 유원지→원, 공장용지→장, 주차장→차)

Answer 93. ① 94. ④ 95. ①

지목	부호	지목	부호
전	전	철도용지	철
답	답	제방	제
과수원	과	하천	천
목장용지	목	구거	구
임야	임	유지	유
광천지	광	양어장	양
염전	염	수도용지	수
대	대	공원	공
공장용지	장	체육용지	체
학교용지	학	유원지	원
주차장	차	종교용지	종
주유소용지	주	사적지	사
창고용지	창	묘지	묘
도로	도	잡종지	잡

96. 토지 등의 출입 등에 따른 손실이 발생하였으나 협의가 성립되지 아니한 경우, 손실을 보상할 자 또는 손실을 받은 자가 재결을 신청할 수 있는 주체는?

① 시·도지사
② 국토교통부장관
③ 행정안전부장관
④ 관할 토지수용위원회

해설 토지수용 및 손실보상
1. 토지수용 및 사용
   ① 국토교통부장관은 기본측량을 실시하기 위하여 필요하다고 인정하는 경우에는 토지, 건물, 나무 그 밖의 공작물을 수용하거나 사용
   ② 수용 또는 사용 및 손실보상에 관하여는 공익사업을 위한 토지 등의 취득 및 보상에 관한 법률을 적용
2. 손실보상
   ① 손실보상 대상 : 측량기준점을 설치 또는 토지의 이동을 조사하기 위하여 타인의 토지 등에 출입하거나 일시 사용한 경우로서 장애물을 변경하거나 제거한 경우
   ② 손실보상자 : 행위를 한 자
   ③ 손실보상액 결정 및 이의신청 등
      • 손실을 보상할 자와 손실을 받을 자가 협의하여 보상액을 결정
      • 손실을 보상할 자와 손실을 받을 자가 협의가 성립되지 아니하거나 협의를 할 수 없는 때에는 관할 토지수용위원회에 재결을 신청
   ④ 재결에 불복이 있는 자 : 관할토지수용위원회의 재결에 불복하는 자는 재결서 정본을 송달받은 날부터 30일 이내에 중앙토지수용위원회에 이의를 신청
   ⑤ 토지수용위원회 재결 : "공익사업을 위한 토지 등의 취득 및 보상에 관한 법률" 준용

97. 공간정보의 구축 및 관리 등에 관한 법률상 지적측량업자의 지위를 승계한 자는 그 승계 사유가 발생한 날부터 며칠 이내에 대통령령으로 정하는 바에 따라 신고하여야 하는가?

① 10일
② 20일
③ 30일
④ 60일

해설 지적측량업자의 지위 승계
- 지적측량업자가 그 사업을 양도하거나 사망한 경우 또는 법인인 측량업자의 합병이 있는 경우에는 그 사업의 양수인·상속인 또는 합병 후 존속하는 법인이나 합병에 따라 설립된 법인은 종전의 측량업자의 지위를 승계
- 측량업자의 지위를 승계한 자는 그 승계 사유가 발생한 날부터 30일 이내에 시·도지사에게 신고

98. 도시개발사업 등의 지번부여 방법과 동일하게 준용하여 지번을 부여하는 때가 아닌 것은?

① 지번부여지역의 지번을 변경할 때
② 등록전환에 의해 지번을 부여할 때
③ 축척변경 시행지역의 필지에 지번을 부여할 때
④ 행정구역 개편에 따라 새로 지번을 부여할 때

해설 1. 지적확정측량을 실시한 지역의 지번부여
  ① 사업지역 내 편입된 토지 중 본번만으로 부여
  ② 종전 지번의 수가 새로 부여할 지번의 수보다 적을 때에는 블록단위로 하나의 본번을 부여한 후 필지별로 부번을 부여하거나 최종본번 다음 순번부터 본번으로 하여 지번을 부여
2. 지번부여지역의 지번변경, 행정구역 개편에 따라 새로 지번 부여, 축척변경 시행지역의 필지에 지번 부여는 지적확정측량을 실시한 지역의 지번부여를 준용할 것
3. 신규등록, 등록전환에 따른 지번 부여
  ① 신규등록, 등록전환의 경우 당해 지번부여지역 내 인접토지의 본번에 부번을 붙여서 부여
  ② 지번부여지역의 최종 본번의 다음 순번부터 본번으로 하여 순차적으로 지번을 부여할 수 있는 경우
    - 대상토지가 그 지번부여지역의 최종 지번의 토지에 인접하여 있는 경우
    - 대상토지가 이미 등록된 토지와 멀리 떨어져 있어서 등록된 토지의 본번에 부번을 부여하는 것이 불합리한 경우
    - 대상토지가 여러 필지로 되어 있는 경우

99. 지적업무처리규정에 따른 도곽선의 제도 방법으로 옳지 않은 것은?

① 도면의 위 방향은 항상 북쪽이 되어야 한다.
② 도면에 등록하는 도곽선은 0.1mm의 폭으로 제도한다.
③ 지적도의 도곽크기는 가로 30cm, 세로 40cm의 직사각형으로 한다.
④ 이미 사용하고 있는 도면의 도곽크기는 종전에 구획되어 있는 도곽과 그 수치로 한다.

해설 도곽선의 제도
- 도면의 위 방향은 항상 북쪽이 되어야 한다.
- 지적도의 도곽 크기는 가로 40센티미터, 세로 30센티미터의 직사각형으로 한다.
- 도곽의 구획은 좌표의 원점을 기준으로 하여 정하되, 그 도곽의 종횡선수치는 좌표의 원점으로부터 기산하여 종횡선수치를 각각 가산한다.
- 이미 사용하고 있는 도면의 도곽크기는 종전에 구획되어 있는 도곽과 그 수치로 한다.
- 도면에 등록하는 도곽선은 0.1밀리미터의 폭으로, 도곽선의 수치는 도곽선 왼쪽 아랫부분과 오른쪽 윗부분의 종횡선교차점 바깥쪽에 2밀리미터 크기의 아라비아숫자로 제도한다.

100. 지적업무처리규정상 지적측량성과검사 시 기초측량의 검사항목으로 옳지 않은 것은?

① 기지점사용의 적정여부
② 관측각 및 거리측정의 정확여부
③ 관계법령의 분할제한 등의 저촉 여부
④ 지적기준점성과와 기지경계선과의 부합여부

> **해설** 지적측량성과의 검사항목
> 1. 기초측량
>   - 기지점사용의 적정여부
>   - 지적기준점설치망 구성의 적정여부
>   - 관측각 및 거리측정의 정확여부
>   - 계산의 정확여부
>   - 지적기준점 선점 및 표지설치의 정확여부
>   - 지적기준점성과와 기지경계선과의 부합여부
> 2. 세부측량
>   - 기지점사용의 적정여부
>   - 측량준비도 및 측량결과도 작성의 적정여부
>   - 기지점과 지상경계와의 부합여부
>   - 경계점 간 계산거리(도상거리)와 실측거리의 부합여부
>   - 면적측정의 정확여부
>   - 관계법령의 분할제한 등의 저촉 여부

INDUSTRIAL ENGINEER CADASTRAL SURVEYING

2020년 기출문제

2020년 통합 제1·2회 지적산업기사

2020년 제3회 지적산업기사

2020년 통합 제1·2회 지적산업기사

01 지적측량

01. 강재 권척이 기온의 상승으로 늘어났을 때 측정한 거리는 어떻게 보정해야 하는가?
① 가해도 좋고 감해도 좋다.
② 보정을 필요로 하지 않는다.
③ 측정치보다 많아지도록 보정한다.
④ 측정치보다 적어지도록 보정한다.

해설 신가축감
늘어난 자로 측정했으면 측정거리에 가산해주고 줄어든 자로 측정했으면 감소한 거리를 빼준다.

02. 다음과 같은 삼각형 모양 토지의 면적(F)은?

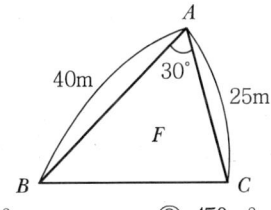

① 200m² ② 250m² ③ 450m² ④ 500m²

해설 $F = \dfrac{1}{2}ab\sin\alpha = \dfrac{1}{2} \times 40 \times 25 \times \sin 30° = 250\text{m}^2$

03. 지적도근점측량에서 배각법으로 다음과 같이 관측하였을 때 교차각은?

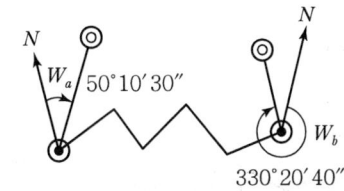

① 20°31′10″ ② 79°49′50″ ③ 100°10′10″ ④ 280°10′10″

Answer 1. ③ 2. ② 3. ②

해설 $W_a + (\alpha) - W_b - 180(n-3) = W$
$W = 0$이라 하면
$W_a = 330°20'40''$
$W_b = 50°10'30''$
$n = 6$
$(\alpha) = 50°10'30'' + 180(5-3) - 330°20'40'' = 79°49'50''$

04. 전파기측량방법에 따라 다각망도선법으로 지적삼각보조점측량을 할 때에 "1도선"의 의미를 가장 올바르게 설명한 것은?

① 교점과 교점 간만을 말한다.
② 기지점과 교점 간만을 말한다.
③ 기지점과 기지점 간만을 말한다.
④ 기지점과 교점 간 또는 교점과 교점 간을 말한다.

해설 지적측량 시행규칙 제10조(지적삼각보조점측량)
1도선이란 기지점과 교점간 또는 교점과 교점 간을 말함

05. 경위의측량방법에 의한 지적도근점의 연직각을 관측하는 경우에 올려본 각과 내려본 각을 관측하여 그 교차가 최대 얼마 이내인 때에 그 평균치를 연직각으로 하는가?

① 30초　　② 60초　　③ 90초　　④ 120초

해설 지적측량 시행규칙 제13조(지적도근점의 관측 및 계산)
연직각을 관측하는 경우에는 올려본 각과 내려본 각을 관측하여 그 교차가 90초 이내일 때에는 그 평균치를 연직각으로 함
※ 참고
1. 올려다본 각(Angle of Elevation) : 시준선이 수평보다 위쪽에 있는 각
2. 내려다본 각(Angle of Depression) : 시준선이 수평보다 아래쪽에 있는 각

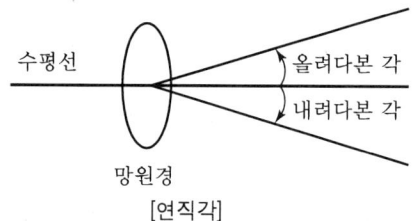
[연직각]

06. 다음 그림에서 DC 방위각은?

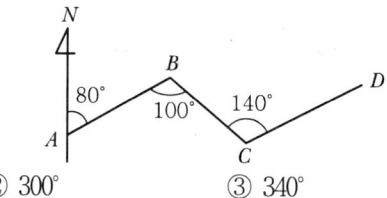

① 120°　　② 300°　　③ 340°　　④ 350°

해설 $V_A^B = 80°$
$V_B^A = 80° + 180° = 260°$
$V_B^C = V_B^A - 100° = 260° - 100° = 160°$
$V_C^B = V_B^C + 180° = 160° + 180° = 340°$
$V_C^D = V_C^B + 140° = 340° + 140° = 480°$
$V_D^C = V_C^D - 180° = 480° - 180° = 300°$

※ 참고
역방위각은 도착한 점에서 출발한 점을 시준했을 때의 방위각으로서 도착했을 때의 방위각에 180°를 더하거나 뺄 때 나오는 각이다.
① 180°를 더하는 경우 : 도착방위각에 180°를 더해서 360°를 넘지 않는 경우
② 180°를 빼는 경우 : 도착방위각에 180°를 더해서 360°를 넘는 경우

07. 평판측량방법으로 세부측량을 하는 때에 측량기하적의 표시사항으로 옳지 않은 것은?
① 측정점의 방향선 길이는 측정점을 중심으로 약 1cm로 표시한다.
② 방위표정에 사용한 기지점 등에는 방향선을 긋고 실측한 거리를 기재한다.
③ 측량자는 직경 1.5mm 이상 3mm 이하의 검은색 원으로 평판점을 표시한다.
④ 방위표정에 사용한 기지점의 표시에 있어 검사자는 1변의 길이가 2~4mm인 삼각형으로 표시한다.

해설 지적업무처리규정 제24조(측량기하적)
검사자는 1변의 길이가 2밀리미터 이상 4밀리미터 이하의 삼각형으로 표시

08. 가구 정점 P의 좌표를 구하기 위한 길이 l은?(단, $\overline{AP} = \overline{BP}$, $L=10m$, $\theta=68°$)

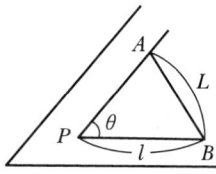

① 5.39m ② 6.03m ③ 8.94m ④ 13.35m

해설 $l = \dfrac{L}{2} \times \csc\dfrac{\theta}{2} = \dfrac{10}{2} \times \csc\dfrac{68°}{2} = 8.94m$

09. 두 점의 좌표가 아래와 같을 때 AB방위각 V_A^B의 크기는?

점명	종선좌표(m)	횡선좌표(m)
A	395674.32	192899.25
B	397845.01	190256.39

① 50°36′08″ ② 61°36′08″ ③ 309°23′52″ ④ 328°23′52″

Answer 7. ④ 8. ③ 9. ③

해설 $\Delta X = XB - XA = 397845.01 - 395674.32 = 2170.69$
$\Delta Y = YB - YA = 190256.39 - 192899.25 = -2642.86$
$V = \tan^{-1}\dfrac{\Delta Y}{\Delta X} = \tan^{-1}\dfrac{-2642.86}{2170.69} = 50°36'08''$
ΔX는 (+)이고 ΔY는 (−)이므로 4상한이며 4상한은 $360° - \theta$이므로
$360° - 50°36'08'' = 309°23'52''$

10. 지적측량 시행규칙에 따른 지적측량의 방법으로 옳지 않은 것은?

① 세부측량
② 일반측량
③ 지적도근점측량
④ 지적삼각점측량

해설 지적측량 시행규칙 제5조(지적측량의 구분 등)
지적측량은 지적기준점을 정하기 위한 기초측량과, 일필지의 경계와 면적을 정하는 세부측량으로 구분함
1. 기초측량 : 일필지측량을 하기 위해 기준점을 설치하고 관측하는 측량이며, 지적삼각점측량, 지적삼각보조점측량, 지적도근점측량이 있음
2. 세부측량 : 기초측량에 의해 설치된 기준점 또는 경계점을 기초로 하여 일필지 측량을 하는 측량방법이며 경위의측량, 측판측량이 있음

11. 교회법에 의한 지적삼각보조점측량에서 2개의 삼각형으로부터 계산한 위치의 연결교차값의 한계는?

① 0.30m 이하 ② 0.40m 이하 ③ 0.50m 이하 ④ 0.60m 이하

해설 지적측량 시행규칙 제11조(지적삼각보조점의 관측 및 계산)
2개의 삼각형으로부터 계산한 위치의 연결교차가 0.30미터 이하일 때에는 그 평균치를 지적삼각보조점의 위치로 함

12. 지적삼각점의 계산을 진수를 사용하여 계산할 때 진수의 계산단위에 대한 기준으로 옳은 것은?

① 4자리 이상 ② 5자리 이상 ③ 6자리 이상 ④ 7자리 이상

해설 지적측량 시행규칙 제9조(지적삼각점측량의 관측 및 계산)

종별	각	변의 길이	진수	좌표 또는 표고	경위도	자오선수차
단위	초	센티미터	6자리 이상	센티미터	초 아래 3자리	초 아래 1차리

13. 지적측량성과와 검사성과의 연결교차의 허용범위 기준으로 옳은 것은?

① 지적삼각점 : 0.10m 이내
② 지적삼각보조점 : 0.20m 이내
③ 지적도근점(경계점좌표등록부 시행지역) : 0.20m 이내
④ 경계점(경계점좌표등록부 시행지역) : 0.10m 이내

Answer 10. ② 11. ① 12. ③ 13. ④

해설 지적측량 시행규칙 제27조(지적측량성과의 결정)

구분		연결교차
지적삼각점		0.20미터
지적삼각보조점		0.25미터
지적도근점	경계점좌표등록부 시행지역	0.15미터
	그 밖의 지역	0.25미터
경계점	경계점좌표등록부 시행지역	0.10미터
	그 밖의 지역	10분의 3M밀리미터(M은 축척분모)

14. 다음 중 지적공부를 정리할 때에 검은색으로 제도하여야 하는 것은?

① 경계의 말소선   ② 일람도의 철도용지
③ 일람도의 지방도로   ④ 도곽선 및 도곽선 수치

해설 지적업무처리규정
1. 경계의 말소선 : 붉은색
2. 일람도의 철도용지 : 붉은색 0.2밀리미터 폭의 2선으로 제도
3. 일람도의 지방도로 : 지방도로 이상은 검은색 0.2밀리미터 폭의 2선으로, 그 밖의 도로는 0.1밀리미터의 폭으로 제도
4. 도곽선 및 도곽선 수치 : 붉은색

15. 배각법에 의한 지적도근점측량에서 도근점 간 거리가 102.37m일 때 각관측치 오차조정에 필요한 변장 반수는?

① 0.1   ② 0.9   ③ 1.8   ④ 9.8

해설 반수 $= \dfrac{1,000}{102.37} = 9.8$

16. 다음 중 지적세부측량의 시행 대상이 아닌 것은?

① 경계복원   ② 신규등록   ③ 지목변경   ④ 토지분할

해설 지목변경, 지번변경, 합병은 측량 대상이 아니다.

17. 지상 경계를 결정하는 기준에 관한 설명으로 옳지 않은 것은?

① 토지가 해면 또는 수면에 접하는 경우 : 평균해수면
② 연접되는 토지 간에 높낮이 차이가 있는 경우 : 그 구조물 등의 하단부
③ 도로·구거 등의 토지에 절토(切土)된 부분이 있는 경우 : 그 경사면의 상단부
④ 공유수면매립지의 토지 중 제방 등을 토지에 편입하여 등록하는 경우 : 바깥쪽 어깨부분

Answer   14. ③   15. ④   16. ③   17. ①

해설 공간정보의 구축 및 관리 등에 관한 법률 시행령 제55조(지상 경계의 결정기준 등)
① 지상경계를 새로이 결정하고자 하는 경우에는 다음 각 호의 기준에 의한다.
  1. 연접되는 토지 사이에 고저가 없는 경우에는 그 구조물 등의 중앙

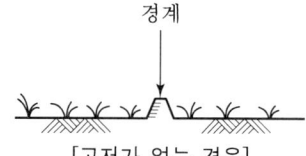

[고저가 없는 경우]

  2. 연접되는 토지 사이에 고저가 있는 경우에는 그 구조물 등의 하단부

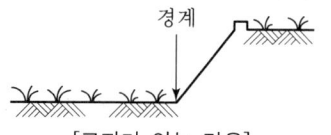

[고저가 있는 경우]

  3. 도로·구거 등의 토지에 절토된 부분이 있는 경우에는 그 경사면의 상단부

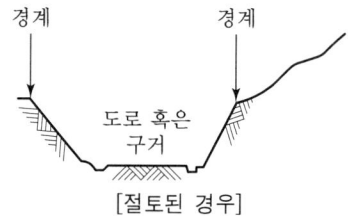

[절토된 경우]

  4. 토지가 해면 또는 수면에 접하는 경우에는 최대만조위 또는 최대만수위가 되는 선

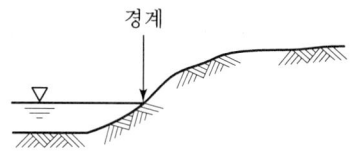

[해면 또는 수면에 접하는 경우]

  5. 공유수면매립지의 토지 중 제방 등을 토지에 편입하여 등록하는 경우에는 바깥쪽 어깨부분

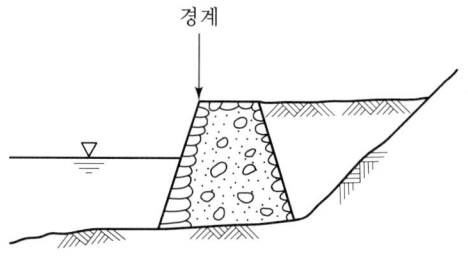

[공유수면매립지]

18. 지적기준점의 제도방법으로 옳지 않은 것은?
① 지적도근점 및 지적도근보조점은 직경 1mm의 원으로 제도한다.
② 1등 및 2등 삼각점은 직경 1mm, 2mm 및 3mm의 3중원으로 제도한다. 이 경우 1등삼각점은 그 중심원 내부를 검은색으로 엷게 채색한다.
③ 3등 및 4등삼각점은 직경 1mm, 2mm의 2중원으로 제도한다. 이 경우 3등삼각점은 그 중심원 내부를 검은색으로 엷게 채색한다.
④ 지적삼각점 및 지적삼각보조점은 직경 3mm의 원으로 제도한다. 이 경우 지적삼각점은 원 안에 십자선을 표시하고, 지적삼각보조점은 원 안에 검은색으로 엷게 채색한다.

해설 지적업무처리규정 제43조(지적기준점 등의 제도)

기준점명칭	표시	내용
지적위성기준점	⊕	직경 2mm, 3mm의 2중원 안에 십자선 표시
1등삼각점	◉	직경 1mm, 2mm 및 3mm의 3중원으로 제도하고, 중심원 내부를 검은색으로 엷게 채색
2등삼각점	◎	직경 1mm, 2mm 및 3mm의 3중원으로 제도
3등삼각점	◉	직경 1mm, 2mm의 2중원으로 제도하고 중심원 내부를 검은색으로 엷게 채색
4등삼각점	◎	직경 1mm, 2mm의 2중원으로 제도
지적삼각점	⊕	직경 3mm의 원으로 제도하고 원 안에 십자선 표시
지적삼각보조점	●	직경 3mm의 원으로 제도하고 원 안에 검은색으로 엷게 채색
지적도근점	○	직경 2mm의 원으로 제도

※ 지적도근보조점은 지적기준점이 아님

19. 축척 600분의 1 지적도를 기초로 도곽의 규격이 동일한 축척 3000분의 1의 새로운 지적도 1매를 제작하기 위해서 필요한 축척 600분의 1 지적도의 매수는?

① 5매 ② 10매 ③ 20매 ④ 25매

해설 축척 1/600일 때 도곽선의 지상거리는 가로 250m, 세로 200m이며 축척 1/3,000일 때 가로 1,500m, 세로 1,200m이다.

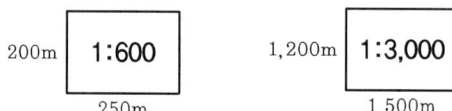

가로 : 1,500 ÷ 250=6매
세로 : 1,200 ÷ 200=6매
지적도 1/600의 지상거리와 1/3,000의 지상거리와는 가로, 세로 각각 6배의 차이가 발생하며 이 차이를 서로 곱하면 36매의 지적도가 필요하다.

면적으로 계산을 해보면
1/600 지적도의 면적은 250m × 200m=50,000m²
1/3,000 도면의 면적은 1,500m × 1,200m=1,800,000m²
1,800,000m² ÷ 50,000m²=36매

20. 축척 1/1200 지역에서 도곽선의 지상거리를 측정한 결과 각각 399.5m, 399.5m, 499.4m, 499.9m일 때 도곽선의 보정계수는 얼마인가?

① 1.0020 ② 1.0018 ③ 1.0030 ④ 1.0025

해설
$\Delta X_1 = 400 - 399.5 = 0.5$
$\Delta X_2 = 400 - 399.5 = 0.5$
$\Delta Y_1 = 500 - 499.4 = 0.6$
$\Delta Y_2 = 500 - 499.9 = 0.1$

$\Delta X = \dfrac{0.5 + 0.5}{2} = 0.5$
$\Delta Y = \dfrac{0.6 + 0.1}{2} = 0.35$
$Z = \dfrac{400 \times 500}{(400 - 0.5) \times (500 - 0.35)} = 1.0020$

02 응용측량

21. 원곡선 중 단곡선을 설치할 때 접선장(TL)을 구하는 공식은?(단, R : 곡선반지름, I : 교각)

① $TL = R\cos\dfrac{I}{2}$
② $TL = R\tan\dfrac{I}{2}$
③ $TL = R\cosec\dfrac{I}{2}$
④ $TL = R\sin\dfrac{I}{2}$

해설 노선측량에서 접선장(TL) = $R\tan\dfrac{I}{2}$

22. 지형측량에 의거하고 지표의 지형·지물을 도면에 표현하는 기호의 형태와 선의 종류 등을 결정하는 데 필요한 도식과 기호의 조건으로 가장 거리가 먼 것은?
① 도식과 기호는 될 수 있는 대로 그리기 용이하고 간단하여야 한다.
② 도식과 기호는 표현하려는 지형·지물이 쉽게 연상할 수 있는 것이어야 한다.
③ 도식과 기호는 표현하려는 물체의 성질과 중요성에 따라 식별을 쉽게 하여야 한다.
④ 지형·지물의 표현을 도상에서는 문자를 제외한 기호로서만 표현하여야 한다.

해설 지형측량
지구표면상에 나타나 있는 자연적, 인공적 상태를 정확히 측정하여 일정한 도식과 축척으로 표시하여 만든 지형도(지도)를 작성하기 위한 측량으로 지형·지물의 표현을 도상에서 문자 및 기호로 표현한다.

23. 터널측량에서 지상의 측량좌표와 지하의 측량좌표를 일치시키는 측량은?
① 터널 내외 연결측량
② 지상(터널 외)측량
③ 지하(터널 내)측량
④ 지하 관통측량

해설 터널측량은 도로, 철도 등 수평에 가까운 터널측량뿐만 아니라 수직갱, 경사갱 등도 포함되며 크게 지상측량, 지하측량, 갱내(터널) 외 연결측량으로 구분된다. 지상의 측량좌표와 지하의 측량좌표를 일치시키는 작업은 갱내 외 연결측량이라 한다.

24. 1 : 25000 지형도의 주곡선 간격은?
① 5m
② 10m
③ 15m
④ 20m

Answer 21. ② 22. ④ 23. ① 24. ②

해설 축척별 등고선의 간격

등고선의 간격	기호	1/10,000	1/25,000	1/50,000
주곡선	가는 실선	5m	10m	20m
간곡선	가는 파선	2.5m	5m	10m
보조곡선 (조곡선)	가는 점선	1.25m	2.5m	5m
계곡선	굵은 실선	25m	50m	100m

25. 지표면에서 500m 떨어져 있는 두 지점에서 수직터널을 모두 지구 중심방향으로 800m 굴착하였다고 하면 두 수직터널 간 지표면에서의 거리와 깊이 800m에서의 거리에 대한 차는?(단, 지구는 반지름이 6,370km인 구로 가정한다.)

① 6.3cm ② 7.3cm ③ 8.3cm ④ 9.3cm

해설 거리의 차를 구하는 공식은 $R : 500 = (R-800) : x$

여기서, R : 곡률반경 $x = \dfrac{500(R-800)}{R} = \dfrac{500 \times 6,369,200}{6,370,000} = 499.9372057$m

$\Delta l = 500 - x = 500 - 499.9372057 = 6.3$cm

26. 등고선에 대한 설명으로 틀린 것은?

① 주곡선은 지형을 표시하는 데 기본이 되는 선이다.
② 계곡선은 주곡선 10개마다 굵게 표시한다.
③ 간곡선은 주곡선 간격의 1/2이다.
④ 조곡선은 간곡선 간격의 1/2이다.

해설 등고선의 측정 정도의 기준은 간격으로 주곡선, 계곡선, 간곡선, 조곡선이 있다.
주곡선은 지형을 표시하는 데 가장 기본이 되는 곡선이며 가는 실선으로 표시하며, 계곡선은 주곡선 5개마다 굵은 실선으로 표시하고, 간곡선은 주곡선 간격의 1/2 거리로 산정경사가 고르지 못한 완경사지를 표시하며, 조곡선은 간곡선 간격의 1/2의 거리로 충분히 표시할 수 없는 불규칙한 지형을 표시할 때 사용한다.

27. GNSS 항법메시지에 포함되는 내용이 아닌 것은?

① 지구의 자전속도 ② 위성의 상태정보
③ 전리층 보정계수 ④ 위성시계 보정계수

해설 GNSS 신호의 반송파의 정보는 PRN 부호와 항법메시지로 이루어져 있고 항법메시지에는 위성의 정보, 전리층의 보정계수, 위성시계 보정계수 등이 포함되어 있으며 지구 자전속도는 포함되어 있지 않다.

28. 초점거리 20cm의 카메라로 표고 150m의 촬영기준면을 사진축척 1:10000으로 촬영한 연직사진상에서 표고 200m인 구릉지의 사진축척은?

① 1:9000 ② 1:9250 ③ 1:9500 ④ 1:9750

해설 $\dfrac{1}{m} = \dfrac{f}{H-h}$ $m = \dfrac{H-h}{f} = \dfrac{200-150}{0.2} = 250$, 축척 = 10000 − 250 = 9750

29. 촬영고도 750m에서 촬영한 사진상에 철탑의 상단이 주점으로부터 70mm 떨어져 나타나 있으며, 철탑의 기복변위가 6.15mm일 때 철탑의 높이는?

① 57.15m ② 63.12m ③ 65.89m ④ 67.03m

해설 $h = \dfrac{H}{b_o}\Delta p$ 여기서, h=철탑의 높이, H=비행고도, b_o=주점거리, Δp=시차차

$h = \dfrac{750}{0.7} \times 0.0615 = 65.89m$

30. 수준측량에서 시점의 지반고가 100m이고, 전시의 총합은 107m, 후시의 총합은 125m일 때 종점의 지반고는?

① 82m ② 118m ③ 232m ④ 332m

해설 지반고 = 시점의 지반고 + 후시의 총합 − 전시의 총합 = 100 + 125 − 107 = 118m

31. GNSS 측량에서 발생하는 오차가 아닌 것은?

① 위성시계 오차   ② 위성궤도 오차
③ 대기권굴절 오차 ④ 시차(時差)

해설 GNSS 측량의 오차에는 크게 구조적 요인에 의한 오차, 위성의 배치 상황에 따른 오차(DOP), 선택적 가용성에 의한 오차(SA), 주파단절(Cycle Slip)이 있다. 구조적 요인에 의한 거리오차에는 위성시계 오차, 위성궤도 오차, 전리층과 대류권에 의한 전파지연, 전파적 잡음, 다중경로 오차가 있으며 시차는 오차에 영향을 미치지 않는다.

32. 교호수준측량의 성과가 그림과 같을 때 B점의 표고는?(단, A점의 표고는 70m, a_1=0.87m, a_2=1.74m, b_1=0.24m, b_2=1.07m)

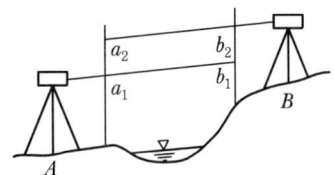

① 50.65m ② 50.85m ③ 70.65m ④ 70.85m

해설 고저차를 먼저구하면 $\frac{1}{2}((0.87+1.74)-(0.24+1.07))=0.65$

B점의 표고=70+0.65=70.65 m

33. 고속차량이 직선부에서 곡선부로 진입할 때 발생하는 횡방향 힘을 제거하여, 안전하고 원활히 통과할 수 있도록 곡선부와 직선부 사이에 설치하는 선은?

① 단곡선 ② 접선
③ 절선 ④ 완화곡선

해설 완화곡선

차량이 직선부에서 곡선부분으로 방향을 바꾸면 반지름이 달라지기 때문에 설치하는 선으로, 주로 차량에 사용되며 완화곡선의 특징은 다음과 같다.
- 곡선반경은 완화곡선의 시점에서 무한대, 종점에서 원곡선 R로 된다.
- 완화곡선의 접선은 시점에서 직선에, 종점에서 원호에 접한다.
- 완화곡선에 연한 곡선반경의 감소율은 캔트의 증가율과 동률(다른 부호)로 되고, 또 종점에 있는 캔트는 원곡선의 캔트와 같게 된다.

34. 노선의 결정에 고려하여야 할 사항으로 옳지 않은 것은?

① 절토의 운반거리가 짧을 것 ② 가능한 한 경사가 완만할 것
③ 가능한 한 곡선으로 할 것 ④ 배수가 완전할 것

해설 일반적으로 노선은 가능한 한 직선으로 결정한다.

35. 삼각점 A에서 B점의 표고값을 구하기 위해 양방향 삼각수준측량을 시행하여 고저각 $\alpha_A=+2°30'$과 $\alpha_B=-2°13'$, A점의 기계높이 $i_A=1.4$m, B점의 기계높이 $i_B=1.4$m, 측표의 높이 $h_A=4.20$m, $h_B=4.20$m를 취득하였다. 이때의 B점의 표고값은?(단, A점의 높이=325.63m, A점과 B점 간의 수평거리는 1580m이다.)

① 325.700m ② 390.700m
③ 419.490m ④ 425.490m

해설 직시의 값과 반시의 값을 구해서 평균값을 사용한다.

① 직시 $H_B = H_A + i_A(기계높이) + S(거리) \cdot \tan\alpha_A$
$= 325.63+1.4+(1,580\times\tan 2°30')=396.014$m

② 반시 $H_B = H_A + [i_B(기계높이) + S(거리) \cdot \tan\alpha_B]$
$= 325.63-\{1.4+[1,580\times\tan(-2°13')]\}=385.388$m

$H_B = \frac{396.014+385.388}{2} = 390.701$m

36. GNSS 측량의 특성에 대한 설명으로 틀린 것은?

① 측점 간 시통이 요구된다.　　② 야간관측이 가능하다.
③ 날씨에 영향을 거의 받지 않는다.　　④ 전리층 영향에 대한 보정이 필요하다.

해설 GNSS 측량 시스템은 인공위성을 이용한 범지구 위치측정시스템으로 정확한 위치를 알고 있는 위성에서 발사한 전파를 수신하여 관측점까지 소요시간을 측정하여 위치를 구하며 GNSS의 특징은 다음과 같다.
- 기상상태와 관계없이 관측의 수행이 가능하다.
- 지형여건과 관계없으며, 측점 간 상호시통이 되지 않아도 관계없다.
- 관측작업이 신속하게 이루어진다.
- 측점에서 모든 데이터 취득이 가능해진다.
- 1인 측량이 가능하여 인력이 적게 소요되고, 측정작업이 간단하다.
- 고압선 등의 전파에 간접적인 영향을 받는다.

37. 곡선반지름이 500m인 원곡선 위를 60km/h로 주행할 때에 필요한 캔트는?(단, 궤간은 1,067mm이다.)

① 6.05mm　　② 7.84mm　　③ 60.5mm　　④ 78.4mm

해설 차량이 곡선부를 주행할 때 외측으로 향하려는 원심력이 작용하며, 이 원심력 때문에 차량이 미끄럼(Skidding) 또는 전도(Over Turning)될 위험이 있다. 이 위험성을 피하기 위하여 도로에서는 노면에 횡단경사를 두어 외측을 높이는데, 이를 편경사(Super-Elevation)라고 한다. 한편 철도에서는 레일이 있으므로 미끄럼의 위험은 없으나 전도를 방지하기 위하여 곡선부 레일의 바깥쪽을 안쪽보다 높게 하며 이를 캔트(cant)라 한다.

$$C = \frac{bV^2}{gR}$$

여기서, C : 캔트, b : 차도간격, V : 주행속도, g : 중력가속도(9.81m/sec), R : 곡률반경

$$V = \frac{60\text{km}}{3600} = 16.67\text{m/sec}$$

$$C = \frac{1.067 \times 16.67^2}{9.81 \times 500} = 0.060450042\text{m} ≒ 60.5\text{mm}$$

38. 항공사진판독의 요소와 거리가 먼 것은?

① 음영(Shadow)과 색조(Tone)　　② 질감(Texture)과 모양(Pattern)
③ 크기(Size)와 형상(Shape)　　④ 축척(Scale)과 초점거리(Focal Distance)

해설 항공사진측량에서 사진판독 요소에는 크기, 형태, 색조, 모양, 질감, 음영, 과고감, 상호위치관계 등이 있다.

39. 지형의 표시법 중 급경사는 굵고 짧게, 완경사는 가늘고 길게 표시하는 방법은?

① 음영법　　② 영선법　　③ 채색법　　④ 등고선법

해설 영선법(우모법)
급경사는 굵고 짧게, 완경사는 가늘고 길게 새털 모양으로 표시한다. 기복의 판별은 좋으나 정확도가 낮다.

Answer　36. ①　37. ③　38. ④　39. ②

40. 축척 1 : 30000으로 촬영한 카메라의 초점거리가 15cm, 사진크기는 18cm×18cm, 종중복도가 60%일 때 이 사진의 기선고도비는?

① 0.21 ② 0.32
③ 0.48 ④ 0.72

해설 촬영고도(H)=초점거리(f)×축척분모(m), 0.15×10,000=1,500m

$B = am(1 - \frac{P}{100}) = 0.18 \times 10,000 (1 - \frac{60}{100}) = 720$m

여기서, B : 촬영기선 길이, a : 화면크기, m : 축척분모, P : 종중복도

$h = \frac{B}{H}$ (여기서, h : 기선고도비, B : 촬영기선 길이, H : 촬영고도) = $\frac{720}{1,500}$ = 0.48

03 토지정보체계론

SUBJECT

41. 데이터베이스관리시스템의 장단점으로 옳지 않은 것은?
① 운용비용 부담이 가중된다.
② 중앙집약적 구조의 위험성이 높다.
③ 데이터의 보안성을 유지할 수 없다.
④ 시스템이 복잡하여 데이터의 손실 가능성이 높다.

해설 데이터 보안성(권한이 없는 접근으로부터 데이터를 보호)을 유지할 수 있다.

42. 공간분석을 위해 여러 지도요소를 겹칠 때 그 지도요소 하나하나를 가리키는 것으로, 그 하나의 독립된 지도가 될 수 있고 완성된 지도의 한 부분이 될 수도 있는 것은?
① 점(Point) ② 필드(Field)
③ 이미지(Image) ④ 커버리지(Coverage)

해설 커버리지(Coverage)
디스플레이 되는 커버리지 데이터 자체가 특정 속성값으로 직접 표현되는 정보로서 항공사진, 위성영상, 수치고도모델 등이 있다.

43. 지적전산자료의 이용·활용에 대한 승인권자에 해당하지 않는 자는?
① 시·도지사 ② 지적소관청
③ 국토교통부장관 ④ 국토지리정보원장

Answer 40. ③ 41. ③ 42. ④ 43. ④

해설 공간정보의 구축 및 관리 등에 관한 법률 제76조(지적전산자료의 이용 등)
지적공부에 관한 전산자료를 이용하거나 활용하려는 자는 국토교통부장관, 시·도지사 또는 지적소관청의 승인을 받아야 한다.

44. 토지정보시스템에서 필지식별번호의 역할로 옳은 것은?
① 공간정보에서 기호의 작성
② 공간정보의 자료량의 감소
③ 속성정보의 자료량의 감소
④ 공간정보와 속성정보의 링크

해설 토지정보시스템에서 필지식별번호는 필지에 부여되어 있는 지번으로서 대장(속성)정보와 도면(도형)정보를 연계하는 역할을 수행한다.

45. 국가공간정보정책 기본계획은 몇 년 단위로 수립·시행하여야 하는가?
① 매년 ② 3년 ③ 5년 ④ 10년

해설 국가공간정보 기본법 제6조(국가공간정보정책 기본계획의 수립)
정부는 국가공간정보체계의 구축 및 활용을 촉진하기 위하여 국가공간정보정책 기본계획을 5년마다 수립하고 시행하여야 한다.

46. 중첩(Overlay)분석에 대한 설명으로 옳지 않은 것은?
① 중첩분석을 발전시키는 데 가장 큰 공헌을 한 존 스노(John Snow)는 지역의 환경적 민감성을 평가하기 위해 지도를 중첩하였다.
② 각각 다른 주제도를 중첩하여 두 도면 간의 관계를 분석하고 이를 지도학적으로 표현하는 것이다.
③ 미국 독립전쟁에서 뉴욕타운 지도 위에 군대의 이동경로를 하나의 레이어로 중첩시킨 것이 최초이다.
④ 영국 런던 브로드가 지역에서 발생한 콜레라 사망자의 거주지와 우물의 위치를 지도에 중첩하여 관계성을 분석하였다.

해설 중첩기법을 의사결정에 적용한 사례
1. 1781년 뉴욕타운에서 벌어진 미국독립전쟁 : 군대의 이동경로를 결정하기 위해서 뉴욕타운 시도 위에 군대의 이동경로를 하나의 레이어에 중첩시켰다. 이러한 중첩분석은 미국과 영국군대의 상대적 위치에 대한 정보를 제공하였다.
2. 1854년 영국의 스노(Snow)교수는 런던의 중심부 지역을 대상으로 콜레라로 인한 사망자들의 위치를 지도로 만들어 콜레라의 근원지로서 오염된 우물의 위치를 보여주는 또 다른 지도와 중첩시켰다.(콜레라 감염의 원인이 우물 식수임을 밝혀냄)
3. 1969년 맥하그(McHarg)는 비록 아날로그 방식이었으나 중첩을 발전시키는 데 큰 공헌을 함
   • 한 지역의 환경적 민감성을 평가하기 위해 환경적 현상들을 보여주는 다양한 주제도들을 중첩시켰다.
   • 여과매핑(Sieve Mapping)은 중첩분석에 필요한 모든 주제도를 투명지에 제작하고, 각 주제도에서 관심대상지 이외의 지역은 모두 검게 칠하고 후보 관심대상지는 투명한 상태로 둔다. 이후 바닥에 밝은 테이블 위에 좌표를 일치시킨 상태로 주제도를 쌓아 올리고, 빛이 투과되어 나오는 곳을 최종

Answer 44. ④ 45. ③ 46. ①

대상지로 선정한 후, 이를 지도화하여 표현한다.
• 의사결정자가 최적 의사결정의 대안을 평가하는 데 많이 활용되었다.

47. 다음 지도의 유형들 중 관계가 다른 것은?

① 해도
② 지적도
③ 지형도
④ 토지이용현황도

해설 주제도(Thematic Map)
• 어떤 특정한 현상(강우량, 토지이용현황 등)을 표현할 것을 목적으로 작성된 지도
• 특정한 목적에 따라 특수한 주제·내용만을 나타내어 그린 지도
• 어느 시점에서의 일기 상황을 나타낸 기상도, 운전할 때 쓰이는 도로도, 통계값을 그림·그래프 등으로 지도에 그려 넣은 통계지도 등은 주제도이다.

48. 4개의 타일(Tile)로 분할된 지적도 레이어를 하나의 레이어로 편집하기 위해서 이용하여야 하는 기능은?

① Map Join
② Map Loading
③ Map Overlay
④ Map Filtering

해설 맵 조인(Map Join)
• 여러 개의 레이어가 하나의 레이어로 합쳐지면서 도형정보와 속성정보가 합쳐지고 위상정보도 재정리 된다.
• 2개 이상의 레이어에 걸쳐 있는 제반 공간객체의 연결성과 인접성이 만들어지고 선의 길이나 폴리곤의 면적 등이 정량적으로 재정립되는 위상구조를 새로이 만들게 된다.
• 서로 다른 레이어 간에 중첩이 발생되는 것과 동일하므로 슬리버와 같은 불필요한 폴리곤이 생성 되므로 이를 제거하기 위한 별도의 작업과정이 필요하다.

49. PBLIS의 개발내용 중 옳지 않은 것은?

① 지적측량시스템
② 건축물관리시스템
③ 지적공부관리시스템
④ 지적측량성과작성시스템

해설 PBLIS 구성
1. 지적공부관리시스템 : 사용자권한관리/지적측량검사업무/토지이동관리/지적일반업무관리/창구민원관리/토지기록자료조회 및 출력/지적통계관리/정책정보관리 등
2. 지적측량시스템
   • 지적측량업무를 지원하는 시스템으로서 지적측량업무의 자동화를 통하여 생산성과 정확성을 높여주는 시스템
   • 지적삼각점측량/지적삼각보조점측량/도근점측량/세부측량 등
3. 지적측량성과작성시스템 : 토지이동지조서/측량준비도/측량결과도/측량성과도 등

50. 오버슈트(Overshoot), 언더슈트(Undershoot), 스파이크(Spike), 슬리버(Sliver) 등의 발생원인은?

① 기계적인 오차
② 속성자료를 입력할 때의 오차
③ 입력도면의 평탄성 오차
④ 디지타이징할 때의 오차

해설 디지타이징
디지타이저라는 테이블에 컴퓨터와 연결된 커서를 이용하여 필요한 객체의 형태를 컴퓨터에 입력하는 것

51. DXF(Drawing eXchange Format) 파일에 대한 설명으로 옳지 않은 것은?

① ASCⅡ 코드형태이다.
② 도형표현의 효율성과 자료생성의 용이성을 가진다.
③ 대부분의 GIS 소프트웨어에서 변환이 불가능하다.
④ CAD 자료를 다른 그래픽 체계로 변환한 자료파일이다.

해설 DXF 파일은 GIS에서 필수적으로 수반되는 속성자료와 위상정보의 교환이 어렵다는 문제점은 있으나 자료변환이 불가능한 것은 아니다.

52. 래스터 데이터의 압축기법에 해당하지 않는 것은?

① 사지수형(Quadtree)
② 스파게티(Spaghetti)
③ 체인코드(Chain Codes)
④ 런랭스코드(Run-Length Codes)

해설 스파게티 자료는 객체가 좌표에 의한 그래픽 형태(점·선)로 저장되며 구조화되지 않은 그래픽 모형을 말한다.

53. 다음 중 점·선·면으로 나타난 도형(객체) 간의 공간상의 상관관계를 의미하는 것은?

① 레이어(Layer)
② 속성(Attribute)
③ 위상(Topology)
④ 커버리지(Coverage)

해설 위상관계(Topology)
입력된 자료의 위치를 좌푯값으로 인식하고 각각의 자료 간의 정보를 상대적 위치로 저장하며, 선의 방향, 특성 간의 관계, 연결성, 인접성 등을 정의하는 것이다.

54. 메타데이터에 대한 설명으로 옳지 않은 것은?

① 사용자들 간의 이해와 데이터 공유를 위해 데이터에 대한 항목을 정의한다.
② 데이터에 대한 정보로서 데이터의 내용 품질, 조건 및 기타 특성에 대한 정보를 포함한다.
③ 시간과 관계없이 일관성 있는 데이터를 제공할 수 있으나, 메타데이터를 작성한 실무자가 바뀌면 메타데이터를 재작성한다.
④ 기본적으로 포함하여야 할 요소는 데이터에 대한 개요 및 자료소개, 자료품질, 공간참조, 형상·속성정보, 정보획득 방법, 참조정보에 관한 항목 등이다.

해설 메타데이터는 작성한 실무자가 바뀌더라도 변함없는 데이터의 기본 체계를 유지하므로 시간이 지나도 사용자에게 일관성 있는 데이터 제공이 가능하다.

55. 인접성(Neighborhood)에 대한 설명으로 옳지 않은 것은?

① 폴리곤이나 객체들의 포함 관계를 말한다.
② 서로 이웃하여 있는 폴리곤 간의 관계를 말한다.
③ 공간객체 간 상호 인접성에 기반을 둔 분석에 필요하다.
④ 정확한 파악을 위해서는 상, 하, 좌, 우와 같은 상대적 위치성도 파악하여야 한다.

해설 위상구조를 이용하여 가능한 분석(인접성·포함성·연결성)에서 포함성은 특정 영역 내에 무엇이 포함되었는지 판단한다.

56. 다음 중 토지정보시스템 구성을 위한 내용에 포함될 수 없는 것은?

① 법률자료
② 토지측량자료
③ 경영합리화에 관한 자료
④ 기술적 시설물에 관한 자료

해설 토지정보시스템은 토지의 이용, 개발, 행정, 다목적지적 등 토지 관련 문제를 해결하기 위한 시스템이다.

57. 고유번호에서 행정구역코드는 몇 자리로 구성하는가?

① 2자리   ② 4자리   ③ 10자리   ④ 19자리

해설 고유번호는 행정구역코드 10자리(시·도 2, 시·군·구 3, 읍·면·동 3, 리 2), 대장구분 1자리, 본번 4자리, 부번 4자리로 구성한다.

58. 지적도 전산화 작업의 목적으로 옳지 않은 것은?

① 대민서비스의 질적 향상 도모
② 지적측량 위치정확도 향상 도모
③ 토지정보시스템의 기초 데이터 활용
④ 지적도면의 신축으로 인한 원형 보관 관리의 어려움 해소

해설 지적도면 전산화의 목적
- 국가지리정보에 기본정보로 관련된 기관이 공동으로 활용할 수 있는 기반 조성
- 지적도면의 신축으로 원형 보관, 관리의 어려움 해소
- 정확한 지적측량의 자료로 활용
- 토지대장과 지적도면을 통합한 대민서비스의 질적 향상

59. 데이터베이스의 구축과정으로 옳은 것은?

① 계획 → 저장 → 관리·조작 → 데이터베이스 정의
② 데이터베이스 정의 → 계획 → 저장 → 관리·조작
③ 저장 → 데이터베이스 정의 → 계획 → 관리·조작
④ 관리·조작 → 저장 → 계획 → 데이터베이스 정의

Answer 55. ① 56. ③ 57. ③ 58. ② 59. ②

해설 데이터베이스 구축 과정은 기획, 설계, 구현, 운영 및 유지보수 단계로 구분한다.
1. 기획단계 : 대상 선정 및 시장조사 · 분석, 데이터베이스 범위 · 성격 · 서비스 정의, 요구사항 분석, 마케팅 전략, 저작권을 고려하는 단계이다.
2. 설계단계 : 개념적 모델 설계, 논리적 구조 설계, 물리적 구조설계를 하는 단계이다.
3. 구현단계와 운영 및 유지보수단계 : 데이터의 수집, 데이터의 가공, 데이터의 입력 · 저장, 검색, 데이터베이스 관리시스템(DBMS)을 고려해서 개발하고, 운영 및 유지보수 단계로 이어지게 된다.

60. 다음 중 가장 높은 위치 정확도로 공간자료를 취득할 수 있는 방법은?
① 원격탐사
② 평판측량
③ 항공사진측량
④ 토털스테이션 측량

해설 토털스테이션은 각도, 거리, 높이차를 각각 측정하던 것을 하나의 측량장비로 측량이 가능하도록 합친 것이다.

04 지적학 SUBJECT

61. 토지표시사항이 변경된 경우 등기촉탁규정을 최초로 규정한 연도는?
① 1950년
② 1975년
③ 1991년
④ 1995년

해설 지적법 2차 개정(1975.12.31. 법률 제2801호 전문개정) 시 소관청이 직권으로 조사 · 측량하여 지적공부를 정리한 경우와 지번변경, 축척변경, 행정구역변경, 등록사항정정 등을 한 경우에 관할 등기소에 토지표시변경등기를 촉탁하는 제도를 신설함

62. 다음 중 토렌스시스템에 대한 설명으로 옳은 것은?
① 미국이 토렌스 지방에서 처음 시행되었다.
② 피해자가 발생하여도 국가가 보상할 책임이 없다.
③ 기본이론으로 거울이론, 커튼이론, 보험이론이 있다.
④ 실질적 심사에 의한 권원조사를 하지만 공신력은 없다.

해설 토렌스시스템
- 토렌스시스템은 토지등록제도의 유형 중 하나인 적극적 등록제도의 발전된 형태로서 오스트레일리아의 Robert Torrens이 창안
- 토지의 권원(Title)을 등록함으로써 토지등록의 완전성을 추구하고 선의의 제3자를 완벽하게 보호하는 것을 목표로 하므로 피해자가 발생할 경우 국가가 보상을 책임짐
- 토렌스시스템의 기본이론으로 런던 왕립등기소장 T. B. Ruoff가 주장하고 캐나다의 Magwood가 구체화하였으며, 거울이론, 커튼이론, 보험이론이 있음

Answer 60. ④ 61. ② 62. ③

- 토렌스시스템의 담당공무원은 사실심사권을 가지고 토지의 권원을 조사하여 거래증서를 2통 작성하여 1통은 소유자에게 교부하고 1통은 등록부로 편철하는데, 이렇게 등록된 등록부는 공신력을 인정받음

63. 통일신라시대의 신라장적에 기록된 지목과 관계없는 것은?

① 답 ② 전 ③ 수전 ④ 마전

해설 신라장적문서
1. 특징
   ① 지금의 청주지방인 신라 서원경 부근 4개 촌락에 해당되는 문서로서 현존하는 가장 오래된 지적공부이다.
   ② 일본의 동대사 정창원에서 발견되었다.
   ③ 3년간의 사망, 이동 등 변동내용이 기록되어 3년마다 기록한 것으로 추정된다.
2. 기록 내용
   ① 촌명(村名), 마을의 둘레, 호수의 넓이 등
   ② 인구수, 논과 밭의 넓이, 과실나무의 수, 마전, 소와 말의 수
3. 주요 지목
   ① 관모전·답(官謨田·畓) : 호구조사나 양전사업 등에 소요되는 비용을 충당하기 위해 설정된 토지로서, 국가에 소유권이 있는 공전(公田)
   ② 내시령답(內視令畓) : 문무관료전의 일부로서 내시령이라는 관직에 있는 관리에게 수확량의 일정비율을 지급하는 직전(職田)으로서, 국가에 소유권이 있는 공전(公田)
   ③ 연수유전·답(烟受有田·畓) : 일반 백성인 공연(孔烟=丁戶)이 국가로부터 지급받아 경작하는 전·답으로서, 촌주위답(村主位畓)이 포함된 사전(私田)이며, 신라장적문서의 전체 토지 중 90% 이상 차지
   ④ 촌주위답(村主位畓) : 촌주의 직무에 대한 대가로 주어진 면조지(免租地)로서 연수유답 위에 설정됨
   ⑤ 마전(麻田) : 공물(貢物)을 마련하기 위해 마을 공동으로 삼(麻, 마)을 재배하던 토지로서, 농민들에게 소유권이 있는 사전(私田)이며, 신라장적문서에 기록된 4개의 촌락에 마전의 면적이 거의 균등하게 기재됨
   ⑥ 정전(丁田) : 신라시대 성인 남자에게 지급한 토지권으로 연수유전·답과 성격이 일치하는 것으로 추정

64. 실제적으로 지적과 등기의 관련성을 성취시켜주는 토지등록의 원칙은?

① 공시의 원칙 ② 공신의 원칙
③ 등록의 원칙 ④ 특정화의 원칙

해설 특정화의 원칙(特定化의 原則)
- 권리객체로서의 모든 토지는 반드시 특정적이고 단순하며 명확한 방법에 의하여 인식할 수 있도록 개별화하여야 한다는 원칙
- 지번, 경계, 소유자 등의 요소를 사용하여 토지를 특정화할 수 있으며, 특히 지번은 토지 관련 자료의 식별인자가 됨
- ※ 토지를 필지단위로 구분하여 토지표시사항을 등록하면 1필지의 토지는 권리객체로서 특정화되고, 특정화된 필지는 지적공부와 부동산등기부에 각각 등록되며, 토지소재와 지번에 의해 상호 연계될 수 있음

65. 다음 중 증보도는 어느 것에 해당되는가?

① 지적도이다.　　② 지적 약도이다.
③ 지적도 부본이다.　　④ 지적도의 부속품이다.

해설　증보도는 지적도에 등록하지 못할 위치에 새로이 등록할 토지가 생긴 경우에 새로이 작성하는 지적도를 말한다.

66. 임야조사사업 당시의 재결기관은?

① 도지사　　② 임야심사위원회
③ 임시토지조사국　　④ 고등토지조사위원회

해설　임야조사사업의 재결기관은 임야심사위원회이다.

토지조사사업과 임야조사사업의 비교

구분	토지조사사업	임야조사사업
기간	1910~1918(8년 8개월)	1916~1924(8년)
총경비	2,040여 만 원	380여 만 원
투입인력	7,000여 명	4,600여 명
대장작성	토지대장 109,998책	임야대장 22,202책
도면작성	지적도 812,093매	임야도 116,984매
도면축척	1/600, 1/1,200, 1/2,400	1/3,000, 1/6,000
조사측량기관	임시토지조사국장	부(府) 또는 면(面)
사정기관	임시토지조사국장	도지사
자문기관	지방토지조사위원회	도지사(조정기관)
재결기관	고등토지조사위원회	임야심사위원회
사정	19,107,520필	3,479,915필

67. 지적공부에 공시하는 토지의 등록사항에 대하여 공시의 원칙에 따라 채택해야 할 지적의 원리로 옳은 것은?

① 공개주의　　② 국정주의　　③ 직권주의　　④ 형식주의

해설　토지등록의 원칙
1. 등록의 원칙(登錄의 原則) : 토지에 관한 모든 표시사항을 지적공부에 반드시 등록해야 하며 토지의 이동이 생기면 지적공부에 변동 사항을 정리 등록해야 한다는 원칙이며, 적극적 등록주의와 법지적을 채택하는 나라에서 적용됨
2. 신청의 원칙(申請의 原則) : 토지의 등록은 토지소유자의 신청을 전제로 처리한다는 원칙이며, 토지의 등록은 토지소유자의 신청을 전제로 하되 신청이 없을 때에는 직권으로 조사·측량하여 처리하도록 함
3. 특정화의 원칙(特定化의 原則) : 권리객체로서의 모든 토지는 반드시 특정적이고 단순하며 명확한 방법에 의하여 인식할 수 있도록 개별화해야 한다는 원칙
4. 국정주의 및 직권주의(國定主義 및 職權主義)

① 국정주의 : 지적공부의 등록사항인 토지소재, 지번, 지목, 경계 또는 좌표와 면적 등은 국가의 공권력에 의하여 국가만이 이를 결정할 수 있는 권한을 가진다는 원칙
② 직권주의 : 모든 필지는 필지단위로 구획하여 국가기관인 소관청이 강제적으로 지적공부에 등록공시해야 한다는 원칙

5. 공시의 원칙 및 공개주의(公示의 原則 및 公開主義)
① 공시의 원칙 : 토지등록의 법적 지위에 있어서 토지의 이동이나 물권의 변동은 반드시 외부에 알려야 한다는 원칙
② 공개주의 : 토지에 관한 등록사항은 지적공부에 등록하고 이를 일반에 공지하여 누구나 이용하고 활용할 수 있게 해야 한다는 원칙

6. 공신의 원칙(公信의 原則) : 등기를 믿고 권리행위를 한 선의의 거래자를 보호하여 진실로 등기내용과 같은 권리관계가 존재한 것처럼 법률효과를 인정하려는 원칙

68. 토지등록에 있어 직권등록주의에 관한 설명으로 옳은 것은?

① 신규등록은 지적소관청이 직권으로만 등록이 가능하다.
② 토지이동 정리는 소유자 신청주의이기 때문에 신청에 의해서만 가능하다.
③ 토지의 이동이 있을 때에는 지적소관청이 직권으로 조사 또는 측량하여 결정한다.
④ 토지의 이동이 있을 때에는 토지소유자의 신청에 의하여 지적소관청이 이를 결정한다. 다만, 신청이 없을 때에는 지적소관청이 직권으로 이를 조사·측량하여 결정할 수 있다.

해설 직권등록주의(職權登錄主義)
- 직권등록주의라 함은 국가의 통치권이 미치는 모든 영토를 필지 단위로 구획하여 국가기관의 장인 시장, 군수, 구청장이 강제적으로 지적공부에 등록·공시하여야 한다는 이념으로서 등록강제주의 또는 적극적 등록주의라고도 함
- 따라서 지적소관청은 「공간정보의 구축 및 관리 등에 관한 법률」 제64조의 규정에 따라 모든 토지를 지적공부에 등록해야 하며 미등록 토지를 발견하였을 때에는 이를 직권으로 조사·측량하여 토지소재, 지번, 지목, 경계 또는 좌표와 면적 및 소유자 등을 지적공부에 새로이 등록하여야 함
※ 지적공부에 새로이 토지를 등록하거나 토지소재, 지번, 지목, 경계 또는 좌표와 면적 등 지적공부의 등록사항에 변경사유가 발생한 경우에는 토지소유자가 그 토지의 이동을 신청하도록 하고 있으나, 토지소유자가 신청을 게을리할 경우에는 직권등록주의에 따라 지적소관청이 직권으로 조사·측량하여 지적공부에 새로이 등록한다.

69. 지적불부합지로 인해 야기될 수 있는 사회적 문제점으로 보기 어려운 것은?

① 빈번한 토지분쟁
② 토지거래 질서의 문란
③ 주민의 권리 행사 지장
④ 확정 측량의 불가피한 급속 진행

해설 지적불부합지가 미치는 영향
1. 사회적 영향
① 토지분쟁의 증가
② 토지 거래질서의 문란
③ 국민 권리행사의 지장
④ 권리 실체 인정의 부실

   2. 행정적 영향
      ① 지적행정의 불신
      ② 토지이동정리의 정지
      ③ 지적공부의 증명발급 곤란
      ④ 토지과세의 부적정
      ⑤ 부동산등기의 지장
      ⑥ 공공사업수행의 지장
      ⑦ 소송수행의 지장

70. 다음 지목 중 잡종지에서 분리된 지목에 해당하는 것은?

① 공원 ② 염전 ③ 유지 ④ 지소

해설 지목의 변천내용
1. 1910~1950년 : 토지조사령에 따라 전, 답, 대 등 18개 지목으로 구분
2. 1950~1975년 : 구 지적법에 따라 21개 지목으로 구분
   ① 지소 → 지소+유지
   ① 잡종지 → 잡종지+염전+광천지
3. 1976년~현재
   ① 28개 지목으로 구분
   ② 10개 지목 신설 : 과수원, 목장용지, 공장용지, 학교용지, 운동장, 유원지, 주차장, 주유소용지, 창고용지, 양어장
   ③ 6개 지목을 3개 지목으로 통합
      • 철도용지+철도선로 → 철도용지
      • 수도용지+수도선로 → 수도용지
      • 유지+지소 → 유지
   ④ 지목명칭 변경
      • 공원지 → 공원
      • 사사지 → 종교용지
      • 성첩 → 사적지
      • 분묘지 → 묘지
   ⑤ 1991년 운동장을 체육용지로 변경
   ⑥ 2002년 1월 4개 지목 신설 : 주차장, 주유소용지, 창고용지, 양어장

71. 기본도로서 지적도가 갖추어야 할 요건으로 옳지 않은 것은?

① 일정한 축척의 도면 위에 등록해야 한다.
② 기본정보는 변동 없이 항상 일정해야 한다.
③ 기본적으로 필요한 정보가 수록되어야 한다.
④ 특정자료를 추가하여 수록할 수 있어야 한다.

해설 지적도 등 지적공부는 새로이 토지가 등록되거나 토지소재·지번·지목·경계 또는 좌표·면적 등의 등록사항이 토지의 이동에 따라서 변경등록되므로 항상 갱신된다. 따라서 지적도는 변경사항에 대한 최신화가 중요하다.

Answer 70. ② 71. ②

72. 고려시대의 토지대장 중 타량성책(打量成冊)의 초안 또는 각 관아에 비치된 결세대장에 해당하는 것은?

① 전적(田籍)
② 도전장(都田帳)
③ 준행장(遵行帳)
④ 양전장적(量田帳籍)

해설 고려시대의 양안(토지대장)의 명칭
도전장(都田帳), 양전도장(量田都帳), 양전장적(量田帳籍), 도행(導行), 작(作), 도전정(導田丁), 전적(田積), 전부(田簿), 적(籍), 안(案), 원적(元籍), 도행장(導行帳)[준행장 : 타량성책의 초안 또는 관아에 비치된 결세대장], 전안(田案), 갑인주안(甲寅株案 : 충숙왕 원년 1314년의 양전으로 작성된 장부) 등

73. '소유권은 신성불가침이며 국가의 권력에 의해서 구속이나 제약을 받지 않는다.'는 원칙은?

① 소유권 보장원칙
② 소유권 자유원칙
③ 소유권 절대원칙
④ 소유권 제한원칙

해설 근대 민법의 3대 원칙
1. 소유권 절대의 원칙(所有權 絕對의 原則) : 개인에게 사유재산권에 대한 절대적 지배권을 인정하고 국가나 다른 개인의 간섭 또는 제한을 배제한다는 원칙을 말하며, 절대의 사소유권 원칙이라고도 한다.
2. 사적 자치의 원칙(私的 自治의 原則) : 자기의 권리와 의무가 자기의 의사에 의하여 취득되거나 상실된다는 원칙으로서 개인의 자유로운 의사에 의하여 법률관계를 형상한다는 의미이며, 개인 의사 자치의 원칙 또는 법률행위 자유의 원칙이라고도 한다.
3. 과실책임의 원칙(過失責任의 原則) : 개인이 타인에게 끼친 손해에 대해 고의 또는 과실이 있을 때에만 책임이 발생한다는 원칙이며, 자기책임의 원칙이라고도 한다.

74. 다음의 토지 표시사항 중 지목의 역할과 가장 관계가 없는 것은?

① 사용 목적의 추측
② 토지 형질변경의 규제
③ 사용 현황의 표상(表象)
④ 구획정리지의 토지용도 유지

해설 지목은 토지의 주된 사용목적 또는 용도에 따라 토지의 종류를 구분하여 표시하는 명칭으로서 토지의 형질변경를 규제하는 기능과는 관련성이 적다.

75. 지목에 대한 설명으로 옳지 않은 것은?

① 지목의 결정은 지적소관청이 한다.
② 지목의 결정은 행정처분에 속하는 것이다.
③ 토지소유자의 신청이 없어도 지목을 결정할 수 있다.
④ 토지소유자의 신청이 있어야만 지목을 결정할 수 있다.

해설 우리나라는 지목뿐만 아니라 토지소재, 지번, 지목, 경계 또는 좌표 등 지적공부의 등록사항은 지적국정주의 원칙에 따라 국가(지적소관청)에서 결정하여 지적공부에 등록하며, 지목변경 등 토지의 이동이 발생한 경우에는 토지소유자가 신청하도록 하고 있으나, 토지소유자가 신청을 게을리할 경우에는 직권등록주의에 따라 지적소관청이 직권으로 조사·측량하여 지적공부에 새로이 등록한다.

Answer 72. ③ 73. ③ 74. ② 75. ④

76. 지적제도에 대한 설명으로 가장 거리가 먼 것은?
① 국가적 필요에 의한 제도이다.
② 개인의 권리 보호를 위한 제도이다.
③ 토지에 대한 물리적 현황의 등록·공시제도이다.
④ 효율적인 토지관리와 소유권 보호를 목적으로 한다.

> **해설** 지적제도는 국가의 통치권이 미치는 모든 영토를 필지별로 구획하여 각 필지별 토지소재, 지번, 지목, 경계, 면적 등 물리적 현황과 소유권 등 법적 권리관계를 등록 공시하기 위한 제도이다. 따라서 개인의 권리 보호와는 거리가 멀다.

77. 토지에 지번을 부여하는 이유가 아닌 것은?
① 토지의 특정화　　　② 물권객체의 구분
③ 토지의 위치 추정　　④ 토지이용 현황 파악

> **해설** 지번의 기능
> - 토지의 고정화
> - 토지의 특정화
> - 토지의 개별화
> - 토지위치의 확인
> - 주소표기의 기준(2014년 도로명주소법 시행 이전, 현재 도로명주소가 없는 지역의 위치표현의 참조)
> - 토지관계 자료의 연결매체(토지식별자) 기능
> ※ 토지이용 현황 파악은 지목과 관련 있다.

78. 일필지의 경계와 위치를 정확하게 등록하고 소유권의 한계를 밝히기 위한 지적제도는?
① 법지적　　② 세지적　　③ 유사지적　　④ 다목적지적

> **해설** 발전과정에 따른 지적의 분류
> 1. 세지적(Fiscal Cadastre)
>   ① 국가재정에 필요한 세금의 징수를 주목적으로 하는 제도이며 과세지적이라 함
>   ② 국가재정이 토지세에 의존하던 농경시대에 개발된 최초의 지적제도
>   ③ 필지별 세액산정을 위해 면적본위로 운영
> 2. 경제지적(Economic Cadastre)
>   ① 도시계획이나 농지개량사업의 기초가 되는 지적제도로서 유사지적이라고도 함
>   ② 지형과 지물에 특히 중점을 두고 오히려 지적의 생명이라 할 수 있는 일필지의 경계는 그다지 신경쓰지 않음
> 3. 법지적(Legal Cadastre)
>   ① 토지거래의 안전과 소유권보호를 주목적으로 하는 제도로서 소유권지적이라 하며, 지적의 개념이 토지소유권 보호를 위한 기능으로 변화됨을 의미
>   ② 토지이용의 다양성과 상품성이 강조된 산업화시대(17세기 유럽)에 개발된 제도
>   ③ 소유권의 한계설정과 경계복원의 가능성이 강조되고 위치본위로 운영

Answer　76. ②　77. ④　78. ①

4. 환경지적(Environmental Cadastre)
   ① 환경지적은 자료에 대한 지역적 basis를 제공하는 필지와 더불어 자연적, 인공적인 환경의 모든 속성을 포함하는 데이터베이스
   ② 인공현상으로는 물리적 구조, 토지의 자연 형상으로는 수로, 초목, 토양 등이 있음
   ③ 최근에는 다목적지적의 출현으로 환경지적이 무시되는 경향이 있음
5. 다목적지적(Multi-Purposs Cadastre)
   ① 다목적지적은 토지이용의 효율화를 위해 도지에 대한 모든 관련 자료를 일필지를 기초로 집적관리하고 공급하는 제도로서 토지 관련 정보의 종합적인 기록유지와 공급의 종합토지정보시스템
   ② 토지에 관한 등록자료의 용도가 다양화함에 따라 더 많은 자료의 관리와 이를 신속하고 정확하게 공급하기 위한 제도
   ③ 토지의 각종 등록 자료의 관리 및 공급으로 토지이용의 효율성을 추구하는 제도
   ④ 종합지적 또는 통합지적이라고도 함

79. 다음 중 가장 원시적인 지적제도는?

① 법지적(法地籍)
② 세지적(稅地籍)
③ 경계지적(境界地籍)
④ 소유지적(所有地籍)

해설 세지적은 농경시대에 개발된 최초의 지적제도임

80. 지적제도와 등기제도를 서로 다른 기관에서 분리하여 운영하고 있는 국가는?

① 독일
② 대만
③ 일본
④ 프랑스

해설 외국의 지적제도 및 등기제도 운영 현황
1. 프랑스 : 지적공부는 토지대장, 건물대장, 지적도, 도엽기록부 및 색인부로 구성되어 있으며, 지적업무는 중앙은 경제·재정·산업무의 세무국 산하 지적과 등기과에서 운영하고, 지방은 지방사무국(시·도), 지적사무소(시·군)에서 담당하며, 지적과 등기가 이원화되어 있으나 접수창구의 일원화와 전산화로 사실상 일원화로 운영
2. 독일 : 지적제도는 행정부에서 관할하고, 등기제도는 사법부에서 관할하는 이원화 체제로 운영되는 국가로서, 지적공부는 부동산지적부, 부동산지적도, 수치지적부 등으로 구성되어 있고, 등기부는 물적 편성주의에 따라 개별 부동산을 중심으로 편성하고 있으며, 관계 법률은 지적 및 측량법과 부동산등기법으로 이원화되어 있고, 각 주별로 상이한 법률을 제정하여 운용
3. 스위스 : 지적공부가 부동산등록부, 소유자별대장, 지적도, 수치지적부로 구성되어 있으며, 지적과 등기가 일원화 처리됨
4. 네덜란드 : 창설 당시부터 지적과 등기가 통합되어 운영되는 국가로서, 지적공부는 위치대장, 부동산등록부, 지적도로 구성되어 있고, 지적업무는 중앙은 주택·도시계획·환경성에서 관장하고 지방은 지방지적청에서 관장
5. 일본 : 지적공부는 토지 및 건물등기부, 지적도가 있으며, 지적업무는 법무성에서 관장하고 측량은 토지가옥조사사가 시행하며, 1960년 부동산등기법이 개정되어 등기제도와 지적제도가 통합됨
6. 대만 : 지적공부는 토지등기부, 건축물등기부, 지적도가 있으며 지적업무는 내정부 지적국에서 담당하고 측량은 공무원이 직접 시행하며, 대만정부 수립 후 1930년 국민당 정부가 제정·공포하여 대륙 본토에서 시행하던 토지법을 대만에도 그대로 적용하여 지적과 등기를 일원화하여 지정사무소에서 지적 및 등기업무 처리

※ 우리나라는 독일과 같이 지적제도는 행정부, 등기제도는 사법부에서 이원체제로 운영

05 지적관계법규

81. 지적공부의 복구자료에 해당하지 않는 것은?
① 측량 결과도　　　　　　② 지적공부의 등본
③ 토지이용계획 확인서　　④ 토지이동정리 결의서

해설 지적공부의 복구자료
- 지적공부의 등본
- 측량결과도
- 토지이동정리 결의서
- 부동산등기부 등본 등 등기사실을 증명하는 서류
- 지적소관청이 작성하거나 발행한 지적공부의 등록내용을 증명하는 서류
- 복제된 지적공부
- 법원의 확정판결서 정본 또는 사본

82. 과수류를 집단적으로 재배하는 토지 내의 주거용 건축물 부지의 지목으로 옳은 것은?
① 전　　　② 대　　　③ 과수원　　　④ 창고용지

해설 지목의 구분
1. 과수원
  사과·배·밤·호두·귤나무 등 과수류를 집단적으로 재배하는 토지와 이에 접속된 저장고 등 부속시설물의 부지. 다만, 주거용 건축물의 부지는 "대"로 한다.
2. 전
  물을 상시적으로 이용하지 않고 곡물·원예작물(과수류는 제외)·약초·뽕나무·닥나무·묘목·관상수 등의 식물을 주로 재배하는 토지와 식용으로 죽순을 재배하는 토지
3. 대
  ① 영구적 건축물 중 주거·사무실·점포와 박물관·극장·미술관 등 문화시설과 이에 접속된 정원 및 부속시설물의 부지
  ② 「국토의 계획 및 이용에 관한 법률」 등 관계 법령에 따른 택지조성공사가 준공된 토지
4. 창고용지
  물건 등을 보관하거나 저장하기 위하여 독립적으로 설치된 보관시설물의 부지와 이에 접속된 부속시설물의 부지

83. 동일한 지번부여지역 내 지번이 100, 100-1, 100-2, 100-3으로 되어 있고 100번지의 토지를 2필지로 분할하고자 할 경우 지번 결정으로 옳은 것은?
① 100, 101　　　　　② 100, 100-4
③ 100-1, 100-4　　④ 100-4, 100-5

Answer　81. ③　82. ②　83. ②

해설 토지이동에 따른 지번부여
1. 분할에 따른 지번부여
   ① 분할 후의 필지 중 1필지의 지번은 분할 전의 지번으로 하고, 나머지 필지의 지번은 본번의 최종 부번 다음 순번으로 부번을 부여
   ② 주거·사무실 등 건축물이 있는 필지에 대해서는 분할 전의 지번을 우선하여 부여
2. 신규등록, 등록전환에 따른 지번 부여
   ① 신규등록, 등록전환의 경우 당해 지번부여지역 내 인접토지의 본번에 부번을 붙여서 부여
   ② 지번부여지역의 최종 본번의 다음 순번부터 본번으로 하여 순차적으로 지번을 부여할 수 있는 경우
      • 대상토지가 그 지번부여지역의 최종 지번의 토지에 인접하여 있는 경우
      • 대상토지가 이미 등록된 토지와 멀리 떨어져 있어서 등록된 토지의 본번에 부번을 부여하는 것이 불합리한 경우
      • 대상토지가 여러 필지로 되어 있는 경우
3. 합병에 따른 지번부여
   ① 합병 전 지번 중 순서가 빠른 지번으로 부여
   ② 합병 전 지번이 본번과 부번이 혼재할 경우 본번 중 선순위 지번으로 부여
   ③ 토지소유자가 합병 전의 필지에 주거·사무실 등의 건축물이 있어서 그 건축물이 위치한 지번을 합병 후의 지번으로 신청할 때에는 그 지번을 합병 후의 지번으로 부여
4. 지적확정측량을 실시한 지역의 지번부여
   ① 사업지역 내 편입된 토지 중 본번만으로 부여
   ② 종전 지번의 수가 새로 부여할 지번의 수보다 적을 때에는 블록단위로 하나의 본번을 부여한 후 필지별로 부번을 부여하거나 최종 본번 다음 순번부터 본번으로 하여 지번 부여
5. 지번부여지역의 지번변경, 행정구역 개편에 따라 새로 지번 부여, 축척변경 시행지역의 지번부여는 지적확정측량을 실시한 지역의 지번부여 준용

84. 평판측량방법에 따른 세부측량을 할 경우 거리측정단위로 옳은 것은?

① 지적도를 갖춰 두는 지역 : 1센티미터
   임야도를 갖춰 두는 지역 : 10센티미터
② 지적도를 갖춰 두는 지역 : 1센티미터
   임야도를 갖춰 두는 지역 : 50센티미터
③ 지적도를 갖춰 두는 지역 : 5센티미터
   임야도를 갖춰 두는 지역 : 10센티미터
④ 지적도를 갖춰 두는 지역 : 5센티미터
   임야도를 갖춰 두는 지역 : 50센티미터

해설 평판측량방법에 따른 세부측량 기준
1. 거리측정단위 : 지적도를 갖춰 두는 지역에서는 5센티미터로 하고, 임야도를 갖춰 두는 지역에서는 50센티미터로 할 것
2. 측량결과도 : 그 토지가 등록된 도면과 동일한 축척으로 작성할 것
3. 세부측량의 기준이 되는 위성기준점, 통합기준점, 삼각점, 지적삼각점, 지적삼각보조점, 지적도근점 및 기지점이 부족한 경우 : 측량상 필요한 위치에 보조점을 설치하여 활용할 것
4. 경계점 : 기지점을 기준으로 하여 지상경계선과 도상경계선의 부합 여부를 현형법(現形法)·도상원호(圖上圓弧)교회법·지상원호(地上圓弧)교회법 또는 거리비교확인법 등으로 확인하여 정할 것

85. 축척변경에 따른 청산금을 산정한 결과 증가된 면적에 대한 청산금의 합계와 감소된 면적에 대한 청산금의 합계에 차액이 생긴 경우 이에 대한 처리방법으로 옳은 것은?

① 그 측량업체의 부담 또는 수입으로 한다.
② 그 토지소유자의 부담 또는 수입으로 한다.
③ 그 지방자치단체의 부담 또는 수입으로 한다.
④ 그 행정안전부장관의 부담 또는 수입으로 한다.

해설 축척변경에 따른 청산금 산정 절차
① 청산을 할 때에는 축척변경위원회의 의결을 거쳐 지번별로 제곱미터당 금액(이하 "지번별 제곱미터당 금액"이라 한다)을 정하여야 한다. 이 경우 지적소관청은 시행공고일 현재를 기준으로 그 축척변경 시행지역의 토지에 대하여 지번별 제곱미터당 금액을 미리 조사하여 축척변경위원회에 제출하여야 한다.
② 청산금은 작성된 축척변경 지번별 조서의 필지별 증감면적에 지번별 제곱미터당 금액을 곱하여 산정한다.
③ 지적소관청은 청산금을 산정하였을 때에는 청산금 조서를 작성하고, 청산금이 결정되었다는 뜻을 15일 이상 공고하여 일반인이 열람할 수 있게 하여야 한다.
④ 청산금을 산정한 결과 증가된 면적에 대한 청산금의 합계와 감소된 면적에 대한 청산금의 합계에 차액이 생긴 경우 초과액은 그 지방자치단체의 수입으로 하고, 부족액은 그 지방자치단체가 부담한다.

86. 공간정보의 구축 및 관리 등에 관한 법률상 용어 정의로서 토지의 표시사항에 해당하지 않는 것은?

① 면적   ② 좌표   ③ 토지소유자   ④ 토지의 소재

해설 토지의 표시
지적공부에 토지의 소재·지번·지목·면적·경계 또는 좌표를 등록한 것

87. 축척변경위원회에 관한 설명으로 틀린 것은?

① 5명 이상 10명 이하의 위원으로 구성한다.
② 위원의 2분의 1 이상을 토지소유자로 하여야 한다.
③ 청산금의 이의신청에 관한 사항을 심의·의결한다.
④ 위원장은 위원 중에서 시·도지사가 임명한다.

해설 축척변경위원회
1. 구성
① 축척변경위원회는 5명 이상 10명 이하의 위원으로 구성하되, 위원의 2분의 1 이상을 토지소유자로 하여야 한다. 이 경우 그 축척변경 시행지역의 토지소유자가 5명 이하일 때에는 토지소유자 전원을 위원으로 위촉하여야 한다.
② 위원장은 위원 중에서 지적소관청이 지명한다.
③ 위원은 다음 각 호의 사람 중에서 지적소관청이 위촉한다.
 • 해당 축척변경 시행지역의 토지소유자로서 지역 사정에 정통한 사람
 • 지적에 관하여 전문지식을 가진 사람

④ 축척변경위원회의 위원에게는 예산의 범위에서 출석수당과 여비, 그 밖의 실비를 지급한다.
2. 기능
① 축척변경 시행계획에 관한 사항
② 지번별 제곱미터당 금액의 결정과 청산금의 산정에 관한 사항
③ 청산금의 이의신청에 관한 사항
④ 그 밖에 축척변경과 관련하여 지적소관청이 회의에 부치는 사항
3. 회의
① 축척변경위원회의 회의는 지적소관청이 축척변경위원회에 회부하거나 위원장이 필요하다고 인정할 때에 위원장이 소집한다.
② 축척변경위원회의 회의는 위원장을 포함한 재적위원 과반수의 출석으로 개의하고, 출석위원 과반수의 찬성으로 의결한다.
③ 위원장은 축척변경위원회의 회의를 소집할 때에는 회의일시·장소 및 심의안건을 회의 개최 5일 전까지 각 위원에게 서면으로 통지한다.

88. 지적재조사측량에 따른 경계 확정으로 지적공부상의 면적이 증감된 경우 징수하거나 지급해야 할 금액은?

① 조정금　　② 청산금　　③ 감정평가금　　④ 손실보상금

해설 조정금의 산정
① 지적소관청은 경계 확정으로 지적공부상의 면적이 증감된 경우에는 필지별 면적 증감내역을 기준으로 조정금을 산정하여 징수하거나 지급한다.
② 국가 또는 지방자치단체 소유의 국유지·공유지 행정재산의 조정금은 징수하거나 지급하지 아니한다.
③ 조정금은 경계가 확정된 시점을 기준으로 「감정평가 및 감정평가사에 관한 법률」에 따른 감정평가법인 등이 평가한 감정평가액으로 산정한다. 다만, 토지소유자협의회가 요청하는 경우에는 시·군·구 지적재조사위원회의 심의를 거쳐 「부동산 가격공시에 관한 법률」에 따른 개별공시지가로 산정할 수 있다.
④ 지적소관청은 조정금을 산정하고자 할 때에는 시·군·구 지적재조사위원회의 심의를 거쳐야 한다.

89. 지적재조사사업에 따라 지적공부를 새로 작성할 경우 토지이동일은?

① 경계확정일　　　　　　② 사업완료 공고일
③ 사업지구 지정일　　　　④ 토지소유자 동의서 징구일

해설 지적재조사에 관한 특별법 제24조(새로운 지적공부의 작성)
① 지적소관청은 사업완료 공고가 있었을 때에는 기존의 지적공부를 폐쇄하고 새로운 지적공부를 작성하여야 한다. 이 경우 그 토지는 사업완료 공고일에 토지의 이동이 있은 것으로 본다.
② 새로이 작성하는 지적공부에는 다음 각 호의 사항을 등록하여야 한다.
  1. 토지의 소재
  2. 지번
  3. 지목
  4. 면적
  5. 경계점좌표
  6. 소유자의 성명 또는 명칭, 주소 및 주민등록번호(국가, 지방자치단체, 법인, 법인 아닌 사단이나 재단 및 외국인의 경우에는 「부동산등기법」 제49조에 따라 부여된 등록번호를 말한다. 이하 같다)

7. 소유권지분
8. 대지권비율
9. 지상건축물 및 지하건축물의 위치
10. 그 밖에 국토교통부령으로 정하는 사항

③ 경계가 확정되지 아니하고 사업완료 공고가 된 토지에 대하여는 "경계미확정 토지"라고 기재하고 지적공부를 정리할 수 있으며, 경계가 확정될 때까지 지적측량을 정지시킬 수 있다.

90. 지적업무처리규정에서 정의한 용어의 설명으로 틀린 것은?

① "지적측량파일"이란 측량준비파일, 측량현형파일 및 측량성과파일을 말한다.
② "기지경계선(旣知境界線)"이란 세부측량성과를 결정하는 기준이 되는 기지점을 필지별로 직선으로 연결한 선을 말한다.
③ "전자평판측량"이란 토털스테이션과 지적측량 운영프로그램 등이 설치된 컴퓨터를 연결하여 기초측량을 수행하는 측량을 말한다.
④ "측량현형(現形)파일"이란 전자평판측량 및 위성측량방법으로 관측한 데이터 및 지적측량에 필요한 각종 정보가 들어 있는 파일을 말한다.

해설 1. 지적측량파일
측량준비파일, 측량현형파일 및 측량성과파일을 말한다.
2. 기지경계선(旣知境界線)
세부측량성과를 결정하는 기준이 되는 기지점을 필지별로 직선으로 연결한 선을 말한다.
3. 전자평판측량
토털스테이션과 지적측량 운영프로그램 등이 설치된 컴퓨터를 연결하여 세부측량을 수행하는 측량을 말한다.
4. 측량현형(現形)파일
전자평판측량 및 위성측량방법으로 관측한 데이터 및 지적측량에 필요한 각종 정보가 들어 있는 파일을 말한다.

91. 토지소유자는 토지를 합병하려면 대통령령으로 정하는 바에 따라 지적소관청에 합병을 신청하여야 한다. 다음 중 토지의 합병을 신청할 수 있는 조건이 아닌 것은?

① 합병하려는 토지의 지목이 같은 경우
② 합병하려는 토지의 지번부여지역이 같은 경우
③ 합병하려는 토지의 소유자가 서로 같은 경우
④ 합병하려는 토지의 지적도의 축척이 서로 다른 경우

해설 합병 신청
1. 신청기한
① 원칙 : 신청기한 없음
② 예외 : 공동주택의 부지, 도로, 제방, 하천, 구거, 유지, 공장용지, 학교용지, 철도용지, 수도용지, 공원, 체육용지 등 토지로서 합병하여야 할 토지가 있으면 그 사유가 발생한 날부터 60일 이내에 지적소관청에 합병을 신청하여야 한다.

2. 신청대상
   지번부여지역으로서 소유자와 용도가 같고 지반이 연속된 토지
3. 합병신청할 수 없는 토지
   ① 합병하려는 토지의 지번부여지역, 지목 또는 소유자가 서로 다른 경우
   ② 합병하려는 토지에 다음 각 호 외의 등기가 있는 경우
      • 소유권·지상권·전세권 또는 임차권의 등기
      • 승역지에 대한 지역권의 등기
      • 합병하려는 토지 전부에 대한 등기원인 및 그 연월일과 접수번호가 같은 저당권의 등기
   ③ 합병하려는 토지의 지적도 및 임야도의 축척이 서로 다른 경우
   ④ 합병하려는 각 필지가 서로 연접하지 아니한 경우
   ⑤ 합병하려는 토지가 등기된 토지와 등기되지 아니한 토지인 경우
   ⑥ 합병하려는 각 필지의 지목은 같으나 일부 토지의 용도가 다르게 되어 분할대상 토지인 경우(다만, 합병 신청과 동시에 토지의 용도에 따라 분할 신청을 하는 경우는 제외)
   ⑦ 합병하려는 토지의 소유자별 공유지분이 다르거나 소유자의 주소가 서로 다른 경우
   ⑧ 합병하려는 토지가 구획정리, 경지정리 또는 축척변경을 시행하고 있는 지역의 토지와 그 지역 밖의 토지인 경우

92. 토지소유자에 관한 등록사항의 정정은 무엇에 의하여 정리하여야 하는가?

① 임야대장 또는 임야도
② 토지대장 또는 지적도
③ 법원의 확정판결서 정본
④ 등기필증 또는 등기완료통지서

해설 토지소유자에 관한 등록사항의 정정
① 등기필증, 등기완료통지서, 등기사항증명서 또는 등기관서에서 제공한 등기전산정보자료에 따라 정정
② 미등기 토지에 대하여 토지소유자의 성명 또는 명칭, 주민등록번호, 주소 등에 관한 사항의 정정을 신청한 경우로서 그 등록사항이 명백히 잘못된 경우에는 가족관계 기록사항에 관한 증명서에 따라 정정

93. 토지이동에 따른 지적공부 정리를 통하여 폐쇄 또는 말소된 지번을 다시 사용할 수 있는 경우는?

① 분할에 따른 토지이동의 경우
② 등록전환에 따른 토지이동의 경우
③ 축척변경에 따른 토지이동의 경우
④ 지적공부에 등록된 토지가 바다가 됨에 따른 토지이동의 경우

해설 지적확정측량, 지번부여지역의 지번변경, 행정구역 개편에 따라 새로 지번부여, 축척변경 시행지역의 지번부여
① 사업지역 내 편입된 토지 중 본번만으로 부여
② 종전 지번의 수가 새로 부여할 지번의 수보다 적을 때에는 블록단위로 하나의 본번을 부여한 후 필지별로 부번을 부여하거나 최종 본번 다음 순번부터 본번으로 하여 지번 부여

94. 지적공부의 등록사항에 잘못이 있어 이를 정정함으로 인해 인접 토지의 경계가 변경되는 경우 토지소유자가 정정을 신청할 때 지적소관청에 제출하여야 하는 것은?

① 등기부등본
② 확정판결서 정본
③ 측량성과도 및 지적도
④ 제출서류 없이 지적소관청 직권으로 결정

해설 1. 등록사항의 정정 신청(인접 토지의 경계가 변경되는 경우)
　　① 인접 토지소유자의 승낙서
　　② 인접 토지소유자가 승낙하지 아니하는 경우에는 이에 대항할 수 있는 확정판결서 정본
2. 토지소유자가 등록사항정정 신청 시 제출서류
　　① 경계 또는 면적의 변경을 가져오는 경우 : 등록사항정정 측량성과도
　　② 그 밖에 등록사항을 정정하는 경우 : 변경사항을 확인할 수 있는 서류

95. 지적도근점측량에서 연결오차의 허용범위기준으로 옳지 않은 것은?(단, n은 각 측선의 수평거리의 총합계를 100으로 나눈 수를 말한다.)

① 1등도선은 해당 지역 축척분모의 $\frac{1}{100}\sqrt{n}$ 센티미터 이하로 한다.

② 2등도선은 해당 지역 축척분모의 $\frac{1.5}{100}\sqrt{n}$ 센티미터 이하로 한다.

③ 1등도선 및 2등도선의 허용기준에 있어서의 축척이 6000분의 1인 지역의 축척분모는 3000으로 한다.

④ 1등도선 및 2등도선의 허용기준에 있어서의 경계점좌표등록부를 갖춰 두는 지역의 축척분모는 600으로 한다.

해설 지적도근점측량에서의 연결오차의 허용범위
(n은 각 측선의 수평거리의 총합계를 100으로 나눈 수를 말한다.)

① 1등도선은 해당 지역 축척분모의 $\frac{1}{100}\sqrt{n}$ 센티미터 이하로 할 것

② 2등도선은 해당 지역 축척분모의 $\frac{1.5}{100}\sqrt{n}$ 센티미터 이하로 할 것

③ 1등도선, 2등도선을 적용하는 경우 경계점좌표등록부를 갖춰 두는 지역의 축척분모는 500으로 하고, 축척이 6천분의 1인 지역의 축척분모는 3천으로 할 것. 이 경우 하나의 도선에 속하여 있는 지역의 축척이 2 이상일 때에는 대축척의 축척분모에 따른다.

96. 공간정보의 구축 및 관리 등에 관한 법령상 부지(또는 토지)에 따른 지목의 구분이 올바르게 연결된 것은?

① 철도역사 → 철도용지
② 갈대밭과 황무지 → 잡종지
③ 경마장과 경륜장 → 유원지
④ 대학교 운동장 → 체육용지

해설 1. 철도용지
   교통 운수를 위하여 일정한 궤도 등의 설비와 형태를 갖추어 이용되는 토지와 이에 접속된 역사·차고·발전시설 및 공작창 등 부속시설물의 부지
2. 잡종지
   ① 다음에 해당하는 토지
   • 갈대밭, 실외에 물건을 쌓아두는 곳, 돌을 캐내는 곳, 흙을 파내는 곳, 야외시장, 비행장, 공동우물
   • 영구적 건축물 중 변전소, 송신소, 수신소, 송유시설, 도축장, 자동차운전학원, 쓰레기 및 오물처리장 등의 부지
   • 다른 지목에 속하지 않는 토지
   ② 원상회복을 조건으로 돌을 캐내는 곳 또는 흙을 파내는 곳으로 허가된 토지는 제외
3. 임야
   산림 및 원야를 이루고 있는 수림지·죽림지·암석지·자갈땅·모래땅·습지·황무지 등의 토지
4. 유원지
   ① 일반 공중의 위락·휴양 등에 적합한 시설물을 종합적으로 갖춘 수영장·유선장·낚시터·어린이놀이터·동물원·식물원·민속촌·경마장 등의 토지와 이에 접속된 부속시설물의 부지
   ② 이들 시설과의 거리 등으로 보아 독립적인 것으로 인정되는 숙식시설 및 유기장의 부지와 하천·구거 또는 유지 분류되는 것은 제외
5. 체육용지
   ① 국민의 건강증진 등을 위한 체육활동에 적합한 시설과 형태를 갖춘 종합운동장·실내체육관·야구장·골프장·스키장·승마장·경륜장 등 체육시설의 토지와 이에 접속된 부속시설물의 부지
   ② 체육시설로서의 영속성과 독립성이 미흡한 정구장·골프연습장·실내수영장 및 체육도장, 유수를 이용한 요트장 및 카누장, 산림 안의 야영장 등의 토지는 제외
6. 학교용지
   학교의 교사와 이에 접속된 체육장 등 부속시설물의 부지

97. 지적측량의 방법에 대한 설명으로 틀린 것은?

① 위성측량의 방법 및 절차 등에 관하여 필요한 사항은 시·도지사가 따로 정한다.
② 지적삼각점측량은 위성기준점, 통합기준점, 삼각점 및 지적삼각점을 기초로 하여 경위의측량방법, 전파기 또는 광파기측량방법, 위성측량방법 및 국토교통부장관이 승인한 측량방법에 따르되, 그 계산은 평균계산법이나 망평균계산법에 따른다.
③ 세부측량은 위성기준점, 통합기준점, 지적기준점 및 경계점을 기초로 하여 경위의측량방법, 평판측량방법, 위성측량방법 및 전자평판측량방법에 따른다.
④ 지적도근점측량은 위성기준점, 통합기준점, 삼각점 및 지적기준점을 기초로 하여 경위의측량방법, 전파기 또는 광파기측량방법, 위성측량방법 및 국토교통부장관이 승인한 측량방법에 따르되, 그 계산은 도선법, 교회법 및 다각망도선법에 따른다.

해설 지적측량의 방법
1. 지적삼각점측량 : 위성기준점, 통합기준점, 삼각점 및 지적삼각점을 기초로 하여 경위의측량방법, 전파기 또는 광파기측량방법, 위성측량방법 및 국토교통부장관이 승인한 측량방법에 따르되, 그 계산은 평균계산법이나 망평균계산법에 따른다.
2. 지적삼각보조점측량 : 위성기준점, 통합기준점, 삼각점, 지적삼각점 및 지적삼각보조점을 기초로 하여

경위의측량방법, 전파기 또는 광파기측량방법, 위성측량방법 및 국토교통부장관이 승인한 측량방법에 따르되, 그 계산은 교회법 또는 다각망도선법에 따른다.
3. 지적도근점측량 : 위성기준점, 통합기준점, 삼각점 및 지적기준점을 기초로 하여 경위의측량방법, 전파기 또는 광파기측량방법, 위성측량방법 및 국토교통부장관이 승인한 측량방법에 따르되, 그 계산은 도선법, 교회법 및 다각망도선법에 따른다.
4. 세부측량 : 위성기준점, 통합기준점, 지적기준점 및 경계점을 기초로 하여 경위의측량방법, 평판측량법, 위성측량방법 및 전자평판측량방법에 따른다.
※ 위성측량의 방법 및 절차 등에 관하여 필요한 사항은 국토교통부장관이 따로 정한다.

98. 지적전산자료의 수수료에 대한 설명으로 옳지 않은 것은?(단, 정보통신망을 이용하여 전자화폐·전자결제 등의 방법으로 납부하게 하는 경우는 고려하지 않는다.)

① 지적전산자료를 인쇄물로 제공하는 경우의 수수료는 1필지당 30원이다.
② 공간정보산업협회 등에 위탁된 업무의 수수료는 현금으로 내야 한다.
③ 지적전산자료를 시·도지사 또는 지적소관청이 제공하는 경우에는 현금으로만 납부해야 한다.
④ 지적전산자료를 자기디스크 등 전산매체로 제공하는 경우의 수수료는 1필지당 20원이다.

해설 지적전산자료의 수수료 납부
1. 수수료 금액

지적전산자료 제공방법	수수료
인쇄물로 제공하는 때	1필지당 30원
자기디스크 등 전산매체로 제공하는 때	1필지당 20원

2. 납부방법
현금, 수입인지, 수입증지, 전자화폐, 전자결제
(예외 : 성능검사수수료와 공간정보산업협회 등에 위탁된 업무의 수수료는 현금 납부)

99. 지적도의 등록사항으로 틀린 것은?

① 지적도면의 색인도
② 전유부분의 건물표시
③ 건축물 및 구조물 등의 위치
④ 삼각점 및 지적기준점의 위치

해설 1. 지적도면의 등록사항
① 토지의 소재
② 지번
③ 지목
④ 경계
⑤ 지적도면의 색인도
⑥ 지적도면의 제명 및 축척
⑦ 도곽선과 그 수치
⑧ 좌표에 의하여 계산된 경계점 간의 거리(경계점좌표등록부를 갖춰 두는 지역으로 한정)
⑨ 삼각점 및 지적기준점의 위치
⑩ 건축물 및 구조물 등의 위치

2. 대지권등록부의 등록사항
① 토지의 소재
② 지번
③ 대지권 비율
④ 소유자의 성명 또는 명칭, 주소 및 주민등록번호
⑤ 토지의 고유번호
⑥ 전유부분의 건물표시
⑦ 건물의 명칭
⑧ 집합건물별 대지권등록부의 장번호
⑨ 토지소유자가 변경된 날과 그 원인
⑩ 소유권 지분

100. 지적공부에 등록된 사항을 지적소관청이 직권으로 정정할 수 없는 것은?
① 지적측량성과와 다르게 정리된 경우
② 토지이동정리 결의서의 내용과 다르게 정리된 경우
③ 지적공부의 작성 또는 재작성 당시 잘못 정리된 경우
④ 지적도 및 임야도에 등록된 필지가 위치의 이동이 없이 면적의 증감만 있는 경우

해설 등록사항의 직권정정
① 토지이동정리 결의서의 내용과 다르게 정리된 경우
② 지적도 및 임야도에 등록된 필지가 면적의 증감 없이 경계의 위치만 잘못된 경우
③ 필지가 각각 다른 지적도나 임야도에 등록되어 있는 경우로서 지적공부에 등록된 면적과 측량한 실제 면적은 일치하지만 지적도나 임야도에 등록된 경계가 서로 접합되지 않아 지적도나 임야도에 등록된 경계를 지상의 경계에 맞추어 정정하여야 하는 토지가 발견된 경우
④ 지적공부의 작성 또는 재작성 당시 잘못 정리된 경우
⑤ 지적측량성과와 다르게 정리된 경우
⑥ 지적측량의 적부심사에 따라 지적공부의 등록사항을 정정하여야 하는 경우
⑦ 지적공부의 등록사항이 잘못 입력된 경우
⑧ 「부동산등기법」 제37조제2항에 따른 통지가 있는 경우(지적소관청의 착오로 잘못 합병한 경우만 해당)
⑨ 면적 환산이 잘못된 경우

2020년 제3회 지적산업기사

01 지적측량

01. 지적측량 시행규칙상 지적삼각보조점측량 시 기초로 하는 점이 아닌 것은?

① 위성기준점
② 지적도근점
③ 지적삼각점
④ 지적삼각보조점

해설 지적측량 시행규칙 제7조(지적측량의 방법 등)
1. 기초로 하는 기준점 : 위성기준점, 통합기준점, 삼각점, 지적삼각점 및 지적삼각보조점
2. 측량방법 : 경위의측량방법, 전파기 또는 광파기측량방법, 위성측량방법 및 국토교통부장관이 승인한 측량방법
3. 계산법 : 교회법(交會法) 또는 다각망도선법

02. 다음 중 지적측량의 구분으로 옳은 것은?

① 기초측량, 세부측량
② 확정측량, 세부측량
③ 기초측량, 삼각측량
④ 세부측량, 삼각측량

해설 지적측량 시행규칙 제5조(지적측량의 구분 등)
지적측량은 지적기준점을 정하기 위한 기초측량과, 일필지의 경계와 면적을 정하는 세부측량으로 구분함
1. 기초측량 : 일필지측량을 하기 위해 기준점을 설치하고 관측하는 측량이며, 지적삼각점측량, 지적삼각보조점측량, 지적도근점측량이 있음
2. 세부측량 : 기초측량에 의해 설치된 기준점 또는 경계점을 기초로 하여 일필지 측량을 하는 측량방법이며 경위의측량, 측판측량이 있음

03. 그림과 같은 트래버스에서 V_A^B이 52°40′일 때, BC의 방위각은?

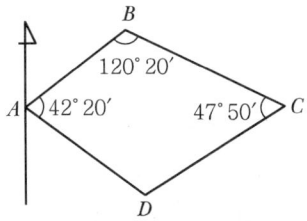

① 67°40′
② 112°20′
③ 202°20′
④ 292°20′

Answer   1. ②   2. ①   3. ②

해설 $V_A^B = 52°40'$
$V_B^A = 52°40' + 180° = 232°40'$
$V_B^C = 232°40' - 120°20' = 112°20'$

04. 평판측량으로 지적세부측량 시 측량준비 파일의 작성에 포함되지 않는 것은?

① 도곽선 수치
② 경계점 간 거리
③ 대상토지의 경계선
④ 지적기준점 간 거리

해설 지적측량 시행규칙 제17조(측량준비 파일의 작성)

경위의측량방법에 의한 측량준비도 기재사항	평판측량방법에 의한 측량준비도 기재사항
• 측량대상 토지의 경계와 경계점의 좌표 및 부호도·지번·지목 • 인근 토지의 경계와 경계점의 좌표 및 부호도·지번·지목 • 행정구역선과 그 명칭 • 지적측량기준점 및 그 번호와 지적측량기준점 간의 방위각 및 그 거리 • 경계점 간 계산거리 • 도곽선과 그 수치 • 그 밖에 국토교통부장관이 정하는 사항	• 측량대상 토지의 경계선·지번 및 지목 • 인근 토지의 경계선·지번 및 지목 • 임야도를 비치하는 지역에서 인근 지적도의 축척으로 측량을 하고자 하는 임야도에 표시된 경계점의 좌표를 구하여 지적도에 전개한 경계선. 다만, 임야도에 표시된 경계점의 좌표를 구할 수 없거나 그 좌표에 의하여 확대하여 그리는 것이 부적당한 때에는 축척비율에 따라 확대한 경계선을 말한다. • 행정구역선과 그 명칭 • 지적측량기준점 및 그 번호와 지적측량기준점 간의 거리, 지적측량기준점의 좌표, 그 밖에 측량의 기점이 될 수 있는 기지점 • 도곽선과 그 수치 • 도곽선의 신축이 0.5밀리미터 이상인 때에는 그 신축량 및 보정계수 • 그 밖에 국토교통부장관이 정하는 사항

05. 도로의 분할측량을 평판측량방법으로 시행할 경우에 가장 알맞은 보조점의 측정방식은?

① 교회법
② 도선법
③ 방사법
④ 비례법

해설 도선법은 측판에 의한 보조점측량으로 일명 '측판도근점'으로 불리고 있으며 기초점이 없는 지역에서 회귀도선방법 등에 의하여 기초점이나 기지점이 부족한 지역에서 측판측량을 하며 이를 기지점으로 이용하여 세부측량을 시행함

06. 행정구역선의 제도방법에 대한 설명으로 옳은 것은?

① 시·군의 행정구역선은 0.2mm의 폭으로 제도한다.
② 동·리의 행정구역선은 0.1mm의 폭으로 제도한다.
③ 행정구역선은 경계에서 약간 띠어서 그 외부에 제도한다.
④ 행정구역선이 2종 이상 겹치는 경우에는 약간 띠어서 모두 제도한다.

해설 지적업무처리규정 제44조(행정구역선의 제도)

구분	설명	도식
국계	실선 4밀리미터와 허선 3밀리미터로 연결하고 실선 중앙에 1밀리미터로 교차하며, 허선에 직경 0.3밀리미터의 점 2개를 제도	
시·도계	실선 4밀리미터와 허선 2밀리미터로 연결하고 실선 중앙에 1밀리미터로 교차하며, 허선에 직경 0.3밀리미터의 점 1개를 제도	
시·군계	실선과 허선을 각각 3밀리미터로 연결하고, 허선에 0.3밀리미터의 점 2개를 제도	
읍·면·구계	실선 3밀리미터와 허선 2밀리미터로 연결하고, 허선에 0.3밀리미터의 점 1개를 제도	
동·리계	실선 3밀리미터와 허선 1밀리미터로 연결하여 제도	
기타	행정구역선이 2종 이상 겹치는 경우에는 최상급 행정구역선만 제도	
	행정구역선은 경계에서 약간 띄워서 그 외부에 제도	
	행정구역의 명칭은 도면여백의 대소에 따라 4 내지 6밀리미터의 크기로 경계 및 지적측량기준점 등을 피하여 같은 간격으로 띄워서 제도	
	도로·철도·하천·유지 등의 고유명칭은 3 내지 4밀리미터의 크기로 같은 간격으로 띄워서 제도	

07. 경위의측량방법에 따른 세부측량의 관측 및 계산기준으로 옳은 것은?

① 1방향각의 수평각 측각공차는 30초 이내이다.
② 수평각 관측은 2대회의 방향관측법에 의한다.
③ 관측은 5초독(秒讀) 이상의 경위의를 사용한다.
④ 수평각 관측 시 윤곽도는 0도, 60도, 100도로 한다.

해설 지적측량 시행규칙 제9조(지적삼각점측량의 관측 및 계산)
1. 관측은 10초독(秒讀) 이상의 경위의를 사용할 것
2. 수평각 관측은 3대회(大回, 윤곽도는 0도, 60도, 120도로 한다)의 방향관측법에 따를 것
3. 수평각의 측각공차(測角公差)는 다음 표에 따른다.

Answer 7. ①

종별	1방향각	1측회(測回)의 폐색(閉塞)	삼각형 내각관측의 합과 180도와의 차	기지각(旣知角)과의 차
공차	30초 이내	±30초 이내	±30초 이내	±40초 이내

08. 평판측량방법에 따른 세부측량을 실시할 때 지상경계선과 도상경계선의 부합 여부를 확인하는 방법은?

① 교회법　　② 도선법　　③ 방사법　　④ 현형법

해설 지적측량 시행규칙 제18조(세부측량의 기준 및 방법 등)
평판측량방법에 따른 세부측량에서 경계점은 기지점을 기준으로 하여 지상경계선과 도상경계선의 부합 여부를 현형법(現形法)·도상원호(圖上圓弧)교회법·지상원호(地上圓弧)교회법 또는 거리비교확인법 등으로 확인하여 정한다.

09. 경위의측량방법에 따른 세부측량의 관측 및 계산방법으로 옳은 것은?

① 교회법·지거법　　② 도선법·방사법
③ 방사법·교회법　　④ 지거법·도선법

해설 지적측량 시행규칙 제23조(경계점좌표등록부를 갖춰 두는 지역의 측량)
각 필지의 경계점을 측정할 때에는 도선법·방사법 또는 교회법에 따라 좌표를 산출한다.

10. 등록전환 시 임야대장상 말소면적과 토지대장상 등록면적과의 허용오차 산출식은?(단, M은 임야도의 축척분모, F는 등록전환될 면적이다.)

① $A = 0.026MF$
② $A = 0.026^2 MF$
③ $A = 0.026M\sqrt{F}$
④ $A = 0.026^2 M\sqrt{F}$

해설 공간정보의 구축 및 관리 등에 관한 법률 시행령 제19조(등록전환이나 분할에 따른 면적 오차의 허용범위 및 배분 등)
임야대장의 면적과 등록전환될 면적의 오차 허용범위는 다음과 같음
$A = 0.026^2 M\sqrt{F}$
여기서, A는 오차 허용면적, M은 임야도 축척분모, F는 등록전환될 면적)

11. 오차의 종류 중 아래와 같은 특징을 갖는 것은?

- 오차의 부호와 크기가 불규칙하게 발생한다.
- 오차의 발생원인이 명확하지 않다.
- 오차의 조정은 최소제곱법의 이론으로 접근하여 조정한다.

① 정오차　　② 과대오차
③ 우연오차　　④ 허용오차

해설 우연오차(부정오차, 상차)
- 발생원인이 불명확한 오차
- 오차 원인의 방향이 일정하지 않음
- 서로 상쇄되기도 하므로 상차라고도 함
- 최소제곱법에 의한 확률법칙에 의해 처리가 가능
- 원인을 알아도 소거가 불가능

12. 기지점 A를 측점으로 하고 전방교회법으로 다른 기지에 의하여 평판을 표정하는 측량방법은?

① 방향선법 ② 원호교회법 ③ 측방교회법 ④ 후방교회법

해설 측방교회법
전방교회법과 후방교회법을 겸한 방법으로서 AB는 기지점이나 B점에 평판을 세울 수 없을 때 C점의 위치를 구하는 방법으로 교각은 30°~150° 이내가 되도록 해야 함

13. 폐각다각형의 외각을 각각 측정하여 다음 결과를 얻었을 때 측각오차는?

측점	관측 평균
No.1	292°07′05″
No.2	295°42′30″
No.3	234°29′15″
No.4	257°40′35″

① −15″ ② +15″ ③ −35″ ④ +35″

해설 각 측점별 관측평균값을 내각으로 변환한다.
No.1 : 360°−292°07′05″=67°52′55″
No.2 : 360°−295°42′30″=64°17′30″
No.3 : 360°−234°29′15″=125°30′45″
No.4 : 360°−257°40′35″=102°19′25″

측각오차 = 360° − (67°52′55″+64°17′30″+125°30′45″+102°19′25″)
= 360° − 360°00′35″
= −35″

14. 지적기준점표의 설치·관리 및 지적기준점성과의 관리 등에 관한 설명으로 옳은 것은?

① 지적기준점표지의 설치권자는 국토지리정보원장이다.
② 지적도근점표지의 관리는 토지소유자가 하여야 한다.
③ 지적삼각보조점성과는 지적소관청이 관리하여야 한다.
④ 지적소관청은 지적삼각성과가 다르게 된 때에는 그 내용을 국토교통부장관에게 통보하여야 한다.

Answer 12. ③ 13. ③ 14. ③

해설 지적측량 시행규칙 제3조(지적기준점성과의 관리 등) 지적기준점성과의 관리는 다음 각 호에 따른다.
1. 지적삼각점성과는 특별시장·광역시장·도지사 또는 특별자치도지사(이하 "시·도지사"라 한다)가 관리하고, 지적삼각보조점성과 및 지적도근점성과는 지적소관청이 관리할 것
2. 지적소관청이 지적삼각점을 설치하거나 변경하였을 때에는 그 측량성과를 시·도지사에게 통보할 것
3. 지적소관청은 지형·지물 등의 변동으로 인하여 지적삼각점성과가 다르게 된 때에는 지체 없이 그 측량성과를 수정하고 그 내용을 시·도지사에게 통보할 것

15. 경위의측량방법에 따른 세부측량의 관측 및 계산 기준으로 옳은 것은?

① 교회법 또는 도선법에 따른다.
② 관측은 30초독 이상의 경위의를 사용한다.
③ 수평각의 관측은 1대회의 방향관측법에 따른다.
④ 연직각의 관측은 정반으로 2회 관측하여 그 교차가 5분 이내인 때에는 그 평균치로 한다.

해설 지적측량 시행규칙 제18조(세부측량의 기준 및 방법 등)
1. 미리 각 경계점에 표지를 설치하여야 하며 부득이한 경우에는 그러하지 아니함
2. 도선법 또는 방사법에 따를 것
3. 관측은 20초독 이상의 경위의를 사용할 것
4. 수평각의 관측은 1대회의 방향관측법이나 2배각의 배각법에 의함. 다만, 방향관측법인 경우에는 1측회의 폐색을 하지 아니할 수 있다.
5. 연직각의 관측은 정반으로 1회 관측하여 그 교차가 5분 이내일 때에는 그 평균치를 연직각으로 하되, 분단위로 독정(讀定)할 것

16. 교회법에 따른 지적삼각보조점측량에 관한 설명으로 옳지 않은 것은?

① 3방향의 교회에 따른다.
② 수평각 관측은 2대회의 방향관측법에 따른다.
③ 관측은 20초독 이상의 경위의를 사용한다.
④ 삼각형의 각 내각은 30도 이상 150도 이하로 한다.

해설 지적측량 시행규칙 제11조(지적삼각보조점의 관측 및 계산)

측량 종류	지적삼각보조점측량			
측량방법	경위의측량법	전·광파기측량법	경위의측량법	전·광파기측량법
	교회법		다각망도선법	
망구성	교회망 또는 교점다각망			
	3방향 교회, 부득이한 경우 2방향, 내각의 합이 180도와 차가 ±40초 이내일 때 내각에 고르게 배분			3개 이상 기지점 포함 결합다각방식
삼각형 내각	30°~120°			
경위의정밀도	20초독 이상 경위의		20초독 이상 경위의	
수평각관측	2대회 방향관측법 (윤곽도 : 0°, 90°)		• 2대회 방향관측법(윤곽도 : 0°, 90°) • 배각법(1회 측정각과 3회 측정각의 평균치 교차 30초 이내)	

17. 지적도근점표지의 점간거리는 평균 얼마 이하로 하여야 하는가?(단, 다각망도선법에 따르는 경우)

① 50m ② 100m ③ 300m ④ 500m

해설 지적측량 시행규칙 제2조(지적기준점표지의 설치·관리 등)
지적도근점표지의 점간거리는 평균 50미터 이상 300미터 이하로 할 것. 다만, 다각망도선법에 따르는 경우에는 평균 500미터 이하

18. 평판측량방법에 따라 측정한 경사거리가 30m, 앨리데이드의 경사분획이 +15이었다면 수평거리는?

① 28.0m ② 29.7m ③ 30.6m ④ 31.6m

해설 지적측량 시행규칙 제18조(세부측량의 기준 및 방법 등)

$$D = l \frac{1}{\sqrt{1+(\frac{n}{100})^2}}$$

여기서, D는 수평거리, l은 경사거리, n은 경사분획

$$\rightarrow D = 30 \frac{1}{\sqrt{1+(\frac{15}{100})^2}} = 29.7m$$

19. 상한과 종·횡선차의 부호에 대한 설명으로 옳은 것은?(단, Δx : 종선차, Δy : 횡선차)

① 1상한에서 Δx는 (-), Δy는 (+)이다.
② 2상한에서 Δx는 (+), Δy는 (-)이다.
③ 3상한에서 Δx는 (-), Δy는 (-)이다.
④ 4상한에서 Δx는 (+), Δy는 (+)이다.

해설

상한	부호		상한별 방위 θ의 산출	방위각(V)
	종선차 Δx	횡선차 Δy		
I	+	+	$V = \theta$	0°~90°
II	-	+	$V = 180° - \theta$	90°~180°
III	-	-	$V = 180° + \theta$	180°~270°
IV	+	-	$V = 360° - \theta$	270°~360°

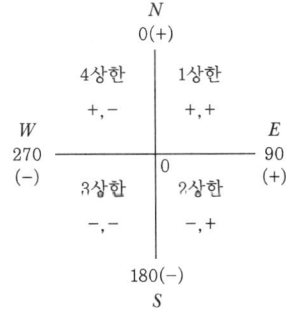

20. 지적측량의 측량검사기간 기준으로 옳은 것은?(단, 지적기준점을 설치하여 측량검사를 하는 경우는 고려하지 않는다.)

① 4일 ② 5일
③ 6일 ④ 7일

Answer 17. ④ 18. ② 19. ③ 20. ①

해설 공간정보의 구축 및 관리 등에 관한 법률 시행규칙 제25조(지적측량 의뢰 등)
1. 지적측량의 측량기간 : 5일
2. 측량검사기간 : 4일
3. 지적기준점을 설치하여 측량 또는 측량검사를 하는 경우
   ① 지적기준점이 15점 이하인 경우 : 4일
   ② 지적기준점이 15점을 초과하는 경우 : 4일에 15점을 초과하는 4점마다 1일을 가산
4. 지적측량 의뢰인과 지적측량수행자가 서로 합의하여 따로 기간을 정하는 경우에는 그 기간에 따르되, 전체 기간의 4분의 3은 측량기간으로, 전체 기간의 4분의 1은 측량검사기간으로 본다.

02 응용측량

21. 상호표정이 끝났을 때 사진모델과 실제 지형모델의 관계로 옳은 것은?
① 상사   ② 대칭   ③ 합동   ④ 일치

해설 상호표정은 비행기가 촬영 당시에 가지고 있던 기울기를 도화기상에서 그대로 재현하는 과정으로 촬영 당시 촬영면상에 이루어지는 종시차를 소거하여 목표지형물의 상대적 위치를 맞추는 작업으로 사진과 실제 지형과의 관계는 상사 관계이다.

22. 클로소이드에 관한 설명으로 옳지 않은 것은?(단, A : 클로소이드의 매개변수)
① 클로소이드는 매개변수(A)가 변함에 따라 형태는 변하나 크기는 변하지 않는다.
② 클로소이드는 나선의 일종이다.
③ 클로소이드의 매개변수(A)는 길이 단위를 갖는다.
④ 클로소이드의 결정을 위해 단위클로소이드에 A배할 때, 길이의 단위가 없는 요소는 A배하지 않는다.

해설 클로소이드 곡선은 곡률이 곡선장에 비례하는 곡선을 말하며 자동차가 일정속도로 달리고 그 앞바퀴의 회전속도를 일정하게 유지할 경우 그리는 운동궤적은 클로소이드가 되며 고속주행 도로에 적합하고 매개변수가 변하면 형태와 크기는 변한다.

23. 터널 양쪽 입구에 위치한 점 A, B의 평면직각좌표(x, y)가 각각 A(827.48m, 327.56m), B(263.27m, 724.35m)일 때 이 두 점을 연결하는 터널 중심선 $\overline{AB}$의 방위각은?
① 144°52′57″   ② 125°07′03″
③ 54°52′57″   ④ 35°07′03″

해설 $X_B - X_A = -564.21\text{m}$ $Y_B - Y_A = 396.79\text{m}$, $\tan^{-1}\dfrac{396.79}{564.21} = 35°07'2.77''$

$\Delta X = (-)$, $\Delta Y = (+)$이면 2상한으로 $180 - \theta$, $180 - 35°07'2.77'' = 144°52'57.23''$

24. GNSS의 구성요소에 해당되지 않는 것은?

① 우주 부분(Space Segment)
② 관리 부분(Manage Segment)
③ 제어 부분(Control Segment)
④ 사용자 부분(User Segment)

해설 GNSS 구성요소에는 우주 부분, 제어 부분, 사용자 부분이 있다.

25. 지형측량에서의 지형의 표현에 대한 설명으로 틀린 것은?

① 지모의 골격이 되는 선을 지성선이라 한다.
② 경사변환선은 물이 흐르는 방향을 의미한다.
③ 등고선과 지성선은 매우 밀접한 관계에 있다.
④ 능선은 빗물이 이 선을 경계로 좌우로 흘러 분수선이라고도 한다.

해설 지성선
지모의 골격을 나타내는 선으로, 지표면을 다수의 평면으로 이루어졌다고 생각할 때 이 평면의 접합부, 즉 접선을 말하며 지세선이라고도 한다. 능선(분수선), 합수선(합곡선, 계곡선), 경사변환선, 최대경사선으로 나뉘며 경사변환선은 경사면에서 경사의 크기가 다른 두 면의 접합선을 경사변환선이라 한다.

26. 어느 지역의 지반고를 측량한 결과가 그림과 같을 때 토공량은?

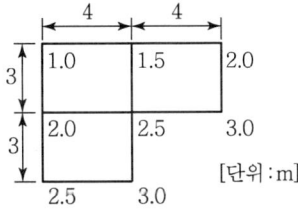

① 52.5m³
② 62.0m³
③ 72.5m³
④ 78.0m³

해설 $\Sigma h_1 = 1.0 + 2.0 + 3.0 + 3.0 + 2.5 = 11.5$
$\Sigma h_2 = 1.5 + 2.0 = 3.5$
$\Sigma h_3 = 2.5$
$\Sigma h_4 = 0$
$V_0 = \dfrac{1}{4}A(1\Sigma h_1 + 2\Sigma h_2 + 3\Sigma h_3 + 4\Sigma h_4) = \dfrac{1}{4} \times 4 \times 3(11.5 + (2 \times 3.5) + (3 \times 2.5) + (4 \times 0)) = 78\text{m}^3$

Answer 24. ② 25. ② 26. ④

27. GNSS 측량 시 의사거리(Pseudo-Range)에 영향을 주는 오차와 거리가 먼 것은?

① 위성시계의 오차
② 위성궤도의 오차
③ 전리층의 굴절 오차
④ 지오이드의 변화 오차

해설 의사거리는 인공위성과 지상수신기 사이의 거리측정값으로 인공위성에서 송신되어 수신기로 도착된 송신 신호를 PRN(Pseudo Range Noise) 인식 코드로 비교하여 측정한다. 신호지연 등 송수신기 시계의 시간 오차가 발생되고 거리는 기하학적인 실제 거리와 달라 의사거리라고 하며 항법장치에 주로 사용되며 지오이드의 변화와는 상관 없다.

28. 항공사진측량의 3차원 항공삼각측량방법 중에서 공선 조건식을 이용하는 해석법은?

① 블록조정법
② 평균해수면
③ 번들조정법
④ 독립모델법

해설 항공삼각측량방법에서 대상물의 좌표를 얻기 위한 조정법에는 기계법(입체도화기)과 해석법(정밀 좌표 관측기)이 있으며 해석법에는 스트립 및 블록조정(Strip 및 Block Adjustment), 독립모델법(Independent Model), 번들(광속)법(Bundle Adjustment)이 있으며 사진좌표를 기본으로 공선조건식을 이용하는 해석법으로 번들(광속)조정법이 사용된다.

29. 수직 터널에서 지하와 지상을 연결하는 측량은 수직 터널 추선측량에 의한 방법으로 한다. 한 개의 수직 터널로 연결할 경우에 대한 설명으로 옳지 않은 것은?

① 수직 터널은 통풍이 잘되게 하여 추선의 흔들림을 일정량 이상 유지하여야 한다.
② 수직 터널 밑에 물이나 기름을 담은 물통을 설치하고 그 속에 추를 넣어 진동하는 것을 방지한다.
③ 깊은 수직 터널에서는 피아노선으로 하되 추의 중량을 50~60kg으로 한다.
④ 얕은 수직 터널에서는 보통 철선, 황동선, 동선을 이용하고 추의 중량은 5kg 이하로 할 수 있다.

해설 갱내외 연결측량 방법
① 추는 얕은 수갱일 경우 철선, 동선 등이 사용되며 무게는 5kg 이하이다.
② 깊은 수갱은 피아노선을 사용하며 추의 무게는 50~60kg이다.
③ 수갱 밑바닥에는 물 또는 기름을 넣은 통을 놓아 추의 진동을 감소시킨다.
④ 추가 진동하므로 직각방향으로 추선 진동의 위치를 10회 이상 관측하고 평균값을 관측값으로 한다.

30. 수준측량에서 우리나라가 채택하고 있는 기준면으로 옳은 것은?

① 평균고조면
② 평균해수면
③ 최저조위면
④ 최고조위면

해설 우리나라 수준측량의 기준이 되는 수준기준면은 평균해수면이다.

Answer 27. ④ 28. ③ 29. ① 30. ②

31. 수치사진측량에서 수치영상을 취득하는 방법과 거리가 먼 것은?
① 항공사진 디지타이징
② 디지털센서의 이용
③ 항공사진필름 제작
④ 항공사진 스캐닝

해설 일반적인 항공사진의 필름으로는 수치영상을 취득할 수 없다.

32. 캔트(Cant)의 크기가 C인 원곡선에서 곡선반지름만을 2배 증가시켰을 때, 캔트의 크기는?
① $4C$
② $2C$
③ $0.5C$
④ $0.25C$

해설 완화곡선에서 곡선반경의 증가율은 캔트의 감소율과 동률(다른 부호)이므로 반지름이 2배가 되면 캔트는 2배가 된다.

33. GPS 측량을 위해 위성에서 발사하는 신호가 아닌 것은?
① SA(Selective Availability)
② 반송파(Carrier)
③ C/A-코드
④ P-코드

해설 GPS 측량위성에서 발사하는 신호체계는 반송파(L_1, L_2), 코드(P, C/A, Y) 등이 있으며 항법메시지는 반송파에 포함되어 있다.

34. 노선측량에서 곡선시점에 대한 접선길이가 80m, 교각이 60°일 때 원곡선의 곡선길이는?
① 41.60m
② 95.91m
③ 145.10m
④ 150.374m

해설 단곡선 설치에서 접선장(TL)=$R\tan\dfrac{I}{2}$=$R\tan\dfrac{60°}{2}$=80m, R=138.564m

곡선장(CL)=$0.01745RI$=$0.01745\times138.564\times60°$=145.07m

35. 측량장비에 사용되는 기포관의 구비조건으로 옳지 않은 것은?
① 기포의 움직임이 적당히 민감해야 한다.
② 유리관이 변질되지 않아야 한다.
③ 액체의 점성 및 표면장력이 커야 한다.
④ 관의 곡률이 일정하고, 내면이 매끈해야 한다.

해설 기포관의 구비조건
- 유리관 질은 오랜 기간 변하지 않을 것
- 기포관 내면의 곡률 반경이 모든 점에서 균일할 것
- 기포의 이동이 민감할 것
- 액체는 표면장력과 점성이 적을 것
- 곡률 반경이 되도록 커야 하며 관의 직경 및 기포의 길이가 클 것

36. 완화곡선의 성질에 대한 설명 중 틀린 것은?

① 완화곡선의 반지름은 시점에서 무한대이다.
② 완화곡선은 시점에서는 직선에 접하고 종점에서는 원호에 접한다.
③ 완화곡선에 연한 곡선반지름의 감소율은 캔트의 증가율과 같다.
④ 완화곡선 시점의 캔트는 원곡선의 캔트와 같다.

해설 완화곡선
차량이 직선부에서 곡선부분으로 방향을 바꾸면 반지름이 달라지기 때문에 설치하는 선으로, 주로 차량에 사용되며 완화곡선의 특징은 다음과 같다.
- 곡선반경은 완화곡선의 시점에서 무한대, 종점에서 원곡선 R로 된다.
- 완화곡선의 접선은 시점에서 직선에, 종점에서 원호에 접한다.
- 완화곡선에 연한 곡선반경의 감소율은 캔트의 증가율과 동률(다른 부호)로 되고, 종점에 있는 캔트는 원곡선의 캔트와 같게 된다.

37. 폭이 100m이고 양안(兩岸)의 고저차가 1m인 하천을 횡단하여 수준측량을 실시하는 방법으로 가장 적합한 것은?

① 시거측량으로 구한다.
② 교호수준측량으로 구한다.
③ 기압수준측량으로 구한다.
④ 양안의 수면으로부터의 높이로 구한다.

해설 교호수준(고저)측량은 하천이나 계곡 등 직접 수준측량을 할 수 없는 경우, 즉 중앙에 기계를 세울 수 없을 때에 직접 또는 간접으로 실시하는 방법이며 교호수준측량을 하면 전시, 후시의 등거리가 안 되어 생기는 오차, 즉 시준오차, 구차, 기차 등이 소거되며 가장 큰 오차는 시준축 오차이다.

38. 축척 1 : 25000 지형도상의 표고 368m인 A점과 표고 282m인 B점 사이의 주곡선 간격의 등고선 개수는?

① 3개   ② 4개   ③ 7개   ④ 8개

해설 등고선의 간격 중 축척 1/25,000 주곡선 간격은 10m이며 A점과 B점의 표고차는 368m−282m=86m∴ 주곡선까지 등고선 8개가 삽입된다.

39. 초점거리가 153mm인 카메라로 축척 1 : 37000의 항공사진을 촬영하기 위한 촬영고도는?

① 2,418m   ② 3,700m   ③ 5,061m   ④ 5,661m

해설 촬영고도(H)=초점거리(f)×축척분모(m)=0.153×37,000=5,661m

Answer 36. ④   37. ②   38. ④   39. ④

40. 등고선의 성질에 대한 설명으로 틀린 것은?

① 높이가 다른 등고선은 서로 교차하거나 만나지 않는다.
② 동일한 등고선상의 모든 점의 높이는 같다.
③ 등고선은 반드시 폐합하는 폐곡선이다.
④ 등고선과 분수선은 직각으로 교차한다.

해설 등고선의 성질
- 동일 등고선상에 있는 모든 점은 같은 높이다.
- 등고선은 도면 내외에서 폐합하는 폐곡선이다.
- 지도의 도면 내에서 폐합하는 경우 등고선의 내부에 산정 또는 분지가 있다.
- 높이가 다른 두 등고선은 동굴이나 절벽의 지형이 아닌 곳에서는 교차하지 않으며, 동굴이나 절벽은 반드시 두 점에서 교차한다.
- 동등한 경사의 지표에서 양 등고선의 수평거리는 같다.
- 같은 경사의 평면일 때는 나란히 직선이 된다.
- 최대 경사의 방향은 등고선과 직각으로 교차한다.
- 등고선은 경사가 급한 곳은 간격이 좁고 완만한 경사지는 넓다.
- 등고선은 분수선과 직각으로 만난다.
- 등고선의 수평거리는 산꼭대기 및 산 밑에서는 크고 산 중턱에서는 작다.
- 등고선이 능선을 직각방향으로 횡단한 다음 능선 다른 쪽을 따라 거슬러 올라간다.

03 토지정보체계론

41. 지적도면 수치파일 작업에 대한 설명으로 옳은 것은?

① 벡터라이징 작업 시 선의 굵기를 0.2mm로 지정
② 벡터라이징은 반드시 수동으로 작업하며, 자동작업 금지
③ 작업수행기관에서는 작업과정에서 생성되는 파일을 3년간 보관 후 지적소관청과 협의하여 폐기
④ 검사자는 최종성과물과 도면을 육안대조하여 필지경계선에 0.2mm 이상의 편차가 있으면 재작업

해설 지적원도 데이터베이스 구축 작업기준
1. 경계점 간 연결되는 선은 굵기가 0.1mm 이하가 되도록 하여야 한다.
2. 좌표독취는 반드시 수동방식의 취득방법으로 하여야 하며, 경계점을 명확히 구분할 수 있도록 확대한 후 작업을 실시하여야 한다.
3. 과업완료 시 과업성과물 원본을 대용량 저장장치에 저장하여 발주기관에 제출하여야 한다.
4. 필지경계점의 부합 여부를 육안으로 대조하여 도곽선 및 필지경계선에 0.1mm 이상의 편차가 있는 경우에는 재작업해야 한다.

Answer 40. ① 41. ②

42. 토지기록 전산화 사업의 목적으로 옳지 않은 것은?

① 지적관련 민원의 신속한 처리
② 신속한 토지소유자의 현황 파악
③ 전산화를 통한 중앙 통제권 강화
④ 토지 관련 정책 자료의 다목적 활용

해설 전국적으로 획일적인 시스템의 활용으로 각 시·도 분산시스템의 상호 간 또는 중앙시스템 간의 인터페이스를 완전하게 확보할 수 있다.

43. 도형정보에 위상을 부여할 경우 기대할 수 있는 특성이 아닌 것은?

① 저장용량을 절약할 수 있다.
② 저장된 위상정보는 빠르고 용이하게 분석할 수 있다.
③ 입력된 도형정보는 위상과 관련되는 정보를 정리하여 공간 DB에 저장하여 둔다.
④ 공간적인 관계를 구현하는 데 필요한 처리시간을 최대한 단축시킬 수 있다.

해설 위상구조는 자료구조가 복잡하고, 복잡한 네트워크상에서 면을 폐합하고 노드를 형성되기 때문에 저장용량을 절약할 수 없다.

44. KLIS와 관련이 없는 것은?

① 고딕, SDE, ZEUS
② 지적도면수치파일화
③ 3계층 클라이언트/서버 아키텍처
④ PBLIS와 LMIS를 하나의 시스템으로 통합

해설 KLIS

PBLIS와 LMIS의 기능을 모두 포함하는 통합시스템으로 KLIS을 개발하는 데 PBLIS와 LMIS에서 사용했던 Gothic, SDE, ZEUS 등의 프로그램을 전면 수용할 수 있도록 개발하였다.(3계층 클라이언트/서버 아키텍처)

45. 지적도에서 일필지의 경계를 디지타이저로 독취한 자료는?

① 벡터 데이터
② 속성 데이터
③ 픽셀 데이터
④ 래스터 데이터

해설 벡터 자료와 래스터 자료의 비교

	비교항목	벡터 자료	래스터 자료
특징	데이터 형식	임의로 가능	일정한 모양
	정밀도	기본도에 의존	격자간격에 의존
	도형 표현 방법	점, 선, 영역(면)으로 표현	면(화소, 셀)으로 표현
	속성데이터	점, 선, 영역(면) 각각의 공간데이터와 속성데이터 연결	속성데이터를 화솟값으로 표현
	도형처리 기능	점, 선, 영역(면)을 이용한 도형처리	면을 이용한 도형처리
데이터	데이터 구조	복잡한 데이터 구조	단순한 데이터 구조
	데이터양	• 데이터양이 적은 편 • 객체의 수에 비례	• 일반적으로 데이터양이 많음 • 해상도의 제곱에 비례
	입력시간	초기 데이터 입력에 시간과 인력이 많이 소요됨	빠른 데이터 입력이 가능
	입력장비	디지타이저, 마우스, 키보드	스캐너, 디지털 카메라, 위성영상

46. 지적정보관리체계에서 사용자 비밀번호의 기준으로 옳은 것은?

① 사용자가 3자리부터 6자리까지의 범위에서 정하여 사용한다.
② 사용자가 6자리부터 16자리까지의 범위에서 정하여 사용한다.
③ 사용자가 영문을 포함하여 4자리부터 8자리까지의 범위에서 정하여 사용한다.
④ 사용자가 영문을 포함하여 5자리부터 10자리까지의 범위에서 정하여 사용한다.

해설 공간정보의 구축 및 관리 등에 관한 법률 시행규칙 제77조(사용자번호 및 비밀번호 등)
① 사용자권한 등록파일에 등록하는 사용자번호는 사용자권한 등록관리청별로 일련번호로 부여하여야 하며, 한번 부여된 사용자번호는 변경할 수 없다.
② 사용자권한 등록관리청은 사용자가 다른 사용자권한 등록관리청으로 소속이 변경되거나 퇴직 등을 한 경우에는 사용자번호를 따로 관리하여 사용자의 책임을 명백히 할 수 있도록 하여야 한다.
③ 사용자의 비밀번호는 6자리부터 16자리까지의 범위에서 사용자가 정하여 사용한다.

47. 래스터 자료와 비교하여 벡터 자료가 갖는 특성으로 틀린 것은?

① 위상관계를 나타낼 수 있다.
② 복잡한 자료를 최소한의 공간에 저장할 수 있다.
③ 공간 연산이 상대적으로 어렵고 시간이 많이 소요된다.
④ 래스터 자료에 비해서 시뮬레이션 작업을 손쉽게 생성할 수 있다.

해설 벡터 자료는 래스터 자료에 비해서 시뮬레이션을 위한 처리가 복잡하다.

Answer 46. ② 47. ④

48. 필지중심토지정보시스템(PBLIS)에 관한 설명으로 옳은 것은?

① PBLIS를 구축한 후 연계업무를 위해 지적도전산화 사업을 추진하였다.
② 필지식별자는 각 필지에 부여되어야 하고, 필지의 변동이 있을 경우에는 언제나 변경, 정리가 용이해야 한다.
③ PBLIS는 지형도를 기반으로 각종 행정업무를 수행하고 관련 부처 및 타 기관에 제공할 정책정보를 생산하는 시스템이다.
④ PBLIS의 자료는 속성정보만으로 구성되며, 속성정보에는 과세대장, 상수도대장, 도로대장, 주민등록, 공시지가, 건물대장, 등기부, 토지대장이 포함된다.

해설 필지중심토지정보시스템(PBLIS)
- 현행 지적도면으로는 축척이 다양하고 측량성과 및 관리의 문제 등으로 도면 전산화 추진이 곤란하여 PBLIS를 구축하였다.
- PBLIS의 목적은 지적도와 토지대장의 속성을 기반으로 하는 지적행정업무 수행과 관련 부처에 정책정보 및 일반 사용자에게 토지관련 정보를 제공하는 것이다.

49. 자료교환을 위한 소프트웨어를 만드는 데 기본계획이 필요하고 이를 위한 세 가지의 처리방안이 있다. 다음 중 여기에 속하지 않는 것은?

① 직접적인 변환
② 스위치 야드 변환
③ 중립형식을 이용한 이동
④ 내부 표준을 기본으로 한 이동

50. DXF 파일의 저장형식은?

① OGIS
② SPARC
③ ASCⅡ
④ KSC-5601

해설 AutoCAD의 DXF 파일포맷(Drawing eXchange Format)
- 서로 다른 CAD 프로그램 간에 설계도면 파일을 교환하는 데 사용되는 파일형식
- Auto Desk사에서 제작한 ASCII 코드 형태 그래픽 자료 파일형식
- 아스키 문서 파일로서 *.dxf를 확장자로 가진다.

51. 토지정보체계의 데이터 모델 생성과 관련된 개체(Entity)와 객체(Object)에 대한 설명으로 틀린 것은?

① 객체는 컴퓨터에 입력된 이후 개체로 불린다.
② 개체는 서로 다른 개체들과의 관계성을 가지고 구성된다.
③ 개체는 데이터 모델을 이용하여 보다 정량적인 정보를 갖게 된다.
④ 객체는 도형과 속성정보 이외에도 위상정보를 갖게 된다.

Answer 48. ② 49. ② 50. ③ 51. ①

해설 개체(Entity)와 객체(Object)

개체(Entity)	객체(Object)
현실세계의 형상을 GIS에서 사용할 수 있는 데이터로 표현하기 위한 기본 단위	현실 세계에 존재하는 개체를 추상적으로 표현한 것
건물, 도로, 행정경계, 도로명 등	각 객체는 시스템 전체에서 유일하게 식별될 수 있는 객체 식별자(OID : Object Identifier)를 가지고 있다.
실세계에 존재하는 정보의 단위로서 의미를 갖고 있다.	우리가 인식하는 사물을 상태와 행동으로 구분하여 정의하고 있다(고양이는 다리가 4개이고 걸을 수 있다.)

52. 벡터 데이터의 기본요소로 보기 어려운 것은?

① 점(Point) ② 선(Line)
③ 행렬(Matrix) ④ 폴리곤(Polygon)

해설 벡터 데이터의 기본요소 : 점(Point), 선(Line), 영역(Area, Polygon)

53. 공간상에 알려진 표고값이나 속성값을 이용하여 표고나 속성값이 알려지지 않은 지점에 대한 값을 추정하는 것을 무엇이라 하는가?

① 일반화 ② 동형화
③ 공간보간 ④ 지역분석

해설 공간보간법
구하려는 지점의 높이값을 관측을 통해 얻은 주변지점의 관측값으로부터 보간함수를 적용하여 추정하는 것을 말한다.

54. ISO/TC211에 대한 설명으로 틀린 것은?

① 지리정보 분야의 유일한 국제표준화기구이다.
② 조직은 총 5개의 기술실무위원회로 이루어져 있다.
③ 주로 공공기관과 민간기관들로 구성되어 있다.
④ 정식 명칭으로 Geographic Information/Geomatics를 사용하고 있다.

해설 ISO/TC211
산하에 GIS를 위해 1994년 6월에 구성된 지리정보전문위원회(Geographic Information/Geomatics)로 211번째로 구성되었다. 이 위원회는 수치지리정보 분야의 표준화를 위한 전문위원회이며, 공간현상과 사물에 관한 표준 및 송·수신, 교환표준 규격의 수립을 목표로 활동 중이다. 우리나라는 1995년 1월에 정회원으로 가입하였다. ISO/TC211에는 GIS 기준모형소위원회, 자료모형화소위원회, 지형공간정보관리소위원회, 지형공간정보서비스소위원회, 기능표준소위원회 등 5개의 소위원회가 활동하고 있다.

Answer   52. ③   53. ③   54. ③

55. 지적소관청이 지번변경, 행정구역변경, 구획정리, 경지정리, 축척변경, 토지개발사업을 하고자 하는 때에 생성하여야 하는 것은?

① 임시파일
② 정지파일
③ 지적파일
④ 토지파일

해설 지적업무처리규정 제52조(임시파일 생성)
① 지적소관청이 지번변경, 행정구역변경, 구획정리, 경지정리, 축척변경, 토지개발사업을 하고자 하는 때에는 임시파일을 생성하여야 한다.
② 제1항에 따라 임시파일이 생성되면 지번별조서를 출력하여 임시파일이 정확하게 생성되었는지 여부를 확인하여야 한다.

56. 특정 공간데이터를 중심으로 특정한 폭을 가지는 구역에 무엇이 존재하는가를 분석하는 방법은?

① 버퍼 분석
② 통계 분석
③ 네트워크 분석
④ 불규칙삼각망 분석

해설 버퍼링 분석(Buffering Analysis)
- 버퍼는 "완충구역"이란 사전적 의미를 가지는데, 버퍼링 분석에서는 일정한 범위를 갖는 영역을 말한다.
- 특정 지도객체나 사용자가 지정하는 지점으로부터 일정 거리 내에 존재하는 영역을 분석하여 표시한다.

57. 파일처리시스템에 비해 데이터베이스관리시스템(DBMS)이 갖는 장점이 아닌 것은?

① 중앙 제어 가능
② 시스템의 간단성
③ 데이터 공유 가능
④ 데이터의 중복 제거

해설 DBMS의 장점
1. 데이터의 공유기능 : 다른 사용자와의 호환이 가능하다.
2. 데이터의 중복성 최소화 : 중복성을 완전히 제거하는 것은 아니다.
3. 데이터의 일관성 유지 : 데이터의 중복 제거로 불일치를 방지한다.
4. 데이터의 무결성 유지 : 데이터베이스에 저장된 데이터가 정확하다.
5. 데이터의 보안 보장 : 중앙집중식으로 데이터베이스의 관리 및 접근을 효율적으로 통제한다.
6. 데이터의 독립성이 향상된다.
7. 데이터베이스의 공유와 동시 접근이 가능하다.

58. 정보에 대한 설명으로 옳은 것은?

① 어떤 사실의 집합
② 정보 그 자체로는 의미가 없음
③ 있는 그대로의 현상 또는 그것을 숫자로 표현해 놓은 것
④ 특정 목적을 달성하도록 데이터를 일정한 형태로 처리·가공한 결과

해설 정보의 정의
- 사물이나 어떤 상황에 대한 새로운 소식이나 자료
- 어떤 목적을 위해 데이터가 평가되고 가공되어 가치를 가진 데이터
- 어떤 데이터를 처리한 결과(가공된 자료)

59. 지방자치단체가 도형정보와 속성정보인 지적공부 및 부동산종합공부 정보를 전자적으로 관리·운영하는 시스템은?
① 국토정보시스템   ② 국가공간정보시스템
③ 한국토지정보시스템   ④ 부동산종합공부시스템

해설 부동산종합공부시스템 운영 및 관리규정 제2조(정의)
"부동산종합공부시스템"이란 지방자치단체가 지적공부 및 부동산종합공부 정보를 전자적으로 관리·운영하는 시스템을 말한다.

60. 메타데이터의 기본적인 요소가 아닌 것은?
① 공간참조   ② 자료의 내용
③ 정보 획득방법   ④ 공간자료의 구성

해설 메타데이터의 기본적인 요소
1. 개요 및 자료 소개(Identification)
   수록된 데이터의 명칭, 개발자, 데이터의 지리적 영역 및 내용, 다른 이용자의 이용 가능성, 가능한 데이터의 획득방법 등을 위한 규칙이 포함된다.
2. 자료 품질(Quality)
   자료가 가진 위치 및 속성의 정확도, 완전성, 일관성, 정보의 출처, 자료의 생성방법 등을 나타낸다.
3. 자료의 구성(Organization)
   자료의 코드화(Encoding)에 이용된 데이터 모형(벡터나 격자 모형 등), 공간상의 위치 표시방법(위도나 경도를 이용하는 직접적인 방법이나 거리의 주소나 우편번호 등을 이용하는 간접적인 방법 등)에 관한 정보가 서술된다.
4. 공간참조를 위한 정보(Spatial Reference)
   사용된 지도 투영법, 변수, 좌표계에 관련된 제반정보를 포함한다.
5. 형상 및 속성 정보(Entity & Attribute Information)
   수록된 공간객체와 관련된 지리정보와 수록방식에 관하여 설명한다.
6. 정보 획득방법
   정보의 획득과 관련된 기관, 획득 형태, 정보의 가격에 대한 사항을 설명한다.
7. 참조정보(Metadata Reference)
   메타데이터의 작성자 및 일시 등을 포함한다.

Answer 59. ④ 60. ②

04 지적학

61. 왕이나 왕족의 사냥터 보호, 군사훈련지역 등 일정한 지역을 보호할 목적으로 자연암석·나무·비석 등에 경계를 표시하여 세운 것은?

① 금표(禁標) ② 사표(四標)
③ 이정표(里程標) ④ 장생표(長栍標)

해설 금표
왕궁과 왕실의 존엄을 유지하기 위한 금산 및 태봉산, 왕실과 국가에 소요되는 수목의 보호 및 관리를 위한 봉산, 왕궁 및 군사지역 등에는 금표를 설치하여 백성들의 출입과 벌채를 금지하거나 경고하였다. 금표는 금지나 경고 등을 나타낸 표지를 의미하며 팻말, 바위, 장승 등이 사용되고 넓은 뜻으로는 금송(禁松), 금줄 등도 포함된다.

62. 지적제도가 공시제도로서 가장 중요한 기능이라 할 수 있는 것은?

① 토지거래의 기준 ② 토지등기의 기초
③ 토지과세의 기준 ④ 토지평가의 기초

해설 지적의 역할
1. 토지등기의 기초 : 우리나라의 토지공시체계는 토지의 표시현황에 대하여는 토지대장을 기초로 등기부를 정리하고, 소유권의 득실변경에 관하여는 등기부를 기초로 토지대장을 정리하도록 하고 있는 등 지적제도와 등기제도는 상호 보완관계에 있음
2. 토지평가의 기준 : 모든 토지를 지적공부에 등록한 후 그 등록사항을 기초로 기준지가를 결정하여 토지등급과 기준수확량등급을 설정하여 토지에 대한 평가의 기초자료로 활용
3. 토지과세의 기준 : 모든 토지는 지적공부에 등록된 필지단위로 지목, 면적, 토지등급에 의하여 재산세와 취득세, 양도소득세와 상속세 등의 세금을 과세
4. 토지거래의 기준 : 거래대상의 토지에 관한 현황을 지적공부에 의하여 알 수 있으며 지적공부에 등록된 지번, 지목, 면적, 경계 등을 기준으로 거래대상이 되므로, 부동산등기부와 함께 토지거래의 기준이 됨
5. 토지이용계획의 기초 : 지적공부에 등록된 등록사항은 국토종합개발계획, 도시개발사업, 재개발사업 등 각종 토지이용계획 및 개발계획 등의 기초자료로 활용되며 이를 기초로 각종 부동산정책을 입안, 결정, 집행

63. 세지적(稅地籍)에 대한 설명으로 옳지 않은 것은?

① 면적본위로 운영되는 지적제도다.
② 과세자료로 이용하기 위한 목적의 지적제도다.
③ 토지 관련 자료의 최신 정보 제공 기능을 갖고 있다.
④ 가장 오랜 역사를 가지고 있는 최초의 지적제도다.

Answer 61. ① 62. ② 63. ③

해설 발전과정에 따른 지적제도의 분류
1. 세지적(Fiscal Cadastre)
   ① 국가재정에 필요한 세금의 징수를 주목적으로 하는 제도이며 과세지적이라고도 함
   ② 국가재정이 토지세에 의존하던 농경시대에 개발된 최초의 지적제도
   ③ 필지별 세액산정을 위해 면적본위로 운영
2. 법지적(Legal Cadastre)
   ① 토지거래의 안전과 소유권보호를 주목적으로 하는 제도로서 소유권지적이라고도 함
   ② 토지이용의 다양성과 상품성이 강조된 산업화시대(17세기 유럽)에 개발된 제도
   ③ 일반적으로 지적과 등기의 통합 형태이며 일필지와 소유권에 따라 결정되고 표현됨
   ④ 토지법, 등기법, 지적법 등 토지등록에 관한 기본법 제정을 기본요소로 함
   ⑤ 소유권의 한계설정 및 경계복원 가능성이 강조되고 위치본위로 운영
3. 다목적지적(Multi-Purposs Cadastre)
   ① 토지의 각종 등록자료의 관리 및 공급으로 토지이용의 효율성을 추구하는 제도
   ② 종합지적 또는 통합지적이라고도 함
   ③ 토지소유권, 토지이용, 토지평가, 토지자원관리에 관한 의사결정에 필요한 정보 포함
   ④ 등록자료의 통계, 추정, 검증, 분석이 가능한 프로그램에 의하여 컴퓨터시스템으로 운영할 때 가능한 종합적 토지정보시스템

64. 토지의 표시사항 중 면적을 결정하기 위하여 먼저 결정되어야 할 사항은?

① 경계   ② 지목
③ 지번   ④ 토지소재

해설 경계의 역할
- 토지소유권의 범위 결정
- 필지의 모양 결정
- 면적의 결정
- 거리측정 및 시설물 설치의 기준선
- 특정한 필지와 필지의 구분선

65. 토지조사사업 당시 토지에 대한 사정(査定)사항은?

① 경계   ② 년석
③ 지목   ④ 지번

해설 토지조사사업 당시 사정의 대상
- 사정의 대상 : 토지소유자와 토지강계
- 토지소유자 : 자연인, 법인, 서원, 종중 등 인정
- 토지의 강계 : 강계선만이 사정의 대상이 되었고 지역선은 제외
※ 강계는 임야조사사업부터 경계로 사용됨

Answer 64. ① 65. ①

66. 다음 중 등록방법에 따른 지적의 분류에 해당하는 것은?

① 법지적 ② 입체지적
③ 수치지적 ④ 적극적 지적

해설 지적제도의 분류방법
1. 발전과정에 따른 분류 : 세지적, 법지적, 다목적지적
2. 표시방법(측량방법)에 따른 분류 : 도해지적, 수치지적
3. 등록대상(등록방법)에 따른 분류 : 2차원 지적, 3차원 지적

67. 토지의 지리적 위치의 고정성과 개별성을 확보하고 필지의 개별적 구분을 해 주는 토지표시사항은?

① 면적 ② 지목
③ 지번 ④ 소유자

해설 지번이란 지리적 위치의 고정성과 토지의 특정화, 개별성을 확보하기 위해 리·동의 단위로 필지마다 아라비아숫자로 순차적으로 부여하여 지적공부에 등록한 번호를 말한다.

68. 토지검사에 해당하지 않는 것은?

① 지압조사 ② 측량확인
③ 토지조사 ④ 이동지검사

해설 토지검사(土地檢査)
1. 토지검사의 개념
   ① 토지검사란 토지에 대한 변경이 있는 경우 세무(지적)공무원이 지세(지적)관계법령에 의하여 실시하는 검사로서 신고 또는 신청사항의 확인을 목적으로 함
   ② 무신고이동지 조사를 위한 토지검사는 지압조사라 하여 일반 토지검사와 구별
2. 토지검사의 대상
   ① 비과세지성(국유지성은 제외)
   ② 분할지의 지위품 등이 비동일할 경우
   ③ 지목 및 임대가격의 설정 또는 수정
   ④ 각종 면세연기, 감세연기 또는 연기 연장
   ⑤ 재해지면세 및 사립학교용지 면세
   ⑥ 지적오류 정정
   ※ 토지조사는 토지소유권을 확립하는 데 필요한 여러 가지 사항을 조사하는 것으로서 우리나라는 1910~1018년 토지소유권·토지가격·지형지모 등 토지조사사업을 실시하여 근대적 지적제도를 확립

69. 토지의 성질, 즉 지질이나 토질에 따라 지목을 분류하는 것은?

① 단식지목 ② 용도지목
③ 지형지목 ④ 토성지목

Answer 66. ② 67. ③ 68. ③ 69. ④

해설 지목의 유형

토지현황별 분류	지형지목	토지에 관한 지표면의 형태, 토지의 고저, 수륙의 분포상태 등에 따라 분류
	토성지목	토지의 성질(지질이나 토질)에 따라 분류
	용도지목	토지의 용도에 따라 분류
소재지역별 분류	농촌형 지목	임야, 전, 답, 과수원, 목장용지, 염전, 광천지, 제방, 유지, 잡종지 등이 속함
	도시형 지목	대, 공장용지, 수도용지, 학교용지, 도로, 공원, 체육용지 등이 속함
산업별 분류	1차 산업형 지목	일필지의 토지가 농업과 어업 위주의 용도로 이용
	2차 산업형 지목	일필지의 토지이용도가 제조업 중심으로 이루어짐
	3차 산업형 지목	일필지의 토지이용도가 서비스산업 중심으로 이용
국가발전별 분류	선진국형 지목	3차 산업, 즉 서비스업에 주로 이용
	후진국형 지목	1차 산업 용지의 핵심인 농·어업에 주로 이용
구성내용별 분류	단식 지목	1개의 필지에 대하여 그 용도에 따라 지목 분류
	복식 지목	둘 이상의 기준에 따라 일필지의 토지에 지목 부여

70. 지적공부의 기능이라고 할 수 없는 것은?

① 도시계획의 기초
② 용지보상의 근거
③ 토지거래의 매개체
④ 소유권 변동의 공시

해설 소유권에 관한 것은 등기제도의 기능에 해당

71. 지번의 진행방향에 따른 부번방식(附番方式)이 아닌 것은?

① 기우식(奇遇式)
② 사행식(蛇行式)
③ 우수식(隅數式)
④ 절충식(折衷式)

해설 지번부여방법의 종류
1. 진행방향에 따른 분류 : 사행식, 기우식(교호식), 단지식(블록식), 절충식
2. 부여단위에 따른 분류 : 지역단위법, 도엽단위법, 단지단위법
3. 기번위치에 따른 분류 : 북동기번법, 북서기번법

72. 간주임야도에 대한 설명으로 옳지 않은 것은?

① 간주임야도에 등록된 소유권은 국유지와 도유지였다.
② 전라북도 남원군, 진안군, 임실군 지역을 대상으로 시행되었다.
③ 임야도를 작성하지 않고 1/50000 또는 1/25000 지형도에 작성되었다.
④ 지리적 위치 및 형상이 고산지대로 조사측량이 곤란한 지역이 대상이었다.

Answer 70. ④ 71. ③ 72. ②

해설 간주임야도
- 임야의 가치가 낮고 측량이 곤란하며 면적이 매우 커서 임야도를 조제하기 어려운 경우에는 1/25000 또는 1/50000 지형도에 등록하고 임야대장을 작성하였고, 이처럼 임야도로 간주하는 지형도를 간주임야도라고 함
- 덕유산, 지리산, 일월산 등의 국유임야가 이에 해당

73. 필지의 정의로 옳지 않은 것은?
① 토지소유권 객체단위를 말한다.
② 국가의 권력으로 결정하는 자연적인 토지단위이다.
③ 하나의 지번이 부여되는 토지의 등록단위를 말한다.
④ 지적공부에 등록하는 토지의 법률적인 단위를 말한다.

해설 일필지
1. 일필지의 개념
   ① 필지는 법적으로 물권이 미치는 권리의 객체로서 토지의 등록단위, 소유단위, 이용단위
   ② 필지는 소유자와 용도가 동일하고 지반이 연속되어 하나의 지번이 부여되는 토지의 기본단위
   ③ 소유권의 단위인 동시에 경영의 단위
   ④ 토지에 대한 물권의 효력이 미치는 범위를 정하고 거래단위로서 개별화, 특정화하기 위하여 인위적으로 구획한 법적 등록단위
   ⑤ 지적측량에 의하여 일정한 직선으로 연결한 폐합다각형으로 지적(임야)도 위에 나타남
2. 일필지의 정의
   ① 일필지는 "지적공부에 등록하는 토지의 법률적인 단위구역"으로서 "법적인 토지등록단위"
   ② 일필지는 폐다각형으로 규정되며 지번, 지목, 경계 및 면적 등의 사항이 정해짐
   ※ 필지는 자연적인 토지단위가 아닌 인위적인 토지단위임

74. 경계불가분의 원칙에 대한 설명으로 옳은 것은?
① 토지의 경계는 1필지에만 전속한다.
② 토지의 경계는 작은 말뚝으로 표시한다.
③ 토지의 경계는 인접 토지에 공통으로 작용한다.
④ 토지의 경계를 결정할 때에는 측량을 하여야 한다.

해설 경계불가분 원칙
- 토지의 경계는 유일무이한 것으로 어느 한쪽의 필지에만 전속되는 것이 아니고 연접한 토지에 공통으로 작용되기 때문에 이를 분리할 수 없다는 이론이다.
- 따라서 토지의 경계선은 위치와 길이만 있을 뿐 넓이와 크기가 존재하지 않는다.

75. 지적공개주의의 이념과 관련이 없는 것은?
① 토지경계복원측량
② 지적공부 등본 발급
③ 토지경계와 면적 결정
④ 토지이동 신고 및 신청

해설 지적공개주의(公開主義)
- 공개주의란 지적공부에 등록된 사항은 토지소유자나 이해관계인 등 일반 국민에게 신속 정확하게 공개하여 모든 국민이 공평하게 이용할 수 있도록 해야 한다는 이념
- 국가의 통지권이 미치는 모든 영토를 지적공부에 등록·공시하여 국가기관의 행정 목적에만 이용하는 것이 아니라 다른 국가 기관이나 지방자치단체 및 공공기관 일반 국민에게 공개해서 국가 및 개인의 각종 토지정책의 기초 자료로 활용할 수 있다는 이념
※ 토지경계와 면적을 결정하는 것은 지적국정주의와 관계가 있다.

76. 대나무가 집단으로 자생하는 부지의 지목으로 옳은 것은?

① 공원 ② 임야
③ 유원지 ④ 잡종지

해설 공간정보의 구축 및 관리 등에 관한 법률 시행령 제58조(지목의 구분)제5호
임야 : 산림 및 원야(原野)를 이루고 있는 수림지(樹林地)·죽림지·암석지·자갈땅·모래땅·습지·황무지 등의 토지

77. 도해지적에 대한 설명으로 옳은 것은?

① 지적의 자동화가 용이하다.   ② 지적의 정보화가 용이하다.
③ 측량 성과의 정확성이 높다. ④ 위치나 형태를 파악하기 쉽다.

해설 도해지적과 수치지적의 장단점

구분	장점	단점
도해지적	• 토지형상의 시각적 파악이 용이 • 측량 비용이 저렴 • 고도의 기술이 요구되지 않음	• 축척별 허용오차가 다름 • 도면신축 발생, 보관관리 어려움 • 개인적, 기계적, 자연적 오차가 유발 • 측량오차에 대한 신뢰성의 문제가 발생
수치지적	• 자동제도 방식에 의한 지적도 제작이 편리 • 축척의 제한 없이 자유로운 도면작성이 가능 • 측량이 신속하며, 컴퓨터를 이용할 경우 내업이 간편 • 도해지적에 비해 정밀도가 높음	• 새로운 도면이 작성이 필요함 • 등록 당시의 측량기준점 사용 여부에 따라 정확도에 영향을 받음 • 측량장비의 가격이 고가 • 측량사의 전문지식이 요구됨

78. 토지조사사업 당시의 지목 중 비과세지에 해당하는 것은?

① 전 ② 임야 ③ 하천 ④ 잡종지

해설 과세지와 비과세지
1. 토지조사법 규정(융희 4년(1910년) 8월 24일 법률 제7호)에 의한 과세지 및 비과세지
   ① 직접적인 수익이 있는 토지로서 현재 과세 중에 있으며 또는 장래 과세의 목적이 될 수 있는 토지 : 전답·대·지소·임야·잡종지
   ② 직접적인 수익은 없으나 대부분이 공용에 속하며 지세를 면제하는 토지 : 사사지(社寺地)·분묘지

Answer 76. ② 77. ④ 78. ③

・공원지・철도용지・수도용지
③ 일반적으로 개인소유를 인정할 성질의 것이 못 되고 과세의 목적으로 하지 않는 토지 : 도로・하천・구거・제방・성첩・철도선로・수도선로(지번을 붙이지 않을 수도 있도록 신축성 있게 규정)

2. 지세령(1914. 3. 16 제령 제1호)의 과세기준
   ① 제1조 토지의 지목은 그 종류에 따라 다음과 같이 구별한다.
      • 제1호 전, 답, 대, 지소, 잡종지
      • 제2호 임야, 사사지, 분묘지, 공원지, 철도용지, 수도용지, 도로, 하천, 구거, 제방, 성첩, 철도선로, 수도선로
   ② 전항 제1호에 게재되는 토지에는 지세를 부과한다. 사사지(社寺地)로서 유료차지(有料借地)인 경우 역시 동일하다.
   ③ 국유토지에는 지세를 부과하지 않는다.
   ※ 1910년부터 시행된 토지조사사업 당시 과세지는 전, 답, 대, 지소, 임야, 잡종지였으며, 임야는 1914년부터 과세지에서 제외됨

79. 다음 중 현존하는 우리나라의 지적기록으로 가장 오래된 신라시대의 자료는?

① 경국대전 ② 경세유표
③ 장적문서 ④ 해학유서

해설 현존 지적기록의 작성시기

지적기록	작성시기	내용
장적문서	815년 (신라 경덕왕 7)	현존 최고(最古)의 우리나라 지적기록으로, 신라 말기 서원경 부근 4개 촌락의 토지문서
경국대전	1460년 (조선 세조 6)	조선시대 기본 법전으로서 양전, 양안, 입안, 둔전 등에 대해 규정
경세유표	1817년 (조선 순조 17)	정약용이 정전제(井田制)와 경무법 등 토지개혁안을 제시하였으나 실현되지는 못함
해학유서	1955년	이기의 유고 문집으로 망척제, 전제망언 등 양전개정론 주장

80. 소유권의 개념에 대하여 1789년에 '소유권은 신성불가침'이라고 밝힌 것은?

① 미국의 독립선언 ② 영국의 산업혁명
③ 프랑스의 인권선언 ④ 독일의 바이마르 헌법

해설 프랑스 인권선언
1789년 8월 프랑스 국민의회가 채택한 시민계급의 자유선언으로서 1791년 프랑스 헌법의 전문이 되었다. 17개의 조항으로 이루어졌으며 제17조에 '소유권은 신성불가침한 권리이므로 합법적으로 확인된 공공 필요가 명백히 요구되고 정당한 사전 보상의 조건하에서가 아니면 결코 침탈될 수 없다'고 규정함

05 지적관계법규

81. 지적공부를 열람하고자 할 때 열람수수료 면제대상에 해당하지 않는 것은?
① 일반인이 측량업무와 관련하여 열람하는 경우
② 지적측량업무에 종사하는 지적측량수행자가 그 업무와 관련하여 지적공부를 열람하는 경우
③ 지적측량업무에 종사하는 지적측량수행자가 그 업무와 관련하여 지적공부를 등사하기 위하여 열람하는 경우
④ 국가 또는 지방자치단체가 업무수행상 필요에 의하여 지적공부의 열람 및 등본교부를 신청하는 경우

해설 지적공부 열람 및 등본 발급 수수료 면제대상
① 국가 또는 지방자치단체의 지적공부정리 신청 수수료는 면제한다.
② 지적측량업무에 종사하는 측량기술자가 그 업무와 관련하여 지적측량기준점성과 또는 그 측량부의 열람 및 등본 발급을 신청하는 경우에는 수수료를 면제한다.
③ 국가 또는 지방자치단체가 업무수행에 필요하여 지적공부의 열람 및 등본 발급을 신청하는 경우에는 수수료를 면제한다.
④ 지적측량업무에 종사하는 측량기술자가 그 업무와 관련하여 지적공부를 열람하는 경우에는 수수료를 면제한다.

82. 지적확정측량에 관한 설명으로 틀린 것은?
① 지적확정측량을 할 때에는 미리 사업계획도와 도면을 대조하여 각 필지의 위치 등을 확인하여야 한다.
② 도시개발사업 등으로 지적확정측량을 하려는 지역에 임야도를 갖춰 두는 지역의 토지가 있는 경우에는 등록전환을 하지 아니할 수 있다.
③ 지적확정측량을 하는 경우 필지별 경계점은 위성기준점, 통합기준점, 삼각점, 지적삼각점, 지적삼각보조점 및 지적도근점에 따라 측정하여야 한다.
④ 도시개발사업 등에는 막대한 예산이 소요되기 때문에, 지적확정측량은 지적측량수행자 중에서 전문적인 노하우를 갖춘 한국국토정보공사가 전담한다.

해설 지적확정측량
① 지적확정측량을 하는 경우 필지별 경계점은 위성기준점, 통합기준점, 삼각점, 지적삼각점, 지적삼각보조점 및 지적도근점에 따라 측정하여야 한다.
② 지적확정측량을 할 때에는 미리 사업계획도와 도면을 대조하여 각 필지의 위치 등을 확인하여야 한다.
③ 도시개발사업 등으로 지적확정측량을 하려는 지역에 임야도를 갖춰 두는 지역의 토지가 있는 경우에는 등록전환을 하지 아니할 수 있다.
※ 지적확정측량은 지적측량업자의 업무범위에 속하므로 한국국토정보공사뿐만 아니라 지적측량업을 등록한 자도 할 수 있다.

Answer 81. ① 82. ④

83. 지적측량업의 등록을 취소해야 하는 경우에 해당되지 않는 것은?

① 다른 사람에게 자기의 등록증을 빌려주어 측량업무를 하게 한 경우
② 영업정지기간 중에 계속하여 지적측량 영업을 한 경우
③ 거짓이나 그 밖의 부정한 방법으로 지적측량업의 등록을 한 경우
④ 법인의 임원 중 형의 집행유예 선고를 받고 그 유예기간이 경과된 자가 있는 경우

해설 측량업의 등록을 취소해야 하는 경우
① 거짓이나 그 밖의 부정한 방법으로 측량업의 등록을 한 경우
② 등록기준에 미달하게 된 경우. 다만, 일시적으로 등록기준에 미달되는 등 대통령령으로 정하는 경우는 제외
③ 공간정보관리법 제47조(측량업등록의 결격사유) 각 호의 어느 하나에 해당하게 된 경우. 다만, 측량업자가 같은 조 제5호에 해당하게 된 경우로서 그 사유가 발생한 날부터 3개월 이내에 그 사유를 없앤 경우는 제외
④ 다른 사람에게 자기의 측량업등록증 또는 측량업등록수첩을 빌려주거나 자기의 성명 또는 상호를 사용하여 측량업무를 하게 한 경우
⑤ 영업정지기간 중에 계속하여 영업을 한 경우
⑥ 측량업자가 측량기술자의 국가기술자격증을 대여받은 사실이 확인된 경우

84. 다음 중 지적도의 축척에 해당하지 않는 것은?

① 1/1000   ② 1/1500   ③ 1/3000   ④ 1/6000

해설 지적도면의 축척
1. 지적도 : 1/500, 1/600, 1/1000, 1/1200, 1/2400, 1/3000, 1/6000
2. 임야도 : 1/3000, 1/6000

85. 지적확정예정조서 작성 시 포함하는 사항으로 옳은 것은?

① 토지의 경계점 간 거리
② 중앙위원회 위원의 성명과 주소
③ 측량에 사용한 지적기준점의 명칭
④ 토지소유자의 성명 또는 명칭 및 주소

해설 지적확정예정조서의 작성 시 포함사항
① 토지의 소재지
② 종전 토지의 지번, 지목 및 면적
③ 산정된 토지의 지번, 지목 및 면적
④ 토지소유자의 성명 또는 명칭 및 주소
⑤ 그 밖에 국토교통부장관이 지적확정예정조서 작성에 필요하다고 인정하여 고시하는 사항

86. 지적업무처리규정상 지적측량성과검사 시 세부측량의 검사항목으로 옳지 않은 것은?

① 면적측정의 정확 여부
② 관측각 및 거리측정의 정확 여부
③ 기지점과 지상경계와의 부합 여부
④ 측량준비도 및 측량결과도 작성의 적정 여부

해설 지적측량성과검사 시 검사항목
1. 세부측량
   ① 기지점사용의 적정 여부
   ② 측량준비도 및 측량결과도 작성의 적정 여부
   ③ 기지점과 지상경계와의 부합 여부
   ④ 경계점 간 계산거리(도상거리)와 실측거리의 부합 여부
   ⑤ 면적측정의 정확 여부
   ⑥ 관계법령의 분할제한 등의 저촉 여부
2. 기초측량
   ① 기지점사용의 적정 여부
   ② 지적기준점설치망 구성의 적정 여부
   ③ 관측각 및 거리측정의 정확 여부
   ④ 계산의 정확 여부
   ⑤ 지적기준점 선점 및 표지설치의 정확 여부
   ⑥ 지적기준점성과와 기지경계선과의 부합 여부

87. 경사가 심한 토지에서 지적공부에 등록하는 면적으로 옳은 것은?

① 경사면적
② 수평면적
③ 입체면적
④ 표면면적

해설 지적공부에 등록하는 면적은 지적측량에 의하여 지적공부상에 등록된 토지의 수평면적을 말한다.

88. 성능검사대행자의 등록을 반드시 취소하여야 하는 경우로 옳은 것은?

① 등록기준에 미달하게 된 경우
② 등록사항 변경신고를 하지 아니한 경우
③ 거짓이나 부정한 방법으로 성능검사를 한 경우
④ 정당한 사유 없이 성능검사를 거부하거나 기피한 경우

해설 성능검사대행자의 등록을 반드시 취소하여야 경우
① 거짓이나 그 밖의 부정한 방법으로 등록을 한 경우
② 다른 사람에게 자기의 성능검사대행자 등록증을 빌려주거나 자기의 성명 또는 상호를 사용하여 성능검사대행업무를 수행하게 한 경우
③ 거짓이나 부정한 방법으로 성능검사를 한 경우
④ 업무정지기간 중에 계속하여 성능검사대행업무를 한 경우

Answer 86. ② 87. ② 88. ③

89. 공간정보의 구축 및 관리 등에 관한 법률상 "토지의 표시"의 정의가 아래와 같을 때 ( )에 들어갈 내용으로 옳지 않은 것은?

> "토지의 표시"란 지적공부에 토지의 ( )을(를) 등록한 것을 말한다.

① 면적　　② 지가　　③ 지목　　④ 지번

해설 "토지의 표시"란 지적공부에 토지의 소재·지번(地番)·지목(地目)·면적·경계 또는 좌표를 등록한 것을 말한다.

90. 등기관서의 등기전산정보자료 등의 증명자료 없이 토지소유자의 변경사항을 지적소관청이 직접 조사·등록할 수 있는 경우는?

① 상속으로 인하여 소유권을 변경할 때
② 신규등록할 토지의 소유자를 등록할 때
③ 주식회사 또는 법인의 명칭을 변경하였을 때
④ 국가에서 지방자치단체로 소유권을 변경하였을 때

해설 토지소유자의 정리
지적공부에 등록된 토지소유자의 변경사항은 등기관서에서 등기한 것을 증명하는 등기 필증, 등기완료통지서, 등기사항증명서 또는 등기관서에서 제공한 등기전산정보자료에 따라 정리한다. 다만, 신규등록하는 토지의 소유자는 지적소관청이 직접 조사하여 등록한다.

91. 지적측량 시행규칙에서 정하고 있는 지적삼각보조점성과표 및 지적도근점성과표에 기록·관리하는 사항으로 틀린 것은?

① 자오선수차　　② 표지의 재질
③ 도선등급 및 도선명　　④ 번호 및 위치의 약도

해설
1. 지적삼각보조점성과표 및 지적도근점성과표에 기록·관리하여야 할 사항
   ① 번호 및 위치의 약도
   ② 좌표와 직각좌표계 원점명
   ③ 경도와 위도(필요한 경우로 한정한다)
   ④ 표고(필요한 경우로 한정한다)
   ⑤ 소재지와 측량연월일
   ⑥ 도선등급 및 도선명
   ⑦ 표지의 재질
   ⑧ 도면번호
   ⑨ 설치기관
   ⑩ 조사연월일, 조사자의 직위·성명 및 조사 내용
2. 지적삼각점성과표에 기록·관리하여야 사항
   ① 지적삼각점의 명칭과 기준 원점명
   ② 좌표 및 표고
   ③ 경도 및 위도(필요한 경우로 한정한다)
   ④ 자오선수차
   ⑤ 시준점의 명칭, 방위각 및 거리
   ⑥ 소재지와 측량연월일

92. 토지의 지목을 지적도에 등록할 때 지목과 부호의 연결이 옳은 것은?

① 하천 → 하
② 과수원 → 과
③ 사적지 → 적
④ 공장용지 → 공

해설 지목의 표기방법

① 지목을 지적도 및 임야도에 등록하는 때에는 두문자 또는 차문자로 표기한다.
② 하천, 유원지, 공장용지, 주차장은 차문자로 표기한다.(천, 원, 장, 차)

지목	부호	지목	부호
전	전	철도용지	철
답	답	제방	제
과수원	과	하천	천
목장용지	목	구거	구
임야	임	유지	유
광천지	광	양어장	양
염전	염	수도용지	수
대	대	공원	공
공장용지	장	체육용지	체
학교용지	학	유원지	원
주차장	차	종교용지	종
주유소용지	주	사적지	사
창고용지	창	묘지	묘
도로	도	잡종지	잡

93. 측량을 하기 위하여 타인의 토지 등에 출입하기 위한 방법으로 옳은 것은?

① 무조건 출입하여도 관계없다.
② 권한을 표시하는 증표만 있으면 된다.
③ 반드시 소유자의 허가를 받아야 한다.
④ 소유자 또는 점유자에게 그 일시와 장소를 통지하고, 권한을 표시하는 증표를 제시하고 출입한다.

해설 토지 등에의 출입

구분	특징
출입목적	• 측량 • 측량기준점을 설치하거나 토지의 이동 조사
출입에 대한 통지	타인의 토지 등에 출입하고자 하는 때에는 관할 특별자치도지사, 시장·군수 또는 구청장의 허가를 받아야 하며 출입하려는 날의 3일 전까지 해당 토지 등의 소유자·점유자 또는 관리인에게 그 일시와 장소 통지
토지 등을 일시 사용하거나 장애물 변경	타인의 토지 등을 일시적으로 사용하거나, 장애물을 변경 또는 제거하려는 자는 토지 등을 사용하려는 날이나 장애물을 변경 또는 제거하려는 날의 3일 전까지 그 소유자·점유자 또는 관리인에게 통지. 다만, 토지 등의 소유자·점유자 또는 관리인이 현장에 없거나 주소 또는 거소가 분명하지 아니할 때에는 관할 특별자치시장, 특별자치도지사, 시장·군수 또는 구청장에게 통지

Answer 92. ② 93. ④

구분	특징
토지소유자의 의무	• 토지 등의 소유자·점유자 또는 관리인은 정당한 사유 없이 방해하거나 거부하지 못한다. • 토지 등의 소유자·점유자 또는 관리인은 그 소유하거나 점유 또는 관리하는 토지 등에 지적측량기준점표지가 있는 때에는 이를 선량한 관리자의 의무로써 보호하여야 한다.
증표와 허가증	행위를 하려는 자는 권한을 표시하는 허가증 제시

94. 지목변경 및 합병을 하여야 하는 토지가 발생하는 경우 확인·조사하여야 할 사항이 아닌 것은?

① 조사자의 의견
② 토지의 이용현황
③ 관계법령의 저촉 여부
④ 지적측량의 적부 여부

해설 지목변경 및 합병할 토지가 발생하는 경우 확인·조사사항
① 토지의 이용현황
② 관계법령의 저촉 여부
③ 조사자의 의견, 조사연월일 및 조사자 직·성명

95. 공간정보의 구축 및 관리 등에 관한 법령상 국가지명위원회에 대한 내용으로 옳은 것은?

① 부위원장은 국토지리정보원장 및 국토정보교육원장이 된다.
② 위원장 1명과 부위원장 1명을 포함한 20명 이내의 위원으로 구성한다.
③ 위원장은 조항에 따라 위촉된 위원 중 공무원인 위원 중에서 호선(互選)한다.
④ 위원이 심신장애로 인하여 직무를 수행할 수 없게 된 경우 해당 위원을 해촉(解囑)할 수 있다.

해설 1. 국가지명위원회의 구성
① 국가지명위원회는 위원장 1명과 부위원장 2명을 포함한 30명 이내의 위원으로 구성한다.
② 국가지명위원회의 위원장은 위촉된 위원 중 공무원이 아닌 위원 중에서 호선(互選)하고, 부위원장은 국토지리정보원장 및 국립해양조사원장이 된다.
③ 위원의 임기는 3년으로 하며, 보궐위원의 임기는 전임자 임기의 남은 기간으로 한다.
2. 위원의 해촉
① 심신장애로 인하여 직무를 수행할 수 없게 된 경우
② 직무와 관련된 비위사실이 있는 경우
③ 직무태만, 품위손상이나 그 밖의 사유로 인하여 위원으로 적합하지 아니하다고 인정되는 경우
④ 위원 스스로 직무를 수행하는 것이 곤란하다고 의사를 밝히는 경우

96. 중앙지적위원회는 토지등록의 업무의 개선 및 지적측량기술의 연구·개발 등의 장기계획안 등의 안건이 접수된 때에는 위원회의 회의를 소집하여 안건 접수일로부터 며칠 이내에 심의·의결하고, 그 의결 결과를 지체 없이 국토교통부장관에게 송부하여야 하는가?

① 14일 이내
② 30일 이내
③ 60일 이내
④ 90일 이내

해설 중앙지적위원회의 의안 제출
① 국토교통부장관, 시·도지사, 지적소관청은 토지등록업무의 개선 및 지적측량기술의 연구·개발 등의 장기계획안을 중앙지적위원회에 제출할 수 있다.
② 공사에 소속된 지적측량기술자는 공사 사장에게, 지적협회에 소속된 지적측량기술자는 지적협회장에게 중·단기 계획안을 제출할 수 있다.
③ 국토교통부장관은 안건이 접수된 때에는 그 계획안을 검토하여 중앙지적위원회에 회부하여야 한다.
④ 중앙지적위원회는 안건이 접수된 때에는 위원회의 회의를 소집하여 안건 접수일로부터 30일 이내에 심의·의결하고, 그 의결 결과를 지체 없이 국토교통부장관에게 송부하여야 한다.
⑤ 국토교통부장관은 의결된 결과를 송부받은 때에는 이를 시행하기 위하여 필요한 조치를 하여야 하고, 중·단기계획 제출자에게는 그 의결 결과를 통지하여야 한다.

97. 지적공부의 복구자료가 아닌 것은?

① 토지이동정리 결의서 사본
② 법원의 확정판결서 정본 또는 사본
③ 부동산등기부 등본 등 등기사실을 증명하는 서류
④ 지적소관청이 작성하거나 발행한 지적공부의 등록내용을 증명하는 서류

해설 지적공부의 복구자료
① 지적공부의 등본
② 측량결과도
③ 토지이동정리 결의서
④ 부동산등기부 등본 등 등기사실을 증명하는 서류
⑤ 지적소관청이 작성하거나 발행한 지적공부의 등록내용을 증명하는 서류
⑥ 복제된 지적공부
⑦ 법원의 확정판결서 정본 또는 사본

98. 공간정보의 구축 및 관리 등에 관한 법률상 축척변경의 목적으로 옳은 것은?

① 등록 전환
② 소유권 보호
③ 정밀도 제고
④ 행정구역 변경

해설 축척변경 목적
지적도에 등록된 경계점의 정밀도를 높이기 위하여 작은 축척을 큰 축척으로 변경하여 등록하는 것을 말한다.

99. 지적재조사에 관한 특별법에 따른 조정금의 소멸시효는?

① 1년
② 3년
③ 5년
④ 10년

해설 조정금의 소멸시효
조정금을 받을 권리나 징수할 권리는 5년간 행사하지 아니하면 시효의 완성으로 소멸한다.

Answer 97. ① 98. ③ 99. ③

100. 다음 중 1필지의 경계와 면적을 정하는 지적측량은?

① 공공측량　　　　　　　　② 기초측량
③ 기본측량　　　　　　　　④ 세부측량

해설 1. 지적측량의 구분
　　① 기초측량 : 지적기준점을 정하기 위한 측량
　　② 세부측량 : 1필지의 경계와 면적을 정하는 측량
2. 공공측량
　　① 국가, 지방자치단체, 그 밖의 대통령령으로 정하는 기관이 관계법령에 따른 사업 등을 시행하기 위하여 기본측량을 기초로 실시하는 측량
　　② ① 외의 자가 시행하는 측량 중 공공의 이해 또는 안전과 밀접한 관련이 있는 측량으로서 대통령령으로 정하는 측량

INDUSTRIAL ENGINEER CADASTRAL SURVEYING

2021년 기출복원문제

2021년 제1회 지적산업기사

2021년 제2회 지적산업기사

2021년 제3회 지적산업기사

2021년 시행

2021년 | 제1회 지적산업기사

Industrial Engineer Cadastral Surveying

01 지적측량

SUBJECT

01. 다음 중 경계복원측량을 가장 잘 설명한 것은?

① 지적도상 경계의 수정을 위한 측량이다.
② 경계점을 지표상에 복원하기 위한 측량이다.
③ 지상의 토지구획선을 지적도에 등록하기 위한 측량이다.
④ 지적도 도곽선에 걸쳐 있는 필지를 도곽선 안에 제도하기 위한 측량이다.

해설 지적측량 시행규칙 제24조(경계복원측량 기준 등)
경계복원측량이란 경계점을 지표상에 복원하기 위한 측량을 의미한다.

02. 다음 중 지적측량의 원점에 해당되지 않는 것은?

① 남부원점   ② 중부원점   ③ 서부원점   ④ 동부원점

해설 지적측량의 원점
• 서부원점 : 북위 38도선과 동경 125도선의 교차점
• 중부원점 : 북위 38도선과 동경 127도선의 교차점
• 동부원점 : 북위 38도선과 동경 129도선의 교차점
※ 지적측량원점에 남부원점은 없다.

03. 다음 오차의 종류 중 최소제곱법에 의하여 오차를 보정할 수 있는 것은?

① 누적오차   ② 착오   ③ 정오차   ④ 우연오차

해설 최소제곱법에 의해 오차를 보정할 수 있는 오차는 우연오차이다.

04. 다음 중 지적측량의 방법에 해당하지 않는 것은?

① 경위의측량   ② 전파기측량
③ 관성측량   ④ 위성측량

해설 지적측량 시행규칙 제5조(지적측량의 구분 등)
지적측량은 평판(平板)측량, 전자평판측량, 경위의(經緯儀)측량, 전파기(電波機) 또는 광파기(光波機)측량, 사진측량 및 위성측량 등의 방법에 따른다.

Answer 01. ② 02. ① 03. ④ 04. ③

05. 지적삼각점의 연직각은 관측치의 최대치와 최소치의 교차가 몇 초 이내일 때 평균치를 연직각으로 하는가?

① 10초 이내
② 30초 이내
③ 50초 이내
④ 60초 이내

해설 지적측량 시행규칙 제9조(지적삼각점측량의 관측 및 계산)
관측치의 최대치와 최소치의 교차가 30초 이내일 때에는 그 평균치를 연직각으로 한다.

06. 경위의측량방법과 도선법에 따른 지적도근점의 관측 시 시가지 지역에서 수평각을 관측하는 방법으로 옳은 것은?

① 배각법
② 방위각법
③ 각관측법
④ 편각법

해설 지적측량 시행규칙 제12조(지적도근점측량)
수평각의 관측은 시가지 지역, 축척변경지역 및 경계점좌표등록부 시행지역에 대하여는 배각법을 따르고, 그 밖의 지역에 대하여는 배각법과 방위각법을 혼용한다.

07. 지적삼각점의 관측 계산에서 자오선수차의 계산단위 기준은?

① 초 아래 1자리
② 초 아래 2자리
③ 초 아래 3자리
④ 초 아래 4자리

해설 지적측량 시행규칙 제9조(지적삼각점측량의 관측 및 계산)
지적삼각점의 계산은 진수(眞數)를 사용하여 각규약(角規約)과 변규약(邊規約)에 따른 평균계산법 또는 망평균계산법에 따르며, 자오선수차의 단위는 초 아래 1자리로 한다.

08. 다음 중 다각망도선법에 따른 지적삼각보조점측량의 관측 및 계산에 대한 설명으로 옳지 않은 것은?

① 1도선은 기지점과 교점 간 또는 교점과 교점 간을 말한다.
② 1도선의 점의 수는 기지점과 교점을 포함하여 5개 이하로 한다.
③ 3개 이상의 교점을 포함한 결합다각방식에 따른다.
④ 1도선의 거리는 4킬로미터 이하로 한다.

해설 지적측량 시행규칙 제10조(지적삼각보조점측량)

측량 종류	지적삼각보조점측량	
측량방법	경위의측량법	전·광파기측량법
	다각망도선법	
1도선의 점의 수	기지점과 교점 포함 5점 이하	
도선의 거리	4km 이하	
망 구성	3점 이상 기지 포함 결합다각	

Answer 05. ② 06. ① 07. ① 08. ①

09. 오차의 성질에 대한 설명 중 옳지 않은 것은?
① 숙련된 지적측량기술자도 착오는 일으킨다.
② 우연오차는 확률법칙에 따라 전파된다.
③ 정오차는 측정횟수를 거듭할수록 누적된다.
④ 값이 큰 오차일수록 발생확률도 높다.

해설 값이 큰 오차는 발생확률이 낮으며 오차를 발견하기가 쉽다.

10. 지적삼각보조점의 망 구성으로 옳은 것은?
① 유심다각망 또는 삽입망
② 삽입망 또는 사각망
③ 사각망 또는 교회망
④ 교회망 또는 교점다각망

해설 지적측량 시행규칙 제10조(지적삼각보조점측량)
지적삼각보조점은 교회망 또는 교점다각망(交點多角網)으로 구성한다.

11. 다음 중 지적도근점측량의 방법 및 기준에 대한 설명으로 옳은 것은?
① 다각망도선법으로 지적도근점측량을 하는 경우 1도선의 거리는 평균 10km 이하로 한다.
② 경위의측량방법에 따라 도선법으로 지적도근점측량을 하는 경우 1도선의 점의 수는 20점 이하로 한다.
③ 지적도근점의 번호는 영구표지를 설치하는 경우 시행지역별로 아라비아숫자로 구성된 일련번호를 부여한다.
④ 전파기측량방법에 따라 다각망도선법으로 지적도근점측량을 하는 경우 3점 이상의 기지점을 포함한 결합다각방식에 따른다.

해설 지적측량 시행규칙 제12조(지적도근점측량)
경위의측량방법이나 전파기 또는 광파기측량방법에 따라 다각망도선법으로 지적도근점측량을 할 때에는 다음 각 호의 기준에 따른다.
1. 3점 이상의 기지점을 포함한 결합다각방식에 따른다.
2. 1도선의 점의 수는 20개 이하로 한다.

12. 평판측량방법으로 임야도를 갖춰 두는 지역에서 세부측량을 실시할 경우의 거리측정 단위는?
① 5cm ② 10cm
③ 50cm ④ 100cm

해설 지적측량 시행규칙 제18조(세부측량의 기준 및 방법 등)
거리측정 단위는 지적도를 갖춰 두는 지역에서는 5센티미터로 하고, 임야도를 갖춰 두는 지역에서는 50센티미터로 한다.

13. 측선의 방위각이 120°일 때, 그 측선의 방위 표시가 옳은 것은?

① S 60° E
② N 60° E
③ N 60° W
④ S 60° W

해설 방위의 표시는 N, S를 기준으로 한다.
그림을 통해 살펴보면,
방위각 120°는 180°를 지나지 않은 각으로서
180° − 120° = 60°가 된다.
이것을 방위로 표시하면 다음과 같다.

∴ S 60° E
이 방위표시를 설명한다면,
"S 방위에서 60°만큼 E 방위에 위치한 방위다."
라고 설명할 수 있다.

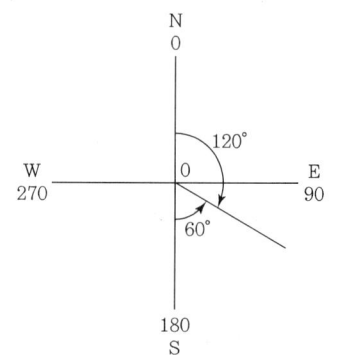

14. 평판측량방법으로 거리를 측정하여 도곽선이 줄어든 경우 실측거리의 보정방법으로 옳은 것은?

① 실측거리에서 보정량을 뺀다.
② 실측거리에서 보정량을 곱한다.
③ 실측거리에서 보정량을 나눈다.
④ 실측거리에서 보정량을 더한다.

해설 지적측량 시행규칙 제18조(세부측량의 기준 및 방법 등)
도곽선이나 줄자가 늘어난 경우에는 실측거리에 보정량을 더하고, 줄어든 경우에는 실측거리에 보정량을 뺀다. 이것을 "신가축감"이라 한다.

15. 다음 중 경위의측량방법에 따른 세부측량에서 연직각의 관측방법으로 옳지 않은 것은?

① 정반으로 1회 관측한다.
② 분 단위로 독정한다.
③ 관측된 값의 교차는 5분 이내이어야 한다.
④ 관측은 올려본 각과 내려본 각을 관측한다.

해설 지적측량 시행규칙 제18조(세부측량의 기준 및 방법 등)
연직각의 관측은 정반으로 1회 관측하여 그 교차가 5분 이내일 때에는 그 평균치를 연직각으로 하되, 분 단위로 독정(讀定)한다.

16. 지적도의 제도에 관한 설명으로 옳지 않은 것은?

① 도곽선은 폭 0.1mm로 제도한다.
② 지번 및 지목은 2mm 이상 3mm 이하의 크기로 제도한다.
③ 지적도근점은 직경 3mm의 원으로 제도한다.
④ 도곽선 수치는 2mm 크기의 아라비아숫자로 주기한다.

해설 지적업무처리규정 제43조(지적측량기준점 등의 제도)

기준점 명칭	표시	내용
지적위성기준점	⊕(이중원)	직경 2mm, 3mm의 2중 원 안에 십자선 표시
지적삼각점	⊕	직경 3mm의 원으로 제도하고 원 안에 십자선 표시
지적삼각보조점	●	직경 3mm의 원으로 제도하고 원 안에 검은색으로 엷게 채색
지적도근점	○	직경 2mm의 원으로 제도

17 다음 중 지적 관련 법규에 따른 면적측정방법에 해당하는 것은?

① 지상삼사법
② 도상삼사법
③ 스타디아법
④ 좌표면적계산법

해설 지적측량 시행규칙 제20조(면적측정의 방법 등)
현행 지적법령에 의한 면적측정방법은 다음과 같다.
1. 좌표면적계산법 : 경계점 좌표로 등록되어 있는 필지의 경우 경계점 좌표에 의한다.
2. 전자면적측정기에 의한 면적 측정 : 도상에서 2회 측정하여 그 교차가 허용면적 이하인 때 그 평균치를 측정면적으로 한다.

18 경위의측량방법에 따른 세부측량의 방법 기준으로만 나열된 것은?

① 지거법, 도선법
② 도선법, 방사법
③ 방사법, 교회법
④ 교회법, 지거법

해설 경위의측량방법 중 세부측량방법은 도선법과 방사법으로 실시한다.

19. 다음 중 지적측량에서 주로 사용하는 방위각은?

① 진북방위각(眞北方位角)
② 도북방위각(圖北方位角)
③ 자북방위각(磁北方位角)
④ 천북방위각(天北方位角)

해설 지적측량에서는 도북방위각을 사용한다.
1. 진북방위각 : 자오선의 극방향을 북으로 하여 임의의 지점까지 우회하여 관측한 각이다.
2. 도북방위각 : 지구의 회전축인 X축과 적도를 기준으로 지구의 중심을 지나는 Y축에서 X축을 기준으로 임의의 지점까지 우회한 각이다.
3. 자북방위각 : 자침이 가리키는 방향을 기준으로 임의의 지점까지 우회한 각이다.
4. 천북방위각 : 천극(天極)을 기준으로 임의의 지점까지 우회한 각이다.

Answer 17. ④ 18. ② 19. ②

20 일람도의 각종 선의 제도방법으로 옳은 것은?

① 수도용지 : 남색 0.2mm 폭, 2선
② 철도용지 : 붉은색 0.1mm 폭, 2선
③ 취락지·건물 : 0.1mm 폭, 내부는 검은색을 엷게 채색
④ 하천·구거·유지 : 붉은색 0.1mm 폭, 내부는 붉은색을 엷게 채색

해설 지적업무처리규정 제38조(일람도의 제도)
  1. 수도용지 : 남색 0.1mm 폭, 2선
  2. 철도용지 : 붉은색 0.2mm 폭, 2선
  3. 하천·구거·유지 : 남색 0.1mm 폭, 2선, 내부는 남색을 엷게 채색

02 응용측량

21. 교각(I)과 반경(R)을 알고 있는 원곡선의 외선장(E)을 구하는 공식은?

① $E = R \times \tan \dfrac{I}{2}$
② $E = 2R \times \sin \dfrac{I}{2}$
③ $E = R\left(1 - \cos \dfrac{I}{2}\right)$
④ $E = R\left(\sec \dfrac{I}{2} - 1\right)$

해설 노선측량에서 외할 $E = SL = R\left(\sec \dfrac{I}{2} - 1\right)$

22. 다음 등고선 중 선의 굵기가 가장 굵은 것은?

① 계곡선   ② 주곡선
③ 간곡선   ④ 조곡선

해설 계곡선은 표고의 읽음을 쉽게 하고 지모의 상태를 명시하기 위해서 주곡선 5개마다 굵은 실선으로 표시하는 선을 말한다.

23. 지성선의 방향에 대하여 거리와 높이를 관측하여 등고선을 그리는 방법은?

① 지적관측법   ② 방안법
③ 종단점법   ④ 횡단측량결과 이용법

해설 간접측정법에서 종단점법은 지성선의 방향이나 중요한 방향에 여러 개의 측선에 대해서 기준점에서 필요한 점까지의 거리와 높이를 관측하여 등고선을 그리는 방법으로 소축척으로 산지 등에 이용한다.

Answer 20. ③ 21. ④ 22. ① 23. ③

24. 다음 중 수준측량에서 기계고 산출식으로 옳은 것은?

① $IH = GH - FS$
② $IH = GH + FS - BS$
③ $IH = GH + BS$
④ $IH = GH - BS - FS$

해설 기계고(IH) = 지반고(GH) + 후시(BS)이다.

25. 곡선반경 500m 되는 원곡선 상을 60km/h로 주행하려면 편경사는?(단, 궤간은 1.067mm이다.)

① 0.0605mm ② 6.05mm ③ 60.5mm ④ 0.605mm

해설 편경사(h) = $\dfrac{v^2 S}{gR} = \dfrac{\left(60 \times \dfrac{1,000}{3,600}\right)^2 \times 1.06}{9.8 \times 500}$ = 0.0605m = 60.5mm

26. 토지에서 촬영고도가 5,000m, 비고 120m일 때 사진 연직점에서 투영점까지의 사진상 거리가 15cm인 지점에서 사진상의 기복변위는?

① 400cm ② 0.4cm ③ 4cm ④ 40cm

해설 기복변위(Δr) = $\dfrac{h}{H} \times r = \dfrac{120}{5,000} \times 0.15 = 0.0036\text{m}$ ∴ 약 0.4cm

여기서, h : 비고, H : 촬영고도, r : 피사체 상단부까지의 거리

27. 한 개의 깊은 수직갱에서 갱 내외를 연결하는 연결측량방법으로서 가장 적당한 것은?

① 트래버스 측량방법
② 트랜싯과 추선에 의한 방법
③ 삼각측량 방법
④ 측위 망원경에 의한 방법

해설 한 개의 수직갱으로 연결할 경우에는 수직갱에 두 개의 추를 매달아서 이것에 의해 연직면을 정하고 그 방위각을 지상에서 관측하여 지하의 측량으로 연결한다.

28. 사진판독에 사용하는 요소가 아닌 것은?

① 색조 ② 형상 ③ 과고감 ④ 촬영고도

해설 항공사진측량에서 사진판독요소로는 크기, 형상, 색조, 모양, 질감, 음영, 과고감, 상호위치관계 등이 있다.

29. 다음 중 위성측량 시스템과 가장 거리가 먼 것은?

① GPS
② GLONASS
③ GALILEO
④ NOAA

해설 GLONASS는 러시아의 위성측량 시스템, GALILEO는 유럽의 위성측량 시스템, NOAA는(National Oceanic and Atmospheric Administration) 미국해양대기관리처를 의미한다.

Answer 24. ③ 25. ③ 26. ② 27. ② 28. ④ 29. ④

30. 레벨 기포관의 기포를 1눈금 기울인 경우 50m 떨어진 표척의 눈금을 읽었을 때 눈금차가 1.5mm 였다면 이 기포관의 감도는?

① 6.19″   ② 7.25″   ③ 8.05″   ④ 8.19″

해설 $\alpha'' = \rho'' \times \dfrac{h}{nD} = 206265'' \times \dfrac{0.0015}{50} = 0.001718875 = 0°0'6.19''$

여기서, ρ'' : 206265″, h : 눈금차, n : 이동된 눈금 수, D : 거리

31. 등고선의 성질에 대한 설명으로 옳은 것은?

① 등고선은 분수선과 평행하다.
② 평면을 이루는 지표의 등고선은 서로 수직한 직선이다.
③ 수원(水源)에 가까운 부분은 하류보다도 경사가 완만하게 보인다.
④ 동등한 경사의 지표에서 두 등고선 간의 수평거리는 서로 같다.

해설 등고선의 성질
- 동일 등고선상에 있는 모든 점은 같은 높이이다.
- 등고선은 도면 내외에서 폐합하는 폐곡선이다.
- 지도의 도면 내에서 폐합하는 경우 등고선의 내부에 산정 또는 분지가 있다.
- 높이가 다른 두 등고선은 동굴이나 절벽의 지형이 아닌 곳에서는 교차하지 않으며, 동굴이나 절벽은 반드시 두 점에서 교차한다.
- 동등한 경사의 지표에서 양 등고선의 수평거리는 같다.
- 같은 경사의 평면일 때는 나란히 직선이 된다.
- 최대 경사의 방향은 등고선과 직각으로 교차한다.
- 등고선은 경사가 급한 곳에서는 간격이 좁고 완만한 경사지는 넓다.
- 등고선은 분수선과 직각으로 만난다.
- 등고선의 수평거리는 산꼭대기 및 산 밑에서는 크고 산중턱에서는 작다.
- 등고선이 능선을 직각 방향으로 횡단한 다음 능선 다른 쪽을 따라 거슬러 올라간다.

32. 어떤 지역의 표고가 100m이다. 이 지역을 초점거리가 153mm인 카메라로 축척 1/37,500인 항공사진을 촬영할 때 비행기의 촬영고도는?

① 200.5m   ② 760.5m   ③ 5,837.5m   ④ 8,000.5m

해설 촬영고도(H) = 초점거리(f) × 사진의 축척(M)
$= 0.153\text{m} \times 37,500 = 5737.5\text{m}$ 이며,
여기에 표고를 더해 주면 $5,737.5 + 100 = 5,837.5\text{m}$

33. 갱내측량에 대한 설명으로 맞는 것은?

① 지상측량보다 작업이 용이하다.
② 갱 내의 기준점은 갱 외의 기준점과 연결할 필요가 없다.
③ 기준점은 보통 천정에 설치한다.
④ 지상측량에 비하여 갱 내에서는 시통이 좋아 측점 간의 거리를 멀리 한다.

해설 터널측량에서 갱내측량의 기준점은 보통 천정에 설치하며, 천정의 측점에 추를 달고 바닥 위에 측점을 옮겨 측량한다.

34. 항공사진에서 연직점과 주점 간의 거리가 6mm로 나타날 때 이 사진의 경사는 대략 얼마인가? (단, 초점거리=150mm, 사진축척=1 : 5,000)

① 2° 06′ 58″
② 2° 50′ 26″
③ 2° 17′ 26″
④ 2° 20′ 26″

해설 사진의 경사는 연직점과 주점 사이의 각이므로,

$$경사 = \tan^{-1}\frac{주점과\ 연직점\ 사이의\ 거리}{초점거리} = \tan^{-1}\frac{6}{150} = 2°17'26''$$

35. 촬영고도 2,100m에서 초점거리 21cm인 카메라로 60%의 종중복도를 주어 촬영한 수직항공사진 한 장의 화면 크기가 18cm×18cm라 하면 사진모델의 기선고도비는 얼마인가?

① 0.34 ② 0.45 ③ 0.56 ④ 0.67

해설 축척분모$(m) = \dfrac{촬영고도(H)}{초점거리(f)} = 10,000$

$B = am\left(1-\dfrac{P}{100}\right) = 0.18 \times 10,000\left(1-\dfrac{60}{100}\right) = 720\text{m}$

여기서, B : 촬영기선 길이, a : 화면 크기, m : 축척분모, P : 종중복도

$h = \dfrac{B}{H} = \dfrac{720}{2100} = 0.34$

여기서, h : 기선고도비, B : 촬영기선 길이, H : 촬영고도

36 위성측량에서 GPS에 의하여 위치를 결정하는 기하학적 원리는?

① 위성에 의한 평균계산법
② 위성기점 무선항법에 의한 후방교회법
③ 수신기에 의하여 처리하는 자료해석법
④ GPS에 의한 폐합 도신법

해설 GPS 위성측량은 위치를 알고 있는 인공위성을 이용한 3차원 후방교회법의 원리로 수신기 등의 위치를 결정한다.

37. 다음 중 항공사진측량의 장점으로 볼 수 없는 것은?

① 정성적인 측정이 가능하다.
② 좁은 지역의 측량일수록 경제적이다.
③ 분업화에 의한 능률적 작업이 가능하다.
④ 움직이는 물체의 상태를 분석할 수 있다.

해설 항공사진측량의 장점
- 사진은 정량적·정성적인 측정이 가능하다.
- 거시적으로 관찰할 수 있으며, 재측이 용이하다.
- 측정대상의 범위가 넓으며, 정도가 균일하다.
- 작업이 능률적이며, 동적인 것도 측정 가능하다.
- 넓은 지역에 경제성이 높고 기록 보전이 용이하다.

38. 철도의 캔트량을 결정하는 데 고려하지 않아도 되는 사항은?

① 설계속도
② 곡선반경
③ 레일 간격
④ 확폭

해설 곡선부를 통과하는 열차는 원심력을 받기 때문에 밖으로 밀려 나가려고 하는데 이것을 막기 위해 바깥 레일을 안쪽 레일 외면보다 높이는 것을 캔트(편경사)라 하고 이를 위해서는 속도, 곡선반경, 레일 간격 등을 고려하여야 한다. 확폭은 자동차 등이 곡선부를 주행할 경우 뒷바퀴는 앞바퀴보다 항상 안쪽을 지나므로 곡선부에서는 그 내측 부분을 직선부에 비교하여 넓게 하는 것을 의미한다.

39. 다음 용어 설명 중 옳지 않은 것은?

① 후시 : 표고를 알고 있는 점에 표척을 세워서 취한 표척의 읽음값을 말한다.
② 표고 : 수준원점에서 수직방향으로 측정한 어느 점까지의 경사거리를 말한다.
③ 지반고 : 기준면으로부터 측점까지의 연직거리를 말한다.
④ 수준면 : 연직선에 직교하는 모든 점을 잇는 곡면을 말한다.

해설 표고는 평균해수면을 기준으로 하는 높이를 말한다.

40. 곡선반경(R)=300m, 교각(I)=50° 인 단곡선의 곡선장(CL)은?

① 139.89m
② 192.84m
③ 253.57m
④ 261.75m

해설 곡선장(CL) = $0.01745RI$ = $0.01745 \times 300 \times 50° = 261.75$m

Answer 38. ④ 39. ② 40. ④

03 토지정보체계론

41. 다목적 지적제도의 5대 구성요소에 해당되지 않는 것은?
① 측지기본망(Geodetic Reference Network)
② 기본도(Base Map)
③ 지적중첩도(Cadastral Overlay Map)
④ 토지정보직무(Land information Function)

해설 다목적 지적의 5대 구성요소
측지기본망, 기본도, 지적중첩도, 필지식별번호, 토지자료 파일이다.

42. 벡터 자료의 특징으로 옳은 것은?
① 정밀도는 격자간격으로 의존한다.
② 공간객체의 위치는 행이나 열로서 표시한다.
③ 객체의 위치를 공간상에서 방향성과 크기를 가지고 나타낸다.
④ 격자상의 일정한 수치값으로 지표면의 특성을 표현한다.

해설 래스터 데이터
- 각 픽셀의 형태와 크기는 그 자료 파일 내에서는 동일하다.
- 배열 안에서 행(Row)과 열(Column)의 위치에 의해 자동적으로 표시된다.
- 격자가 나타내는 면적이 작을수록 그 만큼 자세한 현실세계의 표현이 가능하며, 나타내는 면적이 클수록 자세한 현실의 표현보다는 개략적인 현실 세계의 표현에 치중한다.

43. 점, 선, 면 등의 객체(Object)들 간의 공간관계가 설정되지 못한 채 일련의 좌표에 의한 그래픽 형태로 저장되는 구조로, 공간분석에는 비효율적이지만 자료구조가 매우 간단하여 수치지도를 제작하고 갱신하는 경우에는 효율적인 자료구조는?
① 래스터(Raster) 구조
② 스파게티(Spaghetti) 구조
③ 위상(Topology) 구조
④ 체인코드(Chain Codes) 구조

해설 스파게티 구조의 특징
- 선은 X·Y 좌표로 기록되어 이해하기 쉽다.
- 지도를 인쇄할 경우에는 작업이 단순하여 효율적이다.
- 상호 연결에 관한 정보가 없어 인접한 객체들 간의 분석이 어렵다.
- 초기에 적용되었던 벡터 데이터 모델이다.

Answer 41. ④ 42. ③ 43. ②

44. 전산화 관련 자료의 구조 중 하나의 조직 안에서 다수의 사용자들이 공통으로 사용할 수 있도록 통합 저장되어 있는 운영자료의 집합은 무엇인가?

① Database
② Geocode
③ DMSS
④ Expert System

해설 데이터베이스(Database)
- 서로 관련 있는 데이터들을 효율적으로 관리하기 위해 수집된 데이터들의 집합체
- 사용자들이 공용할 수 있도록 논리적으로 관련된 자료들의 통합된 집합

45. 지적전산의 사용자 권한 등록파일에 등록하는 사용자의 비밀번호에 대한 기준으로 옳은 것은?

① 사용자가 3 내지 6자리로 정하여 사용한다.
② 사용자가 영문을 포함하여 3 내지 6자리로 정하여 사용한다.
③ 사용자가 6 내지 16자리로 정하여 사용한다.
④ 사용자가 영문을 포함하여 5 내지 10자리로 정하여 사용한다.

해설 공간정보의 구축 및 관리 등에 관한 법률 시행규칙 제77조(사용자번호 및 비밀번호 등)
사용자의 비밀번호는 사용자가 6 내지 16자리로 정하여 사용한다.

46. 지적도면을 수치화한 최종 결과파일로서 자료 교환에 가장 유리한 형식은?

① DBF
② DGN
③ DWG
④ DXF

해설 전산파일의 형식
- DBF : AutoCAD 사의 ASCII 코드 형태 그래픽 자료 파일 형식
- DGN : MicroStation 파일 형식
- DWG : AutoCAD 파일 형식
- DXF(Drawing eXchange Format) : 서로 다른 CAD 프로그램 간에 설계도면 파일을 교환하는 데 사용되는 파일 형식

47. 토지의 고유번호에 있어 행정구역코드의 변경절차로 맞는 것은?

① 소관청이 변경일 10일 전까지 직권정정한다.
② 소관청이 국토교통부장관에게 변경일 10일 전까지 변경 요청하여야 한다.
③ 소관청이 시·도지사에게 변경일 30일 전까지 변경 요청하여야 한다.
④ 소관청이 시·도지사에게 변경일 60일 전까지 변경 요청하여야 한다.

해설 부동산종합공부시스템 운영 및 관리규정 제20조(행정구역코드의 변경)
1. 행정구역의 명칭이 변경된 때에는 지적소관청은 시·도지사를 경유하여 국토교통부장관에게 행정구역변경일 10일 전까지 행정구역의 코드변경을 요청하여야 한다.
2. 행정구역의 코드변경 요청을 받은 국토교통부장관은 지체 없이 행정구역코드를 변경하고, 그 변경 내용을 행정안전부, 국세청 등 관련 기관에 통지하여야 한다.

Answer 44. ① 45. ③ 46. ④ 47. ②

48. 자료를 효율적으로 공유하고 관리하기 위해 자료의 소개, 품질, 형상 및 속성정보, 공간참조 등과 같은 정보를 제공해 주는 데이터를 무엇이라 하는가?

① 위치데이터
② 표본데이터
③ 관계데이터
④ 메타데이터

해설 메타데이터의 기본요소
- 개요 및 자료 소개(Identification)
- 자료 품질(Quality)
- 자료의 구성(Organization)
- 공간참조를 위한 정보(Spatial Reference)
- 형상 및 속성 정보(Entity & Attribute Information)
- 정보 획득방법
- 참조정보(Metadata Reference)

49. 스캐닝 방식에 의한 공간데이터 취득의 장점에 해당하지 않는 것은?

① 손상된 도면을 입력하기에 적합하다.
② 작업자의 숙련 정도에 디지타이징보다 큰 영향을 받지 않는다.
③ 복잡한 도면을 입력할 경우에는 작업시간이 단축된다.
④ 지적도의 경계선 인식이 가능하다.

해설 손상된 도면을 입력하기에 적합한 방식은 디지타이징 방식이다.

50. 다음 중 관계형 데이터베이스에서 자료의 추출(검색)에 사용되는 언어는?

① SQL
② Visual Basic
③ Visual C++
④ COBOL

해설 프로그래밍 언어
- SQL : 데이터베이스용 질의언어(Query Language)
- Visual Basic : 마이크로소프트에서 만든 베이직 프로그래밍 언어
- Visual C++ : 유닉스 운영체제에서 사용하기 위해 개발한 프로그래밍 언어
- COBOL : 사무 지향 프로그래밍 언어

51. 토지의 취득방법 중 디지타이징에 대한 설명으로 틀린 것은?

① 내용이 다소 불분명한 도면이라도 입력이 가능하다.
② 자료를 벡터라이징한 후 편집용 소프트웨어를 통해 래스터 자료로 변환하여 입력하는 방법이다.
③ 효율성은 작업자의 숙련도에 따라 크게 좌우된다.
④ 디지타이저를 이용하여 필요한 자료의 좌표를 독취하는 방법이다.

해설 디지타이징은 디지타이저를 이용하여 사람이 도면상에 점, 선, 면(영역)을 일일이 입력하는 것이다.

Answer 48. ④ 49. ① 50. ① 51. ②

52. 다음 자료들 중에서 지형, 지세 등 표면 표현 및 등고선, 3차원 표현 등 표면모델링에 이용되는 것은?

① Coverage   ② Layer
③ TIN   ④ Image

해설 TIN(Triangular Irregular Network)
- 전체 지형을 불규칙한 삼각형의 망으로 표현하는 방식이다.
- 세 지점을 연결한 삼각형에 대하여 속성값을 추정할 수 있다.
- 표본점으로부터 삼각형의 네트워크를 생성하는 방법으로 가장 널리 사용되는 방법은 델로니(Delaunay) 삼각법이다.
- 벡터형 자료로 위상구조를 가지고 있다.

53. 토지정보시스템의 지적정보가 시설물관리 분야에서 활용되는 사항과 가장 거리가 먼 것은?

① 도로시설물관리 분야   ② 국공유지재산관리 분야
③ 방재취약시설물관리 분야   ④ 지하시설물관리 분야

해설 시설물관리(FM : Facilities Management)
도로, 상하수도, 전기 등의 자료를 수치지도화하고 시설물의 속성을 입력하여 데이터베이스를 구축함으로써 시설물관리 활동을 효율적으로 지원하는 시스템

54. 데이터베이스에서 속성자료의 형태로 틀린 것은?

① 통계자료, 보고서, 관측자료, 범례 등의 형태로 구성되어 있다.
② 선 또는 다각형과 입체 형태로 표현되는 자료이다.
③ 법규집, 일반보고서 등의 자료를 말한다.
④ 글자, 숫자, 기호, 색상 등으로 구성되어 있다.

해설 선 또는 다각형과 입체 형태로 표현되는 자료는 도형자료이다.

55. 지적재조사의 필요성으로 가장 거리가 먼 것은?

① 국민의 재산권 보호   ② 부동산중개업소의 원활한 관리
③ 지적불부합지 해소   ④ 토지 경계복원능력 향상

해설 지적재조사의 목적
- 국민의 재산권 보호
- 도해지적의 한계 극복
- 불부합지의 근원적 해소
- 도상관리에서 지상관리 원칙으로 전환
- 지적제도의 현대화
- 토지정보의 종합관리와 이용
- 능률적인 지적관리체제로 개선
- 토지의 경계복원력 향상

Answer   52. ③   53. ②   54. ②   55. ②

56. 다음 중 점 사이의 물리적 거리를 관측하는 방법으로 최단경로 검색에 사용되는 것은?

① 크리킹(Kriging) 방법
② 스플라인(Spline) 방법
③ 다익스트라(Dijkstra) 방법
④ 역거리 가중값(Inverse Distance Weighting) 방법

해설 다익스트라(Dijkstra) 알고리즘
- 주어진 출발노드와 도착노드 사이의 최단경로를 푸는 알고리즘이다.
- 현 시점에서 자신과 연결된 곳 중에서 가장 작은 가중값을 갖는 노드를 찾는 방법을 기초로 한다.

57. 공시지가에 따라 필지의 색상을 등급별로 자동으로 표시하려고 할 때 필요한 작업은?

① 공간정보와 속성정보의 링크
② 공간정보의 구조화 편집
③ 공간정보의 정위치 편집
④ 토지정보시스템의 통신망 연결

해설 공간데이터와 속성데이터를 링크하여 통합 관리할 경우의 이점
- 데이터의 조회가 용이하다.
- 데이터의 통합적 검색이 가능하다.
- 공간적 상관관계가 있는 자료를 볼 수 있다.
- 공간자료와 속성자료를 통합한 자료분석, 가공, 자료 갱신이 편리하다.

58. 해상도에 대한 설명을 옳은 것은?

① 일반적으로 해상도가 높을수록 데이터 양이 증가한다.
② 보통 해상도가 높을수록 화상이 흐릿하다.
③ 해상도가 높을수록 자료검색 속도가 빨라진다.
④ 래스터데이터는 해상도와 무관한 구조이다.

해설 해상도
- 이미지를 표현하는 데 몇 개의 픽셀 또는 도트로 나타냈는지 그 정도를 나타내는 말이다.
- 단위로는 1인치당 몇 개의 픽셀(pixel)로 이루어졌는지를 나타내는 ppi(pixel per inch), 1인치당 몇 개의 점(dot)으로 이루어졌는지를 나타내는 dpi(dot per inch)를 주로 사용한다.
- 픽셀 또는 도트의 수가 많을수록 고해상도의 정밀한 이미지를 표현할 수 있다.
- 해상도가 높을수록 이미지가 깨끗하고 선명하다.

59. 다음 중 관계형 데이터베이스에 대한 설명으로 옳은 것은?

① 트리 구조와 같은 계층형 구조를 가지고 있다.
② 두 개 이상의 부모 레코드를 가진 데이터 모델이다.
③ 데이터를 2차원의 테이블 형태로 저장한다.
④ 필요한 정보를 추출하기 위한 질의어 형태로 많은 제한을 받는 것이 단점이다.

해설 관계형 데이터베이스
- 데이터 구조는 릴레이션(Relation, 테이블의 열과 행의 집합)으로 표현된다.
- 2차원 테이블 형태로 테이블은 다수의 열로 구성되고, 각 열에는 정해진 범위의 값이 저장(레코드)된다.
- SQL과 같은 질의 언어 사용으로 복잡한 질의도 간단하게 표현할 수 있다.
- 대상의 속성을 나타내는 각 열들은 속성의 특성에 따라 다른 형태로 정의 될 수 있지만, 테이블의 각 열에는 포함되는 값의 범위와 종류는 정의된 유형만을 받아들이게 된다(사용자에게 데이터는 테이블의 형식으로 인식된다).

60. 격자를 벡터 구조로 변환 시 격자영상에 생긴 잡음(Noise)을 제거하고 외곽선을 연속적으로 이어 주는 영상처리 과정은?

① Filtering　　　　② Noising
③ Conversion　　　④ Thinning

해설 벡터화를 위한 변환 과정
1. 전처리 단계
   - Filtering 단계 : 격자영상에서 생긴 잡음을 제거하고, 외곽선이 연속적이지 않은 외곽선에 대해 연속적으로 이어 주는 영상처리 단계
   - Thinning 단계 : 하나의 패턴을 가늘고 긴 선과 같은 표현으로 세선화하는 것
2. 벡터화 단계 : 전처리 단계를 거친 격자영상은 벡터화가 가능하게 됨
3. 후처리 단계 : 각각의 원소 간의 관계를 효율적으로 정리

04 지적학

SUBJECT

61. 다목적지적의 구성요소가 아닌 것은?

① 기본도　　② 지적도　　③ 측지기본망　　④ 토지이용도

해설 다목적지적의 5대 구성요소
- 측지기본망(Geodetic Reference Network) : 토지 경계와 지형 간에 상관관계를 맺어 주고 지적도의 경계선을 현지 복원하도록 정확도를 유지하는 기초점의 연결망
- 기본도(Base Map) : 측지기본망을 기초로 작성된 지형도
- 지적중첩도(Cadastral Overlay) : 측지기본망 및 기본도와 연계활용하고 토지경계를 식별할 수 있도록 지적도와 시설물, 토지이용, 지역지구도 등을 결합한 상태의 도면
- 필지식별번호(Unique Parcel Identification Number) : 각 필지별 등록사항의 저장, 수정 등을 용이하게 처리할 수 있는 가변성 없는 고유번호를 말하며, 대표적인 것이 지번
- 토지자료파일(Land Data File) : 정보의 검색 및 다른 자료철에 보관된 정보를 연결시킬 수 있는 필지식별번호가 포함된 일련의 공부 또는 자료철

62. 다음 중 지번의 역할에 해당하지 않는 것은?

① 위치 추정
② 토지 이용 구분
③ 필지의 구분
④ 물권 객체의 단위

해설 지번
1. 의의 : 지번이란 지리적 위치의 고정성과 토지의 특정화, 개별성을 확보하기 위해 리·동의 단위로 필지마다 아라비아숫자로 순차적으로 부여하여 지적공부에 등록한 번호를 말한다.
2. 역할
   • 장소의 기준
   • 물권 표시의 기준
   • 공간계획의 기준
3. 기능
   • 토지의 고정화
   • 토지의 특정화
   • 토지의 개별화
   • 토지위치의 확인
   • 행정주소 표기, 토지 이용의 편리성
   • 토지관계 자료의 연결매체 기능

※ 토지 이용을 구분하는 것은 '지목'의 역할이다.

63. 1필지에 대한 설명으로 가장 거리가 먼 것은?

① 토지의 거래단위가 되고 있다.
② 논둑이나 밭둑으로 구획된 단위 지역이다.
③ 토지에 대한 물권의 효력이 미치는 범위이다.
④ 하나의 지번이 부여되는 토지의 등록단위이다.

해설 일필지
1. 개념
   • 필지는 법적으로 물권이 미치는 권리의 객체로서 토지의 등록단위, 소유단위, 이용단위
   • 필지는 소유자와 용도가 동일하고 지반이 연속되어 하나의 지번이 부여되는 토지의 기본단위
   • 소유권의 단위인 동시에 경영의 단위
   • 토지에 대한 물권의 효력이 미치는 범위를 정하고 거래단위로서 개별화, 특정화시키기 위하여 인위적으로 구획한 법적 등록단위
   • 지적측량에 의하여 일정한 직선으로 연결한 폐합다각형으로 지적(임야)도 위에 나타남
2. 정의
   • 일필지는 "지적공부에 등록하는 토지의 법률적인 단위구역"으로서 "법적인 토지등록단위"
   • 일필지는 폐다각형으로 규정되며 지번, 지목, 경계 및 면적 등의 사항이 정해짐

Answer 62. ② 63. ②

64. 필지의 배열이 불규칙한 지역에서 뱀이 기어가는 모습과 같이 지번을 부여하는 방식으로, 과거 우리나라에서 지번 부여방법으로 가장 많이 사용된 것은?

① 단지식
② 절충식
③ 사행식
④ 기우식

해설 지번의 부여방법
1. 지번 부여방법의 종류
   ① 진행방향에 따른 분류 : 사행식, 기우식, 단지식
   ② 부여단위에 따른 분류 : 지역단위법, 도엽단위, 단지단위법
   ③ 기번위치에 따른 분류 : 북동기번법, 북서기번법
2. 진행방향에 따른 방법
   ① 사행식
      - 필지의 배열이 불규칙한 지역에서 진행순서에 따라 지번 부여
      - 진행방향에 따라 지번이 순차적으로 연속됨
      - 농촌지역에 적합
      - 상하좌우로 볼 때 어느 방향에서는 지번이 연속적이지 않게 되는 단점이 있음
   ② 기우식(또는 교호식)
      - 도로를 중심으로 한쪽은 홀수인 기수, 반대쪽은 짝수인 우수로 지번을 부여
      - 시가지 지역의 지번 설정에 적합
   ③ 단지식(또는 Block식)
      - 1단지마다 하나의 지번을 부여하고 단지 내 필지들은 부번을 부여하는 방법
      - 토지구획, 농지개량사업시행지역에 적합

65. 토지 표시사항은 지적공부에 등록하여야만 효력을 가진다는 지적제도의 원칙은?

① 공부주의
② 공개주의
③ 실증주의
④ 형식주의

해설 지적형식주의는 국가의 통치권이 미치는 모든 토지를 필지단위로 구획하여 지번, 지목, 경계 또는 좌표와 면적을 정하여 국가기관인 소관청이 비치하고 있는 지적공부에 등록·공시하여야만 공식적인 효력이 인정되는 이념이다.

66. 1720~1723년 사이에 이탈리아 밀라노의 지적도 제작사업에서 전 영토를 측량하기 위해 사용한 지적도의 축척으로 옳은 것은?

① 1/1,000
② 1/1,200
③ 1/2,000
④ 1/3,000

해설 1720~1723년 사이에 이탈리아 밀라노에서 시행한 지적도 제작사업은 근대적 의미에서의 세지적을 확립하기 위한 최초의 노력 중 하나로서, 오스트리아로부터 밀라노와 만투아가 이탈리아로 이양된 직후 이루어졌는데, 축척 1/2,000의 지적도를 만들어 전 영토를 측량하였다.

67. 토지의 성질, 즉 지질이나 토질에 따라 지목을 분류하는 것은?

① 단식지목 ② 용도지목
③ 지형지목 ④ 토성지목

해설 지목의 분류
1. 토지의 현황에 따른 분류
   - 지형지목 : 지표면의 형상, 토지의 고저 등 토지의 모양에 따라 결정한 지목
   - 토성지목 : 지층, 암석, 토양 등 토지의 성질에 따라 결정한 지목
   - 용도지목 : 토지의 현실적 용도에 따라 결정한 지목(우리나라 및 대부분의 국가에서 사용)
2. 지목의 구성내용에 따른 분류
   - 단식지목 : 1개의 토지에 대하여 한 가지 기준에 의해 분류된 지목(전, 답 등)
   - 복식지목 : 1개의 토지에 대하여 둘 이상의 기준에 따라 분류된 지목(녹지대 등)

68. 다음 중 지적제도의 발전단계별 분류상 가장 먼저 발생한 것으로 원시적인 지적제도라고 할 수 있는 것은?

① 법지적 ② 세지적
③ 정보지적 ④ 다목적지적

해설 지적의 분류
1. 지적제도의 분류방법
   - 발전과정에 따른 분류 : 세지적, 법지적, 다목적지적
   - 표시방법(측량방법)에 따른 분류 : 도해지적, 수치지적
   - 등록대상(등록방법)에 따른 분류 : 2차원, 3차원
2. 발전과정에 따른 지적의 분류
   - 세지적(Fiscal Cadastre) : 농경시대에 개발된 최초의 지적제도로서 세금의 징수를 주목적으로 하고 과세지적이라 하며, 필지별 세액 산정을 위해 면적본위로 운영됨
   - 경제지적(Economic Cadastre) : 도시계획이나 농지개량사업의 기초가 되는 지적제도로서 유사지적이라고도 함
   - 법지적(Legal Cadastre) : 산업화 시대(17세기 유럽)에 개발된 제도로서 토지거래의 안전과 소유권 보호를 주목적으로 하고 소유권지적이라고도 하며, 소유권의 한계 설정과 경계의 복원을 강조하는 위치본위로 운영 됨
   - 다목적지적(Multi-Purpose Cadastre) : 토지의 각종 등록 자료의 관리 및 공급으로 토지이용의 효율성을 추구하는 제도로서 종합지적 또는 통합지적이라 하며, 컴퓨터 시스템으로 운영할 때 가능한 종합적 토지정보시스템

69. 다음 중 고려시대의 토지소유제도와 관계가 없는 것은?

① 과전(科田) ② 전시과(田柴科)
③ 정전(丁田) ④ 투화전(投化田)

해설 고려시대의 토지 유형
1. 역분전(役分田) : 940년(태조 23년) 관계(官階)에 관계없이 공로·인품·충성도 등 논공행상에 따라 지급된 토지

Answer 67. ④ 68. ② 69. ③

2. 전시과(田柴科) : 국가에서 관료와 군인을 비롯한 직역자와 특정 기관에 토지를 분급하던 제도로서 양반전·공음전·한인전·구분전·외역전·군인전 등의 사전과 공해전·사원전·궁원전 등의 공전으로 구분
3. 사전
   - 양반전 : 현직 문무 양반관료에게 복무대가로서 국가가 지급한 토지
   - 구분전 : 군인 유자녀에게 지급한 토지
   - 한인전 : 6품 이하 관리의 자제로 무관직자에게 지급된 토지
   - 향리전 : 향리에게 향역(鄕役)의 대가로 지급된 토지
   - 군인전 : 2군 6위의 직업군인에게 지급된 토지
   - 궁원전 : 왕의 비빈이나 왕족 거주 궁실인 궁원에 소속된 토지
   - 사원전 : 사원에 지급된 토지로 세금이 면제됨
   - 투화전 : 귀화한 외국인에게 지급된 토지
   - 사전(賜田) : 일정한 명목이 붙은 사전(私田) 이외에 국왕이 신하에게 특별히 하사한 토지
4. 공전
   - 민전(民田) : 민(民)이 사적으로 소유한 토지로서 향반, 향리, 농민, 노비까지도 소유 가능
   - 내장전 : 왕실이 소유하여 직접 경여하는 왕실의 직속 토지
   - 공해전 : 관청에 분급된 토지로서 해당 관청의 경비조달 및 관청근무자의 보수 지급 목적
   - 둔전 : 변경 또는 군사요충지 및 지방의 주·현에 설치한 토지
   - 학전 : 국자감, 향학 등 학교의 운영경비를 조달하기 위하여 설정한 토지
   - 적전 : 국왕이 직접 농사를 지어 신에게 제사지내는 토지

※ 정전제(丁田制) : 국가가 정년(丁年)에 달한 자에게 일정량의 토지를 지급한 통일신라시대의 토지제도

70. 지적제도에 대한 설명으로 가장 거리가 먼 것은?

① 국가적 필요에 의한 제도이다.
② 개인의 권리 보호를 위한 제도이다.
③ 토지에 대한 물리적 현황의 등록·공시제도이다.
④ 효율적인 토지관리와 소유권 보호를 목적으로 한다.

해설 지적제도는 국가의 통치권이 미치는 모든 영토를 필지별로 구획해 각 필지별 토지소재, 지번, 지목, 경계, 면적 등 물리적 현황과 소유권 등 법적 권리관계를 등록·공시하기 위한 제도이다. 따라서 개인의 권리 보호와는 거리가 멀다.

71. 다음의 토지 표시사항 중 지목의 역할과 가장 관계가 없는 것은?

① 사용 목적의 추측
② 토지 형질 변경의 규제
③ 사용 현황의 표상(表象)
④ 구획정리지의 토지 용도 유지

해설 지목은 토지의 주된 사용목적 또는 용도에 따라 토지의 종류를 구분하여 표시하는 명칭으로서 토지의 형질 변경을 규제하는 기능과는 관련성이 적다.

72. 고려시대의 토지대장 중 타량성책(打量成冊)의 초안 또는 각 관아에 비치된 결세대장에 해당하는 것은?

① 전적(田籍)
② 도전장(都田帳)
③ 준행장(遵行帳)
④ 양전장적(量田帳籍)

해설 고려시대 양안(토지대장)의 명칭
도전장(都田帳), 양전도장(量田都帳), 양전장적(量田帳籍), 도행(導行), 작(作), 도전정(導田丁), 전적(田積), 전부(田簿), 적(籍), 안(案), 원적(元籍), 도행장(導行帳=준행장: 타량성책의 초안 또는 관아에 비치된 결세대장), 전안(田案), 갑인주안(甲寅株案; 충숙왕 원년 1314년의 양전으로 작성된 장부) 등

73. 지적불부합지로 인해 야기될 수 있는 사회적 문제점으로 보기 어려운 것은?

① 빈번한 토지분쟁
② 토지 거래질서의 문란
③ 주민의 권리행사 지장
④ 확정측량의 불가피한 급속 진행

해설 지적불부합지가 미치는 영향
1. 사회적 영향
   - 토지분쟁의 증가
   - 토지 거래질서의 문란
   - 국민 권리행사의 지장
   - 권리 실체 인정의 부실 초래
2. 행정적 영향
   - 지적행정의 불신 초래
   - 토지이동정리의 정지
   - 지적공부의 증명발급 곤란
   - 토지과세의 부적정
   - 부동산등기의 지장 초래
   - 공공사업 수행의 지장
   - 소송 수행의 지장

74. 우리나라 임야조사사업 당시의 재결기관으로 옳은 것은?

① 도지사
② 임야조사위원회
③ 고등토지조사위원회
④ 세부측량검사위원회

해설 임야조사사업 당시의 재결기관은 임야조사위원회이다.

<토지조사사업과 임야조사사업의 사정(査定)사항 비교>

구 분	토지조사사업	임야조사사업
사정권자	임시토지조사국장	도지사
사정기관	–	임야심사위원회
조사 및 측량기관	임시토지조사국	부 또는 면
자문기관	지방토지조사위원회	–
재결기관	고등토지조사위원회	임야조사위원회

Answer 72. ③ 73. ④ 74. ②

75. 지적 관련 법령의 변천 순서가 옳게 나열된 것은?

① 토지대장법 → 조선지세령 → 토지조사령 → 지세령
② 토지대장법 → 토지조사령 → 조선지세령 → 지세령
③ 토지조사법 → 지세령 → 토지조사령 → 조선지세령
④ 토지조사법 → 토지조사령 → 지세령 → 조선지세령

해설 지적법령의 연혁
1. 대한제국의 지적법령
   - 토지가옥증명규칙(1906. 10. 26. 칙령 제65호)
   - 토지가옥전당집행규칙(1906. 10. 26. 칙령 제80호)
   - 대구시가토지측량규정(1907. 5. 16.)
   - 삼림법(1908. 1. 24. 법률 제1호)
   - 토지가옥소유권증명규칙(1908. 7. 16. 칙령 제47호)
   - 토지조사법(1910. 8. 23. 법률 제7호)
2. 일제강점기 시대의 지적법령
   - 토지조사령(1912. 8. 13. 제령 제2호)
   - 도근측량 실시규정(1913. 10. 5. 임시토지조사국 훈령 제17호)
   - 세부측도 실시규정(1913. 10. 5. 임시토지조사국 훈령 제18호)
   - 제도적산 실시규정(1914. 6. 30. 임시토지조사국 훈령 제25호)
   - 지세령(1914. 3. 16. 제령 제1호)
   - 토지대장규칙(1914. 4. 25. 조선총독부령 제45호)
   - 조선임야조사령(1918. 5. 1. 제령 제5호)
   - 임야대장규칙(1920. 8. 23. 조선총독부령 제113호)
   - 토지측량규칙(1921. 3. 18. 조선총독부 훈령 제10호)
   - 임야측량규정(1935. 6. 12. 조선총독부 훈령 제27호)
   - 조선지세령(1943. 3. 31. 제령 제6호)
3. 대한민국의 지적법령
   - 지적법(1950. 12. 1. 법률 제165호)
   - 지적측량규정(1954. 11. 12. 대통령령 제951호)
   - 지적측량사규정(1960. 12. 31. 국무원령 제176호)
   - 측량·수로조사 및 지적에 관한 법률(2009. 6. 9. 법률 제9774호)
   - 공간정보의 구축 및 관리 등에 관한 법률(2017. 10. 24. 법률 제12936호)

76. 다음 중 근세 유럽 지적제도의 효시가 되는 국가는?

① 프랑스 ② 독일
③ 스위스 ④ 네덜란드

해설 프랑스 지적의 특징
- 토지에 대한 공평한 과세와 소유권에 관한 분쟁을 해결하기 위하여 1850년에 지적제도 창설
- 세금 부과를 목적으로 하였으며, 도해적인 방법으로 실시
- 나폴레옹 지적은 근대적 지적제도의 효시로서 둠즈데이북(Domesday Book) 등과 세지적의 근거로 제시되고 있음

Answer 75. ④ 76. ①

- 드람브르(Delambre)를 위원장으로 한 측량위원회에서 전 국토에 대한 필지별 측량을 실시하고 생산량과 소유자를 조사하여 지적도와 지적부를 작성함으로서 근대적인 지적제도 창설
- 현재 프랑스는 중앙정부, 시·도, 시·군 단위의 3단계 계층구조로 지적제도를 운영하고 있으며, 1900년대 중반 지적재조사사업을 실시하였고, 지적전산화가 비교적 잘 이루어짐

77. 다음 중 토렌스 시스템에 대한 설명으로 옳은 것은?

① 미국의 토렌스 지방에서 처음 시행되었다.
② 피해자가 발생하여도 국가가 보상할 책임이 없다.
③ 기본이론으로 거울이론, 커튼이론, 보험이론이 있다.
④ 실질적 심사에 의한 권원조사를 하지만 공신력은 없다.

해설 토렌스 시스템
- 토지등록제도의 유형 중 하나인 적극적 등록제도의 발전된 형태로서 오스트레일리아의 Robert Torrens 경에 의하여 창안
- 토지의 권원(Title)을 등록함으로써 토지등록의 완전성을 추구하고 선의의 제3자를 완벽하게 보호하는 것을 목표로 하므로 피해자가 발생할 경우 국가가 보상을 책임짐
- 토렌스 시스템의 기본이론으로 런던 왕립등기소장 T. B. Ruoff가 주장하여 캐나다의 Magwood가 구체화하였으며 거울이론, 커튼이론, 보험이론이 있음
- 토렌스 시스템의 담당공무원은 사실심사권을 가지고 토지의 권원을 조사하여 거래증서를 2통 작성한 후 1통은 소유자에게 교부하고 1통은 등록부로 편철하는데, 이렇게 등록된 등록부는 공신력을 인정받음

78. 경계의 특징에 대한 설명으로 옳지 않은 것은?

① 필지 사이에는 1개의 경계가 존재한다.
② 경계는 크기가 없는 기하학적인 의미를 갖는다.
③ 경계는 경계점 사이를 직선으로 연결한 것이다.
④ 경계는 면적을 갖고 있으므로 분할이 가능하다.

해설 경계의 특성
- 필지와 필지 사이에 존재
- 각종 공사 등에서 거리를 측정하는 기준선
- 필지 간 이질성을 구분하는 구분선 역할
- 인위적으로 만든 인공선
- 위치와 길이는 있으나 면적과 넓이는 없음

79. 1필지로 정할 수 있는 기준에 해당하지 않는 것은?

① 지번부여지역의 토지로서 용도가 동일한 토지
② 지번부여지역의 토지로서 지가가 동일한 토지
③ 지번부여지역의 토지로서 지반가 동일한 토지
④ 지번부여지역의 토지로서 소유자가 동일한 토지

Answer 77. ③ 78. ④ 79. ②

해설 일필지의 성립요건
- 지번부여지역이 동일할 것
- 소유자가 동일할 것
- 지목이 동일할 것
- 지반이 연속되어 있을 것
- 소유권 이외의 권리가 같을 것
- 지적공부의 축척이 동일할 것
- 등기 여부가 같을 것

80. 공훈의 차등에 따라 공신들에게 일정한 면적의 토지를 나누어 준 것으로, 고려시대 토지제도 정비의 효시가 된 것은?

① 정전   ② 공신전   ③ 관료전   ④ 역분전

해설 역분전(役分田)
940년(태조 23년) 관직이나 관계(官階)에 관계없이 태조가 고려 건국에 공을 세운 공신, 군인들을 대상으로 공로에 따라 차등을 두어 지급한 토지로서, 신라시대의 문무관료전(文武官僚田)을 계승한 것이며, 고려시대 토지분급제도인 전시과의 선구가 되었다.

05 지적관계법규

81. 지적업무처리규정상 전자평판측량을 이용한 지적측량결과도의 작성방법이 아닌 것은?

① 관측한 측정점의 왼쪽 상단에는 측정거리를 표시하여야 한다.
② 측정점은 측량자의 경우 붉은색 짧은 십자선(+)으로 표시한다.
③ 측량성과파일에는 측량성과 결정에 관한 모든 사항이 수록되어 있어야 한다.
④ 이미 작성되어 있는 지적측량파일을 이용하여 측량할 경우에는 기존 측량파일 코드의 내용·규격·도식은 파란색으로 표시한다.

해설 전자평판측량을 이용한 지적측량결과도의 작성방법
- 관측한 측정점의 오른쪽 상단에는 측정거리를 표시하여야 한다. 다만, 소축척 등으로 식별이 불가능한 때에는 방향선과 측정거리를 생략할 수 있다.
- 측정점의 표시는 측량자의 경우 붉은색 짧은 십자선(+)으로 표시하고, 검사자는 삼각형(△)으로 표시하며, 각 측정점은 붉은색 점선으로 연결한다.
- 지적측량결과도 상단 중앙에 "전자평판측량"이라 표기하고, 상단 오른쪽에 측량성과파일명을 표기하여야 하며, 측량성과파일에는 측량성과 결정에 관한 모든 사항이 수록되어 있어야 한다.
- 측량결과파일의 형식은 표준화된 공통포맷을 지원할 수 있어야 한다.
- 이미 작성되어 있는 지적측량파일을 이용하여 측량할 경우에는 기존 측량파일 코드의 내용·규격·도식은 파란색으로 표시한다.

82. 지적재조사측량에 따른 경계 확정으로 지적공부상의 면적이 증감된 경우 징수하거나 지급해야 할 금액은?

① 조정금
② 청산금
③ 감정평가금
④ 손실보상금

해설 조정금의 산정
- 지적소관청은 경계 확정으로 지적공부상의 면적이 증감된 경우에는 필지별 면적 증감내역을 기준으로 조정금을 산정하여 징수하거나 지급한다.
- 국가 또는 지방자치단체 소유의 국유지·공유지 행정재산의 조정금은 징수하거나 지급하지 아니한다.
- 조정금은 경계가 확정된 시점을 기준으로 「감정평가 및 감정평가사에 관한 법률」에 따른 감정평가법인 등이 평가한 감정평가액으로 산정한다. 다만, 토지소유자협의회가 요청하는 경우에는 시·군·구 지적재조사위원회의 심의를 거쳐 「부동산 가격공시에 관한 법률」에 따른 개별공시지가로 산정할 수 있다.
- 지적소관청은 조정금을 산정하고자 할 때에는 시·군·구 지적재조사위원회의 심의를 거쳐야 한다.

83. 지적삼각점 성과표에 기록·관리하여야 하는 사항 중 필요한 경우로 한정하여 기재하는 것은?

① 자오선수차
② 경도 및 위도
③ 좌표 및 표고
④ 시준점의 명칭

해설 지적삼각점 성과표에 기록·관리하여야 할 사항
- 지적삼각점의 명칭과 기준 원점명
- 좌표 및 표고
- 경도 및 위도(필요한 경우로 한정)
- 자오선수차(子午線收差)
- 시준점(視準點)의 명칭, 방위각 및 거리
- 소재지와 측량연월일
- 그 밖의 참고사항

84. 경위의측량방법으로 세부측량을 한 경우 측량결과도에 기재해야 하는 사항으로 옳지 않은 것은?

① 측량기하적
② 측정점의 위치
③ 측량대상 토지의 점유현황선
④ 측량대상 토지의 경계점 간 실측거리

해설 경위의측량방법으로 세부측량을 한 경우 측량결과도 기재사항
- 측량대상 토지의 경계와 경계점의 좌표 및 부호도·지번·지목
- 인근 토지의 경계와 경계점의 좌표 및 부호도·지번·지목
- 행정구역선과 그 명칭
- 지적기준점 및 그 번호와 지적기준점 간의 방위각 및 그 거리
- 경계점 간 계산거리
- 도곽선과 그 수치

Answer 82. ① 83. ② 84. ①

- 측정점의 위치, 지상에서 측정한 거리 및 방위각
- 측량대상 토지의 경계점 간 실측거리
- 측량대상 토지의 토지이동 전의 지번과 지목
- 측량결과도의 제명 및 번호와 지적도의 도면번호
- 신규등록 또는 등록전환하려는 경계선 및 분할경계선
- 측량대상 토지의 점유현황선
- 측량 및 검사의 연월일, 측량자 및 검사자의 성명·소속 및 자격등급 또는 기술등급

85. 지적재조사 경계설정의 기준으로 옳은 것은?

① 지방관습에 의한 경계로 설정한다.
② 지상경계에 대하여 다툼이 있는 경우 토지소유자가 점유하는 토지의 현실경계로 설정한다.
③ 지상경계에 대하여 다툼이 없는 경우 등록할 때의 측량기록을 조사한 경계로 설정한다.
④ 관계 법령에 따라 고시되어 설치된 공공용지의 경계는 현실경계에 따라 변경한다.

해설 지적재조사 경계설정의 기준
- 「도로법」, 「하천법」 등 관계 법령에 따라 고시되어 설치된 공공용지의 경계
- 지상경계에 대하여 다툼이 없는 경우 토지소유자가 점유하는 토지의 현실경계
- 지상경계에 대하여 다툼이 있는 경우 등록할 때의 측량기록을 조사한 경계
- 지방관습에 의한 경계
- 예외적으로 토지소유자 간 합의한 경계

86. 지적업무처리규정상 지적측량성과검사 시 세부측량의 검사항목으로 옳지 않은 것은?

① 면적 측정의 정확 여부
② 관측각 및 거리 측정과 정확 여부
③ 기지점과 지상경계의 부합 여부
④ 측량준비도 및 측량결과도 작성의 적정 여부

해설 지적측량성과검사 시 검사항목
1. 세부측량
   - 기지점 사용의 적정 여부
   - 측량준비도 및 측량결과도 작성의 적정 여부
   - 기지점과 지상경계의 부합 여부
   - 경계점 간 계산거리(도상거리)와 실측 거리의 부합 여부
   - 면적 측정의 정확 여부
   - 관계 법령의 분할제한 등의 저촉 여부
2. 기초측량
   - 기지점 사용의 적정 여부
   - 지적기준점설치망 구성의 적정 여부
   - 관측각 및 거리 측정의 정확 여부
   - 계산의 정확 여부
   - 지적기준점 선점 및 표지 설치의 정확 여부
   - 지적기준점 성과와 기지경계선의 부합 여부

87. 다음 중 결번대장의 등재사항이 아닌 것은?

① 결번 사유   ② 결번 연월일   ③ 결번 해지일   ④ 결번된 지번

해설 결번대장
- 의의 : 지번을 부여한 이후에 토지 합병 등의 사유로 인하여 지적공부에 등록되지 않은 지번이 발생하게 되는데 이를 결번이라고 함
- 결번사유 : 행정구역 변경, 도시개발사업, 지번변경, 축척변경, 지번 정정 등
- 결번대장 : 결번 발생 시에는 지체 없이 그 사유를 결번대장에 등록하여 영구히 보존
- 결번대장의 등록사항 : 동·리, 지번, 결번(연월일), 결번사유

88. 지적공부의 복구자료가 아닌 것은?

① 토지이동정리 결의서 사본
② 법원의 확정판결서 정본 또는 사본
③ 부동산 등기부등본 등 등기 사실을 증명하는 서류
④ 지적소관청이 작성하거나 발행한 지적공부의 등록내용을 증명하는 서류

해설 지적공부의 복구자료
- 지적공부의 등본
- 측량결과도
- 토지이동정리 결의서
- 부동산 등기부등본 등 등기 사실을 증명하는 서류
- 지적소관청이 작성하거나 발행한 지적공부의 등록내용을 증명하는 서류
- 복제된 지적공부
- 법원의 확정판결서 정본 또는 사본

89. 지적공부를 열람하고자 할 때 열람 수수료 면제 대상에 해당하지 않는 것은?

① 일반인이 측량업무와 관련하여 열람하는 경우
② 지적측량업무에 종사하는 지적측량수행자가 그 업무와 관련하여 지적공부를 열람하는 경우
③ 지적측량업무에 종사하는 지적측량수행자가 그 업무와 관련하여 지적공부를 등사하기 위하여 열람하는 경우
④ 국가 또는 지방자치단체가 업무 수행상 필요에 의하여 지적공부의 열람 및 등본교부를 신청하는 경우

해설 지적공부 열람 및 등본 발급 수수료 면제 대상
- 국가 또는 지방자치단체의 지적공부 정리 신청 수수료는 면제한다.
- 지적측량업무에 종사하는 측량기술자가 그 업무와 관련하여 지적측량기준점성과 또는 그 측량부의 열람 및 등본 발급을 신청하는 경우에는 수수료를 면제한다.
- 국가 또는 지방자치단체가 업무 수행에 필요하여 지적공부의 열람 및 등본 발급을 신청하는 경우에는 수수료를 면제한다.
- 지적측량업무에 종사하는 측량기술자가 그 업무와 관련하여 지적공부를 열람하는 경우에는 수수료를 면제한다.

90. 일람도 및 지번색인표의 등재사항 중 공통으로 등재해야 하는 사항은?

① 도면번호
② 도곽선 수치
③ 도면의 축척
④ 주요 지형·지물의 표시

해설 1. 일람도 등록사항
- 지번부여지역의 경계 및 인접지역의 행정구역 명칭
- 도면의 제명 및 축척
- 도곽선과 그 수치
- 도면번호
- 도로·철도·하천·구거·유지·취락 등 주요 지형·지물의 표시
2. 지번색인표 등록사항
- 제명
- 지번·도면번호 및 결번

91. 지목변경 및 합병을 하여야 하는 토지가 발생하는 경우 확인·조사하여야 할 사항이 아닌 것은?

① 조사자의 의견
② 토지의 이용현황
③ 관계 법령의 저촉 여부
④ 지적측량의 적법 여부

해설 지목변경 및 합병할 토지가 발생하는 경우 확인·조사 사항
- 토지의 이용현황
- 관계 법령의 저촉 여부
- 조사자의 의견, 조사연월일 및 조사자 직·성명

92. 공간정보의 구축 및 관리 등에 관한 법령상 도시개발사업 등의 신고에 관한 설명으로 옳지 않은 것은?

① 도시개발사업의 변경 신고 시 첨부서류에는 지번별 조서도 포함된다.
② 도시개발사업의 완료 신고 시에는 지번별 조서와 사업계획도의 부합 여부를 확인하여야 한다.
③ 도시개발사업의 착수·변경 또는 완료 사실의 신고는 그 사유가 발생한 날로부터 15일 이내에 하여야 한다.
④ 도시개발사업의 완료 신고 시에는 확정될 토지의 지번별 조서 및 종전 토지의 지번별 조서를 첨부하여야 한다.

해설 도시개발사업 등 시행지역의 토지이동 신청에 관한 특례
1. 신청 : 도시개발사업, 농어촌정비사업, 주택건설사업, 그 밖에 대통령령으로 정하는 토지개발사업의 시행자는 그 사업의 착수·변경 및 완료 사실을 지적소관청에 신고
2. 토지의 이동시기 : 토지의 형질변경 등의 공사가 준공된 때
3. 신고 시기 : 신고 사유가 발생한 날부터 15일 이내
4. 도시개발사업 등의 착수(변경) 신고 시 제출서류
- 사업인가서
- 지번별 조서
- 사업계획도

Answer 90. ① 91. ④ 92. ②

5. 도시개발사업 등의 완료 신고 시 제출서류
   - 확정될 토지의 지번별 조서 및 종전 토지의 지번별 조서
   - 환지처분과 같은 효력이 있는 고시된 환지계획서(다만, 환지를 수반하지 아니하는 사업인 경우에는 사업의 완료를 증명하는 서류)

93. 복구측량이 완료되어 지적공부를 복구하려는 경우 복구하려는 토지의 표시 등을 시·군·구 게시판 및 인터넷 홈페이지에 최소 며칠 이상 게시하여야 하는가?

① 7일 이상   ② 10일 이상   ③ 15일 이상   ④ 30일 이상

해설 지적공부의 복구절차
- 지적소관청은 지적공부를 복구하려는 경우에는 복구자료를 조사
- 토지대장·임야대장 및 공유지연명부의 등록내용을 증명하는 서류 등에 따라 지적복구자료 조사서를 작성
- 지적도면의 등록내용을 증명하는 서류 등에 따라 복구자료도를 작성
- 복구자료도에 따라 측정한 면적과 지적복구자료 조사서의 조사된 면적의 증감이 허용범위를 초과하거나 복구자료도를 작성할 복구자료가 없는 경우에는 복구측량 실시($0.026^2 M\sqrt{F}$ 계산식 중 A는 오차허용면적, M은 축척 분모, F는 조사된 면적)
- 작성된 지적복구자료 조사서의 조사된 면적이 허용범위 이내인 경우에는 그 면적을 복구면적으로 결정
- 복구측량을 한 결과가 복구자료와 부합하지 아니하는 때에는 토지소유자 및 이해관계인의 동의를 받아 경계 또는 면적 등을 조정. 이 경우 경계를 조정한 때에는 경계점표지를 설치
- 지적소관청은 복구자료의 조사 또는 복구측량 등이 완료되어 지적공부를 복구하려는 경우에는 복구하려는 토지의 표시 등을 시·군·구 게시판 및 인터넷 홈페이지에 15일 이상 게시
- 복구하려는 토지의 표시 등에 이의가 있는 자는 게시 기간 내에 지적소관청에 이의신청을 할 수 있음. 이 경우 이의신청을 받은 지적소관청은 이의 사유를 검토하여 이유 있다고 인정되는 때에는 그 시정에 필요한 조치를 하여야 함
- 지적소관청은 지적복구자료 조사서, 복구자료도 또는 복구측량 결과도 등에 따라 토지대장·임야대장·공유지연명부 또는 지적도면을 복구하여야 함
- 대장은 복구되고 지적도면이 복구되지 아니한 토지가 축척변경 시행지역이나 도시개발사업 등의 시행지역에 편입된 때에는 지적도면을 복구하지 아니할 수 있음

94. 지적공부에 관한 전산자료를 이용 또는 활용하고자 승인을 신청하려는 자는 다음 중 누구의 심사를 받아야 하는가?(단, 중앙행정기관의 장, 그 소속 기관의 장 또는 지방자치단체의 장이 승인을 신청하는 경우는 제외한다.)

① 국무총리   ② 시·도지사
③ 시장·군수·구청장   ④ 관계 중앙행정기관의 장

해설 지적전산자료의 이용
1. 지적전산자료 승인권자
   - 전국 단위의 지적전산자료 : 국토교통부장관, 시·도지사 또는 지적소관청
   - 시·도 단위의 지적전산자료 : 시·도지사 또는 지적소관청
   - 시·군·구(자치구가 아닌 구를 포함한다.) 단위의 지적전산자료 : 지적소관청

2. 지적전산자료 심사
   지적전산자료 승인을 신청하려는 자는 지적전산자료의 이용 또는 활용 목적 등에 관하여 미리 관계 중앙행정기관의 심사를 받아야 한다.

95. 공간정보의 구축 및 관리 등에 관한 법령상 신규등록 신청 시 지적소관청에 제출하여야 하는 첨부서류가 아닌 것은?

① 지적측량성과도
② 법원의 확정판결서 정본 또는 사본
③ 소유권을 증명할 수 있는 서류의 사본
④ 「공유수면 관리 및 매립에 관한 법률」에 따른 준공검사 확인증 사본

해설 신규등록 신청서류
- 법원의 확정판결서 정본 또는 사본
- 「공유수면 관리 및 매립에 관한 법률」에 따른 준공검사 확인증 사본
- 도시계획구역의 토지를 그 지방자치단체의 명의로 등록하는 때에는 기획재정부장관과 협의한 문서의 사본
- 그 밖에 소유권을 증명할 수 있는 서류

96. 아래의 조정금에 관한 이의신청에 대한 내용 중 ( ) 안에 들어갈 알맞은 일자는?

- 수령통지 또는 납부 고지된 조정금에 이의가 있는 토지소유자는 수령통지 또는 납부 고지를 받은 날부터 (㉠) 이내에 지적소관청에 이의신청을 할 수 있다.
- 지적소관청은 이의신청을 받은 날부터 (㉡) 이내에 시·군·구 지적재조사위원회의 심의·의결을 거쳐 이의신청에 대한 결과를 신청인에게 서면으로 알려야 한다.

① ㉠ : 30일, ㉡ : 30일
② ㉠ : 30일, ㉡ : 60일
③ ㉠ : 60일, ㉡ : 30일
④ ㉠ : 60일, ㉡ : 60일

해설 조정금에 관한 이의신청
- 수령통지 또는 납부 고지된 조정금에 이의가 있는 토지소유자는 수령통지 또는 납부 고지를 받은 날부터 60일 이내에 지적소관청에 이의신청을 할 수 있다.
- 지적소관청은 이의신청을 받은 날부터 30일 이내에 시·군·구 지적재조사위원회의 심의·의결을 거쳐 이의신청에 대한 결과를 신청인에게 서면으로 알려야 한다.

97. 중앙지적위원회에 관한 설명으로 옳지 않은 것은?

① 중앙지적위원회의 위원장은 국토교통부의 지적업무 담당 국장이 된다.
② 중앙지적위원회의 부위원장은 국토교통부의 지적업무 담당 과장이 된다.
③ 위원장 및 부위원장을 포함한 위원의 임기는 2년으로 한다.
④ 위원은 지적에 관한 학식과 경험이 풍부한 사람 중에서 국토교통부장관이 임명하거나 위촉한다.

Answer 95. ① 96. ④ 97. ③

해설 **중앙지적위원회**
1. 기능 : 지적측량 적부심사에 관한 최고 심의의결기관
2. 심의·의결사항
   - 지적 관련 정책 개발 및 업무 개선 등에 관한 사항
   - 지적측량기술의 연구·개발 및 보급에 관한 사항
   - 지적측량 적부심사(適否審査)에 대한 재심사(再審査)
   - 측량기술자 중 지적 분야 측량기술자(이하 "지적기술자"라 한다.)의 양성에 관한 사항
   - 지적기술자의 업무정지 처분 및 징계 요구에 관한 사항
3. 조직의 구성
   - 위원장, 부위원장 각 1명 포함하여 5명 이상 10명 이하의 위원으로 구성
   - 위원장은 국토교통부 지적업무 담당 국장, 부위원장은 국토교통부 지적업무 담당 과장으로 구성
   - 위원은 지적에 관한 학식과 경험이 풍부한 자 중에서 국토교통부 장관이 임명하거나 위촉하며, 임기는 2년

98. 토지소유자는 토지를 합병하려면 대통령령으로 정하는 바에 따라 지적소관청에 합병을 신청하여야 한다. 다음 중 토지의 합병을 신청할 수 있는 조건이 아닌 것은?
① 합병하려는 토지의 지목이 같은 경우
② 합병하려는 토지의 지번부여지역이 같은 경우
③ 합병하려는 토지의 소유자가 서로 같은 경우
④ 합병하려는 토지의 지적도의 축척이 서로 다른 경우

해설 **합병 신청**
1. 신청기한
   - 원칙 : 신청기한 없음
   - 예외 : 공동주택의 부지, 도로, 제방, 하천, 구거, 유지, 공장용지, 학교용지, 철도용지, 수도용지, 공원, 체육용지 등 토지로서 합병하여야 할 토지가 있으면 그 사유가 발생한 날부터 60일 이내에 지적소관청에 합병을 신청하여야 한다.
2. 신청대상 : 지번부여지역으로서 소유자와 용도가 같고 지반이 연속된 토지
3. 합병 신청을 할 수 없는 토지
   - 합병하려는 토지의 지번부여지역, 지목 또는 소유자가 서로 다른 경우
   - 합병하려는 토지에 다음 각 호 외의 등기가 있는 경우
     - 소유권·지상권·전세권 또는 임차권의 등기
     - 승역지에 대한 지역권의 등기
     - 합병하려는 토지 전부에 대한 등기원인 및 그 연월일과 접수번호가 같은 저당권의 등기
   - 합병하려는 토지의 지적도 및 임야도의 축척이 서로 다른 경우
   - 합병하려는 각 필지가 서로 연접하지 아니한 경우
   - 합병하려는 토지가 등기된 토지와 등기되지 아니한 토지인 경우
   - 합병하려는 각 필지의 지목은 같으나 일부 토지의 용도가 다르게 되어 분할대상 토지인 경우(다만, 합병 신청과 동시에 토지의 용도에 따라 분할 신청을 하는 경우는 제외)
   - 합병하려는 토지의 소유자별 공유지분이 다른 경우
   - 합병하려는 토지가 구획정리, 경지정리 또는 축척변경을 시행하고 있는 지역의 토지와 그 지역 밖의 토지인 경우

Answer 98. ④

4. 합병하려는 토지 소유자의 주소가 서로 다른 경우, 신청을 접수받은 지적소관청이 「전자정부법」 제36조 제1항에 따른 행정정보의 공동이용을 통하여 다음의 사항을 확인(신청인이 주민등록표 초본 확인에 동의하지 않는 경우에는 해당 자료를 첨부하도록 하여 확인)한 결과 토지 소유자가 동일인임을 확인할 수 있는 경우는 제외
   - 토지등기사항증명서
   - 법인등기사항증명서(신청인이 법인인 경우만 해당한다)
   - 주민등록표 초본(신청인이 개인인 경우만 해당한다)

99. 공간정보의 구축 및 관리 등에 관한 법령상 지적측량업의 등록을 하려는 자가 신청서에 첨부하여 제출하여야 하는 서류에 해당하지 않는 것은?

① 보유하고 있는 자산 내역서
② 보유하고 있는 장비의 명세서
③ 보유하고 있는 장비의 성능검사서 사본
④ 보유하고 있는 인력에 대한 기량기술 경력증명서

해설 지적측량업 등록신청서에 첨부하여야 할 서류
1. 기술인력을 갖춘 사실을 증명하기 위한 서류
   - 보유하고 있는 측량기술자의 명단
   - 인력에 대한 측량기술 경력증명서
2. 장비를 갖춘 사실을 증명하기 위한 서류
   - 보유하고 있는 장비의 명세서
   - 장비의 성능검사서 사본
   - 소유권 또는 사용권을 보유한 사실을 증명할 수 있는 서류

100. 다음 중 지목변경 대상 토지가 아닌 것은?

① 토지의 용도가 변경된 토지
② 건축물의 용도가 변경된 토지
③ 공유수면 매립 후 신규등록할 토지
④ 토지의 형질변경 등 공사가 준공된 토지

해설 지목변경 신청대상
1. 관계 법령에 따른 토지의 형질변경 등의 공사가 준공된 경우
2. 토지나 건축물의 용도가 변경된 경우
3. 예외(지목변경 없이 등록전환할 수 있는 토지)
   - 대부분의 토지가 등록전환되어 나머지 토지를 임야도에 계속 존치하는 것이 불합리한 경우
   - 임야도에 등록된 토지가 사실상 형질변경되었으나 지목변경을 할 수 없는 경우
   - 도시관리계획선에 따라 토지를 분할하는 경우

2021년 제2회 지적산업기사

01 지적측량

01. 다음 중 직각좌표의 기준이 되는 직각좌표계 원점에 해당하지 않는 것은?
① 동부좌표계 원점 : 북위 38° 선과 동경 129° 선의 교점
② 중부좌표계 원점 : 북위 38° 선과 동경 127° 선의 교점
③ 서부좌표계 원점 : 북위 38° 선과 동경 125° 선의 교점
④ 남부좌표계 원점 : 북위 38° 선과 동경 123° 선의 교점

해설 직각좌표계의 원점은 동부좌표계 원점, 중부좌표계 원점, 서부좌표계 원점으로 한다.

02. 교회법에 따른 지적삼각보조점의 관측에서 2개의 삼각형으로부터 계산한 위치의 연결교차가 최대 얼마 이하일 때 그 평균치를 지적삼각보조점의 위치로 할 수 있는가?
① 20cm 이하   ② 30cm 이하
③ 40cm 이하   ④ 50cm 이하

해설 지적측량 시행규칙 제11조(지적삼각보조점의 관측 및 계산)
2개의 삼각형으로부터 계산한 위치의 연결교차($\sqrt{종선교차^2 + 횡선교차^2}$ 을 말한다.)가 0.30미터 이하일 때에는 그 평균치를 지적삼각보조점의 위치로 한다.

03. 트랜싯(Transit)으로 수평각의 정·반관측을 실시하는 가장 큰 목적은?
① 관측오차를 발견하기 위하여
② 외심오차를 소거하기 위하여
③ 불완전한 기계오차를 줄이기 위하여
④ 시준오차를 제거하기 위하여

해설 정·반관측의 목적은 기계적 결함과 기계 조정의 불완전 등의 오차를 소거하기 위함이다.

04. 지적측량에서 기초측량에 해당하지 않는 것은?
① 지적삼각보조점측량   ② 지적삼각점측량
③ 지적도근점측량   ④ 세부측량

Answer 01. ④ 02. ② 03. ③ 04. ④

해설 • 기초측량 : 일필지를 측량하기 위해 기준점을 설치하고 관측하는 측량이며 지적삼각점측량, 지적삼각보조점측량, 지적도근점측량이 있다.
• 세부측량 : 기초측량에 의해 설치된 기준점 또는 경계점을 기초로 하여 일필지측량을 하는 측량방법이며 경위의측량, 측판측량이 있다.

05. 다음 중 지적측량의 방법이 아닌 것은?

① 사진측량방법 ② 광파기측량방법
③ 위성측량방법 ④ 수준측량방법

해설 지적측량 시행규칙 제5조(지적측량의 구분 등)
지적측량은 평판(平板)측량, 전자평판측량, 경위의(經緯儀)측량, 전파기(電波機) 또는 광파기(光波機)측량, 사진측량 및 위성측량 등의 방법에 따른다.

06. 지적삼각점측량에서 진북방향각의 계산단위로 옳은 것은?

① 초 아래 1자리 ② 초 아래 2자리
③ 초 아래 3자리 ④ 초 아래 4자리

해설 지적삼각점의 계산은 진수(眞數)를 사용하여 각규약(角規約)과 변규약(邊規約)에 따른 평균계산법 또는 망평균계산법에 따르고, 자오선수차의 단위는 초 아래 1자리로 하며, 자오선수차와 진북방향각은 그 절댓값은 같고 부호만 다르다.

07. 다음 중 도면에 등록하는 도곽선의 제도방법 기준에 대한 설명으로 옳지 않은 것은?

① 도곽선은 0.1mm의 폭으로 제도한다.
② 도곽선의 수치는 2mm의 크기로 제도한다.
③ 지적도의 도곽 크기는 가로 30cm, 세로 40cm의 직사각형으로 한다.
④ 도곽선의 수치는 도곽선 왼쪽 아랫부분과 오른쪽 윗부분의 종횡선교차점 바깥쪽에 제도한다.

해설 지적업무처리규정 제40조(도곽선의 제도)
• 도면의 위 방향은 항상 북쪽이 되어야 한다.
• 지적도의 도곽 크기는 가로 40센티미터, 세로 30센티미터의 직사각형으로 한다.
• 도곽의 구획은 영 제7조 제3항 각 호에서 정한 좌표의 원점을 기준으로 하여 정하되, 그 도곽의 종횡선수치는 좌표의 원점으로부터 기산하여 영 제7조 제3항에서 정한 종횡선수치를 각각 가산한다.
• 도면에 등록하는 도곽선은 0.1밀리미터의 폭으로, 도곽선의 수치는 도곽선 왼쪽 아랫부분과 오른쪽 윗부분의 종횡선교차점 바깥쪽에 2밀리미터 크기의 아라비아숫자로 제도한다.

08. 다음 중 지적삼각보조점의 수평각 관측방법으로 옳은 것은?

① 단각법 ② 배각법 ③ 방향관측법 ④ 각관측법

해설 지적측량 시행규칙 제11조(지적삼각보조점의 관측 및 계산)
경위의측량방법과 교회법에 따른 지적삼각보조점의 관측 및 계산에서 수평각 관측은 2대회(윤곽도는 0도, 90도로 한다.)의 방향관측법에 따른다.

Answer 05. ④ 06. ① 07. ③ 08. ③

09. 다음 중 평판측량방법에 따른 세부측량을 교회법으로 하는 경우의 기준으로 옳지 않은 것은?

① 3방향 이상의 교회에 따른다.
② 방향각의 교각은 30° 이상 150° 이하로 한다.
③ 전방교회법 또는 후방교회법에 의한다.
④ 광파조준의를 사용하는 경우 방향선의 도상길이는 30cm 이하로 할 수 있다.

해설 지적측량 시행규칙 제18조(세부측량의 기준 및 방법 등)
평판측량방법에 따른 세부측량을 교회법으로 하는 경우에는 다음의 기준에 따른다.
1. 전방교회법 또는 측방교회법에 따를 것
2. 3방향 이상의 교회에 따를 것
3. 방향각의 교각은 30도 이상 150도 이하로 할 것
4. 방향선의 도상길이는 평판의 방위표정(方位標定)에 사용한 방향선의 도상길이 이하로서 10센티미터 이하로 할 것. 다만, 광파조준의(光波照準儀) 또는 광파측거기를 사용하는 경우에는 30센티미터 이하로 할 수 있다.
5. 측량결과 시오(示誤)삼각형이 생긴 경우 내접원의 지름이 1밀리미터 이하일 때에는 그 중심을 점의 위치로 한다.

10. 지적삼각보조점측량에서 연결오차가 0.42m이고, 종선차가 0.22m이었다면 횡선차는?

① 0.48m   ② 0.21m   ③ 0.36m   ④ 0.42m

해설 연결오차 = $\sqrt{종선교차^2 + 횡선교차^2} = \sqrt{0.22^2 + x^2}$
$0.42 = \sqrt{종선교차^2 + x^2}$
$x^2 = \sqrt{0.42^2 - 0.22^2} = \sqrt{0.128} = 0.358$ ∴ 0.36m

11. 다각망도선법에 따르는 경우, 지적도근점표지의 점간거리는 평균 얼마 이하로 하여야 하는가?

① 500m   ② 300m   ③ 100m   ④ 50m

해설 지적측량 시행규칙 제2조(지적기준점표지의 설치·관리 등)
지적도근점표지의 점간거리는 평균 50미터 이상 300미터 이하로 할 것. 다만, 다각망도선법에 따르는 경우에는 평균 500미터 이하로 한다.

12. 다음 중 지적도근점측량의 기준으로 사용할 수 없는 것은?

① 통합기준점   ② 위성기준점   ③ 지적삼각점   ④ 지적경계점

해설 지적측량 시행규칙 제12조(지적도근점측량)
지적도근점측량의 도선은 1등도선과 2등도선으로 구분한다.
1. 1등도선은 위성기준점, 통합기준점, 삼각점, 지적삼각점 및 지적삼각보조점의 상호 간을 연결하는 도선 또는 다각망도선으로 한다.
2. 2등도선은 위성기준점, 통합기준점, 삼각점, 지적삼각점 및 지적삼각보조점과 지적도근점을 연결하거나 지적도근점 상호 간을 연결하는 도선으로 한다.
※ 지적경계점은 필지의 경계점으로 지적도근점의 기준으로 삼을 수 없다.

Answer 09. ③ 10. ③ 11. ① 12. ④

13. 다음 중 두 점 간의 실거리 300m를 도상에 6mm로 표시한 도면의 축척은 얼마인가?

① $\dfrac{1}{20,000}$ ② $\dfrac{1}{25,000}$ ③ $\dfrac{1}{50,000}$ ④ $\dfrac{1}{100,000}$

해설 축척분모 = $\dfrac{\text{지상거리}}{\text{도상거리}}$ = $\dfrac{300,000}{6}$ = 50,000 ∴ $\dfrac{1}{50,000}$

14. 평판측량방법에 따른 세부측량 시 일반적인 방향선 또는 측선장의 도상길이로 옳지 않은 것은?

① 교회법은 10센티미터 이하
② 도선법은 10센티미터 이하
③ 광파조준의에 의한 도선법은 30센티미터 이하
④ 광파조준의에 의한 교회법은 30센티미터 이하

해설

측량 방법	평판측량방법		
	교회법	도선법	방사법
방향선	• 10cm 이하 • 광파조준의, 광파측거기 사용 : 30cm 이하	• 8cm 이하 • 광파조준의, 광파측거기 사용 : 30cm 이하	• 10cm 이하 • 광파조준의 사용 : 30cm 이하

15. 다음 중 시오삼각형이 발생할 수 있는 것은?

① 방사법 ② 현형법
③ 교회법 ④ 도선법

해설 시오삼각형은 측판측량방법 중 교회법으로 측량할 때 표정 작업을 정확하게 하지 않았을 경우 발생할 수 있는 오차로서 내측원의 직경이 1mm 이하인 때는 그 중심점을 구하는 위치로 한다.

16. 평판측량방법에 따른 세부측량을 도선법으로 하는 경우, 도선의 변의 수 기준은?

① 10개 이하 ② 20개 이하
③ 30개 이하 ④ 40개 이하

해설 지적측량 시행규칙 제18조(세부측량의 기준 및 방법 등)
평판측량방법에 따른 세부측량을 도선법으로 하는 경우는 다음과 같다.
1. 위성기준점, 통합기준점, 삼각점, 지적삼각점, 지적삼각보조점 및 지적도근점, 그 밖에 명확한 기지점 사이를 서로 연결한다.
2. 도선의 측선장은 도상길이 8센티미터 이하로 할 것. 다만, 광파조준의 또는 광파측거기를 사용할 때에는 30센티미터 이하로 할 수 있다.
3. 도선의 변은 20개 이하로 한다.

17. 오차의 성질에 관한 설명으로 옳지 않은 것은?

① 정오차는 측정횟수에 비례하여 증가한다.
② 부정오차는 일정한 크기와 방향으로 나타난다.
③ 우연오차는 상차라고도 하며, 측정횟수의 제곱근에 비례한다.
④ 1회 측정 후 우연오차를 b라 하면 n회 측정의 상쇄오차는 $b\sqrt{n}$이다.

해설 부정오차
- 발생원인이 불명확한 오차를 말한다.
- 서로 상쇄되기도 하므로 상차라고도 한다.
- 최소제곱법에 의한 확률법칙에 의해 처리가 가능하다.
- 원인을 알아도 소거가 불가능하다.
- 오차 원인의 방향이 일정하지 않다.
- 우연오차라고도 한다.

18. 다음 중 지적확정측량을 하는 경우 필지별 경계점을 측정하기 위한 기준점에 해당하지 않는 것은?

① 필계점　　② 삼각점　　③ 지적삼각점　　④ 지적삼각보조점

해설 지적측량 시행규칙 제22조(지적확정측량)
지적확정측량을 하는 경우 필지별 경계점은 위성기준점, 통합기준점, 삼각점, 지적삼각점, 지적삼각보조점 및 지적도근점에 따라 측정하여야 한다.

19. 경위의측량방법으로 세부측량을 하는 경우에 측량대상 토지의 경계점 간 실측 거리와 경계점의 좌표에 의해 계산한 거리의 교차가 얼마 이내일 때 그 실측 거리를 측량원도에 기재하는가? (단, L은 미터 단위로 표시한 실측 거리이다.)

① $\dfrac{3L}{10}$ cm　　② $\dfrac{10}{3L}$ cm　　③ $3 - \dfrac{L}{10}$ cm　　④ $3 + \dfrac{L}{10}$ cm

해설 지적측량 시행규칙 제26조(세부측량성과의 작성)
측량대상 토지의 경계점 간 실측 거리와 경계점의 좌표에 따라 계산한 거리의 교차는 $3 + \dfrac{L}{10}$ 센티미터 이내여야 한다. 이 경우 L은 실측 거리로서 미터 단위로 표시한 수치이다.

20. 등록전환을 하는 경우 임야대장의 면적과 등록전환될 면적의 오차허용범위에 대한 계산식은? (단, A : 오차허용면적, M : 임야도의 축척분모, F : 등록전환될 면적)

① $A = 0.026 M \sqrt{F}$　　② $A = 0.023 M \sqrt{F}$
③ $A = 0.023^2 M \sqrt{F}$　　④ $A = 0.026^2 M \sqrt{F}$

해설 공간정보의 구축 및 관리 등에 관한 법률 시행령 제19조(등록전환이나 분할에 따른 면적 오차의 허용범위 및 배분 등)
임야대장의 면적과 등록전환될 면적의 오차 허용범위는 다음과 같다.
$A = 0.026^2 M \sqrt{F}$ (여기서, A는 오차 허용면적, M은 임야도 축척분모, F는 등록전환될 면적)
이 경우 오차의 허용범위를 계산할 때 축척이 3천분의 1인 지역의 축척분모는 6천으로 한다.

Answer　17. ②　18. ①　19. ④　20. ④

02 응용측량

21. 양쪽 갱구의 A, B점의 수평위치 및 표고가 각각 A(4370.60, 2365.70, 465.80), B(4625.30, 3074.20, 432.50)일 때 AB 간의 경사거리는?(단, 단위는 m)

① 254.7m   ② 708.5m   ③ 753.6m   ④ 823.5m

해설 AB 간의 경사거리 $= \sqrt{(Xb-Xa)^2 + (Yb-Ya)^2 + (Zb-Za)^2}$
$= \sqrt{(4625.30-4370.60)^2 + (3074.20-2365.70)^2 + (432.50-465.80)^2}$
$= 753.63\text{m}$

22. 터널의 중심선을 측설하는 측량과 관계가 없는 것은?

① 심천측량   ② 지하측량   ③ 연결측량   ④ 지상측량

해설 심천측량은 하천 등의 수심을 측정하는 측량이다.

23. GPS의 구성을 크게 3개의 부분으로 구분할 때 3개 부분이 옳게 짝지어진 것은?

① 송신부분 – 제어부분 – 사용자부분   ② 우주부분 – 수신부분 – 동기화부분
③ 우주부분 – 제어부분 – 사용자부분   ④ 수신부분 – 송신부분 – 동기화부분

해설 GPS는 우주부분, 제어부분, 사용자부분으로 구성된다.

24. 항공사진의 축척에 대한 설명으로서 옳은 것은?

① 초점거리에 비례하고 촬영고도에 반비례한다.
② 초점거리에 반비례하고 촬영고도에 비례한다.
③ 초점거리와 촬영고도에 정비례한다.
④ 초점거리에는 무관하고 촬영고도에는 반비례한다.

해설 항공사진측량에서 축척 $m = \dfrac{H}{f}$ 의 식으로 산정하므로 초점거리에 비례하고 촬영고도에 반비례한다.

25. 대지표정이 끝났을 때 사진과 실제 지형의 관계는?

① 대응   ② 상사   ③ 역대칭   ④ 합동

해설 대지표정은 축척의 결정, 수준면의 결정(표고, 경사결정), 위치의 결정(위치, 방위의 결정)을 하며 대체로 축척을 결정한 다음 수준면을 결정하고 시차가 생기면 다시 상호표정으로 돌아가서 표정을 해나가며, 사진과 실제 지형의 관계는 상사 관계이다.

Answer 21. ③   22. ①   23. ③   24. ①   25. ②

26. 우리나라의 1/25,000 지형도에서 계곡선의 간격은?

① 10m   ② 20m   ③ 50m   ④ 100m

해설 축척별 등고선의 간격

등고선의 간격	기호	1/10,000	1/25,000	1/50,000
주곡선	가는 실선	5m	10m	20m
간곡선	가는 파선	2.5m	5m	10m
보조곡선(조곡선)	가는 점선	1.25m	2.5m	5m
계곡선	굵은 실선	25m	50m	100m

27. 촬영고도 8,000m, 사진Ⅰ의 주점기선의 길이는 80mm, 사진Ⅱ의 주점기선의 길이는 81mm일 때 시차차 1.0mm 그림자의 고저차는 얼마인가?

① 74.53m   ② 85.35m   ③ 99.38m   ④ 112.46m

해설 시차차 공식 $\Delta P = \dfrac{h}{H} \times b_0$

여기서, h : 비고, H : 촬영고도, b : 주점기선길이

$$h = \dfrac{H}{b_0} \times \Delta P = \dfrac{H}{\dfrac{\mathrm{I} + \mathrm{II}}{2}} \times \Delta P = \dfrac{8,000}{\dfrac{(80+81)}{2}} \times 1 = 99.38\mathrm{m}$$

여기서, b_0 : 기준면의 시차 = $\dfrac{\mathrm{I} + \mathrm{II}}{2}$

28. GPS 관측 시 주의할 사항으로 거리가 먼 것은?

① 측정점 주위에 수신을 방해하는 장애물이 없도록 하여야 한다.
② 충분한 시간 동안 수신이 이루어져야 한다.
③ 안테나 높이, 수신시간과 마침시간 등을 기록한다.
④ 온도의 영향을 많이 받으므로 너무 춥거나 더우면 관측을 중단한다.

해설 GPS 측량은 기상 및 온도의 영향을 거의 받지 않는다.

29. 수준측량의 왕복거리 2km에 대한 제한오차가 3mm라면 왕복거리 4km에 대한 제한오차는?

① 5.24mm   ② 4.24mm   ③ 7.24mm   ④ 6.24mm

해설 오차는 거리(S)의 제곱근에 비례하므로 $\sqrt{2}\,\mathrm{km} : 3\mathrm{mm} = \sqrt{4}\,\mathrm{km} : x$

∴ $x = \dfrac{3\sqrt{4}}{\sqrt{2}} = 4.24\mathrm{mm}$

Answer 26. ③   27. ③   28. ④   29. ②

30. 철도, 도로 등의 단곡선 설치에서 가장 일반적으로 사용하는 방법은?

① 편각현장법　　　　　　② 중앙종거법
③ 접선편거법　　　　　　④ 접선지거법

해설 도로, 철도, 수로 등에서 가장 많이 사용하는 방법은 편각법이다.

31. 교점(IP)가 기점에서 1658.450m 떨어져 있고 곡선반경(R)이 480m, 교각(I)이 20° 25′ 40″일 때 곡선길이는?

① 163.439m　　　　　　② 165.998m
③ 168.560m　　　　　　④ 171.103m

해설 곡선길이$(CL) = 01.01745RI = 0.01745 \times 480 \times 20°25′40″ = 171.103$m

32. 아래 그림에서 DE=10m, CD=12m, AC=80m로 측정되었을 때 건물을 통과하는 AB의 길이는?(단, AB // ED이고 C는 AD, BE의 교점)

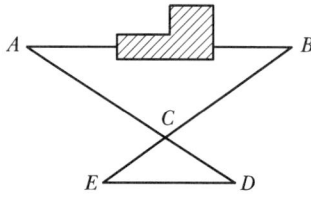

① 66.67m　　② 96.00m　　③ 80.00m　　④ 77.37m

해설 비례법으로 AC : CD=AB : ED이므로 80 : 12 = x : 10

∴ $x = \dfrac{800}{12} = 66.67$m

33. 항공사진측량 도화기의 정밀도를 나타내는 계수는?

① C-계수　　② K-상수　　③ 경중률 계수　　④ 과잉수정 계수

해설 항공사진측량 도화기의 정밀도를 나타내는 계수는 C-계수이다.

34. 등고선의 종류에 대한 설명으로 틀린 것은?

① 주곡선은 지형을 표시하는 데 기본이 되는 선이다.
② 계곡선은 주곡선 10개마다 굵게 표시한다.
③ 간곡선은 주곡선 간격의 1/2이다.
④ 조곡선은 간곡선 간격의 1/2이다.

해설 계곡선은 표고의 읽음을 쉽게 하고 지모의 상태를 명시하기 위해서 주곡선 5개마다 굵은 실선으로 표시한다.

2021년 시행

35. 도로의 직선부와 곡선부가 만나는 부분의 곡률을 서서히 증가시켜 넣는 곡선은?

① 복심곡선　　② 반향곡선　　③ 머리핀곡선　　④ 완화곡선

해설 완화곡선은 차량 등이 직선부에서 곡선부분으로 방향을 바꾸면 반지름이 달라지기 때문에 설치하는 것을 말하며 곡률을 서서히 증가시켜 놓는다.

36. 다음 중 정표고(正標高)와 관련된 설명 중 틀린 것은?

① 지구의 중력 크기는 극지방이 크고 적도지방이 작다.
② 평균해수면에 의한 지오이드로부터의 연직거리를 정표고라 한다.
③ 정표고는 기하학적인 높이를 나타내므로 동일 수준면상의 값이 반드시 같다.
④ 정표고는 수준측량에서 구한 높이에서 보정을 해야 되며 이 보정을 오소매트릭 보정이라 한다.

해설 정표고는 동일 수준면상에서 값이 반드시 같지는 않다.

37. 지형도의 해안선은 어느 면을 기준으로 표현하는가?

① 약최저 저조면　　　　② 평균 고조면
③ 약최고 고조면　　　　④ 평균 해수면

해설 지형도 작성을 위한 해안선의 지형측량은 최고 고조면을 기준으로 한다.

38. 일반사진기와 비교할 때, 항공사진측량용 사진기에 대한 설명으로 옳지 않은 것은?

① 일반사진기와 비교하여 피사각이 크다.
② 렌즈 왜곡이 적으며 왜곡이 있어도 보정이 가능하다.
③ 초광각 사진기의 피사각은 60°, 광각 사진기의 피사각은 90°, 보통각 사진기의 피사각은 120°이다.
④ 해상력과 선명도가 좋다.

해설 항공사진촬영용 카메라의 성능 중 초광각 카메라의 피사각(화각)은 120°, 광각 카메라의 피사각은 90°, 보통각 카메라의 피사각은 60°이다.

39. 초점거리 150mm인 카메라로 촬영한 축척 1/5,000인 수직사진에서 화면 크기가 23×23cm이고, 종중복도가 60%일 때 기선고도비는?

① 0.26　　② 0.51　　③ 0.61　　④ 0.96

해설 촬영고도(H)=초점거리(f)×축척분모(m)=750m

$$B = am\left(1 - \frac{P}{100}\right) = 0.23 \times 5,000\left(1 - \frac{60}{100}\right) = 460\text{m}$$

여기서, B : 촬영기선 길이, a : 화면 크기, m : 축척분모, P : 종중복도

$$h = \frac{B}{H} = \frac{460}{750} = 0.61$$

여기서, h : 기선고도비, B : 촬영기선 길이, H : 촬영고도

Answer 35. ④　36. ③　37. ③　38. ③　39. ③

40. 교각(I)이 60°, 곡률반경이 500m인 경우 곡선 설치에 필요한 중앙 종거(M)는 약 얼마인가?

① 47m
② 57m
③ 67m
④ 77m

해설 중앙종거(M) = $R\left(1-\cos\dfrac{I}{2}\right)$ = $500(1-\cos 30°)$ = 66.987m

∴ 67m

03 토지정보체계론

41. 디지타이징에 의한 필지별 독취에 대한 설명으로 틀린 것은?

① 이중선이 발생할 수 있음
② 작업시간이 비교적 많이 소요됨
③ 인접경계선 중복 독취로 데이터 양이 많음
④ 위상구조가 자동으로 생성됨

해설 디지타이징이 끝난 후에 범용 소프트웨어를 이용하여 위상구조를 생성하여야 한다.

42. 지적 전산정보처리조직 담당자의 사용자번호 및 비밀번호에 관한 사항 중 틀린 것은?

① 사용자의 비밀번호는 변경할 수 없다.
② 한 번 부여된 사용자번호는 변경할 수 없다.
③ 사용자번호는 사용자권한 등록관리청별로 일련번호를 부여한다.
④ 사용자권한 등록관리청은 필요시 사용자번호를 별도 관리할 수 있다.

해설 공간정보의 구축 및 관리 등에 관한 법률 시행규칙 제77조(사용자번호 및 비밀번호 등)
사용자는 비밀번호가 누설되거나 누설될 우려가 있을 때에는 즉시 변경하여야 한다.

43. 지적전산자료의 이용에 관한 사항 중 틀린 것은?

① 시·군·구 단위의 지적전산자료 – 소관청의 심사
② 시·도 단위의 지적전산자료 – 시·도지사의 심사
③ 전국 단위의 지적전산자료 – 국토교통부장관의 심사
④ 심사 및 승인을 거쳐 지적전산자료를 이용하는 자 – 사용료 면제

해설 심사 및 승인을 거쳐 지적전산자료를 이용하는 자 – 사용료 납부

44. 토지정보체계의 필요성으로 가장 적절한 것은?
① 도시의 교통문제 해결
② 인적관리 행정의 간편화 및 공개화
③ 체계적인 도면 관리로 업무의 효율화와 신속 처리
④ 토지·부동산 정보관리체계 및 다목적 지적정보체계 구축

해설 토지정보체계의 구축 필요성
- 토지와 관련된 정책자료의 다목적 활용
- 토지 관련 과세자료로 활용
- 지적민원사항의 신속하고 정확한 처리
- 여러 공공기관 및 부서 간의 토지정보 공유
- 여러 종류의 도면과 대장을 효율적·통합적으로 관리

45. 다음 중 벡터 자료에 해당하는 것은?
① BMP ② JPG ③ DXF ④ GIF

해설 DXF(Drawing eXchange Format)
서로 다른 CAD 프로그램 간에 설계도면 파일을 교환하는 데 사용되는 파일 형식

46. 벡터 데이터의 특징에 해당되지 않는 것은?
① 지도와 비슷하고 시각적 효과가 높으며 실세계의 묘사가 가능하다.
② 고해상력을 지원하므로 상세하게 표현되며 높은 공간적 정확성을 제공한다.
③ 벡터 데이터 모델은 상대적으로 자료구조가 단순하며 체인코드, 블록코드 등의 방법에 의한 자료의 압축 효율이 우수하다.
④ 위상에 관한 정보가 제공되므로 관망 분석과 같은 다양한 공간분석이 가능하다.

해설 래스터 모델은 상대적으로 자료구조가 단순하며 체인코드, 블록코드 등의 방법에 의한 자료의 압축 효율이 우수하다.

47. 점, 선, 면으로 표현된 객체들 간의 공간관계를 설정하여 각 개체들 간의 인접성, 연결성, 포함성 등에 관한 정보를 파악하기 매우 쉬우며, 다양한 공간분석을 효율적으로 수행할 수 있는 자료구조는?
① 스파게티(Spaghetti) 구조
② 래스터(Raster) 구조
③ 위상(Topology) 구조
④ 그리드(Grid) 구조

해설 위상구조를 가진 벡터 데이터 모델
- 자료의 위치를 좌푯값으로 인식한다.
- 자료 간의 정보를 상대적 위치로 지정하며, 선의 방향, 특성 간의 관계, 연결성, 인접성 등을 파악할 수 있다.
- 객체들은 점들을 직선으로 연결하여 정확하게 표현할 수 있다.
- 객체들이 위상구조를 갖게 되면 주변 객체들과 공간상에서의 관계를 인식할 수 있다.

Answer 44. ④ 45. ③ 46. ③ 47. ③

48. GIS의 표준화 가운데 가장 큰 비중을 차지하고 있는 데이터의 표준화 유형과 가장 거리가 먼 것은?
① 데이터 모델 표준
② 데이터 내용 표준
③ 데이터 수집 표준
④ 데이터 정리 표준

해설 데이터의 표준화 유형 7가지
- 데이터 모델 표준
- 데이터 내용 표준
- 메타데이터 표준
- 데이터 품질 표준
- 데이터 수집 표준
- 위치참조 표준
- 데이터 교환 표준

49. 디지타이징 입력에 의한 도면의 오류를 수정하는 방법으로 틀린 것은?
① Undershoot and Overshoot : 두 선이 목표지점을 벗어나거나 못 미치는 오류를 수정하기 위해서는 선분의 길이를 늘리거나 줄여야 한다.
② 라벨오류 : 잘못된 라벨을 선택하여 수정하거나 제 위치에 옮겨주면 된다.
③ Sliver 폴리곤 : 폴리곤이 겹치지 않게 적절하게 위치를 이동시킴으로써 제거될 수 있는 경우도 있고, 폴리곤을 형성하고 있는 부정확하게 입력된 선분을 만든 버틱스들을 제거함으로써 수정될 수도 있다.
④ 선의 중복 : 중복된 두 선을 제거함으로써 쉽게 오류를 수정할 수 있다.

해설 선의 중복은 중복된 두 선 중 한 개의 선을 제거함으로써 오류를 수정한다.

50. 다음 내용 중 토지정보시스템에 대한 설명으로 가장 거리가 먼 것은?
① 토지에 관한 제반 정보를 전산화하여 효율적으로 관리하는 데 목적이 있다.
② 필지를 단위로 지적공부를 전산화한 시스템이다.
③ 토지개발에 따른 환경 영향을 평가하는 시스템이다.
④ 합리적인 토지정책 수립과 토지업무의 효율화에 기여하는 시스템이다.

해설 토지정보체계의 개념
- Land+Information+System(주요 개념이 합성된 용어)
- 지형분석, 토지의 이용, 개발, 행정, 다목적 지적 등 토지 관련 문제해결을 위한 정보시스템
- 지적 등 토지 관련 재산권 정보의 효율적 관리를 위해 필지 단위로 지적공부를 전산화한 시스템

51. 지적전산자료에서 사용자권한 등록파일에 등록하는 사용자의 권한에 속하지 않는 것은?
① 사용자등록의 변경 및 삭제
② 개별공시지가 변동의 관리
③ 법인 등록번호의 직권 수정
④ 지적전산자료의 정비

해설 사용자권한 부여 기준
사용자의 신규등록, 사용자등록의 변경 및 삭제, 법인 아닌 사단·재단 등록번호의 업무관리, 법인 아닌 사단·재단 등록번호의 직권 수정, 개별공시지가 변동의 관리, 지적전산코드의 입력·수정 및 삭제, 지적전산코드의 조회, 지적전산자료의 조회, 지적통계의 관리, 토지 관련 정책정보의 관리, 토지이동신청의 접수, 토지이동의 정리, 토지소유자 변경의 관리, 토지등급 및 기준수확량등급 변동의 관리, 지적공부의 열람 및 등본교부의 관리, 일반 지적업무의 관리, 일일마감관리, 지적전산자료의 정비, 개인별토지소유현황의 조회, 비밀번호 변경

52. 공간 Database 자료에 대한 설명으로 틀린 것은?

① Database 자료는 도형자료와 속성자료로 구분된다.
② 도형자료는 점, 선, 면의 형태로 구성된다.
③ 도형자료는 통계자료, 보고서, 관측자료, 범례 등이다.
④ 속성자료는 보통 문자나 숫자로 구성된다.

해설 특성자료는 도형자료와 속성자료로 구분되고, 도형자료는 벡터 자료와 래스터 자료로 구분된다.

53. 중첩의 유형에 해당되지 않는 것은?

① 점과 폴리곤의 중첩
② 선과 점의 중첩
③ 선과 폴리곤의 중첩
④ 폴리곤과 폴리곤의 중첩

해설 중첩의 유형
• 점과 폴리곤(Point-in-polygon)
• 선과 폴리곤(Line-in-polygon)
• 폴리곤과 폴리곤

54. 미국연방정부표준으로 채택되어 공간자료의 교환 표준뿐만 아니라 수치지도의 제작, 관리, 유통 등에 이르는 광범위한 기능과 역할을 담당하며, 호주, 뉴질랜드, 한국 등의 국가에서도 채택하고 있는 교환표준은?

① DIGEST(Digital Geographic Exchange Standard)
② MIF(Map info Interchange Format)
③ SDTS(Spatial Data Transfer Standard)
④ NTF(Neutral Transfer Format)

해설 데이터 교환 표준
• DIGEST : 국방분야의 지리정보 데이터 교환 표준으로 미국을 비롯한 주요 나토 국가들이 채택
• NTF : 영국의 국가 지도 제작 기관인 Ordnance Survey와 민간부문의 공동으로 개발한 지리정보의 교환을 위한 표준
• GDF(Graphic Data File) : 유럽 교통 관련 표준, 도로 데이터베이스와 교환 정의와 관련한 표준화

55. 데이터의 이력서라 불리며, 수록된 데이터의 내용, 품질, 조건 및 특징을 저장한 데이터를 무엇이라 하는가?

① 그리드 데이터
② 벡터 데이터
③ 영상 데이터
④ 메타 데이터

해설 메타 데이터는 데이터에 대한 정보로서 데이터의 내용, 품질, 조건 및 기타 특성에 대한 정보를 포함하는 정보의 이력서, 즉 데이터의 이력서라 할 수 있다.

56. 디지타이징할 경우 장점에 해당되지 않는 것은?

① 내용이 다소 불분명한 도면이라도 입력이 가능하다.
② 불필요한 도형, 주기는 입력하지 않을 수 있다.
③ 레이어별로 나누어 입력할 수 있다.
④ 작업자의 개인차에 따라 속도와 정확도 등에 영향을 받지 않는다.

해설 디지타이징
- 디지타이저라는 판 위에 도면을 올리고 컴퓨터와 연결된 마우스를 이용하여 필요한 주제(도로, 하천 등)의 형태를 컴퓨터에 입력시키는 것이다.
- 디지타이징은 스캐닝과 비교하여 자동의 보관상태가 좋지 않는 경우에도 입력이 가능하며 결과물은 벡터 구조를 갖는다.
- 디지타이징의 효율성은 작업자의 숙련도와 사용되는 소프트웨어의 성능에 크게 좌우된다.

57. GIS에서의 적용분야에 따른 명칭 약어의 해설로서 옳지 안은 것은?

① LIS : 토지 및 지적 관련 정보관리
② UIS : 도시 관련 정보관리
③ TIS : 교통 관련 정보관리
④ BIL : 기상 관련 정보관리

해설
- 토지관리정보체계(LIS : Land Information System)
- 도시정보체계(UIS : Urban Information System)
- 교통정보체계(TIS : Transportation Information System)
- 기상정보체계(MIS : Combined Meteorological Information System)

58. 다목적 지적의 3대 구성요소가 아닌 것은?

① 측지기준망
② 기본도
③ 필지식별자
④ 지적중첩도

해설 다목적 지적의 3대 구성요소 : 측지기준망, 기본도, 지적중첩도

Answer 55. ④ 56. ④ 57. ④ 58. ③

59. 다음 중 토지정보시스템의 자료를 입력할 때 공간데이터로 취급하는 것은?
① 필지의 소유자
② 지번
③ 필지의 소재지
④ 경계점의 좌표

해설 경계점의 좌표를 이용하여 필지의 경계(공간, 토지형태)를 나타낸다.

60. 데이터베이스의 장점과 관계가 가장 먼 것은?
① 데이터 처리속도의 증가
② 방대한 종이 자료의 간소화
③ 정확한 최신정보 이용
④ 구축비용의 저렴성

해설 데이터베이스의 장점
- 통제의 집중화를 이룰 수 있음
- 자료의 효율적인 관리(분리)가 가능함
- 자료의 독립성이 유지됨
- 자료의 중복을 방지할 수 있음

04 지적학

61. 다음 중 토지의 사정(査定)에 대한 설명으로 가장 옳은 것은?
① 소유자와 강계를 확정하는 행정처분이다.
② 소유자가 강계를 결정하는 사법처분이다.
③ 소유권에 불복하여 신청하는 소송 행위였다.
④ 경계와 면적을 결정하는 지적조사 행위였다.

해설 사정이란 토지조사부와 지적도에 의하여 토지의 소유자 및 그 강계를 확정하는 행정처분으로서 토지 소사국장이 시방토지소사위원회의 사문을 받아 실시하였으며, 원시취득의 효력이 있다.

62. 조선시대 양전의 개혁을 주장한 학자가 아닌 사람은?
① 이기
② 김응원
③ 서유구
④ 정약용

해설 양전개정론의 개념
1. 양전개정론의 대두 배경
   - 19세기 전후 과세 평준을 위한 양전법 개정의 주장이 이익, 정약용, 서유구, 이기 등의 실학자들에서 대두
   - 이들은 결부제를 폐지하고 경무법으로 개정해야 하며, 객관적인 새로운 방량법으로 양전법을 개정해야 한다고 주장

Answer 59. ④ 60. ④ 61. ① 62. ②

2. 양전개정론 학자와 저서
   - 정약용의 「목민심서(牧民心書)」
   - 서유구의 「의상경계책(擬上經界策)」
   - 이기의 「해학유사(海鶴遺事)」

63. 지적의 3요소와 가장 거리가 먼 것은?

① 공부 ② 등기 ③ 등록 ④ 토지

해설 지적의 3대 구성요소(내부요소)
1. 광의적 개념
   - 소유자(Person) : 토지를 소유할 수 있는 권리의 주체로서 소유권 및 기타 권리를 갖는 자를 말하며 자연인, 법인, 사단, 재단, 종중, 지방자치단체, 국가 등이 포함
   - 권리(Right) : 토지를 소유할 수 있는 법적 권리로서 토지의 사용, 수익, 처분이 가능한 토지의 소유권과 저당권, 지역권, 지상권, 임차권 등의 기타 권리
   - 필지(Parcel) : 법적으로 물권이 미치는 권리의 객체인 필지는 토지의 등록단위, 소유단위, 이용단위가 됨
2. 협의적 개념
   - 토지 : 지적제도는 토지를 대상으로 성립하고 일필지로 등록하며 그 대상과 범위는 국토의 개념과 같음
   - 등록 : 토지의 물권을 객체화하기 위해 일정한 기준의 등록단위를 정해 일정사항(토지소재, 지번, 지목, 경계, 면적 등)을 등록하는 법률행위로서 모든 토지는 공부에 등록함으로써 법률적인 효력이 발생함
   - 공부 : 공부는 토지를 구획하여 일정사항을 기록한 공적장부로서 그 형식과 규격을 법으로 정하며, 국가는 항상 이를 일정한 장소에 비치하여 국민이 활용할 수 있도록 함

64. 토렌스 시스템(Torrens System)이 창안된 국가는?

① 영국 ② 프랑스
③ 네덜란드 ④ 오스트레일리아

해설 토렌스 시스템의 개념
- 토렌스 시스템은 적극적 등록제도의 발전된 형태로서 오스트레일리아의 Robert Torrens 경에 의하여 창안
- 토지의 권원을 등록함으로써 토지등록의 완전성을 추구하고 선의의 제3자를 완벽하게 보호하는 것을 목표로 함
- 법률적으로 토지의 권리를 확인하는 대신 토지의 권원(Title)을 등록하는 제도

65. 근대적 세지적의 완성과 소유권제도의 확립을 위한 지적제도 성립의 전환점으로 평가되는 역사적인 사건은?

① 솔리만 1세의 오스만제국 토지법 시행
② 윌리암 1세의 영국 둠즈데이 측량 시행
③ 나폴레옹 1세의 프랑스 토지관리법 시행
④ 디오클레시안 황제의 로마제국 토지 측량 시행

Answer 63. ② 64. ④ 65. ③

해설 프랑스의 지적제도는 1807년에 제정된 나폴레옹 지적법(Napoleonien Cadastre Act)에 따라 1808~1850년까지 군인과 측량사를 동원하여 전국에 걸쳐 실시한 지적측량 성과에 의하여 완성되었으며, 토지에 대한 공평한 과세와 소유권에 관한 분쟁을 해결하기 위하여 창설되었고, 근대적 지적제도의 효시로서 둠즈데이북 등과 세지적의 근거가 되고 있다.

66. 다음 중 지적제도의 분류방법이 다른 하나는?

① 세지적 ② 법지적
③ 수치지적 ④ 다목적지적

해설 지적제도의 분류
1. 발전과정에 따른 분류
   - 세지적 : 농경시대에 개발된 최초의 지적제도로서 과세지적이라 하며, 면적본위로 운영
   - 법지적 : 산업화시대에 개발된 제도로서 소유권지적이라 하며, 위치본위로 운영
   - 다목적지적 : 컴퓨터를 활용하여 토지에 관한 다양하고 많은 자료관리와 신속·정확한 공급이 가능한 제도로서 종합지적 또는 통합지적이라 함
2. 표시방법(측량방법)에 따른 분류
   - 도해지적 : 토지경계를 도해적으로 등록하는 제도
   - 수치지적 : 토지경계점을 수학적 좌표(X, Y)로 등록하는 제도
3. 등록대상(등록방법)에 따른 분류
   - 2차원 지적 : 토지의 수평면상 투영만을 가상하여 경계를 등록·공시하는 제도로서 평면지적이라 함
   - 3차원 지적 : 토지의 지표, 지하, 공중에 형성되는 선·면·높이를 등록·관리하는 제도로서 입체지적이라 함

67. 토지등록제도에 있어서 권리의 객체로서 모든 토지를 반드시 특정적이면서도 단순하고 명확한 방법에 의하여 인식될 수 있도록 개별화함을 의미하는 토지등록원칙은?

① 공신의 원칙 ② 등록의 원칙
③ 신청의 원칙 ④ 특정화의 원칙

해설 토지등록의 원칙
1. 종류
   - 등록의 원칙(登錄의 原則)
   - 신청의 원칙(申請의 原則)
   - 특정화의 원칙(特定化의 原則)
   - 국정주의 및 직권주의(國定主義 및 職權主義)
   - 공시의 원칙 및 공개주의(公示의 原則, 公開主義)
   - 공신의 원칙(公信의 原則)
2. 특정화의 원칙(特定化의 原則)
   - 권리객체로서의 모든 토지는 반드시 특정적이고 단순하며 명확한 방법에 의하여 인식할 수 있도록 개별화하여야 한다는 원칙
   - 지번, 경계, 소유자 등의 요소를 사용하여 토지를 특정화할 수 있으며, 특히 지번은 토지 관련 자료의 식별인자가 됨

Answer 66. ③ 67. ④

68. 1916년부터 1924년까지 실시한 임야조사사업에서 사정한 임야의 구획선은?

① 강계선(疆界線) ② 경계선(境界線)
③ 지계선(地界線) ④ 지역선(地域線)

해설 토지조사사업 및 임야조사사업 당시 경계선의 구분
- 강계선 : 사정선으로서, 토지조사사업 당시 확정된 소유자가 다른 토지 간의 경계선이며 강계선의 상대는 소유자와 지목이 다르다는 원칙이 성립
- 지역선 : 소유자가 같은 토지와의 구획선 또는 소유자를 알 수 없는 토지와의 구획선 및 토지조사사업의 시행지와 미시행지의 지계선
- 경계선 : 임야조사사업 시의 사정선

69. 일필지의 경계와 위치를 정확하게 등록하고 소유권의 한계를 밝히기 위한 지적제도는?

① 법지적 ② 세지적
③ 유사지적 ④ 다목적지적

해설 발전과정에 따른 지적의 분류
1. 세지적(Fiscal Cadastre)
   - 국가재정에 필요한 세금의 징수를 주목적으로 하는 제도이며 과세지적이라 함
   - 국가재정이 토지세에 의존하던 농경시대에 개발된 최초의 지적제도
   - 필지별 세액 산정을 위해 면적본위로 운영
2. 경제지적(Economic Cadastre)
   - 도시계획이나 농지개량사업의 기초가 되는 지적제도로서 유사지적이라고도 함
   - 지형과 지물에 특히 중점을 두고 오히려 지적의 생명이라 할 수 있는 일필지의 경계에는 그다지 신경쓰지 않는 특징이 있음
3. 법지적(Legal Cadastre)
   - 토지거래의 안전과 소유권보호를 주목적으로 하는 제도로서 소유권지적이라며, 지적의 개념이 토지소유권 보호를 위한 기능으로 변화됨을 의미
   - 토지이용의 다양성과 상품성이 강조된 산업화시대(17세기 유럽)에 개발된 제도
   - 소유권의 한계설정과 경계복원의 가능성이 강조되고 위치본위로 운영
4. 환경지적(Environmental Cadastre)
   - 환경지적은 자료에 대한 지역적 Basis를 제공하는 필지와 더불어 자연적·인공적인 환경의 모든 속성을 포함하는 데이터베이스
   - 인공현상으로는 물리적 구조, 토지의 자연형상으로는 수로, 초목, 토양 등이 있음
   - 최근에는 다목적지적의 출현으로 환경지적이 무시되는 경향이 있음
5. 다목적지적(Multi-Purpose Cadastre)
   - 다목적지적은 토지이용의 효율화를 위해 토지에 대한 모든 관련 자료를 일필지를 기초로 집적 관리하고 공급하는 제도로서 토지관련정보의 종합적인 기록유지와 공급의 종합토지정보시스템
   - 토지에 관한 등록자료의 용도가 다양화함에 따라 더 많은 자료의 관리와 이를 신속하고 정확하게 공급하기 위한 제도
   - 토지 관련 각종 등록자료의 관리 및 공급으로 토지이용의 효율성을 추구하는 제도
   - 종합지적 또는 통합지적이라 함

70. 지번의 역할 및 기능으로 가장 거리가 먼 것은?
① 토지 용도의 식별
② 토지 위치의 추측
③ 토지의 특정성 보장
④ 토지의 필지별 개별화

해설 지번의 역할과 기능
1. 역할
   • 장소의 기준
   • 물권표시의 기준
   • 공간계획의 기준
2. 기능
   • 토지의 고정화
   • 토지의 특정화
   • 토지의 개별화
   • 토지위치의 확인
   • 토지이용의 편리성
   • 토지관계 자료의 연결매체 기능

※ 토지 용도의 식별은 지목과 관련이 있다.

71. 다음 중 도곽선의 역할로 가장 거리가 먼 것은?
① 기초점 전개의 기준
② 지적 원점 결정의 기준
③ 도면 신축량 측정의 기준
④ 인접 도면과 접합의 기준

해설 도곽선
1. 개념 : 도곽선(圖廓繕)은 평면직각좌표의 원점으로부터 기산(起算)하여 1도엽의 크기를 축척별로 다르게 나누어 구획한 선으로서 도곽 내 모든 토지의 위치를 결정하는 기준선이다.
2. 역할
   • 인접 도면과의 접합 기준선
   • 도북방위선의 표시
   • 기초점 전개의 기준선
   • 도면 신축량 측정의 기준선으로서 거리 및 면적 보정
   • 측량결과도와 실지와의 부합 여부 확인 기준

72. 우리나라 임야조사사업 당시의 재결기관으로 옳은 것은?
① 도지사
② 임야조사위원회
③ 고등토지조사위원회
④ 세부측량검사위원회

해설 임야조사사업 당시의 재결기관은 임야조사위원회이다.

Answer 70. ① 71. ② 72. ②

<토지조사사업과 임야조사사업의 사정(査定)사항 비교>

구분	토지조사사업	임야조사사업
사정권자	임시토지조사국장	도지사
사정기관	–	임야심사위원회
조사 및 측량기관	임시토지조사국	부 또는 면
자문기관	지방토지조사위원회	–
재결기관	고등토지조사위원회	임야조사위원회

73. 다음 중 개별 토지를 중심으로 등록부를 편성하는 토지대장의 편성방법은?

① 물적 편성주의
② 인적 편성주의
③ 연대적 편성주의
④ 물적·인적 편성주의

해설 토지등록부와 물적 편성주의
1. 토지등록부의 개념
   - 토지소관청이 작성·비치하는 공부
   - 토지의 소재, 지번, 지목, 면적, 소유자 주소·성명 등을 기재한 장부
   - 국가별 특성에 따라 여러 가지 편성방법을 사용함
2. 토지등록부의 유형
   - 물적 편성주의 : 토지 중심으로 대장 작성
   - 인적 편성주의 : 소유자 중심으로 대장 작성
   - 연대적 편성주의 : 신청순서에 따라 작성
   - 물적·인적 편성주의 : 물적 편성주의에 인적 편성주의 가미
3. 물적 편성주의
   - 개별 토지를 중심으로 등록부를 편성
   - 지번순서에 따라 등록
   - 가장 우수하고 합리적이며, 많이 쓰임
   - 장점 : 토지이용, 관리, 개발 측면에 편리
   - 단점 : 소유자별 파악이 곤란

74. 다음 중 토렌스 시스템의 기본이론에 해당되지 않는 것은?

① 거울이론
② 보상이론
③ 보험이론
④ 커튼이론

해설 토렌스 시스템의 3대 기본원칙
1. 거울이론(Mirror Principle) : 토지권리증서의 등록은 토지거래의 사실을 이론의 여지없이 완벽하게 반영하는 거울과 같다는 이론
2. 커튼이론(Curtain Principle) : 토렌스제도에 의해 한 번 권리증명서가 발급되면 당해 토지에 대한 이전의 모든 이해관계는 무효가 되며 현재의 소유권을 되돌아 볼 필요가 없다는 것
3. 보험이론(Insurance Principle) : 권원증명서에 등기된 모든 정보는 정부에 의하여 보장된다는 원리로서, 토지등록이 토지의 권리를 아주 정확하게 반영한 것이나 인간의 과실로 인하여 착오가 발생하는 경우에 피해를 입은 사람은 누구나 피해보상에 관한 법률적으로 선의의 제3자와 동등한 입장에 놓여야만 된다는 이론

75. 1910~1918년에 시행한 토지조사사업에서 조사한 내용이 아닌 것은?

① 토지의 지질조사 ② 토지의 가격조사
③ 토지의 소유권조사 ④ 토지의 외모(外貌)조사

해설 토지조사사업의 내용
- 지적제도와 부동산등기제도의 확립을 위한 토지의 소유권조사
- 지세제도의 확립 위한 토지의 가격조사
- 국토의 지리를 밝히는 토지의 외모조사

76. 우리나라에서 사용되는 지번부여방법이 아닌 것은?

① 기우식 ② 단지식 ③ 사행식 ④ 순차식

해설 지번부여방법의 종류
- 진행방향에 따른 분류 : 사행식, 기우식, 단지식
- 부여단위에 따른 분류 : 지역단위법, 도엽단위, 단지단위법
- 기번위치에 따른 분류 : 북동기번법, 북서기번법

77. 토지를 등록하는 지적공부의 체계인 토지대장 등록지와 임야대장 등록지를 하게 된 직접적인 원인은?

① 등록정보 구분 ② 조사사업의 상이
③ 토지과세 구분 ④ 토지이용도 구분

해설 우리나라의 지적제도는 토지조사사업(1910~1918년)에 의해 작성된 토지대장·지적도 및 임야조사사업(1916~1924년)에 의해 작성된 임야대장·임야도를 중심으로 운영되고 있다.

78. 토지가옥의 매매계약이 성립되기 위하여 매수인과 매도인 쌍방의 합의 외에 대가의 수수목적물의 인도 시에 서면으로 작성한 계서는?

① 문기 ② 양전
③ 입안 ④ 전안

해설
- 문기 : 조선시대에 토지 및 가옥을 매수 또는 매도할 때 작성한 매매 계약서를 말하며 '명문 문권'이라고도 함
- 양안 : 고려시대부터 시작되어 조선시대를 거쳐 일제시대의 토지조사사업 전까지 양전에 의해 작성된 토지기록부 또는 토지대장
- 입안 : 토지가옥의 매매를 증명하는 제도이며 등기권리증과 같은 효력이 있음
- 전안 : 양안의 다른 이름
※ 양전 : 신라시대부터 조선시대에 걸쳐 대한제국시대까지 세금의 징수를 목적으로 실시된 지적측량

Answer 75. ① 76. ④ 77. ② 78. ①

79. 토지조사사업 시 사정한 소유자에 불복하여 사정내용과 다르게 고등토지조사위원회의 재결을 받은 경우 그 소유자의 효력 발생시기는?

① 사정일로 소급
② 재결일
③ 재결서 접수일
④ 재결 확정일

해설 사정의 절차 및 효력
1. 절차
   - 사정은 30일간 공시
   - 불복하는 자는 공시기간 만료 후 60일 이내에 고등토지조사위원회(高等土地調査委員會)에 이의를 제기하여 재결을 요청할 수 있도록 함
2. 효력
   - 토지조사령은 "토지소유자의 권리는 사정의 확정 또는 재결에 의하여 확정한다."라고 규정
   - 사정은 원시취득의 효력을 가짐
   - 재결 시 효력 발생일을 사정일로 소급

80. 지적에 관련된 행정조직으로 중앙에 주부(主簿)라는 직책을 두어 전부(田簿)에 관한 사항을 관장하게 하고 토지측량을 단위로 경무법을 사용한 국가는?

① 백제
② 신라
③ 고구려
④ 고려

해설 삼국시대의 토지제도

구 분	고구려	백제	신라
길이단위	척(尺)	척(尺)	척(尺)
면적단위	경무법	두락제, 결부제	결부제
지적도면	봉역도, 요동성총도	도적	방전, 직전, 제전, 규전, 구고전, 원전, 호전, 환전
측량방법	구장산술	구장산술	구장산술
지적사무 담당	• 사자(使者) • 주부(主簿) : 면적측정	• 내두좌평(內頭佐平) • 산학박사 : 지적·측량 담당 • 산사(算師) : 측량 시행 • 화사(畫師) : 도면 작성	• 조부(調部) : 토지 세수 파악 • 산학박사 : 토지측량 및 면적측정

05 지적관계법규

81. 다음 중 1년 이하의 징역 또는 1천만 원 이하의 벌금에 처하는 경우는?
① 고의로 측량성과를 다르게 한 자
② 정당한 사유 없이 측량을 방해한 자
③ 지적측량수수료 외의 대가를 받은 지적측량기술자
④ 본인 또는 배우자가 소유한 토지에 대한 지적측량을 한 자

해설 1. 1년 이하의 징역 또는 1천만 원 이하의 벌금
  • 무단으로 측량성과 또는 측량기록을 복제한 자
  • 측량기술자가 아님에도 불구하고 측량을 한 자
  • 업무상 알게 된 비밀을 누설한 측량기술자
  • 둘 이상의 측량업자에게 소속된 측량기술자
  • 다른 사람에게 측량업등록증 또는 측량업등록 수첩을 빌려주거나 자기의 성명 또는 상호를 사용하여 측량업무를 하게 한 자
  • 다른 사람의 측량업등록증 또는 측량업등록 수첩을 빌려서 사용하거나 다른 사람의 성명 또는 상호를 사용하여 측량업무를 한 자
  • 지적측량수수료 외의 대가를 받은 지적측량기술자
  • 거짓으로 다음 각 목의 신청을 한 자
    - 신규등록 신청   - 등록전환 신청
    - 분할 신청   - 합병 신청
    - 지목변경 신청   - 바다로 된 토지의 등록말소 신청
    - 축척변경 신청   - 등록사항의 정정 신청
    - 도시개발사업 등 시행지역의 토지이동 신청
  • 다른 사람에게 자기의 성능검사대행자 등록증을 빌려주거나 자기의 성명 또는 상호를 사용하여 성능검사대행업무를 수행하게 한 자
  • 다른 사람의 성능검사대행자 등록증을 빌려서 사용하거나 다른 사람의 성명 또는 상호를 사용하여 성능검사대행업무를 수행한 자
 2. 3년 이하의 징역 또는 3천만 원 이하의 벌금
   측량업자로서 속임수, 위력, 그 밖의 방법으로 측량업과 관련된 입찰의 공정성을 해친 자
 3. 2년 이하의 징역 또는 2천만 원 이하의 벌금
  • 측량기준점 표지를 이전 또는 파손하거나 그 효용을 해치는 행위를 한 자
  • 고의로 측량성과를 사실과 다르게 한 자
  • 측량업의 등록을 하지 아니하거나 거짓이나 그 밖의 부정한 방법으로 측량업의 등록을 하고 측량업을 한 자
  • 성능검사를 부정하게 한 성능검사대행자
  • 성능검사대행자의 등록을 하지 아니하거나 거짓이나 그 밖의 부정한 방법으로 성능검사대행자의 등록을 하고 성능검사업무를 한 자

Answer 81. ③

4. 과태료
   ① 부과금액 : 300만 원 이하의 과태료를 부과
   ② 과태료 부과 대상
   • 정당한 사유 없이 측량을 방해한 자
   • 거짓으로 측량기술자의 신고를 한 자
   • 측량업 등록사항의 변경신고를 하지 아니한 자
   • 측량업자의 지위 승계 신고를 하지 아니한 자
   • 측량업의 휴업·폐업 등의 신고를 하지 아니하거나 거짓으로 신고한 자
   • 본인, 배우자 또는 직계 존속·비속이 소유한 토지에 대한 지적측량을 한 자
   • 측량기기에 대한 성능검사를 받지 아니하거나 부정한 방법으로 성능검사를 받은 자
   • 성능검사대행자의 등록사항 변경을 신고하지 아니한 자
   • 성능검사대행업무의 폐업신고를 하지 아니한 자
   • 정당한 사유 없이 보고를 하지 아니하거나 거짓으로 보고를 한 자
   • 정당한 사유 없이 조사를 거부·방해 또는 기피한 자
   • 토지 등에의 출입 등을 방해하거나 거부한 자

82. 토지이동과 관련하여 지적공부에 등록하는 시기로 옳은 것은?

① 신규등록 – 공유수면 매립 인가일
② 축척변경 – 축척변경 확정 공고일
③ 도시개발사업 – 사업의 완료 신고일
④ 지목변경 – 토지형질변경 공사 허가일

해설 토지이동과 관련하여 지적공부에 등록하는 시기
• 신규등록 – 공유수면 매립 준공 일자
• 축척변경 – 축척변경 확정 공고일
• 도시개발사업 – 토지의 형질변경 등의 공사가 준공된 때
• 지목변경 – 토지의 형질변경 등의 공사가 준공된 경우

83. 경계점좌표등록부에 등록된 토지의 면적이 110.55m²로 산출되었다면 토지대장상 결정면적은?

① 110m² ② 110.5m² ③ 111m² ④ 110.6m²

해설 면적의 결정방법
1. 면적의 단위 : 제곱미터(m²)
2. 오사오입의 원칙
   • 경계점좌표등록부에 등록하는 지역 및 축척 1/600 지역 : 0.05m² 초과는 올리고, 미만은 버리며, 0.05m²인 경우에는 홀수만 올림
   • 축척 1/1000~1/6000 지역 : 0.5m² 초과는 올리고, 미만은 버리며, 0.5m²인 경우에는 홀수만 올림
3. 면적의 최소등록단위
   • 축척 1/500~1/600, 경계점좌표등록부에 등록하는 지역 : 0.1m²
   • 축척 1/1,000~1/6,000 지역 : 1m²

84. 축척변경위원회의 구성에 관한 설명으로 옳은 것은?

① 위원장은 위원 중에서 선출한다.
② 10명 이상 15명 이하의 위원으로 구성한다.
③ 위원의 3분의 1 이상을 토지소유자로 하여야 한다.
④ 토지소유자가 5명 이하일 때에는 토지소유자 전원을 위원으로 위촉하여야 한다.

해설 축척변경위원회
1. 구성
   - 축척변경위원회는 5명 이상 10명 이하의 위원으로 구성하되, 위원의 2분의 1 이상을 토지소유자로 하여야 함. 이 경우 그 축척변경 시행지역의 토지소유자가 5명 이하일 때에는 토지소유자 전원을 위원으로 위촉
   - 위원장은 위원 중에서 지적소관청이 지명
   - 위원은 다음 각 호의 사람 중에서 지적소관청이 위촉
     - 해당 축척변경 시행지역의 토지소유자로서 지역 사정에 정통한 사람
     - 지적에 관하여 전문지식을 가진 사람
   - 축척변경위원회의 위원에게는 예산의 범위에서 출석 수당과 여비, 그 밖의 실비를 지급
2. 기능
   - 축척변경 시행계획에 관한 사항
   - 지번별 제곱미터당 금액의 결정과 청산금의 산정에 관한 사항
   - 청산금의 이의신청에 관한 사항
   - 그 밖에 축척변경과 관련하여 지적소관청이 회의에 부치는 사항

85. 지목을 등록할 때 유원지로 설정하는 지목은?

① 경마장　　② 남한산성　　③ 장충체육관　　④ 올림픽 컨트리클럽

해설
1. 유원지
   - 일반 공중의 위락·휴양 등에 적합한 시설물을 종합적으로 갖춘 수영장·유선장·낚시터·어린이 놀이터·동물원·식물원·민속촌·경마장 등의 토지와 이에 접속된 부속 시설물의 부지
   - 이들 시설과의 거리 등으로 보아 독립적인 것으로 인정되는 숙식시설 및 유기장의 부지와 하천·구거 또는 유지로 분류되는 것은 제외
2. 사적지
   - 문화재로 지정된 역사적인 유적·고적·기념물 등을 보존하기 위하여 구획된 토지
   - 학교용지·공원·종교용지 등 다른 지목으로 된 토지에 있는 유적·고적·기념물 등을 보호하기 위하여 구획된 토지는 제외
3. 체육용지
   - 국민의 건강증진 등을 위한 체육활동에 적합한 시설과 형태를 갖춘 종합운동장·실내체육관·야구장·골프장·스키장·승마장·경륜장 등 체육시설의 토지와 이에 접속된 부속 시설물의 부지
   - 체육시설로서의 영속성과 독립성이 미흡한 정구장·골프연습장·실내수영장 및 체육도장, 유수를 이용한 요트장 및 카누장, 산림 안의 야영장 등의 토지는 제외

※ 남한산성의 지목은 사적지이고, 장충체육관, 올림픽 컨트리클럽(골프장) 지목은 체육용지이다.

Answer　84. ④　85. ①

86. 지적측량수행자가 손해배상책임을 보장하기 위하여 보증보험에 가입하여 보증설정을 하여야 할 금액의 기준으로 옳은 것은?

① 지적측량업자 : 3천만 원 이상
② 지적측량업자 : 5천만 원 이상
③ 한국국토정보공사 : 20억 원 이상
④ 한국국토정보공사 : 10억 원 이상

해설 지적측량수행자가 가입하여 보증설정을 하여야 하는 보증보험 가입금액
- 지적측량업자 : 보장기간이 10년 이상이고 보증금액이 1억 원 이상인 보증보험
- 한국국토정보공사 : 보증금액이 20억 원 이상인 보증보험

87. 과수원으로 이용되고 있는 1,000m² 면적의 토지에 지목이 대(垈)인 30m² 면적의 토지가 포함되어 있을 경우 필지의 결정방법으로 옳은 것은?(단, 토지의 소유자는 동일하다.)

① 1필지로 하거나 필지를 달리하여도 무방하다.
② 종된 용도의 토지의 지목이 대(垈)이므로 1필지로 할 수 없다.
③ 지목이 대(垈)인 토지의 지가가 더 높으므로 전체를 1필지로 한다.
④ 종된 용도의 토지 면적이 주된 용도의 토지 면적의 10% 미만이므로 전체를 1필지로 한다.

해설 1필지
1. 1필지로 정할 수 있는 기준 : 지번부여지역의 토지로서 소유자와 용도가 같고 지반이 연속된 토지
2. 양입지
   - 주된 용도의 토지의 편의를 위하여 설치된 도로 · 구거 등의 부지
   - 주된 용도의 토지에 접속되거나 주된 용도의 토지로 둘러싸인 토지로서 다른 용도로 사용되고 있는 토지
3. 양입지로 정할 수 없는 토지
   - 종된 용도의 토지의 지목이 대인 경우
   - 종된 용도의 토지 면적이 주된 용도의 토지면적의 10퍼센트를 초과하는 경우
   - 종된 토지의 면적이 330제곱미터를 초과하는 경우

88. 다음 중 지목변경 없이 등록전환을 신청할 수 있는 경우가 아닌 것은?

① 산지관리법에 따라 토지의 형질이 변경되는 경우
② 도시 · 군관리계획선에 따라 토지를 분할하는 경우
③ 임야도에 등록된 토지가 사실상 형질변경되었으나 지목변경을 할 수 없는 경우
④ 대부분의 토지가 등록전환되어 나머지 토지를 임야도에 계속 존치하는 것이 불합리한 경우

해설 등록전환 신청
1. 등록전환을 신청할 수 있는 토지는 「산지관리법」, 「건축법」 등 관계 법령에 따른 토지의 형질변경 또는 건축물의 사용승인 등으로 인하여 지목을 변경하여야 할 토지로 한다.
2. 지목변경 없이 등록전환을 신청할 수 있는 경우
   - 대부분의 토지가 등록전환되어 나머지 토지를 임야도에 계속 존치하는 것이 불합리한 경우
   - 임야도에 등록된 토지가 사실상 형질변경되었으나 지목변경을 할 수 없는 경우
   - 도시 · 군관리계획선에 따라 토지를 분할하는 경우
3. 토지소유자는 등록전환을 신청할 때에는 등록전환 사유를 적은 신청서에 서류를 첨부하여 지적소관청에 제출하여야 한다.

2021년 시행

89. 다음 중 1필지의 경계와 면적을 정하는 지적측량은?

① 공공측량   ② 기초측량   ③ 기본측량   ④ 세부측량

해설
1. 지적측량의 구분
   - 기초측량 : 지적기준점을 정하기 위한 측량
   - 세부측량 : 1필지의 경계와 면적을 정하는 측량
2. 지적측량의 방법
   평판측량, 전자평판측량, 경위의측량, 전파기 또는 광파기측량, 사진측량 및 위성측량 등의 방법이 있음

90. 측량업자가 보유한 측량기기의 성능검사주기 기준이 옳은 것은?(단, 한국국토정보공사의 경우는 고려하지 않는다.)

① 거리측정기 : 3년
② 토털스테이션 : 2년
③ 트랜싯(데오드라이트) : 2년
④ 지피에스(GPS) 수신기 : 1년

해설 성능검사의 대상 및 주기
- 트랜싯(데오드라이트) : 3년
- 레벨 : 3년
- 거리측정기 : 3년
- 토털스테이션 : 3년
- 지피에스(GPS) 수신기 : 3년
- 금속관로 탐지기 : 3년

91. 지적소관청이 축척변경을 할 때 축척변경 승인신청서에 첨부하는 서류가 아닌 것은?

① 축척변경의 사유
② 지번 등 명세
③ 토지대장 사본
④ 토지소유자의 동의서

해설 축척변경 절차
1. 신청 : 축척변경을 신청하는 토지소유자는 축척변경 사유를 적은 신청서에 토지소유자 3분의 2 이상의 동의서를 첨부하여 지적소관청에 제출하여야 한다.
2. 승인신청
   - 지적소관청은 축척변경을 하려는 때에는 축척변경 사유를 기재한 승인신청서에 다음의 서류를 첨부해서 시·도지사 또는 대도시 시장에게 제출하여야 한다.
     - 축척변경의 사유
     - 지번 등 명세
     - 토지소유자의 동의서
     - 축척변경위원회의 의결서 사본
     - 그 밖에 축척변경 승인을 위하여 시·도지사 또는 대도시 시장이 필요하다고 인정하는 서류
   - 신청을 받은 시·도지사 또는 대도시 시장은 축척변경 사유 등을 심사한 후 그 승인 여부를 지적소관청에 통지하여야 한다.

Answer   89. ④   90. ①   91. ③

92. 공간정보의 구축 및 관리 등에 관한 법령상 지적측량의뢰인이 손해배상금으로 보험금을 지급받고자 하는 경우의 첨부서류에 해당되는 것은?

① 공정증서　② 인낙조서　③ 조정조서　④ 화해조서

해설 손해배상금으로 보험금을 지급받고자 하는 경우의 첨부서류
- 지적측량의뢰인과 지적측량수행자 간의 손해배상합의서 또는 화해조서
- 확정된 법원의 판결문 사본
- 제1호 또는 제2호에 준하는 효력이 있는 서류

93. 다음 중 지적측량업자의 업무 범위에 속하지 않는 것은?

① 지적측량성과 검사를 위한 지적측량
② 사업지구에서 실시하는 지적재조사측량
③ 경계점좌표등록부가 있는 지역에서의 지적측량
④ 도시개발사업 등이 끝남에 따라 하는 지적확정측량

해설 지적측량업자의 업무 범위
- 경계점좌표등록부가 있는 지역에서의 지적측량
- 지적재조사사업에 따라 실시하는 지적재조사측량
- 도시개발사업 등이 끝남에 따라 하는 지적확정측량
- 지적전산자료를 활용한 정보화사업

94. 새로 조성된 토지와 지적공부에 등록되어 있지 아니한 토지를 지적공부에 등록하는 것은?

① 등록전환　② 지목변경　③ 신규등록　④ 축척변경

해설
- 등록전환 : 임야대장 및 임야도에 등록된 토지를 토지대장 및 지적도에 옮겨 등록하는 것
- 지목변경 : 지적공부에 등록된 지목을 다른 지목으로 바꾸어 등록하는 것
- 신규등록 : 새로 조성된 토지와 지적공부에 등록되어 있지 아니한 토지를 지적공부에 등록하는 것
- 축척변경 : 지적도에 등록된 경계점의 정밀도를 높이기 위하여 작은 축척을 큰 축척으로 변경하여 등록하는 것

95. 지적재조사에 관한 특별법령상 사업지구의 경미한 변경에 해당하는 사항으로 옳지 않은 것은?

① 사업지구 명칭의 변경
② 1년 이내 범위에서의 지적재조사사업 기간의 조정
③ 지적재조사사업 총 사업비의 처음 계획 대비 100분의 20 이내의 증감
④ 지적재조사사업 대상 필지의 100분의 20 이내 및 면적의 100분의 20 이내의 증감

해설 지적재조사사업지구의 경미한 변경
- 사업지구 명칭의 변경
- 1년 이내 범위에서의 지적재조사사업 기간의 조정
- 지적재조사사업 대상필지 또는 면적의 100분의 20 이내의 증감

Answer 92. ④　93. ①　94. ③　95. ③

96. 공간정보의 구축 및 관리 등에 관한 법령상 지적측량수행자의 성실의무에 관한 설명으로 옳지 않은 것은?

① 정당한 사유 없이 지적측량 신청을 거부하여서는 아니 된다.
② 배우자 이외에 직계 존속 비속이 소유한 토지에 대한 지적측량을 할 수 있다.
③ 지적측량수수료 외에는 어떠한 명목으로도 그 업무와 관련된 대가를 받으면 아니 된다.
④ 지적측량수행자는 신의와 성실로 공정하게 지적측량을 하여야 한다.

해설 지적측량수행자의 성실의무
- 지적측량수행자는 신의와 성실로서 공정하게 지적측량을 하여야 하며, 정당한 사유 없이 측량을 거부하여서는 아니 된다.
- 지적측량수행자는 본인, 배우자 또는 직계 존속·비속이 소유한 토지에 대한 지적측량을 하여서는 아니 된다.
- 지적측량수행자는 지적측량수수료 외에는 어떠한 명목으로도 그 업무와 관련된 대가를 받으면 아니 된다.

97. 공간정보의 구축 및 관리 등에 관한 법령상 지적소관청이 해당 토지소유자에게 지적정리 등의 통지를 하여야 하는 경우가 아닌 것은?

① 지적소관청이 지적공부를 복구하는 경우
② 지적소관청이 측량성과를 검사하는 경우
③ 지적소관청이 지번부여지역의 전부 또는 일부에 대하여 지번을 새로 부여한 경우
④ 지적소관청이 직권으로 조사·측량하여 지적공부의 등록사항을 결정하는 경우

해설 지적정리의 통지
1. 직권에 의한 지적정리 통지
   지적소관청이 지적공부에 등록하거나 지적공부를 복구·말소 또는 등기촉탁을 한 때에는 당해 토지소유자에게 통지하여야 한다. 다만, 통지받는 자의 주소 또는 거소를 알 수 없는 때에는 당해 시·군·구의 게시판에 게시하거나 일간신문 또는 시·군·구의 공보에 게재함으로써 소유자에게 통지된 것으로 본다.
2. 지적정리 통지대상
   - 토지소유자의 신청이 없어 지적소관청이 직권으로 조사 또는 측량하여 지번, 지목, 경계 또는 좌표와 면적을 결정할 때
   - 지적소관청이 지번을 변경한 때
   - 지적소관청이 지적공부를 복구한 때
   - 바다로 된 토지의 등록·말소 통지
   - 도시계획사업, 도시개발사업, 농지개량사업 등에 의해 지적공부를 정리했을 때
   - 대위신청에 의해 지적공부를 정리했을 때
   - 행정구역 개편으로 인하여 새로이 지번을 정할 때
   - 지적공부에 등록된 사항에 오류가 있음을 발견하여 지적소관청이 직권으로 등록사항을 정정한 때
   - 토지표시의 변경에 관하여 관할 등기소에 등기를 촉탁한 때

Answer 96. ② 97. ②

98. 성능검사대행자의 등록을 반드시 취소하여야 하는 경우로 옳은 것은?

① 등록기준에 미달하게 된 경우
② 등록사항 변경신고를 하지 아니한 경우
③ 거짓이나 부정한 방법으로 성능검사를 한 경우
④ 정당한 사유 없이 성능검사를 거부하거나 기피한 경우

해설 성능검사대행자의 등록을 반드시 취소하여야 하는 경우
- 거짓이나 그 밖의 부정한 방법으로 등록을 한 경우
- 다른 사람에게 자기의 성능검사대행자 등록증을 빌려 주거나 자기의 성명 또는 상호를 사용하여 성능검사대행업무를 수행하게 한 경우
- 거짓이나 부정한 방법으로 성능검사를 한 경우
- 업무정지기간 중에 계속하여 성능검사대행업무를 한 경우

99. 사업시행자가 토지이동에 관하여 대위신청을 할 수 있는 토지의 지목이 아닌 것은?

① 유지, 제방   ② 과수원, 유원지   ③ 철도용지, 하천   ④ 수도용지, 학교용지

해설 신청의 대위 대상자
- 공공사업 등에 따라 학교용지·도로·철도용지·제방·하천·구거·유지·수도용지 등의 지목으로 되는 토지인 경우 : 해당 사업의 시행자
- 국가나 지방자치단체가 취득하는 토지인 경우 : 해당 토지를 관리하는 행정기관의 장 또는 지방자치단체의 장
- 「주택법」에 따른 공동주택의 부지인 경우 : 집합건물의 소유 및 관리에 관한 법률에 따른 관리인(관리인이 없는 경우에는 공유자가 선임한 대표자) 또는 해당 사업의 시행자
- 「민법」 제404조에 따른 채권자

100. 지적공부의 등록을 말소시켜야 하는 경우는?

① 대규모 화재로 건물이 전소한 경우
② 토지에 형질변경의 사유가 생길 경우
③ 홍수로 인하여 하천이 범람하여 토지가 매몰된 경우
④ 토지가 지형의 변화 등으로 바다로 된 경우로서 원상회복이 불가능한 경우

해설 바다로 된 토지의 등록말소
1. 의의 : 지적소관청은 지적공부에 등록된 토지가 지형의 변화 등으로 바다로 된 경우에 토지소유자에게 등록말소 신청을 하도록 통지
2. 신청기한 : 신청 통지를 받은 날부터 90일 이내에 지적소관청에 신청
3. 신청대상 : 원상으로 회복될 수 없거나 다른 지목의 토지로 될 가능성이 없는 경우
4. 등록말소 및 회복
   - 토지소유자가 등록말소 신청을 하지 않으면 직권으로 그 지적공부의 등록사항을 말소
   - 회복등록을 하려면 그 지적측량성과 및 등록말소 당시의 지적공부 등 관계자료에 따라 등록
   - 지적공부의 등록사항을 말소하거나 회복등록하였을 때에는 그 정리 결과를 토지소유자 및 해당 공유수면의 관리청에 통지

※ 토지에 형질변경의 사유가 생길 경우에는 지목변경 및 토지분할의 대상이 되며, 토지가 매몰된 경우 경계복원측량의 대상이 됨

2021년 제3회 지적산업기사

01 지적측량

01. 경위의측량방법에 따른 지적삼각점의 관측에서 수평각의 측각공차 중 기지각과의 차에 대한 기준은?

① ±30초 이내
② ±40초 이내
③ ±50초 이내
④ ±60초 이내

해설 지적측량 시행규칙 제11조(지적삼각보조점의 관측 및 계산)

종별	1방향각	1측회의 폐색	삼각형 내각관측의 합과 180도와의 차	기지각과의 차
공차	30초 이내	±30초 이내	±30초 이내	±40초 이내

02. 다음 중 직각좌표의 기준이 되는 직각좌표계 원점에 해당하지 않는 것은?

① 동부좌표계(동경 129° 00′ 북위 38° 00′)
② 중부좌표계(동경 127° 00′ 북위 38° 00′)
③ 서부좌표계(동경 125° 00′ 북위 38° 00′)
④ 남부좌표계(동경 123° 00′ 북위 38° 00′)

해설 직각좌표계 원점에는 서부좌표계, 중부좌표계, 동부좌표계, 동해좌표계가 있다.

03. 정오차에 대한 설명으로 옳지 않은 것은?

① 원인과 상태를 알면 일정한 법칙에 따라 보정할 수 있다.
② 수학적 또는 물리적인 법칙에 따라 일정하게 발생한다.
③ 관측자의 미숙이나 부주의에서 비롯된다.
④ 조건과 상태가 변화하면 그 변화량에 따라 오차의 양도 변화하는 계통적 오차이다.

해설 관측자의 미숙이나 부주의에 비롯된 오차는 부정오차로서 오차의 발생원인과 상태가 일정하지 않아 발견하기도 어렵다.

Answer 01. ② 02. ④ 03. ③

04. 지적기준점측량의 작업순서로 가장 적합한 것은?

① 선점 → 관측 → 조표 → 계산
② 선점 → 계산 → 조표 → 관측
③ 조표 → 선점 → 관측 → 계산
④ 선점 → 조표 → 관측 → 계산

해설 지적측량 시행규칙 제7조(지적측량의 방법 등)
지적기준점측량의 절차는 다음 순서에 따른다.
1. 계획의 수립
2. 준비 및 현지답사
3. 선점(選點) 및 조표(調標)
4. 관측 및 계산과 성과표의 작성

05. 광파기측량방법으로 지적삼각점을 관측할 경우 기계의 표준편차는 얼마 이상이어야 하는가?

① ±(5mm+5ppm) 이상
② ±(3mm+5ppm) 이상
③ ±(5mm+10ppm) 이상
④ ±(3mm+10ppm) 이상

해설 지적측량 시행규칙 제9조(지적삼각점측량의 관측 및 계산)
전파 또는 광파측거기(光波測距機)는 표준편차가 ±[5밀리미터+5피피엠(ppm)] 이상인 정밀측거기를 사용한다.

06. 지적측량에서 망원경을 정·반위로 수평각을 관측하였을 때 산출 평균하여도 소거되지 않는 오차는?

① 편심오차
② 시준축오차
③ 수평축오차
④ 연직축오차

해설
- 정·반관측의 목적은 기계적 결함과 기계 조정의 불완전 등의 오차를 소거하기 위함이다.
- 연직축오차는 정·반관측하여 평균해도 그 오차를 소거할 수 없다.

07. 지적삼각보조점측량에서 2개의 삼각형으로부터 산출한 종선교차가 0.40m, 횡선교차가 0.30m일 때 연결교차는 얼마인가?

① 0.30m ② 0.40m ③ 0.50m ④ 0.60m

해설 지적측량 시행규칙 제11조(지적삼각보조점의 관측 및 계산)
연결교차 = $\sqrt{종선교차^2 + 횡선교차^2} = \sqrt{0.40^2 + 0.30^2} = 0.50m$

08. 지적삼각보조점성과표에 기록·관리하여야 하는 사항에 해당하지 않는 것은?

① 도면번호
② 시준점의 명칭
③ 도선등급 및 도선명
④ 소재지와 측량연월일

해설 지적측량 시행규칙 제4조(지적기준점성과표의 기록·관리 등)
지적기준점성과표에 기록·관리할 사항은 아래 표와 같다.

Answer 04. ④ 05. ① 06. ④ 07. ③ 08. ②

지적삼각점성과표	지적삼각보조점 및 지적도근점성과표
1. 지적삼각점의 명칭과 기준 원점명 2. 좌표 및 표고 3. 경도 및 위도(필요한 경우로 한정한다.) 4. 자오선수차(子午線收差) 5. 시준점(視準點)의 명칭, 방위각 및 거리 6. 소재지와 측량연월일 7. 그 밖의 참고사항	1. 번호 및 위치의 약도 2. 좌표와 직각좌표계 원점명 3. 경도와 위도(필요한 경우로 한정한다.) 4. 표고(필요한 경우로 한정한다.) 5. 소재지와 측량연월일 6. 도선등급 및 도선명 7. 표지의 재질 8. 도면번호 9. 설치기관 10. 조사연월일, 조사자의 직위·성명 및 조사 내용

09. 다음 중 지적도근점을 구성하여야 하는 도선으로 적합하지 않은 것은?

① 결합도선　　② 폐합도선　　③ 개방도선　　④ 왕복도선

해설 지적측량 시행규칙 제12조(지적도근점측량)
지적도근점은 결합도선·폐합도선(廢合道線)·왕복도선 및 다각망도선으로 구성하여야 한다.

10. 측선 AB의 방위가 N 50° E일 때 측선 BC의 방위는?(단, ∠ABC = 120°이다.)

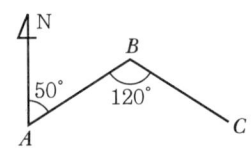

① N 70° E
③ S 70° W
② S 70° E
④ N 60° W

해설
- 방위각 BA = 50° + 180° = 230°
- 방위각 BC = 360° − 120° = 240°
- BC의 방위각 : 50° + 180° + 240° = 470° − 360° = 110°
∴ S 70° E

11. 지상 경계를 결정하고자 할 때의 기준으로 옳지 않은 것은?

① 토지가 수면에 접하는 경우 : 최소만조위가 되는 선
② 연접되는 토지 간에 높낮이 차이가 있는 경우 : 그 구조물 등의 하단부
③ 도로·구거 등의 토지에 절토(切土)된 부분이 있는 경우 : 그 경사면의 상단부
④ 공유수면매립지의 토지 중 제방 등을 토지에 편입하여 등록하는 경우 : 바깥쪽 어깨 부분

해설 공간정보의 구축 및 관리 등에 관한 법률 시행령 제55조(지상경계의 결정기준 등)
1. 연접되는 토지 간에 높낮이 차이가 없는 경우 : 그 구조물 등의 중앙
2. 연접되는 토지 간에 높낮이 차이가 있는 경우 : 그 구조물 등의 하단부
3. 도로·구거 등의 토지에 절토(切土)된 부분이 있는 경우 : 그 경사면의 상단부

Answer　09. ③　10. ②　11. ①

4. 토지가 해면 또는 수면에 접하는 경우 : 최대 만조위 또는 최대만수위가 되는 선
5. 공유수면매립지의 토지 중 제방 등을 토지에 편입하여 등록하는 경우 : 바깥쪽 어깨 부분

12. 도선법에 의하여 지적도근점측량을 하였다. 지형상 부득이한 경우 1도선 점의 수를 최대 몇 점까지 할 수 있는가?

① 20점 ② 30점 ③ 40점 ④ 50점

해설 지적측량 시행규칙 제12조(지적도근점측량)
도선법으로 지적측량을 시행할 경우 1도선의 점의 수는 40점 이하로 한다. 다만, 지형상 부득이 한 경우에는 50점까지로 할 수 있다.

13. 평판측량방법에 따른 세부측량을 도선법으로 하는 경우 도선의 폐색오차를 각 점에 배분하는 방법으로 옳은 것은?

① 변의 길이에 반비례하여 배분한다.
② 변의 순서에 반비례하여 배분한다.
③ 변의 길이에 비례하여 배분한다.
④ 변의 순서에 비례하여 배분한다.

해설 지적측량 시행규칙 제18조(세부측량의 기준 및 방법 등)
변의 수에 반비례하고 변의 순서에 비례한다.

14. 지적도의 축척이 1 : 600인 지역에서 0.7m²인 필지의 지적공부 등록면적은?

① 0m² ② 0.5m² ③ 0.7m² ④ 1m²

해설 공간정보의 구축 및 관리 등에 관한 법률 시행령 제60조(면적의 결정 및 측량계산의 끝수처리)
1. 토지의 면적에 1제곱미터 미만의 끝수가 있는 경우 0.5제곱미터 미만일 때에는 버리고 0.5제곱미터를 초과하는 때에는 올린다.
2. 0.5제곱미터일 때에는 구하려는 끝자리의 숫자가 0 또는 짝수이면 버리고 홀수이면 올린다.
3. 다만, 1필지의 면적이 1제곱미터 미만일 때에는 1제곱미터로 한다.
4. 지적도의 축척이 600분의 1인 지역과 경계점좌표등록부에 등록하는 지역의 토지 면적은 제곱미터 이하 한 자리 단위로 한다.
5. 다만, 0.1제곱미터 미만의 끝수가 있는 경우 0.05제곱미터 미만일 때에는 버리고 0.05제곱미터를 초과할 때에는 올린다.
6. 0.05제곱미터일 때에는 구하려는 끝자리의 숫자가 0 또는 짝수이면 버리고 홀수이면 올린다.
7. 다만, 1필지의 면적이 0.1제곱미터 미만일 때에는 0.1제곱미터로 한다.

15. 경위의측량방법에 따른 세부측량의 관측방법으로 옳지 않은 것은?

① 관측은 교회법에 의한다.
② 연직각은 분단위로 독정한다.
③ 연직각은 정반으로 1회 관측한다.
④ 관측은 20초독 이상의 경위의를 사용한다.

해설 지적측량 시행규칙 제18조(세부측량의 기준 및 방법 등)
경위의측량방법에 따른 세부측량의 관측 및 계산은 다음 각 호의 기준에 따른다.
1. 미리 각 경계점에 표지를 설치하여야 한다. 다만, 부득이한 경우에는 그러하지 아니하다.
2. 도선법 또는 방사법에 따른다.
3. 관측은 20초독 이상의 경위의를 사용한다.
4. 수평각의 관측은 1대회의 방향관측법이나 2배각의 배각법에 따를 것. 다만, 방향관측법인 경우에는 1측회의 폐색을 하지 아니할 수 있다.
5. 연직각의 관측은 정반으로 1회 관측하여 그 교차가 5분 이내일 때에는 그 평균치를 연직각으로 하되, 분단위로 독정(讀定)한다.

16. 축척 1,200분의 1 지적도 시행지역에서 전자면적측정기로 도상에서 2회 측정한 값이 270.5m², 275.5m²이었을 때 그 교차는 얼마 이하여야 하는가?

① 10.4m²　　② 13.4m²　　③ 17.3m²　　④ 24.3m²

해설 지적측량 시행규칙 제20조(면적측정의 방법 등)
전자면적측정기에 따른 면적 측정은 도상에서 2회 측정하여 그 교차가 다음 계산식에 따른 허용면적 이하일 때에는 그 평균치를 측정면적으로 한다.
$A = 0.023^2 M\sqrt{F}$
여기서, A : 허용면적, M : 축척분모, F : 2회 측정한 면적의 합계를 2로 나눈 수
$A = 0.023^2 M\sqrt{F} = 0.023^2 \times 1,200\sqrt{273} = 10.49$
∴ 10.4m²

17. 평판측량에서 경사거리 l과 경사분획 n을 측정할 때 수평거리 L을 산출하는 공식은?

① $L = l\dfrac{100}{\sqrt{1+\left(\dfrac{n}{100}\right)^2}}$　　② $L = l\dfrac{1}{\sqrt{1-\left(\dfrac{n}{100}\right)^2}}$

③ $L = l\dfrac{1}{\sqrt{1+\left(\dfrac{n}{100}\right)^2}}$　　④ $L = l\dfrac{1}{\sqrt{100^2+n^2}}$

해설 지적측량 시행규칙 제18조(세부측량의 기준 및 방법 등)
평판측량방법에 따라 조준의[앨리데이드(Alidade)]를 사용하여 경사거리의 수평거리를 계산하는 경우
$D = l\dfrac{1}{\sqrt{1+\left(\dfrac{n}{100}\right)^2}}$
여기서, D : 수평거리, l : 경사거리, n : 경사분획

18 경위의측량방법에 따른 세부측량에서의 토지의 경계가 곡선인 경우, 직선으로 연결하는 곡선의 중앙종거의 길이 기준으로 옳은 것은?

① 5cm 이상 10cm 이하　　② 10cm 이상 15cm 이하
③ 15cm 이상 20cm 이하　　④ 20cm 이상 25cm 이하

Answer　16. ①　17. ③　18. ①

해설 지적측량 시행규칙 제18조(세부측량의 기준 및 방법 등)
직선으로 연결하는 곡선의 중앙종거(中央縱距)의 길이는 5센티미터 이상 10센티미터 이하

19. 지번 및 지목을 제도할 때 지번과 지목의 글자 간격은 글자 크기의 어느 정도를 띄어서 제도하는가?

① 글자크기의 1/2
② 글자크기의 1/3
③ 글자크기의 1/4
④ 글자크기의 1/5

해설 지적업무처리규정 제42조(지번 및 지목의 제도)

구분	내용
글자 간격	1. 지번의 글자 간격은 글자크기의 4분의 1 정도 2. 지번과 지목의 글자 간격은 글자 크기의 2분의 1 정도 띄어서 제도

20. 방위각법에 의한 지적도근점측량 계산에서 종선 및 횡선 오차의 배분 방법은?(단, 연결오차가 허용범위 이내인 경우)

① 측선장에 비례 배분한다.
② 측선장에 역비례 배분한다.
③ 종횡선차에 비례 배분한다.
④ 종횡선차에 역비례 배분한다.

해설 지적측량 시행규칙 제15조(지적도근점측량에서의 연결오차의 허용범위와 종선 및 횡선오차의 배분)
1. 배각법 : 각 측선의 종선차 또는 횡선차 길이에 비례하여 배분
2. 방위각법 : 각 측선장에 비례하여 배분

02 응용측량

21. 단곡선 설치에서 곡률반경 $R=100$m, 교각 $I=30°$일 때 접선장(TL)과 곡선장(CL)은?

① $TL=26.79$m, $CL=52.35$m
② $TL=26.79$m, $CL=49.28$m
③ $TL=57.74$m, $CL=52.35$m
④ $TL=57.74$m, $CL=49.28$m

해설 단곡선 설치에서,

접선장(TL) $= R\tan\dfrac{I}{2} = 100\tan 15° = 26.79$m

곡선장(CL) $= 0.01745RI = 0.01745 \times 100 \times 30° = 52.35$m

22. 등고선의 종류에 대한 설명으로 옳지 않은 것은?

① 지형을 표시하는 데 기본이 되는 곡선은 주곡선이라 한다.
② 간곡선은 주곡선 간격의 1/2의 간격으로 표시한다.
③ 조곡선은 간곡선 간격의 1/2의 간격으로 표시한다.
④ 계곡선은 조곡선 간격의 1/2의 간격으로 표시한다.

해설 계곡선은 표고의 읽음을 쉽게 하고 지모의 상태를 명시하기 위해서 주곡선 5개마다 굵은 실선으로 표시한다.

23. 초점거리 150mm의 카메라로 기준면에서 750m의 촬영고도로 촬영한 사진의 축척은?

① 1 : 500   ② 1 : 1,000   ③ 1 : 3,000   ④ 1 : 5,000

해설 사진측량에서 초점거리(f)와 촬영고도(H)를 이용해 축척을 구하는 공식은 다음과 같다.

사진의 축척(M) = $\dfrac{촬영고도(H)}{초점거리(f)} = \dfrac{750\text{m}}{150\text{mm}} = 5,000$

24. 삼각형의 두 변의 길이가 각각 30m, 20m이고 그 사이에 낀 각이 30°일 때 다른 변의 길이는?

① 16.1m   ② 17.1m   ③ 18.1m   ④ 19.1m

해설 삼각형의 변을 구하는 공식에서 두 변과 그 사이의 낀 각을 안다면 코사인 제2법칙을 사용하여 다른 변의 길이를 구할 수 있다.

$A = B + C - 2BC\cos a$
$\therefore A = \sqrt{B^2 + C^2 - 2BC\cos a}$
$= \sqrt{30^2 + 20^2 - (2 \times 30 \times 20)\cos 30}$
$= 16.148\text{m}$

25. 50m 높이의 굴뚝을 촬영고도 2,000m의 높이에서 촬영한 항공사진이 있고 이 사진의 주점기선장이 10cm였다면 이 굴뚝의 시차차는 약 얼마인가?

① 1.5mm   ② 2.5mm   ③ 3.5mm   ④ 4.5mm

해설 시차차를 구하는 공식은 $\Delta P = \dfrac{h}{H} \times b_0$

여기서, h : 사진측량의 비고, H : 촬영고도, b_0 : 주점기선 길이

$\Delta P = \dfrac{50}{2,000} \times 0.1 = 0.0025$

$\therefore \Delta P = 2.5\text{mm}$

26. A점의 좌표가 (1,200m, 2,600m)이고, B점의 좌표가 (1,140m, 2,680m)인 AB 두 점 간을 연결하는 직선터널을 굴진하는 경우 이 터널의 경사거리는?(단, 두 점 간 고저차는 24.5m)

① 101.23m   ② 101.48m   ③ 102.45m   ④ 102.96m

Answer 22. ④ 23. ④ 24. ① 25. ② 26. ④

해설 터널의 경사거리를 구하기 전에 우선 AB의 수평거리를 구해야 한다.
AB의 수평거리 $= \sqrt{(Xb-Xa)^2+(Yb-Ya)^2} = \sqrt{(1,140-1,200)^2+(2,680-2,600)^2} = 100\text{m}$
두 점 간의 고저차가 24.5m이므로 피타고라스의 정리에 의해
$A = B+C = \sqrt{B^2+C^2} = \sqrt{(100^2+24.5^2)} = 102.957\text{m}$ ∴ 102.96m

27. 항공사진은 무슨 투영에 의하여 촬영된 것인가?

① 평행투영 ② 중심투영 ③ 정사투영 ④ 경사투영

해설 항공사진측량은 투영 중심이 집중되는 형태로 중심투영이다.

28. 지표면에서 거리 차가 500m인 두 수갱의 깊이가 모두 800m라고 하면 두 수갱 간에 지표면에서의 거리와 깊이 800m에서의 거리 차는?(단, 지구는 구로 가정하고 곡률반경은 6,370km이며 지구 중심방향으로 각 800m씩 굴착함)

① 6.3cm ② 7.3cm ③ 8.3cm ④ 9.3cm

해설 거리의 차를 구하는 공식은 $R : 500 = (R-800) : x$
여기서, R : 곡률반경
$x = \dfrac{500(R-800)}{R} = \dfrac{500 \times 6,369,200}{6,370,000} = 499.9372057\text{m}$
$\Delta l = 500 - x = 500 - 499.9372057 = 6.3\text{cm}$

29. P점의 높이를 직접수준측량에 의하여 $ABCD$의 4개의 수준점에서 관측한 결과가 다음과 같을 때 P점의 최확값은?

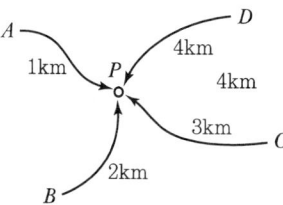

A 栓 P : 43.548m(노선길이 : 1km)
B 栓 P : 43.570m(노선길이 : 2km)
C 栓 P : 43.551m(노선길이 : 3km)
D 栓 P : 43.562m(노선길이 : 4km)

① 43.508m ② 43.525m
③ 43.555m ④ 43.594m

해설 P점의 최확값은
$P_1 : P_2 : P_3 : P_4 = \dfrac{1}{S_1} : \dfrac{1}{S_2} : \dfrac{1}{S_3} : \dfrac{1}{S_4} = 1 : \dfrac{1}{2} : \dfrac{1}{3} : \dfrac{1}{4}$
$= 1 : 0.5 : 0.33 : 0.25$
$L = \dfrac{P_1 l_1 + P_2 l_2 + P_1 l_3 + P_4 l_4}{P_1 + P_2 + P_3 + P_4}$
$= \dfrac{43.548 + (0.5 \times 43.570) + (0.33 \times 43.551) + (0.25 \times 43.562)}{1 + 0.5 + 0.33 + 0.25}$
$= 43.555\text{m}$

30. 다음 중 GPS의 자료 교환에 사용되는 표준형식으로 서로 다른 기종 간의 기선해석이 가능하도록 한 것은?

① RINEX ② SDTS ③ DXF ④ IGES

해설 GPS로 관측된 데이터에 대한 자료 처리 S/W는 장비사마다 다르므로 이를 호환하여 표준형식으로 사용이 가능하도록 한 것이 RINEX이다.

31. 1 : 50,000 지형도에서 간곡선의 간격은?

① 5m ② 10m ③ 20m ④ 100m

해설 축척별 등고선의 간격

등고선의 간격	기호	1/10,000	1/25,000	1/50,000
주곡선	가는 실선	5m	10m	20m
간곡선	가는 파선	2.5m	5m	10m
보조곡선(조곡선)	가는 점선	1.25m	2.5m	5m
계곡선	굵은 실선	25m	50m	100m

32. 완화곡선의 성질에 대한 설명 중 틀린 것은?

① 완화곡선의 반지름은 시점에서 무한대이다.
② 완화곡선의 접선은 시점에서는 직선에 접하고 종점에서는 원호에 접한다.
③ 완화곡선에 연한 곡선 반지름의 감소율은 캔트의 증가율과 같다.
④ 완화곡선 시점의 캔트는 원곡선의 캔트와 같다.

해설 완화곡선 종점의 캔트는 원곡선의 캔트와 같다.

33. 지형측량에서 지성선과 지성변환점에 대한 설명으로 틀린 것은?

① 지모의 골격이 되는 선을 지성선이라 한다.
② 지성이 변하는 점을 지성변환점이라 한다.
③ 등고선과 지성선은 매우 밀접한 관계에 있다.
④ 경사변환선은 물이 흐르는 방향을 의미한다.

해설 경사면에서 경사의 크기가 다른 두 면의 접합선을 경사변환선이라 한다.

34. 수준측량에서 작업자의 유의사항에 대한 설명으로 틀린 것은?

① 표척수는 표척의 눈금이 잘 보이도록 양손으로 표척의 측면을 잡고 세운다.
② 표척과 레벨의 거리는 10m를 넘어서는 안 된다.
③ 레벨의 전방에 있는 표척과 후방에 있는 표척의 거리는 비슷한 것이 좋다.
④ 관측수가 표척을 읽을 수 있도록 충분한 시간을 두고 이동한다.

Answer 30. ① 31. ② 32. ④ 33. ④ 34. ②

해설 레벨과 표척의 거리를 길게 취하면 취한 만큼 레벨의 거치점 수가 적어지므로 정밀도가 좋고 능률적이다.

35. 교각 $I=80°$, 곡선반지름 $R=140m$인 단곡선의 교점(IP)의 추가거리가 1,427.25m일 때 곡선시점(BC)의 추가 거리는?

① 633.27m
② 982.87m
③ 1,309.78m
④ 1,567.25m

해설 노선측량에서 $TL = R\tan\dfrac{I}{2} = 140\tan 40° = 117.47$

노선 출발점에서 곡선시점까지의 거리 $BC = IP - TL = 1427.25 - 117.47 = 1,309.78m$

36. 다음 중 곡선장 및 횡거 등에 의해 캔트를 직선적으로 체감하는 완화곡선이 아닌 것은?

① 3차 포물선
② 클로소이드 곡선
③ 램니스케이트 곡선
④ 2차 포물선

해설 노선측량에서 완화곡선에는 3차 포물선, 클로소이드 곡선, 램니스케이트 곡선, 고차포물선, 반파장사인, 골권선이 있다.

37. 다음 중 항공사진의 특수 3점에 해당하지 않는 것은?

① 주점
② 표정점
③ 등각점
④ 연직점

해설 항공사진에서 특수 3점은 주점, 연직점, 등각점이다.

38. 사진측량의 안전율을 고려하지 않는 경우 촬영코스의 종방향 길이가 50km, 횡방향 길이가 30km이고, 촬영 종기선의 길이가 1,840m, 촬영 횡기선의 길이가 3,220m일 때 총 모델 수는?

① 560모델
② 243모델
③ 290모델
④ 280모델

해설 모델 수에 의한 사진 매수

종모델 수 $= \dfrac{S_1(\text{코스의 종길이})}{B(\text{종기선 길이})} = \dfrac{50,000}{1,840} = 28$ 모델

횡모델 수 $= \dfrac{S_2(\text{코스의 횡길이})}{C_0(\text{횡기선 길이})} = \dfrac{30,000}{3,220} = 10$ 모델

총 모델 수 = 종모델 수 × 횡모델 수 = $28 \times 10 = 280$ 모델

Answer 35. ③ 36. ④ 37. ② 38. ④

2021년 시행

39. 그림과 같이 직접 수준측량을 시행한 경우에 A점의 표고가 245.67m라면 C점의 표고는 얼마인가?

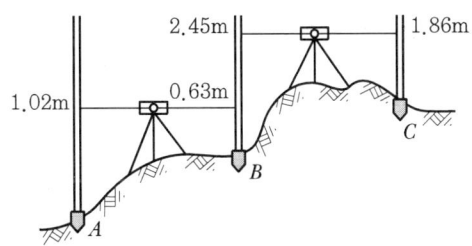

① 246.65m ② 247.28m ③ 247.91m ④ 248.51m

해설 A점의 지반고는 245.67m이며, 지반고=기계고(지반고+후시)−전시의 식을 따른다.
B점의 지반고 = 245.67 + 1.02 − 0.63 = 246.06m
C점의 지반고 = 246.06 + 2.45 − 1.86 = 246.65m

40. 깊이 50m, 직경 5m인 수갱에 의해 갱 내외를 연결하는 측량방법으로 다음 중 가장 효율적인 것은?

① 삼각 구분법
② 폴과 지거법에 의한 방법
③ 데오도라이트와 추선에 의한 방법
④ 레벨과 함척에 의한 방법

해설 수갱에 의한 갱 내외 측량으로 가장 효율적인 측량방법은 데오도라이트나 트랜싯의 추선에 의한 방법이다.

03 토지정보체계론

SUBJECT

41. 관계형 자료모델(Relation Data Model)의 기본구조 요소와 거리가 가장 먼 것은?

① 소트(Sort)
② 속성(Attribute)
③ 행(Record)
④ 테이블(Table)

해설 관계형 DB
- 데이터 구조는 릴레이션(Relation, 테이블의 열과 행의 집합)으로 표현된다.
- 열은 속성(Attribute), 행은 튜플(Tuple)이라고 부른다.
- 테이블 칸에는 하나의 속성값만 가지며, 이 값은 더이상 분해될 수 없는 원자값만 가진다.

Answer 39. ① 40. ③ 41. ①

42. 다음 중 자료의 표준화에 대한 설명으로 옳지 않은 것은?

① 자료를 공유함으로써 연구과제에 소요되는 비용을 절감할 수 있다.
② 다양한 자료에 대한 접근이 용이하기 때문에 자료를 쉽게 갱신할 수 있다.
③ 사용자가 자신의 용도에 따라 자료를 평가할 수 있는 자료의 질에 관한 정보가 제공된다.
④ 수치적인 공간자료가 서로 다른 체계 사이에서 원래의 내용이 변형되어 전달된다.

해설 자료 표준화의 장점
- 경제적이고 효율적인 GIS 구축이 가능하다(자료의 중복구축 방지로 비용을 절감).
- 기존에 구축된 모든 데이터에 쉽게 접근할 수 있다.
- 서로 다른 시스템 간의 상호 연계성을 강화할 수 있다.
- 수치적인 공간자료가 서로 다른 체계 사이에서 원래의 내용 변형 없이 전달된다.

43. 자료 테이블 간의 공통필드에 의해 논리적인 연계를 구축함으로써 효율적인 자료관리 기능을 제고하여 공통필드가 존재하는 한 정보 검색을 위한 질의의 형태에 제한이 없는 장점을 지닌 데이터 모델은?

① 계층형 데이터 모델
② 관계형 데이터 모델
③ 네트워크형 데이터 모델
④ 객체지향형 데이터 모델

해설 관계형 데이터 모델
- 모든 데이터들을 테이블 형태로 나타내는 것으로 데이터베이스를 구축하는 가장 전형적인 모델이다.
- SQL과 같은 질의 언어 사용으로 복잡한 질의도 간단하게 표현할 수 있다.

44. 다음 중 GIS의 구축 및 활용을 위한 과정을 순서대로 바르게 열거한 것은?

⊙ 검색 및 변환	ⓒ 자료 수집 및 입력
ⓒ 결과 출력	ⓔ 데이터베이스 구축 및 관리
ⓜ 분석	

① ⓔ-⊙-ⓒ-ⓜ-ⓒ
② ⓒ-ⓔ-⊙-ⓜ-ⓒ
③ ⓔ-ⓒ-ⓜ-⊙-ⓒ
④ ⓒ-⊙-ⓜ-ⓔ-ⓒ

해설 지리정보체계의 구축과정
① 수집 → ② 저장 → ③ 자료관리 → ④ 검색 → ⑤ 변환 → ⑥ 분석 → ⑦ 모델링 → ⑧ 출력

45. 토지정보체계를 데이터베이스 관리 시스템(DBMS) 기반으로 운용할 경우 데이터베이스 관리 시스템의 장점이 아닌 것은?

① 자료의 중복을 최소할 수 있다.
② 자료에 독립성을 부여할 수 있다.
③ 효율적인 자료 호환과 자료의 공유가 용이하다.
④ 시스템을 단순화할 수 있고 비용이 저렴하다.

해설 데이터베이스 관리 시스템의 장점
- 데이터의 독립성
- 데이터의 공유화
- 데이터의 무결성과 보완성
- 새로운 응용프로그램의 용이성
- 데이터의 중복성 배제
- 데이터의 일관성 유지
- 데이터의 표준화

46. 다음 중 자료의 위상(Topology) 모형의 폴리곤 구조가 갖는 특성과 가장 거리가 먼 것은?

① 다의성 ② 계급성 ③ 인접성 ④ 형상

해설 위상구조를 가진 벡터 데이터 모델
- 위상자료는 공간 객체 간의 위상정보를 저장하는 데 가장 일반적으로 사용하는 방식이다.
- 객체들은 점들을 직선으로 연결하여 정확하게 표현할 수 있다.
- 위상모형의 가장 큰 장점은 관계된 점의 좌표를 사용하지 않고 공간분석이 가능하다는 것이다.
- 객체들이 위상구조를 갖게 되면 주변 객체들과 공간상에서의 관계를 인식할 수 있다.
- 폴리곤 구조는 형상, 인접성, 계급성의 세 가지 특성을 지닌다.

47. 다음 중 실세계에서 의미를 가지는 공간객체의 단위는?

① Feature ② Coverage ③ MDB ④ Point

해설
- Feature : 지형도는 지구 표면의 일부분을 평면상에 높이, 거리, 위치를 측정 가능한 형식으로 축척에 맞게 전개하고 기호로 나타낸 것이다. 이런 기호화된 지형·지물을 지도를 이루는 기본적인 지형요소(Feature)라 한다.
- Coverage : 분석을 위해 여러 지도 요소를 겹칠 때 그 지도 요소 하나하나를 가리키는 것을 말한다.

48. 지적전산화의 필요성으로 가장 거리가 먼 것은?

① 지적민원 처리의 신속성
② 지적전산화를 통한 중앙통제
③ 관련업무의 능률과 정확도 향상
④ 토지 관련 정책자료의 다목적 활용

해설 지적전산화의 필요성
- 토지와 관련된 정책자료의 다목적 활용
- 지적민원사항의 신속하고 정확한 처리
- 수작업으로 인한 오류 방지
- 토지 관련 과세자료로 활용
- 공공기관 및 부서 간의 토지정보를 공유
- 지적공부의 노후화 극복

49. 「부동산종합공부시스템 운영 및 관리규정」상 부동산종합공부시스템의 단위업무로 옳지 않은 것은?

① 개별 공시지가 관리
② 용도지역지구 관리
③ 섬 관리
④ 지적기준점 관리

해설 부동산종합공부시스템의 단위업무
1. 지적공부 관리
2. 지적측량성과 관리
3. 연속지적도 관리
4. 용도지역지구 관리
5. 개별 공시지가 관리
6. 개별 주택가격 관리
7. 통합민원발급 관리
8. GIS 건물통합정보 관리
9. 섬 관리
10. 통합정보열람 관리
11. 시·도 통합정보열람 관리
12. 일사편리포털 관리

Answer 46. ① 47. ① 48. ② 49. ④

50. 다음 중 래스터식 자료구조와 거리가 먼 것은?

① 그리드(Grid) ② 폴리곤(Polygon)
③ 셀(Cell) ④ 픽셀(Pixel)

해설 래스터 자료구조는 실세계의 객체를 흔히 그리드, 셀 또는 픽셀이라고 불리는 '최소지도화단위(Minium Mapping Unit)'들의 집합으로 나타낸다.

51. 토지정보체계의 자료를 입력하는 장치가 아닌 것은?

① 플로터 ② 마우스
③ 디지타이저 ④ 스캐너

해설 토지정보체계의 구성요소 중 하드웨어
- 입력장치 : 디지타이저, 마우스, 스캐너, 키보드 등
- 저장장치 : 자기디스크, 자기테이프, CD, DVD 등
- 출력장치 : 플로터, 프린터, 모니터

52. 벡터 데이터의 모델에 대한 설명으로 틀린 것은?

① 점은 하나의 좌표로 구성된다.
② 선은 순서가 있는 여러 개의 점으로 구성된다.
③ 면은 선에 의해 포위된다.
④ 점은 1차원이다.

해설 벡터 데이터의 기본요소
- 점은 (x, y) 또는 (x, y, z)와 같은 한 쌍의 좌표로서 공간상에 위치를 표현하며, 범위를 갖지 않는 0차원 공간객체이다.
- 선은 연속되는 점의 연결로서 공간상에 그 위치와 형상을 표현하는 1차원의 길이를 갖는 공간객체이다.
- 영역은 선에 의해 폐합된 형태로서 범위를 갖는 2차원 공간객체이다.

53. 토지정보시스템에서 레이어를 사용하는 이유를 바르게 설명한 것은?

① 작성자의 편리를 위한 것으로 특별한 이유가 없다.
② 토지정보시스템에 기호의 사용을 쉽게 하기 위해서이다.
③ 같은 성격의 자료들끼리 묶어서 관리할 수 있도록 하기 위해서이다.
④ 토지정보시스템에서 관리할 자료의 양을 줄이기 위해서이다.

해설 레이어(Layer, 도면층)
- ArcGIS 계열의 소프트웨어에서는 '커버리지(Coverage)'라는 용어와 유사
- 같은 성격을 가진 공간객체를 같은 층으로 묶어 주는 것
- 자료관리 및 갱신, 자료 분석 등 여러 측면에서 유용

54. 토지정보시스템에 대한 설명으로 가장 거리가 먼 것은?
① 법률적, 행정적, 경제적 기초하에 토지에 관한 자료를 체계적으로 관리하는 시스템이다.
② 협의의 개념은 지적을 중심으로 지적공부에 표시된 사항을 근거로 하는 시스템이다.
③ 지상 및 지하의 공급시설에 대한 자료를 효율적으로 관리하는 시스템이다.
④ 토지 관련 문제해결과 토지정책의 의사결정을 보조하는 정보시스템이다.

해설 FM(Facilities Management)
도로, 상하수도, 전기 등의 자료를 수치지도화하고 시설물의 속성을 입력하여 데이터베이스를 구축함으로써 시설물 관리활동을 효율적으로 지원하는 시스템

55. 레스터 자료 구조의 격자에 대한 설명으로 틀린 것은?
① 주택은 여러 개의 격자로 표시되며 강은 하나의 격자로서 표시된다.
② 격자의 저장구조는 컴퓨터 하드웨어와 손쉽게 접속이 가능하다.
③ 격자가 나타내는 면적이 작을수록 자료의 양은 늘어난다.
④ 격자의 크기가 작을수록 나타낼 수 있는 객체의 형태가 많아지고 표현되는 자료는 상세하다.

해설 각 픽셀의 형태와 크기는 그 자료 파일 내에서는 동일하며, 배열 안에서 줄(Row)과 열(Column)로 표시되므로 지도 요소(주택, 강)는 하나의 격자로서 표시된다.

56. 스캐너로 지적도를 입력하였을 때 이 자료는 어떤 유형의 것인가?
① 속성정보
② 래스터 데이터
③ 벡터 데이터
④ 위상자료구조

해설 래스터 데이터 구조는 매우 간단하며 일정한 격자 모양의 셀이 데이터의 위치와 그 값을 표현하므로 격자 데이터라고도 하며, 도면을 스캐닝하여 취득한 자료와 위성영상자료들에 의해 구성된다.

57. 지적도면을 디지타이징한 결과 교차점을 만나지 못하고 선이 끝나는 오차 유형은?
① Overshooting
② Undershooting
③ Spike
④ 왜곡오차

해설 디지타이징 및 벡터 편집에서의 오류 유형
- Overshoot(튀어나옴) : 교차점을 지나 선이 끝나는 것
- Undershoot(못 미침) : 교차점이 만나지 못하고 선이 끝나는 것
- Spike(스파이크) : 교차점에서 두 개의 선분이 만나는 과정에서 생기는 것

Answer 54. ③ 55. ① 56. ② 57. ②

58. 다음 중 메타데이터(Metadata)의 설명으로 알맞은 것은?

① 데이터의 내용, 논리적 관계, 기초자료의 정확도, 경계 등 자료의 특성을 설명하는 정보의 이력서이다.
② 수학적으로 데이터의 모형을 정의하는 데 필요한 구성요소이다.
③ 여러 개의 변수 사이에 함수관계를 설정하기 위해서 사용되는 매개 데이터를 말한다.
④ 토지정보시스템에 사용되는 GPS, 사진측량 등에서 얻은 위치자료를 D/B화한 자료를 말한다.

해설 메타데이터(Metadata)
- 데이터에 대한 정보로서 데이터의 내용, 품질, 조건 및 기타 특성에 대한 정보를 포함하는 정보의 이력서, 즉 데이터의 이력서라 할 수 있다.
- 데이터를 목록화(Indexing)하기 때문에 사용에 편리한 정보를 제공한다.
- 데이터의 직접적인 접근이 용이하지 않을 경우 데이터를 참조하기 위한 보조데이터로서 많이 사용된다.

59. 다음 중 중첩을 통한 레이어 편집에 대한 설명으로 틀린 것은?

① 자르기(Clip)는 레이어에서 필요한 지역만을 추출하는 것이다.
② 스플릿(Split)은 하나의 레이어를 여러 개의 레이어로 분할하는 것이다.
③ 디졸브(Dissolve)는 일부 데이터만을 수정·갱신하는 것이다.
④ 지우기(Erase)는 레이어가 나타내는 지역 중 임의지역을 삭제하는 것이다.

해설 디졸브(Dissolve)
맵조인(Mapjoin)이나 제반 레이어를 합치는 과정에서 발생한 불필요한 폴리곤의 경계를 제거하는 것이다.

60. 데이터 웨어하우스 특징에 대한 설명으로 틀린 것은?

① 시간성 혹은 역사성을 가진다.
② 주제 중심적이다.
③ 자료 구조에 대한 지식이 없는 사용자들이 쉽게 접근할 수 있어야 한다.
④ 여러 개의 버전(Version)으로 사용자에게 제공하여야 한다.

해설 데이터 웨어하우스의 특징
- 웨어하우스 데이터는 비즈니스 사용자들의 의사결정 지원에 전적으로 이용된다.
- 데이터 웨어하우스는 여러 개의 개별적인 운영시스템으로부터 데이터가 집중된다.
- 신뢰할 수 있는 하나의 버전(One Version of Truth)을 사용자에게 제공한다.
- 기존 운영시스템의 대부분은 항상 많은 부분이 중복됨으로써 하나의 사실에 대해 다수의 버전이 존재하게 된다. 그렇지만 데이터 웨어하우스에서 이러한 데이터는 전사적인 관점에서 통합된다.

04 지적학

61. 정약용이 목민심서를 통해 주장한 양전개정론의 내용이 아닌 것은?

① 망척제의 시행
② 어린도법의 시행
③ 경무법의 시행
④ 방량법의 시행

해설 정약용의 양전 개정방안
- 정전제(井田制)의 시행을 전제로 방량법과 어린도법을 시행해야 함(목민심서)
- 결부제하의 양전법은 전지의 측도가 어렵기 때문에 경무법으로 개정
- 일자오결제도와 사표의 부정확성을 시정하기 위해 어린도를 작성
- 정전제(井田制)나 어린도(魚鱗圖) 같은 국토의 조직적 관리가 필요
- 전국의 전(田)을 사방 100척으로 된 정방형의 1결의 형태로 구분

※ 망척제는 이기가 주장한 제도이다.

양전개정론의 개념
1. 양전개정론의 대두 배경
   ① 19세기 전후 과세 평준을 위한 양전법 개정의 주장이 이익, 정약용, 서유구, 이기 등의 실학자들에서 대두
   ② 이들은 결부제를 폐지하고 경무법으로 개정해야 하며, 객관적인 새로운 방량법으로 양전법을 개정해야 한다고 주장
2. 양전개정론 학자와 저서
   ① 정약용 : 목민심서(牧民心書)
   ② 서유구 : 의상경계책(擬上經界策)
   ③ 이기 : 해학유사(海鶴遺事)

62. 다음 중 전 국토에 대한 자원목록을 조직적으로 작성한 토지기록이자 토지대장인 둠즈데이북(Domesday Book)을 작성하였던 나라는?

① 이탈리아
② 프랑스
③ 덴마크
④ 영국

해설 둠즈데이북(Domesday Book)
- William 1세가 정복지인 영국의 국토를 대상으로 조직적으로 작성한 토지에 대한 기록으로서, 현재의 토지대장과 같은 개념
- 본래 Williams 1세가 자원 목록으로 정리하기 전에 덴마크 침략자로의 약탈을 피하기 위해 지불되는 보호금인 데인겔트(Dangelt)를 모으기 위해 색슨영국에서 사용되어 온 과세용의 지세장부
- 1066년 헤스팅스(Hastings)전투에서 노르만족이 색슨족을 격퇴, 20년 후 William 1세가 전 영국의 자원목록으로 체계적으로 작성한 토지기록장부
- 토지와 가축의 수까지 기록
- 두 권의 책이며 공문서 보관소에 보존
- 신라 장적문서와 함께 지적발생설 중 과세설의 근거로 사용됨

63. 고조선시대에 균형 있는 촌락의 설치와 토지 분급 및 수확량의 파악을 위해 시행된 것은?

① 정전제(井田制) ② 결부제(結負制)
③ 두락제(斗落制) ④ 경무법(頃畝法)

해설 농경시대의 토지면적제도
- 정전제 : 정전제란 고조선시대의 토지구획방법으로 균형 있는 촌락의 설치와 토지의 분급 및 수확량을 파악하기 위하여 시행되었던 지적제도로서 당시 납세의 의무를 지게 하여 소득의 1/9을 조공으로 바치게 함
- 결부제 : 당초 토지수확량을 나타냈으나 이후 일정량의 수확량을 올리는 토지면적으로 변화하여 과세의 기준으로 삼아 조선 후기 실학자들로부터 양전개정론의 주요 대상이 되었으며 백제, 신라, 고려, 조선의 면적 단위로 사용됨
- 두락제 : 백제와 고려후기의 면적 단위로 사용한 제도로서 전답에 뿌리는 씨앗의 수량으로 면적을 표시하는 제도
- 경무법 : 고구려와 고려 초기의 면적 단위로 사용한 제도로서 농지의 넓이에 따라서 면적을 표시하는 제도로서 세금이 농지의 광협에 따라 부과되는 공평하고 객관적인 방법이므로 정약용, 서유구 등 조선후기 실학자들이 양전개정론으로 주장하기도 함

64. 다음 중 경계점좌표등록부를 비치하는 지역의 측량 시행에 대한 가장 특징적인 토지 표시사항은?

① 지목 ② 지번 ③ 좌표 ④ 면적

해설 경계점좌표등록부의 등록사항
- 토지의 소재
- 좌표
- 지적도면의 번호
- 부호 및 부호도
- 지번
- 토지의 고유번호
- 필지별 경계점좌표등록부의 장번호

※ 토지의 경계점을 도해지적에서는 그림(도형)으로 등록하고, 수치지적에서는 좌표로 등록하므로 경계점좌표등록부를 비치하는 수치지적 지역에서는 좌표에 의하여 측량을 실시하게 된다.

65. 다음 중 토지조사사업 당시 일반적으로 지번을 부여하지 않았던 지목에 해당하는 것은?

① 성첩 ② 공원지 ③ 지소 ④ 분묘지

해설 토지조사법 및 토지조사령에는 도로, 하천, 구거, 제방, 성첩, 철도선로, 수도선로 등의 토지는 지번을 부여하지 않을 수 있다고 규정하였다.

토지조사령(제령 제2호, 1912. 8. 13)의 지번 관련 규정
제2조. 토지는 그 종류에 따라 아래의 지목을 정하고 지반을 측량하여 1구역마다 지번을 붙인다. 단, 제3호에 언급한 토지에는 지번을 붙이지 않을 수도 있다.
1. 전, 답, 대, 지소, 임야, 잡종지
2. 사사지, 분묘지, 공원지, 철도용지, 수도용지
3. 도로, 하천, 구거, 제방, 성첩, 철도노선, 수도노선

Answer 63. ① 64. ③ 65. ①

66. 우리나라 현행 토지대장의 특성으로 옳지 않은 것은?
① 전산파일로도 등록·처리한다.
② 물권객체의 공시기능을 갖는다.
③ 물적 편성주의를 채택하고 있다.
④ 등록내용은 법률적 효력을 갖지는 않는다.

해설 토지대장 등의 지적공부에 등록된 사항은 법률적 효력을 갖게 된다.

67. 지번의 부여방법 중 진행방향에 따른 분류가 아닌 것은?
① 기우식   ② 사행식
③ 오결식   ④ 절충식

해설 지번 부여방법의 종류
• 진행방향에 따른 분류 : 사행식, 기우식, 단지식, 절충식
• 부여단위에 따른 분류 : 지역단위법, 도엽단위, 단지단위법
• 기번위치에 따른 분류 : 북동기번법, 북서기번법

68. 지압조사(地押調査)에 대한 설명으로 가장 적합한 것은?
① 토지소유자를 입회시키는 일체의 토지검사이다.
② 도면에 의하여 측량 성과를 확인하는 토지검사이다.
③ 신고가 없는 이동지를 조사·발견할 목적으로 국가가 자진하여 현지조사를 하는 것이다.
④ 지목변경의 신청이 있을 때에 그를 확인하고자 지적소관청이 현지조사를 시행하는 것이다.

해설 토지검사와 지압조사
1. 토지조사
   • 토지검사란 토지에 대한 변경이 있는 경우 지적공무원이 지세관계법령에 의하여 실시하는 검사로서 신고 또는 신청사항의 확인을 목적으로 함
   • 무신고 이동지 조사를 위한 토지검사는 지압조사라 하여 일반토지검사와 구별함
2. 지압조사
   • 토지의 이동이 있는 경우 토지소유자는 관계법령에 따라 소관청에 신고하여야 하나, 이것이 잘 시행되지 못할 경우 무신고 이동지를 조사 발견할 목적으로 소관청이 현지조사를 실시하는 것
   • 지압조사의 성격 : 토지등록에 대한 사실심사주의, 직권등록주의와 관련된 개념

69. 다음 중 임야조사사업 당시 사정기관은?
① 도지사   ② 임야심사위원회
③ 임시토지조사국   ④ 고등토지조사위원회

Answer 66. ④ 67. ③ 68. ③ 69. ①

해설 토지조사사업과 임야조사사업의 사정(査定)사항 비교

구분	토지조사사업	임야조사사업
사정권자	임시토지조사국장	도지사
사정기관	–	임사심사위원회
조사 및 측량기관	임시토지조사국	부 또는 면
자문기관	지방토지조사위원회	–
재결기관	고등토지조사위원회	임사조사위원회

70. 토지의 표시사항 중 면적을 결정하기 위하여 먼저 결정되어야 할 사항은?

① 토지소재 ② 지번 ③ 지목 ④ 경계

해설 경계의 기능
- 소유권의 범위 결정
- 필지의 양태 결정
- 면적의 결정

71. 다음 중 지적의 발생설과 관계가 먼 것은?

① 법률설 ② 과세설 ③ 치수설 ④ 지배설

해설 지적발생설의 종류
- 과세설 : 세금 징수의 목적에서 출발
- 치수설 : 토목측량술 및 치수에서 비롯됨
- 통치설 : 통치적 수단에서 시작됨(지배설이라고도 함)
- 침략설 : 영토 확장과 침략상 우위 목적

72. 조선시대의 양전법에 따른 전의 형태에서 직각삼각형 형태의 전의 명칭은?

① 방전(方田) ② 제전(梯田)
③ 구고전(句股田) ④ 요고전(腰鼓田)

해설 조선시대 전의 형태
- 방전(方田) : 정사각형의 토지로 장과 광을 측량
- 직전(直田) : 직사각형의 토지로 장과 평을 측량
- 구고전(句股田) : 직삼각형의 토지로 구와 고를 측량
- 규전(圭田) : 이등변삼각형의 토지로 장과 광을 측량
- 제전(梯田) : 사다리꼴의 토지로 장과 동활, 서활을 측량

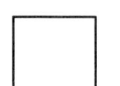 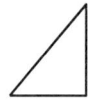  

<方田>　<直田>　<句股田>　<圭田>　<梯田>

73. 토지에 관한 권리객체의 공시역할을 하고 있는 지적의 가장 중요한 역할이라 할 수 있는 것은?
① 필지 확정
② 지목 결정
③ 면적 결정
④ 소유자 등록

해설 필지는 법적으로 물권이 미치는 권리의 객체로서 토지의 등록단위·소유단위·이용단위·거래단위로서, 토지에 대한 물권의 효력이 미치는 범위를 정하고 토지를 개별화·특정화시키기 위하여 인위적으로 구획한 법적 등록단위이다.

74. 다음 중 구한말에 운영된 지적업무 부서의 설치 순서가 옳은 것은?
① 탁지부 양지국 → 탁지부 양지과 → 양지아문 → 지계아문
② 양지아문 → 탁지부 양지국 → 탁지부 양지과 → 지계아문
③ 양지아문 → 지계아문 → 탁지부 양지국 → 탁지부 양지과
④ 지계아문 → 양지아문 → 탁지부 양지국 → 탁지부 양지과

해설 구한말(대한제국) 지적업무 관리 관청의 변화

구분	조직	기간	담당업무	비고
내부	토목국	1895. 3. 26	토지측량, 토지수량에 관한 사항	1893~1905년에 지계제도와 가계제도가 시행된 시기임
	판적국		지적 및 관유지 처분에 관한 업무	
양지아문	본부	1898. 7. 6 ~ 1901. 9. 9	제반사무 총괄 및 정리	• 양지아문은 독립기구이나 관련 부처인 내부, 탁지부, 농공상부 등과 협조체계 유지 • 미국인 기사 거렴(레이몬드 크림)을 초빙하여 측량 실시 및 지적측량교육 실시
	실무진		각 지방의 양전사무 주관 업무 수행 및 양전에 대한 조사	
	기술진		양전 실무 수행	
지계아문	—	1901. 10 ~1904. 4	"대한제국전답관계"라고 하는 지계를 발급함	• 일본인 기사 채용 • 토지가옥증명규칙 시행
탁지부	양지국	1904. 4	양전업무 수행	지계아문 폐지
탁지부	양지과	1905. 2	전세·유세지 조사 지세의 부과징수	• 양지과로 기구 축소 • 대구, 평양, 전주에 양지과의 출장소 설치

75. 다음 중 축척이 다른 2개의 도면에 동일한 필지의 경계가 각각 등록되어 있을 때 토지의 경계를 결정하는 원칙으로 옳은 것은?
① 축척이 큰 것에 따른다.
② 축척의 평균치에 따른다.
③ 축척이 작은 것에 따른다.
④ 토지소유자에게 유리한 쪽에 따른다.

해설 경계의 제원칙 중 '축척종대의 원칙'은 동일한 경계가 다른 도면에 각각 등록된 때는 큰 축척에 따른다는 원칙이다.

Answer 73. ① 74. ③ 75. ①

76. 초기에 부여된 지목명칭을 변경한 것으로 잘못된 것은?

① 공원지 → 공원
② 분묘지 → 묘지
③ 사사지 → 사적지
④ 운동장 → 체육용지

해설 지목 변천표

구분	토지조사사업~ 지세령 개정 전	지세령 개정~ 조선지세령 개정 전	조선지세령 개정 ~1차 지적법 전문 개정 전	1차 지적법 전문개정~ 2차 지적법 전문개정 전	2차 지적법 전문개정~현재
시행기간	1910~1917	1918~1942	1943~1975	1976~2001	2002~현재
지목 수	18개 지목	19개 지목	21개 지목	24개 지목	28개 지목
변천과정	지목 창설 전, 답, 대, 지소, 임야, 잡종지, 사사지, 분묘지, 공원지, 철도용지, 수도용지, 도로, 하천, 구거, 제방, 성첩, 철도선로, 수도선로	1개 지목 신설 유지	2개 지목 신설 염전, 광천지	1. 6개 지목 신설 과수원, 목장용지, 공장용지, 학교용지, 운동장, 유원지 2. 3개 지목 통폐합 • 철도용지+철도선로→철도용지 • 수도용지+수도선로→수도용지 • 유지+지소→유지 3. 5개 지목 명칭변경 • 공원지→공원 • 사사지→종교용지 • 성첩→사적지 • 분묘지→묘지 • 운동장→체육용지	4개 지목 신설 주차장, 주유소용지, 창고용지, 양어장

77. 다음 중 토지조사사업 당시 일필지조사와 관련이 가장 적은 것은?

① 경계조사
② 지목조사
③ 지주조사
④ 지형조사

해설 일필지조사의 내용
지주의 조사, 강계 및 지역의 조사, 지목의 조사, 증명 및 등기필지의 조사, 각종 특별조사

78. 다음 중 토지조사사업 당시 불복신립 및 재결을 행하는 토지소유권의 확정에 관한 최고의 심의기관은?

① 도지사
② 임시토지조사국장
③ 고등토지조사위원회
④ 임야조사위원회

해설 고등토지조사위원회는 토지의 사정에 대한 불복이 있는 경우 60일 이내에 불복신립을 하거나, 사정의 확정 후 일정한 요건의 경우에 재심을 청구할 수 있는데 이러한 불복신립 및 재결을 행하는 토지소유권 확정에 관한 최고의 심의기관이었다.

Answer 76. ③ 77. ④ 78. ③

79. 토지의 물권 설정을 위해서는 물권객체의 설정이 필요하다. 물권객체 설정을 위한 지적의 가장 중요한 역할은?

① 면적 측정
② 지번 설정
③ 필지 획정
④ 소유권 조사

해설 필지는 법적으로 물권이 미치는 권리의 객체로서 토지에 대한 물권의 효력이 미치는 범위를 정하고, 거래단위로서 개별화·특정화시키기 위하여 인위적으로 구획한 법적 등록단위이다.

80. 물권 설정 측면에서 지적의 3요소로 볼 수 없는 것은?

① 국가　　② 토지　　③ 등록　　④ 공부

해설 지적의 3대 구성요소
- 토지, 등록, 공부 : 협의적 개념
- 소유자, 권리, 필지 : 광의적 개념

05 지적관계법규

SUBJECT

81. 공간정보의 구축 및 관리 등에 관한 법령상 정당한 사유 없이 지적측량을 방해한 자에 대한 벌칙 기준으로 옳은 것은?

① 300만 원 이하의 과태료
② 500만 원 이하의 과태료
③ 1년 이하의 징역 또는 1천만 원 이하의 벌금
④ 2년 이하의 징역 또는 2천만 원 이하의 벌금

해설 공간정보의 구축 및 관리에 관한 법률 위반자에 대한 과태료
1. 부과 금액 : 300만 원 이하의 과태료를 부과
2. 과태료 부과 대상
   - 정당한 사유 없이 측량을 방해한 자
   - 거짓으로 측량기술자의 신고를 한 자
   - 측량업 등록사항의 변경신고를 하지 아니한 자
   - 측량업자의 지위 승계 신고를 하지 아니한 자
   - 측량업의 휴업·폐업 등의 신고를 하지 아니하거나 거짓으로 신고한 자
   - 본인, 배우자 또는 직계 존속·비속이 소유한 토지에 대한 지적측량을 한 자
   - 측량기기에 대한 성능검사를 받지 아니하거나 부정한 방법으로 성능검사를 받은 자
   - 성능검사대행자의 등록사항 변경을 신고하지 아니한 자
   - 성능검사대행업무의 폐업신고를 하지 아니한 자

- 정당한 사유 없이 보고를 하지 아니하거나 거짓으로 보고를 한 자
- 정당한 사유 없이 조사를 거부·방해 또는 기피한 자
- 토지 등에의 출입 등을 방해하거나 거부한 자

82. 공간정보의 구축 및 관리 등에 관한 법률상 지적측량을 하여야 하는 경우가 아닌 것은?

① 토지를 합병하는 경우
② 축척을 변경하는 경우
③ 지적공부를 복구하는 경우
④ 토지를 등록전환하는 경우

해설 지적측량 대상
- 지적기준점을 정하는 경우
- 지적측량성과를 검사하는 경우
- 지적공부를 복구하는 경우
- 등록전환하는 경우
- 토지를 분할하는 경우
- 바다가 된 토지의 등록을 말소하는 경우
- 축척을 변경하는 경우
- 지적공부의 등록사항을 정정하는 경우
- 도시개발사업 등의 시행지역에서 토지의 이동이 있는 경우
- 경계점을 지상에 복원하는 경우
- 지적공부의 정리를 요하지 아니한 측량(경계복원측량, 지적현황측량)
  - 경계복원측량 : 경계점을 지표상에 복원하기 위한 측량
  - 지적현황측량 : 지상건축물 등의 현황을 지적도 및 임야도에 등록된 경계와 대비하여 표시

83. 공간정보의 구축 및 관리 등에 관한 법령에서 구분하고 있는 28개의 지목에 해당되는 것은?

① 나대지
② 선하지
③ 양어장
④ 납골용지

해설 지목의 종류
지목은 전·답·과수원·목장용지·임야·광천지·염전·대·공장용지·학교용지·주차장·주유소용지·창고용지·도로·철도용지·제방(堤防)·하천·구거·유지·양어장·수도용지·공원·체육용지·유원지·종교용지·사적지·묘지·잡종지로 구분하여 정한다.

84. 다음 중 지적측량 적부심사청구서를 받은 시·도지사가 지방지적위원회에 회부하여야 하는 사항이 아닌 것은?

① 다툼이 되는 지적측량의 경위
② 해당 토지에 대한 토지이동 연혁
③ 해당 토지에 대한 소유권 변동 연혁
④ 지적측량업자가 작성한 조사측량성과

Answer 82. ① 83. ③ 84. ④

해설 시·도지사가 지방지적위원회에 회부하여야 하는 사항
- 다툼이 되는 지적측량의 경위 및 그 성과
- 해당 토지에 대한 토지이동 및 소유권 변동 연혁
- 해당 토지 주변의 측량기준점, 경계, 주요 구조물 등 현황 실측도

85. 공간정보의 구축 및 관리 등에 관한 법령상 지적도면과 경계점좌표등록부에 공통으로 등록하여야 하는 사항은?(단, 따로 규정을 둔 사항은 제외한다.)

① 경계, 좌표
② 지번, 지목
③ 토지의 소재, 지번
④ 토지의 고유번호, 경계

해설 지적도면과 경계점좌표등록부의 등록사항

지적도면의 등록사항	경계점좌표등록부의 등록사항
토지의 소재	토지의 소재
지번	지번
지목	좌표
경계	토지의 고유번호
지적도면의 색인도	지적도면의 번호
지적도면의 제명 및 축척	필지별 경계점좌표등록부의 장번호
도곽선과 그 수치	부호 및 부호도
좌표에 의하여 계산된 경계점 간의 거리 (경계점좌표등록부를 갖춰 두는 지역으로 한정)	-
삼각점 및 지적기준점의 위치	-
건축물 및 구조물 등의 위치	-

86. 국토교통부장관이 기본측량을 실시하기 위하여 필요하다고 인정하는 경우, 토지의 수용 또는 사용에 따른 손실보상에 관하여 적용하는 법률은?

① 부동산등기법
② 국토의 계획 및 이용에 관한 법률
③ 공간정보의 구축 및 관리 등에 관한 법률
④ 공익사업을 위한 토지 등의 취득 및 보상에 관한 법률

해설 토지 수용 및 사용
- 국토교통부장관은 기본측량을 실시하기 위하여 필요하다고 인정하는 경우에는 토지, 건물, 나무 그 밖의 공작물을 수용하거나 사용
- 수용 또는 사용 및 손실보상에 관하여는 "공익사업을 위한 토지 등의 취득 및 보상에 관한 법률"을 적용

87. 도시개발사업 등의 지번부여방법과 동일하게 준용하여 지번을 부여하는 때가 아닌 것은?

① 지번부여지역의 지번을 변경할 때
② 등록전환에 의해 지번을 부여할 때
③ 축척변경 시행지역의 필지에 지번을 부여할 때
④ 행정구역 개편에 따라 새로 지번을 부여할 때

해설 1. 지적확정측량을 실시한 지역의 지번부여
- 사업지역 내 편입된 토지 중 본번만으로 부여
- 종전 지번의 수가 새로 부여할 지번의 수보다 적을 때에는 블록단위로 하나의 본번을 부여한 후 필지별로 부번을 부여하거나 최종 본번 다음 순번부터 본번으로 하여 지번을 부여
2. 지번부여지역의 지번변경, 행정구역 개편에 따라 새로 지번부여, 축척변경 시행지역의 필지에 지번을 부여할 때는 지적확정측량을 실시한 지역의 지번부여를 준용할 것
3. 신규등록, 등록전환에 따른 지번부여
- 신규등록, 등록전환의 경우 당해 지번부여지역 내 인접토지의 본번에 부번을 붙여서 부여
- 지번부여지역의 최종 본번의 다음 순번부터 본번으로 하여 순차적으로 지번을 부여할 수 있는 경우
  - 대상토지가 그 지번부여지역의 최종 지번의 토지에 인접하여 있는 경우
  - 대상토지가 이미 등록된 토지와 멀리 떨어져 있어서 등록된 토지의 본번에 부번을 부여하는 것이 불합리한 경우
  - 대상토지가 여러 필지로 되어 있는 경우

88. 지적소관청이 관할등기소에 토지의 표시변경에 관한 등기를 할 필요가 있는 사유가 아닌 것은?

① 토지소유자의 신청을 받아 지적소관청이 신규등록한 경우
② 지적소관청이 지적공부의 등록사항에 잘못이 있음을 발견하여 이를 직권으로 조사·측량하여 정정한 경우
③ 지적공부를 관리하기 위하여 필요하다고 인정되어 지적소관청이 직권으로 일정한 지역을 정하여 그 지역의 축척을 변경한 경우
④ 지번부여지역의 일부가 행정구역의 개편으로 다른 지번부여지역에 속하게 되어 지적소관청이 새로 속하게 된 지번부여지역의 지번을 부여한 경우

해설 등기촉탁의 대상
- 토지의 이동이 있는 경우(신규등록 제외)
- 지번을 변경한 때
- 축척변경을 한 때
- 바다로 된 토지의 등록말소
- 행정구역의 명칭변경
- 등록사항의 오류를 지적소관청이 직권으로 조사, 측량하여 정정한 때

89. 공간정보의 구축 및 관리 등에 관한 법률상 지적측량업자의 지위를 승계한 자는 그 승계 사유가 발생한 날부터 며칠 이내에 대통령령으로 정하는 바에 따라 신고하여야 하는가?

① 10일 ② 20일 ③ 30일 ④ 60일

Answer 87. ② 88. ① 89. ③

해설 지적측량업자의 지위 승계
- 지적측량업자가 그 사업을 양도하거나 사망한 경우 또는 법인인 측량업자의 합병이 있는 경우에는 그 사업의 양수인·상속인 또는 합병 후 존속하는 법인이나 합병에 따라 설립된 법인은 종전의 측량업자의 지위를 승계
- 측량업자의 지위를 승계한 자는 그 승계 사유가 발생한 날부터 30일 이내에 시·도지사에게 신고

90. 지적공부의 등록사항 중 토지소유자에 관한 사항을 정정할 경우 다음 중 어느 것을 근거로 정정하여야 하는가?

① 토지대장　② 등기신청서　③ 매매계약서　④ 등기사항증명서

해설 토지소유자에 관한 등록사항의 정정
- 등기필증, 등기완료통지서, 등기사항증명서 또는 등기관서에서 제공한 등기전산정보자료에 따라 정정
- 미등기 토지에 대하여 토지소유자의 성명 또는 명칭, 주민등록번호, 주소 등에 관한 사항의 정정을 신청한 경우로서 그 등록사항이 명백히 잘못된 경우에는 가족관계 기록사항에 관한 증명서에 따라 정정

91. 지적측량업의 등록을 취소해야 하는 경우에 해당되지 않는 것은?

① 다른 사람에게 자기의 등록증을 빌려주어 측량업무를 하게 한 경우
② 영업정지기간 중에 계속하여 지적측량 영업을 한 경우
③ 거짓이나 그 밖의 부정한 방법으로 지적측량업의 등록을 한 경우
④ 법인의 임원 중 형의 집행유예 선고를 받고 그 유예기간이 경과된 자가 있는 경우

해설 측량업의 등록을 취소해야 하는 경우
- 거짓이나 그 밖의 부정한 방법으로 측량업의 등록을 한 경우
- 등록기준에 미달하게 된 경우. 다만, 일시적으로 등록기준에 미달되는 등 대통령령으로 정하는 경우는 제외
- 공간정보관리법 제47조(측량업등록의 결격사유) 각 호의 어느 하나에 해당하게 된 경우. 다만, 측량업자가 같은 조 제5호에 해당하게 된 경우로서 그 사유가 발생한 날부터 3개월 이내에 그 사유를 없앤 경우는 제외
- 다른 사람에게 자기의 측량업등록증 또는 측량업등록수첩을 빌려주거나 자기의 성명 또는 상호를 사용하여 측량업무를 하게 한 경우
- 영업정지기간 중에 계속하여 영업을 한 경우
- 측량업자가 측량기술자의 국가기술자격증을 대여받은 사실이 확인된 경우

92. 등기관서의 등기전산정보자료 등의 증명자료 없이 토지소유자의 변경사항을 지적소관청이 직접 조사·등록할 수 있는 경우는?

① 상속으로 인하여 소유권을 변경할 때
② 신규등록할 토지의 소유자를 등록할 때
③ 주식회사 또는 법인의 명칭을 변경하였을 때
④ 국가에서 지방자치단체로 소유권을 변경하였을 때

Answer　90. ④　91. ④　92. ②

해설 토지소유자의 정리

지적공부에 등록된 토지소유자의 변경사항은 등기관서에서 등기한 것을 증명하는 등기 필증, 등기완료통지서, 등기사항증명서 또는 등기관서에서 제공한 등기전산정보자료에 따라 정리한다. 다만, 신규등록하는 토지의 소유자는 지적소관청이 직접 조사하여 등록한다.

93. 평판측량방법에 따른 세부측량을 할 경우 거리측정단위로 옳은 것은?

① 지적도를 갖춰 두는 지역 : 1센티미터
   임야도를 갖춰 두는 지역 : 10센티미터
② 지적도를 갖춰 두는 지역 : 1센티미터
   임야도를 갖춰 두는 지역 : 50센티미터
③ 지적도를 갖춰 두는 지역 : 5센티미터
   임야도를 갖춰 두는 지역 : 10센티미터
④ 지적도를 갖춰 두는 지역 : 5센티미터
   임야도를 갖춰 두는 지역 : 50센티미터

해설 평판측량방법에 따른 세부측량 기준
- 거리측정단위는 지적도를 갖춰 두는 지역에서는 5센티미터로 하고, 임야도를 갖춰 두는 지역에서는 50센티미터로 할 것
- 측량결과도는 그 토지가 등록된 도면과 동일한 축척으로 작성할 것
- 세부측량의 기준이 되는 위성기준점, 통합기준점, 삼각점, 지적삼각점, 지적삼각보조점, 지적도근점 및 기지점이 부족한 경우에는 측량상 필요한 위치에 보조점을 설치하여 활용할 것
- 경계점은 기지점을 기준으로 하여 지상경계선과 도상경계선의 부합 여부를 현형법(現形法)·도상원호(圖上圓弧)교회법·지상원호(地上圓弧)교회법 또는 거리비교확인법 등으로 확인하여 정할 것

94. 지적측량의 방법에 대한 설명으로 틀린 것은?

① 위성측량의 방법 및 절차 등에 관하여 필요한 사항은 시·도지사가 따로 정한다.
② 지적삼각점측량은 위성기준점, 통합기준점, 삼각점 및 지적삼각점을 기초로 하여 경위의측량방법, 전파기 또는 광파기측량방법, 위성측량방법 및 국토교통부장관이 승인한 측량방법에 따르되, 그 계산은 평균계산법이나 망평균계산법에 따른다.
③ 세부측량은 위성기준점, 통합기준점, 지적기준점 및 경계점을 기초로 하여 경위의측량방법, 평판측량방법, 위성측량방법 및 전자평판측량방법에 따른다.
④ 지적도근점측량은 위성기준점, 통합기준점, 삼각점 및 지적기준점을 기초로 하여 경위의측량방법, 전파기 또는 광파기측량방법, 위성측량방법 및 국토교통부장관이 승인한 측량방법에 따르되, 그 계산은 도선법, 교회법 및 다각망도선법에 따른다.

해설 지적측량의 방법
- 지적삼각점측량 : 위성기준점, 통합기준점, 삼각점 및 지적삼각점을 기초로 하여 경위의측량방법, 전파기 또는 광파기측량방법, 위성측량방법 및 국토교통부장관이 승인한 측량방법에 따르되, 그 계산은 평균계산법이나 망평균계산법에 따른다.
- 지적삼각보조점측량 : 위성기준점, 통합기준점, 삼각점, 지적삼각점 및 지적삼각보조점을 기초로 하여

경위의측량방법, 전파기 또는 광파기측량방법, 위성측량방법 및 국토교통부장관이 승인한 측량방법에 따르되, 그 계산은 교회법 또는 다각망도선법에 따른다.
- 지적도근점측량 : 위성기준점, 통합기준점, 삼각점 및 지적기준점을 기초로 하여 경위의측량방법, 전파기 또는 광파기측량방법, 위성측량방법 및 국토교통부장관이 승인한 측량방법에 따르되, 그 계산은 도선법, 교회법 및 다각망도선법에 따른다.
- 세부측량 : 위성기준점, 통합기준점, 지적기준점 및 경계점을 기초로 하여 경위의측량방법, 평판측량방법, 위성측량방법 및 전자평판측량방법에 따른다.

※ 위성측량의 방법 및 절차 등에 관하여 필요한 사항은 국토교통부장관이 따로 정한다.

95. 면적측정의 대상 및 방법 등에 대한 설명으로 옳지 않은 것은?

① 지적공부의 복구 및 축척변경을 하는 경우 필지마다 면적을 측정하여야 한다.
② 좌표면적계산법에 의한 산출면적은 1,000분의 1m^2까지 계산하여 1m^2 단위로 정한다.
③ 지적공부의 등록사항에 잘못이 있어 면적 또는 경계를 정정하는 경우 필지마다 면적을 측정하여야 한다.
④ 도시개발사업 등으로 인한 토지의 이동에 따라 토지의 표시를 새로이 결정하는 경우 필지마다 면적을 측정하여야 한다.

해설 1. 면적측정의 대상
- 지적공부를 복구, 신규등록, 등록전환, 분할 및 축척변경을 하는 경우
- 등록사항 정정에 따라 면적 또는 경계를 정정하는 경우
- 도시개발사업 등으로 인한 토지의 이동에 따라 토지의 표시를 새로 결정하는 경우
- 경계복원측량 및 지적현황측량에 면적측정이 수반되는 경우
  ※ 경계복원측량과 지적현황측량을 하는 경우에는 필지마다 면적을 측정하지 아니한다.
2. 면적측정의 절차
- 세부측량 시 필지마다 면적을 측정함
- 필지별 면적측정은 좌표면적계산법, 전자면적측정기에 의함
- 도곽선에 0.5mm 이상의 신축 시 보정
3. 좌표면적계산법에 의한 면적측정
- 경위의 측량방법으로 세부측량을 한 지역의 필지별 면적측정은 경계점 좌표에 따를 것
- 산출면적은 1천 분의 1제곱미터까지 계산하여 10분의 1제곱미터 단위로 정할 것
4. 전자면적측정기에 따른 면적측정
- 도상에서 2회 측정하여 그 교차가 다음 계산식에 따른 허용면적 이하일 때에는 그 평균치를 측정면적으로 할 것
  $A = 0.023^2 M\sqrt{F}$
  여기서, A : 허용면적, M : 축척분모, F : 2회 측정한 면적의 합계를 2로 나눈 수
- 측정면적은 1천 분의 1제곱미터까지 계산하여 10분의 1제곱미터 단위로 정할 것

96. 지적측량 시행규칙상 지적도근점측량을 시행하는 경우, 지적도근점을 구성하는 도선이 아닌 것은?

① 개방도선
② 결합도선
③ 왕복도선
④ 폐합도선

해설 지적도근점측량 방법
- 지적도근점측량을 할 때에는 미리 지적도근점표지를 설치하여야 한다.
- 지적도근점의 번호는 영구표지를 설치하는 경우에는 시·군·구별로, 영구표지를 설치하지 아니하는 경우에는 시행지역별로 설치순서에 따라 일련번호를 부여한다. 이 경우 각 도선의 교점은 지적도근점의 번호 앞에 "교"자를 붙인다.
- 지적도근점측량의 도선은 다음 각 호의 기준에 따라 1등도선과 2등도선으로 구분한다.
  - 1등도선은 위성기준점, 통합기준점, 삼각점, 지적삼각점 및 지적삼각보조점의 상호 간을 연결하는 도선 또는 다각망도선으로 할 것
  - 2등도선은 위성기준점, 통합기준점, 삼각점, 지적삼각점 및 지적삼각보조점과 지적도근점을 연결하거나 지적도근점 상호 간을 연결하는 도선으로 할 것
  - 1등도선은 가·나·다순으로 표기하고, 2등도선은 ㄱ·ㄴ·ㄷ순으로 표기할 것
- 지적도근점은 결합도선·폐합도선·왕복도선 및 다각망도선으로 구성하여야 한다.

97 지적확정예정조서 작성 시 포함하는 사항으로 옳은 것은?

① 토지의 경계점 간 거리
② 중앙위원회 위원의 성명과 주소
③ 측량에 사용한 지적기준점의 명칭
④ 토지소유자의 성명 또는 명칭 및 주소

해설 지적확정예정조서의 작성 시 포함되는 사항
- 토지의 소재지
- 종전 토지의 지번, 지목 및 면적
- 산정된 토지의 지번, 지목 및 면적
- 토지소유자의 성명 또는 명칭 및 주소
- 그 밖에 국토교통부장관이 지적확정예정조서 작성에 필요하다고 인정하여 고시하는 사항

98. 공간정보의 구축 및 관리 등에 관한 법령상 지상 경계점에 경계점표지를 설치한 후 측량할 수 있는 경우가 아닌 것은?

① 관계 법령에 따라 인가·허가 등을 받아 토지를 분할하려는 경우
② 토지 일부에 대한 지상권 설정을 목적으로 분할하고자 하려는 경우
③ 토지 이용상 불합리한 지상 경계를 시정하기 위하여 토지를 분할하려는 경우
④ 도시개발사업의 사업시행자가 사업지구의 경계를 결정하기 위하여 토지를 분할하려는 경우

해설 지상 경계점에 경계점표지 설치 후 측량할 수 있는 경우
- 도시개발사업 등의 사업시행자가 사업지구의 경계를 결정하기 위하여 토지를 분할하려는 경우
- 사업시행자와 행정기관의 장 또는 지방자치단체의 장이 토지를 취득하기 위하여 분할하려는 경우
- 도시·군관리계획 결정고시와 지형도면 고시가 된 지역의 도시·군관리계획선에 따라 토지를 분할하려는 경우
- 토지를 분할하려는 경우
- 관계 법령에 따라 인가·허가 등을 받아 토지를 분할하려는 경우

99. 다음 중 지적재조사사업에 관한 기본계획 수립 시 포함해야 하는 사항으로 옳지 않은 것은?

① 지적재조사사업의 시행기간
② 지적재조사사업에 관한 기본방향
③ 지적재조사사업비의 특별자치도를 제외한 행정구역별 배분계획
④ 지적재조사사업에 필요한 인력 확보계획

해설 지적재조사사업에 관한 기본계획 수립
1. 기본계획의 수립권자 : 국토교통부장관
2. 기본계획의 내용
   ① 지적재조사사업에 관한 기본방향
   ② 지적재조사사업의 시행기간 및 규모
   ③ 지적재조사사업비의 연도별 집행계획
   ④ 지적재조사사업비의 특별시 · 광역시 · 도 · 특별자치도 · 특별자치시 및 「지방자치법」 제175조에 따른 인구 50만 이상 대도시별 배분계획
   ⑤ 지적재조사사업에 필요한 인력의 확보에 관한 계획
   ⑥ 그 밖에 지적재조사사업의 효율적 시행을 위하여 필요한 사항으로서 대통령령으로 정하는 사항
3. 기본계획의 수립절차
   ① 국토교통부장관은 기본계획을 수립할 때에는 미리 공청회를 개최하여 관계 전문가 등의 의견을 들어 기본계획안을 작성하고, 특별시장 · 광역시장 · 도지사 · 특별자치도지사 · 특별자치시장 및 「지방자치법」 제175조에 따른 인구 50만 이상 대도시의 시장에게 그 안을 송부하여 의견을 들은 후 제28조에 따른 중앙지적재조사위원회의 심의를 거쳐야 한다.
   ② 시 · 도지사는 제2항에 따라 기본계획안을 송부받았을 때에는 이를 지체 없이 지적소관청에 송부하여 그 의견을 들어야 한다.
   ③ 지적소관청은 기본계획안을 송부받은 날부터 20일 이내에 시 · 도지사에게 의견을 제출하여야 하며, 시 · 도지사는 기본계획안을 송부받은 날부터 30일 이내에 지적소관청의 의견에 자신의 의견을 첨부하여 국토교통부장관에게 제출하여야 한다. 이 경우 기간 내에 의견을 제출하지 아니하면 의견이 없는 것으로 본다.
   ④ 국토교통부장관은 기본계획을 수립하거나 변경하였을 때에는 이를 관보에 고시하고 시 · 도지사에게 통지하여야 하며, 시 · 도지사는 이를 지체 없이 지적소관청에 통지하여야 한다.
   ⑤ 국토교통부장관은 기본계획이 수립된 날부터 5년이 지나면 그 타당성을 다시 검토하고 필요하면 이를 변경하여야 한다.

100. 지적업무처리규정상 지적측량수행자가 지적측량정보를 처리할 수 있는 시스템에 측량준비파일을 등록하여 자료를 조사하여야 하는 사항이 아닌 것은?

① 측량연혁
② 토지의 지목
③ 경계 및 면적
④ 지적기준점 성과

해설 지적측량수행자가 조사하여야 하는 사항
• 경계 및 면적
• 지적측량성과의 결정방법
• 측량연혁
• 지적기준점 성과
• 그 밖에 필요한 사항

Answer 99. ③ 100. ②

INDUSTRIAL ENGINEER CADASTRAL SURVEYING

2022년 기출복원문제

2022년 제1회 지적산업기사

2022년 제2회 지적산업기사

2022년 제3회 지적산업기사

2022년 시행

Industrial Engineer Cadastral Surveying

2022년 제1회 지적산업기사

01 지적측량

SUBJECT

01. 다음 중 지적측량의 구분으로 옳은 것은?
① 기초측량, 세부측량
② 확정측량, 세부측량
③ 기초측량, 삼각측량
④ 세부측량, 삼각측량

해설 지적측량 시행규칙 제5조(지적측량의 구분 등)
지적측량은 지적기준점을 정하기 위한 기초측량과, 1필지의 경계와 면적을 정하는 세부측량으로 구분한다.
• 기초측량은 일필지측량을 하기 위해 기준점을 설치하고 관측하는 측량이며, 지적삼각점측량, 지적삼각보조점측량, 지적도근점측량이 있다.
• 세부측량은 기초측량에 의해 설치된 기준점, 또는 경계점을 기초로 하여 일필지 측량을 하는 측량방법이며 경위의측량, 측판측량이 있다.

02. 경계점좌표등록부 시행지역에서 경계점의 지적측량성과와 검사성과의 연결교차 허용범위 기준으로 옳은 것은?
① 0.10m 이내
② 0.15m 이내
③ 0.20m 이내
④ 0.25m 이내

해설 지적측량 시행규칙 제27조(지적측량성과의 결정)

대 상		연결교차
지적삼각점		0.20미터
지적삼각보조점		0.25미터
지적도근점	경계점좌표등록부 시행지역	0.15미터
	그 밖의 지역	0.25미터
경계점	경계점좌표등록부 시행지역	0.10미터
	그 밖의 지역	10분의 3M밀리미터 (M은 축척분모)

Answer 1. ① 2. ①

03. 최소제곱법에 의한 확률법칙에 의해 처리할 수 있는 오차는?

① 정오차　　② 부정오차　　③ 착각　　④ 과대오차

해설 부정오차(우연오차, 상차)
- 발생 원인이 불명확한 오차이다.
- 오차 원인의 방향이 일정하지 않다.
- 서로 상쇄되기도 하므로 상차라고도 한다.
- 최소제곱법에 의한 확률법칙에 의해 처리가 가능하다.
- 원인을 알아도 소거가 불가능하다.

04. 다음 중 면적의 결정방법으로 옳은 것은?

① 지적도의 축척이 1/600인 지역의 면적단위는 제곱미터로 한다.
② 지적도의 축척이 1/600인 지역의 면적단위는 제곱미터 이하 한 자리로 한다.
③ 지적도의 축척이 1/600인 지역의 1필지의 면적이 1제곱미터 미만인 경우는 1제곱미터로 면적을 결정한다.
④ 지적도의 축척이 1/600인 지역의 1필지의 면적이 1제곱미터 미만의 끝수가 있는 경우 0.5제곱미터 미만인 경우에는 버린다.

해설 공간정보의 구축 및 관리 등에 관한 법률 시행령 제7조(면적의 결정 및 측량계산의 끝수처리)
1. 토지의 면적에 제곱미터 미만의 끝수가 있는 경우 0.5제곱미터 미만인 때에는 버리고, 0.5제곱미터를 초과하는 때에는 올리며, 0.5제곱미터인 때에는 구하고자 하는 끝자리의 숫자가 0 또는 짝수이면 버리고 홀수이면 올린다.
다만, 1필지의 면적이 1제곱미터 미만인 때에는 1제곱미터로 한다.
2. 지적도의 축척이 600분의 1인 지역과 경계점좌표등록부에 등록하는 지역의 토지의 면적은 제1호의 규정에 불구하고 제곱미터 이하 한 자리 단위로 하며 단수처리방법은 1항의 방법과 동일하다. 따라서 지적도의 축척이 600분의 1인 지역과 경계점좌표등록부에 등록하는 지역의 토지의 면적결정만 소수점 한 자리로 하고 그 외의 지역의 경우에는 정수로 결정한다.
지적도의 축척이 1/600인 지역의 1필지의 면적이 1제곱미터 미만인 경우는 0.1제곱미터로 면적을 결정한다.

05. 수평거리 745m, 연직각 5° 10′일 때 경사거리는?

① 730.75m　　② 690.32m　　③ 741.97m　　④ 748.04m

해설 수평거리=경사거리×cos θ

$$경사거리 = \frac{수평거리}{\cos\theta} = \frac{745}{\cos 5°10′} = 748.04$$

∴ 748.04m

Answer　3. ②　4. ②　5. ④

06. 다음 중 경위의측량방법에 따른 세부측량에서의 거리측정 단위로 옳은 것은?

① 1cm ② 5cm ③ 10cm ④ 1m

해설 지적측량 시행규칙 제18조(세부측량의 기준 및 방법 등)
거리측정단위
1. 지적도를 비치하는 지역에서는 5센티미터로 한다.
2. 임야도를 비치하는 지역에서는 50센티미터로 한다.
3. 경계점좌표등록지역에서는 1센티미터로 한다.

07. 표준길이보다 6cm가 짧은 100m 줄자로 측정한 거리가 650m였다면 실제거리는?

① 649.0m ② 649.6m ③ 650.4m ④ 651.0m

해설 측정횟수 = $\dfrac{측정거리}{줄자길이} = \dfrac{650}{100} = 6.5$회

$6.5 \times 0.06 = 0.39$

신가축감에 의해 $650 - 0.39 = 649.61$m

∴ 649.6m

※ 신가축감 : 늘어난 자로 측정을 했으면 측정거리에 가산해주고 줄어든 자로 측정했으면 감소한 거리를 빼준다.

08. 배각법에 의한 지적도근점측량을 시행할 경우 수평각을 관측한 1배각과 3배각의 평균값에 대한 교차는 얼마 이내여야 하는가?

① 30초 이내 ② 40초 이내
③ 50초 이내 ④ 1분 이내

해설 지적측량 시행규칙 제14조(지적도근점의 각도관측을 할 때의 폐색오차의 허용범위 및 측각오차의 배분) 도선법과 다각망도선법에 의한 지적도근점의 각도관측에 있어서 폐색오차의 허용범위는 다음 각 호의 기준에 의한다. 이 경우 n은 폐색변을 포함한 변의 수를 말한다.
1. 배각법에 의하는 때에는 1회 측정각과 3회 측정각의 평균값에 대한 교차는 30초 이내로 하고, 1도선의 기지방위각 또는 평균방위각과 관측방위각의 폐색오차는 1등도선은 $\pm 20\sqrt{n}$ 초 이내, 2등도선은 $\pm 30\sqrt{n}$ 초 이내로 한다.
2. 방위각법에 의하는 때에는 1도선의 폐색오차는 1등도선은 $\pm\sqrt{n}$ 분 이내, 2등도선은 $\pm 1.5\sqrt{n}$ 분 이내로 한다.

09. 직경 3mm의 원으로 제도하고 원 안을 검은색으로 얇게 채색하여 제도하는 지적측량기준점은?

① 지적삼각점 ② 지적삼각보조점
③ 지적위성기준점 ④ 지적도근점

Answer 6. ① 7. ② 8. ① 9. ②

해설 지적업무처리규정 제43조(지적기준점 등의 제도)

기준점명칭	표시	내용
지적위성기준점	⊕	직경 2mm, 3mm의 2중 원 안에 십자선 표시
지적삼각점	⊕	직경 3mm의 원으로 제도하고 원 안에 십자선
지적삼각보조점	●	직경 3mm의 원으로 제도하고 원 안에 검은색으로 엷게 채색한다.
지적도근점	○	직경 2mm의 원으로 제도

10. 측판측량방법에 의한 세부측량을 도선법으로 하는 경우에 대한 설명으로 알맞은 것은?

① 기초점 안으로 상호 연결하여야 한다.
② 도선의 측선장은 도상 15cm 이하로 한다.
③ 도선의 변수는 20변 이하로 한다.
④ 도선의 폐색오차 공차는 $\sqrt{N}/5$이다.(N은 변의 수)

해설 지적측량 시행규칙 제18조(세부측량의 기준 및 방법 등)
1. 지적측량기준점 그 밖에 명확한 기지점 간을 서로 연결한다.
2. 도선의 측선장은 도상길이 8센티미터 이하로 한다. 다만, 광파조준의를 사용하는 때에는 20센티미터 이하로 할 수 있다.
3. 도선의 변은 20개 이하로 한다.
4. 도선의 폐색오차가 도상길이 $\frac{\sqrt{n}}{3}$밀리미터 이하인 때에 그 오차는 다음의 산식에 따라 이를 각 점에 배분하여 그 점의 위치로 한다.

$Mn = \frac{e}{N} \times n$

(여기서, Mn은 각 점에 순서대로 배분할 밀리미터 단위의 도상길이, e는 밀리미터 단위의 오차, N은 변의 수, n은 변의 순서)

11. 앨리데이드를 이용하여 두 점 간의 경사거리와 경사분획을 측정한 결과 경사거리 80m 경사분획 +15.5인 경우 두 점 간의 수평거리는 얼마인가?

① 79.1m
② 79.5m
③ 78.5m
④ 78.1m

해설 지적측량 시행규칙 제18조(세부측량의 기준 및 방법 등)

$$D = l \times \frac{1}{\sqrt{1+\left(\frac{n}{100}\right)^2}} = 80 \times \frac{1}{\sqrt{1+\left(\frac{15.5}{100}\right)^2}} = 79.06 \quad \therefore 79.1\text{m}$$

여기서, D : 수평거리, l : 경사거리, n : 경사분획

12. 지적제도에 있어서 행정구역선의 제도에 대한 설명으로 옳은 것은?

① 시·군의 행정구역선은 0.2mm의 폭으로 제도한다.
② 동·리의 행정구역선은 0.1mm의 폭으로 제도한다.
③ 행정구역선이 겹치는 경우 약간 띄워 모두 제도한다.
④ 행정구역선은 경계에서 약간 띄워 외부에 제도한다.

해설 지적업무처리규정 제44조(행정구역선의 제도)
- 도면에 등록하는 행정구역선은 0.4밀리미터 폭으로 제도한다. 다만, 동·리의 행정구역선은 0.2밀리미터 폭으로 한다.
- 행정구역선이 2종 이상 겹치는 경우에는 최상급 행정구역선만 제도한다.
- 행정구역선은 경계에서 약간 띄워서 그 외부에 제도한다.

13. 지적기준점측량의 절차가 올바르게 나열된 것은?

① 계획의 수립 → 준비 및 현지답사 → 선점 및 조표 → 관측 및 계산과 성과표의 작성
② 준비 및 현지답사 → 선점 및 조표 → 계획의 수립 → 관측 및 계산과 성과표의 작성
③ 계획의 수립 → 선점 및 조표 → 준비 및 현지답사 → 관측 및 계산과 성과표의 작성
④ 준비 및 현지답사 → 계획의 수립 → 선점 및 조표 → 관측 및 계산과 성과표의 작성

해설 지적측량 시행규칙 제7조(지적측량의 방법 등)
1. 계획의 수립
2. 준비 및 현지답사
3. 선점(選點) 및 조표(調標)
4. 관측 및 계산과 성과표의 작성

Answer 11. ① 12. ④ 13. ①

14. 평판측량방법에 따른 세부측량 시 일반적인 방향선 또는 측선장의 도상길이로 옳지 않은 것은?

① 교회법은 10센티미터 이하
② 도선법은 10센티미터 이하
③ 광파조준의에 의한 도선법은 30센티미터 이하
④ 광파조준의에 의한 교회법은 30센티미터 이하

해설

측량 방법	평판측량방법		
	교회법	도선법	방사법
방향선	10cm 이하 광파조준의, 광파측거기 사용 : 30cm이하	8cm 이하, 광파조준의, 광파측거기 사용 : 30cm 이하	10cm 이하 광파조준의 사용 시 30cm 이하

15. 다음 중 두 점 간의 실거리 300m를 도상에 6mm로 표시한 도면의 축척은 얼마인가?

① $\dfrac{1}{20,000}$
② $\dfrac{1}{25,000}$
③ $\dfrac{1}{50,000}$
④ $\dfrac{1}{100,000}$

해설 축척분모 = $\dfrac{지상거리}{도상거리}$ = $\dfrac{300,000}{6}$ = 50,000

∴ $\dfrac{1}{50,000}$

16. 경위의측량방법과 교회법에 의한 지적삼각보조점의 관측과 계산에 대한 기준으로 틀린 것은?

① 관측은 20초독 이상의 경위의를 사용
② 수평각 관측은 2대회의 각관측법
③ 기지각과의 차는 ±50초 이내
④ 삼각형 내각관측치의 합과 180도와의 차는 ±50초 이내

해설 지적측량 시행규칙 제11조(지적삼각보조점의 관측 및 계산)
① 경위의측량방법과 교회법에 의한 지적삼각보조점의 관측 및 계산은 다음 각 호의 기준에 의한다.
　1. 관측은 20초독 이상의 경위의를 사용할 것
　2. 수평각 관측은 2대회(윤곽도는 0도, 90도로 한다)의 방향관측법에 따를 것
　3. 수평각의 측각공차는 다음 표에 따를 것. 이 경우 삼각형 내각의 관측치를 합한 값과 180도와의 차는 내각을 전부 관측한 경우에 적용한다.

종별	1방향각	1측회의 폐색	삼각형내각 관측치의 합과 180도와의 차	기지각과의 차
공차	40초 이내	±40초 이내	±50초 이내	±50초 이내

17. 경위의측량방법에 따른 지적삼각보조점의 수평각 관측방법으로 옳은 것은?
① 3배각 관측법
② 2대회의 방향관측법
③ 3대회의 방향관측법
④ 방위각에 의한 관측법

해설 지적측량 시행규칙 제11조(지적삼각보조점의 관측 및 계산)
수평각 관측은 2대회의 방향관측법(윤곽도는 0도, 90도로 한다)에 따른다.

18. 지적삼각점의 관측에 있어 광파측거기는 표준편차가 얼마 이상인 정밀측거기를 사용하여야 하는가?
① ±(5mm, +5ppm)
② ±(5cm, +5ppm)
③ ±(0.05mm, +50ppm)
④ ±(0.05cm, +50ppm)

해설 지적측량 시행규칙 제9조(지적삼각점측량의 관측 및 계산)
전파 또는 광파측거기(光波測距機)는 표준편차가 ±[5밀리미터+5피피엠(ppm)] 이상인 정밀측거기를 사용하여야 한다.

19. 다음 중 측량 기준에 대한 설명으로 옳지 않은 것은?
① 수로조사에서 간출지(干出地)의 높이와 수심은 기본수준면을 기준으로 측량한다.
② 지적측량에서 거리와 면적은 지평면상의 값으로 한다.
③ 보통 측량의 원점은 대한민국 경위도원점 및 수준원점으로 한다.
④ 보통 위치는 세계측지계에 따라 측정한 지리학적 경위도와 평균해수면으로부터의 높이를 말한다.

해설 지적측량에서 거리와 면적은 수평면상의 값으로 한다.

20. 광파측거기에 의한 지적삼각점측량에서 점간거리 측정치의 교차가 얼마 이하일 때 그 평균치를 측정거리로 사용하는가?
① 1/1,000,000
② 1/100,000
③ 1/10,000
④ 1/1,000

해설 지적측량 시행규칙 제9조(지적삼각점측량의 관측 및 계산) 제2항
점간거리는 5회 측정하여 그 측정치의 최대치와 최소치의 교차가 평균치의 10만분의 1 이하인 때에는 그 평균치를 측정거리로 하고, 원점에 투영된 평면거리에 의하여 계산한다.

02 응용측량

21. 다음 노선측량의 작업과정 중 몇 개의 후보노선 가운데서 가장 좋은 1개의 노선을 결정하고 공사비를 개산(槪算)할 목적으로 실시하는 것은?
① 답사　　　　　　　　　② 예측
③ 실측　　　　　　　　　④ 공사측량

해설 노선측량의 작업과정 중 예측의 과정에서는 계획조사측량(지형도의 작성, 비교선의 선정, 종·횡단면도 작성, 계략노선의 결정)과 실시설계측량을 실시한다.

22. GNSS시스템의 구성요소가 아닌 것은?
① 위성에 대한 우주 부분
② 지상 관제소에서의 제어 부분
③ 경영 활동을 위한 영업 부분
④ 측량자가 사용하는 수신기 등에 대한 사용자 부분

해설 GNSS 구성요소로는 인공위성으로 구성된 우주 부분(Space Segment), 제어국으로 구성된 제어 부분(Control Segment), 수신기 등의 사용자 부분(User Segment)로 구성된다.

23. 수준측량에서 시준거리를 일정하게 하여 동일 조건하에서 측량하면 그 오차는 이론적으로 무엇에 비례하게 되는가?
① 관측횟수의 역수　　　　② 관측점수의 제곱
③ 관측값의 2배수　　　　④ 관측거리의 제곱근

해설 수준측량의 오차는 노선거리의 제곱근에 비례한다.
$E = C\sqrt{L}$
여기서, E : 수준측량 오차의 합, C : 1km에 대한 우연오차, L : 노선거리

24. 철도, 도로 등의 단곡선 설치에서 접선과 현이 이루는 각을 이용하여 곡선을 설치하는 방법은?
① 편각법　　　　　　　　② 중앙종거법
③ 접선편거법　　　　　　④ 접선지거법

해설 편각에 의한 방법은 도로·철도·수로 등에서 단곡선을 설치하는 데 가장 많이 사용된다.

Answer　21. ②　22. ③　23. ④　24. ①

25. 그림과 같이 직접 수준측량을 시행한 경우에 A점의 표고가 245.67이라면 C점의 표고는 얼마인가?

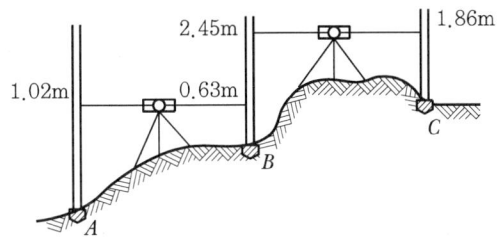

① 246.65m   ② 247.28m   ③ 247.91m   ④ 248.51m

해설 A점의 지반고는 245.67m이며 지반고=기계고(지반고+후시)−전시이다.
B점의 지반고=245.67+1.02−0.63=246.06m
C점의 지반고=246.06+2.45−1.86=246.65m

26. 완화곡선의 접선은 "시점에게는 (A)에, 종점에서는 (B)에 접한다."에서 (A, B)로 알맞은 것은?

① (원호, 직선)   ② (원호, 원호)
③ (직선, 원호)   ④ (직선, 직선)

해설 완화곡선이 가지고 있는 성질
• 곡선반경은 완화곡선의 시점에서 무한대, 종점에서 원고선 R로 된다.
• 완화곡선의 접선은 시점에서 직선에 종점에서 원호에 접한다.
• 완화곡선에 연한 곡선반경의 감소율은 캔트의 증가율과 동율(다른 부호)로 된다. 또 종점에 있는 캔트는 원고선의 캔트와 같게 된다.

27. 출발점에 세운 표척과 도착점에 세운 표척을 같게 하는 이유는?

① 표척의 상태(마모 등)로 인한 오차를 소거한다.
② 정준의 불량으로 인한 오차를 소거한다.
③ 수직축의 기울어짐으로 인한 오차를 제거한다.
④ 기포관의 감도불량으로 인한 오차를 제거한다.

해설 수준측량에서 전, 후시 거리를 같게 함으로써 제거되는 오차는 표척의 눈금오차이나.

28. 경사사진을 엄밀수직사진으로 변환시키는 작업은?

① 상호표정   ② 편위수정   ③ 기복변위   ④ 대지표점

해설 편위수정은 경사와 축척을 바로 수정하여 축척을 통일시키고 변위가 없는 연직사진으로 수정하는 작업을 말하며 편위수정 조건으로는 기하학적 조건(소실점 조건), 광학적 조건(Newton의 렌즈 조건), 샤임프러그(Scheimpflug) 조건이 있다.

Answer   25. ①   26. ③   27. ①   28. ②

29. 깊이 50m, 직경 5m인 수직터널에 의해 터널 내외를 연결하는 측량방법으로 가장 효율적인 것은?

① 삼각 구분법
② 폴과 지거법에 의한 방법
③ 데오도라이트와 추선에 의한 방법
④ 레벨과 항척에 의한 방법

해설 1개의 수직터널로 연결할 경우에는 수직갱에 2개의 추를 매달아서 이것에 의해 연직면을 정하고 그 방위각을 지상에서 관측하여 지하의 측량으로 연결한다.

30. 초점거리 150mm, 축척 1 : 10,000으로 촬영한 연직사진에서 종중복도 50%, 사진의 크기 23×23cm일 때 기선고도비는?

① 0.667
② 0.678
③ 0.767
④ 0.797

해설 촬영고도(H)=초점거리(f)×축척분모(m)=$0.15 \times 10,000 = 1,500$m

$$B = am\left(1 - \frac{P}{100}\right)$$
$$= 0.23 \times 10,000\left(1 - \frac{50}{100}\right) = 1150\text{m}$$

여기서, B : 촬영기선 길이, a : 화면크기, m : 축척분모, P : 종중복도

$$h = \frac{B}{H} = \frac{1,150}{1,500} = 0.767$$

여기서, h : 기선고도비, B : 촬영기선 길이, H : 촬영고도

31. 항공삼각측량의 표정에 사용되지 않는 것은?

① 공면조건식
② 부등각사상(Affine) 변환식
③ 공선조건식
④ 뉴톤(Newton) 변환식

해설 공선조건식과 공면조건식은 표정 중 상호표정에 사용되며 부등각사상 변환식은 내부표정에 사용된다.

32. 항공삼각측량방법 중에서 해석적으로 종횡접합모형(block)조정을 하는 방법이 아닌 것은?

① 다항식조정법
② 사선조정법
③ 독립모델조정법
④ 광속조정법

해설 항공삼각측량방법에서 대상물의 좌표를 얻기 위한 조정법에는 기계법(입체도화기)과 해석법(정밀 좌표관측기)이 있으며 해석법에는 스트립 및 블록조정(Strip 및 Block Adjustment), 독립모델법(Independent Model), 광속법(Bundle Adjustment)이 있으며 공선조건식을 이용하는 해석법에는 광속조정법이 사용된다.

33. 지상의 A점의 표고가 300m, B점의 표고가 800m이며, AB의 경사가 25%일 때 두 지점의 1 : 50,000 지형도상 거리는?

① 2cm
② 4cm
③ 6cm
④ 8cm

Answer 29. ③ 30. ③ 31. ④ 32. ② 33. ②

해설 높이(h) = 800 - 300 = 500m

사면의 경사 = $\frac{h}{D}$ = 25%

실제거리(D) = $\frac{500}{0.25}$ = 2,000m

축척 = $\frac{도상거리}{실제거리}$ = $\frac{2,000}{50,000}$ = 0.04 = 4cm

34. 항공사진을 편위수정 시 정밀을 요하거나 해석적 편위수정에 필요한 표정점의 최소 수는 몇 개인가?

① 3개   ② 4개   ③ 5개   ④ 6개

해설 편위수정은 경사와 축척을 바로 수정하여 축척을 통일시키고 변위가 없는 연직사진으로 수정하는 작업을 말하며 편위수정에는 최소 4개의 표정점이 필요하다.

35. 다음 중 삼각점의 신설을 위한 가장 적합한 GNSS 측량방법은?

① 점지측량방식(Static)   ② DGNSS(Differential GNSS)
③ Stop & Go 방식   ④ RTK(Real Time Kinematic)

해설 인공위성을 이용한 범세계 위치결정 시스템인 GNSS 측량방법 중의 하나인 Static측량은 수신된 신호를 컴퓨터 처리에 의해 각 수신기의 위치 및 거리를 계산하는 후처리 위치결정방식이다.

GNSS 측량방법
1. 절대관측방법(1점측위)
   ① 4개 이상의 위성으로부터 수신한 신호 중 C/A code를 이용하여 실시간 처리로 지구상 수신기의 위치를 결정하는 방법으로서 GNSS의 가장 일반적, 기초적 단계이다.
   ② 수m~25mn 정도의 낮은 정확도 때문에 선박, 자동차, 항공기 등의 항법에 이용된다.
2. 상대관측방법(간섭계측위) - 1대의 수신기는 기지점에, 다른 수신기는 미지점에 설치하여 2점 간에 도달하는 전파의 시간적 지연을 측정하여 2점 간의 거리를 정확히 구하여 미지점의 위치를 결정하는 방법이다.
   1) Static측량
      ① 2개 이상의 수신기를 각 측점에 고정하고 동시에 4개 이상의 위성으로부터 신호를 30분 이상 수신하는 방식으로서 수신된 신호를 컴퓨터 처리에 의해 각 수신기의 위치 및 거리를 계산하는 후처리 위치결정방식이다.
      ② 계산된 위치 및 거리 정확도가 수mm 정도(1ppm~0.01ppm)로 높으며 삼각점 등 기준점의 신설, 측지기준점측량, VLBI의 보완 또는 대체측량에 이용된다.
   2) Kinematic측량
      ① 기지점 수신기를 고정국, 다른 수신기를 이동국으로 하여 이동국을 순차적으로 이동하면서 신호를 수 초~수 분동안 수신하는 방식으로 관측 자료를 후처리하여 위치를 결정하는 방식이다.
      ② 수mm~수cm정확도로 이동차량의 위치결정, 지형측량, 각종 공사측량 등에 이용된다.
   3) RTK(Real Time Kinematic)측량
      실시간 이동측량은 기지점의 고정국과 미지점의 이동국 간의 위치관계를 라디오모뎀 등을 이용하여 실시간으로 처리하는 체계이다.

36. 항공사진측량의 특징에 대한 설명으로 옳지 않은 것은?

① 정량적 및 정성적 측정이 가능하다.
② 대상물이 움직이더라도 그 상태를 분석할 수 있다.
③ 축척이 작을수록, 광역일수록 경제적이다.
④ 기상조건에 지장을 받지 않는다.

해설 항공사진측량은 항공기를 이용하여 하는 측량이기에 기상의 영향을 많이 받는다.

37. 원곡선에서 곡선길이가 150.39m이고 곡선반경이 200m일 때 교각은?

① 30° 12′   ② 43° 05′   ③ 45° 25′   ④ 53° 35′

해설 $CL = 0.1745 \times R \times I = 0.1745 \times 200 \times I = 150.39$

$I = \dfrac{150.39}{0.01745 \times 200} = 43° 05′ 30.09″$

38. 위성측량에서 GNSS의 의사거리(Pseudo Range)에 대한 설명으로 옳은 것은?

① 시간 오차 등 각종 오차를 포함하고 있는 계산된 거리이다.
② 모든 오차가 제거된 최종 확정된 거리이다.
③ 수신기의 가상의 기준국 간에 실제 거리이다.
④ 측정된 위성과 수신기 간의 거리에서 시간 오차가 보정된 거리이다.

해설 의사거리는 인공위성과 지상수신기 사이의 거리측정값으로 인공위성에서 송신되어 수신기로 도착된 송신 신호를 PRN(Pseudo Range Noise) 인식 코드로 비교하여 측정하며 송수신기 시계의 시간 오차가 발생되며 거리는 기하학적인 실제 거리와 달라 의사거리라고 하며 항법장치에 주로 사용된다.

39. 터널 내가 넓은 경우 세부측량 방법으로 적당한 것은?

① 형각법   ② 방사법   ③ 지거법   ④ 삼각법

해설 방사법은 측량 구역이 넓고 장애물이 없을때 한 측점에 평판을 세워 그 점 주위에 목표점의 방향과 거리를 측정하는 방법이다.

40. 경지정리 확정측량을 위한 항공사진측량을 실시할 때 수직사진은 일반적으로 화면의 경사각을 몇 도까지 허용하는가?

① 1°   ② 3°   ③ 5°   ④ 7°

해설 항공사진에서 수직사진은 카메라의 경사가 3° 이내일 때의 사진이다.

Answer 36. ④   37. ②   38. ①   39. ②   40. ②

03 토지정보체계론

41. 다음 중 데이터베이스 관리 시스템(DBMS) 및 데이터베이스 관리용 소프트웨어는?
① ArcView
② Oracle
③ Automap
④ Geomedia

해설 ① ArcView : ESRI회사에서 개발한 GIS용 software
② Automap : 오토데스크 회사에서 개발, 캐드환경에서 매핑 정보를 작성, 유지보수, 분석, 제작하기 위한 솔루션
③ 지오메니아(Geomania) : 국내개발 GIS Tool

42. 지적속성정보의 수집은 주로 신규자료와 변경자료를 대상으로 한다. 이러한 속성정보를 수집하는 방법에 해당되지 않는 것은?
① 토지소유자에 의한 전산 입력
② 담당공무원의 직권
③ 관계기관의 통보
④ 민원신청

해설 지적속성정보(지번, 지목, 면적, 소유자, 토지가격 등)는 수집에서 소유자에 의한 전산입력은 거리가 멀다(국정주의 원칙).

43. 국토정보시스템의 효율적인 관리 및 운영을 위한 토지관련 자료 등에 속하지 않는 것은?
① 지적위성기준점 관측자료
② 실거래가 거래자료
③ 주민등록 전산자료
④ 공시지가 전산자료

해설 국토정보시스템(National Spatial Data System) DB
① 부동산정보 : 토지대장, 건축물정보
② 소유자정보 : 주민등록전산정보
③ 가격정보 : 개별공시지가, 개별주택가격
④ 실거래가 : 매매거래정보, 전월세공개정보
⑤ 공간정보 : 지적도, 연속지적도, 용도지역지구도, GIS건물통합

44. 다음 중 지도데이터의 표준화를 위하여 미국의 국가위원회(NCDCDS)에서 분류한 1차원의 공간 객체에 해당하지 않는 것은?
① 선(Line)
② 면적(Area)
③ 스트링(String)
④ 아크(Arc)

Answer 41. ② 42. ① 43. ① 44. ②

해설 공간자료의 표현
① 0차원 공간객체 : 점(Point), 노드(Node)
② 1차원 공간객체 : 스트링(String), 아크(Arc), 링크(Link), 체인(Chain)
③ 2차원 공간객체 : 폴리곤(Polygon), 내부에어리어(Interior Area)

45. 토지정보시스템의 기본적인 구성요소와 거리가 먼 것은?

① 데이터베이스
② 하드웨어
③ 소프트웨어
④ 보완시스템

해설 구성요소
조직과 인력, 데이터베이스, 소프트웨어, 하드웨어

46. 지적재조사 사업이 필요한 이유로 가장 거리가 먼 것은?

① NGIS 구축
② 지적도면의 노후화
③ 지적불부합지의 과다
④ 통일원점의 본원적 문제

해설 국가지리정보체계(NGIS : National Geographic Information System)
국토교통부를 중심으로 각 부처가 협조하여 추진하는 지리정보체계 구축사업으로 공간 및 지리정보자료를 효과적으로 생산·관리·사용할 수 있도록 지원하기 위한 기술·조직·제도적 체계

47. 지적공부를 무인으로 발급받을 수 있는 장치와 관련이 있는 것은?

① Kiosk
② Summit
③ High-end
④ No-show

해설 키오스크(Kiosk)
터치스크린이 탑재된 안내 기기, 무인 주문기를 의미한다.

48. 벡터식 자료구조 중 선사상에 대한 설명으로 틀린 것은?

① 지도상 표현되는 1차원 요소이다.
② 길이와 방향을 가지고 있다.
③ 일반적인 두께를 가지고 있다.
④ 노드에서 시작하여 노드에서 끝난다.

해설 선으로 나타내는 객체들의 데이터 구조
① 둘 또는 그 이상의 좌표와 선분으로 구성된다.
② 직선으로 나타나는 객체의 경우 시작과 끝나는 점(두 개의 X, Y 좌표 쌍)으로 구축된다.
③ 연속적으로 복잡한 선으로 나타내어야 하는 객체의 경우 node와 vertex를 통해 나타낸다.
④ 지류들의 합류점이나 도로 교차점과 같이 선과 선들이 만날 때 node에 의해 연결된다.

49. 다음 중 DXF 포맷에 대한 설명으로 틀린 것은?
① ASCII 형태로 구성되어 있다.
② 위상정보가 결여되어 있다.
③ 속성정보를 포함하고 있지 않다.
④ 광범위한 자료의 호환을 위한 규약으로 자료에 관한 정보를 전달하기 위한 언어이다.

해설 DXF 구조는 단순하여 범용적으로 사용될 수 있다는 장점이 있으나 GIS에서 필수적으로 수반되는 속성자료와 위상정보의 교환이 매우 어렵다는 문제점이 있다.

50. 효율적인 공간데이터를 분석 처리하기 위한 고려사항으로 가장 거리가 먼 것은?
① 공간 데이터의 본포 및 군집성
② 하드웨어 설치 장소
③ 변화하는 공간데이터의 갱신
④ 효율적인 저장 구조

해설 공간분석의 유형
① 도형자료 분석 : 포맷교환, 동형화, 경계부합, 면적분할, 좌표삭감
② 속성자료 분석 : 질의, 분류, 일반화
③ 도형과 속성의 통합분석 : 중첩, 공간추정, 지형분석, 연결성분석, 지역분석, 측정기능

51. 하나의 주제에 관한 자료를 포함하고 있는 공간자료 파일을 의미하는 것은?
① 레이어 ② 데이터베이스
③ 래스터 ④ 벡터

해설 레이어(Layer)
① 하나의 물체가 여러 개의 논리적인 객체들로 구성되어 있는 경우 이러한 각각의 객체를 하나의 레이어라 한다.
② 한 주제를 다루는 데 중첩되는 다양한 자료들로 하나의 커버리지 파일을 말한다.

52. 벡터 데이터의 특징에 해당되지 않는 것은?
① 여러 레이어의 중첩이나 분석에 기술적으로 어려움이 수반된다.
② 장비의 가격이 고가인 하드웨어와 소프트웨어가 요구되므로 초기 비용이 많이 소요된다.
③ 네트워크와 연계 구현이 곤란하여 시각적 효과가 낮다.
④ 그래픽 구성요소는 각기 다른 위상구조를 가지므로 분석에 어려움이 크다.

해설 벡터 데이터는 공간정보의 기본단위인 점, 선, 면을 사용하여 실세계 위치를 좌표값의 형태로 복잡한 현실세계의 묘사가 가능하다.

Answer 49. ④ 50. ② 51. ① 52. ③

53. 제6차 국가공간정보정책 기본계획 기간적 범위는?

① 2005년~2010년 ② 2010년~2015년
③ 2013년~2017년 ④ 2018년~2022년

해설 제6차 국가공간정보정책 기본계획
1) 비전 : 공간정보 융복합 르네상스로 살기 좋고 풍요로운 스마트코리아 실현
2) 추진전략
   ① 가치를 창출하는 공간정보 생산
   ② 혁신을 공유하는 공간정보 플랫폼
   ③ 일자리 중심 공간정보산업 육성
   ④ 참여하여 상생하는 정책환경 조성

54. 토지정보시스템에서 속성정보로 취급할 수 있는 것은?

① 토지 간의 인접 관계   ② 토지 간의 포함 관계
③ 토지 간의 위상 관계   ④ 토지의 지목

해설 토지정보시스템에서 속성정보는 토지대장에 등록되어 있는 정보를 말한다.

55. 토지정보시스템 구축에 있어 지적도와 지형도를 중첩할 때 비연속도면을 수정하는 데 가장 효율적인 자료는?

① 정사항공영상   ② TIN모형
③ 수치표고모델   ④ 토지이용현황도

해설 정사영상(Orthorectified Imagery)
① 높이의 차이나 기울어짐 등으로 인해 생긴 지형의 기하학적인 왜곡을 제거하여, 모든 물체를 수직으로 내려다보았을 때의 모습으로 변환한 영상이다.
② 지형지물을 단순 기호화시킨 벡터형태 지리공간정보와는 달리 사실적인 지형지물 모습 그대로를 나타냄으로써 다른 지도의 바탕지도로서 이용될 수 있다.

56. SQL 언어에 대한 설명으로 바른 것은?

① order는 보통 질의어에서 처음에 나온다.
② select 다음에는 테이블명이 나온다.
③ from 다음에는 필드명이 나온다.
④ where 다음에는 조건식이 나온다.

해설 Structured Query Language 문장 기본
- select 컬럼 list
- from 테이블명
- where 검색조건

Answer 53. ④ 54. ④ 55. ① 56. ④

57. 국가공간정보기반 조성을 위한 기본공간정보에 해당하지 않는 것은?

① 항공 ② 지형 ③ 지적 ④ 행정경계

해설 국가공간정보 기본법 제19조(기본공간정보의 취득 및 관리)
① 법령 : 지형, 해안선, 행정경계, 도로, 철도의 경계, 하천경계, 지적, 건물
② 시행령 : 기준점, 지명, 정사영상, 수치표고 모형, 공간정보 입체 모형, 실내공간정보

58. 벡터화 변환과정에서 이루어지는 처리단계에 해당하지 않는 것은?

① Vertex나 Spike 등의 제거를 위한 스무딩화(Smoothing)
② 격자데이터에 존재하는 노이즈를 제거하는 필터링화(Filtering)
③ 선형의 패턴을 가늘고 긴 선과 같은 형상으로 만들기 위한 세선화(Thinning)
④ 행과 열로 이루어진 격자데이터에서 동일한 속성 값을 묶는 압축화(Compressing)

해설 벡터기반 일반화
① 단순화(Simplification) : 불필요한 잉여점 제거
② 유선화(Smoothing) : 특징점을 이용해 선을 유선화
③ 융합(Amalgamation) : 전체 영역의 특징을 단순화
④ 축약(Collapse) : 범위 표시를 축소
⑤ 정리(Refinement) : 시각적 조정효과
⑥ 집단화(Aggregation) : 인접한 지형지물을 하나로 합침
⑦ 합침(Merge, Combination) : 대표성 있는 패턴을 유지
⑧ 재배치(Displacement) : 겹치는 지역 삭제

59. 도형정보의 기본요소와 거리가 먼 것은?

① 면 ② 높이 ③ 점 ④ 선

해설 도형정보의 기본요소는 점, 선, 면이다.

60. 도시개발사업 따른 지구계 분할 시 지구계 구분코드 입력 사항으로 알맞은 것은?

① 지구내 0, 지구외 1
② 지구내 0, 지구외 2
③ 지구내 1, 지구외 0
④ 지구내 2, 지구외 0

해설 지적업무처리규정 제59조(도시개발사업 등의 정리)
지구계를 분할하고자 하는 경우에는 부동산종합공부시스템에 시행지 번호와 지구계 구분코드(지구내 0, 지구외 1)를 입력하여야 한다.

04 지적학

61. 토지에 대한 세를 부과함에 있어 과세자료로 이용하기 위한 목적의 지적제도는?

① 법지적   ② 세지적   ③ 경제지적   ④ 다목적지적

해설 발전과정에 따른 분류
1. 세지적 : 농경시대에 개발된 최초의 지적제도로서 과세지적이라 하며, 면적본위로 운영된다.
2. 법지적 : 산업화시대에 개발된 제도로서 소유권지적이라 하며, 위치본위로 운영된다.
3. 다목적지적 : 컴퓨터를 활용하여 토지에 관한 다양하고 많은 자료관리와 신속·정확한 공급이 가능한 제도로서 종합지적 또는 통합지적이라 한다.
※ 경제지적(Economic Cadastre) : 도시계획이나 농지개량사업의 기초가 되는 지적제도로서 유사지적 이라고도 한다.

62. 다음 중 토지의 사정(査定)에 대한 설명으로 가장 옳은 것은?

① 소유자와 강계를 확정하는 행정처분이다.
② 소유자가 강계를 결정하는 사법처분이다.
③ 소유권에 불복하여 신청하는 소송행위였다.
④ 경계와 면적을 결정하는 지적조사행위였다.

해설 사정이란 토지조사부와 지적도에 의하여 토지의 소유자 및 그 강계를 확정하는 행정처분으로서 토지 조사국장이 지방토지조사위원회의 자문을 받아 실시하였으며, 원시취득의 효력이 있다.

63. 지적의 3요소와 가장 거리가 먼 것은?

① 토지   ② 등록   ③ 공부   ④ 등기

해설 지적의 3대 구성요소(내부요소)
1. 개요
  ① J.L.G.Henssen과 국내 학자들이 주장한 소유자, 권리, 필지는 광의적 개념이며, 원 영희와 지종 덕이 주장한 토지, 등록, 공부는 협의적 의미로 이해하는 것이 타당
  ② 이왕무 등은 토지, 경계설정과 측량, 등록, 지적공부를 지적의 주요 구성요소로 보았다.
2. 광의적 개념
  ① 소유자(Person) : 토지를 소유할 수 있는 권리의 주체로서 소유권 및 기타권리를 갖는 자를 말하며 자연인, 법인, 사단, 재단, 종중, 지방자치단체, 국가 등이 포함된다.
  ② 권리(Right) : 토지를 소유할 수 있는 법적권리로서 토지의 사용, 수익, 처분이 가능한 토지의 소유권과 저당권, 지역권, 지상권, 임차권 등의 기타 권리를 말한다.
  ③ 필지(Parcel) : 필지는 법적으로 물권이 미치는 권리의 객체일필지는 토지의 등록단위, 소유단위, 이용단위가 된다.

Answer 61. ② 62. ① 63. ④

3. 협의적 개념
   ① 토지 : 지적제도는 토지를 대상으로 성립하고 일필지로 등록하며 그 대상과 범위는 국토의 개념과 같다.
   ② 등록 : 토지의 물권을 객체화하기 위해 일정한 기준의 등록단위를 정해 일정사항(토지소재, 지번, 지목, 경계, 면적 등)을 등록하는 법률행위로서 모든 토지는 공부에 등록함으로서 법률적인 효력이 발생한다.
   ③ 공부 : 공부는 토지를 구획하여 일정사항을 기록한 공적장부로서 그 형식과 규격을 법으로 정하며 국가는 항상 이를 일정한 장소에 비치하여 국민이 활용할 수 있도록 하였다.

64. 우리나라에서 적용하는 지적의 원리가 아닌 것은?

① 적극적 등록주의 ② 형식적 심사주의
③ 공개주의 ④ 국정주의

해설 형식적 심사주의는 등기제도에서 채택하고 있는 반면 지적에서는 실질적 심사주의를 택하고 있다.

65. 다음 중 지번의 역할에 해당하지 않는 것은?

① 위치 추정 ② 토지이용 구분
③ 필지의 구분 ④ 물권 객체의 단위

해설 지번의 역할 및 기능
1. 지번의 의의 : 지번이란 지리적 위치의 고정성과 토지의 특정화, 개별성을 확보하기 위해 리·동의 단위로 필지마다 아라비아 숫자로 순차적으로 부여하여 지적공부에 등록한 번호를 말한다.
2. 지번의 역할
   ① 장소의 기준
   ② 물권표시의 기준
   ③ 공간계획의 기준
3. 지번의 기능
   ① 토지의 고정화
   ② 토지의 특정화
   ③ 토지의 개별화
   ④ 토지위치의 확인
   ⑤ 행정주소표기, 토지이용의 편리성
   ⑥ 토지관계 자료의 연결매체 기능
※ 토지이용을 구분하는 것은 '지목'의 역할이다.

66. 우리나라 임야조사사업 당시의 재결기관으로 옳은 것은?

① 도지사 ② 임야조사위원회
③ 고등토지조사위원회 ④ 세부측량검사위원회

해설 임야조사사업 당시의 재결기관은 임야조사위원회이다.

Answer 64. ② 65. ② 66. ②

토지조사사업과 임야조사사업의 사정(査定)사항 비교

구 분	토지조사사업	임야조사사업
사정권자	임시토지조사국장	도지사
사정기관	–	임야심사위원회
조사 및 측량기관	임시토지조사국	부 또는 면
자문기관	지방토지조사위원회	–
재결기관	고등토지조사위원회	임야조사위원회

67. 선시대 경국대전 호전(戶典)에 의한 양전은 몇 년마다 실시되었는가?

① 5년   ② 10년   ③ 15년   ④ 20년

해설 경국대전 호전(戶典) 양전조(量田條)에는 "모든 전지는 6등급으로 구분하고 20년마다 다시 측량하여 장부를 만들어 호조(戶曹)와 그 도(道), 그 읍(邑)에 비치한다."고 규정하고 있다.

68. 토지에 관한 권리객체의 공시역할을 하고 있는 지적의 가장 중요한 역할이라 할 수 있는 것은?

① 필지 확정   ② 지목 결정
③ 면적 결정   ④ 소유자 등록

해설 필지는 법적으로 물권이 미치는 권리의 객체로서 토지의 등록단위·소유단위·이용단위·거래단위로서, 토지에 대한 물권의 효력이 미치는 범위를 정하고 토지를 개별화·특정화시키기 위하여 인위적으로 구획한 법적 등록단위이다.

69. 둠즈데이 북(Domesday Book)과 관계 깊은 곳은?

① 프랑스   ② 이탈리아   ③ 영국   ④ 이집트

해설 둠즈데이 북(Domesday Book)
① Williams 1세가 정복지인 영국의 국토를 대상으로 조직적으로 작성한 토지대장이다.
② 본래 Williams 1세가 자원목록으로 정리하기 전에 덴마크 침략자로의 약탈을 피하기 위해 지불되는 보호금인 데인겔트(Dangelt)를 모으기 위해 색슨영국에서 사용되어 왔던 장부이다.

70. 통일신라시대 촌락단위의 토지 관리를 위한 장부로 조세의 징수와 부역(賦役)징발을 위한 기초자료로 활용하기 위한 문서는?

① 결수연명부   ② 장적문서
③ 지세명기장   ④ 양안

해설 신라장적문서
1. 개념 : 1933년 일본의 나라지방에서 발견된 현존 최고(最古)의 우리나라 지적기록으로, 신라말 서원경 부근 4개 촌락의 장부문서

2. 장적문서의 특징
   ① 촌락의 행정사무는 촌주가 담당
   ② 농민은 대부분 1결 내의 적은 면적 보유
   ③ 현·촌명 및 촌락의 영역, 우마 등의 가축의 수, 뽕나무, 잣나무(백자목), 호두나무(추자목) 등의 수량까지 기록
   ④ 수취에 대한 변동사항은 3년마다 작성
   ⑤ 촌주는 여러 촌락을 관할하여 과세의 수취와 수취 대상의 변동사항을 정확하게 파악
   ⑥ 촌주에게는 촌주위전의 전답을 지급

71. 우리나라의 근대적인 지적제도가 이루어진 연대는?

① 1710년대　　② 1810년대
③ 1850년대　　④ 1910년대

해설 우리나라는 토지조사사업(1910~1918)과 임야조사사업(1916~1924)에 의해 전국에 걸쳐 토지대장과 임야대장 및 지적도와 임야대장이 작성됨으로서 근대적인 지적제도가 도입되었다.

72. 현재의 토지대장과 같은 것은?

① 문기(文記)　　② 양안(量案)
③ 사표(四標)　　④ 입안(立案)

해설 조선시대의 토지소유권 보장제도
1. 문기(文記) : 조선시대에 토지 및 가옥을 매수 또는 매도할 때 작성한 매매 계약서를 말하며 '명문문권'이라고도 함
2. 입안(立案) : 토지가옥의 매매를 국가에서 증명하는 제도로서, 현재의 등기권리증과 같은 지적의 명의변경 절차
3. 양안(量案) : 고려시대부터 시작되어 조선시대를 거쳐 일제시대의 토지조사사업 전까지 세금의 징수를 목적으로 양전에 의해 작성된 토지기록부 또는 토지대장
※ 사표(四標)는 고려와 조선의 양안에 수록된 사항으로서, 토지의 위치를 간략하게 표시한 것

73. 고구려에서 작성된 평면도로서 도로, 하천, 건축물 등이 그려진 도면이며 우리나라에 실물로 현재하는 도시 평면도로서 가장 오래된 것은?

① 방위도　　② 어린도
③ 지안도　　④ 요동성총도

해설 요동성총도는 평안남도 순천군에서 발견된 고구려시대의 벽화고분에 그려진 요동성의 지도를 의미하며, 요동성의 지형과 구조, 도로, 성벽, 주요 건물, 하천, 개울 등이 그려져 있는 우리나라의 가장 오래된 도시 평면도이다.

74. 밤나무 숲을 측량한 지적도로 탁지부 임시재산정리국 측량과에서 실시한 측량원도의 명칭으로 옳은 것은?

① 관저원도 ② 율림기지원도 ③ 산록도 ④ 궁채전도

해설 율림기지원도(栗林基地原圖)
1. 율림기지원도는 밤나무 숲을 측량한 지적도로서 도면상에 소율연(小栗畑)으로 표기되어 있는 것으로 보아 밤나무 숲으로 추측
2. 탁지부 임시재산정리국 측량과에서 1908년도에 세부측량을 한 측량원도 11점이 서울대학교 규장각에 보관
3. 율림기지원도는 전체적으로 지번이 없고 구적은 삼사법으로 했으며 지목은 개인의 경우 소유자 이름을 붙여 '○○○연(○○○畑)' 등으로 표시

75. 행정구역제도로 국도를 중심으로 영토를 사방으로 구획하는 '사출도'란 토지구획방법을 시행하였던 나라는?

① 고구려 ② 부여 ③ 백제 ④ 조선

해설 부여에서는 사출도(四出道)라는 토지구획방법 시행하였는데, 사출도는 그 당시 일종의 지방행정 구획으로, '출도(出道)'라고 표현한 것은 중앙의 수도를 중심으로 하여 마치 윷놀이의 형상과 같이 네 방향으로 통하는 길을 의미한다.

76. 내두좌평(內頭佐平)이 지적을 담당하고 산학박사(算學博士)가 측량을 전담하여 관리하도록 했던 시대는?

① 백제시대 ② 신라시대
③ 고려시대 ④ 조선시대

해설 삼국시대의 토지제도

구분	고구려	백제	신라
길이단위	척(尺)	척(尺)	척(尺)
면적단위	경무법	두락제, 결부제	결부제
지적도면	봉역도, 요동성총도	도적	방전, 직전, 제전, 규전, 구고전, 원전, 호전, 환전
측량방법	구장산술	구장산술	구장산술
지적사무 담당	• 사자(使者) • 주부(主簿) : 면적측정	• 내두좌평(內頭佐平) • 산학박사 : 지적·측량담당 • 산사(算師) : 측량시행 • 화사(畫師) : 도면 작성	• 조부(調部) : 토지세수파악 • 산학박사 : 토지측량 및 면적측정

77. 진행방향에 따른 지번 부여 방법의 분류에 해당하는 것은?

① 자유식　② 분수식　③ 사행식　④ 도엽단위식

해설 지번부여방법의 종류
1. 진행방향에 따른 분류 : 사행식, 기우식, 단지식
2. 부여단위에 따른 분류 : 지역단위법, 도엽단위, 단지단위법
3. 기번위치에 따른 분류 : 북동기번법, 북서기번법

78. 조선시대 양전의 개혁을 주장한 학자가 아닌 사람은?

① 서유구　② 이기　③ 정약용　④ 김응원

해설 양전개정론(量田改正論)
1. 양전개정론의 대두 배경
   ① 19세기 전후 과세 평준을 위한 양전법 개정의 주장이 이익, 정약용, 서유구, 이기 등의 실학자들에서 대두
   ② 이들은 결부제를 폐지하고 경무법으로 개정해야 하며, 객관적인 새로운 방량법으로 양전법을 개정해야 한다고 주장
2. 양전개정론 주장학자
   ① 정약용은 「목민심서(牧民心書)」에서 정전제의 시행을 전제로 방량법과 어린도법을 시행 주장
   ② 서유구는 「의상경계책(擬上經界策)」에서 양전법을 방량법, 어린도법으로 개정하고 양전사업을 전담하는 관청 신설을 주장
   ③ 이기는 「해학유사(海鶴遺事)」에서 "수등이척제"에 대한 개선방법으로 정방형의 눈을 가진 그물로 토지를 측량하여 면적을 산출하는 방법 "망척제"의 도입을 주장

79. 토렌스시스템의 커튼이론(Curtain Principle)에 대한 설명으로 가장 옳은 것은?

① 선의의 제3자에게는 보험 효과를 갖는다.
② 사실심사 시 권리의 진실성에 직접 관여하여야 한다.
③ 토지등록이 토지의 권리 관계를 완전하게 반영한다.
④ 토지등록 업무는 매입 신청자를 위한 유일한 정보의 기초이다.

해설 토렌스시스템의 3대 기본원칙
1. 거울이론(Mirror Principle) : 토지권리증서의 등록은 토지거래의 사실을 이론의 여지없이 완벽하게 반영하는 거울과 같다는 이론
2. 커튼이론(Curtain Principle) : 소유권의 법적상태와 관련한 확실성을 보장하기 위하여 단지 현재의 등기부에 등기된 사항만 논의 되어야 한다는 이론
3. 보험이론(Insurance Principle) : 토지등록이 토지의 권리를 아주 정확하게 반영한 것이나 인간의 과실로 인하여 착오가 발생하는 경우에 피해를 입은 사람은 누구나 피해보상에 관한 한 법률적으로 선의의 제3자와 동등한 입장에 놓여야만 된다는 이론

80. 다음 중 지적에서의 '경계'에 대한 설명으로 옳지 않은 것은?
① 경계불가분의 원칙을 적용한다.
② 지상의 말뚝, 울타리와 같은 목표물로 구획된 선을 말한다.
③ 지적공부에 등록된 경계에 의하여 토지소유권의 범위가 확정된다.
④ 필지별로 경계점들을 직선으로 연결하여 지적공부에 등록한 선을 말한다.

해설 경계란 필지별로 경계점들을 직선으로 연결하여 지적공부에 등록한 선이며, 경계점이란 필지를 구획하는 선의 굴곡점으로서 지적도나 임야도에 도해형태로 등록하거나 경계점좌표등록부에 등록하는 좌표 형태로 등록한 점이다.
※ 우리나라에서 경계는 지적공부에 등록한 선인 도상경계를 인정한다.

05 지적관계법규

81. 등록전환에 대한 설명으로 옳은 것은?
① 미등록된 토지를 토지대장에 등록하는 것
② 임야대장에 등록된 토지를 토지대장으로 옮겨 등록하는 것
③ 축척 1,200분의 1을 축척 600분의 1로 바꾸어 등록하는 것
④ 지적도에 등록된 토지가 형질변경으로 인하여 다른 지목으로 변경되는 것

해설 등록전환
임야대장 및 임야도에 등록된 토지를 토지대장 및 지적도에 옮겨 등록하는 것
1. 신청기한 : 등록전환 사유가 발생한 날부터 60일 이내에 지적소관청에 신청
2. 신청대상
① 관계법령에 따른 토지의 형질변경 또는 건축물의 사용승인 등으로 인하여 지목을 변경하여야 할 토지
② 예외(지목변경없이 등록전환할 수 있는 토지)
 • 대부분의 토지가 등록전환되어 나머지 토지를 임야도에 계속 존치하는 것이 불합리한 경우
 • 임야도에 등록된 토지가 사실상 형질변경되었으나 지목변경을 할 수 없는 경우
 • 도시관리계획선에 따라 토지를 분할하는 경우
3. 신청서류 : 관계법령에 따라 토지의 형질변경 등의 공사가 준공되었음을 증명하는 서류의 사본
※ 신규등록 : 새로 조성된 토지와 지적공부에 등록되어 있지 아니한 토지를 지적공부에 등록하는 것(보기①)
※ 축척변경 : 지적도에 등록된 경계점의 정밀도를 높이기 위하여 작은 축척을 큰 축척으로 변경하여 등록하는 것(보기③)
※ 지목변경 : 지적공부에 등록된 지목을 다른 지목으로 바꾸어 등록하는 것(보기④)

Answer 80. ② 81. ②

82. 경계점좌표등록부에 등록하는 지역의 토지면적 결정(제곱미터)의 기준으로 옳은 것은?

① 소수점 세 자리로 한다.
② 소수점 두 자리로 한다.
③ 소수점 한 자리로 한다.
④ 정수로 한다.

해설 면적의 결정방법
1. 오사오입의 원칙
   ① 경계점좌표등록부에 등록하는 지역 및 축척 1/600 지역 : 0.1제곱미터 미만의 끝수가 있는 경우 0.05m² 초과는 올리고, 미만은 버리며, 0.05m²인 경우에는 홀수만 올림
   ② 축척 1/1,000~1/6,000 지역 : 토지의 면적에 1제곱미터 미만의 끝수가 있는 경우 0.5m² 초과는 올리고, 미만은 버리며, 0.5m²인 경우에는 홀수만 올림
2. 면적의 최소등록단위
   ① 축척 1/500~1/600, 경계점좌표등록부를 갖추두는 지역 : 0.1m²
   ② 축척 1/1,000~1/6,000 지역 : 1m²

83. 공간정보의 구축 및 관리 등에 관한 법률상 벌칙규정으로서 1년 이하의 징역 또는 1천만 원 이하의 벌금에 해당되는 자는?

① 측량성과를 국외로 반출한 자
② 무단으로 측량성과 또는 측량기록을 복제한 자
③ 본인, 배우자 또는 직계 존속·비속이 소유한 토지에 대한 지적측량을 한 자
④ 측량업자가 속임수, 위력(威力), 그 밖의 방법으로 측량업과 관련된 입찰의 공정성을 해친 자

해설 1년 이하의 징역 또는 1천만 원 이하의 벌금
① 무단으로 측량성과 또는 측량기록을 복제한 자
② 심사를 받지 아니하고 지도 등을 간행하여 판매하거나 배포한 자
③ 측량기술자가 아님에도 불구하고 측량을 한 자
④ 업무상 알게 된 비밀을 누설한 측량기술자
⑤ 둘 이상의 측량업자에게 소속된 측량기술자
⑥ 다른 사람에게 측량업등록증 또는 측량업등록수첩을 빌려주거나 자기의 성명 또는 상호를 사용하여 측량업무를 하게 한 자
⑦ 다른 사람의 측량업등록증 또는 측량업등록수첩을 빌려서 사용하거나 다른 사람의 성명 또는 상호를 사용하여 측량업무를 한 자
⑧ 지적측량수수료 외의 대가를 받은 지적측량기술자
⑨ 거짓으로 다음의 신청을 한 자
　• 신규등록 신청
　• 등록전환 신청
　• 분할 신청
　• 합병 신청
　• 지목변경 신청
　• 바다로 된 토지의 등록말소 신청
　• 축척변경 신청
　• 등록사항의 정정 신청
　• 도시개발사업 등 시행지역의 토지이동 신청

⑩ 다른 사람에게 자기의 성능검사대행자 등록증을 빌려주거나 자기의 성명 또는 상호를 사용하여 성능검사대행업무를 수행하게 한 자
⑪ 다른 사람의 성능검사대행자 등록증을 빌려서 사용하거나 다른 사람의 성명 또는 상호를 사용하여 성능검사대행업무를 수행한 자
※ 측량성과를 국외로 반출한 자 : 2년 이하의 징역 또는 2천만 원 이하의 벌금에 해당
※ 본인, 배우자 또는 직계 존속·비속이 소유한 토지에 대한 지적측량을 한 자에 : 300만 원 이하의 과태료에 해당
※ 측량업자가 속임수, 위력(威力), 그 밖의 방법으로 측량업과 관련된 입찰의 공정성을 해친 자 : 3년 이하의 징역 또는 3천만 원 이하의 벌금에 해당

84. 토지에 대해 합병신청을 할 수 없는 경우에 해당하는 것은?

① 합병하고자 하는 각 필지의 지반이 연속되어 있는 경우
② 합병하고자 하는 각 필지의 지적도 및 임야도의 축척이 서로 다른 경우
③ 합병하고자 하는 토지의 소유자가 동일한 경우
④ 합병하고자 하는 각 필지의 지목이 동일한 경우

해설 합병

지적공부에 등록된 2필지 이상을 1필지로 합하여 등록하는 것
1. 신청대상
   지번부여지역으로써 소유자와 용도가 같고 지반이 연속된 토지
2. 신청기한
   ① 원칙 : 신청기한 없음
   ② 예외 : 공동주택의 부지, 도로, 제방, 하천, 구거, 유지, 공장용지, 학교용지, 철도용지, 수도용지, 공원, 체육용지 등 토지로서 합병하여야 할 토지가 있으면 그 사유가 발생한 날부터 60일 이내에 지적소관청에 합병을 신청
3. 합병신청할 수 없는 토지
   ① 합병하려는 토지의 지번부여지역, 지목 또는 소유자가 서로 다른 경우
   ② 합병하려는 토지에 다음 각 호의 등기 외의 등기가 있는 경우
      • 소유권·지상권·전세권 또는 임차권의 등기
      • 승역지에 대한 지역권의 등기
      • 합병하려는 토지 전부에 대한 등기원인 및 그 연월일과 접수번호가 같은 저당권의 등기
      • 합병하려는 토지 전부에 대한 등기사항이 동일한 신탁등기
   ③ 합병하려는 토지의 지적도 및 임야도의 축척이 서로 다른 경우
   ④ 합병하려는 각 필지가 서로 연접하지 않은 경우
   ⑤ 합병하려는 토지가 등기된 토지와 등기되지 아니한 토지인 경우
   ⑥ 합병하려는 각 필지의 지목은 같으나 일부 토지의 용도가 다르게 되어 분할대상 토지인 경우(다만, 합병 신청과 동시에 토지의 용도에 따라 분할 신청을 하는 경우는 제외)
   ⑦ 합병하려는 토지의 소유자별 공유지분이 다른 경우
   ⑧ 합병하려는 토지가 구획정리, 경지정리 또는 축척변경을 시행하고 있는 지역의 토지와 그 지역 밖의 토지인 경우

4. 합병하려는 토지 소유자의 주소가 서로 다른 경우. 신청을 접수받은 지적소관청이 행정정보의 공동이용을 통하여 다음 각 목의 사항을 확인(신청인이 주민등록표 초본 확인에 동의하지 않는 경우에는 해당 자료를 첨부하도록 하여 확인)한 결과 토지 소유자가 동일인임을 확인할 수 있는 경우는 제외
   ① 토지등기사항증명서
   ② 법인등기사항증명서(신청인이 법인인 경우만 해당한다)
   ③ 주민등록표 초본(신청인이 개인인 경우만 해당한다)

85. 지적삼각보조점 성과표에 기록, 관리하여야 하는 사항이 아닌 것은?

① 번호 및 위치의 약도
② 좌표와 직각좌표계 원점명
③ 자오선수차
④ 경도와 위도(필요한 경우로 한정한다)

해설 1. 지적삼각보조점성과표 및 지적도근점성과표에 기록·관리하여야 할 사항
   ① 번호 및 위치의 약도
   ② 좌표와 직각좌표계 원점명
   ③ 경도와 위도(필요한 경우로 한정한다)
   ④ 표고(필요한 경우로 한정한다)
   ⑤ 소재지와 측량연월일
   ⑥ 도선등급 및 도선명
   ⑦ 표지의 재질
   ⑧ 도면번호
   ⑨ 설치기관
   ⑩ 조사연월일, 조사자의 직위·성명 및 조사 내용
2. 지적삼각점성과표에 기록·관리하여야 사항
   ① 지적삼각점의 명칭과 기준 원점명
   ② 좌표 및 표고
   ③ 경도 및 위도(필요한 경우로 한정한다)
   ④ 자오선수차
   ⑤ 시준점의 명칭, 방위각 및 거리
   ⑥ 소재지와 측량연월일

86. 공간정보의 구축 및 관리 등에 관한 법령에 따른 지목설정의 원칙이 아닌 것은?

① 1필1지목의 원칙
② 자연지목의 원칙
③ 주지목추종의 원칙
④ 임시적 변경 불변의 원칙

해설 지목설정의 원칙
1. 1필1지목의 원칙 : 1필지의 토지에는 1개의 지목만을 설정하는 원칙이며, 1필의 일부가 용도변경된 경우에는 분할 후에 지목을 변경한다.
2. 주지목추종의 원칙 : 주된 토지의 편익을 위해 설치된 소면적의 도로, 구거 등의 지목은 이를 따로 정하지 않고 주된 토지의 사용목적 및 용도에 따라 지목을 설정한다.

3. 임시적 변경 불변의 원칙 : 임시적·일시적 용도의 변경 시 등록전환 또는 지목변경이 불가하다.
4. 용도경중의 원칙 : 도로, 철도용지, 하천, 제방, 구거, 수도용지 등의 지목이 중복되는 경우에는 중요 토지의 사용목적 및 용도에 따라 지목을 설정한다.

87. 다음 중 지목을 지적도면에 등록하는 때의 부호 표기가 옳지 않은 것은?

① 광천지 → 광
② 유원지 → 유
③ 공장용지 → 장
④ 목장용지 → 목

해설 지목의 표기방법
1. 지목을 지적도면에 등록하는 때에는 두문자(頭文字) 또는 차문자(次文字)로 표기한다.
2. 28개의 지목 중 하천, 유원지, 공장용지, 주차장을 제외한 24개 지목은 두문자로 표기하고 4개의 지목은 차문자로 표기한다. (하천 → 천, 유원지 → 원, 공장용지 → 장, 주차장 → 차)

지 목	부 호	지 목	부 호
전	전	철도용지	철
답	답	제방	제
과수원	과	하천	천
목장용지	목	구거	구
임야	임	유지	유
광천지	광	양어장	양
염전	염	수도용지	수
대	대	공원	공
공장용지	장	체육용지	체
학교용지	학	유원지	원
주차장	차	종교용지	종
주유소용지	주	사적지	사
창고용지	창	묘지	묘
도로	도	잡종지	잡

88. 지적공부의 등록사항 중 토지소유자에 관한 사항을 정정한 경우 다음 중 어느 것을 근거로 정정하여야 하는가?

① 등기사항증명서
② 매매 계약서
③ 토지대장
④ 등기 신청서

해설 토지소유자에 관한 등록사항의 정정
1. 등기필증, 등기완료통지서, 등기사항증명서 또는 등기관서에서 제공한 등기전산정보자료에 따라 정정
2. 미등기 토지에 대하여 토지소유자의 성명 또는 명칭, 주민등록번호, 주소 등에 관한 사항의 정정을 신청한 경우로서 그 등록사항이 명백히 잘못된 경우에는 가족관계 기록사항에 관한 증명서에 따라 정정

89. 공간정보의 구축 및 관리 등에 관한 법률상 지상경계의 결정기준 등에 관한 내용으로 옳지 않은 것은?

① 연접되는 토지 간에 높낮이 차이가 없는 경우에는 그 구조물 등의 중앙
② 도로·구거 등의 토지에 절토된 부분이 있는 경우에는 그 경사면의 상단부
③ 토지가 해면 또는 수면에 접하는 경우에는 최대만조위 또는 최대만수위가 되는 선
④ 공유수면매립지의 토지 중 제방 등을 토지에 편입하여 등록하는 경우에는 안쪽 어깨부분

해설 공간정보의 구축 및 관리 등에 관한 법률상 경계설정의 기준
- 고저가 없는 경우 그 지물·구조물의 중앙
- 고저가 있는 경우 그 지물·구조물의 하단
- 최대만조위, 최대만수위가 되는 선
- 절토된 토지는 그 경사면의 상단부
- 공유수면매립지의 토지 중 제방 등을 토지에 편입 등록하는 경우 바깥쪽 어깨부분

〈지상경계의 설정기준〉

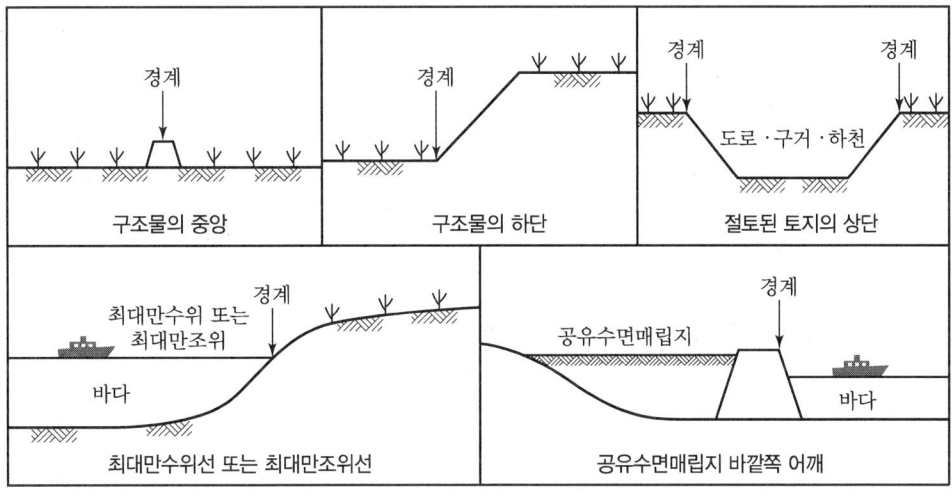

90. 지적측량 시행규칙상 지적도근점측량을 시행하는 경우, 지적도근점을 구성하는 도선이 아닌 것은?

① 개방도선   ② 결합도선   ③ 왕복도선   ④ 폐합도선

해설 지적도근점측량 방법
1. 지적도근점측량을 할 때에는 미리 지적도근점표지를 설치하여야 한다.
2. 지적도근점의 번호는 영구표지를 설치하는 경우에는 시·군·구별로, 영구표지를 설치하지 아니하는 경우에는 시행지역별로 설치순서에 따라 일련번호를 부여한다. 이 경우 각 도선의 교점은 지적도근점의 번호 앞에 "교"자를 붙인다.
3. 지적도근점측량의 도선은 다음 각 호의 기준에 따라 1등도선과 2등도선으로 구분한다.
   - 1등도선은 위성기준점, 통합기준점, 삼각점, 지적삼각점 및 지적삼각보조점의 상호 간을 연결하는 도선 또는 다각망도선으로 할 것

Answer 89. ④   90. ①

- 2등도선은 위성기준점, 통합기준점, 삼각점, 지적삼각점 및 지적삼각보조점과 지적도근점을 연결하거나 지적도근점 상호 간을 연결하는 도선으로 할 것
- 1등도선은 가·나·다순으로 표기하고, 2등도선은 ㄱ·ㄴ·ㄷ순으로 표기할 것
4. 지적도근점은 결합도선·폐합도선·왕복도선 및 다각망도선으로 구성하여야 한다.

91. 다음 중 지목변경 없이 등록전환을 신청할 수 있는 경우가 아닌 것은?

① 산지관리법에 따라 토지의 형질이 변경되는 경우
② 도시·군관리계획선에 따라 토지를 분할하는 경우
③ 임야도에 등록된 토지가 사실상 형질변경되었으나 지목변경을 할 수 없는 경우
④ 대부분의 토지가 등록전환되어 나머지 토지를 임야도에 계속 존치하는 것이 불합리한 경우

해설 등록전환

임야대장 및 임야도에 등록된 토지를 토지대장 및 지적도에 옮겨 등록하는 것
1. 신청기한 : 등록전환 사유가 발생한 날부터 60일 이내에 지적소관청에 신청
2. 신청대상
   ① 「산지관리법」에 따른 산지전용허가·신고, 산지일시사용허가·신고, 「건축법」에 따른 건축허가·신고 또는 그 밖의 관계 법령에 따른 개발행위 허가 등을 받은 경우
   ② 예외(지목변경없이 등록전환할 수 있는 토지)
      - 대부분의 토지가 등록전환되어 나머지 토지를 임야도에 계속 존치하는 것이 불합리한 경우
      - 임야도에 등록된 토지가 사실상 형질변경되었으나 지목변경을 할 수 없는 경우
      - 도시·군관리계획선에 따라 토지를 분할하는 경우
3. 신청서류 : 관계 법령에 따른 개발행위 허가 등을 증명하는 서류의 사본

92. 공간정보의 구축 및 관리 등에 관한 법률에 따른 "토지의 표시"에 해당하지 않는 것은?

① 경계   ② 지번
③ 소유자   ④ 면적

해설 "토지의 표시"란 지적공부에 토지의 소재·지번·지목·면적·경계 또는 좌표를 등록한 것을 말한다.

93. 지적전산자료를 이용·활용하고자 하는 자의 심사신청을 받은 관계 중앙행정기관의 장이 심사하여야 할 사항에 해당하지 않는 것은?

① 신청 내용의 공익성   ② 신청 내용의 비용성
③ 신청 내용의 적합성   ④ 신청 내용의 타당성

해설 지적전산자료 이용·활용 시 중앙행정기관의 심사사항
1. 신청 내용의 타당성, 적합성 및 공익성
2. 개인의 사생활 침해 여부
3. 자료의 목적 외 사용 방지 및 안전관리대책

94. 신규등록 신청 시 지적소관청에 제출하여야 하는 첨부 서류가 아닌 것은?

① 법원의 확정판결서 정본 또는 사본
② 공유수면 관리 및 매립에 관한 법률에 따른 준공검사 확인증 사본
③ 지적측량성과도
④ 소유권을 증명할 수 있는 서류의 사본

해설 신규등록
새로 조성된 토지와 지적공부에 등록되어 있지 아니한 토지를 지적공부에 등록하는 것
1. 신청기한 : 신규등록 사유가 발생한 날부터 60일 이내에 지적소관청에 신청
2. 신청대상
   ① 「공유수면 관리 및 매립에 관한 법률」에 의한 공유수면 매립 토지
   ② 미등록 공공용 토지
   ③ 미등록 섬
   ④ 미등록 토지
3. 신청서류
   ① 법원의 확정판결서 정본 또는 사본
   ② 「공유수면 관리 및 매립에 관한 법률」에 따른 준공검사확인증 사본
   ③ 도시계획구역의 토지를 그 지방자치단체의 명의로 등록하는 때에는 기획재정부장관과 협의한 문서의 사본
   ④ 그 밖에 소유권을 증명할 수 있는 서류

95. 지적공부의 정리 시 붉은색으로 정리하여야 할 사항이 아닌 것은?

① 도곽선　　② 경계　　③ 말소선　　④ 도곽선 수치

해설 지적공부 등의 정리에 사용하는 문자·기호 및 경계는 따로 규정을 둔 사항을 제외하고 정리사항은 검은색, 도곽선과 그 수치 및 말소는 붉은색으로 한다.

96. 다음 중 지적공부의 복구자료에 해당하지 않는 것은?

① 측량결과도
② 부동산등기부 등본 등 등기사실을 증명하는 서류
③ 토지이동정리 결의서
④ 지적측량신청서

해설 지적공부의 복구자료
1. 지적공부의 등본
2. 측량 결과도
3. 토지이동정리 결의서
4. 토지(건물)등기사항증명서 등 등기사실을 증명하는 서류
5. 지적소관청이 작성하거나 발행한 지적공부의 등록내용을 증명하는 서류
6. 복제된 지적공부
7. 법원의 확정판결서 정본 또는 사본

97. 다음 중 지적공부에 해당하지 않는 것은?

① 대지권등록부 ② 공유지연명부
③ 일람도 ④ 경계점좌표등록부

해설 1. 지적공부 : 토지대장, 임야대장, 공유지연명부, 대지권등록부, 지적도, 임야도 및 경계점좌표등록부 등 지적측량 등을 통하여 조사된 토지의 표시와 해당 토지의 소유자 등을 기록한 대장 및 도면(정보처리시스템을 통하여 기록·저장된 것을 포함)을 말한다.
2. 일람도 : 하나의 지번부여지역에 어떤 시설이 있는가 하는 것을 한 번에 볼 수 있게 만든 도면으로, 지적소관청은 지적도면의 관리에 필요한 경우에는 지번부여지역마다 일람도와 지번 색인표를 작성하여 갖춰둘 수 있으며 등재사항은 아래와 같다.
① 지번부여지역의 경계 및 인접지역의 행정구역명칭
② 도면의 제명 및 축척
③ 도곽선과 그 수치
④ 도면번호
⑤ 도로·철도·하천·구거·유지·취락 등 주요 지형·지물의 표시

98. 면적을 측정하는 경우 도곽선의 길이에 최소 얼마 이상의 신축이 있을 경우 이를 보정하여야 하는가?

① 0.4mm ② 0.5mm
③ 0.8mm ④ 1.0mm

해설 도곽 신축에 의한 보정
① 0.5mm 이상 신축 시 측정면적 보정
② 도곽선의 신축량 계산

- $S = \dfrac{\triangle X_1 + \triangle X_2 + \triangle Y_1 + \triangle Y_2}{4}$

  여기서, S는 신축량, $\triangle X_1$는 왼쪽 종선의 신축된 차, $\triangle X_2$는 오른쪽 종선의 신축된 차
  $\triangle Y_1$는 위쪽 횡선의 신축된 차, $\triangle Y_2$는 아래쪽 횡선의 신축된 차

- 신축차(mm) $= \dfrac{1,000(L-L_0)}{M}$

  여기서, L은 신축된 도곽선지상길이, L_0는 도곽선 지상길이, M은 축척분모

③ 도곽선의 보정계수 계산

- $Z = \dfrac{X \cdot Y}{\triangle X \cdot \triangle Y}$

  여기서, Z는 보정계수, X는 도곽선종선길이, Y는 도곽선횡선길이
  $\triangle X$는 신축된 도곽선종선길이의 합/2, $\triangle Y$는 신축된 도곽선횡선길이의 합/2

99. 지적도면의 축척에 해당하지 않는 것은?

① 1/500　② 1/1,000　③ 1/1,500　④ 1/6,000

해설 지적도면의 축척
1. 지적도 : 1/500, 1/600, 1/1,000, 1/1,200, 1/2,400, 1/3,000, 1/6,000
2. 임야도 : 1/3,000, 1/6,000

100. 지적재조사에 관한 특별법령상 지적소관청이 사업지구 지정고시를 한 날부터 일필지조사 및 지적재조사측량을 시행하여야 하는 기간은?

① 6개월 이내
② 1년 이내
③ 2년 이내
④ 3년 이내

해설 지적재조사 사업지구 지정의 효력상실
1. 지적소관청은 사업지구 지정고시를 한 날부터 2년 내에 일필지조사 및 지적재조사를 위한 지적측량을 시행하여야 한다.
2. 기간 내에 일필지조사 및 지적재조사측량을 시행하지 아니할 때에는 그 기간의 만료로 사업지구의 지정은 효력이 상실된다.
3. 시·도지사는 사업지구 지정의 효력이 상실되었을 때에는 이를 시·도 공보에 고시하고 국토교통부장관에게 보고하여야 한다.

Answer　99. ③　100. ③

2022년 제2회 지적산업기사

01 지적측량

01. 평판측량에 의한 세부측량 시, 도상의 위치오차를 0.1mm까지 허용할 때 구심오차의 허용범위는?(단, 축척은 1,200분의 1이다.)

① 1cm 이하 ② 3cm 이하
③ 6cm 이하 ④ 12cm 이하

해설 $q = \dfrac{2e}{M}$ 에서 $e = \dfrac{qM}{2}$ mm (여기서 q : 구심오차, e : 허용범위, M : 축척)

따라서 $e = \dfrac{0.1 \times 1200}{2} = 60\text{mm} = 6\text{cm}$

∴ 6cm 이하

02. 다음 중 지적삼각보조점성과표에 기록·관리하여야 하는 사항에 해당하지 않는 것은?

① 시준점의 명칭 ② 도면번호
③ 소재지와 측량연월일 ④ 도선등급 및 도선명

해설 지적측량 시행규칙 제4조(지적기준점성과표의 기록·관리 등)

지적삼각점성과표	지적삼각보조점 및 지적도근점성과표
1. 지적삼각점의 명칭과 기준 원점명 2. 좌표 및 표고 3. 경도 및 위도(필요한 경우로 한정한다) 4. 자오선수차(子午線收差) 5. 시준점(視準點)의 명칭, 방위각 및 거리 6. 소재지와 측량연월일 7. 그 밖의 참고사항	1. 번호 및 위치의 약도 2. 좌표와 직각좌표계 원점명 3. 경도와 위도(필요한 경우로 한정한다) 4. 표고(필요한 경우로 한정한다) 5. 소재지와 측량연월일 6. 도선등급 및 도선명 7. 표지의 재질 8. 도면번호 9. 설치기관 10. 조사연월일, 조사자의 직위·성명 및 조사 내용

Answer 1. ③ 2. ①

03. 경계점좌표등록부 시행지역 외의 지역에서 경계점에 대한 지적측량성과와 검사성과의 연결교차 허용범위는 얼마인가?

① 0.30m 이내 ② 0.60m 이내 ③ 0.90m 이내 ④ 1.20m 이내

해설 지적측량 시행규칙 제27조(지적측량성과의 결정)
10분의 3M밀리미터 (M은 축척분모)로 한다.
$$\frac{3M}{10} = \frac{3 \times 3,000}{10} = 900\text{mm}$$
∴ 0.90m 이내

04. 다음 그림에서 점 B에서 점 P에 대한 방위각 V_B^P는 얼마인가?(단, V_A^B =115°25′20″, α=66°17′12″, γ=56°18′16″)

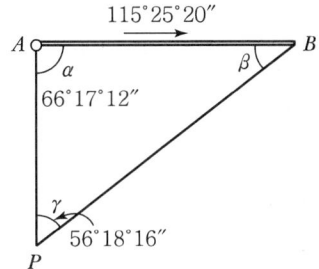

① 238° 00′ 48″
② 58° 00′ 48″
③ 149° 08′ 08″
④ 49° 08′ 08″

해설 P → B 방위각 = A → B 방위각 + α − 180° + γ
V_B^P = 115° 25′20″ + 66° 17′12″ − 180° + 56° 18′16″ = 58° 00′48″
V_P^B = 58° 00′48″ + 180° = 238° 00′48″

05. 경위의측량방법에 따른 세부측량을 행하는 경우에 수평각의 측각공차는 1회각과 2회각의 평균값에 대한 교차를 얼마까지 허용하는가?

① 40초 이내
② 30초 이내
③ 20초 이내
④ 10초 이내

해설 지적측량 시행규칙 제18조(세부측량의 기준 및 방법 등)
1회 측정각과 2회 측정각의 평균값에 대한 교차는 40초 이내로 한다.

06. 지적측량에 사용되는 지적기준점 기호 제도방법으로 옳지 않은 것은?

① 2등삼각점 : ◉
② 위성기준점 : ⊕
③ 4등삼각점 : ◎
④ 지적삼각점 : ⊕

Answer 3. ③ 4. ① 5. ① 6. ①

기준점명칭	표시	내용
지적위성기준점		직경 2mm, 3mm의 2중 원안에 십자선 표시
1등삼각점		직경 1mm, 2mm 및 3mm의 3중원으로 제도하고, 중심 원 내부를 검은색으로 엷게 채색
2등삼각점		직경 1mm, 2mm 및 3mm의 3중원으로 제도
3등삼각점		직경 1mm, 2mm의 2중원으로 제도하고 중심 원 내부를 검은색으로 엷게 채색
4등삼각점		직경 1mm, 2mm의 2중원으로 제도
지적삼각점		직경 3mm의 원으로 제도하고 원안에 십자선
지적삼각보조점		직경 3mm의 원으로 제도하고 원안에 검은색으로 엷게 채색한다.
지적도근점		직경 2mm의 원으로 제도

07. 지적도근점측량의 방법 및 기준에 대한 설명으로 틀린 것은?

① 지적도근점표지의 점간거리는 다각망도선법에 따르는 경우에 평균 0.5km 이상 1km 이하로 한다.
② 전파기측량방법에 따라 다각망도선법으로 하는 경우 3점 이상의 기지점을 포함한 결합다각 방식에 따른다.
③ 경위의측량방법에 따라 도선법으로 하는 때에 1도선의 점의 수는 40점 이하로 하며 지형상 부득이한 경우를 제외하고는 결합도선에 의한다.
④ 경위의측량방법에 따라 도선법으로 하는 때에 지형상 부득이한 경우를 제외하고는 결합도선 에 의한다.

Answer 7. ①

해설 지적측량 시행규칙 제12조(지적도근점측량)

종류	도근측량		
측량 방법	도선법	다각망도선법	교회법
1도선 점수	40점, 10중가 가능	20점 이하	
점간거리	50~300m	50~500m	
거리			200m
망구성	결합도선(부득이한 경우 왕복·폐합 도선)	3점 이상을 포함한 결합다각	3방향 교회
기지점 수		3점 이상을 포함한 결합다각방식	

08. 다음 오차의 종류 중 최소제곱법에 의하여 보정할 수 있는 오차는?

① 착오
② 누적오차
③ 부정오차(우연오차)
④ 정오차(계통적 오차)

해설 최소제곱법에 의하여 보정할 수 있는 오차는 부정오차(우연오차)이다.

09. 경위의측량방법에 따른 세부측량의 관측방법으로 옳지 않은 것은?

① 관측은 교회법에 의한다.
② 연직각은 분단위로 독정한다.
③ 연직각은 정반으로 1회 관측한다.
④ 관측은 20초독 이상의 경위의를 사용한다.

해설 지적측량 시행규칙 제18조(세부측량의 기준 및 방법 등)
1. 미리 각 경계점에 표지를 설치하여야 한다. 다만, 부득이한 경우에는 그러하지 아니하다.
2. 도선법 또는 방사법에 따른다.
3. 관측은 20초독 이상의 경위의를 사용한다.
4. 수평각의 관측은 1대회의 방향관측법이나 2배각의 배각법에 따를 것. 다만, 방향관측법인 경우에는 1측회의 폐색을 하지 아니할 수 있다.
5. 연직각의 관측은 정반으로 1회 관측하여 그 교차가 5분 이내일 때에는 그 평균치를 연직각으로 하되, 분단위로 독정(讀定)한다.

10. 지적기준점을 19점 설치하여 측량하는 경우 측량기간으로 옳은 것은?

① 4일   ② 5일   ③ 6일   ④ 7일

해설 공간정보의 구축 및 관리 등에 관한 법률 시행규칙 제25조(지적측량 의뢰 등)
1. 지적측량의 측량기간 : 5일
2. 측량검사기간 : 4일
3. 지적기준점을 설치하여 측량 또는 측량검사를 하는 경우

Answer   8. ③   9. ①   10. ②

- 지적기준점이 15점 이하인 경우 : 4일
- 지적기준점이 15점을 초과하는 경우 : 4일에 15점을 초과하는 4점마다 1일을 가산
4. 지적측량 의뢰인과 지적측량수행자가 서로 합의하여 따로 기간을 정하는 경우에는 그 기간에 따르되, 전체 기간의 4분의 3은 측량기간으로, 전체 기간의 4분의 1은 측량검사기간으로 본다.

11. 평판측량에서 발생할 수 있는 오차가 아닌 것은?

① 시준오차 ② 연결오차
③ 외심오차 ④ 정준오차

해설 측판측량에서 발생하는 오차의 종류는 다음과 같다.
1. 측량기계오차 : 외심, 시준, 자침오차
2. 측판설치오차 : 정준, 구심, 표정오차
3. 측량오차 : 방사법, 교회법, 지거법에 의한 오차

12. 다음 중 지오이드(Geoid)에 대한 설명으로 옳은 것은?

① 지정된 점에서 중력방향에 직각을 이룬다.
② 수준원점은 지오이드면에 일치한다.
③ 지구타원체의 면과 지오이드면은 일치한다.
④ 기하학적인 타원체를 이루고 있다.

해설 평균해수면을 육지까지 연장해 놓은 가상적인 곡면으로 지구의 밀도가 균일하지 않기 때문에 지오이드표면도 불규칙한 표면을 이룬다.

지오이드의 특징
① 위치에너지 0인 면이며 연직선 중력방향에 수직인 면
② 물리적으로 가장 지구의 모양에 가깝다고 할 수 있음
③ 수직위치의 기준면으로 사용
④ 불규칙한 면이므로 수평위치의 기준면으로 사용하기에는 부적절
⑤ 지구 표면이 전부 바다로 이루어져 있다고 가정한다면 정지 상태의 해수면

13. 다음 중 지적삼각점을 관측하는 경우 연직각의 관측 및 계산 기준에 대한 설명으로 옳지 않은 것은?

① 연직각의 단위는 '초'로 한다.
② 각 측점에서 정반으로 각 2회 관측하여야 한다.
③ 관측치의 최대치와 최소치의 교차가 40초 이내이어야 한다.
④ 2개의 기지점에서 소구점의 표고를 계산한 결과 그 교차가 $0.05\text{m}+0.05(S_1+S_2)\text{m}$ 이하일 때에는 그 평균치를 표고로 한다.

Answer 11. ② 12. ① 13. ③

해설 지적측량 시행규칙 제9조(지적삼각점측량의 관측 및 계산)
연직각의 관측 및 계산 기준

구 분	내 용
관 측	각 측점에서 정반(正反)으로 각 2회
교 차	관측치의 최대치와 최소치의 교차가 30초 이내일 때 그 평균
표 고	2개의 기지점(旣知點)에서 소구점(所求點)의 표고를 계산한 결과 교차가 0.05미터 + $0.05(S_1+S_2)$미터 이하일 때(이 경우 S_1과 S_2는 기지점에서 소구점까지의 평면거리로서 킬로미터 단위로 표시한 수)
계산단위	초 단위

14. 지적삼각점측량 시 구성하는 망으로, 하천, 노선 등과 같이 폭이 좁고 거리가 긴 지역에 사용하는 삼각망으로 옳은 것은?

① 사각망 ② 삼각쇄 ③ 삽입망 ④ 유심다각망

해설 삼각형이 일렬로 연결된 망형태이며, 폭이 좁고 긴 지역을 측량할 때에 주로 사용한다.

15. 광파기측량방법에 따라 다각망도선법으로 지적삼각보조점측량을 하는 경우 1도선의 거리는 최대 얼마 이하로 하여야 하는가?

① 1km ② 2km ③ 3km ④ 4km

해설 지적측량 시행규칙 제10조(지적삼각보조점측량)
1도선의 거리(기지점과 교점 또는 교점과 교점 간의 점간거리의 총합계를 말한다)는 4킬로미터 이하로 한다.

16. 다음 중 지적도근점측량의 기준으로 사용할 수 없는 것은?

① 통합기준점 ② 위성기준점
③ 지적삼각점 ④ 지적경계점

해설 지적측량 시행규칙 제12조(지적도근점측량)
지적도근점측량의 도선은 1등도선과 2등도선으로 구분한다.
1. 1등도선은 위성기준점, 통합기준점, 삼각점, 지적삼각점 및 지적삼각보조점의 상호간을 연결하는 도선 또는 다각망도선으로 한다.
2. 2등도선은 위성기준점, 통합기준점, 삼각점, 지적삼각점 및 지적삼각보조점과 지적도근점을 연결하거나 지적도근점 상호 간을 연결하는 도선으로 한다.
※ 지적경계점은 필지의 경계점으로 지적도근점의 기준으로 삼을 수 없다.

17. 축척 1/600인 지역에 등록된 필지의 면적이 50.55m²로 산출 되었을 때 지적공부에 등록하는 면적은?

① 50m² ② 50.5m² ③ 50.6m² ④ 51m²

해설 공간정보의 구축 및 관리 등에 관한 법률 시행령 제60조(면적의 결정 및 측량계산의 끝수처리)
1. 토지의 면적에 제곱미터 미만의 끝수가 있는 경우 0.5제곱미터 미만인 때에는 버리고, 0.5제곱미터를 초과하는 때에는 올리며, 0.5제곱미터인 때에는 구하고자 하는 끝자리의 숫자가 0 또는 짝수이면 버리고 홀수이면 올린다. 다만, 1필지의 면적이 1제곱미터 미만인 때에는 1제곱미터로 한다.
2. 지적도의 축척이 600분의 1인 지역과 경계점좌표등록부에 등록하는 지역의 토지의 면적은 제1호의 규정에 불구하고 제곱미터 이하 한자리 단위로 하되, 0.1제곱미터 미만의 끝수가 있는 경우 0.05제곱미터 미만인 때에는 버리고, 0.05제곱미터를 초과하는 때에는 올리며, 0.05제곱미터인 때에는 구하고자 하는 끝자리의 숫자가 0 또는 짝수이면 버리고 홀수이면 올린다. 다만, 1필지의 면적이 0.1제곱미터 미만인 때에는 0.1제곱미터로 한다.

18. 지적삼각보조점측량을 Y망으로 실시할 경우 1도선에서 기지점과 교점 사이에 들어갈 최대 점수는?

① 2점 ② 3점 ③ 4점 ④ 5점

해설 지적측량 시행규칙 제10조(지적삼각보조점측량)
1. 3점 이상의 기지점을 포함한 결합다각방식에 따른다.
2. 1도선(기지점과 교점 간 또는 교점과 교점 간을 말한다)의 점의 수는 기지점과 교점을 포함하여 5점 이하로 한다.
3. 1도선의 거리(기지점과 교점 또는 교점과 교점 간의 점간거리의 총합계를 말한다)는 4킬로미터 이하로 한다.

따라서 5점 중에서 기지점과 교점 각 1점씩을 빼면 1도선에 들어갈 수 있는 최대점수는 3점이다.

19. 지적세부측량에서 광파조준의를 이용한 교회법을 실시할 경우 도상길이는 얼마 이하인가?

① $\frac{1}{10}M$ (M : 축척 분모 수)   ② 5cm
③ 10cm   ④ 30cm

해설 지적측량 시행규칙 제18조(세부측량의 기준 및 방법 등)
1. 방향선의 도상길이는 10센티미터 이하
2. 광파조준의(光波照準儀) 또는 광파측거기를 사용하는 경우에는 30센티미터 이하

20. 지적확정측량을 시행할 때에 필지별 경계점 측점에 사용되지 않는 점은?

① 지적삼각점   ② 지적도근점
③ 지적도근보조점   ④ 지적측량기준점

해설 지적측량 시행규칙 제22조(지적확정측량)
지적확정측량을 하는 경우 필지별 경계점은 위성기준점, 통합기준점, 삼각점, 지적삼각점, 지적삼각보조점 및 지적도근점에 따라 측정하여야 한다.

Answer 18. ② 19. ④ 20. ③

02 응용측량

SUBJECT

21. 간접 수준 측량으로 터널 천장에 설치된 AB 측점 간을 연직각 +5°로 관측하여 사거리가 50m, 후시(A점)의 관측값이 1.60m, 전시(B점)의 관측값이 1.50m이었다. AB의 고저차는?

① 3.55m　　② 3.75m　　③ 4.26m　　④ 4.45m

해설 측점이 천장에 있음에 유의한다.
H = Lsinα + IH − HP = 50sin5° + (−1.60) − (−1.50) = 4.26m

22. 노선 측량에서 곡선시절에 대한 접선 길이(T.L)가 50m, 교각이 40°일 때 원곡선의 곡선 길이는?

① 41.600m　　② 95.887m　　③ 102.578m　　④ 137.374m

해설 단곡선 설치에서 접선장(TL) = R tan $\frac{I}{2}$ = R tan $\frac{40°}{2}$ = 50m, R = 137.374m

곡선장(CL) = 0.01745RI = 0.01745 × 137.374 × 40° = 95.887m

23. 원곡선에서 교각 I = 38° 20′이고, 곡선 반지름이 300m인 원곡선을 편각법으로 설치할 경우에 시단현의 편각은?(단, 노선의 기점으로부터 교정까지의 거리는 500m이고, 중심말뚝 간격은 20m 이다.)

① 0° 12′ 15″　　② 0° 24′ 29″
③ 1° 00′ 15″　　④ 1° 30′ 06″

해설 노선측량에서 TL = Rtan$\frac{I}{2}$ = 300tan$\frac{38° 20′}{2}$ = 104.275m

노선 출발점에서 곡선시점까지의 거리 BC = IP − TL = 500 − 104.275 = 395.725m
∴ 노선출발점에서 곡선시점까지의 Chain당 거리 BC = 395.725 ÷ 20 = No 19 + 15.725m
시단현의 길이(l) = 1Chain당 거리(20m) − 15.725m = 4.275m
∴ 시단현의 편각(σ) = 1718.87′$\frac{L}{R}$ = 1,718.87′$\frac{4.275}{300}$ = 0° 24′29.63″

24. 지형도를 활용하여 작성할 수 있는 자료와 가장 거리가 먼 것은?

① 등경사선의 관측　　② 토지경계의 결정
③ 성토 범위의 결정　　④ 유역면적의 계산

해설 지형도 작성을 위한 지형측량은 지구표면상의 자연 및 인위적인 지물·지형, 즉 도로, 철도, 하천, 산정, 구릉, 계곡, 평야의 상호위치 관계를 측정하여 일정한 축척과 도식에 의한 측량을 말하며 토지 경계의 결정을 위해서는 지적도 및 임야도에 의해서만 가능하다.

25. 지형측량을 하려면 기본삼각점만으로는 기준점이 부족하므로 삼각점을 기준으로 하여 지형측량에 필요한 측점을 설치하는 데 이 점을 무엇이라고 하는가?

① 이기점 ② 방향변환점
③ 도근점 ④ 경사변환점

해설 도근점은 삼각점 등이 부족한 지형의 측량을 위해 삼각점에 비해 정도는 낮으나 지형측량 등의 세부측량의 기준점으로 많이 사용하고 있다.

26. 건설현장 중 부지의 정지 작업을 위한 토량 산정 또는 저수지의 용량 등을 측정하는 데 주로 사용되는 방법은?

① 영선법 ② 음영법 ③ 채색법 ④ 등고선법

해설 등고선법은 동일표고의 점을 연결한 곡선, 즉 등고선에 의하여 지표를 표시하는 방법으로 토량의 산정 및 용량 등을 측정하는 데 사용된다.

27. 항공사진에서 수직사진은 경사각 몇 도 이내의 사진을 의미하는가?

① 3° 이내 ② 6° 이내 ③ 7° 이내 ④ 9° 이내

해설 항공사진에서 수직사진은 카메라의 경사가 3° 이내일 때의 사진이다.

28. 촬영고도 3,000m에서 촬영한 항공사진의 주점에서 12cm 떨어진 위치에 투영된 어느 산정(山頂)의 높이가 150m라면 이 산정의 사진에서의 변위량은?

① 6mm ② 9mm ③ 12mm ④ 15mm

해설 변위량 $\Delta r = \dfrac{h}{H}r = \dfrac{150}{3,000} \times 0.12 = 0.006\text{m} = 6\text{mm}$

29. 노선 중 완화곡선을 넣는 장소는?

① 직선과 직선 사이 ② 원곡선과 직선 사이
③ 반향곡선과 원곡선 사이 ④ 중단곡선과 직선 사이

해설 완화곡선
1) 의의 : 완화곡선(Transition Curve)은 차량의 급격한 회전 시 원심력에 의한 횡방향의 힘 작용으로 인해 발생하는 차량운행의 불안감과 승차감의 저하를 방지하기 위해 곡률을 0에서 조금씩 증가시켜 일정한 값에 이르게 하기 위해 직선부와 곡선부 사이에 두는 매끄러운 곡선으로 원곡선과 직선 사이에 존재한다.
2) 특성
   ① 완화곡선의 곡선반경은 시점에서 무한대이고, 종점에서 원곡선의 반지름과 같다.
   ② 완화곡선의 접선은 시점에서는 직선에 접하고, 종점에서는 원호에 접한다.
   ③ 완화곡선에 연한 곡선반경의 감소율은 캔트의 증가율과 같다.

3) 종류
① 클로소이드 곡선(Clothoid Curve)
② 램니스케이트 곡선(Lemniscate Curve)
③ 3차포물선(Cubic Parabola)

30. 곡선반지름 $R=300m$, 교각 $I=50°$인 단곡선의 접선길이(T.L)와 곡선길이(C.L)는?

① T.L=126.79m, C.L=261.80m
② T.L=139.89m, C.L=261.75m
③ T.L=126.79m, C.L=361.75m
④ T.L=139.89m, C.L=361.75m

해설 단곡선 설치에서 접선장(TL) $= R\tan\dfrac{I}{2} = 300\tan25° = 139.89m$

곡선장(CL) $= 0.01745RI = 0.01745 \times 300 \times 50° = 261.75m$

31. 위성측량으로 지적삼각점을 설치하고자 할 때 가장 적합한 측량 방법은?

① 실시간 이동상대측량(Real Time Kinematic Survey)
② 이동상대측량(Kinematic Survey)
③ 정지상대측량(Static Survey)
④ 방향관측법

해설 정지측량은 반송파의 위상을 이용하여 관측점 간의 기선벡터를 계산하는 방법으로 고정점을 기준으로 측점에 장시간(40분~2시간) 관측하는 방법으로 2개 이상의 수신기를 각 측점에 고정하고 동시에 4개 이상의 위성으로부터 신호를 30분 이상 수신하는 방식으로서 수신된 신호를 컴퓨터 처리에 의해 각 수신기의 위치 및 거리를 계산하는 후처리 위치결정방식이다. 계산된 위치 및 거리 정확도가 ±mm 정도(1ppm~0.01ppm)로 높으며 지적삼각점, 측지기준점측량, VLBI의 보완 또는 대체측량에 이용된다.

32. GNSS의 특징에 해당되지 않는 것은?

① 야간에도 관측이 가능하다.
② 날씨의 영향을 거의 받지 않는다.
③ 고압선 등의 전파에 대한 영향을 받지 않는다.
④ 측점 간 시통에 무관하다.

해설 GS측량 시스템은 인공위성을 이용한 범지구위치측정시스템으로 정확한 위치를 알고 있는 위성에서 발사한 전파를 수신하여 관측점까지 소요시간을 측정하여 위치를 구하며 GNSS의 특징은 다음과 같다.
① 기상상태와 관계없이 관측의 수행이 가능하다.
② 지형여건과 관계 없으며, 또한 측점 간 상호시통이 되지 않아도 관계없다.
③ 관측작업이 신속하게 이루어진다.
④ 측점에서 모든 데이터 취득이 가능해진다.
⑤ 1인 측량이 가능하여 인력이 적게 소요되고, 측정 작업이 간단하다.
그러나 GNSS 측량도 전파를 수신하기에 주위에 고압선 등이 있으면 전파에 방해를 받을 수 있다.

33. 다음 중 사진지도의 특징에 대한 설명으로 잘못된 것은?

① 정량적 및 정성적 관측이 가능하다.
② 접근하기 어려운 대상물의 관측이 가능하다.
③ 시간적 변화를 포함한 4차원 측량이 가능하다.
④ 행정경계, 지명, 건물명 등도 별도의 작업 없이 측량이 가능하다.

해설 사진측량의 장점
① 사진은 정량적 · 정성적인 측정이 가능하다.
② 거시적으로 관찰할 수 있으며, 재측이 용이하다.
③ 측정대상의 범위가 넓으며, 정도가 균일하다.
④ 작업이 능률적이며, 동적인 것도 측정 가능하다.
⑤ 넓은 지역에 경제성이 높고 기록보전이 용이하다.
사진측량에 의해서는 행정경계, 지명, 건물명 등을 알 수 없으며, 별도의 현지조사 및 측량으로 보완하여야 한다.

34. 사진면으로부터 얻어진 피사체의 정보를 해석하기 위한 사진판독요소만으로 짝지어진 것은?

① 색도, 지질, 크기
② 질감, 모양, 기상
③ 형상, 길이, 수중
④ 색조, 크기, 음영

해설 항공사진측량에서 사진판독요소로는 크기, 형태, 색조, 모양, 질감, 음영, 과고감, 상호위치관계 등이 있다.

35. 터널 내 곡선설치방법으로 가장 적합한 것은?

① 현편거법
② 편각현정법
③ 전방교선법
④ 중앙종거법

해설 터널 내 곡선설치는 접선편거와 현편거에 의한 방법을 이용하여 설치한다.

36. 노선측량에서 그림과 같이 교점에 장애물이 있어 ∠ACD=150°, ∠CDB=90°를 측정하였다. 교각(I)는?

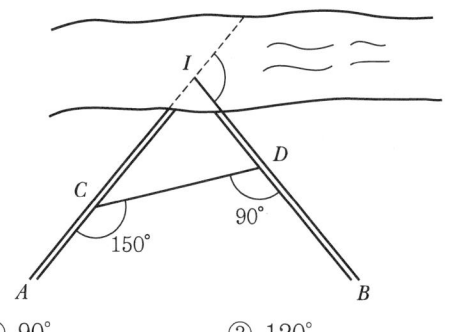

① 30°
② 90°
③ 120°
④ 240°

해설 ∠ICD=180° − ∠ACD=30°, ∠IDC=180° − ∠CDB=90° ∴ ∠CID=60°
교각(I)=180° − ∠CID=60° =120°

Answer 33. ④ 34. ④ 35. ① 36. ③

37. 다음 중 GNSS의 자료 교환에 사용되는 표준형식으로 서로 다른 기종 간의 기선해석이 가능하도록 한 것은?

① RINEX　　　② SDTS　　　③ DXF　　　④ IGES

해설 GNSS로 관측된 데이터에 대한 자료 처리 S/W는 장비사마다 다르므로 이를 호환하여 표준형식으로 사용이 가능하도록 한 것이 Rinex이다.

38. 항공삼각측량의 방법에 대한 설명으로 틀린 것은?

① 광속(번들)조정법은 사진좌표를 측정하여 조정계산한다.
② 독립모델법은 모델좌표를 측정하여 조정계산한다.
③ 광속조정법은 기계식 방법이다.
④ 정밀한 사진좌표의 측정에는 기계식보다는 해석도화기나 정밀좌표측정기(Comparator)를 사용한다.

해설 항공삼각측량의 조정법
1) 기계법(입체도화기)
　① 에어로폴리곤법(Aeropoygon)
　② 독립모델법(Independent Model)
　③ 스트립 및 블록조정(Strip, Block Adjustment)
2) 해석법(정밀좌표관측기)
　① 스트립 및 블록조정(Strip, Block Adjustment)
　② 독립모델법(Independent Model)
　③ 광속법(Bundle Adjustment)

39. 수준측량에서 우리나라가 채택하고 있는 기준면으로 옳은 것은?

① 평균해수면　　　② 평균고조면
③ 최저조위면　　　④ 최고조위면

해설 우리나라 수준측량의 기준이 되는 수준기준면은 평균해수면을 채택하고 있다.

40. 수준측량에서 작업자의 유의사항에 대한 설명으로 틀린 것은?

① 표척수는 표척의 눈금이 잘 보이도록 양 손을 표척의 측면을 잡고 세운다.
② 표척과 레벨의 거리는 10m를 넘어서는 안 된다.
③ 레벨의 전방에 있는 표척과 후방에 있는 표척의 중간에 거리가 같도록 레벨을 세우는 것이 좋다.
④ 표척을 전후로 기울여 관측할 때에는 최소 읽음값을 취하여야 한다.

해설 수준측량 시 표척과 레벨의 거리는 10m를 넘어도 상관 없다.

Answer　37. ①　38. ③　39. ①　40. ②

03 토지정보체계론

41. 지적전산자료의 유지관리 업무를 원활히 수행하기 위하여 지정하는 지적전산자료관리책임관은?

① 사용기관의 전산업무담당과장
② 사용기관의 전산업무담당국장
③ 사용기관의 지적업무담당과장
④ 사용기관의 지적업무담당국장

해설 부동산종합공부시스템 운영 및 관리규정 제7조(전산자료의 유지·관리)
지적전산자료의 유지관리 업무를 원활히 수행하기 위하여 지적업무 담당부서의 장을 전산자료관리 책임관으로 지정한다.

42. 토지정보를 공간데이터와 속성데이터로 분류할 때, 공간데이터에 해당되는 것만으로 짝지어진 것은?

① 지적도와 임야도
② 지적도와 토지대장
③ 토지대장과 임야대장
④ 토지대장과 공유지연명부

해설 공간데이터(도면), 속성데이터(대장)

43. 래스터 자료의 특징으로 맞는 것은?

① 데이터 형식을 임의로 선택 가능하다.
② 정밀도는 격자크기에 의존하다.
③ 도형표현 방법은 점·선·면으로 표현한다.
④ 속성 데이터는 점·선·면 각각의 도형정보와 결합할 수 있다.

해설 래스터데이터는 일정한 격자 모양의 셀이 데이터의 위치와 그 값을 표현하고, 벡터데이터는 어떤 객체의 위치를 방향과 크기로 나타내며 객체의 형상을 점·선·면으로 표현한다.

44. 토지정보시스템의 데이터 중 도형정보의 벡터 데이터 표현요소가 아닌 것은?

① 점 ② 선 ③ 픽셀 ④ 면

해설 픽셀
① Picture Element의 약어로써 간단하게 사진을 구성하는 요소로 영상에서 눈에 보이는 가장 작은 셀로 2차원적 영상소이다.
② 래스터 자료의 그리드 셀은 하나의 Pixel이다.

45. 데이터베이스의 구조모델이 아닌 것은?
① 평면구조 데이터베이스 모델
② 계층구조 데이터베이스 모델
③ 조직망구조 데이터베이스 모델
④ 관계구조 데이터베이스 모델

해설 데이터베이스 모형은 계층형, 네트워크(조작망)형, 관계형, 객체지향형이 있다.

46. 데이터베이스 관리시스템이 파일시스템보다 불리한 점으로 옳은 것은?
① 자료의 일관성이 확보되지 않는다.
② 자료의 중독성을 피할 수 없다.
③ 사용자별 자료접근에 대한 권한 부여를 할 수 없다.
④ 일반적으로 시스템 도입비용이 비싸다.

해설 ① 데이터베이스 관리시스템 장점 : 데이터의 독립성, 데이터의 중복성 배제, 데이터의 공유화, 데이터의 일관성 유지, 데이터의 무결성과 보완성, 데이터의 표준화, 새로운 응용프로그램의 용이성
② 단점 : 운영비용 부담, 시스템의 복잡성, 중앙집약적 구조의 위험성

47. 지적전산처리규정의 고유번호 구성에서 행정구역 코드의 구성은?
① 1자리
② 4자리
③ 10자리
④ 19자리

해설 부동산종합공부시스템 운영 및 관리규정 제19조(코드의 구성)
고유번호는 행정구역코드 10자리(시·도 2, 시·군·구 3, 읍·면·동 3, 리 2), 대장구분 1자리, 본번 4자리, 부번 4자리를 합한 19자리로 구성한다.

48. 다음 중 토지정보체계의 도형자료를 컴퓨터에 입력하는 방식과 가장 관련이 적은 것은?
① 디지타이징
② 스캐닝
③ 항공사진 디지타이징
④ 좌표변환

해설 좌표변환이란 공간상의 한 점 P에 대하여, 한 좌표계에서의 좌표를 다른 좌표계에서의 좌표로 변경하여 표현하게 되는 것을 말한다.

49. 벡터자료 기본요소에 해당되지 아니한 것은?
① Area
② Line
③ Merge
④ Point

해설 벡터자료 기본요소
점, 선, 면

50. 디지타이징과 스캐닝 작업을 비교하여 설명한 것으로 옳은 것은?

① 스캐너로 입력한 자료는 벡터자료로서 벡터라이징 작업이 필요하다.
② 디지타이징 작업은 스캐닝 방법에 비해 자동으로 작업할 수 있으므로 작업속도 빠르다.
③ 스캐너는 장치운영방법이 복잡하여 위상에 관한 정보가 제공된다.
④ 스캐너로 읽은 자료는 디지털카메라로 촬영하여 얻은 자료와 유사하다.

해설 ① 스캐너로 입력한 자료는 래스터자료로서 벡터라이징 작업이 필요하다.
② 스캐닝 작업은 디지타이징 방법에 비해 자동으로 작업할 수 있으므로 작업속도가 빠르다.
③ 디지타이징은 장치운영방법이 복잡하지만 위상에 관한 정보가 제공된다.

51. 토지정보체계의 필요성 대한 설명으로 가장 거리가 먼 것은?

① 토지관계 정책 자료의 다목적 활용
② 여러 대장과 도면의 효율적 관리
③ 지적 민원이 신속, 정확한 처리
④ 토지관련 정보의 보안 강화

해설 토지관련 정보의 보안 강화보다는 전국적인 등본, 열람이 가능케 하여 민원인의 편익 증진을 위함이다.

52. 기존의 지적도 또는 임야도를 수치화하는 방법으로 적합한 것은?

① 등사법
② 정밀복사법
③ 간접측량
④ 디지타이징 또는 스캐닝

해설 ① 디지타이징은 디지타이저라는 판위에 도면을 올리고 컴퓨터와 연결된 마우스를 이용하여 필요한 주제(도로, 하천 등)의 형태를 컴퓨터에 입력시키는 것이다.
② 스캐닝은 스캐너로 도면을 읽어서 래스터 형태로 저장한 다음 벡터화 소프트웨어를 이용하여 벡터화하는 방법이다.

53. 메타데이터의 특징에 대한 설명으로 틀린 것은?

① 데이터가 목록화(Indexing)되어 있다.
② 데이터의 교환을 원활히 지원하기 위한 틀을 제공한다.
③ 메타데이터를 이용하므로 인해 공간 데이터를 구축하는 데 시간과 비용이 많이 소용된다.
④ 데이터의 내용, 품질, 조건 등을 기록한 것으로, 데이터에 관한 데이터라 할 수 있다.

해설 메타데이터는 데이터에 대한 데이터, 어떤 데이터 그 자체가 아니라 그 데이터에 대한 정보를 말한다. 따라서 메타데이터를 이용하여 자료를 공유할 수 있으므로 공간 데이터를 구축하는 데 시간과 비용을 절약할 수 있다.

54. 지적도면전산화의 기대효과로 가장 올바르지 않은 것은?

① 지적도면의 효율적 관리
② 토지관련 정보의 인프라 구축
③ 신속하고 효율적인 대민서비스 제공
④ 지적도면 정보 유통을 통한 부가가치 창출

해설 기대효과
① 지적업무 처리의 획기적인 개선
② 지적정보 활용의 극대화
③ 정밀한 토지정보체계 구축 가능
④ 지적재조사 기반 조성
⑤ 국민편의 지향적인 서비스시스템

55. 지리정보체계(GIS)의 구축과정에서 자료가 내포하는 의미를 찾아내는 것은?

① 검색　　② 편집　　③ 분석　　④ 모델링

해설 공간분석은 데이터베이스 내에 들어있는 공간데이터와 속성데이터를 이용하여 현실세계에서 발생하는 각종 문제를 해결하는 데 도움을 줄 수 있는 정보를 생성하는데 중요한 기법이다.

56. 지적전산정보처리 조직의 사용자권한등록파일에 등록하는 사용자권한 중에서 틀린 것은?

① 지적통계의 관리
② 표준지공시지가 변동의 관리
③ 개인별 토지소유현황의 조회
④ 토지관련 정책정보의 관리

해설 공간정보의 구축 및 관리 등에 관한 법률 시행규칙 제78조(사용자 권한구분)
사용자의 신규등록, 사용자등록의 변경 및 삭제, 법인 아닌 사단·재단 등록번호의 업무관리, 법인 아닌 사단·재단 등록번호의 직권수정, 개별공시지가 변동의 관리, 지적전산코드의 입력·수정 및 삭제, 지적전산코드의 조회, 지적전산자료의 조회, 지적통계의 관리, 토지관련 정책정보의 관리, 토지이동신청의 접수, 토지이동의 정리, 토지소유자 변경의 관리, 토지등급 및 기준수확량등급 변동의 관리, 지적공부의 열람 및 등본교부의 관리, 일반 지적업무의 관리, 일일마감관리, 지적전산자료의 정비, 개인별토지소유현황의 조회, 비밀번호 변경

57. 도면의 입력 시 발생하는 오차 중 작업자의 시각적 오차와 손조작 오차에서 발생하는 오차는?

① 기계적인 오차
② 입력도면의 평탄성 오차
③ 도면등록 시의 오차
④ 디지타이저에 의한 독취과정의 오차

해설 디지타이저에 의한 독취는 대상물의 형태에 따라 마우스를 계속적으로 움직여 좌표를 입력시키는 것으로 노동집약적인 일이다. 따라서 실수나 오차를 유발하기가 쉬우며 그에 따라 생성되는 도형자료의 품질이 저하될 우려가 크다.

58. 다음 중 GIS의 핵심 기능이 아닌 것은?

① 저장 및 관리 기능
② 자료 전송 기능
③ 자료 입력 기능
④ 분석 기능

해설 지리정보체계의 기능
① 위치표시 기능
② 공간적 상호관계 분석기능
③ 도형과 속성(문자)자료의 상호연계 기능
④ 공간자료의 동적인 변환 분석기능
⑤ 현실세계의 모형정립 기능

59. 래스터데이터의 압축방법에 해당되지 않는 것은?

① 체인 코드(Chain Code)
② 스틸 코드(Steel Code)
③ 블록 코드(Block Code)
④ 사지수형(Quadtree)

해설 래스터데이터의 압축 방법
체인 코드(Chain Code) 방법, 런 렝스 코드(Run-Length Code)방법, 블록 코드(Black Code)방법, 사지수형(Quadtree)방법

60. 스마트국토정보 주요 기능으로 가장 거리가 먼 것은?

① 부동산정보 검색
② 국토이용 현황분석
③ 국토통계
④ 토지정보의 통합관리

해설 스마트국토정보 주요 기능
① 부동산정보 검색 : 연속지적도, 항공사진, 부동산정보조회 및 실거래가 정보 제공
② 국토이용 현황분석 : 분석지역에 대한 토지, 건축물, 거주자(인구수, 세대수), 중개업자 지역 정보 등을 제공
③ 국토통계 : 부동산현황, 부동산거래, 부동산가격별 11종 통계 제공

Answer 58. ② 59. ② 60. ④

04 지적학

61. 다음 중 토지조사사업 당시 작성된 지형도의 종류가 아닌 것은?
① 축척 1/5,000 도면
② 축척 1/10,000 도면
③ 축척 1/25,000 도면
④ 축척 1/50,000 도면

해설 지형도의 축척
1. 주요 도읍부근은 1/25,000, 기타지역은 1/50,000로 작성
2. 경제상 특별히 긴요한 시가지(경성, 부산 등 45개 지방)에 대해서는 별도로 1/10,000 축척으로 상세한 측도를 실시
3. 명승고적이 많은 개성, 부여, 경주 등 3개 지방에 대해서는 1/25,000도를 작성

62. 다음 중 도로·철도·하천·제방 등의 지목이 서로 중복되는 경우 지목을 결정하기 위하여 고려하는 사항으로 가장 거리가 먼 것은?
① 용도의 경중
② 등록지가의 고저
③ 등록시기의 선후
④ 일필일목의 원칙

해설 지목설정의 원칙
1. 1필1지목의 원칙 : 1필의 토지에는 1개의 지목만을 설정하는 원칙이며, 1필의 일부가 용도변경된 경우에는 분할 후에 지목을 변경
2. 주지목추종의 원칙 : 주된 토지의 편익을 위해 설치된 소면적의 도로, 구거 등의 지목은 이를 따로 정하지 않고 주된 토지의 사용목적 및 용도에 따라 지목을 설정하는 원칙
3. 등록선후의 원칙 : 도로, 철도용지, 하천, 제방, 구거, 수도용지 등의 지목이 중복되는 경우에는 먼저 등록된 토지의 사용목적. 용도에 따라 지번을 설정하는 원칙
4. 용도경중의 원칙 : 도로, 철도용지, 하천, 제방, 구거, 수도용지 등의 지목이 중복되는 경우에는 중요 토지의 사용목적 및 용도에 따라 지목을 설정하는 원칙
5. 일시변경불가의 원칙 : 임시적, 일시적 용도의 변경 시 등록전환 또는 지목변경불가의 원칙
6. 사용목적추종의 원칙 : 도시계획사업, 토지구획정리사업, 농지개량사업 등의 완료에 따라 조성된 토지는 사용목적에 따라 지목을 설정하여야 한다는 원칙

63. 아래와 같은 지적의 어원이 지닌 공통적인 의미는?

Katastikhon, Capitastrum, Catastrum

① 지형도
② 조세부과
③ 지적공부
④ 토지측량

Answer 61. ① 62. ② 63. ②

해설 지적의 어원
1. 프랑스의 브론데임(Blondheim) 교수와 스페인의 일머(Ilmoor D.) 교수는 지적(Cadastre)이라는 용어가 그리스어 카타스티콘(Katastikhon)에서 유래된 것으로 공책(Notebook)이란 의미를 지니고 있다고 본다.
2. 미국의 맥엔트리(J.G. McEntyre) 교수는 라틴어인 카타스트럼(Catastrum) 또는 캐피타스트럼(Capi-tastrum)에서 유래되었다고 본다.
3. Katastikhon과 Capitastrum 또는 Catastrum은 모두 "세금 부과"의 뜻을 내포하고 있고, Katastichon은 Kata(위에서 아래로)와 Stikhon(부과)의 합성어로 조세등록이란 의미이기 때문에 지적의 어원은 조세에서 출발한 것으로 보는 것이 보편적인 견해이다.

64. 우리나라의 지목 결정 원칙과 가장 거리가 먼 것은?
① 일필일목의 원칙
② 용도경중의 원칙
③ 지형지목의 원칙
④ 주지목추종의 원칙

해설 지목설정의 원칙
1. 1필1지목의 원칙 : 1필의 토지에는 1개의 지목만을 설정하는 원칙이며, 1필의 일부가 용도변경된 경우에는 분할 후에 지목을 변경
2. 주지목추종의 원칙 : 주된 토지의 편익을 위해 설치된 소면적의 도로, 구거 등의 지목은 이를 따로 정하지 않고 주된 토지의 사용목적 및 용도에 따라 지목을 설정하는 원칙
3. 등록선후의 원칙 : 도로, 철도용지, 하천, 제방, 구거, 수도용지 등의 지목이 중복되는 경우에는 먼저 등록된 토지의 사용목적. 용도에 따라 지번을 설정하는 원칙
4. 용도경중의 원칙 : 도로, 철도용지, 하천, 제방, 구거, 수도용지 등의 지목이 중복되는 경우에는 중요 토지의 사용목적 및 용도에 따라 지목을 설정하는 원칙
5. 일시변경불가의 원칙 : 임시적, 일시적용도의 변경 시 등록전환 또는 지목변경불가의 원칙
6. 사용목적추종의 원칙 : 도시계획사업, 토지구획정리사업, 농지개량사업 등의 완료에 따라 조성된 토지는 사용목적에 따라 지목을 설정하여야 한다는 원칙

65. 다음 중 지번의 기능과 가장 관련이 적은 것은?
① 토지의 특정화
② 토지의 식별
③ 토지의 개별화
④ 토지의 경제화

해설 지번의 기능
1. 토지의 고정화
2. 토지의 특정화
3. 토지의 개별화
4. 토지위치의 확인
5. 행정주소표기, 토지이용의 편리성
6. 토지관계 자료의 연결매체 기능

66. 지압조사(地押調査)에 대한 설명으로 가장 적합한 것은?
① 토지소유자를 입회시키는 일체의 토지검사이다.
② 도면에 의하여 측량 성과를 확인하는 토지검사이다.
③ 신고가 없는 이동지를 조사·발견할 목적으로 국가가 자진하여 현지조사를 하는 것이다.
④ 지목변경의 신청이 있을 때에 그를 확인하고자 지적소관청이 현지조사를 시행하는 것이다.

Answer 64. ③ 65. ④ 66. ③

해설 토지검사와 지압조사
1. 토지조사
   ① 토지검사란 토지에 대한 변경이 있는 경우 지적공무원이 지세관계법령에 의하여 실시하는 검사로서 신고 또는 신청사항의 확인을 목적으로 한다.
   ② 무신고 이동지 조사를 위한 토지검사는 지압조사라하여 일반토지검사와 구별한다.
2. 지압조사
   ① 토지의 이동이 있는 경우에 토지소유자는 관계법령에 따라 소관청에 신고하여야 하나, 이것이 잘 시행되지 못할 경우에 무신고 이동지를 조사 발견할 목적으로 소관청이 현지조사를 실시하는 것
   ② 지압조사의 성격 : 토지등록에 대한 사실심사주의, 직권등록주의와 관련된 개념이다.

67. 다음 중 지목이 임야에 해당하지 않는 것은?
① 죽림지 ② 암석지
③ 자갈땅 ④ 갈대밭

해설 지목의 구분
1. 임야 : 산림 및 원야(原野)를 이루고 있는 수림지(樹林地)·죽림지·암석지·자갈땅·모래땅·습지·황무지 등의 토지
2. 잡종지 : 갈대밭, 실외에 물건을 쌓아두는 곳, 돌을 캐내는 곳, 흙을 파내는 곳, 야외시장, 비행장, 공동우물, 영구적 건축물 중 변전소, 송신소, 수신소, 송유시설, 도축장, 자동차운전학원, 쓰레기 및 오물처리장 등의 부지, 다른 지목에 속하지 않는 토지(다만, 원상회복을 조건으로 돌을 캐내는 곳 또는 흙을 파내는 곳으로 허가된 토지는 제외)

68. 경계의 결정 원칙 중 경계불가분의 원칙과 관련이 없는 것은?
① 토지의 경계는 인접 토지에 공통으로 작용한다.
② 토지의 경계는 유일무이하다.
③ 경계선은 위치와 길이만 있고 너비가 없다.
④ 축척이 큰 도면의 경계를 따른다.

해설 경계불가분 원칙은 토지의 경계는 유일무이한 것으로 어느 한 쪽의 필지에만 전속되는 것이 아니고 연접한 토지에 공통으로 작용되기 때문에 이를 분리할 수 없다는 이론이다. 따라서 토지의 경계선은 위치와 길이만 있을 뿐 넓이와 크기가 존재하지 않는다.
※ 동일한 경계가 축척이 다른 도면에 각각 등록되어 있을 때에는 축척이 큰 도면의 경계를 따르는 원칙은 축척종대의 원칙이다.

69. 토지조사사업 당시 도로, 하천, 구거, 제방, 성첩, 철도선로, 수도선로를 조사 대상에서 제외한 주된 이유는?
① 측량작업의 난이 ② 소유자 확인 불명
③ 강계선 구분 불가능 ④ 경제적 가치의 희소

해설 토지조사사업 당시 불조사지
1. 불조사의 규정
   ① 토지조사법 및 토지조사령에 도로, 하천, 구거, 제방, 성첩, 철도선로, 수도선로 등의 토지는 지번을 부여하지 않을 수 있다고 규정
   ② 임시토지조사국 조사규정에는 도로, 구거, 제방, 성첩, 철도선로 및 수도선로로서 민유의 신고가 없는 토지 및 하천 호해(湖海)에 대하여는 소유권조사를 할 필요가 없다고 규정
   ③ 이들 별도의 측량을 실시하지 않고 전, 답, 대 등의 토지를 측량하고 남아 있는 부분이 도로, 하천, 구거 등이 된 것이었으며 세부측량원도나 지적도에 지목만 표시
2. 불조사의 원인
   ① 토지가 과세 등 아무런 경제적 이권이 없고 면적측정 등 노력이 요구되기 때문
   ② 예산, 인원 등에 비추어 경제적 가치가 없는 토지는 조사대상에서 제외
   ③ 기타 특수한 사정에 의하여 조사대상에서 제외

70. 지적과 등기를 일원화된 조직의 행정업무로 처리하지 않는 국가는?
① 독일 ② 네덜란드 ③ 일본 ④ 대만

해설 1. 독일 : 지적제도는 행정부, 등기제도는 사법부에서 관리하는 이원화 체제
2. 네덜란드 : 창설 당시부터 지적과 등기가 통합되어 운영되며, 지적 및 토지등기청에서 지적업무 전담
3. 일본 : 1960년 부동산등기법이 개정되어 등기제도와 지적제도가 통합
4. 대만 : 대만정부 수립 후 1930년 제정하여 대륙에서 시행하던 토지법을 적용하여 지적과 등기를 일원화
※ 우리나라는 독일과 같이 지적제도는 행정부, 등기제도는 사법부에서 이원체제로 운영

71. 우리나라의 현행 지번 부여 원칙으로 옳지 않은 것은?
① 북서기번의 원칙 ② 부번(副番)의 원칙
③ 종서(縱書)의 원칙 ④ 아라비아숫자 지번의 원칙

해설 우리나라는 지번을 북서에서 남동으로 순차적으로 부여하는 "북서기번법"과 가로방향으로 기재하는 "횡서의 원칙"을 채택하고 있다.[종서(縱書 : 세로쓰기)는 한문 숫자로 지번을 부여할 때 사용한 방식이며, 아라비아 숫자로 지번을 부여할 때는 횡서(橫書 : 가로쓰기)방식을 사용한다.]

72. 다음 중 토지조사사업 당시 불복신립 및 재결을 행하는 토지소유권의 확정에 관한 최고의 심의기관은?
① 도지사 ② 임시토지조사국장
③ 고등토지조사위원회 ④ 임야조사위원회

해설 고등토지조사위원회는 토지의 사정에 대한 불복이 있는 경우 60일 이내에 불복신립을 하거나, 사정의 확정 후 일정한 요건의 경우에 재심을 청구할 수 있는데 이러한 불복신립 및 재결을 행하는 토지소유권 확정에 관한 최고의 심의기관이었다.

73. 다음 중 정약용과 서유구가 주장한 양전개정론의 내용이 아닌 것은?

① 경무법 시행
② 결부제 폐지
③ 어린도법 시행
④ 수등이척제 개선

해설 조선 후기 실학자인 이기는 저서 「해학유서」에서 수등이척제에 대한 개선방법으로 망척제의 도입을 주장하였다.

74. 토지등록제도에 있어서 권리의 객체로서 모든 토지를 반드시 특정적이면서도 단순하고 명확한 방법에 의하여 인식될 수 있도록 개별화함을 의미하는 토지 등록 원칙은?

① 공신의 원칙
② 등록의 원칙
③ 신청의 원칙
④ 특정화의 원칙

해설 토지등록의 원칙
1. 종류
   ① 등록의 원칙(登錄의 原則)
   ② 신청의 원칙(申請의 原則)
   ③ 특정화의 원칙(特定化의 原則)
   ④ 국정주의 및 직권주의(國定主義 및 職權主義)
   ⑤ 공시의 원칙 및 공개주의(公示의 原則, 公開主義)
   ⑥ 공신의 원칙(公信의 原則)
2. 특정화의 원칙(特定化의 原則)
   ① 권리객체로서의 모든 토지는 반드시 특정적이고 단순하며 명확한 방법에 의하여 인식할 수 있도록 개별화 하여야 한다는 원칙이다.
   ② 지번, 경계, 소유자 등의 요소를 사용하여 토지를 특정화 할 수 있으며, 특히 지번은 토지관련 자료의 식별인자가 된다.

75. 토지를 등록하는 지적공부를 크게 토지대장 등록지와 임야대장 등록지로 구분하고 있는 직접적인 원인은?

① 조사사업별 구분
② 토지지목별 구분
③ 과세세목별 구분
④ 도면축척별 구분

해설 토지조사사업과 임야조사사업의 구분

구분	토지조사사업	임야조사사업
기간	1910~1918(8년8월)	1916~1924(8년)
총경비	2,040여만 원	380여만 원
투입인력	7,000여명	4,600여명
대장작성	토지대장 109,998책	임야대장 22,202책
도면작성	지적도 812,093매	임야도 116,984매
조사기관	임시토지조사국장	부 또는 면

Answer 73. ④ 74. ④ 75. ①

구분	토지조사사업	임야조사사업
사정기관	토지조사국장	도지사
자문기관	지방토지조사위원회	도지사(조정기관)
재결기관	고등토지조사위원회	임야심사위원회
사정	19,107,520필	3,479,915필

※ 우리나라 지적제도가 토지대장 등록지와 임야대장 등록지로 구분된 직접적인 원인은 토지조사사업이 토지와 임야로 구분하여 실시되고 지적공부도 각각 작성되었기 때문이다.

76. 다음 중 토지조사사업 당시의 토지에 대한 사정기관은?

① 임시 토지조사국장
② 고등토지조사위원회
③ 도지사
④ 부와 면

해설 사정기관의 구분
1. 토지조사사업
   ① 사정권자 : 토지조사국장
   ② 조사측량기관 : 토지조사국
   ③ 재결기관 : 고등토지조사위원회
2. 임야조사사업
   ① 사정권자 : 도지사
   ② 조사측량기관 : 부 또는 면
   ③ 재결기관 : 임야조사위원회

77. 우리나라 현행 지적공부의 기능이라고 할 수 없는 것은?

① 도시계획의 기초
② 토지유통의 매체
③ 용지보상의 근거
④ 소유권 변동의 공시

해설 소유권에 관한 것은 등기제도의 기능에 해당된다.

78. 토지합병의 조건과 관련이 없는 것은?

① 동일 지번지역 내에 있을 것
② 등록된 도면의 축척이 같을 것
③ 경계가 서로 연접되어 있을 것
④ 토지의 용도지역이 같을 것

해설 합병 신청할 수 없는 토지
1. 합병하려는 토지의 지번부여지역, 지목 또는 소유자가 서로 다른 경우
2. 합병하려는 토지에 다음 각 호의 등기 외의 등기가 있는 경우
   ① 소유권, 지상권, 전세권 또는 임차권의 등기
   ② 승역지에 대한 지역권의 등기
   ③ 합병하려는 토지 전부에 대한 등기원인 및 그 연월일과 접수번호가 같은 저당권의 등기

Answer 76. ① 77. ④ 78. ④

3. 합병하려는 토지의 지적도 및 임야도의 축척이 서로 다른 경우
4. 합병하려는 각 필지의 지반이 연속되지 아니한 경우
5. 합병하려는 토지가 등기된 토지와 등기되지 아니한 토지인 경우
6. 합병하려는 각 필지의 지목은 같으나 일부 토지의 용도가 다르게 되어 분할대상 토지인 경우(다만, 합병 신청과 동시에 토지의 용도에 따라 분할 신청을 하는 경우는 제외)
7. 합병하려는 토지의 소유자별 공유지분이 다르거나 소유자의 주소가 서로 다른 경우
8. 합병하려는 토지가 구획정리, 경지정리 또는 축척변경을 시행하고 있는 지역의 토지와 그 지역 밖의 토지인 경우

79. 도로명주소법상 도로 및 건물 등의 위치에 관한 기초조사의 권한이 부여되지 않은 자는?
① 시 · 도지사
② 읍 · 면 · 동장
③ 행정안전부장관
④ 시장 · 군수 · 구청장

해설 행정안전부장관, 시 · 도지사 및 시장 · 군수 · 구청장은 기초번호, 도로명주소, 국가기초구역, 국가지점번호 및 사물주소의 부여 · 설정 · 관리 등을 위하여 도로 및 건물 등의 위치에 관한 기초조사를 할 수 있다.(도로명주소법 제6조)

80. 오늘날 지적측량의 방법과 절차에 대하여 엄격한 법률적인 규제를 가하는 이유로 가장 옳은 것은?
① 기술적 변화 대처
② 법률적인 효력유지
③ 측량기술의 발전
④ 토지등록정보 복원유지

해설 지적측량은 그 측량방법을 법률로서 정하고 법률로 정해진 규정에 따라 행하는 기속측량이며, 토지에 대한 물권이 미치는 범위, 위치, 수량을 결정하고 보장하는 사법측량으로서, 국가는 지적측량성과를 등록하여 영구적으로 법률적인 효력을 유지할 수 있어야 한다.

05 지적관계법규

81. 측량업의 등록을 하려는 자가 신청서에 첨부하여 제출하여야 할 서류가 아닌 것은?
① 보유하고 있는 측량기술자의 명단
② 보유한 인력에 대한 측량기술 경력증명서
③ 보유하고 있는 장비의 명세서
④ 등기부등본

해설 지적측량업의 등록
1. 등록 : 지적측량업을 영위하고자 하는 자는 기술자격 · 기술능력 · 설비 등의 등록기준을 갖추어 도지사에게 지적측량업의 등록을 하여야 한다.

Answer 79. ② 80. ② 81. ④

2. 첨부서류
　① 기술인력을 갖춘 사실을 증명하기 위한 서류
　　• 보유하고 있는 측량기술자의 명단
　　• 인력에 대한 측량기술 경력증명서
　② 장비를 갖춘 사실을 증명하기 위한 서류
　　• 보유하고 있는 장비의 명세서
　　• 장비의 성능검사서 사본
　　• 소유권 또는 사용권을 보유한 사실을 증명할 수 있는 서류

지적측량업의 등록기준

지적측량업	1. 특급기술인 1명 또는 고급기술인 2명 이상 2. 중급기술인 2명 이상 3. 초급기술인 1명 이상 4. 지적 분야의 초급기능사 1명 이상	1. 토털 스테이션 1대 이상 2. 출력장치 1대 이상 　• 해상도 : 2,400DPI×1,200DPI 　• 출력범위 : 600밀리미터×1,060밀리미터 이상

82. 토지대장이나 임야대장에 등록하는 토지가 부동산등기법에 따라 대지권 등기가 되어 있는 경우 대지권등록부에 등록하여야 하는 사항이 아닌 것은?

① 토지의 소재
② 대지권 비율
③ 토지의 고유번호
④ 토지의 이동사유

해설 대지권등록부의 등록사항
1. 토지의 소재
2. 지번
3. 대지권 비율
4. 소유자의 성명 또는 명칭, 주소 및 주민등록번호
5. 토지의 고유번호
6. 전유부분의 건물표시
7. 건물의 명칭
8. 집합건물별 대지권등록부의 장번호
9. 토지소유자가 변경된 날과 그 원인
10. 소유권 지분
※ 토지의 이동사유는 토지(임야)대장에 등록한다.

83. 도시개발사업과 관련하여 지적소관청에 제출하는 신고 서류로 옳지 않은 것은?

① 사업인가서
② 지번별 조서
③ 사업계획도
④ 환지설계서

해설 도시개발사업 등 시행지역의 토지이동 신청에 관한 특례
1. 신청
　① 도시개발사업, 농어촌정비사업 그 밖에 대통령령으로 정하는 토지개발사업의 시행자는 그 사업의 착수·변경 및 완료 사실을 지적소관청에 신고하여야 한다.

② 도시개발사업 등과 관련하여 토지의 이동이 필요한 경우에는 해당 사업의 시행자가 지적소관청에 토지의 이동을 신청하여야 한다.
③ 도시개발사업 등에 따른 토지의 이동 신청은 그 신청대상지역이 환지를 수반하는 경우에는 사업완료 신고로써 이를 갈음할 수 있다. 이 경우 사업완료 신고서에 도시개발사업 등에 따른 토지의 이동 신청을 갈음한다는 뜻을 적어야 한다.
④ 「주택법」에 따른 주택건설사업의 시행자가 파산 등의 이유로 토지의 이동 신청을 할 수 없을 때에는 그 주택의 시공을 보증한 자 또는 입주예정자 등이 신청할 수 있다.

2. 토지의 이동시기
도시개발사업 등으로 인한 토지의 이동은 토지의 형질변경 등의 공사가 준공된 때 토지의 이동이 이루어진 것으로 본다.
3. 도시개발사업 등의 착수·변경 또는 완료 사실의 신고 시기 : 신고 사유가 발생한 날부터 15일 이내
4. 도시개발사업 등의 착수(변경) 신고 시 제출서류
① 사업인가서
② 지번별 조서
③ 사업계획도
5. 도시개발사업 등의 완료 신고 시 제출서류
① 확정될 토지의 지번별 조서 및 종전 토지의 지번별 조서
② 환지처분과 같은 효력이 있는 고시된 환지계획서
(다만, 환지를 수반하지 아니하는 사업인 경우에는 사업의 완료를 증명하는 서류)

84. 국가가 국가를 위하여 하는 등기로 보는 등기촉탁 사유가 아닌 것은?

① 신규등록
② 지번변경
③ 축척변경
④ 등록사항정정(직권)

해설 등기촉탁 대상
① 토지의 이동이 있는 경우(신규등록 제외)
② 지번을 변경한 때
③ 축척변경을 한 때
④ 바다로 된 토지의 등록말소
⑤ 행정구역 명칭변경
⑥ 등록사항의 오류를 지적소관청이 직권으로 조사, 측량하여 정정한 때

85. 지적소관청이 지적공부에 등록된 지번을 변경할 필요가 있다고 인정하여 지번을 새로 부여하는 경우 누구의 승인을 받아야 하는가?

① 대통령
② 안전행정부장관
③ 시·도지사
④ 대한지적공사장

해설 지번의 부여방법
1. 지번은 지적소관청이 지번부여지역별로 차례대로 부여
2. 지적소관청은 지적공부에 등록된 지번을 변경할 필요가 있다고 인정되면 시·도지사나 대도시 시장의 승인을 받아 지번부여지역의 전부 또는 일부에 대하여 지번을 새로 부여

86. 공간정보의 구축 및 관리 등에 관한 법령상 축척변경 승인신청 시 첨부하여야 하는 서류로 옳지 않은 것은?

① 지번등 명세
② 축척변경의 사유
③ 토지소유자의 동의서
④ 토지수용위원회의 의결서

해설 축척변경 승인신청
1. 지적소관청은 축척변경을 하려는 때에는 축척변경사유를 기재한 승인신청서에 다음의 서류를 첨부해서 시·도지사 또는 대도시 시장에게 제출하여야 한다.
   ① 축척변경의 사유
   ② 지번등 명세
   ③ 토지소유자의 동의서
   ④ 축척변경위원회의 의결서 사본
   ⑤ 그 밖에 축척변경 승인을 위하여 시·도지사 또는 대도시 시장이 필요하다고 인정하는 서류
2. 신청을 받은 시·도지사 또는 대도시 시장은 축척변경 사유 등을 심사한 후 그 승인 여부를 지적소관청에 통지하여야 한다.

87. 사업시행자가 토지이동에 관하여 대위신청을 할 수 있는 토지의 지목이 아닌 것은?

① 유지, 제방
② 과수원, 유원지
③ 철도용지, 하천
④ 수도용지, 학교용지

해설 신청의 대위
토지소유자가 하여야 할 신청을 대신할 수 있는 자는 다음과 같다(다만, 등록사항 정정 대상토지는 제외한다).
1. 공공사업 등에 따라 학교용지·도로·철도용지·제방·하천·구거·유지·수도용지 등의 지목으로 되는 토지인 경우 : 해당 사업의 시행자
2. 국가나 지방자치단체가 취득하는 토지인 경우 : 해당 토지를 관리하는 행정기관의 장 또는 지방자치단체의 장
3. 주택법에 따른 공동주택의 부지인 경우 : 집합건물의 소유 및 관리에 관한 법률에 따른 관리인(관리인이 없는 경우에는 공유자가 선임한 대표자) 또는 해당 사업의 시행자
4. 「민법」 제404조에 따른 채권자

88. 다음 중 지적측량 적부심사청구서를 받은 시·도지사가 지방지적위원회에 회부하여야 하는 사항이 아닌 것은?

① 다툼이 되는 지적측량의 경위
② 해당 토지에 대한 토지이동 연혁
③ 해당 토지에 대한 소유권 변동 연혁
④ 지적측량업자가 작성한 조사측량성과

해설 시·도지사가 지방지적위원회에 회부하여야 하는 사항
① 다툼이 되는 지적측량의 경위 및 그 성과
② 해당 토지에 대한 토지이동 및 소유권 변동 연혁
③ 해당 토지 주변의 측량기준점, 경계, 주요 구조물 등 현황 실측도

Answer 86. ④   87. ②   88. ④

89. 다음 중 지적측량수행자의 성실의무에 관한 설명으로 옳지 않은 것은?

① 정당한 사유 없이 지적측량 신청을 거부하여서는 아니 된다.
② 배우자 이외에 직계 존속·비속이 소유한 토지에 대한 지적측량을 할 수 있다.
③ 지적측량수수료 외에는 어떠한 명목으로도 그 업무와 관련한 대가를 받으면 아니 된다.
④ 지적측량수행자는 신의와 성실로 공정하게 지적측량을 하여야 한다.

해설 지적측량수행자의 성실의무
1. 지적측량수행자는 신의와 성실로써 공정하게 지적측량을 하여야 하며, 정당한 사유 없이 지적측량 신청을 거부하여서는 아니 된다.
2. 지적측량수행자는 본인, 배우자 또는 직계 존속·비속이 소유한 토지에 대한 지적측량을 하여서는 아니 된다.
3. 지적측량수행자는 지적측량수수료 외에는 어떠한 명목으로도 그 업무와 관련된 대가를 받으면 아니 된다.

90. 지적업무처리규정상 평판측량방법으로 세부측량을 하는 때에 작성하여야 할 측량기하적으로 옳지 않은 것은?

① 측정점의 방향선 길이는 측정점을 중심으로 약 1cm로 표시한다.
② 평판점 옆에 평판이동순서에 따라 점1, 점2 …으로 표시한다.
③ 측량자는 평판점을 직경 1.5mm 이상 3mm이하의 검은색 원으로 표시한다.
④ 측량자는 평판점의 결정 및 방위표정에 사용한 기지점을 직경 1mm와 2mm의 2중원으로 표시한다.

해설 평판측량방법 또는 전자평판측량방법으로 세부측량 시 측량준비파일에 측량한 기하적 작성 방법
① 평판점·측정점 및 방위표정에 사용한 기지점등에는 방향선을 긋고 실측한 거리를 기재한다.
② 평판점 및 측정점은 측량자는 직경 1.5밀리미터 이상 3밀리미터 이하의 원으로 표시하고, 검사자는 1변의 길이가 2밀리미터 이상 4밀리미터 이하의 삼각형으로 표시한다. 이 경우 평판점 옆에 평판이동순서에 따라 不$_1$, 不$_2$…으로 표시한다.
③ 평판점의 결정 및 방위표정에 사용한 기지점은 측량자는 직경 1밀리미터와 2밀리미터의 2중원으로 표시하고, 검사자는 1변의 길이가 2밀리미터와 3밀리미터의 2중 삼각형으로 표시한다.
④ 평판점과 기지점사이의 도상거리와 실측거리를 방향선상에 다음과 같이 기재한다.

(측 량 자)	(검 사 자)
(도상거리) / 실측거리	△(도상거리) / △실측거리

⑤ 측량대상토지에 지상구조물 등이 있는 경우와 새로이 설정하는 경계에 지상건물 등이 걸리는 경우에는 그 위치현황을 표시하여야 한다.

Answer 89. ② 90. ②

91. 지적측량 시행규칙에 따른 지적측량의 실시기준 중 지적도근점측량을 실시하여야 하는 경우로 옳은 것은?

① 측량지역의 지형상 지적삼각점의 재설치가 필요한 경우
② 세부측량을 하기 위하여 지적삼각보조점의 설치가 필요한 경우
③ 측량지역의 면적이 해당 지적도 1장에 해당하는 면적 이상인 경우
④ 지적도근점의 설치 또는 재설치를 위하여 지적삼각점이나 지적삼각보조점의 설치가 필요한 경우

해설 지적도근점측량을 실시해야 하는 경우
① 축척변경을 위한 측량을 하는 경우
② 도시개발사업 등으로 인하여 지적확정측량을 하는 경우
③ 「국토의 계획 및 이용에 관한 법률」의 도시지역에서 세부측량을 하는 경우
④ 측량지역의 면적이 해당 지적도 1장에 해당하는 면적 이상인 경우
⑤ 세부측량을 하기 위하여 특히 필요한 경우

92. 아래 내용 중 ( ) 안에 공통으로 들어갈 용어로 옳은 것은?

- ( )을 하는 경우 필지별 경계점은 지적기준점에 따라 측정하여야 한다.
- 도시개발사업 등으로 ( )을 하려는 지역에 임야도를 갖춰두는 지역의 토지가 있는 경우에는 등록전환을 하지 아니할 수 있다.

① 등록전환측량 ② 신규등록측량
③ 지적확정측량 ④ 축척변경측량

해설 지적확정측량
① 지적확정측량을 하는 경우 필지별 경계점은 위성기준점, 통합기준점, 삼각점, 지적삼각점, 지적삼각보조점 및 지적도근점에 따라 측정하여야 한다.
② 지적확정측량을 할 때에는 미리 사업계획도와 도면을 대조하여 각 필지의 위치 등을 확인하여야 한다.
③ 도시개발사업 등으로 지적확정측량을 하려는 지역에 임야도를 갖춰두는 지역의 토지가 있는 경우에는 등록전환을 하지 아니할 수 있다.

93. 지적측량을 하여야 하는 경우가 아닌 것은?

① 토지를 합병하는 경우 ② 축척을 변경하는 경우
③ 지적공부를 복구하는 경우 ④ 토지를 등록전환하는 경우

해설 지적측량을 수반하는 경우
1. 지적기준점을 정하는 경우
2. 지적측량성과를 검사하는 경우
3. 지적공부를 복구하는 경우
4. 등록전환하는 경우
5. 토지를 분할하는 경우

Answer 91. ③ 92. ③ 93. ①

  6. 바다가 된 토지의 등록을 말소하는 경우
  7. 축척을 변경하는 경우
  8. 지적공부의 등록사항을 정정하는 경우
  9. 도시개발사업 등의 시행지역에서 토지의 이동이 있는 경우
  10. 경계점을 지상에 복원하는 경우

94. 도시계획구역의 토지를 그 지방자치단체의 명의로 등록할 경우 기획재정부장관과 협의한 문서의 사본이 필요한 토지이동 신청으로 옳은 것은?

① 신규등록신청
② 축척변경신청
③ 토지분할신청
④ 등록전환신청

해설 신규등록
새로 조성된 토지와 지적공부에 등록되어 있지 아니한 토지를 지적공부에 등록하는 것
1. 신청기한 : 신규등록 사유가 발생한 날부터 60일 이내에 지적소관청에 신청
2. 신청대상
   ① 「공유수면 관리 및 매립에 관한 법률」에 의한 공유수면 매립 토지
   ② 미등록 공공용 토지
   ③ 미등록 섬
   ④ 미등록 토지
3. 신청서류
   ① 법원의 확정판결서 정본 또는 사본
   ② 「공유수면 관리 및 매립에 관한 법률」에 따른 준공검사확인증 사본
   ③ 도시계획구역의 토지를 그 지방자치단체의 명의로 등록하는 때에는 기획재정부장관과 협의한 문서의 사본
   ④ 그 밖에 소유권을 증명할 수 있는 서류의 사본

95. 지적측량 시행규칙상 면적측정의 대상으로 옳지 않은 것은?

① 신규등록
② 등록전환
③ 토지분할
④ 토지합병

해설 면적측정 대상
1. 지적공부의 복구·신규등록·등록전환·분할 및 축척변경을 하는 경우
2. 면적 또는 경계를 정정하는 경우
3. 도시개발사업 등으로 인한 토지의 이동에 따라 토지의 표시를 새로 결정하는 경우
4. 경계복원측량 및 지적현황측량에 면적측정이 수반되는 경우
※ 합병에 따른 경계·좌표 또는 면적은 따로 지적측량을 하지 아니하고 다음에 따라 결정한다.
 • 합병 후 필지의 경계 또는 좌표 : 합병 전 각 필지의 경계 또는 좌표 중 합병으로 필요 없게 된 부분을 말소하여 결정
 • 합병 후 필지의 면적 : 합병 전 각 필지의 면적을 합산하여 결정

Answer 94. ① 95. ④

96. 지적재조사에 관한 특별법상 사업지구의 경미한 변경에 해당하지 않는 사항은?

① 사업지구 명칭의 변경
② 면적의 100분의 20 이내의 증감
③ 필지의 100분의 30 이내의 증감
④ 1년 이내의 범위에서의 지적재조사사업기간의 조정

해설 지적재조사 사업지구의 경미한 변경
① 사업지구 명칭의 변경
② 1년 이내의 범위에서의 지적재조사사업기간의 조정
③ 다음 각 목의 요건을 모두 충족하는 지적재조사사업 대상 토지의 증감
 • 필지의 100분의 20 이내의 증감
 • 면적의 100분의 20 이내의 증감

97. 지적업무처리규정에서 사용하는 용어의 뜻이 옳지 않은 것은?

① "지적측량파일"이란 측량현형파일 및 측량성과파일을 말한다.
② "측량준비파일"이란 부동산종합공부시스템에서 지적측량 업무를 수행하기 위하여 도면 및 대장속성 정보를 추출한 파일을 말한다.
③ "측량현형파일"이란 전자평판측량 및 위성측량방법으로 관측한 데이터 및 지적측량에 필요한 각종 정보가 들어있는 파일을 말한다.
④ "측량성과파일"이란 전자평판측량 및 위성측량방법으로 관측 후 지적측량정보를 처리할 수 있는 시스템에 따라 작성된 측량결과도파일과 토지이동정리를 위한 지번, 지목 및 경계점의 좌표가 포함된 파일을 말한다.

해설 "지적측량파일"이란 측량준비파일, 측량현형파일 및 측량성과파일을 말한다.

98. 지적측량업자의 업무 범위가 아닌 것은?

① 경계점좌표등록부가 있는 지역에서의 지적측량
② 도시개발사업 등이 끝남에 따라 하는 지적확정측량
③ 지적재조사에 관한 특별법에 따른 지적확정측량
④ 도해지역에서의 분할 측량 결과에 대한 지적성과검사측량

해설 지적측량업자의 업무범위
1. 경계점좌표등록부가 있는 지역에서의 지적측량
2. 지적재조사지구에서 실시하는 지적재조사측량
3. 도시개발사업 등이 끝남에 따라 하는 지적확정측량
4. 지적전산자료를 활용한 정보화사업

99. 다음 중 지번부여지역의 정의로 옳은 것은?
① 지번을 부여하는 단위지역으로서 동·리 또는 이에 준하는 지역
② 지번을 부여하는 단위지역으로서 읍·면 또는 이에 준하는 지역
③ 지번을 부여하는 단위지역으로서 시·군 또는 이에 준하는 지역
④ 지번을 부여하는 단위지역으로서 시·도 또는 이에 준하는 지역

해설 지번부여지역
1. 리·동 또는 이에 준하는 지역으로서 지번을 정하는 단위지역
2. 리·동이란 법적 리·동을 뜻함
3. 리·동에 준하는 지역이란 낙도를 의미

100. 지적재조사에 관한 특별법상 조정금의 산정에 관한 내용으로 옳지 않은 것은?
① 조정금은 경계가 확정된 시점을 기준으로 감정평가액으로 산정한다.
② 국가 또는 지방자치단체 소유의 국유지·공유지 행정재산의 조정금은 징수하거나 지급하지 아니한다.
③ 토지소유자협의회가 요청하는 경우 시·군·구 지적재조사위원회의 심의를 거쳐 개별공시지가로 조정금을 산정할 수 있다.
④ 지적소관청은 경계 확정으로 지적공부상의 면적이 증감된 경우에는 필지별 면적 증감내역을 기준으로 조정금을 산정하여 징수하거나 지급한다.

해설 지적재조사에 관한 특별법상 조정금의 산정
① 지적소관청은 경계 확정으로 지적공부상의 면적이 증감된 경우에는 필지별 면적 증감내역을 기준으로 조정금을 산정하여 징수하거나 지급한다.
② 국가 또는 지방자치단체 소유의 국유지·공유지 행정재산의 조정금은 징수하거나 지급하지 아니한다.
③ 조정금은 경계가 확정된 시점을 기준으로 「감정평가 및 감정평가사에 관한 법률」에 따른 감정평가업자가 평가한 감정평가액으로 산정한다. 다만, 토지소유자협의회가 요청하는 경우에는 시·군·구 지적재조사위원회의 심의를 거쳐 「부동산 가격공시에 관한 법률」에 따른 개별공시지가로 산정할 수 있다.
④ 지적소관청은 조정금을 산정하고자 할 때에는 시·군·구 지적재조사위원회의 심의를 거쳐야 한다.

Answer 99. ① 100. ①

2022년 제3회 지적산업기사

01 지적측량

01. 지적삼각보조점측량을 경위의측량방법과 다각망 도선법으로 실시할 때 점간거리의 총 합계가 3,664.26m인 도선에 대한 연결오차의 허용한계는?

① 0.12m 이하
② 0.15m 이하
③ 0.18m 이하
④ 0.21m 이하

해설 지적측량 시행규칙 제11조(지적삼각보조점의 관측 및 계산)
경위의측량방법, 전파기 또는 광파기측량방법과 다각망도선법에 의한 지적삼각보조점의 관측과 계산에서 도선별 연결오차는 0.05×S미터 이하로 할 것. 이 경우 S는 도선의 거리를 1천으로 나눈 수를 말한다.
연결오차 = 0.05×S미터 = $0.05 \times \frac{3,664.26}{1,000}$ = 0.18m
∴ 0.18m 이하

02. 다음 중 공간정보의 구축 및 관리에 관한 법령에 따른 측량기준에서 회전타원체의 편평률로 옳은 것은?(단, 분모는 소수점 둘째자리까지 표현한다.)

① 299.26분의 1
② 294.98분의 1
③ 299.15분의 1
④ 298.26분의 1

해설 공간정보의 구축 및 관리에 관한 법령 제7조(세계측지계 등)
회전타원체의 장반경(張半徑) 및 편평률(扁平率)은
① 장반경 : 6,378,137미터
② 편평률 : 298.257222101분의 1
따라서 편평률 = 298.26분의 1

03. 지적삼각점측량 후 삼각망을 최소제곱법(엄밀조정법)으로 조정하고자 할 때, 이와 관련 없는 것은?

① 표준방정식
② 순차방정식
③ 상관방정식
④ 동시조정

해설 • 망방식에 의한 조정은 관측된 협각(내각)이 두 방향에서 이루어지기 때문에 오차도 두 방향에서 이루어진 것으로 하여 보정치를 계산하게 된다.

Answer 1. ③ 2. ④ 3. ②

- 이러한 조건식의 오차를 소거하고 점의 위치를 결정하는 평균계산법은 최소제곱법에 의하여 각과 변을 '동시에 조정'
- (계산순서)
  각도방정식 – 변방정식 – 상관방정식 – 표준방정식 – 정해 – 역해 – 보정치 계산 – 소구점 좌표계산

04. 수평각의 관측 시 윤곽도를 달리하여 망원경을 정·반으로 관측하는 이유로 가장 적합한 것은?

① 각 관측의 편의를 위함이다.
② 과대오차를 제거하기 위함이다.
③ 기계 눈금 오차를 제거하기 위함이다.
④ 관측값의 계산을 용이하게 하기 위함이다.

해설 경위의의 구조 중 보다 많은 부분을 활용하여 정오차(기계 오차)를 줄이기 위함이다.

05. 지적측량수행자가 지적측량을 실시한 후 소관청에 검사를 받지 않아도 되는 측량은?

① 신규등록측량　　　　　　　② 토지분할측량
③ 경계복원측량　　　　　　　④ 등록전환측량

해설 지적측량수행자가 세부측량 중 소관청에 검사를 받아야 되는 측량은 토지이동을 수반하는 측량으로서 즉, 신규등록측량, 토지분할측량, 등록전환측량 등이며 경계복원측량은 토지이동을 수반하지 않고 다만 지적공부상에 있는 경계를 지상에 복원하는 측량으로 소관청에 검사를 받지 않아도 된다.

06. 위의 측량방법에 따른 지적도근점의 관측 시 시가지 지역에서 수평각을 관측하는 방법으로 옳은 것은?

① 배각법　　　　　　　　　　② 방위각법
③ 각관측법　　　　　　　　　④ 편각법

해설 지적측량 시행규칙 제13조(지적도근점의 관측 및 계산)
수평각의 관측은 시가지 지역, 축척변경지역 및 경계점좌표등록부 시행지역에 대하여는 배각법에 따르고, 그 밖의 지역에 대하여는 배각법과 방위각법을 혼용한다.

07. 측판측량방법에 의한 세부측량을 교회법으로 하는 경우 방향각의 교각 범위 기준은?

① 60도 이상 90도 이하　　　　② 60도 이상 120도 이하
③ 30도 이상 120도 이하　　　　④ 30도 이상 150도 이하

해설 지적측량 시행규칙 제18조(세부측량의 기준 및 방법 등)
1. 전방교회법 또는 측방교회법으로 한다.
2. 3방향 이상의 교회로 한다.
3. 방향각의 교각은 30도 이상 150도 이하로 한다.

Answer　4. ③　5. ③　6. ①　7. ④

08. 일람도의 제도에 대한 설명 중 틀린 것은?

① 고속도로의 검은색 0.4mm의 2선으로 제도한다.
② 철도용지는 붉은색 0.2mm의 2선으로 제도한다.
③ 수도선로의 남색 0.1mm의 2선으로 제도한다.
④ 도면번호는 3mm의 크기로 한다.

해설 지적업무처리규정 제38조(일람도의 제도)
1. 도면번호는 3밀리미터
2. 지방도로 이상은 검은색 0.2밀리미터 폭의 2선으로, 그 밖의 도로는 0.1밀리미터의 폭으로 제도
3. 철도용지는 붉은색 0.2밀리미터 폭의 2선으로 제도
4. 수도용지중 선로는 남색 0.1밀리미터 폭의 2선으로 제도
5. 하천·구거·유지는 남색 0.1밀리미터의 폭으로 제도하고 그 내부를 남색으로 엷게 채색한다. 다만, 적은량의 물이 흐르는 하천 및 구거는 남색선으로 제도
6. 취락지·건물 등은 0.1밀리미터의 폭으로 제도하고 그 내부를 검은색으로 엷게 채색
7. 도시개발사업·축척변경 등이 완료된 때에는 지구경계를 붉은색 0.1밀리미터의 폭으로 제도한 후 지구안을 붉은색으로 엷게 채색하고 그 중앙에 사업명 및 사업완료연도를 기재

09. 지번 및 지목을 제도하는 때에 지번과 지목의 글자간격은 글자크기의 어느 정도를 띄어서 제도하는가?

① 글자크기의 1/2
② 글자크기의 1/3
③ 글자크기의 1/4
④ 글자크기의 1/5

해설 지적업무처리규정 제42조(지번 및 지목의 제도)
지번과 지목의 글자 간격은 글자크기의 2분의 1정도 띄어서 제도한다.

10. 경사거리가 28.80m이고 하시준공으로 관측한 앨리데이드(Alidade)의 경사분획이 +15분획이었다면 이때 보정한 수평거리는 얼마인가?

① 28.48m
② 28.50m
③ 28.60m
④ 28.71m

해설 $D = l \times \dfrac{1}{\sqrt{1+\left(\dfrac{n}{100}\right)^2}} = 28.80 \times \dfrac{1}{\sqrt{1+\left(\dfrac{15}{100}\right)^2}} = 28.48$ ∴ 28.48m

여기서, D : 수평거리, l : 경사거리

11. 지상경계를 결정하고자 할 때의 기준으로 옳지 않은 것은?

① 토지가 수면에 접하는 경우 : 최소만조위가 되는 선
② 연접되는 토지 간에 높낮이 차이가 있는 경우 : 그 구조물 등의 하단부
③ 도로·구거 등의 토지에 절토(切土)된 부분이 있는 경우 : 그 경사면의 상단부
④ 공유수면매립지의 토지 중 제방 등을 토지에 편입하여 등록하는 경우 : 바깥쪽 어깨부분

해설 공간정보의 구축 및 관리 등에 관한 법률 시행령 제55조(지상경계의 결정기준 등)
1. 연접되는 토지 간에 높낮이 차이가 없는 경우 : 그 구조물 등의 중앙
2. 연접되는 토지 간에 높낮이 차이가 있는 경우 : 그 구조물 등의 하단부
3. 도로·구거 등의 토지에 절토(切土)된 부분이 있는 경우 : 그 경사면의 상단부
4. 토지가 해면 또는 수면에 접하는 경우 : 최대만조위 또는 최대만수위가 되는 선
5. 공유수면매립지의 토지 중 제방 등을 토지에 편입하여 등록하는 경우 : 바깥쪽 어깨부분

12. 지적삼각점측량 시 삼각망 구성에 따른 내각의 제한으로 옳은 것은?

① 20°~50°   ② 20°~80°   ③ 30°~120°   ④ 30°~150°

해설 지적측량 시행규칙 제8조(지적삼각점측량) 제4항
삼각형의 각 내각은 30도 이상 120도 이하로 한다. 다만, 망평균계산법과 삼변측량에 따르는 경우에는 그러하지 아니하다.

13. 지적삼각보조점의 수평각을 관측하는 방법에 대한 기준으로 옳은 것은?

① 도선법에 따른다.
② 2대회의 방향관측법에 따른다.
③ 3대회의 방향관측법에 따른다.
④ 관측 지역에 따라 방위각법과 배각법을 혼용한다.

해설 지적측량 시행규칙 제11조(지적삼각보조점의 관측 및 계산)
수평각 관측은 2대회의 방향관측법(윤곽도는 0도, 90도로 한다)

14. 다음 중 기존의 경계점좌표등록부를 갖춰 두는 지역의 경계점에 접속하여 경위의측량방법으로 지적확정측량을 하는 경우 동일한 경계점의 측량성과의 차이가 최대 얼마 이내 이어야 경계점좌표등록부에 등록된 좌표를 그 경계점의 좌표로 보는가?

① 0.10m 이내   ② 0.15m 이내
③ 0.20m 이내   ④ 0.25m 이내

해설 지적측량 시행규칙 제27조(지적측량성과의 결정)
경계점좌표등록부 시행지역에서는 0.10미터 이내여야 한다.

15. 축척 1/600에 등록된 토지의 면적이 70.65m²로 산출되었다 지적공부에 등록하는 결정면적은?

① 70m²   ② 70.6m²   ③ 70.7m²   ④ 71m²

해설 공간정보의 구축 및 관리 등에 관한 법률 시행령 제60조(면적의 결정 및 측량계산의 끝수처리)
① 면적의 결정은 다음 각 호의 방법에 따른다.
1. 토지의 면적에 제곱미터 미만의 끝수가 있는 경우 0.5제곱미터 미만인 때에는 버리고, 0.5제곱미터를 초과하는 때에는 올리며, 0.5제곱미터인 때에는 구하고자 하는 끝자리의 숫자가 0 또는 짝수이면 버리고 홀수이면 올린다. 다만, 1필지의 면적이 1제곱미터 미만인 때에는 1제곱미터로 한다.

2. 지적도의 축척이 600분의 1인 지역과 경계점좌표등록부에 등록하는 지역의 토지의 면적은 제1호의 규정에 불구하고 제곱미터 이하 한 자리 단위로 하되, 0.1제곱미터 미만의 끝수가 있는 경우 0.05제곱미터 미만인 때에는 버리고, 0.05제곱미터를 초과하는 때에는 올리며, 0.05제곱미터인 때에는 구하고자 하는 끝자리의 숫자가 0 또는 짝수이면 버리고 홀수이면 올린다. 다만, 1필지의 면적이 0.1제곱미터 미만인 때에는 0.1제곱미터로 한다.

16. 측선의 방위각이 120°일 때, 그 측선의 방위표시가 옳은 것은?

① S 60° E ② N 60° E ③ N 60° W ④ S 60° W

해설 방위의 표시는 N, S를 기준으로 한다.
그림을 통해 살펴보면 방위각 120°는 180°를 지나지 않은 각으로서 180°−120°=60°가 된다. 이것을 방위로 표시하면 다음과 같다.
∴ S 60° E
이 방위표시를 설명한다면 S 방위에서 60° 만큼 E 방위에 위치한 방위라고 설명할 수 있다.

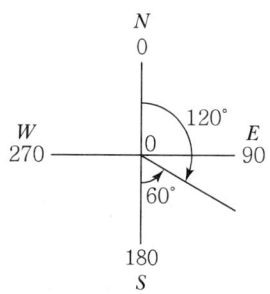

17. 다음 중 지적도근점측량에서 1등도선으로 구분되는 것은?

① 삼각점과 지적도근점의 상호연결 도선
② 지적삼각점과 지적도근점의 상호연결 도선
③ 삼각점과 지적삼각점의 상호연결 도선
④ 지적도근점 간의 상호연결 도선

해설 지적측량 시행규칙 제12조(지적도근점측량)
1. 1등도선은 삼각점·지적삼각점 및 지적삼각보조점의 상호 간을 연결하는 도선 또는 다각망도선으로 한다.
2. 2등도선은 삼각점·지적삼각점 또는 지적삼각보조점과 지적도근점을 연결하거나 지적도근점 상호 간을 연결하는 도선으로 한다.

18. 경계점좌표등록부를 갖춰두는 지역에 있는 각 필지의 경계점을 측정할 때 좌표를 산출하는 방법이 아닌 것은?

① 지거법 ② 교회법 ③ 방사법 ④ 도선법

해설 지적측량 시행규칙 제23조(경계점좌표등록부를 갖춰두는 지역의 측량)
각 필지의 경계점을 측정할 때에는 도선법·방사법 또는 교회법에 따라 좌표를 산출한다.

19. 지적 관련 법규에 따른 면적측정 방법에 해당하는 것은?

① 지상삼사법 ② 도상삼사법
③ 스타디아법 ④ 좌표면적계산법

해설 지적측량 시행규칙 제20조(면적측정의 방법 등)
좌표면적계산법, 전자면적측정기법

20. 그림에서 E_1=20m, θ=150°일 때 S_1은?

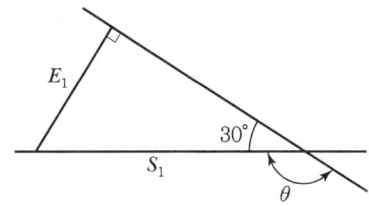

① 10.0m   ② 23.1m   ③ 34.6m   ④ 40.0m

해설 $180° - 150° = 30°$

$S_1 = \dfrac{E_1}{\sin\theta} = \dfrac{20}{\sin 30°} = 40.0\text{m}$

02 응용측량

21. 수준측량에서 전시(F.S)의 정의로 옳은 것은?
① 측량 진행방향에 대한 표척의 읽음
② 수준점에 세운 표척의 읽음
③ 지반고를 알고 있는 기지점에 세운 표척의 읽음
④ 지반고를 알기 위한 미지점에 세운 표척의 읽음

해설 전시는 지반고(표고)를 구하려고 하는 점에 세운 표척의 눈금을 읽는 것을 말한다.

22. 직접수준측량을 통해 중간점의 고저차에 대한 결과 없이 A점으로부터 2km 떨어진 B점의 표고차만을 구하려고 할때 가장 적합한 야장 기입 방법은?
① 종횡 단식 야장   ② 승강식 야장
③ 고차식 야장   ④ 기고식 야장

해설 고차식은 전시의 합과 후시의 합의 차로서 고저차를 구하는 야장기입 방법이다.

23. 지상 1km²의 면적을 지도상에서 16cm²로 표시되는 축척으로 옳은 것은?
① 1/20,000   ② 1/25,000   ③ 1/50,000   ④ 1/100,000

해설 축척 $= \dfrac{1}{M} = \sqrt{\dfrac{\text{도상면적}}{\text{실면적}}} = \sqrt{\dfrac{0.016\text{m}^2}{1,000\text{m}^2}} = \dfrac{1}{25,000}$

24. 다음 중 노선공사의 시공측량에 포함되지 않는 것은?

① 용지 측량
② 중요한 점의 인조점 측량
③ 시공 기준틀 설치 공사
④ 준공검사 측량

해설 노선측량에서 공사측량(시공측량)에 해당되는 것은 중심말뚝의 검측, 가인조점 등의 설치, 주요말뚝의 외측에 인조점을 설치, 토공의 기준틀, 콘크리트 구조물의 형간 위치측량, 준공검사 측량 등이 있다.

25. 교각 $I=60°$, 곡선 반지름 $R=100$, 노선시작점에서 I.P점까지의 추가거리가 250.60m일 때 시단현의 길이는?(단, 중심점 간격은 20m)

① 17.735m   ② 12.865m   ③ 7.135m   ④ 2.265m

해설 노선측량에서 $TL = R \tan \dfrac{I}{2} = 100 \tan \dfrac{60°}{2} = 57.735$

노선 출발점에서 곡선시점까지의 거리 $BC = IP - TL = 250.6 - 57.735 = 192.865m$

∴ 노선출발점에서 곡선시점까지의 Chain당 거리 $BC = 192.865 \div 20 = No\ 9 + 12.865m$

시단현의 길이(l) 1Chain당 거리 $- 12.865m = 7.135m$

26. 고도 5,000m의 높이에서 촬영한 공중사진이 있다. 주점기선장이 10cm, 철탑 시차차가 2mm라면 이 철탑의 높이는?

① 80m   ② 90m   ③ 100m   ④ 110m

해설 $h = \dfrac{H}{b_o} \Delta p$ 에서 h=건물의 높이, H=비행고도, b_o=주점거리, Δp=시차차

$h = \dfrac{5,000}{0.1} \times 0.002 = 100m$

27. 상호표정이 끝났을 때 사진모델과 실제 지형모델과는 어떤 관계인가?

① 상사   ② 대칭   ③ 합동   ④ 일치

해설 상호표정은 비행기가 촬영 당시에 가지고 있던 기울기를 도화기상에서 그대로 재현하는 과정으로 촬영 당시 촬영면상에 이루어지는 종시차를 소거하여 목표지형물의 상대적 위치를 맞추는 작업으로 사진과 실제 지형과의 관계는 상사 관계이다.

28. 항공사진의 판독의 요소와 거리가 먼 것은?

① 음영(Shadow)과 색조(Tone)
② 질감(Texture)과 모양(Pattern)
③ 크기(Size)와 형상(Shape)
④ 축척(Scale)과 초점거리(Focal Distance)

해설 항공사진 판독의 요소로는 크기와 형태(Size and Shape), 색조(Tone), 모양(Pattern), 질감(Texture), 음영(Shadow), 과고감, 상호 위치관계 등이 있다.

29. 완화곡선의 성질을 설명한 것으로 옳지 않은 것은?

① 곡선의 반지름은 완화곡선의 시점에서 무한대, 종점에서 원곡선의 반지름이 된다.
② 완화곡선의 접선은 시점에서 원호에, 종점에서 직선에 접한다.
③ 완화곡선에 연한 곡선반지름의 감소율은 캔트의 증가율과 같다.
④ 종점에 있는 캔트는 원곡선의 캔트와 같다.

해설 완화곡선이란 차량이 직선부에서 곡선부분으로 방향을 바꾸면 반지름이 달라지기 때문에 완화곡선을 설치하게 되는데 주로 차량에 사용되며 완화곡선의 성질은
① 곡선반경은 완화곡선의 시점에서 무한대, 종점에서 원곡선 R로 된다.
② 완화곡선의 접선은 시점에서 직선에, 종점에서 원호에 접한다.
③ 완화곡선에 연한 곡선반경의 감소율은 캔트의 증가율과 동률(다른부호)로 된다. 또 종점에 있는 칸트는 원곡선의 칸트와 같게 된다.

30. 축척 1 : 5,000의 항공사진을 촬영고도 1,000m에서 촬영하였다면 사진의 초점거리는?

① 200mm   ② 210mm   ③ 250mm   ④ 500mm

해설 $M = \dfrac{1}{m} = \dfrac{f}{H} = \dfrac{1,000}{5,000} = 0.2\text{m} = 200\text{mm}$

31. 곡선설치법 중 1/4법이라고도 하며, 이미 설치된 중심 말뚝 사이에 다시 세밀하게 설치하는 데 편리하며, 시가지에서의 곡선 설치나 보도 설치 및 기설 곡선의 검사 또는 수정에 주로 사용되는 방법은?

① 중앙종거법   ② 접선편거법
③ 접선지거법   ④ 편각현장법

해설 노선측량에서 중앙종거(M)는 곡선을 설치하는 방법이며, 곡선의 반경, 또는 곡선 길이가 작은 시가지의 곡선 설치나 철도, 도로 등의 기설 곡선의 검사 또는 개정에 편리한 방법으로 근사적으로 1/4이 되기 때문에 일명 $\dfrac{1}{4}$법이라 한다.

32. 측점 1에서 측점 5까지 직접 고저 횡단측량을 실시하여 측점 1의 후시가 0.571m이고 측점 5의 전시가 1.542m이었으며 후시의 총합이 2.274m이고 전시의 총합이 6.246m이었다면 측점 5의 표고는 측점1에 비하여 어떤 위치에 있는가?

① 0.971m 높다.   ② 0.971m 낮다.
③ 3.972m 높다.   ④ 3.972m 낮다.

해설 고차식 야장기입법에 의해 전시의 총합 6.246m – 후시의 총합 2.274m = 3.972m이므로 전시의 합이 후시의 합보다 큼으로 측점 5의 지반고는 그 차이만큼 낮아지게 된다.

33. 축척 1 : 50,000 지형도에서 810m와 910m 사이에 표시되는 주곡선 수는?

① 10개 ② 9개
③ 5개   ④ 2개

해설 등고선의 간격중 축척 1/50,000 주곡선 간격은 20m이므로 두 점의 표고차는 910m−810m=100m 이므로
∴ 표고의 간격인 100m인 주곡선으로부터 910m의 주곡선까지 5개가 삽입된다.

34. 단곡선을 설치할 때 곡선반지름 $R=100m$, 교각 $I=80°$일 때 곡선길이(C.L)는?

① 69.81m   ② 83.91m
③ 93.63m   ④ 139.63m

해설 $C.L = 0.01745RI = 0.01745 \times 100 \times 80° = 139.6m$

35. 위성과 지상관측점 상이의 거리를 측정할 수 있는 원리로 옳은 것은?

① 세차운동   ② 음향관측법
③ 카메론효과 ④ 도플러효과

해설 GNSS 위치측정 원리로는 2가지 형태로 의사거리와 반송파 위상을 이용하는 방법으로 반송파위상은 높은 정밀도의 측위에 이용되며 관측 데이터에는 반송파위상, 위성의 위치를 나타내는 방송궤도요소, 도플러효과, 데이터 취득시각 등이 기록되고 있다.

36. 원격탐측(Remote Sensing) 위성과 거리가 먼 것은?

① VLBI   ② LANDSAT
③ SPOT   ④ COSMOS

해설 원격탐측에서 LANDSAT, SPOT, COSMOS는 모두 탑재기에 속하며 VLBI는 초장기선간섭계로 천체에서 복사되는 잡음전파를 2개의 안테나에서 독립적으로 동시에 수신하여 전파가 도달하는 시간차(지연시간)를 관측하여 두 지점 사이의 거리를 알아내는 관측 방식이다.

37. 다음 터널측량에 관한 설명 중 옳지 않은 것은?

① 터널측량은 갱외측량, 갱내측량, 갱내외 연결측량으로 구분할 수 있다.
② 갱내측량에서는 기계의 십자선 및 표척 등에 조명이 필요하다.
③ 터널의 길이방향은 삼각 또는 트래버스측량으로 한다.
④ 터널 굴착이 끝난 구간에는 기준점을 주로 바닥에 설치한다.

해설 터널측량에서 터널 굴착이 끝난 구간에는 기준점을 주로 천정에 설치한다.

Answer 33. ③ 34. ④ 35. ④ 36. ① 37. ④

38. 정확한 위치에 기준국을 두고 GNSS 위성신호를 받아 기준국 주위에서 움직이는 사용자에게 위성신호를 넘겨주어 정확한 위치를 계산하는 방법은?

① DOP
② DGPS
③ SPS
④ S/A

해설 DGPS(Differential GPS)는 상대측위 방식의 GPS 측량기법으로 이미 알고 있는 기지점 좌표를 이용하여 오차를 최대한 줄여서 이용하기 위한 위치결정 방식으로 기점에서 기준국용 GPS 수신기를 설치하며 위성을 관측하여 각 위성의 의사거리 보정값을 구한 뒤 이를 이용하여 이동국용 GPS 수신기의 위치 결정오차를 개선하는 위치결정 형태이다.

39. 우리나라 1 : 5,000 기본도에 사용하는 지형(높이)의 표시방법은?

① 음영법
② 영선법
③ 단채법
④ 등고선법

해설 1. 자연적 도법
   1) 영선법(형선법) : 경사가 급하면 선이 굵고 완만하면 선이 가늘고 길게 된 새털 모양으로 표시
   2) 음영법 : 고저차가 크고 경사가 급한 곳에 주로 사용한다.
2. 부호적 도법
   1) 점고법 : 하천, 항만, 해양 등의 심천을 나타내는 경우에 사용
   2) 등고선법 : 동일표고의 점을 연결한 곡선, 등고선에 의하여 지형의 높이(지표)를 표시하는 방법

40. 클로소이드 곡선에 대한 설명으로 옳지 않은 것은?

① 클로소이드 형식에는 기본형, 복합형, S형 등이 있다.
② 단위 클로소이드란 클로소이드의 매개변수 A에 있어서 A=1, 즉 R·L=1의 관계에 있는 것을 말한다.
③ 클로소이드 곡선이란 곡률이 곡선의 길이에 반비례하는 것을 말한다.
④ 클로소이드 곡선 설치법에는 주접선에서 직교좌표에 의해 설치하는 방법이 있다.

해설 클로소이드 곡선은 곡률이 곡선장에 비례하는 곡선을 말하며 자동차가 일정속도로 달리고 그 앞바퀴의 회전속도를 일정하게 유지할 경우 그리는 운동궤적은 클로소이드가 되며 고속주행 도로에 적합하다.

03 토지정보체계론

41. 토지정보체계 구축을 위한 장비와 그 용도가 잘못 연결된 것은?
① 디지타이저 – 지적도면 좌표취득 장비
② 스캐너 – 지적도면 입력장비
③ CAD – 지적도면 좌표취득 및 편집용 소프트웨어
④ 라우터 – 서버 s/w 장비

해설 라우터(Router)는 여러 개의 네트워크를 연결, 분할, 구분 시켜주는 역할을 하며, 다른 네트워크에 존재하는 장치끼리 서로 데이터를 주고받을 때 패킷 소모를 최소화하고 경로를 최적화하여 최소 경로로 패킷을 포워딩하는 장비다.

42. 지적전산자료를 이용·활용에 따른 승인권자로 볼 수 없는 것은?
① 국토지리정보원장
② 국토해양부장관
③ 시·도지사
④ 소관청

해설 지적전산자료 심사기관
① 전국단위의 지적전산자료 : 국토해양부장관
② 시·도 단위의 지적전산자료 : 시·도지사
③ 시·군·구 단위의 지적전산자료 : 소관청

43. 지적전산자료를 이용 또는 활용하고자 하는 자가 관계 중앙행정기관의 장에게 제출하여야 하는 심사 신청서에 포함시켜야 할 내용과 가장 거리가 먼 것은?
① 자료의 제공방식
② 자료의 안전관리대책
③ 자료의 보관기관
④ 자료의 공익성 여부

해설 공간정보의 구축 및 관리 등에 관한 법률 시행령 제62조(지적전산자료의 이용 등)
① 자료의 이용 또는 활용 목적 및 근거
② 자료의 범위 및 내용
③ 자료의 제공 방식·보관 기관 및 안전관리대책 등

44. 도시지역의 다양한 위치정보와 속성정보를 데이터베이스화하여 통합적·체계적으로 관리함으로써 효율적인 도시경영 및 도시계획 수립을 지원하는 시스템은?
① LIS
② UIS
③ AM/FM
④ BIS

해설 도시정보체계(UIS : Urban Information System)
도시 현황 파악 및 도시 계획, 도시 정비, 도시 반 시설의 관리를 효과적으로 수행할 수 있는 시스템

Answer 41. ④ 42. ① 43. ④ 44. ②

45. 국가지리정보체계에 대한 약어가 맞게 표기된 것은?
① GIS ② OGIS ③ NGIS ④ KLIS

해설 국가지리정보시스템(National Geographic Information System)

46. 다음 중 레이어를 중첩하는 경우의 특징에 대한 설명이 옳지 않은 것은?
① 레이어를 중첩하여 각각의 레이어가 가지고 있는 정보를 합칠 수 있다.
② 각종 주제도를 통합 또는 분산 관리할 수 있다.
③ 각각의 레이어가 서로 다른 좌표계를 사용하는 경우에도 중첩분석이 가능하다.
④ 사용자가 필요한 정보만을 추출할 수 있어 편리하다.

해설 각각의 레이어가 서로 다른 좌표계를 사용할 경우에는 절대위치가 달라 중첩할 수 없다.

47. 지적정보 중 대장면적, 토지등급과 같은 속성정보를 컴퓨터에 입력하는 장비로 가장 적절한 것은?
① 스캐너 ② 키보드
③ 플로터 ④ 디지타이저

해설 속성정보는 키보드로 직접 입력하고 있다.

48. 벡터자료와 래스터자료 설명으로 옳지 않은 것은?
① 자료구조 측면에서 벡터자료는 복잡하고, 래스터자료는 단순한 구조이다.
② 시각적인 표현에서 벡터자료는 거칠게 표현되지만, 래스터자료는 정확한 표현이 가능하다.
③ 지도를 확대하면 벡터자료는 형상이 변하지 않지만, 래스터자료는 형상인식에 어려움이 있다.
④ 자료편집에서 벡터자료는 객체단위로, 래스터자료는 화소단위로 이루어진다.

해설 시각적인 표현에서 벡터자료는 정확한 표현이 가능하지만 래스터자료는 거칠게 표현된다.

49. 토지정보에 있어 위상관계를 나타내는 용어로 가장 알맞은 것은?
① Topology ② Polygon ③ Object ④ Chain

해설 위상관계(Topology)
① 위상 구조에 의해 다각형 분해, 중첩, 네트워크 분석, 최적 노선 선택 등의 공간 분석 기능 등 유리한 점이 많다.
② 공간 객체들 간의 상관관계를 말한다.

50. 데이터베이스관리시스템(DBMS)의 필수기능과 거리가 먼 것은?
① 분석기능 ② 조작기능
③ 제어기능 ④ 정의기능

해설 DBMS 기능은 정의기능, 조작기능, 제어기능이 있다.

51. AutoCAD 제작사에 의해 제안된 ASCII 코드 형태 그래픽 자료 파일 형식은?

① NGI ② MID
③ DXF ④ DLG

해설 AutoCAD의 DXF(Drawing eXchange Format) 구조는 단순하여 범용적으로 사용될 수 있다는 장점이 있으나, GIS에서 필수적으로 수반되는 속성자료와 위상정보의 교환이 어렵다는 문제점이 있다.

52. 다음 중 데이터베이스관리시스템(DBMS)의 장점이 아닌 것은?

① 중앙제어 가능 ② 시스템의 간단성
③ 데이터의 중복 제거 ④ 데이터 공유 가능

해설 DBMS 단점
① 운영비용 부담
② 시스템의 복잡성
③ 중앙집약적 구조의 위험성

53. 다음 중 중첩분석의 일반적인 유형에 해당하지 않는 것은?

① 점과 폴리곤의 중첩 ② 선과 폴리곤의 중첩
③ 폴리곤과 폴리곤의 중첩 ④ 점과 선의 중첩

해설 레이어를 중첩시켜 새로운 형태의 도형과 속성 레이어를 생성하는 기능
① 다각형 안에 점의 중첩
② 다각형 위의 선의 중첩
③ 다각형과 다각형의 중첩

54. 지적도를 스캐닝하여 얻어지는 도형자료의 유형은?

① 위상자료구조 ② 속성데이터
③ 래스터데이터 ④ 벡터데이터

해설 래스터데이터는 도면을 스캐닝하여 취득하거나 위성영상 자료를 이용하여 취득한다.

55. 지표면을 3차원적으로 표현할 수 있는 수치표고자료의 유형은?

① DEM 또는 TIN ② JPG 또는 GIF
③ SHF 또는 DBF ④ RFM 또는 GUM

해설 ① DEM은 Digital Elevation Model의 약어로서, 지형의 위치에 대한 고도를 일정한 간격으로 배열한 수치정보이다.
② TIN은 Triangulated Irregular Network의 약어로서, 공간을 불규칙한 삼각형으로 분할하여 생성된 일종의 공간자료구조이다.

Answer 51. ③ 52. ② 53. ④ 54. ③ 55. ①

56. 토지정보시스템의 도형정보 구성요소인 점·선·면에 대한 설명으로 옳지 않은 것은?
① 점은 x, y좌표를 이용하여 공간위치를 나타낸다.
② 선은 속성데이터와 링크할 수 없다.
③ 면은 일정한 영역에 대한 면적을 가질 수 있다.
④ 선은 도로, 하천, 경계 등 시작점과 끝점을 표시하는 형태로 구성된다.

해설 선은 속성데이터와 링크할 수 있다.
예) 도로중앙선(선)에 도로명칭(속성)을 연결하여 화면에 도로명을 표시

57. DBMS를 제어하고, DBMS와 대화할 수 있는 관계형 데이터베이스의 표준 언어는?
① COBOL
② FORTRAN
③ C
④ SQL

해설 SQL은 데이터베이스로부터 정보를 얻거나 갱신하기 위한 표준 대화식 프로그래밍 언어이다.

58. 토지정보시스템의 구성요소에 해당하지 않는 것은?
① 하드웨어
② 조직 및 인력
③ 토지정보지식
④ 소프트웨어

해설 토지정보시스템은 조직과 인력, 자료, 소프트웨어, 하드웨어로 구성된다.

59. 지적전산화의 목적과 거리가 먼 것은?
① 토지관련 정책자료의 다목적 활용
② 지방행정전산화 촉진
③ 국토기본도의 정확한 작성
④ 지적민원의 신속하고 정확한 처리

해설 국토기본도의 정확한 작성은 수치지형도에 해당된다.

60. 발전단계에 따른 지적제도 중 토지정보체계의 기초가 되는 것은?
① 과세지적
② 법지적
③ 소유지적
④ 다목적지적

해설 다목적 지적제도
① 구성요소 : 측지기준망, 기본도, 지적도, 필지식별번호로 구성된다.
② 필지식별번호는 각 필지의 등록사항의 저장과 수정 등을 용이하게 처리할 수 있는 가변성이 없는 고유번호
③ 지적정보는 대장(속성)정보와 도면(도형)정보로 분리되어, 이를 연계하는 역할을 필지식별번호가 수행한다.

Answer 56. ② 57. ④ 58. ③ 59. ③ 60. ④

04 지적학

61. 다음 중 도곽선의 역할로 가장 거리가 먼 것은?

① 기초점 전개의 기준
② 지적 원점 결정의 기준
③ 도면 신축량 측정의 기준
④ 인접 도면과 접합의 기준

해설 도곽선의 역할
1. 인접 도면과의 접합 기준선
2. 도북방위선의 표시 기준
3. 지적측량기준점의 전개의 기준
4. 도면 신축량 측정의 기준선
5. 측량준비도와 실지의 부합 여부 확인 기준

62. 지적공부를 복구할 수 있는 자료가 되지 못하는 것은?

① 지적공부의 등본
② 부동산등기부 등본
③ 법원의 확정판결서 정본
④ 지적공부등록현황 집계표

해설 지적공부의 복구
1. 복구방법
   ① 지적소관청은 지적공부를 복구하고자 하는 때에는 멸실·훼손 당시의 지적공부와 가장 부합된다고 인정되는 관계 자료에 의하여 토지의 표시에 관한 사항을 복구
   ② 소유자에 관한 사항은 부동산등기부나 법원의 확정판결에 따라 복구
2. 복구자료
   ① 지적공부의 등본
   ② 측량 결과도
   ③ 토지이동정리 결의서
   ④ 부동산등기부 등본 등 등기사실을 증명하는 서류
   ⑤ 지적소관청이 작성하거나 발행한 지적공부의 등록내용을 증명하는 서류
   ⑥ 복제된 지적공부
   ⑦ 법원의 확정판결서 정본 또는 사본

63. 지적의 원리 중 지적활동의 정확성을 설명한 것으로 옳지 않은 것은?

① 서비스의 정확성 – 기술의 정확도
② 토지현황조사의 정확성 – 일필지 조사
③ 기록과 도면의 정확성 – 측량의 정확도
④ 관리·운영의 정확성 – 지적조직의 업무분화 정확도

Answer 61. ② 62. ④ 63. ①

해설 현대지적의 원리
1. 지적의 일반적 원리 : 공기능성, 민주성, 능률성, 정확성
2. 정확성의 원리 : 정확성은 조사항목에 대한 정확도를 나타내며, 토지현황조사의 정확성은 일필지 조사, 기록과 도면의 정확성은 측량의 정확도, 관리와 운영의 정확성은 지적조직의 업무분화의 정확도와 관련된다.

64. 다음의 토지 표시사항 중 지목의 역할과 가장 관계가 없는 것은?
① 사용 목적의 추측
② 토지 형질변경의 규제
③ 사용 현황의 표상(表象)
④ 구획정리지의 토지용도 유지

해설 지목은 토지의 주된 사용목적 또는 용도에 따라 토지의 종류를 구분하여 표시하는 명칭으로서 토지의 형질변경을 규제하는 기능과는 관련성이 적다.

65. 고려시대의 토지대장 중 타량성책(打量成冊)의 초안 또는 각 관아에 비치된 결세대장에 해당하는 것은?
① 도전장(都田帳)
② 전적(田籍)
③ 양전장적(量田帳籍)
④ 도행장(導行帳)

해설 고려시대의 양안(量案)
1. 사료의 기록(고려 초기~중기)
   ① 도전장(都田帳) : 삼국유사
   ② 양전도장(量田都帳), 양전장적(量田帳籍) : 가락국기
   ③ 도행(導行), 작(作) ← 정두사 5층석탑조성형지기
   ④ 도전정(導田丁), 전적(田籍), 전부(田簿), 적(籍), 안(案), 원적(元籍) : 고려사
2. 명칭의 의미
   ① 도행 : 준행을 의미함
   ② 도행장 : 타량성책의 초안 또는 각 관아에 비치된 결세대장
   ③ 작 : 관아의 양안
   ④ 도전장 : 전적, 전안으로 불렸던 토지대장
   ※ 갑인주안(甲寅柱案) : 고려 후기 충숙왕 원년(1314)에 실시된 양전에 의해 작성된 토지대장

66. 다음 중 증보도는 어느 것에 해당되는가?
① 지적도이다.
② 지적 약도이다.
③ 지적도 부본이다.
④ 지적도의 부속품이다.

해설 증보도는 신규등록, 등록전환 등의 토지이동으로 인하여 기존의 지적도에 등록하지 못할 위치에 등록할 토지가 생긴 경우에 새로이 작성하는 지적도를 말한다.

Answer 64. ② 65. ④ 66. ①

67. 다음 중 경국대전에 근거하여 토지를 매매할 때 소유권 이전에 관하여 관에서 증명한 소유권증서와 같은 문서는?

① 양안(量案)   ② 입안(立案)   ③ 명문(明文)   ④ 문기(文記)

해설 토지조사사업 이전의 토지거래증서
1. 문기(文記) : 토지 및 가옥을 매수 또는 매도시에 작성한 매매계약서이다.
2. 입안(立案) : 등기권리증의 일환으로 토지매매를 증명하는 제도이다.
3. 양안(量案) : 토지대장으로 위치·등급·형상·면적·사표·소유자 기록이다.
4. 가계(家契) : 가옥의 소유권을 증명하는 관문서로 가권(家券)이라고도 한다.
5. 지계(地契) : 전답의 소유권을 증명하는 관문서로 지권(地券)이라고도 한다.

68. 토지의 성질, 즉 지질이나 토질에 따라 지목을 분류하는 것은?

① 단식지목   ② 용도지목   ③ 지형지목   ④ 토성지목

해설 지목의 분류
1. 토지의 현황에 따른 분류
   ① 지형지목 : 지표면의 형상, 토지의 고저 등 토지의 모양에 따라 결정한 지목
   ② 토성지목 : 지층, 암석, 토양 등 토지의 성질에 따라 결정한 지목
   ③ 용도지목 : 토지의 현실적 용도에 따라 결정한 지목(우리나라 및 대부분의 국가에서 사용)
2. 지목의 구성내용에 따른 분류
   ① 단식지목 : 1개의 토지에 대하여 한 가지 기준에 의해 분류된 지목(전, 답 등)
   ② 복식지목 : 1개의 토지에 대하여 둘 이상의 기준에 따라 분류된 지목(녹지대 등)

69. 다음 중 근세 유럽 지적제도의 효시로서, 근대적 지적제도가 가장 빨리 도입된 나라는?

① 네덜란드   ② 독일   ③ 스위스   ④ 프랑스

해설 프랑스는 나폴레옹 지적법에 따라 1808년부터 1850년에 걸쳐 토지에 대한 공평한 과세와 소유권에 관한 분쟁을 해결하기 위하여 창설되어 근대적 지적제도의 효시가 되었으며, 나폴레옹의 영토 확장과 더불어 유럽의 전역에 대한 지적제도의 창설에 직접적인 영향을 미치게 되었다.

70. 다음 중 지적 관련 법령의 변천 순서로 옳은 것은?

① 토지조사령 → 조선임야조사령 → 지세령 → 조선지세령 → 지적법
② 토지조사령 → 지세령 → 조선임야조사령 → 조선지세령 → 지적법
③ 토지조사령 → 조선임야조사령 → 조선지세령 → 지세령 → 지적법
④ 토지조사령 → 조선지세령 → 조선임야조사령 → 지세령 → 지적법

해설 지적법령의 연혁
1. 대한제국의 지적법령
   ① 토지가옥증명규칙(1906. 10. 26. 칙령 제65호)
   ② 토지가옥전당집행규칙(1906. 10. 26. 칙령 제80호)
   ③ 대구시가토지측량규정(1907. 5. 16.)

Answer 67. ② 68. ④ 69. ④ 70. ②

④ 삼림법(1908. 1. 24. 법률 제1호)
⑤ 토지가옥소유권증명규칙(1908. 7. 16. 칙령 제47호)
⑥ 토지조사법(1910. 8. 23. 법률 제7호)

2. 일제강점기 시대의 지적법령
   ① 토지조사령(1912. 8. 13. 제령 제2호)
   ② 도근측량 실시규정(1913. 10. 5. 임시토지조사국 훈령 제17호)
   ③ 세부측도 실시규정(1913. 10. 5. 임시토지조사국 훈령 제18호)
   ④ 제도적산 실시규정(1914. 6. 30. 임시토지조사국 훈령 제25호)
   ⑤ 지세령(1914. 3. 16. 제령 제1호)
   ⑥ 토지대장규칙(1914. 4. 25. 조선총독부령 제45호)
   ⑦ 조선임야조사령(1918. 5. 1. 제령 제5호)
   ⑧ 임야대장규칙(1920. 8. 23. 조선총독부령 제113호)
   ⑨ 토지측량규칙(1921. 3. 18. 조선총독부 훈령 제10호)
   ⑩ 임야측량규정(1935. 6. 12. 조선총독부 훈령 제27호)
   ⑪ 조선지세령(1943. 3. 31. 제령 제6호)

3. 대한민국의 지적법령
   ① 지적법(1950. 12. 1. 법률 제165호)
   ② 지적측량규정(1954. 11. 12. 대통령령 제951호)
   ③ 지적측량사규정(1960. 12. 31. 국무원령 제176호)
   ④ 측량·수로조사 및 지적에 관한 법률(2009. 6. 9. 법률 제9774호)
   ⑤ 공간정보의 구축 및 관리 등에 관한 법률(2014. 6. 3. 법률 제12738호, 시행 2015. 6. 4.)

71. 다음 중 개별 토지를 중심으로 등록부를 편성하는 토지대장의 편성 방법은?

① 물적 편성주의 ② 인적 편성주의
③ 연대적 편성주의 ④ 물적·인적 편성주의

해설 토지등록부와 물적 편성주의
1. 토지등록부의 개념
   ① 토지등록부는 토지소관청이 작성·비치하는 공부
   ② 토지의 소재, 지번, 지목, 면적, 소유자 주소·성명 등을 기재한 장부
   ③ 국가별 특성에 따라 여러 가지 편성방법을 사용함
2. 토지등록부의 유형
   ① 물적 편성주의 : 토지 중심으로 대장작성
   ② 인적 편성주의 : 소유자 중심 대장작성
   ③ 연대적 편성주의 : 신청순서에 따라 작성
   ④ 물적·인적 편성주의 : 물적편성주의에 인적편성주의 가미
3. 물적 편성주의
   ① 개별 토지를 중심으로 등록부를 편성
   ② 지번순서에 따라 등록
   ③ 가장 우수하고 합리적, 많이 쓰임
   ④ 장점 : 토지이용, 관리, 개발측면에 편리
   ⑤ 단점 : 소유자별 파악이 곤란

Answer 71. ①

72. 다음 중 지적제도의 특성으로 가장 거리가 먼 것은?

① 안전성　　② 간편성　　③ 정확성　　④ 유사성

해설 지적제도의 특징
1. 안정성 : 토지 소유권 및 기타권리는 일단 등록되면 안전한 불가침의 영역이다.
2. 간편성 : 소유권 등록은 단순한 형태로 사용, 절차는 명확하고 확실해야 한다.
3. 정확성과 신속성 : 지적제도의 효율성을 위해 토지등록은 정확하고 신속해야 한다.
4. 저렴성 : 소유권 등록에 의하여 소유권을 입증하는 것보다 저렴한 것은 없다.
5. 적합성 : 상황변화에 상관없이 결정적인 요소는 적합해야 하고 비용, 인력, 기술에 유용해야 한다.
6. 등록의 완전성 : 등록은 모든 토지에 대하여 완전하여야 하며 최근 상황을 반영하여야 한다.

73. 조선시대의 양전법에 따른 전의 형태에서 직각삼각형 형태의 전의 명칭은?

① 방전(方田)　　　　② 제전(梯田)
③ 구고전(句股田)　　④ 요고전(腰鼓田)

해설 조선시대 전의 형태
1. 방전(方田) : 정사각형의 토지로 장과 광을 측량
2. 직전(直田) : 직사각형의 토지로 장과 평을 측량
3. 구고전(句股田) : 직삼각형의 토지로 구와 고를 측량
4. 규전(圭田) : 이등변삼각형의 토지로 장과 광을 측량
5. 제전(梯田) : 사다리꼴의 토지로 장과 동활, 서활을 측량

　　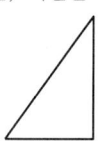　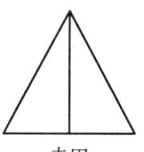

方田　　直田　　句股田　　圭田　　梯田

74. 다음 중 지적제도의 분류 방법이 다른 하나는?

① 세지적　　② 법지적　　③ 수치지적　　④ 다목적지적

해설 지적제도의 분류
1. 발전과정에 따른 분류
   ① 세지적 : 농경시대에 개발된 최초의 지적제도로서 과세지적이라 하며, 면적본위로 운영한다.
   ② 법지적 : 산업화시대에 개발된 제도로서 소유권지적이라 하며, 위치본위로 운영한다.
   ③ 다목적지적 : 컴퓨터를 활용하여 토지에 관한 다양하고 많은 자료관리와 신속·정확한 공급이 가능한 제도로서 종합지적 또는 통합지적이라 한다.
2. 표시방법(측량방법)에 따른 분류
   ① 도해지적 : 토지경계를 도해적으로 등록하는 제도
   ② 수치지적 : 토지경계점을 수학적 좌표(X,Y)로 등록하는 제도
3. 등록대상(등록방법)에 따른 분류
   ① 2차원지적 : 토지의 수평면상 투영만을 가상하여 경계를 등록·공시하는 제도로서 평면지적이라 한다.

② 3차원지적 : 토지의 지표, 지하, 공중에 형성되는 선·면·높이를 등록·관리하는 제도로서 입체지적이라 한다.

75. 다음 중 지적이론의 발생설로 가장 지배적인 것으로 아래의 기록들이 근거가 되는 학설은?

- 3세기 말 디오클레티안(Diocletian) 황제의 로마제국 토지측량
- 모세의 탈무드법에 규정된 십일조(Tithe)
- 영국의 둠즈데이북(Domesday Book)

① 과세설 ② 지배설 ③ 치수설 ④ 통치설

해설 과세설은 지적의 발생설 중 가장 지배적인 이론으로서 국가가 과세를 목적으로 토지에 대한 각종 현상을 기록하고 관리하는 수단으로부터 지적제도가 출발하였다는 이론이다.

76. 근대적 세지적의 완성과 소유권제도의 확립을 위한 지적제도 성립의 전환점으로 평가되는 역사적인 사건은?

① 솔리만 1세의 오스만제국 토지법 시행
② 윌리암 1세의 영국 둠즈데이 측량 시행
③ 나폴레옹 1세의 프랑스 토지관리법 시행
④ 디오클레시안 황제의 로마제국 토지 측량 시행

해설 프랑스의 지적제도는 1807년 제정된 나폴레옹 지적법(Napoleonien Cadastre Act)에 따라 1808년부터 1850년까지 군인과 측량사를 동원하여 전국에 걸쳐 실시한 지적측량성과에 의하여 완성되었으며 토지에 대한 공평한 과세와 소유권에 관한 분쟁을 해결하기 위하여 창설되었고 근대적 지적제도의 효시로서 둠즈데이북 등과 세지적의 근거가 되고 있다.

77. 지적소관청에서 지적공부 등본을 발급하는 것과 관계있는 지적의 기본이념은?

① 지적공개주의 ② 지적국정주의
③ 지적신청주의 ④ 지적형식주의

해설 지적공개주의(公開主義)
1. 공개주의라 함은 지적공부에 등록된 사항은 토지소유자나 이해관계인 등 일반 국민에게 신속 정확하게 공개하여 모든 국민이 공평하게 이용할 수 있도록 해야 한다는 이념
2. 국가의 통지권이 미치는 모든 영토를 지적공부에 등록·공시하여 국가기관의 행정 목적에만 이용하는 것이 아니라 다른 국가 기관이나 지방자치단체 및 공공기관 및 일반 국민에게 공개해서 국가 및 개인의 각종 토지정책의 기초 자료로 활용할 수 있다는 이념
※ 지적소관청은 지적공개주의의 이념에 따라서 지적공부 등본을 발급하고 있다.

78. 다음 중 경계점좌표등록부를 비치하는 지역의 측량시행에 대한 가장 특징적인 토지 표시사항은?

① 지목 ② 지번 ③ 좌표 ④ 면적

해설 경계점좌표등록부의 등록사항
1. 토지의 소재
2. 지번
3. 좌표
4. 토지의 고유번호
5. 지적도면의 번호
6. 필지별 경계점좌표등록부의 장번호
7. 부호 및 부호도

※ 토지의 경계점을 도해지적에서는 그림(도형)으로 등록하고, 수치지적에서는 좌표로 등록하므로 경계점좌표등록부를 비치하는 수치지적 지역에서는 좌표에 의하여 측량을 실시하게 된다.

79. 오늘날의 등기권리증과 같은 것으로 토지매매 사실에 대해 관청이 증명을 한 공증서로 조선시대에 사용되었던 것은?

① 입안 ② 양안 ③ 문기 ④ 지계

해설 토지조사사업 이전의 토지거래증서
1. 토지거래증서의 종류
   1) 문기(文記) : 토지 및 가옥을 매수 또는 매도 시에 작성한 매매계약서
   2) 입안(立案) : 등기권리증의 일환으로 토지매매를 국가에서 증명하는 제도
   3) 양안(量案) : 고려와 조선시대에 양전에 의해 작성된 토지대장으로 위치 · 등급 · 형상 · 면적 · 사표 · 소유자 등을 기록
   4) 가계(家契) : 가옥의 소유권을 증명하는 관문서로 가권(家券)이라고도 한다.
   5) 지계(地契) : 입안과 같은 공증 제도로서 전답의 소유권을 증명하는 관문서로 지권(地券)이라고도 한다.
2. 입안제도
   1) 입안의 개념 : 입안은 토지가옥의 매매를 국가에서 증명하는 제도로서, 현재의 등기권리증과 같은 지적의 명의변경 절차이다.
   2) 입안의 효력 : 매매계약에 대한 확정력, 공증력이 부여되어 권리관계가 명확하게 된다.
   3) 입안의 목적 : 진실한 권리자 보호 및 거래의 안전보장에 기여함을 목적으로 한다.
   4) 기재내용 : 입안일자, 입안관청명, 입안사유, 당해광의 서명 등
   5) 작성절차
      ① 매매계약 성립 후 소유권이 이전되면 매수인이 매매문기 등을 첨부하여 입안청구의 소지를 매도인의 소재관에게 100일 이내에 제출하여야 한다.
      ② 매매 목적물의 소재관에게 청구하는 예외도 있다.
      ③ 한성부는 당하관이 화압하고, 당상관 1명이 화압한 후 입안성급의 결정하여 관인 날인한다.
      ④ 관은 매매당사자, 증인, 필집 등을 봉초하여 그 진위를 조사한 후 매매의 합법성 여부를 확인하여 입안을 발급함
   6) 입안의 규정
      ① 속전등록 : 입안기한의 규정은 없으나 입안 받지 않는 토지는 몰관한다고 규정
      ② 경국대전 : 토지가옥매매는 100일 이내(당초 3년에서 단축), 상속은 1년 이내에 입안을 받도록 규정
   7) 입안의 폐지
      ① 강행적, 필요적 제도였으나 초기부터 잘 지켜지지 않았고, 조선후기 공문화되어 대전회통에 폐지를 명문화 하였다.

② 입안제도의 공문화 이유 : 차의 비현실성과 매도인, 매수인, 증인, 집필인 등의 직접출두 기피 및 과중한 작지 부담
③ 백문매매의 성행 : 입안을 받지 않은 매매계약서인 백문매매가 관습상 성행하였으며 후에 관에서도 합법화되었다.

80. 고구려에서 토지측량단위로 면적 계산에 사용한 제도는?

① 결부법 ② 두락제 ③ 경무법 ④ 정전제

해설 삼국시대의 지적제도

구분	고구려	백제	신라
길이단위	척(尺)	척(尺)	척(尺)
면적단위	경무법	두락제, 결부제	결부제
지적도면	봉역도, 요동성총도	도적	방전, 직전, 제전, 규전, 구고전, 원전, 호전, 환전
측량방법	구장산술	구장산술	구장산술
지적사무 담당	• 사자(使者) • 주부(主簿) : 면적측정	• 내두좌평(內頭佐平) • 산학박사 : 지적·측량담당 • 산사(算師) : 측량시행 • 화사(畫師) : 도면 작성	• 조부(調部) : 토지세수파악 • 산학박사 : 토지측량 및 면적측정

05 지적관계법규

SUBJECT

81. 도로명주소법에서 사용하는 용어 중 아래에서 설명하는 것은?

> 도로명과 기초번호를 활용하여 건물 등에 해당하지 아니하는 시설물의 위치를 특정하는 정보를 말한다.

① 사물주소 ② 상세주소 ③ 지번주소 ④ 도로명주소

해설 도로명주소법에서 사용하는 용어
1. 사물주소 : 도로명과 기초번호를 활용하여 건물 등에 해당하지 아니하는 시설물의 위치를 특정하는 정보를 말한다.
2. 상세주소 : 건물 등 내부의 독립된 거주·활동구역을 구분하기 위하여 부여된 동(棟)번호, 층수 또는 호(號)수를 말한다.
3. 도로명주소 : 도로명, 건물번호 및 상세주소(상세주소가 있는 경우만 해당한다)로 표기하는 주소를 말한다.
※ 지번주소 : 지번이란 필지에 부여하여 지적공부에 등록한 번호로 지번주소는 지번을 기준으로 주소로 사용하는 것을 말하며 현재는 도로를 기준으로 주소를 확정하는 도로명주소를 사용하고 있다.

Answer 80. ③ 81. ①

82. 부동산종합공부에 등록해야 하는 내용으로 옳지 않은 것은?

① 건축물의 표시와 소유자에 관한 사항(토지에 건축물이 있는 경우에만 해당한다) : 「건축법」 제38조에 따른 건축물 대장의 내용
② 토지의 이용 및 규제에 관한 사항 : 「국토의 계획 및 이용에 관한 법률」 제10조에 따른 토지이용계획확인서의 내용
③ 부동산의 가격에 관한 사항 : 「부동산 가격공시에 관한 법률」 제10조에 따른 개별공시지가, 같은 법 제16조, 제17조 및 제18조에 따른 개별주택가격 및 공동주택가격 공시내용
④ 토지의 표시와 소유자에 관한 사항 : 「공간정보의 구축 및 관리 등에 관한 법률」에 따른 지적공부의 내용

해설 1. 부동산종합공부 : 토지의 표시와 소유자에 관한 사항, 건축물의 표시와 소유자에 관한 사항, 토지의 이용 및 규제에 관한 사항, 부동산의 가격에 관한 사항 등 부동산에 관한 종합정보를 정보관리체계를 통하여 기록·저장한 것을 말한다.
2. 부동산종합공부의 등록사항 등
① 토지의 표시와 소유자에 관한 사항 : 이 법에 따른 지적공부의 내용
② 건축물의 표시와 소유자에 관한 사항(토지에 건축물이 있는 경우만 해당한다) : 「건축법」 제38조에 따른 건축물대장의 내용
③ 토지의 이용 및 규제에 관한 사항 : 「토지이용규제 기본법」 제10조에 따른 토지이용계획확인서의 내용
④ 부동산의 가격에 관한 사항 : 「부동산 가격공시에 관한 법률」 제10조에 따른 개별공시지가, 같은 법 제16조, 제17조 및 제18조에 따른 개별주택가격 및 공동주택가격 공시내용
⑤ 그 밖에 부동산의 효율적 이용과 부동산과 관련된 정보의 종합적 관리·운영을 위하여 필요한 사항으로서 대통령령으로 정하는 사항

83. 다음 중에서 경계나 면적을 새로 결정하지 않아도 되는 것은?

① 토지를 신규로 등록하는 때
② 등록전환을 하는 때
③ 경계를 정정하는 때
④ 지목변경을 하는 때

해설 면적측정의 대상
① 지적공부를 복구하는 경우
② 신규등록을 하는 경우
③ 등록전환을 하는 경우
④ 분할을 하는 경우
⑤ 토지구획정리 등으로 새로 경계를 확정
⑥ 축척변경을 하는 경우
⑦ 면적 또는 경계를 정정하는 경우
⑧ 현황측량 등에 의해 면적측정 필요
※ 지목변경을 하는 때에는 지적공부에 등록된 지목을 다른 지목으로 바꾸어 등록하는 것으로 면적은 새로 결정하지 않는다.

Answer 82. ② 83. ④

84. 지적업무처리규정상 일람도 및 지번색인표의 등재사항 중 일람도에 등재하여야 하는 사항으로 옳지 않은 것은?

① 도곽선과 그 수치
② 도면의 제명 및 축척
③ 지번·도면번호 및 결번
④ 지번부여지역의 경계 및 인접지역의 행정구역명칭

해설 1. 일람도 등록사항
① 지번부여지역의 경계 및 인접지역의 행정구역명칭
② 도면의 제명 및 축척
③ 도곽선과 그 수치
④ 도면번호
⑤ 도로·철도·하천·구거·유지·취락 등 주요 지형·지물의 표시
2. 지번색인표 등록사항
① 제명
② 지번·도면번호 및 결번

85. 닥나무, 묘목, 관상수 등의 식물을 주로 재배하는 토지의 지목은?

① 전   ② 답   ③ 임야   ④ 잡종지

해설 1. 전 : 물을 상시적으로 이용하지 않고 곡물·원예작물(과수류는 제외)·약초·뽕나무·닥나무·묘목·관상수 등의 식물을 주로 재배하는 토지와 식용으로 죽순을 재배하는 토지
2. 답 : 물을 상시적으로 직접 이용하여 벼·연(蓮)·미나리·왕골 등의 식물을 주로 재배하는 토지
3. 임야 : 산림 및 원야를 이루고 있는 수림지·죽림지·암석지·자갈땅·모래땅·습지·황무지 등의 토지
4. 잡종지 : 아래에 해당하는 토지. 다만, 원상회복을 조건으로 돌을 캐내는 곳 또는 흙을 파내는 곳으로 허가된 토지는 제외한다.
① 갈대밭, 실외에 물건을 쌓아두는 곳, 돌을 캐내는 곳, 흙을 파내는 곳, 야외시장 및 공동우물
② 변전소, 송신소, 수신소 및 송유시설 등의 부지
③ 여객자동차터미널, 자동차운전학원 및 폐차장 등 자동차와 관련된 독립적인 시설물을 갖춘 부지
④ 공항시설 및 항만시설 부지
⑤ 도축장, 쓰레기처리장 및 오물처리장 등의 부지
⑥ 그 밖에 다른 지목에 속하지 않는 토지

86. 지적측량수행자가 지적소관청으로부터 측량성과에 대한 검사를 받지 아니하는 것으로만 나열된 것은?(단, 지적공부를 정리하지 아니하는 측량으로써 국토교통부령으로 정하는 측량의 경우를 말한다.)

① 등록전환측량, 분할측량
② 경계복원측량, 지적현황측량
③ 신규등록측량, 지적확정측량
④ 축척변경측량, 등록사항정정측량

Answer 84. ③ 85. ① 86. ②

해설 지적측량 성과검사
1. 검사대상 : 지적측량
2. 지적측량의 종류
   ① 지적기준점을 정하는 경우
   ② 지적측량성과를 검사하는 경우
   ③ 지적공부를 복구하는 경우
   ④ 등록전환하는 경우
   ⑤ 토지를 분할하는 경우
   ⑥ 바다가 된 토지의 등록을 말소하는 경우
   ⑦ 축척을 변경하는 경우
   ⑧ 지적공부의 등록사항을 정정하는 경우
   ⑨ 도시개발사업 등의 시행지역에서 토지의 이동이 있는 경우
   ⑩ 경계점을 지상에 복원하는 경우
3. 지적공부의 정리를 요하지 아니한 측량
   ① 경계복원측량 : 경계점을 지표상에 복원하기 위한 측량
   ② 지적현황측량 : 지상건축물 등의 현황을 지적도 및 임야도에 등록된 경계와 대비하여 표시

87. 지적재조사에 관한 특별법령상 조정금을 받을 권리나 징수할 권리를 몇 년간 행사하지 아니하면 시효의 완성으로 소멸하는가?

① 1년　　　　② 2년　　　　③ 3년　　　　④ 5년

해설 조정금의 소멸시효
조정금을 받을 권리나 징수할 권리는 5년간 행사하지 아니하면 시효의 완성으로 소멸한다.

88. 지적업무처리규정상 대장등본을 복사하여 작성 발급할 때, 대장등본의 규격으로 옳은 것은?

① 가로 10cm, 세로 2cm　　　② 가로 10cm, 세로 4cm
③ 가로 13cm, 세로 2cm　　　④ 가로 13cm, 세로 4cm

해설 지적공부의 등본작성 방법
1. 대장등본을 복사하여 작성 발급하는 때에는 대장의 앞면과 뒷면을 각각 복사하여 기재사항 끝부분에 다음과 같이 날인한다.
   (대장등본 날인문안 및 규격)

   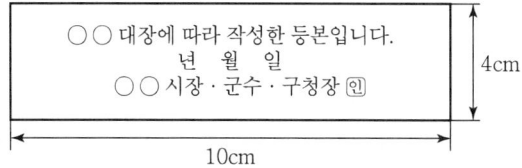

2. 도면등본을 복사에 따라 작성·발급하는 때에는 윗부분과 아랫부분에 다음과 같이 날인하고, 축척은 공간정보관리법 시행규칙 제69조 제6항(지적도면의 축척)에 따른다. 다만, 부동산종합공부시스템으로 발급하는 경우에는 신청인이 원하는 축척과 범위를 지정하여 발급할 수 있다.

(도면등본 날인문안 및 규격)
(윗부분)

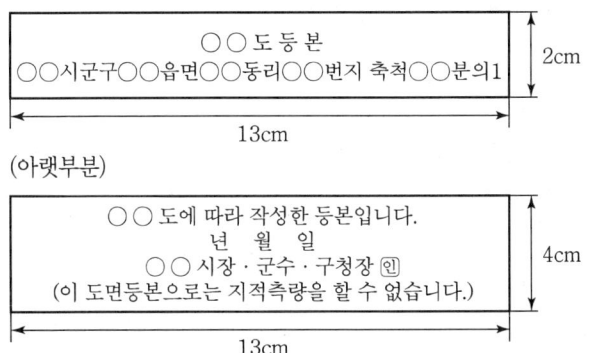

(아랫부분)

89. 도시개발사업 등으로 인한 토지의 이동은 언제를 기준으로 그 토지의 이동이 이루어진 것으로 보는가?

① 토지의 형질변경 등의 공사가 준공된 때
② 토지의 형질변경 등의 공사가 착공된 때
③ 토지의 형질변경 등의 공사가 허가된 때
④ 토지의 형질변경 등의 공사가 중지된 때

해설 도시개발사업 등 시행지역의 토지이동 신청에 특례
1. 신청
   ① 도시개발사업, 농어촌정비사업 그 밖에 대통령령으로 정하는 토지개발사업의 시행자는 그 사업의 착수·변경 및 완료 사실을 지적소관청에 신고하여야 한다.
   ② 도시개발사업 등과 관련하여 토지의 이동이 필요한 경우에는 해당 사업의 시행자가 지적소관청에 토지의 이동을 신청하여야 한다.
   ③ 도시개발사업 등에 따른 토지의 이동 신청은 그 신청대상지역이 환지를 수반하는 경우에는 사업완료 신고로써 이를 갈음할 수 있다. 이 경우 사업완료 신고서에 도시개발사업 등에 따른 토지의 이동 신청을 갈음한다는 뜻을 적어야 한다.
   ④ 「주택법」에 따른 주택건설사업의 시행자가 파산 등의 이유로 토지의 이동 신청을 할 수 없을 때에는 그 주택의 시공을 보증한 자 또는 입주예정자 등이 신청할 수 있다.
2. 토지의 이동시기
   도시개발사업 등으로 인한 토지의 이동은 토지의 형질변경 등의 공사가 준공된 때 토지의 이동이 이루어진 것으로 본다.
3. 도시개발사업 등의 착수·변경 또는 완료 사실의 신고 시기 : 신고 사유가 발생한 날부터 15일 이내

90. 지적측량수행자가 손해배상책임을 보장하기 위하여 보증보험에 가입하여야 하는 금액 기준으로 옳은 것은?

① 지적측량업자 : 1억 원 이상
② 지적측량업자 : 5천만 원 이상
③ 한국국토정보공사 : 10억 원 이상
④ 한국국토정보공사 : 5억 원 이상

Answer 89. ① 90. ①

해설 손해배상책임의 보장

지적측량수행자가 손해배상책임을 보장하기 위하여 보증보험에 가입하거나, 공간정보산업협회가 운영하는 보증 또는 공제에 가입하는 방법으로 보증설정을 하여야 한다.
1. 보증보험 등 가입금액
   ① 지적측량업자 : 보장기간이 10년 이상이고 보증금액이 1억 원 이상
   ② 한국국토정보공사 : 보증금액이 20억 원 이상
2. 지적측량업자는 지적측량업 등록증을 발급받은 날부터 10일 이내에 보증설정을 해야 하며, 보증설정을 했을 때에는 이를 증명하는 서류를 등록한 시·도지사 또는 대도시 시장에게 제출해야 한다.
3. 보증설정을 한 지적측량수행자는 그 보증설정을 다른 보증설정으로 변경하려는 경우에는 해당 보증설정의 효력이 있는 기간 중에 다른 보증설정을 하고 그 사실을 증명하는 서류를 등록한 시·도지사 또는 대도시 시장에게 제출해야 한다.
4. 보증설정을 한 지적측량수행자는 보증기간의 만료로 인하여 다시 보증설정을 하려는 경우에는 그 보증기간 만료일까지 다시 보증설정을 하고 그 사실을 증명하는 서류를 등록한 시·도지사 또는 대도시 시장에게 제출해야 한다.

91. 지적재조사 경계설정의 기준으로 옳은 것은?

① 지방관습에 의한 경계로 설정한다.
② 지상경계에 대하여 다툼이 있는 경우 토지소유자가 점유하는 토지의 현실경계로 설정한다.
③ 지상경계에 대하여 다툼이 없는 경우 등록할 때의 측량기록을 조사한 경계로 설정한다.
④ 관계 법령에 따라 고시되어 설치된 공공용지의 경계는 현실경계에 따라 변경한다.

해설 지적재조사 경계설정의 기준
① 「도로법」, 「하천법」 등 관계 법령에 따라 고시되어 설치된 공공용지의 경계(다만, 해당 토지소유자들 간에 합의한 경우에는 가능)
② 지상경계에 대하여 다툼이 없는 경우 토지소유자가 점유하는 토지의 현실경계
③ 지상경계에 대하여 다툼이 있는 경우 등록할 때의 측량기록을 조사한 경계
④ 지방관습에 의한 경계
⑤ 예외적으로 토지소유자간 합의한 경계

92. 지적소관청이 축척변경을 할 때에 축척변경사유를 적은 승인신청서와 첨부 서류를 제출하는 곳은?

① 시·도지사
② 지방지적위원회
③ 중앙지적위원회
④ 국토해양부장관

해설 축척변경
1. 축척변경 승인신청 : 지적소관청은 축척변경을 하려는 때에는 축척변경사유를 기재한 승인신청서에 다음의 서류를 첨부해서 시·도지사 또는 대도시 시장에게 제출하여야 한다.
   ① 축척변경의 사유
   ② 지번등 명세
   ③ 토지소유자의 동의서
   ④ 축척변경위원회의 의결서 사본
   ⑤ 그 밖에 축척변경 승인을 위하여 시·도지사 또는 대도시 시장이 필요하다고 인정하는 서류

Answer 91. ① 92. ①

2. 신청을 받은 시·도지사 또는 대도시 시장은 축척변경 사유 등을 심사한 후 그 승인 여부를 지적소관청에 통지하여야 한다.

93. 분할에 따른 지상경계가 지상건축물에 걸리게 결정할 수 있는 경우가 아닌 것은?

① 법원의 확정판결이 있는 경우
② 관계 법령에 따라 인·허가 등을 받아 토지를 분할하려는 경우
③ 도시개발사업 등의 사업시행자가 사업지구의 경계를 결정하기 위하여 토지를 분할하려는 경우
④ 국토의 계획 및 이용에 관한 법률에 따른 도시·군관리계획 결정고시와 지형도면 고시가 된 지역의 도시·군관리계획선에 따라 토지를 분할하려는 경우

해설 분할에 따른 지상경계 결정의 예외
1. 법원의 확정판결이 있는 경우
2. 공공사업 등에 따라 학교용지·도로·철도용지·제방·하천·구거·유지·수도용지 등의 지목으로 되는 토지를 분할하는 경우
3. 도시개발사업 등의 사업시행자가 사업지구의 경계를 결정하기 위하여 토지를 분할하려는 경우
4. 도시·군관리계획 결정고시와 지형도면 고시가 된 지역의 도시·군관리계획선에 따라 토지를 분할하려는 경우

94. 지적공부의 등록을 말소시켜야 하는 경우는?

① 홍수로 인하여 하천이 범람하여 토지가 매몰된 경우
② 토지가 지형의 변화 등으로 바다로 된 경우로서 원상회복이 불가능한 경우
③ 토지에 형질변경의 사유가 생길 경우
④ 대규모 화재로 건물이 전소한 경우

해설 바다로 된 토지의 등록말소
지적소관청은 지적공부에 등록된 토지가 지형의 변화 등으로 바다로 된 경우에 토지소유자에게 등록말소 신청을 하도록 통지한다.

95. 지적도에 등록된 경계점의 정밀도를 높이기 위하여 실시하는 것은?

① 경계복원 ② 축척변경
③ 신규등록 ④ 등록전환

해설 1. 경계복원 : 지적도 및 임야도에 등록된 경계 또는 경계점좌표등록부에 등록된 좌표에 의한 경계를 현지에 정확히 표시하는 것을 말한다.
2. 축척변경 : 지적도에 등록된 경계점의 정밀도를 높이기 위하여 작은 축척을 큰 축척으로 변경하여 등록하는 것을 말한다.
3. 신규등록 : 새로 조성된 토지와 지적공부에 등록되어 있지 아니한 토지를 지적공부에 등록하는 것을 말한다.
4. 등록전환 : 임야대장 및 임야도에 등록된 토지를 토지대장 및 지적도에 옮겨 등록하는 것을 말한다.

Answer 93. ② 94. ② 95. ②

96. 지적재조사에 관한 특별법령상 지적소관청이 사업지구 지정고시를 한 날부터 일필지조사 및 지적재조사측량을 시행하여야 하는 기간은?

① 6개월 이내
② 1년 이내
③ 2년 이내
④ 3년 이내

해설 지적재조사 사업지구 지정의 효력상실
1. 지적소관청은 사업지구 지정고시를 한 날부터 2년 내에 일필지조사 및 지적재조사를 위한 지적측량을 시행하여야 함
2. 기간 내에 일필지조사 및 지적재조사측량을 시행하지 아니할 때에는 그 기간의 만료로 사업지구의 지정은 효력이 상실됨
3. 시·도지사는 사업지구 지정의 효력이 상실되었을 때에는 이를 시·도 공보에 고시하고 국토교통부장관에게 보고하여야 함

97. 지적소관청이 해당 토지소유자에게 지적정리 등의 통지를 하여야 하는 경우가 아닌 것은?

① 지적소관청이 지적공부를 복구하는 경우
② 지적소관청이 지번부여지역의 전부 또는 일부에 대하여 지번을 새로 부여한 경우
③ 지적소관청이 측량성과를 검사하는 경우
④ 지적소관청이 직권으로 조사·측량하여 지적공부의 등록사항을 결정하는 경우

해설 지적정리의 통지
1. 직권에 의한 지적정리 통지 : 지적소관청이 지적공부에 등록하거나 지적공부를 복구 또는 말소하거나 등기촉탁을 하였으면 해당 토지소유자에게 통지하여야 한다. 다만, 통지받을 자의 주소나 거소를 알 수 없는 경우에는 일간신문, 해당 시·군·구의 공보 또는 인터넷 홈페이지에 공고하여야 한다.
2. 지적정리 통지대상
   ① 토지소유자의 신청이 없어 지적소관청이 직권으로 조사 또는 측량하여 지번, 지목, 경계 또는 좌표와 면적을 결정할 때
   ② 지적소관청이 지번을 변경한 때
   ③ 지적소관청이 지적공부를 복구한 때
   ④ 바다로 된 토지의 등록말소 통지
   ⑤ 지적소관청이 직권으로 정정할 때
   ⑥ 행정구역개편으로 인하여 새로이 지번을 정할 때
   ⑦ 도시개발사업 등에 의해 지적공부를 정리했을 때
   ⑧ 대위신청에 의해 지적공부를 정리했을 때
   ⑨ 토지표시의 변경에 관하여 관할 등기소에 등기를 촉탁한 때
3. 통지의 시기
   ① 토지의 표시에 관한 변경등기가 필요한 경우 : 그 등기완료의 통지서를 접수한 날부터 15일 이내
   ② 토지의 표시에 관한 변경등기가 필요하지 아니한 경우 : 지적공부에 등록한 날부터 7일 이내

98. 공간정보의 구축 및 관리 등에 관한 법령상 지적측량수수료를 결정하여 고시하는 자는?
① 기획재정부장관
② 국토교통부장관
③ 행정안전부장관
④ 한국국토정보공사 사장

해설 지적측량 수수료
1. 지적측량을 의뢰하는 자는 지적측량수행자에게 지적측량수수료를 내야 한다.
2. 지적측량수수료는 국토교통부장관이 매년 12월 31일까지 고시하여야 한다.

99. 주된 용도의 토지에 편입하여 1필지로 할 수 있는 경우는?
① 주된 용도의 토지의 편의를 위하여 설치된 구거 부지
② 주된 용도의 토지의 지목이 "대"인 경우
③ 주된 용도의 토지면적의 10%를 초과하는 종된 토지
④ 종된 용도의 토지 면적이 330m²를 초과하는 경우

해설 1. 1필지로 정할 수 있는 기준
　　지번부여지역의 토지로서 소유자와 용도가 같고 지반이 연속된 토지
2. 양입지
　① 주된 용도의 토지의 편의를 위하여 설치된 도로·구거 등의 부지
　② 주된 용도의 토지에 접속되거나 주된 용도의 토지로 둘러싸인 토지로써 다른 용도로 사용되고 있는 토지
3. 양입지로 정할 수 없는 토지
　① 종된 용도의 토지의 지목이 대인 경우
　② 종된 용도의 토지 면적이 주된 용도의 토지 면적의 10%를 초과하는 경우
　③ 종된 토지의 면적이 330m²를 초과하는 경우

100. 지적재조사에 관한 특별법령상 사업지구의 경미한 변경에 해당하는 사항으로 옳지 않은 것은?
① 사업지구 명칭의 변경
② 1년 이내의 범위에서의 지적재조사사업기간의 조정
③ 지적재조사사업 총사업비의 처음 계획 대비 100분의 20 이내의 증감
④ 지적재조사사업 대상 필지의 100분의 20 이내 및 면적의 100분의 20 이내의 증감

해설 지적재조사사업지구의 경미한 변경
1. 지적재조사지구 명칭의 변경
2. 1년 이내의 범위에서의 지적재조사사업기간의 조정
3. 다음의 요건을 모두 충족하는 지적재조사사업 대상 토지의 증감
　• 필지의 100분의 20 이내의 증감
　• 면적의 100분의 20 이내의 증감

Answer 98. ② 99. ① 100. ③

INDUSTRIAL ENGINEER CADASTRAL SURVEYING

2023년 기출복원문제

2023년 제1회 지적산업기사

2023년 제2회 지적산업기사

2023년 제3회 지적산업기사

2023년 시행

2023년 제1회 지적산업기사

01 지적측량

01. 다음 중 천문위도의 설명으로 옳은 것은?
① 지구상 한점과 지구 중심을 맺는 직선이 적도면과 이루는 각
② 지구상 한점에서 지오이드에 대한 연직선이 적도면과 이루는 각
③ 지구상 한점에서 타원체에 대한 법선이 적도면과 이루는 각
④ 지구상 한점에서 물리적 지표면에 대한 법선이 적도면과 이루는 각

해설 위도의 종류
• 지심위도 : 지구상 한점과 지구 중심을 맺는 직선이 적도면과 이루는 각
• 천문위도 : 지구상 한점에서 지오이드에 대한 연직선이 적도면과 이루는 각
• 측지위도 : 지구상 한점에서 타원체에 대한 법선이 적도면과 이루는 각
• 화성위도 : 지구 중심으로부터 장반경을 반경으로 하는 원과 지구상의 한 점을 지나는 종선의 연장선과 지구 중심을 연결한 직선이 적도면과 이루는 각

02. 최소 제곱법에서 다루는 오차는?
① 우연오차
② 누적오차
③ 착오
④ 과실

해설 우연오차는 측정자와 관계없이 우연하고도 필연적으로 생기는 오차로서 원인이 불명확한 오차로서 노력해도 피할 수 없고 항상 측정이 된다. 따라서 측정횟수가 많을 때에는 +, -의 우연오차가 나타나는 기회가 거의 같아지며, 전체 합에 의해 상쇄되어 거의 0에 가깝게 되며 최소제곱법에 의한 확률법칙에 의해 추정이 가능하다.

03. 다음 중에서 지적측량을 시행하지 않는 경우는?
① 지적공부에 새로이 등록할 토지가 생긴 때
② 지적도 또는 임야도의 축척을 변경할 때
③ 지목을 변경하고자 할 때
④ 지적측량의 성과를 소관청이 검사할 때

해설 지목변경은 실제 사용 지목이 공부상의 지목과 상이할 경우 사용상의 지목과 동일하게 공부상의 지목을 변경하는 것을 말하며 일시적으로 변경된 경우는 제외한다.

Answer 01. ② 02. ① 03. ③

04. 지적삼각점의 수평각 관측에서 3대회의 방향 관측법에 의한 윤곽도로서 옳은 것은?

① 0°, 90°, 180°
② 0°, 60°, 120°
③ 0°, 180°, 270°
④ 0°, 30°, 60°

해설 지적측량 시행규칙 제9조(지적삼각점측량의 관측 및 계산)
수평각 관측은 3대회(大回, 윤곽도는 0°, 60°, 120°로 한다)의 방향관측법에 따른다.

05. 지적삼각보조점표지를 설치할 경우 점간거리 기준은?

① 평균 300미터 이하
② 평균 500미터 이하
③ 평균 1킬로미터 내지 3킬로미터
④ 평균 2킬로미터 내지 5킬로미터

해설 지적측량 시행규칙 제2조(지적기준점표지의 설치·관리 등)
지적삼각보조점표지의 점간거리는 평균 1킬로미터 이상 3킬로미터 이하로 할 것. 다만, 다각망도선법(多角網道線法)에 따르는 경우에는 평균 0.5킬로미터 이상 1킬로미터 이하로 한다.

06. 도선법과 다각망도선법에 의한 도근점 관측에서 축척변경지역과 경계점좌표등록부 시행지역의 수평각 관측방법은?

① 방향각법
② 교회법
③ 방위각법
④ 배각법

해설 지적법 시행규칙 제13조(지적도근점의 관측 및 계산)
도선법과 다각망도선법에 의한 도근점 관측에서 축척변경지역과 경계점좌표등록부 시행지역의 수평각 관측은 배각법에 따르고, 그 밖의 지역은 배각법과 방위각법을 혼용한다.

07. 평판측량법에 의한 세부측량을 교회법으로 시행할 경우 방향각의 교각에서 최소각과 최대각의 제한은?

① 30° 이상 120° 이하
② 30° 이상 130° 이하
③ 30° 이상 140° 이하
④ 30° 이상 150° 이하

해설 지적측량 시행규칙 제18조(세부측량의 기준 및 방법 등)
평판측량방법에 의한 세부측량을 교회법으로 하는 경우에는 다음 각 호의 기준에 의한다.
1. 전방교회법 또는 측방교회법에 따른다.
2. 3방향 이상의 교회에 따른다.
3. 방향각의 교각은 30도 이상 150도 이하로 한다.
4. 방향선의 도상길이는 측판의 방위표정(方位標定)에 사용한 방향선의 도상길이 이하로서 10센티미터 이하로 할 것. 다만, 광파조준의(光波照準儀) 또는 광파측거기를 사용하는 경우에는 30센티미터 이하로 할 수 있다.
5. 측량결과 시오(示誤)삼각형이 생긴 경우 내접원의 지름이 1밀리미터 이하일 때에는 그 중심을 점의 위치로 한다.

Answer 04. ② 05. ③ 06. ④ 07. ④

08. 경위의측량법에 의하여 세부측량을 실시할 경우 경계점 좌표를 계산할 때의 설명으로 틀린 것은?

① 각을 초단위로 계산한다.
② 변장을 cm 단위로 계산한다.
③ 진수는 6자리 이상을 사용한다.
④ 좌표는 cm 단위까지 산출한다.

해설 지적측량 시행규칙 제18조(세부측량의 기준 및 방법 등)

종별	각	변의 길이	진수	좌표
단위	초	cm	5자리 이상	cm

09. 지적도근점측량에서 배각법에 의한 1등도선의 변수가 16변이었다. 각 측점에서 허용오차는?

① ±30″ 이내
② ±40″ 이내
③ ±80″ 이내
④ ±120″ 이내

해설 지적측량 시행규칙 제14조(지적도근점의 각도관측을 할 때의 폐색오차의 허용범위 및 측각오차의 배분)
1도선의 기지방위각 또는 평균방위각과 관측방위각의 폐색오차는 1등도선은 $±20\sqrt{n}$ 초 이내, 2등도선은 $±30\sqrt{n}$ 초 이내로 한다.
따라서, $±20\sqrt{16}$ 초는 ±80″ 이내이다.

10. 축척 1/600 지역에서 원면적 569m²의 토지를 분할하고자 할 경우 신구면적의 오차허용면적은?

① 10.7m²
② 9.7m²
③ 16.0m²
④ 19.0m²

해설 토지를 분할하는 경우의 신구면적오차는
$A = 0.026^2 M\sqrt{F}$
여기서, A=오차허용면적, M=축척분모, F=원면적

※ 오차의 허용범위를 계산함에 있어서 축척이 3천분의 1인 지역의 축척분모는 6천으로 한다.

11. 다음 중 부정오차의 특성이 아닌 것은?

① 발생 원인이 확실하지 않다.
② 관측이 반복되는 동안 부분적으로 상쇄된다.
③ 정오차와 유사한 특성을 갖는다.
④ 최소제곱법의 원리를 사용하여 처리한다.

해설 부정오차
1. 발생 원인이 불명확한 오차를 말한다.
2. 서로 상쇄되기도 하므로 상차라고도 한다.
3. 최소제곱법에 의한 확률법칙에 의해 처리가 가능하다.
4. 원인을 알아도 소거가 불가능하다.
5. 오차 원인의 방향이 일정하지 않다.

Answer 08. ③ 09. ③ 10. ② 11. ③

12. 다음 중 세부측량의 시행대상이 아닌 것은?

① 토지분할 ② 신규등록
③ 경계복원 ④ 지목변경

해설 지목변경, 지번변경, 합병은 측량 대상이 아니라 관련 사항 확인 후 행정상으로 처리한다.

13. 다각망도선법에 의한 지적삼각보조점의 점간거리는 어떤 거리에 의하여 계산하여야 하는가?

① 점간 실제 수평거리 ② 점간 실제 경사거리
③ 원점에 투영된 평면거리 ④ 기준면 상 거리

해설 지적측량 시행규칙 제11조(지적삼각보조점의 관측 및 계산)
점간거리는 5회 측정하여 그 측정치의 최대치와 최소치의 교차가 평균치의 10만분의 1 이하인 때에는 그 평균치를 측정거리로 하고, 원점에 투영된 평면거리에 따라 계산한다.

14. 다음 지적도근점측량의 설명 내용 중 틀리는 것은?

① 1등도선은 가, 나, 다 순으로 2등도선은 ㄱ, ㄴ, ㄷ 순으로 표기한다.
② 다각망 도선법 시행 시 3점 이상의 기지점을 포함한 결합다각방식에 의한다.
③ 지적도근점은 결합도선에 의하되 지형상 부득이한 경우 개방도선에 의할 수 있다.
④ 경위의 측량방법에 의하여 도선법으로 측량할 때 1도선의 점의 수는 부득이한 경우 50점까지로 할 수 있다.

해설 지적측량 시행규칙 제12조(지적도근점측량)
도선은 지적측량기준점을 연결하는 결합도선에 따른다. 다만, 지형상 부득이 한 때에는 폐합도선 또는 왕복도선에 의할 수 있다.

15. 측판측량에 의한 세부측량을 방사법으로 시행하는 경우 축척 1/1,000 지역에서 1방향선의 지상길이는 몇 m까지 허용하는가?

① 100m ② 80m
③ 60m   ④ 50m

해설 지적측량 시행규칙 제18조(세부측량의 기준 및 방법 등)
방향선의 도상길이는 측판의 방위표정에 사용한 방향선의 도상길이 이하로서 10센티미터 이하로 할 것. 다만, 광파조준의를 사용하는 경우에는 20센티미터 이하로 할 수 있다.
그러므로 지상길이는 10cm×축척분모 1,000=10,000cm=100m

16. 세부측량을 경위의측량방법으로 정반 1회 관측하여 그 교차가 얼마 이내인 경우 그 평균치로 하는가?

① 1초 ② 5초
③ 1분 ④ 5분

해설 지적측량 시행규칙 제18조(세부측량의 기준 및 방법 등)
연직각의 관측은 정반으로 1회 관측하여 그 교차가 5분 이내일 때에는 그 평균치를 연직각으로 하되, 분단위로 독정(讀定)한다.

17. 전자면적측정기에 의한 면적측정은 도상에서 몇 회 측정하여야 하는가?

① 1회　　② 2회
③ 3회　　④ 5회

해설 지적측량 시행규칙 제20조(면적측정의 방법 등)
도상에서 2회 측정하여 그 교차가 다음 산식에 의한 허용면적 이하인 때에는 그 평균치를 측정면적으로 한다.
$A = 0.023^2 M\sqrt{F}$
여기서, A는 허용면적, M은 축척분모, F는 2회 측정한 면적의 합계를 2로 나눈 수

18. 다음 중 지적도에 등재하는 색인도의 크기는?

① 가로 5mm, 세로 4mm　　② 가로 6mm, 세로 5mm
③ 가로 7mm, 세로 6mm　　④ 가로 8mm, 세로 7mm

해설 지적업무처리규정 제45조(색인도 등의 제도)
색인도는 도곽선의 왼쪽 윗부분 여백의 중앙에 다음과 같이 제도한다.
1. 가로 7밀리미터, 세로 6밀리미터 크기의 직사각형을 중앙에 두고 그의 4변에 접하여 같은 규격으로 4개를 제도한다.
2. 1장의 도면을 중앙으로 하여 동일 지번부여지역 안 위쪽·아래쪽·왼쪽 및 오른쪽의 인접 도면번호를 각각 3밀리미터의 크기로 제도한다.

19. A, B점 간 거리를 50m 강제권척으로 측정하여 250m를 얻었다. 이 강제권척을 표준척과 비교하니 5mm가 줄어 있었다면 정확한 거리는?

① 249.975m　　② 248.750m
③ 250.025m　　④ 250.250m

해설 측정거리/줄자길이 = 측정횟수
250m/50m = 5회 × 5mm = 25mm = 0.025m
신가축감에 의해 250m - 0.025m = 249.975m

20. 어떤 도선의 거리가 150m, 방위각 240°일 때 이 도선의 종선차의 값은?

① 75m　　② -75m
③ -129.9m　　④ 129.9m

해설 $S \times \cos\theta = 150m \times \cos 240° = -75m$

Answer 17. ②　18. ③　19. ①　20. ②

02 응용측량

21. 높은 정확도를 요하는 경우에 적합한 지상사진측량 방법은?

① 직각수평촬영 ② 편각수평촬영
③ 수렴수평촬영 ④ 협각수평촬영

해설 지상사진측량 방법 중 수렴수평측량 방법이 가장 높은 정확도를 확보한다.

22. 25km×7km의 토지를 1 : 25,000의 항공사진으로 촬영할 때 입체 모델수는?(단, 23cm×23cm 광각사진으로 종중복도=60%, 횡중복도=30%)

① 16 ② 18
③ 20 ④ 22

해설 모델수에 의한 사진매수

종 모델수 $= \dfrac{S_1(\text{코스의 종길이})}{B(\text{종기선길이})}$

$= \dfrac{S_1}{ma\left(1-\dfrac{p}{100}\right)} = \dfrac{25,000}{25,000 \times 0.23 \times \left(1-\dfrac{60}{100}\right)} = 10.9 = 11$매

횡 모델수 $= \dfrac{S_2(\text{코스의 횡길이})}{C_0(\text{횡기선길이})}$

$= \dfrac{S_2}{ma\left(1-\dfrac{q}{100}\right)} = \dfrac{7,000}{25,000 \times 0.23 \times \left(1-\dfrac{30}{100}\right)} = 1.7 = 2$매

총 모델수=종 모델수×횡 모델수=11×2=22모델

23. 완화곡선의 성질에 대한 설명으로 옳지 않은 것은?

① 곡선반지름은 완화곡선의 시점에서 무한대, 종점에서 원곡선의 반지름(R)으로 된다.
② 완화곡선의 접선은 시점에서 원호에, 종점에서 직선에 접한다.
③ 완화곡선에 연한 곡선반지름의 감소율은 캔트(Cant)의 증가율과 동률로 된다.
④ 완화곡선 종점에 있는 캔트는 원곡선의 캔트와 같게 된다.

해설 완화곡선
1. 의의 : 완화곡선(Transition Curve)은 차량의 급격한 회전 시 원심력에 의한 횡방향의 힘 작용으로 인해 발생하는 차량운행의 불안감과 승차감의 저하를 방지하기 위해 곡률을 0에서 조금씩 증가시켜 일정한 값에 이르게 하기 위해 직선부와 곡선부 사이에 두는 매끄러운 곡선이다.

2. 특성
   ① 완화곡선의 곡선반경은 시점에서 무한대이고, 종점에서 원곡선의 반지름과 같다.
   ② 완화곡선의 접선은 시점에서는 직선에 접하고, 종점에서는 원호에 접한다.
   ③ 완화곡선에 연한 곡선반경의 감소율은 캔트의 증가율과 같다.
3. 종류
   ① 클로소이드 곡선(Clothoid Curve)
   ② 램니스케이트 곡선(Lemniscate Curve)
   ③ 3차포물선(Cubic Parabola)

24. 우리나라 1:5,000 지형도에서 1,001m과 1,101m 사이에 계곡선은 몇 개 들어 있는가?
① 2
② 4
③ 10
④ 20

해설 등고선의 간격 중 축척 1/5,000 계곡선 간격은 25m이므로 표고차는 1,101m−1,001m=100m이므로
∴ 표고의 간격인 100m인 1,001m 계곡선으로부터 1,101m의 계곡선까지 4개가 삽입된다.

25. 사진판독에 있어 주요 판독요소와 거리가 먼 것은?
① 형상(Shape)
② 크기(Size)
③ 질감(Texture)
④ 정의(Detinition)

해설 사진판독의 요소
1. 주요소
   ① 색조(Tone, Color) : 피사체가 갖는 빛의 반사에 의한 것(수목 종류의 판독 등)
   ② 모양(Pattern) : 피사체의 배열 상황에 의하여 판별하는 것으로서 사진상에서 볼 수 있는 식생, 지형 또는 지표상의 색조 등
   ③ 질감(Texture) : 색조, 형상, 크기, 음영 등의 여러 요소의 조합으로 구성된 조밀함, 거침, 세밀함 등으로 표현
   ④ 형상(Shape) : 개체나 목표물의 윤곽, 구성, 배치 및 일반적인 형태
   ⑤ 크기(Size) : 어느 피사체가 갖는 입체적, 평면적인 넓이와 길이
   ⑥ 음영(Shadow) : 어떤 대상물의 형태를 읽기 위해서는 그 자체가 갖는 색조 이외에도 대상물의 윤곽을 주는 음영이 큰 역할을 하며, 판독 시 빛의 방향과 촬영 시의 빛의 방향을 일치시키는 것이 입체감을 얻기 쉬움
2) 보조요소
   ① 상호위치관계(Location) : 어떤 사진상이 주위의 사진상과 어떠한 관계가 있는가 파악하는 것
   ② 과고감(Vertical Exaggeration) : 과고감은 지표면의 기복을 과장하여 나타낸 것으로 낮고 평탄한 지역의 판독에 도움이 되지만, 경사면은 실제보다 급하게 보이므로 오판에 주의하여야 함

※ 수목의 판독에서 위치관계는 중요한 요소가 아니다.

26. 우리나라 1 : 25,000 지형도에서 간곡선의 간격으로 옳은 것은?

① 20m ② 10m
③ 5m   ④ 2.5m

해설 축척별 등고선의 간격

등고선의 간격	기호	1/10,000	1/25,000	1/50,000
주곡선	가는 실선	5m	10m	20m
간곡선	가는 파선	2.5m	5m	10m
보조곡선(조곡선)	가는 점선	1.25m	2.5m	5m
계곡선	굵은 실선	25m	50m	100m

27. 평탄지를 1/30,000로 촬영한 연직사진이 있다. 촬영에 사용한 카메라의 초점거리 210mm, 사진의 크기 23cm×23cm, 종중복도 60%일 때의 기선고도비는 얼마인가?

① 0.62 ② 0.56 ③ 0.51 ④ 0.44

해설 기선고도비 $= \dfrac{B}{H}$

$B = ma\left(1 - \dfrac{P}{100}\right) = 30,000 \times 0.23 \left(1 - \dfrac{60}{100}\right) = 2,760\text{m}$

$H = m \times f = 30,000 \times 0.21 = 6,300\text{m}$

$\therefore \dfrac{B}{H} = \dfrac{2,760}{6,300} = 0.438 = 0.44$

28. 1.5km 노선 길이의 결합 트래버스 측량에서 폐합비의 제한을 1/3,000로 하고자 할 때 최대 폐합오차는?

① 0.3m ② 0.4m
③ 0.5m ④ 0.6m

해설 폐합비$(R) = \dfrac{E(\text{폐합오차})}{\sum L(\text{전측선길이의 합})}$ 이므로 $\dfrac{1}{3,000} = \dfrac{E}{1,500} = \dfrac{1,500}{3,000} = 0.5\text{m}$

29. 다음 중 항공사진의 기복변위 계산에 직접적인 영향을 미치는 인자가 아닌 것은?

① 지표면의 고저차   ② 사진의 촬영고도
③ 연직점에서의 거리   ④ 주점 기선 거리

해설 기복변위는 연직점으로부터 표고차를 가진 피사체의 상단부까지의 거리와 표고차의 비행고도에 대한 비에 비례하며, 기복변위량을 구하기 위해서는 변위량, 화면 연직점에서의 거리, 비행고도, 비고를 알아야 한다.

Answer 26. ③   27. ④   28. ③   29. ④

30. 다음 중 라디오 모뎀(Radio Modem)이 필요한 측량 방식은?

① Static 방법에 의한 상대측위 방법
② 후처리 DGPS(Differential GPS) 방법
③ RTK(Real Time Kinematic) 방법
④ Pseudo-Kinematic 방법

해설 인공위성을 이용한 범세계 위치결정 시스템인 GNSS 측량방법 중의 하나인 Static 측량은 수신된 신호를 컴퓨터 처리에 의해 각 수신기의 위치 및 거리를 계산하는 후처리 위치결정방식이다.

GNSS 측량방법
1. 절대관측방법(1점측위)
   ① 4개 이상의 위성으로부터 수신한 신호 중 C/A code를 이용하여 실시간 처리로 지구상 수신기의 위치를 결정하는 방법으로서 GPS의 가장 일반적·기초적 단계이다.
   ② 수m~25m 정도의 낮은 정확도 때문에 선박, 자동차, 항공기 등의 항법에 이용된다.
2. 상대관측방법(간섭계측위)
   1대의 수신기는 기지점에, 다른 수신기는 미지점에 설치하여 2점 간에 도달하는 전파의 시간적 지연을 측정하여 2점 간의 거리를 정확히 구하여 미지점의 위치를 결정하는 방법이다.
   1) Static 측량
      ① 2개 이상의 수신기를 각 측점에 고정하고 동시에 4개 이상의 위성으로부터 신호를 30분 이상 수신하는 방식으로서 수신된 신호를 컴퓨터 처리에 의해 각 수신기의 위치 및 거리를 계산하는 후처리 위치결정방식이다.
      ② 계산된 위치 및 거리 정확도가 수mm 정도(1ppm~0.01ppm)로 높으며 측지기준점측량, VLBI의 보완 또는 대체측량에 이용된다.
   2) Kinematic 측량
      ① 기지점 수신기를 고정국, 다른 수신기를 이동국으로 하여 이동국을 순차적으로 이동하면서 신호를 수초~수분동안 수신하는 방식으로 관측 자료를 후처리하여 위치를 결정하는 방식이다.
      ② 수mm~수cm 정확도로 이동차량의 위치결정, 지형측량, 각종 공사측량 등에 이용된다.
   3) RTK(Real Time Kinematic) 측량
      실시간 이동측량은 기지점의 고정국과 미지점의 이동국 간의 위치관계를 라디오 모뎀 등을 이용하여 실시간으로 처리하는 체계이다.

31. 다음 중 터널측량을 하는 데 사용할 수 있는 장비가 아닌 것은?

① 레벨
② 육분의
③ 스틸테이프
④ 트랜싯

해설 터널측량에 사용되는 측량장비로는 레벨, 트랜싯, 정위망원경, 측위망원경, 스틸테이프 등이 있다.

32. 사진측량에서 공선조건을 설명할 때 필요한 요소가 아닌 것은?

① 사진지표
② 투영중심
③ 필름상에 맺힌 점
④ 피사체상의 한 점

해설 공선조건은 공간상의 임의의 점과 그에 대응하는 사진상의 점 및 카메라의 촬영중심이 동일 직선상에 있어야 하는 조건을 말하며 사진투영중심과 피사체상의 한 점이 필름상에 일직선상에 있어야 한다.

Answer 30. ③ 31. ② 32. ①

33. GNSS에서 PDOP와 가장 밀접한 관계가 있는 것은?

① 위성의 배치　　② 지상 수신기
③ 선택적 이용성　④ 전리층 영향

해설 | GNSS 측량의 오차에는 크게 구조적 요인에 의한 오차, 위성의 배치 상황에 따른 오차(DOP), 선택적 가용성에 의한 오차(SA), 주파단절(Cycle Slip)이 있으며 다시 구조적 요인에 의한 거리오차로는 위성시계 오차, 위성궤도 오차, 전리층과 대류권에 의한 전파지연, 전파적 잡음, 다중경로 오차가 있다. PDOP은 위치정밀도저하율로서 DOP은 위성의 배치상태와 밀접한 관계가 있다.

34. 완화곡선의 설치 시 캔트(cant)의 계산과 관계 없는 것은?

① 주행속도　　② 곡률반경
③ 교각　　　　④ 궤간

해설 | 캔트(편경사)는 곡선부를 통과하는 열차가 원심력을 받기 때문에 밖으로 밀려나가려고 하는데 이것을 막기 위해 바깥레일을 안쪽레일 외면보다 높이는 것을 캔트라 하고 이를 위해서는 속도, 곡선반경, 레일간격 등을 고려하여야 한다.

35. 그림과 같은 등고선도에서 경사가 가장 심한 곳은?(단, A점이 산정상임)

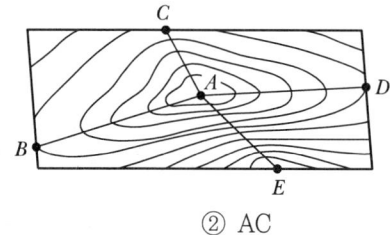

① AB　　② AC
③ AD　　④ AE

해설 | 경사가 심할수록 등고선의 간격이 좁아지게 된다.

36. 수준측량의 용어 설명 중 틀린 것은?

① F.S(전시) : 표고를 구하려는 점에 세운 표척의 읽음값
② B.S(후시) : 기지점에 세운 표척의 읽음값
③ T.P(이기점) : 전시와 후시를 같이 취할 수 있는 점
④ I.P(중간점) : 후시만을 취하는 점으로 오차가 발생하여도 측량결과에 전혀 영향을 주지 않는 점

해설 | I.P(중간점)은 전시만 취하는 점으로 표고를 관측할 점을 말하며 그 점에 오차가 발생하여도 다른 측량할 지역에는 오차의 영향을 전혀 끼치지 않음

37. 노선측량의 일반적 작업순서로 옳은 것은?

| (1) 지형측량 | (2) 중심선측량 | (3) 공사측량 | (4) 노선선정 |

① (4)-(1)-(2)-(3)
② (1)-(3)-(2)-(4)
③ (4)-(3)-(2)-(1)
④ (2)-(1)-(3)-(4)

해설 노선측량의 작업순서
노선선정 → 지형측량 → 중심선측량 → 종단측량 → 횡단측량 → 공사측량(시공측량)

38. 터널 완성 후 단면관측에 대한 설명 중 틀린 것은?

① 단면검사 및 변형검사를 위해 실시하는 측량이다.
② 터널이 곡선인 경우는 접선에 직각방향으로 단면을 관측한다.
③ 터널이 경사진 경우는 수평방향의 수직단면을 관측해야 한다.
④ 단면측량은 단면측정기를 사용하여 거리와 각을 관측하는 방법이 사용된다.

해설 터널측량 중 지상측량은 두 갱구를 맺는 중심선을 지상에 측설하는 지표중심측량, 지상의 중심선에 따라 터널의 거리측정, 두 갱구의 수준점 설치, 두 갱구 부근 혹은 전중심선에 걸친 단면측량 및 지형측량으로 나뉘며 단면측량 중 터널이 경사진 경우에는 수직방향의 수평단면을 관측해야 한다.

39. 1:25,000 지형도상에서 산정에서 계곡까지의 거리가 45mm이었다. 이때 산정의 표고는 520m, 계곡의 표고가 40m라면 이 사면(斜面)의 경사는?

① $\dfrac{1}{2.10}$
② $\dfrac{1}{2.34}$
③ $\dfrac{1}{3.10}$
④ $\dfrac{1}{3.34}$

해설 1/25,000 지형도상 거리 45mm를 실제거리로 고치면 $25,000 \times 4.5 = 112,500 = 1,125$m

경사 = $\dfrac{높이}{수평거리} = 42.7\% = \dfrac{1}{2.34}$

40. 지오이드에서의 위치에너지(J) 값은 얼마인가?

① 0
② 1
③ 10
④ 100

해설 지오이드는 평균해수면의 연장으로 중력방향에 수직인 곡면으로 높이 측량의 기준으로 높이가 0이므로 위치에너지도 0이다.

Answer 37. ① 38. ③ 39. ② 40. ①

03 토지정보체계론

41. 다음 중 위상모형(Topology)의 특징에 해당하지 않는 것은?

① 인접성(Neighborhood)
② 연결성(Connectivity)
③ 표준성(Generalization)
④ 계급성(Hierarchy)

해설 위상모형을 이용하여 가능한 분석
- 인접성 : 이웃하여 있는 폴리곤들의 상대적 위치 파악 등에 사용
- 연결성 : 이동 시 경로선정이나 자원의 배분 등에 사용
- 포함성(Containment), 계급성 : 포함 여부를 가지고 분석이나 연산에 사용

42. 토지정보를 공간자료와 속성자료로 분류할 때 다음 중 공간자료에 해당하는 것으로만 나열된 것은?

① 지적도, 임야도
② 지적도, 토지대장
③ 토지대장, 임야대장
④ 토지대장, 공유지연명부

해설 공간(도형)자료는 절대좌표(X·Y·Z)가 포함된 도면

43. 부동산 종합증명서 열람·발급 등 부동산 민원을 쉽고 빠르게 할 수 있도록 국토교통부가 운영하고 있는 서비스는?

① 일사편리
② 정부24(G4C)
③ 국토정보시스템
④ 한국토지정보시스템(KLIS)

해설 일사편리 부동산종합공부시스템(KRAS)
- 개별정보를 각 시스템마다 복사하여 활용함으로써 불일치에 의한 업무혼선 발생을 없애고 정보유지관리 비용을 절감
- 지적, 건축물, 토지이용 등 18종의 부동산 공부를 1종으로 일원화하여 행정혁신과 국민편의 도모

44. 다음 중 데이터베이스관리시스템이 파일시스템에 비하여 갖는 단점에 해당하는 것은?

① 자료의 일관성이 확보되지 않는다.
② 자료의 중복성을 피할 수 없다.
③ 사용자별 자료접근에 대한 권한 부여를 할 수 없다.
④ 일반적으로 시스템 도입비용이 비싸다.

해설 DBMS 단점
① 비용 면에서 자료기반체계에 관한 소프트웨어와 이와 관련된 처리장비는 매우 고가이다.
② 부가적인 복잡성이 존재한다.
③ 집중된 통제에 따른 위험이 존재한다.

Answer 41. ③ 42. ① 43. ① 44. ④

45. 다음 중 토지정보시스템에 대한 설명으로 가장 거리가 먼 것은?

① 법률적, 행정적, 경제적 기초 하에 토지에 관한 자료를 체계적으로 수집한 시스템이다.
② 협의의 개념은 지적을 중심으로 지적공부에 표시된 사항을 근거로 하는 시스템이다.
③ 지상 및 지하의 공급시설에 대한 자료를 효율적으로 관리하는 시스템이다.
④ 토지 관련 문제의 해결과 토지정책의 의사결정을 보조하는 시스템이다.

해설 시설물관리(FM : Facilities Management), 지하정보체계(UGIS : Under Ground Information System)
- 도로, 상하수도, 전기 등의 자료를 수치지도화하고 시설물의 속성을 입력하여 데이터베이스를 구축함으로써 시설물 관리·활동을 효율적으로 지원하는 시스템
- 지하 시설에 대한 정보를 관리하는 시스템

46. 다음 중 지적 전산용으로 사용하는 하드웨어에 해당하지 않는 것은?

① 개인용 컴퓨터(PC) ② 플로터
③ COGO ④ 프린터

해설 COGO(Coordinate Geometry)
실제 현장에서 측량한 결과로 얻어진 자료를 이용하여 작성하는 방식이다.

47. 다음 중 한국토지정보시스템의 구축에 따른 기대 효과로 보기 어려운 것은?

① 다양한 입체적인 토지정보를 제공할 수 있다.
② 민원처리 기간을 단축하고 온라인으로 서비스를 제공할 수 있다.
③ 각 부서 간의 다양한 토지 관련 정보를 공동으로 활용하여 업무의 효율을 높일 수 있다.
④ 건축물의 유지 및 보수 현황의 관리가 용이해 진다.

해설 한국토지정보시스템
토지에 관련된 정보를 등록, 관리, 유지, 보수하여 토지정책, 토지행정 및 토지에 관련된 모든 정보를 사용자에게 신속·정확하게 제공하기 위하여 구축

48. 다음 중 다목적 지적제도의 3대 구성요소에 해당하지 않는 것은?

① 측지기준망 ② 기본도 ③ 중첩도 ④ 토지소유자

해설 다목적 지적제도의 3대 구성요소
측지기준망, 기본도, 지적중첩도

49. 다음 중 지도를 스캐닝하여 얻어지는 도형자료의 유형은?

① 지적데이터 ② 속성데이터 ③ 래스터데이터 ④ 벡터데이터

해설 래스터(격자)데이터
- 공간을 평면으로 간주하여 균등하게 분할한 셀(Cell), 격자(Grid) 또는 화소(Pixel)로 구성된 배열
- 도면을 스캐닝하여 얻은 자료와 영상(디지털카메라, 위성영상, 항공사진 등) 자료

Answer 45. ③ 46. ③ 47. ④ 48. ④ 49. ③

50. 다음 중 도로, 전력, 상하수도 등과 같이 연결성을 기반으로 하는 분야에서 최적 경로, 효율적인 자원의 이동과 배치 등을 산출하는 분석기법은?

① 표면 분석
② 네트워크 분석
③ 중첩 분석
④ 인접성 분석

해설 GIS의 공간분석
- 지형(표면) 분석 : DEM이나 TIN을 이용하여 경사도와 경사면의 향을 분석
- 중첩 분석 : 동일한 지역에서 서로 다른 두 개 또는 다수의 레이어로부터 필요한 정보를 추출
- 인접성(근접) 분석 : 주어진 지점과 주변의 객체들이 얼마나 가까운가를 파악

51. 다음 중 공간자료에 대한 설명으로 옳지 않은 것은?

① 공간자료는 일반적으로 도형자료와 속성자료로 구분한다.
② 도형자료는 점, 선, 면의 형태로 구성된다.
③ 도형자료에는 통계자료, 보고서, 범례 등이 포함된다.
④ 속성자료는 일반적으로 문자나 숫자로 구성되어 있다.

해설 속성자료에는 통계자료, 보고서, 범례 등이 포함된다.

52. 다음 중 디지타이징 방식과 비교하여 스캐닝 방식이 갖는 장점에 대한 설명으로 옳지 않은 것은?

① 일반적으로 작업의 속도가 빠르다.
② 작업자의 숙련도가 작업에 미치는 영향이 덜한 편이다.
③ 하드웨어와 소프트웨어의 구입비용이 덜 소요된다.
④ 다량의 지도를 입력하는 작업에 유리하다.

해설 벡터(수치) 관련 장비보다 레스터(스캔) 관련 장비가 더 고가이다.

53. 다음 중 래스터데이터의 압축방법에 해당하지 않는 것은?

① 체인코드(Chain Code) 기법
② 스틸코드(Steel Code) 기법
③ 블록코드(Block Code) 기법
④ 사지수형(Quadtree)

해설 래스터데이터의 압축방법에는 체인코드, 런 랭스 코드, 블록코드, 사지수형 방법이 있다.

54. 다음 중 스마트국토정보 시스템 활용에 필요한 기반에 해당하지 않는 것은?

① 부동산종합공부시스템(토지임야대장, 건축물정보)
② 한국토지정보시스템(부동산중개업)
③ 국토지리정보원(항공사진, 바로e맵)
④ 국세청(국세자료)

해설 스마트국토정보 시스템
- 전국의 부동산 정보를 언제 어디서나 모바일 단말기를 활용하여 편리하게 검색할 수 있음
- 위치정보를 이용하여 현재 위치의 부동산 정보를 지적도 및 항공사진 등의 공간정보를 기반으로 조회할 수 있는 시스템

55. 다음 중 자료 간의 공통 필드에 의해 논리적인 연계를 구축함으로써 효율적으로 자료를 관리할 수 있게 하여 관련된 데이터 필드가 존재하는 한 정보검색을 위한 질의 형태에 제한이 없는 장점을 지닌 데이터 모델은?

① 계층형 데이터 모델
② 관계형 데이터 모델
③ 네트워크형 데이터 모델
④ 객체지향형 데이터 모델

해설 관계형 데이터 모델

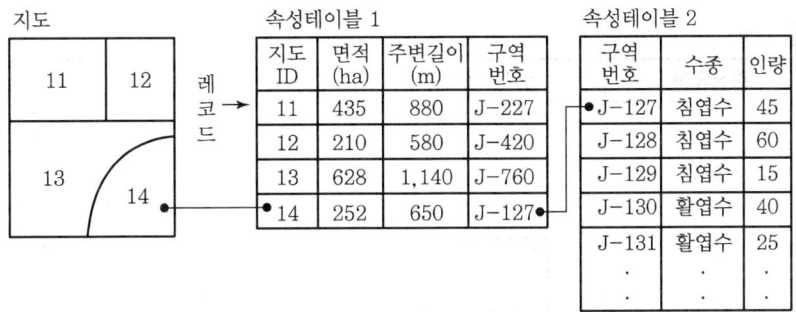

56. 다음 중 자료구조의 성격이 다른 하나는?

① 셀(Cell)
② 픽셀(Pixel)
③ 노드(Node)
④ 그리드(Grid)

해설 도형자료 구성의 성격
- 래스터 자료 : 그리드, 셀, 픽셀(화소)
- 벡터 자료 : 점, 노드, 선, 아크, 링크, 스트링, 면

57. 다음 중 지적전산자료의 사용자권한 등록파일에 등록하는 사용자의 권한 구분으로 옳지 않은 것은?

① 사용자의 신규등록
② 법인의 등록번호 업무관리
③ 개별공시지가 변동의 관리
④ 토지등급 및 기준 수확량등급 변동의 관리

해설 법인의 등록번호는 상업등기소에서 관리하고 있음

Answer 55. ② 56. ③ 57. ②

58. 다음 중 LIS에서 사용하는 공간자료의 중첩 유형인 UNION과 INTERSECT에 대한 설명으로 옳지 않은 것은?

① UNION – 두 개 이상의 레이어에 대하여 OR 연산자를 적용하여 합병하는 방법이다.
② UNION – 기준이 되는 레이어의 모든 특징은 결과 레이어에 포함된다.
③ INTERSECT – 불린(Boolean)의 AND 연산자를 적용한다.
④ INTERSECT – 입력 레이어의 모든 정보는 결과 레이어에 포함된다.

해설 UNION과 INTERSECT
- 결합(Union : A or B) 레이어 A와 레이어 B를 결합시키면 두 레이어 간에 겹쳐지거나 부분적으로 교차하는 모든 형상들이 포함된 결과레이어가 생성된다.
- 교차(Intersect : A and B) 첫 번째 레이어 A의 형상에 두 번째 레이어 B의 형상을 교차시키는 경우로, 그 결과 레이어 B는 그대로 유지되지만, 레이어 A의 형상은 레이어 B 안에 있는 형상들만 나타나게 된다.
- 그림 표현

중첩유형	입력 레이어	연산기능 레이어	결과 레이어
Union			
Interset			

59. 다음 중 지적전산화의 목적으로 옳지 않은 것은?

① 토지소유자의 현황 파악
② 토지 관련 정책자료의 다목적 활용
③ 지적 관련 민원의 신속한 처리
④ 전산화를 통한 중앙 통제권 강화

해설 전산화는 중앙·지방정부의 업무의 능률성 및 정확도를 향상을 시키기 위함이다.

60. 다음 중 디지타이징에 의한 도면의 독취 과정에서 흔히 발생하는 오류에 해당하지 않는 것은?

① 오버슈트(Overshoot)
② 아웃슈트(Outshoot)
③ 스파이크(Spike)
④ 슬리버(Sliver)

해설 디지타이징 입력 오류 유형
오버슈트, 언더슈트, 슬리버 폴리곤, 스파이크, 오버래핑 등

04 지적학

61. 지적과 등기가 이원화된 지적제도를 시행하는 나라는?
① 대만 ② 독일
③ 네덜란드 ④ 일본

해설 독일은 우리나라와 같이 지적과 등기가 분리되어 운영되고 있는 국가이다.

62. 다음 중 지적재조사의 목적으로 가장 거리가 먼 것은?
① 토지의 경계복원능력 향상 ② 지적 불부합지 문제 해소
③ 지적공부의 양적 향상 ④ 능률적인 지적관리체제로의 개선

해설 지적재조사사업의 목적
- 지적불부합지 문제를 해소
- 토지의 경계복원력을 향상
- 능률적인 지적관리체제로 개선
- 공부의 정확도 및 지적요소들의 확장
- 지적관리를 현대화하기 위한 수단

63. 다음 중 지적에서의 '경계'에 대한 설명으로 옳지 않은 것은?
① 경계불가분의 원칙을 적용한다.
② 지상의 말뚝, 울타리와 같은 목표물로 구획된 선을 말한다.
③ 지적공부에 등록된 경계에 의하여 토지소유권의 범위가 확정된다.
④ 필지별로 경계점들을 직선으로 연결하여 지적공부에 등록한 선을 말한다.

해설 경계란 필지별로 경계점들을 직선으로 연결하여 지적공부에 등록한 선이며, 경계점이란 필지를 구획하는 선의 굴곡점으로서 지적도나 임야도에 도해형태로 등록하거나 경계점좌표등록부에 등록하는 좌표 형태로 등록한 점이다.

※ 우리나라에서 경계는 지적공부에 등록한 선인 도상경계를 인정한다.

64. 경국대전의 매매한에 따르면 토지와 가옥의 매매 시 얼마 이내에 입안을 받아야 한다고 규정하고 있는가?
① 1개월 ② 3개월
③ 100일 ④ 150일

해설 경국대전에 토지·가옥·노비는 매매 계약 후 100일, 상속 후 1년 이내에 입안을 받도록 되어 있다.

65. 다음 중 토지조사사업의 내용에 해당하지 않는 것은?

① 토지소유권조사
② 토지가격조사
③ 지형·지모조사
④ 호구조사

해설 토지조사사업의 내용
- 지적제도와 부동산등기제도의 확립을 위한 토지소유권조사
- 지세제도의 확립 위한 토지의 가격조사
- 국토의 지리를 밝히는 토지의 외모조사

66. 신라시대의 토지측량에 사용된 구장산술의 내용에 따르면 직각 삼각형 형태로 된 토지를 무엇이라 하는가?

① 방전
② 직전
③ 규전
④ 구고전

해설 구장산술
1. 구장산술의 개념
   ① 저자 및 편찬 연대 미상인 동양 최고 수학서적
   ② 구장산술의 시초는 중국이며 원, 명, 청, 조선을 거쳐 일본에까지 영향을 미침
   ③ 수학의 내용을 제1장 방전부터 제9장 구고장까지 구성되어 있음
   ④ 삼국시대부터 산학관리의 시험 문제집으로 사용됨
2. 전의 형태
   ① 방전(方田) : 사방의 길이가 같은 정사각형 모양의 전답
   ② 직전(直田) : 긴 네모꼴의 전답
   ③ 구고전(句股田) : 직각삼각형으로 된 전답, 신라시대 천문수학의 교재인 주비산경 제 1편에 주(밑변)를 3, 고(높이)를 4라고 할 때 현(빗변)은 5가 됨
   ④ 규전(圭田) : 삼각형의 전답. 밑변×높이×1/2
   ⑤ 제전(梯田) : 사다리꼴 모양의 전답
   ⑥ 사전(邪田) : 한 변이 밑변에 수직인 사다리꼴 전답
   ⑦ 원전(圓田) : 원과 같은 모양의 전답. 현(弦)에 시(矢)를 곱하여 이것에 시(矢)를 제곱한 값을 더하여 2로 나눈다[1/2(시×현 + 현²)].
   ⑧ 호전(弧田) : 활꼴모양의 전답
   ⑨ 환전(環田) : 두 동심원에 둘러싸인 모양, 즉 도넛 모양의 전답

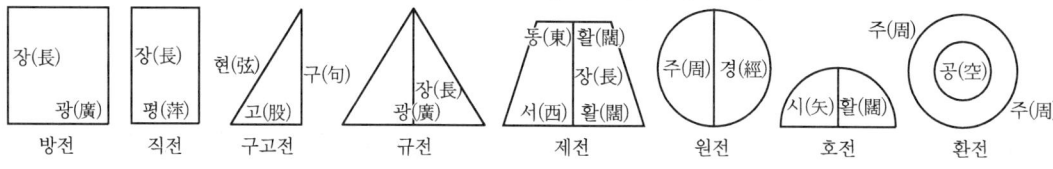

67. 지적측량의 특성상 법령의 기준에 따라 측정하는 측량을 무엇이라 하는가?

① 직권측량
② 일반측량
③ 기속측량
④ 강제측량

해설 지적측량의 성격
- 기속측량 : 지적측량은 그 측량방법을 법률로써 정하고 법률로 정해진 규정에 따라 행하는 측량
- 사법측량 : 지적측량은 토지에 대한 물권이 미치는 범위, 위치, 수량을 결정하고 보장하는 측량

68. 지목의 부호표시가 각각 '유'와 '장'인 것은?

① 유지, 공장용지
② 유원지, 공원지
③ 유지, 목장용지
④ 유원지, 공장용지

해설 지목의 표기방법
1. 대장 : 토지대장, 임야대장 및 경계점좌표등록부에는 지목의 전체 명칭을 등록한다.
2. 도면 : 지적도 및 임야도에는 지목을 뜻하는 부호를 기재한다.
   ① 두문자 표기 : 공장용지, 주차장, 하천, 유원지를 제외한 24개의 지목은 지목의 첫 번째 글자를 지목부호로 표기
   ② 차문자 표기 : 공장용지(장), 주차장(차), 하천(천), 유원지(원)는 지목의 두 번째 글자를 표기

69. 대한제국 시대에 부동산 거래질서가 문란하여 토지소유권 이전을 국가가 통제할 수 있도록 입안 대신 채택한 것은?

① 양안제도
② 문기제도
③ 지계제도
④ 가계제도

해설 지계제도의 배경
- 1898년 설치된 양지아문에서 실시된 양전으로 토지소유권의 확인 및 보장이 가능하였으나 양전후의 변동관계는 아무 규제가 없어 매매 등에 따른 소유권의 변동관계를 파악할 수 없었음
- 구한말에는 권세가나 토호의 양민 토지 침탈이 많았고, 부동산 거래질서가 문란해져 입안 없이도 매매문기의 취득만으로 부동산 소유권이 이전됨
- 1876년 일본과의 개항조약체결, 1883년 영국과 통상조약체결 등으로 외국인의 거류지 및 일정지역 내에서 토지가옥의 외국인 소유가 가능하게 됨
- 따라서 부동산 소유권의 국가 통제수단으로 입안을 대신하기 위하여 1901년 지계아문을 설치하여 지계제도를 시행
- 토지 소유권 이전에 따라 정부가 지계를 발행함으로써 토지의 소유자 실태파악과 이에 따른 여러 가지 폐단을 예방하려 함
- 지계는 원래 외국인 거류지에서 외국인에게 발행·시행하고 있었던 것인데 이를 전국적으로 확대하여 전 한국인에게 실시
- 지계 발행으로 소유권의 침해를 없애 농민경제를 안정시키고 외국자본의 국내 침투를 방지하여 국가경제를 안정시킬 목적으로 지권을 발행

70. 지목의 설정원칙이 아닌 것은?

① 지목변경불변의 원칙
② 사용목적추종의 원칙
③ 용도경중의 원칙
④ 등록선후의 원칙

해설 지목설정의 원칙
1. 1필1지목의 원칙 : 1필의 토지에는 1개의 지목만을 설정하는 원칙이며, 1필의 일부가 용도변경된 경우에는 분할 후에 지목을 변경
2. 주지목추종의 원칙 : 주된 토지의 편익을 위해 설치된 소면적의 도로, 구거 등의 지목은 이를 따로 정하지 않고 주된 토지의 사용목적 및 용도에 따라 지목을 설정하는 원칙
3. 등록선후의 원칙 : 도로, 철도용지, 하천, 제방, 구거, 수도용지 등의 지목이 중복되는 경우에는 먼저 등록된 토지의 사용목적, 용도에 따라 지번을 설정하는 원칙
4. 용도경중의 원칙 : 도로, 철도용지, 하천, 제방, 구거, 수도용지 등의 지목이 중복되는 경우에는 중요 토지의 사용목적 및 용도에 따라 지목을 설정하는 원칙
5. 일시변경불가의 원칙 : 임시적, 일시적용도의 변경 시 등록전환 또는 지목변경불가의 원칙
6. 사용목적추종의 원칙 : 도시계획사업, 토지구획정리사업, 농지개량사업 등의 완료에 따라 조성된 토지는 사용목적에 따라 지목을 설정하여야 한다는 원칙

71. 임야조사사업 당시의 재결 기관은?

① 고등토지조사위원회
② 임시토지조사국장
③ 임야조사위원회
④ 도지사

해설 임야조사사업의 사정
1. 개념
   임야조사사업의 사정은 토지조사사업에서 제외된 임야와 임야 내에 개재된 임야 이외의 토지에 대한 행정처분
2. 사정기관
   ① 사정권자 : 도지사
   ② 조사 및 측량기관 : 부 또는 면
3. 사정의 대상
   ① 사정의 대상은 소유자 및 경계
   ② 임야조사서와 임야도에 의함
4. 사정의 절차
   ① 사정은 30일간 공시
   ② 불복하는 자는 공시기간 만료 후 60일 이내에 임야조사위원회에 재결을 요청

※ 토지조사사업과 임야조사사업의 사정권자(토지 : 토지조사국장/임야 : 도지사), 조사측량기관(토지 : 토지조사국/임야 : 부 또는 면), 재결기관(토지 : 고등토지조사위원회/임야 : 임야조사위원회)의 구분에 유념

72. 지적공부에 공시하는 토지의 등록사항에 대하여 공시의 원칙에 따라 채택해야 할 지적의 원리로서 옳은 것은?

① 공개주의
② 국정주의
③ 직권주의
④ 형식주의

Answer 71. ③ 72. ①

해설 토지등록의 원칙
1. 등록의 원칙(登錄의 原則) : 토지에 관한 모든 표시사항을 지적공부에 반드시 등록해야 하며 토지의 이동이 생기면 지적공부에 변동 사항을 정리 등록해야 한다는 원칙이며, 적극적등록주의와 법지적을 채택하는 나라에서 적용됨
2. 신청의 원칙(申請의 原則) : 토지의 등록은 토지소유자의 신청을 전제로 처리하는 원칙이며, 토지의 등록은 토지소유자의 신청을 전제로 하되 신청이 없을 때에는 직권으로 조사·측량하여 처리하도록 함
3. 특정화의 원칙(特定化의 原則) : 권리객체로서의 모든 토지는 반드시 특정적이고 단순하며 명확한 방법에 의하여 인식할 수 있도록 개별화 하여야 한다는 원칙
4. 국정주의 및 직권주의(國定主義 및 職權主義)
   ① 국정주의 : 지적공부의 등록사항인 토지소재, 지번, 지목, 경계 또는 좌표와 면적 등은 국가의 공권력에 의하여 국가만이 이를 결정할 수 있는 권한을 가진다는 원칙
   ② 직권주의 : 모든 필지는 필지단위로 구획하여 국가기관인 소관청이 강제적으로 지적공부에 등록 공시하여야 한다는 원칙
5. 공시의 원칙 및 공개주의(公示의 原則, 公開主義)
   ① 공시의 원칙 : 토지등록의 법적 지위에 있어서 토지의 이동이나 물권의 변동은 반드시 외부에 알려야 한다는 원칙
   ② 공개주의 : 토지에 관한 등록사항은 지적공부에 등록하고 이를 일반에 공지하여 누구나 이용하고 활용할 수 있게 하여야 함
6. 공신의 원칙(公信의 原則) : 등기를 믿고 권리행위를 한 선의의 거래자를 보호하여 진실로 등기 내용과 같은 권리관계가 존재한 것처럼 법률효과를 인정하려는 원칙

73. 다음 중 토지조사사업 당시 작성된 지형도의 종류가 아닌 것은?

① 축척 1/5,000 도면 ② 축척 1/10,000 도면
③ 축척 1/25,000 도면 ④ 축척 1/50,000 도면

해설 지형도의 측척
- 주요 도읍부근은 1/25,000, 기타지역은 1/50,000로 작성
- 경제상 특별히 긴요한 시가지(경성, 부산 등 45개 지방)에 대해서는 별도로 1/10,000 축척으로 상세한 측도를 실시
- 명승고적이 많은 개성, 부여, 경주 등 3개 지방에 대해서는 1/25,000도를 작성

74. 1910년 대한제국의 탁지부에서 근대적인 지적제도를 창설하기 위하여 전 국토에 대한 토지조사사업을 추진할 목적으로 제정·공포한 것은?

① 지세령 ② 토지조사령
③ 토지조사법 ④ 토지측량규칙

해설 대한제국은 근대적인 토지조사사업의 실시를 위하여 1910년 3월 14일 토지조사국 관제(칙령 제23호)를 발표하고 탁지부대신 고영희가 총재를 겸직하여 토지의 조사와 측량을 관장하였으며, 1910년 8월 23일 토지조사법(법률 제7호)을 제정·공포하여 전국의 토지조사업무를 전담하도록 하였으나, 1910년 8월 29일 한일합방 이후 동년 9월 30일 조선총독부 임시토지조사국 관제(칙령 제361호)가 공포되고 다음날인 10월 1일 시행됨에 따라 임시토지조사국에 승계되어 전국적인 토지조사사업을 실시하게 되었다.

Answer 73. ① 74. ③

75. 등록전환으로 인하여 임야대장 및 임야도에 결번이 생겼을 때의 일반적인 처리방법은?

① 결번을 그대로 둔다.
② 결번에 해당하는 지번을 다른 토지에 붙인다.
③ 결번에 해당하는 임야대장을 빼내어 폐기한다.
④ 지번설정지역을 변경한다.

해설 결번(Missing Parcel Nnmber)
- 의의 : 지번을 부여한 이후에 토지 합병 등의 사유로 인하여 지적공부에 등록되지 않은 지번이 발생하게 되는데 이를 결번이라고 함
- 결번의 원인 : 토지의 합병, 등록전환, 행정구역의 변경, 도시개발사업의 시행, 토지구획정리사업, 경지정리사업, 지번변경, 축척변경 등
- 결번대장 : 결번 발생 시에는 지체없이 그 사유를 결번 대장에 등록하여 영구히 보존

76. 물권 설정 측면에서 지적의 3요소로 볼 수 없는 것은?

① 국가
② 토지
③ 등록
④ 공부

해설 지적의 3대 구성 요소
- 토지, 등록, 공부 : 협의적 개념
- 소유자, 권리, 필지 : 광의적 개념

77. 지적도 작성 방법 중 지적도면 자료나 영상자료를 래스터(Raster) 방식으로 입력하여 수치화하는 장비로 옳은 것은?

① 스캐너
② 디지타이저
③ 자동복사기
④ 키보드

해설 지적도의 작성 및 재작성 방법
- 디지타이저(Digitizer : 좌표독취기)에 의한 방법 : 지적도면이나 영상을 벡터(Vector) 방식으로 2차원 평면좌표로 측정한 데이터를 수치로 변환하는 방법
- 스캐너(Scanner)에 의한 방법 : 지적도면의 자료나 영상자료를 래스터(Raster) 방식으로 입력하여 수치화하는 방법

78. 지적제도의 기능 및 역할로 옳지 않은 것은?

① 토지거래의 기준
② 토지등기의 기초
③ 토지소유제한의 기준
④ 토지에 대한 과세의 기준

해설 지적제도의 기능 및 역할
1. 지적의 기능
   ① 사회적 기능 : 토지를 등록 공시하여 사회적으로 토지문제해결의 중요한 역할을 함
   ② 법률적 기능
      ㉠ 사법적기능 : 사인 간 토지거래의 용이성, 경비의 절감, 거래의 안전성을 제공
      ㉡ 공법적기능 : 지적법에 의한 토지등록은 법적효력을 획득, 공적확인의 자료가 됨
   ③ 행정적 기능
      ㉠ 토지 과세액 평가 및 부과징수의 수단
      ㉡ 공공계획수행에 자료, 용지확보에 이용
      ㉢ 투기억제를 위한 토지규제
      ㉣ 기타 각종 공공행정의 자료제공
2. 지적의 역할
   ① 토지등기·토지평가·토지과세·토지거래·토지이용계획의 기준
   ② 국토통계, 도시행정, 건축행정, 농림행정, 국유재산관리 등에 필요한 기초자료를 제공

※ 토지소유를 제한하는 것은 지적의 기능 및 역할과 관계가 멀다.

79. 고려시대에 토지업무를 담당하던 기관과 관리에 관한 설명으로 틀린 것은?

① 정치도감은 전지를 개량하기 위하여 설치된 임시관청이다.
② 토지측량업무는 이조에서 관장하였으며, 이를 관리하는 사람을 양인·전민계정사(田民計定使)라 하였다.
③ 찰리변위도감은 전국의 토지분급에 따른 공부 등에 관한 불법을 규찰하는 기구이었다.
④ 급전도감은 고려 초 전시과를 시행할 때 전지분급과 이에 따른 토지측량을 담당하는 기관이었다.

해설 고려시대에 토지측량업무는 호조에서 관장하였다.

80. 지적의 실체를 구체화시키기 위한 법률행위를 담당하는 토지등록의 주체는?

① 지적소관청
② 지적측량업자
③ 국토교통부장관
④ 한국국토정보공사장

해설 토지등록의 주체와 객체
1. 등록주체
   ① 토지를 지적공부에 등록하는 지적소관청
   ② 국가기관으로서의 시장·군수·구청장
   ③ 지적국정주의 채택
2. 등록객체
   ① 통치권이 미치는 모든 영토
   ② 한반도와 그 부속도서
   ③ 직권등록주의(등록강제주의)를 채택

Answer 79. ② 80. ①

05 지적관계법규

81. 지적공부의 정리 및 지적정리에 관한 설명 및 기준이 틀린 것은?

① 지적소관청은 지적공부의 정리에 따른 토지의 이동이 있는 경우 토지이동정리 결의서를 작성하여야 한다.
② 지적공부를 복구하는 경우 지적소관청은 지적공부를 정리하여야 한다.
③ 지적소관청은 토지의 표시에 관한 변경등기가 필요한 경우 그 등기완료의 통지서를 접수한 날부터 7일 이내에 토지소유자에게 지적정리 등을 통지하여야 한다.
④ 지적소관청은 토지의 표시에 관한 변경등기가 필요하지 아니한 경우 지적공부에 등록한 날부터 7일 이내에 토지소유자에게 지적정리 등을 통지하여야 한다.

해설 지적공부의 정리 및 지적정리
1. 의의
   지적소관청은 토지의 이동이 있는 경우에는 토지이동정리 결의서를 작성하여야 하고, 토지소유자의 변동 등에 따라 지적공부를 정리하려는 경우에는 소유자정리 결의서를 작성하여야 한다.
2. 지적공부 정리 대상
   ① 지번을 변경하는 경우
   ② 지적공부를 복구하는 경우
   ③ 신규등록, 등록전환, 분할, 합병, 지목변경 등 토지의 이동이 있는 경우
3. 지적정리의 통지
   ① 직권에 의한 지적정리 통지
      ㉠ 지적소관청이 지적공부에 등록하거나 지적공부를 복구·말소 또는 등기촉탁을 한 때에는 당해 토지소유자에게 통지
      ㉡ 통지받는 자의 주소 또는 거소를 알 수 없는 때에는 당해 시·군·구의 게시판에 게시하거나 일간신문 또는 시·군·구의 공보에 게재함으로써 소유자에게 통지된 것으로 본다.
   ② 통지의 시기
      ㉠ 토지의 표시에 관한 변경등기가 필요한 경우 : 그 등기완료의 통지서를 접수한 날부터 15일 이내
      ㉡ 토지의 표시에 관한 변경등기가 필요하지 아니한 경우 : 지적공부에 등록한 날부터 7일 이내

Answer 81. ③

82. 다음 중 축척변경에 따른 청산금 산정에 대한 설명으로 옳지 않은 것은?

① 지적소관청은 축척변경에 관한 측량을 한 결과 측량 전에 비하여 면적의 증감이 있는 경우에는 그 증감면적에 대하여 청산을 하여야 한다.
② 토지소유자 전원이 청산하지 아니하기로 합의하여 서면을 제출한 경우에도 지적소관청은 축척변경에 따른 증감면적에 대하여 청산을 하여야 한다.
③ 지적소관청이 축척변경에 따른 증감면적에 대하여 청산하는 경우 축척변경위원회의 의결을 거쳐 지번별 제곱미터당 금액을 정하여야 한다.
④ 지적소관청은 청산금을 산정하였을 때에는 청산금조서를 작성하고, 청산금이 결정되었다는 뜻을 15일 이상 공고하여 일반인이 열람할 수 있게 하여야 한다.

해설 축척변경에 따른 청산금 산정
1. 지적소관청은 축척변경에 관한 측량을 한 결과 측량 전에 비하여 면적의 증감이 있는 경우에는 그 증감면적에 대하여 청산을 하여야 한다.
   예외, 다음의 어느 하나에 해당하는 경우에는 청산하지 아니한다.
   ① 필지별 증감면적이 허용범위 이내인 경우(다만, 축척변경위원회의 의결이 있는 경우는 제외)
   ② 토지소유자 전원이 청산하지 아니하기로 합의하여 서면으로 제출한 경우
2. 청산절차
   ① 청산을 할 때에는 축척변경위원회의 의결을 거쳐 지번별로 제곱미터당 금액을 정하여야 한다. 이 경우 지적소관청은 시행공고일 현재를 기준으로 그 축척변경 시행지역의 토지에 대하여 지번별 제곱미터당 금액을 미리 조사하여 축척변경위원회에 제출한다.
   ② 청산금은 작성된 축척변경 지번별 조서의 필지별 증감면적에 지번별 제곱미터당 금액을 곱하여 산정한다.
   ③ 지적소관청은 청산금을 산정하였을 때에는 청산금 조서를 작성하고, 청산금이 결정되었다는 뜻을 15일 이상 공고한다.
   ④ 청산금을 산정한 결과 증가된 면적에 대한 청산금의 합계와 감소된 면적에 대한 청산금의 합계에 차액이 생긴 경우 초과액은 그 지방자치단체의 수입으로 하고, 부족액은 그 지방자치단체가 부담한다.

83. 1필지로 정할 수 있는 기준에 적합하지 않은 것은?

① 소유자와 용도가 동일하고 지번이 연속된 토지
② 종된 용도의 토지의 면적이 주된 용도의 토지면적의 10퍼센트 미만인 토지
③ 주된 용도의 토지의 편의를 위하여 설치된 도로·구거 등의 부지
④ 종된 용도의 토지의 지목이 "대"인 토지

해설 1필지의 기준
1. 1필지로 정할 수 있는 기준 : 지번부여지역의 토지로서 소유자와 용도가 같고 지반이 연속된 토지
2. 양입지
   ① 주된 용도의 토지의 편의를 위하여 설치된 도로·구거 등의 부지
   ② 주된 용도의 토지에 접속되거나 주된 용도의 토지로 둘러싸인 토지로서 다른 용도로 사용되고 있는 토지

Answer 82. ② 83. ④

3. 양입지로 정할 수 없는 토지
   ① 종된 용도의 토지의 지목이 대인 경우
   ② 종된 용도의 토지 면적이 주된 용도의 토지 면적의 10%를 초과하는 경우
   ③ 종된 토지의 면적이 330m²를 초과하는 경우

84. 축척변경에 관하여 도지사의 승인을 얻은 후 지체 없이 공고해야 할 사항이 아닌 것은?

① 축척변경의 시행에 관한 세부계획
② 축척변경의 시행에 따른 청산방법
③ 축척변경의 시행에 따른 토지소유자의 협조에 관한 사항
④ 축척변경의 시행에 따른 이의신청 방법에 관한 사항

해설 축척변경
1. 신청 : 축척변경을 신청하는 토지소유자는 축척변경사유를 적은 신청서에 토지소유자 3분의 2 이상의 동의서를 첨부하여 지적소관청에 제출하여야 한다.
2. 승인신청
   ① 지적소관청은 축척변경을 하려는 때에는 축척변경사유를 기재한 승인신청서에 다음의 서류를 첨부해서 시·도지사 또는 대도시 시장에게 제출하여야 한다.
      ㉠ 축척변경의 사유
      ㉡ 지번 등 명세
      ㉢ 토지소유자의 동의서
      ㉣ 축척변경위원회의 의결서 사본
      ㉤ 그 밖에 축척변경 승인을 위하여 시·도지사 또는 대도시 시장이 필요하다고 인정하는 서류
   ② 신청을 받은 시·도지사 또는 대도시 시장은 축척변경 사유 등을 심사한 후 그 승인 여부를 지적소관청에 통지하여야 한다.

85. 다음 중 지목이 "체육용지"가 아닌 것은?

① 경마장   ② 경륜장
③ 승마장   ④ 스키장

해설 체육용지와 유원지의 개념
1. 체육용지
   ① 국민의 건강증진 등을 위한 체육활동에 적합한 시설과 형태를 갖춘 종합운동장·실내체육관·야구장·골프장·스키장·승마장·경륜장 등 체육시설의 토지와 이에 접속된 부속시설물의 부지
   ② 체육시설로서의 영속성과 독립성이 미흡한 정구장·골프연습장·실내수영장 및 체육도장과 유수를 이용한 요트장 및 카누장 등의 토지는 제외
2. 유원지
   ① 일반 공중의 위락·휴양 등에 적합한 시설물을 종합적으로 갖춘 수영장·유선장·낚시터·어린이 놀이터·동물원·식물원·민속촌·경마장·야영장 등의 토지와 이에 접속된 부속시설물의 부지
   ② 이들 시설과의 거리 등으로 보아 독립적인 것으로 인정되는 숙식시설 및 유기장의 부지와 하천·구거 또는 유지(공유인 것으로 한정) 분류되는 것은 제외

86. ㉠과 ㉡에 들어갈 내용이 모두 옳은 것은?

> 경계점좌표등록부를 갖춰 두는 지역에 있는 각 필지의 경계점을 측정할 때, 각 필지의 경계점 측점번호는 (㉠)부터 (㉡)으로 경계를 따라 일련번호를 부여한다.

① ㉠ 왼쪽 위에서, ㉡ 오른쪽
② ㉠ 왼쪽 아래에서, ㉡ 오른쪽
③ ㉠ 오른쪽 위에서, ㉡ 왼쪽
④ ㉠ 오른쪽 아래에서, ㉡ 왼쪽

해설 경계점좌표등록부의 정리
부호도의 각 필지의 경계점부호는 왼쪽 위에서부터 오른쪽으로 경계를 따라 아라비아 숫자로 연속하여 부여한다. 이 경우 토지의 빈번한 이동정리로 부호도가 복잡한 경우에는 아래 여백에 새로 정리한다.

87. 다음 중 공유지연명부의 등록사항으로 틀린 것은?

① 토지의 소재
② 지번
③ 소유권 지분
④ 대지권 비율

해설 공유지연명부 및 대지권등록부의 등록사항
1. 공유지연명부의 등록사항 : 토지대장의 소유자가 둘 이상이면 공유지연명부에 다음의 사항을 등록
   ① 토지의 소재
   ② 지번
   ③ 소유권 지분
   ④ 소유자의 성명 또는 명칭, 주소 및 주민등록번호
   ⑤ 토지의 고유번호
   ⑥ 필지별 공유지연명부의 장번호
   ⑦ 토지소유자가 변경된 날과 그 원인
2. 대지권등록부의 등록사항 : 토지대장이나 임야대장에 등록하는 토지가 부동산등기법에 따라 대지권 등기가 되어 있는 경우
   ① 토지의 소재
   ② 지번
   ③ 대지권 비율
   ④ 소유자의 성명 또는 명칭, 주소 및 주민등록번호
   ⑤ 토지의 고유번호
   ⑥ 전유부분의 건물표시
   ⑦ 건물의 명칭
   ⑧ 집합건물별 대지권등록부의 장번호
   ⑨ 토지소유자가 변경된 날과 그 원인
   ⑩ 소유권 지분

88. 다음 중 중앙지적위원회의 위원을 임명하거나 위촉하는 자는?

① 대한지적공사장
② 행정자치부장관
③ 국토지리정보원장
④ 국토교통부장관

Answer 86. ① 87. ④ 88. ④

해설 **중앙지적위원회**
1. 조직의 구성과 운영
   ① 위원장, 부위원장 각 1명 포함하여 5명 이상 10명 이하의 위원으로 구성
   ② 위원장은 국토교통부 지적업무 담당국장, 부위원장은 국토교통부 지적업무 담당과장으로 구성
   ③ 위원은 지적에 관한 학식과 경험이 풍부한 자 중에서 국토교통부장관이 임명하거나 위촉하며, 임기는 2년
   ④ 위원장, 부위원장 포함 재적 위원 과반수 출석 개의, 출석위원 과반수 찬성으로 의결
   ⑤ 관계인을 출석시켜 의견 청취 및 필요시 현지 조사 가능
   ⑥ 위원장은 회의 5일 전까지 회의일시·장소 및 심의안건을 각 위원에게 서면 통지
2. 기능
   ① 지적 관련 정책 개발 및 업무 개선 등에 관한 사항
   ② 지적측량기술의 연구·개발 및 보급에 관한 사항
   ③ 지적측량 적부심사에 대한 재심사
   ④ 측량기술자 중 지적분야 측량기술자의 양성에 관한 사항
   ⑤ 지적기술자의 업무정지 처분 및 징계 요구에 관한 사항

89. 지적서고의 설치 및 관리 기준에 관한 설명으로 옳지 않은 것은?

① 연중 평균 습도는 65±5%를 유지하도록 한다.
② 전기시설을 설치하는 때에는 이중퓨즈를 설치한다.
③ 지적공부 보관 상자는 벽으로부터 15cm 이상 띄워야 한다.
④ 지적 관계 서류와 함께 지적측량장비를 보관할 수 있다.

해설 **지적서고의 설치 및 관리 기준**
1. 지적서고의 설치기준
   지적서고는 지적사무를 처리하는 사무실과 연접하여 설치하고 구조는 다음과 같다.
   ① 골조는 철근콘크리트 이상의 강질로 할 것
   ② 지적서고의 면적은 기준면적에 따를 것
   ③ 바닥과 벽은 2중으로 하고 영구적인 방수설비를 할 것
   ④ 창문과 출입문은 2중으로 하되, 바깥쪽 문은 반드시 철제로 하고 안쪽 문은 곤충·쥐 등의 침입을 막을 수 있도록 철망 등을 설치할 것
   ⑤ 온도 및 습도 자동조절장치를 설치하고, 연중 평균온도는 20±5°를, 연중 평균 습도는 65±5%를 유지할 것
   ⑥ 전기시설을 설치하는 때에는 단독퓨즈를 설치하고 소화 장비를 갖춰 둘 것
   ⑦ 열과 습도의 영향을 받지 아니하도록 내부 공간을 넓게 하고 천장을 높게 설치할 것
   ⑧ 지적공부 보관 상자는 벽으로부터 15cm 이상 띄워야 하며, 높이 10cm 이상의 깔판 위에 올려 놓아야 한다.
2. 지적서고의 관리
   ① 지적서고는 제한구역으로 지정하고, 출입자를 지적사무 담당 공무원으로 한정할 것
   ② 지적서고에는 인화물질의 반입을 금지하며, 지적공부, 지적 관계 서류 및 지적측량 장비만 보관할 것

90. 다음 중 지번부여지역의 정의로 옳은 것은?

① 지번을 부여하는 단위지역으로서 동·리 또는 이에 준하는 지역
② 지번을 부여하는 단위지역으로서 읍·면 또는 이에 준하는 지역
③ 지번을 부여하는 단위지역으로서 시·군 또는 이에 준하는 지역
④ 지번을 부여하는 단위지역으로서 시·도 또는 이에 준하는 지역

해설 지번부여지역
1. 리·동 또는 이에 준하는 지역으로서 지번을 정하는 단위지역
2. 리·동이란 법적 리·동을 뜻함
3. 리·동에 준하는 지역이란 낙도를 의미

91. 측량업자가 보유한 측량기기의 성능검사주기 기준이 옳은 것은?(단, 한국국토정보공사의 경우는 고려하지 않는다)

① 레벨 : 2년
② 토털스테이션 : 3년
③ 지엔에스에스(GNSS) 수신기 : 5년
④ 트랜싯(데오드라이트) : 2년

해설 측량기기 성능검사의 대상 및 주기
① 트랜싯(데오드라이트) : 3년
② 레벨 : 3년
③ 거리측정기 : 3년
④ 토털스테이션 : 3년
⑤ 지피에스(GPS) 수신기 : 3년
⑥ 금속관로 탐지기 : 3년

92. 토지소유자가 하여야 하는 신청을 대신할 수 있는 자가 아닌 것은?(단, 등록사항 정정 대상 토지는 고려하지 않는다)

① 「민법」 제404조에 따른 채권자
② 공공사업 등에 따라 학교용지의 지목으로 되는 토지인 경우 해당 사업의 시행자
③ 「주택법」에 따른 공동주택의 부지인 경우
④ 국가나 지방자치단체가 취득하는 토지의 경우 해당 토지의 매도인

해설 토지이동 신청의 대위
- 공공사업 등에 따라 학교용지·도로·철도용지·제방·하천·구거·유지·수도용지 등의 지목으로 되는 토지인 경우 : 해당 사업의 시행자
- 국가나 지방자치단체가 취득하는 토지인 경우 : 해당 토지를 관리하는 행정기관의 장 또는 지방자치단체의 장
- 주택법에 따른 공동주택의 부지인 경우 : 집합건물의 소유 및 관리에 관한 법률에 따른 관리인(관리인이 없는 경우에는 공유자가 선임한 대표자) 또는 해당 사업의 시행자
- 「민법」 제404조에 따른 채권자
- 주택법에 따른 주택건설사업의 시행자가 파산 등의 이유로 토지의 이동 신청을 할 수 없을 때에는 그 주택의 시공을 보증한 자 또는 입주예정자 등이 신청

Answer 90. ① 91. ② 92. ④

93. 다음 중 지적 관련 법령상 용어에 대한 설명이 옳은 것은?

① 지적소관청이란 지적공부를 관리하는 시장을 말하며 자치구가 아닌 구를 두는 시의 시장 또한 포함한다.
② 면적이란 지적공부에 등록한 필지의 지표면상의 넓이를 말한다.
③ 일반측량이란 기본측량, 공공측량, 지적측량 및 수로측량을 말한다.
④ 지목변경이란 지적공부에 등록된 지목을 다른 지목으로 바꾸어 등록하는 것을 말한다.

해설 지적 관련 법령상 용어
- 지적소관청 : 지적공부를 관리하는 특별자치시장, 시장(「제주특별자치도 설치 및 국제자유도시 조성을 위한 특별법」 제10조 제2항에 따른 행정시의 시장을 포함하며, 「지방자치법」 제3조 제3항에 따라 자치구가 아닌 구를 두는 시의 시장은 제외한다)·군수 또는 구청장(자치구가 아닌 구의 구청장을 포함한다)을 말한다.
- 면적 : 지적공부에 등록한 필지의 수평면상 넓이를 말한다.
- 일반측량 : 기본측량, 공공측량, 지적측량 및 수로측량 외의 측량을 말한다.

94. 공간정보의 구축 및 관리 등에 관한 법률상 측량기술자의 의무에 해당하지 않는 것은?

① 측량기술자는 신의와 성실로써 공정하게 측량을 하여야 한다.
② 측량기술자는 정당한 사유 없이 그 업무상 알게 된 비밀을 누설하여서는 아니 된다.
③ 측량기술자는 둘 이상의 측량업자에게 소속되어야 한다.
④ 측량기술자는 정당한 사유 없이 측량을 거부하여서는 아니 된다.

해설 측량기술자의 의무
- 측량기술자는 신의와 성실로써 공정하게 측량을 하여야 하며, 정당한 사유 없이 측량을 거부하여서는 아니 된다.
- 측량기술자는 정당한 사유 없이 그 업무상 알게 된 비밀을 누설하여서는 아니 된다.
- 측량기술자는 둘 이상의 측량업자에게 소속될 수 없다.
- 측량기술자는 다른 사람에게 측량기술경력증을 빌려주거나 자기의 성명을 사용하여 측량업무를 수행하게 하여서는 아니 된다.

95. 지적측량업자의 지위를 승계한 자는 그 승계 사유가 발생한 날부터 몇 일 이내에 대통령령으로 정하는 바에 따라 신고하여야 하는가?

① 10일
② 20일
③ 30일
④ 60일

해설 지적측량업자의 지위 승계
- 지적측량업자가 그 사업을 양도하거나 사망한 경우 또는 법인인 측량업자의 합병이 있는 경우에는 그 사업의 양수인·상속인 또는 합병 후 존속하는 법인이나 합병에 따라 설립된 법인은 종전의 측량업자의 지위를 승계
- 측량업자의 지위를 승계한 자는 그 승계 사유가 발생한 날부터 30일 이내에 시·도지사에게 신고

96. 다음 중 지적기준점에 해당하지 않는 것은?

① 지적삼각점
② 지적도근점
③ 지적삼각보조점
④ 위성기준점

해설 지적기준점의 종류
- 지적삼각점 : 지적측량 시 수평위치 측량의 기준으로 사용하기 위하여 국가기준점을 기준으로 하여 정한 기준점
- 지적삼각보조점 : 지적측량 시 수평위치 측량의 기준으로 사용하기 위하여 국가기준점과 지적삼각점을 기준으로 하여 정한 기준점
- 지적도근점 : 지적측량 시 필지에 대한 수평위치 측량 기준으로 사용하기 위하여 국가기준점, 지적삼각점, 지적삼각보조점 및 다른 지적도근점을 기초로 하여 정한 기준점
- 위성기준점 : 국가기준점으로 국가기준점에는 우주측지기준점, 위성기준점, 수준점, 중력점, 통합기준점, 삼각점, 지자기점이 있음

97. ( ) 안에 공통으로 들어갈 내용으로 옳은 것은?

- ( )을 하는 경우 필지별 경계점은 지적기준점에 따라 측정하여야 한다.
- 도시개발사업 등으로 ( )을 하려는 지역에 임야도를 갖춰 두는 지역의 토지가 있는 경우에는 등록전환을 하지 아니할 수 있다.

① 등록전환측량
② 지적확정측량
③ 신규등록측량
④ 축척변경측량

해설 지적확정측량
- 지적확정측량을 하는 경우 필지별 경계점은 위성기준점, 통합기준점, 삼각점, 지적삼각점, 지적삼각보조점 및 지적도근점에 따라 측정하여야 한다.
- 지적확정측량을 할 때에는 미리 사업계획도와 도면을 대조하여 각 필지의 위치 등을 확인하여야 한다.
- 도시개발사업 등으로 지적확정측량을 하려는 지역에 임야도를 갖춰 두는 지역의 토지가 있는 경우에는 등록전환을 하지 아니할 수 있다.

98. 다음 중 지적측량수행자의 성실의무로 옳은 것은?(단, 지적측량수행자는 소속 측량기술자를 포함한다)

① 지적측량수행자는 배우자가 소유한 토지에 대하여 지적측량을 할 수 있다.
② 지적측량수행자는 정당한 사유 없이 지적측량 신청을 거부할 수 있다.
③ 지적측량수행자는 지적측량수수료 외에 그 업무와 관련된 대가를 받으면 아니 된다.
④ 지적측량수행자는 둘 이상의 측량업자에게 소속될 수 있다.

해설 지적측량수행자의 성실의무
- 지적측량수행자는 신의와 성실로써 공정하게 지적측량을 하여야 하며, 정당한 사유 없이 지적측량 신청을 거부하여서는 아니 된다.
- 지적측량수행자는 본인, 배우자 또는 직계 존속·비속이 소유한 토지에 대한 지적측량을 하여서는 아니 된다.
- 지적측량수행자는 지적측량수수료 외에는 어떠한 명목으로도 그 업무와 관련된 대가를 받으면 아니 된다.

Answer 96. ④ 97. ② 98. ③

99. 지상경계점등록부에 등록하여야 할 사항이 아닌 것은?

① 경계점 위치 설명도
② 경계점의 사진 파일
③ 토지의 소재 및 지번
④ 경계점 표지 관리자

해설 지상경계점등록부 등록사항
1. 지상경계점등록부의 작성
   ① 지상경계는 둑, 담장, 구조물 및 경계점표지 등으로 표시
   ② 토지이동에 따른 지적측량으로 지상의 경계를 새로 정한 경우에는 지상 경계점 등록부를 작성·관리하여야 함
2. 지상경계점등록부의 등록사항
   ① 토지의 소재
   ② 지번
   ③ 경계점 좌표(경계점좌표등록부 시행지역에 한정)
   ④ 경계점 위치 설명도
   ⑤ 공부상 지목과 실제 토지이용 지목
   ⑥ 경계점의 사진 파일
   ⑦ 경계점표지의 종류 및 경계점 위치

※ 따로붙임 : 지상경계점등록부

100. 다음 중 경계점좌표등록부를 갖춰두는 지역의 지적도에 등록하는 사항은?

① 현장에서의 실측에 의한 경계점 간의 거리
② 좌표에 의하여 계산된 경계점 간의 거리
③ 도상에서 실측한 거리
④ 면적측정에 의하여 산정한 거리

해설 지적도면의 등록사항
- 토지의 소재
- 지번
- 지목
- 경계
- 지적도면의 색인도
- 지적도면의 제명 및 축척
- 도곽선과 그 수치
- 좌표에 의하여 계산된 경계점 간의 거리(경계점좌표등록부를 갖춰두는 지역으로 한정)
- 삼각점 및 지적기준점의 위치
- 건축물 및 구조물 등의 위치

※ 참고

■ 공간정보의 구축 및 관리 등에 관한 법률 시행규칙 [별지 제58호서식] 〈개정 2017. 1. 31.〉

지상경계점등록부

(3쪽 중 제1쪽)

토지의 소재	시·도		시·군·구		읍·면		동·리	
	지번		공부상 지목		실제 토지 이용 지목		면적(m²)	

위치도		토지이용계획	
		개별공시지가	
(토지의 위치를 나타낼 수 있는 개략적 도면)		측 량 자	년 월 일
		검 사 자	년 월 일
		입 회 인	측량의뢰인 :
			이해관계인 :

경계점 위치 설명도

210mm×297mm[백상지(150g/m²)]

(3쪽 중 제2쪽)

경계점좌표(경계점좌표 등록부 시행지역만 해당함)

부호	좌표 X	좌표 Y	부호	좌표 X	좌표 Y
1	m	m		m	m
2					

경계점 위치 사진

번호	표지의 종류		번호	표지의 종류	
	위치			위치	

번호	표지의 종류		번호	표지의 종류	
	위치			위치	

2023년 제2회 지적산업기사

01 지적측량

01. 두 점 간의 경사거리 $L=50\text{m}$, 고저 차 $h=0.95\text{m}$일 경우 수평거리 D는?

① 44.991m
② 49.991m
③ 49.913m
④ 50.009m

해설 $D = L - \dfrac{h^2}{2L} = 50 - \dfrac{0.95^2}{2 \times 50} = 49.991\text{m}$

02. 다음 중 경계의 제도에 대하여 틀리게 설명한 것은?

① 경계는 경계점과 경계점을 직선으로 연결한다.
② 1필지의 경계가 도곽선에 걸쳐 등록되어 있는 경우에는 반드시 다른 도면에 나머지 경계를 제도한다.
③ 1필지의 경계가 도곽선에 걸쳐 등록되어 있는 경우에는 도곽선 밖의 여백에 제도할 수 있다.
④ 경계점좌표등록부 시행지역의 도면에 등록하는 경계점 간 거리는 검정색으로 제도한다.

해설 지적업무처리규정 제41조(경계의 제도)
1필지의 경계가 도곽선에 걸쳐 등록되어 있는 경우에는 도곽선 밖의 여백에 경계를 제도하거나, 도곽선을 기준으로 다른 도면에 나머지 경계를 제도한다.

03. 평면직각좌표(x, y)의 원점은 북위 38° 선상의 3개의 지점이다. 이들의 원점 표시는?

① 1등 삼각점 표석
② 1등 또는 2등 삼각점 표석
③ 원점고유 형태의 표석
④ 표석은 없고 가상적인 위치

해설 지표면상의 점을 평면상의 위치로 표시하는데 평면직교좌표가 사용되고 있으며 우리나라는 3개의 가상도원점을 사용하고 있다. 경위도 원점은 가상의 도면상의 점이며 지표면상에 있는 점은 아니다.

04. 다음 오차 중 그 원인이 불명하여 주의를 하여도 제거할 수 없는 것은?

① 고정오차
② 우연오차
③ 기계오차
④ 착오

해설 우연오차는 그 크기나 대수적인 부호를 예측할 수 없으며 우연히 발생하고 피할 수 없는 것이 특징이다. 이 오차를 계산하거나 소거할 수 있는 절대적인 방법은 없다.

Answer　01. ②　02. ②　03. ④　04. ②

05. 축척변경 시행기간 중에 경계점표지의 설치를 위하여 예외적으로 실시할 수 있는 측량은?

① 등록전환측량
② 경계복원측량
③ 토지분할측량
④ 지적현황측량

해설 제74조(지적공부정리 등의 정지)
지적소관청은 축척변경 시행기간 중에는 축척변경 시행지역의 지적공부정리와 경계복원측량(제71조 제3항에 따른 경계점표지의 설치를 위한 경계복원측량은 제외한다)을 제78조에 따른 축척변경 확정공고일까지 정지하여야 한다. 다만, 축척변경위원회의 의결이 있는 경우에는 그러하지 아니하다.
☞ 공간정보의 구축 및 관리 등에 관한 법률 시행령의 규정

제71조(축척변경 시행공고 등)
제3항 축척변경 시행지역의 토지소유자 또는 점유자는 시행공고가 된 날(이하 "시행공고일"이라 한다)부터 30일 이내에 시행공고일 현재 점유하고 있는 경계에 국토교통부령으로 정하는 경계점표지를 설치하여야 한다.

06. 경위의측량방법에 따른 세부측량을 실시하는 경우 축척변경 시행지역에 대한 측량결과도의 기본적인 축척은?

① 1/500 ② 1/1,000 ③ 1/1,200 ④ 1/6,000

해설 지적측량 시행규칙 제18조(세부측량의 기준 및 방법 등)
축척변경 시행지역의 측량결과도는 500분의 1로 한다.

07. 지적삼각점측량에 관한 내용 중 거리가 먼 것은?

① 10초독 이상의 경위의를 사용한다.
② 광파기 사용 시 점간거리는 3회 이상 측정한다.
③ 점간거리는 원점에 투영된 평면거리로 계산한다.
④ 수평각의 관측은 3대회의 방향관측법에 의한다.

해설 지적측량 시행규칙 제9조(지적삼각점측량의 관측 및 계산)
광파측거기 사용 시 점간거리는 5회 측정하여 그 측정치의 최대치와 최소치의 교차가 평균치의 10만분의 1 이하일 때에는 그 평균치를 측정거리로 하고, 원점에 투영된 평면거리에 따라 계산한다.

08. 광파기측량방법에 따른 지적삼각보조점측량에서 점간거리를 5회 측정한 결과의 평균치가 2,435.44m이었다. 이때 측정치의 최대치와 최소치의 교차가 최대 얼마 이하이어야 이 평균치를 측정거리로 할 수 있는가?

① 0.06m ② 0.04m ③ 0.02m ④ 0.01m

해설 점간거리는 5회 측정하여 그 측정치의 최대치와 최소치의 교차가 평균치의 10만분의 1 이하일 때에는 그 평균치를 측정거리로 하고, 원점에 투영된 평면거리에 따라 계산한다.

따라서 $\dfrac{2,435.44}{100,000} = 0.024$ ∴ 0.02m

09. 지적삼각보조점측량에 대한 설명이 틀린 것은?

① 지적삼각보조점측량을 할 때에 필요한 경우에는 미리 지적삼각보조점표지를 설치하여야 한다.
② 지적삼각보조점의 일련번호 앞에는 "보"자를 붙인다.
③ 영구표지를 설치하는 경우에는 시·군·구별로 일련번호를 부여한다.
④ 지적삼각보조점은 교회망, 유심다각망 또는 삽입망으로 구성하여야 한다.

해설 지적삼각보조점은 교회망 또는 교점다각망(交點多角網)으로 구성하여야 한다.

10. 지적도근점측량을 다각망도선법에 의하여 시행할 경우에 대한 설명 중 옳은 것은?

① 3점 이상의 기지점을 상호 연결하는 방식에 의한다.
② 3점 이상의 기지점을 포함한 결합다각망 방식에 의한다.
③ 2점 이상의 기지점을 연결하는 다각망 도선법에 의한다.
④ 2점 이상의 기지점을 상호 연결하는 방식에 의한다.

해설 지적측량 시행규칙 제12조(지적도근점측량)
- 3점 이상의 기지점을 포함한 결합다각방식에 따른다.
- 1도선의 점의 수는 20점 이하로 한다.

11. 지적도근점의 각도관측에 있어서 폐색오차의 허용범위로 틀린 것은?(단, n은 폐색변을 포함한 변수임)

① 배각법에 의할 경우 1등도선 $\pm 20\sqrt{n}$ 초
② 배각법에 의할 경우 2등도선 $\pm 30\sqrt{n}$ 초
③ 방위각법에 의할 경우 1등도선 $\pm \sqrt{n}$ 분
④ 방위각법에 의할 경우 2등도선 $\pm 2\sqrt{n}$ 분

해설 지적측량 시행규칙 제14조(지적도근점의 각도관측을 할 때의 폐색오차의 허용범위 및 측각오차의 배분)

폐색오차 제한		1배각과 3배각의 교차	30초 이내
	배각법	1등	$\pm 20\sqrt{n}$(초) 이내
		2등	$\pm 30\sqrt{n}$(초) 이내
	방위각법	1등	$\pm \sqrt{n}$(분)
		2등	$\pm 1.5\sqrt{n}$(분)

12. 지적도근점측량의 방위각법에서 연결오차의 배분은?

① 방위각의 크기에 비례하여 배분한다.
② 종횡선차의 크기에 비례하여 배분한다.
③ 측선장의 크기에 비례하여 배분한다.
④ 측선장의 변장반수에 비례하여 배분한다.

Answer 09. ④ 10. ② 11. ④ 12. ③

해설 지적측량 시행규칙 제15조(지적도근점측량에서의 연결오차의 허용범위와 종선 및 횡선오차의 배분)
방위각법에 의하는 때에는 다음의 산식에 따라 각 측선장에 비례하여 배분한다.
$$C = -\frac{e}{L} \times l$$

13. 측판측량방법으로 세부측량을 하는 경우 임야도를 비치하는 지역에서의 거리측정단위는?

① 5cm
② 20cm
③ 40cm
④ 50cm

해설 지적측량 시행규칙 제18조(세부측량의 기준 및 방법 등)
평판측량방법에 따른 세부측량에서 거리측정단위는 지적도를 갖춰 두는 지역에서는 5센티미터로 하고, 임야도를 갖춰 두는 지역에서는 50센티미터로 한다.

14. 축척 1/1,000인 지역을 측판측량방법으로 측량할 경우 도상에 영향을 미치지 않는 경우 지상거리는?

① $10cm^2$
② $12cm^2$
③ $15cm^2$
④ $30cm^2$

해설 지적측량 시행규칙 제18조(세부측량의 기준 및 방법 등)
도상에 영향을 미치지 아니하는 지상거리의 축척별 허용범위는 $\frac{M}{10}$ 밀리미터로 한다. 이 경우 M은 축척분모를 말한다.

15. 경계점좌표등록부를 비치하는 지역의 측량방법 중에서 거리가 먼 것은?

① 각 필지의 경계점 측정 시 도선법, 방사법 또는 교회법에 의한다.
② 지형, 지물에 막힐 때에는 경위의를 사용치 않고 간접적인 방법을 사용할 수 있다.
③ 동일한 경계점의 측량성과 차이는 0.10미터 허용범위 이내여야 한다.
④ 각 필지의 경계점 측점번호는 오른쪽 위에서부터 왼쪽으로 경계를 따라 일련번호를 부여한다.

해설 지적측량 시행규칙 제23조(경계점좌표등록부를 갖춰 두는 지역의 측량)
각 필지의 경계점 측점번호는 왼쪽 위에서부터 오른쪽으로 경계를 따라 일련번호를 부여한다.

16. 다음 중 경위의측량방법으로 세부측량을 한 지역의 토지면적을 결정할 수 있는 방법으로 옳은 것은?

① 좌표면적계산법
② 도상삼사법
③ 플라니미터법
④ 도상원호교회법

해설 면적측정방법은 경계점 좌표등록지역은 좌표면적계산법으로 측정하고 측판측량지역 즉, 도해측량지역은 전자면적측정기로 면적을 측정한다.

Answer 13. ④ 14. ① 15. ④ 16. ①

17. 분할에 따른 신구면적 오차의 허용범위를 계산함에 있어서 축척 1/3,000 지역은 그 축척을 얼마로 계산 하는가?

① 1/2,400
② 1/3,000
③ 1/5,000
④ 1/6,000

해설 공간정보의 구축 및 관리 등에 관한 법률 시행령 제19조(등록전환이나 분할에 따른 면적 오차의 허용범위 및 배분 등)
임야대장의 면적과 등록전환될 면적의 오차 허용범위는 다음의 계산식에 따른다. 이 경우 오차의 허용범위를 계산할 때 축척이 3천분의 1인 지역의 축척분모는 6천으로 한다.
$A = 0.026^2 M\sqrt{F}$
여기서, A는 오차 허용면적, M은 임야도 축척분모, F는 등록전환될 면적

18. 측량준비도 작성 시 틀리게 연결된 것은?

① 측량기준점 – 검은색
② 도곽선 수치 – 붉은색
③ 보정계수 – 붉은색
④ 측량기준점 간 거리 – 붉은색

해설 지적업무처리규정 제18조(측량준비파일의 작성)
지적기준점 및 그 번호와 좌표는 검은색으로, 도곽선 및 그 수치와 지적기준점 간 거리는 붉은색으로, 그 외는 검은색으로 작성한다.

19. 축척 1/1200 지역에서 도곽선의 지상거리를 측정한 결과 각각 399.5m, 399.5m, 499.4m, 499.9m일 때 도곽선의 보정계수는 얼마인가?

① 1.0020
② 1.0018
③ 1.0030
④ 1.0025

해설 면적보정계수 $= \dfrac{\text{도면상거리}}{\text{신축거리}} = \dfrac{400 \times 500}{399.5 \times 499.65} = 1.00195$ ∴ 1.0020

20. 광파기 측량방법에 의하여 다각망 도선법으로 지적삼각보조점측량을 시행하는 경우 1도선의 최대 거리는?

① 2km
② 3km
③ 4km
④ 5km

해설 지적측량 시행규칙 제10조(지적삼각보조점측량)
전파기 또는 광파기측량방법에 의하여 다각망도선법으로 지적삼각보조점측량을 하는 때에는 다음 각 호의 기준에 의한다.
1. 3점 이상의 기지점을 포함한 결합다각방식에 따른다.
2. 1도선(기지점과 교점 간 또는 교점과 교점 간을 말한다)의 점의 수는 기지점과 교점을 포함하여 5점 이하로 한다.
3. 1도선의 거리(기지점과 교점 또는 교점과 교점 간의 점간거리의 총합계를 말한다)는 4킬로미터 이하로 한다.

02 응용측량

21. 다음 중 항공사진의 판독만으로 구별하기 가장 어려운 것은?
① 능선과 계곡
② 밀밭과 보리밭
③ 도로와 철도선로
④ 침엽수와 활엽수

해설 항공사진측량에서 사진판독요소로는 크기, 형태, 색조, 모양, 질감, 음영, 과고감, 상호위치관계 등이며 항공사진의 판독은 삼림의 판독, 지형의 판독, 지물의 판독, 환경 오염지 조사, 토양의 판독, 군사적인 판독에 쓰인다.

22. 터널의 중심선을 천정에 설치하여 갱내 수준측량을 실시하였다. 기계를 세운 A점의 후시는 −1.00m, 표척을 세운 B점의 전시는 −1.50m, 사거리 50m, 연직각 +15°일 때 두 점 간의 고저차는?
① 13.44m
② 15.54m
③ 17.54m
④ 19.54m

해설 $H = L\sin\alpha + IH - HP = 50\sin 15° + (-1.00) - (-1.50) = 13.44\text{m}$

23. 다음 항공사진측량용 사진기 중 피사각이 90° 정도로 일반 도화 및 판독용으로 많이 사용하는 것은?
① 보통각사진기
② 광각사진기
③ 초광각사진기
④ 협각사진기

해설 항공사진촬영용 카메라의 성능 중 초광각 카메라의 피사각(화각)은 120°, 광각 카메라의 피사각은 90°, 보통각 카메라의 피사각은 60°이다.

24. GNSS의 거리 관측 방법은 무엇인가?
① 전파의 도달시간 이용
② 전파의 샤임플러그 효과
③ 공면 조건의 원리
④ 라이다 측위 원리

해설 GNSS 위치측정 원리로는 2가지 형태로 의사거리와 반송파 위상을 이용하는 방법으로 반송파위상은 높은 정밀도의 측위에 이용되며 의사거리는 인공위성과 지상수신기 사이의 거리측정값으로 인공위성에서 송신되어 수신기로 도착된 송신 신호를 PRN(Pseudo Range Noise) 인식 코드로 비교하여 측정하며 송수신기의 시계의 시간 오차가 발생되며 거리는 기하학적인 실제 거리와 달라 의사거리라고 하며 항법장치에 주로 사용된다.

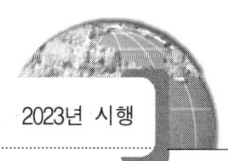

25. 다음 중 완화곡선에 사용되는 곡선형태가 아닌 것은?

① 2차 포물선
② 3차 포물선
③ 렘니스케이트
④ 클로소이드

해설 완화곡선에는 3차 포물선, 고차 포물선, 반파장 사인, 렘니스케이트, 클로소이드 등이 있다.

26. 우리나라의 고저기준점에 대한 설명으로 맞는 것은?

① 해수면의 최고수위를 기준으로 높이를 구하여 놓은 점
② 기준수준면으로부터의 높이를 구하여 놓은 점
③ 기준타원체면으로부터의 높이를 구하여 놓은 점
④ 지표면으로부터의 높이를 구하여 놓은 점

해설 고저의 기준점은 지오이드로 정지된 평균해수면을 육지까지 연장하여 지구 전체를 둘러쌌다고 가상한 곡면으로 지오이드의 특징은 다음과 같다.
1. 지오이드면은 평균해수면을 나타낸다.
2. 어느 점에서나 표면을 통과하는 연직선은 중력의 방향이 같다.
3. 지각 내부의 밀도분포에 따라 굴곡을 달리한다.
4. 지각 밀도의 불균일로 타원체면에 대하여 다소의 기복이 있는 불규칙한 면이다.
5. 고저측량은 지오이드면을 표고 "0"로 하여 측정한다.
6. 해발고도가 0m인 기준면으로 위치에너지가 Zero이다.
7. 지각의 인력으로 대륙에서 지구타원체보다 높으며 해양에서 지구타원체보다 낮다.
8. 타원체의 법선과 지오이드의 법선은 일치하지 않게 되며 두 법선의 차, 즉 연직선 편차가 생긴다.

27. 등고선의 간접 측량방법이 아닌 것은?

① 사각형 분할법(좌표점법)
② 기준점법(종단점법)
③ 원곡선법
④ 횡단점법

해설 지형측량에서 등고선의 측정방법에는 직접측정방법과 간접측정방법이 있으며 직접측정방법에는 레벨 또는 핸드레벨에 의한 방법과 평판에 의한 방법이 있으며, 간접측정방법에는 방사절측법, 목측에 의한 방법, 방안법(좌표점고법, 모눈종이법), 기준점법(종단점법), 횡단점법이 있다.

28. 다음 중 단일 촬영경로(Strip)의 입체모델 수가 12개일 때 필요한 최소 표정점 수는?

① 3점
② 8점
③ 13점
④ 18점

해설 스트립 항공삼각 측정인 경우 표정점은 각 코스의 최초의 모델에 4점, 최후의 모델에 2점, 중간에 4~5 모델째마다 1점을 두기 때문에 입체모델수가 12개일 때는 최초 4점 + 최후 2점 +10개 모델에 2개를 더하면 8점이 된다.

Answer 25. ① 26. ② 27. ③ 28. ②

29. 원곡선 설치에는 교각 $I=70°$, 반지름 $R=100m$일 때 접선길이는?

① 50.0m
② 70.0m
③ 86.6m
④ 259.8m

해설 $TL = R\tan\dfrac{I}{2} = 100\tan35° = 70.0m$

30. 300m 떨어진 곳에 표척을 세우고 기포가 중앙에 있을 때와 기포가 4눈금 이동했을 때의 양쪽을 읽어 그의 차를 0.08m라 할 때 이 기포관의 감도는?

① 12″
② 14″
③ 16″
④ 18″

해설 $\alpha'' = \rho'' \times \dfrac{h}{nD}$ (ρ'' : 206,265″, h : 눈금차, n : 이동된 눈금수, D : 거리)

$= 206,265'' \times \dfrac{0.08}{1200} = 0.0038197 = 0°0'13.75''$

31. 점 A, B의 표고는 각각 110.5m, 130.8m이고, A, B 간의 수평거리는 100m이다. 120m 등고선이 통과하는 위치는 A점으로부터 수평거리로 얼마인가?

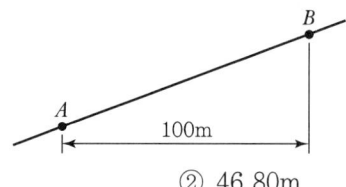

① 48.28m
② 46.80m
③ 55.28m
④ 62.72m

해설 비례식으로 생각하면 AB점의 표고차 : AB수평거리 = 120m지점의 표고차 : 수평거리

$20.3 : 100 = 9.5 : d_1$

$\therefore X = \dfrac{100 \times 9.5}{20.3} = 46.80m$

32. 고도 5,000m의 높이에서 촬영한 공중사진이 있다. 주점기선장이 10cm, 철탑 시차차가 2mm라면 이 철탑의 높이는?

① 80m
② 90m
③ 100m
④ 110m

해설 $h = \dfrac{H}{bo}\Delta p$에서 h=건물의 높이, H=비행고도, bo=주점거리, Δp=시차차

$h = \dfrac{5000}{0.1} \times 0.002 = 100m$

33. GNSS 측량 시 유사거리에 영향을 주는 오차와 거리가 먼 것은?

① 위성시계의 오차
② 위성궤도의 오차
③ 전리층의 굴절 오차
④ 지오이드의 변화 오차

해설 GNSS 측량의 오차에는 크게 구조적 원인에 의한 오차, 위성의 배치 상황에 따른 오차(DOP), 선택적 가용성에 의한 오차(SA), 주파단절(Cycle Slip)이 있으며 구조적 원인에 의한 오차에는 위성시계 오차, 위성궤도 오차, 전리층과 대류층의 전파지연, 수신기에서 발생하는 오차가 있다.

34. 축척 1 : 25,000인 지형도에서 A점의 표고는 80m이고, B점의 표고는 140m이며 두 점 간의 거리가 도상에서 15.7cm일 때 경사는?

① 1/63.2
② 1/65.0
③ 1/65.2
④ 1/65.4

해설 먼저 수평거리를 구하면 실제거리=축척×도상거리=25,000×0.157=3,925m이므로

경사= $\frac{\text{높이}}{\text{수평거리}} = \frac{60}{3,925} = 0.01529 = 1/65.4$

35. 다음 사항에서 항공사진의 특수 3점에 속하지 않는 것은?

① 등각점
② 교회점
③ 연직점
④ 주점

해설 항공사진의 특수 3점에는 주점, 연직점, 등각점이 있다.

36. 우리나라 1 : 50,000 지형도에서 조곡선의 간격은?

① 5m
② 10m
③ 20m
④ 100m

해설 등고선의 간격

등고선의 간격	기호	1/10,000	1/25,000	1/50,000
주곡선	가는 실선	5m	10m	20m
간곡선	가는 파선	2.5m	5m	10m
보조곡선(조곡선)	가는 점선	1.25m	2.5m	5m
계곡선	굵은 실선	25m	50m	100m

37. 클로소이드 곡선에 대한 설명으로 틀린 것은?

① 고속도로의 적용에 가장 적합하다.
② 곡률이 곡선의 길이에 비례한다.
③ 완화곡선의 일종이다.
④ 철도의 종단곡선 설치에 효과적이다.

해설 클로소이드의 일반적 성질은 나선의 일종, 모든 클로소이드는 닮은 꼴(상사성), 단위가 있기도 하고 없기도 하다. 확대율을 가지며, 표로서 요소를 구하는 등의 성질을 가지고 있으며 클로소이드 곡선은 도로의 종단곡선 설치에 효과적이다.

38. 곡률반지름 R인 원곡선의 곡선거리 l에 대한 편각은?(단, 단위 : 라디안)

① $l/2R$
② $2l/R$
③ $l^2/2R$
④ $2l/R^2$

해설 원곡선에서 곡선거리에 대한 편각은 $\delta = \dfrac{l}{2R}$이다.

39. 노선의 곡률반경 $R=230$m, 곡선장 $L=18$m일 때 클로소이드의 매개변수 A의 값은?

① 12.78m
② 25.56m
③ 51.12m
④ 64.34m

해설 클로소이드의 파라미터(매개변수) $A = \sqrt{RL} = \sqrt{230 \times 18} = 64.34$m이다.

40. 고도 2,500m의 비행기에서 초점거리 188.7mm의 사진기로 촬영한 수직공중사진의 축적은 약 얼마인가?

① 1/13,000
② 1/18,000
③ 1/23,000
④ 1/2,800

해설 사진측척 $M = \dfrac{1}{m} \dfrac{l}{L} = \dfrac{f}{H} = \dfrac{1}{M}$

$= \dfrac{0.1887}{2,500} = 0.00007548 ≒ 1/13,000$

Answer 37. ④ 38. ① 39. ④ 40. ①

03 토지정보체계론

41. 다음 중 지적도 전산화 목적으로 옳지 않은 것은?
① 지적도면의 신축으로 인한 원형 보관 관리의 어려움 해소
② 대민서비스의 질적 향상 도모
③ 수치지형도의 위조 방지
④ 토지정보시스템의 기초 데이터 활용

해설 수치지형도
지표면상의 자연적인 또는 인공적인 지형의 상호위치관계를 수평적 또는 수직적으로 관측하여 그 결과를 일정한 축척과 도식(기호)으로 도면에 나타낸 것

42. 다음 중 데이터에 대한 정보로서 데이터의 내용, 품질, 조건 및 기타 특성에 대한 정보를 포함하는 정보의 이력서라고 할 수 있는 것은?
① Vita
② Resume
③ Metadata
④ Life history

해설 메타데이터가 중요한 이유는 공간 데이터에 대한 목록을 체계적으로 표준화된 방식으로 제공함으로써 데이터의 공유화를 촉진할 수 있다.

43. 다음 중 공간자료의 일반화 과정에서 고려하여야 할 사항으로 옳지 않은 것은?
① 지도 사용 목적에 부합
② 데이터 저장 용량의 증대
③ 공간자료의 정확도 유지
④ 공간자료의 복잡성

해설 공간자료의 일반화 주요 고려사항
- 자료 복합성 감소
- 공간정확도 유지
- 속성정확도 유지
- 시각적 품질 유지
- 논리적 단계 유지
- 일반화 규칙 적용
- 지도 사용목적 및 사용자 의도
- 적절한 축척의 선택
- 명확성 유지
- 비용경제성의 고려
- 데이터 저장 용량의 삭감
- 최소 컴퓨터 메모리의 요구

Answer 41. ③ 42. ③ 43. ②

44. 속성자료와 비교하여 공간자료의 데이터베이스를 구축하기 위한 일반적인 입력 방법으로 거리가 먼 것은?
 ① 디지타이징 ② 스캐닝
 ③ 키보드 ④ 벡터라이징

해설 키보드는 문자를 입력하는 장치로 속성정보 입력에 사용된다.

45. 다음 중 공간자료로 표현하기에 적합하지 않은 것은?
 ① 교통사고지점 ② 행정구역경계선
 ③ 소유자 ④ 필지

해설 소유자는 속성자료로 구축되어 있다.

46. 다음 중 데이터베이스의 장점에 해당하지 않은 것은?
 ① 데이터의 무결성 ② 데이터의 공유성
 ③ 데이터의 중복성 ④ 데이터의 일관성

해설 데이터베이스는 자료의 독립성이 유지된다.

47. 다음 중 국가지리정보체계에 대한 약호로 옳은 것은?
 ① GIS ② OGIS
 ③ NGIS ④ KLMIS

해설 국가지리정보시스템(NGIS, National Geographic Information System)

48. 다음 중 사용자의 필요에 따라서 일정기준에 맞추어 자료를 나누는 것은?
 ① 분류(Classification) ② 일반화(Generalization)
 ③ 질의(Query) ④ 세선화(Thinning)

해설
• 분류 : 사용자의 필요에 따라 일정기준에 맞추어 데이터를 나누는 것
• 일반화 : 일정기준에 의하여 유사한 분류명을 갖는 폴리곤끼리 합치는 것
• 질의 : 조건에 따라 속성 데이터베이스에서 정보를 추출하는 것
• 세선화 : 객체의 형태를 변화시키지 않는 범위에서 적절히 좌표 수를 줄임

49. 다음 중 토지정보시스템의 구성요소에 해당하지 않은 것은?
 ① 하드웨어 ② 조직 및 인력
 ③ 토지정보지식 ④ 소프트웨어

해설 토지정보시스템은 조직과 인력, 자료, 소프트웨어, 하드웨어로 구성된다.

50. 다음 중 래스터데이터에 해당하지 않은 것은?
① 위치좌표데이터 ② 위성영상데이터
③ 항공사진데이터 ④ 이미지데이터

해설 위치좌표는 어느 지점의 위치를 X축, Y축에서의 거리로 표현됨으로 벡터데이터에 해당된다.

51. 다음 중 토지정보시스템에서 필지식별번호의 역할로 가장 옳은 것은?
① 공간정보와 속성정보를 링크한다.
② 공간정보에서 기호를 작성할 때 사용한다.
③ 속성정보의 자료량을 줄이는데 사용한다.
④ 공간정보의 자료량을 줄이는데 사용한다.

해설 필지식별번호
• 각 필지의 등록사항의 저장과 수정 등을 용이하게 처리할 수 있는 고유번호(지번)
• 지적정보에서 대장(속성)정보와 도면(공간)정보를 연계하는 역할 수행

52. 다음 중 토지정보시스템(LIS)의 필요성으로 옳은 것은?
① 수치지적도 제작의 자동화 ② 도면자료와 대장자료의 효율적 관리
③ 행정의 공개화 ④ 지적 불부합지 문제 해결

해설 토지정보시스템은 지적 등 토지관련 재산권 정보의 효율적 관리를 위해 필지 단위로 지적공부를 전산화한 시스템이다.

53. 다음 중 기존 공간 사상의 위치, 모양, 방향 등에 기초하여 공간 형상의 둘레에 특정한 폭을 가진 구역을 구축하는 공간분석 기법은?
① Buffer ② Classification
③ Dissolve ④ Interpolation

해설 버퍼링(Buffering)
• 버퍼(Buffer)란 공간 형상이 둘레에 특정한 폭을 가진 구역을 구축하는 것이다.
• 버퍼를 생성하는 과정을 버퍼링(Buffering)이라 한다.
• 버퍼링은 점, 선 폴리곤 형상 주변에 생성할 수 있으며, 버퍼링한 결과는 모두 폴리곤으로 표현된다.

54. 다음 중 다목적지적의 3대 기본요소로만 나열된 것은?
① 지적도, 임야도, 지적기준점
② 측지기준망, 기본도, 지적중첩도
③ 기본도, 임야중첩도, 필지식별번호
④ 측지기준망, 필지식별번호, 토지자료파일

해설 **다목적지적 3대 기본요소**
- 측지기준망 : 지상에서 영구적으로 표시되어 도면상에 등록된 경계선을 현지에 복원할 수 있는 정확도를 유지하여야 한다.
- 기본도 : 측지기준망을 기초로 하여 작성된 도면으로 지도 작성에 기본적으로 필요한 정보를 일정한 축척의 도면 위에 등록한 것이다.
- 지적중첩도 : 토지의 등록단위인 필지를 등록한 지적도와 시설물, 토지이용, 용도지역지구도 등을 결합한 상태의 도면을 말한다.

55. 다음 중 인접성(Neighborhood)에 대한 설명으로 옳지 않은 것은?
① 서로 이웃하여 있는 폴리곤 간의 관계를 말한다.
② 폴리곤이나 객체들의 포함 관계를 말한다.
③ 정확한 파악을 위해서는 상, 하, 좌, 우와 같은 상대적 위치성도 파악하여야 한다.
④ 공간객체 간 상호 인접성에 기반을 둔 분석에 필요하다.

해설 계급성이란 폴리곤 간의 포함관계를 나타낸다.

56. 디지타이징 및 벡터자료의 편집에서 어떤 선이 다른 선과의 교차점까지 연결되어야 하는데 그것을 지나서 선이 끝나는 상태의 오류를 무엇이라 하는가?
① 언더쉬트(Undershoot)
② 오버쉬트(Overshoot)
③ 슬리버(Sliver)
④ 오버래핑(Overlapping)

해설 **디지타이징 오차의 유형**

언더쉬트	오버쉬트	슬리버

57. 공간상에 알려진 표고값이나 속성값을 이용하여 표고나 속성값이 알려지지 않은 지점에 대한 값을 추정하는 것을 무엇이라 하는가?
① 일반화
② 동형화
③ 공간보간
④ 지역분석

해설
- 일반화 : 일정기준에 의하여 유사한 분류명을 갖는 폴리곤끼리 합치는 것
- 동형화 : 서로 다른 레이어 간에 존재하는 동일한 객체의 크기와 형태가 동일하게 되도록 보정하는 방식
- 지역분석 : 특정 위치를 에워싸고 있는 주변 지역의 특성을 추출하는 것

58. 미국 연방 정부의 표준으로 채택되어 공간 자료의 교환 표준뿐만 아니라 수치지도의 제작, 관리, 유통 등에 이르는 광범위한 기능과 역할을 담당하며, 호주, 뉴질랜드, 한국 등의 국가에서도 채택하고 있는 데이터의 교환표준은?

① DIGET(Digital Geographic Exchange Standard)
② MIF(Map-info interchange Format)
③ SDTS(Spatial Data Transfer Standard)
④ NTF(Neutral Transfer format)

해설 표준화
- DIGET : 국방 분야의 지리정보 데이터 교환 표준으로 미국과 주요 NATO 국가들이 채택하여 사용
- MIF : MapInfo의 MID(속성데이터)/MIF(공간데이터) 파일포맷
- SDTS : 다른 체계들 간의 자료를 공유를 위한 공간 자료교환 표준으로 대표적인 것
- NTF : 영국의 지리 정보의 교환을 위한 표준

59. 다음 중 벡터데이터에 대한 설명으로 옳지 않은 것은?

① 지도와 비슷하고 시각적 효과가 높으며 실세계의 묘사가 가능하다.
② 디지타이징에 의해 입력된 자료가 해당된다.
③ 벡터데이터는 상대적으로 자료구조가 단순하며 체인코드, 블록코드 등의 방법에 의한 자료의 압축 효율이 우수하다.
④ 위상에 관한 정보가 제공되므로 관망 분석과 같은 다양한 공간분석이 가능하다.

해설 래스터데이터는 상대적으로 자료구조가 단순하며 체인코드, 블록코드 등의 방법에 의한 자료의 압축 효율이 우수하다.

60. 다음 중 지표면을 3차원으로 표현할 수 있는 수치표고 자료의 유형은?

① DEM 또는 TIN
② JPG 또는 GIF
③ SHF 또는 DBF
④ REM 또는 GUM

해설 수치표고 자료 유형
- 수치표고모델(DEM : Digital Terrain Elevation) : 격자 형태로 규칙적인 표고를 포함하는 자료이다.
- 불규칙 삼각망(TIN : Triangulated Irregular Network) : 표고점들을 일관된 삼각망 구성방법으로 연결시킴으로써 중복되지 않는 삼각면을 형성하는 연속적인 모자이크 표면으로 저장된다.

Answer 58. ③ 59. ③ 60. ①

04 지적학

61. 다음 중 백제의 측량 담당 전문 기술사무 종사자는?
① 내두좌평
② 양전사
③ 구고장
④ 산학박사

해설 백제는 지적사무는 내두좌평 산하에 산학박사가 지적과 측량을 담당하였고, 산사는 측량법을 시행하였으며, 화사는 지적도면 작성을 담당하였다.

62. 다음 지목의 유형 중 지표면의 형태, 토지의 고저, 수륙의 분포상태 등 땅이 생긴 모양에 따라 지목을 결정하는 것은?
① 토성지목
② 지형지목
③ 용도지목
④ 토양지목

해설 지목의 분류
1. 토지의 현황에 따른 분류
   ① 지형지목 : 지표면의 형상, 토지의 고저 등 토지의 모양에 따라 결정한 지목
   ② 지성지목 : 지층, 암석, 토양 등 토지의 성질에 따라 결정한 지목
   ③ 용도지목 : 토지의 현실적 용도에 따라 결정한 지목(우리나라 및 대부분의 국가에서 사용하고 있음)
2. 지목의 구성내용에 따른 분류
   ① 단식지목 : 1개의 토지에 대하여 한가지 기준에 의해 분류된 지목(전, 답 등)
   ② 복식지목 : 1개의 토지에 대하여 둘이상의 기준에 따라 분류된 지목(녹지대 등)

63. 다음 중 오늘날의 토지대장과 같은 조선시대 토지등록 장부로 옳은 것은?
① 양안(量案)
② 입안(立案)
③ 문기(文記)
④ 지권(地卷)

해설 토지거래증서의 종류
1. 사패(賜牌) : 임금이 왕족이나 공신에게 노예 또는 전지를 하사한 문서
2. 입지(立旨) : 조선시대 지방행정관청에서 발급한 증명서
   ① 전답의 소유자가 문기를 멸실하였을 때 관청으로부터 이를 증명받는 문서
   ② 가옥전세계약을 체결하고 관청에서 이를 증명하는 문서
3. 문기(文記) : 토지 및 가옥을 매수 또는 매도시에 작성한 매매계약서
4. 입안(立案) : 등기권리증의 일환으로 토지매매를 증명하는 제도
5. 양안(量案) : 토지대장으로 위치·등급·형상·면적·사표·소유자 기록
6. 가계(家契) : 가옥 소유권 증명문서로 '가권'이라고도 함
7. 지계(地契) : 전답의 소유에 대한 증명문서

64. 지적도 축척에 관한 설명으로 옳지 않은 것은?

① 일반적으로 축척이 크면 도면의 정밀도가 크다.
② 지도상에서의 거리와 지표상에서의 거리와의 관계를 나타내는 것이다.
③ 축척의 표현방법에는 분수식, 서술식, 그래프식 방법 등이 있다.
④ 축척이 분수로 표현될 때에 분자가 같으면 분모가 큰 것이 축척이 크다.

해설 분자가 같을 경우 분모가 작은 것이 축척이 크다.
 ※ 1/6,000보다 1/1,200으로 표현되는 것이 축척이 더 크다.

65. 토지조사사업 당시 지목은 몇 종으로 구분하였는가?

① 17종　　　② 18종　　　③ 19종　　　④ 21종

해설 지목의 변천과정
1. 대구 시가지 토지 측량에 관한 타합사항(1907.5.16) : 17개 지목
2. 토지 조사법(1910.8.23 법률 제7호) : 17개 지목
3. 토지 조사령(1912.8.13 제령 제2호) : 18개 지목
4. 지세령 개정(1918.6.18 제령 제9호) : 19개 지목
5. 조선지세령(1943.3.31 제령 제6호) : 21개 지목
6. 지적법(1950.12.1 법률 제165호)제정 : 21개 지목
7. 제1차 지적법 전문개정(1975.12.31 법률 제2801호) : 24개 지목
8. 제5차 개정 지적법(1991.11.30 법률 제4405호) : 24개 지목
9. 제2차 지적법 전문개정(2001.1.26 법률 제6389호) : 28개 지목

구분	토지조사사업~ 지세령 개정 전	지세령 개정~ 조선지세령 개정 전	조선지세령 개정 ~1차 지적법 전문 개정 전	1차 지적법 전문개정~ 2차 지적법 전문개정 전	2차 지적법 전문개정~현재
시행기간	1910~1917	1918~1942	1943~1975	1976~2001	2002~현재
지목 수	18개 지목	19개 지목	21개 지목	24개 지목	28개 지목
변천과정	지목 창설 전, 답, 대, 지소, 임야, 잡종지, 사사지, 분묘지, 공원지, 철도용지, 수도용지, 도로, 하천, 구거, 제방, 성첩, 철도선로, 수도선로	1개 지목 신설 유지	2개 지목 신설 염전, 광천지	1. 6개 지목 신설 과수원, 목장용지, 공장용지, 학교용지, 운동장, 유원지 2. 3개 지목 통폐합 • 철도용지+철도선로→철도용지 • 수도용지+수도선로→수도용지 • 유지+지소→유지 3. 5개 지목 명칭변경 • 공원지→공원 • 사사지→종교용지 • 성첩→사적지 • 분묘지→묘지 • 운동장→체육용지	4개 지목 신설 주차장, 주유소용지, 창고용지, 양어장

Answer　64. ④　65. ②

66. 다음 중 지번 부여 방식이 아닌 것은?

① 사행식
② 교호식
③ 선별식
④ 단지식

해설 지번부여방법의 종류
1. 진행방향에 따른 분류 : 사행식, 기우식(교호식), 단지식(블럭식)
2. 부여단위에 따른 분류 : 지역단위법, 도엽단위, 단지단위법
3. 기번위치에 따른 분류 : 북동기번법, 북서기번법

67. 토지의 경계가 도로, 벽, 담장, 울타리, 도랑, 개천, 해안선 등으로 이루어진 경우를 의미하며 영국 토지거래법 등에서 사례를 찾아볼 수 있는 경계의 유형은?

① 고정경계
② 일반경계
③ 보증경계
④ 인정경계

해설 특성에 따른 토지경계분류
1. 일반경계(General Boundary)
   ① 1875년 영국 토지등록제도에서 규정
   ② 토지경계가 도로, 하천, 해안선, 담, 울타리, 도랑 등 자연적 지형지물로 이루어진 경우
   ③ 지가가 저렴한 농촌지역 등에서 토지등록방법으로 이용
2. 고정경계(Fixed Boundary)
   ① 지적측량에 의하여 결정된 경계
   ② 일반경계와 법률적 효력은 유사하나 그 정확도가 높음
   ③ 경계선에 대한 정부 보증이 불인정
3. 보증경계(Guaranteed Boundary)
   정밀지적측량이 시행되고 토지소관청의 사정이 완료되어 확정된 경계

68. 세징수를 제도화하고 공평성을 도모하기 위해 시작된 지적조사로, 근대 지적의 효시로 평가되는 것은?

① 둠즈데이지적
② 밀라노지적
③ 니더작센지적
④ 나폴레옹지적

해설 프랑스의 지적제도
1. 개요 : 1804년 프랑스 공화정부의 초대 황제로 즉위한 나폴레옹은 1807년 9월 15일 지적법(Napoleonien Cadastre Act)을 제정하고 대단지 내의 필지에 대한 조사를 시행하여 근대 지적제도를 탄생시킴
2. 프랑스 지적제도의 창설과정 : 프랑스의 지적제도는 나폴레옹 지적법에 따라 1808년부터 1850년까지 군인과 측량사를 동원하여 전국에 걸쳐 실시한 지적측량성과에 의하여 완성되었으며 토지에 대한 공평한 과세와 소유권에 관한 분쟁을 해결하기 위하여 창설됨
3. 측량위원회의 사업 : 프랑스의 지적조사를 위하여 나폴레옹은 미터법을 창안한 드람브르(Delambre)를 위원장으로 한 측량위원회를 발족시켜 프랑스 전 국토에 대하여 다음과 같은 세부사업을 시행하여 지적도와 지적부를 작성하여 근대적인 지적제도를 창설함

Answer 66. ③ 67. ② 68. ④

① 필지 측량의 실시
② 필지별 생산량 조사
③ 소유자 조사
④ 축척 1/5,000 지적도 및 지적대장 작성

4. 프랑스 지적제도의 영향 : 프랑스의 지적제도는 나폴레옹의 영토 확장과 더불어 유럽의 전역에 대한 지적제도의 창설에 직접적인 영향을 미치게 됨

5. 프랑스 지적의 특징
   ① 토지에 대한 공평한 과세와 소유권에 관한 분쟁을 해결하기 위하여 1850년 지적제도 창설
   ② 세금 부과를 목적으로 하였으며, 도해적인 방법으로 실시
   ③ 나폴레옹 지적은 근대적 지적제도의 효시로서 둠즈데이북 등과 세지적의 근거로 제시되고 있음
   ④ 드람브르(Delambre)를 위원장으로 한 측량위원회에서 전 국토에 대한 필지별 측량을 실시하고 생산량과 소유자를 조사하여 지적도와 지적부를 작성함으로써 근대적인 지적제도 창설
   ⑤ 현재 프랑스는 중앙정부, 시·도, 시·군단위의 3단계 계층구조로 지적제도를 운영하고 있으며, 1900년대 중반 지적재조사사업을 실시하였고, 지적전산화가 비교적 잘 이루어짐

69. 다음 중 토지소유권 보호를 목적으로 하는 지적제도의 유형으로 옳은 것은?

① 경제지적
② 법지적
③ 세지적
④ 다목적지적

해설 지적제도의 유형

1. 세지적(Fiscal Cadastre)
   ① 국가재정에 필요한 세금의 징수를 주목적으로 하는 제도이며 과세지적이라 함
   ② 국가재정이 토지세에 의존하던 농경시대에 개발된 최초의 지적제도
   ③ 필지별 세액산정을 위해 면적본위로 운영
   ④ 1720년경 밀라노의 지적도제작과 1807년 프랑스 나폴레옹의 지적제도가 세지적에 속함
   ⑤ 부동산 크기를 조사측량하고 가격을 평가하여 과세자료로 이용하는 것이 주목적
   ⑥ 등록사항으로 토지소재, 지번, 지목, 면적, 경계와 소유자, 가격, 건물 등을 포함
   ⑦ 세지적하에서 세금기록은 소유권에 관한 권원서류로도 활용
   ⑧ 평가된 모든 필지를 발견하고 감정함
   ⑨ 각 토지는 분류되고 그 가치가 결정
   ⑩ 세금은 신뢰할 수 있는 소유권으로부터 징수

2. 경제지적(Economic Cadastre)
   ① 도시계획이나 농지개량사업의 기초가 되는 지적제도로서 유사지적이라고도 함
   ② 지형과 지물에 특히 중점을 두고 오히려 지적의 생명이라 할 수 있는 일필지의 경계에는 그다지 신경 쓰지 않는 특징

3. 법지적(Legal Cadastre)
   ① 토지거래의 안전과 소유권보호를 주목적으로 하는 제도로서 소유권지적이라 하며, 지적의 개념이 토지소유권 보호를 위한 기능으로 변화됨을 의미
   ② 토지이용의 다양성과 상품성이 강조된 산업화시대(17세기 유럽)에 개발된 제도
   ③ 소유권의 한계설정과 경계복원의 가능성이 강조되고 위치본위로 운영
   ④ 토지등록에 있어서 소유권에 대한 국가의 보호와 법률적 효력이 부여됨
   ⑤ 등록사항은 세지적과 같으나 소유권 이외의 기타권리를 포함하기도 함

Answer 69. ②

⑥ 일반적으로 지적과 등기의 통합 형태
⑦ 일필지는 소유권에 따라 결정되고 표현
⑧ 토지법, 등기법, 지적법 등 토지등록기본법 제정을 기본요소로 함

4. 환경지적(Environmental Cadastre)
   ① 환경지적은 자료에 대한 지역적 Basis를 제공하는 필지와 더불어 자연적, 인공적인 환경의 모든 속성을 포함하는 데이터베이스
   ② 인공현상으로는 물리적 구조, 토지의 자연 형상으로는 수로, 초목, 토양 등이 있음
   ③ 최근에는 다목적지적의 출현으로 환경지적이 무시되는 경향이 있음

5. 다목적지적(Multi-Purposs Cadastre)
   ① 다목적지적은 토지이용의 효율화를 위해 도지에 대한 모든 관련 자료를 일필지를 기초로 집적관리하고 공급하는 제도로서 토지 관련 정보의 종합적인 기록유지와 공급의 종합토지정보시스템
   ② 토지에 관한 등록 자료의 용도가 다양화함에 따라 더 많은 자료의 관리와 이를 신속하고 정확하게 공급하기 위한 제도
   ③ 토지의 각종 등록 자료의 관리 및 공급으로 토지이용의 효율성을 추구하는 제도
   ④ 종합지적 또는 통합지적이라 함
   ⑤ 토지소유권, 토지이용, 토지평가, 토지자원관리에 관한 의사결정에 필요한 정보를 포함
   ⑥ 등록 자료의 통계, 추정, 검증, 분석이 가능한 프로그램에 의하여 컴퓨터시스템으로 운영할 때 가능한 종합적 토지정보시스템

70. 다음 중 조선시대 토지제도인 양전법에서 규정한 전형(田形 : 토지의 모양) 5가지에 해당되지 않는 것은?

① 방전(方田)   ② 원전(圓田)
③ 직전(直田)   ④ 규전(圭田)

해설 조선시대 전의 형태
1. 방전(方田) : 정사각형의 토지로 장과 광을 측량
2. 직전(直田) : 직사각형의 토지로 장과 평을 측량
3. 구고전(句股田) : 직삼각형의 토지로 구와 고를 측량
4. 규전(圭田) : 이등변삼각형의 토지로 장과 광을 측량
5. 제전(梯田) : 사다리꼴의 토지로 장과 동활, 서활을 측량

  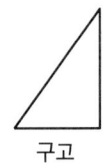 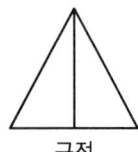 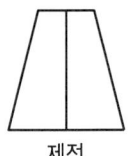

방전　　　직전　　　구고　　　규전　　　제전

조선시대 전의 형태

71. 다음 중 토지조사사업에서 사정(査定)하였던 사항은?
① 토지소유자　　　　　　　② 지번
③ 지목　　　　　　　　　　④ 면적

해설 토지조사사업의 사정
1. 토지조사사업의 개념
   ① 사정이란 토지조사부와 지적도에 의하여 토지의 소유자 및 그 강계를 확정하는 행정처분
   ② 사정은 이전의 권리와 무관한 창설적, 확정적 효력이 있음
2. 사정기관
   ① 사정권자 : 지방토지조사위원회의 자문을 받아 당시 토지조사국장이 실시
   ② 조사 및 측량기관 : 토지조사국
3. 사정의 대상
   ① 사정의 대상은 토지소유자와 토지강계
   ② 토지소유자는 자연인, 법인, 서원, 종중 등을 인정
   ③ 토지의 강계는 강계선만이 사정의 대상이 되었고 지역선은 제외됨
4. 사정의 절차
   ① 사정은 30일간 공시
   ② 불복하는 자는 공시기간 만료 후 60일 이내에 고등토지조사위원회(高等土地調査委員會)에 이의를 제기하여 재결을 요청할 수 있도록 함
5. 사정의 효력
   ① 토지조사령은 "토지소유자의 권리는 사정의 확정 또는 재결에 의하여 확정한다."고 규정
   ② 사정은 원시취득의 효력을 가짐
   ③ 재결 시 효력 발생일을 사정일로 소급함
6. 사정의 방법
   ① 토지소유자 사정
      ㉠ 토지의 소유자는 국가, 지방자치단체, 각종 법인, 법인에 유사한 단체, 개인 등
      ㉡ 지주가 사망하고 상속자가 정해지지 않는 경우에는 사망자의 명의로 사정
      ㉢ 신사, 사원, 교회 등의 종교단체는 법인에 준하여 사정
      ㉣ 종중, 기타 단체 명의로 신고 되었으나 법인자격이 없는 것은 공유명의 또는 단체 명의로 등록
   ② 강계 사정
      ㉠ 강계라 함은 지석노상에 제도된 소유자가 다른 경계선을 말함
      ㉡ 지적도에 제도되어 있어도 지역선은 사정하지 않음
      ㉢ 사정선인 강계선은 불복신립이 인정
   ③ 사정 불복
      ㉠ 토지사정에 불복이 있는 경우 사정 공시 만료 후 60일 이내에 불복신청
      ㉡ 사정, 재결이 있는 날로부터 3년 이내에 재결을 받을 만한 행위에 근거한 재판소의 판결확정

Answer　71. ①

72. 다음 중 임야조사사업 당시 도지사가 사정한 경계 및 소유자에 대해 불복이 있을 경우 사정 내용을 번복하기 위해 필요하였던 처분은?

① 임야심사위원회의 재결
② 관할 고등법원의 확정판결
③ 고등토지조사위원회의 재결
④ 임시토지조사국장의 재사정

해설 임야조사사업의 사정
1. 개념 : 임야조사사업의 사정은 토지조사사업에서 제외된 임야와 임야 내에 개재된 임야 이외의 토지에 대한 행정처분
2. 사정기관
   ① 사정권자 : 도지사
   ② 조사 및 측량기관 : 부 또는 면
3. 사정의 대상
   ① 사정의 대상은 소유자 및 경계
   ② 임야조사서와 임야도에 의함
4. 사정의 절차
   ① 사정은 30일간 공시
   ② 불복하는 자는 공시기간 만료 후 60일 이내에 임야조사위원회에 재결을 요청

73. 다음 중 다목적지적의 구성요소로 보기 어려운 것은?

① 필지식별번호
② 기본도
③ 지적도
④ 지형도

해설 다목적지적의 5대 구성요소
1. 측지기본망(Geodetic Reference Network) : 토지경계과 지형 간에 상관관계를 맺어주고 지적도의 경계선을 현지복원하도록 정확도를 유지하는 기초점의 연결망
2. 기본도(Base Map) : 측지기본망을 기초로 작성된 지형도
3. 지적중첩도(Cadastral Overlay) : 측지기본망 및 기본도와 연계활용하고 토지경계를 식별할 수 있도록 지적도와 시설물, 토지이용, 지역지구도 등을 결합한 상태의 도면
4. 필지식별번호(Unique Parcel Identification Number) : 각 필지별 등록사항의 저장, 수정 등을 용이하게 처리할 수 있는 가변성 없는 고유번호를 말하며 대표적인 것이 지번
5. 토지자료화일(Land Data File) : 정보의 검색 및 다른 자료철에 보관된 정보를 연결시킬 수 있는 필지식별번호가 포함된 일련의 공부 또는 자료철

74. 고구려에서 작성된 평면도로서 도로, 하천, 건축물 등이 그려진 도면이며 우리나라에 실물로 현재하는 도시 평면도로서 가장 오래된 것은?

① 방위도
② 어린도
③ 지안도
④ 요동성총도

해설 요동성총도는 평안남도 순천군에서 발견된 고구려시대의 벽화고분에 그려진 요동성의 지도를 의미하며, 요동성의 지형과 구조, 도로, 성벽, 주요 건물, 하천, 개울 등이 그려져 있는 우리나라의 가장 오래된 도시 평면도이다.

75. 지적에 관한 설명으로 틀린 것은?

① 일필지 중심의 정보를 등록·관리한다.
② 토지표시사항의 이동사항을 결정한다.
③ 토지의 물리적 현황을 조사·측량·등록·관리·제공한다.
④ 토지와 관련한 모든 권리의 공시를 목적으로 한다.

해설 지적제도와 등기제도
1. 지적제도 : 지적제도는 국가기관이 통치권이 미치는 모든 영토를 필지단위로 구획하여 토지에 대한 물리적 현황과 법적 권리관계를 지적공부에 등록공시하고 그 변경사항을 영속적으로 등록·관리하는 국가의 업무
2. 등기제도 : 등기공무원이 법절차에 따라 등기부에 부동산의 표시 또는 부동산에 관한 일정한 권리관계를 기재하는 부동산에 대한 물권을 공시하는 제도

76. 토지소유권에 관한 설명으로 옳은 것은?

① 무제한 사용, 수익할 수 있다.
② 존속기간이 있고 소멸시효에 걸린다.
③ 법률의 범위 내에서 사용, 수익, 처분할 수 있다.
④ 토지소유권은 토지를 일시 지배하는 제한물권이다.

해설 토지소유권은 토지를 처분하거나 자유롭게 이용하고 이익을 취할 수 있는 권리지만 공공적 의의가 크기 때문에 우리나라 헌법은 토지소유권에 대해 법률이 정하는 바에 따라 제한과 의무를 과할 수 있도록 규정하고 있다.

77. 경계점좌표등록부에 등록되는 좌표는?

① 구면직각 좌표
② 경위도 좌표
③ 평면직각 좌표
④ UTM 좌표

해설 현행 경계점좌표등록부에 등록되는 좌표는 평면직각좌표(평면상 한 점의 위치를 표시하는데 있어서 대표적인 2차원 좌표계)이다.

※ 참고
① 경위도좌표 : 지구상 절대적 위치를 표시하는데 가장 널리 쓰임, 경도(λ)와 위도(ϕ)에 의한 좌표(λ, ϕ)로 수평위치를 나타냄
② 평면직각좌표 : 비교적 소규모의 일반측량에서 널리 이용, 측량지역의 1점을 택하여 좌표원점을 정하고 그 평면상에서 원점을 지나는 자오선을 X축, 동서방향을 Y축으로 한다.
③ UTM좌표(Universal Transverse Mercator Coordinate) : 국제횡메르카토르 투영법에 의하여 표현되는 좌표계, 적도를 횡축, 자오선을 종축으로 함, 투영방식과 좌표변환식은 TM(Transverse Mercator)과 동일하나 원점에서 축척계수를 0.9996으로 하여 적용범위를 넓혔다.
④ 3차원 직교좌표 : 공간상의 위치를 나타내는데 가장 기본이 되는 좌표, 원점은 지구중심이고 지구의 극축을 Z축으로 하며, 그리니치자오면과 적도면의 교선을 X축, Y축은 X축과 Z축면에 동쪽으로 직각인 방향
⑤ 구면좌표 : 원점을 중심으로 대칭일 때 유용

Answer 75. ④ 76. ③ 77. ③

78. 우리나라 토지조사사업 당시 토지소유권의 사정원부로 사용하기 위하여 작성한 공부는?

① 지세명기장
② 토지조사부
③ 역둔토대장
④ 결수연명부

해설 토지조사부
1. 토지조사부의 개념 : 토지조사부는 토지소유권의 사정원부로 사용되었다가 토지조사가 완료되고 토지대장이 작성됨으로써 그 기능을 상실
2. 토지조사부의 등록사항
   ① 동·리별 지번순에 따라 지번, 지목, 가지번, 지적(地積), 신고년월일, 소유자의 주소·성명 등을 등록함
   ② 분쟁 또는 사고 토지는 적요란에 요점을 기재함
   ③ 책 끝에 지목별 지적(地積)을 기재하고 필수를 집계 후 국유지와 민유지로 구분하여 합계함
   ④ 공유지는 이름을 연기하여 적요란에 표시하고 2인 이상의 공유지는 따로 연명부를 작성하여 책 끝에 붙임

79. 토지조사사업에서 일필지조사의 내용과 가장 거리가 먼 것은?

① 지목의 조사
② 지주의 조사
③ 지번의 조사
④ 미개간지의 조사

해설 토지조사사업 당시의 일필지조사
1. 지주, 강계, 지역, 지목, 지번, 등기 및 등기필지 등으로 구분하여 조사
2. 조사지와 불조사지 : 조사대상지는 전, 답, 대, 잡종지, 임야, 공원지, 분묘지, 수도용지, 철도용지, 도로, 구거 하천, 사사지, 지소, 제방, 선로, 성첩 등이며, 제외된 지역은 조사하지 않은 임야 속에 잠재 또는 접속되어 조사의 필요를 느끼지 않는 지역 또는 도서로서 조사하지 않은 지역 등
3. 지주의 조사 : 지주의 조사는 원칙적으로 신고주의를 채택하고 동일 토지에 대해서 2인 이상의 권리주장자가 있을 경우 또는 단순히 1인의 권리주장자만이 있을 경우라도 그 권원에 의문이 있을 때를 제외하고는 구태여 권원조사를 하지 않고 신고명의인을 지주로 인정
4. 강계 및 지역의 조사 : 강계의 조사는 신고자로 하여금 그 토지의 사위(四圍)에 표항을 건설하도록 한 다음 지주, 관리인, 이해관계인 또는 대리인 및 지주총대를 입회시켜 지주의 조사와 함께 인접지와의 관계를 조사
5. 지목의 조사 : 토지의 종류를 18종으로 구별하고 조사 당시의 현상에 따라 적당한 것을 선정해서 지목을 정함
6. 증명 및 등기필지의 조사
7. 각종의 특별조사 : 시가지의 조사, 도서의 조사, 서북선지방의 조사 등의 특별조사를 실시

80. 토지조사사업 당시 도로, 하천, 구거, 제방, 성첩, 철도선로, 수도선로를 조사 대상에서 제외한 주된 이유는?

① 측량작업의 난이
② 소유자 확인 불명
③ 강계선 구분 불가능
④ 경제적 가치의 희소

Answer 78. ② 79. ④ 80. ④

해설 토지조사사업 당시 불조사지
1. 불조사의 규정
   ① 토지조사법 및 토지조사령에 도로, 하천, 구거, 제방, 성첩, 철도선로, 수도선로 등의 토지는 지번을 부여하지 않을 수 있다고 규정
   ② 임시토지조사국 조사규정에는 도로, 구거, 제방, 성첩, 철도선로 및 수도선로로서 민유의 신고가 없는 토지 및 하천 호해(湖海)에 대하여는 소유권조사를 할 필요가 없다고 규정
   ③ 이들 별도의 측량을 실시하지 않고 전, 답, 대 등의 토지를 측량하고 남아 있는 부분이 도로, 하천, 구거 등이 된 것이었으며 세부측량원도나 지적도에 지목만 표시
2. 불조사의 원인
   ① 토지가 과세 등 아무런 경제적 이권이 없고 면적측정 등 노력이 요구되기 때문
   ② 예산, 인원 등에 비추어 경제적 가치가 없는 토지는 조사대상에서 제외
   ③ 기타 특수한 사정에 의하여 조사대상에서 제외

05 지적관계법규

81. 다음 중 지적측량의 적부심사 등에 관한 설명으로 옳은 것은?

① 지적측량 적부심사 청구를 받은 시·도지사는 조사 결과를 15일 이내에 지방지적위원회에 회부하여야 한다.
② 지적측량 적부심사 청구를 회부받은 지방지적위원회는 그 심사청구를 회부받은 날부터 60일 이내에 심의·의결하여야 한다.
③ 지방지적위원회의 의결에 불복하는 자는 60일 이내에 중앙지적위원회에 재심사를 청구할 수 있다.
④ 시·도지사는 의결서를 받은 날부터 15일 이내에 지적측량 적부심사 청구인에게 그 의결서를 통지하여야 한다.

해설 지적측량 적부심사의 처리절차
1. 청구인이 관할 시·도지사에게 심사청구서에 아래 서류를 첨부하여 지적측량적부심사를 청구
   ① 토지소유자 및 이해관계인 : 지적측량을 의뢰하여 발급받은 지적측량 성과
   ② 지적측량수행자 : 직접 실시한 지적측량 성과
2. 시·도지사는 30일 이내에 다음 내용을 조사하여 지방지적위원회에 회부
   ① 다툼이 되는 지적측량의 경위 및 그 성과
   ② 해당 토지에 대한 토지이동 및 소유권 변동 연혁
   ③ 해당 토지 주변의 측량기준점, 경계, 주요 구조물 등 현황 실측도
3. 지방지적위원회는 60일 이내에 심의·의결(부득이한 경우 30일 이내에서 한 번만 연장 가능)하고, 위원장과 참석위원 전원이 서명 및 날인한 지적측량 적부심사의결서를 시·도지사에게 송부
4. 시·도지사는 7일 이내에 지적측량 적부심사 청구인 및 이해관계인에게 그 의결서를 통지

Answer 81. ②

5. 의결서를 받은 자가 지방지적위원회의 의결에 불복하는 경우에는 90일 이내에 국토교통부장관에게 재심사 청구
6. 시·도지사는 의결서를 받은 자가 재심사를 청구하지 아니하면 그 의결서 사본을 지적소관청에 송부
7. 지방지적위원회 의결서 사본을 받은 지적소관청은 그 내용에 따라 지적공부의 등록사항을 정정하거나 측량성과를 수정
8. 지방지적위원회의 의결 후 90일 이내에 재심사를 청구하지 않는 경우에는 해당 지적측량성과에 대하여 다시 지적측량 적부심사청구를 할 수 없음

82. 다음 중 도면번호가 등록되지 않는 장부는?

① 일람도
② 지번색인표
③ 공유지연명부
④ 경계점좌표등록부

해설 관련 장부 설명
1. 일람도 : 하나의 지번부여지역에 어떤 시설이 있는가 하는 것을 한 번에 볼 수 있게 만든 도면
   ① 지번부여지역의 경계 및 인접지역의 행정구역명칭
   ② 도면의 제명 및 축척
   ③ 도곽선과 그 수치
   ④ 도면번호
   ⑤ 도로·철도·하천·구거·유지·취락 등 주요 지형·지물의 표시
2. 지번색인표 : 인접도면의 연결순서를 표시하기 위하여 기재한 도표와 번호
   ① 제명
   ② 지번·도면번호 및 결번
3. 공유지연명부의 등록사항 : 토지대장의 소유자가 둘 이상이면 공유지연명부에 다음의 사항을 등록
   ① 토지의 소재
   ② 지번
   ③ 소유권 지분
   ④ 소유자의 성명 또는 명칭, 주소 및 주민등록번호
   ⑤ 토지의 고유번호
   ⑥ 필지별 공유지연명부의 장번호
   ⑦ 토지소유자가 변경된 날과 그 원인
4. 경계점좌표등록부의 등록사항
   ① 토지의 소재
   ② 지번
   ③ 좌표
   ④ 토지의 고유번호
   ⑤ 지적도면의 번호
   ⑥ 필지별 경계점좌표등록부의 장번호
   ⑦ 부호 및 부호도

Answer 82. ③

83. 합병에 따른 경계·좌표 또는 면적은 따로 지적측량을 하지 아니하고 별도의 구분에 따라 결정한다. 다음 중 합병 후 필지의 면적 결정방법으로 옳은 것은?

① 소관청의 직권으로 결정한다.
② 면적은 삼사법으로 계산한다.
③ 합병한 후에는 새로이 측량하여 면적을 결정한다.
④ 합병 전 각 필지의 면적을 합산하여 결정한다.

해설 합병에 따른 경계·좌표 또는 면적 결정방법
1. 합병 후 필지의 경계 또는 좌표 : 합병 전 각 필지의 경계 또는 좌표 중 합병으로 필요 없게 된 부분을 말소하여 결정
2. 합병 후 필지의 면적 : 합병 전 각 필지의 면적을 합산하여 결정

84. 축척변경에 대한 확정공고 시기로 옳은 것은?

① 공사완료 시
② 청산금의 납부 및 지급의 완료 시
③ 축척변경 등기촉탁 완료 시
④ 청산금 징수 공고 시

해설 축척변경에 대한 확정공고
1. 청산금의 납부 및 지급이 완료되었을 때에는 지적소관청은 지체 없이 다음의 사항을 포함하여 축척변경의 확정공고를 하여야 한다.
   ① 토지의 소재 및 지역명
   ② 축척변경 지번별조서
   ③ 청산금 조서
   ④ 지적도의 축척
2. 지적소관청은 확정공고를 하였을 때에는 지체 없이 축척변경에 따라 확정된 사항을 다음의 기준에 따라 지적공부에 등록하여야 한다.
   ① 토지대장은 확정공고된 축척변경 지번별 조서에 따를 것
   ② 지적도는 확정측량 결과도 또는 경계점좌표에 따를 것
3. 축척변경 시행지역의 토지는 확정공고일에 토지의 이동이 있는 것으로 본다.

85. 과수원으로 이용되고 있는 1,000m² 면적의 토지에 지목이 대(垈)인 30m² 면적의 토지가 포함되어 있을 경우 필지의 결정방법으로 옳은 것은?(단, 토지의 소유자는 동일하다)

① 종된 토지의 면적이 주된 용도의 토지면적의 10% 미만이므로 전체를 1필지로 한다.
② 종된 용도의 토지의 지목이 대(垈)이므로 1필지로 할 수 없다.
③ 지목이 대(垈)인 토지의 지가가 더 높으므로 전체를 1필지로 한다.
④ 1필지로 하거나 필지를 달리하여도 무방하다.

Answer 83. ④ 84. ② 85. ②

해설 일필지 및 양입지
1. 1필지로 정할 수 있는 기준 : 지번부여지역의 토지로서 소유자와 용도가 같고 지반이 연속된 토지
2. 양입지
   ① 주된 용도의 토지의 편의를 위하여 설치된 도로·구거 등의 부지
   ② 주된 용도의 토지에 접속되거나 주된 용도의 토지로 둘러싸인 토지로서 다른 용도로 사용되고 있는 토지
3. 양입지로 정할 수 없는 토지
   ① 종된 용도의 토지의 지목이 대인 경우
   ② 종된 용도의 토지 면적이 주된 용도의 토지 면적의 10%를 초과하는 경우
   ③ 종된 토지의 면적이 330m²를 초과하는 경우

86. 지적도에 기재하는 지목부호 "유"와 "장"은 어떤 지목인가?

① 유원지와 목장용지
② 유원지와 공장용지
③ 유지와 공장용지
④ 유지와 목장용지

해설 지목의 표기방법
- 지목을 지적도면에 등록하는 때에는 두문자(頭文字) 또는 차문자(次文字)로 표기한다.
- 28개의 지목 중 하천, 유원지, 공장용지, 주차장을 제외한 24개 지목은 두문자로 표기하고 4개의 지목은 차문자로 표기한다.(하천→천, 유원지→원, 공장용지→장, 주차장→차)

※ 유 → 유지로 표기

87. 다음 중 새로 조성된 토지와 지적공부에 등록되어 있지 아니한 토지를 지적공부에 등록하는 것을 무엇이라고 하는가?

① 등록전환
② 신규등록
③ 지목변경
④ 축척변경

해설 신규등록
새로 조성된 토지와 지적공부에 등록되어 있지 아니한 토지를 지적공부에 등록하는 것
1. 신청기한 : 신규등록 사유가 발생한 날부터 60일 이내에 지적소관청에 신청
2. 신청대상
   ① 「공유수면 관리 및 매립에 관한 법률」에 의한 공유수면 매립 토지
   ② 미등록 공공용 토지
   ③ 미등록 섬
   ④ 미등록 토지
3. 신청서류
   ① 법원의 확정판결서 정본 또는 사본
   ② 준공검사확인증 사본
   ③ 도시계획구역의 토지를 그 지방자치단체의 명의로 등록하는 때에는 기획재정부장관과 협의한 문서의 사본
   ④ 그 밖에 소유권을 증명할 수 있는 서류

88. 다음 중 지적공부를 청사 밖으로 반출할 수 없는 경우는?

① 지적측량검사를 위하여 필요한 경우
② 천재지변을 피하기 위하여 필요한 경우
③ 관할 시·도지사의 승인을 받은 경우
④ 화재로 지적공부의 소실 우려가 있는 경우

해설 지적공부를 청사 밖으로 반출할 수 있는 경우
1. 천재지변이나 이에 준하는 재난을 피하기 위하여
2. 관할 시·도지사 또는 대도시 시장의 승인을 받은 경우

89. 지적소관청이 정확한 지적측량을 시행하기 위하여 국가기준점을 기준으로 정하는 측량은?

① 공공기준점
② 수로기준점
③ 지적기준점
④ 위성기준점

해설 측량기준점
1. 국가기준점 : 측량의 정확도를 확보하고 효율성을 높이기 위하여 국토교통부장관 및 해양수산부장관이 전 국토를 대상으로 주요 지점마다 정한 측량의 기본이 되는 측량기준점
2. 공공기준점 : 공공측량시행자가 공공측량을 정확하고 효율적으로 시행하기 위하여 국가기준점을 기준으로 하여 따로 정하는 측량기준점
3. 지적기준점 : 특별시장·광역시장·특별자치시장·도지사 또는 특별자치도지사나 지적소관청이 지적측량을 정확하고 효율적으로 시행하기 위하여 국가기준점을 기준으로 하여 따로 정하는 측량기준점

90. 지적전산자료의 이용·활용에 대한 승인권자가 아닌 자는?

① 국토교통부장관
② 국가정보원장
③ 시·도지사
④ 지적소관청

해설 지적전산자료의 이용·활용
1. 지적전산자료 승인권자
   ① 전국 단위의 지적전산자료 : 국토교통부장관, 시·도지사 또는 지적소관청
   ② 시·도 단위의 지적전산자료 : 시·도지사 또는 지적소관청
   ③ 시·군·구 단위의 지적전산자료 : 지적소관청
2. 지적전산자료의 심사
   지적전산자료 승인을 신청하려는 자는 지적전산자료의 이용 또는 활용 목적 등에 관하여 미리 관계 중앙행정기관의 심사를 받아야 한다.

Answer 88. ① 89. ③ 90. ②

91. 지적소관청이 관할등기소에 토지의 표시 변경에 관한 등기를 할 필요가 있는 사유가 아닌 것은?

① 지적공부를 관리하기 위하여 필요하다고 인정되어 지적소관청이 직권으로 일정한 지역을 정하여 그 지역의 축척을 변경한 경우
② 지적소관청이 지적공부의 등록사항에 잘못이 있음을 발견하여 이를 직권으로 조사·측량하여 정정한 경우
③ 지번부여지역의 일부가 행정구역의 개편으로 다른 지번부여지역에 속하게 되어 지적소관청이 새로 속하게 된 지번부여지역의 지번을 부여한 경우
④ 토지소유자의 신청을 받아 지적소관청이 신규등록 한 경우

해설 등기촉탁의 대상
- 토지의 이동이 있는 경우(신규등록 제외)
- 지번을 변경한 때
- 축척변경을 한 때
- 바다로 된 토지의 등록말소
- 행정구역 명칭변경
- 등록사항의 오류를 지적소관청이 직권으로 조사·측량하여 정정한 때

92. 지상경계를 새로이 결정하고자 하는 경우, 그 기준으로 옳지 않은 것은?

① 연접되는 토지 간에 높낮이가 차이가 없는 경우에는 그 구조물 등의 중앙
② 도로·구거 등의 토지에 절토된 부분이 있는 경우에는 그 경사면의 상단부
③ 토지가 해면 또는 수면에 접하는 경우에는 최대만조위 또는 최대만수위가 되는 선
④ 공유수면매립지의 토지 중 제방 등을 토지에 편입하여 등록하는 경우에는 안쪽 어깨부분

해설 지상 경계설정의 기준
1. 토지의 지상경계는 둑, 담장이나 그 밖에 구획의 목표가 될 만한 구조물 및 경계점표지 등으로 구분
   ① 고저가 없는 경우 그 지물·구조물의 중앙
   ② 고저가 있는 경우 그 지물·구조물의 하단
   ③ 최대만조위, 최대만수위가 되는 선
   ④ 절토된 토지는 그 경사면의 상단부
   ⑤ 공유수면매립지의 토지 중 제방 등을 토지에 편입 등록하는 경우 바깥쪽 어깨부분
2. 지상 경계의 구획을 형성하는 구조물 등의 소유자가 다른 경우에는 그 소유권에 따라 지상 경계를 결정

93. 다음 중 지적공부 등록을 말소할 수 있는 사항은?

① 하천으로 된 토지
② 바다로 된 토지
③ 등록전환
④ 행정구역의 통·폐합

해설 바다로 된 토지의 등록말소
지적소관청은 지적공부에 등록된 토지가 지형의 변화 등으로 바다로 된 경우에 토지소유자에게 등록말소 신청을 하도록 통지
1. 신청기한 : 신청 통지를 받은 날부터 90일 이내에 지적소관청에 신청

  2. 신청대상
     원상으로 회복될 수 없거나 다른 지목의 토지로 될 가능성이 없는 경우
  3. 등록말소 및 회복
     ① 토지소유자가 등록말소 신청을 하지 않으면 직권으로 그 지적공부의 등록사항을 말소
     ② 회복등록을 하려면 그 지적측량성과 및 등록말소 당시의 지적공부 등 관계자료에 따라 등록
     ③ 지적공부의 등록사항을 말소하거나 회복등록하였을 때에는 그 정리 결과를 토지소유자 및 해당 공유수면의 관리청에 통지

94. 지적측량업자의 업무 범위가 아닌 것은?

① 경계점좌표등록부가 있는 지역에서의 지적측량
② 도시개발사업 등이 끝남에 따라 하는 지적확정측량
③ 도해지역의 분할 측량 결과에 대한 지적성과검사측량
④ 「지적재조사에 관한 특별법」에 따른 사업지구에서 실시하는 지적재조사측량

해설 지적측량업자의 업무 범위
- 경계점좌표등록부가 있는 지역에서의 지적측량
- 지적재조사지구에서 실시하는 지적재조사측량
- 도시개발사업 등이 끝남에 따라 하는 지적확정측량
- 지적전산자료를 활용한 정보화사업

95. 도시개발사업 등 시행지역의 토지이동 신청에 관한 특례와 관련하여, 대통령령으로 정하는 토지개발사업에 해당되지 않는 것은?

① 「지역 개발 및 지원에 관한 법률」에 따른 농지기반사업
② 「택지개발촉진법」에 따른 택지개발사업
③ 「산업입지 및 개발에 관한 법률」에 따른 산업단지개발사업
④ 「도시 및 주거환경정비법」에 따른 정비사업

해설 토지개발사업 등의 범위
- 「주택법」에 따른 주택건설사업
- 「택지개발촉진법」에 따른 택지개발사업
- 「산업입지 및 개발에 관한 법률」에 따른 산입단지개발사업
- 「도시 및 주거환경정비법」에 따른 정비사업
- 「지역 개발 및 지원에 관한 법률」따른 지역개발사업
- 「체육시설의 설치·이용에 관한 법률」에 따른 체육시설 설치를 위한 토지개발사업
- 「관광진흥법」에 따른 관광단지 개발사업
- 「공유수면 관리 및 매립에 관한 법률」에 따른 매립사업
- 「항만법」 및 「신항만건설촉진법」에 따른 항만개발사업 및 「항만 재개발 및 주변지역 발전에 관한 법률」에 따른 항만재개발사업
- 「공공주택 특별법」에 따른 공공주택지구조성사업
- 「물류시설의 개발 및 운영에 관한 법률」 및 「경제자유구역의 지정 및 운영에 관한 특별법」에 따른 개발사업

Answer 94. ③ 95. ①

- 「철도의 건설 및 철도시설 유지관리에 관한 법률」에 따른 고속철도, 일반철도 및 광역철도 건설사업
- 「도로법」에 따른 고속국도 및 일반국도 건설사업
- 그 밖에 제1항부터 제13항까지의 사업과 유사한 경우로서 국토교통부장관이 고시하는 요건에 해당하는 토지개발사업

96. 다음 중 미등기 토지에 대하여 토지소유자의 성명, 주민등록번호, 주소 등에 관한 사항의 정정을 신청한 경우로서 그 등록사항이 명백히 잘못된 경우 지적소관청이 참고하여야 하는 서류에 해당하는 것은?

① 등기필증
② 등기부등본
③ 등기전산정보
④ 가족관계 기록사항에 관한 증명서

해설 미등기 토지의 소유자 정정
미등기 토지에 대하여 토지소유자의 성명 또는 명칭, 주민등록번호, 주소 등에 관한 사항의 정정을 신청한 경우로 그 등록사항이 명백히 잘못된 경우에는 가족관계 기록사항에 관한 증명서에 따라 정정하여야 한다.

97. 다음 중 지적측량업의 등록을 하려는 자가 신청서에 첨부하여 제출하여야 하는 서류에 해당하지 않는 것은?

① 보유하고 있는 인력에 대한 측량기술 경력증명서
② 보유하고 있는 자산 내역서
③ 보유하고 있는 장비의 성능검사서 사본
④ 보유하고 있는 정비의 명세서

해설 지적측량업의 등록 서류
1. 기술능력을 갖춘 사실을 증명하기 위한 다음 각 호의 서류
   ① 보유하고 있는 측량기술자의 명단
   ② ①항의 인력에 대한 측량기술 경력증명서
2. 장비를 갖춘 사실을 증명하기 위한 다음 각 호의 서류
   ① 보유하고 있는 장비의 명세서
   ② ①항의 장비의 성능검사서 사본

98. 토지이동조사를 위한 타인의 토지 출입에 따른 손실을 받은 자가 손실을 보상할 자와 협의가 성립되지 않는 경우 재결을 신청할 수 있는 기관은?

① 시장·군수
② 시·도지사
③ 관할 도시계획위원회
④ 관할 토지수용위원회

해설 손실보상
1. 손실보상 대상 : 측량을 하거나, 측량기준점을 설치하거나, 토지의 이동을 조사하는 자는 그 측량 또는 조사 등에 필요한 경우에는 타인의 토지·건물공유수면 등에 출입하거나 일시 사용할 수 있으며, 특히 필요한 경우에는 나무, 흙, 돌, 그 밖의 장애물을 변경하거나 제거한 경우
2. 손실보상자 : 행위를 한 자

3. 손실보상액 결정 및 이의신청 등
   ① 손실보상은 토지, 건물, 나무, 그 밖의 공작물 등의 임대료·거래가격·수익성 등을 고려한 적정 가격으로 함
   ② 손실을 보상할 자와 손실을 받을 자가 협의하여 보상액을 결정
   ③ 손실을 보상할 자와 손실을 받을 자가 협의가 성립되지 아니하거나 협의를 할 수 없는 때에는 관할 토지수용위원회에 재결을 신청
4. 재결에 불복이 있는 자 : 관할토지수용위원회의 재결에 불복하는 자는 재결서 정본을 송달받은 날부터 30일 이내에 중앙토지수용위원회에 이의를 신청
5. 토지수용위원회 재결 : 「공익사업을 위한 토지 등의 취득 및 보상에 관한 법률」 준용

99. 다음 중 지적도의 축척이 1,200분의 1이고 토지의 면적이 제곱미터 미만의 끝수가 있는 경우 면적결정 방법으로 옳지 않은 것은?

① 제곱미터 미만의 끝수가 0.5 제곱미터 미만인 때에는 버린다.
② 제곱미터 미만의 끝수가 0.5 제곱미터를 초과하는 때에는 올린다.
③ 제곱미터 미만의 끝수가 0.5 제곱미터인 때에는 구하고자 하는 끝자리의 숫자가 홀수이면 버리고 0 또는 짝수이면 올린다.
④ 1필지의 면적이 1제곱미터 미만인 때에는 1제곱미터로 한다.

해설 면적의 결정방법
1. 면적의 단위 : 면적의 단위는 제곱미터로 한다.
2. 오사오입의 원칙
   ① 경계점좌표등록부지역 및 축척 1/600 지역 : $0.05m^2$ 초과는 올리고, 미만은 버리며, $0.05m^2$인 경우에는 홀수만 올림
   ② 축척 1/1,000∼1/6,000 지역 : $0.5m^2$ 초과는 올리고, 미만은 버리며, $0.5m^2$인 경우에는 홀수만 올림
3. 면적의 최소등록단위
   ① 축척 1/500∼1/600, 경계점등록부지역 : $0.1m^2$
   ② 축척 1/1,000∼1/6,000 지역 : $1m^2$

100. 지상경계점에 경계점표지를 설치한 후 측량할 수 있는 경우가 아닌 것은?

① 도시개발사업의 사업시행자가 사업지구의 경계를 결정하기 위하여 토지를 분할하려는 경우
② 관계 법령에 따라 인가·허가 등을 받아 토지를 분할하려는 경우
③ 토지 일부에 대한 지상권설정을 목적으로 분할하고자 하려는 경우
④ 토지이용상 불합리한 지상 경계를 시정하기 위하여 토지를 분할하려는 경우

해설 지상경계점에 경계점표지를 설치한 후 측량할 수 있는 경우
• 도시개발사업 등의 사업시행자가 사업지구의 경계를 결정하기 위하여 토지를 분할하려는 경우
• 사업시행자와 행정기관의 장 또는 지방자치단체의 장이 토지를 취득하기 위하여 분할하려는 경우
• 도시·군관리계획 결정고시와 지형도면 고시가 된 지역의 도시·군관리계획선에 따라 토지를 분할하려는 경우
• 토지를 분할하려는 경우
• 관계 법령에 따라 인가·허가 등을 받아 토지를 분할하려는 경우

Answer 99. ③ 100. ③

2023년 제3회 지적산업기사

01 지적측량

01. 앨리데이드를 이용하여 두 점 간의 경사거리와 경사 분획을 측정한 결과 경사거리 80m, 경사 분획 +15.5인 경우 두 점 간의 수평거리는 얼마인가?

① 79.1m
② 79.5m
③ 78.1m
④ 78.5m

해설 $l \times \dfrac{1}{\sqrt{1+\left(\dfrac{n}{100}\right)^2}} = D = 80 \times \dfrac{1}{\sqrt{1+\left(\dfrac{15.5}{100}\right)^2}} = 79.06$

∴ 79.1m

02. 경위의측량방법에 따른 세부측량의 기준으로 옳은 것은?

① 거리측정단위는 0.01cm로 한다.
② 경계점의 점간거리는 1회 측정한다.
③ 관측은 30초독 이상의 경위의를 사용한다.
④ 수평각의 관측은 1대회의 방향관측법이나 2배각의 배각법에 따른다.

해설 지적측량 시행규칙 제18조(세부측량의 기준 및 방법 등)
• 거리측정단위는 1센티미터
• 점간거리를 측정하는 경우에는 2회 측정
• 관측은 20초독 이상의 경위의를 사용

03. 중부원점지역에 설치된 지적삼각점의 경위도좌표에 해당되는 것은?

① 북위 37° 43′ 23″ 동경 129° 58′ 53″
② 북위 36° 56′ 18″ 동경 128° 34′ 35″
③ 북위 35° 32′ 36″ 동경 126° 24′ 36
④ 북위 34° 23′ 14″ 동경 125° 21′ 46″

해설 중부원점지역의 경위도는 경도 : 동경 127° 00′ 위도 : 북위 38° 00′ 이며 적용구역은 동경 126°~128° 사이다.

Answer 01. ① 02. ④ 03. ③

04. 다음 중 최소제곱법으로 조정 가능한 오차는?

① 정오차
② 기계오차
③ 착오
④ 우연오차

해설 우연오차(부정오차, 상차)
- 발생원인이 불명확한 오차
- 오차 원인의 방향이 일정하지 않음
- 서로 상쇄되기도 하므로 상차라고도 함
- 최소제곱법에 의한 확률법칙에 의해 처리가 가능
- 원인을 알아도 소거가 불가능

05. 다음 중 경계복원측량을 가장 잘 설명한 것은?

① 지적도상 경계의 수정을 위한 측량이다.
② 경계점을 지표상에 복원하기 위한 측량이다.
③ 지상의 토지구획선을 지적도에 등록하기 위한 측량이다.
④ 지적도 도곽선에 걸쳐 있는 필지를 도곽선 안에 제도하기 위한 측량이다.

해설 지적측량 시행규칙 제24조 (경계복원측량 기준 등)
경계복원측량은 경계점을 지표상에 복원하기 위한 측량이다.

06. 다음 중 지적측량을 실시하는 경우로 옳지 않은 것은?

① 지적공부를 복구하는 경우
② 지적측량성과를 검사하는 경우
③ 경계점을 지상에 복원하는 경우
④ 지적측량기준점 표지를 설치하는 경우

해설 공간정보의 구축 및 관리 등에 관한 법률 제23조(지적측량의 실시 등)
- 지적기준점을 정하는 경우
- 지적측량성과를 검사하는 경우
- 지적공부를 복구하는 경우
- 토지를 신규등록하는 경우
- 토지를 등록전환하는 경우
- 토지를 분할하는 경우
- 바다가 된 토지의 등록을 말소하는 경우
- 축척을 변경하는 경우
- 지적공부의 등록사항을 정정하는 경우
- 도시개발사업 등의 시행지역에서 토지의 이동이 있는 경우
- 「지적재조사에 관한 특별법」에 따른 지적재조사사업에 따라 토지의 이동이 있는 경우
- 경계점을 지상에 복원하는 경우

Answer 04. ④ 05. ② 06. ④

07. 다음 중 지적세부측량의 시행 대상이 아닌 것은?

① 경계복원 ② 신규등록
③ 지목변경 ④ 토지분할

해설 지목변경, 지번변경, 합병은 측량 대상이 아니다.

08. 다음 구소삼각지역의 직각좌표계 원점 중 평면직각종횡선수치의 단위를 간(間)으로 한 원점은?

① 조본원점 ② 고초원점
③ 율곡원점 ④ 망산원점

해설 사용단위별 원점의 종류

미터	간(間)
• 조본원점 • 고초원점 • 율곡원점 • 현창원점 • 소라원점	• 망산원점 • 계양원점 • 가리원점 • 등경원점 • 구암원점 • 금산원점

09. 지적삼각점의 수평각 관측에서 3대회의 방향 관측법에 의한 윤곽도로서 옳은 것은?

① 0°, 90°, 180° ② 0°, 60°, 120°
③ 0°, 180°, 270° ④ 0°, 30°, 60°

해설 지적측량 시행규칙 제9조(지적삼각점측량의 관측 및 계산)
수평각 관측은 3대회(윤곽도는 0°, 60°, 120°로 한다)의 방향관측법에 의한다.

10. 지적삼각보조점측량을 다각망도선법에 의하여 시행하는 경우에 대한 설명으로 옳은 것은?

① 1도선의 거리는 4km 이하로 한다.
② 4점 이상의 기지점을 포함한 결합다각방식에 따른다.
③ 1도선의 점의 수는 기지점과 교점을 제외하고 5점 이하로 한다.
④ 1도선의 점의 수는 기지점과 교점을 포함하여 6점 이하로 한다.

해설 지적측량 시행규칙 제10조(지적삼각보조점측량)
전파기 또는 광파기측량방법에 따라 다각망도선법으로 지적삼각보조점측량을 할 때에는 다음과 같다.
• 3개 이상의 기지점을 포함한 결합다각방식에 따른다.
• 1도선(기지점과 교점 간 또는 교점과 교점 간을 말한다)의 점의 수는 기지점과 교점을 포함하여 5개 이하로 한다.
• 1도선의 거리(기지점과 교점 또는 교점과 교점 간의 점간거리의 총합계를 말한다)는 4킬로미터 이하로 한다.

11. 전파기 또는 광파기측량방법에 따라 다각망도선법으로 지적삼각보조점측량을 할 때의 기준이 틀린 것은?

① 삼각형의 각 내각은 30도 이상 150도 이하로 한다.
② 1도선의 점의 수는 기지점과 교점을 포함하여 5개 이하로 한다.
③ 1도선의 거리는 4km 이하로 한다.
④ 3개 이상의 기지점을 포함한 결합다각방식에 따른다.

해설 지적측량 시행규칙 제10조(지적삼각보조점측량)

측량 종류	지적삼각보조점 측량	
측량 방법	경위의 측량법	전·광 파기 측량법
	다각망도선법	
1도선 점수	기지점과 교점 포함 5점 이하	
도선의 거리	4km 이하	
망 구성	3점 이상 기지 포함 결합다각	

12. 도근측량의 1등 도선으로 할 수 없는 것은?

① 삼각점 간
② 삼각점과 보조삼각점 간
③ 보조삼각점 간
④ 삼각점과 2등 도선점 간

해설 지적측량 시행규칙 제12조(지적도근점측량)
• 1등도선은 위성기준점, 통합기준점, 삼각점, 지적삼각점 및 지적삼각보조점의 상호간을 연결하는 도선 또는 다각망도선으로 한다.
• 2등도선은 위성기준점, 통합기준점, 삼각점, 지적삼각점 및 지적삼각보조점과 지적도근점을 연결하거나 지적도근점 상호간을 연결하는 도선으로 한다.
• 1등도선은 가·나·다순으로 표기하고, 2등도선은 ㄱ·ㄴ·ㄷ순으로 표기한다.

13. 도근측량 시 방위각법에 의할 때 2등도선의 방위각 폐색오차의 한계는?(단, n은 폐색변을 포함한 변수임.)

① $\pm\sqrt{n}$분 이내
② $\pm\sqrt{1.5n}$분 이내
③ $\pm\sqrt{2}n$분 이내
④ $\pm\sqrt{3}n$분 이내

해설 지적측량 시행규칙 제14조(지적도근점의 각도관측을 할 때의 폐색오차의 허용범위 및 측각오차의 배분)

방위각법	1등	$\pm\sqrt{n}$(분)
	2등	$\pm 1.5\sqrt{n}$(분)

Answer 11. ① 12. ④ 13. ②

14. 지적도근점측량의 계산방법에 해당되지 않는 것은?

① 도선법
② 교회법
③ 방사법
④ 다각망도선법

해설 지적측량 시행규칙 제7조(지적측량의 방법 등)
지적도근점측량은 삼각점·지적삼각점·지적삼각보조점 및 지적도근점을 기초로 하여 경위의측량방법이나 전파기 또는 광파기측량 방법에 의하되, 그 계산은 도선법·교회법 또는 다각망도선법에 의한다.

15. 다음 중 측판측량의 결과 작성한 도형에 생기는 오차의 가장 큰 원인은?

① 측판이 수평으로 되지 않을 때
② 앨리데이드의 시준오차
③ 앨리데이드의 조정이 불충분할 때
④ 측판의 표정이 올바르지 않을 때

해설 교회법으로 측점을 결정하려고 할 때에 세 방향선이 1점에 정확히 교차하지 않고 삼각형을 이룰 때가 있다. 이를 시오삼각형이라 하며, 그 원인은 다음과 같다.
- 기지점의 위치를 오인하였을 때
- 기계점검이 불충분하였을 때
- 방향조준을 잘못하였을 때
- 측판의 표정을 잘못하였을 때 등이다.

16. 측판측량에서 투사지법은 다음 중 어디에 속하는가?

① 삼점문제
② 전방교회법
③ 벳셀법
④ 측방교회법

해설 3점문제에는 레만법, 벳셀법, 투사지법이 있다.

17. 축척 1/500 지역에서 측판측량할 경우 구심이 옳은 것은?(단, 도상 허용오차는 0.2mm임)

① 도근점 중심에 엄격하게 맞춰야 한다.
② 도근점 중심으로부터 5cm 이내의 범위가 좋다.
③ 도근점 중심으로부터 8cm 이내의 범위가 좋다.
④ 도근점 중심으로부터 12cm 이내의 범위가 좋다.

해설 구심오차 $q = \dfrac{2e}{M}$ 에서

$$e = \dfrac{0.2 \times M}{2} = \dfrac{0.2 \times 500}{2} = 50\text{mm} = 5\text{cm}$$

18. 경위의측량으로 세부측량을 하는 경우의 기준으로 맞지 않는 것은?
① 거리측정단위는 1cm로 한다.
② 측량결과도는 당해 토지의 지적도와 동일한 축척으로 작성한다.
③ 수평각 관측은 1대회의 방향관측법이나 2배각의 배각법에 의한다.
④ 수평각의 측각공차로써 1회와 2회 측정각의 평균값에 대한 교차는 60초 이내이어야 한다.

해설 지적측량 시행규칙 제18조(세부측량의 기준 및 방법 등)
1회 측정각과 2회 측정각의 평균값에 대한 교차는 40초 이내이어야 한다.

19. 경위의측량방법으로 세부측량을 하는 경우 변의 길이에 대한 측정단위는?
① 1cm
② 5cm
③ 10cm
④ 1m

해설 지적측량 시행규칙 제18조(세부측량의 기준 및 방법 등)
경위의측량방법에 의한 세부측량은 거리측정단위는 1센티미터로 한다.

20. 축척 1/1,200 지역에서 지적도 도곽의 신축량이 -6mm이었을 때 면적보정계수로 옳은 것은?
① 0.9653
② 0.9679
③ 1.0332
④ 1.0359

해설 면적보정계수 $Z = \dfrac{X \cdot Y}{\Delta X \cdot \Delta Y}$

여기서, Z는 보정계수, X는 도곽선종선길이, Y는 도곽선 횡선길이
ΔX는 신축된 도곽선종선길이의 합/2
ΔY는 신축된 도곽선횡선길이의 합/2

첫 번째, 도곽 신축량 -6mm를 미터단위 거리로 환산
$-0.006\text{m} \times 1,200 = 7.2\text{m}$이며
$\Delta X = 400 - 7.2 = 392.8$
$\Delta Y = 500 - 7.2 = 492.8$
두 번째, 면적보정계수 계산
$Z = \dfrac{400 \cdot 500}{392.8 \cdot 492.8} = 1.0332$

Answer 18. ④ 19. ① 20. ③

02 응용측량

21. 수준측량에서 전시(F.S)의 정의로 옳은 것은?

① 측량 진행방향에 대한 표척의 읽음
② 수준점에 세운 표척의 읽음
③ 지반고를 알고 있는 기지점에 세운 표척의 읽음
④ 지반고를 알기 위한 미지점에 세운 표척의 읽음

해설 전시는 표고를 구하려고 하는 점에 표척의 눈금을 읽는 것을 말한다.

22. 직접수준측량을 통해 중간점의 고저차에 대한 결과 없이 A점으로부터 2km 떨어진 B점의 표고차만을 구하려고 할때 가장 적합한 야장 기입 방법은?

① 종횡 단식 야장   ② 승강식 야장
③ 고차식 야장   ④ 기고식 야장

해설 고차식은 전시의 합과 후시의 합의 차로서 고저차를 구하는 야장 기입 방법이다.

23. 지상 1km²의 면적을 지도상에서 16cm²로 표시되는 축척으로 옳은 것은?

① 1/20,000   ② 1/25,000
③ 1/50,000   ④ 1/100,000

해설 축척 $= \dfrac{1}{M} = \sqrt{\dfrac{도상면적}{실면적}} = \sqrt{\dfrac{0.016\text{m}^2}{1,000\text{m}^2}} = \dfrac{1}{25,000}$

24. 다음 중 노선공사의 시공측량에 포함되지 않는 것은?

① 용지 측량
② 중요한 점의 인조점 측량
③ 시공 기준틀 설치 공사
④ 준공검사 측량

해설 노선측량에서 공사측량(시공측량)에 해당되는 것은 중심말뚝의 검측, 가인조점 등의 설치, 주요말뚝의 외측에 인조점을 설치, 토공의 기준틀, 콘크리트 구조물의 형간 위치측량, 준공검사 측량 등이 있다.

Answer 21. ④ 22. ③ 23. ② 24. ①

25. 교각 $I=60°$, 곡선 반지름 $R=100$, 노선시작점에서 I.P점까지의 추가거리가 250.60m일 때 시단현의 길이는?(단, 중심점 간격은 20m)

① 17.735m ② 12.865m
③ 7.135m   ④ 2.265m

해설 노선측량에서 $TL = R\tan\dfrac{I}{2} = 100\tan\dfrac{60°}{2} = 57.735$

노선 출발점에서 곡선시점까지의 거리는 $BC = IP - TL = 250.6 - 57.735 = 192.865$m

∴ 노선출발점에서 곡선시점까지의 Chain당 거리는 $BC = 192.865 \div 20 = No9 + 12.865$m

시단현의 길이(L) 1Chain당 거리 -12.865m $= 7.135$m

26. GNSS 자료처리를 위하여 데이터의 호환을 위해 개발된 자료 처리 형식은?

① GPPS   ② SKI
③ GPSurvey ④ RINEX

해설 GNSS로 관측된 데이터에 대한 자료 처리 S/W는 장비사마다 다르므로 이를 호환하여 표준형식으로 사용이 가능하도록 한 것이 Rinex이다.

27. 상호표정이 끝났을 때 사진모델과 실제 지형모델과는 어떤 관계인가?

① 상사   ② 대칭
③ 합동   ④ 일치

해설 상호표정은 비행기가 촬영 당시에 가지고 있던 기울기를 도화기상에서 그대로 재현하는 과정으로 촬영 당시 촬영면상에 이루어지는 종시차를 소거하여 목표지형물의 상대적 위치를 맞추는 작업으로 사진과 실제 지형과의 관계는 상사 관계이다.

28. 항공사진의 판독의 요소와 거리가 먼 것은?

① 음영(Shadow)과 색조(Tone)
② 질감(Texture)과 모양(Pattern)
③ 크기(Size)와 형상(Shape)
④ 축척(Scale)과 초점거리(Focal Distance)

해설 항공사신 판독의 요소로는 크기와 형태(Size and Shape), 색조(Tone), 모양(Pattern), 질감(Texture), 음영(Shadow), 과고감, 상호 위치관계 등이 있다.

29. 항공사진(수직사진)의 축척을 구하는 식으로 옳은 것은?(단, M_b : 사진의 축척, f : 렌즈의 초점거리, H : 촬영고도)

① $M_b = f - H$ ② $M_b = f + H$
③ $M_b = f \div H$ ④ $M_b = f \times H$

해설 촬영고도(H)=초점거리(f)×축척분모(m)이므로 사진의 축척은 $\dfrac{\text{초점거리}(f)}{\text{촬영고도}(H)}$

Answer 25. ③ 26. ④ 27. ① 28. ④ 29. ③

30. 축척 1 : 5,000의 항공사진을 촬영고도 1,000m에서 촬영하였다면 사진의 초점거리는?

① 200mm ② 210mm
③ 250mm ④ 500mm

해설 $M = \dfrac{1}{m} = \dfrac{f}{H} = \dfrac{1,000}{5,000} = 0.2\text{m} = 200\text{mm}$

31. 곡선설치법 중 1/4법이라고도 하며, 이미 설치된 중심 말뚝 사이에 다시 세밀하게 설치하는 데 편리하며, 시가지에서의 곡선 설치나 보도 설치 및 기설 곡선의 검사 또는 수정에 주로 사용되는 방법은?

① 중앙종거법 ② 접선편거법
③ 접선지거법 ④ 편각현장법

해설 노선측량에서 중앙종거(M)는 곡선을 설치하는 방법이며, 곡선의 반경, 또는 곡선 길이가 작은 시가지의 곡선 설치나 철도, 도로 등의 기설 곡선의 검사 또는 개정에 편리한 방법으로 근사적으로 1/4이 되기 때문에 일명 1/4법이라 한다.

32. 측점 1에서 측점 5까지 직접 고저 횡단 측량을 실시하여 측점 1의 후시가 0.571m이고 측점 5의 전시가 1.542m이었으며 후시의 총합이 2.274m이고 전시의 총합이 6.246m이었다면 측점 5의 표고는 측점 1에 비하여 어떤 위치에 있는가?

① 0.971m 높다. ② 0.971m 낮다.
③ 3.972m 높다. ④ 3.972m 낮다.

해설 고차식 야장기입법에 의해 전시의 총합 6.246m - 후시의 총합 2.274m = 3.972m이므로 전시의 합이 후시의 합보다 크므로 측점 5의 지반고는 그 차이만큼 낮아지게 된다.

33. 축척 1 : 50,000 지형도에서 810m와 910m 사이에 표시되는 주곡선 수는?

① 10개 ② 9개
③ 5개   ④ 2개

해설 등고선의 간격 중 축척 1/50,000 주곡선 간격은 20m이므로 두 점의 표고차는 910m - 810m = 100m이다.
∴ 표고의 간격인 100m인 주곡선으로부터 910m의 주곡선까지 5개가 삽입된다.

34. 단곡선을 설치할 때 곡선반지름 $R = 100\text{m}$, 교각 $I = 80°$일 때 곡선길이(C.L)는?

① 69.81m   ② 83.91m
③ 93.63m   ④ 139.63m

해설 C.L = 0.01745RI = 0.01745 × 100 × 80° = 139.6m

Answer 30. ① 31. ① 32. ④ 33. ③ 34. ④

35. 위성과 지상관측점 상이의 거리를 측정할 수 있는 원리로 옳은 것은?

① 세차운동　　　　　　　　② 음향관측법
③ 카메론효과　　　　　　　　④ 도플러효과

해설 GNSS 위치측정 원리로는 2가지 형태로 의사거리와 반송파 위상을 이용하는 방법으로 반송파위상은 높은 정밀도의 측위에 이용되며 관측 데이터에는 반송파위상, 위성의 위치를 나타내는 방송궤도요소, 도플러효과, 데이터 취득시각 등이 기록되고 있다.

36. 원격탐측(Remote Sensing) 위성과 거리가 먼 것은?

① VLBI　　　　　　　　　　② LANDSAT
③ SPOT　　　　　　　　　　④ COSMOS

해설 원격탐측에서 LANDSAT, SPOT, COSMOS는 모두 탑재기에 속하며 VLBI는 초장기선간섭계로 천체에서 복사되는 잡음전파를 2개의 안테나에서 독립적으로 동시에 수신하여 전파가 도달하는 시간차(지연시간)를 관측하여 두 지점 사이의 거리를 알아내는 관측 방식이다.

37. 다음 터널측량에 관한 설명 중 옳지 않은 것은?

① 터널측량은 갱외측량, 갱내측량, 갱내외 연결측량으로 구분할 수 있다.
② 갱내측량에서는 기계의 십자선 및 표척 등에 조명이 필요하다.
③ 터널의 길이방향은 삼각 또는 트래버스측량으로 한다.
④ 터널 굴착이 끝난 구간에는 기준점을 주로 바닥에 설치한다.

해설 터널측량에서 터널 굴착이 끝난 구간에는 기준점을 주로 천정에 설치한다.

38. 정확한 위치에 기준국을 두고 GNSS 위성 신호를 받아 기준국 주위에서 움직이는 사용자에게 위성신호를 넘겨주어 정확한 위치를 계산하는 방법은?

① DOP　　　　　　　　　　② DGPS
③ SPS　　　　　　　　　　④ S/A

해설 DGPS(Differential GPS)는 상대측위 방식의 GNSS 측량기법으로 이미 알고 있는 기지점 좌표를 이용하여 오차를 최대한 줄여서 이용하기 위한 위치결정 방식으로 기점에서 기준국용 GPS 수신기를 설치하며 위성을 관측하여 각 위성의 의사거리 보정값을 구한 뒤 이를 이용하여 이동국용 GPS 수신기의 위치 결정오차를 개선하는 위치결정 형태이다.

39. 지형도의 이용과 가장 거리가 먼 것은?

① 종단면도 및 횡단면도의 작성　　　② 도로, 철도, 수로 등의 도상 선정
③ 집수면적의 측정　　　　　　　　　④ 간접적인 지적도 작성

해설 지형도의 이용은 등경사선을 관측하여 종단면도 및 횡단면도를 작성하고 도로, 철도, 수로 등의 도상 선정과 저수량의 관측에 의한 집수면적의 측정에 있다.

40. 종중복도 60%로 항공사진을 촬영하여 밀착사진을 인화했을 때 주점과 주점 간의 거리가 9.2cm 이면 이 항공사진의 크기는 얼마인가?

① 23cm × 23cm
② 18.4cm × 18.4cm
③ 18cm × 18cm
④ 15.3cm × 15.3cm

해설 촬영기선길이를 구하는 공식을 이용해 크기를 구하면
$$B = am\left(1 - \frac{P}{100}\right)$$
여기서, B : 촬영기선 길이, a : 화면크기, m : 축척분모, P : 종중복도
$$a = \frac{B}{m(1-0.6)} = 0.23 \times 10,000\left(1 - \frac{60}{100}\right) = 920\text{m}$$

03 토지정보체계론

41. 다음 중 지적정보관리체계 사용자권한등록파일에 등록하는 사용자권한으로 옳지 않은 것은?

① 지적통계의 관리
② 표준지공시지가 변동의 관리
③ 개인별 토지소유현황의 조회
④ 토지 관련 정책정보의 관리

해설 사용자권한 등록파일에 등록하는 사용자의 권한(시행규칙 78조)
사용자의 신규등록, 사용자 등록의 변경 및 삭제, 법인이 아닌 사단·재단 등록번호의 업무관리, 법인이 아닌 사단·재단 등록번호의 직권수정, 개별공시지가 변동의 관리, 지적전산코드의 입력·수정 및 삭제, 지적전산코드의 조회, 지적전산자료의 조회, 지적통계의 관리, 토지 관련 정책정보의 관리, 토지이동 신청의 접수, 토지이동의 정리, 토지소유자 변경의 관리, 토지등급 및 기준수확량등급 변동의 관리, 지적공부의 열람 및 등본 발급의 관리, 부동산종합공부의 열람 및 부동산종합증명서 발급의 관리, 일반 지적업무의 관리, 일일마감 관리, 지적전산자료의 정비, 개인별 토지소유현황의 조회, 비밀번호의 변경

42. 다음 중 지적전산자료를 전산매체로 제공하는 경우의 수수료 기준은?

① 1필지당 20원
② 1필지당 30원
③ 1필지당 50원
④ 1필지당 100원

해설 업무 종류에 따른 수수료의 금액(시행규칙 별표 12)
지적전산자료를 인쇄물로 제공하는 때에는 1필지당 30원, 지적전산자료를 자기디스크 등 전산매체로 제공하는 때에는 1필당 20원

43. 다음 중 수치지도를 생성하고자 할 때 기존에 존재하는 도면을 이용하는 방법으로 가장 적합한 것은?
① 토탈스테이션을 이용한 측량
② 항공사진측량
③ 인공위성영상의 활용
④ 디지타이징

해설 디지타이징은 디지타이저 판위에 도면을 올리고 컴퓨터와 연결된 마우스를 이용하여 자료를 컴퓨터에 입력시키는 방법이다.

44. 다음 중 토지정보시스템(LIS)의 질의어(Query Language)에 대한 설명으로 옳지 않은 것은?
① 질의어란 사용자가 필요한 정보를 데이터베이스에서 추출하는데 사용되는 언어를 말한다.
② 질의를 위하여 사용자가 데이터베이스의 구조를 알아야 하는 언어를 과정 질의어(Procedural Query Language)라 한다.
③ SQL은 비과정 질의어의 대표적인 예이다.
④ 계급형(Hierarchical)과 관계형(Relational) 데이터베이스 모형은 사용하는 질의를 위해 데이터베이스의 구조를 알아야 한다.

해설 계급형(계층형) 데이터 베이스 모형
트리(Tree) 형태의 단순구조로 이해하기 쉽고 갱신·검색 및 필요한 정보의 추출은 신속하지만 유연성이 부족하고 검색 결과가 한정되어 비효율적인 모형이다.

45. 다음 중 위상구조를 이용한 공간 분석과 거리가 먼 것은?
① 중첩 분석
② 연결성 분석
③ 인접성 분석
④ 포함성 분석

해설 위상구조를 통해 객체들 간의 인접성, 연결성, 포함성을 분석할 수 있다.

46. 다음 중 데이터 입력 시 오차가 발생하는 이유로 옳지 않은 것은?
① 작업자의 실수
② 스캐너의 해상도 문제
③ 스캐닝할 도면의 신축
④ 디지타이징 시 좌표변환용 기준점 수의 과다

해설 디지타이징 시 좌표변환용 기준점 수는 많을수록 정확도는 높다.

47. 다음 중 래스터데이터 구조에 비하여 벡터데이터 구조가 갖는 단점으로 옳은 것은?
① 자료의 구조가 복잡한 편이다.
② 네트워크분석과 같은 다양한 공간 분석에 제약이 있다.
③ 각 셀이 코드화되기 때문에 많은 저장용량을 필요로 한다.
④ 해상도가 높을 경우 더욱 많은 저장 용량을 필요로 한다.

Answer 43. ④   44. ④   45. ①   46. ④   47. ①

해설 **벡터데이터 단점**
- 벡터데이터 구조는 복잡하며, 래스터데이터 구조보다 관리하기가 어렵다.
- 중첩 및 공간분석 기능을 수행하는 경우 공간연산이 상대적으로 어렵고 시간이 많이 소요된다.
- 데이터 갱신이 번거롭다.
- 데이터 입력이 수작업이기 때문에 비용이 많이 든다.
- 그래픽 구성요소는 각기 다른 위상구조로 중첩이나 분석에 기술적으로 어려움이 수반된다.

48. 다음 중 시·군·구(자치구가 아닌 구를 포함한다) 단위의 지적전산자료를 이용 또는 활용하려는 자는 누구의 승인을 받아야 하는가?
① 국토해양부장관 ② 행정안전부장관
③ 시·도지사 ④ 지적소관청

해설 지적소관청은 지적공부를 관리하는 시장·군수·구청장이다.

49. 다음 중 도형자료를 디지타이저로 입력한 자료의 형태는?
① 속성정보 ② 벡터데이터
③ 래스터데이터 ④ 영상데이터

해설 벡터데이터는 객체의 지리적 위치와 형상을 좌표, 크기와 방향으로 나타낸다.

50. 다음 중 자료의 표준화에 대한 설명으로 옳지 않은 것은?
① 다양한 자료를 공유함으로써 중복 처리되는 비용을 절감할 수 있다.
② 다양한 자료에 대한 접근이 용이하기 때문에 자료를 쉽게 갱신할 수 있다.
③ 사용자가 자신의 용도에 따라 자료를 평가할 수 있는 자료의 질에 관한 정보가 제공된다.
④ 서로 다른 체계 사이에서 수치적인 공간 자료가 갖는 원래의 내용이 변형되어 전달된다.

해설 중첩은 동일한 지역에 대한 서로 다른 두 개 또는 다수의 레이어로부터 필요한 도형자료나 속성자료를 추출하기 위하여 많이 이용되는 공간분석이다.

51. 다음 중 메타데이터의 특징에 대한 설명으로 옳지 않은 것은?
① 데이터가 목록화(Indexing)되어 있다.
② 데이터의 교환을 원활히 지원하기 위한 틀을 제공한다.
③ 대용량의 공간 데이터를 구축하는데 시간과 비용이 많이 소요된다.
④ 데이터의 내용·품질·조건 등을 기록한 것으로, 데이터에 관한 데이터라 할 수 있다.

해설 메타데이터는 획득하려는 지리정보 데이터가 사용 목적에 부합하는 품질의 데이터인지를 미리 알아볼 수 있으므로 시간과 비용의 단축, 불필요한 송수신 과정을 간소화시킴으로 공간정보 유통의 효율성을 높일 수 있다.

52. 다음 중 관망형(Network) 데이터베이스 모형에 대한 설명으로 옳지 않은 것은?

① 하나의 객체는 여러 개의 부모 레코드와 자식 레코드를 가질 수 있다.
② 일정 객체에 대하여 모든 상위 계급의 데이터를 검색하지 않고도 관련된 데이터의 검색이 가능하다.
③ 표현하고자 하는 자료가 단순한 계급적 구성을 가지는 경우 계급형과 관망형의 차이는 크게 찾아보기 어렵다.
④ 자료 저장에 있어 다른 데이터베이스 모형에 비하여 연결성에 관한 정보의 저장 및 관리가 쉽다.

해설 관망형(Network) 데이터베이스 모형
- 관망은 서로 연관되어 있는 몇 개의 간선(Arc)으로 이루어져 있다. 각각의 간선들은 위치값을 가진 시작노드(Node)와 종료노드로 정의된다.
- 각 간선에는 중간에 존재하는 점들을 버텍스(Vertex)로 정의된다. 버텍스와 노드의 가장 큰 차이점은 관망에서 위상관계에 대한 정보의 유무로 결정된다.
- 버텍스는 단순히 선의 형태만을 묘사하며, 노드는 관망의 시작과 끝을 나타내는 위상정보를 가지고 있다.

53. 다음 중 지적전산자료를 이용 또는 활용하고자 하는 자가 관계 중앙행정기관의 장에게 제출하여야 하는 심사 신청서에 포함시켜야 할 내용과 가장 거리가 먼 것은?

① 자료의 제공방식
② 자료의 안전관리대책
③ 자료의 보관기관
④ 자료의 공익성 여부

해설 지적전산자료 심사 신청
- 자료의 이용 또는 활용목적 및 근거
- 자료의 범위 및 내용
- 자료의 제공방식, 보관기관 및 안전관리대책 등

54. 다음 중 대규모 공장, 관로망 또는 공공시설물 등에 대한 제반 정보를 처리하는 정보시스템은?

① 측량정보시스템
② 도시정보시스템
③ 사원정보시스템
④ 시설물관리시스템

해설 시설물관리(FM) 지상 및 지하의 각종 시설물의 위치, 크기, 연계성 등의 속성자료를 통합하여 시스템 상에 구축함으로써 시설물에 대한 유지보수 활동을 효과적으로 지원하는 시스템이다.

55. 다음 중 두 개 또는 더 많은 레이어들에 대하여 불린(Boolean)의 OR 연산자를 적용하여 합병하는 방법으로 기준이 되는 레이어의 모든 특징이 결과 레이어에 포함되는 중첩 방법은?

① Intersect
② Union
③ Identity
④ Clip

해설 중첩 연산 기능에 따른 분류 유형
- 교차(Intersert A and B)
- 결합(Union A or B)
- 동일성(Identity)
- 자르기(Clip)
- 지우기(Erase)
- 조각내기(Split)

56. 다음 중 데이터베이스관리시스템(DBMS)의 필수기능에 해당하지 않는 것은?

① 분석기능 ② 조작기능
③ 제어기능 ④ 정의기능

해설 DBMS 기능
- 정의기능
- 조작기능
- 제어기능

57. 다음 중 지적전산화의 목적으로 옳지 않은 것은?

① 체계적이고 효율적인 지적행정을 실현한다.
② 지적 관련 민원을 신속하고 정확하게 처리한다.
③ 지적통계와 정책정보의 정확성을 제고한다.
④ 전자 정부 구현을 통한 전자산업의 활성화를 도모한다.

해설 지적전산화의 필요성
- 지적 관련 민원의 신속·정확한 처리
- 지적 및 토지업무 처리의 능률성 및 정확도 향상
- 토지와 관련된 정책자료의 다목적 활용
- 지방행정 전산화의 획기적인 개선의 계기 마련

58. 다음 중 우리나라에서 정부가 지정한 지적전산화 업무의 최초 시범지역은?

① 대구 ② 대전
③ 서울 ④ 부산

해설 대장전산화(토지기록전산화)
1. 1975년 구)지적법 법령 정비
2. 1978~1982년(5년간) 대전시 중구와 동구 2개 구에서 토지(임야)대장 속성정보 입력
3. 1982년부터 1984년까지 3개년에 걸쳐 시·도 단위로 시장·군수·구청장 책임하에 속성 데이터베이스를 구축
4. 1990년 4월 1일 행정기관 중에서 국내 최초로 전국 온라인망에 의한 토지(임야)대장 열람·등본교부 등 대민서비스를 시작

Answer 56. ① 57. ④ 58. ②

59. 다음 중 래스터데이터의 압축 기법에 해당하지 않는 것은?
① 런랭스코드(Run-length codes)
② 사지수형(Quadtree)
③ 체인코드(Chain codes)
④ 스파게티(Spaghetti)

해설 스파게티 구조
- 하나의 점(X, Y좌표)을 기본으로 하고 있어 구조가 간단하므로 이해하기 쉽다.
- 객체가 좌표에 의한 그래픽 형태로 저장되며 구조화되지 않은 모형이다.
- 상호 연관성에 관한 정보가 없어 인접한 객체들의 특징과 관련성, 연결성을 파악하기 어렵다.

60. 다음 중 SQL에서 데이터베이스의 논리적 구조를 정의하기 위한 데이터 정의어에 포함되지 않는 것은?
① CREATE
② ALTER
③ DROP
④ INSERT

해설 데이터 정의 언어(DDL : Data Definition Language)
- 데이터와 데이터 간의 관계를 정의하는 데 사용되는 언어로 데이터베이스 내에서 데이터 구조를 만드는 데 사용됨
- CREATE 문 : 스키마 정의, 도메인 정의, 테이블 생성
- DROP 문 : 데이터베이스, 스키마, 도메인, 테이블, 뷰, 인덱스의 삭제
- ALTER 문 : 기본 테이블 변경

04 지적학

61. 다음 중 조선시대 양안에 기재된 내용 중 토지의 사방 경계를 뜻하는 것은?
① 사표
② 가경
③ 성책
④ 백문

해설 사표(四標)란 토지의 위치를 동서남북의 경계로 표시한 것이며 필지의 경계를 명확히 하기 위하여 제 둘레 접속지의 지목, 자호, 지주의 성명을 양안의 해당 란에 기입하거나 혹은 별도의 도면을 통해서 나타낸 것으로서, 하나의 사표로 4필지 이상의 지적사항을 파악할 수 있다.

62. 다음 중 조선시대에 양전법의 개정을 주장한 사람이 아닌 자는?
① 이기
② 서유구
③ 정약용
④ 정도전

Answer 59. ④ 60. ④ 61. ① 62. ④

해설 양전개정론의 개념
1. 양전개정론의 대두 배경
    ① 19세기 전후 과세 평준을 위한 양전법 개정의 주장이 이익, 정약용, 서유구, 이기 등의 실학자들에서 대두됨
    ② 이들은 결부제를 폐지하고 경무법으로 개정해야 하며, 객관적인 새로운 방량법으로 양전법을 개정해야 한다고 주장함
2. 양전개정론 학자와 저서
    ① 정약용의 「목민심서(牧民心書)」
    ② 서유구의 「의상경계책(擬上經界策)」
    ③ 이기의 「해학유서(海鶴遺事)」
3. 학자별 양전개정론
    ① 정약용 : 정전제(井田制)의 시행을 전제로 방량법과 어린도법을 시행해야 함
    ② 서유구 : 양전법을 방량법, 어린도법으로 개정해야 하며, 양전사업을 전담하는 관청을 신설
    ③ 이기 : 수등이척제에 대한 개선방법으로 "망척제"의 도입을 주장

63. 토지조사사업 당시 면적이 10평 이하인 협소한 토지의 면적 측량방법으로 옳은 것은?
① 푸라니미터법
② 계적기법
③ 전자면적측정기법
④ 삼사법

해설 토지조사사업 당시 면적의 산정
1. 원칙 : 면적산정은 계적기 사용을 원칙으로 함
2. 예외 : 소면적인 토지에 대해서는 특별히 삼사법(三斜法)을 이용
    ① 1/1,200 도면에 있어서의 1필지의 면적이 약 10평 이하 및 1/2,400 도면에 있어서의 1필지의 면적이 약 30평 이하인 것과 1필지의 형상 때문에 계적기 사용에 있어 부정확하기 쉬운 것은 삼사법으로 측정
    ② 측정작업에는 매회 종사자를 다르게 해서 3회 측정
    ③ 교차제한을 초과할 때에는 다시 면적을 측정하여 정정
    ④ 환산한 평수는 모두 집계한 다음 검산

64. 경계불가분의 원칙에 대한 설명으로 옳은 것은?
① 토지의 경계는 인접 토지에 공통으로 작용한다.
② 토지의 경계는 작은 말뚝으로 표시한다.
③ 토지의 경계는 1필지에만 적용한다.
④ 토지의 경계를 결정할 때에는 측량을 하여야 한다.

해설 경계의 제원칙
1. 축척종대의 원칙 : 동일 경계가 다른 도면에 각각 등록된 때는 큰 축척에 따른다.
2. 경계불가분의 원칙 : 경계는 유일무이한 것으로 인접 토지에 공통으로 작용하므로 이를 분리할 수 없다.

65. 초기에 부여된 지목명칭의 변경을 잘못 연결한 것은?

① 공원지 → 공원
② 사사지 → 사적지
③ 분묘지 → 묘지
④ 운동장 → 체육용지

해설 지목 변천표

구분	토지조사사업~ 지세령 개정 전	지세령 개정~ 조선지세령 개정 전	조선지세령 개정 ~1차 지적법 전문 개정 전	1차 지적법 전문개정~ 2차 지적법 전문개정 전	2차 지적법 전문개정~현재
시행기간	1910~1917	1918~1942	1943~1975	1976~2001	2002~현재
지목 수	18개 지목	19개 지목	21개 지목	24개 지목	28개 지목
변천과정	지목 창설 전, 답, 대, 지소, 임야, 잡종지, 사사지, 분묘지, 공원지, 철도용지, 수도용지, 도로, 하천, 구거, 제방, 성첩, 철도선로, 수도선로	1개 지목 신설 유지	2개 지목 신설 염전, 광천지	1. 6개 지목 신설 과수원, 목장용지, 공장용지, 학교용지, 운동장, 유원지 2. 3개 지목 통폐합 • 철도용지+철도선로→철도용지 • 수도용지+수도선로→수도용지 • 유지+지소→유지 3. 5개 지목 명칭변경 • 공원지→공원 • 사사지→종교용지 • 성첩→사적지 • 분묘지→묘지 • 운동장→체육용지	4개 지목 신설 주차장, 주유소용지, 창고용지, 양어장

66. 고려시대 토지를 기록하는 대장에 해당되지 않는 것은?

① 도전장
② 양전도장
③ 도전정
④ 구양안

해설 양안(量案)은 고려시대부터 시작되어 조선시대를 거쳐 일제 강점기 토지조사사업 전까지 세금의 징수를 목적으로 양전에 의해 작성된 토지기록부 또는 토지대장을 말하며, 고려시대 양안은 도전장(都田帳), 양전도장(量田都帳), 양전장적(量田帳籍), 도전정(導田丁), 도행(導行), 전적(田積), 적(籍), 전부(田簿), 안(案), 원적(元籍) 등의 명칭으로 불리었다.

67. 토지표시사항은 지적공부에 등록하여야만 효력을 가진다는 지적제도의 원칙은?

① 공부주의
② 공개주의
③ 실증주의
④ 형식주의

해설 지적형식주의는 국가의 통치권이 미치는 모든 토지를 필지단위로 구획하여 지번, 지목, 경계 또는 좌표와 면적을 정하여 국가기관인 소관청이 비치하고 있는 지적공부에 등록공시하여야만 공식적인 효력이 인정되는 이념이다.

Answer 65. ② 66. ④ 67. ④

68. 일본의 국토에 대한 기초조사로 실시한 국토조사사업에 해당되지 않는 것은?

① 지적조사
② 임야수종조사
③ 토지분류조사
④ 수조사(水調査)

해설 일본의 「국토조사법」에서 규정하고 있는 국토조사
- 국가기관이 행하는 기본조사, 토지분류조사 또는 수조사
- 도도부현이 행하는 기본조사
- 지방공공단체 또는 토지개량구 기타 정령으로 정한 자가 행하는 토지분류조사 또는 수조사
- 지방공공단체 또는 토지개량구등이 행하는 지적조사

69. 진행방향에 따른 지번 부여 방법의 분류에 해당하는 것은?

① 자유식
② 분수식
③ 사행식
④ 도엽단위식

해설 지번부여방법의 종류
- 진행방향에 따른 분류 : 사행식, 기우식, 단지식
- 부여단위에 따른 분류 : 지역단위법, 도엽단위, 단지단위법
- 기번위치에 따른 분류 : 북동기번법, 북서기번법

70. 토지조사사업 당시의 지목 중 비과세지에 해당하는 것은?

① 전
② 하천
③ 임야
④ 잡종지

해설 토지조사법에 의한 과세지와 비과세지
- 직접적인 수익이 있는 토지로서 현재 과세 중에 있으며 또는 장래 과세의 목적이 될 수 있는 토지 : 전·답·대·지소·임야·잡종지
- 직접적인 수익은 없으나 대부분이 공용에 속하며 지세를 면제하는 토지 : 사사지(社寺地)·분묘지·공원지·철도용지·수도용지
- 일반적으로 개인소유를 인정할 성질의 것이 못되고 전혀 과세의 목적으로 하지 않는 토지 : 도로·하천·구거·제방·성첩·철도선로·수도선로

71. 물권 객체로서의 토지 내용을 외부에서 인식할 수 있도록 하는 물권법상의 일반 원칙은?

① 공신의 원칙
② 공시의 원칙
③ 통지의 원칙
④ 증명의 원칙

해설 토지등록의 원칙
1. 등록의 원칙(登錄의 原則)
   ① 토지에 관한 모든 표시사항을 지적공부에 반드시 등록해야 하며 토지의 이동이 생기면 지적공부에 변동 사항을 정리 등록해야 한다는 원칙으로서 토지표시의 등록주의라고도 함
   ② 적극적등록주의와 법지적을 채택하는 나라에서 적용되며 토지에 관한 모든 사항은 지적공부에 등록되어야 토지권리의 법률상 효력을 인정받는 원칙으로서 형식주의 규정이라 할 수 있음

2. 신청의 원칙(申請의 原則)
   ① 토지의 등록은 토지소유자의 신청을 전제로 처리하는 원칙
   ② 측량·수로조사 및 지적에 관한 법률에서는 토지의 등록은 토지소유자의 신청을 전제로 하되 신청이 없을 때에는 직권으로 조사·측량하여 처리하도록 함
3. 특정화의 원칙(特定化의 原則)
   ① 권리객체로서의 모든 토지는 반드시 특정적이고 단순하며 명확한 방법에 의하여 인식할 수 있도록 개별화 하여야 한다는 원칙
   ② 지번, 경계, 소유자 등의 요소를 사용하여 토지를 특정화 할 수 있으며, 특히 지번은 토지 관련 자료의 식별인자가 됨
4. 국정주의 및 직권주의(國定主義 및 職權主義)
   ① 국정주의는 지적공부의 등록사항인 토지소재, 지번, 지목, 경계 또는 좌표와 면적 등은 국가의 공권력에 의하여 국가만이 이를 결정할 수 있는 권한을 가진다는 원칙
   ② 직권주의는 모든 필지는 필지단위로 구획하여 국가기관인 소관청이 강제적으로 지적공부에 등록 공시하여야 한다는 원칙
5. 공시의 원칙 및 공개주의(公示의 原則, 公開主義)
   ① 토지등록의 법적 지위에 있어서 토지의 이동이나 물권의 변동은 반드시 외부에 알려야 한다는 원칙
   ② 토지에 관한 등록사항은 지적공부에 등록하고 이를 일반에 공지하여 누구나 이용하고 활용할 수 있게 하여야 함
6. 공신의 원칙(公信의 原則)
   ① 등기를 믿고 권리행위를 한 선의의 거래자를 보호하여 진실로 등기내용과 같은 권리관계가 존재한 것처럼 법률효과를 인정하려는 원칙
   ② 물권변동에 대한 거래의 안전을 보장하기 위한 원칙

72. 양전의 결과로 민간인의 사적 토지 소유권을 증명해 주는 지계를 발행하기 위해 1901년에 설립된 것으로, 탁지부에 소속된 지적사무를 관장하는 독립된 외청 형태의 중앙 행정기관은?

① 양지아문(量地衙門) ② 지계아문(地契衙門)
③ 양지과(量地課) ④ 통감부(統監府)

해설 구한말의 토지제도 관리관청의 변천
1. 내부 판적국(內部 版籍局)
   ① 1895년 내부 관제가 공포되어 주현국, 토목국, 판적국 등 5국을 둠
   ② 판적국은 "호구적에 관한 사항"과 "지적에 관한 사항"을 관장토록 하였는데 여기에서 "지적"이라는 용어가 처음 쓰이기 시작
2. 양지아문(量地衙門)
   ① 1898년 6월 내부대신 박정양과 농공부대신 이도재가 토지측량에 관한 청의서를 제출
   ② 1898년 11월 양지아문을 설치, 전국의 양전업무를 관장토록 하여 양전 독립기구 탄생
   ③ 1901년 지계아문을 설치되어 양전업무를 이관한 후 1902년 양지아문 폐지됨
   ④ 미국인 기사 거렴(레이몬드 크럼)을 초빙하여 서울 시내를 측량하고 견습생을 교육하였으며 전국의 양전을 실시
   ⑤ 민영환의 홍화학교 등 국내의 100여 개 학교에서도 측량교육을 실시
   ⑥ 각 도에 양무감을 두고, 각 군에 양무위원을 파견하여 견습생을 대동하고 양전
   ⑦ 전국 토지의 약 1/3 가량 양전하였으나 국내의 사정으로 중지

Answer 72. ②

3. 지계아문(地契衙門)
    ① 1901년 지계아문을 설치하여 각 도에 지계감리를 두어 "대한제국전답관계"라는 지계를 발급
    ② 충남, 강원도 일부에서 시행하다 토지조사의 미비, 인식부족 등으로 중지
    ③ 1904년 탁지부 양지국으로 흡수 축소되고 지계아문은 폐지
    ④ 1905년 을사조약 체결 이후 "토지가옥증명규칙"에 의거하여 토지가옥의 매매·교환·증여 시에 토지가옥증명대장에 기재·공시하는 실질심사주의를 채택
4. 탁지부 양지국 및 양지과(度支部 量地局 및 量地課)
    ① 1904년 탁지부 양지국에 양전업무를 이관
    ② 1905년 양지국이 사세국 양지과로 축소되었으며, 일본인 기사를 채용하여 한국인 약간명에게 측량기술을 강습

구분	조직	기간	담당업무	비고
내부	토목국	1895.3.26	토지측량, 토지수량에 관한 사항	1893~1905년에 지계제도와 가계제도가 시행된 시기임
	판적국		지적 및 관유지처분에 관한 업무	
양지아문	본부	1898.7.6 ~1901.9.9	제반사무 총괄 및 정리	• 양지아문은 독립기구이나 관련 부처인 내부, 탁지부, 농공상부 등과 협조체계 유지 • 미국인 기사 거렴(레이몬드 크럼)을 초빙하여 측량실시 및 지적측량 교육 실시
	실무진		각지방의 양전사무 주관 업무수행 및 양전에 대한 조사	
	기술진		양전 실무 수행	
지계아문		1901.10 ~1904.4	"대한제국전답관계"라고 하는 지계를 발급함	• 일본인기사 채용 • 토지가옥증명규칙 시행
탁지부	양지국	1904.4	양전업부수행	지계아문 폐지
	양지과	1905.2	전세·유세지 조사 지세의 부과징수	• 양지과로 기구 축소 • 대구, 평양, 전주에 양지과의 출장소 설치

73. 지목의 설정에서 우리나라가 채택하지 않는 원칙은?

① 지목법정주의
② 복식지목주의
③ 주지목추종주의
④ 일필일지목주의

해설 지목설정의 원칙
1. 1필1지목의 원칙 : 1필의 토지에는 1개의 지목만을 설정하는 원칙이며, 1필의 일부가 용도변경된 경우에는 분할 후에 지목을 변경
2. 주지목추종의 원칙 : 주된 토지의 편익을 위해 설치된 소면적의 도로, 구거 등의 지목은 이를 따로 정하지 않고 주된 토지의 사용목적 및 용도에 따라 지목을 설정하는 원칙
3. 등록선후의 원칙 : 도로, 철도용지, 하천, 제방, 구거, 수도용지 등의 지목이 중복되는 경우에는 먼저 등록된 토지의 사용목적. 용도에 따라 지번을 설정하는 원칙
4. 용도경중의 원칙 : 도로, 철도용지, 하천, 제방, 구거, 수도용지 등의 지목이 중복되는 경우에는 중요 토지의 사용목적 및 용도에 따라 지목을 설정하는 원칙
5. 일시변경불가의 원칙 : 임시적, 일시적 용도의 변경 시 등록전환 또는 지목변경불가의 원칙
6. 사용목적추종의 원칙 : 도시계획사업, 토지구획정리사업, 농지개량사업 등의 완료에 따라 조성된 토지는 사용목적에 따라 지목을 설정하여야 한다는 원칙

74. 지적제도에서 채택하고 있는 토지등록의 일반원칙이 아닌 것은?

① 등록의 직권주의
② 실질적 심사주의
③ 심사의 형식주의
④ 적극적 등록주의

해설 지적제도와 등기제도의 비교

구분	지적제도	등기제도
기본이념	국정주의, 형식주의, 공개주의	형식주의(성립요건주의)
등록방법	직권등록주의, 단독신청주의	당사자신청주의, 공동신청주의
심사방법	실질적심사주의	형식적심사주의
공신력	인정	불인정
편제방법	물적편성주의	물적편성주의
처리방법	신고의 의무, 직권조사처리	신청주의
신청방법	단독신청주의	공동신청주의
담당부서	국토교통부-시·도 지적담당부서-시·군·구 지적담당부서	법무부-대법원-지방법원·지원·등기소
공부	토지, 임야대장, 공유지연명부, 대지권등록부, 지적도, 임야도, 경계점등록부, 지적전산파일	토지등기부, 건물등기부, 입목등기부, 상업등기부, 선박등기부, 법인등기부, 공장등기부 등
기능	토지의 물리적 현황 공시	토지에 대한 권리관계를 공시
등록사항	토지소재, 지번, 지목, 경계, 면적, 소유자 주소·성명 등	소유권, 저당권, 전세권, 지역권, 지상권 등
기타	지적측량 실시	절차적 요식행위 요구

※ 형식적심사주의는 등기제도에서 채택하고 있다.

75. 토지등록부의 편성에 있어서 미국의 레코딩 시스템(Recording System)은 다음 중 어디에 속하는가?

① 물적편성주의
② 인적편성주의
③ 연대적편성주의
④ 인적·물적편성주의

해설 토지등록부
1. 토지등록부의 편성방법
   ① 물적편성주의 : 토지 중심으로 대장 작성
   ② 인적편성주의 : 소유자 중심 대장 작성
   ③ 연대적편성주의 : 신청순서에 따라 작성
   ④ 물적인적편성주의 : 물적편성주의에 인적편성주의 가미
2. 연대적편성주의
   ① 신청순서에 따라 순차적으로 대장 작성
   ② 프랑스의 등기부와 미국의 Recording System이 이에 속함
   ③ 등기부 편성방법으로 가장 유효하나 그 자체만으로 공시기능을 발휘하지 못함

Answer 74. ③ 75. ③

76. 다음 중 토지조사사업 당시의 비과세 지목이 아닌 것은?

① 성첩 ② 하천
③ 잡종지 ④ 제방

해설 과세지와 비과세지(토지조사사업 당시)
1. 토지조사법 당시의 지목 및 과세지
   ① 토지조사법 규정[융희 4년(1910년) 8월 24일 법률 제7호]
      ㉠ 제2조 토지는 지목을 정하고 지반을 측량하며, 일구역마다 지번을 부함. 단, 제3조 제3호에 게기하는 토지에 대하여는 지번을 부하지 않을 수 있음
      ㉡ 제3조 토지의 지목은 좌에 게기하는 바에 의함
        • 제1호 전답, 대, 지소, 임야, 잡종지
        • 제2호 사사지, 분묘지, 공원지, 철도용지, 수도용지
        • 제3호 도로, 하천, 구거, 제방, 성첩, 철도선로, 수도선로
   ② 토지조사법에 의한 과세지 및 비과세지
      ㉠ 직접적인 수익이 있는 토지로서 현재 과세 중에 있으며 또는 장래 과세의 목적이 될 수 있는 토지 : 전답·대·지소·임야·잡종지
      ㉡ 직접적인 수익은 없으나 대부분이 공용에 속하며 지세를 면제하는 토지 : 사사지(社寺地)·분묘지·공원지·철도용지·수도용지
      ㉢ 일반적으로 개인소유를 인정할 성질의 것이 못되고 전혀 과세의 목적으로 하지 않는 토지 : 도로·하천·구거·제방·성첩·철도선로·수도선로(지번을 붙이지 않을 수도 있도록 신축성 있게 규정)
2. 토지조사령(1912년 8월 13일 제령 제2호) 당시의 지목
   ① 제2조 토지는 그 종류에 따라 다음 지목을 정하고 지반을 측량하여 1구역마다 지번을 붙임. 단, 제3호에 게기한 토지에 대하여는 지번을 붙이지 아니할 수 있음
      ㉠ 제1호 전, 답, 대, 지소·임야, 잡종지
      ㉡ 제2호 사사지, 분묘지, 공원지, 철도용지, 수도용지
      ㉢ 제3호 도로, 하천, 구거, 제방, 성첩, 철도선로, 수도선로
3. 지세령(1914년 3월 16일 제령 제1호)의 과세기준
   ① 제1조 토지의 지목은 그 종류에 따라 아래와 같이 구별한다.
      ㉠ 제1호 전, 답, 대, 지소, 잡종지
      ㉡ 제2호 임야, 사사지, 분묘지, 공원지, 철도용지, 수도용지, 도로, 하천, 구거, 제방, 성첩, 철도선로, 수도선로
   ② 전항 제1호에 게재되는 토지에는 지세를 부과한다. 사사지(社寺地)로서 유료차지(有料借地)인 경우 역시 동일하다.
   ③ 국유토지에는 지세를 부과하지 않는다.

77. 다음 중 일반적인 토지대장 편성방법이 아닌 것은?

① 조사적 편성주의 ② 인적 편성주의
③ 물적 편성주의 ④ 연대적 편성주의

해설 토지등록부(토지대장)의 편성방법
1. 물적 편성주의 : 토지 중심으로 대장 작성
2. 인적 편성주의 : 소유자 중심 대장 작성
3. 연대적 편성주의 : 신청순서에 따라 작성
4. 물적·인적 편성주의 : 물적편성주의에 인적편성주의 가미

78. 지압조사(地押調査)를 가장 잘 설명하고 있는 것은?

① 측량 성과 검사의 일종이다.
② 소유권의 변동사항에 주안을 둔다.
③ 신청이 없는 경우의 직권에 의한 이동지 조사이다.
④ 소유자의 동의하에 현지를 확인해야 효력이 있다.

해설 토지검사와 지압조사
1. 토지검사
   ① 개념
      ㉠ 토지검사란 토지에 대한 변경이 있는 경우 세무관리가 지세관계법령에 의하여 실시하는 검사로서 신고 또는 신청사항의 확인을 목적으로 함
      ㉡ 무신고 이동지 조사를 위한 토지검사는 지압조사라 하여 일반토지검사와 구별함
   ② 토지검사의 시행사항
      ㉠ 비과세지성(국유지성은 제외)
      ㉡ 분할지의 지위품 등이 비동일할 경우
      ㉢ 지목 및 임대가격의 설정 또는 수정
      ㉣ 각종 면세연기, 감세연기 또는 연기연장
      ㉤ 재해지면세 및 사립학교용지 면세
      ㉥ 지적오류정정
   ③ 토지검사의 생략
      ㉠ 비과세지 상호간의 지목변환
      ㉡ 조선지적협회에 대행하여 이를 소관청이 인정한 경우
      ㉢ 도면 및 기타자료에 의해 임대가격이 적당하다고 인정된 경우
   ④ 토지검사의 시행
      ㉠ 매년 6~9월 시행이 원칙이나, 필요시 임시 시행이 가능함
      ㉡ 업무처리내용은 토지검사수첩에 등재
2. 지압조사
   ① 개념
      ㉠ 토지의 이동이 있는 경우에 토지소유자는 관계법령에 따라 소관청에 신고하여야 하나 이것이 잘 시행되지 못할 경우에 무신고 이동지를 조사 발견할 목적으로 소관청이 현지조사를 실시하는 것
      ㉡ 지압조사의 성격 : 토지등록에 대한 사실심사주의, 직권등록주의와 관련된 개념
   ② 지압조사의 계획
      ㉠ 지적소관청은 지압조사를 실시하기 위해 그 집행계획서를 수리조합, 지적협회 등에 통지하여 협력을 요청
      ㉡ 업무의 통일 및 직원의 훈련 등에 필요한 경우는 본 조사 이전에 모범조사 실시

Answer 78. ③

③ 지압조사의 시행
  ㉠ 지적약도 및 임야 약도는 실지에 휴대하고 정·리·동마다 그 수위의 지번의 토지부터 순차적으로 실지와 도면을 대조하여 이동의 유무를 조사하는 것이 원칙
  ㉡ 지압조사를 할 구역 내의 지적약도 및 임야 약도에 대해서는 미리 이동정리의 적부를 조사하여 정리 누락된 것이 있으면 즉각 이를 보완
  ㉢ 조사결과 발견된 무신고이동지는 "무신고이동지정리부"에 등재

79. 다음의 지적제도 중 토지정보시스템과 가장 밀접한 관계가 있는 것은?

① 법지적
② 세지적
③ 경계지적
④ 다목적지적

해설 다목적지적의 개념
- 다목적지적은 토지이용의 효율화를 위해 도지에 대한 모든 관련 자료를 일필지를 기초로 집적관리하고 공급하는 제도로서 토지 관련 정보의 종합적인 기록유지와 공급의 종합토지정보시스템
- 토지에 관한 등록자료의 용도가 다양화함에 따라 더 많은 자료의 관리와 이를 신속하고 정확하게 공급하기 위한 제도
- 토지의 각종 등록 자료의 관리 및 공급으로 토지이용의 효율성을 추구하는 제도
- 종합지적 또는 통합지적이라 함
- 토지소유권, 토지이용, 토지평가, 토지자원관리에 관한 의사결정에 필요한 정보를 포함
- 등록 자료의 통계, 추정, 검증, 분석이 가능한 프로그램에 의하여 컴퓨터시스템으로 운영할 때 가능한 종합적 토지정보시스템

80. 우리나라의 지목 결정 원칙과 가장 거리가 먼 것은?

① 일필일목의 원칙
② 용도경중의 원칙
③ 지형지목의 원칙
④ 주지목추종의 원칙

해설 지목설정의 원칙
1. 1필1지목의 원칙 : 1필의 토지에는 1개의 지목만을 설정하는 원칙이며, 1필의 일부가 용도변경된 경우에는 분할 후에 지목을 변경
2. 주지목추종의 원칙 : 주된 토지의 편익을 위해 설치된 소면적의 도로, 구거 등의 지목은 이를 따로 정하지 않고 주된 토지의 사용목적 및 용도에 따라 지목을 설정하는 원칙
3. 등록선후의 원칙 : 도로, 철도용지, 하천, 제방, 구거, 수도용지 등의 지목이 중복되는 경우에는 먼저 등록된 토지의 사용목적, 용도에 따라 지번을 설정하는 원칙
4. 용도경중의 원칙 : 도로, 철도용지, 하천, 제방, 구거, 수도용지 등의 지목이 중복되는 경우에는 중요 토지의 사용목적 및 용도에 따라 지목을 설정하는 원칙
5. 일시변경불가의 원칙 : 임시적, 일시적 용도의 변경 시 등록전환 또는 지목변경불가의 원칙
6. 사용목적추종의 원칙 : 도시계획사업, 토지구획정리사업, 농지개량사업 등의 완료에 따라 조성된 토지는 사용목적에 따라 지목을 설정하여야 한다는 원칙

05 지적관계법규

81. 지목 부호는 다음의 지적공부 중 어디에 표기하는가?
① 토지대장
② 임야대장
③ 지적도
④ 경계점좌표등록부

해설 지목의 표기방법
- 지목을 지적도면에 등록하는 때에는 두문자(頭文字) 또는 차문자(次文字)로 표기한다.
- 28개의 지목 중 하천, 유원지, 공장용지, 주차장을 제외한 24개 지목은 두 문자로 표기하고 4개의 지목은 차문자로 표기한다(하천 → 천, 유원지 → 원, 공장용지 → 장, 주차장 → 차).

82. 도시개발사업 등의 신고에 관한 설명 중 옳지 않은 것은?
① 시행자는 사업의 착수·변경 및 완료 사실을 지적소관청에 신고하여야 한다.
② 사업의 착수신고는 그 신고사유가 발생한 날로부터 15일 이내에 하여야 한다.
③ 사업의 완료신고는 그 신고사유가 발생한 날로부터 30일 이내에 하여야 한다.
④ 사업의 착수신고서에는 반드시 사업계획도가 첨부되어야 한다.

해설 도시개발사업 등 시행지역의 토지이동 신청에 관한 특례
1. 신청
   ① 도시개발사업, 농어촌정비사업 그 밖에 대통령령으로 정하는 토지개발사업의 시행자는 그 사업의 착수·변경 및 완료 사실을 지적소관청에 신고하여야 한다.
   ② 도시개발사업 등과 관련하여 토지의 이동이 필요한 경우에는 해당 사업의 시행자가 지적소관청에 토지의 이동을 신청하여야 한다.
   ③ 도시개발사업 등에 따른 토지의 이동 신청은 그 신청대상지역이 환지를 수반하는 경우에는 사업완료 신고로써 이를 갈음할 수 있다. 이 경우 사업완료 신고서에 도시개발사업 등에 따른 토지의 이동 신청을 갈음한다는 뜻을 적어야 한다.
   ④ 「주택법」에 따른 주택건설사업의 시행자가 파산 등의 이유로 토지의 이동 신청을 할 수 없을 때에는 그 주택의 시공을 보증한 자 또는 입주예정자 등이 신청할 수 있다.
2. 도시개발사업 등의 착수·변경 또는 완료 사실의 신고 시기 : 신고 사유가 발생한 날부터 15일 이내에 하여야 한다.
3. 도시개발사업 등의 착수(변경) 신고 시 제출서류
   ① 사업인가서
   ② 지번별 조서
   ③ 사업계획도
4. 도시개발사업 등의 완료 신고 시 제출서류
   ① 확정될 토지의 지번별 조서 및 종전 토지의 지번별 조서
   ② 환지처분과 같은 효력이 있는 고시된 환지계획서(다만, 환지를 수반하지 아니하는 사업인 경우에는 사업의 완료를 증명하는 서류)

Answer 81. ③ 82. ③

83. 지적공부의 등록사항 중 모든 지적공부에 공통으로 등록되는 사항으로 맞는 것은?

① 지목
② 지분
③ 토지소유자
④ 지번

해설 지적공부 등록사항

구분	토지(임야)대장	공유지연명부	대지권등록부	지적(임야)도	경계점좌표등록부
토지소재	○	○	○	○	○
지번	○	○	○	○	○
지목	○	×	×	○	×
면적	○	×	×	×	×
좌표	×	×	×	×	○
소유권지분	×	○	×	×	×
대지권비율	×	×	○	×	×
전유부분의 건물표시	×	×	○	×	×
건물의 명칭	×	×	○	×	×
부호 및 부호도	×	×	×	×	○
개별공시지가와 그 기준일	○	×	×	×	×

84. 1필지의 일부가 형질변경 등으로 용도가 변경되어 토지소유자가 소관청에 분할을 신청할 경우 함께 제출할 신청서로서 옳은 것은?

① 신규등록 신청서
② 지목변경 신청서
③ 토지합병 신청서
④ 용도전용 신청서

해설 토지분할
1. 신청기한 : 용도가 변경된 날부터 60일 이내에 지적소관청에 토지의 분할을 신청하여야 한다.
2. 신청
   ① 분할을 신청할 수 있는 경우는 다음과 같다. 다만, 관계 법령에 따라 해당 토지에 대한 분할이 개발행위 허가 등의 대상인 경우에는 개발행위 허가 등을 받은 이후에 분할을 신청할 수 있다.
      ㉠ 소유권 이전, 매매 등을 위하여 필요한 경우
      ㉡ 토지이용상 불합리한 지상 경계를 시정하기 위한 경우
      ㉢ 분할 허가 대상인 토지의 경우 그 허가서 사본
   ② 1필지의 일부가 형질변경 등으로 용도가 변경되어 분할을 신청할 때에는 지목변경 신청서를 함께 제출하여야 한다.

85. 다음 중 지번을 순차적으로 부여하여야 하는 방향 기준으로 옳은 것은?

① 북동 → 남서
② 북서 → 남동
③ 남동 → 북서
④ 남서 → 북동

해설 지번부여의 원칙
우리나라는 북서에서 남동으로 순차적으로 지번을 부여하는 "북서기번법"을 채택

86. 시·군·구(자치구가 아닌 구를 포함한다) 단위의 지적전산자료를 활용하려는 자는 누구의 승인을 받아야 하는가?

① 국토교통부장관
② 국가정보원장
③ 시·도지사
④ 지적소관청

해설 지적전산자료의 이용
1. 지적전산자료의 승인권자
   ① 전국 단위의 지적전산자료 : 국토교통부장관, 시·도지사 또는 지적소관청
   ② 시·도 단위의 지적전산자료 : 시·도지사 또는 지적소관청
   ③ 시·군·구 단위의 지적전산자료 : 지적소관청
2. 지적전산자료의 심사
   지적전산자료 승인을 신청하려는 자는 지적전산자료의 이용 또는 활용 목적 등에 관하여 미리 관계 중앙행정기관의 심사를 받아야 한다.

87. 지적공부의 복구자료가 될 수 없는 것은?

① 측량결과도
② 한국국토정보공사 발행 지적도 사본
③ 지적공부 등본
④ 토지이동정리 결의서

해설 지적공부의 복구
1. 복구방법
   ① 지적소관청은 지적공부를 복구하고자 하는 때에는 멸실·훼손 당시의 지적공부와 가장 부합된다고 인정되는 관계자료에 의하여 토지의 표시에 관한 사항을 복구
   ② 소유자에 관한 사항은 부동산등기부나 법원의 확정판결에 따라 복구
2. 복구자료
   ① 지적공부의 등본
   ② 측량결과도
   ③ 토지이동정리 결의서
   ④ 토지(건물)등기사항증명서 등 등기사실을 증명하는 서류
   ⑤ 지적소관청이 작성하거나 발행한 지적공부의 등록내용을 증명하는 서류
   ⑥ 복제된 지적공부
   ⑦ 법원의 확정판결서 정본 또는 사본

88. 토지의 이동에 따른 면적 결정방법으로 옳지 않은 것은?

① 합병 후 필지의 면적은 개별적인 측정을 통하여 결정한다.
② 합병 후 필지의 경계는 합병 전 각 필지의 경계 중 합병으로 필요 없게 된 부분을 말소하여 결정한다.
③ 합병 후 필지의 좌표는 합병 전 각 필지의 좌표 중 합병으로 필요 없게 된 부분을 말소하여 결정한다.
④ 등록전환이나 분할에 따른 면적을 정할 때 오차가 발생하는 경우 그 오차의 허용범위 및 처리방법 등에 필요한 사항은 대통령령으로 정한다.

해설 면적측정의 대상
- 지적공부의 복구·신규등록·등록전환·분할 및 축척변경을 하는 경우
- 등록사항정정에 따른 면적 또는 경계를 정정하는 경우
- 도시개발사업 등으로 인한 토지의 이동에 따라 토지의 표시를 새로 결정하는 경우
- 경계복원측량 및 지적현황측량에 면적측정이 수반되는 경우(경계복원측량과 지적현황측량을 하는 경우에는 필지마다 면적을 측정하지 아니함)

※ 합병에 따른 경계·좌표 또는 면적 결정방법
- 합병 후 필지의 경계 또는 좌표: 합병 전 각 필지의 경계 또는 좌표 중 합병으로 필요 없게 된 부분을 말소하여 결정
- 합병 후 필지의 면적: 합병 전 각 필지의 면적을 합산하여 결정

89. 다음 중 지적측량업의 등록기준으로 옳지 않은 것은?

① 토탈스테이션 1대 이상
② 출력장치 1대 이상
③ 초급기술자 2명 이상
④ 고급기술자 2명 이상

해설 지적측량업의 등록기준

구분	기술능력	장비

지적
측량업
	• 특급기술인 1명 또는 고급기술인 2명 이상
	• 중급기술인 2명 이상
	• 초급기술인 1명 이상
	• 지적 분야의 초급기능사 1명 이상
		• 토털스테이션 1대 이상
		• 출력장치 1대 이상
		  - 해상도: 2,400DPI×1,200DPI
		  - 출력범위: 600mm×1,060mm 이상

90. 지적공부에 등록하는 경계(境界)의 결정권자는 누구인가?

① 행정자치부장관
② 국토교통부장관
③ 지적소관청
④ 시·도지사

해설 토지의 조사·등록
1. 토지의 등록
   국토교통부장관은 모든 토지에 대하여 필지별로 소재·지번·지목·면적·경계 또는 좌표 등을 조사·측량하여 지적공부에 등록

Answer 88. ①   89. ③   90. ③

2. 등록의 결정권자
　지적공부에 등록하는 지번·지목·면적·경계 또는 좌표는 토지의 이동이 있을 때 토지소유자의 신청을 받아 지적소관청이 결정. 다만, 신청이 없으면 지적소관청이 직권으로 조사·측량하여 결정

91. 축척변경 시행지역의 토지소유자 또는 점유자는 시행공고가 된 날부터 최대 며칠 이내에 시행공고일 현재 점유하고 있는 경계에 국토교통부령으로 정하는 경계점표지를 설치하여야 하는가?

① 60일 이내　　　　　　　　　② 30일 이내
③ 15일 이내　　　　　　　　　④ 10일 이내

해설　1. 축척변경 시행공고
　① 지적소관청은 시·도지사 또는 대도시 시장으로부터 축척변경 승인을 받았을 때에는 지체 없이 다음 각 호의 사항을 20일 이상 공고하여야 한다.
　　㉠ 축척변경의 목적, 시행지역 및 시행기간
　　㉡ 축척변경의 시행에 관한 세부계획
　　㉢ 축척변경의 시행에 따른 청산방법
　　㉣ 축척변경의 시행에 따른 토지소유자 등의 협조에 관한 사항
　② 시행공고는 시·군·구 및 축척변경 시행지역 동·리의 게시판에 주민이 볼 수 있도록 게시하여야 한다.
2. 토지소유자의 경계점 표지설치
　축척변경 시행지역의 토지소유자 또는 점유자는 시행공고가 된 날부터 30일 이내에 시행공고일 현재 점유하고 있는 경계에 경계점표지를 설치해야 한다.

92. 국토교통부장관이 기본측량을 실시하기 위하여 필요하다고 인정하는 경우, 토지의 수용 또는 사용에 따른 손실보상에 관하여 적용하는 법률은?

① 부동산등기법
② 국토의 계획 및 이용에 관한 법률
③ 공간정보의 구축 및 관리 등에 관한 법률
④ 공익사업을 위한 토지 등의 취득 및 보상에 관한 법률

해설　토지의 수용 및 사용
　① 국토교통부장관은 기본측량을 실시하기 위하여 필요하다고 인정하는 경우에는 토지, 건물, 나무 그 밖의 공작물을 수용하거나 사용할 수 있다.
　② 수용 또는 사용 및 이에 따른 손실보상에 관하여는 「공익사업을 위한 토지 등의 취득 및 보상에 관한 법률」을 적용한다.

93. 다음 중 지적소관청이 토지의 표시 변경에 관한 등기를 할 필요가 있는 경우, 관할 등기관서에 그 등기를 촉탁하여야 하는 대상에 해당하지 않은 것은?

① 분할　　　　　　　　　　　　② 신규등록
③ 바다로 된 토지의 말소　　　　④ 행정구역 개편에 따른 지번변경

Answer　91. ②　92. ④　93. ②

해설 등기촉탁

지적소관청은 신규등록을 제외한 토지의 표시 변경에 관한 등기를 할 필요가 있는 경우에는 지체 없이 관할 등기관서에 그 등기를 촉탁하여야 한다. 이 경우 등기촉탁은 국가가 국가를 위하여 하는 등기로 본다.

1. 등기촉탁의 대상
   ① 토지의 이동이 있는 경우(신규등록 제외)
   ② 지번을 변경한 때
   ③ 축척변경을 한 때
   ④ 바다로 된 토지의 등록말소
   ⑤ 행정구역의 명칭변경
   ⑥ 등록사항의 오류를 지적소관청이 직권으로 조사, 측량하여 정정한 때
2. 등기촉탁의 절차
   ① 지적소관청은 등기관서에 토지표시의 변경에 관한 등기를 촉탁하려는 때에는 토지표시변경등기 촉탁서에 그 취지를 적어야 한다.
   ② 토지표시의 변경에 관한 등기를 촉탁한 때에는 토지표시변경등기 촉탁대장에 그 내용을 적어야 한다.

94. 공간정보의 구축 및 관리 등에 관한 법령상 지적측량의뢰인이 손해배상금으로 보험금을 지급받고자 하는 경우의 첨부 서류에 해당되는 것은?

① 공정증서   ② 인낙조서   ③ 조정조서   ④ 화해조서

해설 보험금 등의 지급
① 지적측량의뢰인은 손해배상으로 보험금·보증금 또는 공제금을 지급받으려면 다음의 어느 하나에 해당하는 서류를 첨부하여 보험회사 또는 공간정보산업협회에 손해배상금 지급을 청구하여야 한다.
   ㉠ 지적측량의뢰인과 지적측량수행자 간의 손해배상합의서 또는 화해조서
   ㉡ 확정된 법원의 판결문 사본
   ㉢ 위 ㉠, ㉡에 준하는 효력이 있는 서류
② 지적측량수행자는 보험금·보증금 또는 공제금으로 손해배상을 했을 때에는 지체 없이 다시 보증설정을 하고 그 사실을 증명하는 서류를 시·도지사 또는 대도시 시장에게 제출해야 한다.
③ 지적소관청은 지적측량수행자가 지급하는 손해배상금의 일부를 지적소관청의 지적측량성과 검사 과실로 인하여 지급하여야 하는 경우에 대비하여 공제에 가입할 수 있다.

95. 다음 등록사항의 정정에 대한 설명 중 (　) 안에 해당하지 않는 것은?

> 지적소관청이 제1항 또는 제2항에 따라 등록사항을 정정할 때 그 정정사항이 토지소유자에 관한 사항인 경우에는 (　) 또는 등기관서에서 제공한 등기전산정보자료에 따라 정정하여야 한다.

① 등기부등본   ② 등기필증
③ 등기완료통지서   ④ 등기사항증명서

해설 토지소유자에 관한 등록사항의 정정
• 등기필증, 등기완료통지서, 등기사항증명서 또는 등기관서에서 제공한 등기전산정보자료에 따라 정정
• 미등기 토지에 대하여 토지소유자의 성명 또는 명칭, 주민등록번호, 주소 등에 관한 사항의 정정을 신청한 경우로서 그 등록사항이 명백히 잘못된 경우에는 가족관계 기록사항에 관한 증명서에 따라 정정

96. 다음 토지이동 중 축척의 변경이 수반되는 토지이동은?

① 등록전환 ② 신규등록 ③ 지목변경 ④ 합병

해설 "등록전환"이란 임야대장 및 임야도에 등록된 토지를 토지대장 및 지적도에 옮겨 등록하는 것을 말하는 것으로, 임야도에서 지적도로 옮겨 등록할 때에는 축척의 변경이 수반된다.

97. 지적측량업의 영업 정지 대상이 되는 위반행위가 아닌 것은?

① 고의 또는 과실로 측량을 부정확하게 한 경우
② 정당한 사유 없이 측량업의 등록을 한 날부터 계속하여 1년 이상 휴업한 경우
③ 지적측량업자가 법에서 규정한 업무 범위를 위반하여 지적측량을 한 경우
④ 거짓이나 그 밖의 부정한 방법으로 지적측량업의 등록을 한 경우

해설 측량업의 등록취소 등
1. 등록취소 등 결정권자 : 국토교통부장관 또는 시·도지사 또는 대도시 시장
2. 등록취소 등의 방법 : 측량업의 등록을 취소하거나 1년 이내의 기간을 정하여 영업의 정지를 명할 수 있으며 제2호·제4호·제6호·제7호·제10호 또는 제14호에 해당하는 경우에는 측량업의 등록을 취소하여야 한다.
   ① 고의 또는 과실로 측량을 부정확하게 한 경우
   ② 거짓이나 그 밖의 부정한 방법으로 측량업의 등록을 한 경우(등록취소)
   ③ 정당한 사유 없이 측량업의 등록을 한 날부터 1년 이내에 영업을 시작하지 아니하거나 계속하여 1년 이상 휴업한 경우
   ④ 등록기준에 미달하게 된 경우(다만, 일시적으로 등록기준에 미달되는 등의 경우는 제외)(등록취소)
   ⑤ 지적측량업자가 업무 범위를 위반하여 지적측량을 한 경우
   ⑥ 측량업등록의 결격사유에 해당하게 된 경우(등록취소)와 임원 중에 결격사유에 어느 한에 해당하는 자가 있는 법인이 해당하게 된 경우로서 그 사유가 발생한 날부터 3개월 이내에 그 사유를 없앤 경우는 제외
   ⑦ 다른 사람에게 자기의 측량업등록증 또는 측량업등록수첩을 빌려 주거나 자기의 성명 또는 상호를 사용하여 측량업무를 하게 한 경우(등록취소)
   ⑧ 지적측량업자가 지적측량수행자의 성실의무 등을 위반한 경우
   ⑨ 보험가입 등 필요한 조치를 하지 아니한 경우
   ⑩ 영업정지기간 중에 계속하여 영업을 한 경우(등록취소)
   ⑪ 임원의 직무정지 명령을 이행하지 아니한 경우
   ⑫ 지적측량업자가 지적측량수수료를 고시한 금액보다 과다 또는 과소하게 받은 경우
   ⑬ 다른 행정기관이 관계 법령에 따라 등록취소 또는 영업정지를 요구한 경우
   ⑭ 국가기술자격법을 위반하여 측량업자가 측량기술자의 국가기술자격증을 대여받은 사실이 확인된 경우(등록취소)

98. 공간정보의 구축 및 관리 등에 관한 법령상 지적공부의 열람·발급 시 지적소관청에서 교부하는 등본 대상이 아닌 것은?

① 결번대장 ② 임야대장
③ 토지대장 ④ 경계점좌표등록부

Answer 96. ① 97. ④ 98. ①

해설 지적공부의 열람·발급 시 지적소관청에서 교부하는 등본 대상은 토지대장, 임야대장, 지적도, 임야도, 경계점좌표등록부, 부동산종합공부이다.

※ 결번대장
결번대장은 행정구역의 변경, 도시개발사업의 시행, 지번변경, 축척변경, 지번정정 등의 사유로 지번에 결번이 생긴 때 그 사유를 적어 지적소관청이 영구히 보존하는 대장을 말한다.

99. 아래는 지적재조사에 관한 특별법에 따른 기본계획의 수립에 관한 내용이다. ( ) 안에 들어갈 일자로 옳은 것은?

> 지적소관청은 기본계획안을 송부받은 날부터 (㉠) 이내에 시·도지사에게 의견을 제출하여야 하며, 시·도지사는 기본계획안을 송부받은 날부터 (㉡) 이내에 지적소관청의 의견에 자신의 의견을 첨부하여 국토교통부장관에게 제출하여야 한다. 이 경우 기간 내에 의견을 제출하지 아니하면 의견이 없는 것으로 본다.

① ㉠ 10일, ㉡ 20일
② ㉠ 20일, ㉡ 30일
③ ㉠ 30일, ㉡ 40일
④ ㉠ 40일, ㉡ 50일

해설 지적재조사 기본계획의 수립절차
① 국토교통부장관은 기본계획을 수립할 때에는 미리 공청회를 개최하여 관계 전문가 등의 의견을 들어 기본계획안을 작성하고, 특별시장·광역시장·도지사·특별자치도지사·특별자치시장 및 「지방자치법」 제175조에 따른 인구 50만 이상 대도시의 시장에게 그 안을 송부하여 의견을 들은 후 제28조에 따른 중앙지적재조사위원회의 심의를 거쳐야 한다.
② 시·도지사는 제2항에 따라 기본계획안을 송부받았을 때에는 이를 지체 없이 지적소관청에 송부하여 그 의견을 들어야 한다.
③ 지적소관청은 제3항에 따라 기본계획안을 송부받은 날부터 20일 이내에 시·도지사에게 의견을 제출하여야 하며, 시·도지사는 제2항에 따라 기본계획안을 송부받은 날부터 30일 이내에 지적소관청의 의견에 자신의 의견을 첨부하여 국토교통부장관에게 제출하여야 한다. 이 경우 기간 내에 의견을 제출하지 아니하면 의견이 없는 것으로 본다.
④ 국토교통부장관은 기본계획을 수립하거나 변경하였을 때에는 이를 관보에 고시하고 시·도지사에게 통지하여야 하며, 시·도지사는 이를 지체 없이 지적소관청에 통지하여야 한다.
⑤ 국토교통부장관은 기본계획이 수립된 날부터 5년이 지나면 그 타당성을 다시 검토하고 필요하면 이를 변경하여야 한다.

100. 지적업무처리규정상 지적측량수행자가 지적측량정보를 처리할 수 있는 시스템에 측량준비파일을 등록하여 자료를 조사하여야 하는 사항이 아닌 것은?

① 측량연혁
② 토지의 지목
③ 경계 및 면적
④ 지적기준점 성과

해설 지적측량수행자가 측량준비파일을 등록하고 조사하여야 하는 사항
- 경계 및 면적
- 지적측량성과의 결정방법
- 측량연혁
- 지적기준점 성과
- 그 밖에 필요한 사항

INDUSTRIAL ENGINEER CADASTRAL SURVEYING

2024년 기출복원문제

2024년 제1회 지적산업기사

2024년 제2회 지적산업기사

2024년 제3회 지적산업기사

2024년 시행

2024년 제1회 지적산업기사

01 지적측량

01. 축척이 1 : 1,200인 지역에서 전자면적측정기에 따른 면적을 도상에서 2회 측정한 결과가 654.8m², 655.2m²이었을 때 평균치를 측정면적으로 하기 위하여 교차는 얼마 이하이어야 하는가?

① 16.2m²
② 17.2m²
③ 18.2m²
④ 19.2m²

해설 지적측량시행규칙 제20조(면적측정의 방법 등)
전자면적측정기에 따른 면적측정은 도상에서 2회 측정하여 그 교차가 다음 계산식에 따른 허용면적 이하일 때에는 그 평균치를 측정면적으로 한다.
$A = 0.023^2 M\sqrt{F}$
여기서, A는 허용면적, M은 축척분모, F는 2회 측정한 면적의 합계를 2로 나눈 수
$A = 0.023^2 M\sqrt{F} = 0.023^2 \times 1,200\sqrt{655} = 16.25$
∴ 16.2m²

02. 다음 중 도면에 등록하는 도곽선의 제도 방법 기준에 대한 설명으로 옳지 않은 것은?

① 도곽선은 0.1mm의 폭으로 제도한다.
② 도곽선의 수치는 2mm의 크기로 제도한다.
③ 지적도의 도곽 크기는 가로 30cm, 세로 40cm의 직사각형으로 한다.
④ 도곽선의 수치는 도곽선 왼쪽 아랫부분과 오른쪽 윗부분의 종횡선교차점 바깥쪽에 제도한다.

해설 지적업무처리규정 제40조(도곽선의 제도)
• 도면의 위 방향은 항상 북쪽이 되어야 한다.
• 지적도의 도곽 크기는 가로 40센티미터, 세로 30센티미터의 직사각형으로 한다.
• 도곽의 구획은 영 제7조 제3항 각 호에서 정한 좌표의 원점을 기준으로 하여 정하되, 그 도곽의 종횡선 수치는 좌표의 원점으로부터 기산하여 영 제7조 제3항에서 정한 종횡선수치를 각각 가산한다.
• 도면에 등록하는 도곽선은 0.1밀리미터의 폭으로, 도곽선의 수치는 도곽선 왼쪽 아랫부분과 오른쪽 윗부분의 종횡선교차점 바깥쪽에 2밀리미터 크기의 아라비아숫자로 제도한다.

Answer 01. ① 02. ③

03.
배각법에 의해 지적도근점측량을 실시하여 종선차의 합이 −140.10m, 종선차의 기지값이 −140.30m, 횡선차의 합이 320.20, 횡선차의 기지값이 320.25m일 때 연결오차는?

① 0.21m
② 0.30m
③ 0.25m
④ 0.31m

해설 종선교차 = −140.10 − (−140.30) = 0.2
횡선교차 = 320.20 − 320.25 = 0.05
연결오차 = $\sqrt{0.2^2 + 0.05^2}$ = 0.21m

04.
지적도근점측량에서 연결오차의 허용범위에 대한 기준으로 틀린 것은?(단, n은 각 측선의 수평거리의 총합계를 100으로 나눈 수)

① 1등 도선은 해당 지역 축척분모의 $\frac{1}{100}\sqrt{n}$ cm 이하로 한다.
② 2등 도선은 해당 지역 축척분모의 $\frac{1}{100}\sqrt{n}$ cm 이하로 한다.
③ 경계점좌표등록부를 갖춰 두는 지역의 축척분모는 500으로 한다.
④ 하나의 도선에 속하여 있는 지역의 축척이 2 이상일 때에는 소축척의 축척분모에 따른다.

해설 지적도근점측량 연결오차 허용범위
- 1등 도선 : 해당 지역 축척분모의 $\frac{1}{100}\sqrt{n}$ cm 이하
- 2등 도선 : 해당 지역 축척분모의 $\frac{1.5}{100}\sqrt{n}$ cm 이하
  여기서, n = 각 측선의 수평거리의 총합계를 100으로 나눈 수
- 경계점좌표등록부를 갖춰 두는 지역의 축척분모는 500
- 축척이 $\frac{1}{6,000}$ 인 지역의 축척분모는 3,000
- 하나의 도선에 축척이 2 이상일 때 대축척의 축척분모 적용

05.
다음 그림에서 DC 방위각은?

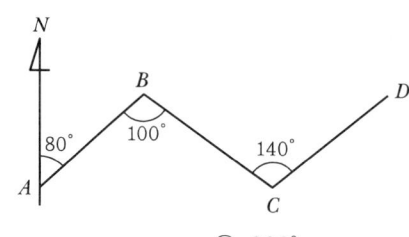

① 120°
② 300°
③ 340°
④ 350°

해설
$V_A^B = 80°$
$V_B^A = 80° + 180° = 260°$
$V_B^C = V_B^A - 100° = 260° - 100° = 160°$
$V_C^B = V_B^C + 180° = 160° + 180° = 340°$
$V_C^D = V_C^B + 140° = 340° + 140° = 480°$
$V_D^C = V_C^D - 180° = 480° - 180° = 300°$

※ 참고
역방위각은 도착한 점에서 출발한 점을 시준했을 때의 방위각으로서 도착했을 때의 방위각에 180°를 더하거나 뺄을 때 나오는 각이다.
1. 180°를 더하는 경우 : 도착방위각에 180°를 더해서 360°를 넘지 않는 경우
2. 180°를 빼는 경우 : 도착방위각에 180°를 더해서 360°를 넘는 경우

06. 오차의 종류 중 아래와 같은 특징을 갖는 것은?

- 오차의 부호와 크기가 불규칙하게 발생한다.
- 오차의 발생원인이 명확하지 않다.
- 오차의 조정은 최소제곱법의 이론으로 접근하여 조정한다.

① 정오차　　　　　　　　　② 과대오차
③ 우연오차　　　　　　　　④ 허용오차

해설 우연오차(부정오차, 상차)
- 발생원인이 불명확한 오차
- 오차 원인의 방향이 일정하지 않음
- 서로 상쇄되기도 하므로 상차라고도 함
- 최소제곱법에 의한 확률법칙에 의해 처리가 가능
- 원인을 알아도 소거가 불가능

07. 공간정보의 구축 및 관리 등에 관한 법률에 따른 측량기준(세계측지계)에서 회전타원체의 편평률로 옳은 것은?(단, 분모는 소수 둘째 자리까지 표현한다)

① 294.98분의 1　　　　　　② 298.26분의 1
③ 299.15분의 1　　　　　　④ 299.26분의 1

해설 공간정보의 구축 및 관리 등에 관한 법률 제7조(세계측지계 등)
법 제6조 제1항에 따른 세계측지계(世界測地系)는 지구를 편평한 회전타원체로 상정하여 실시하는 위치측정의 기준
1. 장반경 : 6,378,137미터
2. 편평률 : 298.257222101분의 1
∴ 편평률=298.26분의 1

Answer　06. ③　07. ②

08. 배각법에 의한 지적도근점측량을 시행할 경우 수평각을 관측한 1배각과 3배각의 평균값에 대한 교차는 얼마 이내여야 하는가?

① 30초 이내
② 40초 이내
③ 50초 이내
④ 1분 이내

해설 지적측량 시행규칙 제41조(지적도근점의 각도관측에 있어서 폐색오차의 허용범위 및 측각오차의 배분)
도선법과 다각망도선법에 의한 지적도근점의 각도관측에 있어서 폐색오차의 허용범위는 다음 각 호의 기준에 의한다. 이 경우 n은 폐색변을 포함한 변의 수를 말한다.
1. 배각법에 의하는 때에는 1회 측정각과 3회 측정각의 평균값에 대한 교차는 30초 이내로 하고, 1도선의 기지방위각 또는 평균방위각과 관측방위각의 폐색오차는 1등도선은 $\pm 20\sqrt{n}$ 초 이내, 2등도선은 $\pm 30\sqrt{n}$ 초 이내로 한다.
2. 방위각법에 의하는 때에는 1도선의 폐색오차는 1등도선은 $\pm \sqrt{n}$ 분 이내, 2등도선은 $\pm 1.5\sqrt{n}$ 분 이내로 한다.

09. 지적확정측량 시 필지별 경계점의 기준이 되는 점이 아닌 것은?

① 수준점
② 위성기준점
③ 통합기준점
④ 지적삼각점

해설 수준점
높이 측정의 기준으로 사용하기 위하여 대한민국 수준원점을 기초로 정한 기준점으로 지적확정측량에서는 필지별 경계점의 높이 값을 측정하지 않는다.

10. 경위의측량방법에 따른 지적삼각점의 관측에서 수평각의 측각공차 중 기지각과의 차에 대한 기준은?

① ±30초 이내
② ±40초 이내
③ ±50초 이내
④ ±60초 이내

해설 지적측량시행규칙 제11조(지적삼각보조점의 관측 및 계산)

종별	1방향각	1측회의 폐색	삼각형 내각관측의 합과 180도와의 차	기지각과의 차
공차	30초 이내	±30초 이내	±30초 이내	±40초 이내

11. 전파기 또는 광파기측량법에 의한 지적삼각점의 관측과 계산에 관한 설명으로 틀린 것은?

① 표준편차가 ±(5mm+5ppm) 이상의 정밀측거기를 사용한다.
② 점간거리 측정은 5회 측정한다.
③ 측정치의 교차가 10만분의 1미터 이하일 때는 평균치를 측정거리로 하고, 원점에 투영된 평면거리로 계산하여야 한다.
④ 삼각형의 내각계산은 기지각과 차가 ±50초 이내이어야 한다.

Answer 08. ① 09. ① 10. ② 11. ④

해설 지적측량 시행규칙 제9조(지적삼각점측량의 관측 및 계산)
- 전파 또는 광파측거기(光波測距機)는 표준편차가 ±[5밀리미터+5피피엠(ppm)] 이상인 정밀측거기를 사용한다.
- 점간거리는 5회 측정하여 그 측정치의 최대치와 최소치의 교차가 평균치의 10만분의 1 이하일 때에는 그 평균치를 측정거리로 하고, 원점에 투영된 평면거리에 따라 계산한다.
- 삼각형의 내각은 세 변의 평면거리에 따라 계산하며, 기지각과의 차(差)에 관하여는 제1항 제3호를 준용한다.

12. 전파기측량방법에 의하여 다각망도선법으로 지적삼각보조점측량을 하는 때의 기준과 거리가 먼 것은?

① 삼각형의 각 내각은 30도 이상 150도 이하로 한다.
② 1도선의 점의 수는 기지점과 교점을 포함하여 5개 이하로 한다.
③ 1도선의 거리는 4킬로미터 이하로 한다.
④ 3점 이상의 기지점을 포함한 결합다각방식에 의한다.

해설 지적법 시행규칙 제10조(지적삼각보조점측량)
- 3점 이상의 기지점을 포함한 결합다각방식에 의할 것
- 1도선(기지점과 교점 간 또는 교점과 교점 간을 말한다)의 점의 수는 기지점과 교점을 포함하여 5개 이하로 할 것
- 1도선의 거리(기지점과 교점 또는 교점과 교점 간의 점간거리의 총합계를 말한다)는 4킬로미터 이하로 할 것
※ 지적삼각점측량과 지적삼각보조점측량에서 삼각형의 각 내각은 30도 이상 120도 이하로 한다. 측판측량방법에 의한 세부측량을 교회법으로 하는 경우에 방향각의 교각은 30도 이상 150도 이하로 한다.

13. 전파기측량방법에 따라 다각망도선법으로 지적삼각보조점측량을 할 때 "1 도선"의 의미를 가장 올바르게 설명한 것은?

① 교점과 교점 간만을 말한다.
② 기지점과 교점 간만을 말한다.
③ 기지점과 시시점 간만을 말한다.
④ 기지점과 교점 간 또는 교점과 교점 간을 말한다.

해설 지적측량 시행규칙 제10조(지적삼각보조점측량)
1도선이란 기지점과 교점 간 또는 교점과 교점 간을 말한다.

14. 지적도근점측량에서 측정한 각 측선의 수평거리의 총 합계가 1,550m일 때, 연결오차의 허용범위 기준은 얼마인가?(단, 경계점좌표등록부를 갖춰 두는 지역이며 2등도선이다.)

① 11cm 이하
② 29cm 이하
③ 39cm 이하
④ 59cm 이하

Answer 12. ① 13. ④ 14. ②

해설 지적도근점측량 연결오차 허용범위

1. 1등 도선 : 해당 지역 축척분모의 $\frac{1}{100}\sqrt{n}$ cm 이하

2. 2등 도선 : 해당 지역 축척분모의 $\frac{1.5}{100}\sqrt{n}$ cm 이하

※ n =각 측선의 수평거리의 총합계를 100으로 나눈 수
※ 경계점좌표등록부를 갖춰 두는 지역의 축척분모=500
※ 축척이 $\frac{1}{6,000}$ 인 지역의 축척분모=3,000
※ 하나의 도선에 축척이 2 이상일 때=대축척의 축척분모 적용

따라서 허용범위 기준은 $500 \times 1.5 \div 100 \times \sqrt{(1,550 \div 100)} = 500 \times (0.015 \times \sqrt{15.5}) ≒ 29.5$cm
∴ 29cm 이하

15. 기지점 A를 측점으로 하고 전방교회법으로 다른 기지에 의하여 평판을 표정하는 측량방법은?

① 방향선법
② 원호교회법
③ 측방교회법
④ 후방교회법

해설 전방교회법과 후방교회법을 겸한 방법으로서 AB는 기지점이나 B점에 평판을 세울 수 없을 때 C점의 위치를 구하는 방법으로 교각은 30°~150° 이내가 되도록 해야 한다.

16. 평판측량방법으로 광파조준의를 사용하여 세부측량을 하는 경우 방향선의 최대 도상길이는?

① 10cm
② 15cm
③ 20cm
④ 30cm

해설 지적측량 시행규칙 제18조(세부측량의 기준 및 방법 등)
• 방향선의 도상길이는 10센티미터 이하
• 광파조준의(光波照準儀) 또는 광파측거기를 사용하는 경우에는 30센티미터 이하

17. 다음 중 시오삼각형이 발생할 수 있는 것은?

① 방사법
② 현형법
③ 교회법
④ 도선법

해설 시오삼각형은 측판측량방법 중 교회법으로 측량할 때 표정작업을 정확하게 하지 않았을 경우 발생할 수 있는 오차로서 내측원의 직경이 1mm 이하인 때는 그 중심점을 구하는 위치로 한다.

18. 경위의측량방법에 의한 세부측량방법으로 옳게 짝지어진 것은?

① 지거법 – 도선법
② 도선법 – 방사법
③ 방사법 – 교회법
④ 교회법 – 지거법

해설 지적법 시행규칙 제18조(세부측량의 기준 및 방법 등)
경위의측량방법에 의한 세부측량의 관측 및 계산은 도선법 또는 방사법에 의한다.

19. 축척 1200분의 1 지적도 시행지역에서 전자면적측정기로 도상에서 2회 측정한 값이 270.5m², 275.5m²이었을 때 그 교차는 얼마 이하여야 하는가?

① 10.4m² ② 13.4m² ③ 17.3m² ④ 24.3m²

해설 지적측량 시행규칙 제20조(면적측정의 방법 등)
전자면적측정기에 따른 면적측정은 도상에서 2회 측정하여 그 교차가 다음 계산식에 따른 허용면적 이하일 때에는 그 평균치를 측정면적으로 한다.
$A = 0.023^2 M\sqrt{F}$
여기서, A는 허용면적, M은 축척분모, F는 2회 측정한 면적의 합계를 2로 나눈 수
$A = 0.023^2 M\sqrt{F} = 0.023^2 \times 1,200\sqrt{273} = 10.49$
∴ 10.4m²

20. 다음 중 지적확정측량과 직접 관계가 없는 것은?

① 행정구역계 결정 ② 건물의 위치 확인
③ 필지별 경계점 측정 ④ 지구계 또는 가구계 측정

해설 건물의 위치를 확인하는 것은 지적확정측량과 직접적인 관계가 없다.

02 응용측량

SUBJECT

21. 몇 개의 등고선이 저위부에 밀집하고 고위부에서 떨어지는 경우의 지형은?

① 등경사면 ② 凹형 사면
③ 凸형 사면 ④ 계단상 사면

해설 凸선은 능선으로 지표면의 높은 곳을 연결한 선으로 빗물이 갈라지는 분수선으로 등고선이 저위부에 밀집하고 고위부에서는 떨어진다.

22. 편각법에 의하여 단곡선을 설치하고자 할 때 편각의 값을 구하는 공식으로 옳은 것은?(단, R : 곡선 반지름, l : 현의 길이)

① $1,718.87' \times \dfrac{l}{2R}$ ② $1,718.87' \times \dfrac{l}{R}$

③ $1,718.87'' \times \dfrac{l}{2R}$ ④ $1,718.87'' \times \dfrac{l}{R}$

해설 편각을 구하는 공식은 $(\delta) = 1,718.87' \dfrac{l}{R}$

Answer 19. ① 20. ② 21. ③ 22. ②

23. GPS 측량에서 사용되는 좌표계는 무엇인가?

① UTM 좌표계
② WGS84 좌표계
③ TM 좌표계
④ WGS80 좌표계

해설 GPS시스템의 기준좌표계는 세계측지측량기준계로 지심좌표계인 WGS 좌표계를 쓰고 있으며 WGS 좌표계에는 WGS60, WGS66, WGS72, WGS84가 있으며 그중에서도 WGS84를 GPS시스템의 기준좌표계로 쓰고 있다.

24. 경사거리가 500m이고 고저차가 100m인 지표상 두 점을 축척 1/25,000 지형도에 제도하려면 이 두 점 간의 도상거리는 약 얼마인가?

① 1cm
② 2cm
③ 3cm
④ 4cm

해설 경사거리는 $\sqrt{(500^2 - 100^2)} = 489.90$m 이므로

$$\text{도상거리} = \frac{\text{실제거리}}{\text{축척}} = \frac{489.9}{25,000} = 0.019596\text{m} = 2\text{cm}$$

25. 레벨의 기포는 중앙에 있으며 수평방향으로 90m 떨어진 지점의 표척 읽음 값이 2.894m이었고, 기포를 6눈금 이동한 때의 읽음 값이 2.935m이었다. 이때 기포관의 1눈금 간격을 2mm라 하면 이 기포관의 곡률반경은 얼마가 되겠는가?

① 24.7m
② 26.3m
③ 28.1m
④ 29.4m

해설 기포관의 감도 $\alpha = \dfrac{\rho l}{nD} = \dfrac{206,265''(2.935 - 2.894)}{6 \times 90} = 15.66''$

곡률반경 $R = d \cdot \dfrac{\rho}{P''} = 0.002 \times \dfrac{206,265''}{15.66''} = 26.34$m

26. 원곡선에서 교각 $I=40°$, 반지름 $R=150$m, 곡선시점 B, C=No. 32+4.0m일 때, 도로 기점으로부터 곡선종점 E, C까지의 거리는?(단, 중심말뚝 간격은 20m)

① 104.7m
② 138.2m
③ 744.7m
④ 748.7m

해설 노선측량에서 곡선종점(E, C)까지의 거리는 곡선시점(B, C)+곡선길이(C, L)이고, 곡선시점(B, C)점의 길이는 No. 32+4.0m이므로 644m이다.
다음으로 곡선길이(C, L)를 구하면
C, L = 0.01745RI = 0.01745 × 150 × 40° = 104.7이므로
E, C = 644 + 104.7 = 748.7m

Answer 23. ② 24. ② 25. ② 26. ④

27. 수준측량에서 발생할 수 있는 정오차인 것은?

① 전시와 후시를 바꿔 기입하는 오차
② 관측자의 습관에 따른 수평 조정 오차
③ 표척 눈금이 정확하지 않을 때의 오차
④ 관측 중 기상 상태 변화에 의한 오차

해설 정오차는 원인이 명확하여 소거할 수 있는 오차로 표척 눈금이 정확하지 않을 때의 오차는 정오차로 볼 수 있다.

28. 캔트 계산에 있어서 속도와 곡선 반경을 각각 4배로 하는 캔트는 몇 배로 되는가?

① 2배　　② 3배　　③ 4배　　④ 16배

해설 완화곡선에서 곡선반경의 증가율은 캔트의 감소율과 동률(다른 부호)이므로 반지름이 4배가 되면 캔트는 1/4배가 된다.

29. 경사터널에서의 관측결과가 그림과 같을 때, AB의 고저차는?(단, $a=0.50m$, $b=1.30m$, $S=22.70m$, $\alpha=30°$)

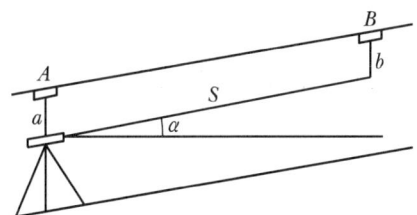

① 13.91m　　② 12.31m　　③ 12.15m　　④ 10.55m

해설 천정에 측점이 있는 것에 주의
$\Delta H + 기계고(I.H) = 시준고(S) + 경사거리(L) \times \sin\alpha$
$\Delta H = S + L\sin\alpha - I.H = 1.3 + 22.7\sin30° - 0.5 = 12.15m$

30. 축척 1 : 25,000 지형도에서 간곡선의 간격은?

① 1.25m　　② 2.5m　　③ 5m　　④ 10m

해설 축척별 등고선의 간격

등고선의 간격	기호	1/10,000	1/25,000	1/50,000
주곡선	가는실선	5m	10m	20m
간곡선	가는 파선	2.5m	5m	10m
보조곡선(조곡선)	가는 점선	1.25m	2.5m	5m
계곡선	굵은 실선	25m	50m	100m

Answer　27. ③　28. ③　29. ③　30. ③

31. 터널측량에 관한 설명 중 옳지 않은 것은?

① 터널측량은 터널 외 측량, 터널 내 측량, 터널 내외 연결측량으로 구분할 수 있다.
② 터널 내 측량에서는 기계의 신자선 및 표척 등에 조명이 필요하다.
③ 터널의 길이 방향은 삼각 또는 트래버스측량으로 한다.
④ 터널 굴착이 끝난 구간에는 기준점을 주로 바닥에 설치한다.

해설 터널측량의 기준점은 주로 천정에 설치한다.

32. 지적조사를 위한 항공사진측량에서 촬영고도가 2,000m이고 비고가 100m일 때 사진주점에서 투영점까지의 거리가 2cm이다. 이 지점에서 사진에 나타난 기복변위량은?

① 1mm
② 2mm
③ 4mm
④ 10mm

해설 기복변위를 구하는 공식은 $\Delta r = \dfrac{h}{H} \times r$ 이다.

여기서, Δr : 변위량, h : 비고, H : 비행고도, r : 연직점까지의 거리

$\dfrac{100}{2,000} \times 2 = 0.001\mathrm{m} = 1\mathrm{mm}$

33. 지형도상에 등고선을 기입하는 방법이 아닌 것은?

① 종단점법
② 방안법
③ 횡단측량법
④ 영선법

해설 영선법은 지면의 최대 경사방향에 단선상의 선을 그어 급경사는 굵고 짧게 완경사는 가늘고 길게 표시하는 방법인데, 수치적인 고저를 표시할 경우나 제도 등이 곤란하다.

34. 클로소이드 곡선에 대한 설명으로 옳지 않은 것은?

① 클로소이드 형식에는 기본형, 복합형, S형 등이 있다.
② 단위 클로소이드란 클로소이드의 매개변수 A에 있어서 $A = 1$, 즉 $R \cdot L = 1$의 관계에 있는 것을 말한다.
③ 클로소이드 곡선이란 곡률이 곡선의 길이에 반비례하는 것을 말한다.
④ 클로소이드 곡선 설치법에는 주접선에서 직교좌표에 의해 설치하는 방법이 있다.

해설 클로소이드 곡선은 곡률이 곡선장에 비례하는 곡선을 말하며 자동차가 일정속도로 달리고 그 앞바퀴의 회전속도를 일정하게 유지할 경우 그리는 운동궤적은 클로소이드가 되며 고속주행 도로에 적합하다.

35. 다음 표는 다각측량에 의하여 결정된 터널입구 A, B의 좌표값이다. 터널의 중심선 AB의 방위각은?

구분	X(m)	Y(m)
터널 입구(A)	−412.58	+5715.71
터널 출구(B)	+587.42	+7447.76

① 30°   ② 45°   ③ 60°   ④ 90°

해설 $X_B - X_A = 1,000\text{m}$ $Y_B - Y_A = 1732.05\text{m}$

∴ AB 방위각은 $\tan^{-1} = \dfrac{1732.05}{1000} = 59°59'59.96'' = 60°$

36. 축척 1/15,000로 평지를 촬영한 연직사진의 사진크기가 18cm×18cm이고 사진의 종중복도가 60%라면 촬영기선장은 얼마인가?

① 540m   ② 810m   ③ 1,080m   ④ 1,620m

해설 $B = a \cdot m = 0.18 \times 15,000 \left(1 - \dfrac{60}{100}\right) = 1,080\text{m}$

37. 그림과 같은 지형표시법을 무엇이라고 하는가?

① 영선법   ② 음영법   ③ 채색법   ④ 등고선법

해설 영선법(우모법)은 급경사는 굵고 짧게, 완경사는 가늘고 길게 새털 모양으로 표시한다. 기복의 판별은 좋으나 정확도가 낮다.

38. 사진측량에서 사진의 특수 3점 중 일반적으로 마주보고 있는 사진지표의 대각선이 서로 만나는 점으로 찾을 수 있는 것은?

① 주점   ② 연직점   ③ 등각점   ④ 부점

해설 사진측량에서 사진상의 특수 3점으로는 주점, 연직점, 등각점이 있다.
- 주점 : 사진의 중심점으로 렌즈의 중심으로부터 화면상에 내린 수선의 발을 말하며 일반적으로 마주보고 있는 사진지표의 대각선이 서로 만나는 점이기도 하다.
- 연직점 : 렌즈의 중심으로부터 지표면에 내린 수선의 발로 지표면과 수직이다.
- 등각점 : 주점과 연직점을 2등분하여 교차하는 점을 말한다.

Answer 35. ③ 36. ③ 37. ① 38. ①

39. GPS 측량 정확도의 영향을 표시하는 DOP의 설명으로 옳지 않은 것은?

① SDOP : 상대 정밀도
② GDOP : 기하학적 정밀도
③ PDOP : 위치 정밀도
④ VDOP : 수직 정밀도

해설 위성의 배치상태에 의한 오차(DOP)은 정밀도 저하율이라 하며 GDOP(기하학적 정밀도 저하율), PDOP(위치 정밀도 저하율), HDOP(수평 정밀도 저하율), VDOP(수직 정밀도 저하율), RDOP(상대 정밀도 저하율), TDOP(시간 정밀도 저하율)로 구분된다.

40. 삼각점 A에서 B점의 표고값을 구하기 위해 양방향 삼각수준측량을 시행하여 고저각 $\alpha_A = +2°30'$와 $\alpha_B = -2°13'$, A점의 기계높이 $i_A = 1.4m$, B점의 기계높이 $i_B = 1.4m$, 측표의 높이 $h_A = 4.20m$, $h_B = 4.20m$를 취득하였다. 이때 B점의 표고값은?(단, A점의 높이=325.63m, A점과 B점 간의 수평거리는 1,580m이다.)

① 325.700m
② 390.700m
③ 419.490m
④ 425.490m

해설 직시의 값과 반시의 값을 구해서 평균값을 사용한다.
① 직시 $H_B = H_A + 기계높이(i_A) + 거리(S) \cdot \tan\alpha_A$
$= 325.63 + 1.4 + (1,580 \times \tan 2°30') = 396.014m$
② 반시 $H_B = H_A - (기계높이(i_B) + 거리(S) \cdot \tan\alpha_B)$
$= 325.63 - (1.4 + (1,580 \times \tan -2°13')) = 385.388m$
$\therefore H_B = \dfrac{396.014 + 385.388}{2} = 390.701m$

03 토지정보체계론

41. 오토캐드용 자료 파일을 다른 그래픽 체계에서 사용될 수 있도록 만든 ASCII 형태의 그래픽 자료 파일 형식은?

① DXF
② IGES
③ NSDI
④ TIGER

해설 DXF(Drawing eXchange Format)
- 서로 다른 CAD 프로그램 간에 설계도면 파일을 교환하는 데 사용되는 파일 형식
- ASCII 코드 형태 그래픽 자료 파일 형식으로 확장자는 *.dxf이다.
- 파일 구성 : 헤더 섹션, 테이블 섹션, 블록 섹션, 엔티티 섹션

Answer 39. ① 40. ② 41. ①

42. 지적전산 정보처리와 관련하여 사용자권한등록파일에 등록하는 사용자의 비밀번호에 대한 기준으로 옳은 것은?

① 사용자가 3 내지 6자리로 정하여 사용한다.
② 사용자가 영문을 포함하여 4 내지 8자리로 정하여 사용한다.
③ 사용자가 6 내지 16자리로 정하여 사용한다.
④ 사용자가 영문을 포함하여 5 내지 10자리로 정하여 사용한다.

해설 사용자번호는 사용자권한등록관리청별로 일련번호로 부여하여야 하고, 한번 부여된 사용자번호는 변경할 수 없으며, 사용자 비밀번호는 사용자가 6 내지 16자리로 정하여 사용한다.

43. 파일처리 방식과 비교하여 데이터베이스 관리시스템(DBMS) 구축의 장점으로 옳은 것은?

① 하드웨어 및 소프트웨어의 초기 비용이 저렴하다.
② 시스템의 부가적인 복잡성이 완전히 제거된다.
③ 집중화된 통제에 따른 위험이 완전히 제거된다.
④ 자료의 중복을 방지하고 일관성을 유지할 수 있다.

해설 DBMS 장점
- 데이터의 독립성
- 데이터의 중복성 배제
- 데이터의 공용화
- 데이터의 일관성 유지
- 데이터의 무결성과 보안성
- 데이터의 표준화
- 새로운 응용프로그램 개발의 용이성

44. 토지 및 임야대장에 등록하는 각 필지를 식별하기 위한 토지의 고유번호(PNU)는 총 몇 자리로 부여하는가?

① 10자리
② 15자리
③ 19자리
④ 21자리

해설 고유번호
토지의 개별성을 나타내기 위하여 필지별로 아라비아숫자를 부여한 번호를 말하는 것으로서 19자리(행정구역 10+대장구분 1+본번 4+부번 4)로 표시하고 있다.

45. 다음의 위상정보 중 하나의 지점에서 또 다른 지점으로의 이동시 경로 선정이나 자원의 배분 등과 가장 밀접한 것은?

① 연결성(Connectivity)
② 계급성(Hierarchy or Containment)
③ 인접성(Neighborhood or Adjacency)
④ 중첩성(Overlay)

해설 연결성 분석
연속성(계속적으로 연결된 것), 근접성(상호 얼마나 가깝게 존재하는가), 관망(선형의 객체가 형성하는 일정 패턴이나 프레임), 확산기능(일정 방향으로 영향을 넓혀 가는 것)

Answer 42. ③ 43. ④ 44. ③ 45. ①

46. 다음 중 지리정보시스템의 국제 표준을 담당하고 있는 기구의 명칭으로 틀린 것은?

① 유럽의 지리정보 표준화기구 : CEN/TC287
② 국제표준화기구 ISO의 지리정보표준화 관련 위원회 : ISO/TC211
③ GIS기본모델의 표준화를 마련한 비영리 민관참여 국제기구 : OGC
④ 유럽의 수치지도 제작 표준화 기구 : SDTS

해설 SDTS(Spatial Data Trasfer Standard)
자료의 공유를 위한 공간 자료교환 표준

47. 지적재조사의 필요성으로 가장 거리가 먼 것은?

① 국민의 재산권 보호
② 부동산중개업무의 원할
③ 지적불부합지 문제 해소
④ 토지의 경계복원능력 향상

해설 지적재조사는 지적제도의 현대화, 토지정보의 종합관리와 이용, 능률적인 지적관리체계로 개선 등이 있다.

48. 데이터의 이력서라 불리며 수록된 데이터의 내용·품질·조건 및 특징을 저장한 것을 무엇이라 하는가?

① 그리드데이터
② 표준데이터
③ 영상데이터
④ 메타데이터

해설 메타데이터는 정보의 공유를 극대화하며 데이터의 원활한 교환을 지원하기 위한 프레임이다.

49. 토지기록 전산화 작업의 목적과 거리가 먼 내용은?

① 토지 관련 정책자료의 다목적 활용
② 민원의 신속하고 정확한 처리
③ 토지 소유 현황의 파악
④ 중앙 통제형 행정전산화의 촉진

해설 토지기록 전산화는 전국 시·군·구에서 발생하는 방대한 양의 토지 자료를 종합적으로 파악하고 관리하기 위한 정보체계를 구축하는 것으로 중앙 통제 목적과는 거리가 멀다.

50. 다음의 지적데이터 중 속성정보에 해당되지 않는 것은?

① 대지권등록부
② 토지대장
③ 공유지연명부
④ 지적도

해설 속성정보는 숫자형, 문자형, 날짜형으로 기록됨으로 지적정보의 경우 토지(임야)대장, 대지권등록부, 공유지연명부 등에 수록된 내용이 해당된다.

Answer 46. ④ 47. ② 48. ④ 49. ④ 50. ④

51. 다음 중 SQL의 특징에 대한 설명이 아닌 것은?
① 상호 대화식 언어다.
② 집합단위로 연산하는 언어다.
③ 관계형 DBMS에서 자료를 만들고 조회할 수 있는 도구이다.
④ ISO 8211에 근거한 정보처리체계와 코딩 규칙을 갖는다.

해설 국제표준화기구(ISO)는 공간정보에 대한 참조모델, 좌표체계, 메타데이터, 제품사양 및 서비스 인터페이스 등을 포함한 전반적인 공간정보 체계에 대한 표준화를 진행하는 공적표준기구이다.

52. 광범위한 자료의 호환을 위한 규약으로서, 우리나라 국가지리정보체계(NGIS)의 공간데이터 교환 포맷의 원칙으로 하고 있는 것은?
① SDTS
② DIGEST
③ SMS
④ SHP

해설 SDTS(Spatial Data Transfer Standard)
NGIS의 데이터 표준교환으로 제정되었으며, 공간데이터 전환의 조직과 구조, 공간형상과 공간속성의 정의, 데이터 전환의 코드화에 대한 규정을 상세히 제공하고 있다.

53. 해상력에 대한 설명으로 옳지 않은 것은?
① 해상력은 일반적으로 mm당 선의 수를 말한다.
② 해상력은 자료를 표현하는 최대단위를 의미한다.
③ 수치영상시스템에서의 공간해상력은 격자나 픽셀의 크기를 의미한다.
④ 일반적으로 항공사진이나 인공위성 영상의 경우에 해상력은 식별이 가능한 최소 객체를 의미한다.

해설 해상력은 자료를 표현하는 최소단위를 의미한다.

54. 다음 중 토지정보시스템의 주된 구성요소로 가장 거리가 먼 것은?
① 조사 · 측량
② 하드웨어
③ 조직과 인력
④ 소프트웨어

해설 토지정보체계 구성요소
조직과 인력, 자료(데이터베이스), 소프트웨어, 하드웨어

55. 축척이 1/600인 지적도에서 일필지의 경계를 디지타이저로 독취한 자료는?
① 래스터데이터
② 속성데이터
③ 벡터데이터
④ 픽셀데이터

해설 디지타이징(디지타이저판 위에 도면을 올리고 컴퓨터와 연결된 마우스를 이용하여 지적선을 따라 마우스를 계속적으로 움직여 좌표를 입력) 작업을 통하여 벡터데이터를 취득

Answer   51. ④   52. ①   53. ②   54. ①   55. ③

56. 다음 중 지적속성자료의 일반적인 입력방법은?

① 스캐너 ② 키보드
③ 디지타이저 ④ 플로터

해설 토지대장에 등록된 지번, 지목, 소유자 등은 키보드를 이용하여 입력한다.

57. 다음 중 데이터베이스의 모형이 아닌 것은?

① 계층형 데이터베이스 ② 관계형 데이터베이스
③ 단칭형 데이터베이스 ④ 객체관계형 데이터베이스

해설 데이터베이스 모형
계층형, 네트워크형(조직망구조), 관계형, 객체지향형, 객체관계형

58. 다음 중 일반적인 수치지형도의 제작에 가장 많이 사용되는 방법은?

① COGO ② 평판측량
③ 디지타이징 ④ 항공사진측량

해설 수치지형도 제작 과정
촬영계획 → 항공사진촬영 → 정사영상제작 → 항공삼각측량(항측기준점측량) → 수치도화(해석도화) → 지리조사(현지조사) → 정위치편집 → 구조화편집 → 지도편집 → 검수

59. 도형정보의 요소인 점·선·면에 대한 설명이 틀린 것은?

① 면은 경계선 내의 영역을 정의하며 면적을 가진다.
② 선은 도면상에서 장소이름, 상징물(공항, 학교 등)들의 위치를 나타내는 데 주로 사용된다.
③ 점은 심볼을 사용하여 지도나 컴퓨터 화면에 표현된다.
④ 점은 지적측량기준점이 대표적이다.

해설 선은 연속되는 점의 연결로 길이를 갖고 있으며(예 : 지적선, 도로), 도면상에서 상징물의 위치는 점(X좌표, Y좌표)으로 표시함

60. 지적도 전산화 작업으로 구축된 도면의 데이터별 레이어 번호로 옳지 않은 것은?

① 지번 : 10 ② 지목 : 11
③ 문자정보 : 12 ④ 필지경계선 : 1

해설 지적원도 데이터베이스 구축 작업기준 별표 2(레이어 부여기준)
필지선 : 1, 행정경계선 : 2, 지번 : 10, 지목 : 11, 축척 : 12, 소유자 : 13

Answer 56. ② 57. ③ 58. ④ 59. ② 60. ③

04 지적학

61. 지적불부합지로 인해 야기될 수 있는 사회적 문제점으로 보기 어려운 것은?

① 빈번한 토지분쟁
② 토지 거래질서의 문란
③ 주민의 권리행사 지장
④ 확정측량의 불가피한 급속 진행

해설 지적불부합지가 미치는 영향
1. 사회적 영향
   ① 토지분쟁의 증가
   ② 토지 거래질서의 문란
   ③ 국민 권리행사의 지장
   ④ 권리 실체 인정의 부실 초래
2. 행정적 영향
   ① 지적행정의 불신 초래
   ② 토지이동정리의 정지
   ③ 지적공부의 증명발급 곤란
   ④ 토지과세의 부적정
   ⑤ 부동산등기의 지장초래
   ⑥ 공공사업수행의 지장
   ⑦ 소송수행의 지장

62. 통일신라시대의 신라장적에 기록된 지목과 관계없는 것은?

① 답
② 전
③ 수전
④ 마전

해설 신라장적문서
1. 특징
   ① 지금의 청주지방인 신라 서원경 부근 4개 촌락에 해당되는 문서로서 현존하는 가장 오래된 지적공부이다.
   ② 일본의 동대사 정창원에서 발견되었다.
   ③ 3년간의 사망, 이동 등 변동내용이 기록되어 3년마다 기록한 것으로 추정된다.
2. 기록 내용
   ① 촌명(村名), 마을의 둘레, 호수의 넓이 등
   ② 인구수, 논과 밭의 넓이, 과실나무의 수, 마전, 소와 말의 수
3. 주요 지목
   ① 관모전·답(官謨田·畓) : 호구조사나 양전사업 등에 소요되는 비용을 충당하기 위해 설정된 토지로서, 국가에 소유권이 있는 공전(公田)
   ② 내시령답(內視令畓) : 문무관료전의 일부로서 내시령이라는 관직에 있는 관리에게 수확량의 일정 비율을 지급하는 직전(職田)으로서, 국가에 소유권이 있는 공전(公田)
   ③ 연수유전·답(烟受有田·畓) : 일반 백성인 공연(孔烟=丁戶)이 국가로부터 지급받아 경작하는 전·답으로서, 촌주위답(村主位畓)이 포함된 사전(私田)이며, 신라장적문서의 전체 토지 중 90% 이상을 차지함
   ④ 촌주위답(村主位畓) : 촌주의 직무에 대한 대가로 주어진 면조지(免租地)로서 연수유답 위에 설정됨

Answer 61. ④ 62. ③

⑤ 마전(麻田) : 공물(貢物)을 마련하기 위해 마을 공동으로 삼(麻, 마)을 재배하던 토지로서, 농민들에게 소유권이 있는 사전(私田)이며, 신라장적문서에 기록된 4개의 촌락에 마전의 면적이 거의 균등하게 기재됨
⑥ 정전(丁田) : 신라시대 성인 남자에게 지급한 토지권 연수유전·답과 성격이 일치하는 것으로 추정

63. 토지 등록사항 중 지목이 내포하고 있는 역할로 가장 옳은 것은?

① 합리적 도시계획
② 용도 실상 구분
③ 지가 평정기준
④ 국토 균형 개발

해설 지목(Land Category)
토지의 주된 사용목적 또는 용도에 따라 토지의 종류를 구분하여 표시하는 명칭이다.

64. 토지조사사업 당시 인적편성주의에 해당되는 공부로 알맞은 것은?

① 토지조사부
② 지세명기장
③ 대장, 도면, 집계부
④ 역둔토 대장

해설 지세명기장과 토지등록부
1. 지세명기장
   ① 지세명기장은 과세지에 대한 인적편성주의에 따라 성명별로 목록을 작성한 것
   ② 이동정리를 끝낸 토지대장 중에서 민유과세지만을 뽑아 각 면마다 각 지번을 통하여 소유자별로 연기한 후 이것을 합계한 장부
2. 토지등록부의 종류
   ① 물적편성주의 : 토지 중심으로 대장작성
   ② 인적편성주의 : 소유자 중심으로 대장작성
   ③ 연대적편성주의 : 신청순서에 따라 작성
   ④ 물적인적편성주의 : 물적편성주의에 인적편성주의 가미

65. 근대적인 지적제도의 토지대장이 처음 만들어진 시기는?

① 1910년대
② 1920년대
③ 1950년대
④ 1970년대

해설 근대적인 지적공부는 1910년부터 시작된 토지조사사업의 결과로 작성되었다.

66. 다음 중 적극적 등록제도에 대한 설명으로 옳지 않은 것은?

① 토지 등록을 의무로 하지 않는다.
② 적극적 등록제도의 발달된 형태로 토렌스시스템이 있다.
③ 선의의 제3자에 대하여 토지 등록상의 피해는 법적으로 보장된다.
④ 지적공부에 등록되지 않은 토지에는 어떠한 권리도 인정되지 않는다.

Answer 63. ② 64. ② 65. ① 66. ①

해설 적극적 등록제도
1. 토지등록은 일필지의 개념으로 법적권리보장이 인증되고 국가에 의해 그러한 합법성과 효력이 발생
2. 기본원칙
   ① 지적공부에 등록되지 않는 토지는 어떠한 권리도 인정받을 수 없음
   ② 등록은 강제적이고 의무적
   ③ 지적측량 시행 후 토지등기가 가능
3. 선의의 제3자 보호 : 토지등록상의 문제로 인한 피해는 법적으로 보장되고 국가에 소송을 제기할 수 있으며, 보상도 받을 수 있음
4. 토렌스시스템은 적극적 등록주의의 발전된 형태

67. 부동산의 증명제도에 대한 설명으로 옳지 않은 것은?

① 근대적 등기제도에 해당한다.
② 소유권에 한하여 그 계약 내용을 인증해주는 제도였다.
③ 증명은 대한제국에서 일제초기에 이르는 부동산등기의 일종이다.
④ 일본인이 우리나라에서 제한거리를 넘어서도 토지를 소유할 수 있는 근거가 되었다.

해설 일제 조선총독부는 조선부동산증명령(1912.03.22. 제령 제15호)을 공포하여 종래의 토지가옥증명규칙과 토지가옥소유권증명규칙을 대신하였으며 소유권 및 전당권에 대하여 증명하였다.

68. 우리나라 지적제도의 원칙과 가장 관계가 없는 것은?

① 공시의 원칙
② 인적편성주의
③ 실질적심사주의
④ 적극적 등록주의

해설 우리나라는 토지를 중심으로 지적공부를 작성하는 물적편성주의를 채택하고 있다.

69. 토지조사사업 당시 필지를 구분함에 있어 일필지의 강계(疆界)를 설정할 때, 별필로 하였던 경우가 아닌 것은?

① 특히 면적이 협소한 것
② 지반의 고저가 심하게 차이 있는 것
③ 심히 형상이 구부러지거나 협장한 것
④ 도로, 하천, 구거, 제방, 성곽 등에 의하여 자연으로 구획을 이룬 것

해설 토지조사사업 당시 일필지 구역결정 방법
1. 원칙
   ① 1필지의 구역을 정하는 목적은 주로 지목을 구별하고 또 소유권의 분계를 확정하는데 있음
   ② 지주 및 지목이 동일하고 또 연속되어 있는 토지는 1필지로 하는 것을 원칙으로 함
2. 예외적인 별필 기준
   ① 도로, 하천, 구거, 제방, 성첩 등에 의하여 자연적으로 구획된 것
   ② 특별히 면적이 광대한 것
   ③ 형상이 만곡(彎曲 : 활 모양으로 굽음)하거나 혹은 협장(좁고 길다)한 것
   ④ 지력 기타 사항이 현저히 다른 것
   ⑤ 지반의 고저가 심하게 차이가 있는 것

Answer 67. ② 68. ② 69. ①

⑥ 분쟁에 관계되는 것
⑦ 시가지로서 기와담장, 돌담장 기타 영구적 구축물로 구획된 지구

70. 다음 중 지적의 기본이념으로만 열거된 것은?

① 국정주의, 형식주의, 공개주의
② 형식주의, 민정주의, 직권등록주의
③ 국정주의, 형식적심사주의, 직권등록주의
④ 등록임의주의, 형식적심사주의, 공개주의

해설 지적의 기본이념
1. 기본이념의 개념
   ① 지적제도는 국가의 통치권이 미치는 모든 영토를 필지별로 구획해 각 필지별 토지소재, 지번, 지목, 경계, 면적 등 물리적 현황과 소유권 등 법적 권리관계를 등록 공시하기 위한 제도
   ② 지적국정주의, 형식주의, 공개주의를 3대 이념, 실질적심사주의와 직권등록주의를 더해 5대 이념이라 함
2. 기본이념의 종류
   ① 지적국정주의 : 지적공부의 등록사항은 국가만이 이를 결정할 수 있다는 이념
   ② 지적형식주의 : 등록사항은 지적공부에 등록·공시하여야만 효력이 인정되는 이념
   ③ 지적공개주의 : 지적공부의 등록사항은 소유자, 이해관계인 등에게 공개하여 이용하게 함
   ④ 실질적심사주의(사실심사) : 등록이나 변경등록은 절차상의 적법성뿐만 아니라 사실관계의 부합 여부를 심사한다는 이념
   ⑤ 직권등록주의(강제등록주의) : 모든 필지는 강제적으로 등록·공시하여야 함

71. 토지조사사업 당시 토지의 사정권자로 옳은 것은?

① 도지사
② 토지조사국
③ 임시토지조사국
④ 고등토지조사위원회

해설 토지조사사업 당시 사정이란 토지조사부와 지적도에 의하여 토지의 소유자 및 그 강계를 확정하는 행정처분으로서 사정은 이전의 권리와 무관한 창설적, 확정적 효력이 있으며, 지방토지조사위원회의 자문을 받아 당시 임시토지조사국장이 실시하였다.

토지조사사업과 임야조사사업의 사정(査定)사항 비교

구분	토지조사사업	임야조사사업
사정권자	임시토지조사국장	도지사
사정기관	-	임야심사위원회
조사 및 측량기관	임시토지조사국	부 또는 면
자문기관	지방토지조사위원회	-
재결기관	고등토지조사위원회	임야조사위원회

72. 토지의 표시사항 중 면적을 결정하기 위하여 먼저 결정되어야 할 사항은?

① 토지소재　② 지번　③ 지목　④ 경계

해설 토지의 면적을 결정하기 위해서는 경계가 확정되어야 하며, 경계는 소유권 범위 결정, 필지 양태 결정, 면적 결정 등의 기능이 있다.

73. 토지의 표시사항 중 토지를 특정할 수 있도록 하는 가장 단순하고 명확한 토지식별자는?

① 지번　② 지목　③ 소유자　④ 경계

해설 지번이란 지리적 위치의 고정성과 토지의 특정화, 개별성을 확보하기 위해 리·동의 단위로 필지마다 아라비아 숫자로 순차적으로 부여하여 지적공부에 등록한 번호로서 우리나라에서 가장 일반적인 토지식별자로 사용되고 있다.

74. 일필지의 특징으로 틀린 것은?

① 자연적 구획인 단위토지이다.　② 폐합다각형으로 구성한다.
③ 토지등록의 기본단위이다.　④ 법률적인 단위구역이다.

해설 일필지의 개념
- 필지는 법적으로 물권이 미치는 권리의 객체로서 토지의 등록단위, 소유단위, 이용단위
- 필지는 소유자와 용도가 동일하고 지반이 연속되어 하나의 지번이 부여되는 토지의 기본단위
- 소유권의 단위인 동시에 경영의 단위
- 토지에 대한 물권의 효력이 미치는 범위를 정하고 거래단위로서 개별화, 특정화시키기 위하여 인위적으로 구획한 법적 등록단위
- 지적측량에 의하여 일정한 직선으로 연결한 폐합다각형으로 지적(임야)도 위에 나타남

75. 고구려에서 토지측량단위로 면적 계산에 사용한 제도는?

① 결부법　② 두락제
③ 경무법　④ 정전제

해설 삼국시대의 지적제도

구분	고구려	백제	신라
길이단위	척(尺)	척(尺)	척(尺)
면적단위	경무법	두락제, 결부제	결부제
지적도면	봉역도, 요동성총도	도적	방전, 직전, 제전, 규전, 구고전, 원전, 호전, 환전
측량방법	구장산술	구장산술	구장산술
지적사무 담당	• 사자(使者) • 주부(主簿) : 면적측정	• 내두좌평(內頭佐平) • 산학박사 : 지적·측량 담당 • 산사(算師) : 측량 시행 • 화사(畵師) : 도면 작성	• 조부(調部) : 토지세수 파악 • 산학박사 : 토지측량 및 면적 측정

Answer　72. ④　73. ①　74. ①　75. ③

76. 소유권에 대한 설명으로 옳은 것은?

① 소유권은 물권이 아니다.
② 소유권은 제한 물권이다.
③ 소유권에는 존속기간이 있다.
④ 소유권은 소멸시효에 걸리지 않는다.

해설 소유권은 가장 기본적인 물권(物權)으로서 그 소유물을 사용·수익·처분할 수 있고, 소멸시효(消滅時效)가 없는 항구성을 가진 권리이다. 물건에 대한 전면적인 지배권을 가진 완전물권으로서 일정한 목적과 범위 내에서만 물건을 지배할 수 있는 지상권, 전세권, 질권, 저당권 등의 제한물권(制限物權)과 구별된다.

77. 토지의 분할 후의 면적 합계는 분할 전 면적과 어떻게 되도록 처리하는가?

① $1m^2$까지 작아지는 것은 허용한다.
② $1m^2$까지 많아지는 것은 허용한다.
③ $1m^2$까지는 많아지거나 적어지거나 모두 좋다.
④ 분할 전 면적에 증감이 없도록 하여야 한다.

해설 토지가 분할되는 경우에 원필지에서 분할되는 각각의 필지 면적 합계가 분할 전 원필지의 면적과 같아야 한다.

78. 적극적 토지등록제도의 기본원칙이라고 할 수 없는 것은?

① 토지등록은 국가공권력에 의해 성립된다.
② 토지등록은 형식심사에 의해 이루어진다.
③ 등록 내용의 유효성은 법률적으로 보장된다.
④ 토지에 대한 권리는 등록에 의해서만 인정된다.

해설 토지등록제도의 유형
1. 토지등록제도의 유형
   ① 날인증서등록제도
   ② 권원등록제도
   ③ 소극적 등록제도
   ④ 적극적 등록제도
   ⑤ 토렌스시스템(Torrens System)
2. 적극적 등록제도
   ① 토지등록은 일필지의 개념으로 법적권리보장이 인증되고 국가에 의해 그러한 합법성과 효력이 발생
   ② 기본원칙
      ㉠ 지적공부에 등록되지 않는 토지는 어떠한 권리도 인정받을 수 없음
      ㉡ 등록은 강제적이고 의무적
      ㉢ 지적측량 시행 후 토지등기가 가능
   ③ 선의의 제3자 보호 : 토지등록상의 문제로 인한 피해는 법적으로 보장되고 국가에 소송을 제기할 수 있으며, 보상도 받을 수 있음
   ④ 토렌스시스템은 적극적 등록주의의 발전된 형태
   ※ 적극적 등록제도에서 토지등록은 실질적 심사에 의하여 이루어진다.

79. 토지의 등록 사항 중 경계의 역할로 옳지 않은 것은?
① 토지의 용도 결정
② 토지의 위치 결정
③ 필지의 형상 결정
④ 소유권의 범위 결정

해설 경계의 기능과 특성
1. 경계의 기능
① 소유권의 범위 결정
② 필지의 양태 결정
③ 면적의 결정
2. 경계의 특성
① 인접한 필지 간에 성립
② 각종 공사 등에서 거리를 재는 기준선
③ 필지 간 이질성을 구분하는 구분선 역할
④ 인위적으로 만든 인공선
⑤ 위치와 길이는 있으나 면적과 넓이는 없음
※ 토지의 용도는 지목과 관련이 있다.

80. 토지를 지적공부에 등록함으로서 발생하는 효력이 아닌 것은?
① 공증의 효력
② 대항적 효력
③ 추정의 효력
④ 형성의 효력

해설 토지를 지적공부에 등록함에 따라 확정력이 발생한다.

05 지적관계법규

81. 보증보험에 가입한 지적측량수행자가 보증보험기간의 만료로 인하여 다시 보증보험에 가입하려는 경우 그 기준은?
① 그 보증기간 만료일까지 가입하여야 한다.
② 그 보증기간 만료일 30일 전까지 가입하여야 한다.
③ 그 보증기간 만료일 후 30일 이내에 가입하여야 한다.
④ 그 보증기간 만료일 전·후 10일 이내에 가입하여야 한다.

해설 손해배상책임의 보장
1. 보증보험 가입금액
① 지적측량업자 : 1억 원 이상
② 대한지적공사 : 20억 원 이상

Answer 79. ① 80. ③ 81. ①

2. 지적측량업자는 지적측량업 등록증을 발급받은 날부터 10일 이내에 보증보험에 가입하고 보증보험에 가입하였을 때는 이를 증명하는 서류를 시·도지사에게 제출해야 한다.
3. 보증보험에 가입한 지적측량수행자가 그 보증보험을 다른 보증보험으로 변경하려는 경우에는 이미 가입한 보험의 효력이 있는 기간 중에 다른 보험으로 가입해야 한다.
4. 보증보험에 가입한 지적측량수행자가 보증보험기간의 만료로 인하여 다시 보증보험에 가입하려는 경우에는 그 보증기간 만료일까지 다시 보증보험에 가입해야 한다.

82. 중앙지적위원회의 구성에 대한 설명으로 옳은 것은?

① 위원장 및 부위원장을 포함한 모든 위원의 임기는 2년으로 한다.
② 위원은 지적에 관한 학식과 경험이 풍부한 공무원으로 임명 또는 위촉한다.
③ 위원장 및 부위원장 각 1명을 포함하여 5명 이상 20명 이내의 위원으로 구성한다.
④ 중앙지적위원회의 간사는 국토교통부의 지적업무 담당 공무원 중에서 국토교통부장관이 임명한다.

해설 중앙지적위원회구성과 운영
- 위원장, 부위원장 각 1명 포함하여 5명 이상 10명 이하의 위원으로 구성
- 위원장은 국토교통부 지적업무 담당국장, 부위원장은 국토교통부 지적업무 담당과장으로 구성
- 위원은 지적에 관한 학식과 경험이 풍부한 자 중에서 국토교통부장관이 임명하거나 위촉하며, 임기는 2년
- 중앙지적위원회의 간사는 국토교통부의 지적업무 담당 공무원 중에서 국토교통부장관이 임명하며, 회의 준비, 회의록 작성 및 회의 결과에 따른 업무 등 중앙지적위원회의 서무를 담당

83. 유적, 고적, 기념물 등의 보존용 토지를 사적지로 보지 않는 경우로 틀린 것은?

① 잡종지 구역 안에 있는 경우
② 학교용지 구역 안에 있는 경우
③ 종교용지 구역 안에 있는 경우
④ 공원 구역 안에 있는 경우

해설 사적지
국가유산으로 지정된 역사적인 유적·고적·기념물 등을 보존하기 위하여 구획된 토지. 다만, 학교용지·공원·종교용지 등 다른 지목으로 된 토지에 있는 유적·고적·기념물 등을 보호하기 위하여 구획된 토지는 제외한다.

84. 토지소유자는 토지를 합병하려면 대통령령으로 정하는 바에 따라 지적소관청에 합병을 신청하여야 한다. 다음 중 토지의 합병을 신청할 수 있는 조건이 아닌 것은?

① 합병하려는 토지의 지목이 같은 경우
② 합병하려는 토지의 지번부여지역이 같은 경우
③ 합병하려는 토지의 소유자가 서로 같은 경우
④ 합병하려는 토지의 지적도의 축척이 서로 다른 경우

해설 **합병**

지적공부에 등록된 2필지 이상을 1필지로 합하여 등록하는 것
1. 신청대상
   지번부여지역으로써 소유자와 용도가 같고 지반이 연속된 토지
2. 합병 신청을 할 수 없는 토지
   ① 합병하려는 토지의 지번부여지역, 지목 또는 소유자가 서로 다른 경우
   ② 합병하려는 토지에 다음의 등기 외의 등기가 있는 경우
      ㉠ 소유권·지상권·전세권 또는 임차권의 등기
      ㉡ 승역지에 대한 지역권의 등기
      ㉢ 합병하려는 토지 전부에 대한 등기원인 및 그 연월일과 접수번호가 같은 저당권의 등기
      ㉣ 합병하려는 토지 전부에 대한 등기사항이 동일한 신탁등기
   ③ 합병하려는 토지의 지적도 및 임야도의 축척이 서로 다른 경우
   ④ 합병하려는 각 필지가 서로 연접하지 않은 경우
   ⑤ 합병하려는 토지가 등기된 토지와 등기되지 아니한 토지인 경우
   ⑥ 합병하려는 각 필지의 지목은 같으나 일부 토지의 용도가 다르게 되어 분할대상 토지인 경우(다만, 합병 신청과 동시에 토지의 용도에 따라 분할 신청을 하는 경우는 제외)
   ⑦ 합병하려는 토지의 소유자별 공유지분이 다른 경우
   ⑧ 합병하려는 토지가 구획정리, 경지정리 또는 축척변경을 시행하고 있는 지역의 토지와 그 지역 밖의 토지인 경우
   ⑨ 합병하려는 토지 소유자의 주소가 서로 다른 경우. 신청을 접수받은 지적소관청이「전자정부법」에 따른 행정정보의 공동이용을 통하여 다음의 사항을 확인(신청인이 주민등록표 초본 확인에 동의하지 않는 경우에는 해당 자료를 첨부하도록 하여 확인)한 결과 토지 소유자가 동일인임을 확인할 수 있는 경우는 제외
      ㉠ 토지등기사항증명서
      ㉡ 법인등기사항증명서(신청인이 법인인 경우만 해당한다)
      ㉢ 주민등록표 초본(신청인이 개인인 경우만 해당한다)

85. 토지소유자협의회에 대한 설명으로 옳지 않은 것은?

① 토지소유자협의회에서는 경계결정위원회 위원의 추천도 할 수 있다.
② 토지소유자협의회는 위원장을 포함한 5명 이상 20명 이하의 위원으로 구성한다.
③ 토지소유자협의회 위원은 그 사업시구에 주소를 두고 있는 토지의 소유자이어야 한다.
④ 사업지구의 토지소유자 총수의 2분의 1 이상과 토지면적 2분의 1 이상에 해당하는 토지소유자의 동의를 받아 구성할 수 있다.

해설 1. 토지소유자협의회 구성
   ① 사업지구의 토지소유자는 토지소유자 총 수의 2분의 1 이상과 토지면적 2분의 1 이상에 해당하는 토지소유자의 동의를 받아 토지소유자협의회를 구성
   ② 위원장을 포함한 5명 이상 20명 이하의 위원으로 구성
   ③ 토지소유자협의회의 위원은 그 사업지구에 있는 토지의 소유자이어야 하며, 위원장은 위원 중에서 호선

Answer 85. ③

2. 토지소유자협의회 기능
   ① 지적소관청에 대한 우선사업지구의 신청
   ② 토지현황조사에 대한 입회
   ③ 임시경계점표지 및 경계점표지의 설치에 대한 입회
   ④ 조정금 산정기준에 대한 의견 제출
   ⑤ 경계결정위원회 위원의 추천

86. 다음 중 용어의 정의가 틀린 것은?

① "경계"란 필지별로 경계점들을 직선으로 연결하여 지적공부에 등록한 선을 말한다.
② "축척변경"이란 임야대장 및 임야도에 등록된 토지를 토지대장 및 지적도에 옮겨 등록한 것을 말한다.
③ "토지의 이동"이란 토지의 표시를 새로이 정하거나 변경 또는 말소하는 것을 말한다.
④ "지번부여지역"이란 지번을 부여하는 단위지역으로서 동리 또는 이에 준하는 지역을 말한다.

해설
- 축척변경 : 지적도에 등록된 경계점의 정밀도를 높이기 위하여 작은 축척을 큰 축척으로 변경하여 등록하는 것을 말한다.
- 등록전환 : 임야대장 및 임야도에 등록된 토지를 토지대장 및 지적도에 옮겨 등록하는 것을 말한다.

87. 지적측량수행자가 손해배상책임을 보장하기 위하여 보증보험에 가입하여야 하는 금액 기준으로 모두 옳은 것은?

① 지적측량업자 : 1억 원 이상, 대한지적공사 : 20억 원 이상
② 지적측량업자 : 3억 원 이상, 대한지적공사 : 10억 원 이상
③ 지적측량업자 : 1억 원 이상, 대한지적공사 : 10억 원 이상
④ 지적측량업자 : 3억 원 이상, 대한지적공사 : 20억 원 이상

해설 손해배상책임의 보장
1. 지적측량수행자가 타인의 의뢰에 의하여 지적측량을 하는 경우 고의 또는 과실로 지적측량을 부실하게 함으로써 지적측량의뢰인이나 제3자에게 재산상의 손해를 발생하게 한 때에는 지적측량수행자는 그 손해를 배상할 책임이 있다.
2. 지적측량수행자가 손해배상책임을 보장하기 위하여 보증보험에 가입하거나 공간정보산업협회가 운영하는 보증 또는 공제에 가입하는 방법으로 보증설정을 하여야 한다.
   ① 지적측량업자 : 보장기간이 10년 이상이고 보증금액이 1억 원 이상
   ② 한국국토정보공사 : 보증금액이 20억 원 이상
3. 지적측량업자는 지적측량업 등록증을 발급받은 날부터 10일 이내에 보증설정을 해야 하며, 보증설정을 했을 때에는 이를 증명하는 서류를 등록한 시·도지사 또는 대도시 시장에게 제출
4. 보증설정을 한 지적측량수행자는 그 보증설정을 다른 보증설정으로 변경하려는 경우에는 해당 보증설정의 효력이 있는 기간 중에 다른 보증설정을 하고 그 사실을 증명하는 서류를 등록한 시·도지사 또는 대도시 시장에게 제출해야 한다.

88. 도시개발사업 등으로 인한 토지의 이동은 언제를 기준으로 그 토지의 이동이 이루어진 것으로 보는가?

① 토지의 형질변경 등의 공사가 준공된 때
② 토지의 형질변경 등의 공사가 착공된 때
③ 토지의 형질변경 등의 공사를 허가한 때
④ 토지의 형질변경 등의 공사가 중지된 때

해설 도시개발사업 등으로 인한 토지의 이동
1. 신청
   도시개발사업, 토지개발사업 등의 시행자는 그 사업의 착수·변경 및 완료 사실을 지적소관청에 신고한다.
2. 토지의 이동시기
   도시개발사업 등으로 인한 토지의 이동은 토지의 형질변경 등의 공사가 준공된 때 토지의 이동이 있는 것으로 본다.
3. 신고 시기
   신고 사유가 발생한 날부터 15일 이내에 하여야 한다.
4. 도시개발사업 등의 착수(변경) 신고 시 제출서류
   ① 사업인가서
   ② 지번별 조서
   ③ 사업계획도
5. 도시개발사업 등의 완료 신고 시 제출서류
   ① 확정될 토지의 지번별 조서 및 종전 토지의 지번별 조서
   ② 환지처분과 같은 효력이 있는 고시된 환지계획서(다만, 환지를 수반하지 아니하는 사업인 경우에는 사업의 완료를 증명하는 서류)

89. 다음 중 공유지연명부와 대지권등록부에 공통적으로 등록하여야 하는 사항에 해당하는 것으로만 나열된 것은?

① 토지의 소재, 소유권 지분
② 소유권 지분, 대지권 비율
③ 대지권 비율, 건물의 명칭
④ 건물의 명칭, 토지의 소재

해설 1. 공유지연명부의 등록사항
   ① 토지의 소재
   ② 지번
   ③ 소유권 지분
   ④ 소유자의 성명 또는 명칭, 주소 및 주민등록번호
   ⑤ 토지의 고유번호
   ⑥ 필지별 공유지연명부의 장번호
   ⑦ 토지소유자가 변경된 날과 그 원인
2. 대지권등록부의 등록사항
   ① 토지의 소재
   ② 지번
   ③ 대지권 비율

Answer 88. ① 89. ①

④ 소유자의 성명 또는 명칭, 주소 및 주민등록번호
⑤ 토지의 고유번호
⑥ 전유부분의 건물표시
⑦ 건물의 명칭
⑧ 집합건물별 대지권등록부의 장번호
⑨ 토지소유자가 변경된 날과 그 원인
⑩ 소유권 지분

90. 축척변경위원회에 대한 설명으로 틀린 것은?

① 5명 이상 10명 이하의 위원으로 구성한다.
② 위원의 2분의 1 이상을 토지소유자로 하여야 한다.
③ 청산금의 이의신청에 관한 사항을 심의·의결한다.
④ 위원장은 위원 중에서 시·도지사가 임명한다.

해설 축척변경위원회
1. 구성
   ① 축척변경위원회는 5명 이상 10명 이하의 위원으로 구성하되, 위원의 2분의 1 이상을 토지소유자로 하여야 한다. 이 경우 그 축척변경 시행지역의 토지소유자가 5명 이하일 때에는 토지소유자 전원을 위원으로 위촉하여야 한다.
   ② 위원장은 위원 중에서 지적소관청이 지명한다.
   ③ 위원은 다음 각 호의 사람 중에서 지적소관청이 위촉한다.
      ㉠ 해당 축척변경 시행지역의 토지소유자로서 지역 사정에 정통한 사람
      ㉡ 지적에 관하여 전문지식을 가진 사람
   ④ 축척변경위원회의 위원에게는 예산의 범위에서 출석수당과 여비, 그 밖의 실비를 지급
2. 기능
   ① 축척변경 시행계획에 관한 사항
   ② 지번별 제곱미터당 금액의 결정과 청산금의 산정에 관한 사항
   ③ 청산금의 이의신청에 관한 사항
   ④ 그 밖에 축척변경과 관련하여 지적소관청이 회의에 부치는 사항

91. 지적의 구성 및 부여방법에 대한 설명이 옳은 것은?

① 합병의 경우에는 합병 대상 지번 중 가장 후순위의 지번을 그 지번으로 부여한다.
② 임야도에 등록하는 토지의 지번은 숫자 앞에 "임"자를 붙인다.
③ 지번은 본번과 부번으로 구성하되, 본번과 부번 사이는 " : " 표시로 연결한다.
④ 지번은 북서에서 남동으로 순차적으로 부여한다.

해설 1. 지번의 부여방법
   ① 지번은 지적소관청이 지번부여지역별로 차례대로 부여
   ② 지적소관청은 지적공부에 등록된 지번을 변경할 필요가 있다고 인정되면 시·도지사나 대도시 시장의 승인을 받아 지번부여지역의 전부 또는 일부에 대하여 지번을 새로 부여
2. 지번의 표기
   ① 지번은 아라비아 숫자로 표기

② 임야대장 및 임야도에 표시하는 지번은 숫자 앞에 "산"자를 붙여 표시
③ 지번은 본번과 부번으로 구성하되, 본번과 부번 사이에 "-" 표시로 연결

3. 지번부여의 원칙
   우리나라는 북서에서 남동으로 순차적으로 지번을 부여하는 "북서기번법"을 채택

4. 합병에 따른 지번부여
   ① 합병 전 지번 중 순서가 빠른 지번으로 부여
   ② 합병 전 지번이 본번과 부번이 혼재할 경우 본번 중 선순위 지번으로 부여
   ③ 토지소유자가 합병 전의 필지에 주거·사무실 등의 건축물이 있어서 그 건축물이 위치한 지번을 합병 후의 지번으로 신청할 때에는 그 지번을 합병 후의 지번으로 부여

92. 지적소관청이 지적공부의 등록사항에 잘못이 있는지를 직권으로 조사·측량하여 정정할 수 있는 경우가 아닌 것은?

① 토지이동 결의서의 내용과 다르게 정리된 경우
② 지적도에 등록된 필지의 경계가 잘못되어 면적이 증감한 경우
③ 지적측량성과와 다르게 정리된 경우
④ 지적공부의 등록사항이 잘못 입력된 경우

해설 등록사항의 정정

1. 지적소관청이 직권으로 조사·측량하여 정정할 수 있는 경우
   ① 토지이동정리 결의서의 내용과 다르게 정리된 경우
   ② 지적도 및 임야도에 등록된 필지가 면적의 증감 없이 경계의 위치만 잘못된 경우
   ③ 필지가 각각 다른 지적도나 임야도에 등록되어 있는 경우로서 지적공부에 등록된 면적과 측량한 실제면적은 일치하지만 지적도나 임야도에 등록된 경계가 서로 접합되지 않아 지적도나 임야도에 등록된 경계를 지상의 경계에 맞추어 정정하여야 하는 토지가 발견된 경우
   ④ 지적공부의 작성 또는 재작성 당시 잘못 정리된 경우
   ⑤ 지적측량성과와 다르게 정리된 경우
   ⑥ 지적측량의 적부심사에 따라 지적공부의 등록사항을 정정하여야 하는 경우
   ⑦ 지적공부의 등록사항이 잘못 입력된 경우
   ⑧ 「부동산등기법」제37조 제2항에 따른 통지가 있는 경우(지적소관청의 착오로 잘못 합병한 경우만 해당)
   ⑨ 면적 환산이 잘못된 경우
2. 지적소관청은 위 어느 하나에 해당하는 토지가 있을 때에는 지체없이 관계 서류에 따라 지적공부의 등록사항을 정정하여야 한다.
3. 지적공부의 등록사항 중 경계나 면적 등 측량을 수반하는 토지의 표시가 잘못된 경우에는 지적소관청은 그 정정이 완료될 때까지 지적측량을 정지시킬 수 있다. 다만, 잘못 표시된 사항의 정정을 위한 지적측량은 그러하지 아니하다.

93. 지적소관청이 축척변경을 할 때에 축척변경사유를 적은 승인신청서와 첨부 서류를 제출하는 곳은?

① 시·도지사
② 지방지적위원회
③ 중앙지적위원회
④ 국토해양부장관

Answer 92. ② 93. ①

해설 축척변경 절차
1. 축척변경 신청서 제출
   축척변경을 신청하는 토지소유자는 축척변경사유를 적은 신청서에 토지소유자 3분의 2 이상의 동의서를 첨부하여 지적소관청에게 제출하여야 한다.
2. 축척변경 승인신청
   ① 지적소관청은 축척변경을 하려는 때에는 축척변경사유를 기재한 승인신청서에 다음의 서류를 첨부해서 시·도지사 또는 대도시 시장에게 제출하여야 한다.
      ㉠ 축척변경의 사유
      ㉡ 지번 등 명세
      ㉢ 토지소유자의 동의서
      ㉣ 축척변경위원회의 의결서 사본
      ㉤ 그 밖에 축척변경 승인을 위하여 시·도지사 또는 대도시 시장이 필요하다고 인정하는 서류
   ② 신청을 받은 시·도지사 또는 대도시 시장은 축척변경 사유 등을 심사한 후 그 승인 여부를 지적소관청에 통지하여야 한다.

94. 도시개발사업 등 시행지역의 토지이동 신청에 관한 특례와 관련하여, 대통령령으로 정하는 토지개발사업에 해당하지 않는 것은?

① 농업생산기반시설정비사업법에 따른 농지기반사업
② 택지개발촉진법에 따른 택지개발사업
③ 산업입지 및 개발에 관한 법률에 따른 산업단지개발사업
④ 도시 및 주거환경정비법에 따른 정비사업

해설 도시개발사업 등 시행지역의 토지이동 신청에 관한 특례와 관련하여, 대통령령으로 정하는 토지개발사업은 다음과 같다.
1. 「주택법」에 따른 주택건설사업
2. 「택지개발촉진법」에 따른 택지개발사업
3. 「산업입지 및 개발에 관한 법률」에 따른 산업단지개발사업
4. 「도시 및 주거환경정비법」에 따른 정비사업
5. 「지역균형개발 및 지방중소기업 육성에 관한 법률」에 따른 지역개발사업
6. 「체육시설의 설치·이용에 관한 법률」에 따른 체육시설 설치를 위한 토지개발사업
7. 「관광진흥법」에 따른 관광단지 개발사업
8. 「공유수면 관리 및 매립에 관한 법률」에 따른 매립사업
9. 「항만법」 및 「신항만건설촉진법」에 따른 항만개발사업 및 「항만 재개발 및 주변지역 발전에 관한 법률」에 따른 항만재개발사업
10. 「공공주택 특별법」에 따른 공공주택지구조성사업
11. 「물류시설의 개발 및 운영에 관한 법률」 및 「경제자유구역의 지정 및 운영에 관한 특별법」에 따른 개발사업
12. 「철도의 건설 및 철도시설 유지관리에 관한 법률」에 따른 고속철도, 일반철도 및 광역철도 건설사업
13. 「도로법」에 따른 고속국도 및 일반국도 건설사업
14. 그 밖에 제1호부터 제13호까지의 사업과 유사한 경우로서 국토교통부장관이 고시하는 요건에 해당하는 토지개발사업

95. 분할에 따른 지상 경계가 지상건축물에 걸리게 결정할 수 있는 경우가 아닌 것은?

① 법원의 확정판결이 있는 경우
② 관계 법령에 따라 인·허가 등을 받아 토지를 분할하려는 경우
③ 도시개발사업 등의 사업시행자가 사업지구의 경계를 결정하기 위하여 토지를 분할하려는 경우
④ 국토의 계획 및 이용에 관한 법률에 따른 도시·군관리계획 결정고시와 지형도면 고시가 된 지역의 도시·군관리계획선에 따라 토지를 분할하려는 경우

해설 분할에 따른 지상 경계 결정의 예외
1. 법원의 확정판결이 있는 경우
2. 공공사업 등에 따라 학교용지·도로·철도용지·제방·하천·구거·유지·수도용지 등의 지목으로 되는 토지에 해당하는 토지를 분할하는 경우
3. 도시개발사업 등의 사업시행자가 사업지구의 경계를 결정하기 위하여 토지를 분할하려는 경우
4. 도시·군 관리계획 결정고시와 지형도면 고시가 된 지역의 도시·군관리계획선에 따라 토지를 분할하려는 경우

96. 지적도면에 등록하는 지목과 부호의 연결이 틀린 것은?

① 과수원 - 과
② 목장용지 - 목
③ 주유소용지 - 유
④ 양어장 - 양

해설 지목의 표기방법
- 지목을 지적도 및 임야도에 등록하는 때에는 두문자 또는 차문자로 표기한다.
- 하천, 유원지, 공장용지, 주차장은 차문자로 표기한다(하천 → 천, 유원지 → 원, 공장용지 → 장, 주차장 → 차).
※ 주유소용지는 두문자인 주로 표기한다.

97. 토지소유자가 하여야 하는 신청을 대신할 수 있는 경우가 아닌 것은?

① 공공사업 등에 따라 학교용지의 지목으로 되는 토지인 경우 해당 사업의 시행자
② 민법 제404조에 따른 채권자
③ 주택법에 의한 공동주택의 부지인 경우 집합건물의 소유 및 관리에 관한 법률에 의한 관리인
④ 국가나 지방자치단체가 취득하는 토지인 경우 해당 토지의 매도인

해설 토지소유자가 하여야 하는 신청의 대신할 수 있는 경우
- 공공사업 등에 따라 학교용지·도로·철도용지·제방·하천·구거·유지·수도용지 등의 지목으로 되는 토지인 경우 : 해당 사업의 시행자
- 국가나 지방자치단체가 취득하는 토지인 경우 : 해당 토지를 관리하는 행정기관의 장 또는 지방자치단체의 장
- 공동주택의 부지인 경우 : 관리인(관리인이 없는 경우에는 공유자가 선임한 대표자) 또는 해당 사업의 시행자
- 「민법」 제404조에 따른 채권자
- 주택법에 따른 주택건설사업의 시행자가 파산 등의 이유로 토지의 이동 신청을 할 수 없을 때 : 그 주택의 시공을 보증한 자 또는 입주예정자

Answer 95. ② 96. ③ 97. ④

98. 지적전산자료의 이용·활용에 대한 승인권자가 아닌 자는?

① 국토교통부장관   ② 국가정보원장
③ 시·도지사   ④ 지적소관청

해설 지적전산자료 승인권자
- 전국 단위의 지적전산자료 : 국토교통부장관, 시·도지사 또는 지적소관청
- 시·도 단위의 지적전산자료 : 시·도지사 또는 지적소관청
- 시·군·구 단위의 지적전산자료 : 지적소관청

99. 새로 조성된 토지와 지적공부에 등록되어 있지 아니한 토지를 지적공부에 등록하는 것을 무엇이라고 하는가?

① 등록전환   ② 지목변경
③ 신규등록   ④ 축척변경

해설 지적용어
- 등록전환 : 임야대장 및 임야도에 등록된 토지를 토지대장 및 지적도에 옮겨 등록하는 것
- 지목변경 : 지적공부에 등록된 지목을 다른 지목으로 바꾸어 등록하는 것
- 축척변경 : 지적도에 등록된 경계점의 정밀도를 높이기 위하여 작은 축척을 큰 축척으로 변경하여 등록하는 것

100. 다음 중 지적공부의 복구자료에 해당하지 않는 것은?

① 측량결과도
② 토지(건물)등기사항증명서 등 등기사실을 증명하는 서류
③ 토지이동정리 결의서
④ 지적측량신청서

해설 지적공부의 복구자료
- 지적공부의 등본
- 측량 결과도
- 토지이동정리 결의서
- 토지(건물)등기사항증명서 등 등기사실을 증명하는 서류
- 지적소관청이 작성하거나 발행한 지적공부의 등록내용을 증명하는 서류
- 복제된 지적공부
- 법원의 확정판결서 정본 또는 사본

2024년 시행

Industrial Engineer Cadastral Surveying

2024년 제2회 지적산업기사

01 지적측량

01. 측량기준점을 구분할 때 지적기준점에 해당하지 않는 기준점은?

① 위성기준점
② 지적삼각점
③ 지적도근점
④ 지적삼각보조점

해설 공간정보의 구축 및 관리 등에 관한 법률 시행령 제8조(측량기준점의 구분)
- 위성기준점 : 지리학적 경위도, 직각좌표 및 지구중심 직교좌표의 측정 기준으로 사용하기 위하여 대한민국 경위도원점을 기초로 정한 기준점
- 지적기준점 : 지적삼각점, 지적삼각보조점, 지적도근점

02. 축척 1/600 지역에서 지적도근점측량을 실시하여 측정한 수평거리의 총합계가 1,600m이었을 때 연결오차의 허용범위는?(단, 1등도선인 경우이다.)

① 21cm 이하
② 24cm 이하
③ 27cm 이하
④ 30cm 이하

해설 지적측량 시행규칙 제15조(지적도근점측량에서의 연결오차의 허용범위와 종선 및 횡선오차의 배분)

지적도근점측량에서 연결오차의 허용범위 중 1등도선은 해당 지역 축척분모의 $\frac{1}{100}\sqrt{n}$ 센티미터 이하로 하며 이 경우 n은 각 측선의 수평거리의 총합계를 100으로 나눈 수임

따라서 축척분모 $\times \frac{1}{100}\sqrt{n} = 600 \times \frac{1}{100}\sqrt{16} = 24$

∴ 24cm 이하

03. 방위각법에 의한 지적도근점측량 계산에서 종선 및 횡선 오차의 배분 방법은?(단, 연결오차가 허용범위 이내인 경우)

① 측선장에 비례 배분한다.
② 측선장에 역비례 배분한다.
③ 종횡선차에 비례 배분한다.
④ 종횡선차에 역비례 배분한다.

해설 지적측량 시행규칙 제15조(지적도근점측량에서의 연결오차의 허용범위와 종선 및 횡선오차의 배분)
- 배각법 : 각 측선의 종선차 또는 횡선차 길이에 비례하여 배분
- 방위각법 : 각 측선장에 비례하여 배분

Answer 01. ① 02. ② 03. ①

04. 전파기에 따른 지적삼각점의 계산 시 점간거리는 어떤 거리에 의하여 계산하여야 하는가?

① 점간 실제 수평거리
② 점간 실제 경사거리
③ 원점에 투영된 평면거리
④ 기준면상 거리

해설 지적측량 시행규칙 제9조(지적삼각점측량의 관측 및 계산)
점간거리는 5회 측정하여 그 측정치의 최대치와 최소치의 교차가 평균치의 10만분의 1 이하일 때에는 그 평균치를 측정거리로 하고, 원점에 투영된 평면거리에 따라 계산

05. 지적삼각점 두 점 간의 거리를 계산할 때 계산 순서로 바르게 연결한 것은?

① 기준면거리 → 경사거리 → 평면거리
② 기준면거리 → 평면거리 → 수평거리
③ 경사거리 → 기준면거리 → 평면거리
④ 평면거리 → 기준면거리 → 수평거리

해설
- 지적측량에서 사용하는 거리는 모두 평면거리로서 지적삼각점측량, 지적삼각보조점측량, 지적도근점측량, 지적세부측량 시의 거리는 모두 평면상의 거리이다.
- 전자파측거기에 의하여 측정한 거리는 일반적으로 경사거리이므로 이것을 기준면상의 거리로 변환하는 것을 투영보정(또는 표고보정)이라고 하며, 좌표 계산에 필요한 평면직각좌표상의 거리를 계산하기 위한 중간단계로서 기준면상거리로 보정하여야 한다.
- 따라서 계산 순서는 경사거리 → 기준면거리 → 평면거리로 계산한다.

06. 각을 측정할 때 발생할 수 있는 오차에 해당되지 않는 것은?

① 정오차
② 과대오차
③ 우연오차
④ 확률중등오차

해설 각을 측정할 때 발생할 수 있는 오차로는 정오차, 과대오차, 우연오차

07. 측판측량을 도선법으로 16변을 측정하였을 때, 그 오차를 각점에 배분하여 사용할 수 있는 폐색오차의 한계는?

① 도상 2.3mm
② 도상 1.9mm
③ 도상 1.3mm
④ 도상 0.9mm

해설 지적측량 시행규칙 제18조(세부측량의 기준 및 방법 등)

측량방법에 의한 세부측량을 도선법으로 하는 경우에는 도선의 폐색오차가 도상길이 $\frac{\sqrt{N}}{3}$ 밀리미터 이하인 경우에 각 점에 배분하여 사용할 수 있다.

$$\frac{\sqrt{N}}{3} = \frac{\sqrt{16}}{3} = \frac{4}{3} = 1.3\text{mm}$$

08. 평판측량방법에 따른 세부측량을 도선법으로 하는 경우 도선의 변은 몇 개 이하로 하여야 하는가?

① 10개
② 15개
③ 20개
④ 30개

Answer 04. ③ 05. ③ 06. ④ 07. ③ 08. ③

2024년 시행

해설	구분	내용
	측량 방법	도선법
	망구성	위성·통합기준점, 삼각점지적측량 기준점·기지점 상호 연결
	방향선 / 측선 / 지거길이	8cm 이하, 광파조준의, 광파측거기 사용 : 30cm 이하
	도선의 변수	20변 이하
	폐색 오차	$\frac{\sqrt{N}}{3}$mm 이하

09. 경위의측량방법에 의한 세부측량을 실시할 때 연직각의 관측(정·반)값에 대한 허용 교차 범위에 대한 기준은?

① 90초 이내 ② 1분 이내
③ 3분 이내 ④ 5분 이내

해설 지적측량 시행규칙 제18조(세부측량의 기준 및 방법 등)
연직각의 관측은 정반으로 1회 관측하여 그 교차가 5분 이내일 때에는 그 평균치를 연직각으로 하되, 분단위로 독정(讀定)한다.

10. 다음 중 축척 1/1,200 지역 토지의 면적을 전자면적계로 2회 측정한 결과가 각 138,232m², 138,347m²이었을 때 처리방법으로 옳은 것은?

① 작은 면적을 측정면적으로 사용한다.
② 큰 면적으로 측정면적으로 사용한다.
③ 평균하여 측정면적으로 사용한다.
④ 재측량하여야 한다.

해설 지적측량 시행규칙 제20조(면적측정의 방법 등)
전자면적측정기에 따른 면적측정은 도상에서 2회 측정하여 그 교차가 다음 계산식에 따른 허용면적 이하일 때에는 그 평균치를 측정면적으로 한다.
물론 허용범위 이상일 때는 재측정하여야 한다.
$A = 0.023^2 M\sqrt{F}$
여기서, A는 허용면적, M은 축척분모, F는 2회 측정한 면적의 합계를 2로 나눈 수
1. 허용교차는 $A = 0.023^2 M\sqrt{F} = 0.023^2 \times 1,200\sqrt{138,290} = 236.1$
∴ 허용교차=±236m²이며
2. 측정면적의 교차= 138,232 − 138,347 = 115m²
3. 따라서 측정면적의 교차 115m²는 허용교차 ±236m² 범위 내이므로 평균하여 측정면적으로 한다.

11. 임야도에 등록하는 도곽선의 폭은?

① 0.1mm ② 0.2mm
③ 0.3mm ④ 0.5mm

Answer 09. ④ 10. ③ 11. ①

해설 지적업무처리규정 제40조(도곽선의 제도)
도면에 등록하는 도곽선은 0.1밀리미터의 폭이다.
* 도곽선의 폭은 지적도나 임야도를 따로 구분하지 않고 0.1밀리미터의 폭으로 동일하다.

12. 다음 그림에서 전제장 $l(PA=0)$의 길이(㉠)와 전제면적(㉡)으로 옳은 것은?(단, $\theta=82°21'50''$, L=5m이다.)

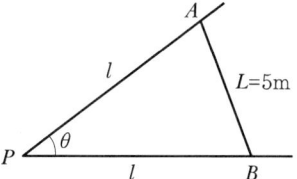

① ㉠ : 3.364m, ㉡ : 9.74m² ② ㉠ : 3.797m, ㉡ : 7.14m²
③ ㉠ : 3.896m, ㉡ : 18.82m² ④ ㉠ : 3.988m, ㉡ : 14.29m²

해설 전제장 $l = \dfrac{L}{2} \times \csc\dfrac{\theta}{2} = \dfrac{5}{2} \times \csc\dfrac{82°21'50''}{2} = 3.797\text{m}$

전제면적 $A = \left(\dfrac{L}{2}\right)^2 \times \cot\dfrac{\theta}{2} = \left(\dfrac{5}{2}\right)^2 \times \cot\dfrac{82°21'50''}{2} = 7.14\text{m}^2$

13. 구소삼각점인 계양원점의 좌표가 옳은 것은?
① X=200,000m, Y=500,000m
② X=500,000m, Y=200,000m
③ X=20,000m, Y=50,000m
④ X=0m, Y=0m

해설 원점별 좌표

원점명	X	Y
통일원점	500,000 (제주지역 : 550,000)	200,000
구소삼각원점	0	0
특별소삼각원점	10,000	30,000

14. 지적삼각점의 선점에 대한 설명으로 옳지 않은 것은?
① 사용이 편리하고 발견이 쉬운 장소가 좋다.
② 측량 지역의 특정 장소에 밀집하여 배치하도록 한다.
③ 지반이 견고하고, 가급적 시준선상에 장애물이 없도록 한다.
④ 후속 측량에 편리하고 영구적으로 보존할 수 있는 위치이어야 한다.

해설 지적삼각점의 선점
- 각 삼각점은 서로 잘 볼 수 있을 뿐만 아니라 상호간에 심한 고저차가 없도록 한다.
- 표지와 기계를 설치하였을 때 동요하지 않고 영구보존할 수 있도록 지반이 견고하여야 한다.
- 후속측량에 편리하고 교통, 철탑 등 장애물의 영향을 받지 않을 것
- 변의 길이가 사용하는 기계의 망원경으로 충분히 정확하게 시준 할 수 있는 거리일 것
- 망조직이 간편하고 평균계산이 편리할 것
- 벌목을 많이 하여야 하거나, 높은 시준탑을 세우지 않아도 관측할 수 있을 것.
- 측량대상 지역 전체를 감쌀 수 있도록 하여야 한다.

15. 전파기측량방법에 따라 다각망도선법으로 지적삼각보조점측량을 하는 경우 적용되는 기준으로 틀린 것은?

① 3점 이상의 기지점을 포함한 결합다각방식에 따른다.
② 1도선의 거리는 4킬로미터 이하로 한다.
③ 1도선의 점의 수는 기지점과 교점을 포함하여 5점 이상으로 한다.
④ 1도선이란 기지점과 교점 간 또는 교점과 교점 간을 말한다.

해설 지적측량 시행규칙 제10조(지적삼각보조점측량)
1도선의 점의 수는 기지점과 교점을 포함하여 5점 이하로 함

16. 다음 중 지적삼각보조점측량의 기준에 관한 설명으로 옳은 것은?

① 지적삼각보조점은 삼각망 또는 교점다각망으로 구성하여야 한다.
② 교회법으로 지적삼각보조점측량을 할 때에 삼각형의 각 내각은 30도 이상 120도 이하로 한다.
③ 다각망도선법으로 지적삼각보조점측량을 할 때에는 1도선의 거리를 5km 이하로 한다.
④ 영구표지를 설치하는 경우에는 시·도별로 일련번호를 부여한다.

해설 지적측량 시행규칙 제10조(지적삼각보조점측량)
- 교회망 또는 교점다각망(交點多角網)으로 구성하여야 한다.
- 1도선의 거리(기지점과 교점 또는 교점과 교점 간의 점간거리의 총합계를 말한다)는 4킬로미터 이하로 할 것
- 지적삼각보조점은 측량지역별로 설치순서에 따라 일련번호를 부여하되, 영구표지를 설치하는 경우에는 시·군·구별로 일련번호를 부여한다. 이 경우 지적삼각보조점의 일련번호 앞에 "보"자를 붙인다.

17. 지적삼각보조점의 수평각을 관측하는 방법에 대한 기준으로 옳은 것은?

① 도선법에 따른다.
② 2대회의 방향관측법에 따른다.
③ 3대회의 방향관측법에 따른다.
④ 관측 지역에 따라 방위각법과 배각법을 혼용한다.

해설 지적측량 시행규칙 제11조(지적삼각보조점의 관측 및 계산)
수평각 관측은 2대회(윤곽도는 0도, 90도로 한다)의 방향관측법으로 한다.

Answer 15. ③ 16. ② 17. ②

18. 배각법에 의한 지적도근점측량을 한 결과 출발기지방위각이 128° 08′ 33″, 측정된 내각의 합이 1,909° 38′ 48″ 도착기지방위각이 57° 47′ 30″일 경우 각오차(측각오차)는?(단, 폐색변을 포함한 변의 수는 12개이다.)

① +9초
② +19초
③ −9초
④ −19초

해설

$T_1 = 128° 08′ 33″$ (출발 방위각)
$+\sum_\alpha = 1,909° 38′ 48″$ (측정한 내각의 합계)
─────────────
$2,037° 47′ 21″$
$-)\, 180(n-1) = -1,980° 00′ 00″$ (n=변의 수)
$T_2' = 57° 47′ 21″$ (산출한 폐색 방위각)
$-)\, T_2 = 57° 47′ 30″$ (도착 방위각)
─────────────
$-9″$ (각오차)

19. 배각법에 의한 지적도근점측량 시 관측각에 대한 오차 계산으로 옳은 것은?

① 출발기지 방위각−관측각의 합+180° (측점수−1)
② 출발기지 방위각−관측각의 합+도착기지방위각
③ 출발기지 방위각+관측각의 합−180° (측점수−1)−도착기지방위각
④ 출발기지 방위각+관측각의 합−도착기지방위각

해설 출발기지 방위각+관측각의 합−180° (측점수−1)−도착기지방위각

20. 좌표면적계산법에 따른 면적측정을 하는 경우 면적을 정하는 단위 기준으로 옳은 것은?

① 10분의 1제곱미터 단위로 정한다.
② 100분의 1제곱미터 단위로 정한다.
③ 1,000분의 1제곱미터 단위로 정한다.
④ 10,000분의 1제곱미터 단위로 정한다.

해설 지적측량 시행규칙 제20조(면적측정의 방법 등)
좌표면적계산법에 따른 산출면적은 1천분의 1제곱미터까지 계산하여 10분의 1제곱미터 단위로 정한다.

02 응용측량

21. 교각(I)과 반지름(R)을 알고 있는 원곡선의 외선장(E)을 구하는 공식은?

① $E = R \times \tan \dfrac{I}{2}$
② $E = 2R \times \sin \dfrac{I}{2}$
③ $E = R\left(1 - \cos \dfrac{I}{2}\right)$
④ $E = R\left(\sec \dfrac{I}{2} - 1\right)$

해설 노선측량에서 외선장(외할)은 $E = SL = R\left(\sec \dfrac{I}{2} - 1\right)$

22. 우리나라의 1/25,000 지형도에서 계곡선의 간격은?

① 10m
② 20m
③ 50m
④ 100m

해설 축척별 등고선의 간격

등고선의 간격	기호	1/10,000	1/25,000	1/50,000
주곡선	가는 실선	5m	10m	20m
간곡선	가는 파선	2.5m	5m	10m
보조곡선(조곡선)	가는 점선	1.25m	2.5m	5m
계곡선	굵은 실선	25m	50m	100m

23. BM에서 출발하여 No.2까지 레벨 측량한 야장이 다음과 같다. No.2는 BM보다 얼마나 높은가?

측점	후시(m)	전시(m)
BM	0.760	
No.1	1.295	1.324
No.2		0.381

① -1.462m
② $+1.462$m
③ $+0.35$m
④ -0.381m

해설 고저차는 후시의 합 − 전시의 합이다.
따라서, $(0.76 + 1.295) - (1.324 + 0.381) = 0.35$m

Answer 21. ④ 22. ③ 23. ③

24. 반지름(R)=130m인 원곡선을 편각법으로 설치하려 할 때 중심말뚝 간격=20m에 대한 편각(δ)은?

① 4° 24′ 26″
② 5° 18′ 26″
③ 8° 48′ 26″
④ 9° 36′ 26″

해설 시단현의 편각은 (σ) = $1,718.87' \dfrac{l}{R}$ = $1,718.87' \dfrac{20}{130}$ = $4°24'26''$

25. 클로소이드에 관한 설명으로 옳지 않은 것은?(단, A : 클로소이드의 매개변수)

① 클로소이드는 매개변수(A)가 변함에 따라 형태는 변하나 크기는 변하지 않는다.
② 클로소이드는 나선의 일종이다.
③ 클로소이드의 매개변수(A)는 길이 단위를 갖는다.
④ 클로소이드의 결정을 위해 단위클로소이드에 A배할 때, 길이의 단위가 없는 요소는 A배하지 않는다.

해설 클로소이드 곡선은 곡률이 곡선장에 비례하는 곡선을 말하며 자동차가 일정속도로 달리고 그 앞바퀴의 회전속도를 일정하게 유지할 경우 그리는 운동궤적은 클로소이드가 되며 고속주행 도로에 적합하고 매개변수가 변하면 형태와 크기는 변한다.

26. 터널 측량에서 지상의 측량좌표와 지하측량 좌표를 같게하는 측량은?

① 지상(갱외)측량
② 지하(갱내)측량
③ 터널 내외 연결측량
④ 지하 관통측량

해설 터널측량은 도로, 철도 등 수평에 가까운 터널측량뿐 아니라 수직갱, 경사갱 등도 포함되며 크게 갱외측량, 갱내측량, 갱 내외 수준측량, 갱내외 연결측량으로 구분하며 측량방법은 트랜싯에 의한 트래버스 측량 등을 한다. 갱내측량에서는 지상측량 방법과 동일한 방법을 사용할 수 없으며, 수직 터널이나 경사 터널을 본 터널에 연결하고 좌표를 같게하는 측량은 터널 내외 연결측량이다.

27. 태양 광선이 서북쪽에서 비친다고 가정하고, 지표의 기복에 대해 명암으로 입체감을 주는 지형 표시 방법은?

① 음영법
② 단채법
③ 점고법
④ 등고선법

해설 음영법은 빛의 방향을 일치시켜 입체감을 갖는데 용이한 지형표시 방법으로 고저차가 크고 경사가 급한 곳에 주로 사용된다.

28. 표정의 과정 중 축척의 결정, 수준면의 결정, 위치의 결정을 수행하는 작업은?

① 내부표정
② 상호표정
③ 절대표정
④ 접합표정

해설 절대표정(대지표정)은 축척의 결정, 수준면의 결정(표고, 경사결정), 위치의 결정(위치, 방위의 결정)을 하며 대체로 축척을 결정한 다음 수준면을 결정하고 시차가 생기면 다시 상호표정으로 돌아가서 표정을 해나간다.

Answer 24. ① 25. ① 26. ③ 27. ① 28. ③

29. 초점거리 150mm의 카메라를 이용하여 기준면으로부터 5,000m 높이에서 수직촬영을 하였다. 비고 500m 지점의 사진축척은?

① 1/20,000
② 1/30,000
③ 1/40,000
④ 1/50,000

해설 사진측량에서 초점거리(f)와 촬영고도(H)를 이용해 축척을 구하면
높이는 $5,000 - 500 = 4,500$m임

사진의 축척(M) = $\dfrac{촬영고도(H)}{초점거리(f)} = \dfrac{4,500\text{m}}{0.15\text{m}} = 30,000$

30. 터널 완성 후 단면관측에 대한 설명 중 틀린 것은?

① 단면검사 및 변형검사를 위해 실시하는 측량이다.
② 터널이 곡선인 경우는 접선에 직각방향으로 단면을 관측한다.
③ 터널이 경사진 경우는 수평방향의 수직단면을 관측해야 한다.
④ 단면측량은 단면측정기를 사용하여 관측하는 방법이 사용된다.

해설 터널측량에서 단면관측은 터널 완성 후에 이루어지고, 단면검사와 변형검사를 하게 되며, 단면측량은 단면측정기를 사용하고 터널이 곡선인 경우는 접선에 직각인 방향으로 관측한다.

31. 레벨(Level)의 중심에서 50m 떨어진 지점에 표척을 세우고 기포가 중앙에 있을 때 1.248m, 기포가 2눈금 움직였을 때 1.223m를 각각 읽은 경우 이 레벨의 기포관 곡률반지름은?(단, 기포관 1눈금 간격은 2mm이다.)

① 8m
② 12m
③ 16m
④ 20m

해설 $R : S = D : L$이면(D : 표척이동거리, L : 시준거리, S : 눈금이동거리)
시준거리는 $1.248 - 1.223 = 0.025$, 눈금이동거리는 4mm
$R = \dfrac{S \times D}{L} = \dfrac{0.004 \times 50}{0.025} = 8\text{m}$

32. 도로에 사용하는 클로소이드(Clothoid)곡선에 대한 설명으로 틀린 것은?

① 완화곡선의 일종이다.
② 일종의 유선형 곡선으로 종단곡선에 주로 사용된다.
③ 곡선길이에 반비례하여 곡률반지름이 감소하는 곡선이다.
④ 차가 일정한 속도로 달리고 그 앞바퀴의 회전속도를 일정하게 유지할 경우의 운동궤적과 같다.

해설 클로소이드 곡선은 완화곡선의 하나로 나선의 일종이며, 곡률이 곡선장에 비례하는 곡선을 말하며 자동차가 일정속도로 달리고 그 앞바퀴의 회전속도를 일정하게 유지할 경우 그리는 운동궤적은 클로소이드가 되며 고속주행 도로에 적합하다.

Answer 29. ② 30. ③ 31. ① 32. ②

33. 다음 중 항공사진측량에서 광축이 연직선과 일치하도록 촬영된 사진은?

① 경사사진　② 수평사진　③ 수직사진　④ 저각도 사진

해설 사진측량 시 촬영방향에 따라 수직사진, 경사사진, 수평사진으로 분류하며 수직사진은 카메라의 경사가 3° 이내일 때의 사진으로 광축과 연직선이 일치하도록 촬영한다.

34. 곡선반경 500m 되는 원곡선 상을 60km/h로 주행하려면 편경사는?(단, 궤간은 1,067mm이다.)

① 6.05mm　② 7.84mm　③ 60.5mm　④ 78.4mm

해설 차량이 곡선부를 주행할 때 외측으로 향하려는 원심력이 작용하며, 이 원심력 때문에 차량이 활골(Skidding) 또는 전도(Over Turning)될 위험이 있다. 이 위험성을 피하기 위하여 도로에서는 노면에 횡단경사를 두어 외측을 높이는데 이를 편경사(Super-elevation)라고 한다. 한편 철도에서는 레일이 있으므로 활골의 위험은 없으나 전도를 방지하기 위하여 곡선부 레일의 바깥쪽은 안쪽보다 높게 하는데 이를 칸트(Cant)라 한다.

$$C = \frac{bV^2}{gR}$$

여기서, C : 칸트, b : 차도간격, V : 주행속도, g : 중력가속도(9.81m/sec), R : 곡률반경

$$V = \frac{60\text{km}}{3,600} = 16.67\text{m/sec}$$

$$C = \frac{1.067 \times 16.67^2}{9.81 \times 500} = 0.060450042\text{m} \fallingdotseq 60.5\text{mm}$$

35. 사진측량의 장점에 대한 설명으로 옳지 않은 것은?

① 정량적, 정성적 해석이 가능하며 접근하기 어려운 대상물도 측정 가능하다.
② 측량의 정확도가 균일하다.
③ 축척변경이 용이하며 4차원 측량도 가능하다.
④ 촬영 대상물에 대한 판독 및 식별이 항상 용이하다.

해설 사진측량의 장점
- 사진은 정량적·정성적인 측정이 가능하다.
- 거시적으로 관찰할 수 있으며, 재측이 용이하다.
- 측정대상의 범위가 넓으며, 정도가 균일하다.
- 작업이 능률적이며, 동적인 것도 측정 가능하다.
- 넓은 지역에 경제성이 높고 기록보전이 용이하다.

※ 사진측량에 의해서는 건물 등 대상물의 식별이 항상 용이한 것은 아니며 식별이 불가한 대상물은 별도의 현지조사 및 측량으로 보완하여야 한다.

36. 항공사진의 특수 3점에 해당되지 않는 것은?

① 부점　② 연직점　③ 등각점　④ 주점

해설 항공사진의 특수 3점
- 주점 : 주점은 사진의 중심점으로서 렌즈의 중심으로부터 화면에 내린 수선의 발, 즉 렌즈의 광축과 화면이 교차하는 점
- 등각점 : 등각점이란 사진면에 직교되는 광선과 연직선이 이루는 각을 2등분하는 광선이 사진면에 마주치는 점
- 연직점 : 렌즈의 중심으로부터 지표면에 내린 수선의 발을 말하며 수선의 발에 의해 내린점을 지상연직점이라 하며 수직사진에서는 주점과 일치함

37. 위성측량에서 GPS의 의사거리(Pseudo Range)에 대한 설명으로 옳은 것은?

① 시간 오차 등 각종 오차를 포함하고 있는 거리이다.
② 모든 오차가 제거된 최종 확정된 거리이다.
③ 수신기와 가상의 기준국 간에 실제 거리이다.
④ 측정된 위성과 수신기 간의 거리에서 시간 오차가 보정된 거리이다.

해설 의사거리는 인공위성과 지상수신기 사이의 거리측정값으로 인공위성에서 송신되어 수신기로 도착된 송신 신호를 PRN(Pseudo Range Noise) 인식 코드로 비교하여 측정하며 송수신기의 시계의 시간 오차가 발생되며 거리는 기하학적인 실제 거리와 달라 의사거리라고 하며 항법장치에 주로 사용된다.

38. GPS 측량의 특성에 대한 설명으로 옳지 않은 것은?

① 측점 간 시통이 요구된다.
② 야간관측이 가능하다.
③ 날씨에 영향을 거의 받지 않는다.
④ 전리층 영향에 대한 보정이 필요하다.

해설 GPS측량 시스템은 인공위성을 이용한 범지구위치측정시스템으로 정확한 위치를 알고있는 위성에서 발사한 전파를 수신하여 관측점까지 소요시간을 측정하여 위치를 구하며 GPS의 특징은 다음과 같다.
- 기상상태와 관계없이 관측의 수행이 가능하다.
- 지형여건과 관계 없으며, 또한 측점 간 상호시통이 되지 않아도 관계없다.
- 관측작업이 신속하게 이루어진다.
- 측점에서 모든 데이터 취득이 가능해진다.
- 1인 측량이 가능하여 인력이 적게 소요되고, 측정작업이 간단히다.

그러나 GPS 측량도 전파를 수신하기에 주위에 고압선 등이 있으면 전파에 방해를 받을 수 있다.

39. 초점거리 150mm, 경사각이 30°일 때 주점과 등각점 사이의 거리는?

① 0.02m   ② 0.04m   ③ 0.06m   ④ 0.08m

해설 등각점 $= f \times \tan \dfrac{i}{2}$

여기서, f : 초점거리, I : 경사각

$0.150 \times \tan \dfrac{30}{2} = 0.04$m

Answer 37. ① 38. ① 39. ②

40. 수준측량의 용어 설명 중 틀린 것은?

① 이기점 – 전시와 후시를 모두 관측하여 앞뒤 수준측량 결과를 연결시키는 점이다.
② 중간점 – 후시만 취하는 점으로 표고를 알고 있는 점이다.
③ 지평선 – 연직선에 직교하는 직선이다.
④ 기준면 – 높이의 기준이 되는 면으로 평균해수면을 말한다.

해설 중간점은 전시만 취하는 점으로 표고를 관측할 점으로 그 점에 오차가 있어도 다른 측량할 지역에는 오차의 영향을 전혀 끼치지 않는다.

03 토지정보체계론
SUBJECT

41. 지적전산자료의 이용 및 사용료에 관한 설명이 옳지 않은 것은?

① 지적공부에 관한 전산자료를 이용 또는 활용하고자 하는 자는 이에 대한 관계 중앙행정기관의 장의 심사를 거치지 않고 소관청의 승인을 얻으면 된다.
② 시·군·구 단위의 지적전산자료를 이용하고자 하는 자는 소관청의 승인을 얻어야 한다.
③ 전국 단위의 지적전산자료를 이용하고자 하는 자는 국토교통부장관의 승인을 얻어야 한다.
④ 시·도 단위의 지적전산자료를 이용하고자 하는 자는 시·도지사의 승인을 얻어야 한다.

해설 지적전산자료의 이용 또는 활용하려면 미리 관계 중앙행정기관의 심사를 받아야 한다.(법 제76조)

42. 다음 중 관계형데이터베이스에 대한 설명으로 가장 옳은 것은?

① 트리 구조와 같은 계층형 구조를 가지고 있다.
② 정의된 데이터 테이블의 갱신이 어려운 편이다.
③ 데이터를 2차원의 테이블 형태로 저장한다.
④ 필요한 정보를 추출하기 위한 질의의 형태에 많은 제한을 받는다.

해설 관계형 DBMS
- 데이터베이스를 테이블 형태로 구성하는 관계 데이터 모델을 사용한다.
- 데이터의 갱신이 용이하고 융통성을 증대시킨다.
- SQL과 같은 질의 언어 사용으로 복잡한 질의도 간단하게 표현할 수 있다.

43. 토지정보시스템(LIS)의 질의어(Qquery Language)에 대한 설명이 옳지 않은 것은?
① 질의어란 사용자가 필요한 정보를 데이터베이스에서 추출하는데 사용되는 언어를 말한다.
② 질의를 위하여 사용자가 데이터베이스의 구조를 알아야 하는 언어를 과정 질의어(Procedural Query Language)라 한다.
③ SQL은 비과정 질의어의 대표적인 예이다.
④ 계급형(Hierarchical)과 관계형(Relational) 데이터베이스 모형은 사용하는 질의 위해 데이터베이스의 구조를 알아야 한다.

해설 사용자들은 데이터베이스 구조까지 이해할 필요는 없으며, 단순하게 명령어를 가지고 자료를 활용할 뿐이다.

44. 다음 중 메타데이터(Metadata)에 대한 설명으로 옳지 않은 것은?
① 데이터의 내용, 품질, 조건 및 특징 등을 저장한다.
② 데이터의 지속적인 업데이트에 중요하다.
③ 데이터의 원활한 교환을 위한 틀을 제공한다.
④ 데이터의 논리적 규약을 물리적 수준으로 전환시킨다.

해설 메타데이터는 데이터의 이력서로서 자료의 내용을 논리적으로 소개한 것이지 물리적 수준(자료의 구조나 내용들을 물리적으로 변화시키는 것)은 아니다.

45. 토지정보시스템의 구성요소 중 각종 정보의 입력·관리·분석 및 처리·편집 등의 기능을 필요로 하며 사용자가 이용하는 장치들에서 구동되는 각종 컴퓨터 프로그램들을 의미하는 것은?
① 조직 ② 인력 ③ 소프트웨어 ④ 하드웨어

해설 토지정보체계의 구성요소
- 조직과 인력 : 가장 중요한 부분, 운영할 수 있는 조직 및 기술인력
- 자료(데이터베이스) : 속성정보와 도형정보 등 LIS에서 사용되는 도형정보와 속성자료를 합친 모든 정보를 입력하여 보관하는 정보의 저장소
- 소프트웨어 : 토지정보의 입력, 출력, 검색, 추출, 분석 등을 위한 컴퓨터 프로그램의 집합체
- 하드웨어 : 입·출력 장치, 연산, 저장 등 컴퓨터 시스템을 총칭, 저장장치, 출력장치

46. 스캐닝(Scanning)에 의하여 도형정보(지적도)를 입력할 경우의 장점에 대한 설명으로 옳지 않은 것은?
① 작업자의 수작업이 최소화된다.
② 이미지상에서 삭제·수정할 수 있어 작업 능률이 높다.
③ 원본 도면의 손상된 정도와 상관없이 도면을 정확하게 입력할 수 있다.
④ 복잡한 도면을 입력할 때에 작업시간을 단축할 수 있다.

해설 스캐닝(지적도를 복사하는 개념)에서 원본 도면이 손상된 경우에는 정확하게 입력할 수 없다.

Answer 43. ④ 44. ④ 45. ③ 46. ③

47. 벡터데이터의 위상구조(Topology)를 통해 알 수 있는 공간 객체들 간의 분석 내용으로 거리가 먼 것은?

① 연결성 ② 중첩성 ③ 인접성 ④ 포함성

해설 위상구조를 이용하여 가능한 분석
- 연결성 : 두 개 이상의 객체가 연결되어 있는지를 판단
- 인접성 : 두 개의 객체가 서로 인접하는지를 판단
- 포함성 : 특정 영역 내에 무엇이 포함되었는지를 판단

48. 지적도면을 스캐닝한 결과로 나타나는 격자구조에 대한 설명으로 옳은 것은?

① 격자구조는 별도의 작업 없이 좌표값을 갖는다.
② 격자구조는 데이터의 구조가 복잡하다.
③ 격자구조의 정확도는 격자의 면적에 비례한다.
④ 격자의 크기가 작을수록 저장되는 자료양은 많아진다.

해설 격자가 나타내는 면적이 작을수록 그만큼 자세한 현실세계의 표현이 가능하며(자료의 양은 증대), 나타내는 면적이 클수록 자세한 현실의 표현보다는 개략적인 현실세계의 표현에 치중한다.

49. 지적소관청이 부동산종합공부에 등록하여야 할 자료로 옳지 않은 것은?

① 건축물의 표시와 소유자에 관한 사항
② 토지의 이용 및 규제에 관한 사항
③ 부동산의 가격에 관한 사항
④ 부동산거래신고에 관한 사항

해설 부동산종합공부의 등록사항 등(법 제76조의3)
부동산거래신고에 관한 사항은 부동산거래관리시스템(RTMS)에서 관리한다.

50. 지적전산정보시스템에서 사용자권한 등록파일에 등록하는 사용자의 권한에 해당하지 않는 것은?

① 법인 아닌 사단·재단 등록번호의 업무관리
② 지적전산코드의 입력·수정 및 삭제
③ 저적공부의 열람 및 등본발급의 관리
④ 표준지 공시지가 변동의 관리

해설 부동산종합공부시스템 운영 및 관리규정 별표 제1호(사용자 권한부여)
사용자의 권한관리, 법인 아닌 사단·재단 등록번호의 업무관리, 부동산등기용 등록번호 등록증명서 발급, 지적전산코드의 입력·수정 및 삭제, 지적전산자료의 조회·추출, 지적 기본사항의 조회, 지적통계의 관리, 토지관련 정책정보의 관리, 토지이동신청의 접수, 토지이동의 정리, 토지소유자 변경의 관리, 측량업무 관리, 토지등급 및 기준수 확량등급 관리, 지적공부의 열람 및 등본발급의 관리, 일반 지적업무의 관리, 일일마감관리, 지적전산자료의 정비, 비밀번호의 변경, 부동산종합증명서 열람 및 발급, 부동산종합공부 조회·추출, 연속지적도 관리, 용도지역지구도 관리, 용도지역지구 기본사항의 조회, 용도지역지구 통계 조회, 개별공시지가 및 주택 가격정보 관리, 부동산 가격 기본사항의 조회, 부동산 가격 전산자료의 조회·추출, 부동산 가격 통계 조회, 건축물 기본사항의 조회, GIS 건물통합정보 관리

Answer 47. ② 48. ④ 49. ④ 50. ④

51. 토지정보시스템(Land information System)의 구축효과와 거리가 먼 것은?
① 지적업무 처리의 능률성과 정확도 향상 ② 민원인의 편의 증진
③ 지적서고의 확장 ④ 수작업으로 인한 오류방지

해설 지적공부가 전산화되어 지적서고를 효율적으로 활용할 수 있다.

52. 효율적인 자료관리와 중복성 방지를 위한 시스템으로서, 안정적으로 자료를 관리하고 효율적인 검색 및 질의 언어를 지원하는 것을 주요 기능으로 하는 것은?
① LMIS ② DBMS ③ EPP ④ MAJIS

해설 DBMS는 데이터베이스를 보다 편리하게 정의하고, 생성하며, 조작할 수 있도록 해주는 범용 소프트웨어 시스템

53. 다음 중 아래와 같은 특징을 갖는 도형자료의 입력장치는?

- 필요한 주제의 형태에 따라 작업자가 좌표를 독취하는 방법이다.
- 일반적으로 많이 사용되는 방법으로, 간단하고 소요비용이 저렴한 편이다.
- 작업자의 숙련도가 작업의 효율성에 큰 영향을 준다.

① 플로터 ② 프린터 ③ DLT ④ 디지타이저

해설 디지타이징
디지타이저(IT 장치에서 펜 등 도구의 움직임을 디지털 신호로 변환하여 주는 입력장치)와 연결된 커서를 이용하여 필요한 객체의 형태를 컴퓨터에 입력시키는 것

54. 국가공간정보정책 기본계획은 몇 년 단위로 수립·시행하여야 하는가?
① 10년 ② 5년 ③ 3년 ④ 매년

해설 국가공간정보 기본법 제6조
정부는 국가공간정보체계의 구축 및 활용을 촉진하기 위하여 국가공간정보정책 기본계획을 5년마다 수립하고 시행하여야 한다.

55. 지적도면을 접합할 때 일반원칙에 대한 설명으로 옳지 않은 것은?
① 도면접합은 도곽을 기준으로 접합하는 것을 원칙으로 한다.
② 서로 다른 축척 간의 접합 시 대축척의 필지경계선을 기준으로 접합처리한다.
③ 대면적 필지경계를 우선하여 접합한다.
④ 도곽선 주위의 폐합된 필지경계를 우선하여 접합처리한다.

해설 지적원도 데이터베이스 구축 작업기준 제28조
소면적 필지경계를 우선하여 접합한다.

Answer 51. ③ 52. ② 53. ④ 54. ② 55. ③

56. 지리정보 분야의 국제표준화기구로 1994년 6월에 구성되었으며, 지리정보 분야에 대한 표준화를 다루는 기술위원회로 구성된 기구는?

① CEN/TC 287　　② ISO/TC 211
③ OGC　　　　　 ④ OGF

해설 ISO/TC 211
지리정보시스템(GIS) 및 관련 기술의 표준을 검토하는 국제표준화기구(ISO)의 기술 위원회이다. 업무 구조 및 참조 모델을 담당하는 작업반 WG1, 지리 공간 데이터 모델과 운영자를 담당하는 WG2, 지리 공간 데이터를 담당하는 WG3, 지리 공간 서비스를 담당하는 WG4 및 프로파일 및 기능에 관한 제반 표준을 담당하는 WG5로 구성되어 있다.

57. 다음 중 속성정보에 대한 설명으로 옳지 않은 것은?

① 지도의 특정한 지도요소가 속성정보에 해당한다.
② 지도상의 특성이나 질, 형상, 지물의 관계를 나타낸다.
③ 도형정보와 연결이 되는 관계로 정확성을 유지하는 데 어려움이 많다.
④ 속성정보는 도형요소에 의해 나타난 성질을 문자나 숫자로도 설명한다.

해설 지도의 특정한 지도요소가 도형정보에 해당한다.

58. 공간정보의 분석기능 중 서로 다른 자료층에 나타난 형상들의 정보를 종합 분석하여 각종 관련 정보를 해석하는 것은?

① 중첩분석　　② 표면분석
③ 근접분석　　④ 경사분석

해설 중첩분석
하나의 레이어 위에 다른 레이어를 올려놓고 두 레이어에 나타난 형상들 간의 관계를 분석하는 것

59. 우리나라 NGIS의 데이터 교환 표준으로 정해진 것은?

① IGES　　② SDTS　　③ STEP　　④ TIGER

해설 SDTS(Spatial Data Transfer Standard)
NGIS의 데이터 표준교환으로, 공간데이터 전환의 조직과 구조, 공간형상과 공간속성의 정의, 데이터 전환의 코드화에 대한 규정을 상세히 제공하고 있다.

60. 다음 중 지적정보로 볼 수 없는 것은?

① 지번　　② 면적　　③ 소유자　　④ 도로중심선

해설 지적정보
토지(임야)대장, 지적(임야)도 등 지적공부에 등록된 정보

Answer　56. ②　57. ①　58. ①　59. ②　60. ④

04 지적학

61. 다음 지목 중 잡종지에서 분리된 지목에 해당하는 것은?
① 공원 ② 염전
③ 유지 ④ 지소

해설 지목의 변천내용
1. 1910~1950년 : 토지조사령에 의거 전, 답, 대 등 18개 지목으로 구분
2. 1950~1975년 : 구지적법에 의거 21개 지목으로 구분
   ① 지소 → 지소+유지
   ② 잡종지 → 잡종지+염전+광천지
3. 1976년~현재
   ① 28개 지목으로 구분
   ② 10개 지목 신설 : 과수원, 목장용지, 공장용지, 학교용지, 운동장, 유원지, 주차장, 주유소용지, 창고용지, 양어장
   ③ 6개 지목을 3개 지목으로 통합
      • 철도용지+철도선로 → 철도용지
      • 수도용지+수도선로 → 수도용지
      • 유지+지소 → 유지
   ④ 지목명칭변경
      • 공원지 → 공원
      • 사사지 → 종교용지
      • 성첩 → 사적지
      • 분묘지 → 묘지
   ⑤ 1991년 운동장을 체육용지로 변경
   ⑥ 2002년 1월 4개 지목 신설 : 주차장, 주유소용지, 창고용지, 양어장

62. 경계점 표지의 특성이 아닌 것은?
① 영구성 ② 안전성
③ 유동성 ④ 명확성

해설 토지의 경계점에 설치되는 경계점 표지에 변하기 쉬운 유동성이 존재하는 것은 바람직하지 않음

63. 우리나라의 법정 지목의 성격으로 옳은 것은?
① 경제지목 ② 지형지목
③ 용도지목 ④ 토성지목

Answer 61. ② 62. ③ 63. ③

해설 토지의 현황에 따른 지목의 분류
- 지형지목 : 지표면의 형상, 토지의 고저 등 토지의 모양에 따라 결정한 지목
- 지성지목 : 지층, 암석, 토양 등 토지의 성질에 따라 결정한 지목
- 용도지목 : 토지의 현실적 용도에 따라 결정한 지목

※ 우리나라 및 대부분의 국가에서는 용도지목을 사용함

64. 토지등록부의 편성방법 중 연대적 편성주의에 대한 설명으로 옳은 것은?

① 토지의 등록에 있어 개개의 토지를 중심으로 토지등록부를 편성하는 것으로 우리나라도 이 제도를 따르고 있다.
② 토지소유자별로 토지를 등록하여 동일 소유자에 속하는 모든 토지는 당해 소유권자의 대장에 기록하는 방식이다.
③ 어떠한 특별한 기준을 두지 않고 당사자의 신청 순서에 따라 순차적으로 기록해 가는 것으로 레코딩시스템이 이에 속한다.
④ 토지대장에 있어서 소유자별 토지등록카드와 지번별 목록, 성명별 목록을 동시에 등록하는 방식이다.

해설 토지등록부
1. 물적편성주의
   ① 개별 토지를 중심으로 등록부를 편성
   ② 지번순서에 따라 등록
   ③ 가장 우수하고 합리적, 많이 쓰임
   ④ 장점 : 토지이용, 관리, 개발측면에 편리
   ⑤ 단점 : 소유자별 파악이 곤란
2. 인적편성주의
   ① 동일소유자의 모든 토지를 대장에 기록
   ② 세지적의 소산
   ③ 토지이용, 관리, 개발 등 토지행정에 지장
   ④ 인명목록, 전산프로그램개발 등으로 약점을 보완
   ⑤ 네덜란드에서 채택
3. 연대적편성주의
   ① 신청순서에 따라 순차적으로 대장 작성
   ② 프랑스의 등기부와 미국의 Recording System이 이에 속함
   ③ 등기부 편성방법으로 가장 유효하나 그 자체만으로 공시기능을 발휘하지 못함
4. 인적 · 물적편성주의
   ① 물적편성주의를 기본으로 운영하되 인적편성주의 요소를 가미
   ② 소유자별 토지등록부를 동시에 작성
   ③ 스위스, 독일의 경우 둘 이상의 토지를 하나의 용지에 기록함
   ④ 토지대장도 소유자별 토지등록카드와 함께 지번별 목록, 성명별 목록 등을 작성 운용

65. 우리나라 지목의 구분 및 결정 기준은?
① 토지의 주된 사용목적
② 토지의 모양
③ 토양의 성질
④ 토지의 크기

해설 지목
1. 지목의 개념
   ① 지목(Land Category)은 토지의 주된 사용목적 또는 용도에 따라 토지의 종류를 구분하여 표시하는 명칭
   ② 토지의 소재, 지번, 경계 또는 좌표 및 면적 등과 함께 필지구성의 중요 요소
2. 지목의 분류
   ① 토지의 현황에 따른 분류
      ㉠ 지형지목 : 지표면의 형상, 토지의 고저 등 토지의 모양에 따라 결정한 지목
      ㉡ 지성지목 : 지층, 암석, 토양 등 토지의 성질에 따라 결정한 지목
      ㉢ 용도지목 : 토지의 현실적 용도에 따라 결정한 지목(우리나라 및 대부분의 국가에서 사용)
   ② 지목의 구성내용에 따른 분류
      ㉠ 단식지목 : 1개의 토지에 대하여 한 가지 기준에 의해 분류된 지목(전, 답 등)
      ㉡ 복식지목 : 1개의 토지에 대하여 둘 이상의 기준에 따라 분류된 지목(녹지대 등)

66. 지적 관련 법령의 변천 순서가 옳게 나열된 것은?
① 토지조사법 → 토지조사령 → 지세령 → 조선임야조사령 → 조선지세령 → 지적법
② 토지조사법 → 토지조사령 → 지세령 → 조선지세령 → 조선임야조사령 → 지적법
③ 토지조사법 → 지세령 → 토지조사령 → 조선지세령 → 조선임야조사령 → 지적법
④ 토지조사법 → 지세령 → 조선임야조사령 → 토지조사령 → 조선지세령 → 지적법

해설 지적법령의 연혁
1. 대한제국의 지적법령
   ① 토지가옥증명규칙(1906.10.26. 칙령 제65호)
   ② 토지가옥전당집행규칙(1906.10.26. 칙령 제80호)
   ③ 대구시가토지측량규정(1907.5.16)
   ④ 삼림법(1908.1.24. 법률 제1호)
   ⑤ 토지가옥소유권증명규칙(1908.7.16. 칙령 제47호)
   ⑥ 토지조사법(1910.8.23. 법률 제7호)
2. 일제강점기 시대의 지적법령
   ① 토지조사령(1912.8.13. 제령 제2호)
   ② 도근측량 실시규정(1913.10.5. 임시토지조사국 훈령 제17호)
   ③ 세부측도 실시규정(1913.10.5. 임시토지조사국 훈령 제18호)
   ④ 제도적산 실시규정(1914.6.30. 임시토지조사국 훈령 제25호)
   ⑤ 지세령(1914.3.16. 제령 제1호)
   ⑥ 토지대장규칙(1914.4.25. 조선총독부령 제45호)
   ⑦ 조선임야조사령(1918.5.1. 제령 제5호)
   ⑧ 임야대장규칙(1920.8.23. 조선총독부령 제113호)
   ⑨ 토지측량규칙(1921.3.18. 조선총독부 훈령 제10호)

Answer 65. ① 66. ①

⑩ 임야측량규정(1935.6.12. 조선총독부 훈령 제27호)
⑪ 조선지세령(1943.3.31. 제령 제6호)
3. 대한민국의 지적법령
① 지적법(1950.12.1. 법률 제165호)
② 지적측량규정(1954.11.12. 대통령령 제951호)
③ 지적측량사규정(1960.12.31. 국무원령 제176호)
④ 측량·수로조사 및 지적에 관한 법률(2009.6.9. 법률 제9774호)
⑤ 공간정보의 구축 및 관리 등에 관한 법률(2014.6.3. 법률 제12738호, 시행 2015.6.4.)

67. 현재 우리나라의 토지대장 편성방법은?

① 물적편성주의
② 인적편성주의
③ 연대적편성주의
④ 물적·인적편성주의

해설 우리나라의 토지대장의 편성방법은 물적편성주의를 채택하고 있음
- 물적편성주의 : 토지 중심으로 대장작성
- 인적편성주의 : 소유자 중심 대장작성
- 연대적편성주의 : 신청순서에 따라 작성
- 물적·인적편성주의 : 물적편성주의에 인적편성주의 가미

68. 토지조사사업의 주요 내용에 해당되지 않는 것은?

① 토지소유권 조사
② 토지가격조사
③ 지형·지모 조사
④ 역둔토 조사

해설 토지조사사업의 내용
- 지적제도와 부동산등기제도의 확립을 위한 토지소유권 조사
- 지세제도의 확립 위한 토지의 가격조사
- 국토의 지리를 밝히는 토지의 외모조사

69. 아래의 설명에 해당하는 토지등록의 유형은?

- 모든 토지는 지적공부에 등록하여야 한다.
- 지적공부에 등록되지 않은 토지는 어떠한 권리도 인정될 수 없다.

① 적극적 등록제도
② 실질적 심사제도
③ 권원등록제도
④ 날인증서등록제도

해설 토지등록제도
1. 토지등록제도의 유형
   ① 날인증서등록제도
   ② 권원등록제도
   ③ 소극적 등록제도
   ④ 적극적 등록제도
   ⑤ 토렌스 시스템(Torrens System)

2. 적극적 등록제도
   ① 토지등록은 일필지의 개념으로 법적권리보장이 인증되고 국가에 의해 그러한 합법성과 효력이 발생
   ② 기본원칙
      ㉠ 지적공부에 등록되지 않는 토지는 어떠한 권리도 인정받을 수 없음
      ㉡ 등록은 강제적이고 의무적임
      ㉢ 지적측량이 시행 후 토지등기가 가능
   ③ 선의의 제3자 보호 : 토지등록상의 문제로 인한 피해는 법적으로 보장되고 국가에 소송을 제기할 수 있으며, 보상도 받을 수 있음
   ④ 토렌스 시스템은 적극적 등록주의의 발전된 형태

70. 다음 중 1910년대의 토지조사사업에 따른 일필지 조사의 업무 내용에 해당하지 않는 것은?

① 지번조사
② 지주조사
③ 지목조사
④ 역둔토조사

해설 일필지 조사의 내용
- 지주, 강계, 지역, 지목, 지번, 등기 및 등기필지 등으로 구분하여 조사
- 조사지와 불조사지 : 조사대상지는 전, 답, 대, 잡종지, 임야, 공원지, 분묘지, 수도용지, 철도용지, 도로, 구거 하천, 사사지, 지소, 제방, 선로, 성첩 등이며, 제외된 지역은 조사하지 않은 임야 속에 잠재 또는 접속되어 조사의 필요를 느끼지 않는 지역 또는 도서로서 조사하지 않은 지역 등
- 지주의 조사 : 지주의 조사는 원칙적으로 신고주의를 채택하고 동일 토지에 대해서 2인 이상의 권리주 장자가 있을 경우 또는 단순히 1인의 권리주장자만이 있을 경우라도 그 권원에 의문이 있을 때를 제외하고는 구태여 권원조사를 하지 않고 신고명의인을 지주로 인정
- 강계 및 지역의 조사 : 강계의 조사는 신고자로 하여금 그 토지의 사위(四圍)에 표항을 건설하도록 한 다음 지주, 관리인, 이해관계인 또는 대리인 및 지주총대를 입회시켜 지주의 조사와 함께 인접지와의 관계를 조사
- 지목의 조사 : 토지의 종류를 18종으로 구별하고 조사 당시의 현상에 따라 적당한 것을 선정해서 지목을 정함
- 증명 및 등기필지의 조사
- 각종의 특별조사 : 시가지의 조사, 도서의 조사, 서북선지방의 조사 등의 특별조사를 실시

71. 조선시대의 토지등록 장부인 양안을 새로이 작성하기 위해 양전을 실시한 원칙적인 주기는?

① 10년
② 15년
③ 20년
④ 25년

해설 경국대전 호전(戶典) 양전조(量田條)에는 "모든 전지는 6등급으로 구분하고 20년마다 다시 측량하여 장부를 만들어 호조(戶曹)와 그 도(道) 그 읍(邑)에 비치한다."고 규정

Answer 70. ④ 71. ③

72. 다음 지적불부합지의 유형 중 비교적 규모가 크거나 집단적이어서 정정하기 위한 행정처리 상 큰 어려움을 초래하는 것은?

① 중복형
② 공백형
③ 편위형
④ 불규칙형

해설 지적불부합의 유형
1. 중복형
   ① 원점지역의 접촉지역에서 많이 발생
   ② 기존 등록된 경계선의 충분한 확인 없이 측량했을 때 발생
   ③ 발견이 쉽지 않음
   ④ 도상경계에는 이상이 없으나 현장에서 지상경계가 중복되는 형상
2. 공백형
   ① 도상경계는 인접해 있으나 현장에서는 공간의 형상이 생기는 유형
   ② 도선의 배열이 상이한 경우에 많이 발생
   ③ 리, 동 등 행정구역의 경계가 인접하는 지역에서 많이 발생
   ④ 측량상의 오류로 인해서도 발생
3. 편위형
   ① 현형법을 이용하여 이동측량을 했을때 많이 발생
   ② 국지적인 현형을 이용하여 결정하는 과정에서 측판점의 위치오류로 인해 발생한 것이 많음
   ③ 정정을 위한 행정처리가 복잡함
4. 불규칙형
   ① 불부합의 형태가 일정하지 않고 산발적으로 발생한 형태
   ② 경계의 위치파악이 어렵고 원인분석이 어려운 경우가 많음
   ③ 토지조사 사업당시 발생한 오차가 누적된 것이 많음
5. 위치오류형
   ① 등록된 토지의 형상과 면적은 현지와 일치하나 지상의 위치가 전혀 다른 위치에 있는 유형
   ② 산림속의 경작지에서 많이 발생
   ③ 위치정정만 하면 되고 정정과정이 쉬움
6. 경계 이외의 불부합
   ① 지적공부의 표시사항의 오류
   ② 대장과 등기부 간의 오류
   ③ 지적공부의 정리 시에 발생하는 오류
   ④ 불부합의 원인 중 가장 미비한 부분을 차지함

73. 다음 중 토지의 지리적 위치의 고정성과 개별성을 확보하고 필지의 개별적 구분을 해주는 토지표시 사항은?

① 지번
② 지목
③ 면적
④ 소유자

해설 지번이란 토지의 특정화를 위해 지번부여지역별로 기번하여 필지마다 하나씩 붙이는 번호로서, 토지의 고정성·개별성을 확보하기 위해 소관청이 지번설정지역인 법정 리·동 단위로 기번하여 필지마다 아라비아숫자 1, 2, 3 등 순차적으로 연속하여 부여한 번호를 말한다.

Answer 72. ④ 73. ①

74. 다음 중 우리나라의 현행 법정지목에 해당하지 않는 것은?

① 주차장
② 양식장
③ 잡종지
④ 주유소용지

해설 양어장은 현행 법정지목이나, 양식장은 법정지목이 아니다.

75. 다음 중 지적과 등기를 비교하여 설명한 내용으로 옳지 않은 것은?

① 지적은 실질적 심사주의를 채택하고 등기는 형식적 심사주의를 채택한다.
② 등기는 토지의 표시에 관하여는 지적을 기초로 하고 지적의 소유자 표시는 등기를 기초로 한다.
③ 지적과 등기는 국정주의와 직권등록주의를 채택한다.
④ 지적은 토지에 대한 사실관계를 공시하고 등기는 토지에 대한 권리관계를 공시한다.

해설 지적과 등기

1. 지적과 등기의 관계
   ① 등기와 등록대상이 동일토지라는 점에서 밀접한 관계이다.
   ② 등기와 등록은 그 목적물의 표시 및 소유권의 표시는 항상 부합되어야 한다.
   ③ 등기에 있어서 토지표시에 관한사항은 지적공부, 등록의 경우 소유권에 관한 사항은 등기부를 기초로 한다.
   ④ 단 미등기 토지의 소유자 표시에 관한 사항은 지적공부를 기초로 한다.
2. 지적제도와 등기제도의 비교

구분	지적제도	등기제도
기본이념	국정주의, 형식주의, 공개주의	형식주의(성립요건주의)
등록방법	직권등록주의, 단독신청주의	당사자신청주의, 공동신청주의
심사방법	실질적심사주의	형식적심사주의
공신력	인정	불인정
편제방법	물적편성주의	물적편성주의
처리방법	신고의 의무, 직권조사처리	신청주의
신청방법	단독신청주의	공동신청주의
담당부서	국토교통부-시·도지적과-시·군·구 지적과	법무부-대법원-지방법원·지원·등기소
공부	토지, 임야대장, 공유지연명부, 대지권등록부, 지적도, 임야도, 경계점등록부, 지적전산파일	토지등기부, 건물등기부, 입목등기부, 상업등기부, 선박등기부, 법인등기부, 공장등기부 등
기능	토지의 물리적 현황 공시	토지에 대한 권리관계를 공시
등록사항	토지소재, 지번, 지목, 경계, 면적, 소유자 소성명 등	소유권, 저당권, 전세권, 지역권, 지상권 등
기타	지적측량 실시	절차적 요식행위 요구

76. 다음 중 일자오결제에 대한 설명이 옳지 않은 것은?

① 양전의 순서에 따라 1필지마다 천자문의 자번호를 부여하였다.
② 천자문의 각 자내(字內)에 다시 제일(第一), 제이(第二), 제삼(第三) 등의 번호를 붙였다.
③ 천자문의 1자는 기경전의 경우만 5결이 되면 부여하고 폐경전에는 부여하지 않았다.
④ 숙종 35년 해서양전사업에서는 일자오결의 양전 방식이 실시되었으나 폐단이 있었다.

해설 일자오결제도(一字五結制度)
1. 개념
   ① 일자오결제도는 양전순서에 따라 토지에 천자문의 자번호를 부여한 제도이며 속전, 대전회통에 기록되어 있음
   ② 일자오결제도는 조선시대 인조 때 논의하여 숙종 때 실시하여 대한제국을 거쳐 일제 초기까지의 약 160년 동안 사용된 지번제도
2. 자호부번의 원칙
   ① 천자문의 1자는 기경전, 폐경전을 막론하고 모두 5결이 되면 부여함
   ② 천자문의 자는 토지의 구역, 번호는 지번을 의미하므로, 자호는 고려와 조선시대의 지번을 의미
   ③ 양전 후 자번호가 부여된 토지는 다시 개량해도 당초 자번호를 사용함이 원칙
   ④ 양전이 끝난 이후에 개간한 토지는 인접지의 자번호에 지번(枝番)을 붙여 사용하는 부번제도를 실시
   ⑤ 자호는 토지조사사업 시행 이전에 토지에 붙이는 번호로서 군을 단위로 부번하였지만 개성군, 김화군, 철원군의 경우는 면단위로 부번
   ⑥ 자호는 양안에 등록되었고, 토지조사 측량을 할 때 토지신고서와 결수연명부, 고복장(考卜帳) 등의 과세대장과 등기서류 등에도 사용
3. 일자오결제도의 문제점 : 다산 정약용이 경세유표에서 일자오결제도를 사용하면 그 수가 너무 많아 혼잡하고 부정확하다고 주장
4. 일자오결제도의 폐지 : 토지조사 시에는 리·동별로 일련번호로 부번하였기 때문에 토지조사사업이 완료되고 이 제도도 없어짐

77. 지적제도의 발전단계별 특징으로서 중요한 등록사항에 해당하지 않는 것은?

① 세지적 – 경계
② 법지적 – 소유권
③ 법지적 – 경계
④ 다목적지적 – 등록사항 다양화

해설 발전단계별 지적제도의 특징
- 세지적 : 농경시대에 개발된 최초의 지적제도로서, 세금징수가 주목적이므로 세금산정을 위한 면적 본위로 운영
- 법지적 : 토지이용의 다양성과 상품성이 강조된 산업화시대에 개발된 지적제도로서, 토지거래의 안전과 소유권보호를 주목적이므로 소유권 등 권리의 한계설정과 경계복원이 강조되고 위치 본위로 운영
- 다목적지적 : 사회의 발달과 기능의 복잡·다양화로 토지이용의 효율화와 토지 관련 정보의 신속하고 계속적인 제공이 주목적이므로 종합적 토지정보시스템으로 운영

78. 다음 지번의 진행방향에 따른 분류 중 도로를 중심으로 한 쪽은 홀수로, 반대쪽은 짝수로 지번을 부여하는 방법은?

① 기우식
② 사행식
③ 단지식
④ 혼합식

해설 지번부여방법
1. 지번부여방법의 종류
   ① 진행방향에 따른 분류 : 사행식, 기우식, 단지식
   ② 부여단위에 따른 분류 : 지역단위법, 도엽단위, 단지단위법
   ③ 기번위치에 따른 분류 : 북동기번법, 북서기번법
2. 진행방향에 따른 방법
   ① 사행식
      ㉠ 필지의 배열이 불규칙한 지역에서 진행순서에 따라 지번 부여
      ㉡ 진행방향에 따라 지번이 순차적으로 연속
      ㉢ 농촌지역에 적합
      ㉣ 상하좌우로 볼 때 어느 방향에서는 지번이 뛰어넘는 단점이 있음
   ② 기우식(또는 교호식)
      ㉠ 도로를 중심으로 한쪽은 홀수인 기수, 반대쪽은 짝수인 우수로 지번을 부여
      ㉡ 시가지 지역의 지번설정에 적합
   ③ 단지식(또는 Block식)
      ㉠ 1단지마다 하나의 지번을 부여하고 단지내 필지들은 부번을 부여하는 방법
      ㉡ 토지구획, 농지개량사업시행지역에 적합
3. 부여단위에 따른 방법
   ① 지역단위법
      ㉠ 1개의 지번설정지역 전체를 대상으로 하여 순차적으로 지번 부여
      ㉡ 지번부여지역이 좁거나 도면매수가 적은 지역에 적합
   ② 도엽단위법
      ㉠ 도엽단위로 세분하여 지번 부여
      ㉡ 넓거나 도면매수가 많은 지역에 적합
   ③ 단지단위법
      ㉠ 1개의 지번설정지역을 지적(임야)도의 단지단위로 세분하여 지번을 부여
      ㉡ 다수의 소규모 단지로 구성된 토지구획, 농지개량사업시역에 적합
4. 기번위치에 따른 방법
   ① 북동기번법
      ㉠ 북동쪽에서 남서쪽으로 순차적으로 지번 부여
      ㉡ 한자지번 지역에 적합
   ② 북서기번법
      ㉠ 북서에서 남동쪽으로 순차적으로 지번 부여
      ㉡ 아라비아숫자 지번지역에 적합

Answer 78. ①

79. 다음 중 토지조사사업 당시 확정된 소유자가 서로 다른 토지 간에 사정된 구획선을 무엇이라고 하였는가?

① 경계선
② 강계선
③ 지역선
④ 지계선

해설 강계선과 지역선
- 강계선 : 사정선으로서, 토지조사사업 당시 확정된 소유자가 다른 토지 간의 경계선이며 강계선의 상대는 소유자와 지목이 다르다는 원칙이 성립
- 지역선 : 소유자가 같은 토지와의 구획선 또는 소유자를 알 수 없는 토지와의 구획선 및 토지조사사업의 시행지와 미시행지와의 지계선
- 경계선 : 임야조사사업 시의 사정선

80. 지적공부정리를 위한 토지이동의 신청을 하는 경우 지적측량을 요하지 않는 토지이동은?

① 분할
② 합병
③ 등록전환
④ 축척변경

해설 합병은 지적공부에 등록된 2필지 이상을 1필지로 합하여 등록하는 것을 말하며, 지적측량을 수반하지 않는다.

05 지적관계법규

SUBJECT

81. 경계점좌표등록부에 등록할 사항이 아닌 것은?

① 토지의 소재
② 지목
③ 지번
④ 좌표

해설 경계점좌표등록부의 등록사항
- 토지의 소재
- 지번
- 좌표
- 토지의 고유번호
- 지적도면의 번호
- 필지별 경계점좌표등록부의 장번호
- 부호 및 부호도

82. 다음 중 등기촉탁의 대상에 해당하지 않는 사유는?

① 하나의 지번부여지역에 서로 다른 축척의 지적도가 있어 그 지역의 축척을 변경한 경우
② 신규등록의 경우
③ 바다로 된 토지의 등록말소 신청에 의한 경우
④ 지번부여지역의 일부가 행정구역의 개편으로 다른 지번 부여지역에 속하게 되어 지적소관청이 새로 속하게 된 지번부여지역의 지번을 부여한 경우

해설 등기촉탁의 대상
- 토지의 이동이 있는 경우(신규등록 제외)
- 지번을 변경한 때
- 축척변경을 한 때
- 바다로 된 토지의 등록말소
- 행정구역 명칭변경
- 등록사항의 오류를 지적소관청이 직권으로 조사, 측량하여 정정한 때

83. 다음 중 지적측량을 하여야 하는 토지이동사항이 아닌 것은?

① 축척변경　　　　　　② 등록전환
③ 분할　　　　　　　　④ 합병

해설 토지이동은 토지의 표시를 새로 정하거나 변경 또는 말소하는 것으로 지적측량을 수반하는 경우와 지적측량을 수반하지 않는 경우, 기타 등으로 분류된다.
1. 지적측량을 수반하는 경우
   ① 지적기준점을 정하는 경우
   ② 지적측량성과를 검사하는 경우
   ③ 지적공부를 복구하는 경우
   ④ 등록전환하는 경우
   ⑤ 토지를 분할하는 경우
   ⑥ 바다가 된 토지의 등록을 말소하는 경우
   ⑦ 축척을 변경하는 경우
   ⑧ 지적공부의 등록사항을 정정하는 경우
   ⑨ 도시개발사업 등의 시행지역에서 토지의 이동이 있는 경우
   ⑩ 경계점을 지상에 복원하는 경우
2. 지적측량을 수반하지 않는 경우
   ① 합병
   ② 지목변경
3. 기타
   ① 지번변경
   ② 행정구역변경

Answer　82. ②　83. ④

84. 1필지로 정할 수 있는 기준으로 틀린 것은?

① 지번부여지역의 토지로서 소유자가 같은 토지
② 지번부여지역의 토지로서 지반이 연속된 토지
③ 지번부여지역의 토지로서 동일한 방법으로 측량한 토지
④ 지번부여지역의 토지로서 용도가 같은 토지

해설 1. 1필지로 정할 수 있는 기준
　　　　지번부여지역의 토지로서 소유자와 용도가 같고 지반이 연속된 토지
　　　2. 양입지
　　　　① 주된 용도의 토지의 편의를 위하여 설치된 도로·구거 등의 부지
　　　　② 주된 용도의 토지에 접속되거나 주된 용도의 토지로 둘러싸인 토지로서 다른 용도로 사용되고 있는 토지
　　　3. 양입지로 정할 수 없는 토지
　　　　① 종된 용도의 토지의 지목이 대인 경우
　　　　② 종된 용도의 토지 면적이 주된 용도의 토지 면적의 10%를 초과하는 경우
　　　　③ 종된 토지의 면적이 330m²를 초과하는 경우

85. 지번의 구성 및 부여방법에 관한 설명(기준)이 틀린 것은?

① 시·도지사가 지번부여지역별로 북동에서 남서로 지번을 순차적으로 부여한다.
② 지번은 본번과 부번으로 구성하되 본번과 부번 사이에 "-" 표시로 연결하고, 이 경우 "-" 표시는 "의"라고 읽는다.
③ 신규등록 및 등록전환의 경우에는 그 지번부여지역에서 인접토지의 본번에 부번을 붙여서 지번을 부여한다.
④ 합병의 경우에는 합병 대상 지번 중 선순위의 지번을 그 지번으로 하되, 본번으로 된 지번이 있을 때에는 본번 중 선순위의 지번을 합병 후의 지번으로 한다.

해설 지번부여
　　　1. 지번부여의 원칙
　　　　우리나라는 북서에서 남동으로 순차적으로 지번을 부여하는 "북서기번법"을 채택한다.
　　　2. 분할에 따른 지번부여
　　　　① 분할 후의 필지 중 1필지의 지번은 분할 전의 지번으로 하고, 나머지 필지의 지번은 본번의 최종 부번 다음 순번으로 부번을 부여한다.
　　　　② 주거·사무실 등 건축물이 있는 필지에 대해서는 분할 전의 지번을 우선하여 부여한다.
　　　3. 합병에 따른 지번부여
　　　　① 합병 대상 지번 중 선순위의 지번을 그 지번으로 부여한다.
　　　　② 합병 전 지번이 본번과 부번이 혼재할 경우 본번 중 선순위 지번으로 부여한다.
　　　　③ 토지소유자가 합병 전의 필지에 주거·사무실 등의 건축물이 있어서 그 건축물이 위치한 지번을 합병 후의 지번으로 신청할 때에는 그 지번을 합병 후의 지번으로 부여한다.

4. 신규등록, 등록전환 등에 따른 지번 부여
   ① 신규등록, 등록전환의 경우 당해 지번부여지역 내 인접토지의 본번에 부번을 붙여서 부여할 것
   ② 다음에 해당하는 경우에는 지번부여지역의 최종 본번의 다음 순번부터 본번으로 하여 순차적으로 지번 부여할 수 있다.
      ㉠ 대상토지가 그 지번부여지역의 최종 지번의 토지에 인접하여 있는 경우
      ㉡ 대상토지가 이미 등록된 토지와 멀리 떨어져 있어서 등록된 토지의 본번에 부번을 부여하는 것이 불합리한 경우
      ㉢ 대상토지가 여러 필지로 되어 있는 경우

86. 아래의 밑줄에 해당하지 않는 자는?

> 정보처리시스템을 통하여 기록·저장된 지적공부(지적도 및 임야도 제외)를 열람하거나 그 등본을 발급받으려는 경우에는 _____ 에게 신청할 수 있다.

① 국토교통부장관 ② 시장·군수
③ 구청장 ④ 읍·면·동의 장

해설 지적전산자료 승인권자
- 전국 단위의 지적전산자료 : 국토교통부장관, 시·도지사 또는 지적소관청
- 시·도 단위의 지적전산자료 : 시·도지사 또는 지적소관청
- 시·군·구 단위의 지적전산자료 : 지적소관청

87. 지적소관청이 지적공부에 등록된 지번을 변경할 필요가 있다고 인정하여 지번을 새로 부여하는 경우 누구의 승인을 받아야 하는가?

① 대통령 ② 안전행정부장관
③ 시·도지사 ④ 한국국토정보공사장

해설 지번의 부여방법
- 지번은 지적소관청이 지번부여지역별로 차례대로 부여
- 지적소관청은 지적공부에 등록된 지번을 변경할 필요가 있다고 인정되면 시·도지사나 대도시 시장의 승인을 받아 지번부여지역의 전부 또는 일부에 대하여 지번을 새로 부여

88. 토지의 합병에 관한 내용으로 틀린 것은?

① 토지의 합병도 토지의 이동이다.
② 토지소유자는 합병하여야 할 토지가 있으면 그 사유가 발생한 날부터 90일 이내에 지적소관청에 신청하여야 한다.
③ 합병하려는 토지의 지번부여지역, 지목 또는 소유자가 서로 다른 경우 합병 신청을 할 수 없다.
④ 합병하려는 토지의 지적도 및 임야도의 축척이 서로 다른 경우 합병 신청을 할 수 없다.

Answer 86. ④ 87. ③ 88. ②

해설 합병

지적공부에 등록된 2필지 이상을 1필지로 합하여 등록하는 것
1. 신청기한
   ① 원칙 : 신청기한 없음
   ② 예외 : 공동주택의 부지, 도로, 제방, 하천, 구거, 유지, 공장용지, 학교용지, 철도용지, 수도용지, 공원, 체육용지 등 토지로서 합병하여야 할 토지가 있으면 그 사유가 발생한 날부터 60일 이내에 지적소관청에 합병을 신청하여야 한다.
2. 신청대상 : 지번부여지역으로써 소유자와 용도가 같고 지반이 연속된 토지
3. 합병신청할 수 없는 토지
   ① 합병하려는 토지의 지번부여지역, 지목 또는 소유자가 서로 다른 경우
   ② 합병하려는 토지에 다음 각 호의 등기 외의 등기가 있는 경우
      ㉠ 소유권·지상권·전세권 또는 임차권의 등기
      ㉡ 승역지에 대한 지역권의 등기
      ㉢ 합병하려는 토지 전부에 대한 등기원인 및 그 연월일과 접수번호가 같은 저당권의 등기
      ㉣ 합병하려는 토지 전부에 대한 등기사항이 동일한 신탁등기
   ③ 합병하려는 토지의 지적도 및 임야도의 축척이 서로 다른 경우
   ④ 합병하려는 각 필지의 지반이 연속되지 아니한 경우
   ⑤ 합병하려는 토지가 등기된 토지와 등기되지 아니한 토지인 경우
   ⑥ 합병하려는 각 필지의 지목은 같으나 일부 토지의 용도가 다르게 되어 분할대상 토지인 경우(다만, 합병 신청과 동시에 토지의 용도에 따라 분할 신청을 하는 경우는 제외)
   ⑦ 합병하려는 토지의 소유자별 공유지분이 다르거나 소유자의 주소가 서로 다른 경우
   ⑧ 합병하려는 토지가 구획정리, 경지정리 또는 축척변경을 시행하고 있는 지역의 토지와 그 지역 밖의 토지인 경우
   ⑨ 합병하려는 토지 소유자의 주소가 서로 다른 경우. 신청을 접수받은 지적소관청이 「전자정부법」에 따른 행정정보의 공동이용을 통하여 다음 의 사항을 확인(신청인이 주민등록표 초본 확인에 동의하지 않는 경우에는 해당 자료를 첨부하도록 하여 확인)한 결과 토지 소유자가 동일인임을 확인할 수 있는 경우는 제외
      ㉠ 토지등기사항증명서
      ㉡ 법인등기사항증명서(신청인이 법인인 경우만 해당한다)
      ㉢ 주민등록표 초본(신청인이 개인인 경우만 해당한다)

89. 지적측량의 적부심사 등에 관한 설명으로 옳은 것은?

① 지적측량 적부심사청구를 받은 시·도지사는 조사 결과를 15일 이내에 지방지적위원회에 회부하여야 한다.
② 지적측량 적부심사청구를 회부받은 지방지적위원회는 그 심사청구를 회부받은 날부터 60일 이내에 심의·의결하여야 한다.
③ 지방지적위원회의 의결에 불복하는 자는 60일 이내에 중앙지적위원회에 재심사를 청구할 수 있다.
④ 시·도지사는 의결서를 받은 날부터 15일 이내에 지적측량 적부심사를 청구인에게 그 의결서를 통지하여야 한다.

해설 지적측량적부심사 처리절차
1. 토지소유자, 이해관계인 또는 지적측량수행자는 지적측량성과에 대하여 다툼이 있는 경우에는 관할 시·도지사를 거쳐 지방지적위원회에 지적측량 적부심사를 청구할 수 있다.
2. 시·도지사는 30일 이내에 다음 내용을 조사하여 지방지적위원회에 회부한다.
   ① 다툼이 되는 지적측량의 경위 및 그 성과
   ② 해당 토지에 대한 토지이동 및 소유권 변동 연혁
   ③ 해당 토지 주변의 측량기준점, 경계, 주요 구조물 등 현황 실측도
3. 지방지적위원회는 60일 이내에 심의·의결(부득이한 경우 30일 이내에서 한 번만 연장 가능)하고, 의결서를 시·도지사에게 송부한다.
4. 시·도지사는 7일 이내에 지적측량 적부심사 청구인 및 이해관계인에게 그 의결서를 통지한다.
5. 의결서를 받은 자가 지방지적위원회의 의결에 불복하는 경우에는 90일 이내에 국토교통부장관에게 재심사 청구한다.
6. 시·도지사는 의결서를 받은 자가 재심사를 청구하지 아니하면 그 의결서 사본을 지적소관청에 송부한다.
7. 지방지적위원회 의결서 사본을 받은 지적소관청은 그 내용에 따라 지적공부의 등록사항을 정정하거나 측량성과를 수정한다.
8. 지방지적위원회의 의결 후 90일 이내에 재심사를 청구하지 않는 경우에는 해당 지적측량성과에 대하여 다시 지적측량 적부심사청구를 할 수 없다.

90. 지적도면별 사용 축척의 연결이 옳지 않은 것은?

① 지적도 : 1/500, 1/2,400, 1/6,000
② 임야도 : 1/2,400, 1/6,000
③ 지적도 : 1/600, 1/1,000, 1/1,200
④ 임야도 : 1/3,000, 1/6,000

해설 지적도면의 축척
- 지적도 : 1/500, 1/600, 1/1,000, 1/1,200, 1/2,400, 1/3,000, 1/6,000
- 임야도 : 1/3,000, 1/6,000

91. 공유수면매립지의 토지 중 제방 등을 편입하여 등록하는 경우 지상 경계를 결정하는 경우 기준으로 옳은 것은?

① 최대만조위가 되는 선
② 바깥쪽 어깨부분
③ 안쪽 어깨부분
④ 최대만수위가 되는 선

해설 공간정보의 구축 및 관리 등에 관한 법률상 경계설정의 기준
- 고저 없는 경우 그 지물·구조물의 중앙
- 고저 있는 경우 그 지물·구조물의 하단
- 최대만조위, 최대만수위가 되는 선
- 절토된 토지는 그 경사면의 상단부
- 공유수면매립지의 토지 중 제방 등을 토지에 편입 등록하는 경우 바깥쪽 어깨부분

Answer 90. ② 91. ②

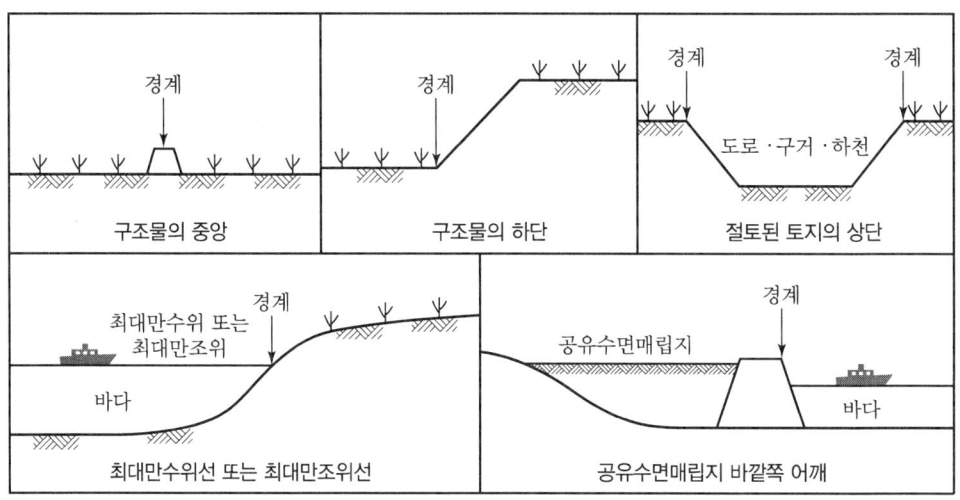

지상경계의 설정기준

92. 지적측량업자의 업무범위가 아닌 것은?

① 경계점좌표등록부가 있는 지역에서의 지적측량
② 도시개발사업 등이 끝남에 따라 하는 지적확정측량
③ 지적재조사에 관한 특별법에 따른 지적확정측량
④ 도해지역에서의 분할 측량 결과에 대한 지적성과검사측량

해설 지적측량업자의 업무범위
- 경계점좌표등록부가 있는 지역에서의 지적측량
- 지적재조사지구에서 실시하는 지적재조사측량
- 도시개발사업 등이 끝남에 따라 하는 지적확정측량
- 지적전산자료를 활용한 정보화사업

93. 지적도에 등록된 경계점의 정밀도를 높이기 위하여 실시하는 것은?

① 경계복원
② 축척변경
③ 신규등록
④ 등록전환

해설
- 경계복원 : 지적도 및 임야도에 등록된 경계 또는 경계점좌표등록부에 등록된 좌표에 의한 경계를 현지에 정확히 표시하는 것을 말한다.
- 축척변경 : 지적도에 등록된 경계점의 정밀도를 높이기 위하여 작은 축척을 큰 축척으로 변경하여 등록하는 것을 말한다.
- 신규등록 : 새로 조성된 토지와 지적공부에 등록되어 있지 아니한 토지를 지적공부에 등록하는 것을 말한다.
- 등록전환 : 임야대장 및 임야도에 등록된 토지를 토지대장 및 지적도에 옮겨 등록하는 것을 말한다.

94. 지적측량수행자가 시·도지사, 대도시 시장 또는 지적소관청으로부터 측량성과에 대한 검사를 받지 아니하는 지적측량은?

① 신규등록측량   ② 토지분할측량
③ 경계복원측량   ④ 등록전환측량

해설 지적측량은 지적소관청에 측량성과에 대한 검사를 받아야 하며 경계복원측량 및 지적현황측량은 지적공부의 정리를 요하지 않는 측량으로 측량성과에 대한 검사를 받지 않는다.
1. 지적측량의 종류
   ① 지적기준점을 정하는 경우
   ② 지적측량성과를 검사하는 경우
   ③ 지적공부를 복구하는 경우
   ④ 등록전환하는 경우
   ⑤ 토지를 분할하는 경우
   ⑥ 바다가 된 토지의 등록을 말소하는 경우
   ⑦ 축척을 변경하는 경우
   ⑧ 지적공부의 등록사항을 정정하는 경우
   ⑨ 도시개발사업 등의 시행지역에서 토지의 이동이 있는 경우
   ⑩ 경계점을 지상에 복원하는 경우
2. 지적공부의 정리를 요하지 아니한 측량
   ① 경계복원측량 : 경계점을 지표상에 복원하기 위한 측량
   ② 지적현황측량 : 지상건축물 등의 현황을 지적도 및 임야도에 등록된 경계와 대비하여 표시하는 측량

95. 토지소유자가 신규등록을 신청할 때에는 신규등록 사유를 적은 신청서에 첨부하여야 하는 서류에 해당하지 않는 것은?

① 법원의 확정판결서 정본 또는 사본
② 공유수면 관리 및 매립에 관한 법률에 따른 준공검사확인증 사본
③ 소유권을 증명할 수 있는 서류의 사본
④ 사업인가서와 지번별 조서

해설 신규등록
새로 조성된 토지와 지적공부에 등록되어 있지 아니한 토지를 지적공부에 등록하는 것
1. 신청기한 : 신규등록 사유가 발생한 날부터 60일 이내에 지적소관청에 신청
2. 신청대상
   ① 「공유수면 관리 및 매립에 관한 법률」에 의한 공유수면 매립토지
   ② 미등록 공공용 토지
   ③ 미등록 섬
   ④ 미등록 토지
3. 신청서류
   ① 법원의 확정판결서 정본 또는 사본
   ② 「공유수면 관리 및 매립에 관한 법률」에 따른 준공검사확인증 사본

Answer 94. ③   95. ④

③ 도시계획구역의 토지를 그 지방자치단체의 명의로 등록하는 때에는 기획재정부장관과 협의한 문서의 사본
④ 그 밖에 소유권을 증명할 수 있는 서류

96. 지적소관청이 축척변경에 관한 측량을 완료하였을 때에 축척변경 지번별 조서를 작성하는 방법이 옳은 것은?

① 시행공고일 현재의 지적공부상의 면적과 측량 후의 면적을 비교하여 그 변동사항을 표시한 지번별 조서를 작성하여야 한다.
② 축척변경 승인 신청일 현재의 지적공부상의 면적과 완료 신고일 현재의 면적을 비교하여 그 변동사항을 표시한 지번별 조서를 작성하여야 한다.
③ 축척변경 측량일 현재의 지적공부상의 면적과 측량일 이전의 면적을 비교하여 그 변동사항을 표시한 지번별 조서를 작성하여야 한다.
④ 지적공부 정리일 현재의 지적공부상의 면적과 완료 신고일 현재의 면적을 비교하여 그 변동사항을 표시한 지번별 조서를 작성하여야 한다.

해설 축척변경 지번별 조서 작성
지적소관청은 축척변경에 관한 측량을 완료하였을 때에는 시행공고일 현재의 지적공부상의 면적과 측량 후의 면적을 비교하여 그 변동사항을 표시한 축척변경 지번별 조서를 작성하여야 한다.

97. "주차장" 지목을 지적도에 표기하는 부호로 옳은 것은?

① 주
② 차
③ 장
④ 주차

해설 지목의 표기방법
- 지목을 지적도 및 임야도에 등록하는 때에는 두(頭)문자 또는 차(次)문자로 표기한다.
- 하천, 유원지, 공장용지, 주차장은 차문자로 표기한다(하천 → 천, 유원지 → 원, 공장용지 → 장, 주차장 → 차).

98. 다음 중 결번대장의 등재사항이 아닌 것은?

① 결번된 지번
② 결번 연월일
③ 결번 해지일
④ 결번 사유

해설 결번(Missing Parcel Number)
1. 의의
   지번을 부여한 이후에 토지 합병 등의 사유로 인하여 지적공부에 등록되지 않은 지번이 발생하게 되는데 이를 결번이라고 함
2. 결번의 발생 사유
   ① 행정구역 변경
   ② 도시개발사업
   ③ 지번변경
   ④ 축척변경
   ⑤ 지번정정 등

Answer 96. ① 97. ② 98. ③

3. 결번대장
   결번 발생 시에는 지체 없이 그 사유를 결번 대장에 등록하여 영구히 보존

[별지 제61호서식]

결 번 대 장

구   읍   면

결재			동·리	지번	결번		비고
					연월일	사유	
							(결번사유)
							1. 행정구역변경
							2. 도시개발사업
							3. 지번변경
							4. 축척변경
							5. 지번정정 등

결번대장

99. 지적공부의 등록사항에 잘못이 있음을 발견하여 지적소관청이 직권으로 조사·측량하여 정정할 수 없는 경우는?

① 지적공부의 작성 또는 재작성 당시 잘못 정리된 경우
② 지적공부의 등록사항이 잘못 입력된 경우
③ 지적도에 등록된 필지의 면적이 감소하고 경계의 위치가 잘못된 경우
④ 지적측량성과와 다르게 정리된 경우

해설 등록사항의 정정
1. 등록사항의 직권정정
   ① 토지이동정리 결의서의 내용과 다르게 정리된 경우
   ② 지적도 및 임야도에 등록된 필지가 면적의 증감 없이 경계의 위치만 잘못된 경우
   ③ 1필지가 각각 다른 지적도나 임야도에 등록되어 있는 경우로서 지적공부에 등록된 면적과 측량한 실제면적은 일치하지만 지적도나 임야도에 등록된 경계가 서로 접합되지 않아 지적도나 임야도에 등록된 경계를 지상의 경계에 맞추어 정정하여야 하는 토지가 발견된 경우
   ④ 지적공부의 작성 또는 재작성 당시 잘못 정리된 경우
   ⑤ 지적측량성과와 다르게 정리된 경우
   ⑥ 지적공부의 등록사항을 정정하여야 하는 경우
   ⑦ 지적공부의 등록사항이 잘못 입력된 경우
   ⑧ 「부동산등기법」 제37조(합필 제한)에 따른 통지가 있는 경우
   ⑨ 면적 환산이 잘못된 경우
2. 지적공부의 등록사항 중 경계나 면적 등 측량을 수반하는 토지의 표시가 잘못된 경우에는 지적소관청은 그 정정이 완료될 때까지 지적측량을 정지시킬 수 있다.

Answer 99. ③

100. 지적기준점 표지를 파손한 자에 대한 벌칙 기준이 옳은 것은?
① 100만 원 이상 300만 원 이하의 과태료
② 1년 이하의 징역 또는 1,000만 원 이하의 벌금
③ 2년 이하의 징역 또는 2,000만 원 이하의 벌금
④ 3년 이하의 징역 또는 3,000만 원 이하의 벌금

해설 벌칙
1. 3년 이하의 징역 또는 3천만 원 이하의 벌금
    측량업자로서 속임수, 위력, 그 밖의 방법으로 측량업과 관련된 입찰의 공정성을 해친 자
2. 2년 이하의 징역 또는 2천만 원 이하의 벌금
    ① 측량기준점표지를 이전 또는 파손하거나 그 효용을 해치는 행위를 한 자
    ② 측량업의 등록을 하지 아니하거나 그 밖의 부정한 방법으로 측량업의 등록을 하고 측량업을 한 자
3. 1년 이하의 징역 또는 1천만 원 이하의 벌금
    ① 측량기술자가 아님에도 불구하고 측량을 한 자
    ② 업무상 알게 된 비밀을 누설한 측량기술자 또는 수로기술자
    ③ 둘 이상의 측량업자에게 소속된 측량기술자 또는 수로기술자
    ④ 다른 사람에게 측량업등록증 또는 측량업등록수첩을 빌려주거나 자기의 성명 또는 상호를 사용하여 측량업무를 하게 한 자
    ⑤ 다른 사람의 측량업등록증 또는 측량업등록수첩을 빌려서 사용하거나 다른 사람의 성명 또는 상호를 사용하여 측량업무를 한 자
    ⑥ 지적측량수수료 외의 대가를 받은 지적측량기술자
    ⑦ 거짓으로 다음 각 목의 신청을 한 자
        ㉠ 신규등록 신청
        ㉡ 등록전환 신청
        ㉢ 분할 신청
        ㉣ 합병 신청
        ㉤ 지목변경 신청
        ㉥ 바다로 된 토지의 등록말소 신청
        ㉦ 축척변경 신청
        ㉧ 등록사항의 정정 신청
        ㉨ 도시개발사업 등 시행지역의 토지이동 신청
    ⑧ 다른 사람에게 자기의 성능검사대행자 등록증을 빌려주거나 자기의 성명 또는 상호를 사용하여 성능검사대행업무를 수행하게 한 자
    ⑨ 다른 사람의 성능검사대행자 등록증을 빌려서 사용하거나 다른 사람의 성명 또는 상호를 사용하여 성능검사대행업무를 수행한 자

2024년 제3회 지적산업기사

01 지적측량

01. 필지별 면적결정에 대한 설명으로 옳은 것은?
① 면적단위는 척관법으로 한다.
② 1필지의 면적이 1제곱미터 미만의 경우 버린다.
③ 경계점좌표등록부시행 지역은 1제곱미터까지 계산한다.
④ 축척 1/600 지역에서는 0.1제곱미터까지 등록한다.

해설 공간정보의 구축 및 관리 등에 관한 법률 시행령 제60조(면적의 결정 및 측량계산의 끝수처리)
- 토지의 면적에 1제곱미터 미만의 끝수가 있는 경우 0.5제곱미터 미만일 때에는 버리고 0.5제곱미터를 초과하는 때에는 올리며, 0.5제곱미터일 때에는 구하려는 끝자리의 숫자가 0 또는 짝수이면 버리고 홀수이면 올린다. 다만, 1필지의 면적이 1제곱미터 미만일 때에는 1제곱미터로 한다.
- 지적도의 축척이 600분의 1인 지역과 경계점좌표등록부에 등록하는 지역의 토지 면적은 제1호에도 불구하고 제곱미터 이하 한 자리 단위로 하되, 0.1제곱미터 미만의 끝수가 있는 경우 0.05제곱미터 미만일 때에는 버리고 0.05제곱미터를 초과할 때에는 올리며, 0.05제곱미터일 때에는 구하려는 끝자리의 숫자가 0 또는 짝수이면 버리고 홀수이면 올린다. 다만, 1필지의 면적이 0.1제곱미터 미만일 때에는 0.1제곱미터로 한다.

02. 다음 중 지적도근점의 성과는 어디에서 관리하는가?
① 읍·면
② 소관청
③ 시·도
④ 국토교통부

해설 지적측량 시행규칙 제3조(지적기준점성과의 관리 등)
- 지적삼각점성과는 특별시장·광역시장·도지사 또는 특별자치도지사(이하 "시·도지사"라 한다)가 관리하고, 지적삼각보조점성과 및 지적도근점성과는 지적소관청이 관리한다.
- 지적소관청이 지적삼각점을 설치하거나 변경하였을 때에는 그 측량성과를 시·도지사에게 통보해야 한다.
- 지적소관청은 지형·지물 등의 변동으로 인하여 지적삼각점성과가 다르게 된 때에는 지체없이 그 측량성과를 수정하고 그 내용을 시·도지사에게 통보해야 한다.

Answer　01. ④　02. ②

03. 좌표가(2,907.36m, 3,321.24m)인 지적도근점에서 거리가 23.25m, 방위각이 179° 20′ 33″인 필계점의 좌표는?

① $X=2,879.15\text{m}, \ Y=3,317.20\text{m}$
② $X=2,879.15\text{m}, \ Y=3,321.51\text{m}$
③ $X=2,884.11\text{m}, \ Y=3,321.51\text{m}$
④ $X=2,884.11\text{m}, \ Y=3,315.47\text{m}$

해설 $X_P = 2,907.36 + 23.25 \times \cos 179°20′33″ = 2,884.11\text{m}$
$Y_P = 3,321.24 + 23.25 \times \sin 179°20′33″ = 3,321.51\text{m}$

04. 수평각 관측에서 망원경의 정위와 반위로 관측하는 목적은?

① 양차를 방지하기 위하여
② 연직축 오차를 방지하기 위하여
③ 시준축 오차를 제거하기 위하여
④ 굴절보정 오차를 제거하기 위하여

해설 정·반 관측의 목적
정·반 관측의 목적은 기계적 결함과 기계 조정의 불완전 등의 오차를 소거하고 시준축 오차를 제거하기 위함이다.

05. 경위의측량방법에 따른 지적삼각점의 관측은 몇 초독 이상의 경위의를 사용하는 것을 기준으로 하는가?

① 10초독 이상
② 20초독 이상
③ 30초독 이상
④ 40초독 이상

해설 지적측량 시행규칙 제9조(지적삼각점측량의 관측 및 계산)
경위의측량방법에 따른 지적삼각점의 관측은 10초독(秒讀) 이상의 경위의를 사용한다.

06. 지적삼각점의 수평각 관측에서 3대회의 방향 관측법에 의한 윤곽도로서 옳은 것은?

① 0°, 90°, 180°
② 0°, 60°, 120°
③ 0°, 180°, 270°
④ 0°, 30°, 60°

해설 지적측량 시행규칙 제9조(지적삼각점측량의 관측 및 계산)
수평각 관측은 3대회(大回, 윤곽도는 0도, 60도, 120도로 한다)의 방향관측법에 따른다.

07. 평판측량방법에 따른 세부측량을 도선법으로 하는 경우, 폐색오차가 도상 1mm이고 총 변수가 12일 때 제7변에 배부할 도상거리는?

① 0.2mm
② 0.4mm
③ 0.6mm
④ 0.8mm

Answer 03. ③ 04. ③ 05. ① 06. ② 07. ③

해설 지적측량 시행규칙 제18조(세부측량의 기준 및 방법 등)
도선의 폐색오차가 도상길이 $\frac{\sqrt{N}}{3}$밀리미터 이하인 때에 그 오차는 다음의 산식에 따라 이를 각 점에 배분하여 그 점의 위치로 한다.

$Mn = \frac{e}{N} \times n$

여기서, Mn은 각점에 순서대로 배분할 밀리미터 단위의 도상길이
e는 밀리미터 단위의 오차, N은 변의 수, n은 변의 순서

※ 폐색오차가 도상 1mm로서 $\frac{\sqrt{N}}{3} = \frac{\sqrt{12}}{3} = 1.155$ 이내이므로 각 변에 배부할 수 있다.

$Mn = \frac{e}{N} \times n = \frac{1}{12} \times 7 = 0.58 ≒ 0.6$mm

08. 평판측량방법에 따른 세부측량을 도선법으로 하는 경우, 도선의 변의 수 기준은?

① 10개 이하
② 20개 이하
③ 30개 이하
④ 40개 이하

해설 지적측량 시행규칙 제18조(세부측량의 기준 및 방법 등)
평판측량방법에 따른 세부측량을 도선법으로 하는 경우는 다음과 같다.
- 위성기준점, 통합기준점, 삼각점, 지적삼각점, 지적삼각보조점 및 지적도근점, 그 밖에 명확한 기지점 사이를 서로 연결한다.
- 도선의 측선장은 도상길이 8센티미터 이하로 할 것. 다만, 광파조준의 또는 광파측거기를 사용할 때에는 30센티미터 이하로 할 수 있다.
- 도선의 변은 20개 이하로 한다.

09. 경위의측량방법에 의한 세부측량의 관측 및 계산에 대한 설명이 옳지 않은 것은?

① 수평각은 2배각의 배각법이나 1대회 방향관측법으로 관측한다.
② 관측은 20초독 이상의 경위의를 사용하여야 한다.
③ 방사법 또는 교회법에 의한다.
④ 연직각의 관측은 정반으로 1회 관측한다.

해설 지적측량 시행규칙 제18조(세부측량의 기준 및 방법 등)
- 미리 각 경계점에 표지를 설치하여야 한다. 다만, 부득이한 경우에는 그러하지 아니하다.
- 도선법 또는 방사법에 따른다.
- 관측은 20초독 이상의 경위의를 사용한다.
- 수평각의 관측은 1대회의 방향관측법이나 2배각의 배각법에 따를 것. 다만, 방향관측법인 경우에는 1측회의 폐색을 하지 아니할 수 있다.
- 연직각의 관측은 정반으로 1회 관측하여 그 교차가 5분 이내일 때에는 그 평균치를 연직각으로 하되, 분단위로 독정(讀定)한다.

10. 경위의측량방법에 따른 세부측량의 방법기준으로만 나열된 것은?

① 지거법, 도선법
② 도선법, 방사법
③ 방사법, 교회법
④ 교회법, 지거법

해설 경위의측량방법 중 세부측량 방법은 도선법과 방사법으로 실시한다.

11. 우리나라 토지조사사업 당시 대삼각본점측량의 방법으로 틀린 것은?

① 관측은 기선망에서 12대회의 방향관측을 실시하였다.
② 전국 13개소에 기선을 설치하였다.
③ 대삼각점은 평균 점간거리 30km로 23개의 삼각망으로 구분하였다.
④ 대삼각점은 위도 20′ 경도 15′의 방안 내에 10점이 배치되도록 하였다.

해설 대삼각(본점)측량
대삼각측량은 대삼각본점과 대삼각보점을 설치하기 위한 측량이며 대삼각본점에 해당하는 측량은 측지학적인 삼각측량이다.
- 일본의 대마도 1등삼각점을 연락망으로 우리나라의 절영도와 거제도를 기점으로 함
- 전국에 13개의 기선을 설치하고 삼각형의 평균변장을 약 30km로 23개의 삼각망 구성
- 위도 15′, 경도 20′의 방안에 대략 1점을 배치하여 전국에 400점을 배치
- 기선망의 수평각은 12대회의 각관측법
- 내각의 폐색차는 2″ 이내, 본점망은 6대회의 각관측법, 내각의 폐색차는 5″ 이내

12. 토지조사사업 당시의 삼각측량에서 기선은 전국에 몇 개소를 설치하였는가?

① 7개소
② 10개소
③ 13개소
④ 16개소

해설 전국에 13개의 기선을 설치하고 삼각형의 평균변장을 약 30km로 23개의 삼각망을 구성했다.

13. 지적삼각보조점측량 시 기초가 되는 점이 아닌 것은?

① 지적도근점
② 위성기준점
③ 지적삼각점
④ 지적삼각보조점

해설 지적삼각보조점측량 시 기초가 되는 점은 위성기준점, 통합기준점, 삼각점, 지적삼각점, 지적삼각보조점이다.

14. 지적도 및 임야도에 등록하는 도곽선의 용도가 아닌 것은?

① 토지경계의 측정 기준
② 도곽 신축량의 측정 기준
③ 인접도면과의 접합 기준
④ 지적측량기준점 전개 시의 기준

Answer 10. ② 11. ④ 12. ③ 13. ① 14. ①

해설 도곽선의 용도(역할)
- 도곽 신축량을 측정하는 기준
- 인접도면과의 접합 기준
- 지적측량기준점 전개 시의 기준
- 측량준비파일에서의 도북방향 기준
- 외업 시 측량준비파일과 지상 현황의 부합 여부 확인의 기준

15. 교회법에서 삼각형의 3내각을 같은 정도로 측정하였을 때에 그 합계 180°와의 차에 대한 배부는?

① 각의 크기에 비례하여 배부한다.
② 3등분하여 각각에 1/3씩 배부한다.
③ 각의 크기에 역비례하여 배부한다.
④ 대변의 크기에 비례하여 배부한다.

해설 지적측량 시행규칙 제10조(지적삼각보조점측량)
각 내각을 관측하여 각 내각의 관측치의 합계와 180도와의 차가 ±40초 이내일 때에는 이를 각 내각에 고르게 배분한다.

16. 교회법에 따른 지적삼각보조점의 관측 및 계산 기준으로 옳은 것은?

① 2배각법에 따른다.
② 3대회의 방향관측법에 따른다.
③ 1방향각의 측각공차는 50초 이내로 한다.
④ 관측은 20초독 이상의 경위의를 사용한다.

해설 지적측량 시행규칙 제11조(지적삼각보조점의 관측 및 계산)
- 1방향각의 공차는 40초 이내로 한다.
- 수평각 관측은 2대회(윤곽도는 0도, 90도로 한다)의 방향관측법으로 한다.
- 2개의 삼각형으로부터 계산한 위치의 연결교차 $\sqrt{종선교차^2 + 횡선교차^2}$ 을 말한다. 이하 같다)가 0.30미터 이하일 때에는 그 평균치를 지적삼각보조점의 위치로 한다.
- 관측은 20초독 이상의 경위의를 사용한다.

17. 지적도근점측량에 대한 설명 중 틀린 것은?

① 미리 지적도근점표지를 설치하여야 한다.
② 1등도선은 가, 나, 다순으로 표기한다.
③ 지적도근점은 결합도선, 폐합도선, 왕복도선 및 다각망도선으로 구성하여야 한다.
④ 지적도근점의 번호는 영구표지를 설치하는 경우에는 시행지역별로 설치순서에 따라 일련번호를 부여한다.

해설 지적측량 시행규칙 제12조(지적도근점측량)
지적도근점의 번호는 영구표지를 설치하는 경우에는 시·군·구별로 설치한다. 다만 영구표지를 설치하지 아니하는 경우에는 시행지역별로 설치순서에 따라 일련번호를 부여한다.

Answer 15. ② 16. ④ 17. ④

18. 지적측량기준점 등이 매설된 토지를 분할하는 경우 그 토지가 작아서 제도하기가 곤란한 경우에는 당해 도면의 여백에 그 축척의 몇 배로 확대하여 제도할 수 있는가?

① 5배
② 10배
③ 15배
④ 20배

해설 지적업무처리규정 제41조(경계의 제도)
지적기준점 등이 매설된 토지를 분할할 경우 그 토지가 작아서 제도하기가 곤란한 때에는 그 도면의 여백에 그 축척의 10배로 확대하여 제도할 수 있다.

19. 각 내각의 크기가 아래 그림과 같을 때 CD의 방위각은?(단, AB의 방위각은 125° 27′임)

① 153° 08′
② 153° 38′
③ 333° 08′
④ 333° 38′

해설

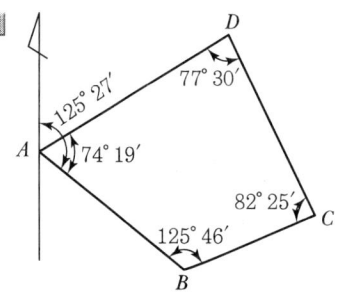

방법 1 : AD 각을 계산하고 DC의 역방위각으로 구하는 방법
AD의 방위각은 125° 27′−74° 19′=51° 8′
AD 방위각의 역방위각, 즉 DA의 방위각은 51° 8′+180°=231° 8′
DC 방위각은 DA의 방위각 −∠D의 내각 : 231° 8′−77° 30′=153° 38′
CD의 방위각은 153° 38′+180°=333° 38′

방법 2 : AB 방위각에서 BC의 방위각을 구하고 CD의 방위각을 구하는 방법
AB 방위각의 역방위각은 125° 27′+180°=305° 27′
BC의 방위각은 305° 27′+125° 46′=431° 13′−360°=71° 13′
CD의 방위각은 BC의 역방위각 71° 3′+180°=251° 13′+82° 25′=333° 38′

20. 광파기측량방법에 따라 다각망도선법으로 지적도근점측량을 하는 경우 필요한 최소 기지점 수는?

① 2점
② 3점
③ 5점
④ 7점

해설 지적측량 시행규칙 제12조(지적도근점측량)
다각망도선법으로 지적도근점측량을 하는 경우 기지점 수는 최소 3점 이상을 포함한 결합다각방식이다.

02 응용측량

SUBJECT

21. 지반고 55.16m인 기지점에서의 후시는 3.55m, 구하고자 하는 점의 전시는 2.35m를 읽었을 때 구하고자 하는 점의 지반고는?

① 61.06m
② 58.26m
③ 56.36m
④ 53.96m

해설 기지점의 지반고는 55.16m
구하고자 하는 점의 지반고=기지점의 기계고(지반고+후시)-전시이므로
=(55.16+3.55)-2.35=56.36m

22. 그림과 같이 단곡선 설치에서 $I=60°$, $R=300$m일 때 중앙종거 M은 얼마인가?(단, 중앙종거법에 의한다.)

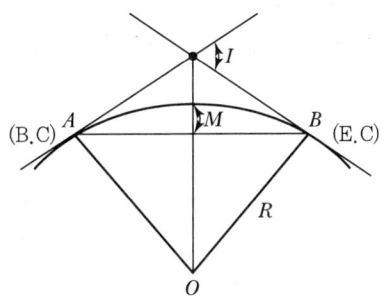

① 40.2m
② 30.2m
③ 20.2m
④ 10.2m

해설 중앙종거(M)를 구하는 공식은 $M = R\left(1 - \cos\dfrac{I}{2}\right) = 300(1 - \cos 30°) = 40.192$m

23. 초점거리 150mm의 카메라로 촬영고도 1,500m의 상공에서 종중복도 60%의 항공사진을 촬영할 때 촬영기선장은?(단, 사진크기 23cm×23cm)

① 750m
② 920m
③ 1,200m
④ 1,500m

해설 먼저 축척을 구하면 사진의 축척(M) = $\dfrac{촬영고도(H)}{초점거리(f)} = \dfrac{1,500\text{m}}{0.15\text{m}} = 10,000$

촬영기선장은 $B = a \cdot m = 0.23 \times 10,000\left(1 - \dfrac{60}{100}\right) = 920$m

Answer 21. ③ 22. ① 23. ②

24. 상·하수도, 가스관, 통신선로 등의 건설, 유지관리를 위한 자료 제공 및 측량도면 등을 제작하기 위한 측량은?

① 관개배수측량
② 시설물 변위측량
③ 지하시설물측량
④ 건축물측량

해설 일반적으로 상·하수도, 가스관, 통신선로 등은 지하 공동구 등에 건설되어 있어 이를 유지, 관리하기 위한 도면 등을 제작하기 위해서는 지하시설물측량을 하여야 한다.

25. GPS 측량의 정확도에 영향을 미치는 요소와 가장 거리가 먼 것은?

① 기저점의 정확도
② 관측 시의 온도 측정 정확도
③ 안테나의 높이 측정 정확도
④ 위성 정밀력의 정확도

해설 GPS 측량은 기상상태와 관계없이 관측 수행이 가능하다.

26. 표고 0인 A 및 B점에서 2개의 수직 터널을 굴착하는 경우에 A, B 두 점 간 수평거리를 S라 하면, 깊이 H인 이 2개의 수직 터널 연결점(A', B') 간의 수평거리 L은?(단, f : 지구반지름은 R이다.)

① $L = \dfrac{(R-H)S}{R}$
② $L = \dfrac{(R+H)S}{R}$
③ $L = \dfrac{R \cdot S}{R+H}$
④ $L = \dfrac{R \cdot S}{R+H}$

해설 수평거리를 구하는 식은 $L = \dfrac{(R-H)S}{R}$ 이다.

27. 사진판독의 요소 중 질감에 대한 설명으로 옳은 것은?

① 빛의 반사에 대한 대상물의 판별이다.
② 피사체의 꺼칠함 및 미끈함 등으로 표현된다.
③ 사진 상의 배열상태를 판별하는 것이다.
④ 피사체에 대한 색조를 말한다.

해설 사진판독 요소 중 질감(Texture)은 색조, 형상, 크기, 음영 등의 여러 요소의 조합으로 구성된 조밀함, 거침, 세밀함 등으로 표현된다.

28. 사진면상의 특수 3점을 찾을 때의 순서와 초점거리와 경사각이 주어졌을 때 구하는 공식으로 옳은 것은?(단, f : 초점거리, i : 경사각)

① 등각점($f \times \tan \frac{i}{2}$) → 주점 → 연직점($f \times \tan i$)
② 연직점 → 주점($f \times \tan 2i$) → 등각점($f \times \tan i$)
③ 연직점($f \times \tan i$) → 주점 → 등각점($f \times \tan 2i$)
④ 주점 → 연직점($f \times \tan i$) → 등각점($f \times \tan \frac{i}{2}$)

해설 사진측량에서 사진상의 특수 3점
- 주점 : 사진의 중심점으로 렌즈의 중심으로부터 화면상에 내린 수선의 발
- 연직점 : 렌즈의 중심으로부터 지표면에 내린 수선의 발로 지표면과 수직인 점
  $mn = f \times \tan i$
- 등각점 : 주점과 연직점을 2등분하여 교차하는 점
  $mj = f \times \tan \frac{i}{2}$

29. GPS 측량에서 지적기준점 측량과 같이 높은 정밀도를 필요로 할 때 사용하는 관측방법은?

① 스태틱(Static) 관측
② 키네마틱(Kinematic) 관측
③ 실시간 키네마틱(Realtime Kinematic) 관측
④ 1점 측위관측

해설 인공위성을 이용한 범세계 위치결정 시스템인 GPS 측량방법 중의 하나인 Static 측량은 수신된 신호를 컴퓨터 처리에 의해 각 수신기의 위치 및 거리를 계산하는 후처리 위치결정방식이다.

GPS 측량방법
1. 절대관측방법(1점측위)
    ① 4개 이상의 위성으로부터 수신한 신호 중 C/A code를 이용하여 실시간 처리로 지구상 수신기의 위치를 결정하는 방법으로서 GPS의 가장 일반적·기초적 단계이다.
    ② 수m~25mn 정도의 낮은 정확도 때문에 선박, 자동차, 항공기 등의 항법에 이용된다.
2. 상대관측방법(간섭계측위) - 1대의 수신기는 기지점에, 다른 수신기는 미지점에 설치하여 2점 간에 도달하는 전파의 시간적 지연을 측정하여 2점 간의 거리를 정확히 구하여 미지점의 위치를 결정하는 방법이다.
    ① Static 측량
        ㉠ 2개 이상의 수신기를 각 측점에 고정하고 동시에 4개 이상의 위성으로부터 신호를 30분 이상 수신하는 방식으로서 수신된 신호를 컴퓨터처리에 의해 각 수신기의 위치 및 거리를 계산하는 후처리 위치결정방식이다.
        ㉡ 계산된 위치 및 거리 정확도가 수mm 정도(1ppm~0.01ppm)로 높으며 지적기준점측량, VLBI의 보완 또는 대체측량에 이용된다.

② Kinematic 측량
  ㉠ 기지점 수신기를 고정국, 다른 수신기를 이동국으로 하여 이동국을 순차적으로 이동하면서 신호를 수초~수분 동안 수신하는 방식으로 관측 자료를 후처리하여 위치를 결정하는 방식이다.
  ㉡ 수mm~수cm 정확도로 이동차량의 위치결정, 지형측량, 각종 공사측량 등에 이용된다.
③ RTK(Real Time Kinematic) 측량
  실시간 이동측량은 기지점의 고정국과 미지점의 이동국 간의 위치관계를 라디오모뎀 등을 이용하여 실시간으로 처리하는 체계이다.

30. 사진측량의 특성에 관한 설명으로 옳지 않은 것은?

① 기상의 영향을 받지 않는다.
② 측정범위가 넓다.
③ 넓은 지역에 경제성이 높다.
④ 사진은 정량적, 정성적인 측정이 가능하다.

해설 사진측량은 항공기 등에 의한 사진촬영에 의함으로 기상의 영향을 많이 받는다.

31. 완화곡선의 성질을 설명한 것으로 옳은 것은?

① 완화곡선의 반지름은 시점에서 원곡선의 반지름과 같게 된다.
② 완화곡선의 접선은 시점에서 원호에 접한다.
③ 완화곡선에 연한 곡선 반지름의 감소율은 캔트의 증가율과 같다.
④ 클로소이드 곡선은 곡선의 반지름(R)이 곡선 길이(L)에 비례하여 증가하는 곡선이다.

해설 완화곡선
1. 의의
   완화곡선(Transition Curve)은 차량의 급격한 회전 시 원심력에 의한 횡방향의 힘 작용으로 인해 발생하는 차량운행의 불안감과 승차감의 저하를 방지하기 위해 곡률을 0에서 조금씩 증가시켜 일정한 값에 이르게 하기 위해 직선부와 곡선부 사이에 두는 매끄러운 곡선이다.
2. 특성
   ① 완화곡선의 곡선반경은 시점에서 무한대이고, 종점에서 원곡선의 반지름과 같다.
   ② 완화곡선의 접선은 시점에서는 직선에 접하고, 종점에서는 원호에 접한다.
   ③ 완화곡선에 연한 곡선반경의 감소율은 캔트의 증가율과 같다.
3. 종류
   ① 클로소이드 곡선(Clothoid Curve)
   ② 램니스케이트 곡선(Lemniscate Curve)
   ③ 3차포물선(Cubic Parabola)

32. 터널 내의 곡선설치 방법으로 적합하지 않은 것은?

① 현편거법
② 내접 다각형법
③ 외접 다각형법
④ 중앙종거법

해설 곡선설치 방법 중 중앙종거법은 곡선의 반경 또는 곡선 길이가 작은 시가지의 곡선 설치나 철도, 도로 등의 기설 곡선의 검사 또는 개정에 편리함으로 터널 내 측량에서는 적합하지 않다.

33. 축척 1 : 5,000 지형도에 등재하는 등고선 중 조곡선의 간격은?

① 10m
② 5m
③ 2.5m
④ 1.25m

해설 조곡선은 간곡선 간격의 1/2의 거리로 충분히 표시할 수 없는 불규칙한 지형을 표시할 때 사용하며, 축척별 등고선의 간격은 다음과 같다.

등고선의 간격	기호	1/10,000	1/25,000	1/50,000
주곡선	가는 실선	5m	10m	20m
간곡선	가는 파선	2.5m	5m	10m
보조곡선(조곡선)	가는 점선	1.25m	2.5m	5m
계곡선	굵은 실선	25m	50m	100m

34. 곡선반지름이 3km인 종단곡선을 설치함에 있어 상향기울기 5/1,000, 하향기울기 35/1,000일 때 종단곡선 길이(L)는?

① 30m ② 60m ③ 90m ④ 120m

해설 $L = R\left(\dfrac{m}{1,000} - \dfrac{n}{1,000}\right) = 3,000\left(\dfrac{5}{1,000} - \dfrac{-35}{1,000}\right) = 120\text{m}$

여기서, m과 n은 상향구배 : "+", 하향구배 : "−"임

35. 지형도에서 A점은 200m 등고선 위에 있고 B점은 220m 등고선 위에 있다. 두 점 사이의 경사가 20%이면 두 점 사이의 수평거리는?

① 100m ② 120m ③ 150m ④ 200m

해설 높이(h) = 220 − 200 = 20m

사면의 경사 = $\dfrac{h}{D}$ = 20%

수평거리(D) = $\dfrac{20}{0.20}$ = 100m

36. 초점거리 15cm의 광각카메라를 가지고 촬영고도 3,000m에서 200km/h의 속도로 항공사진을 촬영할 때 사진 노출시간의 최소 소요 시간은?(단, 사진의 크기는 23cm×23cm이고 진행방향 중복도는 60%이다.)

① 33.12초
② 34.12초
③ 35.12초
④ 36.12초

해설 먼저 축척을 구하면 사진의 축척$(M) = \dfrac{촬영고도(H)}{초점거리(f)} = \dfrac{3,000\text{m}}{0.15\text{m}} = 20,000$

촬영기선장은 $B = a \cdot m = 0.23 \times 20,000\left(1 - \dfrac{60}{100}\right) = 1,840\text{m}$

최장노출시간$(T_s) = \dfrac{B}{V}$

여기서, B : 촬영기선장, V : 속도(초속)

$\dfrac{1,840}{200 \times 1,000 \times \dfrac{1}{3,600}} = 33.12초$

37. 레벨의 기포를 중앙에 오게 하고 수평방향으로 50m 떨어진 지점의 표척 관측 값이 1.750m 이었고 기포를 4눈금 이동한 때의 관측 값이 1.789m 이었다면 기포관 한 눈금이 2mm일 때 기포관의 감도는?

① 20초 ② 30초 ③ 40초 ④ 50초

해설 $\alpha = \dfrac{\rho l}{nD}$

여기서, α : 기포관의 감도, ρ : 206,265″, l : 기포가 수평일 때 읽음 값과 기포가 움직였을 때의 높이차$(l_1 - l_2)$, n : 이동눈금수, D : 수평거리

$= \dfrac{(1.789 - 1.750) \times 206,265″}{4 \times 100} = 0°0'39.16″$

38. 해석항공 사진측량의 경우 1촬영 경로의 입체모델 수와 표정점의 수와의 일반적인 관계식으로 옳은 것은?(단, n은 모델 수)

① 표정점의 수 = $\dfrac{n}{2} + 2$ ② 표정점의 수 = $\dfrac{n}{3} + 3$

③ 표정점의 수 = $\dfrac{n}{4} + 4$ ④ 표정점의 수 = $\dfrac{n}{5} + 5$

해설 표정점의 배치는 조정계산에 더욱 유효한 배치가 되어야 하며 표정점의 수는 $\dfrac{n}{2} + 2$이며 n은 모델수이다.

39. 클로소이드의 일반적인 특성에 대한 설명으로 틀린 것은?(단, 클로소이드의 반지름 : R, 곡선길이 : L, 매개변수 : A)

① 클로소이드는 나선의 일종이다.
② 모든 클로소이드는 닮은꼴이다.
③ $R = L = A$인 특성점에서 접선각 τ는 45°가 된다.
④ 클로소이드의 요소에는 단위가 있는 것도 있고, 단위가 없는 것도 있다.

해설 클로소이드의 일반적 성질은 나선의 일종, 모든 클로소이드는 닮은꼴(상사성), 단위가 있기도 하고 없기도 한다, 확대율을 가지며, 표로서 요소를 구하는 등의 성질을 가지고 있다.

40. 축척 1 : 25,000 지형도상의 표고 368m인 A점과 표고 282m인 B점 사이의 주곡선 간격의 등고선 개수는?

① 3개 ② 4개 ③ 7개 ④ 8개

해설 등고선의 간격 중 축척 1/50,000 주곡선 간격은 10m이므로 A점과 B점의 표고차는 368m−282m= 86m이므로 주곡선까지 등고선 8개가 삽입된다.

03 토지정보체계론   SUBJECT

41. 토지소유자나 이해관계인이 지적재조사사업과 관련된 정보를 인터넷 등을 통하여 실시간으로 열람할 수 있도록 구축한 공개시스템의 명칭은?

① 지적재조사측량시스템 ② 지적재조사행정시스템
③ 지적재조사관리공개시스템 ④ 지적재조사정보공개시스템

해설 지적재조사행정시스템
지적재조사사업 수행에 필요한 각종 속성정보 및 공간정보를 전산화하여 통합적으로 관리하는 시스템을 말한다.

42. 도시정보체계(UIS : Urban Information System)를 구축할 경우의 기대효과와 거리가 먼 내용은?

① 도시행정을 총괄적으로 관리할 수 있다.
② 각종 도시계획을 효율적이고 과학적으로 수립 가능하다.
③ 효율적인 도시관리 및 행정서비스 향상의 정보 기반구축으로 시설물을 입체적으로 관리할 수 있다.
④ 지하시설물에 대한 정보는 별도의 시스템을 구축하여 다차원적인 데이터의 구축을 유도하기가 용이하다.

해설 FM(Facilities Management)
도로, 상하수도, 전기 등의 자료를 수치지도화하고 시설물의 속성을 입력하여 데이터베이스를 구축함으로써 시설물 관리ㆍ활동을 효율적으로 지원하는 시스템

43. 다음 중 래스터데이터의 저장형식에 해당하지 않는 것은?

① BMP ② JPG ③ TIFF ④ DXF

해설 상용 벡터데이터 포맷
NGI, DXF, SHP, ISFF, MID/MIF, DLG, TIGER

Answer 40. ④ 41. ② 42. ④ 43. ④

44. 공간보간법에서 지형의 기복이 심하지 않은 표면을 생성하는데 적합한 방법은?

① 국지적 보간법
② 전역적 보간법
③ 정밀 보간법
④ Spline 보간법

해설 보간법
1. 주변부의 이미 관측된 값으로부터 관측되지 않은 점에 대한 속성값을 예측하거나 표본 추출 영역내의 특정 지정 값을 추정하는 기법이다.
2. 공간보간법이란 구하고자 하는 지점의 높이 값을 관측을 통해 얻어진 주변지점의 관측 값으로부터 보간함수를 적용하여 추정한다.
3. 전역적 보간법(근사치적 보간법)
   ① 모든 기준점을 하나의 연산함수로 표현한다.
   ② 한 지점의 입력값이 변하는 경우 전체 함수에도 영향이 미치게 된다.
   ③ 지형의 기복이 심하지 않은 완만한 표면을 생성하는데 적합하다.
   ④ 전역적(Global) 내삽방법 : 추이분석, Fourier 급수 등

45. 지적사무에 사용하는 프로그램·자료·코드 및 단말기의 화면을 등록·관리하는 자는?

① 방송통신위원회 위원장
② 국토교통부장관
③ 교육부장관
④ 행정안전부장관

해설 국토교통부 국토도시실 국토정보정책관 공간정보제도과에서 운영한다.

46. 자료를 효율적으로 공유하고 관리하기 위해 자료의 소개, 품질, 구성, 형상 및 속성정보, 공간참조 등과 같은 정보를 제공해 주는 데이터를 무엇이라 하는가?

① 위치데이터
② 표본데이터
③ 관계데이터
④ 메타데이터

해설 메타데이터 기본요소
개요 및 자료소개, 자료 품질, 자료의 구성, 공간참조를 위한 정보, 형상 및 속성 정보, 정보 획득 방법, 참조정보

47. 다음 중 캐드(CAD) 자료의 호환을 위해 개발된 DXF 포맷에 관한 설명으로 잘못된 것은?

① 위상구조를 지원하여 활용도가 높다.
② 도형자료 관리에는 효율적이지만 속성정보를 포함하지 못하는 한계가 있다.
③ 다양한 종류의 도형, 선의 두께와 형태, 색상, 폰트 등을 지원한다.
④ 1라인당 하나의 필드로 구성되어서 그 만큼 파일 크기가 커지는 단점이 있다.

해설 DXF 구조는 단순하여 범용적으로 사용될 수 있다는 장점이 있으나 GIS에서 필수적으로 수반되는 속성자료와 위상정보의 교환이 어렵다는 문제점이 있다.

48. 연속적인 면의 단위를 나타내는 2차원 표현요소로 래스터 데이터를 구성하는 가장 작은 단위는?

① 점 ② 선 ③ 원점 ④ 격자

해설 래스터 데이터
공간을 평평한 평면으로 간주하여 균등하게 분할한 셀(Cell), 격자(Grid) 또는 화소(Pixel)로 구성된 배열이다.

49. 다음 중 도형정보에 해당하지 않는 것은?

① 지적도 ② 임야도 ③ 지형도 ④ 토지대장

해설 도형정보는 공간정보(도면)와 속성정보(대장)로 구분한다.

50. 부정확한 디지타이징 때문에 발생되는 위상 오차로 한쪽 끝이 다른 연결점이나 절점(node)에 완전히 연결되지 않은 상태의 연결선을 무엇이라 하는가?

① Dangle ② Sliver ③ Edge ④ Topology

해설 디지타이징 입력에 따른 오류 유형
- Undershoot(못미침) : 교차점이 만나지 못하고 선이 끝나는 것
- Overshoot(튀어나옴) : 교차점을 지나 선이 끝나는 것
- Spike(스파이크) : 교차점에서 두 개의 선분이 만나는 과정에서 생기는 것
- Sliver Polygon(슬리버 폴리곤) : 폴리곤의 경계에 흔히 생기는 작은 영역
- Overlapping(점, 선의 중복) : 점, 선이 이중으로 입력되어 있는 상태
- Dangling Node(매달림, 연결선)

51. 격자구조를 벡터구조로 변환시 격자영상에 생긴 잡음(Noise)를 제거하고 외각선을 연속적으로 이어주는 영상처리 과정을 무엇이라 하는가?

① Filtering ② Noising ③ Conversioning ④ Thinning

해설 벡터화 변환
- 변환과정 : 전처리단계(Filtering, Thinning) → 벡터화 단계 → 후처리 단계
- Filtering : 잡음을 윈도우(필터)를 이용해 제거하고, 외곽선을 연속적으로 이어주는 영상처리의 과정
- Thinning : 두꺼운 선형 패턴을 가늘고 긴 선과 같은 형상으로 만들기 위해 가늘게 세선화
- 벡터화 : 격자구조를 벡터화 단계를 거쳐 벡터구조로 전환
- 후처리 : 오류정비 및 Topology 생성

52. 토지정보 전산화의 목적에 해당하지 않는 것은?

① 체계적이고 과학적인 토지 관련 정책 자료와 지적행정을 실현할 수 있다.
② 지적서고의 확장을 방지할 수 있다.
③ 지적정보의 정확성을 높이고 업무의 신속성을 확보할 수 있다.
④ 지적공부를 소유자와 실시간으로 공유할 수 있다.

해설 토지정보체계 구축의 효과
- 체계적이고 과학적인 지적업무처리와 지적행정의 실현
- 전국적으로 통일된 시스템의 활용으로 각 시·도 분산시스템 상호간 및 중앙시스템 사이의 인터페이스 안전 확보
- 토지기록 변동자료의 신속한 온라인 처리로 기존 배치처리방식에서 오는 업무의 이중성 배제
- 지적공부의 전산화 및 전산파일 유지로 지적서고의 팽창 방지

53. 토지정보체계의 구성요소에 해당하지 않는 것은?
① 조직과 인력
② 데이터베이스
③ 소프트웨어
④ 지적공부

해설 토지정보체계의 구성요소
조직과 인력, 자료(데이터베이스), 소프트웨어, 하드웨어

54. 다음 중 벡터데이터 구조의 장점에 대한 설명이 옳지 않은 것은?
① 복잡한 현실세계에 대한 세밀한 묘사를 할 수 있다.
② 확대나 축소를 하여도 선이 매끄럽다.
③ 래스터데이터보다 중첩분석을 하는 것이 편리하다.
④ 위성정보가 제공되므로 다양한 공간분석이 가능하다.

해설 벡터데이터는 중첩 및 공간분석 기능을 수행하는 경우 공간연산이 상대적으로 어렵고 시간이 많이 소요된다.

55. 행정구역도와 학교위치도를 이용하여 해당 행정구역 안에 있는 학교를 찾아내는 기법은?
① 버퍼(Buffer) 분석
② 중첩(Overlay) 분석
③ 입체지형(TIN) 분석
④ 네트워크(Network) 분석

해설 중첩분석은 동일한 지역에 대한 서로 다른 두 개 또는 다수의 레이어로부터 필요한 도형자료나 속성자료를 추출하기 위하여 많이 이용되는 공간분석이다.

56. 데이터베이스의 데이터 언어 중 데이터 조작어가 아닌 것은?
① CREATE문
② DELETE문
③ SELECT문
④ UPDATE문

해설 데이터 조작어(DML : Data Manipulation Language)
데이터베이스에 저장된 자료를 검색(Select), 삽입(Insert), 삭제(Delete), 갱신(Update)하기 위해 사용되는 언어

57. 연속도면의 제작편집에 있어 도곽선 불일치의 원인에 해당하지 않는 것은?

① 통일된 원점의 사용
② 도면축척의 다양성
③ 지적도면의 관리 부실
④ 지적도면 재작성의 부정확

해설 다양한 원점을 사용하고 있는 것이 도곽선 불일치의 원인 중에 하나이다.

58. 토지정보체계의 구축 필요성에 해당하지 않는 것은?

① 토지정보의 공개를 위함이다.
② 공공기관 간의 토지정보 공유를 위함이다.
③ 지적공부의 노후화를 극복하기 위함이다.
④ 토지관련 과세자료로 활용하기 위함이다.

해설 토지정보체계 구축 필요성
- 토지와 관련된 정책자료의 다목적 활용
- 토지관련 과세자료로 활용
- 지적민원사항의 신속하고 정확한 처리
- 지방행정 전산화의 획기적인 계기 마련
- 수작업으로 인한 오류 방지
- 여러 종류의 도면과 대장을 효율적이고 통합적으로 관리
- 지적공부의 노후화 극복
- 여러 공공기관 및 부서 간의 토지정보를 공유

59. 다음 중 필지식별자로서 가장 적합한 것은?

① 지목
② 필지의 고유번호
③ 토지소유자 성명
④ 토지의 소재지

해설 필지식별자는 매 필지의 등록사항을 저장, 검색, 수정 등을 편리하게 처리할 수 있어야 하며 영구히 불변하는 필지의 고유번호이다.

60. 도형자료의 위상 관계에서 관심 대상의 좌측과 우측에 어떤 사항이 있는지 정의하는 것은?

① 근접성(Proximity)
② 연결성(Connectvity)
③ 인접성(Adjacency)
④ 위계성(Hicrarchy)

해설 위상구조를 이용하여 가능한 분석
- 인접성(Neighborhood, Adjacency) : 이웃하여 있는 폴리곤들의 경우 상, 하, 좌, 우와 같은 상대적 위치성을 판단
- 연결성(Connectivity) : 두 개 이상의 객체가 연결되어 있는지를 판단
- 포함성(Hierarchy), 계급성(Containment) : 폴리곤이나 객체들의 포함관계를 판단

04 지적학

61. 토지의 물권 설정을 위하여는 물권 객체의 설정이 필요하다. 토지의 물권 객체 설정을 위한 지적의 가장 중요한 역할은?

① 지번설정　　　　　　　　② 면적측정
③ 필지획정　　　　　　　　④ 소유권 조사

해설 지적의 3대 구성요소는 소유자, 권리, 필지이며, 이 중 필지는 법적으로 물권이 미치는 권리의 객체로서 일필지는 토지의 등록단위, 소유단위, 이용단위가 된다.

62. 다음 중 토지조사사업 당시의 토지에 대한 사정기관은?

① 임시 토지조사국장　　　　② 고등토지조사위원회
③ 도지사　　　　　　　　　④ 부와 면

해설 사정기관의 구분
1. 토지조사사업
   ① 사정권자 : 토지조사국장
   ② 조사측량기관 : 토지조사국
   ③ 재결기관 : 고등토지조사위원회
2. 임야조사사업
   ① 사정권자 : 도지사
   ② 조사측량기관 : 부 또는 면
   ③ 재결기관 : 임야조사위원회

63. 지적과 등기를 일원화된 조직의 행정업무로 처리하지 않는 국가는?

① 독일　　　② 네덜란드　　　③ 일본　　　④ 대만

해설 • 독일 : 지적제도는 행정부, 등기제도는 사법부에서 관리하는 이원화 체제
• 네덜란드 : 창설 당시부터 지적과 등기가 통합되어 운영되며, 지적 및 토지등기청에서 지적업무 전담
• 일본 : 1960년 부동산등기법이 개정되어 등기제도와 지적제도가 통합
• 대만 : 대만정부 수립 후 1930년 제정하여 대륙에서 시행하던 토지법을 적용하여 지적과 등기를 일원화
※ 우리나라는 독일과 같이 지적제도는 행정부, 등기제도는 사법부에서 이원체제로 운영

64. 토지조사사업 당시 사정 사항에 불복하여 재결을 받은 때의 효력 발생일은?

① 재결 신청일　　　　　　② 재결 접수일
③ 사정일　　　　　　　　④ 사정 후 30일

Answer　61. ③　62. ①　63. ①　64. ③

해설 토지조사사업의 사정
1. 사정의 개념
   ① 사정이란 토지조사부와 지적도에 의하여 토지의 소유자 및 그 강계를 확정하는 행정처분
   ② 사정은 이전의 권리와 무관한 창설적, 확정적 효력이 있음
2. 사정기관
   ① 사정권자 : 지방토지조사위원회의 자문을 받아 당시 임시토지조사국장이 실시
   ② 조사 및 측량기관 : 임시토지조사국
3. 사정의 대상
   ① 사정의 대상은 토지소유자와 토지강계
   ② 토지소유자는 자연인, 법인, 서원, 종중 등을 인정
   ③ 토지의 강계는 강계선만이 사정의 대상이 되었고 지역선은 제외
4. 사정의 절차
   ① 사정은 30일간 공시
   ② 불복하는 자는 공시기간 만료 후 60일 이내에 고등토지조사위원회(高等土地調査委員會)에 이의를 제기하여 재결을 요청할 수 있도록 함
5. 사정의 효력
   ① 토지조사령은 "토지소유자의 권리는 사정의 확정 또는 재결에 의하여 확정한다"고 규정
   ② 사정은 원시취득의 효력을 가짐
   ③ 재결 시 효력발생일을 사정일로 소급

65. 토지소유권 보호가 주요 목적이며, 토지거래의 안전을 보장하기 위해 만들어진 지적제도로서 토지의 평가보다 소유권의 한계설정과 경계복원의 가능성을 중요시하는 것은?

① 법지적
② 세지적
③ 경제지적
④ 유사지적

해설 지적의 분류
1. 지적제도의 분류방법
   ① 발전과정에 따른 분류 : 세지적, 법지적, 다목적지적
   ② 표시방법(측량방법)에 따른 분류 : 도해지적, 수치지적
   ③ 등록대상(등록방법)에 따른 분류 : 2차원, 3차원
2. 발전과정에 따른 지적의 분류
   ① 세지적(Fiscal Cadastre) : 농경시대에 개발된 최초의 지적제도로서 세금의 징수를 주목적으로 하고 과세지적이라 하며, 필지별 세액산정을 위해 면적본위로 운영
   ② 경제지적(Economic Cadastre) : 도시계획이나 농지개량사업의 기초가 되는 지적제도로서 유사지적이라고도 함
   ③ 법지적(Legal Cadastre) : 산업화시대(17세기 유럽)에 개발된 제도로서 토지거래의 안전과 소유권보호를 주목적으로 하고 소유권지적이라 하며, 소유권의 한계설정과 경계의 복원을 강조하는 위치본위로 운영
   ④ 다목적지적(Multi-Purposs Cadastre) : 토지의 각종 등록 자료의 관리 및 공급으로 토지이용의 효율성을 추구하는 제도로서 종합지적 또는 통합지적이라 하며, 컴퓨터시스템으로 운영할 때 가능한 종합적 토지정보시스템

Answer 65. ①

66. 적극적 지적제도의 특징이 아닌 것은?

① 토지의 등록은 의무화 되어 있지 않다.
② 토지등록의 효력은 정부에 의하여 보장된다.
③ 토지등록상 문제로 인한 피해는 법적으로 보장된다.
④ 등록되지 않은 토지에는 어떤 권리도 인정될 수 없다.

해설 토지등록제도
1. 토지등록제도의 유형
   ① 날인증서등록제도
   ② 권원등록제도
   ③ 소극적 등록제도
   ④ 적극적 등록제도
   ⑤ 토렌스시스템(Torrens System)
2. 소극적 등록제도
   ① 일필지의 소유권이 거래되면서 발생하는 거래증서를 변경·등록하는 제도
   ② 거래행위에 따른 토지등록은 사유재산 양도증서의 작성, 거래증서의 작성으로 구분되며 등록의무는 없고 신청에 의함
   ③ 토지등록부는 거래사항의 기록일 뿐 권리자체의 등록과 보장을 의미하지는 않음
   ④ 네덜란드, 영국, 프랑스, 미국의 일부 주에서 시행되며 오늘날 나라마다 보완되어 다양하게 변환된 형태로 나타남
3. 적극적 등록제도
   ① 토지등록은 일필지의 개념으로 법적권리보장이 인증되고 국가에 의해 그러한 합법성과 효력이 발생
   ② 기본원칙
      ㉠ 지적공부에 등록되지 않는 토지는 어떠한 권리도 인정받을 수 없음
      ㉡ 등록은 강제적이고 의무적
      ㉢ 지적측량 시행 후 토지등기가 가능
   ③ 선의의 제3자 보호 : 토지등록상의 문제로 인한 피해는 법적으로 보장되고 국가에 소송을 제기할 수 있으며, 보상도 받을 수 있음
   ④ 토렌스시스템은 적극적 등록주의의 발전된 형태

67. 기본도로서 지적도가 갖추어야 할 요건으로 옳지 않은 것은?

① 일정한 축척의 도면 위에 등록해야 한다.
② 기본정보는 변동 없이 항상 일정해야 한다.
③ 기본적으로 필요한 정보가 수록되어야 한다.
④ 특정자료를 추가하여 수록할 수 있어야 한다.

해설 지적도 등 지적공부는 새로이 토지가 등록되거나, 토지소재·지번·지목·경계 또는 좌표·면적 등의 등록사항이 토지의 이동에 따라서 변경등록되므로 항상 갱신된다. 따라서 지적도는 변경사항에 대한 최신화가 중요하다.

Answer 66. ① 67. ②

68. 다음 중 조선시대의 양안에 대한 설명으로 옳지 않은 것은?

① 20년마다 한 번씩 양전을 실시하여 새로이 양안을 작성하게 하였다.
② 토지의 소재, 면적, 토지등급 등을 기록한 장부로 오늘날의 토지대장에 해당한다.
③ 양안은 호조, 본도, 본읍에 보관하게 하였다.
④ 양안의 명칭은 사용처, 비치기관에 관계없이 일정하였다.

해설 양안(量案)
- 양안의 개념 : 고려와 조선시대에 양전에 의해 작성된 토지대장으로 전적(田籍)이라고도 함
- 양안의 명칭 : 시대, 사용처, 관리처에 따라 전적, 양안, 양안등서책, 전안, 전답안 등 많음
- 작성목적 : 토지에 대한 세징수를 위해 작성되었으며, 토지조사사업의 실시로 폐지됨
- 양안의 규정 : 경국대전에 20년마다 양전을 실시하여 새로이 양안을 작성하여 호조, 본도, 본읍에 비치토록 규정함
- 기재내용 : 토지소재지, 천자문의 자호, 지번, 양전 방향, 토지형태, 지목, 사표, 장광척, 면적, 등급, 결부속, 소유자 등
※ 입안 : 경국대전에 토지매매 후 100일 이내에 작성한다고 규정

69. 다음 중 세지적(稅地籍)에 대한 설명으로 가장 거리가 먼 것은?

① 면적본위로 운영되는 지적제도다.
② 토지 관련 자료의 최신 정보 제공 기능을 갖고 있다.
③ 가장 오랜 역사를 가지고 있는 최초의 지적제도다.
④ 과세자료로 이용하기 위한 목적의 지적제도다.

해설 지적의 분류
1. 지적의 분류 유형
   ① 발전과정에 따른 지적의 분류 : 세지적, 법지적, 다목적지적
   ② 표시방법(측량방법)에 따른 분류 : 도해지적, 수치지적
   ③ 등록대상(등록방법)에 따른 분류 : 2차원지적, 3차원지적
2. 세지적(Fiscal Cadastre)의 개념
   ① 국가재정에 필요한 세금의 징수를 주목적으로 하는 제도이며 과세지적이라 함
   ② 국가재정이 토지세에 의존하던 농경시대에 개발된 최초의 지적제도
   ③ 필지별 세액산정을 위해 면적본위로 운영
※ 토지에 대한 최신 정보를 제공하는 것은 다목적지적의 특징이다.

70. 특별한 기준을 두지 않고 당사자가 신청하는 시간적 순서에 따라 순차로 기록해 가는 토지대장의 편성방법은?

① 물적편성주의
② 인적편성주의
③ 연대적편성주의
④ 물적·인적편성주의

해설 토지대장의 편성방법
- 물적편성주의 : 토지 중심으로 대장작성
- 인적편성주의 : 소유자 중심 대장작성

Answer 68. ④ 69. ② 70. ③

- 연대적편성주의 : 신청순서에 따라 작성
- 물적인적편성주의 : 물적편성주의에 인적편성주의 가미

71. 다음 중 지적공부에 등록하는 토지의 물리적 현황과 가장 거리가 먼 것은?

① 지번과 지목
② 등급과 소유자
③ 경계와 좌표
④ 토지소재와 면적

해설 토지의 물리적 현황
지적공부에 등록하는 토지의 소재, 지번(地番), 지목(地目), 면적, 경계 또는 좌표 등

72. 일필지에 대한 설명으로 옳지 않은 것은?

① 법률적 토지 단위
② 토지의 등록 단위
③ 인위적인 토지 단위
④ 지형학적 토지단위

해설 일필지
1. 일필지의 개념
    ① 필지는 법적으로 물권이 미치는 권리의 객체로서 토지의 등록단위, 소유단위, 이용단위
    ② 필지는 소유자와 용도가 동일하고 지반이 연속되어 하나의 지번이 부여되는 토지의 기본단위
    ③ 소유권의 단위인 동시에 경영의 단위
    ④ 토지에 대한 물권의 효력이 미치는 범위를 정하고 거래단위로서 개별화, 특정화시키기 위하여 인위적으로 구획한 법적 등록단위
    ⑤ 지적측량에 의하여 일정한 직선으로 연결한 폐합다각형으로 지적(임야)도 위에 나타남
2. 일필지의 정의
    ① 1필지는 "지적공부에 등록하는 토지의 법률적인 단위구역"으로서 "법적인 토지등록단위"
    ② 1필지는 폐다각형으로 규정되며 지번, 지목, 경계 및 면적 등의 사항이 정해짐
3. 일필지의 성립요건
    ① 지번부여 지역이 동일할 것
    ② 소유자가 동일할 것
    ③ 지목이 동일할 것
    ④ 지반이 연속되어 있을 것
    ⑤ 소유권 이외의 권리가 같을 것
    ⑥ 지적공부의 축척이 동일할 것
    ⑦ 등기여부가 같을 것

73. 다음 중 지적이론의 발생설로서 가장 지배적인 것으로, 아래의 기록들이 근거가 되는 학설은?

- 3세기말 디오클레티안(Diocletian) 황제의 로마제국 토지측량
- 모세의 탈무드법에 규정된 십일조(Tithe)
- 영국의 둠즈데이북(Domesday Book)

① 과세설
② 통치설
③ 치수설
④ 지배설

해설 지적이론의 발생설
1. 과세설
   ① 의의
      ㉠ 국가가 과세를 목적으로 토지에 대한 각종 현상을 기록하고 관리하는 수단으로부터 지적제도가 출발하였다는 이론
      ㉡ 이집트의 역사학자들은 기원전 3400년에 과세를 목적으로 한 측량이 실시되었고 기원전 3000년경에 지적기록이 존재하였다고 함
      ㉢ 과세설은 지적의 발생설 중 가장 지배적인 이론으로서 농경사회에서 수확을 거둬들일 수 있는 토지는 가장 큰 재산적 가치가 있었으므로 과세 또한 토지에 집중되었으나 점차 과세를 위한 지적은 소유권 보호의 형태로 발전됨
   ② 관련 기록
      ㉠ 수메르의 토지 및 관련기록
      ㉡ 모세의 탈무드법에 규정된 토지세(Title)
   ③ 과세설의 근거
      ㉠ 둠즈데이북(Domesday Book)
      ㉡ 신라 장적문서
2. 치수설
   ① 의의
      ㉠ 치수설은 고대 이집트나 중국에서 제방, 수로를 축조하기 위한 토목공사나 홍수 이후 경지정리의 필요에서 토지기록이 발생하였으며 이것이 지적의 발생기원이라는 이론
      ㉡ 관개시설에 의한 농업적 용도에서 치수를 위하여 토목과 측량술이 발달되었고, 이에 따라 농경지의 생산성에 대한 합리적인 과세를 목적으로 토지기록이 이루어졌다는 이론
   ② 관련 기록
      ㉠ BC 5000~3000년경 나일강변의 이집트와 티그리스·유프라테스 하류지역의 메소포타미아 지방에서 제방·수로 등의 토목공사와 삼각법에 의한 토지측량법 실시
      ㉡ 8세기경 황하유역의 중국도 정밀한 측량기구 제작된 것으로 보아 7세기경에 토지측량이 시행되었을 것으로 추정
3. 지배설
   ① 의의
      ㉠ 지배설 또는 통치설은 영토의 보존과 통치수단이라는 두 관점에 대한 이론으로서 국토의 경계를 정하고 이것을 유지시키는 과정에서 지적이 발생했다는 관점
      ㉡ 통치권자는 영토 내 주민의 생활공간 확보 및 권력의지의 실현 위해 영토확장에 관심을 두며, 점령한 토지는 보존하려는 노력을 함
      ㉢ 지배설은 지적이 영토보존의 수단으로써 국가형태유지 및 집단생활을 위한 토지의 보호역할을 수행하는 과정에서 발생하였으며, 통치의 수단으로 이용되었다는 것을 의미
   ② 지배설의 근거
      ㉠ 이집트의 파라오, 그리스 미케네국왕은 국토를 소유하고 통치의 수단으로 사용
      ㉡ 근세 일제 식민사에서도 토지조사사업을 제일 먼저 시행

74. 지적제도와 등기제도의 관계를 설명한 내용이 틀린 것은?

① 지적제도와 등기제도는 공신력과 확정력을 모두 인정한다.
② 등기에 있어 토지의 표시에 관하여는 지적을 기초로 하고, 지적에 있어 소유자의 표시는 등기를 기초로 한다.
③ 지적제도는 국정주의를, 등기제도는 성립요건주의를 채택하고 있다.
④ 원칙적으로 지적제도는 직권등록주의를, 등기제도는 신청주의를 채택하고 있다.

해설 지적제도과 등기제도

1. 지적와 등기의 개념
   ① 지적제도 : 국가기관이 통치권이 미치는 모든 영토를 필지단위로 구획하여 토지에 대한 물리적 현황과 법적 권리관계를 지적공부에 등록공시하고 그 변경사항을 영속적으로 등록·관리하는 국가의 업무
   ② 등기제도 : 등기공무원이 법절차에 따라 등기부에 부동산의 표시 또는 부동산에 관한 일정한 권리 관계를 기재하는 부동산에 대한 물권을 공시하는 제도

2. 지적와 등기의 비교

구분	지적제도	등기제도
기본이념	국정주의, 형식주의, 공개주의	형식주의(성립요건주의)
등록방법	직권등록주의, 단독신청주의	당사자신청주의, 공동신청주의
심사방법	실질적심사주의	형식적심사주의
공신력	인정	불인정
편제방법	물적편성주의	물적편성주의
처리방법	신고의 의무, 직권조사처리	신청주의
신청방법	단독신청주의	공동신청주의
담당부서	국토교통부-시·도지적과-시·군·구 지적과	법무부-대법원-지방법원·지원·등기소
공부	토지, 임야대장, 공유지연명부, 대지권등록부, 지적도, 임야도, 경계점등록부, 지적전산파일	토지등기부, 건물등기부, 입목등기부, 상업등기부, 선박등기부, 법인등기부, 공장등기부 등
기능	토지의 물리적 현황 공시	토지에 대한 권리관계를 공시
등록사항	토지소재, 지번, 지목, 경계, 면적, 소유자주소성명 등	소유권, 저당권, 전세권, 지역권, 지상권 등
기타	지적측량 실시	절차적 요식행위 요구

3. 지적과 등기의 관계
   ① 등기와 등록대상이 동일 토지라는 점에서 밀접한 관계이다.
   ② 등기와 등록은 그 목적물의 표시 및 소유권의 표시는 항상 부합되어야 한다.
   ③ 등기에 있어서 토지 표시에 관한사항은 지적공부, 등록의 경우 소유권에 관한 사항은 등기부를 기초로 한다.
   ④ 단, 미등기 토지의 소유자 표시에 관한 사항은 지적공부를 기초로 한다.

75. 19세기 전후로 양전개정론을 주장한 사람이 아닌 자는?

① 김정호   ② 정약용   ③ 서유구   ④ 이기

해설 양전개정론의 배경
- 19세기 전후 과세의 평준을 위한 합리적이고 근본적인 양전법의 개정이 필요하다는 주장이 이익, 정약용, 서유구, 이기 등의 실학자들 사이에서 대두되었다.
- 이들은 결부제를 폐지하고 경무법으로 개정해야 하며, 객관적인 새로운 방량법으로 양전법을 개정해야 한다고 주장하였다.
- ※ 김정호는 조선시대 대표적인 지리학자이며, 대동여지도를 작성한 지도제작자이다.

76. 다음 중 다목적지적제도의 구성요소에 해당하지 않는 것은?

① 측지기준망   ② 행정조직도   ③ 지적중첩도   ④ 필지식별번호

해설 다목적지적
1. 다목적지적의 개념
    ① 다목적지적은 토지이용의 효율화를 위해 도지에 대한 모든 관련 자료를 일필지를 기초로 집적관리하고 공급하는 제도로서 토지 관련 정보의 종합적인 기록유지와 공급의 종합토지정보시스템
    ② 토지에 관한 등록자료의 용도가 다양화함에 따라 더 많은 자료의 관리와 이를 신속하고 정확하게 공급하기 위한 제도
    ③ 토지의 각종 등록 자료의 관리 및 공급으로 토지이용의 효율성을 추구하는 제도
    ④ 종합지적 또는 통합지적이라 함
    ⑤ 토지소유권, 토지이용, 토지평가, 토지자원관리에 관한 의사결정에 필요한 정보를 포함
    ⑥ 등록 자료의 통계, 추정, 검증, 분석이 가능한 프로그램에 의하여 컴퓨터시스템으로 운영할 때 가능한 종합적 토지정보시스템
2. 다목적지적의 구성요소
    ① 측지기본망(Geodetic Reference Network)
    ② 기본도(Base Map)
    ③ 지적중첩도(Cadastral Overlay)
    ④ 필지식별번호(Unique Parcel Identification Number)
    ⑤ 토지자료화일(Land Data File)

77. 백문매매(白文賣買)에 대한 설명으로 옳은 것은?

① 백문매매란 입안을 받지 않은 매매계약서로, 임진왜란 이후 더욱 더 성행하였다.
② 백문매매로 인하여 소유자를 보호할 수 있게 되었다.
③ 백문매매로 인하여 소유권에 대한 확정적 효력을 부여받게 되었다.
④ 백문매매란 토지거래에서 매도자, 매수자, 해당관서 등이 각각 서명함으로서 이루어지는 거래를 말한다.

해설 백문매매(白文賣買)
- 백문매매는 문기의 일종으로 입안을 받지 않는 매매계약서를 뜻함
- 백문매매는 관습상 성행하였으며 후에 관에서도 합법화됨
- 백문매매의 성행은 입안(立案)의 폐지사유가 됨

78. 다음 중 정약용과 서유구가 주장한 양전개정론의 내용이 아닌 것은?

① 경무법 시행
② 결부제 폐지
③ 어린도법 시행
④ 수등이척제 개선

해설 조선 후기 실학자인 이기는 저서 "해학유서"에서 수등이척제에 대한 개선방법으로 망척제의 도입을 주장함

79. 정전제를 주장한 학자가 아닌 것은?

① 한백겸(韓百謙)
② 서명응(徐命膺)
③ 이기(李沂)
④ 세키야(關野貞)

해설 정전제(井田制)
1. 개념 : 정전제란 정(井)자형의 토지구획 방법을 말하며 고조선 시대부터 시행된 토지구획 방법으로서 균형있는 촌락의 설치와 토지의 분급 및 수확량을 파악하기 위하여 시행되었으며 당시 납세의 의무를 지게 하여 소득의 1/9를 조공으로 바치게 함
2. 정전제 방법
   ① 1 방리의 토지를 정(井)자형으로 구획하여 정(井)이라 함
   ② 1정은 900묘로써 구획함
   ③ 중앙의 100묘를 공전으로 주고 주위의 800묘는 사전으로 함
   ④ 중앙의 100묘는 공동으로 경작하여 조공으로 바치게 함
   ⑤ 개인의 8가구에 100묘씩 나누어 주어 농사를 짓게 함
3. 정전제의 특징
   ① 측량을 수반한 것으로 추정
   ② 왕도사상의 기반을 둔 제도
   ③ 공동체 형성을 기본 사상
   ④ 국가세수확보
   ⑤ 토지 계량제도 확립
4. 정전제의 명칭
   ① 중국 : 방리제
   ② 북한 : 리방제
   ③ 우리나라 : 조리제, 정전제
   ④ 일본 : 조방제

※ 평양 기자정전에 대한 연구 검토
「지적백년사」에 따르면 정전제는 고조선때부터 기록되고 있으며, 〈고려사〉 지리지에 평양성 대동강 가에 있는 고성이 기자(箕子) 때에 축성되었고 성내는 정전제로 구획되었다고 하는데 이 기자정전에 대해서는 조선왕조 이후에 와서야 한백겸(韓百謙), 서웅명(徐命膺), 이익(李瀷), 세키노(關野貞) 등 여러 사람의 연구검토가 이루어졌다고 한다. 답안 ④의 세키야(關野貞)는 세키노(關野貞)로 추정된다.

80. 통일신라시대 촌락단위의 토지 관리를 위한 장부로 조세의 징수와 부역(賦役)징발을 위한 기초자료로 활용하기 위한 문서는?

① 결수연명부 ② 장적문서
③ 지세명기장 ④ 양안

해설 신라장적문서
1. 개념 : 1933년 일본의 나라지방에서 발견된 현존 최고(最古)의 우리나라 지적기록으로, 신라말 서원경 부근 4개 촌락의 장부문서
2. 장적문서의 특징
   ① 촌락의 행정사무는 촌주가 담당
   ② 농민은 대부분 1결 내의 적은 면적 보유
   ③ 현·촌명 및 촌락의 영역, 우마 등의 가축의 수, 뽕나무, 잣나무(백자목), 호두나무(추자목) 등의 수량까지 기록
   ④ 수취에 대한 변동사항은 3년마다 작성
   ⑤ 촌주는 여러 촌락을 관할하여 과세의 수취와 수취 대상의 변동사항을 정확하게 파악
   ⑥ 촌주에게는 촌주위전의 전답을 지급

05 지적관계법규

81. 경계점좌표등록부 시행지역의 토지 면적을 측정한 결과가 330.550m²이었을 때 면적의 결정으로 옳은 것은?

① $330m^2$ ② $330.5m^2$
③ $330.6m^2$ ④ $331m^2$

해설 면적의 결정방법
1. 오사오입의 원칙
   ① 경계점좌표등록부지역 및 축척 1/600 지역 : 0.05m² 초과는 올리고, 미만은 버리며, 0.05m²인 경우에는 홀수만 올림
   ② 축척 1/1,000~1/6,000 지역 : 0.5m² 초과는 올리고, 미만은 버리며, 0.5m²인 경우에는 홀수만 올림
2. 면적의 최소등록단위
   ① 축척 1/500~1/600, 경계점등록부지역 : 0.1m²
   ② 축척 1/1,000~1/6,000 지역 : 1m²

Answer 80. ② 81. ③

82. 측량업의 등록을 하려는 자가 신청서에 첨부하여 제출하여야 할 서류가 아닌 것은?

① 보유하고 있는 측량기술자의 명단
② 보유한 인력에 대한 측량기술 경력증명서
③ 보유하고 있는 장비의 명세서
④ 등기부등본

해설 지적측량업 신청서에 첨부하는 서류
1. 기술능력을 갖춘 사실을 증명하기 위한 서류
   ① 보유하고 있는 측량기술자의 명단
   ② 인력에 대한 측량기술 경력증명서
2. 장비를 갖춘 사실을 증명하기 위한 서류
   ① 보유하고 있는 장비의 명세서
   ② 장비의 성능검사서 사본

83. 다음 중 "토지의 이동"과 관련이 없는 것은?

① 소유자
② 좌표
③ 경계
④ 토지의 소재

해설 토지의 이동이란 토지의 표시를 새로이 정하거나 변경 또는 말소하는 것을 말하며 소유자는 소유권에 관한 사항이다.

84. 지번이 45-1, 48, 50-1, 71인 토지를 합병하는 경우, 합병 후의 지번으로 옳은 것은?(단, 필지에 건축물이 위치한 경우는 고려하지 않는다.)

① 45-1
② 48
③ 50-1
④ 71

해설 합병에 따른 지번부여
- 합병 전 지번 중 순서가 빠른 지번으로 부여
- 합병 전 지번이 본번과 부번이 혼재할 경우 본번 중 선순위 지번으로 부여
- 토지소유자가 합병 전의 필지에 주거·사무실 등의 건축물이 있어서 그 건축물이 위치한 지번을 합병 후의 지번으로 신청할 때에는 그 지번을 합병 후의 지번으로 부여

85. 다음 중 지목을 도로로 분류할 수 없는 것은?

① 아파트, 공장 등 단일 용도의 일정한 단지 안에 설치된 통로
② 2필지 이상에 진입하는 통로로 이용되는 토지
③ 고속도로의 휴게소 부지
④ 도로법에 따라 도로로 개설된 토지

해설 도로
- 일반 공중의 교통 운수를 위하여 보행이나 차량운행에 필요한 일정한 설비 또는 형태를 갖추어 이용되는 토지
- 도로법 등 관계법령에 따라 도로로 개설된 토지
- 고속도로의 휴게소 부지
- 2필지 이상에 진입하는 통로로 이용되는 토지

86. 축척변경위원회의 심의·의결사항에 해당하지 않는 것은?

① 축척변경 시행계획에 관한 사항
② 측량성과 검사에 관한 사항
③ 지번별 제곱미터당 금액의 결정과 청산금의 산정에 관한 사항
④ 청산금의 이의신청에 관한 사항

해설 축척변경위원회 기능
- 축척변경 시행계획에 관한 사항
- 지번별 제곱미터당 금액의 결정과 청산금의 산정에 관한 사항
- 청산금의 이의신청에 관한 사항
- 그 밖에 축척변경과 관련하여 지적소관청이 회의에 부치는 사항

87. 지적공부에 등록된 토지가 지형의 변화로 바다로 된 경우, 토지소유자는 지적소관청으로부터 등록말소 신청을 하도록 통지를 받은 날부터 최대 몇 일 이내에 등록말소 신청을 하여야 하는가?

① 10일 이내 ② 20일 이내
③ 60일 이내 ④ 90일 이내

해설 바다로 된 토지의 등록말소
지적소관청은 지적공부에 등록된 토지가 지형의 변화 등으로 바다로 된 경우에 토지소유자에게 등록말소 신청을 하도록 통지
1. 신청기한 : 신청 통지를 받은 날부터 90일 이내에 지적소관청에 신청
2. 신청대상 : 원상으로 회복될 수 없거나 다른 지목의 토지로 될 가능성이 없는 경우
3. 등록말소 및 회복
  ① 토지소유자가 등록말소 신청을 하지 않으면 직권으로 그 지적공부의 등복사항을 말소
  ② 회복등록을 하려면 그 지적측량성과 및 등록말소 당시의 지적공부 등 관계자료에 따라 등록
  ③ 지적공부의 등록사항을 말소하거나 회복등록하였을 때에는 그 정리 결과를 토지소유자 및 해당 공유수면의 관리청에 통지

88. 다음 중 지적측량을 하여야 하는 대상이 아닌 것은?

① 토지의 지목을 변경하는 경우
② 토지를 신규등록하는 경우
③ 지적기준점을 정하는 경우
④ 경계점을 지상에 복원하는 경우

Answer 86. ② 87. ④ 88. ①

해설 지적측량 대상
- 지적기준점을 정하는 경우
- 지적측량성과를 검사하는 경우
- 지적공부를 복구하는 경우
- 등록전환하는 경우
- 토지를 분할하는 경우
- 바다가 된 토지의 등록을 말소하는 경우
- 축척을 변경하는 경우
- 지적공부의 등록사항을 정정하는 경우
- 도시개발사업 등의 시행지역에서 토지의 이동이 있는 경우
- 경계점을 지상에 복원하는 경우

89. 면적을 측정하는 경우 도곽선의 길이에 최소 얼마 이상의 신축이 있을 경우 이를 보정하여야 하는가?

① 0.4mm ② 0.5mm ③ 0.8mm ④ 1.0mm

해설
1. 면적측정의 절차
   ① 세부측량 시 필지마다 면적 측정함
   ② 필지별 면적측정은 좌표면적계산법, 전자면적계법에 의함
   ③ 도곽선에 0.5mm 이상의 신축 시 보정
2. 면적측정의 방법
   ① 좌표면적계산법
   ② 전자면적계법

90. 지적측량의 측량기간과 측량검사기간으로 옳은 것은?(단, 지적기준점을 설치하여 측량 또는 측량 검사를 하는 경우는 고려하지 않는다.)

① 측량기간 15일, 측량검사기간 10일
② 측량기간 10일, 측량검사기간 7일
③ 측량기간 7일, 측량검사기간 5일
④ 측량기간 5일, 측량검사기간 4일

해설 지적측량 신청
1. 지적측량 의뢰
   토지소유자 등 이해관계인은 지적측량을 하여야 할 필요가 있는 때에는 지적측량수행자에게 해당 지적측량을 의뢰
2. 지적측량수행계획서 제출
   지적측량수행자는 지적측량신청을 받은 때에는 측량기간·측량일자 및 측량수수료 등을 기재한 지적측량수행계획서를 그 다음날까지 지적소관청에 제출하여야 한다.
3. 측량기간 및 검사기간
   ① 지적측량의 측량기간은 5일로 하며, 측량검사기간은 4일로 하며 지적기준점을 설치하여 측량 또는 측량검사를 하는 경우 지적기준점이 15점 이하인 경우에는 4일을, 15점을 초과하는 경우에는 4일에 15점을 초과하는 4점마다 1일을 가산한다.
   ② 지적측량 의뢰인과 지적측량수행자가 서로 합의하여 따로 기간을 정하는 경우에는 그 기간에 따르되, 전체 기간의 4분의 3은 측량기간으로, 전체 기간의 4분의 1은 측량검사기간으로 한다.

91. 지적공부의 복구에 관한 관계자료에 해당하지 않는 것은?

① 지적공부의 등본
② 토지이용계획확인서
③ 토지이동정리 결의서
④ 측량 결과도

해설 지적공부의 복구
1. 복구방법
   ① 지적소관청은 지적공부를 복구하고자 하는 때에는 멸실·훼손 당시의 지적공부와 가장 부합된다고 인정되는 관계자료에 의하여 토지의 표시에 관한 사항을 복구
   ② 소유자에 관한 사항은 부동산등기부나 법원의 확정판결에 따라 복구
2. 복구자료
   ① 지적공부의 등본
   ② 측량 결과도
   ③ 토지이동정리 결의서
   ④ 부동산등기부 등본 등 등기사실을 증명하는 서류
   ⑤ 지적소관청이 작성하거나 발행한 지적공부의 등록내용을 증명하는 서류
   ⑥ 복제된 지적공부
   ⑦ 법원의 확정판결서 정본 또는 사본

92. ㉠과 ㉡에 들어갈 수치가 모두 옳은 것은?

> 지적공부 보관상자는 벽으로부터 (㉠) 이상 띄워야 하며, 높이 (㉡) 이상의 깔판 위에 올려놓아야 한다.

① ㉠ 10cm, ㉡ 10cm
② ㉠ 10cm, ㉡ 15cm
③ ㉠ 15cm, ㉡ 10cm
④ ㉠ 15cm, ㉡ 15cm

해설 지적서고의 설치기준
1. 지적서고는 지적사무를 처리하는 사무실과 연접하여 설치함
2. 지적서고의 구조
   ① 골조는 철근콘크리트 이상의 강질로 할 것
   ② 지적서고의 면적은 기준면적에 따를 것
   ③ 바닥과 벽은 2중으로 하고 영구적인 방수설비를 할 것
   ④ 창문과 출입문은 2중으로 하되, 바깥쪽 문은 반드시 철제로 하고 안쪽 문은 곤충·쥐 등의 침입을 막을 수 있도록 철망 등을 설치할 것
   ⑤ 온도 및 습도 자동 조절 장치를 설치하고, 연중 평균온도는 20±5도를, 연중 평균습도는 65±5%를 유지할 것
   ⑥ 전기시설을 설치하는 때에는 단독퓨즈를 설치하고 소화장비를 갖춰 둘 것
   ⑦ 열과 습도의 영향을 받지 아니하도록 내부공간을 넓게 하고 천장을 높게 설치할 것
   ⑧ 지적공부보관상자는 벽으로부터 15cm 이상 띄워야 하며, 높이 10cm 이상의 깔판 위에 올려놓아야 한다.

Answer 91. ② 92. ③

93. 다음 중 토지대장에 등록한 면적의 표기로서 틀린 것은?

① 234.5m^2　② 234.0m^2　③ 234m^2　④ 234.05m^2

해설 토지(임야)대장에 등록하는 면적은 축척에 따라 0.1m^2 또는 1m^2로 등록된다.
- 축척 1/500~1/600, 경계점등록부지역 : 0.1m^2
- 축척 1/1,000~1/6,000 지역 : 1m^2

94. 공유수면 매립으로 신규등록을 할 경우 지번부여방법으로 틀린 것은?

① 인접토지의 본번에 부번을 붙여서 지번을 부여한다.
② 종전 지번의 수에서 결번을 찾아서 새로이 부여한다.
③ 신규등록 토지가 여러 필지로 되어 있는 경우에는 최종 본번 다음 번호로 부여한다.
④ 최종 지번의 토지에 인접되어 있는 경우는 최종 본번 다음 번호로 부여한다.

해설 1. 신규등록, 등록전환, 지번변경, 행정구역변경 등에 따른 지번 부여
　① 신규등록, 등록전환, 지번변경, 행정구역변경 등의 경우 당해 지번부여지역 내 인접토지의 본번에 부번을 붙여서 부여
　② 지번부여지역의 최종 본번의 다음 순번부터 본번으로 하여 순차적으로 지번 부여
　　㉠ 대상토지가 그 지번부여지역의 최종 지번의 토지에 인접하여 있는 경우
　　㉡ 대상토지가 이미 등록된 토지와 멀리 떨어져 있어서 등록된 토지의 본번에 부번을 부여하는 것이 불합리한 경우
　　㉢ 대상토지가 여러 필지로 되어 있는 경우
2. 분할에 따른 지번 부여
　① 분할 후의 필지 중 1필지의 지번은 분할 전의 지번으로 하고, 나머지 필지의 지번은 본번의 최종 부번 다음 순번으로 부번을 부여
　② 주거ㆍ사무실 등 건축물이 있는 필지에 대해서는 분할 전의 지번을 우선하여 부여
3. 합병에 따른 지번 부여
　① 합병 전 지번 중 순서가 빠른 지번으로 부여
　② 합병 전 지번이 본번과 부번이 혼재할 경우 본번 중 선순위 지번으로 부여
　③ 토지소유자가 합병 전의 필지에 주거ㆍ사무실 등의 건축물이 있어서 그 건축물이 위치한 지번을 합병 후의 지번으로 신청할 때에는 그 지번을 합병 후의 지번으로 부여
4. 토지개발사업 등에 따른 지번 부여
　① 사업지역 내 편입된 토지 중 본번만으로 부여
　② 종전 지번의 수가 새로 부여할 지번의 수보다 적을 때에는 블록단위로 하나의 본번을 부여한 후 필지별로 부번을 부여하거나 최종본번 다음 순번부터 본번으로 하여 지번을 부여

95. 축척변경에 따른 청산금 납부고지 또는 수령통지 시기는?

① 축척변경 확정공고한 날부터 30일 이내
② 축척변경 승인 때부터 30일 이내
③ 청산금의 결정을 공고한 날부터 20일 이내
④ 청산금의 이의신청이 있는 날부터 20일 이내

Answer　93. ④　94. ②　95. ③

해설 청산금 납부고지 및 수령통지
- 지적소관청은 청산금의 결정을 공고한 날부터 20일 이내에 토지소유자에게 청산금의 납부고지 또는 수령통지를 하여야 한다.
- 납부고지를 받은 자는 그 고지를 받은 날부터 6개월 이내에 청산금을 지적소관청에 내야 한다.
- 지적소관청은 수령통지를 한 날부터 6개월 이내에 청산금을 지급하여야 한다.
- 지적소관청은 청산금을 지급받을 자가 행방불명 등으로 받을 수 없거나 받기를 거부할 때에는 그 청산금을 공탁할 수 있다.

96. 다음 중 지적측량수행자의 성실의무에 관한 설명으로 옳지 않은 것은?

① 정당한 사유 없이 지적측량 신청을 거부하여서는 아니된다.
② 배우자 이외에 직계 존속·비속이 소유한 토지에 대한 지적측량을 할 수 있다.
③ 지적측량수수료 외에는 어떠한 명목으로도 그 업무와 관련한 대가를 받으면 아니 된다.
④ 지적측량수행자는 신의와 성실로 공정하게 지적측량을 하여야 한다.

해설 지적측량수행자의 성실의무
- 지적측량수행자는 신의와 성실로써 공정하게 지적측량을 하여야 하며, 정당한 사유 없이 측량을 거부하여서는 아니 된다.
- 지적측량수행자는 본인, 배우자 또는 직계 존속·비속이 소유한 토지에 대한 지적측량을 하여서는 아니 된다.
- 지적측량수행자는 지적측량수수료 외에는 어떠한 명목으로도 그 업무와 관련된 대가를 받으면 아니 된다.

97. 지적소관청이 해당 토지소유자에게 지적정리 등의 통지를 하여야 하는 경우가 아닌 것은?

① 지적소관청이 지적공부를 복구하는 경우
② 지적소관청이 지번부여지역의 전부 또는 일부에 대하여 지번을 새로 부여한 경우
③ 지적소관청이 측량성과를 검사하는 경우
④ 지적소관청이 직권으로 조사·측량하여 지적공부의 등록사항을 결정하는 경우

해설 1. 지적정리 통지대상
① 토지소유자의 신청이 없어 지적소관청이 직권으로 조사 또는 측량하여 지번, 지목, 경계 또는 좌표와 면적을 결정할 때
② 지적소관청이 지번을 변경한 때
③ 지적소관청이 지적공부를 복구한 때
④ 바다로 된 토지의 등록·말소 통지
⑤ 도시계획사업, 도시개발사업, 농지개량사업 등에 의해 지적공부를 정리했을 때
⑥ 대위신청에 의해 지적공부를 정리했을 때
⑦ 행정구역개편으로 인하여 새로이 지번을 정할 때
⑧ 지적공부에 등록된 사항에 오류가 있음을 발견하여 지적소관청이 직권으로 등록사항을 정정한 때
⑨ 토지표시의 변경에 관하여 관할 등기소에 등기를 촉탁한 때

Answer 96. ② 97. ③

2. 통지의 시기
   ① 토지의 표시에 관한 변경등기가 필요한 경우 : 그 등기완료의 통지서를 접수한 날부터 15일 이내
   ② 토지의 표시에 관한 변경등기가 필요하지 아니한 경우 : 지적공부에 등록한 날부터 7일 이내

98. 지적공부에 등록하는 경계(境界)의 결정권자는 누구인가?

① 국토교통부장관
② 안전행정부장관
③ 지적소관청
④ 시 · 도지사

해설 토지의 조사 · 등록
- 국토교통부장관은 모든 토지에 대하여 필지별로 소재 · 지번 · 지목 · 면적 · 경계 또는 좌표 등을 조사 · 측량하여 지적공부에 등록
- 지적공부에 등록하는 지번 · 지목 · 면적 · 경계 또는 좌표는 토지의 이동이 있을 때 토지소유자의 신청을 받아 지적소관청이 결정한다. 다만, 신청이 없으면 지적소관청이 직권으로 조사 · 측량하여 결정

99. 다음 중 지목을 잡종지로 하여야 하는 것으로만 나열된 것은?

① 공동우물, 수영장
② 비행장, 야외시장
③ 정수시설, 토취장
④ 화장장, 골프장

해설 잡종지
다음 각 목의 토지. 다만, 원상회복을 조건으로 돌을 캐내는 곳 또는 흙을 파내는 곳으로 허가된 토지는 제외한다.
- 갈대밭, 실외에 물건을 쌓아두는 곳, 돌을 캐내는 곳, 흙을 파내는 곳, 야외시장 및 공동우물
- 변전소, 송신소, 수신소 및 송유시설 등의 부지
- 여객자동차터미널, 자동차운전학원 및 폐차장 등 자동차와 관련된 독립적인 시설물을 갖춘 부지
- 공항시설 및 항만시설 부지
- 도축장, 쓰레기처리장 및 오물처리장 등의 부지
- 그 밖에 다른 지목에 속하지 않는 토지

100. 축척변경의 목적으로 적합한 것은?

① 등록전환
② 정밀도제고
③ 행정구역변경
④ 소유권보호

해설 축척변경은 지적도에 등록된 경계점의 정밀도를 높이기 위하여 작은 축척을 큰 축척으로 변경하여 등록하는 것을 말한다.

INDUSTRIAL ENGINEER CADASTRAL SURVEYING

2025년 기출복원문제

2025년 제1회 지적산업기사

2025년 제2회 지적산업기사

2025년 제3회 지적산업기사

2025년 제1회 지적산업기사

01 지적측량

01. 지적도의 축척이 600분의 1 지역에서 산출면적이 327.55m²일 때 결정면적은?

① 327m²
② 327.5m²
③ 327.6m²
④ 328m²

해설 공간정보의 구축 및 관리 등에 관한 법률 시행령 제60조(면적의 결정 및 측량계산의 끝수처리)
1. 지적도의 축척이 600분의 1인 지역과 경계점좌표등록부에 등록하는 지역의 토지 면적은 제곱미터 이하 한 자리 단위로 한다.
2. 0.1제곱미터 미만의 끝수가 있는 경우 0.05제곱미터 미만일 때에는 버리고 0.05제곱미터를 초과할 때에는 올린다.
3. 0.05제곱미터일 때에는 구하려는 끝자리의 숫자가 0 또는 짝수이면 버리고 홀수이면 올린다.
4. 다만, 1필지의 면적이 0.1제곱미터 미만일 때에는 0.1제곱미터로 한다.
따라서 327.55m²는 327.6m²로 결정한다.

02. 지적삼각보조점측량을 다각망도선법으로 시행할 경우 1도선의 거리의 기준은?

① 1km 이하
② 2km 이하
③ 3km 이하
④ 4km 이하

해설 지적측량 시행규칙 제10조(지적삼각보조점측량)
1도선의 거리(기지점과 교점 또는 교점과 교점 간의 점간거리의 총합계를 말한다)는 4킬로미터 이하로 한다.

03. 그림에서 $E_1 = 20m$, $\theta = 150°$일 때 S_1은?

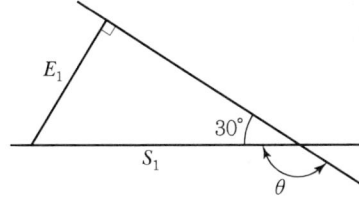

① 10.0m
② 23.1m
③ 34.6m
④ 40.0m

Answer 01. ③ 02. ④ 03. ④

해설 $180° - 150° = 30°$

$$S_1 = \frac{E_1}{\sin\theta} = \frac{20}{\sin 30°} = 40.0\text{m}$$

04. 고초원점의 평면직각종횡선수치는 얼마인가?

① $X = 0\text{m}, \ Y = 0\text{m}$
② $X = 10,000\text{m}, \ Y = 30,000\text{m}$
③ $X = 500,000\text{m}, \ Y = 200,000\text{m}$
④ $X = 550,000\text{m}, \ Y = 200,000\text{m}$

해설 고초원점
구소삼각원점 11개 원점 중에 하나이며 구소삼각원점은 대상지역의 중앙에 원점을 두었으며 원점에 대한 평면직각종횡선 좌표는 $X = 0\text{m}, \ Y = 0\text{m}$로서 위치별 상한에 따라 X축이나 Y축에 (+) 또는 (−)부호가 붙는다.

구소삼각원점(총 11개)
조본원점 · 고초원점 · 율곡원점 · 현창원점 · 소라원점 · 망산원점 · 계양원점 · 가리원점 · 등경원점 · 구암원점 및 금산원점

05. 측판측량에 의한 세부측량을 방사법으로 시행하는 경우 축척 1/1,000 지역에서 1방향선의 지상 길이는 몇 m까지 허용하는가?

① 100m
② 80m
③ 60m
④ 50m

해설 지적측량 시행규칙 제18조(세부측량의 기준 및 방법 등)
방향선의 도상길이는 측판의 방위표정(方位標定)에 사용한 방향선의 도상길이 이하로서 10센티미터 이하로 할 것. 다만, 광파조준의(光波照準儀) 또는 광파측거기를 사용하는 경우에는 30센티미터 이하로 할 수 있다.
그러므로 지상길이 = 10cm × 1,000(축척분모) = 10,000cm
∴ 100m

06. 평판측량방법에 따라 측정한 경사거리가 30m, 앨리데이드의 경사분획이 +15이었다면 수평거리는?

① 28.0m
② 29.7m
③ 30.6m
④ 31.6m

해설 지적측량 시행규칙 제18조(세부측량의 기준 및 방법 등)

$$D = l \frac{1}{\sqrt{1 + \left(\frac{n}{100}\right)^2}} = 30 \frac{1}{\sqrt{1 + \left(\frac{15}{100}\right)^2}} = 29.7\text{m}$$

여기서, D : 수평거리, l : 경사거리, n : 경사분획

07. 중부원점지역에 설치된 지적삼각점의 경위도좌표에 해당되는 것은?

① 북위 37° 43′ 23″, 동경 129° 58′ 53″
② 북위 36° 56′ 18″, 동경 128° 34′ 35″
③ 북위 35° 32′ 36″, 동경 126° 24′ 36″
④ 북위 34° 23′ 14″, 동경 125° 21′ 46″

해설 중부원점지역의 경위도
- 경도 : 동경 127° 00′
- 위도 : 북위 38° 00′
- 적용구역 : 동경 126~128° 사이다.

08. 두 점의 좌표가 아래와 같을 때 방위각 V_A^B의 크기는 얼마인가?

점명	종선좌표(m)	횡선좌표(m)
A	395674.32	192899.25
B	397845.01	190256.39

① 50° 36′ 08″
② 61° 36′ 08″
③ 309° 23′ 52″
④ 328° 23′ 52″

해설 $\Delta x = 397,845.01 - 395,674.32 = 2170.69$
$\Delta y = 190,256.39 - 192,899.25 = -2642.86$
$\tan\theta = \left|\dfrac{\Delta y}{\Delta x}\right|$
$\theta = \tan^{-1}\left|\dfrac{\Delta y}{\Delta x}\right| = \tan^{-1}\left|\dfrac{-2,642.86}{2,170.69}\right| = 50°36'08.37''$

이때 Δx는 (+) 값이고, Δy는 (−) 값을 가지므로 아래 그림과 같이 4상한에 해당된다.

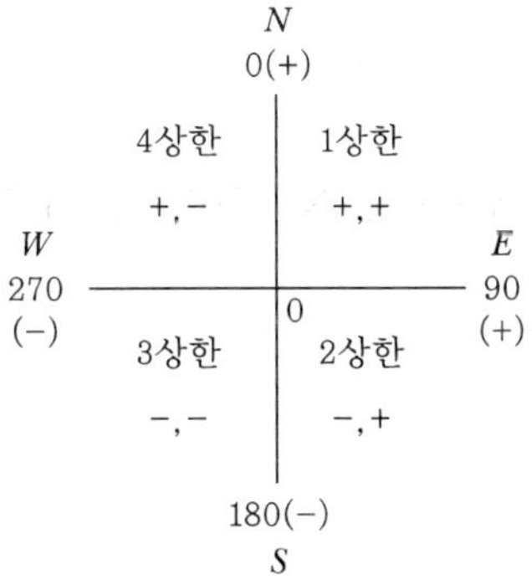

```
              N
              0(+)
    4상한  |  1상한
     +,-  |   +,+
  W ──────┼────── E
  270     0       90
  (-)     |       (+)
    3상한  |  2상한
     -,-  |   -,+
              180(-)
              S
```

그러므로 360° − 50° 36′ 08.37″ = 309° 23′ 51.6″
∴ 309° 23′ 52″

09. 지적측량 시행규칙상 지적삼각보조점측량의 기준으로 옳지 않은 것은?(단, 지형상 부득이한 경우는 고려하지 않는다.)

① 지적삼각보조점은 교회망 또는 교점다각망으로 구성하여야 한다.
② 광파기측량방법에 따라 교회법으로 지적삼각보조점측량을 하는 경우 3방향의 교회에 따른다.
③ 경위의측량방법과 교회법에 따른 지적삼각보조점의 수평각 관측은 3대회 방향관측법에 따른다.
④ 전파기측량방법에 따라 다각망도선법으로 지적삼각보조점측량을 하는 경우 3점 이상의 기지점을 포함한 결합다각방식에 따른다.

해설 지적측량 시행규칙 제10조(지적삼각보조점측량)

측량종류	지적삼각보조측량			
기초(기지)점	삼각점, 지적삼각점			
측량 방법	경위의 측량법	전·광파기 측량법	경위의 측량법	전·광파기 측량법
	교회법		다각망도선법	
망구성	교회망 또는 교점다각망(3방향 교회 지형상 부득이한 경우 2방향, 내각의 합이 180도와 차가 40초 이내인 때 내각에 고르게 배분 사용)		3점 이상 기지 포함 결합다각	
수평각관측	2대회 방향관측법(0°, 90°)			

10. 트랜싯 조작에서 시준선이란?

① 접안렌즈의 중심선
② 눈으로 내다보는 선
③ 십자선의 교점과 대물렌즈의 광심을 연결하는 선
④ 접안렌즈의 중심과 대물렌즈의 광심을 연결하는 선

해설 십자선의 교점과 대물렌즈의 광심을 연결하는 선으로 목표물을 보는 중심선

11. 30m용 줄자가 5cm 늘어난 상태로 두 점 간의 거리 75.45m를 측정하였다면 이 두 점 간의 실제거리는?

① 75.53m
② 75.58m
③ 76.53m
④ 76.58m

해설 $D_0 = D\left(1 - \dfrac{c}{L}\right)$
$= 75.45\left(1 - \dfrac{0.05}{30}\right)$
$= 75.576$
∴ 75.58m

Answer 09. ③ 10. ③ 11. ②

12. 일람도의 제도방법으로 옳지 않은 것은?

① 도면번호는 3mm의 크기로 한다.
② 철도용지는 검은색 0.2mm의 폭의 선으로 제도한다.
③ 수도용지 중 선로는 남색 0.1mm 폭의 2선으로 제도한다.
④ 건물은 검은색 0.1mm의 폭으로 제도하고 그 내부를 검은색으로 엷게 채색한다.

해설 지적업무처리규정 제38조(일람도의 제도)
1. 도곽선과 그 수치의 제도는 제40조제5항을 준용한다.
2. 도면번호는 3밀리미터의 크기로 한다.
3. 인접 동·리 명칭은 4밀리미터, 그 밖의 행정구역 명칭은 5밀리미터의 크기로 한다.
4. 지방도로 이상은 검은색 0.2밀리미터 폭의 2선으로, 그 밖의 도로는 0.1밀리미터의 폭으로 제도한다.
5. 철도용지는 붉은색 0.2밀리미터 폭의 2선으로 제도한다.
6. 수도용지 중 선로는 남색 0.1밀리미터 폭의 2선으로 제도한다.
7. 하천·구거(溝渠)·유지(溜池)는 남색 0.1밀리미터의 폭의 2선으로 제도하고, 그 내부를 남색으로 엷게 채색한다. 다만, 적은 양의 물이 흐르는 하천 및 구거는 0.1밀리미터의 남색 선으로 제도한다.
8. 취락지·건물 등은 검은색 0.1밀리미터의 폭으로 제도하고, 그 내부를 검은색으로 엷게 채색한다.
9. 삼각점 및 지적기준점의 제도는 제43조를 준용한다.
10. 도시개발사업·축척변경 등이 완료된 때에는 지구경계를 붉은색 0.1밀리미터 폭의 선으로 제도한 후 지구 안을 붉은색으로 엷게 채색하고, 그 중앙에 사업명 및 사업완료연도를 기재한다.

13. 지적삼각보조점측량 시 기초로 하는 점이 아닌 것은?

① 위성기준점
② 지적도근점
③ 지적삼각점
④ 지적삼각보조점

해설 지적측량 시행규칙 제7조(지적측량의 방법 등)
지적삼각보조점측량
위성기준점, 통합기준점, 삼각점, 지적삼각점 및 지적삼각보조점을 기초로 하여 경위의측량방법, 전파기 또는 광파기측량방법, 위성측량방법 및 국토교통부장관이 승인한 측량방법에 따르되, 그 계산은 교회법(交會法) 또는 다각망도선법에 따른다.

14. 다음 중 지적측량의 구분으로 옳은 것은?

① 기초측량, 세부측량
② 확정측량, 세부측량
③ 기초측량, 삼각측량
④ 세부측량, 삼각측량

해설 지적측량 시행규칙 제5조(지적측량의 구분 등)
지적측량은 지적기준점을 정하기 위한 기초측량과, 일필지의 경계와 면적을 정하는 세부측량으로 구분한다.
① 기초측량은 일필지측량을 하기 위해 기준점을 설치하고 관측하는 측량이며, 지적삼각점측량, 지적삼각보조점측량, 지적도근점측량이 있다.
② 세부측량은 기초측량에 의해 설치된 기준점, 또는 경계점을 기초로 하여 일필지 측량을 하는 측량방법이며 경위의측량, 측판측량이 있다.

Answer 12. ② 13. ② 14. ①

15. 평판측량으로 지적세부측량 시 측량준비파일의 작성에 포함되지 않는 것은?

① 도곽선 수치
② 경계점 간 거리
③ 대상토지의 경계선
④ 지적기준점 간 거리

해설 지적측량 시행규칙 제17조(측량준비 파일의 작성)

평판측량방법에 의한 측량준비도 기재사항	경위의측량방법에 의한 측량준비도 기재사항
1. 측량대상 토지의 경계선·지번 및 지목 2. 인근 토지의 경계선·지번 및 지목 3. 임야도를 갖춰 두는 지역에서 인근 지적도의 축척으로 측량을 할 때에는 임야도에 표시된 경계점의 좌표를 구하여 지적도에 전개(展開)한 경계선. 다만, 임야도에 표시된 경계점의 좌표를 구할 수 없거나 그 좌표에 따라 확대하여 그리는 것이 부적당한 경우에는 축척비율에 따라 확대한 경계선을 말한다. 4. 행정구역선과 그 명칭 5. 지적기준점 및 그 번호와 지적기준점 간의 거리, 지적기준점의 좌표, 그 밖에 측량의 기점이 될 수 있는 기지점 6. 도곽선(圖廓線)과 그 수치 7. 도곽선의 신축이 0.5밀리미터 이상일 때에는 그 신축량 및 보정(補正) 계수 8. 그 밖에 국토교통부장관이 정하는 사항	1. 측량대상 토지의 경계와 경계점의 좌표 및 부호도·지번·지목 2. 인근 토지의 경계와 경계점의 좌표 및 부호도·지번·지목 3. 행정구역선과 그 명칭 4. 지적기준점 및 그 번호와 지적기준점 간의 방위각 및 그 거리 5. 경계점 간 계산거리 6. 도곽선과 그 수치 7. 그 밖에 국토교통부장관이 정하는 사항

16. 행정구역선의 제도 방법에 대한 설명으로 옳은 것은?

① 시·군의 행정구역선은 0.2mm의 폭으로 제도한다.
② 동·리의 행정구역선은 0.1mm의 폭으로 제도한다.
③ 행정구역선은 경계에서 약간 띄워서 그 외부에 제도한다.
④ 행정구역선이 2종 이상 겹치는 경우에는 약간 띄워서 모두 제도한다.

해설 지적업무처리규정 제44조(행정구역선의 제도)

구분	설명	도식
국계	실선 4밀리미터와 허선 3밀리미터로 연결하고 실선 중앙에 1밀리미터로 교차하며, 허선에 직경 0.3밀리미터의 점 2개를 제도	
시·도계	실선 4밀리미터와 허선 2밀리미터로 연결하고 실선 중앙에 1밀리미터로 교차하며, 허선에 직경 0.3밀리미터의 점 1개를 제도	

시·군계	실선과 허선을 각각 3밀리미터로 연결하고, 허선에 0.3밀리미터의 점 2개를 제도	
읍·면·구계	실선 3밀리미터와 허선 2밀리미터로 연결하고, 허선에 0.3밀리미터의 점 1개를 제도	
동·리계	실선 3밀리미터와 허선 1밀리미터로 연결하여 제도	
기타	행정구역선이 2종 이상 겹치는 경우에는 최상급 행정구역선만 제도	
	행정구역선은 경계에서 약간 띄워서 그 외부에 제도	
	행정구역의 명칭은 도면여백의 대소에 따라 4 내지 6밀리미터의 크기로 경계 및 지적측량기준점 등을 피하여 같은 간격으로 띄워서 제도	
	도로·철도·하천·유지 등의 고유명칭은 3 내지 4밀리미터의 크기로 같은 간격으로 띄워서 제도	

17. 교회법에 따른 지적삼각보조점측량에 관한 설명으로 옳지 않은 것은?

① 3방향의 교회에 따른다.
② 수평각 관측은 2대회의 방향관측법에 따른다.
③ 관측은 20초독 이상의 경위의를 사용한다.
④ 삼각형의 각 내각은 30도 이상 150도 이하로 한다.

해설 지적측량 시행규칙 제10조(지적삼각보조점측량), 제11조(지적삼각보조점의 관측 및 계산)

측량 종류	지적삼각보조점측량			
측량 방법	경위의 측량법	전·광파기 측량법	경위의 측량법	전·광파기 측량법
	교회법		다각망도선법	
망구성	교회망 또는 교점다각망			
	3방향 교회, 부득이한 경우 2방향, 내각의 합이 180도와 차가 ±40초 이내일 때 내각에 고르게 배분		3개 이상 기지점 포함 결합다각방식	
삼각형 내각	30~120°			
경위의 정밀도	20초독 이상 경위의		20초독 이상 경위의	
수평각 관측	2대회 방향관측법 (윤곽도 : 0°, 90°)		• 2대회 방향관측법(윤곽도 : 0°, 90°) • 배각법(1회 측정각과 3회 측정각의 평균치 교차 30초 이내)	

Answer 17. ④

18. 지적도근점표지의 점간거리는 평균 얼마 이하로 하여야 하는가?(단, 다각망도선법에 따른 경우)

① 50m
② 100m
③ 300m
④ 500m

해설 지적측량 시행규칙 제2조의2(지적기준점표지의 설치·관리 등)
1. 지적삼각점표지의 점간거리는 평균 2킬로미터 이상 5킬로미터 이하로 한다.
2. 지적삼각보조점표지의 점간거리는 평균 1킬로미터 이상 3킬로미터 이하로 한다. 다만, 다각망도선법에 따르는 경우에는 평균 0.5킬로미터 이상 1킬로미터 이하로 한다.
3. 지적도근점표지의 점간거리는 평균 50미터 이상 500미터 이하로 한다.

19. 상한과 종·횡선차의 부호에 대한 설명으로 옳은 것은?(단, Δ_X : 종선차, Δ_Y : 횡선차)

① 1상한에서 Δ_X는 (−), Δ_Y는 (+)이다.
② 2상한에서 Δ_X는 (+), Δ_Y는 (−)이다.
③ 3상한에서 Δ_X는 (−), Δ_Y는 (−)이다.
④ 4상한에서 Δ_X는 (+), Δ_Y는 (+)이다.

해설

상한	부호 종선차 Δx	부호 횡선차 Δy	상한별 방위 θ의 산출	방위각(V)
I	+	+	$V = \theta$	0~90°
II	−	+	$V = 180° − \theta$	90~180°
III	−	−	$V = 180° + \theta$	180~270°
IV	+	−	$V = 360° − \theta$	270~360°

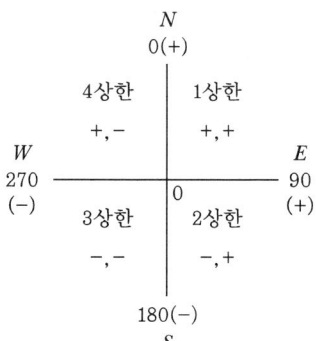

20. 지적측량의 측량검사기간 기준으로 옳은 것은?(단, 지적기준점을 설치하여 측량검사를 하는 경우는 고려하지 않는다.)

① 4일
② 5일
③ 6일
④ 7일

해설 공간정보의 구축 및 관리 등에 관한 법률 시행규칙 제25조(지적측량 의뢰 등)
1. 지적측량의 측량기간 : 5일
2. 측량검사기간 : 4일
3. 지적기준점을 설치하여 측량 또는 측량검사를 하는 경우
   • 지적기준점이 15점 이하인 경우 : 4일
   • 지적기준점이 15점을 초과하는 경우 : 4일에 15점을 초과하는 4점마다 1일을 가산
4. 지적측량 의뢰인과 지적측량수행자가 서로 합의하여 따로 기간을 정하는 경우에는 그 기간에 따르되, 전체 기간의 4분의 3은 측량기간으로, 전체 기간의 4분의 1은 측량검사기간으로 본다.

02 응용측량

21. 촬영고도 3,000m에서 촬영한 1 : 20,000 축척의 항공사진에서 연직점으로부터 10cm 떨어진 곳에 찍힌 굴뚝의 길이를 측정하니 2mm이었다. 이 굴뚝의 실제 높이는?

① 40m
② 50m
③ 60m
④ 70m

해설 기복변위를 이용하여 구하는 공식을 이용하면

$\Delta r = \dfrac{h}{H} \times r$

$h = \dfrac{\Delta r \times H}{r} = \dfrac{0.002 \times 3,000}{0.1} = 60\text{m}$

여기서 Δr : 변위량, h : 비고(실제 높이), H : 비행고도 r : 연직점까지의 거리

22. 폭이 100m이고 양안(兩岸)의 고저차가 1m인 하천을 횡단하여 수준측량을 실시할 때 양안의 고저차를 측정하는 방법으로 옳은 것은?

① 교호수준측량으로 구한다.
② 시거측량으로 구한다.
③ 간접수준측량으로 구한다.
④ 양안의 수면으로부터의 높이로 구한다.

해설 교호수준측량은 강 또는 바다 등으로 인하여 접근이 곤란한 2점 간의 고저차를 직접 또는 간접수준측 량에 의하여 구하는 방법으로 높은 정밀도를 필요로 할 경우에는 양안의 고저차를 관측한다.

23. 지형의 표시법 중 급경사는 굵고 짧게, 완경사는 가늘고 길게 표시하는 방법은?

① 음영법
② 영선법
③ 채색법
④ 등고선법

해설 지형의 표시방법으로 영선법(게바법, 우모법), 음영법(명암법), 점고선법, 등고선법이 있으며, 영선법 은 지면의 최대 경사방향에 단선상의 선을 그어 급경사는 굵고 짧게, 완경사는 가늘고 길게 표시하는 방법이다. 수치적인 고저를 표시하는 경우나 제도 등이 곤란하다.

24. 항공사진 촬영 시 사진면에 직교하는 광선과 연직선이 이루는 각의 2등분선이 사진면과 만나는 점은?

① 주점
② 연직점
③ 등각점
④ 중심점

Answer 21. ③ 22. ① 23. ② 24. ③

해설 등각점은 사진면에 직교되는 광선과 연직선이 이루는 각을 2등분하는 광선이 사진면에 마주치는 점으로 이를 중심으로 하는 복사각은 지면이 평탄한 경우에 화면경사가 크더라도 대응하는 지면상의 수평각과 같게 된다.

25. 표고 100m인 A점에서 표고 120m인 B점을 관측하여 경사각 25°를 구했다면 A, B점 간의 수평거리는?(단, A점의 기계고와 B점의 시준고는 같다.)

① 42.26m
② 42.89m
③ 47.32m
④ 50.71m

해설 먼저 표고에 의한 높이를 구하면
$120 - 100 = 20\text{m}$

경사각$(25°) = \tan^{-1}\left(\dfrac{높이}{수평거리}\right) = \tan^{-1}\left(\dfrac{20}{x}\right)$

$\tan 20° = \dfrac{20}{x}$, $x = \dfrac{20}{\tan 25°}$

수평거리 $= 42.89\text{m}$

26. 측점 A의 횡단면적이 32m², 측점의 B의 횡단면적이 48m²이고, 두 측점 간의 거리가 20m일 때 토공량은?

① 640m³
② 780m³
③ 800m³
④ 960m³

해설 양단면 평균법을 이용하면
$$토공량(V_0) = \dfrac{h}{2}(A_1 + A_2)$$
$$= \dfrac{20(32+48)}{2} = 800\text{m}^3$$

27. 지형도의 이용에 관한 설명으로 틀린 것은?

① 경계복원
② 토량계산
③ 저수 유역면적 추정
④ 성토, 절토의 범위 결정

해설 지형도 작성을 위한 지형측량은 지구표면상의 자연 및 인위적인 지물·지형, 즉 도로, 철도, 하천, 산정, 구릉, 계곡, 평야의 상호위치 관계를 측정하여 일정한 축척과 도식에 의한 측량을 말하며, 경계복원은 지적측량에 의한다.

28. GPS 측량을 위해 위성에 발사하는 신호 요소가 아닌 것은?

① 반송파(Carrier)
② P-코드
③ C/A-코드
④ 키네메틱(Kinematic)

해설 GPS 측량위성에서 발사하는 신호체계는 반송파(L1, L2), 코드(P, C/A, Y) 등이 있다.

Answer 25. ② 26. ③ 27. ① 28. ④

29. 항공사진측량에서 촬영 시 적용되는 투영법은?

① 중심투영
② 정사투영
③ 평행투영
④ 연직투영

해설 항공사진은 투영중심이 집중되는 형태로 중심투영의 원리이고, 지도는 정사투영의 원리로 제작하게 된다.

30. 절대표정에 대한 설명으로 옳은 것은?

① 한쪽만을 움직여 접합시키는 작업이다.
② 사진지표와 초점거리를 바로 잡는 작업이다.
③ 축척과 위치를 바로 잡는 작업이다.
④ 종시차를 소거시키는 작업이다.

해설 절대표정(대지표정)은 축척의 결정, 수준면의 결정(표고, 경사결정), 위치의 결정(위치, 방위의 결정)을 하며, 대체로 축척을 결정한 다음 수준면을 결정하고, 시차가 생기면 다시 상호표정으로 돌아가서 표정을 해나간다.

31. 사진측량에서 입체모델(Stereo Model)에 대한 설명으로 옳은 것은?

① 한 장의 수직사진을 말한다.
② 입체시가 되는 중복사진의 상을 말한다.
③ 편위 수정한 사진의 상을 말한다.
④ 축척이 동일한 흑백과 천연색 사진을 말한다.

해설 입체모델은 중복된 한쌍의 사진에 의하여 입체시 되는 부분으로 중복사진의 상을 말한다.

32. 터널측량의 구분 중 터널 외 측량의 작업공정으로 틀린 것은?

① 두 터널 입구 부근의 수준점 설치
② 두 터널 입구 부근의 지형측량
③ 중심선에 따른 터널의 방향 및 거리측량
④ 줄자에 의한 수직 터널의 심도 측정

해설 터널 외 측량은 다른 일반 측량과 같이 착공 전에 행하는 측량으로 두 갱구를 맺는 중심선을 지상에 측설하는 지표 중심 측량, 갱내 중심 거리 측량, 지상 수준 측량, 지형 측량 등으로 나뉜다.

33. GPS 측량에서 GDOP에 관한 설명으로 옳은 것은?

① 위성의 수치적인 평면의 함수 값이다.
② 수신기의 기하학적인 높이의 함수 값이다.
③ 위성의 신호 강도와 관련된 오차로서 그 값이 크면 정밀도가 낮다.
④ 위성의 기하학적인 배열과 관련된 함수 값이다.

Answer 29. ① 30. ③ 31. ② 32. ④ 33. ④

해설 GPS오차는 수신기와 위성들 간의 기하학적 배치에 따라 영향을 받으며 이때 측위 정확도의 영향을 표시하는 계수로 DOP(정밀도 저하율)가 사용되며, GDOP(기하학적 정밀도 저하율)는 위성의 기하학적인 배치와 관련된 정밀도이다.

34. 축척 1 : 25,000 지형도에서 4% 기울기의 노선 선정 시 계곡선 사이에 취하여야 할 도상 수평거리는?

① 5mm
② 10mm
③ 50mm
④ 100mm

해설 실제거리를 먼저 구하면

$i = \dfrac{h}{D} \times 100(\%)$ (여기서, i : 경사도, h : 높이, D : 실제거리)

$D = \dfrac{100}{i} h$, 축척 1 : 25,000 지형도에서 계곡선의 간격 = 50m

실제거리 $= \dfrac{100}{4} \times 50 = 1,250$m

도상거리 $= \dfrac{실제거리}{축척} = \dfrac{1,250}{25,000} = 0.05$m

∴ 50mm

35. 초점거리 150mm, 비행고도 3,000m, 사진크기 23cm×23cm일 때 종중복도가 60%라면 이때의 기선장은?

① 1,220m
② 1,840m
③ 2,300m
④ 3,220m

해설 먼저 축척을 구하면

사진의 축척$(M) = \dfrac{높이(h)}{초점거리(f)} = \dfrac{3,000\text{m}}{0.15\text{m}} = 20,000$

촬영기선장$(B) = a \cdot m = 0.23 \times 20,000 \left(1 - \dfrac{60}{100}\right) = 1,840$m

36. 클로소이드의 조합 형식 중 반향곡선 사이에 클로소이드를 삽입한 형식은?

① 기본형
② 난형
③ 복합형
④ S형

해설 클로소이드의 형식
- 기본형 : 직선 – 클로소이드 – 원곡선
- S형 : 반향곡선 사이에 2개의 클로소이드 삽입
- 난형 : 복심곡선 사이에 클로소이드 삽입
- 凸형 : 같은 방향으로 구부러진 2개의 클로소이드를 직선적으로 삽입
- 복합형 : 같은 방향으로 구부러진 2개의 클로소이드를 이은 것

Answer 34. ③ 35. ② 36. ④

37. 노선측량에서 기점으로부터 B.C(곡선시점)까지의 거리가 1523.5m이고, C.L(곡선길이)이 260m이면, E.C(곡선종점)까지의 거리는?

① 1,263.5m
② 1,393.5m
③ 1,653.5m
④ 1,783.5m

해설 E.C(곡선종점) = B.C + C.L(곡선길이)
= 1,523.5 + 260 = 1,783.5m

38. 측량의 구분에서 노선측량이 아닌 것은?

① 철도의 노선설계를 위한 측량
② 지형, 지물 등을 조사하는 측량
③ 상하수도의 도수관 부설을 위한 측량
④ 도로의 계획조사를 위한 측량

해설 노선측량은 도로·철도 등의 교통로, 상하수도·관개용수 등의 수로, 운반용 삭도, 통신선, 전력선 등의 선상 구조물을 총칭해서 노선이라 한다. 노선의 계획·설계 등을 위한 측량을 노선측량이라 한다.

39. 곡선장 및 횡거 등에 의해 캔트를 직선적으로 체감하는 완화곡선이 아닌 것은?

① 3차 포물선
② 클로소이드 곡선
③ 렘니스케이트 곡선
④ 반파장 정현 곡선

해설 완화곡선
- 3차 포물선
- 고차 포물선
- 반파장 사인
- 렘니스케이트
- 클로소이드

40. 좌표(X, Y, Z)가 각각 $A(810,328,86.3)$, $B(589,734,112.4)$인 두 점 A, B를 연결하는 터널의 경사각은?(단, 좌표의 단위는 m이다.)

① 2°13′54″
② 3°13′54″
③ 23°13′54″
④ 86°45′48″

해설 A, B의 거리 $= \sqrt{(589-810)^2 + (734-328)^2} = 462.25$m
A, B의 높이차 $= 112.4 - 86.3 = 26.1$m
터널경사도 $= \tan^{-1} \dfrac{26.1}{462.25} = 3°13′54″$

Answer 37. ④ 38. ② 39. ④ 40. ②

03 토지정보체계론

41. 도로, 상하수도, 전기시설 등의 자료를 수치 지도화하고 시설물의 속성을 입력하여 데이터를 구축함으로써 시설물 관리활동을 효율적으로 지원하는 시스템은?

① FM
② LIS
③ UIS
④ CAD

해설 GIS 관련정보체계
1. 시설물관리(FM : Facilities Management)
2. 토지정보체계(LIS : Land Information System)
3. 도시정보체계(UIS : Urban Information System)
4. 컴퓨터 이용 설계(CAD : Computer Aided Design)

42. 다음 중 데이터베이스의 구축과정으로 옳은 것은?

① 계획 → 저장 → 관리 및 조작 → 데이터베이스 정의
② 데이터베이스 정의 → 계획 → 저장 → 관리 및 조작
③ 저장 → 데이터베이스 정의 → 계획 → 관리 및 조작
④ 관리 및 조작 → 저장 → 계획 → 데이터베이스 정의

해설 데이터베이스 구축과정
1. 정의 단계 : 데이터베이스의 개념과 논리적 조직과 더불어 데이터베이스를 계획하는 것
2. 저장하는 방법에 대한 정의 : 물리적 구조(파일의 위치와 색인 방법)을 설계하는 것
3. 데이터베이스를 관리하고 조작하는 것 : 추가, 수정, 삭제

43. 다음 중 디지타이징 방식과 스캐닝 방식을 이용하여 도형정보를 취득하는 것에 대한 설명으로 옳지 않은 것은?

① 디지타이저와 스캐너 장비는 기계적인 오차가 존재한다.
② 자동으로 래스터자료를 벡터자료로 변환할 경우 오차가 발생할 수 있다.
③ 디지타이저를 이용하여 작업자가 수동으로 도면을 독취하는 경우 작업자의 숙련도가 오차에 영향을 준다.
④ 디지타이저를 이용하여 도면을 입력할 때 기준점이나 지적도의 좌표를 잘못 지정하더라도 독취자료의 일부분에만 오차가 발생한다.

해설 디지타이저을 이용하여 도면을 입력할 때 기준점이나 도곽선좌표를 잘못 입력하면 그 도면 전체의 모든 필지에 오차가 발생(전파)한다.

44. 다음 중 데이터베이스관리시스템이 파일시스템에 비하여 갖는 단점에 해당하는 것은?

① 자료의 일관성이 확보되지 않는다.
② 자료의 중복성을 피할 수 없다.
③ 사용자별 자료접근에 대한 권한 부여를 할 수 없다.
④ 일반적으로 시스템 도입비용이 비싸다.

해설 파일처리시스템 단점
1. 다수 사용자들을 위한 동시성 제어가 제공되지 않는다.
2. 검색하려는 데이터를 쉽게 명시하는 질의어가 제공되지 않는다.
3. 사용자 접근을 제어하는 보안체제가 미흡하다.
4. 프로그램-데이터 독립성이 없으므로 유지보수 비용이 크다.
5. 데이터 모델링 개념이 부족하고 무결성을 유지하기 어렵다.
6. 데이터의 공유와 융통성이 부족하다.
7. 데이터가 많은 파일에 중복해서 저장된다.

45. 다음 중 토지정보시스템에 대한 설명으로 가장 거리가 먼 것은?

① 법률적, 행정적, 경제적 기초 하에 토지에 관한 자료를 체계적으로 수집한 시스템이다.
② 협의의 개념은 지적을 중심으로 지적공부에 표시된 사항을 근거로 하는 시스템이다.
③ 지상 및 지하의 공급시설에 대한 자료를 효율적으로 관리하는 시스템이다.
④ 토지관련 문제의 해결과 토지정책의 의사결정을 보조하는 시스템이다.

해설 지상 및 지하의 공급시설에 대한 자료를 효율적으로 관리하는 시스템은 시설물관리(FM : Facilities Management), 지하정보체계(UGIS : UnderGround Information System) 등이 있다.

46. 우리나라의 토지대장과 임야대장의 전산화 및 전국 온라인화를 수행했던 정보화 사업은?

① 지적도면전산화　　　　　　② 토지기록전산화
③ 토지관리정보체계　　　　　④ 토지행정정보전산화

해설 토지기록전산화 사업
1. 1976년부터 1978년까지 척관법에서 미터법으로 환산등록
2. 1982년부터 1984년까지 토지대장 및 임야대장 전산입력
3. 1990년 4월 1일 전국 온라인망에 의한 토지(임야)대장 열람·등본교부 등 대민서비스를 시작

47. 다음 중 부동산종합공부시스템의 구축에 따른 기대 효과로 보기 어려운 것은?

① 부동산 행정 공신력을 제고할 수 있다.
② 부동산 행정정보 관리업무 체계를 개선할 수 있다.
③ 국민의 재산권 보호에 기여할 수 있다.
④ 다수 기관의 개별서식으로 증명서가 발급되어 수수료 수입을 증대할 수 있다.

Answer　44. ④　45. ③　46. ②　47. ④

해설 부동산종합공부시스템에서는 다수 기관에서 개별규정 및 서식(18종)에 따른 민원서비스로 인한 불편 및 수수료 낭비를 없애기 위하여 1종의 부동산종합증명서로 대국민 서비스를 하고 있다.

48. 다음 중 다목적 지적제도의 3대 구성요소에 해당하지 않는 것은?

① 측지기준망
② 기본도
③ 지적중첩도
④ 토지소유자

해설 지적제도의 3대 구성요소 : 측지기준망, 기본도, 지적중첩도

49. 다음 중 지도를 스캐닝하여 얻어지는 도형자료의 유형은?

① 지적데이터
② 속성데이터
③ 래스터데이터
④ 벡터데이터

해설 래스터데이터(격자데이터)는 도면을 스캐닝하여 얻은 자료와 영상(디지털카메라, 위성영상, 항공사진 등) 자료이다.

50. 다음 중 도로, 전력, 상하수도 등과 같이 연결성을 기반으로 하는 분야에서 최적 경로, 효율적인 자원의 이동과 배치 등을 산출하는 분석기법은?

① 표면 분석
② 네트워크 분석
③ 중첩 분석
④ 인접성 분석

해설 GIS의 공간분석
1. 지형 분석 : DEM이나 TIN을 이용하여 경사도와 경사면의 향을 분석
2. 중첩 분석 : 형상들 간의 공간관계 파악, 다양한 데이터베이스로부터 분석적인 정보를 추출
3. 인접성(근접) 분석 : 주어진 지점을 둘러싸고 있는 주변 지역의 특성을 평가하는 기능으로, 공간상에서 주어진 지점과 주변의 객체들이 얼마나 가까운가를 파악하는 데 활용

51. 다음 중 공간자료에 대한 설명으로 옳지 않은 것은?

① 공간자료는 일반적으로 도형자료와 속성자료로 구분한다.
② 도형자료는 점, 선, 면의 형태로 구성된다.
③ 도형자료에는 통계자료, 보고서, 범례 등이 포함된다.
④ 속성자료는 일반적으로 문자나 숫자로 구성되어 있다.

해설 속성자료에는 통계자료, 보고서, 범례 등이 포함된다.

52. 다음 중 디지타이징 방식과 비교하여 스캐닝 방식이 갖는 장점에 대한 설명으로 옳지 않은 것은?

① 일반적으로 작업의 속도가 빠르다.
② 작업자의 숙련도가 작업에 미치는 영향이 덜한 편이다.
③ 하드웨어와 소프트웨어의 구입비용이 덜 소요된다.

④ 다량의 지도를 입력하는 작업에 유리하다.

해설 벡터(수치)관련 장비보다 레스터(스캔)관련 장비가 더 고가이다.

53. 경계점좌표등록부의 수치 파일화 순서로 옳은 것은?

① 좌표 및 속성입력 → 좌표 및 속성검사 → 좌표와 속성결합 → 폴리곤 형성
② 좌표 및 속성입력 → 좌표 및 속성검사 → 폴리곤 형성 → 좌표와 속성결합
③ 좌표 및 속성검사 → 좌표 및 속성입력 → 좌표와 속성결합 → 폴리곤 형성
④ 좌표 및 속성검사 → 좌표 및 속성입력 → 폴리곤 형성 → 좌표와 속성결합

해설 지적도면의 수치파일화
지적도면 복사 → 좌표 독취(수동 또는 자동) → 좌표 및 속성입력 → 좌표 및 속성 검사 → 도면신축보정 → 도곽접합 → 폴리곤 및 폴리선 형성

54. 공간 데이터의 표현 형태 중 폴리곤에 대한 설명으로 옳지 않은 것은?

① 이차원의 면적을 갖는다.
② 점, 선, 면의 데이터 중 가장 복잡한 형태를 갖는다.
③ 경계를 형성하는 연속된 선들로서 형태가 이루어진다.
④ 폴리곤 간의 공간적인 관계를 계량화하는 것은 매우 쉽다.

해설 면, 영역(Area, Polygon)
1. 영역은 선에 의해 폐합된 형태로서 범위를 갖는 2차원 공간객체이다.
2. 일차원인 선이 모여서 만들어진 닫힌 형태로 면적을 가지고 있다.

55. 다음 중 자료 간의 공통 필드에 의해 논리적인 연계를 구축함으로써 효율적으로 자료를 관리할 수 있게 하여 관련된 데이터 필드가 존재하는 한 정보검색을 위한 질의 형태에 제한이 없는 장점을 지닌 데이터 모델은?

① 계층형 데이터 모델
② 관계형 데이터 모델
③ 네트워크형 데이터 모델
④ 객체지향형 데이터 모델

해설 관계형을 기반으로 한 GIS 속성자료의 저장

Answer 53. ② 54. ④ 55. ②

56. 다음 중 자료구조의 성격이 다른 하나는?

① 셀(Cell) ② 픽셀(Pixel)
③ 노드(Node) ④ 그리드(Grid)

해설 공간자료의 표현
1. 래스터 데이터는 그리드, 셀 또는 픽셀이라고 불리우는 '지도최소단위'들의 집합으로 나내는 것이다.
2. 벡터 데이터는 점(Point), 노드(Node), 스트링(String), 아크(Arc), 링크(Link), 체인(Chain), 폴리곤(Polygon) 등으로 표현하고 있다.

57. 다음 중 지적전산정보시스템의 사용자권한 등록파일에 등록하는 사용자의 권한 구분으로 옳지 않은 것은?

① 사용자의 신규등록
② 법인의 등록번호 업무관리
③ 개별공시지가 변동의 관리
④ 토지등급 및 기준 수확량등급 변동의 관리

해설 법인의 등록번호 업무관리 상업등기소에서 관리하고 있다.

58. 다음 중 LIS에서 사용하는 공간자료의 중첩 유형인 UNION과 INTERSECT에 대한 설명으로 옳지 않은 것은?

① UNION - 두 개 이상의 레이어에 대하여 OR 연산자를 적용하여 합병하는 방법이다.
② UNION - 기준이 되는 레이어의 모든 특징은 결과 레이어에 포함된다.
③ INTERSECT - 불린(Boolean)의 AND 연산자를 적용한다.
④ INTERSECT - 입력 레이어의 모든 정보는 결과 레이어에 포함된다.

해설 중첩유형 : 결합(Union), 교차(Intersect)

중첩유형	입력 레이어	연산기능 레이어	결과 레이어
Union			
Intersect			

Answer 56. ③ 57. ② 58. ④

59. 다음 중 지적전산화의 목적으로 옳지 않는 것은?

① 토지소유자의 현황 파악
② 토지 관련 정책자료의 다목적 활용
③ 지적 관련 민원의 신속한 처리
④ 전산화를 통한 중앙 통제권 강화

해설 지적전산화는 중앙·지방정부의 업무의 능률성 및 정확도를 향상을 시키기 위함이다.

60. 다음 디지타이징 및 벡터자료의 편집에서 발생하는 오류의 유형으로 옳지 않은 것은?

① Spike
② Undershoot
③ Overshoot
④ Sliver Polygon

해설 디지타이징 오차의 선분유형
1. Spike : 교차점에서 두 선이 만나는 과정에서 생성
2. 학자에 따라 디지타이징 오차의 선분유형을 'Spike · Undershoot · Overshoot'와 'Undershoot · Overshoot · Sliver Polygon'로 다르게 구별하고 있음

04 지적학

61. 지적의 실체를 구체화시키기 위한 법률행위를 담당하는 토지등록의 주체는?

① 지적소관청
② 지적측량업자
③ 행정안전부장관
④ 한국국토정보공사장

해설 토지등록의 주체와 객체
1. 등록주체
   ① 토지를 지적공부에 등록하는 지적소관청
   ② 국가기관으로서의 시장·군수·구청장
   ③ 지적국정주의 채택
2. 등록객체
   ① 통치권이 미치는 모든 영토
   ② 한반도와 그 부속도서
   ③ 직권등록주의(등록강제주의)를 채택

Answer 59. ④ 60. ① 61. ①

62. 지적의 3요소와 가장 거리가 먼 것은?

① 토지
② 등록
③ 공부
④ 등기

해설 지적의 3대 구성요소(내부요소)
1. 개요
    ① J.L.G.Henssen과 국내 학자들이 주장한 소유자, 권리, 필지는 광의적 개념이며, 원영희와 지종덕이 주장한 토지, 등록, 공부는 협의적 의미로 이해하는 것이 타당
    ② 이왕무 등은 토지, 경계설정과 측량, 등록, 지적공부를 지적의 주요 구성요소로 봄
2. 광의적 개념
    ① 소유자(Person) : 토지를 소유할 수 있는 권리의 주체로서 소유권 및 기타권리를 갖는 자를 말하며 자연인, 법인, 사단, 재단, 종중, 지방자치단체, 국가 등이 포함
    ② 권리(Right) : 토지를 소유할 수 있는 법적권리로서 토지의 사용, 수익, 처분이 가능한 토지의 소유권과 저당권, 지역권, 지상권, 임차권 등의 기타 권리
    ③ 필지(Parcel) : 필지는 법적으로 물권이 미치는 권리의 객체일필지는 토지의 등록단위, 소유단위, 이용단위가 됨
3. 협의적 개념
    ① 토지 : 지적제도는 토지를 대상으로 성립하고 일필지로 등록하며 그 대상과 범위는 국토의 개념과 같음
    ② 등록 : 토지의 물권을 객체화하기 위해 일정한 기준의 등록단위를 정해 일정사항(토지소재, 지번, 지목, 경계, 면적 등)을 등록하는 법률행위로서 모든 토지는 공부에 등록함으로서 법률적인 효력이 발생
    ③ 공부 : 공부는 토지를 구획하여 일정사항을 기록한 공적장부로서 그 형식과 규격을 법으로 정하며 국가는 항상 이를 일정한 장소에 비치하여 국민이 활용할 수 있도록 함

63. 조선시대의 양전법에 따른 전의 형태에서 직각삼각형 형태의 전의 명칭은?

① 방전(方田)
② 제전(梯田)
③ 구고전(句股田)
④ 요고전(腰鼓田)

해설 조선시대 전의 형태
1. 방전(方田) : 정사각형의 토지로 장과 광을 측량
2. 직전(直田) : 직사각형의 토지로 장과 평을 측량
3. 구고전(句股田) : 직삼각형의 토지로 구와 고를 측량
4. 규전(圭田) : 이등변삼각형의 토지로 장과 광을 측량
5. 제전(梯田) : 사다리꼴의 토지로 장과 동활, 서활을 측량

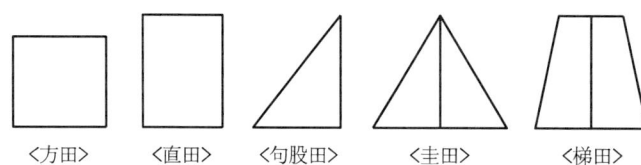

64 지적 관련 법령의 변천 순서로 옳게 나열된 것은?

① 토지조사법 → 토지조사령 → 지세령 → 조선임야조사령 → 조선지세령 → 지적법
② 토지조사법 → 토지조사령 → 지세령 → 조선지세령 → 조선임야조사령 → 지적법
③ 토지조사법 → 지세령 → 토지조사령 → 조선지세령 → 조선임야조사령 → 지적법
④ 토지조사법 → 지세령 → 조선임야조사령 → 토지조사령 → 조선지세령 → 지적법

해설 지적법령의 연혁
1. 대한제국의 지적법령
   ① 토지가옥증명규칙(1906. 10. 26. 칙령 제65호)
   ② 토지가옥전당집행규칙(1906. 10. 26. 칙령 제80호)
   ③ 대구시가토지측량규정(1907. 5. 16)
   ④ 삼림법(1908. 1. 24. 법률 제1호)
   ⑤ 토지가옥소유권증명규칙(1908. 7. 16. 칙령 제47호)
   ⑥ 토지조사법(1910. 8. 23. 법률 제7호)
2. 일제강점기 시대의 지적법령
   ① 토지조사령(1912. 8. 13. 제령 제2호)
   ② 도근측량 실시규정(1913. 10. 5. 임시토지조사국 훈령 제17호)
   ③ 세부측도 실시규정(1913. 10. 5. 임시토지조사국 훈령 제18호)
   ④ 제도적산 실시규정(1914. 6. 30. 임시토지조사국 훈령 제25호)
   ⑤ 지세령(1914. 3. 16. 제령 제1호)
   ⑥ 토지대장규칙(1914. 4. 25. 조선총독부령 제45호)
   ⑦ 조선임야조사령(1918. 5. 1 제령 제5호)
   ⑧ 임야대장규칙(1920. 8. 23. 조선총독부령 제113호)
   ⑨ 토지측량규칙(1921. 3. 18. 조선총독부 훈령 제10호)
   ⑩ 임야측량규정(1935. 6. 12. 조선총독부 훈령 제27호)
   ⑪ 조선지세령(1943. 3. 31. 제령 제6호)
3. 대한민국의 지적법령
   ① 지적법(1950. 12. 1. 법률 제165호)
   ② 지적측량규정(1954. 11. 12. 대통령령 제951호)
   ③ 지적측량사규정(1960. 12. 31. 국무원령 제176호)
   ④ 측량·수로조사 및 지적에 관한 법률(2009. 6. 9. 법률 제9774호)
   ⑤ 공간정보의 구축 및 관리 등에 관한 법률(2014. 6. 3. 법률 제12738호, 시행 2015. 6. 3)

65. 토지합병의 조건과 관련이 없는 것은?

① 동일 지번지역 내에 있을 것
② 등록된 도면의 축척이 같을 것
③ 경계가 서로 연접되어 있을 것
④ 토지의 용도지역이 같을 것

해설 합병 신청할 수 없는 토지
1. 합병하려는 토지의 지번부여지역, 지목 또는 소유자가 서로 다른 경우
2. 합병하려는 토지에 다음 각 호의 등기 외의 등기가 있는 경우
   ① 소유권, 지상권, 전세권 또는 임차권의 등기
   ② 승역지에 대한 지역권의 등기

Answer 64. ① 65. ④

③ 합병하려는 토지 전부에 대한 등기원인 및 그 연월일과 접수번호가 같은 저당권의 등기
3. 합병하려는 토지의 지적도 및 임야도의 축척이 서로 다른 경우
4. 합병하려는 각 필지의 지반이 연속되지 아니한 경우
5. 합병하려는 토지가 등기된 토지와 등기되지 아니한 토지인 경우
6. 합병하려는 각 필지의 지목은 같으나 일부 토지의 용도가 다르게 되어 분할대상 토지인 경우(다만, 합병 신청과 동시에 토지의 용도에 따라 분할 신청을 하는 경우는 제외)
7. 합병하려는 토지의 소유자별 공유지분이 다르거나 소유자의 주소가 서로 다른 경우
8. 합병하려는 토지가 구획정리, 경지정리 또는 축척변경을 시행하고 있는 지역의 토지와 그 지역 밖의 토지인 경우

66. 다음 중 토지조사사업 당시의 토지에 대한 사정기관은?

① 임시 토지조사국장
② 고등토지조사위원회
③ 도지사
④ 부와 면

해설 사정기관의 구분
1. 토지조사사업
   ① 사정권자 : 토지조사국장
   ② 조사측량기관 : 토지조사국
   ③ 재결기관 : 고등토지조사위원회
2. 임야조사사업
   ① 사정권자 : 도지사
   ② 조사측량기관 : 부 또는 면
   ③ 재결기관 : 임야조사위원회

67. 다음 중 개별 토지를 중심으로 등록부를 편성하는 토지대장의 편성 방법은?

① 물적 편성주의
② 인적 편성주의
③ 연대적 편성주의
④ 물적 · 인적 편성주의

해설 토지등록부와 물적 편성주의
1. 토지등록부의 개념
   ① 토지등록부는 토지소관청이 작성 · 비치하는 공부
   ② 토지의 소재, 지번, 지목, 면적, 소유자 주소 · 성명 등을 기재한 장부
   ③ 국가별 특성에 따라 여러 가지 편성방법을 사용함
2. 토지등록부의 유형
   ① 물적 편성주의 : 토지 중심으로 대장 작성
   ② 인적 편성주의 : 소유자 중심 대장 작성
   ③ 연대적 편성주의 : 신청순서에 따라 작성
   ④ 물적 · 인적 편성주의 : 물적 편성주의에 인적편성주의 가미
3. 물적 편성주의
   ① 개별 토지를 중심으로 등록부를 편성
   ② 지번순서에 따라 등록
   ③ 가장 우수하고 합리적, 많이 쓰임

④ 장점 : 토지이용, 관리, 개발측면에 편리
⑤ 단점 : 소유자별 파악이 곤란

68. 1916년부터 1924년까지 실시한 임야조사사업에서 사정한 임야의 구획선은?

① 강계선(疆界線)
② 경계선(境界線)
③ 지계선(地界線)
④ 지역선(地域線)

해설 토지조사사업 및 임야조사사업 당시 경계선의 구분
1. 강계선 : 사정선으로서, 토지조사사업 당시 확정된 소유자가 다른 토지 간의 경계선이며 강계선의 상대는 소유자와 지목이 다르다는 원칙이 성립
2. 지역선 : 소유자가 같은 토지와의 구획선 또는 소유자를 알 수 없는 토지와의 구획선 및 토지조사사업의 시행지와 미시행지와의 지계선
3. 경계선 : 임야조사사업시의 사정선

69. 다음 중 도곽선의 역할로 가장 거리가 먼 것은?

① 기초점 전개의 기준
② 지적 원점 결정의 기준
③ 도면 신축량 측정의 기준
④ 인접 도면과 접합의 기준

해설 도곽선
1. 개념 : 도곽선(圖廓線)은 평면직각좌표의 원점으로부터 기산(起算)하여 축척별 1도엽의 크기를 축척별로 다르게 나누어 구획한 선으로서 도곽 내 모든 토지의 위치를 결정하는 기준선이다.
2. 도곽선의 역할
   ① 인접 도면과의 접합 기준선
   ② 도북방위선의 표시
   ③ 기초점 전개의 기준선
   ④ 도면 신축량 측정의 기준선으로서 거리 및 면적보정
   ⑤ 측량결과도와 실지와의 부합 여부 확인 기준

70. 간주임야도에 대한 설명으로 옳지 않은 것은?

① 간주임야도에 등록된 소유권은 국유지와 도유지였다.
② 전라북도 남원군, 진안군, 임실군 지역을 대상으로 시행되었다.
③ 임야도를 작성하지 않고 1/50,000 또는 1/25,000 지형도에 작성되었다.
④ 지리적 위치 및 형상이 고산지대로 조사측량이 곤란한 지역이 대상이었다.

해설 간주임야도의 개념
1. 임야의 가치가 낮고 측량이 곤란하며 면적이 매우 커서 임야도를 조제하기 어려운 경우에는 1/25,000 또는 1/50,000 지형도에 등록하고 임야대장을 작성
2. 이처럼 임야도로 간주하는 지형도를 간주임야도라고 함
3. 덕유산, 지리산, 일월산 등의 국유임야가 이에 해당

Answer 68. ② 69. ② 70. ②

71. 토지조사사업 당시의 지목 중 비과세지에 해당하는 것은?

① 전 ② 임야
③ 하천 ④ 잡종지

해설 과세지와 비과세지
1. 토지조사법 규정[융희 4년(1910년) 8월 24일 법률 제7호]에 의한 과세지 및 비과세지
   ① 직접적인 수익이 있는 토지로서 현재 과세 중에 있으며 또는 장래 과세의 목적이 될 수 있는 토지 : 전답 · 대 · 지소 · 임야 · 잡종지
   ② 직접적인 수익은 없으나 대부분이 공용에 속하며 지세를 면제하는 토지 : 사사지(社寺地) · 분묘지 · 공원지 · 철도용지 · 수도용지
   ③ 일반적으로 개인소유를 인정할 성질의 것이 못되고 전혀 과세의 목적으로 하지 않는 토지 : 도로 · 하천 · 구거 · 제방 · 성첩 · 철도선로 · 수도선로(지번을 붙이지 않을 수도 있도록 신축성 있게 규정)
2. 지세령(1914. 3. 16 제령 제1호)의 과세기준
   1) 제1조 토지의 지목은 그 종류에 따라 아래와 같이 구별한다.
      ① 제1호 전, 답, 대, 지소, 잡종지
      ② 제2호 임야, 사사지, 분묘지, 공원지, 철도용지, 수도용지, 도로, 하천, 구거, 제방, 성첩, 철도선로, 수도선로
   2) 전항 제1호에 게재되는 토지에는 지세를 부과한다. 사사지(社寺地)로서 유료차지(有料借地)인 경우 역시 동일하다.
   3) 국유토지에는 지세를 부과하지 않는다.
   ※ 1910년부터 시행된 토지조사사업 당시 과세지는 전, 답, 대, 지소, 임야, 잡종지였으며, 임야는 1914년부터 과세지에서 제외됨

72. 지번의 진행방향에 따른 부번방식(附番方式)이 아닌 것은?

① 절충식(折衷式) ② 우수식(隅數式)
③ 사행식(蛇行式) ④ 기우식(奇隅式)

해설 지번부여방법의 종류
1. 진행방향에 따른 분류 : 사행식, 기우식(교호식), 단지식(블럭식)
2. 부여단위에 따른 분류 : 지역단위법, 도엽단위, 단지단위법
3. 기번위치에 따른 분류 : 북동기번법, 북서기번법

73. 물권 설정 측면에서 지적의 3요소로 볼 수 없는 것은?

① 국가 ② 토지
③ 등록 ④ 공부

해설 지적의 3대 구성 요소
1. 토지, 등록, 공부 : 협의적 개념
2. 소유자, 권리, 필지 : 광의적 개념

74. 다음 지목 중 잡종지에서 분리된 지목에 해당하는 것은?

① 공원
② 염전
③ 유지
④ 지소

해설 지목의 변천내용
1. 1910~1950년 : 토지조사령에 의거 전, 답, 대 등 18개 지목으로 구분
2. 1950~1975년 : 구지적법에 의거 21개 지목으로 구분
   ① 지소 : 지소+유지
   ① 잡종지 : 잡종지+염전+광천지
3. 1976년~현재
   ① 28개 지목으로 구분
   ② 10개 지목 신설 : 과수원, 목장용지, 공장용지, 학교용지, 운동장, 유원지, 주차장, 주유소용지, 창고용지, 양어장
   ③ 6개 지목을 3개 지목으로 통합
   • 철도용지+철도선로 ⇒ 철도용지
   • 수도용지+수도선로 ⇒ 수도용지
   • 유지+지소 ⇒ 유지
   ④ 지목명칭변경
   • 공원지 ⇒ 공원
   • 사사지 ⇒ 종교용지
   • 성첩 ⇒ 사적지
   • 분묘지 ⇒ 묘지
   ⑤ 1991년 운동장을 체육용지로 변경
   ⑥ 2002년 1월 4개 지목 신설 : 주차장, 주유소용지, 창고용지, 양어장

75. 지적불부합지로 인해 야기될 수 있는 사회적 문제점으로 보기 어려운 것은?

① 빈번한 토지분쟁
② 토지 거래질서의 문란
③ 주민의 권리행사 지장
④ 확정측량의 불가피한 급속 진행

해설 지적불부합지가 미치는 영향
1. 사회적 영향
   ① 토지분쟁의 증가
   ② 토지 거래질서의 문란
   ③ 국민 권리행사의 지장
   ④ 권리 실체 인정의 부실 초래
2. 행정적 영향
   ① 지적행정의 불신 초래
   ② 토지이동정리의 정지
   ③ 지적공부의 증명발급 곤란
   ④ 토지과세의 부적정
   ⑤ 부동산등기의 지장초래
   ⑥ 공공사업수행의 지장
   ⑦ 소송수행의 지장

Answer 74. ② 75. ④

76. 진행방향에 따른 지번 부여 방법의 분류에 해당하는 것은?

① 자유식
② 분수식
③ 사행식
④ 도엽단위식

해설 지번부여방법의 종류
1. 진행방향에 따른 분류 : 사행식, 기우식, 단지식
2. 부여단위에 따른 분류 : 지역단위법, 도엽단위, 단지단위법
3. 기번위치에 따른 분류 : 북동기번법, 북서기번법

77. 지적제도에서 채택하고 있는 토지등록의 일반원칙이 아닌 것은?

① 등록의 직권주의
② 실질적 심사주의
③ 심사의 형식주의
④ 적극적 등록주의

해설 지적제도와 등기제도의 비교

구분	지적제도	등기제도
기본이념	국정주의, 형식주의, 공개주의	형식주의(성립요건주의)
등록방법	직권등록주의, 단독신청주의	당사자신청주의, 공동신청주의
심사방법	실질적 심사주의	형식적 심사주의
공신력	인정	불인정
편제방법	물적 편성주의	물적 편성주의
처리방법	신고의 의무, 직권조사처리	신청주의
신청방법	단독신청주의	공동신청주의
담당부서	국토교통부-시·도 지적담당부서-시·군·구 지적담당부서	법무부-대법원-지방법원·지원·등기소
공부	토지, 임야대장, 공유지연명부, 대지권등록부, 지적도, 임야도, 경계점등록부, 지적전산파일	토지등기부, 건물등기부, 입목등기부, 상업등기부, 선박등기부, 법인등기부, 공장등기부 등
기능	토지의 물리적 현황 공시	토지에 대한 권리관계를 공시
등록사항	토지소재, 지번, 지목, 경계, 면적, 소유자 소·성명 등	소유권, 저당권, 전세권, 지역권, 지상권 등
기타	지적측량실시	절차적 요식행위요구

※ 형식적 심사주의는 등기제도에서 채택하고 있다.

78. 토지의 분할 후의 면적 합계는 분할 전 면적과 어떻게 되도록 처리하는가?

① 1m²까지 작아지는 것은 허용한다.
② 1m²까지 많아지는 것은 허용한다.
③ 1m²까지는 많아지거나 적어지거나 모두 좋다.
④ 분할 전 면적에 증감이 없도록 하여야 한다.

해설 토지가 분할되는 경우에 원필지에서 분할되는 각각의 필지 면적 합계가 분할 전 원필지의 면적과 같아야 한다.

79. 토지에 대한 세를 부과함에 있어 과세자료로 이용하기 위한 목적의 지적제도는?

① 법지적
② 세지적
③ 경제지적
④ 다목적지적

해설 발전과정에 따른 분류
1. 세지적 : 농경시대에 개발된 최초의 지적제도로서 과세지적이라 하며, 면적본위로 운영
2. 법지적 : 산업화시대에 개발된 제도로서 소유권지적이라 하며, 위치본위로 운영
3. 다목적지적 : 컴퓨터를 활용하여 토지에 관한 다양하고 많은 자료관리와 신속·정확한 공급이 가능한 제도로서 종합지적 또는 통합지적이라 함
※ 경제지적(Economic Cadastre) : 도시계획이나 농지개량사업의 기초가 되는 지적제도로서 유사지적이라고도 함

80. 토지의 사정(査定)에 해당되는 것은?

① 재결
② 법원판결
③ 사법처분
④ 행정처분

해설 토지의 사정
1. 의의 : 사정(査定)이란 토지조사부와 지적도에 의하여 토지의 소유자 및 그 강계를 확정하는 행정처분으로서 토지조사국장이 지방토지조사위원회의 자문을 받아 실시하였으며, 원시취득의 효력이 있다.
2. 재결 및 효력 : 사정은 30일간 공시하고 불복하는 자는 60일 이내에 고등토지조사위원회에 재결을 요청하였으며, 재결 시 효력발생일은 사정일로 소급하였다.
3. 사정의 대상 : 토지의 소유자와 토지의 강계
   ① 토지소유자는 자연인, 법인, 서원, 종중 등을 인정하였다.
   ② 토지의 강계는 강계선만이 사정의 대상이 되었고 지역선은 제외되었다.
4. 사정권자
   ① 토지 : 임시토지조사국장
   ② 임야 : 도지사

05 지적관계법규

81. 지적재조사측량에 따른 경계설정 기준으로 옳은 것은?
① 지상경계에 대하여 다툼이 있는 경우 현재의 지적공부상 경계
② 지상경계에 대하여 다툼이 없는 경우 등록할 때의 측량기록을 조사한 경계
③ 지상경계에 대하여 다툼이 있는 경우 토지소유자가 점유하는 토지의 현실경계
④ 지상경계에 대하여 다툼이 없는 경우 토지소유자가 점유하는 토지의 현실경계

해설 지적재조사측량에 따른 경계설정의 기준
1. 지적소관청은 다음 각 호의 순위로 지적재조사를 위한 경계를 설정하여야 한다.
  • 지상경계에 대하여 다툼이 없는 경우 토지소유자가 점유하는 토지의 현실경계
  • 지상경계에 대하여 다툼이 있는 경우 등록할 때의 측량기록을 조사한 경계
  • 지방관습에 의한 경계
2. 지적소관청은 지적재조사를 위한 경계설정을 하는 것이 불합리하다고 인정하는 경우에는 토지소유자들이 합의한 경계를 기준으로 지적재조사를 위한 경계를 설정할 수 있다.
3. 지적소관청은 지적재조사를 위한 경계를 설정할 때에는 「도로법」, 「하천법」 등 관계 법령에 따라 고시되어 설치된 공공용지의 경계가 변경되지 아니하도록 하여야 한다. 다만, 해당 토지소유자들 간에 합의한 경우에는 그러하지 아니하다.

82. 지적측량업자의 업무 범위가 아닌 것은?
① 경계점좌표등록부가 있는 지역에서의 지적측량
② 도시개발사업 등이 끝남에 따라 하는 지적확정측량
③ 도해지역의 분할 측량 결과에 대한 지적성과검사측량
④ 「지적재조사에 관한 특별법」에 따른 사업지구에서 실시하는 지적재조사측량

해설 지적측량업자의 업무 범위
  • 경계점좌표등록부가 있는 지역에서의 지적측량
  • 지적재조사지구에서 실시하는 지적재조사측량
  • 도시개발사업 등이 끝남에 따라 하는 지적확정측량
  • 지적전산자료를 활용한 정보화사업

83. 다음 중 합병 신청을 할 수 있는 것은?
① 합병하려는 토지의 소유 형태가 공동소유인 경우
② 합병하려는 각 필지의 지반이 연속되지 아니한 경우
③ 합병하려는 토지의 지적도 및 임야도의 축척이 서로 다른 경우
④ 합병하려는 토지가 축척변경을 시행하고 있는 지역의 토지와 그 지역 밖의 토지인 경우

Answer 81. ④ 82. ③ 83. ①

해설 1. 합병 신청대상
지번부여지역으로서 소유자와 용도가 같고 지반이 연속된 토지
2. 합병신청할 수 없는 토지
① 합병하려는 토지의 지번부여지역, 지목 또는 소유자가 서로 다른 경우
② 합병하려는 토지에 다음 각 호의 등기 외의 등기가 있는 경우
  • 소유권·지상권·전세권 또는 임차권의 등기
  • 승역지에 대한 지역권의 등기
  • 합병하려는 토지 전부에 대한 등기원인 및 그 연월일과 접수번호가 같은 저당권의 등기
③ 합병하려는 토지의 지적도 및 임야도의 축척이 서로 다른 경우
④ 합병하려는 각 필지의 지반이 연속되지 아니한 경우
⑤ 합병하려는 토지가 등기된 토지와 등기되지 아니한 토지인 경우
⑥ 합병하려는 각 필지의 지목은 같으나 일부 토지의 용도가 다르게 되어 분할대상 토지인 경우(다만, 합병 신청과 동시에 토지의 용도에 따라 분할 신청을 하는 경우는 제외)
⑦ 합병하려는 토지의 소유자별 공유지분이 다르거나 소유자의 주소가 서로 다른 경우
⑧ 합병하려는 토지가 구획정리, 경지정리 또는 축척변경을 시행하고 있는 지역의 토지와 그 지역 밖의 토지인 경우

84. 다음 중 용어의 정의가 틀린 것은?

① "경계"란 필지별로 경계점들을 직선으로 연결하여 지적공부에 등록한 선을 말한다.
② "축척변경"이란 임야대장 및 임야도에 등록된 토지를 토지대장 및 지적도에 옮겨 등록한 것을 말한다.
③ "토지의 이동"이란 토지의 표시를 새로이 정하거나 변경 또는 말소하는 것을 말한다.
④ "지번부여지역"이란 지번을 부여하는 단위지역으로서 동리 또는 이에 준하는 지역을 말한다.

해설 • 축척변경 : 지적도에 등록된 경계점의 정밀도를 높이기 위하여 작은 축척을 큰 축척으로 변경하여 등록하는 것을 말한다.
• 등록전환 : 임야대장 및 임야도에 등록된 토지를 토지대장 및 지적도에 옮겨 등록하는 것을 말한다.

85. 경계점좌표등록부에 등록된 토지의 면적이 110.55m²로 산출되었다면 토지대장상 결정면적은?

① 110m²
② 110.5m²
③ 111m²
④ 110.6m²

해설 면적의 결정방법
1. 면적의 단위 : 면적의 단위는 제곱미터로 한다.
2. 오사오입의 원칙
  • 경계점좌표등록부에 등록하는 지역 및 축척 1/600 지역 : 0.05m² 초과는 올리고, 미만은 버리며, 0.05m²인 경우에는 홀수만 올림
  • 축척 1/1,000~1/6,000 지역 : 0.5m² 초과는 올리고, 미만은 버리며, 0.5m²인 경우에는 홀수만 올림
3. 면적의 최소등록단위
  • 축척 1/500~1/600, 경계점좌표등록부에 등록하는 지역 : 0.1m²
  • 축척 1/1,000~1/6,000 지역 : 1m²

Answer 84. ② 85. ④

86. 지적소관청이 지적공부의 등록사항에 잘못이 있는지를 직권으로 조사·측량하여 정정할 수 있는 경우가 아닌 것은?

① 토지이동 결의서의 내용과 다르게 정리된 경우
② 지적도에 등록된 필지의 경계가 잘못되어 면적이 증감한 경우
③ 지적측량성과와 다르게 정리된 경우
④ 지적공부의 등록사항이 잘못 입력된 경우

해설 등록사항의 정정
1. 지적소관청이 직권으로 조사·측량하여 정정할 수 있는 경우
   ① 토지이동정리 결의서의 내용과 다르게 정리된 경우
   ② 지적도 및 임야도에 등록된 필지가 면적의 증감 없이 경계의 위치만 잘못된 경우
   ③ 1필지가 각각 다른 지적도나 임야도에 등록되어 있는 경우로서 지적공부에 등록된 면적과 측량한 실제면적은 일치하지만 지적도나 임야도에 등록된 경계가 서로 접합되지 않아 지적도나 임야도에 등록된 경계를 지상의 경계에 맞추어 정정하여야 하는 토지가 발견된 경우
   ④ 지적공부의 작성 또는 재작성 당시 잘못 정리된 경우
   ⑤ 지적측량성과와 다르게 정리된 경우
   ⑥ 지적측량의 적부심사에 따라 지적공부의 등록사항을 정정하여야 하는 경우
   ⑦ 지적공부의 등록사항이 잘못 입력된 경우
   ⑧ 「부동산등기법」 제37조 제2항에 따른 통지가 있는 경우(지적소관청의 착오로 잘못 합병한 경우만 해당)
   ⑨ 면적 환산이 잘못된 경우
2. 지적소관청은 위 어느 하나에 해당하는 토지가 있을 때에는 지체없이 관계 서류에 따라 지적공부의 등록사항을 정정하여야 한다.
3. 지적공부의 등록사항 중 경계나 면적 등 측량을 수반하는 토지의 표시가 잘못된 경우에는 지적소관청은 그 정정이 완료될 때까지 지적측량을 정지시킬 수 있다. 다만, 잘못 표시된 사항의 정정을 위한 지적측량은 그러하지 아니하다.

87. 사업시행자가 토지이동에 관하여 대위신청을 할 수 있는 토지의 지목이 아닌 것은?

① 유지, 제방
② 과수원, 유원지
③ 철도용지, 하천
④ 수도용지, 학교용지

해설 신청의 대위 대상자
- 공공사업 등에 따라 학교용지·도로·철도용지·제방·하천·구거·유지·수도용지 등의 지목으로 되는 토지인 경우 : 해당 사업의 시행자
- 국가나 지방자치단체가 취득하는 토지인 경우 : 해당 토지를 관리하는 행정기관의 장 또는 지방자치단체의 장
- 주택법에 따른 공동주택의 부지인 경우 : 집합건물의 소유 및 관리에 관한 법률에 따른 관리인(관리인이 없는 경우에는 공유자가 선임한 대표자) 또는 해당 사업의 시행자
- 「민법」 제404조에 따른 채권자

Answer 86. ② 87. ②

88. 지적측량 시행규칙상 지적도근점측량을 시행하는 경우, 지적도근점을 구성하는 도선이 아닌 것은?

① 개방도선
② 결합도선
③ 왕복도선
④ 폐합도선

해설 지적도근점측량 방법
1. 지적도근점측량을 할 때에는 미리 지적도근점표지를 설치하여야 한다.
2. 지적도근점의 번호는 영구표지를 설치하는 경우에는 시·군·구별로, 영구표지를 설치하지 아니하는 경우에는 시행지역별로 설치순서에 따라 일련번호를 부여한다. 이 경우 각 도선의 교점은 지적도근점의 번호 앞에 "교"자를 붙인다.
3. 지적도근점측량의 도선은 다음 각 호의 기준에 따라 1등도선과 2등도선으로 구분한다.
   - 1등도선은 위성기준점, 통합기준점, 삼각점, 지적삼각점 및 지적삼각보조점의 상호간을 연결하는 도선 또는 다각망도선으로 할 것
   - 2등도선은 위성기준점, 통합기준점, 삼각점, 지적삼각점 및 지적삼각보조점과 지적도근점을 연결하거나 지적도근점 상호간을 연결하는 도선으로 할 것
   - 1등도선은 가·나·다순으로 표기하고, 2등도선은 ㄱ·ㄴ·ㄷ순으로 표기할 것
4. 지적도근점은 결합도선·폐합도선·왕복도선 및 다각망도선으로 구성하여야 한다.

89. 다음 토지이동 중 축척의 변경이 수반되는 토지이동은?

① 등록전환
② 신규등록
③ 지목변경
④ 합병

해설 "등록전환"이란 임야대장 및 임야도에 등록된 토지를 토지대장 및 지적도에 옮겨 등록하는 것을 말하는 것으로, 임야도에서 지적도로 옮겨 등록할 때에는 축척의 변경이 수반된다.

90. 토지소유자가 하여야 하는 신청을 대신할 수 있는 경우가 아닌 것은?

① 공공사업 등에 따라 학교용지의 지목으로 되는 토지인 경우 해당 사업의 시행자
② 「민법」 제404조에 따른 채권자
③ 주택법에 의한 공동주택의 부지인 경우 집합건물의 소유 및 관리에 관한 법률에 의한 관리인
④ 국가나 지방자치단체가 취득하는 토지인 경우 해당 토지의 매도인

해설 토지소유자가 하여야 하는 신청의 대신할 수 있는 경우
- 공공사업 등에 따라 학교용지·도로·철도용지·제방·하천·구거·유지·수도용지 등의 지목으로 되는 토지인 경우 : 해당 사업의 시행자
- 국가나 지방자치단체가 취득하는 토지인 경우 : 해당 토지를 관리하는 행정기관의 장 또는 지방자치단체의 장
- 공동주택의 부지인 경우 : 관리인(관리인이 없는 경우에는 공유자가 선임한 대표자) 또는 해당 사업의 시행자
- 「민법」 제404조에 따른 채권자
- 주택법에 따른 주택건설사업의 시행자가 파산 등의 이유로 토지의 이동 신청을 할 수 없을 때 : 그 주택의 시공을 보증한 자 또는 입주예정자

Answer 88. ① 89. ① 90. ④

91. 공간정보의 구축 및 관리 등에 관한 법령상 정당한 사유 없이 지적측량을 방해한 자에 대한 벌칙 기준으로 옳은 것은?

① 300만 원 이하의 과태료
② 500만 원 이하의 과태료
③ 1년 이하의 징역 또는 1천만 원 이하의 벌금
④ 2년 이하의 징역 또는 2천만 원 이하의 벌금

해설 공간정보의 구축 및 관리에 관한 법률 위반자에 대한 과태료
1. 부과금액 : 300만 원 이하의 과태료를 부과
2. 과태료 부과 대상
   - 정당한 사유 없이 측량을 방해한 자
   - 거짓으로 측량기술자의 신고를 한 자
   - 측량업 등록사항의 변경신고를 하지 아니한 자
   - 측량업자의 지위 승계 신고를 하지 아니한 자
   - 측량업의 휴업·폐업 등의 신고를 하지 아니하거나 거짓으로 신고한 자
   - 본인, 배우자 또는 직계 존속·비속이 소유한 토지에 대한 지적측량을 한 자
   - 측량기기에 대한 성능검사를 받지 아니하거나 부정한 방법으로 성능검사를 받은 자
   - 성능검사대행자의 등록사항 변경을 신고하지 아니한 자
   - 성능검사대행업무의 폐업신고를 하지 아니한 자
   - 정당한 사유 없이 보고를 하지 아니하거나 거짓으로 보고를 한 자
   - 정당한 사유 없이 조사를 거부·방해 또는 기피한 자
   - 토지 등에의 출입 등을 방해하거나 거부한 자

92. 지적전산자료의 이용·활용에 대한 승인권자가 아닌 자는?

① 국토교통부장관
② 국가정보원장
③ 시·도지사
④ 지적소관청

해설 지적전산자료 승인권자
- 전국 단위의 지적전산자료 : 국토교통부장관, 시·도지사 또는 지적소관청
- 시·도 단위의 지적전산자료 : 시·도지사 또는 지적소관청
- 시·군·구 단위의 지적전산자료 : 지적소관청

93. 도로명주소법에서 사용하는 용어 중 아래에서 설명하는 것은?

> 도로명과 기초번호를 활용하여 건물 등에 해당하지 아니하는 시설물의 위치를 특정하는 정보를 말한다.

① 사물주소
② 상세주소
③ 지번주소
④ 도로명주소

해설 도로명주소법에서 사용하는 용어
1. 사물주소 : 도로명과 기초번호를 활용하여 건물 등에 해당하지 아니하는 시설물의 위치를 특정하는 정보를 말한다.
2. 상세주소 : 건물 등 내부의 독립된 거주·활동구역을 구분하기 위하여 부여된 동(棟)번호, 층수 또는 호(號)수를 말한다.
3. 도로명주소 : 도로명, 건물번호 및 상세주소(상세주소가 있는 경우만 해당한다)로 표기하는 주소를 말한다.
※ 지번주소 : 지번이란 필지에 부여하여 지적공부에 등록한 번호로 지번주소는 지번을 기준으로 주소로 사용하는 것을 말하며 현재는 도로를 기준으로 주소를 확정하는 도로명주소를 사용하고 있다.

94. 중앙지적위원회의 구성에 대한 설명으로 옳은 것은?
① 위원장 및 부위원장을 포함한 모든 위원의 임기는 2년으로 한다.
② 위원은 지적에 관한 학식과 경험이 풍부한 공무원으로 임명 또는 위촉한다.
③ 위원장 및 부위원장 각 1명을 포함하여 5명 이상 20명 이내의 위원으로 구성한다.
④ 중앙지적위원회의 간사는 국토교통부의 지적업무 담당 공무원 중에서 국토교통부장관이 임명한다.

해설 중앙지적위원회 구성
- 위원장, 부위원장 각 1명을 포함하여 5명 이상 10명 이하의 위원으로 구성
- 위원장은 국토교통부 지적업무 담당국장, 부위원장은 국토교통부 지적업무 담당과장으로 구성
- 위원은 지적에 관한 학식과 경험이 풍부한 자 중에서 국토교통부장관이 임명하거나 위촉하며, 임기는 2년
- 중앙지적위원회의 간사는 국토교통부의 지적업무 담당 공무원 중에서 국토교통부장관이 임명하며, 회의 준비, 회의록 작성 및 회의 결과에 따른 업무 등 중앙지적위원회의 서무를 담당

95. 분할에 따른 지상경계가 지상건축물에 걸리게 결정할 수 있는 경우가 아닌 것은?
① 법원의 확정판결이 있는 경우
② 관계 법령에 따라 인·허가 등을 받아 토지를 분할하려는 경우
③ 도시개발사업 등의 사업시행자가 사업지구의 경계를 결정하기 위하여 토지를 분할하려는 경우
④ 국토의 계획 및 이용에 관한 법률에 따른 도시·군관리계획 결정고시와 지형도면 고시가 된 지역의 도시·군관리계획선에 따라 토지를 분할하려는 경우

해설 분할에 따른 지상경계 결정의 예외
- 법원의 확정판결이 있는 경우
- 공공사업 등에 따라 학교용지·도로·철도용지·제방·하천·구거·유지·수도용지 등의 지목으로 되는 토지를 분할하는 경우
- 도시개발사업 등의 사업시행자가 사업지구의 경계를 결정하기 위하여 토지를 분할하려는 경우
- 도시·군관리계획 결정고시와 지형도면 고시가 된 지역의 도시·군관리계획선에 따라 토지를 분할하려는 경우

Answer 94. ④ 95. ②

96. 축척변경 승인 신청서에 첨부되는 서류가 아닌 것은?

① 축척변경의 사유
② 지번 등 명세
③ 토지대장사본
④ 토지소유자의 동의서

해설 지적소관청은 축척변경을 할 때에는 축척변경 사유를 적은 승인신청서에 다음 각 호의 서류를 첨부하여 시·도지사 또는 대도시 시장에게 제출하여야 한다.
1. 축척변경의 사유
2. 지번등 명세
3. 토지소유자의 동의서
4. 축척변경위원회의 의결서 사본

97. 다음 중 지적공부 등록을 말소할 수 있는 사항은?

① 하천으로 된 토지
② 바다로 된 토지
③ 등록전환
④ 행정구역의 통·폐합

해설 바다로 된 토지의 등록말소
지적소관청은 지적공부에 등록된 토지가 지형의 변화 등으로 바다로 된 경우에 토지소유자에게 등록말소 신청을 하도록 통지
1. 신청기한 : 신청 통지를 받은 날부터 90일 이내에 지적소관청에 신청
2. 신청대상 : 원상으로 회복될 수 없거나 다른 지목의 토지로 될 가능성이 없는 경우
3. 등록말소 및 회복
  ① 토지소유자가 등록말소 신청을 하지 않으면 직권으로 그 지적공부의 등록사항을 말소
  ② 회복등록을 하려면 그 지적측량성과 및 등록말소 당시의 지적공부 등 관계자료에 따라 등록
  ③ 지적공부의 등록사항을 말소하거나 회복등록하였을 때에는 그 정리 결과를 토지소유자 및 해당 공유수면의 관리청에 통지

98. 도시개발사업 등으로 인한 토지의 이동은 언제를 기준으로 그 토지의 이동이 이루어진 것으로 보는가?

① 토지의 형질변경 등의 공사가 준공된 때
② 토지의 형질변경 등의 공사가 착공된 때
③ 토지의 형질변경 등의 공사를 허가한 때
④ 토지의 형질변경 등의 공사가 중지된 때

해설 도시개발사업 등으로 인한 토지의 이동
1. 신청 : 도시개발사업, 토지개발사업 등의 시행자는 그 사업의 착수·변경 및 완료 사실을 지적소관청에 신고한다.
2. 토지의 이동시기 : 도시개발사업 등으로 인한 토지의 이동은 토지의 형질변경 등의 공사가 준공된 때 토지의 이동이 있는 것으로 본다.
3. 신고 시기 : 신고 사유가 발생한 날부터 15일 이내에 하여야 한다.

4. 도시개발사업 등의 착수(변경) 신고 시 제출서류
   ① 사업인가서
   ② 지번별 조서
   ③ 사업계획도
5. 도시개발사업 등의 완료 신고 시 제출서류
   ① 확정될 토지의 지번별 조서 및 종전 토지의 지번별 조서
   ② 환지처분과 같은 효력이 있는 고시된 환지계획서(다만, 환지를 수반하지 아니하는 사업인 경우에는 사업의 완료를 증명하는 서류)

99. 지번이 45-1, 48, 50-1, 71인 토지를 합병하는 경우, 합병 후의 지번으로 옳은 것은?(단, 필지에 건축물이 위치한 경우는 고려하지 않는다.)

① 45-1
② 48
③ 50-1
④ 71

해설 합병에 따른 지번부여
- 합병 전 지번 중 순서가 빠른 지번으로 부여
- 합병 전 지번이 본번과 부번이 혼재할 경우 본번 중 선순위 지번으로 부여
- 토지소유자가 합병 전의 필지에 주거·사무실 등의 건축물이 있어서 그 건축물이 위치한 지번을 합병 후의 지번으로 신청할 때에는 그 지번을 합병 후의 지번으로 부여

100. 지적재조사에 관한 특별법에 따른 조정금의 소멸시효는?

① 1년
② 3년
③ 5년
④ 10년

해설 조정금의 소멸시효
조정금을 받을 권리나 징수할 권리는 5년간 행사하지 아니하면 시효의 완성으로 소멸한다.

Answer 99. ② 100. ③

2025년 제2회 지적산업기사

01 지적측량

01. 다음 중 지적공부를 정리할 때에 검은색으로 제도하여야 하는 것은?

① 경계의 말소선
② 일람도의 철도용지
③ 일람도의 도로
④ 도곽선 및 도곽선 수치

해설 지적업무처리규정 제38조(일람도의 제도)
1. 철도용지는 붉은색 0.2밀리미터 폭의 2선으로 제도한다.
2. 지방도로 이상은 검은색 0.2밀리미터 폭의 2선으로, 그 밖의 도로는 0.1밀리미터의 폭으로 제도한다.
   • 경계선의 말소선 : 붉은색
   • 도곽선 및 도곽선 수치 : 붉은색

02. 지적측량성과와 검사 성과의 연결교차 허용범위 기준이 옳지 않은 것은?(단, M은 축척분모이며 경계점좌표등록부 시행 지역의 경우는 고려하지 않는다.)

① 지적삼각점 : ±0.20m 이내
② 지적삼각보조점 : ±0.25m 이내
③ 경계점 : ±10분의 $3M$mm 이내
④ 지적도근점 : ±0.20m 이내

해설 지적측량 시행규칙 제27조(지적측량성과의 결정)

대상		연결교차
지적삼각점		±0.20미터
지적삼각보조점		±0.25미터
지적도근점	경계점좌표등록부 시행지역	±0.15미터
	그 밖의 지역	±0.25미터
경계점	경계점좌표등록부 시행지역	±0.10미터
	그 밖의 지역	±100분의 $3M$밀리미터(M은 축척분모)
		±100분의 $2M$센티미터(전자평판측량방법일 경우)

Answer 01. ③ 02. ④

03. 지상 경계를 결정하고자 할 때의 기준으로 옳지 않은 것은?

① 토지가 수면에 접하는 경우 : 최소만조위가 되는 선
② 연접되는 토지 간에 높낮이 차이가 있는 경우 : 그 구조물 등의 하단부
③ 도로·구거 등의 토지에 절토(切土)된 부분이 있는 경우 : 그 경사면의 상단부
④ 공유수면매립지의 토지 중 제방 등을 토지에 편입하여 등록하는 경우 : 바깥쪽 어깨부분

해설 공간정보의 구축 및 관리 등에 관한 법률 시행령 제55조(지상 경계의 결정기준 등)
1. 연접되는 토지 간에 높낮이 차이가 없는 경우 : 그 구조물 등의 중앙
2. 연접되는 토지 간에 높낮이 차이가 있는 경우 : 그 구조물 등의 하단부
3. 도로·구거 등의 토지에 절토(切土)된 부분이 있는 경우 : 그 경사면의 상단부
4. 토지가 해면 또는 수면에 접하는 경우 : 최대만조위 또는 최대만수위가 되는 선
5. 공유수면매립지의 토지 중 제방 등을 토지에 편입하여 등록하는 경우 : 바깥쪽 어깨 부분

04. 두 점의 좌표가 아래와 같을 때 AB방위각 V_A^B의 크기는?

① 50° 36′ 08″
② 61° 36′ 08″
③ 309° 23′ 52″
④ 328° 23′ 52″

해설 $\Delta X = XB - XA = 397,845.01 - 395,674.32 = 2,170.69$
$\Delta Y = YB - YA = 190,256.39 - 192,899.25 = -2,642.86$
$V = \tan^{-1}\dfrac{\Delta Y}{\Delta X} = \tan^{-1}\dfrac{-2,642.86}{2,170.69} = 50°36′08″$
ΔX는 (+)이고 ΔY는 (-)이므로 4상한이며 4상한은 $360° - \theta$이므로
$360° - 50°36′08″ = 309°23′52″$

05. 전파기측량방법에 따라 다각망도선법으로 지적삼각보조점측량을 할 때 '1 도선'의 의미를 가장 올바르게 설명한 것은?

① 교점과 교점 간만을 말한다.
② 기지점과 교점 간만을 말한다.
③ 기지점과 기지점 간만을 말한다.
④ 기지점과 교점 간 또는 교점과 교점 간을 말한다.

해설 지적측량 시행규칙 제10조(지적삼각보조점측량)
1도선이란 기지점과 교점 간 또는 교점과 교점 간을 말한다.

06. 지적삼각측량 시 두 지점의 기지점에서 소구점까지 평면거리가 각각 4,712m, 3,912m일 때 두 기지점에서 소구점의 표고를 계산한 교차는 얼마 이하이어야 하는가?

① 0.48m
② 0.50m
③ 0.52m
④ 0.54m

해설 지적측량 시행규칙 제9조(지적삼각점측량의 관측 및 계산)
2점의 기지점에서 소구점의 표고를 계산한 결과 그 교차가 0.05미터+0.05(S_1+S_2)미터 이하일 때에는 그 평균치를 표고로 할 것. 이 경우 S_1과 S_2는 기지점에서 소구점까지의 평면거리로서 킬로미터 단위로 표시한 수를 말한다.
그러므로
0.05미터+0.05(S_1+S_2)미터
0.05+0.05(4.712+3.912)미터=0.4812
∴ 0.48m

07. 지적도 1/1,000 지역에서 지적도근점측량을 1등 도선으로 측정한 수평거리 총합계가 900m이였다. 이 도선의 연결 오차 제한은?

① 24cm
② 30cm
③ 36cm
④ 42cm

해설 지적측량 시행규칙 제15조(지적도근점측량에서의 연결오차의 허용범위와 종선 및 횡선오차의 배분)
1등도선은 당해 지역 축척분모의 $\frac{1}{100}\sqrt{n}$ 센티미터 이하로 할 것
n은 각 측선의 수평거리의 총합계를 100으로 나눈 수
$1,000 \times \frac{1}{100}\sqrt{9} = 30$
∴ 30cm

08. 다각망도선법에 의하여 지적도근측량을 실시하는 방법으로 옳은 것은?

① 개방도선식으로 망을 구성한다.
② 왕복도선식으로 망을 구성한다.
③ 폐합도선방식으로 망을 구성한다.
④ 결합다각방식으로 망을 구성한다.

해설 지적측량 시행규칙 제12조(지적도근점측량)
경위의측량방법이나 전파기 또는 광파기측량방법에 따라 다각망도선법으로 지적도근점측량을 할 때에는 3점 이상의 기지점을 포함한 결합다각방식에 따른다.

09. 지적도근측량을 교회법으로 시행하는 경우에 따른 설명으로서 타당하지 않는 것은?

① 방위각법으로 시행할 때는 분위(分位)까지 독정한다.
② 시가지에서는 보통 배각법으로 실시한다.
③ 지적도근점은 기준으로 하지 못한다.
④ 삼각점, 지적삼각, 지적삼각보조점 등을 기준으로 한다.

해설 지적측량 시행규칙 제12조(지적도근점측량)
1. 1등도선은 위성기준점, 통합기준점, 삼각점, 지적삼각점 및 지적삼각보조점의 상호 간을 연결하는 도선 또는 다각망도선으로 한다.
2. 2등도선은 위성기준점, 통합기준점, 삼각점, 지적삼각점 및 지적삼각보조점과 지적도근점을 연결하거나 지적도근점 상호간을 연결하는 도선으로 한다.

10. 측판측량방법에 의한 세부측량을 도선법으로 시행할 경우 19변일 때 도상에서의 허용 폐색오차는?

① 2.0mm 이하   ② 1.8mm 이하
③ 1.6mm 이하   ④ 1.4mm 이하

해설 지적측량 시행규칙 제18조(세부측량의 기준 및 방법 등)

도선의 폐색오차가 도상길이 $\frac{\sqrt{N}}{3}$ 밀리미터 이하인 경우 그 오차는 다음의 산식에 따라 이를 각 점에 배분하여 그 점의 위치로 한다.

$\frac{\sqrt{N}}{3} = \frac{\sqrt{19}}{3} = 1.45\text{mm}$

11. 평판측량방법으로 세부측량을 실시할 경우 1/1,200 지역에서 도상에 영향을 주지 않는 지상거리의 한계는?

① 5cm   ② 12cm
③ 15cm   ④ 20cm

해설 지적측량 시행규칙 제18조(세부측량의 기준 및 방법 등)

평판측량방법에 있어서 도상에 영향을 미치지 아니하는 지상거리의 축척별 허용범위는 $\frac{M}{10}$ 밀리미터로 한다. 이 경우 M은 축척분모를 말한다.

따라서, $\frac{1,200}{10} = 120\text{mm}$

∴ 12cm

12. 1/600 지적도 시행지역에서 측판측량 도선법으로 세부측량을 실시하는 경우에는 측선의 길이를 얼마 이하로 정해야 하는가?

① 72m 이하   ② 60m 이하
③ 54m 이하   ④ 48m 이하

해설 지적측량 시행규칙 제18조(세부측량의 기준 및 방법 등)

노선의 측선장은 도상길이 8센티미터 이하로 한다.
도상길이 8cm 이하이므로
8cm × 600 = 4,800cm
∴ 48m 이하

13. 경위의측량방법에 따른 세부측량에서 거리측정 단위는?

① 0.1cm   ② 1cm
③ 5cm   ④ 10cm

해설 지적측량 시행규칙 제18조(세부측량의 기준 및 방법 등)

경위의측량방법에 따른 세부측량은 거리측정단위는 1센티미터로 한다.

14. 경계점좌표등록부를 갖춰 두는 지역에 있는 각 필지의 경계점을 측정할 때에 좌표를 산출하는 방법 기준에 해당하지 않는 것은?(단, 필지의 경계점이 지형지물에 가로막혀 경위의를 사용할 수 없는 경우는 고려하지 않는다.)

① 도선법
② 방사법
③ 교회법
④ 현형법

해설 제23조(경계점좌표등록부를 갖춰 두는 지역의 측량)
경계점좌표등록부를 갖춰두는 지역에 있는 각 필지의 경계점을 측정할 때에는 도선법·방사법 또는 교회법에 따라 좌표를 산출하여야 한다.

15. 경위의 측량방법으로 세부측량을 실시할 경우 수평각 관측방법은?

① 2배각의 배각법
② 3배각의 배각법
③ 1회 관측의 교각법
④ 2대회의 방향관측법

해설 지적측량 시행규칙 제18조(세부측량의 기준 및 방법 등)
1. 미리 각 경계점에 표지를 설치하여야 한다. 다만, 부득이한 경우에는 그러하지 아니하다.
2. 도선법 또는 방사법에 따른다.
3. 관측은 20초독 이상의 경위의를 사용한다.
4. 수평각의 관측은 1대회의 방향관측법이나 2배각의 배각법에 따를 것. 다만, 방향관측법인 경우에는 1측회의 폐색을 하지 아니할 수 있다.
5. 연직각의 관측은 정반으로 1회 관측하여 그 교차가 5분 이내일 때에는 그 평균치를 연직각으로 하되, 분단위로 독정(讀定)한다.

16. 축척1/1,000의 도면에서 단위면적이 실제 10m²일 때 축척 1/2,000의 도면에서의 단위면적의 실제 면적은?

① 5m²
② 20m²
③ 40m²
④ 60m²

해설 $\dfrac{F^2 \times A}{10^6} = \dfrac{2,000^2 \times 10}{10^6} = 40\text{m}^2$

여기서, F : 축척의 분모, A : 면적

17. 토지의 실제 면적이 900m²인 토지를 축척 1/600인 지적도에 등록하는 경우 지적도상의 도상면적은?

① 13cm²
② 25cm²
③ 29cm²
④ 30cm²

해설 $\sqrt{900} = 30\text{m} = 3,000\text{cm} \div 600 = 5\text{cm}$
$5 \times 5 = 25\text{cm}^2$

18. 지적도에 등록하는 지적측량기준점 중 직경 3cm의 원 내부에 십자(+)선을 표시한 것은?

① 지적삼각점
② 지적삼각보조점
③ 지적도근점
④ 지적도근보조점

해설 지적업무처리규정 제43조(지적기준점 등의 제도)
지적삼각점 및 지적삼각보조점은 직경 3밀리미터의 원으로 제도한다. 이 경우 지적삼각점은 원안에 십자선을 표시하고, 지적삼각보조점은 원안에 검은색으로 엷게 채색한다.

19. 그림과 같이 하천을 낀 두장 AB 간의 거리를 측정하기 위하여 AC, AD를 측정하여 $AC=20$, $AD=29.6$m를 얻었다면 AB 간의 거리는 얼마인가?

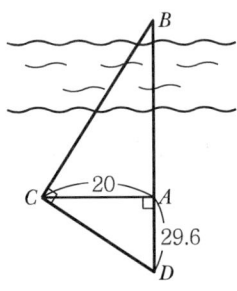

① 35.72m
② 16.57m
③ 20.16m
④ 13.51m

해설 △ABC ∽ △ACD일 때,
$AB : AC = AC : AD$에서
$AB = \dfrac{AC^2}{AD} = \dfrac{20^2}{29.6} = 13.51$

20. 배각법에 의한 지적도근측량 시 1배각이 279° 16′ 24″, 3배각이 117° 49′ 41″로 관측되었다. 이때의 교차는?

① 10초
② 20초
③ 30초
④ 40초

해설 지적측량 시행규칙 제14조(지적도근점의 각도관측을 할 때의 폐색오차의 허용범위 및 측각오차의 배분)
배각법에 따르는 경우에는 1회 측정각과 3회 측정각의 평균값에 대한 교차는 30초 이내로 한다.
279° 16′ 24″ × 3 = 837° 49′ 12″
117° 49′ 41″ + 720° = 837° 49′ 41″
837° 49′ 12″ − 837° 49′ 41″ = 29″
29 ÷ 3 = 9.7
∴ 약 10초

02 응용측량

21. 교점(I.P)이 기점에서 1,658.450m 떨어져 있고 곡선반지름(R)이 480m, 교각(I)이 20° 25′ 40″ 일 때 곡선길이(C.L)는?

① 163.439m ② 165.998m
③ 168.560m ④ 171.103m

해설 곡선길이(CL)=0.01745RI
=0.01745×480×20° 25′ 40″=171.103m

22. 지성선 상의 중요점에 대한 위치와 표고를 관측하고, 이 점들을 기준점으로 하여 등고선을 삽입하는 방법은?

① 방안법 ② 종단점법
③ 직접관측법 ④ 횡단측량결과 이용법

해설 간접측정법에서 종단점법은 지성선의 방향이나 중요한 방향에 여러 개의 측선에 대해서 기준점에서 필요한 점까지의 거리와 높이를 관측하여 등고선을 그리는 방법으로 기지점에서부터 몇 개의 측선을 설정하고 그 선상의 지반고와 거리를 재고 등고선을 삽입하며 소축척으로 산지 등에 이용한다.

23. 촬영코스의 종방향 길이가 50km, 횡방향 길이가 30km이고, 촬영 종기선의 길이가 1,840m, 촬영 횡기선의 길이가 3,220m일 때 총 모델 수는?(단, 사진측량의 안전율을 고려하지 않음)

① 243모델 ② 280모델
③ 290모델 ④ 560모델

해설 모델 수에 의한 사진매수

- 종 모델 수 = $\dfrac{S_1(코스의\ 종길이)}{B(종기선\ 길이)} = \dfrac{50,000}{1,840}$ = 28모델
- 횡 모델 수 = $\dfrac{S_2(코스의\ 횡길이)}{C_0(횡기선\ 길이)} = \dfrac{30,000}{3,220}$ = 10모델
- 총 모델 수 = 종 모델 수 × 횡 모델 수 = 28 × 10 = 280모델

24. 토적곡선(Mass Curve)을 작성하는 목적이 아닌 것은?

① 시공 방법 결정 ② 토공기계의 선정
③ 노선의 교통량 산정 ④ 토량의 운반거리 산출

해설 토적(유토)곡선을 작성하는 목적은 시공 방법의 결정, 평균 운반거리 산출, 운반 거리에 의한 토공 기계의 선정, 토량의 배분이다.

Answer   21. ④   22. ②   23. ②   24. ③

25. 반지름 150m인 원곡선에서 현의 길이 20m에 대한 편각은?
① 1° 54′ 41″
② 3° 49′ 11″
③ 5° 44′ 02″
④ 7° 38′ 42″

해설 시단현의 편각(σ) = $1,718.87' \frac{l}{R}$ = $1,718.87' \frac{20}{150}$ = 3° 49′ 11″

26. 사진측량의 장점으로 틀린 것은?
① 사각지대의 피사체에 대한 식별이 매우 용이하다.
② 접근이 어려운 피사체도 관측할 수 있다.
③ 정량적 및 정성적 해석이 가능하다.
④ 4차원 측량이 가능하다.

해설 1. 사진측량의 장점
• 사진은 정량적 · 정성적인 측정이 가능하다.
• 거시적으로 관찰할 수 있으며, 재측이 용이하다.
• 측정대상의 범위가 넓으며, 정도가 균일하다.
• 작업이 능률적이며, 동적인 것도 측정 가능하다.
• 넓은 지역에 경제성이 높고 기록보전이 용이하다.
2. 사진측량의 단점
• 일기의 영향을 많이 받는다.
• 좁은 지역에서는 비경제적이다.
• 기자재가 고가라서 초기 시설비용이 많이 든다.
• 피사대상에 대한 식별의 난해가 있으므로 현장 작업으로 보완이 필요하다.

27. 지형측량의 요소가 아닌 것은?
① 지성선
② 경사변환점
③ 경사변환선
④ 토지의 경계점

해설 지형측량의 요소로는 지성선(지표면을 다수의 평면으로 이루어졌다고 생각할 때 이 평면의 접합부, 즉 접선을 말함), 계곡선(합수선), 능선(분수선), 경사변환선, 최대경사선 등이 있으며 토지의 경계점은 지적측량에서 사용한다.

28. 등고선의 성질에 대한 설명으로 틀린 것은?
① 분수선과 평행하다.
② 절벽에서 서로 만난다.
③ 최대경사선과 직교한다.
④ 도면의 안 또는 밖에서 반드시 폐합한다.

Answer 25. ② 26. ① 27. ④ 28. ①

해설 등고선의 성질
1. 동일 등고선상에 있는 모든 점은 같은 높이다.
2. 등고선은 도면 내·외에서 폐합하는 폐곡선이다.
3. 지도의 도면 내에서 폐합하는 경우 등고선의 내부에 산정 또는 분지가 있다.
4. 두 쌍의 등고선의 볼록부가 상대할 때는 볼록부를 나타낸다.
5. 높이가 다른 두 등고선은 동굴이나 절벽의 지형이 아닌 곳에서는 교차하지 않으며, 동굴이나 절벽은 반드시 두 점에서 교차한다.
6. 동등한 경사의 지표에서 양 등고선의 수평거리는 같다.
7. 같은 경사의 평면일 때는 나란히 직선이 된다.
8. 최대 경사의 방향은 등고선과 직각으로 교차한다.
9. 등고선은 경사가 급한 곳에서는 간격이 좁고 완만한 경사지는 넓다.
10. 등고선은 분수선과 직각으로 만난다.
11. 등고선의 수평거리는 산꼭대기 및 산 밑에서는 크고 산중턱에서는 작다.
12. 등고선이 능선을 직각방향으로 횡단한 다음 능선 다른 쪽을 따라 거슬러 올라간다.

29. 사진측량에서 공선조건을 설명할 때 필요한 요소가 아닌 것은?

① 사진지표
② 투영중심
③ 필름 상에 맺힌 점
④ 피사체 상의 한 점

해설 공선조건은 공간상의 임의의 점과 그에 대응하는 사진상의 점 및 카메라의 촬영중심이 동일직선상에 있어야 하는 조건을 말하므로 사진지표는 상관없다.

30. GNSS의 활용분야가 아닌 것은?

① 측지측량의 기준망 설치
② 시설물의 유지관리
③ 선박의 운항 체계
④ 지상의 온도 관측

해설 GNSS측량 시스템
1. 인공위성을 이용한 범지구위치측정시스템으로 정확한 위치를 알고 있는 위성에서 발사한 전파를 수신하여 관측점까지 소요시간을 측정하여 위치를 구한다.
2. 특징
   • 기상상태와 관계없이 관측의 수행이 가능하다.
   • 지형 여건과 관계없으며, 또한 측점 간 상호시통이 되지 않아도 관계없다.
   • 관측작업이 신속하게 이루어진다.
   • 측점에서 모든 데이터 취득이 가능해진다.
   • 1인 측량이 가능하여 인력이 적게 소요되고, 측정작업이 간단하다.
④ 지상의 온도 관측 등은 GPS와 큰 상관이 없다.

31.
그림과 같이 2개의 수준점 A, B를 기준으로 임의의 점 P의 표고를 측량한 결과 A점을 기준으로 42.375m와 B점을 기준으로 42.363m를 관측하였다. 이때 P점의 표고는?

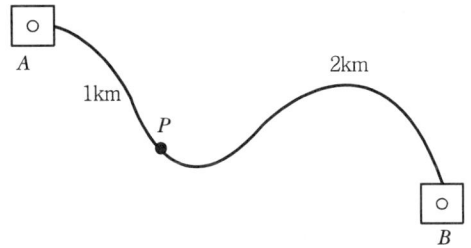

① 42.367m ② 42.369m
③ 42.371m ④ 42.373m

해설 P점의 최확값

$$P_1 : P_2 = \frac{1}{S_1} : \frac{1}{S_2} = \frac{1}{1} : \frac{1}{2} = 2 : 1$$

$$L_0 = \frac{(P_1 l_1 + P_2 l_2)}{P_1 + P_2}$$

$$= \frac{(2 \times 42.375) + (1 \times 42.363)}{2+1} = 42.371\text{m}$$

32.
캔트 계산에 있어서 속도와 곡선 반지름을 각각 4배로 하면 캔트는 몇 배로 되는가?

① 2배 ② 3배
③ 4배 ④ 16배

해설 완화곡선에서 곡선반경의 증가율은 캔트의 감소율과 동률(다른 부호)이므로 반지름이 4배가 되면 캔트는 1/4배가 된다.

33.
항공사진의 축척에 대한 설명으로 옳은 것은?

① 초점거리와 비행고도에 비례한다.
② 초점거리와 비행고도에 반비례한다.
③ 초점거리에 비례하고 비행고도에 반비례한다.
④ 초점거리에 반비례하고 비행고도에 비례한다.

해설 사진축척 $M = \frac{1}{m}$

$\frac{l}{L} = \frac{f}{H}$ (L : 실제거리, l : 도상거리, H : 비행거리, f : 초점거리)

항공사진의 축척은 초점거리에 비례하고 비행고도에 반비례한다.

Answer 31. ③ 32. ③ 33. ③

34. 굴뚝의 높이를 관측하기 위하여 굴뚝과 동일지반고상의 A, B점에서 굴뚝 꼭대기까지의 연직각을 관측한 결과 A에서는 30°, B에서는 45°이었다. AB 간의 수평거리가 50m라고 하면, 이 굴뚝의 높이는?(단, A, B점의 기계고 : 1.5m로 동일)

① 42.4m
② 52.4m
③ 68.3m
④ 69.8m

해설

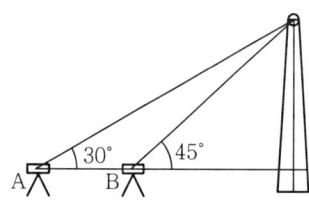

사인법칙에 의거 계산하면
$$\frac{a}{\sin A} = \frac{b}{\sin B} = \frac{c}{\sin C} = 2R$$
$$\frac{50}{\sin 15°} = \frac{b}{\sin 30°} = b = 96.6\text{m},$$
$$\frac{96.6}{\sin 90°} = \frac{c}{\sin 45°} = c = 68.3\text{m}$$
∴ 68.3 + 기계고(1.5m) = 69.8m

35. 터널측량에서 터널 입구 A와 출구 B를 트래버스측량하여 위거의 합 50.4m, 경거의 합 81.2m를 얻었다면 AB의 거리는?

① 95.6m
② 90.6m
③ 85.6m
④ 75.6m

해설 AB 간의 거리 = $\sqrt{(\text{위거의 합})^2 + (\text{경거의 합})^2}$
$= \sqrt{(50.4)^2 + (81.2)^2} = 95.6\text{m}$

36. 사진면에 직교하는 광선과 연직선이 이루는 각을 2등분하는 광선이 사진면과 만나는 점은?

① 등각점
② 주점
③ 연직점
④ 수평점

해설 등각점은 사진면에 직교되는 광선과 연직선이 이루는 각을 2등분하는 광선이 사진면에 마주치는 점으로 경사변위의 회전축이 되며 이를 중심으로 하는 복사각은 지면이 평탄한 경우에 화면경사가 크더라도 대응하는 지면상의 수평각과 같게 된다.

37. 키가 1.7m인 사람이 표고 200m의 산정에서 볼 수 있는 수평거리는?(단, 지구를 곡률반지름이 6370km인 구(球)로 가정)

① 약 4km
② 약 10km
③ 약 25km
④ 약 50km

해설 비례식으로 생각하면
$1.7 : 200 = X : 6,370,000\text{m}$
∴ $X = \dfrac{1.7 \times 6,370,000}{200} = 54,145\text{m}$

38. 교각(I)과 반지름(R)을 알고 있는 원곡선의 외할(E)을 구하는 공식은?

① $E = R \times \tan \dfrac{I}{2}$
② $E = R\left(\sec \dfrac{I}{2} - 1\right)$
③ $E = R\left(1 - \cos \dfrac{I}{2}\right)$
④ $E = 2R \times \sin \dfrac{I}{2}$

해설 노선측량에서 외할 $E = SL = R\left(\sec \dfrac{I}{2} - 1\right)$ 이다.

39. GPS 위성의 신호 구성요소가 아닌 것은?

① P 코드
② C/A 코드
③ RINEX
④ 항법메시지

해설
1. GPS 측량위성에서 발사하는 신호체계는 반송파(L1, L2), 코드(P, C/A, Y) 등이 있으며 항법메시지는 반송파에 포함되어 있다.
2. GPS 반송파에는 P 코드와 C/A 코드로 구분된다.
   1) P 코드
      - 반복주기가 7일인 PRN code(Pseudo-Random Noise codes)이다.
      - 주파수가 10.23MHz이며 파장은 30m이다.
      - AS mode로 동작하기 위해 Y-code로 암호화되어 PPS 사용자에게 제공된다.
      - PPS(Precise Positioning Service, 정밀측위서비스) : 군사용
   2) C/A 코드
      - 1ms(milli-scond)인 PPN code
      - 주파수는 1.023MHz이며 파장은 300m이다.
      - L1 반송파에 변조되어 SPS 사용자에게 제공
      - SPS(Standard Positioning Service, 표준측위서비스) : 민간용

40. 항공사진측량으로 촬영된 사진에 대한 설명으로 옳은 것은?

① 수직사진은 경사각 10° 이내의 사진을 말한다.
② 항공사진측량은 수평사진을 주로 이용한다.
③ 초광각 사진기의 화각(피사각)은 120°이다.
④ 항공사진 촬영 시 사진은 정사투영으로 취득된다.

해설 항공사진촬영용 카메라의 성능 중 초광각 카메라의 피사각(화각)은 120°, 광각 카메라의 피사각은 90°, 보통각 카메라의 피사각은 60°이다.

Answer 38. ② 39. ③ 40. ③

03 토지정보체계론

41. 다음 중 지적도 전산화 목적으로 옳지 않은 것은?
① 지적도면의 신축으로 인한 원형 보관 관리의 어려움 해소
② 대민서비스의 질적 향상 도모
③ 수치지형도의 위조 방지
④ 토지정보시스템의 기초 데이터 활용

해설 지표면상의 자연적인 또는 인공적인 지형의 상호위치관계를 수평적 또는 수직적으로 관측하여 그 결과를 일정한 축척과 도식(기호)으로 도면에 나타낸 것을 지형도라고 한다. 따라서 토지의 경계가 등록된 지적도는 수치지형도의 위조 방지와는 무관하다.

42. 다음 중 데이터에 대한 정보로서 데이터의 내용, 품질, 조건 및 기타 특성에 대한 정보를 포함하는 정보의 이력서라고 할 수 있는 것은?
① Vita
② Resume
③ Metadata
④ Life history

해설 메타데이터란 데이터의 이력서라 할 수 있다.

43. 다음 중 공간자료의 일반화 과정에서 고려하여야 할 사항으로 옳지 않은 것은?
① 지도 사용 목적에 부합
② 데이터 저장 용량의 증대
③ 공간자료의 정확도 유지
④ 공간자료의 복잡성

해설 공간자료의 일반화
1. 나누어진 분류를 필요에 따라 세분하는 것을 세분화라 하고 이와 반대로 나누어진 항목을 합쳐서 분류 항목을 줄이는 것은 일반화라고 한다.
2. 일반화란 지도에서 동일 특성을 갖는 지역의 결합을 의미하는 것으로서 일정기준에 의하여 유사한 분류명을 갖는 폴리곤끼리 합침으로서 분류의 정도를 낮추는 것이다.
3. 세분화와 일반화

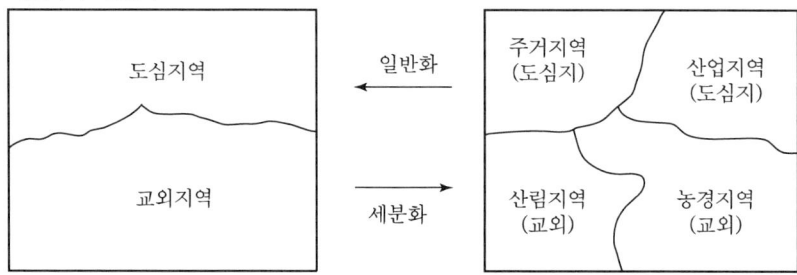

Answer 41. ③ 42. ③ 43. ②

44. 다음 중 DXF 파일의 저장 형식은?
① OGIS
② SPARC
③ ASCII
④ KSC-5601

해설 AutoCAD의 DXF(Drawing eXchange Format)
1. 서로 다른 CAD 프로그램 간에 설계도면 파일을 교환하는 데 사용되는 파일 형식
2. ASCII 코드 형태 그래픽 자료 파일 형식으로 *.dxf를 확장자로 가진다.
3. 미국정보교환표준부호(ASCII : American Standard Code for Information Interchange)

45. 토지정보체계의 데이터 모델 생성과 관련된 개체(Entity)와 객체(Object)에 대한 설명으로 틀린 것은?
① 객체는 컴퓨터에 입력한 이후 개체로 불린다.
② 객체는 도형과 속성정보 이외에도 위상정보를 갖게 된다.
③ 개체는 데이터 모델을 이용하여 정량적인 정보를 갖게 된다.
④ 개체는 서로 다른 개체들과의 관계성을 가지고 구성된다.

해설 1. 개체는 존재하는 것, 즉 실체를 의미한다.
2. 개체들은 서로 관련되어있는 속성(Attribute)과 연관관계(Relationship)를 가지고 있다.
3. 객체는 사물을 표현하는 단위로서 속성과 행위를 갖는 실세계 개체이다.

46. 다음 중 데이터베이스의 장점에 해당하지 않은 것은?
① 데이터의 무결성
② 데이터의 공유성
③ 데이터의 중복성
④ 데이터의 일관성

해설 데이터베이스는 자료의 독립성이 유지된다.

47. 행정구역의 명칭이 변경된 때에 지적소관청은 국토교통부장관에게 행정구역변경일 며칠 전까지 행정구역의 코드변경을 요청하여야 하는가?
① 10일 전
② 20일 전
③ 30일 전
④ 60일 전

해설 부동산종합공부시스템 운영 및 관리규정 제20조(행정구역코드의 변경)
행정구역의 명칭이 변경된 때에는 지적소관청은 시·도지사를 경유하여 국토교통부장관에게 행정구역 변경일 10일 전까지 행정구역의 코드변경을 요청하여야 한다.

48. 다음 중 사용자의 필요에 따라서 일정기준에 맞추어 자료를 나누는 것은?
① 분류(Classification)
② 일반화(Generalization)
③ 질의(Query)
④ 세선화(Thinning)

Answer 44. ③ 45. ① 46. ③ 47. ① 48. ①

해설 공간자료 분석
- 분류 : 사용자의 필요에 따라서 일정기준에 맞추어 데이터를 나누는 것
- 일반화 : 일정기준에 의하여 유사한 분류명을 갖는 폴리곤끼리 합치는 것
- 질의 : 조건에 따라 속성 데이터베이스에서 정보를 추출하는 것
- 세선화 : 객체의 형태를 변화시키지 않는 범위에서 적절히 좌표 수를 줄임

49. 다음 중 토지정보시스템의 구성요소에 해당하지 않은 것은?

① 하드웨어
② 조직 및 인력
③ 토지정보지식
④ 소프트웨어

해설 토지정보시스템은 조직과 인력, 자료, 소프트웨어, 하드웨어로 구성된다.

50. 다음 중 메타데이터의 기본적인 요소가 아닌 것은?

① 공간참조
② 자료의 내용
③ 정보 획득 방법
④ 공간자료의 구성

해설 메타데이터의 기본요소
1. 개요 및 자료 소개(Identification)
2. 자료 품질(Quality)
3. 자료의 구성(Organization)
4. 공간참조를 위한 정보(Spatial Reference)
5. 형상 및 속성 정보(Entity & Attribute Information)
6. 정보 획득 방법
7. 참조정보(Metadata Reference)

51. 다음 중 토지정보시스템에서 필지식별번호의 역할로 가장 옳은 것은?

① 공간정보와 속성정보를 링크한다.
② 공간정보에서 어느 한 개를 선택하여 작성할 때 사용한다.
③ 속성정보의 자료량을 줄이는데 사용한다.
④ 공간정보의 자료량을 줄이는데 사용한다.

해설 필지식별번호
1. 각 필지별 등록사항의 저장과 수정 등을 용이하게 처리할 수 있는 고유번호
2. 지적도에 등록된 모든 필지에 고유번호를 부여하여 개별화함으로써 필지별 대장의 등록사항과 도면의 등록사항을 연결시키며, 기타 토지자료파일과 연계하거나 검색하는 등 필지에 관련된 모든 자료의 공통적 색인번호의 역할을 한다.

52. 다음 중 토지정보시스템(LIS)의 필요성으로 옳은 것은?

① 수치지적도 제작의 자동화
② 도면자료와 대장자료의 효율적 관리
③ 행정의 공개화
④ 지적 불부합지 문제 해결

해설 토지정보시스템은 지적 등 토지 관련 재산권 정보의 효율적 관리를 위해 필지 단위로 지적공부를 전산화한 시스템이다.

53. 다음 중 제7차(2023~2027년) 국가공간정보정책 기본계획 비전으로 옳은 것은?

① 녹색성장을 위한 그린(GREEN) 공간정보사회 실현
② 공간정보로 실현하는 국민행복과 국가발전
③ 공간정보 융·복합 르네상스로 살기 좋고 풍요로운 스마트코리아 실현
④ 모든 데이터가 연결된 디지털트윈 KOREA 실현

해설 국가공간정보정책 기본계획 비전
1. 제4차(2010~2015년) : 녹색성장을 위한 그린(GREEN) 공간정보사회 실현
2. 제5차(2013~2017년) : 공간정보로 실현하는 국민행복과 국가발전
3. 제6차(2018~2022년) : 공간정보 융·복합 르네상스로 살기 좋고 풍요로운 스마트코리아 실현
4. 제7차(2023~2027년) : 모든 데이터가 연결된 디지털트윈 KOREA 실현

54. 다음 중 다목적지적의 3대 기본요소로만 나열된 것은?

① 지적도, 임야도, 지적기준점
② 측지기준망, 기본도, 지적중첩도
③ 기본도, 임야중첩도, 필지식별번호
④ 측지기준망, 필지식별번호, 토지자료파일

해설 다목적지적
1. 다목적지적은 필지 단위로 토지와 관련된 기본적인 정보를 즉시 이용이 가능하도록 종합적으로 제공하여 주는 기본 시스템
2. 다목적지적제도는 일필지를 단위로 토지 관련 정보를 종합적으로 등록하고 그 변경사항을 항상 최신화하여 신속·정확하게 지속적으로 토지에 대한 정보를 제공하는 제도

55. 다음 중 인접성(Neighborhood)에 대한 설명으로 옳지 않은 것은?

① 서로 이웃하여 있는 폴리곤 간의 관계를 말한다.
② 폴리곤이나 객체들의 포함 관계를 말한다.
③ 정확한 파악을 위해서는 상, 하, 좌, 우와 같은 상대적 위치성도 파악하여야 한다.
④ 공간객체 간 상호 인접성에 기반을 둔 분석에 필요하다.

해설 계급성이란 폴리곤 간의 포함관계를 나타낸다.

56. 디지타이징 및 벡터자료의 편집에서 어떤 선이 다른 선과의 교차점까지 연결되어야 하는데 그것을 지나서 선이 끝나는 상태의 오류를 무엇이라 하는가?

① 언더쉬트(Undershoot)
② 오버쉬트(Overshoot)
③ 슬리버(Sliver)
④ 오버래핑(Overlapping)

Answer 53. ④ 54. ② 55. ② 56. ②

해설 디지타이징 오차의 유형

언더쉬트	오버쉬트	슬리버
A, B 도형	A, B 도형	A, B, C 도형

57. 공간상에 알려진 표고값이나 속성값을 이용하여 표고나 속성값이 알려지지 않은 지점에 대한 값을 추정하는 것을 무엇이라 하는가?

① 일반화
② 동형화
③ 공간보간
④ 지역분석

해설
① 일반화 : 일정기준에 의하여 유사한 분류명을 갖는 폴리곤끼리 합치는 것
② 동형화 : 서로 다른 레이어 간에 존재하는 동일한 객체의 크기와 형태가 동일하게 되도록 보정하는 방식
③ 지역분석 : 특정 위치를 에워싸고 있는 주변 지역의 특성을 추출하는 것

58. 미국 연방 정부의 표준으로 채택되어 공간 자료의 교환 표준뿐만 아니라 수치지도의 제작, 관리, 유통 등에 이르는 광범위한 기능과 역할을 담당하며, 호주, 뉴질랜드, 한국 등의 국가에서도 채택하고 있는 데이터의 교환표준은?

① DIGET(Digital Geographic Exchange Standard)
② MIF(Map-info Interchange Format)
③ SDTS(Spatial Data Transfer Standard)
④ NTF(Neutral Transfer format)

해설 SDTS(Spatial Data Transfer Standard)
1. 지리정보시스템은 그 특성상 대용량의 GIS 데이터를 사용하며, 다양한 운영체제와 하드웨어 상에서 구현된다.
2. 이렇게 상이한 운영체제와 하드웨어상의 공간데이터는 일반적으로 서로 다른 GIS 데이터 포맷을 갖고 있기 때문에 효율적인 자료 교환이 불가능하다면 데이터 공유가 매우 어려울 뿐만 아니라 공통 데이터의 중복 보관 및 관리로 인해 막대한 경제적 손실을 가져온다.
3. 이와 같은 문제점을 해결하기 위해 국외에서는 이미 GIS 데이터 교환을 위한 방안으로 공통 교환 표준 포맷 작업이 10여 년 전부터 진행되어 왔으며, 국내의 경우도 국가 차원에서 지리 정보시스템의 국가 표준을 설정하고, 기본 공간 데이터베이스를 구축하고 있다.
4. 국가 기본 포맷과 공통 데이터 교환 포맷의 표준으로 SDTS를 채택하였다.

59. 다음 중 벡터데이터에 대한 설명으로 옳지 않은 것은?
① 지도와 비슷하고 시각적 효과가 높으며 실세계의 묘사가 가능하다.
② 디지타이징에 의해 입력된 자료가 해당된다.
③ 벡터데이터는 상대적으로 자료구조가 단순하며 체인코드, 블록코드 등의 방법에 의한 자료의 압축 효율이 우수하다.
④ 위상에 관한 정보가 제공되므로 관망 분석과 같은 다양한 공간분석이 가능하다.

해설 래스터데이터는 상대적으로 자료구조가 단순하며 체인코드, 블록코드 등의 방법에 의한 자료의 압축 효율이 우수하다.

60. 다음 중 지표면을 3차원으로 표현할 수 있는 수치표고 자료의 유형은?
① DEM 또는 TIN
② JPG 또는 GIF
③ SHF 또는 DBF
④ REM 또는 GUM

해설 수치표고 자료 유형
1. 수치표고모델(DEM : Digital Terrain Elevation) : DEM에서 표고(Elevation)는 기준면에서의 높이이다. 이는 자료에 포함된 점의 절대고도 또는 표고를 말한다. DEM은 격자 형태로 공간적으로 규칙적인 표고를 포함하는 자료이다.
2. 불규칙 삼각망(TIN : Triangulated Irregular Network) : 디지털 지형 모델링에서 지형정보를 저장하기 위한 벡터 기반의 데이터 구조, TIN은 자료모델에서는 지형이 선택적으로 추출된 표고점들을 일관된 삼각망 구성방법으로 연결시킴으로써 중복되지 않는 삼각면을 형성하는 연속적인 모자이크 표면으로 저장된다.

04 지적학

SUBJECT

61. 다음 중 토지조사사업 당시 일필지조사와 관련이 가장 적은 것은?
① 경계조사
② 지목조사
③ 지주조사
④ 지형조사

해설 일필지조사의 내용
지주의 조사, 강계 및 지역의 조사, 지목의 조사, 증명 및 등기필지의 조사, 각종의 특별조사

Answer 59. ③ 60. ① 61. ④

62. 지번의 설정 이유 및 역할로 가장 거리가 먼 것은?

① 토지의 개별화
② 토지의 특정화
③ 토지의 위치 확인
④ 토지이용의 효율화

해설 지번의 개념
1. 지번의 의의 : 지번이란 지리적 위치의 고정성과 토지의 특정화, 개별성을 확보하기 위해 리·동의 단위로 필지마다 아라비아 숫자로 순차적으로 부여하여 지적공부에 등록한 번호를 말한다.
2. 지번의 역할
   ① 장소의 기준
   ② 물권표시의 기준
   ③ 공간계획의 기준
3. 지번의 기능
   ① 토지의 고정화
   ② 토지의 특정화
   ③ 토지의 개별화
   ④ 토지위치의 확인
   ⑤ 행정주소표기, 토지이용의 편리성
   ⑥ 토지관계 자료의 연결매체 기능
4. 지번의 표기
   ① 지번은 아라비아 숫자로 표기한다.
   ② 임야대장 및 임야도에 표시하는 지번은 숫자 앞에 "산"자를 붙여 표시한다.
   ③ 지번은 본번과 부번으로 구성하되, 본번과 부번 사이에 "-" 표시로 연결한다.

63. 다음의 보기에서 설명하는 내용의 의미로 옳은 것은?

> 지번, 지목, 경계 및 면적은 국가가 비치하는 지적공부에 등록해야만 공식적 효력이 있다.

① 지적공개주의
② 지적국정주의
③ 지적비밀주의
④ 지적형식주의

해설 지적의 기본이념
1. 기본이념의 종류
   ① 지적국정주의 : 지적공부의 등록사항은 국가만이 이를 결정할 수 있다는 이념
   ② 지적형식주의 : 등록사항은 지적공부에 등록·공시하여야만 효력이 인정되는 이념
   ③ 지적공개주의 : 지적공부의 등록사항은 소유자, 이해관계인 등에게 공개하여 이용하게 함
   ④ 실질적심사주의(사실심사) : 등록이나 변경등록은 절차상의 적법성뿐만 아니라 사실관계의 부합 여부를 심사한다는 이념
   ⑤ 직권등록주의(강제등록주의) : 모든 필지는 강제적으로 등록·공시하여야 함
2. 지적형식주의(形式主義)
   ① 형식주의라 함은 국가의 통치권이 미치는 모든 영토를 필지 단위로 구획하여 지번, 지목, 경계, 좌표, 면적 등을 정한 다음 국가기관의 장인 시장, 군수, 구청장이 비치하고 있는 공적장부인 지적공부에 등록·공시해야만이 효력이 인정된다는 이념
   ② 모든 토지는 지적공부에 등록·공시해야만이 토지 등기가 가능하게 되어서 토지에 대한 평가, 과세, 거래, 토지이용계획 등의 기존 자료로 활용될 수 있는데 이는 형식주의에 의한 공시효력을 인정하고 있기 때문

64. 지적제도가 공시제도로서 가장 중요한 기능이라 할 수 있는 것은?

① 토지 거래의 기준
② 토지 등기의 기초
③ 토지 과세의 기준
④ 토지 평가의 기초

해설 지적의 역할
1. 토지 등기의 기초 : 우리나라의 토지공시체계는 토지의 표시현황에 대하여는 토지대장을 기초로 등기부를 정리하고, 소유권의 득실변경에 관하여는 등기부를 기초로 토지대장을 정리하도록 하고 있는 등 지적제도와 등기제도는 상호보완관계에 있음
2. 토지 평가의 기준 : 모든 토지를 지적공부에 등록한 후 그 등록사항을 기초로 기준지가를 결정하여 토지등급과 기준수확량등급을 설정하여 토지에 대한 평가의 기초자료로 활용
3. 토지 과세의 기준 : 모든 토지는 지적공부에 등록된 필지단위로 지목, 면적, 토지등급에 의하여 재산세와 취득세, 양도소득세와 상속세 등의 세금을 과세
4. 토지 거래의 기준 : 거래대상의 토지에 관한 현황을 지적공부에 의하여 알 수 있으며 지적공부에 등록된 지번, 지목, 면적, 경계 등을 기준으로 거래대상이 되므로, 부동산등기부와 함께 토지거래의 기준이 됨
5. 토지이용계획의 기초 : 지적공부에 등록된 등록사항은 국토종합개발계획, 도시개발사업, 재개발사업 등 각종 토지이용계획 및 개발계획 등의 기초자료로 활용되며 이를 기초로 각종 부동산정책을 입안, 결정, 집행

65. 세지적(稅地籍)에 대한 설명으로 옳지 않은 것은?

① 면적본위로 운영되는 지적제도이다.
② 과세자료로 이용하기 위한 목적의 지적제도이다.
③ 토지 관련 자료의 최신 정보 제공 기능을 갖고 있다.
④ 가장 오랜 역사를 가지고 있는 최초의 지적제도다.

해설 발전과정에 따른 지적제도의 분류
1. 세지적(Fiscal Cadastre)
   ① 국가재정에 필요한 세금의 징수를 주목적으로 하는 제도이며 과세지적이라고도 함
   ② 국가재정이 토지세에 의존하던 농경시대에 개발된 최초의 지적제도
   ③ 필지별 세액산정을 위해 면적본위로 운영
2. 법지적(Legal Cadastro)
   ① 토지거래의 안전과 소유권보호를 주목적으로 하는 제도로서 소유권지적이라고도 함
   ② 토지이용의 다양성과 상품성이 강조된 산업화시대(17세기 유럽)에 개발된 제도
   ③ 일반적으로 지적과 등기의 통합 형태이며 일필지와 소유권에 따라 결정되고 표현됨
   ④ 토지법, 등기법, 지적법 등 토지등록에 관한 기본법 제정을 기본요소로 함
   ⑤ 소유권의 한계설정 및 경계복원가능성이 강조되고 위치본위로 운영
3. 다목적지적(Multi-Purposs Cadastre)
   ① 토지의 각종 등록자료의 관리 및 공급으로 토지이용의 효율성을 추구하는 제도
   ② 종합지적 또는 통합지적이라고도 함
   ③ 토지소유권, 토지이용, 토지평가, 토지자원관리에 관한 의사결정에 필요한 정보를 포함
   ④ 등록자료의 통계, 추정, 검증, 분석이 가능한 프로그램에 의하여 컴퓨터시스템으로 운영할 때 가능한 종합적 토지정보시스템

Answer 64. ② 65. ③

66. 토지조사사업 당시 토지에 대한 사정(査定) 사항은?

① 경계 ② 면적 ③ 지목 ④ 지번

해설 토지조사사업 당시 사정의 대상
1. 사정의 대상은 토지소유자와 토지강계
2. 토지소유자는 자연인, 법인, 서원, 종중 등을 인정
3. 토지의 강계는 강계선만이 사정의 대상이 되었고 지역선은 제외
※ 강계는 임야조사사업부터 경계로 사용됨

67. 다음 중 등록방법에 따른 지적의 분류에 해당하는 것은?

① 법지적 ② 입체지적 ③ 수치지적 ④ 적극적 지적

해설 지적제도의 분류방법
1. 발전과정에 따른 분류 : 세지적, 법지적, 다목적지적
2. 표시방법에 따른 분류 : 도해지적, 수치지적, 계산지적
3. 등록대상에 따른 분류 : 2차원지적, 3차원지적, 4차원지적

68. 토지의 지리적 위치의 고정성과 개별성을 확보하고 필지의 개별적 구분을 해주는 토지표시사항은?

① 면적 ② 지목 ③ 지번 ④ 소유자

해설 지번이란 지리적 위치의 고정성과 토지의 특정화, 개별성을 확보하기 위해 리·동의 단위로 필지마다 아라비아 숫자로 순차적으로 부여하여 지적공부에 등록한 번호를 말한다.

69. 토지검사에 해당하지 않는 것은?

① 지압조사 ② 측량 확인 ③ 토지조사 ④ 이동지 검사

해설 토지검사(土地檢査)
1. 토지검사의 개념
   ① 토지에 대한 변경이 있는 경우 세무(지적)공무원이 지세(지적)관계법령에 의하여 실시하는 검사로서 신고 또는 신청사항의 확인을 목적으로 함
   ② 무신고이동지 조사를 위한 토지검사는 지압조사라 하여 일반 토지검사와 구별
2. 토지검사의 대상
   ① 비과세지성(국유지성은 제외)
   ② 분할지의 지위품 등이 비동일할 경우
   ③ 지목 및 임대가격의 설정 또는 수정
   ④ 각종 면세연기, 감세연기 또는 연기연장
   ⑤ 재해지면세 및 사립학교용지 면세
   ⑥ 지적오류정정
※ 토지조사는 토지소유권을 확립하는데 필요한 여러 가지 사항을 조사하는 것으로서 우리나라는 1910~1018년 토지소유권·토지가격·지형지모 등 토지조사사업을 실시하여 근대적 지적제도를 확립

Answer 66. ① 67. ② 68. ③ 69. ③

70. 지번의 진행방향에 따라 부번방식(附番方式)이 아닌 것은?

① 기우식(奇偶式)　　② 사행식(蛇行式)
③ 우수식(隅數式)　　④ 절충식(折衷式)

해설 지번부여방법의 종류
1. 진행방향에 따른 분류 : 사행식, 기우식(교호식), 단지식(블럭식), 절충식
2. 부여단위에 따른 분류 : 지역단위법, 도엽단위, 단지단위법
3. 기번위치에 따른 분류 : 북동기번법, 북서기번법

71. 필지의 정의로 옳지 않은 것은?

① 토지소유권 객체단위를 말한다.
② 국가의 권력으로 결정하는 자연적인 토지단위이다.
③ 하나의 지번이 부여되는 토지의 등록단위를 말한다.
④ 지적공부에 등록하는 토지의 법률적인 단위를 말한다.

해설 일필지
1. 일필지의 개념
   ① 필지는 법적으로 물권이 미치는 권리의 객체로서 토지의 등록단위, 소유단위, 이용단위
   ② 필지는 소유자와 용도가 동일하고 지반이 연속되어 하나의 지번이 부여되는 토지의 기본단위
   ③ 소유권의 단위인 동시에 경영의 단위
   ④ 토지에 대한 물권의 효력이 미치는 범위를 정하고 거래단위로서 개별화, 특정화시키기 위하여 인위적으로 구획한 법적 등록단위
   ⑤ 지적측량에 의하여 일정한 직선으로 연결한 폐합다각형으로 지적(임야)도 위에 나타남
2. 일필지의 정의
   ① 일필지는 "지적공부에 등록하는 토지의 법률적인 단위구역"으로서 "법적인 토지등록단위"
   ② 일필지는 폐다각형으로 규정되며 지번, 지목, 경계 및 면적 등의 사항이 정해짐
※ 필지는 자연적인 토지단위가 아닌 인위적인 토지단위임

72. 대나무가 집단으로 자생하는 부지의 지목으로 옳은 것은?

① 공원　　② 임야
③ 유원지　　④ 잡종지

해설 임야
산림 및 원야(原野)를 이루고 있는 수림지(樹林地)·죽림지·암석지·자갈땅·모래땅·습지·황무지 등의 토지(공간정보의 구축 및 관리 등에 관한 법률 시행령 제58조제5호)

73. 일필지의 경계와 위치를 정확하게 등록하고 소유권의 한계를 밝히기 위한 지적제도는?

① 법지적　　② 세지적
③ 유사지적　　④ 다목적지적

Answer　70. ③　71. ②　72. ②　73. ①

해설 발전과정에 따른 지적의 분류
1. 세지적(Fiscal Cadastre)
   ① 국가재정에 필요한 세금의 징수를 주목적으로 하는 제도이며 과세지적이라 함
   ② 국가재정이 토지세에 의존하던 농경시대에 개발된 최초의 지적제도
   ③ 필지별 세액산정을 위해 면적본위로 운영
2. 경제지적(Economic Cadastre)
   ① 도시계획이나 농지개량사업의 기초가 되는 지적제도로서 유사지적이라고도 함
   ② 지형과 지물에 특히 중점을 두고 오히려 지적의 생명이라 할 수 있는 일필지의 경계에는 그다지 신경 쓰지 않는 특징
3. 법지적(Legal Cadastre)
   ① 토지거래의 안전과 소유권보호를 주목적으로 하는 제도로서 소유권지적이라 하며, 지적의 개념이 토지소유권 보호를 위한 기능으로 변화됨을 의미
   ② 토지이용의 다양성과 상품성이 강조된 산업화시대(17세기 유럽)에 개발된 제도
   ③ 소유권의 한계설정과 경계복원의 가능성이 강조되고 위치본위로 운영
4. 환경지적(Environmental Cadastre)
   ① 환경지적은 자료에 대한 지역적 Basis를 제공하는 필지와 더불어 자연적, 인공적인 환경의 모든 속성을 포함하는 데이터베이스
   ② 인공현상으로는 물리적 구조, 토지의 자연 형상으로는 수로, 초목, 토양 등이 있음
   ③ 최근에는 다목적지적의 출현으로 환경지적이 무시되는 경향이 있음
5. 다목적지적(Multi-Purposs Cadastre)
   ① 다목적지적은 토지이용의 효율화를 위해 토지에 대한 모든 관련 자료를 일필지를 기초로 집적관리하고 공급하는 제도로서 토지관련정보의 종합적인 기록유지와 공급의 종합토지정보시스템
   ② 토지에 관한 등록자료의 용도가 다양화함에 따라 더 많은 자료의 관리와 이를 신속하고 정확하게 공급하기 위한 제도
   ③ 토지의 각종 등록 자료의 관리 및 공급으로 토지이용의 효율성을 추구하는 제도
   ④ 종합지적 또는 통합지적이라 함

74. 다음 중 증보도는 어느 것에 해당되는가?
① 지적도이다.
② 지적 약도이다.
③ 지적도 부본이다.
④ 지적도의 부속품이다.

해설 증보도는 신규등록, 등록전환 등의 토지이동으로 인하여 기존의 지적도에 등록하지 못할 위치에 등록할 토지가 생긴 경우 새로이 작성하는 지적도를 말한다.

75. 지적제도와 등기제도를 서로 다른 기관에서 분리하여 운영하고 있는 국가는?
① 독일
② 대만
③ 일본
④ 프랑스

해설 외국의 지적제도 및 등기제도 운영 현황
1. 프랑스 : 지적공부는 토지대장, 건물대장, 지적도, 도엽기록부 및 색인부로 구성되어 있으며, 지적업무는 중앙은 경제·재정·산업무의 세무국 산하 지적과와 등기과에서 운영되고, 지방은 지방사무국(시·도), 지적사무소(시·군)에서 담당하고, 지적과 등기가 이원화 되어 있으나 접수창구의 일원화와 전산화로 사실상 일원화로 운영
2. 독일 : 독일은 지적제도는 행정부에서 관할하고, 등기제도는 사법부에서 관할하는 이원화 체제로 운영되는 국가로서, 지적공부는 부동산지적부, 부동산지적도, 수치지적부 등으로 구성되어 있고, 등기부는 물적 편성주의에 따라 개별 부동산을 중심으로 편성하고 있으며, 관계 법률은 지적 및 측량법과 부동산등기법으로 이원화되어 있고, 각 주별로 상이한 법률을 제정하여 운용
3. 스위스 : 지적공부가 부동산등록부, 소유자별대장, 지적도, 수치지적부로 구성되어 있으며, 지적과 등기가 일원화 처리됨
4. 네덜란드 : 네덜란드는 창설 당시부터 지적과 등기가 통합되어 운영되는 국가로서, 지적공부는 위치대장, 부동산등록부, 지적도로 구성되어 있고, 지적업무는 중앙은 주택·도시계획·환경성에서 관장하고 지방은 지방지적청에서 관장
5. 일본 : 지적공부는 토지 및 건물등기부, 지적도가 있으며, 지적업무는 법무성에서 관장하고 측량은 토지가옥조사사가 시행하며, 1960년 부동산등기법이 개정되어 등기제도와 지적제도가 통합됨
6. 대만 : 지적공부는 토지등기부, 건축물등기부, 지적도가 있으며 지적업무는 내정부 지적국에서 담당하고 측량은 공무원이 직접 시행하며, 대만정부 수립 후 1930년 국민당 정부가 제정·공포하여 대륙 본토에서 시행하던 토지법을 대만에도 그대로 적용하여 지적과 등기를 일원화되어 지정사무소에서 지적 및 등기업무를 처리함
※ 우리나라는 독일과 같이 지적제도는 행정부, 등기제도는 사법부에서 이원체제로 운영

76. 우리나라 임야조사사업 당시의 재결기관으로 옳은 것은?

① 도지사
② 임야조사위원회
③ 고등토지조사위원회
④ 세부측량검사위원회

해설 임야조사사업 당시의 재결기관은 임야조사위원회이다.

토지조사사업과 임야조사사업의 사정(査定)사항 비교

구분	토지조사사업	임야조사사업
사정권자	임시토지조사국장	도지사
사정기관	–	임야심사위원회
조사 및 측량기관	임시토지조사국	부 또는 면
자문기관	지방토지조사위원회	–
재결기관	고등토지조사위원회	임야조사위원회

77. 통일신라시대의 신라장적에 기록된 지목과 관계없는 것은?

① 답
② 전
③ 수전
④ 마전

해설 신라장적문서
1. 특징
    ① 지금의 청주지방인 신라 서원경 부근 4개 촌락에 해당되는 문서로서 현존하는 가장 오래된 지적공부이다.
    ② 일본의 동대사 정창원에서 발견되었다.
    ③ 3년간의 사망, 이동 등 변동내용이 기록되어 3년마다 기록한 것으로 추정된다.
2. 기록 내용
    ① 촌명(村名), 마을의 둘레, 호수의 넓이 등
    ② 인구수, 논과 밭의 넓이, 과실나무의 수, 마전, 소와 말의 수
3. 주요 지목
    ① 관모전·답(官謨田·畓) : 호구조사나 양전사업 등에 소요되는 비용을 충당하기 위해 설정된 토지로서, 국가에 소유권이 있는 공전(公田)
    ② 내시령답(內視令畓) : 문무관료전의 일부로서 내시령이라는 관직에 있는 관리에게 수확량의 일정 비율을 지급하는 직전(職田)으로서, 국가에 소유권이 있는 공전(公田)
    ③ 연수유전·답(烟受有田·畓) : 일반 백성인 공연(孔烟=丁戶)이 국가로부터 지급받아 경작하는 전·답으로서, 촌주위답(村主位畓)이 포함된 사전(私田)이며, 신라장적문서의 전체 토지 중 90% 이상을 차지함
    ④ 촌주위답(村主位畓) : 촌주의 직무에 대한 대가로 주어진 면조지(免租地)로서 연수유답 위에 설정됨
    ⑤ 마전(麻田) : 공물(貢物)을 마련하기 위해 마을 공동으로 삼(麻, 마)을 재배하던 토지로서, 농민들에게 소유권이 있는 사전(私田)이며, 신라장적문서에 기록된 4개의 촌락에 마전의 면적이 거의 균등하게 기재됨
    ⑥ 정전(丁田) : 신라시대 성인 남자에게 지급한 토지권 연수유전·답과 성격이 일치하는 것으로 추정

78. 공훈의 차등에 따라 공신들에게 일정한 면적의 토지를 나누어 준 것으로, 고려시대 토지제도 정비의 효시가 된 것은?

① 관료전 ② 공신전 ③ 역분전 ④ 정전

해설 역분전(役分田)
940년(태조 23년) 관계(官階)에 관계없이 공로·인품·충성도 등 논공행상에 따라 지급된 토지

79. 1필지로 정할 수 있는 기준에 해당하지 않는 것은?

① 지번부여지역 안의 토지로 소유자가 동일한 지역
② 지번부여지역 안의 토지로 용도가 동일한 지역
③ 지번부여지역 안의 토지로 지가가 동일한 지역
④ 지번부여지역 안의 토지로 지반이 연속된 지역

해설 일필지의 성립요건
1. 지번부여 지역이 동일할 것
2. 소유자가 동일할 것
3. 지목이 동일할 것
4. 지반이 연속되어 있을 것
5. 소유권 이외의 권리가 같을 것
6. 지적공부의 축척이 동일할 것
7. 등기여부가 같을 것

80. 지적의 3요소와 가장 거리가 먼 것은?

① 공부　　　② 등기　　　③ 등록　　　④ 토지

해설 지적의 3대 구성요소(내부요소)
1. 광의적 개념
   ① 소유자(Person) : 토지를 소유할 수 있는 권리의 주체로서 소유권 및 기타권리를 갖는 자를 말하며 자연인, 법인, 사단, 재단, 종중, 지방자치단체, 국가 등이 포함
   ② 권리(Right) : 토지를 소유할 수 있는 법적권리로서 토지의 사용, 수익, 처분이 가능한 토지의 소유권과 저당권, 지역권, 지상권, 임차권 등의 기타 권리
   ③ 필지(Parcel) : 필지는 법적으로 물권이 미치는 권리의 객체인 필지는 토지의 등록단위, 소유단위, 이용단위가 됨
2. 협의적 개념
   ① 토지 : 지적제도는 토지를 대상으로 성립하고 일필지로 등록하며 그 대상과 범위는 국토의 개념과 같음
   ② 등록 : 토지의 물권을 객체화하기 위해 일정한 기준의 등록단위를 정해 일정사항(토지소재, 지번, 지목, 경계, 면적 등)을 등록하는 법률행위로서 모든 토지는 공부에 등록함으로서 법률적인 효력이 발생
   ③ 공부 : 공부는 토지를 구획하여 일정사항을 기록한 공적장부로서 그 형식과 규격을 법으로 정하며 국가는 항상 이를 일정한 장소에 비치하여 국민이 활용할 수 있도록 함

05 지적관계법규

81. 다른 사람에게 측량업등록증 또는 측량업등록수첩을 빌려주거나 자기의 성명 또는 상호를 사용하여 측량업무를 하게 한 자에 대한 벌칙 기준으로 옳은 것은?

① 300만 원 이하의 과태료를 부과한다.
② 1년 이하의 징역 또는 1천만 원 이하의 벌금에 처한다.
③ 2년 이하의 징역 또는 2천만 원 이하의 벌금에 처한다.
④ 3년 이하의 징역 또는 3천만 원 이하의 벌금에 처한다.

해설 1년 이하의 징역 또는 1천만 원 이하의 벌금
1. 무단으로 측량성과 또는 측량기록을 복제한 자
2. 심사를 받지 아니하고 지도 등을 간행하여 판매하거나 배포한 자
3. 측량기술자가 아님에도 불구하고 측량을 한 자
4. 업무상 알게 된 비밀을 누설한 측량기술자
5. 둘 이상의 측량업자에게 소속된 측량기술자
6. 다른 사람에게 측량업등록증 또는 측량업등록수첩을 빌려주거나 자기의 성명 또는 상호를 사용하여 측량업무를 하게 한 자

Answer　80. ②　81. ②

7. 다른 사람의 측량업등록증 또는 측량업등록수첩을 빌려서 사용하거나 다른 사람의 성명 또는 상호를 사용하여 측량업무를 한 자
8. 지적측량수수료 외의 대가를 받은 지적측량기술자
9. 거짓으로 다음 각 목의 신청을 한 자
   - 신규등록 신청
   - 등록전환 신청
   - 분할 신청
   - 합병 신청
   - 지목변경 신청
   - 바다로 된 토지의 등록말소 신청
   - 축척변경 신청
   - 등록사항의 정정 신청
   - 도시개발사업 등 시행지역의 토지이동 신청
10. 다른 사람에게 자기의 성능검사대행자 등록증을 빌려 주거나 자기의 성명 또는 상호를 사용하여 성능검사대행업무를 수행하게 한 자
11. 다른 사람의 성능검사대행자 등록증을 빌려서 사용하거나 다른 사람의 성명 또는 상호를 사용하여 성능검사대행업무를 수행한 자

82. 지적측량업의 등록을 취소해야 하는 경우에 해당되지 않는 것은?

① 다른 사람에게 자기의 등록증을 빌려주어 측량업무를 하게 한 경우
② 영업정지 기간 중에 계속하여 지적측량 영업을 한 경우
③ 거짓이나 그 밖의 부정한 방법으로 지적측량업의 등록을 한 경우
④ 법인의 임원 중 형의 집행유예 선고를 받고 그 유예기간이 경과된 자가 있는 경우

해설 측량업의 등록을 취소해야 하는 경우
- 거짓이나 그 밖의 부정한 방법으로 측량업의 등록을 한 경우
- 등록기준에 미달하게 된 경우. 다만, 일시적으로 등록기준에 미달되는 등 대통령령으로 정하는 경우는 제외
- 공간정보관리법 제47조(측량업등록의 결격사유) 각 호의 어느 하나에 해당하게 된 경우. 다만, 측량업자가 같은 조 제5호에 해당하게 된 경우로서 그 사유가 발생한 날부터 3개월 이내에 그 사유를 없앤 경우는 제외
- 다른 사람에게 자기의 측량업등록증 또는 측량업등록수첩을 빌려주거나 자기의 성명 또는 상호를 사용하여 측량업무를 하게 한 경우
- 영업정지기간 중에 계속하여 영업을 한 경우
- 측량업자가 측량기술자의 국가기술자격증을 대여받은 사실이 확인된 경우

83. 다음 중 지적도의 축척에 해당하지 않는 것은?

① 1/1,000
② 1/1,500
③ 1/3,000
④ 1/6,000

해설 지적도면의 축척
1. 지적도 : 1/500, 1/600, 1/1,000, 1/1,200, 1/2,400, 1/3,000, 1/6,000
2. 임야도 : 1/3,000, 1/6,000

84. 성능검사대행자의 등록을 반드시 취소하여야 하는 경우로 옳은 것은?

① 등록기준에 미달하게 된 경우
② 등록사항 변경신고를 하지 아니한 경우
③ 거짓이나 부정한 방법으로 성능검사를 한 경우
④ 정당한 사유 없이 성능검사를 거부하거나 기피한 경우

해설 성능검사대행자의 등록을 반드시 취소하여야 하는 경우
- 거짓이나 그 밖의 부정한 방법으로 등록을 한 경우
- 다른 사람에게 자기의 성능검사대행자 등록증을 빌려 주거나 자기의 성명 또는 상호를 사용하여 성능검사대행업무를 수행하게 한 경우
- 거짓이나 부정한 방법으로 성능검사를 한 경우
- 업무정지기간 중에 계속하여 성능검사대행업무를 한 경우

85. 지적측량의 적부심사를 청구할 수 없는 자는?

① 이해관계인
② 지적소관청
③ 토지소유자
④ 지적측량수행자

해설 지적측량적부심사
1. 지적측량적부심사제도는 지적측량성과에 다툼이 있는 경우에 권리구제의 수단으로 지적위원회에 그 해결을 청구하는 제도
2. 청구인 : 토지소유자, 이해관계인 또는 지적측량수행자

86. 지적업무처리규정상 측량결과에 대한 측량파일 코드에 관한 내용으로 옳은 것은?

① 분할선은 검은색 점선으로 제도한다.
② 현황선은 붉은색 점선으로 제도한다.
③ 지적경계선은 파란색 실선으로 제도한다.
④ 방위표정 방향선은 검은색 실선 화살표로 제도한다.

해설 측량파일 코드 일람표

코드	내용	규격	도식	제도형태
1	지적경계선	기본값	———	검은색
10	지번, 지목	2mm	1591-10 대	검은색
71	도근점	2mm	○	검은색 원
211	현황선		- - - -	붉은색 점선
217	경계점표지	2mm	○	붉은색 원
281	방위표정 방향선		→	파란색 실선 화살표
282	분할선	기본값	———	붉은색 실선

코드	내용	규격	도식	제도형태
291	측정점		+	붉은색 십자선
292	측정점 방향선		⊥	붉은색 실선
294	평판점	1.5~3.0mm (규격 변동 가능)	○	검은색 원 옆에 파란색 π_1, π_2 등으로 표시
297	이동 도근점	2mm	○	붉은색 원
298	방위각 표정거리	2mm	000-00-00 000.000	붉은색

87. 토지이동과 관련하여 지적공부에 등록하는 시기로 옳은 것은?

① 신규등록 – 공유수면 매립 인가일
② 축척변경 – 축척변경 확정 공고일
③ 도시개발사업 – 사업의 완료 신고일
④ 지목변경 – 토지형질변경 공사 허가일

해설 토지이동과 관련하여 지적공부에 등록하는 시기
- 신규등록 : 공유수면 매립 준공 일자
- 축척변경 : 축척변경 확정 공고일
- 도시개발사업 : 토지의 형질변경 등의 공사가 준공된 때
- 지목변경 : 토지의 형질변경 등의 공사가 준공된 경우

88. 중앙지적위원회는 토지등록업무의 개선 및 지적측량기술의 연구, 개발 등의 장기계획안 등의 안건이 접수된 때에는 위원회의 회의를 소집하여 안건 접수일로부터 며칠 이내에 심의·의결하고, 그 의결 결과를 지체 없이 국토교통부장관에게 송부하여야 하는가?

① 14일 이내
② 30일 이내
③ 60일 이내
④ 90일 이내

해설 중앙지적위원회의 의안제출
1. 국토교통부장관, 시·도지사, 지적소관청은 토지등록업무의 개선 및 지적측량기술의 연구·개발 등의 장기계획안을 중앙지적위원회에 제출할 수 있다.
2. 공사에 소속된 지적측량기술자는 공사 사장에게, 지적협회에 소속된 지적측량기술자는 지적협회장에게 중·단기 계획안을 제출할 수 있다.
3. 국토교통부장관은 안건이 접수된 때에는 그 계획안을 검토하여 중앙지적위원회에 회부하여야 한다.
4. 중앙지적위원회는 안건이 접수된 때에는 위원회의 회의를 소집하여 안건 접수일로부터 30일 이내에 심의·의결하고, 그 의결 결과를 지체 없이 국토교통부장관에게 송부하여야 한다.
5. 국토교통부장관은 의결된 결과를 송부 받은 때에는 이를 시행하기 위하여 필요한 조치를 하여야 하고, 중·단기계획 제출자에게는 그 의결 결과를 통지하여야 한다.

89. 축척변경의 목적으로 적합한 것은?
① 등록전환 ② 정밀도제고
③ 행정구역변경 ④ 소유권보호

해설 축척변경이란 지적도에 등록된 경계점의 정밀도를 높이기 위하여 작은 축척을 큰 축척으로 변경하여 등록하는 것을 말한다.

90. 지적재조사사업의 목적과 가장 거리가 먼 것은?
① 토지의 실제 현황과 일치하지 아니하는 지적공부(地籍公簿)의 등록사항을 바로잡기 위함
② 종이에 구현된 지적(地籍)을 디지털 지적으로 전환하기 위함
③ 지적공부의 등록사항을 임의로 변경할 수 있도록 하기 위함
④ 국토를 효율적으로 관리함과 아울러 국민의 재산권 보호에 기여하기 위함

해설 「지적재조사에 관한 특별법」은 토지의 실제 현황과 일치하지 아니하는 지적공부의 등록사항을 바로잡고 종이에 구현된 지적(地籍)을 디지털 지적으로 전환함으로써 국토를 효율적으로 관리함과 아울러 국민의 재산권 보호에 기여함을 목적으로 하고 있다.

91. 평판측량방법에 따른 세부측량을 할 경우 거리측정단위로 옳은 것은?
① 지적도를 갖춰 두는 지역 : 1센티미터, 임야도를 갖춰 두는 지역 : 10센티미터
② 지적도를 갖춰 두는 지역 : 1센티미터, 임야도를 갖춰 두는 지역 : 50센티미터
③ 지적도를 갖춰 두는 지역 : 5센티미터, 임야도를 갖춰 두는 지역 : 10센티미터
④ 지적도를 갖춰 두는 지역 : 5센티미터, 임야도를 갖춰 두는 지역 : 50센티미터

해설 평판측량방법에 따른 세부측량 기준
- 거리측정단위는 지적도를 갖춰 두는 지역에서는 5센티미터로 하고, 임야도를 갖춰 두는 지역에서는 50센티미터로 할 것
- 측량결과도는 그 토지가 등록된 도면과 동일한 축척으로 작성할 것
- 세부측량의 기준이 되는 위성기준점, 통합기준점, 삼각점, 지적삼각점, 지적삼각보조점, 지적도근점 및 기지점이 부족한 경우에는 측량상 필요한 위치에 보조점을 설치하여 활용할 것
- 경계점은 기지점을 기준으로 하여 지상경계선과 도상경계선의 부합 여부를 현형법(現形法)·도상원호(圖上圓弧)교회법·지상원호(地上圓弧)교회법 또는 거리비교확인법 등으로 확인하여 정할 것

92. 지적공부의 복구자료에 해당하지 않는 것은?
① 측량 결과도 ② 지적공부의 등본
③ 토지이용계획 확인서 ④ 토지이동정리 결의서

해설 지적공부의 복구자료
- 지적공부의 등본
- 측량결과도

- 토지이동정리 결의서
- 지적소관청이 작성하거나 발행한 지적공부의 등록내용을 증명하는 서류
- 복제된 지적공부
- 법원의 확정판결서 정본 또는 사본

93. 지적측량 방법에 대한 설명으로 틀린 것은?

① 위성측량의 방법 및 절차 등에 관하여 필요한 사항은 시·도지사가 따로 정한다.
② 지적삼각점측량은 위성기준점, 통합기준점, 삼각점 및 지적삼각점을 기초로 하여 경위의측량방법, 전파기 또는 광파기측량방법, 위성측량방법 및 국토교통부장관이 승인한 측량방법에 따르되, 그 계산은 평균계산법이나 망평균계산법에 따른다.
③ 세부측량은 위성기준점, 통합기준점, 지적기준점 및 경계점을 기초로 하여 경위의측량방법, 평판측량방법, 위성측량방법 및 전자평판측량방법에 따른다.
④ 지적도근점측량은 위성기준점, 통합기준점, 삼각점 및 지적기준점을 기초로 하여 경위의측량방법, 전파기 또는 광파기측량방법, 위성측량방법 및 국토교통부장관이 승인한 측량방법에 따르되, 그 계산은 도선법, 교회법 및 다각망도선법에 따른다.

해설 지적측량의 방법
- 지적삼각점측량 : 위성기준점, 통합기준점, 삼각점 및 지적삼각점을 기초로 하여 경위의측량방법, 전파기 또는 광파기측량방법, 위성측량방법 및 국토교통부장관이 승인한 측량방법에 따르되, 그 계산은 평균계산법이나 망평균계산법에 따른다.
- 지적삼각보조점측량 : 위성기준점, 통합기준점, 삼각점, 지적삼각점 및 지적삼각보조점을 기초로 하여 경위의측량방법, 전파기 또는 광파기측량방법, 위성측량방법 및 국토교통부장관이 승인한 측량방법에 따르되, 그 계산은 교회법 또는 다각망도선법에 따른다.
- 지적도근점측량 : 위성기준점, 통합기준점, 삼각점 및 지적기준점을 기초로 하여 경위의측량방법, 전파기 또는 광파기측량방법, 위성측량방법 및 국토교통부장관이 승인한 측량방법에 따르되, 그 계산은 도선법, 교회법 및 다각망도선법에 따른다.
- 세부측량 : 위성기준점, 통합기준점, 지적기준점 및 경계점을 기초로 하여 경위의측량방법, 평판측량방법, 위성측량방법 및 전자평판측량방법에 따른다.
※ 위성측량의 방법 및 절차 등에 관하여 필요한 사항은 국토교통부장관이 따로 정한다.

94. 지적재조사사업에 따라 지적공부를 새로 작성할 경우 토지이동일은?

① 경계확정일
② 사업완료공고일
③ 사업지구 지정일
④ 토지소유자 동의서 징구일

해설 지적재조사사업에 따른 새로운 지적공부의 작성
① 지적소관청은 사업완료 공고가 있었을 때에는 기존의 지적공부를 폐쇄하고 새로운 지적공부를 작성하여야 한다. 이 경우 그 토지는 사업완료 공고일에 토지의 이동이 있는 것으로 본다.
② 새로 작성하는 지적공부에는 다음 각 호의 사항을 등록하여야 한다.
　　1. 토지의 소재
　　2. 지번

3. 지목
4. 면적
5. 경계점좌표
6. 소유자의 성명 또는 명칭, 주소 및 주민등록번호(국가, 지방자치단체, 법인, 법인 아닌 사단이나 재단 및 외국인의 경우에는 「부동산등기법」 제49조에 따라 부여된 등록번호를 말한다. 이하 같다)
7. 소유권지분
8. 대지권비율
9. 지상건축물 및 지하건축물의 위치
10. 그 밖에 국토교통부령으로 정하는 사항

③ 경계가 확정되지 아니하고 사업완료 공고가 된 토지에 대하여는 "경계미확정 토지"라고 기재하고 지적공부를 정리할 수 있으며, 경계가 확정될 때까지 지적측량을 정지시킬 수 있다.

95. 축척변경위원회에 대한 설명으로 틀린 것은?

① 5명 이상 10명 이하의 위원으로 구성한다.
② 위원의 2분의 1 이상을 토지소유자로 하여야 한다.
③ 청산금의 이의신청에 관한 사항을 심의·의결한다.
④ 위원장은 위원 중에서 시·도지사가 임명한다.

해설 축척변경위원회
1. 구성
   ① 축척변경위원회는 5명 이상 10명 이하의 위원으로 구성하되, 위원의 2분의 1 이상을 토지소유자로 하여야 한다. 이 경우 그 축척변경 시행지역의 토지소유자가 5명 이하일 때에는 토지소유자 전원을 위원으로 위촉하여야 한다.
   ② 위원장은 위원 중에서 지적소관청이 지명한다.
   ③ 위원은 다음 각 호의 사람 중에서 지적소관청이 위촉한다.
   • 해당 축척변경 시행지역의 토지소유자로서 지역 사정에 정통한 사람
   • 지적에 관하여 전문지식을 가진 사람
   ④ 축척변경위원회의 위원에게는 예산의 범위에서 출석수당과 여비, 그 밖의 실비를 지급
2. 기능
   ① 축척변경 시행계획에 관한 사항
   ② 지번별 제곱미터당 금액의 결정과 청산금의 산정에 관한 사항
   ③ 청산금의 이의신청에 관한 사항
   ④ 그 밖에 축척변경과 관련하여 지적소관청이 회의에 부치는 사항

96. 첫 문자를 지목의 부호로 정하지 않는 것으로만 구성된 것은?

① 공장용지, 주차장, 하천, 유원지
② 주유소용지, 하천, 유원지, 공원
③ 유지, 공원, 주유소용지, 학교용지
④ 학교용지, 공장용지, 수도용지, 주차장

Answer 95. ④ 96. ①

해설 지목의 표기방법
- 지목을 지적도 및 임야도에 등록하는 때에는 두문자 또는 차문자로 표기한다.
- 하천, 유원지, 공장용지, 주차장은 차문자로 표기한다.(하천 → 천, 유원지 → 원, 공장용지 → 장, 주차장 → 차)

지목	부호	지목	부호
전	전	철도용지	철
답	답	제방	제
과수원	과	하천	천
목장용지	목	구거	구
임야	임	유지	유
광천지	광	양어장	양
염전	염	수도용지	수
대	대	공원	공
공장용지	장	체육용지	체
학교용지	학	유원지	원
주차장	차	종교용지	종
주유소용지	주	사적지	사
창고용지	창	묘지	묘
도로	도	잡종지	잡

97. 다음 중 공간정보의 구축 및 관리 등에 관한 법령상 규정된 경계에 대한 설명으로 틀린 것은?
① 지적도에 등록한 선
② 임야도에 등록한 선
③ 경계점좌표등록부에 등록한 좌표
④ 지상에 설치한 경계표지

해설 경계란 필지별로 경계점들을 직선으로 연결하여 지적공부에 등록한 선을 말하는 것으로 지적공부는 토지대장, 임야대장, 공유지연명부, 대지권등록부, 지적도, 임야도 및 경계점좌표등록부 등 지적측량 등을 통하여 조사된 토지의 표시와 해당 토지의 소유자 등을 기록한 대장 및 도면(정보처리시스템을 통하여 기록·저장된 것을 포함한다)을 말한다.

98. 지적업무처리규정상 지적측량성과검사 시 기초측량의 검사항목으로 옳지 않은 것은?
① 기지점사용의 적정 여부
② 관측각 및 거리측정의 정확 여부
③ 관계법령의 분할제한 등의 저촉 여부
④ 지적기준점성과와 기지경계선과의 부합 여부

해설 지적측량성과의 검사항목
1. 기초측량
   ① 기지점사용의 적정 여부
   ② 지적기준점설치망 구성의 적정 여부
   ③ 관측각 및 거리측정의 정확 여부
   ④ 계산의 정확 여부
   ⑤ 지적기준점 선점 및 표지설치의 정확 여부
   ⑥ 지적기준점성과와 기지경계선과의 부합 여부
2. 세부측량
   ① 기지점사용의 적정 여부
   ② 측량준비도 및 측량결과도 작성의 적정 여부
   ③ 기지점과 지상경계와의 부합 여부
   ④ 경계점 간 계산거리(도상거리)와 실측거리의 부합 여부
   ⑤ 면적측정의 정확 여부
   ⑥ 관계법령의 분할제한 등의 저촉 여부

99. 다음 중 지목변경 대상 토지가 아닌 것은?

① 토지의 용도가 변경된 토지
② 건축물의 용도가 변경된 토지
③ 공유수면 매립 후 신규등록할 토지
④ 토지의 형질변경 등 공사가 준공된 토지

해설 지목변경 신청대상
1. 관계 법령에 따른 토지의 형질변경 등의 공사가 준공된 경우
2. 토지나 건축물의 용도가 변경된 경우
3. 예외(지목변경 없이 등록전환할 수 있는 토지)
   • 대부분의 토지가 등록전환되어 나머지 토지를 임야도에 계속 존치하는 것이 불합리한 경우
   • 임야도에 등록된 토지가 사실상 형질변경되었으나 지목변경을 할 수 없는 경우
   • 도시관리계획선에 따라 토지를 분할하는 경우

100. 향교 부지의 지목은 어느 것인가?

① 사사지
② 사적지
③ 종교용지
④ 대

해설 1. 종교용지
일반 공중의 종교의식을 위하여 예배·법요·설교·제사 등을 하기 위한 교회·사찰·향교 등 건축물의 부지와 이에 접속된 부속시설물의 부지
2. 사적지
국가유산으로 지정된 역사적인 유적·고적·기념물 등을 보존하기 위하여 구획된 토지. 다만, 학교용지·공원·종교용지 등 다른 지목으로 된 토지에 있는 유적·고적·기념물 등을 보호하기 위하여 구획된 토지는 제외한다.

Answer 99. ③ 100. ③

3. 대
- 영구적 건축물 중 주거·사무실·점포와 박물관·극장·미술관 등 문화시설과 이에 접속된 정원 및 부속시설물의 부지
- 「국토의 계획 및 이용에 관한 법률」 등 관계 법령에 따른 택지조성공사가 준공 된 토지

※ 사사지는 「지적법」(시행 1950. 12. 1.) 당시 지목으로, 「지적법」 전면 개정(시행 1976. 4. 1.)으로 사사지에서 종교용지로 명칭변경 됨

2025년 시행

2025년 | 제3회 지적산업기사

Industrial Engineer Cadastral Surveying

01 지적측량

SUBJECT

01. 다음 중 지적측량의 원점에 해당되지 않는 것은?

① 남부원점
② 중부원점
③ 서부원점
④ 동부원점

해설 지적측량의 원점
- 서부원점 : 북위38도선과 동경125도선의 교차점
- 중부원점 : 북위38도선과 동경127도선의 교차점
- 동부원점 : 북위38도선과 동경129도선의 교차점

02. 다음 중 우연오차의 특성에 속하지 않는 것은?

① 같은 크기의 + 오차가 − 오차보다 많은 빈도로 발생한다.
② 확률에 근거하여 통계적으로 오차를 처리한다.
③ 오차의 원인이 명확하지 않은 경우가 있다.
④ 우연오차는 상차(Compensating Error) 또는 부정오차(Random Error)라고도 한다.

해설 우연오차
- 상차, 우차, 부정오차라고도 한다.
- 이론적 오차, 자연적 오차를 모두 계산하고도 남은 오차로서 원인을 알지 못해 제거할 수 없는 오차
- 오차론에 의하여 많은 측정의 결과에서 통계적으로 상쇄하여 진치(眞値)에 가깝도록 계산하지만 완전한 제거는 불가능한 오차

03. 지적측량에서 기초측량에 해당되지 않는 것은?

① 지적삼각보조측량
② 지적삼각측량
③ 지적세부측량
④ 지적도근점측량

해설 지적측량 시행규칙 제5조(지적측량의 구분 등)
지적측량은 기초측량과 1필지의 경계와 면적을 정하는 세부측량으로 구분한다.
- 기초측량 : 지적삼각측량 · 지적삼각보조측량 · 지적도근점측량
- 지적세부측량 : 경위의측량 · 측판측량

Answer　01. ①　02. ①　03. ③

04. 세부측량 중 벳셀법에 의한 방식은 다음 중 어디에 해당하는가?

① 전방교회법
② 측방교회법
③ 후방교회법
④ 방사법

해설 평판측량방법의 후방교회법
트레이싱 용지를 이용하는 방법, 레에만방법, 벳셀의 방법이 있다.

05. 지적삼각측량에 관한 설명으로 옳은 것은?

① 관측은 20초독 이상의 경위의를 사용한다.
② 삼각형의 협각은 30° 이상 150° 이하로 한다.
③ 1방향각의 수평각 공차는 30초 이내로 한다.
④ 1측회의 폐색공차는 ±40초 이내로 한다.

해설 지적측량 시행규칙 제9조(지적삼각점측량의 관측 및 계산)
1. 관측은 10초독 이상의 경위의를 사용한다.
2. 수평각 관측은 3대회(윤곽도는 0도, 60도, 120도로 한다)의 방향관측법에 따른다.
3. 수평각의 측각공차는 다음 표에 따른다.

종별	1방향각	1측회의 폐색	삼각형내각관측치의합과 180도와의 차	기지각과의 차
공차	30초 이내	± 30초 이내	± 30초 이내	± 40초 이내

06. 전파기 또는 광파기 측량법에 의한 지적삼각측량에서 측점거리를 5회 측정한 측정치의 최대치와 최소치의 교차가 평균치의 얼마 이하이어야 측정거리를 평균치로 인정하는가?

① 1/100,000 이하
② 1/10,000 이하
③ 1/1,000 이하
④ 1/100 이하

해설 지적측량 시행규칙 제9조(지적삼각점측량의 관측 및 계산)
전파 또는 광파기측량방법에 의한 지적삼각측량에서 점간거리는 5회 측정하여 그 측정치의 최대치와 최소치의 교차가 평균치의 10만분의 1 이하일 때에는 그 평균치를 측정거리로 한다.

07. 지적삼각보조측량을 다각망도선법에 의하여 시행할 경우 1도선의 점수는 몇 점 이하로 하는가?

① 기지점 교점을 포함하여 5점 이하
② 기지점 교점을 포함하여 10점 이하
③ 기지점 교점을 포함하여 15점 이하
④ 기지점 교점을 포함하여 20점 이하

해설 지적측량 시행규칙 제10조(지적삼각보조점측량)
1도선(기지점과 교점 간 또는 교점과 교점 간을 말한다)의 점의 수는 기지점과 교점을 포함하여 5점 이하로 한다.

08. 지적삼각보조점측량을 Y망으로 실시하여 1도선의 거리의 합계가 1654.15m이었을 때, 연결오차는 최대 얼마 이하로 하여야 하는가?

① 0.033083m 이하
② 0.0496245m 이하
③ 0.066166m 이하
④ 0.0827075m 이하

해설 지적측량 시행규칙 제11조(지적삼각보조점의 관측 및 계산)
도선별 연결오차는 $0.05 \times S$미터 이하로 할 것. 이 경우 S는 도선의 거리를 1천으로 나눈 수를 말한다.
연결오차 $= 0.05 \times S$미터 $= 0.05 \times \dfrac{1,654.15}{1000} = 0.0827075$

09. 배각법에 의해 도근점측량을 실시하여 종선차의 합이 −140.10m이고 종선차의 기지값은 −140.30m, 횡선차의 합은 320.20m, 횡선차의 기지값은 320.25m일 때 연결오차는 얼마인가?

① 0.21m
② 0.30m
③ 0.25m
④ 0.31m

해설
• 종선차: $-140.10 - (-140.30) = 0.20$
• 횡선차: $320.20 - 320.25 = 0.05$
$\sqrt{0.20^2 + 0.05^2} = 0.21$ ∴ 0.21m

10. 지적도근점측량을 실시하여야 하는 경우가 아닌 것은?

① 도시개발사업 등으로 지적확정측량을 하는 경우
② 축척변경을 위한 측량을 하는 경우
③ 측량지역의 면적이 당해 지적도 1장에 해당하는 면적 이상인 경우
④ 지적삼각측량을 실시하기 위한 경우

해설 지적측량 시행규칙 제6조(지적측량의 실시기준)
지적도근점측량은 다음 각 호의 어느 하나에 해당하는 경우에 실시한다.
1. 축척변경을 위한 측량을 하는 경우
2. 도시개발사업 등으로 인하여 지적확정측량을 하는 경우
3. 도시지역에서 세부측량을 하는 경우
4. 측량지역의 면적이 해당 지적도 1장에 해당하는 면적 이상인 경우
5. 세부측량을 하기 위하여 특히 필요한 경우

11. 다각망도선법에 의하여 지적도근측량을 실시하는 방법으로 옳은 것은?

① 개방도선식으로 망을 구성한다.
② 왕복도선식으로 망을 구성한다.
③ 폐합도선방식으로 망을 구성한다.
④ 결합다각방식으로 망을 구성한다.

해설 지적측량 시행규칙 제12조(지적도근점측량)
경위의측량방법이나 전파기 또는 광파기측량방법에 따라 다각망도선법으로 지적도근점측량을 할 때에는 3점 이상의 기지점을 포함한 결합다각방식에 따른다.

Answer   08. ④   09. ①   10. ④   11. ④

12. 지적도 1/1,200 지역에서 세부측량을 도선법에 의하여 실시한 바 16변에 4mm의 도상 폐색 오차가 있었다면 가장 타당한 오차 처리는?

① 각 변에 오차를 배부 처리한다.
② 성과가 좋으므로 도해 처리한다.
③ 성과가 좋지 않으므로 재측량한다.
④ 성과와는 관계없이 진행한다.

해설 지적측량 시행규칙 제18조(세부측량의 기준 및 방법 등)

도선의 폐색오차가 도상길이 $\dfrac{\sqrt{N}}{3}$ 밀리미터 이하인 경우 그 오차는 다음의 계산식에 따라 이를 각 점에 배분하여 그 점의 위치로 할 것(N은 변의 수)

$\dfrac{\sqrt{16}}{3}=1.33$mm인데 16변의 오차가 4mm이므로 재측량해야 한다.

13. 평판측량방법에 의한 세부측량을 방사법으로 하는 경우 1방향선의 도상길이는?

① 10cm 이하
② 20cm 이하
③ 30cm 이하
④ 40cm 이하

해설 지적측량 시행규칙 제18조(세부측량의 기준 및 방법 등)

평판측량방법에 따른 세부측량을 방사법으로 하는 경우에는 1방향선의 도상길이는 10센티미터 이하로 한다. 다만, 광파조준의 또는 광파측거기를 사용할 때에는 30센티미터 이하로 할 수 있다.

14. 평판측량방법에 있어서 도상(圖上)에 영향을 미치지 않는 지상거리의 축척별 한계는?(단, L : 허용범위, M : 축척분모)

① $L = \dfrac{1}{10}M$mm
② $\dfrac{1}{15}M$mm
③ $\dfrac{1}{20}M$mm
④ $\dfrac{1}{25}M$mm

해설 지적측량 시행규칙 제18조(세부측량의 기준 및 방법 등)

평판측량방법에 있어서 도상에 영향을 미치지 아니하는 지상거리의 축척별 허용범위는 $\dfrac{M}{10}$ 밀리미터로 한다. 이 경우 M은 축척분모를 말한다.

15. 경위의측량방법에 의한 세부측량방법으로 옳게 짝지어진 것은?

① 지거법 – 도선법
② 도선법 – 방사법
③ 방사법 – 교회법
④ 교회법 – 지거법

해설 지적측량 시행규칙 제18조(세부측량의 기준 및 방법 등)

경위의측량방법에 의한 세부측량의 관측 및 계산은 도선법 또는 방사법에 따른다.

16. 경위의측량방법으로 세부측량을 행하는 경우에 수평각의 측각공차는 1회각과 2회각의 평균값에 대한 교차를 얼마까지 허용하는가?

① 40초 이내
② 30초 이내
③ 20초 이내
④ 10초 이내

해설 지적측량 시행규칙 제18조(세부측량의 기준 및 방법 등)

종별	1방향각	1회 측정각과 2회 측정각의 평균값에 대한 교차
공차	60초 이내	40초 이내

17. 토지의 면적을 지적도에서 구하는 경우 도곽선의 신축량이 얼마 이상일 때 면적을 보정하는가?

① 도상 0.01mm 이상
② 도상 0.05mm 이상
③ 도상 0.1mm 이상
④ 도상 0.5mm 이상

해설 지적측량 시행규칙 제20조(면적측정의 방법 등)
전자면적측정기로 면적을 측정하는 경우 도곽선의 길이에 0.5밀리미터 이상의 신축이 있을 때에는 이를 보정해야 한다.

18. 지적도에 등재하는 색인도의 크기는?

① 가로 5mm, 세로 4mm
② 가로 6mm, 세로 5mm
③ 가로 7mm, 세로 6mm
④ 가로 8mm, 세로 7mm

해설 지적업무처리규정 제45조(색인도 등의 제도)
색인도는 도곽선의 왼쪽 윗부분 여백의 중앙에 가로 7밀리미터, 세로 6밀리미터 크기의 직사각형을 중앙에 두고 그의 4변에 접하여 같은 규격으로 4개의 직사각형을 제도한다.

19. 측선의 방위각이 120°일 때, 다음 중 그 측선의 방위 표시로 옳은 것은?

① S60° E
② N60° E
③ N60° W
④ S60° W

해설 방위의 표시는 N, S를 기준으로 한다.
방위각 120°는 180°를 지나지 않은 각으로서
180°−120°=60°가 된다.
∴ S60° E

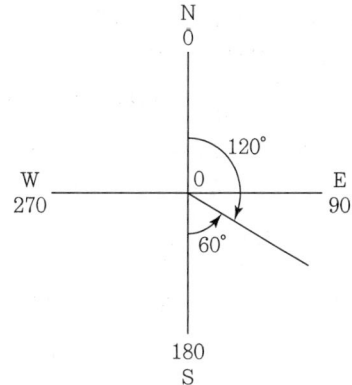

20. 지적도근점측량에서 측정한 경사거리가 600m, 연직각이 60°일 때 수평거리는?

① 300m
② 370m
③ 300√2 m
④ 740√3 m

해설 수평거리 = 경사거리 × $\cos\theta$
= 600m × cos60° = 300m

02 응용측량

SUBJECT

21. 삼각수준측량에서 연직각 $a = 20°$, 두 점 사이의 수평거리 $D = 400m$, 기계 높이 $I = 1.70m$, 표척의 높이 $Z = 2.50m$이면 두 점 간의 고저차는?(단, 대기오차와 지구의 곡률 오차는 고려하지 않는다.)

① 130.11m
② 140.25m
③ 144.79m
④ 146.39m

해설 $H = l \times \tan\alpha - Hi + h$
$= 400 \times \tan 20° - 2.5 + 1.7 = 144.79m$

22. 초점거리 150mm, 사진크기 23cm×23cm, 축척 1 : 10,000인 사진이 있다. 종중복도가 60%일 때 기선고도비는?

① 0.38
② 0.48
③ 0.52
④ 0.61

해설 촬영고도(H) = 초점거리(f) × 축척분모(m)
= 0.15 × 10,000 = 1,500m

$B = a \cdot m \left(1 - \dfrac{P}{100}\right) = 0.23 \times 10,000 \left(1 - \dfrac{60}{100}\right) = 920m$

여기서, B : 촬영기선 길이, a : 화면크기
m : 축척분모, P : 종중복도

$h = \dfrac{B}{H} = \dfrac{920}{1,500} = 0.613$

여기서, h : 기선고도비, B : 촬영기선 길이, H : 촬영고도

Answer 20. ① 21. ③ 22. ④

23. GNSS 측량에서 지적기준점 측량과 같이 높은 정밀도를 필요로 할 때 사용하는 관측방법은?

① 실시간 키네마틱(Realtime Kinematic) 관측
② 키네매틱(Kinematic) 측량
③ 스태틱(Static) 측량
④ 1점 측위관측

해설 인공위성을 이용한 범세계 위치결정 시스템인 GNSS 측량방법 중의 하나인 Static 측량은 수신된 신호를 컴퓨터 처리에 의해 각 수신기의 위치 및 거리를 계산하는 후처리 위치결정방식이다.

GNSS 측량방법
1. 절대관측방법(1점측위)
   ① 4개 이상의 위성으로부터 수신한 신호중 C/A code를 이용하여 실시간 처리로 지구상 수신기의 위치를 결정하는 방법으로서 GPS의 가장 일반적·기초적 단계이다.
   ② 수m~25mn 정도의 낮은 정확도 때문에 선박, 자동차, 항공기 등의 항법에 이용된다.
2. 상대관측방법(간섭계측위) : 1대의 수신기는 기지점에, 다른 수신기는 미지점에 설치하여 2점간에 도달하는 전파의 시간적 지연을 측정하여 2점간의 거리를 정확히 구하여 미지점의 위치를 결정하는 방법이다.
   1) Static 측량
      ① 2개 이상의 수신기를 각 측점에 고정하고 동시에 4개 이상의 위성으로부터 신호를 30분 이상 수신하는 방식으로서 수신된 신호를 컴퓨터처리에 의해 각 수신기의 위치 및 거리를 계산하는 후처리 위치결정방식이다.
      ② 계산된 위치 및 거리 정확도가 수mm 정도(1ppm~0.01ppm)로 높으며 지적기준점측량, VLBI의 보완 또는 대체측량에 이용된다.
   2) Kinematic 측량
      ① 기지점 수신기를 고정국, 다른 수신기를 이동국으로 하여 이동국을 순차적으로 이동하면서 신호를 수초~수분 동안 수신하는 방식으로 관측 자료를 후처리하여 위치를 결정하는 방식이다.
      ② 수mm~수cm 정확도로 이동차량의 위치결정, 지형측량, 각종 공사측량 등에 이용된다.
   3) RTK(Real Time Kinematic) 측량
      실시간 이동측량은 기지점의 고정국과 미지점의 이동국 간의 위치관계를 라디오 모뎀 등을 이용하여 실시간으로 처리하는 체계이다.

24. 촬영고도가 1,500m인 비행기에서 표고 1,000m의 시형을 촬영했을 때 이 지형의 사진 축척은? (단, 초점거리는 150mm)

① 1 : 10,000
② 1 : 6,600
③ 1 : 3,300
④ 1 : 2,500

해설 사진측량에서 초점거리(f)와 촬영고도(H)를 이용해 축척을 구하는 공식

$$\text{사진의 축척}(M) = \frac{\text{비행고도}(H)}{\text{초점거리}(f)}, \quad \text{비행고도} = (1,500 - 1,000) = 500\text{m}$$

$$= \frac{500\text{m}}{150\text{mm}} = 3333.33$$

Answer 23. ③ 24. ③

25. 사진측량의 특징에 대한 설명으로 틀린 것은?

① 좁은 지역, 대축척일수록 경제적이다.
② 동일 모델 내에서는 정확도가 균일하다.
③ 작업단계가 분업화되어 있으므로 능률적이다.
④ 개인적 원인의 오차가 적게 생기며 다른 지점과의 상대적 오차가 적다.

해설 사진측량의 특징
1. 사진측량의 장점
   - 사진은 정량적 · 정성적인 측정이 가능하다.
   - 거시적으로 관찰할 수 있으며, 재측이 용이하다.
   - 측정대상의 범위가 넓으며, 정도가 균일하다.
   - 작업이 능률적이며, 동적인 것도 측정 가능하다.
   - 넓은 지역에 경제성이 높고 기록보전이 용이하다.
2. 사진측량의 단점
   - 일기의 영향을 많이 받는다.
   - 좁은 지역, 대축척에서는 비경제적이다.
   - 기자재가 고가라서 초기 시설비용이 많이 든다.
   - 피사대상에 대한 식별의 난해가 있으므로 현장 작업으로 보완이 필요하다.

26. 곡선반지름이나 곡선길이가 작은 시가지의 곡선설치나 철도, 도로 등의 기설곡선의 검사 또는 개정에 편리한 노선측량 방법은?

① 접선편거와 현편거에 의한 방법
② 중앙종거에 의한 방법
③ 접선에 대한 지거법
④ 편각에 의한 방법

해설 노선측량에서 중앙종거(M)는 곡선을 설치하는 방법이며, 곡선의 반경, 또는 곡선 길이가 작은 시가지의 곡선 설치나 철도, 도로 등의 기설 곡선의 검사 또는 개정에 편리한 방법으로 근사적으로 1/4이 되기 때문에 일명 $\frac{1}{4}$법이라 한다.

27. 상호표정이 끝났을 때 사진모델과 실제지형모델의 관계로 옳은 것은?

① 상사
② 대칭
③ 합동
④ 일치

해설 상호표정은 비행기가 촬영 당시에 가지고 있던 기울기를 도화기상에서 그대로 재현하는 과정으로 촬영 당시 촬영면상에 이루어지는 종시차를 소거하여 목표지형물의 상대적 위치를 맞추는 작업으로 사진과 실제 지형과의 관계는 상사 관계이다.

28. 지형도는 지표면 상의 자연 및 지물(地物), 지모(地貌)를 표현하게 되는데, 다음 항목 중에서 지모(地貌)에 해당되지 않는 것은?

① 도로
② 계곡
③ 평야
④ 구릉

해설 지모(地貌)는 지표면의 형태나 수계(水系)의 배치, 토지의 이용 등의 배치상황을 나타낸다.

29. 수준측량에서 전시와 후시의 거리를 같게 측량함으로써 제거되는 오차가 아닌 것은?

① 시준축 오차
② 표척의 눈금 오차
③ 광선의 굴절에 의한 오차
④ 지구의 곡률에 의한 오차

해설 수준측량에서 전, 후시 거리를 같게 함으로서 제거되는 오차
- 레벨의 조정이 불완전하여 시준선이 기포관축과 평행하지 않을 때
- 지구의 곡률오차와 빛의 굴절오차를 제거한다.
- 초점나사를 움직일 필요가 없으므로 그로 인해 생기는 오차를 제거한다.

30. 원곡선 설치 시 교각 60°, 반지름 200m, 곡선시점의 위치가 No.20+12.5m일 때 곡선종점의 위치는?(단, 측점 간의 거리는 20m)

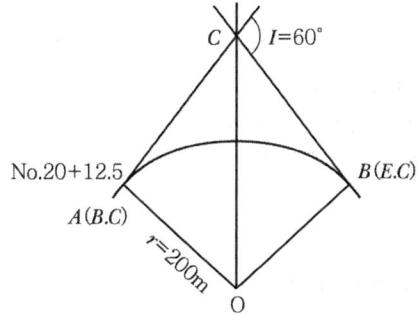

① 421.94m
② 521.95m
③ 621.94m
④ 821.94m

해설 노선측량에서 곡선종점(E.C)까지의 거리=곡선시점(B.C)+곡선길이(C.L)
곡선시점(B.C)의 길이=No.20+12.5m=412.5m
곡선길이(C.L)를 구하면
C.L=0.01745RI
   =0.01745×200×60°=209.4
E.C=412.5+209.4=621.9m

31. GNSS의 특징으로 틀린 것은?

① 측점 간 시통에 무관하다.
② 야간에도 관측이 가능하다.
③ 날씨의 영향을 거의 받지 않는다.
④ 고압선, 고층건물 등은 관측의 정확도에 영향을 주지 않는다.

해설 GNSS측량 시스템
1. 인공위성을 이용한 범지구위치측정시스템으로 정확한 위치를 알고있는 위성에서 발사한 전파를 수신하여 관측점까지 소요시간을 측정하여 위치를 구한다.
2. GNSS의 특징
   - 기상상태와 관계없이 관측의 수행이 가능하다.
   - 지형여건과 관계없으며, 또한 측점 간 상호 시통이 되지 않아도 관계없다.
   - 관측 작업이 신속하게 이루어진다.
   - 측점에서 모든 데이터 취득이 가능해진다.
   - 1인 측량이 가능하여 인력이 적게 소요되고, 측정 작업이 간단하다.
   ④ GPS측량도 전파를 수신하기 때문에 주위에 고압선 등이 있으면 전파에 방해를 받을 수 있다.

32. 철도의 캔트량을 결정하는데 고려하지 않아도 되는 사항은?

① 확폭   ② 설계속도
③ 레일간격   ④ 곡선반지름

해설 캔트(편경사)는 곡선부를 통과하는 열차가 원심력을 받기 때문에 밖으로 밀려나가려고 하는데 이것을 막기 위해 바깥레일을 안쪽레일 외면보다 높이는 것을 캔트라 한다. 이를 위해서는 속도, 곡선반경, 레일간격 등을 고려하여야 하며 확폭은 자동차 등이 곡선부를 주행할 경우 뒷바퀴는 앞바퀴보다도 항상 안쪽을 지나므로 곡선부에서는 그 내측 부분을 직선부에 비교하여 넓게 하는 것을 확폭이라 한다.

33. 사진판독에서 정성적 요소가 아닌 것은?

① 모양   ② 크기
③ 음영   ④ 질감

해설 사진판독의 요소
1. 주요소
   - 색조(Tone, Color) : 피사체가 갖는 빛의 반사에 의한 것(수목종류의 판독 등)
   - 모양(Pattern) : 피사체의 배열상황에 의하여 판별하는 것으로서 사진상에서 볼 수 있는 식생, 지형 또는 지표상의 색조 등
   - 질감(Texture) : 색조, 형상, 크기, 음영 등의 여러 요소의 조합으로 구성된 조밀함, 거침, 세밀함 등으로 표현
   - 형상(Shape) : 개체나 목표물의 윤곽, 구성, 배치 및 일반적인 형태
   - 크기(Size) : 어느 피사체가 갖는 입체적, 평면적인 넓이와 길이

- 음영(Shadow) : 어떤 대상물의 형태를 읽기 위해서는 그 자체가 갖는 색조 이외에도 대상물의 윤곽을 주는 음영이 큰 역할을 하며, 판독 시 빛의 방향과 촬영 시의 빛의 방향을 일치시키는 것이 입체감을 얻기 쉬움

2. 보조요소
- 상호 위치관계(Location) : 어떤 사진상이 주위의 사진상과 어떠한 관계가 있는지 파악하는 것
- 과고감(Vertical Exaggeration) : 과고감은 지표면의 기복을 과장하여 나타낸 것으로 낮고 평탄한 지역의 판독에 도움이 되지만, 경사면은 실제보다 급하게 보이므로 오판에 주의하여야 한다.

※ 크기는 정량적인 요소이다.

34. A점의 표고 100.65m, B점의 표고 104.25m일 때, 레벨을 사용하여 A점에 세운 표척의 읽음값이 5.23m이었다면 B점에 세운 표척의 읽음값은?

① 0.78m ② 0.98m
③ 1.52m ④ 1.63m

해설 지반고 구하는 공식

지반고 = 기계고(지반고 + 후시) − 전시

$104.25 = (100.65 + 5.23) - x$

$\therefore\ x = 105.88 - 104.25 = 1.63m$

35. 등고선에 대한 설명으로 틀린 것은?

① 주곡선은 지형을 표시하는데 기본이 되는 선이다.
② 계곡선은 주곡선 10개마다 굵게 표시한다.
③ 간곡선은 주곡선 간격의 1/2이다.
④ 조곡선은 간곡선 간격의 1/2이다.

해설 등고선의 측정 정도의 기준은 간격으로 주곡선, 계곡선, 간곡선, 조곡선이 있다.
- 주곡선 : 지형을 표시하는데 가장 기본이 되는 곡선이며, 가는 실선으로 표시하고, 계곡선은 주곡선 5개마다 굵은 실선으로 표시
- 간곡선 : 주곡선 간격의 1/2 거리로 산정경사가 고르지 못한 완경사지를 표시
- 조곡선 : 간곡선 간격의 1/2의 거리로 충분히 표시할 수 없는 불규칙한 지형을 표시

36. 다음 중 원곡선이 아닌 것은?

① 단곡선 ② 복합곡선
③ 반향곡선 ④ 클로소이드곡선

해설 노선측량에서 곡선설치법에서 원곡선 설치법에는 단곡선, 복심곡선, 반향곡선, 머리핀곡선, 완화곡선이 있다.

Answer 34. ④ 35. ② 36. ④

37. 1 : 50,000 지형도에서 A점은 140m 등고선 위에, B점은 180m 등고선 위에 있다. 두 점 사이의 경사가 15%일 때 수평거리는?

① 255.56m ② 266.67m
③ 277.78m ④ 288.89m

해설 높이(h) = 180 − 140 = 40m

사면의 경사 = $\dfrac{h}{D}$ = 15%

수평거리(D) = $\dfrac{40}{0.15}$ = 266.67m

38. 다음 중 깊이 50m, 직경 5m인 수직 터널에 의해 터널 내외를 연결하는 측량방법으로 가장 적합한 것은?

① 삼각 구분법
② 레벨과 함척에 의한 방법
③ 폴과 지거법에 의한 방법
④ 데오도라이트와 추선에 의한 방법

해설 수갱에 의한 갱내외 측량으로 가장 효율적인 측량방법은 데오도라이트나 트랜싯의 추선에 의한 방법이다.

39. 등고선 간 최소거리의 방향이 의미하는 것은?

① 최대 경사 방향 ② 최소 경사 방향
③ 하향 경사 방향 ④ 상향 경사 방향

해설 지성선은 지표면을 다수의 평면으로 이루어졌다고 생각할 때 이 평면의 접합부, 즉 접선을 말하며 지세선이라고도 하며 능선(분수선), 합수선(합곡선), 경사변환선, 최대경사선으로 나뉘며 최대경사선(유하선)은 지표의 임의의 한점에 있어서 그 경사가 최대로 되는 방향을 표시한 선을 말하며, 등고선에 직각으로 교차한다.

40. 지하시설물 도면을 작성할 경우 시설물과 색상이 바르게 연결되지 않은 것은?

① 상수도시설 − 청색 ② 전기시설 − 적색
③ 통신시설 − 갈색 ④ 가스시설 − 황색

해설 지하시설물도에 표시하는 지하시설물의 종류별 기본색상
- 상수도시설 : 청색
- 하수도시설 : 보라색
- 가스시설 : 황색
- 통신시설 : 녹색
- 전기시설 : 적색
- 송유관시설 : 갈색
- 난방열관시설 : 주황색

Answer 37. ② 38. ④ 39. ① 40. ③

03 토지정보체계론

41. 다음 중 지적공부관리체계의 사용자권한으로 옳지 않은 것은?

① 지적통계의 관리
② 표준지공시지가 변동의 관리
③ 개인별 토지소유현황의 조회
④ 토지관련 정책정보의 관리

해설 공간정보의 구축 및 관리 등에 관한 법률 시행규칙 제78조(사용자의 권한구분 등)
1. 사용자의 신규등록
2. 사용자 등록의 변경 및 삭제
3. 법인이 아닌 사단·재단 등록번호의 업무관리
4. 법인이 아닌 사단·재단 등록번호의 직권수정
5. 개별공시지가 변동의 관리
6. 지적전산코드의 입력·수정 및 삭제
7. 지적전산코드의 조회
8. 지적전산자료의 조회
9. 지적통계의 관리
10. 토지 관련 정책정보의 관리
11. 토지이동 신청의 접수
12. 토지이동의 정리
13. 토지소유자 변경의 관리
14. 토지등급 및 기준수확량등급 변동의 관리
15. 지적공부의 열람 및 등본 발급의 관리
15의2. 부동산종합공부의 열람 및 부동산종합증명서 발급의 관리
16. 일반 지적업무의 관리
17. 일일마감 관리
18. 지적전산자료의 정비
19. 개인별 토지소유현황의 조회
20. 비밀번호의 변경

42. 다음 중 지적전산자료를 전산매체로 제공하는 경우의 수수료 기준은?

① 1필지당 20원
② 1필지당 30원
③ 1필지당 50원
④ 1필지당 100원

해설 공간정보의 구축 및 관리 등에 관한 법률 시행규칙 [별표 12]
지적전산자료를 인쇄물로 제공하는 때에는 1필지당 30원, 지적전산자료를 자기디스크 등 전산매체로 제공하는 때에는 1필당 20원

Answer 41. ② 42. ①

43. 다음 중 지리정보데이터 교환표준은 각 국가마다 상이하다. 세계 각국의 데이터 교환 표준이 서로 잘못 연결된 것은?

① 한국 – DXF
② 미국 – SDTS
③ NATA 국가 – DIGEST
④ 유럽 교통 관련 표준 – GDF

해설 1995년 12월 우리나라 NGIS 데이터 교환 표준으로 SDTS가 채택되었다.

44. 다음 중 토지정보시스템(LIS)의 질의어(Query Language)에 대한 설명으로 옳지 않은 것은?

① 질의어란 사용자가 필요한 정보를 데이터베이스에서 추출하는데 사용되는 언어를 말한다.
② 질의를 위하여 사용자가 데이터베이스의 구조를 알아야 하는 언어를 과정 질의어(Procedural Query Language)라 한다.
③ SQL은 비과정 질의어의 대표적인 예이다.
④ 계급형(Hierarchical) 데이터베이스 모형은 사용하는 질의를 위해 데이터베이스의 구조를 알아야 한다.

해설 SQL(Structured Query Language)
1. 사용자와 관계형 데이터베이스를 연결시켜 주는 표준검색언어이다.
2. 관계형 데이터베이스에서 자료의 검색과 관리, 데이터베이스 스키마 생성과 수정, 데이터베이스 객체 접근 조정 관리를 위해 고안되었다.

45. 다음 중 ISO/TC211에 대한 설명으로 틀린 것은?

① 지리정보 분야의 유일한 국제표준화 기구이다.
② 조직은 총 5개의 기술실무위원회로 이뤄져 있다.
③ 주로 공공기관과 민간기관들로 구성되어 있다.
④ 정식명칭으로 Geographic Information/Geomatics를 사용하고 있다.

해설 ISO/TC211
1. 공간정보 국제표준 총회는 공간정보 분야의 표준화를 위한 기술위원회로 1994년 6월 ISO 211번째로 구성되었다.
2. 우리나라는 1995년 1월에 정회원으로 가입했다.
3. 2023년 제56차 공간정보 국제표준 총회는 70개 회원국의 공간정보 분야 전문가, 학술인 등이 참여하였다.

46. 다음 중 래스터 자료와 비교하여 벡터 자료가 갖는 특성으로 틀린 것은?

① 위상관계를 나타낼 수 있다.
② 복잡한 자료를 최소한의 공간에 저장시킬 수 있다.
③ 공간 연산이 상대적으로 어렵고 시간이 많이 소요된다.
④ 래스터 자료에 비해서 시뮬레이션 작업을 손쉽게 생성할 수 있다.

해설 그래픽 구성요소는 각기 다른 위상구조로 중첩이나 분석에 기술적으로 어려움이 수반된다.

47. 다음 중 래스터데이터 구조에 비하여 벡터데이터 구조가 갖는 단점으로 옳은 것은?
   ① 자료의 구조가 복잡한 편이다.
   ② 네트워크분석과 같은 다양한 공간 분석에 제약이 있다.
   ③ 각 셀이 코드화되기 때문에 많은 저장 용량을 필요로 한다.
   ④ 해상도가 높을 경우 더욱 많은 저장 용량을 필요로 한다.

   해설 벡터자료 단점
   1. 벡터데이터 구조는 복잡하며, 래스터데이터 구조보다 관리하기가 어렵다.
   2. 중첩 및 공간분석 기능을 수행하는 경우 공간연산이 상대적으로 어렵고 시간이 많이 소요된다.
   3. 데이터 갱신이 번거롭다.
   4. 데이터 입력이 수작업이기 때문에 비용이 많이 든다.

48. 다음 중 시·군·구(자치구가 아닌 구를 포함한다) 단위의 지적전산자료를 이용 또는 활용하려는 자는 누구의 승인을 받아야 하는가?
   ① 국토교통부장관   ② 행정안전부장관
   ③ 시·도지사   ④ 지적소관청

   해설 지적소관청은 지적공부를 관리하는 시장·군수·구청장이다.

49. 다음 중 필지중심토지정보시스템(PBLIS)에 관한 설명으로 옳지 않은 것은?
   ① 수작업으로 운영되는 지적도면 이동정리를 지적측량 결과와 연계하여 전산화함으로서 지적정보의 관리 및 처리에 효율성이 배가 되었다.
   ② 지적도면을 기본도로 구성함으로서 정밀도를 요하는 건축물, 도시계획, 시설물 등 각종 국가 인프라 데이터를 정확하게 구축할 수 있는 환경을 조성하게 되었다.
   ③ 지적재조사사업의 기반 프레임을 제공하여 줌으로써 미래 지향적 시스템으로 발전하게 될 것이다.
   ④ 지형·지적·용도지역지구 등 공간자료와 대장·조서 등 속성자료를 통합DB로 구축하여 토지관리업무 수행과 중앙정부의 토지정책에 활용한다.

   해설 토지관리정보체계(LMIS)
   지형·지적·용도지역지구 등 공간자료와 대장·조서 등 속성자료를 통합DB로 구축하여 토지관리업무 수행과 중앙정부의 토지정책에 활용

50. 다음 중 자료의 표준화에 대한 설명으로 옳지 않은 것은?
   ① 다양한 자료를 공유함으로써 중복 처리되는 비용을 절감할 수 있다.
   ② 다양한 자료에 대한 접근이 용이하기 때문에 자료를 쉽게 갱신할 수 있다.
   ③ 사용자가 자신의 용도에 따라 자료를 평가할 수 있는 자료의 질에 관한 정보가 제공된다.
   ④ 서로 다른 체계 사이에서 수치적인 공간 자료가 갖는 원래의 내용이 변형되어 전달된다.

Answer   47. ①   48. ④   49. ④   50. ④

해설 표준화 장점
1. 자료의 중복구축 방지로 비용을 절감할 수 있다.
2. 기존에 구축된 모든 데이터에 쉽게 접근할 수 있다.
3. 서로 다른 시스템 간의 상호연계성을 강화할 수 있다.
4. 수치적인 공간자료가 서로 다른 체계 사이에서 원래의 내용이 변형 없이 전달된다.

51. 다음 중 메타데이터의 특징에 대한 설명으로 옳지 않은 것은?

① 데이터가 목록화(Indexing)되어 있다.
② 데이터의 교환을 원활히 지원하기 위한 틀을 제공한다.
③ 대용량의 공간 데이터를 구축하는데 시간과 비용이 많이 소요된다.
④ 데이터의 내용·품질·조건 등을 기록한 것으로, 데이터에 관한 데이터라 할 수 있다.

해설 메타데이터는 획득하려는 지리정보 데이터가 사용 목적에 부합하는 품질의 데이터인지를 미리 알아볼 수 있으므로 시간과 비용의 단축, 불필요한 송수신 과정을 간소화시킴으로 공간정보 유통의 효율성을 높일 수 있다.

52. 다음 중 관망형(Network) 데이터베이스 모형에 대한 설명으로 옳지 않은 것은?

① 하나의 객체는 여러 개의 부모 레코드와 자식 레코드를 가질 수 있다.
② 일정 객체에 대하여 모든 상위 계급의 데이터를 검색하지 않고도 관련된 데이터의 검색이 가능하다.
③ 표현하고자 하는 자료가 단순한 계급적 구성을 가지는 경우 계급형과 관망형의 차이는 크게 찾아보기 어렵다.
④ 자료 저장에 있어 다른 데이터베이스 모형에 비하여 연결성에 관한 정보의 저장 및 관리가 쉽다.

해설 관망형(Network) 데이터베이스 장점
1. 다른 파일 내의 레코드에 대한 접근이 여러 경로로 가능
2. 다중연계에서 자료 항목의 반복이 불필요
3. 한 파일 내의 레코드 변경이 다른 파일을 사용하는 프로그램에 영향을 안줌
4. 레코드가 추가·삭제되면 다른 파일의 레코드 간의 관계를 규정하는 포인터가 자동 변경됨

53. 다음 중 지적전산자료를 이용 또는 활용하고자 하는 자가 관계 중앙행정기관의 장에게 제출하여야 하는 심사 신청서에 포함시켜야 할 내용과 가장 거리가 먼 것은?

① 자료의 제공방식
② 자료의 안전관리대책
③ 자료의 보관기관
④ 자료의 공익성 여부

해설 지적전산자료 심사 신청
1. 자료의 이용 또는 활용목적 및 근거
2. 자료의 범위 및 내용
3. 자료의 제공방식, 보관기관 및 안전관리대책 등

Answer 51. ③ 52. ④ 53. ④

54. 국토교통부장관이 지적공부에 관한 전산자료를 갱신하여야 하는 기간의 기준으로 옳은 것은?

① 수시
② 매월
③ 매 분기
④ 매년

해설 국가공간정보센터 운영규정 제6조(자료의 정확성 유지)
국가공간정보센터의 장은 공간정보의 변동자료를 수시로 처리하여 공간정보의 정확성이 유지될 수 있도록 관리하여야 한다.

55. 다음 중 지적재조사의 필요성으로 가장 거리가 먼 것은?

① 능률적인 지적관리체제로의 개선
② 부동산중개업무의 원활
③ 지적불부합지 문제 해소
④ 토지의 경계복원능력 향상

해설 지적재조사 사업의 필요성
1. 토지의 경계가 분명해짐에 따라 경계분쟁 해소
2. 지표, 지상, 지하의 정보를 등록함으로써 국민의 재산권을 보호
3. 분쟁해소를 통한 사회적 갈등 완화
4. 토지경계확인을 위한 지적측량 비용의 감소

56. 기존의 파일시스템에 비하여 데이터베이스관리시스템(DBMS)이 갖는 장점이 아닌 것은?

① 시스템의 단순성
② 중앙제어 기능
③ 데이터의 독립성
④ 효율적인 자료 호환

해설 DBMS 장점
1. 자료의 검색 및 수정이 자체적으로 제어됨으로 중앙제어장치로 운영될 수 있다.
2. 저장된 자료의 형태와는 관계없이 자료에 독립성을 부여할 수 있다.
3. 중복된 자료를 최대한 감소시킴으로써 경제적이고 효율성을 높일 수 있다.

57. 다음 중 지적전산화의 목적으로 옳지 않은 것은?

① 체계적이고 효율적인 지적행정을 실현한다.
② 지적 관련 민원을 신속하고 정확하게 처리한다.
③ 지적통계와 정책정보의 정확성을 제고한다.
④ 전자 정부 구현을 통한 전자산업의 활성화를 도모한다.

해설 우리나라의 지적전산화
1. 1970년대 이후 급속도로 발전한 산업화의 영향으로 토지이용과 행정수요가 단시간에 폭발적으로 증가됨에 따라 이를 해결하기 위한 수단으로 출발되었다.
2. 국토의 효율적인 개발과 각종 정책의 신속·정확한 입안·결정을 위한 자료로 활용하고자 지적행정 전산화, 대장전산화, 도면전산화, PBLIS 등의 이름으로 지적전산화를 추진하였다.

Answer 54. ① 55. ② 56. ① 57. ④

58. 다음 중 대표적인 벡터파일 형식이 아닌 것은?

① TIFF 파일 포맷
② CAD 파일 포맷
③ Shape 파일 포맷
④ Coverage 파일 포맷

해설 영상자료 포맷
1. TIFF(Tagged Image File Format)
2. JPEG(Joint Photographic Experts Group)
3. GIF(Graphics interchange Format)
4. BMP(Microsoft Windows Device Independent Bitmap)

59. 지적도에서 일필지의 경계를 디지타이저로 독취한 자료는?

① 벡터데이터
② 속성데이터
③ 픽셀데이터
④ 래스터데이터

해설 벡터데이터
1. 현실 세계의 객체 및 객체와 관련되는 모든 형상의 점, 선, 면을 사용하여 지도상에 나타나는 것이다.
2. 표현하는 지역의 정확한 위치 표현을 위하여 연속적인 좌표계의 사용한다.
3. 지적도면의 수치화에 주로 사용된다.
4. 객체들의 지리적 위치를 방향과 크기로 나타낸다.

60. 다음 중 SQL에서 데이터베이스의 논리적 구조를 정의하기 위한 데이터 정의어에 포함되지 않는 것은?

① CREATE
② ALTER
③ DROP
④ INSERT

해설 SQL DDL 명령어
- CREATE TABLE : 새로운 테이블의 정의
- DROP TABLE : 기존 테이블의 삭제
- ALTER TABLE : 이미 설정된 테이블의 정의를 수정
- CREATE VIEW : 기존 테이블로부터 새로운 테이블 정의
- DROP VIEW : 정의된 뷰의 정의를 삭제
- CREATE INDEX : 데이터베이스의 효율적인 사용을 위한 인덱스의 생성
- DROP INDEX : 이미 설정된 인덱스를 해제

Answer 58. ① 59. ① 60. ④

04 지적학

61. 다음 중 도로 · 철도 · 하천 · 제방 등의 지목이 서로 중복되는 경우 지목을 결정하기 위하여 고려하는 사항으로 가장 거리가 먼 것은?

① 용도의 경중
② 등록지가의 고저
③ 등록시기의 선후
④ 일필일목의 원칙

해설 지목설정의 원칙
1. 1필1지목의 원칙 : 1필의 토지에는 1개의 지목만을 설정하는 원칙이며, 1필의 일부가 용도변경된 경우에는 분할 후에 지목을 변경
2. 주지목추종의 원칙 : 주된 토지의 편익을 위해 설치된 소면적의 도로, 구거 등의 지목은 이를 따로 정하지 않고 주된 토지의 사용목적 및 용도에 따라 지목을 설정하는 원칙
3. 등록선후의 원칙 : 도로, 철도용지, 하천, 제방, 구거, 수도용지 등의 지목이 중복되는 경우에는 먼저 등록된 토지의 사용목적. 용도에 따라 지번을 설정하는 원칙
4. 용도경중의 원칙 : 도로, 철도용지, 하천, 제방, 구거, 수도용지 등의 지목이 중복되는 경우에는 중요 토지의 사용목적 및 용도에 따라 지목을 설정하는 원칙
5. 일시변경불가의 원칙 : 임시적, 일시적용도의 변경 시 등록전환 또는 지목변경불가의 원칙
6. 사용목적추종의 원칙 : 도시계획사업, 토지구획정리사업, 농지개량사업 등의 완료에 따라 조성된 토지는 사용목적에 따라 지목을 설정하여야 한다는 원칙

62. 다음 중 지적공부의 성격이 다른 것은?

① 산토지대장
② 갑호토지대장
③ 별책토지대장
④ 을호토지대장

해설 간주지적도와 산토지대장
1. 간주지적도 : 지적도로 간주하는 임야도를 말하며, 토지조사사업 당시 조사지역 밖인 산림지대에 조사대상 지목인 전, 답, 대 등의 과세지가 있더라도 구태여 지적도에 등록하지 않고 그 지목만을 수정하여 임야도에 등록함
2. 산토지대장 : 간주지적도에 등록된 토지는 그 대장을 별도로 작성하고, 산토지대장이라고 하였으며, 별책토지대장 또는 을호토지대장이라고도 함

63. 다음 중 토지의 정확한 파악을 위하여 지번(字號)제도를 창설시킨 고려 말기의 토지제도는?

① 과전법
② 직전법
③ 경무법
④ 정전법

해설 과전법은 관료들의 계급적 신분과 관위의 고하에 따라 차등지급한 토지제도로서 고려후기에 실시되어 조선까지 이어졌다. 토지의 정확한 파악을 목적으로 시행한 지번제도인 자호제도를 창설시켰으며, 조선시대 일자오결제도의 계기가 되었다.

64. 다음 중 토지조사사업의 토지 사정 당시 별필(別筆)로 하였던 사유에 해당되지 않는 것은?

① 도로, 하천 등에 의하여 자연구획을 이룬 것
② 토지의 소유자와 지목이 동일하고 연속된 것
③ 지반의 고저차가 심한 것
④ 특히 면적이 광대한 것

해설 토지조사사업 당시 일필지 구역결정
1. 원칙 : 1필지의 구역을 정하는 목적은 주로 지목을 구별하고 또 소유권의 분계를 확정하는데 있으므로 지주 및 지목이 동일하고 또 연속되어 있는 토지는 1필지로 하는 것을 원칙으로 함
2. 예외적인 별필 기준
   ① 도로, 하천, 구거, 제방, 성첩 등에 의하여 자연적으로 구획된 것
   ② 특별히 면적이 광대한 것
   ③ 형상이 만곡(彎曲 : 활 모양으로 굽음)하거나 혹은 협장(좁고 길다)한 것
   ④ 지력 기타 사항이 현저히 다른 것
   ⑤ 지반의 고저가 심하게 차이가 있는 것
   ⑥ 분쟁에 관계되는 것
   ⑦ 시가지로서 기와담장, 돌담장 기타 영구적 구축물로 구획된 지구

65. 일필지의 경계와 위치를 정확하게 등록하고 소유권의 한계를 밝히기 위한 지적제도는?

① 법지적
② 세지적
③ 유사지적
④ 다목적지적

해설 발전과정에 따른 지적의 분류
1. 세지적(Fiscal Cadastre)
   ① 국가재정에 필요한 세금의 징수를 주목적으로 하는 제도이며 과세지적이라 함
   ② 국가재정이 토지세에 의존하던 농경시대에 개발된 최초의 지적제도
   ③ 필지별 세액산정을 위해 면적본위로 운영
2. 경제지적(Economic Cadastre)
   ① 도시계획이나 농지개량사업의 기초가 되는 지적제도로서 유사지적이라고도 함
   ② 지형과 지물에 특히 중점을 두고 오히려 지적의 생명이라 할 수 있는 일필지의 경계에는 그다지 신경 쓰지 않는 특징
3. 법지적(Legal Cadastre)
   ① 토지거래의 안전과 소유권보호를 주목적으로 하는 제도로서 소유권지적이라 하며, 지적의 개념이 토지소유권 보호를 위한 기능으로 변화됨을 의미
   ② 토지이용의 다양성과 상품성이 강조된 산업화시대(17세기 유럽)에 개발된 제도
   ③ 소유권의 한계설정과 경계복원의 가능성이 강조되고 위치본위로 운영
4. 환경지적(Environmental Cadastre)
   ① 환경지적은 자료에 대한 지역적 basis를 제공하는 필지와 더불어 자연적, 인공적인 환경의 모든 속성을 포함하는 데이터베이스
   ② 인공현상으로는 물리적 구조, 토지의 자연 형상으로는 수로, 초목, 토양 등이 있음
   ③ 최근에는 다목적지적의 출현으로 환경지적이 무시되는 경향이 있음

5. 다목적지적(Multi-Purposs Cadastre)
   ① 다목적지적은 토지이용의 효율화를 위해 도지에 대한 모든 관련 자료를 일필지를 기초로 집적관리하고 공급하는 제도로서 토지관련정보의 종합적인 기록유지와 공급의 종합토지정보시스템
   ② 토지에 관한 등록자료의 용도가 다양화함에 따라 더 많은 자료의 관리와 이를 신속하고 정확하게 공급하기 위한 제도
   ③ 토지의 각종 등록 자료의 관리 및 공급으로 토지이용의 효율성을 추구하는 제도
   ④ 종합지적 또는 통합지적이라 함

66. 토지조사사업 당시 토지에 대한 사정(査定)사항은?

① 강계
② 면적
③ 지번
④ 지목

해설 토지조사사업의 사정
1. 사정의 개념
   ① 사정이란 토지조사부와 지적도에 의하여 토지의 소유자 및 그 강계를 확정하는 행정처분
   ② 사정은 이전의 권리와 무관한 창설적, 확정적 효력이 있음
2. 사정기관
   ① 사정권자 : 지방토지조사위원회의 자문을 받아 당시 토지조사국장이 실시
   ② 조사 및 측량기관 : 토지조사국
3. 사정의 대상
   ① 토지소유자 : 자연인, 법인, 서원, 종중 등을 인정
   ② 토지의 강계 : 강계선만이 사정의 대상이 되었고 지역선은 제외

67. 다음 중 토렌스시스템에 대한 설명으로 옳은 것은?

① 미국의 토렌스 지방에서 처음 시행되었다.
② 피해자가 발생하여도 국가가 보상할 책임이 없다.
③ 기본이론으로 거울이론, 커튼이론, 보험이론이 있다.
④ 실질적 심사에 의한 권원조사를 하지만 공신력은 없다.

해설 토렌스시스템
1. 도렌스시스템은 토지등록제도의 유형 중 하나인 적극적 등록제도의 발전된 형태로서 오스트레일리아의 Robert Torrens경에 의하여 창안
2. 토지의 권원(Title)을 등록함으로서 토지등록의 완전성을 추구하고 선의의 제3자를 완벽하게 보호하는 것을 목표로 하므로 피해자가 발생할 경우 국가가 보상을 책임짐
3. 토렌스시스템의 기본이론으로 런던 왕립등기소장 T. B. Ruoff가 주장하여 캐나다의 Magwood가 구체화하였으며, 거울이론, 커튼이론, 보험이론이 있음
4. 토렌스시스템의 담당공무원은 사실심사권을 가지고 토지의 권원을 조사하여 거래증서를 2통 작성하여 1통은 소유자에게 교부하고 1통은 등록부로 편철하는데, 이렇게 등록된 등록부는 공신력을 인정받음

Answer 66. ① 67. ③

68. 오늘날 지적측량의 방법과 절차에 대하여 엄격한 법률적인 규제를 가하는 이유로 가장 옳은 것은?

① 측량기술의 발전
② 기술적 변화 대처
③ 법률적인 효력 유지
④ 토지등록정보 복원 유지

해설 지적측량의 정의와 성격
1. 지적측량의 정의
   ① 지적측량이란 토지에 대한 물권이 미치는 한계를 밝히기 위한 측량
   ② 토지를 지적공부에 등록하거나 지적공부에 등록된 경계점을 지상에 복원하기 위하여 소관청이 직권 또는 이해관계인의 신청에 의하여 각 필지의 경계 또는 좌표와 면적을 정하는 측량
2. 지적측량의 성격
   ① 기속측량 : 지적측량은 그 측량방법을 법률로서 정하고 법률로 정해진 규정에 따라 행하는 측량
   ② 사법측량 : 지적측량은 토지에 대한 물권이 미치는 범위, 위치, 수량을 결정하고 보장하는 측량
   ③ 지적측량은 기술적 측면에서 경계복원의 능력을 가지며 공적장부인 지적공부에 의해서만 가능
   ④ 국가는 지적측량성과를 등록하여 영구적으로 계속적인 효력을 발생시킬 수 있어야 함

69. 지적의 3요소와 가장 거리가 먼 것은?

① 공부
② 등기
③ 등록
④ 토지

해설 지적의 3대 구성요소(내부요소)
1. 광의적 개념
   ① 소유자(Person) : 토지를 소유할 수 있는 권리의 주체로서 소유권 및 기타권리를 갖는 자를 말하며 자연인, 법인, 사단, 재단, 종중, 지방자치단체, 국가 등이 포함
   ② 권리(Right) : 토지를 소유할 수 있는 법적권리로서 토지의 사용, 수익, 처분이 가능한 토지의 소유권과 저당권, 지역권, 지상권, 임차권 등의 기타 권리
   ③ 필지(Parcel) : 필지는 법적으로 물권이 미치는 권리의 객체인 필지는 토지의 등록단위, 소유단위, 이용단위가 됨
2. 협의적 개념
   ① 토지 : 지적제도는 토지를 대상으로 성립하고 일필지로 등록하며 그 대상과 범위는 국토의 개념과 같음
   ② 등록 : 토지의 물권을 객체화하기 위해 일정한 기준의 등록단위를 정해 일정사항(토지소재, 지번, 지목, 경계, 면적 등)을 등록하는 법률행위로서 모든 토지는 공부에 등록함으로서 법률적인 효력이 발생
   ③ 공부 : 공부는 토지를 구획하여 일정사항을 기록한 공적장부로서 그 형식과 규격을 법으로 정하며 국가는 항상 이를 일정한 장소에 비치하여 국민이 활용할 수 있도록 함

70. 지적의 어원을 'katastikhon', 'capitastrum'에서 찾고 있는 견해의 주요 쟁점이 되는 의미는?

① 토지측량
② 지형도
③ 지적공부
④ 세금부과

해설 지적의 어원
1. 프랑스의 브론데임(Blondheim) 교수와 스페인의 일머(Ilmoor D.) 교수는 지적(Cadastre)이라는 용어가 그리스어 카타스티콘(Katastikhon)에서 유래된 것으로 공책(Notebook)이란 의미를 지니고 있다고 봄
2. 미국의 맥엔트리(J.G. McEntyre) 교수는 라틴어인 카타스트럼(Catastrum) 또는 캐피타스트럼(Capitastrum)에서 유래되었다고 봄
3. Katastikhon과 Capitastrum 또는 Catastrum은 모두 "세금 부과"의 뜻을 내포하고 있고, Katastichon은 Kata(위에서 아래로)와 Stikhon(부과)의 합성어로 조세등록이란 의미이기 때문에 지적의 어원은 조세에서 출발한 것으로 보는 것이 보편적인 견해임

71. 경계의 특징에 대한 설명으로 옳지 않은 것은?
① 필지 사이에는 1개의 경계가 존재한다.
② 경계는 크기가 없는 기하학적인 의미를 갖는다.
③ 경계는 경계점 사이를 직선으로 연결한 것이다.
④ 경계는 면적을 갖고 있으므로 분할이 가능하다.

해설 경계의 특성
1. 필지와 필지 사이에 존재
2. 각종 공사 등에서 거리를 재는 기준선
3. 필지 간 이질성을 구분하는 구분선 역할
4. 인위적으로 만든 인공선
5. 위치와 길이는 있으나 면적과 넓이는 없음

72. 다음 토지조사사업 당시의 지목 중 비과세지에 해당하지 않는 것은?
① 도로
② 임야
③ 하천
④ 수도선로

해설 토지조사법에 의한 과세지와 비과세지
1. 직접적인 수익이 있는 토지로서 현재 과세 중에 있으며 또는 장래 과세의 목적이 될 수 있는 토지 : 전·답·대·지소·임야·잡종지
2. 직접적인 수익은 없으나 대부분이 공용에 속하며 지세를 면제하는 토지 : 사사지(社寺地)·분묘지·공원지·철도용지·수도용지
3. 일반적으로 개인소유를 인정할 성질의 것이 못되고 전혀 과세의 목적으로 하지 않는 토지 : 도로·하천·구거·제방·성첩·철도선로·수도선로

73. 토지조사사업 당시 확정된 소유자가 다른 토지 간 사정된 경계선의 명칭으로 옳은 것은?
① 강계선
② 지역선
③ 지계선
④ 구역선

Answer 71. ④ 72. ② 73. ①

해설 토지조사사업 당시 강계의 사정
1. 토지의 사정 : 토지조사부와 지적도에 의하여 토지의 소유자 및 그 강계를 확정하는 행정처분
2. 강계의 사정
   ① 강계란 지적도상에 제도된 소유자가 다른 경계선을 말함
   ② 지적도에 제도되어 있어도 지역선은 사정하지 않음
   ③ 사정선인 강계선은 불복신립이 인정
3. 토지조사사업 당시 강계선과 지역선의 구분
   ① 강계선 : 사정선으로서, 토지조사사업 당시 확정된 소유자가 다른 토지 간의 경계선이며 강계선의 상대는 소유자와 지목이 다르다는 원칙이 성립
   ② 지역선 : 소유자가 같은 토지와의 구획선 또는 소유자를 알 수 없는 토지와의 구획선 및 토지조사사업의 시행지와 미시행지와의 지계선
   ③ 경계선 : 임야조사사업시의 사정선

74. 지번의 부여 단위에 따른 분류 중 해당 지번설정지역의 면적이 비교적 넓고 지적도의 매수가 많을 때 흔히 채택하는 방법은?

① 기우단위법　　　　　　　　② 단지단위법
③ 도엽단위법　　　　　　　　④ 지역단위법

해설 부여단위에 따른 지번의 부여 방법
1. 지역단위법
   ① 1개의 지번설정지역 전체를 대상으로 하여 순차적으로 지번 부여
   ② 지번부여지역이 좁거나 도면매수가 적은 지역에 적합
2. 도엽단위법
   ① 도엽단위로 세분하여 지번 부여
   ② 지번부여지역이 넓거나 도면매수가 많은 지역에 적합
3. 단지단위법
   ① 1개의 지번설정지역을 지적(임야)도의 단지단위로 세분하여 지번을 부여
   ② 다수의 소규모 단지로 구성된 토지구획, 농지개량사업지역에 적합

75. 다음 중 축척이 다른 2개의 도면에 동일한 필지의 경계가 각각 등록되어 있을 때 토지의 경계를 결정하는 원칙으로 옳은 것은?

① 축척이 큰 것에 따른다.
② 축척의 평균치에 따른다.
③ 축척이 작은 것에 따른다.
④ 토지소유자에게 유리한 쪽에 따른다.

해설 경계의 제원칙 중 "축척종대의 원칙"은 동일한 경계가 다른 도면에 각각 등록된 때는 큰 축척에 따른다는 원칙이다.

76. 지적공부를 상시 비치하고 누구나 열람할 수 있게 하는 공개주의의 이론적 근거가 되는 것은?
① 공신의 원칙
② 공시의 원칙
③ 공증의 원칙
④ 직권등록의 원칙

해설 지적공개주의는 토지에 관한 등록사항은 지적공부에 등록하고 이를 일반에 공개하여 누구나 이용하고 활용할 수 있게 하여야 한다는 이념으로서, 토지등록의 법적 지위에 있어서 토지의 이동이나 물권의 변동은 반드시 외부에 알려야 한다는 공시의 원칙을 근거로 한다.

77. 다음 중 지적의 발생설과 관계가 먼 것은?
① 법률설
② 과세설
③ 치수설
④ 지배설

해설 지적발생설의 종류
1. 과세설 : 세금 징수의 목적에서 출발
2. 치수설 : 토목측량술 및 치수에서 비롯됨
3. 통치설 : 통치적 수단에서 시작됨(지배설이라고도 함)
4. 침략설 : 영토 확장과 침략상 우위 목적

78. 현대 지적의 원리로 가장 거리가 먼 것은?
① 능률성
② 문화성
③ 정확성
④ 공기능성

해설 현대지적의 원리
1. 공기능성의 원리 : 어떤 집단 속에서 대다수의 개인에게 공통되는 이해 또는 목적을 가지는 것으로 불특정다수자의 이익의 추구이며, 사적 이익이라는 개별적 추구를 공적 입장에서 보호하자는 조화에 바탕을 두고 있으며, 모든 지적사항은 필요에 따라 공개되어야 하며 객관적이고 정확성이 있어야 함
2. 민주성의 원리 : 제도의 운영 주체와 객체가 내적인 면에서 인간화가 이루어지고 외적인 면에서 주민의 뜻이 반영되는 행정이며, 정책 결정에서 국민의 참여, 국민에 대한 충실한 봉사, 국민에 대한 행정적 책임 등이 확보되는 상태를 말함
3. 능률성의 원리 : 토지현황을 조사하여 지적공부를 만드는데 따르는 실무활동의 능률과 주어진 여건과 실행과정에서 이론개발 및 그 전달과정의 개선을 뜻하며 지적활동의 과학화, 기술화 내지 합리화, 근대화를 지칭하는 것
4. 정확성의 원리 : 토지의 정보를 수록하는 지적은 사회과학적 방법과 자연과학적 방법이 함께 접근되어야 하며 지적의 정확성이 현대지적의 기능을 최고화하기 위한 원리

79. 다음 중 토지조사사업 당시 불복신립 및 재결을 행하는 토지소유권의 확정에 관한 최고의 심의기관은?
① 도지사
② 임시토지조사국장
③ 고등토지조사위원회
④ 임야조사위원회

Answer   76. ②   77. ①   78. ②   79. ③

해설 고등토지조사위원회는 토지의 사정에 대한 불복이 있는 경우 60일 이내에 불복신립을 하거나, 사정의 확정 후 일정한 요건의 경우에 재심을 청구할 수 있는데 이러한 불복신립 및 재결을 행하는 토지소유권 확정에 관한 최고의 심의기관이었다.

80. 다음 중 토지조사사업의 주요 목적과 거리가 먼 것은?
① 토지소유의 증명제도 확립
② 조세 수입 체계 확립
③ 토지에 대한 면적단위의 통일성 확보
④ 전문 지적측량사의 양성

해설 토지조사사업의 목적
1. 토지소유의 증명제도 및 조세수입체제의 확립
2. 미개간지 점유 및 역둔토 등의 국유화로 조선총독부의 소유지 확보
3. 소작농의 제권리를 배제시키고 노동인력으로 흡수하여 토지소유형태의 합리화를 꾀함
4. 면적단위의 통일성 확립
5. 일본 상업자본(고리대금업 등)의 토지점유를 보장하는 법률적 제도 확립
6. 식량 및 원료 반출을 위한 토지이용제도의 정비

05 지적관계법규

81. 다음에서 설명한 토지의 지목은?

> 물이 고이거나 상시적으로 물을 저장하고 있는 댐·저수지·소류지·호수·연못 등의 토지와 연·왕골 등이 자생하는 배수가 잘 되지 아니하는 토지

① 유지   ② 하천
③ 구거   ④ 제방

해설 유지는 물이 고이거나 상시적으로 물을 저장하고 있는 댐·저수지·소류지·호수·연못 등의 토지와 연·왕골 등이 자생하는 배수가 잘되지 아니하는 토지를 말한다.

82. 소관청은 토지대장 또는 임야대장에 등록하는 토지가 부동산등기법에 의하여 대지권등기가 된 때에는 무엇을 비치해야 하는가?
① 공유지연명부   ② 대지권등록부
③ 지번색인표   ④ 지적공부등록현황집계표

Answer   80. ④   81. ①   82. ②

해설 토지대장이나 임야대장에 등록하는 토지가 「부동산등기법」에 따라 대지권 등기가 되어 있는 경우에는 대지권등록부를 비치하고 다음의 사항을 등록하여야 한다.
- 토지의 소재
- 지번
- 대지권 비율
- 소유자의 성명 또는 명칭, 주소 및 주민등록번호
- 그 밖에 국토교통부령으로 정하는 사항

83. 축척변경시행지역 내의 토지소유자 또는 점유자는 시행공고가 있는 날로부터 최대 며칠 이내에 경계점표지를 설치해야 하는가?

① 60일
② 30일
③ 15일
④ 시행공고 즉시

해설 축척변경시행지역 안의 토지소유자 또는 점유자는 시행공고가 있는 날부터 30일 이내에 시행공고일 현재 점유하고 있는 경계에 경계점표지를 설치하여야 한다.

84. 현행 지번의 부여방법으로 적합한 것은?

① 북동 → 남서
② 북서 → 남동
③ 남동 → 북서
④ 남서 → 북동

해설
1. 지번부여의 원칙
   우리나라는 북서에서 남동으로 순차적으로 지번을 부여하는 "북서기번법"을 채택
2. 지번의 부여방법
   ① 지번은 지적소관청이 지번부여지역별로 차례대로 부여
   ② 지적소관청은 지적공부에 등록된 지번을 변경할 필요가 있다고 인정되면 시·도지사나 대도시 시장의 승인을 받아 지번부여지역의 전부 또는 일부에 대하여 지번을 새로 부여
3. 지번의 표기
   ① 지번은 아라비아 숫자로 표기
   ② 임야대장 및 임야도에 표시하는 지번은 숫자 앞에 "산"자를 붙여 표시
   ③ 지번은 본번과 부번으로 구성하되, 본번과 부번 사이에 "-" 표시로 연결

85. 지적공부에 등록된 토지가 지형의 변화로 바다가 된 경우, 토지소유자는 최대 며칠 이내에 등록말소신청을 하여야 하는가?

① 등록말소신청 통지를 받은 날부터 10일 이내
② 등록말소신청 통지를 받은 날부터 30일 이내
③ 등록말소신청 통지를 받은 날부터 60일 이내
④ 등록말소신청 통지를 받은 날부터 90일 이내

해설 지적공부에 등록된 토지가 지형의 변화 등으로 바다로 된 경우로서 원상으로 회복할 수 없거나 다른 지목의 토지로 될 가능성이 없는 때에는 토지소유자가 통지받은 날부터 90일 이내에 등록말소신청을 하지 아니하는 경우에는 소관청이 직권으로 그 지적공부의 등록사항을 말소하여야 한다.

Answer 83. ② 84. ② 85. ④

86. 토지소유자가 신규등록을 신청할 때에는 신규등록 사유를 적은 신청서에 첨부하여야 하는 서류에 해당하지 않는 것은?

① 법원의 확정판결서 정본 또는 사본
② 공유수면 관리 및 매립에 관한 법률에 따른 준공검사확인증 사본
③ 소유권을 증명할 수 있는 서류의 사본
④ 사업인가서와 지번별 조서

해설 신규등록 신청서류
- 법원의 확정판결서 정본 또는 사본
- 「공유수면 관리 및 매립에 관한 법률」에 따른 준공검사확인증 사본
- 도시계획구역의 토지를 그 지방자치단체의 명의로 등록하는 때에는 기획재정부장관과 협의한 문서의 사본
- 그 밖에 소유권을 증명할 수 있는 서류

87. 다음 중 경계점좌표등록부를 갖춰두는 지역의 지적도에 등록하는 사항은?

① 현장에서의 실측에 의한 경계점 간의 거리
② 좌표에 의하여 계산된 경계점 간의 거리
③ 도상에서 실측한 거리
④ 면적측정에 의하여 산정한 거리

해설 경계점좌표등록부를 갖춰두는 지역의 토지는 지적확정측량 또는 축척변경을 위한 측량을 실시하여 경계점을 좌표로 등록한 지역이다.

88. 다음 중 토지의 이동에 해당하지 않는 것은?

① 소유자의 변경
② 토지소재의 변경
③ 지목의 변경
④ 지번의 변경

해설 "토지의 이동(異動)"이란 토지의 표시를 새로 정하거나 변경 또는 말소하는 것을 말한다.

89. 다음 중 지적측량수행자의 성실의무에 관한 설명으로 옳지 않은 것은?

① 정당한 사유 없이 지적측량 신청을 거부하여서는 아니 된다.
② 배우자 이외에 직계 존속·비속이 소유한 토지에 대한 지적측량을 할 수 있다.
③ 지적측량수수료 외에는 어떠한 명목으로도 그 업무와 관련한 대가를 받으면 아니 된다.
④ 지적측량수행자는 신의와 성실로 공정하게 지적측량을 하여야 한다.

해설 지적측량수행자의 성실의무
- 지적측량수행자는 신의와 성실로써 공정하게 지적측량을 하여야 하며, 정당한 사유 없이 측량을 거부하여서는 아니 된다.
- 지적측량수행자는 본인, 배우자 또는 직계 존속·비속이 소유한 토지에 대한 지적측량을 하여서는 아니 된다.

• 지적측량수행자는 지적측량수수료 외에는 어떠한 명목으로도 그 업무와 관련된 대가를 받으면 아니 된다.

90. 등기촉탁을 한 경우 소관청이 토지소유자에게 하는 지적정리통지는 등기필증이 접수된 날로부터 며칠 이내로 하는가?(단, 토지의 표시에 관한 변경등기가 필요한 경우)

① 5일 이내
② 15일 이내
③ 30일 이내
④ 60일 이내

해설 소관청이 토지소유자에게 지적정리 등을 통지하여야 하는 시기
• 토지의 표시에 관한 변경등기가 필요한 경우 : 그 등기필증을 접수한 날부터 15일 이내
• 토지의 표시에 관한 변경등기가 필요하지 아니한 경우 : 지적공부에 등록한 날부터 15일 이내

91. 축척변경위원회의 심의·의결사항이 아닌 것은?

① 토지표시사항의 결정에 관한 사항
② 축척변경시행계획에 관한 사항
③ 지번별 제곱미터당 금액의 결정과 청산금의 산정에 관한 사항
④ 청산금의 이의신청에 관한 사항

해설 축척변경위원회의 심의·의결사항
• 축척변경시행계획에 관한 사항
• 지번별 제곱미터당 금액의 결정과 청산금의 산정에 관한 사항
• 청산금의 이의신청에 관한 사항
• 그 밖의 축척변경과 관련하여 소관청이 부의한 사항

92. 다음 중 지번에 결번이 생기는 사유로 거리가 먼 것은?

① 행정구역의 변경
② 축척변경
③ 토지분할
④ 지번정정

해설 결번(Missing Parcel Number)
1. 외외 : 지번을 부여한 이후에 토지 합병 등의 사유로 인하여 지적공부에 등록되지 않은 지번이 발생하게 되는데 이를 결번이라고 함
2. 결번의 발생 사유
    • 행정구역 변경으로 지번부여 지역 내 일부가 다른 지번부여지역으로 편입이 된 경우
    • 도시개발사업 등의 시행으로 종전 지번이 폐쇄된 경우
    • 지번변경으로 결번이 발생한 경우
    • 토지합병의 경우
    • 등록전환에 의해 임야대장 등록지의 지번이 말소된 경우
    • 축척변경으로 결번이 발생한 경우
    • 바다로 된 토지의 등록말소의 경우
    • 지번정정의 경우

Answer 90. ② 91. ① 92. ③

93. 양입지(兩入地)의 요건에 관한 설명으로 옳지 않은 것은?

① 주된 용도의 토지에 접속되어 있으며 다른 용도로 사용되고 있는 토지
② 주된 용도의 토지로 둘러싸인 토지로서 다른 용도로 사용되고 있는 토지
③ 주된 용도의 토지의 편의를 위하여 설치된 도로·구거 등의 부지
④ 종된 용도의 토지면적이 330m²를 초과하는 토지

해설 1. 양입지
- 주된 용도의 토지의 편의를 위하여 설치된 도로·구거 등의 부지
- 주된 용도의 토지에 접속되거나 주된 용도의 토지로 둘러싸인 토지로서 다른 용도로 사용되고 있는 토지

2. 양입지로 정할 수 없는 토지
- 종된 용도의 토지의 지목이 대인 경우
- 종된 용도의 토지 면적이 주된 용도의 토지 면적의 10%를 초과하거나 330m²를 초과하는 경우

94. 다음 중 국토교통부장관이 기본측량을 실시하기 위하여 필요하다고 인정하는 경우, 토지의 수용 또는 사용에 관하여 어떠한 법률을 적용하는가?

① 부동산등기법
② 국가 공간정보에 관한 법률
③ 국토의 계획 및 이용에 관한 법률
④ 공익사업을 위한 토지 등의 취득 및 보상에 관한 법률

해설 토지의 수용 또는 사용
- 국토교통부장관은 기본측량을 실시하기 위하여 필요하다고 인정하는 경우에는 토지, 건물, 나무, 그 밖의 공작물을 수용하거나 사용할 수 있다.
- 수용 또는 사용 및 이에 따른 손실보상에 관하여는 「공익사업을 위한 토지 등의 취득 및 보상에 관한 법률」을 적용한다.

95. 축척변경에 따른 청산금 산출 시 소관청은 그 축척변경시행지역안의 토지에 대하여 지번별 제곱미터당 금액을 미리 조사하여야 하는데 이러한 금액 조사의 기준일은?

① 형질변경 조사작성 완료일 현재
② 축척변경 시행공고일 현재
③ 축척변경 측량완료일 현재
④ 경계점표지 설치일 현재

해설 축척변경시행지역안의 토지에 대하여 지번별 제곱미터당 금액은 소관청이 시행공고일 현재를 기준으로 미리 조사하여 축척변경위원회에 제출하여야 한다.

Answer 93. ④ 94. ④ 95. ②

96. 도시개발사업 등의 신고에 관한 설명 중 옳지 않은 것은?

① 시행자는 사업의 착수·변경 및 완료사실을 지적소관청에 신고하여야 한다.
② 사업의 착수신고는 그 신고사유가 발생한 날로부터 15일 이내에 하여야 한다.
③ 사업의 완료신고는 그 신고사유가 발생한 날로부터 30일 이내에 하여야 한다.
④ 사업의 착수신고서에는 반드시 사업계획도가 첨부 되어야 한다.

해설 도시개발사업 등 시행지역의 토지이동신청 특례
1. 신청 : 도시개발사업, 농어촌정비사업, 주택건설사업, 택지개발사업, 산업단지개발사업 등으로 정하는 토지개발사업 시행자는 그 사업의 착수·변경 및 완료 사실을 지적소관청에 신고
2. 토지의 이동시기 : 도시개발사업 등으로 인한 토지의 이동은 토지의 형질변경 등의 공사가 준공된 때
3. 신고 시기 : 도시개발사업 등의 착수·변경 또는 완료 사실의 신고는 그 사유가 발생한 날부터 15일 이내
4. 도시개발사업 등의 착수(변경) 신고 시 제출서류
   - 사업인가서
   - 지번별 조서
   - 사업계획도
5. 도시개발사업 등의 완료 신고 시 제출서류
   - 확정될 토지의 지번별 조서 및 종전 토지의 지번별 조서
   - 환지처분과 같은 효력이 있는 고시된 환지계획서(다만, 환지를 수반하지 아니하는 사업인 경우에는 사업의 완료를 증명하는 서류)

97. 지적공부에 등록하는 경계(境界)의 결정권자는 누구인가?

① 국토교통부장관
② 행정안전부장관
③ 도지사
④ 지적소관청

해설 토지의 조사·등록 등
- 국토교통부장관은 모든 토지에 대하여 필지별로 소재·지번·지목·면적·경계 또는 좌표 등을 조사·측량하여 지적공부에 등록하여야 한다.
- 지적공부에 등록하는 지번·지목·면적·경계 또는 좌표는 토지의 이동이 있을 때 토지소유자(법인이 아닌 사단이나 재단의 경우에는 그 대표자나 관리인을 말한다. 이하 같다)의 신청을 받아 지적소관청이 결정한다. 다만, 신청이 없으면 지적소관청이 직권으로 조사·측량하여 결정할 수 있다.

98. 지적재조사에 관한 특별법령상 지적재조사사업을 위한 지적측량을 고의로 진실에 반하게 측량하거나 지적재조사사업 성과를 거짓으로 등록한 자에게 처하는 벌칙으로 옳은 것은?

① 300만 원 이하의 벌금
② 500만 원 이하의 벌금
③ 1년 이하의 징역 또는 1천만 원 이하의 벌금
④ 2년 이하의 징역 또는 2천만 원 이하의 벌금

해설 지적재조사사업을 위한 지적측량을 고의로 진실에 반하게 측량하거나 지적재조사사업 성과를 거짓으로 등록을 한 자는 2년 이하의 징역 또는 2천만 원 이하의 벌금에 처한다.

99. 지적도의 축척이 1,200분의 1이고 토지의 면적이 제곱미터 미만의 끝수가 있는 경우 면적결정 방법이 잘못된 것은?

① 0.5제곱미터 미만은 버린다.
② 0.5제곱미터를 초과하는 때에는 올린다.
③ 0또는 홀수이면 버리고 짝수이면 올린다.
④ 1필지의 면적이 1제곱미터 미만인 때에는 1제곱미터로 한다.

해설 면적의 결정방법
- 토지의 면적에 제곱미터 미만의 끝수가 있는 경우 0.5제곱미터 미만인 때에는 버리고, 0.5제곱미터를 초과하는 때에는 올리며, 0.5제곱미터인 때에는 구하고자 하는 끝자리의 숫자가 0 또는 짝수이면 버리고 홀수이면 올린다. 다만, 1필지의 면적이 1제곱미터 미만인 때에는 1제곱미터로 한다.
- 지적도의 축척이 600분의 1인 지역과 경계점좌표등록부에 등록하는 지역의 토지의 면적은 제1호의 규정에 불구하고 제곱미터 이하 한자리 단위로 하되, 0.1제곱미터 미만의 끝수가 있는 경우 0.05제곱미터 미만인 때에는 버리고, 0.05제곱미터를 초과하는 때에는 올리며, 0.05제곱미터인 때에는 구하고자 하는 끝자리의 숫자가 0 또는 짝수이면 버리고 홀수이면 올린다. 다만, 1필지의 면적이 0.1제곱미터 미만인 때에는 0.1제곱미터로 한다.

100. 다음 중 미등기 토지에 대하여 토지소유자의 성명, 주민등록번호, 주소 등에 관한 사항의 정정을 신청한 경우로서 그 등록사항이 명백히 잘못된 경우 지적소관청이 참고하여야 하는 서류에 해당하는 것은?

① 등기필증
② 등기부등본
③ 등기전산정보
④ 가족관계 기록사항에 관한 증명서

해설 미등기토지의 소유자 정정
미등기 토지에 대하여 토지소유자의 성명 또는 명칭, 주민등록번호, 주소 등에 관한 사항의 정정을 신청한 경우로 그 등록사항이 명백히 잘못된 경우에는 가족관계 기록사항에 관한 증명서에 따라 정정하여야 한다.

저자소개

■ 김정민(지적학)

- **약력**
  - E-mail : seajmk@hanmail.net
  - 지적학박사
  - 지적기술사
  - 목포대학교 지적학과 졸업
  - 명지대학교 산업대학원 지적GIS학과 졸업(공학석사)
  - 목포대학교 대학원 지적학과 졸업(지적학박사)
  - (전) 한국국토정보공사 공간정보실장
  - (현) 한국지적기술사회 회장
  - (현) 첨단공간정보(주) · 스페이스(주) 부사장
  - (현) 극동대학교 겸임교수

■ 곽인선(토지정보체계론)

- **약력**
  - E-mail : atgis@daum.net
  - 공학박사
  - 지적기술사
  - 한국방송통신대학교 컴퓨터학과 졸업
  - 서울시립대학교 지적정보학과 졸업
  - 서울시립대학교 대학원 공간정보공학과 졸업(공학박사)
  - (전) 서울특별시 근무(지적직)
  - (현) 한국지중정보(주) 부사장

■ 최익수(관계법규)

- **약력**
  - E-mail : jeje0230@naver.com
  - 지적기술사, 측량및지형공간정보기술사, 국제기술사
  - 한국방송통신대학교 행정학과 졸업
  - 서울시립대학교 도시과학대학원 공간정보공학과 졸업(공학석사)
  - 국립목포대학교 대학원 지적학과 졸업(지적학박사)
  - (전) 서울특별시 근무(지적직)
  - (현) 한국지적측량공사(유) 전무

■ 정승용(지적측량)

- **약력**
  - E-mail : jsyhappys@hanmail.net
  - 지적기술사
  - 신구대학교 지적학과 졸업
  - 한국방송대학교 경영학과 졸업
  - 서울시립대학교 도시과학대학원 공간정보공학과 졸업(공학석사)
  - (현) 한국국토정보공사 근무

■ 최초원(응용측량)

- **약력**
  - E-mail : alpa1117@shingu.ac.kr
  - 지적기술사
  - 신구대학교 지적학과 졸업
  - 서울사이버대학교 부동산학과 졸업
  - 서울시립대학교 도시과학대학원 공간정보공학과 졸업(공학석사)
  - 목포대학교 대학원 지적학과 박사과정 수료
  - (현) 신구대학교 지적공간정보학과 근무

지적산업기사 필기
과년도 문제해설

발행일	2011. 1. 15	초판 발행
	2012. 1. 10	개정 1차1쇄
	2012. 5. 25	개정 2차1쇄
	2013. 1. 10	개정 3차1쇄
	2014. 1. 15	개정 4차1쇄
	2014. 4. 20	개정 5차1쇄
	2016. 1. 15	개정 6차1쇄
	2017. 1. 15	개정 7차1쇄
	2018. 1. 15	개정 8차1쇄
	2019. 1. 10	개정 9차1쇄
	2020. 1. 10	개정 10차1쇄
	2021. 1. 25	개정 11차1쇄
	2022. 1. 25	개정 11차2쇄
	2023. 1. 10	개정 12차1쇄
	2023. 2. 10	개정 12차2쇄
	2024. 1. 10	개정 13차1쇄
	2024. 2. 10	개정 14차1쇄
	2025. 1. 10	개정 15차1쇄
	2026. 1. 20	개정 16차1쇄

저 자 | 김정민 · 곽인선 · 최익수 · 정승용 · 최초원
발행인 | 정용수
발행처 | 예문사

주 소 | 경기도 파주시 직지길 460(출판도시) 도서출판 예문사
TEL | 031) 955-0550
FAX | 031) 955-0660
등록번호 | 11-76호

- 이 책의 어느 부분도 저작권자나 발행인의 승인 없이 무단 복제하여 이용할 수 없습니다.
- 파본 및 낙장은 구입하신 서점에서 교환하여 드립니다.
- 예문사 홈페이지 http://www.yeamoonsa.com

정가 : 35,000원

ISBN 978-89-274-6063-3 13530